海藻学

主　编　钱树本
副主编　孙　军　刘　涛　刘东艳

中国海洋大学出版社
· 青岛 ·

图书在版编目(CIP)数据

海藻学/钱树本主编. —修订本. —青岛：中国
海洋大学出版社，2013.11
ISBN 978-7-5670-0453-5

Ⅰ．①海…　Ⅱ．①钱…　Ⅲ．①海藻—基本知识　Ⅳ.
①Q949.2

中国版本图书馆 CIP 数据核字(2013)第 261079 号

出版发行	中国海洋大学出版社			
社　　址	青岛市香港东路 23 号	邮政编码	266071	
出 版 人	杨立敏			
网　　址	http://www.ouc-press.com			
电子信箱	oucpress@sohu.com			
订购电话	0532—82032573(传真)			
责任编辑	魏建功	电　　话	0532—85902121	
印　　制	青岛海蓝印刷有限责任公司			
版　　次	2014 年 5 月第 1 版			
印　　次	2014 年 5 月第 1 次印刷			
成品尺寸	185 mm×260 mm			
印　　张	53.25			
字　　数	1223 千			
定　　价	180.00 元			

作者简介

钱树本，男，1936 年出生于上海。中国海洋大学教授。1959 年毕业于山东大学生物系，同年就职于山东海洋学院生物系（现为中国海洋大学海洋生命学院）。历任生物系植物教研室主任、生物系副主任、生命学院副院长等职务，并曾兼任中国藻类学会理事，九三学社中国海洋大学基层委员会主委。

长期从事植物学、海藻学的教学与人才培养工作，主讲《海藻学》、《生物海洋学》等课程，并参编了《海洋科学导论》（海洋生物部分）教材，主编出版《海藻学》（2004 年第一版）。

在海洋藻类学相关的科学研究方面，参加了 1958 年全国第一次海洋综合调查，主要参与全国浮游植物标本的分析、鉴定工作；参加了"全国海岸带及滩涂资源综合调查"工作，获得"做出重要贡献"证书；参与"全国海岛资源综合调查"，并负责全国总报告（海洋生物部分）的汇总，获青岛市科技进步二等奖和山东省科技进步二等奖，并荣获由国家计委、科委、海洋局、农业部和解放军总参谋部联合授予的"全国海岛调查先进工作者"荣誉称号；曾发现 *Chaetoceros hirunsinellun* Qian、*Rhizosilenia sinensis* Qian、*Thalassiosira scrotiformis* Chen *et* Qian 等新物种，并对 *Valdiviella formosa*（Schimper ex Karsten）Karsten 名称作了修正。"The Phytoplankton of Jiaozhoubay"曾获山东省第二届优秀学术成果奖；作为副主编编著了《中国海藻志》第五卷"硅藻门（第一册）中心纲"专著。

先后参加中日合作"黄东海邻接水域水团分布多学科研究"，中美合作"黄河口及邻近水域沉积动力学研究"，中法合作"黄河口及邻近水域地球化学研究"，中加合作、中德合作"有控生态系研究"。发表与海洋浮游藻分类，海洋生态、环境评价、赤潮，水产养殖等有关论文 30 余篇。参与完成了"908"专项"ST12 区块海洋药用生物资源调查与研究""海洋药用生物评价"和《中华海洋本草》编纂工作，为《中华海洋本草》副主编之一、《中华海洋本草精选本》副主编之一。目前正在编纂《中华海洋本草图鉴》。

修订版前言

2008 年,同时出版的《中国海洋生物名录》和《中国海洋生物种类与分布》,都记载了迄今为止中国海域内所发现的海藻物种。《海藻学》(修订版)收录了蓝藻门、褐藻门、红藻门和绿藻门的全部属、种(没有图文描述的物种都列出了拉丁学名),其中很多物种是中国海域内的新记录及新物种,充分反映了中国海域内这 4 个门海藻物种多样性的基本面貌和丰富的海藻资源。其他门海藻的内容仍保留原海藻学的系统及图文叙述。

出版《海藻学》(修定版)的目的在于展示中国从事海藻学的先辈们开创、奠基和引领性研究的杰出贡献及当今学者在此基础上继往开来所获得的丰硕成果,纪念我国从事研究海藻学的先辈们,并向他们表示敬意;展示中国海域内海藻物种多样性,为当今研究者提供中国海域内有关海藻物种的基本概况,从而进一步深入研究作参考;为初学者提供入门基础知识;希望当今研究海藻学的学者能在前辈们丰硕成果的基础上共同努力,不断取得新成就,使中国的海藻学学科得以持续发展。

藻类植物具有独特的体征:藻体结构简单,是没有"根、茎、叶"分化的叶状体;表面细胞都含有色素体,具有进行光合作用产生有机物的能力;表面细胞都具有与外界物质交换的能力,从外界吸取生源物质;以简单的繁殖方式产生大量"孢子"来繁衍后代,以保持种群的延续。这些"体征"显然有别于"菌"类和其他"植物"。

迄今为止,各国专家由于从不同角度研究,各自强调藻类的某些分类依据,以及没有得到足以证明藻类之间演化的直接"物证",因此,在藻类分类、进化及系统发育等方面,目前国际上还没有取得完全统一的共识。

近年来,应用细胞生物学、分子生物学、遗传学、超显微等新技术来研究藻类物种及种间关系,无疑对确定藻类物种,尤其是反映藻类门、纲……分类阶元间的关系是有重要作用的。随着研究的深入,各级分类阶元间的关系逐渐明确,门、纲、目、科、属、种的分类阶元有所变动是必然的。微观新技术所得结果使藻类分类学系统更趋于完善,微观新技术所得结果只有与藻类植物的细胞学、形态学等特征相结合,相互支持,才能发挥其科学的实际价值。因为当今各国藻类学家在鉴别藻类门以及门以下各分类阶元时,细胞学和形态学等特征仍然是主要依据。

关于藻类的系统进化问题,中国学者提出"光合生物演化论",认为色素是藻类共有的、最基本的特征,可能比细胞有无真核更为基本。藻类植物具有不同的色素标志着进化的不同方向,是分门的主要依据,在此基础上把藻类分为 12 个门。编者认为用藻类共有的、光合色素体征来阐明光合生物的演化理论是正确的;把藻类分为 12 个门也是合理的。作为分门的依据,光合色素是关系到藻类能否存活的最基本的要素。而有无真核、叶绿体的进化等只表明藻类细胞器的进化程度,对探讨藻类类群间的相互关系有重要意义。因此,《海藻学》(修订版)仍采纳中国学者提出的对藻类分门的意见,保留除只能在淡水中生活的轮藻门以外的 11 个门。

感谢中国科学院海洋研究所夏邦美研究员赠阅宝贵资料;感谢中国海洋大学海洋生命学院金月梅女士、吕辉女士和《中华海洋本草》编辑部王军先生为再版海藻学做了大量的图文资料收集、整理工作,"东方红 2"号船调研员杨世民先生提供部分硅藻物种图片。

限于编者们的知识水平,《海藻学》(修订版)中难免存在不足之处,甚至错误,衷心企盼同仁们的批评指正!

钱树本 于青岛

2013 年 6 月

第一版前言

中国是利用海藻最早而且是利用最为广泛的国家之一,自古以来就用海藻作为食物、药材、动物饲料和制胶原料。早在公元前 5 世纪至公元 2 世纪的《尔雅》中就记载有经济海藻;在公元 1～2 世纪问世的《神农本草经》是中国现存最早的药物学专著;在沿海各省的地方志中,都有海藻利用的记录。中国科学家最早采集海藻标本的是厦门大学钟心煊教授。20 世纪 20 年代初钟教授就在福建采集海藻,但他未从事研究工作,而是把标本寄给国外的专家进行研究。20 世纪 30 年代初,当时在厦门大学任教的曾呈奎教授首先开始对福建省的厦门、平潭沿海,广东省沿海及东沙群岛和海南岛潮间带大型海藻的分类、利用等方面进行研究;金德祥教授开始研究的是海洋浮游硅藻的分类;王家楫、倪达书等开始对海洋甲藻进行分类研究。他们开启了研究中国海藻学学科的大门。由于海藻学在当时尚未受到重视,就是对海洋学科的研究,当时也处于初期;开展这方面的工作受到海洋环境和地域的限制,研究人员屈指可数。直到 20 世纪 50 年代初期,海洋科学受到国家政府的重视和支持,中国科学院海洋生物研究室在青岛成立(发展至今为中国科学院海洋研究所),才有了专门研究海洋生物的机构,科研人员不断增加,在研究海藻学方面,以曾呈奎为首,张德瑞、张峻甫、吴超元、纪明侯、郭玉洁等研究员带领一批年轻成员共同工作,研究领域随之不断扩展,对海藻的形态、细胞(藻体)结构、繁殖、生活史、生活的适宜条件、人工养殖、海藻化学、遗传学、生理学和生态学等领域全方位展开研究,并获得了丰硕成果,进入了海藻学研究的昌盛时期,为中国海藻学学科的发展奠定了基础。"海藻学"作为一门课程并专门用来培养具有海藻学专业知识的学生,亦是在 20 世纪 40 年代末 50 年代初,始于山东大学植物学系,曾呈奎时任系主任,在中国科学院海洋生物研究室成立之前,上述研究员大都任教于该系,教员中还有李良庆、王敏、郑柏林、王筱庆等。山东大学生物学系海藻专门组培养了很多具有海藻学专业知识、有能力从事海藻学研究的人才。山东大学生物学系海藻专门组是当时中国唯一能培养从事海藻学研究人才的专业单位。

1958 年山东大学内迁济南,山东海洋学院(现为中国海洋大学)在青岛成立,山东大学生物学系海藻专门组成为山东海洋学院海洋生物学系的一部分,由郑柏林、王筱庆主持海藻学教学。在 20 世纪 50 年代后期至 60 年代初期,海藻专门组的教学科研成员还有陈秀梅、卢澄清、钱树本、刘剑华、陈国蔚、杨毓英、陈菊琦等,是海藻学教学的全盛时期。1961年由郑柏林、王筱庆合编的《海藻学》由农业出版社出版。这是中国第一本详细介绍海藻学基础知识的教科书。由方宗熙教授主持的遗传学教研室,在此期间开创了海藻遗传学的研究和教学工作。山东海洋学院期间,为全国有关高等院校和科学研究单位输送了大量专业人才。在最早的山东省海岸带海洋水产资源调查(1958)以及以后的南黄海石油污染调查、20 世纪 70～80 年代的全国海岸带海洋资源综合调查、全国海岛资源综合调查中,海藻学专业的科教工作者发挥了积极作用。

厦门大学生物学系在同时期为海洋硅藻的研究和人才培养做了大量工作,由金德祥主持,先后有陈金环、黄凯歌、程兆第、林均民和刘师成等参加教学与研究。出版了两部有关海洋硅藻的专著:《中国海洋浮游硅藻类》(1965,上海科学技术出版社),《中国海洋底栖硅藻类》(分上、下两册,分别于 1982,1992 年由海洋出版社出版)。亦为全国有关高等院校和科学研究单位输送了不少专业人才。

随着对海洋科学与人类生活关系的认识不断深入,人们从中也认识了海藻学学科在海洋科学中所占的重要位置。世界沿海国家在重视并加强海洋学科研究的同时,对海藻学的研究也与整个海洋生态系统相联系,因为海洋生态动力学是由海洋藻类经光合作用所产生的能量作为能源而启动的,海洋藻类的盛衰关系到海洋生态系统能否持续正常的运转。另一方面,海藻作为人类的营养食物和医用药物的重要来源,随着不断开发利用,天然的海藻资源量也供不应求,因此,人工养殖海藻的研究于 20 世纪 50 年代初,在世界沿海国家受到重视。在中国,该时期既是海藻养殖业发展的重要时期,也是海藻生物学(尤其是生活史)、海藻遗传育种、海藻化学化工等方面研究飞速发展的时期。海洋藻类研究发展至今,宏观方面的研究可与全球大气变化相联系;微观方面的研究与基因工程相联系,可见海洋藻类在自然界中的作用和对人类的重要性。

当前,对海藻研究的领域既广泛又深入,海藻在海洋生态动力学中的作用和海藻基因工程是两大热门课题,而对有关海藻生物学方面的基础研究却淡漠了,海藻学的教学亦在此时被削弱了,"海藻学"作为海洋学科的重要基础课程亦在今天的中国海洋大学被取消了。本书的编者们认为,由郑柏林、王筱庆主编的《海藻学》是一本非常重要的有关研究海藻入门的基础教材,在她们主持教学期间培育出一代又一代从事海藻学学科研究的人才,为今天的海藻学学科发展奠定了基础,而她们教学的成功之处,恰恰是重视了海藻学的基础。削弱学科的基础教学不是高等院校教学的本意。现今,由郑柏林、王筱庆主编的《海藻学》已成为孤本。因此,我们在她们的基础上编写了本书,再一次重点介绍研究海藻入门的基础知识,希望能为研究海藻学的同学们提供一点海藻的基础知识。如果有更多的同学对海藻发生兴趣来从事海藻学研究,我们编书的目的就达到了。

限于作者的知识水平,错误与不足之处在所难免,衷心企盼批评指正。

编　者
2005 年 8 月

目 录

第一章 绪 言

众所周知,植物是初级生产者,通过光合作用产生有机物,成为"食物链"的基础,哺育了地球上的所有生命。通常认为地球的陆域是植物的世界,海域则是动物的世界。但海域中的动物并非直接依靠陆生植物而生存的,浩瀚的海洋生态系统是以海洋植物为物质基础的,通过"食物链"能量传递才维持着海洋生物物种多样性和海洋生态系统的持续发展。

一、海洋植物的组成

藻类(Algae)是海洋植物组成中的主要类群,具有根、茎、叶高度分化的高等植物不可能像在陆地上那样遍布在海洋中生活,因为受到诸如流、浪、潮的冲击,海洋的深度,海水盐度等环境条件的限制,真正能在大海中生活的高等植物的物种数量屈指可数,并且被局限在河口、海湾、潮间带、浅海或滨海湿地等有限的区域,如分布相对较广的大米草 *Saccharum* sp.,大叶草 *Zostera* sp.;只能在暖温带、热带海域潮间带、浅海、河口生长的红树 *Rhizophora* sp.,木榄 *Bruguiera* sp.,秋茄 *Kandelia* sp. 以及伴随红树林生长的喜盐草 *Halophila* sp. 等。

藻类是最简单、最古老的低等植物类群,但包含的物种繁多,分布的地域极广,从热带到两极,凡潮湿的地区,都有它们的足迹。生活在海洋中的藻类(简称海藻),藻体结构简单,即便是长度可达 60 m 左右的梨形巨藻 *Macrocystis pyrifera*,藻体仍然是柔软的,可以抵御海流、浪、潮的冲击,随水流而摆动;藻体表层细胞都具有光合色素,都有光合作用产生有机物的能力;表层细胞都具有从水体中吸取生原物质的能力;生命周期短,但能以简单的繁殖方式生产出大量"生殖细胞"来繁衍后代,以保持种群的延续;不同类群的海藻具有不同的色素组成,生存在不同光强、光质的水层中。海藻以简单的个体结构,繁衍后代的方式、能力以及对海洋环境特有的适应性,成为海洋植物的主要类群。

根据生活习性,海藻可分为两大类:①附着、定生生活的物种只能分布在潮间带、浅海内。这类海藻包含有微小的单细胞藻体和大型的多细胞体,褐藻门的巨藻被认为是海藻中个体最大的物种。②在海水中营漂浮生活的海藻物种(马尾藻海中马尾藻 *Sargassum* sp. 除外)的个体都是非常微小的,它们的个体大小是以微米(μm)来计量的。因此,只有在显微镜乃至电子显微镜下才能看清它们的面目。这类海藻虽然能在海水中营漂浮生活,但也只能分布在水深 200 m 以内的水层中。因为所有的海藻物种必须获得日光才能进行光合作用,在黑暗的环境中它们是无法生活的。

附着、定生生活的海藻的初级生产力对食物链的贡献、在海洋生态系统中所发挥的作用等都远不如营漂浮生活的海藻,后者虽然个体微小、生长周期短,但繁殖快、量大,是生活在辽阔的大洋水体内次级生产者(浮游动物、鱼和虾的幼期和其他动物的幼虫等)的直接饵料。

二、海藻和海洋环境

生活在海洋中的藻类都有独自的生物学特性,只能在与之相适应的环境中生活,一旦生活环境剧烈变化,就会导致死亡。它们的生存、分布空间同样受到如海洋物理和化学环境、海底地质以及海洋生物物种之间斗争等因素的限制。

海水温度是影响海藻生存的最重要的环境因子。因为每一种海藻对温度的适应都有特定的范围,即各有其所能忍受的最高、最低和最适温度及其生长、发育和繁殖阶段所要求的最低和最高温度,所以它们被局限在不同的海洋温度带(热带、亚热带、温带和极地寒带)内。生活在不同海洋温度带内的海藻物种,具有与各温度带相适应的生态特性,可分为广温性、狭温性或暖水性、温水性、冷水性等生态类群。即使是在同一海域内生长的海藻,由于适温性能不同,随着全年海水温度的季节变化,海藻群落结构内也会相应地出现种群交替。

日光能(光强、光质)是海藻进行光合作用产生有机物的能源。光线进入海水后,光照强度随着水深的增加而呈指数下降。在清澈的海水中,水深 25 m 处,大部分红光被吸收,其次是橙光、黄光和绿光。在清澈的大洋区,光线透射的深度可达 200 m,但这里仅有在波长 495 nm 附近的蓝光。在海水透明度低的海域内,海藻能生活的水层更浅。因为海藻与其他植物一样,得不到光能不能进行光合作用是无法生存的。因此,光照强度决定了同一海区内海藻的垂直分布。在潮间带定生生活的海藻中,具有与陆生高等植物相似的色素成分的绿藻类主要分布在中潮间带,而红藻和褐藻则主要分布在低潮间带和潮下带;营漂浮生活的海藻中,阴生物种则可以分布在较深的水层。

海水盐度与海水温度一样,同样存在成带和分层现象。近岸、河口水域的海水盐度较低而多变;外海、大洋的海水盐度高且较稳定。不同海藻物种对盐度的适应与适应温度一样,有各自的"生态幅"。生活在近岸、河口水域内的海藻为广盐性种(euryhaline species);生活在外海、大洋中的物种为狭盐性种(stenohaline species),又称为高盐性种。盐度对海藻的作用在于影响细胞的渗透压,盐度剧烈变化,导致细胞渗透压剧烈变化,可使海藻细胞破裂或"质壁分离",损坏细胞正常结构,从而影响藻体的新陈代谢,甚至危及其生存。因此,在不同盐度海域内只有与盐度变幅相适应的海藻物种才能正常生活。

海水中溶解的盐类(生物盐 biogenic salts)是海藻生活所必需的营养物质。氮、磷是常量营养物质(常量元素 macronutrients),类似陆地植物所需的"肥料",是保证海藻产量的重要因素。海水中营养盐浓度直接影响海藻的丰度,从而影响到海域的初级生产力。磷的缺乏,比任何其他物质的缺乏更能限制海区的生产力。氮、磷之后是铁、钾、钙、硫和镁等,镁是叶绿素的必需成分。海藻生命活动中还需要微量营养物质(micronutrients),如光合作用所必需的是 Mn,Fe,Cl,Zn 和 V;氮代谢需要 Mn,B,Co,Fe;其他代谢功能需要 Mn,B,Co 和 Si。微量营养物质和维生素相似,对海藻的生命活动过程起着催化剂作用。海水中上述营养物质的量少或量多都影响海藻生命活动的正常运行,即起到限制作用。

不同的海底底质对定生生活的海藻的分布有明显的限制作用。泥质和沙质海底上只能着生单细胞或个体微小的藻体；砾石海底上除了可以着生单细胞或微小的藻体外，还能着生较大型的海藻，但由于砾石在潮汐或海流的冲击下，必然互相摩擦和位移，较大型的海藻藻体会受到冲击而损坏，这种海底底质环境不可能着生很多较大型的海藻；岩石海底能着生个体大小不同的海藻，成为大型海藻最理想的栖息地。着生大量大型海藻的海域，犹如"海底森林"，能引来众多海洋生物，成为海洋初级生产力较高、海洋生物物种多样性较为丰富的海域。

潮汐对潮间带（tidal zone）生活的海藻有显著的限制作用。由于潮间带海水水体的周期性涨落，海底相应地被淹没或暴露在空气之中，环境分带明显（潮上带、高潮带、中潮带、低潮带和潮下带），光照、温度、干燥（失水）等因素变化剧烈，只有对上述环境因素具有极强适应能力的海藻物种才能在此区域生活，因此，不同的潮带内生活着不同的海藻种群。

海流对定生生活的海藻的有利影响是能够不断地带来营养物质，能够把海藻的"生殖细胞"传播出去；对浮游生活的海藻也有相同的作用，如有上升流的海域初级生产力往往是很高的，因为上升流把海底沉积的营养物质带回表层海水而被浮游海藻所利用。但是，海流带来的水温、盐度、营养物质、气体和其他物理、化学环境因素会对进入海域的海藻产生综合效应，不仅影响海藻的丰度，还能影响海藻的群落结构。

浮游动物的摄食压力可以达到浮游海藻现存量的 $5\% \sim 90\%$，因而是影响浮游海藻种群扩展的重要因素。

三、海藻在海洋中的重要性

海藻虽然是海洋植物的主要组成，但也受到海洋自然环境的严格限制，它们生存的空间仅占整个海洋空间的极小部分（水深 200 m 以内的水层中），但它们光合作用产生的能量不仅启动了海洋生态系统，而且海藻自身的生理活动、新陈代谢和与环境之间的物质交换，对其周围环境也能产生重大影响。

根据 Martin 等（1987）的估计，海洋总初级生产力可达 51.0 Gt，而全世界海洋底栖植物的平均产量仅为海洋浮游植物的 $2\% \sim 5\%$。因此，海洋浮游植物被誉为"海洋牧草"。海藻光合作用所产生的有机物质，通过食物链（网）直接或间接地被不同大小等级的海洋动物所利用，从而保持了海洋生态系统的正常、持续运转。

海藻在全球 CO_2 循环过程中起调节和泵的作用，海藻光合作用吸收海水中的 CO_2 不仅直接影响海水中 CO_2 通量的变化，还能影响到全球的气候。如果海藻吸收 CO_2 的能力下降，海洋动物呼吸排出的大量 CO_2 就会使海水中 CO_2 的含量饱和而进入大气，大气则因 CO_2 量的增高而温度升高，大气温度升高导致极地融冰，使海平面升高，潮间带向陆地推进，直接影响全球海洋海岸带的生物多样性，海拔不高的岛屿就有可能被淹没。一些海岛国家，如马尔代夫由 1190 个小岛组成，仅高出海面 2 m；图瓦卢（Tuvalu）是由 9 个环礁组成的国家，岛屿的最高点仅高出海面 0.8 m。这些岛屿即使不被淹没，生态系统也将被严重破坏。极地融冰会改变海水盐度，导致原有生物群落的改变，从而使原有的海洋生态系统失去平衡，危及全球气候，给人类带来灾难。当今全球气候有变暖的趋势，海藻在全球 CO_2 循环过程中所起的调节和泵的作用变得更为重要。

海藻光合作用不仅对全球 CO_2 循环具有重要作用，光合作用过程中所释放出的 O_2 对海洋动物、需氧细菌等的生存也是至关重要的。

海藻的生命活动能直接影响海水的性质,如海水透明度和海水的颜色。通过海藻的吸收和同化作用,加速了海水的自净能力。

"赤潮"(red tide)是某些藻类(主要是一些单细胞硅藻和甲藻)、原生动物、细菌,在局部海域海水富营养化、光照强度适宜的环境下发生爆发性繁殖,或受风、海流等的环境因素的影响而聚集,引起水体变色的一种生态异常现象。赤潮的发生消耗了海水中大量的营养物质,是对海水富营养化的一种自然反应,是海洋生态系统在海水富营养化状态下自我调节、平衡的必然。但是,赤潮发生的同时,赤潮区域内的动物会受到赤潮毒素的毒害、有害微生物的侵害、水体内缺氧等短期的灾害性环境影响,大量死亡。赤潮给海洋水产养殖业造成严重的直接经济损失,而超容量的水面养殖却又是引发海水富营养化而发生赤潮的原因之一。

浮游植物突然暴发性繁殖发生的赤潮,会给海洋水产养殖业带来严重危害;而浮游植物生产力下降也会严重影响渔业资源,同样会给海洋渔业带来严重危害。

海藻的生态学特性与其周围的生活环境相适应。海洋环境发生突然性的或长期积累而危及海藻生命的变化,会损害海藻的物种多样性进而破坏海藻的群落结构,从而降低或失去海藻在海水自净过程、生物地球化学过程中对有机和无机物质的转换、转运的贡献,最后导致生态系统失调。在河口、近海、海湾、近岸海域,由于人类活动而造成污染,在局部区域内海水质量下降的现象时有发生。已经被全世界临海国家所重视。

四、海藻与人类的关系及其经济价值

辽阔的海洋为人类提供了大量的食物、药物、原材料等物质。

随着对海藻研究的深入,将会有更多的海藻物种被开发利用。人类虽然在陆地上安居,但却是海洋食物链的最高环节。海藻的营养价值很高,很多大型海藻被人们直接食用,如甘紫菜 *Porphyra tenera* Kjiellm,海带 *Laminaria japonica* Aresch,裙带菜 *Undaria pinnatifida*(Harv.)Sur. 等。全世界可供食用的海藻有 100 多种,中国沿海可食用的海藻有 50 多种,其中常见的、经济价值较高的只有 20 多种。全世界定生的海藻物种大约有4500 种,目前被利用的只是少数,其资源潜力非常大。

海藻是海洋药物的重要来源。从公元前 300 年起中国和日本就直接用海藻来治疗甲状腺肿大和其他腺体病,罗马人用海藻来治疗创伤、烧伤和皮疹,英国人用紫菜预防长期航海中易患的坏血病,食用角叉藻 *Chondrus ocellatus* Holmes 可以治疗多种内部紊乱病,海人草 *Digenea simplex*(Wulf.)C Ag. 具有海人草酸而被用做驱虫药物等。迄今研究表明,海藻中含有藻胶、蛋白质、氨基酸、藻类淀粉、甘露醇、多糖类、甾醇类化合物、丙烯酸、脂肪酸、维生素等药用成分。不少海藻性味属咸、寒,有清热解毒、软坚散结、消肿利水以及化淤祛痰的功效。不少海藻提取物对病毒、伤风感冒、子宫癌、肺癌、支气管病、心血管病及放射性锶病等都有一定的抑制或防治作用。2009 年出版的《中华海洋本草》收集了190 个海藻物种(归属于 89 种"药"),具有上述的功效。

藻胶是海藻的重要产物,如琼胶、卡拉胶、褐藻胶等用途很多,可用于食品工业、纺织工业、印染业、医药卫生业以及国防工业等。

海藻能从海水中富集大量的无机盐,如卤化物、碳酸盐、氧化钙、钾盐、镁盐等,推带动了海藻化学工业的发展。

由于人类对海藻的大量利用,自然资源远不能满足需求,人工养殖海藻业应运而生,已成为重要的海洋经济产业。凭着中国科学家的才智及卓有成效的研究,不仅开发了可养殖的海藻物种,还创造了科学的海藻人工养殖技术。中国是目前世界上人工养殖海藻物种最多、养殖海藻技术最先进、海藻产量最高的国家。从 20 世纪 50 年代由中国首次开展人工养殖海带 *Laminaria japonica* Aresch 开始,70 年代又增加了条斑紫菜 *Porphyra yezoensis* 的人工养殖。迄今,养殖的海藻物种还有裙带菜 *Undaria pinnatifida*（Harv.）Sur.、石花菜 *Gelidiumamansii*（Lamx.）Lamx.、龙须菜 *Gracilaria lemaneiformis*、细基江蓠繁枝变种 *Gracilaria tenuistipitata* var. liui、长心卡帕藻 *Kappaphycus alvarezii*、琼枝 *Betaphycus gelatinae*、羊栖菜 *Sargassum fusiforme*（Harv.）Setchell 等。随着人类对海藻的大量需求,海藻资源的开发利用前景非常广阔。此外,单细胞海藻的养殖也为海洋虾、贝的人工养殖提供了饵料基础。海藻养殖业的兴起,带动了海藻化学工业,发展了海洋经济,提高了沿海百姓的经济收益。

海藻不仅对整个海洋乃至整个自然界具有重要意义,而且与人类的日常生活密切相关。研究并了解海藻,开发利用海藻资源,是当今世界人口不断增加、有效耕地不断减少的情况下的必然选择。

五、海藻学的任务和海藻分类

海藻学是植物学的一个分支,是专门研究生活在海域中的藻类的学科。主要研究海藻有机体的形态、构造、生活现象、生长规律、生活史以及与环境之间的关系。了解海藻的形态、构造,认识海藻物种,从而进一步了解物种的生活习性、生活史的全过程及其所要求的环境条件,才有可能做到人工养殖,增殖海藻的资源量,达到开发利用海藻的目的。海藻学是一门基础性学科,它能涉及的内容是人类了解自然、开发利用海藻资源前所必须掌握的基础知识。

迄今为止,世界各国藻类学家对藻类的分类系统并没有统一认识。

捷克学者 B·福迪安(Bohuslav Fott)在《藻类学》(*Phycology*,1971)中把藻类分为蓝藻门 Cyanophyta、杂色藻门 Chtomophyta(包括金藻纲 Chrysophyceae、黄藻纲 Xanthophyceae、硅藻纲 Bacillariophyceae、褐藻纲 Phaeophyceae 和甲藻纲 Dinophyceae)、红藻门 Rhodophyta、绿藻门 Chlorophyta 等四个门。并把裸藻纲 Euglenophyceae、隐藻纲 Cryptophyceae、绿胞藻纲 Chloromonadophyceae 列为分类位置未确定的鞭毛类,把原胞藻目 Protomonadales 列为未确定分类位置的无色鞭毛类。

Lee,Robert Edward 所著《藻类学》(*Phycology*,Crambridge University Press,1980)把藻类分成 2 个门,12 个科:蓝藻科 Cyanophceae、无色鞭毛藻门 Glaucophyta、裸藻科 Euglenophyceae、甲藻科 Dinophyceae、隐藻科 Cryptophyceae、金藻科 Chrysophyceae、定鞭金藻科 Prynmesiophyceae、硅藻科 Bacillariophyceae、绿胞藻科 Rhaphidophyceae（Chloromonads）、黄藻科 Xanthophyceae、褐藻科 Phaeophyceae、红藻科 Rhodophyceae、绿藻科 Chlorophyceae、轮藻门 Charophyta。

郑柏林、王筱庆所著《海藻学》(1961)把海藻分为 9 个门,有绿藻门 Chlorophyta、裸藻门(眼虫藻门)Euglenophyta、甲藻门 Pyrrophyta(包含隐藻纲 Cryptophyceae)、硅藻门 Bacillariophyta、金藻门 Chrysophyta、黄藻门 Xanthophyta、褐藻门 Phaeophyta、红藻门 Rhodophyta、蓝藻门 Cyanophyta。

C·J·达维斯所著《海洋植物学》(厦门大学翻译,1989)中,把海藻分为蓝藻门 Cyanophyta、绿藻门 Chlorophyta、褐藻门 Phaeophyta、红藻门 Rhodophyta、金藻门 Chrysophyta(包括金藻纲 Chrysophyceae、硅藻纲 Bacillariophyceae、绿胞藻纲 Rhaphidophyceae or Chloromonads、黄藻纲 Xanthophyceae 和定鞭金藻纲 Prymnslophyceae or Haptophyceae)、隐藻门 Cryptophyta、裸藻门 Euglenophyta、甲藻门 Pyrrophyta。

中国藻类学者认同把藻类分为 12 个门,即蓝藻门 Cyanophyta、红藻门 Rhodophyta、隐藻门 Cryptophyta、黄藻门 Xanthophyta、金藻门 Chrysophyta、甲藻门 Pyrrophyta、硅藻门 Bacillariophyta、褐藻门 Phaeophyta、原绿藻门 Chloroxybacteriaphyta、裸藻门 Euglenophyta、绿藻门 Chlorophyta、轮藻门 Charophyta。

海藻包括除了只能在淡水中生活的轮藻门以外的 11 个门。各门的分类阶元与高等植物一样。以海蒿子 *Sargassum pallidum*(Turn.)C. Ag. 为例,表示如下:

门(Phylum)	褐藻门 Phaeophyta
纲(Classis)	圆子纲 Cyclosporeae
目(Ordo)	鹿角菜目 Fucales
科(Familia)	马尾藻科 Sargassaceae
属(Genus)	马尾藻属 *Sargassum* C. Ag.
亚属(Subgenus)	
种(Species)	海蒿子 *Sargassum pallidum*(Turn.)C. Ag.
变种(Varietas)	
生态型(Forma)	

在纲至属以下,各分类等级还可分别增设亚纲(SubClassis)、亚目(SubOrdo)、亚科(SubFamilia)和亚属(SubGenus)。

六、海藻分类的主要依据

按照国际命名法规(Lanjouw,1956,1961),"门"(Phylum,Stamm)被当作最高级的分类阶元。门是单元起源的一个自然生物类群,这个"群"以一定的形态学和生理学为特征,以一致的物质代谢的特征为依据。

中国藻类学者认为,不同藻类所含的不同色素及与色素相关的光合作用的产物都象征着藻类进化的不同方向,并以此作为藻类分门的重要依据之一,把藻类分为 12 个门。事实上这 12 个门的藻类在生物系统进化过程中都有独自的发展,它们之间没有明确的亲缘关系。

藻类门以下的各级分类,主要依据藻体的形态、结构、生殖方式、生活史类型等特征。因为不同的海藻物种所持有的这些特征是遗传基因所决定的,代代相传相当稳定,作为分类依据是可靠的。例如，褐藻门根据本门藻类有无无性繁殖，以及无性繁殖所产生的孢子是游孢子还是不动孢子而分成 3 个纲、11 个目；金藻门根据藻体结构的不同，分为 5 个目；硅藻门则根据细胞壳面上花纹排列对称性的不同，分为 2 个纲等。尽管藻类学界的专家们以同样的分类依据进行分类，但在分类阶元上尚有不同的认识。上述藻类学家在分"门"上就有充分反映，在"纲"、"目"和"科"的级别上或多或少亦有类似的问题。这是由于迄今人们对藻类系统进化的过程还没有完全了解清楚，虽然目前应用的分类"依据"是可靠的，但"依据"之间在进化过程中的关系还不十分明确，因而出现了百家争鸣的现象。

海藻"物种"的含义与生物"种"是一致的，是生物进化链索上的基本环节，它处于不断变异与不断发展之中，但同时也是相对稳定的，是发展的连续性与间断性统一的基本形式。物种表现为统一的繁殖群体，由占一定空间、具有实际或潜在繁殖能力的种群所组成。而种群间在生殖上隔离，在种的重要特征上与它们的后代是一致的。"变种"是通过一个或多个个别的特征来与原种相区别的生态群。"变型"往往是由于生活在不同地域或一年中不同季节里而出现个别特征与原种有别的生态群。

第二章 藻类的定义、细胞结构、生殖、生活史及系统演化

一、藻类的定义

藻类是具有叶绿素、能进行光合作用，营自养生活的无维管束、无胚的叶状体植物。藻类的特点之一是个体虽然各式各样，有的物种有类似高等植物的根、茎、叶的外形，但不具备高等植物那样的内部结构和功能。藻体除固着器外，表层细胞都能进行光合作用，释放氧气，相当于高等植物的叶的功能，所以，藻类植物的藻体亦被统称为"叶状体"。藻类植物的另一个特点是它们的有性生殖器官一般都为单细胞，有的虽是多细胞，但缺少一层包围的营养细胞，所有细胞都直接参与生殖作用。

二、藻类的细胞结构

细胞(cell)是一切生物结构和功能的基本单位。从单细胞生物到高等动植物都是由细胞组成的。1665 年，英国科学家 R·胡克在显微镜下观察软木薄片的结构时，发现它是由许多蜂窝状小室组成的。胡克最早称这种小室为细胞(cellulae)。后人就用此作为生物结构基本单位的名称。

随着电子显微镜的问世，以及 X 射线衍射法、放射自显影技术和同位素示踪技术等在细胞研究中的应用，使人们对细胞的认识提高到亚显微水平，并在分子水平上阐明了细胞的结构与功能的某些关系。发现细胞的结构有两大类，即原核细胞和真核细胞。这一发现是现代生物学的一大进展。

原核细胞主要特征是没有线粒体、质体等膜细胞器，没有核膜和核仁，只有一个环状的 DNA 分子构成的染色体和不含组蛋白及其他蛋白质的核区(拟核)，这是贮存和复制遗传信息的部位，具有类似细胞核的功能(图 2-1)。

蓝藻门和原绿藻门物种的细胞结构都属于原核细胞。因此，它们都是原核生物。细胞的主要结构有细胞壁、细胞质、核糖体，以及由一条裸露的 DNA 双链所构成的拟核。拟核没有与细胞质部分相隔开的界膜(核膜)，通常称其为中央体(centroplasm)。细胞内除含有核糖体和间体(质膜)外，没有真核细胞中的各种膜细胞器。蓝藻中有的物种(如微囊藻属 *Microcystis* 等)的细胞内具有空隙，内含气体而称为"假液泡"(pseudo-vacuoles)或称"气泡"(gas vacuoles)，假液泡有利于藻体在水中漂浮。蓝藻没有叶绿体结构，与光合作用有关的色素组分(叶绿素 a、胡萝卜素、叶黄素、蓝藻蓝素及蓝藻红素)附着在细胞的内膜结构上；细胞壁较薄，由纤维素和果胶质组成，外被较厚的胶质鞘(sheaths，图 2-1)。

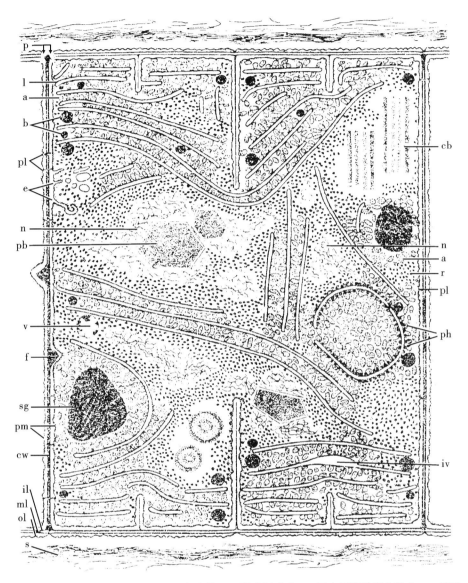

p. 连接孔；l. 类囊体；a. 多聚糖颗粒. b. 类脂体；pl. 微胞间连丝；e. 原生质膜的微细结构；n. 核质；pb.
羧基颗粒(核酮糖二磷酸羧化酶的位置)；v. 多聚磷酸体；f. 局部加厚；sg. 蓝藻颗粒体；pm. 原生质膜；
cw. 横壁(由 LⅠ和 LⅡ层组成)；il，ml，ol. 多层细胞壁(il/ml 等于黏肽 LⅡ；ol 等于最外层)；s. 胶质鞘；iv.
类囊体之间的间隙(类似液泡的构造)；ph. 藻胆蛋白体；r. 核糖(蛋白)体；cb. 圆柱形小体

图 2-1　蓝藻(藓生)细胞切片的示意图

(引自 Pankratz and Bowen，1963)

　　和原核细胞相比，真核细胞是结构更为复杂的细胞。它具有线粒体等多种膜细胞器，
具有双层膜的细胞核，核膜把位于核内的遗传物质与细胞质分开，核膜是区分原核细胞和
真核细胞的主要结构特征之一。DNA 为长链分子，与组蛋白以及其他蛋白结合而成染色
体。真核细胞的分裂包括有丝分裂和减数分裂，分裂的结果是使复制的染色体均等地分

配到子细胞中去。

　　除蓝藻门和原绿藻门的物种外,其他藻类物种的细胞结构都是真核细胞,属于真核生物。细胞的结构比原核生物要复杂得多。与原核细胞核的结构不同,真核细胞是由细胞核和它周围的细胞质(原生质),以及包在外面的细胞壁(少数物种为质膜)所构成。细胞质内还具有不同生理功能的细胞器(图 2-2)。

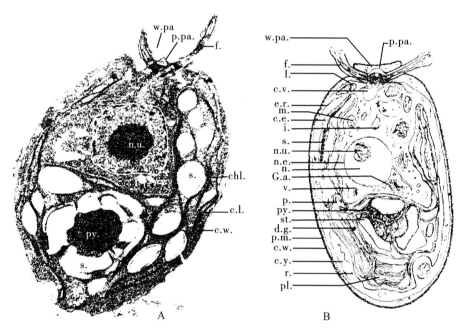

A. 雷氏衣藻 *Chlamydomonas reinhardtii* Dang;B. 卵配衣藻 *Ceugametos* Moewus
c.e. 色素体外膜;c.l. 色素体片层;c.v. 伸缩泡;c.w. 细胞壁;c.y. 细胞质;d.g. 致密颗粒;e.r. 内质网;f. 鞭毛;G.a. 高尔基体;i. 内含物;l. 脂肪体;m. 线粒体;n. 细胞核;n.e. 核膜;n.u. 核仁;p. 质体;p.pa. 原生质乳突;pl.,chl. 色素体;p.m. 色素体被膜;py. 淀粉核;r. 核蛋白体;s. 眼点;st. 淀粉鞘;v. 小泡囊;w.pa. 细胞壁乳突

图 2-2　衣藻的细胞结构(电镜照片示真核细胞)

(引自 H.C.Bold,1968)

1. 细胞核(cell nucleus)

　　细胞核由核膜、核仁、染色质和核液组成,一般呈圆球形,是细胞内合成 DNA 和 RNA 的主要部位。前者是保存并传递遗传信息的物质基础。核膜固定了核的形态并把核与细胞质分隔,核膜上有核膜孔,是核内、外物质输运的通道,功能性 RNA 同特异蛋白质结合形成复合体,由此孔转输到细胞质;核仁是由微丝区和颗粒区组成的无被膜结构,是合成核糖体核糖核酸(RNA)、装配核糖体亚基的场所;染色质是由核内的脱氧核糖核酸(DNA)与组蛋白、非组蛋白等结合形成的线状结构〔甲藻门物种的细胞核结构较特殊,核特别大,染色质呈念珠状排列,故称其为甲藻核(dinokaryon)或称中核(mesokaryotic nuclei),甲藻被称为中核生物(图 2-3)〕,在细胞分裂过程中形成具有明显种属特征的染色体,记载着遗传密码的 DNA 集于染色体中,成为主宰细胞遗传的结构;核液为无定形的

基质,其中存在多种酶类、无机盐和水等,核仁和染色质也都悬浮其中,核液提供了细胞核进行各种功能活动的内环境。

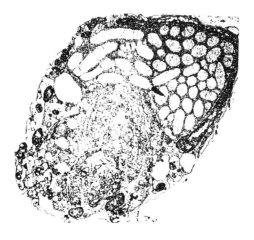

图 2-3　原甲藻的间期核(电镜照片),示由染色体凝聚成典型的中核

(引自 H. C. Bold,1968)

2. 线粒体(mitochondrion)

线粒体是真核细胞内的一种半自主的细胞器。线粒体具有内、外两层膜,内膜向腔内突起形成许多嵴;内、外膜之间的空间称为膜间腔;嵴与嵴之间为介质(图 2-4)。嵴的主要功能在于通过呼吸作用将食物分解产物中贮存的能量逐步释放出来,供应细胞各项活动的需要,故有"细胞动力站"之称。因此,不同物种细胞内含有线粒体的数量也不同(一种单鞭金藻的细胞内只有一个线粒体);在细胞内的分布,一般在需要能量较多的部位比较集中。

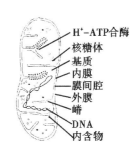

图 2-4　示线粒体的模式图

(引自《中国大百科全书》,1991)

3. 细胞壁(cell wall)

细胞壁是植物细胞特有的结构,具有保护和支持作用(固定细胞形态),并与植物细胞的吸收、蒸腾和物质的运输有关。但在裸藻门、隐藻门、金藻门中能运动的物种及甲藻门中的少数物种没有植物性细胞壁,细胞体表仅为一层周质膜(periplast)。有的物种的周质膜有弹性,因此,藻体可以伸缩变形。其他门的藻类都有细胞壁,但细胞壁的结构和所含成分有所不同。蓝藻门、原绿藻门和绿藻门的物种都具有完整的细胞壁,所含成分是纤维素(内层)和果胶质(外层);褐藻门和红藻门的物种亦都有完整的细胞壁,但是,褐藻细胞壁外层含有几种藻胶(主要是褐藻糖胶(fucoidin));红藻的细胞壁外层的胶质成分为琼胶、海萝胶和卡拉胶等;硅藻门物种的细胞壁通常被称为"壳壁"(theca),是由两个半瓣、似培养皿那样套合而成的,主要成分是果胶质和硅酸($SiO_2 \cdot H_2O$),尤以后者为主要成分(有的物种细胞壁含硅质成分的比重(占细胞重量的比例)高达 50%),并形成复杂的结构,而且在壳壁上有规律地排列分布,成为硅藻分类的重要依据,不仅是硅藻门分纲的依据,亦

是属、种分类的重要依据;金藻门中有细胞壁的物种的细胞壁主要由果胶质组成,其中有些物种还含有由钙质或硅质构成的、具有一定形状的"小片(球石粒)"(coccolith),这种小片是金藻物种分类的重要依据;黄藻门中的很多物种的细胞壁是由两个似 H 形的半瓣紧密合成的,细胞壁的主要成分是果胶化合物,有的物种的细胞壁含有少量的硅质和纤维素,只有少数物种的细胞壁含有大量纤维素;甲藻门物种的细胞壁结构比较复杂,细胞以纵分裂繁殖后代的甲藻物种的细胞壁纵分成两瓣,以横裂繁殖后代的甲藻物种的细胞壁则横分成上、下两部分,通常把甲藻的细胞壁称为"壳壁",壳壁的主要成分是纤维素,并由其构成具有一定形态的"甲片",由于不同物种的甲片具有固定的形态、数量和排列顺序,因此,甲片的形态和排列顺序是甲藻分类的主要依据。

细胞壁的结构及其所含成分是藻类分门的主要依据之一。

4. 内质网(endoplasmic reticulum)

内质网是细胞质中由相互连通的管道、扁平囊和潴泡组成的膜系统。主要功能是参加蛋白质和脂质的合成、加工、包装和运输。内质网膜与质膜和外核膜是相连的。内质网在大分子的合成中起中心作用。凡是将来转运到质膜、溶酶体或细胞外的大分子物质,如蛋白质、脂质、多糖复合物,多是在内质网参加下合成的(图 2-5)。

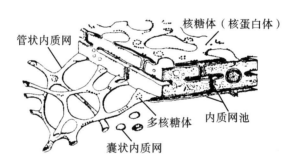

图 2-5　粗糙内质网池和管状结构相互交织的立体示意图

(引自《中国大百科全书》,1991)

5. 色素体(叶绿体 chloroplast)和色素

除蓝藻门、原绿藻门的物种没有色素体外,其他门的物种都有色素体。色素体是藻类细胞合成过程最主要的细胞器(能量转换器),有 1 层或多层被膜与细胞质分开,内有片层膜,含叶绿素,光合作用就在片层膜上进行。原核生物没有形成色素体,只有简单的片层膜分散在细胞质的外缘部分,光合色素附在膜上,进行光合作用。

由于除绿藻门以外藻类叶绿素所含光合色素中有不同于叶绿素的辅助色素,而且含量往往高于叶绿素,从而使藻体呈现出不同于绿色的体色。所以,通常把藻类细胞内的叶绿体称为色素体。

藻类通过光合作用产生有机物,是海洋中的初级生产者,成为海洋生物"食物链(网)"(Food chain or Food net)的基础。藻类的色素体有多种形态。藻类细胞内色素体的形态、数量以及在细胞内的分布等的变化,朝着更有利于吸收光能、增强光合作用能力的方向发展是具有进化意义的。光合作用效能相对较低的海藻,细胞内只有一个大型的、轴生的色素体。例如,大多数单细胞绿藻的细胞内只有一个大型轴生的杯状色素体,如衣藻、盐藻等;原始的褐藻和红藻也只有较大型轴生的星状色素体,如间囊藻 *Pylaiella fulvescens* (SchouSb.)Born. ,条斑紫菜 *Porphyra yezoensis* 等;硅藻中的单色体角毛藻,如窄隙角毛藻 *Chaetoceros affinis* Lauder 等的细胞也只有一个大型轴生的色素体。较为进化的物种的细胞内色素体的数量有所增加,在细胞内的分布亦由轴生转为侧生,色素体的形态有带状、片状等,这在金藻、黄藻、硅藻和绿藻中都有发现。光合作用效能相对高的物种是在一个细胞内具有多数小型的色素体(颗粒状、小盘状等),并贴近细胞壁周围分布。大多数真核藻类的细胞(藻体表层)都具有多数、贴近细胞壁周围分布的小型色素体。朱树屏、郭玉洁根据角毛藻属 *Chaetoceros* 物种细胞内色素体的大小、数量以及分布位置等,于1957年建立了角毛藻属的分类系统。

不同门藻类具有不同的色素成分。

蓝藻门:叶绿素类的叶绿素 a(chlorophyll a);类胡萝卜素类的 β-胡萝卜素(β-carotene);叶黄素类的角黄素(canthaxanthin)、海胆烯酮(echinenone)、番茄红素(lycopene)、蓝藻叶黄素(myxoxanthophyll)、玉米黄素(zeaxanthin)等;藻胆蛋白的藻蓝蛋白(phycocyanin)、藻红蛋白(phycoerythrin)和别藻蓝蛋白(allophycocyanin)。

原绿藻门:叶绿素类的叶绿素 a、叶绿素 b(chlorophyll b);类胡萝卜素类的 β-胡萝卜素、玉米黄素、隐藻黄素(crocoxanthin)、海胆烯酮。

红藻门:叶绿素类的叶绿素 a;类胡萝卜素类的 α-胡萝卜素(α-carotene)、β-胡萝卜素、叶黄素(lutein)、玉米黄素;藻胆蛋白的藻蓝蛋白、藻红蛋白和别藻蓝蛋白。

隐藻门:叶绿素类的叶绿素 a、叶绿素 c_2(chlorophyll c_2);类胡萝卜素类的 α-胡萝卜素、ε-胡萝卜素(ε-carotene)、异黄素(alloxanthin)、隐藻黄素、番茄红素(lycopene);藻胆蛋白的藻蓝蛋白、藻红蛋白。

甲藻门:叶绿素类的叶绿素 a、叶绿素 c_2;类胡萝卜素类的 α-胡萝卜素、β-胡萝卜素、花药黄素(antheraxanthin)、硅甲藻黄素(diadinoxanthin)、硅藻黄素(diatxanthin)、甲藻黄素(dinoxanthin)、墨角藻黄素(fucoxanthin)、多甲藻素(peridinin)、紫黄素(violaxanthin)、玉米黄素。

黄藻门:叶绿素类的叶绿素 a、叶绿素 c_1(chlorophyll c_1)、叶绿素 c_2;类胡萝卜素类的 β-胡萝卜素、花药黄素、硅甲藻黄素、硅藻黄素、多甲藻素、紫黄素、玉米黄素。

金藻门:叶绿素类的叶绿素 a、叶绿素 c_1、叶绿素 c_2;类胡萝卜素类的 α-胡萝卜素、β-胡萝卜素、ε-胡萝卜素、花药黄素、硅甲藻黄素、硅藻黄素、墨角藻黄素、紫黄素、玉米黄素。

硅藻门:叶绿素类的叶绿素 a、叶绿素 c_1、叶绿素 c_2;类胡萝卜素类的 β-胡萝卜素、花药黄素、硅甲藻黄素、硅藻黄素、墨角藻黄素、紫黄素、玉米黄素。

褐藻门:叶绿素类的叶绿素 a、叶绿素 c_1、叶绿素 c_2;类胡萝卜素类的 β-胡萝卜素、花药黄素、墨角藻黄素、紫黄素、玉米黄素。

裸藻门:叶绿素类的叶绿素 a、叶绿素 b;类胡萝卜素类的 β-胡萝卜素、花药黄素、甲藻黄素、新黄素(neoxanthin)。

轮藻门:叶绿素类的叶绿素 a、叶绿素 b;类胡萝卜素类的 β-胡萝卜素、叶黄素(lutein)。

绿藻门:叶绿素类的叶绿素 a、叶绿素 b;类胡萝卜素类的 β-胡萝卜素、ε-胡萝卜素、花药黄素、虾青素(astaxathin)、角黄素(canthaxanthin)、甲藻黄素、叶黄素、新黄素、紫黄素、玉米黄素。

各门藻类所含的不同色素及与色素相关的光合作用产物象征着其进化的不同方向。这是藻类分门的重要依据之一。

淀粉核(pyrenoid)是色素体内含有的特殊构造,它是由一个中央位置的蛋白质的髓部核,外包被微小的淀粉板而组成的。多数绿藻的色素体内含有一个或多个淀粉核(参考真核细胞图),而在褐藻和红藻中,只有原始的物种才有。淀粉核的作用与光合作用产物淀粉的积聚有关。裸藻、甲藻和隐藻都有淀粉核,但结构不完全一样。裸藻的淀粉核由两半组成,突出于色素体的两侧,裸露或附有一层裸藻淀粉;甲藻门中横裂甲藻亚纲的物种的色素体具有淀粉核,外包被一层淀粉粒,长形色素体在淀粉粒的周围呈放射状排列(图2-8A);隐藻门物种的色素体内可有一个或数个淀粉核,有的物种的淀粉核离色素体而位于细胞中央;硅藻门中一些物种的色素体具没有淀粉粒包被的蛋白核;黄藻门中一些物种具有裸露的类似淀粉核的构造(性质不详)。

6. 同化产物

由于不同门藻类所含色素成分不同,光合作用的产物及贮存的部位也不完全一样。绿藻和轮藻的光合作用产物是与高等植物一样的淀粉,遇碘呈蓝色反应;裸藻、隐藻、甲藻的光合作用产物虽然也是淀粉,但其化学性质与绿藻所产生的淀粉不完全一样,与碘不呈蓝色反应。

裸藻贮藏的是裸藻淀粉(paramylum),甲藻贮藏的是甲藻淀粉,蓝藻的贮藏物为蓝藻淀粉(cyanophycin starch),红藻的贮藏物为红藻淀粉(floridean starch),褐藻贮藏的是昆布糖、甘露醇和褐藻淀粉(laminarin),黄藻、金藻和硅藻贮藏的都是金藻昆布糖。此外,甲藻和黄藻还贮藏油,硅藻则还有油和异染小粒(volutin)。除绿藻和轮藻的光合作用产物贮存在叶绿体内外,其他各门藻类的贮藏物都成颗粒状,分散在原生质中。

7. 鞭毛(flagellum)

鞭毛是伸出细胞表面的、能运动的"器官"。运动型藻体和生殖细胞(卵和不动精子除外)都具有鞭毛。随着鞭毛从基部到顶端不断的波浪式运动,藻体和生殖细胞在水中游动。鞭毛由三个主要部分组成:中央轴纤丝、质膜和细胞质。轴纤丝从鞭毛的基部到顶端,为一束微管,在基粒底部则集聚成圆锥形束,深入到细胞质中。轴纤丝横切面的微管排列不是中心粒那样的9+0式而是9+2式,即中心有一对由中央鞘包裹着的微管,外围环绕以两两连接在一起的微管A和B组成的二连体,共有9组。每一根中央微管的管壁有13根由微管蛋白聚合成的纤丝组成。由于二连体两根微管相互嵌合,有3条公用的纤丝,所以微管A有13根纤丝,微管B有14根,其中3根为A、B两微管共有(图2-6A,B)。从微管A以一定间隔伸出二联臂(因其含有动力蛋白)也称力臂。二连体与中央鞘以轮辐相接触。运动时轮辐沿中央鞘移位,结果造成相邻微管二连体的相对滑动,从而使鞭毛局部向一侧弯曲,产生波浪式运动。二联臂,因其含有动力蛋白而具有ATP酶活性,可水解ATP提供鞭毛运动所需的能量。中心纲硅藻精子的鞭毛只有外围环绕以两两连接在一起的A、B微管,没有中央微管,为9+0式结构(图2-6C),金藻的附着鞭毛(haptonema)有三层质膜,也没有中央微管,外围微管 A 消失,仅保留微管 B,且只有 6~7 微管 B,为 6~7+0 式结构(图 2-6D)。

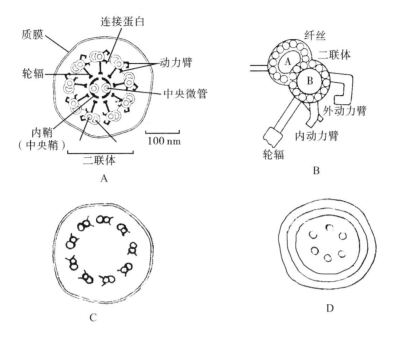

A、B. 示鞭毛亚显微结构图解;C. 为 9+0 式结构图解;D. 为 6~7+0 式结构图解

图 2-6　鞭毛亚显微结构示意图

(A、B 引自《中国大百科全书》,1991;C、D 引自 H. C. Bold,1987)

鞭毛除具有上述基本结构外,有的物种的鞭毛沿其长轴伸出许多柔细的茸毛状附属物,如鞭毛丝(mastigoneme),这种鞭毛称为"茸鞭型"(acronematic type,tinsel type)鞭毛。鞭毛丝在鞭毛上单向排列的称为"单茸鞭型"(stichonematic type),双向排列的称为"双茸鞭型"(pantonematic type)。与茸鞭型鞭毛相对的是在鞭毛上没有毛状附属物的称为"尾鞭型"(whiplash type)鞭毛。

不同藻类所具鞭毛类型、数量和着生的位置也有所不同。这也是藻类分类的重要依据之一。例如,裸藻具有 1 根顶生单茸鞭型鞭毛;绿藻通常具有 2 根、4 根等长顶生的尾鞭型鞭毛;德氏藻 *Derbesia* sp. 和鞘藻 *Oedogonium* sp. 的游孢子的前端生有一圈鞭毛;金藻的游动细胞具有 1 根、2 根或 3 根顶生鞭毛,后两者的鞭毛等长或不等长,其中的 1 根为茸鞭型鞭毛;褐藻的游动细胞具有 2 根侧生不等长鞭毛,长者为茸鞭型鞭毛,短者为尾鞭型鞭毛;黄藻的游动细胞具有 2 根顶生不等长鞭毛,同样是长者为茸鞭型鞭毛,短者为尾鞭型鞭毛;无节藻的游孢子具有多根等长鞭毛;甲藻门中纵裂甲藻纲的物种具有 2 根顶生不等长鞭毛,横裂甲藻纲的物种由腹区的鞭毛孔伸出 2 根不等长的鞭毛,长者称为横鞭(transverse flagellum),带状,环绕于横沟内,其一侧与横沟相连,另一侧游离,有鞭毛丝,为单茸鞭型鞭毛,做波状运动,短者称为纵鞭(longitudinal flagellum),为尾鞭型鞭毛,自鞭毛孔伸出,游离,通过纵沟伸向体外,做鞭状运动(图 2-7)。

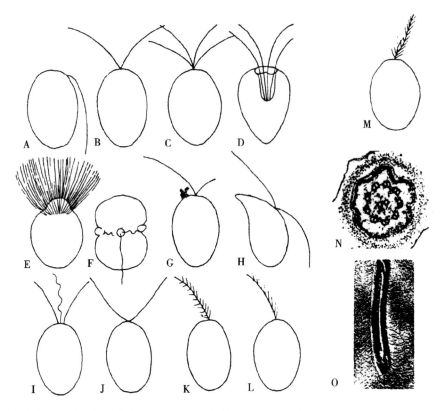

A. 雷生衣藻属顶端一侧面着生一根鞭毛；B. 衣藻属顶生 2 根等长的鞭毛；C. 卡德藻属顶生 4 根鞭毛；D. 塔形藻属由咽喉状加深处生出 4 根鞭毛；E. 鞘藻属藻体前端周生一圈鞭毛；F. 环沟藻属横鞭和纵鞭；G. 黄丝藻属顶生 2 根不等长的鞭毛；H. 水云属侧生 2 根鞭毛；I. 金色藻属中间 1 根定鞭毛；J. 具有鞭丝的鞭毛，即平滑而末端柔软的鞭毛；K. 双茸鞭型鞭毛，具有两列茸毛（鞭丝）；L. 单茸鞭型鞭毛，鞭毛的一侧有茸毛（鞭丝）；M. 周生鞭毛型（鞭毛周围都能生鞭丝）；N. 雷氏衣藻鞭毛横切面，示鞭毛内部 9＋2 式构造（电镜照片）；O. 雷氏衣藻鞭毛周生鞭丝（电镜照片）

图 2-7　示不同藻类所具鞭毛类型和着生的位置

（引自 H. C. Bold，1987）

8. 液泡（pusule）

液泡是植物细胞所特有的结构，在幼细胞中呈球形的膜结构，所含主要成分是水和代谢产物，如糖类、脂质、蛋白质、有机酸和无机盐等。其功能是调节细胞的渗透压。由小液泡融合而成的大液泡，能使细胞增强张力，也是养料和代谢物的贮存场所。藻类大多数物种的细胞都含有不同大小的液泡，其中海生甲藻的液泡较为特殊，称为"甲藻液泡"，位于细胞中央，球形、椭球形或囊状。有的物种有两个形状不同的甲藻液泡，各有一个细管自鞭毛基部通向体外。有的甲藻除有甲藻液泡外，还有一种聚合液泡（collecting pusule），即中央一个大液泡，周围有一圈小的副液泡与之相连（图 2-8）。

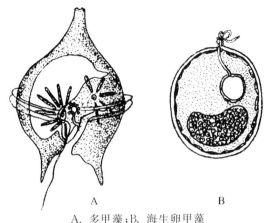

A. 多甲藻;B. 海生卵甲藻

图 2-8　示甲藻液泡(引自 B. Fott,1971)

三、海藻的个体(藻体)形态及演化

藻类在整个植物系统进化进程中处在较为原始的阶位,其个体通称为叶状体。但从所有藻类的个体大小、形态、结构及生理功能等方面比较,可以反映出藻类在漫长的进化过程中由简单到复杂、从低级到高级的发展过程。具有代表性的海藻形态有以下几种。

1. 单细胞藻体

单细胞藻体在海藻中有多种类型,它们的个体大小、形态、结构等有很大的差异(图 2-9)。能游动和不能游动的单细胞藻体是最为古老原始的类型。如原绿藻 *Prochloyon* sp.,

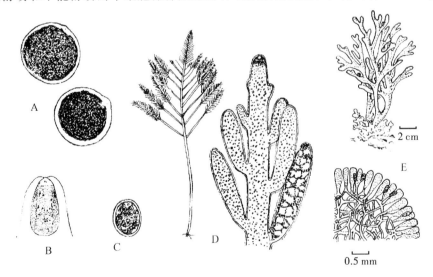

A. 2个膨胀蓝球藻细胞形态(×960);B. 盐藻的细胞形态;C. 原球藻的细胞外形

D. 羽藻藻体外形及部分放大;E. 松藻藻体外形及藻体横切面部分放大

图 2-9　单细胞藻藻体类型

(A 引自 H. C. Bold,1978;B 引自 B. Fott,1971;C,D 引自 G. M. Smith,1955;E 引自 R. E. Lee,1980)

蓝藻中的膨胀蓝球藻 *Chroococcus turgidus*(Kütz.)Näg. 和绿藻中的盐藻 *Dunaliella* sp.，原球藻 *Protococcus viridis* C. A. Ag. 等物种都是单细胞体。前二者为原核生物,它们在整个植物系统进化进程中所处阶位无疑是最原始的,而原绿藻可能最接近于高等或陆生植物的始祖。衣藻属真核生物,其细胞结构比前者高级,但植物的进化并不是向运动方向发展。海生原球藻细胞球形、椭球形,它的起源,通常被认为可能来自一种分枝的丝状藻祖先的退化;另一种类型是单细胞多核管状体,如松藻 *Codium* sp.，羽藻 *Bryopsis* sp. 等,尽管它们的外形较大,内部构造比较复杂,尤其是前者的内部构造已分化出皮层和髓部,生理上已有分工,只有皮层部分才能进行光合作用,但整个藻体仍然是一个细胞。显然这种藻体结构不符合植物进化的方向。所以,这种藻体是植物进化中的一个盲支。它的起源被认为可能是由单细胞藻的细胞核经连续分裂,但不产生细胞壁而形成的。

2. 群体

群体有能游动、不能游动和定形、不定形等类型(图 2-10)。这些群体或由细胞直接相连、或被胶质所包埋而成。定形群体是由一定数目的细胞组成一定形态、结构的群体;不定群体的细胞数目不定,且没有一定形态的群体。它们的起源可能分别来自游动和不能游动的单细胞藻。例如,胶叶藻 *Palmophyllum crassum*(Nacc.)Raherlh 是由很多细胞被琼胶质包埋所形成的裂片状、扇形叶片状定形群体,叶片上还具有同心纹层;栅列藻 *Scenedesmus* sp.是无胶质包埋的定形群体。它们都不能游动,前者固着在潮间带的岩石上,后者在水中浮游。蓝藻、绿藻、硅藻、金藻和黄藻等都有由数目不定的细胞被胶质包埋而成的不定群体,多数物种生活在淡水中,生活在海水中的物种很少,如硅藻中的细弱海链藻 *Thalassiosira subtilis*(Ostenf.)Gran 等。

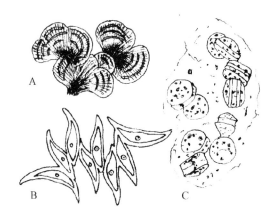

A. 胶叶藻群体外形;B. 栅列藻群体外形;C. 细弱海链藻群体外形

图 2-10 群体类型

(A,B,C 引自郑柏林、王筱庆,1961)

3. 丝状体

丝状体有单列丝状体、分枝丝状体和异丝体等类型(图 2-11)。它们都是由于原始细胞分化不同的结果。单列丝状体是由原始细胞向一个方向分裂,分裂后的细胞互相连接成一行的最简单的丝状体。如绿藻门中的丝藻属 *Ulothrix* 和硬毛藻属 *Chaetomorpha* 的

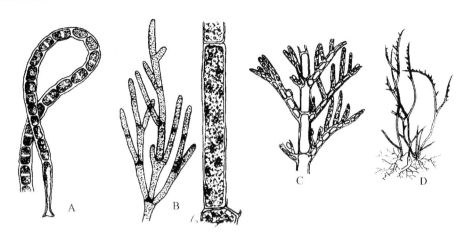

A. 硬毛藻单列丝体；B. 刚毛藻有分枝的丝体，每个细胞内多核；

C. 对丝藻有分枝的丝体，每个细胞内单核；D. 小毛枝藻假根

图 2-11　丝状体类型

（A、B、C 引自郑柏林、王筱庆，1961；D 引自 B. Fott，1971）

一些物种，都是这种体型，前者丝状体的细胞为单核，后者则为多核。分枝丝状体是在单列丝状体内有的细胞能再向丝体的侧面像形成单列丝状体那样分裂而产生的，如刚毛藻属 *Cladophora* 和对丝藻属 *Antithamnion* 中的一些物种属分枝丝状体体型，前者丝状体的细胞为多核，后者则为单核。异丝体亦是一种分枝状丝状体，所不同的是由原始细胞分化为匍匐和直立的两部分，其直立的丝体并不是由丝体基部细胞转化而成的单细胞固着器使其固着，而是代之以匍匐的丝体，有的物种匍匐的丝体呈假根状，胶毛藻目 Chaetophorales 中的一些物种属这种体型，如生活在污水中的小毛枝藻 *Stigeoclonium tenue* Kütz. 。通常认为胶毛藻这一类的藻体类型是在植物演化进程中具有重要意义的，并推测高等植物在过去较远的时期是由这一较发展的类型而发生的。

4. 膜状体

膜状体有真膜状体和假膜状体的区分。真膜状体是由原始细胞向 2～3 个方向分裂，分裂后的新、老细胞紧密连接而成的整体（图 2-12），如礁膜 *Monostroma* sp.，浒苔 *Enteromorpha* sp.，石莼 *Ulua* sp. 等都属于这种体型。礁膜和浒苔的藻体结构只有一层细胞，石莼为两层细胞。假膜状体是由多个细胞或多条丝体被胶质包埋而成的，膜状体内的细胞之间或丝体之间没有真正的连接，如褐藻中的黏膜藻 *Leathesia dif formis*（L.）Aresch. 属此体型。黏膜藻藻体卵圆形，体表又呈球瘤状凸起。藻体的髓部为由无色的大细胞组成的假膜组织，细胞间充有胶黏质，外层为由含色素体的同化丝组成的皮层，同化丝之间亦没有真正的连接，同样被胶黏质所包埋。（图 2-12）

5. 枝叶状

枝叶状是海藻中藻体结构最为复杂的类型。这种体型藻体大，外表上具有叶轴的形态，有"根"、"茎"、"叶"的分化；内部结构出现有"组织分化"，有表皮细胞、同化作用细胞、髓细胞、导管细胞、黏液细胞等，具有一定生理功能的细胞类群；生殖细胞产生于藻体上的

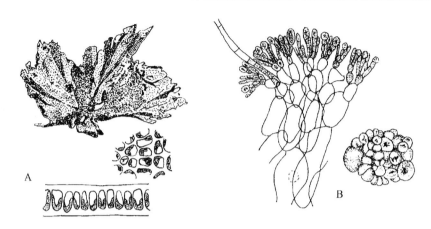

A. 礁膜藻体外形及表面和切面观细胞形态示膜状体；

B. 黏膜藻的藻体外形及部分切面图，示假膜状体类型

图 2-12　膜状体类型

（引自郑柏林、王筱庆，1961）

特殊结构，如生殖窝、果胞等。褐藻门和红藻门中的很多物种都属于这种体型。如马尾藻属 *Sargassum*（图 2-13）、石花菜属 *Gelidium* 中的一些物种。人们通常认为这种体型是丝状体或管状体进化而来的（图 2-13）。

海藻的个体形态及演化可以反映出藻类在漫长的进化过程中由简单到复杂、从低级到高级的发展过程。但这一过程更多的是反映藻类"门"内各属、种之间的关系，门内的分类级别能够排列成一条或多条发展路线。这在绿藻门中有着明显的藻体形态演化进程的"历史重演"，即由具鞭毛的、能游动的单细胞体型开始，经群体阶段而达到较为高级的丝状体和枝叶状体型。在其他藻类中亦有这种相似的演化顺序，但这一过程还不能完全反映藻类的进化和系统发育。

图 2-13　马尾藻藻体外形

（引自郑柏林、王筱庆，1961）

四、生殖(reproduction)

生殖是生物体生命得以延续的唯一手段,是生物最基本的特征之一,由亲代个体通过生殖(由体细胞或生殖细胞)产生和自身相同的子代个体的现象。即使是最低级的物种,如病毒,自身没有代谢能力,也能进行生殖。

海藻的个体结构虽然简单,但生殖方式和产生的生殖细胞是多样化的,复杂程度也各不相同,可分为无性生殖与有性生殖两种类型。

(一)无性生殖(asexual reproduction)

无性生殖是由物种的体细胞或无性生殖细胞进行,所产生的子代遗传性状变化小,但有利于物种在适宜的环境下大量增殖。所有海藻物种都能通过无性生殖来延续它的生命。常见的生殖方式有分裂生殖、孢子生殖和营养(出芽)生殖等。

1. 分裂生殖(cell division reproduction or binary fission)

单细胞海藻物种的细胞分裂就是个体繁殖(在多细胞生物中细胞分裂是生长、发育和繁殖的基础)。分裂生殖是单细胞海藻物种的主要生殖方式之一,通过体细胞直接分裂产生子一代。绿藻门 Chlorophyta,金藻门 Xanthophyta,黄藻门 Xanthophyta,硅藻门 Bacillariophyta,甲藻门 Pyrrophyta,隐藻门 Cryptophyta 和蓝藻门 Cyanophyta 中的单细胞物种以及原绿藻 Prochloron sp. 等都有这种生殖方式。但蓝藻门(原核生物)中的单细胞物种和原绿藻的分裂生殖是由细胞原生质体直接一分为二产生子一代,属真正的直接分裂生殖方式,这亦是原绿藻产生子一代的唯一生殖方式。其他单细胞藻(真核生物)的分裂生殖是经过有丝分裂才完成的。后者亦可列入营养生殖方式之中。

2. 孢子生殖(spore reproduction)

孢子(spore),是藻体体细胞直接或经过有丝分裂、减数分裂产生的无性生殖细胞。由它直接萌发成单相配子体或双相孢子体。由于海藻物种的藻体结构复杂程度不同,产生孢子的方式、过程以及孢子本身的性状等也有差异,因此,海藻在孢子生殖中所产生的孢子也是多样的。

根据孢子能否运动可分为动孢子和不动孢子两类。

(1) 动孢子(Zoospore),通常为梨形,具有鞭毛,依靠鞭毛摆动而游动,又称游孢子。游孢子产生之前,由藻体体细胞转化为游孢子囊(sporangium),游孢子囊母细胞经有丝分裂或减数分裂,通常产生 16～64 个游孢子(绿藻门鞘藻属的物种只产生一个游孢子,刚毛藻属的物种能产生数以千计的游孢子)。绿藻门物种产生的游孢子顶端具有 2 根、4 根或顶生 1 圈等长的鞭毛;隐藻门和硅藻门的游孢子具有 2 根等长侧生的鞭毛,在硅藻门内称小孢子(microspore,Schmidt 等人认为,这些小孢子是孢子囊母细胞经减数分裂后产生的,相当于配子,但其发育过程尚待研究);甲藻门的游孢子具有 2 根等长的鞭毛,顶生或侧生;褐藻门的游孢子具有 2 根不等长侧生的鞭毛,长者在前,短者在后;黄藻门的游孢子具有 2 根不等长顶生的鞭毛;金藻门中的游孢子具有 1 根或 2 根不等长顶生的鞭毛(图 2-7)。

成熟的孢子从孢子囊母细胞壁上的一小孔中释放出来,或由于孢子囊母细胞壁的破裂、胶化而被释放出来。释放后的孢子在水中自由运动,游动的持续时间,因物种和环境条件而异。通常多数物种的孢子游动的时间为 1～2 小时,短者 3～4 分钟,长者 2～3 天。孢子在游动期内是没有细胞壁的,只有孢子附着在基质上或运动停止片刻后,孢子失去鞭毛,才分泌出一层细胞壁,继而发育成新的幼藻体。

　　动孢子的形成是海藻无性生殖的最普通的方式。从系统发育的观点看,动孢子可能作为暂时性地回复到原始的具有鞭毛的祖先时的情况。

　　(2) 不动孢子(aplanospore,静孢子),没有鞭毛,不能游动,具有一定的与母细胞壁有差别的细胞壁。不动孢子通常被认为一种发育不全的,其中的运动期已经失去的动孢子。由于孢子产生过程和孢子的性状差别,不同的海藻产生出不同的不动孢子(图 2-14)。

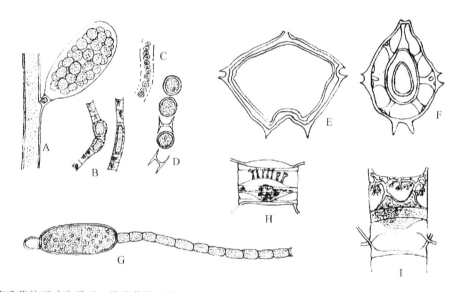

A. 德氏藻的不动孢子;B. 微孢藻的不动孢子;C. 丝藻的不动孢子;D. *Ulothix idiospra* 的不动孢子;

E. 里昂多甲藻的不动孢子;F. 具指膝沟藻的不动孢子;G. 藓生筒胞藻的不动孢子;

H. 冕孢角毛藻 1897;I. 劳氏角毛藻的不动孢子

图 2-14　不动孢子类型

(A,B,C,D 引自郑柏林等,1961;E,F 引自 H. C. Bold,1978;G 引自 G. M. Smith,1955;

H,I 引自郭玉洁等,2003)

　　1) 厚垣(壁)孢子(akinetes)、休眠孢子(resting spore)及"孢囊"(cysts),都是由藻体体细胞直接通过细胞壁加厚和积聚养分而形成的,具有抵抗不良环境的能力。绿藻门中的丝藻属 *Ulothrix*、尾孢藻属 *Urospora* 及刚毛藻属 *Cladophora* 的物种,蓝藻门中的丝状体物种如简胞藻属 *Cylindrospermum*、节球藻属 *Nodularia* 等在不良环境中都能产生厚垣孢子(图 2-14)。休眠孢子在硅藻中常见(图 2-14),在甲藻中称"孢囊"(图 2-14)。这些"孢子"的作用是渡过不良环境,并非繁殖更多的个体。但眼虫藻属 *Euglena* 的物种产生的孢囊,不仅在低温下能产生具厚壁的"保护孢囊",还能在强光下产生具厚壁但不封闭的、鞭毛仍能在壁内活动的"休止孢囊"和能产生具有弹性和渗透作用的外膜、能分裂形成32 或 64 个子细胞的"生殖孢囊"。这类孢子可以直接发育成新藻体,或由其原生质体分裂成许多动孢子。

另外,硅藻和甲藻等的不同物种所产生的休眠孢子、孢囊都有其特殊的外部形态,因此可作为物种分类的依据。

2) 复大孢子(auxospore),见图 2-15,通常认为这是由于硅藻细胞壁的构造特殊,细胞分裂一次,细胞的大小就会缩小一些(细胞壁厚度的 1/2),连续分裂下去,细胞的大小就会持续缩小。所以,当细胞的大小缩小到一定的程度时,就会产生一种特殊的复大孢子来恢复细胞的大小。硅藻门中心纲中的圆海链藻 *Thalassiosira rotula* Meunier 产生复大孢子时,原生质体在细胞壳内膨大,直至两个半细胞壳分离,复大孢子的直径可比母体大一倍左右。在角毛藻属 *Chaetoceros* 和根管藻属 *Rhizosolenia* 中的一些物种都能产生这种复大孢子。角毛藻属的物种产生复大孢子时,原生质体由母细胞一侧的小孔流出,但不离开母细胞壳,复大孢子是在体外形成的。根管藻属的物种是在细胞的一端形成的。有人认为中心纲中的复大孢子都是有性生殖的产物,而在羽纹纲中的物种产生的复大孢子却是通过有性过程产生的(图 2-15)。

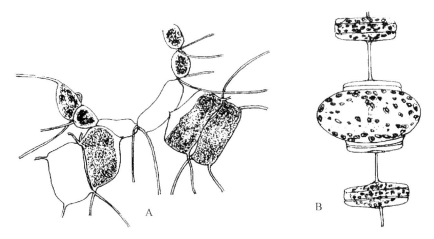

A. 柔弱角毛藻复大孢子的形成;B. 圆海链藻复大孢子的形成

图 2-15 复大孢子类型

(引自郭玉洁等,2003)

3) 似亲孢子(autospore),见图 2-16,是与其母细胞相同形态的不动孢子。这是在绿球藻目的某些科内物种的唯一生殖方法。一个母细胞产生似亲孢子的数目是 2 个或 2 的倍数个。似亲孢子在释放以后可以互相分离。栅列藻属 *Scenedesmus* 等的物种其群体中的每个细胞都能产生似亲孢子,但不一定同时产生,所产生的似亲孢子在其释放的时候,已互相并列在一起成为与母体相似的群体——"似亲群体"(autocolony)。似亲群体的细胞,往往排成一种作为属的特征性的状态。

4) 四分孢子(tetraspore),见图 2-17,是红藻门物种在无性生殖中产生的主要的孢子类型,是由孢子体的营养细胞形成孢子囊母细胞,由它经过减数分裂产生四分孢子囊(tetrasporangium),其中产生四个孢子,为单倍体(haploid)。它们在形态上完全一样,但在本质上有性的差别,有两个孢子萌发成雄配子体,另两个为雌配子体。四分孢子囊分裂方式

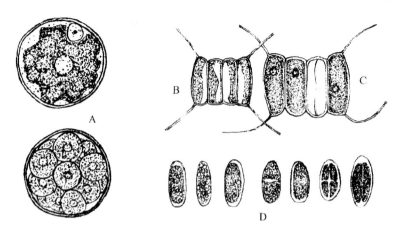

A. 石蕊共球藻的营养细胞和似亲孢子；B. 四尾栅列藻的子群体；

C. 四尾栅列藻的老年群体，其中一个细胞已放散出子群体；D. 似亲群体形成的各个阶段

图 2-16　似亲孢子

（引自 G. M. Smith，1955）

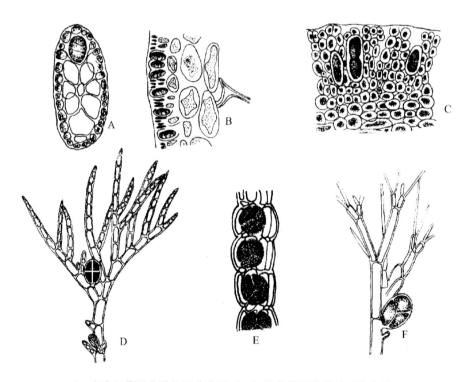

A. 海头红带形分裂的四分孢子；B. 红羚菜带形分裂的四分孢子；

C. 错纵红皮藻十字形分裂的四分孢子；D. 对丝藻十字形分裂的四分孢子；

E. 多管藻四面锥形分裂的四分孢子；F. 绢丝藻四面锥形分裂的四分孢子

图 2-17　四分孢子类型

（引自郑柏林等，1961）

有十字形分裂(cruciate)、四面锥形分裂(tetrabedral)、带形分裂(zonate)。褐藻门中的网地藻 *Dictyota dichotoma*（Huds.）Lam. 亦能产生四分孢子，是由藻体表面细胞形成四分孢子囊，孢子囊球形，单生或集生。经减数分裂的孢子囊产生四个孢子——四分孢子。成熟的孢子由孢子囊顶部散出，直接萌发成配子体。

　　5）单孢子(monospore)及多孢子(polyspore)，见图 2-18，在红藻中有些物种的配子体能产生单孢子囊（monosporangium），每个孢子囊里只产生一个孢子。如紫菜属 *Porphyra*、顶刺藻属 *Acrochaetium* 等的物种都能产生单孢子。紫菜的单孢子囊由配子体体细胞直接形成，顶刺藻的单孢子囊由配子体丝状分枝顶端细胞形成。单孢子同样可以萌发成新的藻体。与之相对应的是红藻中少数物种的孢子体能形成"多孢子囊"（polysporange）并产生多孢子。在一些仙菜目的物种中，每一个孢子囊产生 8 个或更多的孢子。如多孢毡藻 *Haloplegma pllyspora* Chang et. Xia 和在美国太平洋沿岸的常见种高氏肠枝

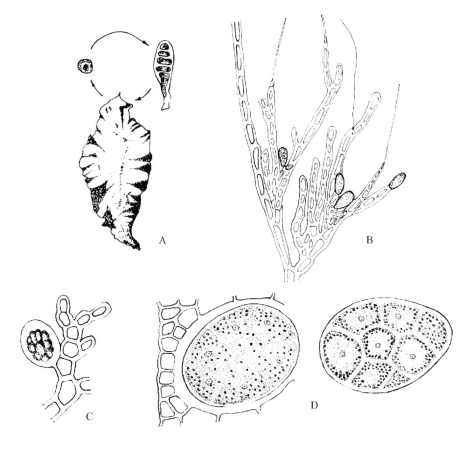

A. 紫菜单孢子及发育成的幼体；B. 顶刺藻单孢子囊；

C. 多孢毡藻多室孢子囊；D. 高氏肠枝藻多室孢子囊的形成

图 2-18　单孢子及多孢子类型

（A. B. C 引自 郑柏林等，1961；D 引自 G. M. Smith., 1955）

藻 *Gastroclonium coulteri*(Harv.)Kylin. 都能产生多孢子囊。高氏肠枝藻的孢子囊在产生多孢子时,是由多孢子囊的质膜发生一种内向的沟,沟继续加深,最后把孢子囊内含物分裂成单核的多孢子。

6) 果孢子(carpospore),见图 2-19,是在红藻的生活史中,由特殊个体——果孢子体(carposporophyte,囊果)所产生的孢子。果孢子体寄生在雌配子体上,果孢子体是由合子经过或不经过减数分裂后的细胞演化而成的,所以,产生的果孢子萌发成的藻体,有配子体也有孢子体。

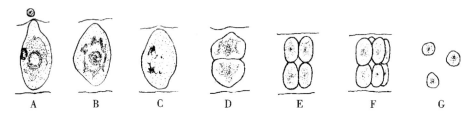

A. 示精子接近果胞受精丝;B. 果胞内卵核已受精;

C. 合子减数分裂;D~G. 减数分裂后继续分裂形成果孢子

图 2-19　甘紫菜果孢子的形成

(引自曾呈奎等,1962)

在红毛菜亚纲 Bangioideae 中,如紫菜 *Porphyra* 果胞由藻体边缘部分的体细胞直接转化而成,具有短而不明显的受精丝,果胞内的卵核受精后(最原始、简单的囊果),合子核不经减数分裂,继而有丝分裂产生 8~32 个果孢子,果孢子发育成丝状藻体。

在真红藻亚纲 Florideae 中,果胞生于特殊的丝体——果胞枝的顶端(果胞枝通常有 3~4 个细胞,少数为 9 或 11 个细胞组成,进化较高级的仙菜目内的物种果胞枝由固定的 4 个细胞组成)。果胞的基部膨大含一卵,上端伸出受精丝。卵受精后的果胞发育成果孢子体。

海索面目 Nemalionales 的果胞枝由 1~5 个细胞组成(无辅助细胞),果胞内的卵受精后经减数分裂,由果胞基部直接产生产胞丝,再由产胞丝的细胞发育成果孢子囊,继而产生(单倍体)果孢子发育成新的藻体(图 2-20)。

石花菜目 Gelidiales 的果胞枝只有 1 个细胞(B·福迪,1971)或由 3 个细胞组成(郑柏林、王筱庆,1961),无辅助细胞,卵受精后,亦由果胞基部直接产生产胞丝,形成果孢子囊再产生果孢子。与海索面目不同的是,在形成果孢子囊再产生果孢子的过程中,产胞丝能延长至滋养细胞(由围轴细胞生成的小细胞),从中吸取养料,供产胞丝形成果孢子囊产生果孢子用(图 2-21)。

隐丝藻目 Cryptonemiales 的果胞枝由 3~5(或多于 12)个细胞组成,果胞与辅助细胞互相分离。卵受精后,果胞侧生 1(有时 2 或 3)条连接管,合子核由此管输送至辅助细胞内,辅助细胞生出产孢丝,再形成果孢子囊,产生果孢子(图 2-22)。

杉藻(海苔)目 Gigartinales 的果胞枝由 3~4 个细胞组成,果胞与辅助细胞(由皮层中

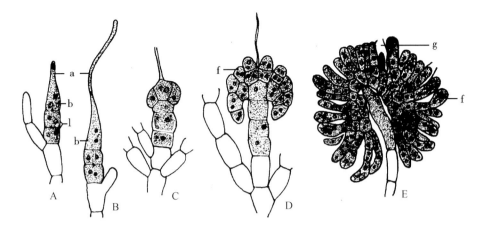

A,B. 示幼期及成熟的果胞枝(×975);C,D. 果孢子体发育的早期(×975);E. 成熟的果孢子体(×650)

a. 果胞枝受精丝;b. 果胞及卵的细胞核;l. 果胞枝细胞;f. 产孢丝;g. 已放散果孢子的果孢子囊

图 2-20 多枝海索面果孢子体的形成

(引自 G. M. Smith,1955)

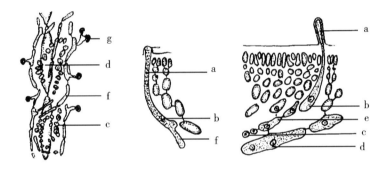

a. 示受精丝;b. 果胞;c. 滋养细胞;d. 中轴细胞;e. 围轴细胞;f. 产孢丝;g. 果孢子囊

图 2-21 石花菜果孢枝的结构

(引自郑柏林等,1961)

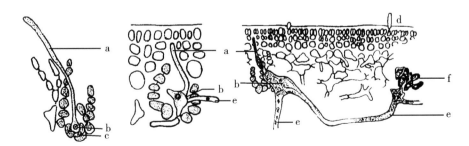

a. 示受精丝;b. 果胞;c. 支持细胞;d. 产孢丝;e. 连接管;f. 果孢子囊

图 2-22 蜈蚣藻果孢枝的结构

(引自郑柏林等,1961)

的营养细胞形成)也互相分离。卵受精后,果胞产生连接管,由此管把合子核输送至辅助细胞内,同样再由辅助细胞生出产孢丝,形成果孢子囊,产生果孢子(图 2-23)。

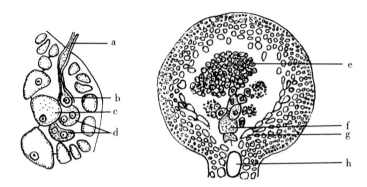

a. 示受精丝;b. 果胞;c. 辅助细胞;d. 果胞枝;e. 果孢子囊;f. 产孢丝;g. 滋养细胞;h. 中轴细胞

图 2-23　海头红果孢子体的结构

(引自郑柏林等,1961)

红皮藻目 Rhodymeniales 的果胞枝由 3 或 4 个细胞组成,果胞枝与两个辅助细胞生在同一支持细胞上(辅助细胞在卵受精前已形成)。卵受精后,果胞枝的细胞融合成多核胞,由多核胞产生产孢丝,继而形成果孢子囊和产生果孢子(红皮藻 *Rhodymenia*);或由支持细胞、辅助细胞和辅助母细胞愈合而成一个大而不规则的胎座细胞,由胎座细胞生出产孢丝,继而形成果孢子囊,产生果孢子(环节藻属 *Champia*)(图 2-24)。

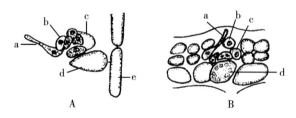

A. 环节藻;B. 错纵红皮藻

a. 受精丝;b. 辅助细胞;c. 辅助母细胞;d. 支持细胞;e. 纵丝

图 2-24　红皮藻目果胞系

(引自郑柏林等,1961)

仙菜目 Ceramiales 的果胞枝由 4 个细胞组成,卵受精后,果胞枝的支持细胞分裂形成辅助细胞,产孢丝由辅助细胞生出。产孢丝的所有细胞(或仅顶端细胞)发育形成果孢子囊,产生果孢子(图 2-25)。

7) 内壁孢子(statospore)是金藻特有的一种生殖细胞。内壁孢子形成时,运动的藻体停止运动,脱去鞭毛,内部原生质体分化成中央和边缘两部分,液泡和储藏物油都集中到边缘的原生质内。二者之间,最初产生一层原生质膜,后来渐渐分泌硅质,最后形成一个开口的、硅质化的、由两瓣组成的壁。以后,边缘的原生质,逐渐消失或再由此开口流入壁内,待孢子成熟时此开口又被硅质封闭。孢子壁光滑或有突起(点状、刺状、带状等),开口

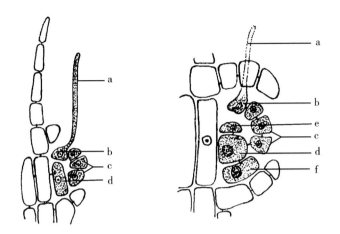

a. 示受精丝;b. 果胞;c. 果胞枝细胞;d. 支持细胞;e. 辅助细胞;f. 基部不育丝体原始体

图 2-25 弯茎多管藻

（引自 G. M. Smith,1955）

的地方有的有一圈突起的边缘。孢子萌发时,开口部分的细胞壁先融解,原生质体如变形虫状自开口流出,生出鞭毛,发育成新藻体。也有一些物种的内壁孢子在离开孢子囊之前分裂,产生 2～4 个或更多的游孢子(图 2-26)。

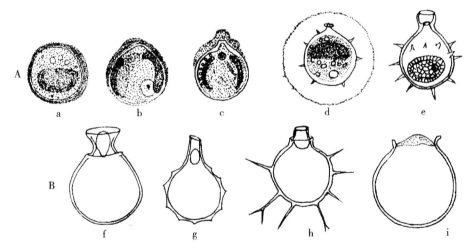

A. a～e 示凹糟赭胞藻内壁孢子的形成;B. f～i 示金藻内壁孢子的各种形态

图 2-26 内壁孢子的形成及形态

（引自 G. M. Smith,1955）

8）内生孢子(endospore)及外生孢子(exospore),这是在蓝藻中由于产生孢子的方式不同所产生的不动孢子。

内生孢子,如瘤皮藻 *Deromcarpa sufflta* Setch&Dardn,细胞为球形,聚生,由胶质包被成半球状内壁孢子群体。孢子的产生是由藻体细胞发育成一个近球状的孢子囊,在孢子囊内由原生质体经多次分裂产生圆球状的孢子。

外生孢子,如管孢藻 *Chamaesiphon curvatus* Nordst,藻体单细胞,呈棒形、柱形或梨形,单生或群集,无胶质包被。孢子产生时,由藻体细胞发育成孢子囊,孢子在孢子囊顶部开口处成熟,成熟的孢子呈念珠状逐个释放(似出芽生殖,孢子不在孢子囊内成熟,图 2-27)。

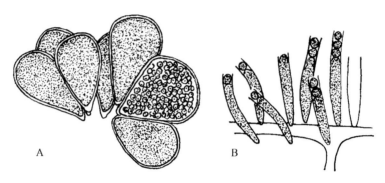

A. 太平洋皮果藻(×510)内生孢子;B. 层生管孢藻(×900)外生孢子

图 2-27　内生孢子及外生孢子

(引自 G. M. Smith,1955)

9) 异形胞(heterocyst)是蓝藻特有的一种细胞。在丝状体蓝藻中,除了颤藻科(Oscillatoriaceae)以外的物种,都能产生比一般的营养细胞大些、具有明显厚壁的细胞,通常是由营养细胞的变态所产生的。细胞壁厚,外层为一薄层果胶质,内层含较厚的纤维素。异形胞的细胞质均匀没有颗粒。异形胞能产生内生孢子,内生孢子能发育成新丝体(图 2-28)。

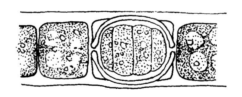

图 2-28　*Anabaena hallensis*(Jancz.)Born. And Flah. 的异形胞

(引自 G. M . Smith,1955)

3. 营养生殖(vegetative reproduction)

营养生殖主要是指多细胞藻体的部分细胞不产生生殖细胞,不经有性过程,离开母体后能继续生长,直接发育成新的藻体的一种生殖方式。营养生殖实质上是通过母细胞直接或有丝分裂产生子代新个体(按照营养生殖的定义,单细胞海藻由细胞直接分裂的生殖方式,属于营养生殖范畴)。丝状体蓝藻有的是以藻体断裂或藻体分成数小段来进行营养生殖,断裂的藻体或分成小段的丝状体彼此离开各成一新的丝状体。颤藻科的物种是依靠丝体直接断裂来进行营养生殖,断裂是由于丝体中个别细胞的死亡所产生的。另外具有异型胞的物种,丝体被异型胞分隔成数小段(藻殖体或称连锁体 hormogonia),每一小段丝体构成一个生理单位,由异型胞处分离后成为新的丝体。绿藻门丝藻目的物种,丝体断裂是普遍的繁殖方式,每段丝体可能只包含几个细胞,但都能生长成一新藻体。蕨藻属 *Caulerpa* 的营养枝分离后,可以成为独立的个体。伞藻属 *Acetabularia* 藻体的假根多年生,每年由假根发生出不同生理性质的直立枝,直到第三年才生出生殖枝,完成其生活史(环)。褐藻门物种的营养生殖,在大型海藻中是较为明显的,马尾藻属是热带、温带藻类,在较冷的海区,冬季只留藻体基部一小部分,夏天由基部再生长出新的藻体。生活在马尾藻海的漂浮马尾藻,藻体断裂是其唯一的、能保持物种长期生存的生殖方式。黑顶藻 *Sphacelaria fucigera* Kg. 能产生具有二叉或三叉的繁殖枝(propagu-la),这些小分枝脱落后附着于基质上,长成新的藻体(图 2-29)。在红藻门中,江蓠 *Gracilaria verrucosa* (Huds.)Papenf. 的夹苗半人工增养殖生产,石花菜 *Ge-lidium amansii* Lamx 切段再生育苗等,都反映这些物种的藻体具有断裂再生的能力。

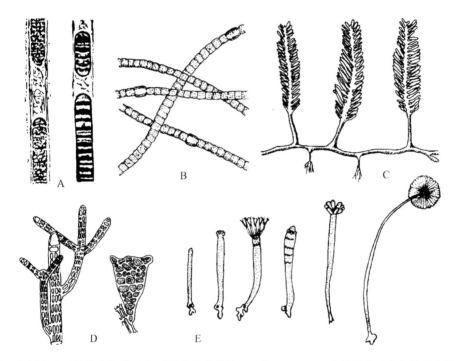

A. 鞘颤藻由于丝体中细胞死亡而形成的藻殖体;B. *Anabaena* sp. 由异形胞而产生的藻殖体;
C. *Caulerpa* sp. 的营养枝;D. *Sphacelaria* sp. 示繁殖枝
E. *Aectabularia* sp. 由假根发生开始,发育成成体的生长过程

图 2-29　营养生殖的类型

(A,B,C,D 引自 H. C. Bold,1978;E 引自 R. E. Lee,1980)

(二) 有性生殖(sexual reproduction)

有性生殖是生物体通过产生生殖细胞,由生殖细胞间融合或交配繁殖子代的一种生殖方式。如果在一定的时间内,生殖细胞之间不能进行适合的融合或没有适合配偶交配,它们就会死亡。由于海藻藻体结构复杂程度不同、所处系统进化的序位不同,海藻的有性生殖有多种形式。但基本上可分为两种类型:配子生殖和卵式生殖。

1. 配子生殖(gametogony)

配子生殖在海藻有性生殖方式中为最原始、最简单的方式,配子(gamete)是由藻体(双倍体)体细胞转化成配子囊母细胞,经减数分裂后产生,或由藻体(单倍体)体细胞直接转化成配子囊母细胞产生配子。通常配子的形态为梨形,具有 2 根鞭毛。但由于物种产生的配子在形态、生理机能上不同,又分为"同配"和"异配"两种类型。来自同一个母细胞所产生的配子间的结合谓之"同宗配合"(homothallic,雌雄同体 monoecious);来自不同母细胞所产生的配子间的结合谓之"异宗配合"(heterothallic,雌雄异体 dioecious)。

(1) 同配生殖(isogamy):交配的配子在形态、大小和生理机能等方面完全相同,无法分辨性的区别,它们之间的配合谓之同配生殖。绿藻门中较多的物种都具有这种生殖方式。如衣藻属中大多数物种的有性生殖是同配生殖。衣藻产生的配子其形态与母细胞相同。通常把其他物种产生的、在形态上与衣藻的配子相似的配子通称为"衣藻型"配子。这种生殖方式在黄藻门、褐藻门的物种中都有出现(图 2-30A)。

(2) 异配生殖(anisogamy):交配的配子在形态、大小和生理机能等方面不相同,它们之间的配合谓之异配生殖。在异配生殖中有两种情况,一种是配子的形态、大小相同,但有生理机能性的差别。如石莼 *Ulva lactuca* L. 的配子,它们的形态、大小没有差别,但同

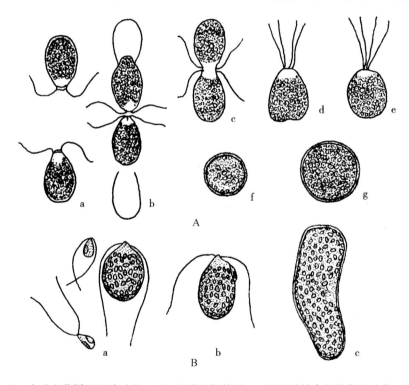

A. 史氏衣藻同配生殖过程:a,b. 配子互相接近;c,d. 配子结合的早期和晚期;
e. 4 鞭毛的合子;f,g. 幼期及成熟的合子

B. 刺海松异配生殖过程:a. 雌、雄配子;b. 雌、雄配子结合;c. 合子开始萌发

图 2-30　同配及异配生殖过程

(引自 G. M. Smith,1955)

一个体产生的配子不能配合，只有不同个体产生的配子之间才能配合(异宗配合)。这说明石莼的配子已出现生理机能上的差别，已发生了"性"分化，可能是有性生殖"性"别差异的原始阶段的重现。另一种是交配的配子在形态上相同，但有大小区别，亦有生理机能性的差别，是一大一小两个配子之间的配合。通常把活动能力弱的大配子作为雌配子(male gamete)，活动能力强的小配子为雄配子(female gamete)。刺海松 *Codium fragile*(Sur.) Hariot 的有性生殖属于这种类型。刺海松雌、雄配子由藻体皮层的囊状体(utricles)侧面产生配子囊，经减数分裂而产生。刺海松雌、雄配子来自不同的配子囊。这说明刺海松产生的配子不仅有性别差异，而且发生了"性"的形态上的变化(图 2-30B)。

2. 卵式生殖(oögamy)

卵式生殖是分化显著的异配生殖。相结合的雌、雄配子高度特化，其大小、形态和性表现都明显不同。雌配子已失去鞭毛和运动能力，体内贮存了许多营养物质而增大了体积，形成球状的"卵"(egg)；雄配子体积较小，但仍保留着鞭毛，并有较强的运动能力，称为"精子"(sperm)。卵和精子融合为受精卵。最后由受精卵直接或间接发育成新的下一代个体。如褐藻中的鹿角菜 *Pelvetia siliqose* Tseng *et* C. F. Chang，精子囊和卵囊长在特殊的生殖托的生殖窠内，雌雄同体。卵囊内含有两个纵分或斜分的卵；精子囊生长在由生殖窠内壁长出的分枝上，每个分枝上常有 3 个精子囊。成熟的卵球状，无鞭毛；精子较小，长有 2 根侧生、不等长的鞭毛。精、卵交配成合子，继而发育成新的藻体(红藻的受精作用比较特殊，由于精子在精子囊内，不能游动；卵在果胞内，果胞如瓶状，瓶颈为受精丝。精子在水流的带动下，漂浮至受精丝顶部。黏着后精子即破囊而出，顺着受精丝进入果胞与卵融合授精)。虽然这种生殖方式更多的是出现于多细胞物种(红藻、褐藻)之中，但在单细胞物种衣藻属的球形衣藻 *Chlamydo-monas coccifcar* 中亦存在，这说明自同配生殖到卵式生殖的进化，不一定与藻体机构的复杂性的增进相关联(图 2-31)。

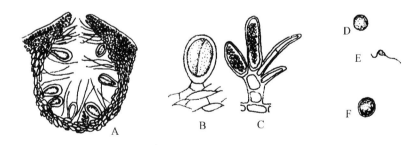

A. 生殖窠；B. 卵囊；C. 精子囊；D. 卵；E. 精子；F. 合子

图 2-31　鹿角菜卵式生殖过程

(引自曾呈奎等，1962)

五、生活史(life history)及世代交替(alternation of generations)

生活史是指任何一个有生命的个体从其获得生命开始直至生命结束(死亡)的整个历史，包含了生物个体发育变化的全过程(生活环)。

虽然藻类的个体结构比高等植物的个体结构简单，但是在整个植物界系统发育和分类系统中,包含了绿藻门等 12 门,这不同门的生命个体以及同一门中不同的生命个体(物种),其结构同样是复杂和多样的,有从原始的原核生物到真核生物,物种形体上有从单细胞体到群体和多细胞体,它们的繁殖类型也有不同;另外,海藻作为海洋中主要的初级生产者,它们分布在阳光能够透过的水体中,占有不同的生态环境,各有其独有的生活习性。因此,海藻的生活史是多样的。

蓝藻门 Cyanophyta 中的物种和单细胞原绿藻 *Prochloyon* sp. 都是原核生物。它们没有有性生殖,只有简单的细胞分裂繁殖。在它们的个体发育变化的全过程中,藻体形态在细胞分裂复制后代之前没有发生任何质的变化。因此,它们的生活史是最简单的。同样依靠无性繁殖——简单的细胞分裂来繁衍后代而完成生活环的真核单细胞海藻,它们的生活史也是最简单的,如原球藻 *Protococcus* sp. 。

法国人 A·帕舍尔等发现 *Chlamydomonas pertusa*,*P. paradoxa*,*P. botryedes* 几种衣藻的合子常常变成特殊的形状,并有游动 10 天以上的能力,形同独立的个体。这反映了在具有有性生殖能力的海藻物种的生活史中发生了质的变化,出现了在有性生殖过程中的藻体细胞核相交替和产生了细胞核相不同的单倍体(配子体 gametophyte)和双倍体(孢子体 sporo-phyte)藻体。这两种核相不同的藻体在生活史中有规律地互相交替出现的现象谓之世代交替(图 2-32)。由于不同种的海藻在生活史中出现的配子体和孢子体的形态,大小,构造的复杂性、显著性,生活期限以及能否独立生活等方面的差异,在海藻的生活史中基本上出现有两种世代交替类型,即等世代交替(同型世代交替 isomor-phic alter-nation generations)和不等世代交替(异型世代交替 heteromorphic generations)。

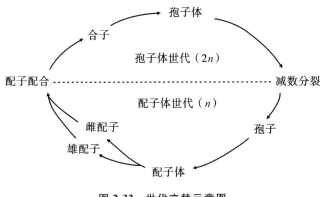

图 2-32 世代交替示意图

具有有性生殖能力的海藻的生活史较为复杂,依据生活史中有几种类型的海藻个体、体细胞为单倍或二倍染色体,以及有无世代交替,它们的生活史可分为两种基本类型,即单体型生活史和双单体型生活史。

(一)单体型生活史

在生活史中只出现一种类型的藻体,没有世代交替的现象,根据藻体体细胞为单倍或二倍染色体,又分为以下两种类型。

1. 单体型单倍体生活史(单元单相 H^h)

具有单体型单倍体生活史的物种,其藻体细胞是单倍体(n),有性生殖时,体细胞直接转化成生殖细胞,仅在合子期为双倍体($2n$),合子萌发前经减数分裂,产生新的单倍体藻体(n),生活史只有核相交替而没有世代交替,如衣藻 *Chlamydomonas* sp. 的生活史(图 2-33)。

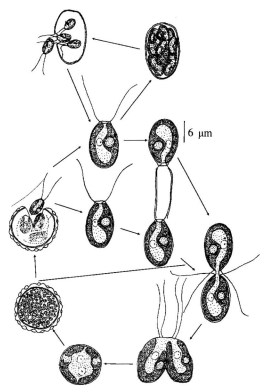

图 2-33　摩氏衣藻的生活史

(引自 R. E. Lee, 1980)

衣藻属于绿藻门衣藻科。藻体为单细胞,球形或卵形,前端有两根等长的鞭毛,能游动。细胞内有 1 个大型的包含有 1 个淀粉核的杯状色素体,在鞭毛的基部有 2 个伸缩泡,靠近细胞前端一侧有 1 个红色的眼点,细胞核位于杯状色素体中央的原生质中。

衣藻的生殖方式既有无性生殖又有有性生殖。衣藻体细胞是单倍体(n)。无性生殖时,通过细胞有丝分裂直接来完成或产生游动孢子直接发育成新的单倍体衣藻,新产生的衣藻体细胞可以继续分裂产生新的后代。有性生殖时,体细胞转化成配子囊,1 个配子囊产生 8 个、16 个或 32 个配子(同配、异配或卵配,如 *Chlamydomonas eugametos* Moewus),配子与体细胞同形,两个配子由配子的前端接触交配(这是由于衣藻鞭毛的末端积聚有性激素物质起的作用,Hart-mann,1955;Wiese,1965),形成 1 个具有 4 根等长鞭毛能游动的合子($2n$)。然后,失去鞭毛,细胞壁增厚,转化成 1 个具有厚壁的休眠孢子。休眠孢子有抵御不良环境的能力。休眠孢子经过减数分裂($2n \rightarrow n$)萌发产生 4 个新的单倍体衣藻。从而完成了这一类型的生活史。

通常认为在衣藻的生活史中只出现一种类型的藻体(单倍体衣藻)。二倍体合子没有发育成另一个二倍体藻体,其营养性功能,尤其是光合作用,是集中在单倍体衣藻期,所以在衣藻的生活史中只有核相交替没有世代交替的现象(法国人 A. 帕舍尔等认为具有 4 根等长鞭毛能游动的合子可能是二倍体个体)。

2. 单体型二倍体生活史(单元双相 H^d)

具有单体型二倍体生活史的物种,其藻体细胞是双倍体($2n$),有性生殖时,藻体细胞经减数分裂后,产生生殖细胞(n),合子不再进行减数分裂,直接发育成新的双倍体($2n$)藻体。在生活史中同样只有核相交替而没有世代交替,如马尾藻 Sargassum sp. 的生活史。

马尾藻属于褐藻门褐子纲马尾藻科。藻体为大型多细胞体(二倍体),有类似"茎"、"叶"的构造,有放射状分枝,以固着器固着在低潮间带、潮下带的海底岩石上,藻体上生有很多气囊,能增加藻体在海水中的浮力,有利于藻体在海水中直立,随着海流在海水中摆动。

马尾藻藻体一旦断裂,离体的部分就在海水中漂浮,能继续生活,但不能进行有性生殖。著名的"马尾藻海"(Sargasso Sea)就是断裂后离体的马尾藻在海水中漂浮,被北大西洋环流携带汇集而成的。在马尾藻海最繁盛的是一种漂浮马尾藻 Sargassum natans(L.)Meyen,至今没有发现有性生殖,是依靠唯一的营养繁殖——藻体断裂使物种长久生存下去。

马尾藻的有性生殖方式是藻类有性生殖中较为复杂的类型之一——卵式生殖。雌雄同体或异体,卵及精子由特殊结构的生殖托产生。进入生殖期的藻体在"叶"腋处生出生殖托,由生殖托的表皮细胞演变成生殖窝,卵囊在生殖窝的壁上产生,有 1 个柄细胞埋在壁内,卵囊内只有 1 个单核细胞。在卵形成过程中,细胞核首次分裂为减数分裂,后接连两次有丝分裂,产生 8 个细胞核,但成熟的卵只有 1 个核,其他 7 个核在卵成熟前退化消失了。1 个卵囊只产生 1 个卵(n)。精子由精子囊产生,精子囊由生殖窝的隔丝基部分枝细胞形成,细胞核首次分裂也是减数分裂,后接连多次分裂,产生 64 个精子(n)。成熟的精子梨形,有 2 根侧生的不等长的鞭毛,短者在前,长者在后。精子和卵可在同一个生殖窝或不同的生殖窝内产生。成熟的精子和卵分别从破裂的精子囊和卵囊中逸出,精子游向卵,由鞭毛处与卵接触,并带动卵转动,最后精子钻入卵内结合成合子($2n$)。合子直接萌发成新的藻体。在马尾藻的生活史中,与衣藻同样也只有核相交替而没有世代交替(精子和卵为单倍染色体)。与衣藻不同的是马尾藻体细胞是二倍体(孢子体)。

褐藻中的鹿角菜 Pelvetia siliquosa Tseng et C. F. Chang(图 2-34),绿藻中的羽藻 Bryopsis sp.,松藻 Codium sp. 和硅藻 Diatom 中的一些物种都属于这种类型的生活史。

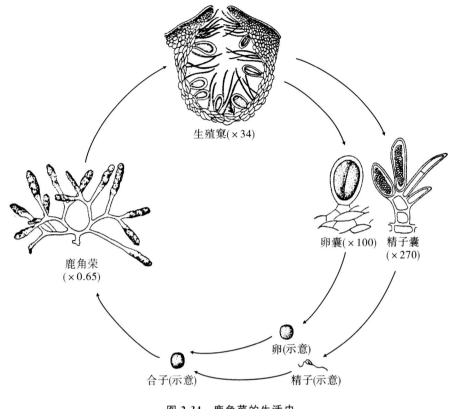

图 2-34 鹿角菜的生活史

(引自曾呈奎等,1962)

(二) 双单体型生活史(双元双相 D^{h+d})

具有这种生活史的海藻,在其个体发育变化的全过程(生活环)中不仅有核相交替还有两种个体形态的藻体交替出现(世代交替)。根据两种个体的形态、大小、显著性、生活期长短以及能否独立生活,又分以下类型。

1. 等世代型(双元同形 D^{l}, h+d)

具有这种生活史的海藻,在其生活史中个体形态、大小、显著性完全相同(在外形上无法区分),都能独立生活的两种藻体(孢子体($2n$),配子体(n))交替出现,即多细胞二倍体世代和多细胞单倍体世代的交替。如绿藻中的石莼 *Ulva lactuca* L.,浒苔 *Entermorpha porlifera*(Muell.)J. Ag.,刚毛藻 *Cladophora fascicularis*(Mert. *ex*. C. Ag.)Kutz.;褐藻中的水云 *Ectocarpus arctus* Kuetz.(*E. confervoides*),网地藻 *Dictyota dichotoma*(Huds.)Lamx. 等物种都具有这种生活史。

红藻中的大多数物种的生活史亦属等世代型。但红藻生活史中除出现有相同形态的孢子体和配子体外,在配子体上面还产生果孢子体(囊果)。石花菜 *Gelidium amansii*(Lamx.)Lamx,多管藻 *Polysiphonia urceolata* Grev.,江蓠 *Gracilaria uerrucosa*(Huds.)Papenf 等物种都持有这种生活史。

现以石莼为例,图解其生活史(图 2-35)。

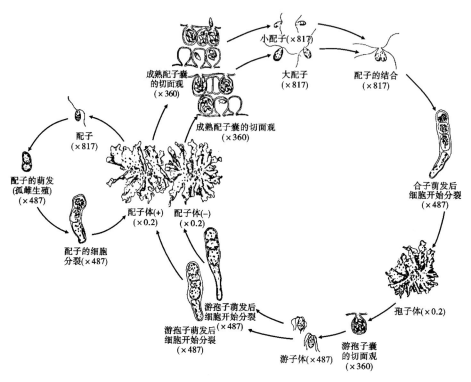

图 2-35　石莼的生活史
(引自曾呈奎等,1962)

石莼属绿藻门石莼科。藻体为两层细胞结构的叶状体,长可达 50 cm,鲜绿色。藻体以固着器固着在潮间带的岩石海底上。孢子体($2n$)成熟时,叶状体除基部固着器以外的所有细胞都能转化成孢子囊母细胞,孢子囊母细胞的细胞核经首次减数分裂后,连续有丝分裂,产生 8 个游孢子(n),游孢子梨形,前端有 4 根等长的鞭毛。游孢子脱离孢子囊游动一段时间后附着,2 天后开始萌发,长成配子体(n)。配子的产生方式如同孢子,在形态上也相同,但只有两根等长的鞭毛,一个配子囊产生 16～32 个配子。接合的配子形态、大小相同(同配),但来自不同的配子体,同一配子体产生的配子是不能交配的(雌雄异体)。配子结合后的合子($2n$)2 天后开始萌发,长成孢子体。

配子体有时也能进行孤雌生殖。

2. 不等世代型(双元异形 D^h,h＋d)

不等世代型是在藻体生活史中出现的孢子体和配子体两者在外形上有明显的差别。存在两种情况:一种是孢子体大于配子体;一种是配子体大于孢子体。

(1) 孢子体大于配子体:褐藻门中的海带 *Laminaria japonica* Aeesch、昆布 *Ecklonia kurome* Okam、裙带菜 *Undaria pinnatifida*(Harv.)Sur. 等物种都具有这种生活史。

现以海带为例,图解其生活史(图 2-36)。

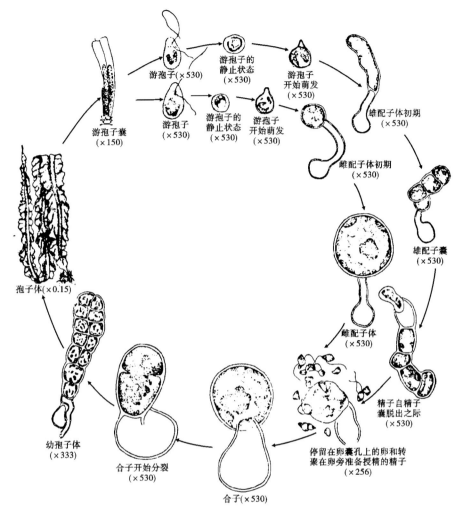

游孢子囊（×150）

游孢子（×530）

游孢子的静止状态（×530）

游孢子开始萌发（×530）

游孢子（×530）

游孢子的静止状态（×530）

游孢子开始萌发（×530）

雄配子体初期（×530）

雌配子体初期（×530）

雄配子囊（×530）

雌配子体（×530）

精子自精子囊脱出之际（×530）

停留在卵囊孔上的卵和转聚在卵旁准备授精的精子（×256）

孢子体（×0.15）

幼孢子体（×333）

合子开始分裂（×530）

合子（×530）

图 2-36　海带的生活史

（引自曾呈奎等，1962）

　　海带属褐藻门海带科。藻体（$2n$）多年生，大型，可明显地区分为固着器、柄和叶片三部分。柄和叶片的内部构造大致相同，可分为三层组织，外层为表皮，其内为皮层，中央为髓部。此外，柄和叶片都有由外皮层细胞分化而成的黏液腔，通过表皮层向体表分泌黏液。成熟的藻体橄榄褐色，一般高 2～4 m（最高可达 6 m），宽 20～30 cm（最宽可达 50 cm）。生长在潮下带或低潮带水深 0.5～1.0 m 的石沼内。

　　生殖期开始，由叶片表皮细胞转化成孢子囊（母细胞）和隔丝，后者有保护孢子囊的作用。孢子囊集生成群，不规则分布在叶片的两面。一年生海带的孢子囊通常生于叶片的下部，两年生海带除叶片边缘外，孢子囊群几乎遍布于叶片的两面。孢子囊母细胞（$2n$）在产生孢子之前首先进行减数分裂，后又连续有丝分裂，产生 32 个游孢子（n）。游孢子梨形，有 2 根侧生的、不等长的鞭毛，长者在前，短者在后。成熟的游孢子从孢子囊顶部开裂口逸出，游动数小时后，遇到适宜的基质即附着萌发为丝状的雌、雄配子体（n），配子体细胞具有色素体,都能独立生活。雄配子体为多细胞丝状体,在产生雄配子之前,整个细胞转化为无色的精子囊,其内含物全部形成一个精子。精子梨形,也有 2 根侧生的、不等长的鞭毛,前长、后短。雌配子体为单细胞体,球形(在人工培养条件下或受温度、阳光的影响下,会出现由几个细胞组成的雌配子体),转化成卵囊后呈上尖下圆的形态。卵囊全部内含物形成一个卵。成熟的卵从卵囊顶端的小孔挤出后停留在卵囊顶端,不离开卵囊等待受精。受精后的卵(合子,2n)继续留在卵囊顶端,不经休眠就继续分裂,萌发成幼孢子体。

(2) 配子体大于孢子体类型:囊礁膜 *Monostroma angicava* Kjellm. 具有这种生活史(图 2-37)。

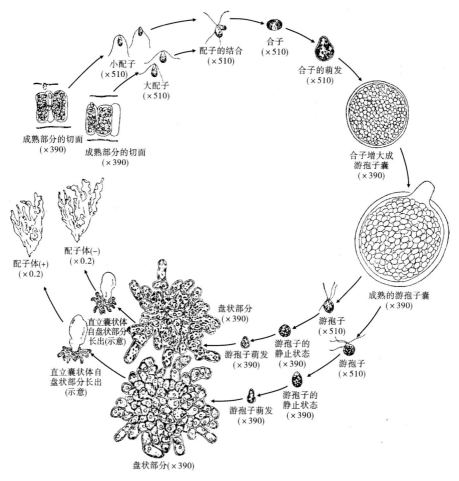

图 2-37　囊礁膜的生活史
(引自曾呈奎等,1962)

囊礁膜属绿藻门礁膜科。藻体为单层细胞结构的裂片状叶状体(幼体为长囊状,一般在体高 1~4 cm 时即开始纵裂而呈裂片状)。藻体黄绿色至绿色,高为 15~22 cm(最大可达 26 cm),体厚为 25~35 μm。以固着器固着在潮间带的沙砾、泥滩或岩石海底上。

囊礁膜藻体为单倍配子体,有性生殖时先由藻体边缘细胞分化为配子囊,配子囊母细胞经多次有丝分裂,产生 16～32 个有 2 根等长鞭毛、梨形的配子。成熟的配子离开配子囊后,不久即结合成合子($2n$,接合的配子来自不同的藻体,配子虽然有相同的外形,但有大小和性的区别。这种类型的有性生殖称为"似配")。合子不经休眠,萌发成一个大而球状的单核的孢子体($2n$),并直接分化成游孢子囊,在产生游孢子之前经减数分裂,后接着数次有丝分裂,通常 1 个游孢子囊产生 32 个具有 4 根等长鞭毛、梨形的游孢子(n)。成熟的游孢子离开孢子囊后萌发成有"性"别差异的配子体。

　　研究海藻的生活史,也就是海藻个体发育变化的全过程,不仅对海藻分类学有重要意义,对持续开发利用海藻生物资源亦有重要的实用价值。礁膜属 *Monostroma* 原属石莼科。Kunieda(1934)和 Moewus(1938)分别发现礁膜的生活史中有一个小形的、单核、单细胞的孢子体(二倍体)与一个大形的、多细胞的配子体(单倍体)的世代交替。之后,礁膜属才与石莼科分离,成立了礁膜科。另外,壳斑藻 *Conchocelis* sp. 是由巴达斯于 1892 年创立的,1949 年特鲁发现紫菜 *Porphyra* sp. 果孢子萌发为丝状体,钻入鸡蛋壳和软体动物贝壳而成为壳斑藻。但长期以来,藻类学家还是认为壳斑藻是一个独立的物种,直到 1954 年中国藻类学家曾呈奎、张德瑞等在研究紫菜生活史中再次确认壳斑藻是紫菜生活史中的一个阶段之后,才被世界藻类学家所公认。同时,也为紫菜的人工养殖打开了大门。海带 *Laminaria japonica* Aresch. 的人工养殖,同样是在中国藻类学家曾呈奎、吴超元等对海带生活史的深入研究,掌握了孢子放散并生长成小海带的条件,才使原属北温带的物种不仅能在中国北方海区大规模人工养殖生产,还南移到亚热带的福建沿海人工养殖生产,从而使中国成为世界上生产海藻量最大、生产技术最先进的国家。

六、藻类植物的进化和系统发育

　　1836 年,W·H·哈维根据藻类植物的体色把藻类植物分为褐藻、红藻、绿藻和硅藻四类。当初依据藻类植物体色这一宏观性的分类特征分类,虽然是一种形态性的,但已被后人证明是基本合乎自然系统的。因为藻类植物的体色是其所含色素的体现,而所含色素又与光合作用密切相关,故是基本的特征。

　　中国学者认为色素是最基本的特征,可能比细胞有无真核更为基本。藻类植物细胞含有不同的色素,而不同的色素组成标志着进化的不同方向,是分门的主要依据。藻类的色素主要有四类:叶绿素、藻胆蛋白、胡萝卜素和叶黄素。

　　所有藻类都含有叶绿素 a 和光合作用系统 Ⅱ,并能利用水作为氢的供体,在光合作用中释放出氧气;β-胡萝卜素也普遍存在于藻类,只是在隐藻门数量较少而已。此外,蓝藻门、红藻门和隐藻门还含有藻胆蛋白,隐藻门、甲藻门、黄藻门、金藻门、硅藻门和褐藻门含有叶绿素 c,原绿藻门、裸藻门、绿藻门和轮藻门含有叶绿素 b,红藻门有的物种则含有叶绿素 d。少数藻类在演化过程中营腐生或寄生生活,逐渐失掉叶绿素,成为没有色素的藻类。

　　中国学者在此基础上,提出把光合生物划分为 4 个亚界(图 2-38):① 光合细菌亚界;② 红蓝植物亚界;③ 杂色植物亚界;④ 绿色植物亚界。并把藻类分为 12 个门:蓝藻门 Cyanophyta,红藻门 Rhodophyta,隐藻门 Cryptophyta,黄藻门 Xanthophyta,金藻门 Chrysophyta,甲藻门 Pyrrophyta,硅藻门 Bacillariophyta,褐藻门 Phaeophyta,原绿藻门 Chloroxybacteriaphyta,裸藻门 Euglenophyta,绿藻门 Chlorophyta 和轮藻门 Charophyta。

　　图 2-38 表示光合生物的演化进程和各门藻类在演化进程中所处的阶位。图中"原始鞭毛藻"是假设的原始藻类;另一种假设的"原杂藻"是一种比隐藻还要原始的种,类似隐藻,但具有藻胆蛋白和叶绿素 c,属于原核植物。有人认为这种假设种有可能在将来会像原绿藻那样被发现。在此之前,Pascher(1914,1931)在长期的实验和对不同藻类与鞭毛类研究的基础上,确定了单元起源的藻类门的平行发展理论。认为现今的藻类在发育系统中是平行的,它们之中每一个发育系统都是从原始鞭毛类开始。从鞭毛类产生了细胞样的藻类类型,并由此产生了较高等的有组织的丝状的或者其他形状的藻体构造。

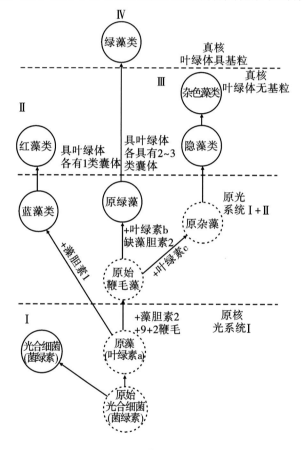

图 2-38　光合生物的演化

(引自《中国大百科书》,1991)

　　藻类化石是地质时期藻类生物的遗迹(图 2-39)。对于探索藻类的起源与进化亦可提供直接或间接的证据。但是,藻类进化的各关键阶段的关键物种并没有以化石形态被保存下来。这也是人门在认识藻类的起源与进化方面至今仍在探索的缘故。

　　关于藻类植物的进化和系统发育的问题,至今仍然是模糊不清的。对于各门藻类是独立地发生的还是从若干公共的祖先世系所发生的问题的回答是推测的,人们是从各门藻类共有的生理和形态上的特征,推测它们可能曾经有过一个在细胞结构上是初级型的祖先族系。藻类共同的生理上的特征是具有光合作用制造食物的能力、有形成酶的能力、

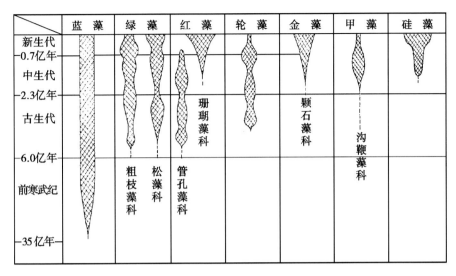

图 2-39　主要藻类化石的地史分布

（引自《中国大百科书》,1991)

在渗透作用中的共同特征以及对于外界刺激的反应方面的相似性;它们中的大多数又有共的细胞形态上的特征,例如,原生质分化成细胞质和细胞核、光合作用的色素在质体中的定位以及核质的性质上的分工。

至今人们还不可能解答藻类中哪一个门是第一个进化的。蓝藻门在细胞的构造上和群体机构方面是比较简单的,但是并不能认为它们是最先出现的。在蓝藻门、隐藻门、甲藻门、黄藻门、金藻门和硅藻门中,在植物体的进化方面进展很少,而且,它们的生殖器官是简单的。褐藻门和红藻门已经达到了一种高级藻类水准的程度,两者中的某些种类都有一种比较大型的、外部形态复杂而具有某些组织化的植物体。可是无论是红藻还是褐藻,似乎都不能演化成一个真正的陆生植物。在绿藻门中没有像红藻门与褐藻门中所见到的那样复杂的藻类,但在绿藻门中有与真正的陆生植物相同的色素存在,以及两者的光合作用的最终产物是淀粉等事实,使人们有理由推测:比藻类更高级的全部绿色植物可能都是由绿藻门进化来的。

迄今为止,人们通常认为:藻类中的真绿藻纲在种系发生上与苔藓植物和较高等的植物有关系。蓝藻和其他藻类门既不与绿藻门有亲缘关系,也不与高等的植物有亲缘关系,而是表现完全独立的发展路线,它们是与绿藻平行发展的,并且停留在叶状体植物的体制上。

原绿藻为原核生物,只有与绿藻相同的色素成分,它在藻类进化和系统发育中的地位是值得藻类专家关注的。

第三章 蓝藻门 Cyanophyta

第一节 一般特征

蓝藻门包含了非常古老、细胞结构又很特殊的物种种群,与其他门中的物种有明显的区别,更区别于高等植物。蓝藻细胞核没有核膜、核仁,仅有核质集结在细胞的中央区,没有完整的细胞核结构,被称为原核生物;蓝藻细胞没有色素体细胞器;蓝藻藻体结构简单、生活史中没有有性繁殖和具鞭毛的生殖细胞。

蓝藻 Cyanophyta 的名称,最初是由 Sachs(1874)建议采用的。至今,蓝藻门包含大约有 150 个属,1 500~2 000 种。

蓝藻门绝大多数物种是淡水种和陆生种,海生种较少。

据《中国海洋生物种类与分布》(2008)记载,中国海域内已记录的蓝藻物种有 48 属 131 种;而《中国海洋生物名录》(2008)记载为 42 属 99 种。两者都是记录了迄今为止中国海域内出现的"全部"海洋蓝藻的物种名录,但在属、种数量上有着明显的差异。

一、外部形态特征

蓝藻门物种的外部形态都很简单。少数物种在细胞分裂后,子细胞立刻分离而成为单细胞体。单细胞物种具有不同的形态,如圆球形、椭球形、柱形、卵形、棒形、镰刀形等,这些形态特征和藻体大小在同一个物种内是稳定的。更多的物种是在细胞分裂后,子细胞被胶质包裹而成为非丝状的或丝状的群体。

非丝状群体的形态是根据细胞分裂的形式不同而产生的。如群体内的细胞分裂,若分裂面是向两个方向进行,通常形成有一层细胞厚的片状群体或一个中空的球状群体。若分裂面是向三个方向进行,并且分裂顺序十分规律,可形成一个立方形群体;但更多的是分裂顺序不规律,群体内的细胞排列是不规律的(图 3-1)。

丝状群体是细胞分裂始终按一个方向进行,子细胞不分离,依靠相邻细胞的细胞壁相连而形成的。丝状群体中的 1 列细胞被称为一条藻丝(trichome),藻丝外面通常被胶状物质的胶质鞘(sheath)所包被,藻丝和胶质鞘合称为藻体。藻体内可包含 1 条或多条藻丝。一条藻丝内的细胞的直经可以是一致的,也有的藻丝向其一端或两端逐渐狭小。大多数藻丝是不分枝的,也有少数藻丝是分枝的。有的在藻体内的多条藻丝呈假分枝状排列,这是由于藻丝的游离端在生长过程中通过其胶质鞘的缘故(图 3-2)。

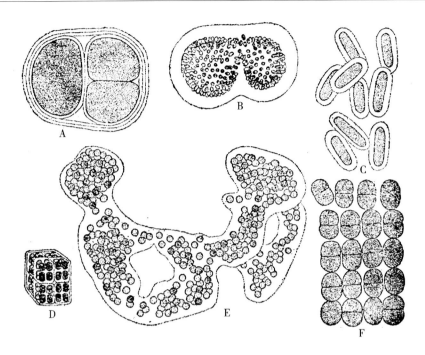

A. 膨胀蓝球藻 *Chroococcus turgidus* Nägeli（×825）；B. 纳氏腔球藻 *Coelosphaerium*

naegelianum Unger.（×400）；C. 线胞黏杆藻 *Gloeotheca linearis* Nägeliet（×1000）；

D. 高山迭球藻 *Eucapsis alpina* Clements *et* Shantz.（×250）；E. 铜色多胞藻 *Polycystis*

aeruginosa Kützing（×400）；F. 美片藻 *Merismopedia elegans* Barun *ex* Kutzing（×1000）

图 3-1　非丝状蓝藻群体

（引自 G. M. Smith 1955）

群体周围的胶质被是很完全的，但随着群体内细胞的衣鞘的完善和发展，就意味群体
结构的解体，而向丝状体方向演化。

以上这些形态特征，是蓝藻分属的重要依据。

二、细胞学特征

1. 细胞壁

在光学显微镜下观察蓝藻的细胞壁是由两层组成，内层为固有膜，外层为胶质鞘
（sheaths）。有些物种两层细胞壁的界线不明显。在电子显微镜下观察蓝藻细胞壁（固有
膜）有 4 层（LⅠ～LⅣ），LⅠ 和 LⅢ 为透明层（electron-transparent），LⅡ 和 LⅣ 为不透明层
（electron-opaque；Drews，1973）。细胞壁主要是由肽葡聚糖（黏肽 peptidoglycan）组成，最
内层（LⅠ）与原生质质膜紧贴，最外层（LⅣ）表面有隆起的脊和水泡状凸起（图 3-3）。胶质
鞘紧贴细胞壁，胶质为果胶化合物，由原生质体产生，通过固有膜上的孔（Toman，1951，
1955）分泌出来集结而成。胶质鞘内面较坚固，含有一定量的纤维素（Kylin，1943）。胶质
鞘有的有层纹，有的没有层纹。一些浮游生活的物种，胶质鞘没有层纹而且透明，含水量

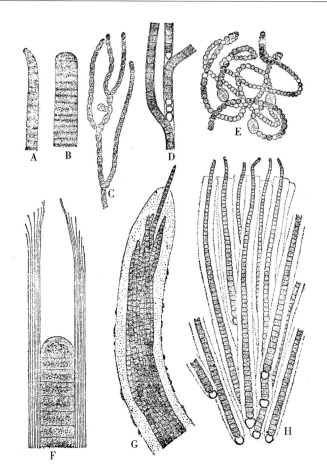

A. 美丽颤藻 *Oscillatoria formosa* Bory de Saint-Vincent *ex* Gomont（×650）；
B. 泥污颤藻 *O. limosa* Agardh *ex* Gomont（×650）；C. 裂片拟珠藻 *Nostochopsis lobatus*
Wood.（×650）；D. 小单歧藻 *Tolypothrix tenuis* Kützing（×375）；E. 捲曲项圈藻
Anabaena circinalis（Kütz.）Rabenborst *ex* Bornet *et* Flahault（×400）；F. 紫管藻
Porphyrosiphon notarisii Kützing *ex* Gomont（×600）；G. 膜状微鞘藻 *Microcoleus*
vaginatus（Vaucher）Gomont *ex* Gomont（×300）；H. 硬皮胶须藻 *Rivulariadura* Roth
ex Bornet *et* Flahaulst（×485）

图 3-2　丝状蓝藻群体

（引自 Smith 1955）

高,不经特殊技术处理是很难分辨的。很多物种的胶质鞘是无色的,但有一些物种的胶质
鞘是有色的,如黄色、棕色、红色或紫蓝色,胶质鞘呈现黄色、棕色是由于有褐绿素（fusco-
chlorin）和褐红素（fuscorhodin）的混合所致,呈现红色或紫蓝色是由于有黏球藻素的缘故
（Kylin,1943）。胶质鞘的形态结构也是蓝藻分类的依据。

2. 原生质体

蓝藻的原生质体分化为中央无色部分和周围的有色部分,这两部分之间没有定形的
膜。中央无色部分即含有核质,具有核功能的中央体（central body）;中央体以外是具有同

图 3-3 电子显微镜下蓝藻细胞壁结构示意图

(引自 R. E. Lee,1980)

化色素的有色部分,称为色素质(chromoplasm)。色素质通常是一种细致的泡沫机构,包含有许多小球形的或不规则形的颗粒体,其中的大多数可能是储藏物质,具有还原酶系统的酶颗粒(Drews 和 Niklowitz,1956)主要分布在靠近横壁处。原生质体内没有线粒体,也没有真正的植物液泡,有些物种具有假液泡(pseudovacuoles)或气泡(gas vacuoles)。

3. 细胞核

蓝藻没有真核生物所持有的细胞核结构,仅在细胞中央体含有嗜碱性物质,即核质,能行使类似真核生物细胞核的功能。核质在细胞中央体内并非均匀地分布,而是有类核染色体和不同类型的颗粒体。Drews 和 Niklowitz (1956)认为,在细胞中央体内弥散分布的核糖核酸分为 3 种不同的颗粒:①多数呈网状连结,具有脱氧核糖核酸小颗粒;②含有磷的较大的颗粒;③位于周围含有磷脂类化合物的小颗粒。核质实际上是一种三维网状结构体。

4. 假液泡

营浮游生活的蓝藻物种(腔球藻属 Coelespharrium、项圈藻属 Anabaena、微囊属 Microcystis 和顶孢藻属 Gloeotrichia)通常具有假液泡。在低倍显微镜下观察,假液泡呈强折光而不规则的较大的黑色物体;在高倍显微镜下,假液泡呈红色、深红色,这种情形可能是一种折光现象。压力或部分真空可以促使假液泡消失。由于假液泡内含有气体,能使在水域内营底栖性或在基质表面生活的物种上浮到水面,因此,如果此类蓝藻大量聚集在水体表面,就能形成"水华"。

5. 色素体及色素

蓝藻细胞内没有像真核藻细胞的色素体,光合色素分散在色素质内。但在电子显微镜下,能观察到色素质内含有亚显微的片层(lamellen,图 3-4),这些片层有规则的排列(Niklowitz 和 Drews,1957),群集成类似于真核藻细胞色素体的类囊体。

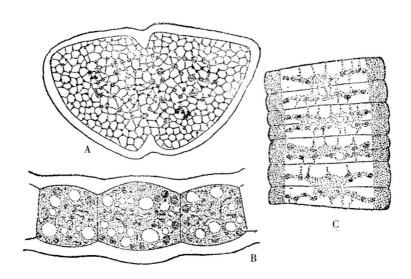

A. 膨胀蓝球藻 *Chroococcus turgidus* Nägeli；B. *Anabacna circinalis* (Kützing) Rab. 的细胞
构造及分裂；C. 大颤藻 *Oscillatoria orinceps* Vauch. 的细胞构造及分裂

图 3-4　蓝藻不同物种的细胞结构

（引自 G. M. Smith，1955）

蓝藻色素有叶绿素类的叶绿素 α，类胡萝卜素类的 β-胡萝卜素，叶黄素类的角黄素、海胆烯酮、番茄红素、蓝藻叶黄素、玉米黄素等，藻胆蛋白的藻蓝蛋白、藻红蛋白和别蓝藻蛋白。

蓝藻中不同的物种由于所含色素成分和色素比例的不同，呈现出多种色彩，有草绿色、蓝绿色、橄榄色、黄色、橘红色、红色、粉红色、紫红色、紫色、棕色及黑色等。不同物种蓝藻的色彩并非完全由光合色素来决定，胶质鞘所含的色素对蓝藻呈现色彩也有重要作用。

6. 储藏物质

最初发现蓝藻色素质内含有大小和形态不同的颗粒，特别在生殖细胞内大量出现，而在生长旺期的细胞内和处在黑暗的环境中一段时间后，这些颗粒会逐渐消失。这种现象说明了这些颗粒的大多数是光合作用产物（贮藏物质）。部分藻类学家认为：分布在色素质内所有的颗粒的化学组成并不是同一的。其中，有些是与淀粉十分相似的碳水化合物，称为蓝藻淀粉（cyanophycean starch；Kylin，1943）；有些光合作用产物是肝糖类物质，利用鲁哥氏液（碘-碘化钾溶液）可使该物质染成棕褐色，肝糖类物质可转化为肝糖蛋白。这些贮藏物质的不同显色反应实际上是葡萄糖分子连接方式以及聚合分子数量的差异决定的。在电子显微镜下观察，色素片层之间有多糖颗粒（Fuhs，1963），色素质边缘有由脂蛋白形成的蓝藻素颗粒（可用中性红染色）。生活在富营养环境内的物种能产生类核染色体颗粒（Prat，1923），在含硫的环境中生活的物种就会有含硫的颗粒。

7. 蓝藻的运动

蓝藻门物种没有鞭毛和纤毛，但有一些物种却有一定的运动能力，尤其是颤藻科 Oscillatoriaceae 物种：有些物种能在胶质鞘内伸缩运动，丝体可以伸出胶质鞘外，也可缩入胶质鞘内，从而使自身位移；有些物种丝体能左右摆动，还能在基质表面上爬行，如在杯中水体内培养的颤藻往往能沿着杯壁爬出水面。

对于蓝藻运动的解说，一种理论是由于藻体细胞的收缩和膨胀，通过细胞壁上有一定组织排列的孔道释放胶质而引起的；另一种理论则认为，在丝体壁的表面产生平行排列的蛋白质微丝，由于微丝在附着基质表面上做顺着丝体纵向收缩摆动，在附着基质的反作用力下，导致丝体呈波浪形运动，使整个藻体向前滑动（Haifen，1973）。

三、蓝藻的繁殖

蓝藻门没有有性繁殖，只有最简单的细胞分裂、营养繁殖和通过产生各种特殊细胞来繁衍后代。

1. 细胞分裂

蓝藻的细胞分裂没有像真核细胞有丝分裂那样的复杂过程，分裂开始，由细胞中部的细胞壁向细胞腔内产生新的细胞壁，初生如环，环形新壁逐渐向细胞中央延伸，最后把原细胞分隔成两个子细胞。蓝藻的这种分裂方式称为直接分裂。这是蓝藻繁殖的主要方式。

2. 营养繁殖

非丝状群体的营养繁殖是一种偶然的机会，只有当群体的胶质包被破裂时才出现。如果群体的胶质包被是柔软而有溶解趋向的，在其分离成 2 个或多个子群体以前，该群体不可能生长成为大体积群体（如蓝球藻属 *Chroococcus*，图 3-1A）；如果群体具有强韧胶质包被（如腔球藻属 *Coelosphaerium* 图 3-1B），该群体胶质包被破裂通常分成较小的群体。

丝状群体的营养繁殖是在丝体不可能无限伸长的情况下出现的：一是由于动物的摄食、丝体内细胞的死亡、丝体内细胞间较弱的黏附而引起丝体折断；二是由于丝体内产生异形胞（Heterocysts，图 3-5F、G、H），异形胞自身就可作为生殖细胞；三是许多盘形、圆柱形细胞的丝状体能在丝体内产生若干个短的丝体分段，即藻殖体（Hormogonia，图 3-5D），而在藻殖体端细胞间往往形成双凹形的分离盘（图 3-5D）。

藻殖体由少数几个细胞（或较多的细胞）组成，具有比营养丝体更强的运动能力，藻殖体形成不久，就能运动离开营养丝体，生长成新的丝体。藻殖体是丝状群体的一种重要的繁殖方式。

3. 孢子繁殖

蓝藻门不产生具有鞭毛或纤毛的能运动的生殖细胞，只产生非运动性孢子。

（1）厚壁孢子（Akinete），又称为休眠孢子（Resting spore）：这种孢子包含了原有细胞的细胞壁和原生质体，是由原有细胞转化而成。孢子形成的开始是细胞有所增大、营养物质的积累和细胞壁的加厚。丝体的每个细胞都可能转化成厚壁孢子，但有的物种的厚壁孢子发生在丝体一端或异形胞的邻近。厚壁孢子可以由丝体中的一个细胞单独形成，也可由相邻的几个细胞同时转化而成。厚壁孢子有抵御不良环境的功能。当环境适宜时，孢子立即发育成新的营养丝体。厚壁孢子萌发开始于孢子原生质体的一次横裂，并能在孢子壁未破裂以前连续几次横裂,很少是在孢子壁破裂以后原生质体开始横裂,或尚未横裂的原生质体从孢子壁裂口挤出来。很多物种的厚壁孢子发育的幼丝体是能运动的。

（2）内生孢子(Endospores,图 3-5A)：蓝藻细胞的原生质体在细胞壁内不断分裂,形成小形的团块,并充满在细胞壁内,小形的团块就是内生孢子,原细胞壁就成为孢子囊壁。内生孢子的细胞壁是新生的,这与绿藻门有些物种产生不动孢子的过程是相类似的。管孢藻目 Chamaesiphonales 所有物种都能产生这种孢子。

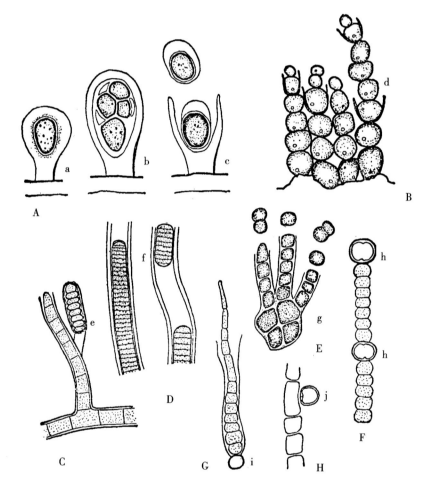

A. 一种皮果藻 *Dermocarpa incrassata* 内生孢子的形成(a、b、c)；B. 多形管胞藻 *Chamaesiphon polymorphus* 外生孢子的形成(d)；C. 惠氏藻 *Westiella lanosa* 丝体上的一个藻殖体孢子(e)；D. 具有藻殖体的颤藻(f)；E. *Desmosiphon maculans* 的游离细胞(g)；F. 念珠藻的顶生、间生的异形胞(h)；G. 胶须藻 *Rivularia* sp. 基部的异形胞(i)；H. 拟念珠藻 *Nostochopsis* sp. 的侧生异形胞(j)

图 3-5　蓝藻的不同繁殖方式

(引自 B. Fott,1971)

（3）外生孢子(Exospores,图 3-5B)：同样是由蓝藻细胞的原生质体在细胞壁内不断分裂,形成小形的团块,即外生孢子。与内生孢子产生方式不同之处是外生孢子是在原生质体远轴一端不断产生的,而不像内生孢子由整个原生质体在最后同时形成孢子。管孢藻属 *Chamaesiphon* 的外生孢子是在原生质体远轴端,发生一连串的分裂所形成的。

(4) 异形胞(Heterocysts,图 3-5F、G、H):异形胞是由营养细胞的变态所发生的,其细胞壁的构造、原生质体内透明内含物等都与营养细胞和其他类型的孢子有所区别。异形胞通常是由丝体内一个细胞单独形成,少数属的物种也可由相邻的几个细胞同时形成。一些物种的异形胞是生在顶位的,另一些物种的异形胞是胞间位的。异形胞被认为是具孢子性质的,能萌发成新的丝体,与厚壁孢子不是同功能的。异形胞的功能与厚壁孢子的形成有一定的关系,厚壁孢子通常在一个异形胞的邻接处发生(如筒孢藻属 *Cylindrospermum*);异形胞与丝体断裂有关,有促成藻丝体营养繁殖的作用;另外,异形胞可能与藻丝体真、假分枝的发生也有一定的关系。异形胞同时也是蓝藻固氮的主要场所。

四、生态分布及意义

蓝藻门的物种具有极大的适应性,这与蓝藻细胞壁外被有胶质鞘有关,能抵御不同的环境变化,可以在其他门藻的物种通常所不能忍受的环境条下生活,从赤道到两极,从海洋到陆地,从江河、湖泊、洼地到高山地带,从水温高达 $85℃$ 的温泉水域到雪地冰川,地球上许多角落都有蓝藻不同物种的分布。因其对酸性环境耐寒能力较弱,通常分布于 pH 大于 4 的环境。

蓝藻的生活习性是多样化的。有的物种能在水体内漂浮;有的物种能附着或定生在水生动、植物体表或水体底质表面;有的物种能生活在陆地阴湿的岩石上、树干上及土表或土壤中;少数物种还能生活在植物体内,如与菌类共生为地衣(Lichen)。

海洋生活的物种,其中营定生生活的,大多数分布在中潮带区域。蓝藻和细菌共同组成复杂的成层的垫状结构——"藻垫",藻垫对盐田防止海水渗漏、提高产盐的质量和产量有重要作用,也是红树林、盐湖群落中的重要组成种群。生活在红树林和开放的潮间带海域,可育和不育的异形胞蓝藻团块具有较高固氮酶活性,而且生活在阳光充足环境下的固氮产物要比在阴荫环境下高(Potts,1979)。

营浮游生活的物种在近海、大洋都有分布。红海是由于红海束毛藻 *Trichodesmium erythraeum* Ehr. 大量生长引起海水呈现红色而得名的。此种蓝藻在中国各海域都有发现,也是引起赤潮的物种之一。在非洲西海岸,蓝藻是引起赤潮的主要物种(Aleem,1989)。太平洋夏威夷海域的林氏水鞘藻 *Macrocoleus lyngbyaceus* Kuetz. 具有一定的毒素,不仅能使鱼类中毒,也能引起人的皮肤反应,这种蓝藻在中国沿海仅在青岛海域发现。海洋生活的螺旋藻 *Spirulina* sp. 近年来被开发为人们的保健食品,已进行了工厂化生产。

第二节　分类及代表种类

至今,藻类学界对蓝藻门、纲以下的分类还没有统一的认识:Geitler(1932)、Fritsch(1942)、Desikachary(1959)、Bourrelly(1970)、Pandey(1979)和 Lee(1980)等学者在纲以下分五个目:蓝球藻(色球藻)目 Chroococcales、管孢藻目 Chamaesiphonales、瘤皮藻(宽球

藻)目 Pleurocapsales、念珠藻目 Nostocales 和多列藻(真枝藻)目 Stigonematales。《中国海洋生物名录》采用了这一分类系统。《中国海洋生物种类与分布》增加了颤藻目 Oscillatoriales。Fott(1971)则分四个目:蓝球藻目 Chroococcales、瘤皮藻目 Pleurocapsales、皮果藻目 Dermocapsales 和段殖藻目 Hormogonales。G. Smith(1950)、Papenfuss(1955)以及 H. C. Bold 和 Wynne(1978)等在蓝藻纲以下分为三个目:色球藻目 Chroococcales、管孢藻目 Chamaesiphonales 和颤藻目 Oscillatoriales。

　　H. C. Bold 和 Wynne 的分类系统主要根据藻体形态结构,但也重视蓝藻的繁殖类型。因此,是比较合理的,本书采用了该分类系统。

分目检索表

1. 藻体为丝状体。不产生内、外生孢子 ……………………………………… 颤藻目 Oscillatoriales
1. 藻体单细胞或非丝状群体 ……………………………………………………………………… 2
　2. 藻体单细胞或群体,正常繁殖为细胞分裂和群体断裂 ………………… 色球藻目 Chroococcales
　2. 藻体单细胞或群体,能产生内、外生孢子 ………………………… 管孢藻目 Chamaesiphonales

色球藻目 Chroococcales

　　藻体为单细胞或非丝状群体,群体呈球状、平板状或不定形,具个体或群体胶质鞘。个体胶质鞘有时溶化在群体胶质鞘中,胶质鞘无色或呈黄色、褐色、红色;细胞球形、椭球形、卵形、棒形等,无基部及顶部分化。细胞壁分内、外两层,内层紧贴原生质体,外层胶化;原生质均匀或具颗粒。

　　生殖方法通常是营养细胞的分裂,少数物种能在胶质包被中产生微孢子(nanocyte),不产生内生和外生孢子。

色球藻目分科检索表

1. 藻体单细胞或群体,没有原始(假)丝状体,没有假分枝 …………… 色球藻科 Chroococcaceae
1. 藻体为块状胶群体,原始丝状体,具堆积性假分枝 ……………………………………………… 2
　2. 藻体为原始丝状体,具堆积性假分枝 ……………………………… 原丝藻科 Tubiellaceae
　2. 藻体由小群体组成大群体,为块状胶群体 ………………………… 石囊藻科 Entophysalidaceae

色球藻科 Chroococcacea

　　藻体少数为单个细胞,多数为群体。群体呈球形、盘形、卵形、椭球形、平板形或不定形。多数群体胶质鞘较厚,常分层,无色或呈黄色、褐色、红色。鞘内细胞排列规则或不规则。细胞球形、椭球形、卵形、棒形等,少数为纺锤形;细胞内含物均匀或具颗粒,有或无假液泡。

　　繁殖为细胞分裂和群体断裂,分裂为单向、两向或三向;不产生内、外生孢子。

　　本科内大多数属、种在淡水中生活;少数为海生的物种,自由漂浮或附着生活。

色球藻科分属检索表

微囊藻属 *Microcystis* Küetzing,1833.

藻体通常由很多细胞结集成群体。群体外被有无色、质黏、均匀的胶质鞘。群体内细胞球形,排列很紧密。细胞内常有细小的颗粒或假液泡。生殖方法为细胞分裂,少数产生微孢子。

藻体自由漂浮或附着,多生于淡水湖泊和池塘中,温暖季度常大量生长而形成水华;海生物种较少,自由漂浮或附着生活。

在中国海域已报道有 2 种:鳞状微囊藻(害鱼微囊藻)*M. ichthyoblabe* Kützing 和铜锈微囊藻 *M. aeruginosa* Küetzing。

铜锈微囊藻 *Microcystis aeruginosa* Küetzing

藻体为囊状群体,内含许多细胞,排列很不规则,橄榄绿色(图 3-6)。幼期群体中实、球形或长圆球形,胶质鞘透明无色,没有层次;较老的群体胶质鞘革质化,常出现不规则的割裂而呈窗格状裂隙。群体内细胞球形或扁球形,直径为 $3\sim6~\mu m$,细胞内含物均匀,常有细小的假液泡。

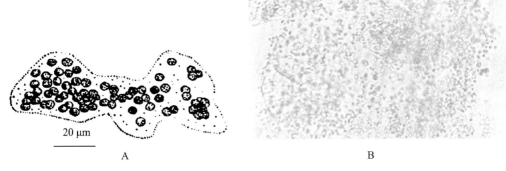

20 μm

A   B

图 3-6　铜锈微囊藻 *Microcystis aeruginosa* Küetzing 藻体外形

(A 引自华茂森,1985;B 引自 Tseng,1983)

本种为海生,分布很广,浮游性种,但也有附着生长的。本种采自中国的西沙群岛珊瑚礁湖内的中潮带至低潮带,附生在其他藻体上,且常与其他蓝藻共生。

隐杆藻属 *Aphanothece* Nägeli,1849

本属藻群体由少数或多数细胞聚集形成,呈不定形胶质块状。群体胶质鞘均匀、透明,边缘黄色或褐色。细胞棒状、椭球形或圆柱形,直或略弯曲。个体胶质鞘彼此融合,有时分层。大多数物种内含物无颗粒,浅蓝绿色或鲜蓝绿色。繁殖为细胞横分裂,也能产生微孢子。

目前,中国海域只报道 1 种。

栖石隐杆藻 *Aphanothece saxicola* Nägeli

本种藻体淡蓝绿色或黄绿色,细胞圆柱形,两端圆,直径为 1.5～2.5 μm;长为 4～6 μm,为直径的 2～4 倍。单个或成对。群体圆球形、椭球形或没有固定的形态,胶质鞘均质,无色、透明(图 3-7)。胶黏质状的群体在潮间带浅水内漂浮或附生在其他藻体上。主要分布在南海海域。

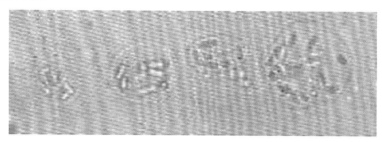

图 3-7　栖石隐杆藻 *Aphanothece saxicola* Nägeli 藻体外形
(引自 Tseng,1983)

色球藻属 Chroococcus Nägeli,1849

本属物种通常由 2～4 个细胞组成小群体或由更多的细胞组成较大的胶质群体或由小群体间凭借胶质鞘彼此相连而成膜状群体。群体有明显的胶质鞘,胶质鞘透明无色,厚薄不等,层次有或无。藻体细胞球形、半球形或椭球形,个体胶质鞘均匀或分层,细胞内含物均匀或具小颗粒,假液泡有或无,藻体灰色、淡蓝绿色、蓝绿色、橄榄绿色、黄色或红色等。

在中国海域已记载 5 种:膜状色球藻 *C. membraninus*(Meneghini)Nägeli、小型色球藻 *C. minor*(Kützing)Nägeli、膨胀色球藻 *C. turgidus*(Kützing)Nägeli、易变色球藻 *C. varius* A. Braun 和离散色球藻 *C. dispersus*(Keissler)Lemmermann。

膨胀色球藻 *Chroococcus turgidus*(Küetzing)Nägeli［*Gloeocapsa turgidus*（Küetzing）Hollerbach］

藻体为小群体由 2～4 个细胞组成,直径为 30～40 μm。藻体内细胞半球形,每对细胞相向面扁平(图 3-8)。胶质鞘肥厚,层次明显。生活在低潮带,附生在礁石、死珊瑚和贝壳上,常与其他蓝藻混生。

本种为世界性种,海洋和淡水中均有分布。主要分布于黄海的山东省青岛、东海的福建省厦门、南海的西沙群岛等海域。

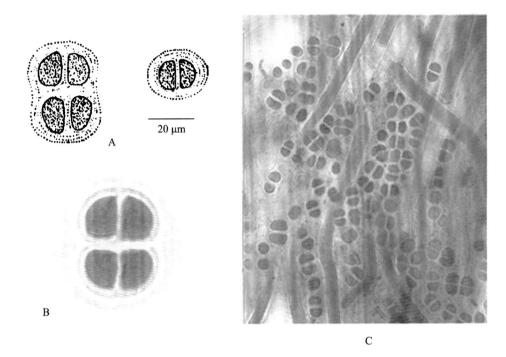

图 3-8 膨胀色球藻 *Chroococcus turgidus* (Küetzing) Nägeli 藻体外形

(A 引自华茂森,1985;B,C 引自 Tseng,1983)

小形色球藻 *Chroococcus minor* (Küetzing) Nägeli

藻体通常由 2 个(少数 4 或 8 个)细胞彼此成对排列组成的小群体。深蓝绿色或橄榄绿色。细胞球形或半球形,每对细胞的相向面扁平,直径为 3~4 μm(不包括胶质鞘),内含物均匀,颗粒体不易见到(图 3-9A)。胶质鞘很薄,无层次,透明无色。

小形色球藻在中国海域首次发现于南海西沙群岛礁湖内的中潮带至低潮带。为附生性种,并与其他蓝藻混生在一起。

易变色球藻 *Chroococcus varius* A. Braun

藻体通常由 2~4 个细胞(很少超过 4 个细胞)组成的小群体,直径为 6~9 μm。藻体内细胞球形,直径为 2.5~3.5 μm,内含物均匀,未见到颗粒体(图 3-9B)。胶质鞘中等厚度,向内贴近细胞处层次明显,向外微有层次。

本种分布于南海西沙群岛礁湖内的低潮带。附生在积有泥沙的死珊瑚枝上,常与其他蓝藻混生。

膜状色球藻 *Chroococcus membraninus* (Meneghini) Nägeli

藻体通常由 2~4 个细胞成对排列组成群体,直径为 8~12 μm,长为 12~14 μm,铅绿色或蓝绿色。小群体间凭借胶质鞘彼此相连而成膜状群体(图 3-9c)。细胞球形或半球形,直径为 3～8 μm。细胞内原生质中有极细的颗粒体。胶质鞘中等厚,为 2～3 μm,透明无色,没有层次。

本种分布于南海西沙群岛礁湖内的中潮带。常与其他蓝藻混生。

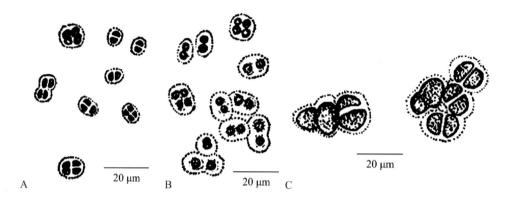

A. 小形色球藻 Chroococcus minor(Küetzing)Nägeli 藻体外形;

B. 易变色球藻 Chroococcus varius A. Braun 藻体外形;

C. 膜状色球藻 Chroococcus membraninus(Meneghini)Nägeli 藻体外形

图 3-9 色球藻属 Chroococcus 藻体外形

(引自华茂森,1985)

囊球藻属(束球藻属)Gomphosphaeria Küetzing,1836

藻群体微小,为球形、卵形、椭球形。群体胶质鞘薄,透明,无色,均匀,不分层。群体细胞 2 个或 4 个为一组,每个细胞均和一条柔软或较牢固的胶柄相连,每组细胞柄又相互连接,胶柄多次相连接至群体中心,组成一个由中心出发的放射状的多次双分枝的胶柄系统。

群体内细胞梨形、卵形,偶为球形,内含物均匀或具微小颗粒,无假液泡,淡灰色至鲜蓝绿色。

繁殖为群体断裂或细胞分裂。

海生物种通常附着在中潮带至低潮带的礁石或其他基质上,在中国海域只报道有 1 种。

圆胞囊球藻(湖泊囊球藻)Gomphosphaeria aponian Küetzing

藻体为由多数细胞组成的胶质状群体,球形或椭球形,直径为 37～65 μm。群体胶质鞘中等厚,无色透明,没有层次。群体内细胞梨形或倒卵形,直径(粗端)为 5～6.3 μm,长为 8～10 μm。通常成对排列,由 1 对或 2 对细胞组成小群体,小群体有自己的胶质鞘。小群体规则或不规则地排列在大群体的球面上,细胞的粗端向外,细端向群体中心,彼此间以(细端)胶质鞘相连,形成特殊的胶质鞘柄系统,多数为叉状分枝式。小群体间常有一定的间隔(1～3 μm)。细胞内含物均匀。蓝绿色或橄榄绿色(图 3-10)。

本种主要分布在西沙群岛礁湖内的中潮带至低潮带,附生在积有泥沙的礁石、死珊瑚上或营浮游生活。

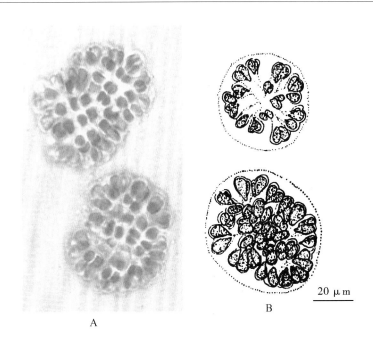

图 3-10 圆胞囊球藻(湖泊囊球藻)*Gomphosphaeria aponian* Küetzing 藻体外形

(A 引自 Tseng,1983;B 引自华茂森,1985)

平裂藻属 *Merismopedia* Meyen,1839

藻群体单层,群体内细胞有规则排列,细胞常两两成对,2 对组成 1 组,4 组成一小群,许多小群集合成平板状。群体胶质鞘无色,透明、柔软。个体胶质鞘不明显。群体内细胞球形或椭球形,内含物均匀,少数具假液泡或微小颗粒;多数呈淡蓝绿色至亮绿色,少数呈玫瑰色至紫蓝色。

目前,在中国海域只报道有 1 种。

银灰平裂藻 *Merismopedia glauca* (Ehrenberg) Nägeli

藻体海绿色或蓝绿色,细胞卵形、球形或椭球形(图 3-11),短径为 3.5 ～4 μm;长径为 5～6 μm,由于细胞从垂直的两个方向增殖,群体呈板面状(平面观)。在潮间带与其他藻类混生在一起。主要分布于黄海北部沿岸海域。

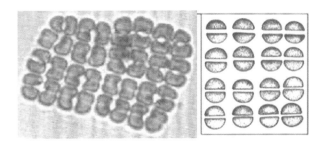

图 3-11 银灰平裂藻 *Merismopedia glauca* (Ehrenberg) Nägeli 藻体外形

(引自 Tseng,1983)

色盒藻属 *Chroothece* Hansgirg in Wittrock *et* Nordstedt,1884

藻体单细胞或由少数细胞组成群体,细胞椭球形。通常混生于其他丝状蓝藻之间。目前,在中国海域只报道有 1 种。

色盒藻 *Chroothece littorinae* Tseng *et* Hua

藻体蓝绿色,细胞椭球形,细胞短径为 10 ～13(15) μm,长径为 18～20 μm。通常单个细胞,繁殖时,形成 2 个子细胞群体。鞘厚为 3～5 μm,均质、透明(图 3-12)。

本种生活在潮间带,混生在席藻 *Phormidum* sp. 和鞘丝藻 *Lyngby* sp. 藻丝之间。

本种主要分布在海南岛沿海。

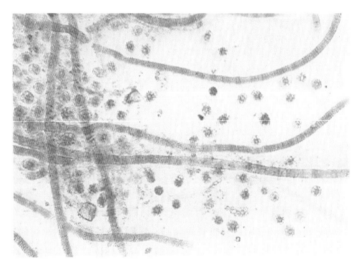

图 3-12　色盒藻 *Chroothece littorinae* Tseng *et* Hua 藻体外形

(引自 Tseng,1983)

集胞藻属 *Synechocystis* Sauvageau,1892

藻体为单细胞或由许多细胞聚集而成的小球形群体。细胞球形,刚分裂后为半球形,具一层极薄的、无色透明的胶黏质鞘,细胞内含物均匀,具微小颗粒,蓝绿色。细胞从两个面分裂。

在中国海域已发现有 2 种:水生集胞藻 *S. aquatilis* Sauvageau 和派氏集胞藻 *S. pevalekii* Ercegovic。

派氏集胞藻 *Synechocystis pevalekii* Ercegovic

藻体蓝绿色,单细胞,细胞圆球形,刚分裂后半球形,直径为 2.5～3 μm。单个细胞或 2 个细胞在一起(图 3-13)。生长在潮间带其他藻体中间。主要分布于黄海北部沿岸海域。

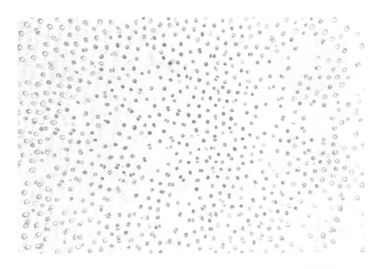

图 3-13　派氏集胞藻 *Synechocystis pevalekii* Ercegovic 藻体外形
(引自 Tseng,1983)

石囊藻科 Entophysalidaceae

藻体是由多个细胞组成的群体,群体细胞有的物种排成单列或放射状,以及排列成不规则多列或小群体假丝状;有的物种仅群体表面的细胞有假丝状的趋势或胶质鞘形成胶质柄,柄的顶端有 1 个或多个细胞。细胞球形、椭球形,少数圆锥形,个体胶质鞘有或无、胶质鞘宽或窄,明显分层或彼此融合。繁殖为细胞分裂或群体断裂。附着生长,有时漂浮。

石囊藻科分属检索表

1. 藻群体胶质鞘管(柄)状,叉状分枝,顶生 1 个或 1 群细胞 ················ 管鞘藻属 *Hormathonema*
1. 藻群由黏球藻状的小群体组成,具坚韧的胶质鞘,呈厚皮壳状 ··········· 石囊藻属 *Entophysalis*

管鞘藻属 *Hormathonema* Ercegovic,1929

藻群体胶质鞘呈管(柄)状,有较短的叉状分枝,分枝顶端有 1 个或 1 群顶生细胞,细胞呈球形、椭球形或其他不规则形状。

目前,在中国海域只报道有 1 个物种。

附钙管鞘藻 *Hormathonema epilithicum* Ercegovic

藻体具有明显的胶质鞘管状物,透明、无色或呈灰蓝绿色,较坚韧,不呈水解状态。胶质鞘管近乎直立或直立,附生在含钙基质的表面,有些则穿入基质中,高为 $100\sim400\ \mu m$。胶质鞘管基部较细小,直径为 $4\sim6\ \mu m$,向上逐渐粗大,可达 $10\sim20\ \mu m$;上端常有较短的叉状分枝,分枝顶端有一个顶生细胞,呈球形、椭球形或其他不规则形状,直径为 $8\sim12$ μm,长为 $8\sim23\ \mu m$(图 3-14)。生长在礁湖内中潮带附近,附生在贝壳上。

从标本正面只能看到藻体的顶生细胞;标本经脱钙处理后,在显微镜下才能观察到胶质鞘管,胶质鞘管从上到下有许多不规则的环状皱褶。

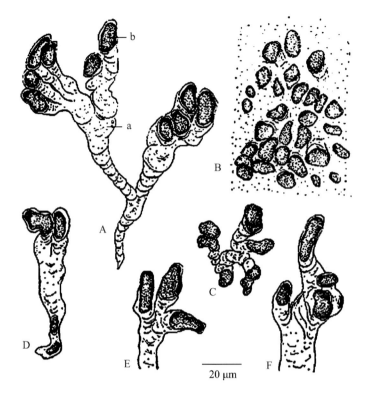

A：a. 示发达的胶质鞘管，b. 示胶质鞘管分枝顶端的顶端细胞；B，C. 藻体顶面观示顶端细胞；

A，D，E，F，藻体侧面观

图 3-14 附钙管鞘藻 *Hormathonema epilithicum* Ercegovic 的各种形态

（引自华茂森，1985）

石囊藻属 Entophysalis Kützing，1843

藻群体由许多黏球藻状的囊状小群体组成（每个小群体具 2～4 个细胞），外具有均匀的、坚韧的胶质鞘，呈厚皮壳状，宽可达 1 mm，暗褐色。小群体排列呈假丝体，或由小群体侧面相连形成扩展的一层向上产生许多垂直的假丝体。细胞球形，个体胶质鞘分层，无色、黄色或褐色。

目前，在中国海域只报道有 1 种。

颗粒石囊藻 Entophysalis granulose Kützing

藻体为胶质状群体，皮壳状，由许多较小的群体堆积而成。褐色或淡蓝绿色，群体内细胞圆球形、椭球形或略有棱角、不规则形状，直径为 2～5 μm。通常多个细胞由透明的胶质鞘包围成不规则形状的小群体，多个小群体堆积在一起形成具有假分枝状的大群体。胶质鞘透明、无色或黄色、褐色（亮黄色、淡黄色），可分成 2～3 层次（图 3-15）。生长在礁湖内中潮带，附生在岩石、贝壳上，厚度可达 1 mm。

本种在中国沿海均有分布。

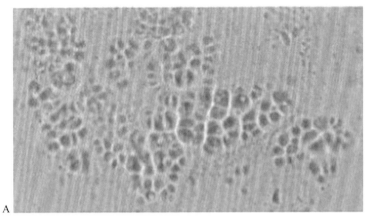

图 3-15　颗粒石囊藻 *Entophysalis granulose* Kützing 各种形态

（A 引自 Tseng,1983；B 引自华茂森,1985）

原丝藻科 Tubiellaceae

藻体为原始型的单列细胞丝状体,细胞间被透明胶质鞘相隔。丝体直或略有弯曲,分枝或不分枝。丝体内细胞扁球形或半球形。繁殖主要依靠细胞分裂和丝体断裂。

原丝藻科中唯一的一个属为拟丝藻属。丝状蓝藻的起源可能与原丝藻科有关,有可能成为色球藻目中最高级的一个科,其分类地位十分重要。

拟丝藻属 *Johannesbaptistia*（Gardner）J. de Toni,1927

属的特性与科相同。目前,中国海域只报道有 1 种。

透明拟丝藻 *Johannesbaptistia pellucida*（Dickie）Tayor *et* Drouet

藻体为原始型的单列细胞丝状体,直或略弯曲,一般长为 $60 \sim 250~\mu m$,直径为 $5 \sim 12.5~\mu m$,铜绿色或橄榄绿色。丝体细胞扁球形或半球形,常每 2 个细胞一组,成对排列,似色球藻状(图 3-16)。细胞分裂面限于与丝体纵轴垂直,致使丝体总是单列细胞。细胞间被 $0.5 \sim 2~\mu m$ 透明胶质鞘相隔,形成假丝状形态。丝体内细胞直径为 $4\mu m$,高为 $2 \sim 4$ μm(不包括胶质鞘),顶端细胞外侧面钝圆形。胶质鞘透明、无色、没有层次,部分呈水解状态。细胞具有个体胶质鞘。繁殖主要依靠丝体断裂。生活在中潮带至低潮带上部位,附生在沼池中的泥沙底的表面,与色球藻、颤藻、鞘丝藻等多种蓝藻混生在一起。主要分布于南海西沙群岛海域。

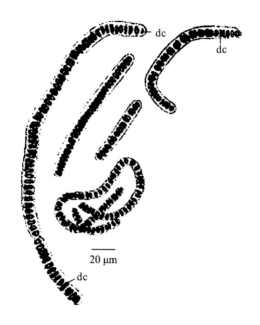

图 3-16　透明拟丝藻 *Johannesbaptistia pellucida*（Dickie）Tayor *et* Drouet 藻体外形（dc 表示死细胞）

（引自华茂森,1985）

管孢藻目 Chamaesiphonales

藻体为单细胞或多细胞不定形的壳状群体,或略为规则的假丝状体,具顶端和基部的分化。有的物种细胞体侧面相连成非丝状的"薄壁组织"。细胞壁厚、坚固或黏质,细胞间无原生质联丝,不具异形胞和藻殖体。繁殖可产生内生孢子和外生孢子。

管孢藻目分科检索表

1. 藻体附着生长 ………………………………………………… 皮果藻科 Dermocarpaceae
1. 藻体寄生或穿贝生长 …………………………………………………………………… 2
　2. 丝体内细胞形状不规则,呈圆球形、方形或三角形,通常有棱角 ………… 宽球藻科 Pleurocapsaceae
　2. 丝体内细胞由基部的近球形向上逐渐转为椭球形至长椭球形 ………… 蓝枝藻科 Hyellaceae

皮果藻科 Dermocarpaceae

藻体单细胞或聚生成丛,具顶部和基部的分化。细胞球形、梨形、圆柱形、棒形,基部具胶柄或胶盘,壁厚,分层,少数薄而胶化。孢子囊细胞由 3 个面分裂,少数从 1 个面分裂而产生 2～32 个内生孢子。内生孢子由孢子囊顶端破裂逸出,少数由整个壁溶解释放。

皮果藻科分属检索表

　1. 藻体细胞长棒形,内生孢子冲破孢子囊顶壁而释出 ……………… 皮果藻属 *Dermocarpa*
　1. 藻体细胞球形或卵形,孢子囊壁全部溶解后释放孢子 ……………… 立毛藻属 *Stanieria*

皮果藻属 *Dermocarpa* P. L. Crouan & H. M. Crouan,1858.

藻体单细胞或组成群体,呈球形、卵形或梨形。

繁殖时只产生内生孢子,内生孢子由孢子囊顶壁释出。附着生长在其他藻体表面。

在中国海域报道有 3 种:堆积皮果藻 *D. acervata* (Setchell *et* Gardner) Pham-Hoang
Ho [*Xenococcus acervatus* Setchell *et* Gardner in Gardner]、硬毛皮果藻 *D. chaetomorphae*
(Setchell *et* Gardner) Silva [*Xenococcus chaetomorphae* Setchell *et* Gardner in Gardner]、
孤生皮果藻 *D. solitaria* Collins *et* Hervey。

孤生皮果藻 *Dermocarpa solitaria* Collins *et* Hervey

藻体通常单生,很少有数个聚生,鲜蓝绿色,呈棍棒状,基端直立附着。细胞长为 30～
75(87) μm,基端略细小,直径为 5～8 μm;向顶端逐渐粗大,顶端呈钝圆形,直径为 8～16
μm(图 3-17)。藻体成熟时,细胞渐渐伸长,分成上、下两部分,下部延长成基柄,上部逐渐
膨大形成孢子囊,其原生质体以 3 个分裂面分裂成几个～20 多个原生质团,随即形成内生
孢子。内生孢子通常球形,有时略有棱角,直径为 5～6(8) μm。放散时内生孢子由孢子囊
顶壁释出,后形成新藻体。

本种分布在低潮带,附生在其他藻体上。中国海域仅在南海西沙群岛的东岛、广金岛
和琛航岛低潮带发现,该海域不仅数量多,而且藻体较大。

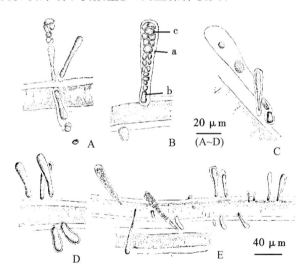

A～E. 藻体不同发育阶段时的形态:a.孢子囊;b.孢子囊柄;c.内生孢子

图 3-17　孤生皮果藻 *Dermocarpa solitaria* Collins *et* Hervey

(引自华茂森,1985)

立毛藻属 *Stanieria* Komárek *et* Anagnostidis,1986

藻体单个细胞或多个细胞在一起,细胞球形或卵形。孢子囊圆球形,孢子囊壁全部溶
解后释放孢子。目前在中国海域只报道有 1 种。

球形立毛藻 *Stanieria sphaerica* （Setchell *et* Gardnerf）Anagnostidis *et* Pantazidou［**球型皮果藻** *Dermocarpa sphaerica* S. *et* C.］

藻体单个细胞或多个细胞在一起，淡蓝绿色（图 3-18）。孢子囊圆球形，直径为 8～16 μm，内生孢子球形，由原生质体同时分裂形成，直径为 2.5～3 μm。孢子囊壁全部溶解后释放孢子。

该藻单个或多个附着在中、低潮带内鞘丝藻 *Lyngbya* sp. 的表面。主要分布于海南岛、西沙群岛海域。

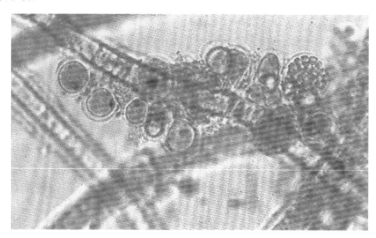

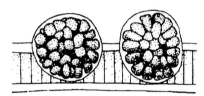

图 3-18　球形立毛藻 *Stanieria sphaerica* （Setchell *et* Gardnerf）Anagnostidis *et* Pantazidou

（引自 Tseng，1983）

宽球藻科（厚皮藻科）Pleurocapsaceae

藻体为由多细胞组成的群体，群体不定形或丝状体构成薄壁组织状、皮壳状、垫状等。丝状体单列或多列，分枝或不分枝，分枝多为双叉式或四叉式。有些物种分化成匍匐部和直立部，匍匐部蓝球藻状，直立部双叉式分枝或不分枝。有的物种直立部细胞排列疏松，有的小枝侧面相连成圆盘状或皮壳状。细胞球形、卵形、梨形，或因挤压而呈棱角，坚固或黏性的细胞壁厚，有时分层次。以内生孢子进行生殖。有的物种所有细胞都能形成孢子，有的只限于藻体基部、中部或顶部的细胞才能形成孢子。孢子囊往往比其他营养细胞大。

本科物种附生在其他藻体、水生被子植物、岩石等的表面上，或能在贝壳上穿孔生活在贝壳（碳酸钙）内。

胶枝藻属 *Dalmatella* Ercegovic，1923

藻体穿越贝壳或与其他蓝藻混生在一起。由匍匐部和直立部组成，由透明、无色、没有层次的胶质鞘包被，具叉状假分枝或不分枝。细胞双列或单列，形状不规则。

目前,在中国海域报道的仅有 1 种。

穿钙胶枝藻 *Dalmatella buaensis* Ercegovic

藻体由匍匐部和直立部组成,全部或部分地穿生在石灰基质内,蓝绿色。匍匐部的细胞色球藻状,球形或近球形;直立部呈丝状。胶质鞘透明,无色,没有层次。丝体长为 50～75 μm,直径为 7.5～15 μm,具双叉状假分枝或不分枝(图 3-19)。细胞双列或单列,形状不规则,侧面观呈圆球形、方形或三角形,通常有棱角;细胞直径一般为 2.5～5 μm,长为 3～7.5 μm.。

本种生活在中低潮带,附生或穿越贝壳,与附生管鞘藻 *Hormathonema epilithicum*、鞘丝藻 *Lyngbya* sp. 等混生在一起。主要分布于南海西沙群岛海域。

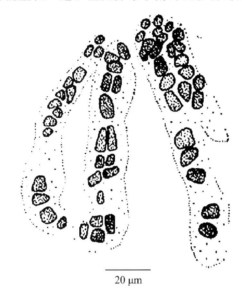

20 μm

图 3-19　穿钙胶枝藻 *Dalmatella buaensis* Ercegovic

(引自华茂森,1985)

蓝枝藻科 Hyellaceae

丝体内细胞近球形,椭球形生长,椭球形至长椭球形。藻体寄生或穿贝生长。

蓝枝藻属 *Hyella* Bornet *et* Flahault,1888

藻体丝状,单列或多列,有不规则分枝。繁殖时进行细胞分裂或产生内生孢子。寄生或与其他藻共生。

在《中国海洋生物名录》内,蓝枝藻属隶属于蓝枝藻科 Hyellaceae。

目前,在中国海域仅报道 2 种:单生蓝丝藻 *H. simplex* Chu *et* Hua 和簇生蓝丝藻 *H. caespitosa* Bornet *et* Flahault,后者为穿贝藻。寄生在贝壳上或其他石灰质基质上。

簇生蓝枝藻 *Hyella caespitosa* Bornet *et* Flahault

簇生蓝枝藻为穿贝藻,藻体丝状,寄生在贝壳上,初出现时为一种微小的青色斑点状,散布于贝壳的表面,以后逐渐扩大,其边缘部互相会合成大斑点,最后形成大块的蓝色、蓝绿色或黄绿色的膜状体,被盖在贝壳的表面。膜状体表面粗糙不平,往往有黏滑性(图 3-20)。

簇生蓝枝藻的丝体分初级丝体(表面丝体)和次级丝体(穿钙丝体)两部分。

初级丝体分布于贝壳表面,屈曲而互相缠绕,有单列或多列细胞,亦有许多细胞在丝体中的某一处所集成色球藻状的小团块。细胞直径为 5～6 μm,有时可达 10 μm。藻丝的胶质鞘往往有层纹。藻丝大都呈橄榄绿色或蓝绿色。

次级丝体在寄主体的钙质内伸展,一般由单列细胞所组成,但在基部处往往为多列,在丝体的侧面发生侧枝,有时作双分枝状,丝体末端部的细胞延长,有时可达 100～200 μm。细胞直径一般为 4～10 μm,长在 40～60 μm 之间。藻丝的胶质鞘无色,很厚。藻丝大都呈灰蓝色。

内生孢子囊间生或顶生。顶生的孢子囊较大,梨形或卵形,具有明显层纹的厚壁,能产生多个内生孢子,每个孢子的直径一般在 2 μm 左右。

这种蓝藻是世界性分布的穿钙蓝藻,在中国黄海沿岸中潮带的软体动物的贝壳上或其他动物的石灰质遗体上都能发现,也能与其他藻共生。在南海西沙群岛海域也有报道。穿钙丝体只能用 5％ 冰醋酸液或潘氏液处理 24 小时或更长的时间除去钙质,用水清洗后才能看到。

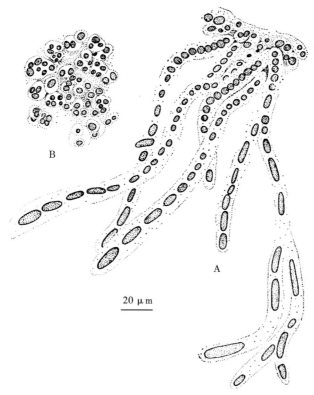

20 μm

A. 藻体侧面观,直立丝体有分枝;B. 为藻体匍匐部的顶面观,呈色球藻状的群体

图 3-20 簇生蓝丝藻 *Hyella caespitosa* Bornet *et* Flahault

(引自华茂森,1985)

颤藻目 Oscillatoriales

藻体为丝状体。繁殖时不产生内生孢子或外生孢子,而是形成藻殖体、异形胞或厚壁孢子。有的藻类学家根据藻丝体是否产生异形胞,而把颤藻目分为两个亚目(G. Smith,1950)。

颤藻科 Oscillatoriaceae

藻体为不分枝的单列丝状体,直形或螺旋状弯曲,单条或多条丝体在一起生活,胶质鞘有或无。丝状体的顶端细胞外侧钝圆或尖细。

繁殖时形成藻殖体,不产生异形胞。

颤藻科分属检索表

1. 藻丝不具胶质鞘 ……………………………………………………………………… 2
1. 藻丝具胶质鞘 ……………………………………………………………………… 5
  2. 藻丝体常围绕其纵轴旋转,呈螺旋状卷曲 ……………………… 螺旋藻属 *Spirulina*
  2. 藻丝体直走或不规则弯曲 ………………………………………………………… 3
3. 藻丝短,由 6～18(20)个细胞组成 …………………………………… 博氏藻属 *Borzia*
3. 藻丝长,多于 20 个细胞组成 ……………………………………………………… 4
  4. 藻群内相邻藻丝间排列不规则、呈不规则群体 ……………… 颤藻属 *Oscillatoria*
  4. 藻群内相邻藻丝间平行排列,呈束状群体 ………………… 束毛藻属 *Trichodesmium*
5. 胶质鞘内仅有 1 条或少数几条丝体 …………………………………………………… 6
5. 胶质鞘内有多条丝体 ……………………………………………………………… 10
  6. 藻丝分枝不规则或两岐分枝 ……………………………………… 链鞘藻 *Sirocoleus*
  6. 藻丝不分枝 ………………………………………………………………………… 7
7. 藻丝体孤立生长或若干条丝体集生 …………………………… 莱包藻属 *Leibleinia*
7. 藻丝体单独生长或由许多条藻丝体聚集成不同形态的群体 ……………………… 8
  8. 藻体由许多条藻丝聚集成坚实的软骨质垫状层或形成薄膜层 ……… 盘旋藻属 *Spirocoleus*
  8. 藻体呈非垫状层或薄膜层 ………………………………………………………… 9
9. 藻丝体单独生长或聚集成厚或薄的团块状 ……………………… 鞘丝藻属 *Lyngbya*
9. 藻丝体单独生长或藻丛呈扁平、胶状或皮状 …………………… 席藻属 *Phormidium*
  10. 鞘内丝体具假分枝 ……………………………………………… 束藻属 *Symploca*
  10. 鞘内丝体不分枝 ………………………………………………………………… 11
11. 丝体鞘不分枝 ……………………………………………………………………… 12
11. 丝体鞘分枝,鞘内丝体密集 …………………………………… 裂须藻属 *Schizothrix*
  12. 鞘黏质,不分层,每一鞘内具多数藻丝 ………………………… 微鞘藻属 *Microcoleus*
  12. 鞘黏质,分层,每一鞘内具少数藻丝 …………………………… 水鞘藻属 *Blennothrix*

螺旋藻属 *Spirulina* Turp. Emend Gard,1829

本属物种与颤藻属物种的不同之处,是藻丝体常围绕其纵轴旋转,呈螺旋状卷曲。以前本属与大节旋藻属 *Arthrospira* 是分开的两属,原因是前者藻丝体细胞在光学显微镜下认为没有横壁,但经过电子显微镜观察,本属物种是有横壁的,因此,将两属合并为一属。在中国海域大节旋藻属的物种仅在福建沿海发现 1 种——大节旋藻 *Arthrospira maxima* Setch *et* Gardn.

本属物种具有运动能力,藻丝体能做螺旋状或弯曲状活动。分布较广,淡水和海水中都有本属的物种。营附着或浮游生活。

在中国海域已报道有 5 种:纯顶螺旋藻 *S. platensis*(Nordstedt)Geitler、细丝螺旋藻 *S. tenerrima* Kützing、巨形螺旋藻 *S. major* Kützing、短丝螺旋藻 *S. labyrinthiformis* (Menegh.)Gomont 和盐泽螺旋藻 *S. subsalsa* Oerstedt。

巨形螺旋藻 *Spirulina major* **Kützing**

藻体往往卷曲成为松弛的螺旋状,无胶质鞘,细胞宽 1 μm。螺环的直径为 2.5~2.7 μm,螺距为 2.7 μm。通常与丝状藻混生,大量出现时形成薄薄的膜状藻层。呈蓝绿色或黄绿色(图 3-21A)。分布较广,淡水、海水甚至温泉中都有分布。本种采自南海西沙群岛内的金银岛、永兴岛的低潮线附近。混生在其他海藻如拟刚毛藻、丝鞘藻和颤藻中间。东海福建厦门沿海也有记录。

短丝螺旋藻 *Spirulina labyrinthiformis*(Menegh.)Gomont

藻体为螺旋状的丝状体,螺旋状卷曲紧密而规则,螺环的宽为 2~2.5 μm。细胞宽为 1~1.3 μm。藻体蓝绿色。藻体绝大多数为单独丝体,藻丝全长为 175~250 μm(图 3-21B)。由于在自然界中并不形成密集状的、比较大的藻团或膜状藻层,混生在其他丝状体海藻中,所以比较难以采集到。

在中国海域仅在南海西沙群岛的琛航岛和永兴岛的低潮带附近采集到,混生在其他丝状蓝藻中。

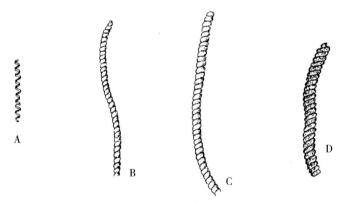

A. 巨形螺旋藻 *Spirulina major* Kuetzing 部分丝体外形(×800);

B. 短丝螺旋藻 *Spirulina labyrinthiformis*(Menegh.)Gomont 部分丝体外形(×800);

C,D. 盐泽螺旋藻 *Spirulina subsalsa* Oestedt 部分丝体外形(×800)

图 3-21　螺旋藻 *Spirulina* 外形

(A,B,C 引自华茂森,1978;D 引自朱浩然,1959)

盐泽螺旋藻 *Spirulina subsalsa* Oerstedt

藻体为丝状体,螺旋状,有时紧密,有时松弛,整条丝状体亦有绕弯。藻丝体宽为 1～2 μm,螺环的直径为 3～5 μm(图 3-21 C,D)。藻体绝大多数混生在其他丝状体海藻中,大量密集时,能成为膜状藻层,呈蓝绿色或黄绿色。

藻体蠕颤运动较为快速,是观察蓝藻运动的好材料。

本种为世界性分布种,热带、温带和寒带都有分布。少数单独存在,绝大多数与其他丝状体海藻混生在一起,附生在礁石或死珊瑚上。中国海域在黄海的山东省青岛近海及南海西沙群岛的东岛、琛航岛和中建岛的低潮线附近均有发现。

上述三种螺旋藻彼此极易相混。它们之间的区别主要在于藻丝体宽度的大小和螺距的紧密与松弛。除藻丝的宽度不同外,巨形螺旋藻的螺距十分松弛,有点像拉松了的弹簧,而短丝螺旋藻和盐泽螺旋藻的螺旋状卷曲相对紧密,短丝螺旋藻的宽度只及盐泽螺旋藻的 1/2。

博氏藻属 *Borzia* Cohn *ex* Gomont,1892

本属物种藻丝短,由 6～18(20)个细胞组成,顶端细胞略大,外侧钝圆,中间细胞则较短,似压扁的圆盘形。藻丝不具胶质鞘。繁殖主要依靠藻殖体,或由藻丝顶端细胞形成单细胞的繁殖细胞,萌发形成新个体。

在中国海域只报道有 1 种。

西沙博氏藻 *Borzia xishaensis* Hua

藻体蓝绿色或浅蓝绿色,单个或群集,藻丝短,由 6～18(20)个细胞组成,成熟藻体的细胞大都在 10 个以上。由无数个藻体彼此密集生长在一起,并逐渐向四周蔓延使藻层不断加厚、扩大,形成翠蓝绿色的、厚约 0.5 mm 的藻层。藻丝不具胶质鞘,直或微弯,长为 15～40 (55) μm,直径为(6.3) 7～10 (11.5) μm。藻丝两顶端细胞略大、较长,长为 4～6.3 μm,外侧钝圆,其他中间细胞则较短,似压扁的圆盘形,高为(1.6) 2～3 (3.3) μm。相邻细胞的横隔膜处微有缢缩(图 3-22A,B)。繁殖时,除少数藻丝形成由几个细胞组成的藻殖体外,绝大多数藻丝主要依靠其顶端细胞形成单细胞的繁殖细胞,并直接萌发形成新个体。

本种生活在低潮带,附着在砗磲 *Hippopus hippopus* 的壳上,形成薄膜层。主要分布在南海西沙群岛沿海。

西沙博氏藻是由华茂森于 1981 年 5 月发表的新物种。1975 年 6 月标本采自中国南海西沙群岛内的东岛西北面的礁湖低潮带,附生在 *Hippopus hippopus* Linne 死贝壳上。

西沙博氏藻是一较特殊的物种,从系统演化上看,某些特征(如丝状)与颤藻科的其他属、种基本上是一致的,而另一些特征(如繁殖细胞与单球体十分相似)与原丝藻科很相似,特别是它的幼期形态,不仅与原丝藻科的一些属种相似,而且与色球藻科中的某些高级种类,如集球藻属 *Synechococcus* 的种类颇为相似。这表明西沙博氏藻具有从非丝状体进化到丝状体中间过渡类型的特点。因此,本种对探究颤藻科的起源有一定的研究价值。

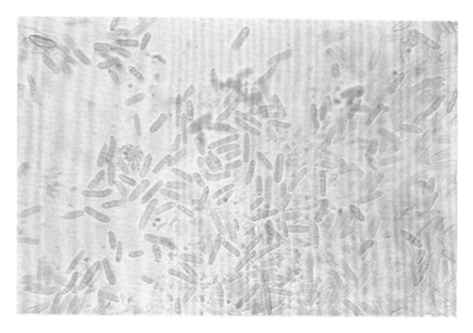

图 3-22-1　西沙博氏藻 *Borzia xishaensis* Hua 藻体外形

（引自 Tseng,1983）

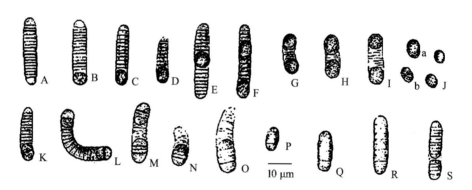

A. 一条藻体；B. 藻丝的顶端细胞在形成繁殖细胞；C～J a. 繁殖细胞，球形或椭球形；
J b～O. 繁殖细胞在萌发，分裂成为 2～4 个子细胞；P～R. 三条幼藻体；S. 一条丝体上有 2 个藻殖体

图 3-22-2　博氏藻属 *Borzia* Cohn *ex* Gomont 藻体外形及繁殖过程

（引自华茂森,1981）

颤藻属 *Oscillatoria* Vaucher,1803

藻体为不分枝的单列丝状体，直或略有弯曲，没有胶质鞘或有一层非常薄的胶质。细胞圆柱形，环面呈窄长方形（少数物种呈正方形），宽大于高。藻丝体所有细胞的宽度相等或由丝体前段向顶端其宽度逐渐减小，使丝体末段渐尖。顶端细胞的外侧呈弧形凸出或钝圆。藻丝有特征性的摆动运动。

藻体常结集成团在水中漂浮或形成一薄层附着在潮湿的土表。

在中国海域已报道的有 4 种:艳绿颤藻 *O. laetevirens* Grouan,较短颤藻 *O. subbrevis* Schmidle,庞氏颤藻 *O. bonnemaisonii* Grouan 和清净颤藻 *O. sancta* Kützing。

庞氏颤藻 *Oscillatoria bonnemaisonii* Grouan

藻丝体很长,弯曲,有时呈疏松而不规则的波状或螺旋状卷曲。藻丝顶部细胞略渐尖,顶端细胞外侧呈凸状。相邻细胞的横隔膜处微有缢缩,没有颗粒体或细胞原生质中有少数较大的颗粒体。细胞直径为 15～25 μm,高为 3.5～6 μm(图 3-23)。

藻体常与其他蓝藻混生,附生在礁湖内中潮带的泥沙底表面或礁石上。主要分布于南海西沙群岛的琛航岛、中建岛和金银岛的潮间带。

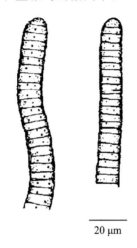

20 μm

图 3-23　庞氏颤藻 *Oscillatoria bonnemaisonii* Grouan 两条藻丝体(顶端)外形

(引自华茂森,1983)

清净颤藻 *Oscillatoria sancta* Kützing

藻体黄褐色,藻丝直或弯曲,细胞直径为 8～10 μm,细胞高为 2～3 μm。藻丝相邻细胞的横隔膜处微有缢缩,藻丝顶部细胞略渐尖(图 3-24)。顶端细胞的细胞壁增厚,外侧呈凸状。通常附着在潮间带的岩石和石块上集群成薄膜层。主要分布于南海的海南岛、西沙群岛海域。

束毛藻属 *Trichodesmium* Ehrenberg,1892

丝状体通常呈束状群体,外部无胶质鞘包被。细胞圆柱形,丝体末端钝圆。断裂繁殖,浮游生活,主要为海产,属外海暖水性种,分布于世界各大洋暖水区。

藻丝鲜红色或棕褐色,大量出现时,可使海水变成红色。

在中国海域已报道有 2 种:红海束毛藻 *Trichodesmium erythraeum* 和汉氏束毛藻 *Trichodesmium hildebrandeii*。主要分布在东海及南海海域,向北分布的界限一般不超过北纬 33°,但有时可季节性地随黄海暖流北上。两者都是能发生赤潮的物种。在长江口以外东海(1972)、福建沿海(1959,1960,1979)、广东大亚湾和大鹏湾及其附近海域(1987)、北部湾和雷州半岛附近海面(1984),先后发生过束毛藻赤潮。

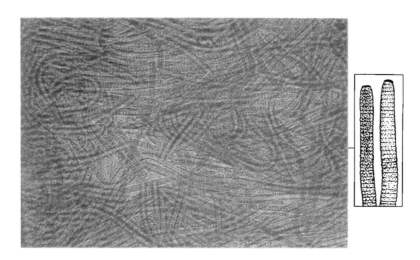

图 3-24　清净颤藻 *Oscillatoria sancta* **Kützing 藻体外形**

（引自 Tseng,1983）

红海束毛藻 *Trichodesmium erythraeum* Ehrenberg ex Gomont

束状群体内藻丝直,平行排列呈筏状,藻丝外围无胶质鞘包被(图 3-25)。藻丝长可达 1 mm,丝体前端略变细,顶端细胞半球形,有时前端呈唇形。细胞宽为 $7 \sim 12\ \mu m$,偶尔可达 21 μm,细胞高为 $3 \sim 11\ \mu m$。同一丝体相邻的两个细胞间有缢缩。细胞内含物呈颗粒状,分布均匀。

本种为东海常见种,也是南海优势种之一。在福建东部、台湾、广东等近海海域都发生过红海束毛藻赤潮(陈亚瞿,1982;陈继梅等,1982)。形成赤潮的群体通常由 $10 \sim 30$ 根丝体组成。群体呈灰色或淡黄色,藻丝长为 $60 \sim 750\ \mu m$,通常为 $250 \sim 500\ \mu m$。赤潮爆发后,群体内丝体间由紧密集聚变松散,最后解体。藻丝体呈绿色,海水呈粉红色。本种能分泌毒素。

图 3-25　红海束毛藻 *Trichodesmium erythraeum* **Ehrenberg ex Gomont 藻体外形**

（引自 Tseng,1983）

汉氏束毛藻 *Trichodesmium hildebrandtii* Gomont

束状群体内藻丝近平行排列,等粗。同一藻丝相邻两个细胞间无明显缢缩,藻丝末端细胞略小,细胞长为 $2\sim4$ μm,宽为 $15\sim17$ μm(图 3-26)。藻丝体呈黄色,大量繁殖后海水呈褐色。主要分布于东海和南海。曾发生过赤潮(陈亚瞿,1982)。

图 3-26　汉氏束毛藻 *Trichodesmium hildebrandtii* Gomont 藻体外形

(引自 Tseng,1983)

席藻属 *Phormidium* Kützing,1843

藻体为多细胞单列丝体,长、短不一,直或弯曲,不分枝。藻丝圆柱形,横壁收缩或不收缩,末端常渐尖,具鞘。藻丝分泌出一种溶解状胶质,使藻丝黏合成藻丛。藻丛扁平,胶状或皮状,通常附着在基质上,或与其他蓝藻混生。附生在礁湖内潮间带的泥沙表面或死珊瑚上。

在中国海域内,本属有 10 个种和 1 个变种:铜色席藻 *P. chalybeum*（Mertens *ex* Gomont）Anagnostidis *et* Komarek、珊瑚席藻 *P. corallinae*（Gomont *ex* Gomont）Anagnostidis、皮状席藻 *P. corium*（C. Agardh）Kützing、台湾席藻 *P. formosum*（Bory de Saint-Vincent）Anagnostidis *et* Komarek［*Oscillatoria formosa* Bory de Saint-Vincent］、艳绿席藻 *P. laetevirens*（P. L. Coruan *et* H. M. Crouan *et* Grouan *ex* Gomont）Anagnostidis *et* Komarek［*Oscillatoria laetevivens*（Coruan）Gam.］、墨绿席藻 *P. nigroviride*（Thwaites *ex* Gomont）Anagnostidis *et* Komarek［*Oscillatoria nigroviride* Thwaites in Harvey］、近膜质席藻 *P. submembranaceum*（Ardissone *et* Strafforello）Gomont、丰裕席藻 *P. limosum*（Dillwyn）P. C. S;lve［Osc;llaloria limosa Agardh,Canferva limosa Dillwyn］、短丝席藻 *P. breve*（Kützing *ex* Comont）Anagnostidis *et* Komarek、凿形席藻 *P. subuliforme*（Thwaites *ex* Comont）Anagnostidis *et* Komarek、中央席藻海生变种 *P. naveanum* var. *marina* Tseng *et* Hua.。其中 7 种是由颤藻正名为席藻的。

丰裕席藻 _Phormidium limosum_（Dillwyn）Silva［丰裕颤藻 _Oscillatoria limosa_ Agardh］

藻体为多细胞单列丝体，无胶质鞘，直行不歪曲，丝体末段不渐尖（图 3-27A）。丝体内细胞几乎等大，直径一般为 13～16 μm，长为 2～5 μm。相邻细胞的横隔膜处不缢缩或微缢缩，在横隔膜处有颗粒体。

藻体通常是单条丝体混生在其他藻类之间，或由多条丝体集聚成薄薄的藻层。深蓝绿色或淡黄绿色。和其他蓝藻一起附生在死珊瑚表面或泥沙基质上。在中国西沙群岛的东岛和永兴岛珊瑚礁湖内的低潮线附近有分布。

短丝席藻 _Phormidium breve_（kützing _et_ Gomont）Anagnostidis _et_ Komarek［短丝颤藻 _Oscillatoria breve_ Kützing］

藻丝体较短，几乎直形，很少弯曲，无胶质鞘，蓝绿色（图 3-27B）。藻丝细胞末段逐渐减小，近顶端细胞减小更明显，顶部突然渐尖，且弯曲或钩状，顶端细胞外侧圆凸。相邻细胞的横隔膜处不缢缩，没有颗粒体。细胞直径为 5～6.5 μm，高为 2～3 μm。

藻体常与其他蓝藻混生，形成蓝绿色膜。主要分布于南海西沙群岛的金银岛的珊瑚礁湖内的中潮带至低潮带的泥沙表面及贝壳上。

凿形席藻 _Phormidium subuliforme_（Thwaites _ex_ Gomont）Anagnostidis _et_ Komarek［凿形颤藻 _Oscillatoria subuliforme_ Küetzing］

藻丝体长而弯曲，有时呈波状弯曲（3-26C）。藻丝顶部细胞明显渐尖，呈凿形且弯曲，顶端细胞较其他细胞略长，可达 10 μm，其外侧呈钝圆形。丝体细胞直径为 4.7～6.5 μm，高为 4.7～6.5 μm。相邻细胞的横隔膜处没有缢缩，没有颗粒体。藻丝体呈深蓝绿色。

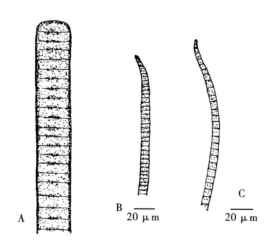

A. 丰裕席藻 _Phormidium limosum_（Dillwyn）Silva

B. 短丝席藻 _Phormidium breve_（kützing _et_ Gomont）Anagnostidis _et_ Komarek

C. 凿形席藻 _Phormidium subuliforme_（Thwaites _ex_ Gomont）Anagnostidis _et_ Komarek

图 3-27　席藻 _Phormidium_ 丝体外形

（引自华茂森,1978、1983）

藻体常与其他蓝藻混生,附生在礁湖内低潮带的泥沙地表面或死珊瑚上。分布于南海西沙群岛的永兴岛西南面的低潮带。

鞘丝藻属 *Lyngbya* C. Agardh,1824

藻体为不分枝的单列藻丝或聚集成厚或薄的团块,以基部着生。有的丝体呈螺旋形弯曲,有的丝体弯成弧形而以中间部位着生在其它物体上,少数整条丝体着生,还有的漂浮。鞘坚固,鞘无色、黄色至褐色或红色,分层或不分层。藻丝直或有规则地螺旋缠绕。细胞内含物均匀或具颗粒及假液泡。藻体亮蓝绿色或灰蓝色。

本属物种和颤藻属物种的藻丝体结构基本相同,两者之间所不同的在于本属物种的藻丝体都有明显的胶质鞘。Drouet(1968)认为本属物种的胶质鞘是在特殊的环境影响下产生的,所以把本属归属于颤藻属;但是,Baker 和 Bold(1970)用一些颤藻属物种在各种环境条件下培养,没有出现胶质鞘。因此,作者认为应该保留鞘丝藻属。

本属物种分布很广,淡水、海水和土壤环境中都有分布。海生物种在中国海域已报道 6 种:贴附鞘丝藻 *L. adherens* Setchell *et* Gardner [*Lyngbya pellucida* Umezaki]、易氏鞘丝藻 *L. aestuarii* Liebman *ex* Gomont、刷状鞘丝藻 *L. penicilliformis* P. silva [*Phormidium penicillata* Gomont]、半球鞘丝藻 *L. semiplena* Agardh *ex* Gomont、丝状鞘丝藻 *L. confervoides* C. Agardh 和巨大鞘丝藻 *L. majuscula* (Dillwyn) Harvey。

除此以外,有些报道的鞘丝藻实为菜包藻 *Leiblenia* 的同物异名,分布在各海域的潮间带。主要营附生生活。中译名曾称为林比藻属和鞘颤藻属。

基附鞘丝藻 *Lyngbya infixa* Fermy

藻丝细长,直形或略弯曲,孤立生长,以基部附着(图 3-28)。藻丝长一般为 200～300 μm,有时可达 400 μm。胶质鞘薄,透明无色,但清晰易见。藻丝蓝绿色,直径为 1.8～2.5 μm,藻丝前端不尖细。细胞呈长方形(环面观),高为 1～3 μm。相邻细胞间横隔膜处没有

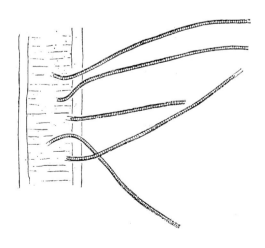

图 3-28　基附鞘丝藻 *Lyngbya infixa* Fermy 丝体的附生形态

(引自华茂森,1983)

缢缩,也没有颗粒体。顶端细胞外侧呈钝圆形,既无加厚,也不呈冠状。主要分布于南海西沙群岛内的中建岛、永兴岛、金银岛、琛航岛和晋卿岛的中潮带至低潮带。附生在其他鞘丝藻 *Lyngbya* sp. 和多管藻 *Polysiphonia* sp. 的丝体上。

丝状鞘丝藻 *Lyngbya confervoides* Agardh

藻丝体基部附着,许多丝体成束生长在一起呈羊毛状的藻团(图 3-29A)。丝体长 1~5 cm,蓝绿色或淡黄绿色。胶质鞘明显,无色,厚为 3.5~5 μm,随着年龄的增长出现层纹,外层渐变粗糙。藻丝直径为 9~25 μm,通常为 10~16 μm;细胞高为 2~4 μm。相邻细胞间横隔膜处没有缢缩,细胞中常有颗粒体存在。藻丝前端不尖细,顶端细胞外侧呈钝圆形,不呈冠状。

本种为世界性分布种。在中国大部分沿海的潮间带均有分布。标本采自南海西沙群岛的东岛、羚羊礁、琛航岛、中建岛和广金岛的低潮线附近。附生在礁石或死珊瑚上。

巨大鞘丝藻 *Lyngbya majuscula* Harvey

藻丝的一部分或全部附生在其他较大的丝状藻体上,有时成螺旋状缠绕或贴附或附生,淡蓝绿色(图 3-29B)。胶质鞘很薄但很清晰,透明无色。细胞长圆柱形,高为 1~1.5 μm;其直径是高的 1~2 倍,细胞内含物均匀,通常在显微镜下观察不到颗粒体。相邻细胞间横隔膜处不缢缩。藻丝前端不渐尖,顶端细胞外侧呈钝圆形,不呈冠状。

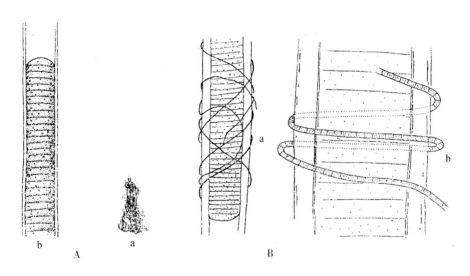

A. 丝状鞘丝藻 *Lyngbya confervoides* Agardh 藻体外形:
a. 藻团的一部分,很多藻丝密集在一起(×360);b. 部分藻丝体,示顶端细胞(×450)
B. 巨大鞘丝藻 *Lyngbya majuscula* Harvey 藻体外形:a. 几条附生菜包藻丝体附生在巨大鞘丝藻丝体上;b. 藻体放大,附生一条菜包藻丝体(×1500)

图 3-29 鞘丝藻藻丝外形

(引自华茂森,1978)

本种为世界性布种。标本采自南海西沙群岛内的东岛、琛航岛、金银岛、永兴岛、东岛和石岛的低潮线附近,附生在其他藻丝体上。此外,在厦门、青岛和烟台沿海亦有分布。

束藻属 *Symploca* Kützing,1843

幼丝体匍匐,成熟后形成直立束状,部分具假分枝。每个鞘内具 1 条藻丝。鞘坚固,后期胶化。藻丝直,有时顶部略尖,末端细胞不为头状,外壁增厚或不增厚。

在中国海域已报道有 3 种:丛簇束藻 *S. caespitosa* Tseng *et* Hua、藓状束藻 *S. hydnoides*(Harvey)Kützing 和藓生束藻 *S. muscorum* (C. Ag.) Gomont。

藓生束藻 *Symploca muscorum* (C. Ag.) Gomon

藻体由许多藻丝聚集组成簇状团块,深紫色或紫黑色(图 3-30)。团块高为 0.5～1.0 cm,直立,形如藻丝束。基部在老年时由于藻丝的消失,仅保留有胶质鞘而变为无色。丝体十分密集,互相交织,有的互相粘连,由此发生分枝。分枝一般不整齐,胶质鞘极薄,略显胶化。藻丝蓝绿色,直径为 4～8 μm,在藻丝末端部的细胞间横隔膜处往往有浅缢缩。顶端细胞略膨胀,细胞大小不一,有的与直径相等,有的略大于直径,细胞间的横壁往往不清晰,细胞的内含物蓝绿色,其中常有许多微小的颗粒体。

本种主要分布于黄海山东青岛和南海西沙群岛海域。

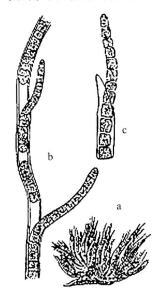

a. 示藻丝束;b,c. 示部分藻丝

图 3-30　藓生束藻 *Symploca muscorum* (C. Ag.) Gomon

(引自朱浩然,1959)

水鞘藻属 *Blennothrix* Kützing *ex* Anagnostidis *et* Komárek,1988

丝体略分枝,聚生成绒毛状或膜状,胶质鞘内具几条藻丝体。鞘多无色,老丝体的鞘溶解。藻丝末端细胞略尖细,头状或呈冠状。在中国海域仅报道有 1 种。

粘状水鞘藻 *Blennothrix cantharidosma* （Gomont *ex* Gomont） **Anagnostidis** *et* **Komárek** ［*Hydrocoleum cantharidosma* （Montagne）Gomont］

丝体聚生,橄榄绿色,高为 0.5～1 μm。胶质鞘透明,呈水解状态,较厚(3～7.5 μm),有时达藻丝直径的两倍,有层次,外层略粗糙。在一个胶质鞘内有一条或几条藻丝,彼此平行或呈疏松的螺旋状缠绕,越往藻丝顶部内含藻丝越少,在顶端经常只有一条藻丝,呈单条游离状,藻丝直径为(16)17.5～21 μm,细胞很短,高仅为 2～3.5 μm。相邻细胞间横隔膜处不缢缩。有时有细小的颗粒体存在。顶端细胞呈圆锥形,具有冠状物(图 3-31)。生长在礁湖内中、低潮带的礁石、死珊瑚上,与颤藻 *Oscillatoria* sp.、鞘丝藻 *Lyngbya* sp.、眉藻 *Amphora* sp. 等多种蓝藻混生在一起。主要分布于南海西沙群岛海域。

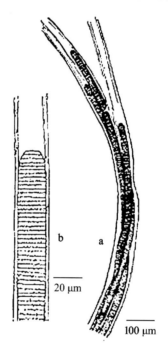

a. 一束丝体末端,内含 3 条藻丝；b. 一条末端丝体放大

图 3-31　粘状水鞘藻 *Blennothrix cantharidosma* （Gomont *ex* Gomont）**Anagnostidis** *et* **Komárek**

(引自华茂森,1983)

微鞘藻属 *Microcoleus* Desmazieres,1823

丝体不分枝或具稀疏的分枝。鞘多数无色,呈略为规则的圆柱形,不分层,老年期有时胶质化。每个鞘具很多条藻丝,紧密聚积,扭曲成绳状。末端直,末端细胞常尖锐,少数钝圆形或呈冠状。淡水、海水或潮湿的沙滩上都有分布。

在中国海域已报道有 3 种:巨形微鞘藻 *M. majuscula* Tseng *et* Hua、细柔微鞘藻 *M. tenerrimus* Gomont 和原形微鞘藻 *M. chthonoplastes*(Mertens)Zamardini。

细柔微鞘藻 *Microcoleus tenerrimus* **Gomont**

藻丝体很长,呈不规则的扭曲,由几条至几十条藻丝体彼此缠扭,共同的胶质鞘坚固清晰,呈圆柱形,橄榄绿色(图 3-32A)。藻丝体细胞直径为 $1.5\sim2\ \mu m$,高为 $3\sim6\ \mu m$。细胞内原生质均匀,通常显微镜下观察不到颗粒体。相邻细胞间横隔膜处有缢缩,顶端细胞呈圆锥形。

藻体通常与其他藻混生。世界性广布种。在中国海域标本是采集于南海西沙群岛的金银岛的低潮线附近,混生在刚毛藻的藻体之间。此外,在黄海沿岸也有记录。

原形微鞘藻 *Microcoleus chthonoplastes* (Mert.) Zanardini

藻丝体很长,呈不规则的弯曲状,在同胶质鞘内有数条至 10 条的藻丝体,有时稀松、有时紧密地彼此缠扭在一起。胶质鞘透明,外层往往渐变粗糙,其顶端往往成封闭状。藻丝体蓝绿色(图 3-32B)。丝体细肠直径为 $2.5\sim6\ \mu m$,高为 $3.5\sim10\ \mu m$,通常在显微镜下观察不到颗粒体。相邻细胞间横隔膜处有缢缩,顶端细胞呈圆锥形。

藻体通常与其他藻混生,组成蓝绿色的藻膜。世界性广布种。也是中国海域沿岸常见种,记录于南海西沙群岛的金银岛的中潮带上部至高潮带的礁石表面,与束枝藻 *Gardnerula* sp. 混生在一起,两者生长良好,共同组成了大片藻膜。

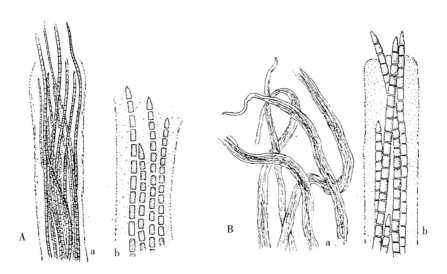

A. 细柔微鞘藻 *Microcoleus tenerrimus* Gomont 藻体外形:a. 在公共的胶质鞘内,一束丝体互相交织在一起($\times 360$);b. 几条藻丝的顶端部分($\times 1000$)

B. 原形微鞘藻 *Microcoleus chthonoplastes*(Mert.)Zanardini 藻体外形:a. 在低倍显微镜观察下的几条藻丝($\times 150$);b. 在高倍显微镜观察下的几条藻丝,示丝体顶端部分($\times 1000$)

图 3-32　微鞘藻属 *Microcoleus* 藻体外形

(引自华茂森,1978)

链鞘藻属 *Sirocoleus* Kützing,1849

藻丝具胶质鞘,胶质鞘内仅有 1 或少数几条丝体,藻丝分枝不规则或两叉分枝。在中国海域仅报道 1 种。

库氏链鞘藻 Sirocoleus kurzii（Zeller）Gom.

藻体暗绿色或黄绿色。丝体单独生长或丛生。藻丝体直径为 35～55 μm,高为 275～500 μm。上行的藻丝簇生成松弛、柔软团聚体,藻丝分枝不规则或两叉分枝,胶质鞘厚、透明,表面光滑或不光滑,顶端封闭(呈尖形)或开放。在胶质鞘内藻丝很多或稀少,通常紧密或松弛的互相结合在一起,顶端很少变细。细胞高为 1.5～3 μm,细胞内无颗粒体(图 3-33)。相邻细胞间横隔膜处不缢缩。顶端细胞长或呈钝圆锥形及圆锥形,不呈冠状。

本种通常在中潮带和其他海藻混生在一起。主要分布在南海西沙群岛海域。

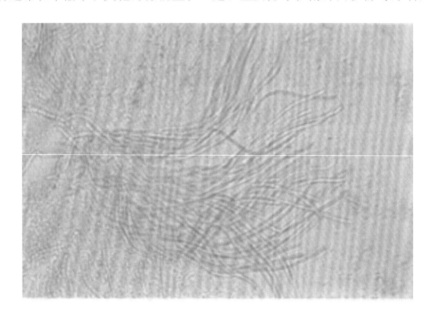

图 3-33　库氏链鞘藻 Sirocoleus kurzii（Zeller）Gom. 示部分藻丝

(引自 Tseng,1983)

裂须藻属 Schizothrix Kützing,1843

藻体大,软或硬,具薄或厚的胶质鞘,常有多数丝体紧密包裹在胶质鞘内,形成膜状,偶而仅 1 条藻丝体或少数丝体成绒毛状或直立丝状。藻丝无色、黄褐色或红色(很少紫色或蓝色),末端常尖细。固着生活,很少自由漂浮。在中国海域仅报道有 1 种。

湖沼裂须藻 Schizothrix lacustris Braun

藻体通常有许多藻丝缠绕,呈垫状或皮壳状,蓝绿色(图 3-34)。丝体直走或不规则弯曲,基部丝体很少,呈主干状,不分枝,或分枝很少,而向藻体上部反复出现假分枝;在基部或中部的每束假分枝中,只含少数几条藻丝,顶端则往往只含单条藻丝。胶质鞘肥厚,透明,丝体的顶端呈削尖状。藻丝蓝绿色,直径为 1～1.5 μm,高为 2～3 μm,;细胞呈长方形(环面观),胞内原生质均匀,在普通显微镜下观察不到颗粒体。顶端细胞呈钝圆形,没有加厚,也不呈冠状。

本种生活在礁湖内低潮带,附生在死珊瑚上,与颤藻属 Oscillatoria、鞘丝藻属 Lyngbya、织线藻属 *Pectonema* 等蓝藻混生在一起。主要分布于南海西沙群岛海域。

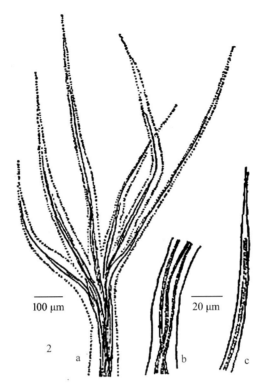

a. 一小束分枝丝体的形态;b,c. 末端分枝的高倍放大及胶质鞘呈削尖状

图 3-34　湖沼裂须藻 *Schizothrix lacustris* Braun

(引自华茂森,1983)

菜包藻属 *Leibleinia* (Gomont) Hoffman,1985

藻丝体基部附着,有时成螺旋状缠绕或贴附或附生。丝体长,胶质鞘明显或胶质鞘很薄但很清晰,透明无色。相邻细胞间横隔膜处不缢缩。藻丝前端不尖细,顶端细胞外侧呈钝圆形,不呈冠状。本属以往的中文名为"林比藻属"。

在中国海域内本属记载有 3 种:杆状菜包藻 *L. baculum* (Gomont) Hoffmann、附生菜包藻 *L. epiphytica* (Hieronymus) Anagnostidis *et* Komarek 和中附菜包藻 *L. willei* (Setchell *et* Gardner) Silva。

杆状菜包藻 *Leibleinia baculum* (Gomont) Hoffmann ［杆状鞘丝藻 *Lyngbya baculum* Gomont］

藻丝体孤立生长或若干条丝体集生。丝体有时弯曲,以中部附着,两端游离,灰蓝绿色(图 3-35)。胶质鞘透明,较厚,没有层纹。细胞直径为 7.5～12 μm,高为 4～9 μm,侧面观几乎呈方形,但有时高仅为直径的 1/3。相邻细胞间横隔膜处有时缢缩,有时则不缢缩,没有颗粒体。顶端细胞外侧呈圆弧形,通常稍膨大,但无外侧膜加厚现象,也不呈冠状。

本种分布于南海西沙群岛的中建岛的低潮带。与其他蓝藻丝状体混生,附生在布多

藻 *Boodlea* sp. 的丝体上。

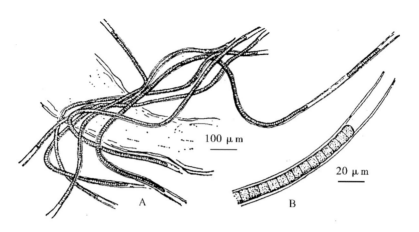

100 μm

20 μm

A. 几条丝体自然生长状态；B. 一条丝体的放大，顶端细胞外侧壁膨大呈圆形

图 3-35　杆状菜包藻 *Leibleinia baculum* （Gomont） Hoffmann 藻体外形

（引自华茂森，1983）

附生菜包藻 *Leibleinia epiphytica* （Hieronymus） Anagnostidis *et* Komarrek ［附生鞘丝藻 *Lyngbya epiphytica* Hieronymus *ex* Kirchner］

藻体通常蓝绿色。丝体单条，藻丝细胞直径为 $1.5 \sim 2.5$ μm，高为 $1 \sim 2(2.5)$ μm，藻丝前端细胞不渐尖，相邻细胞间横隔膜处没有缢缩，顶端细胞外侧呈钝圆形，不呈冠状。胶质鞘薄，透明无色（图 3-36）。

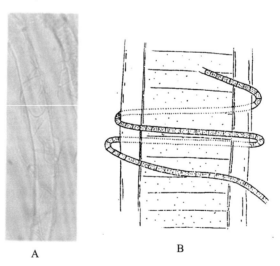

A. 藻体外形；B. 附生菜包藻缠绕在巨大鞘丝藻上

图 3-36　附生菜包藻 *Leibleinia epiphytica* （Hieronymus） Anagnostidis *et* Komarrek

（A 引自 Tseng，1983；B 引自华茂森，1978）

本种生长在潮间带，螺旋状缠绕或贴附在其他藻丝（如巨大鞘丝藻 *Lyngbya majuscu-*

la)上。广布种,中国海域均有分布。

盘旋藻属 *Spirocoleus* Möbius,1889

藻丝体相邻细胞间横隔膜处没有缢缩,顶端细胞圆锥形或圆球形,不呈冠状。胶质鞘薄、透明,易溶解。

在中国海域有 2 种:十字盘旋藻 *S. crosbyanus*（Tilden）P. C. Silva 和纤细盘旋藻 *S. tenuis*（Meneghini）Silve。上述 2 种都是由席藻属 *Phormidium* 更名而来。

十字盘旋藻 *Spirocoleus crosbyanus*（Tilden）P. C. Silva ［辫状席藻 *Phormidium crosbyamus* Tilden］

藻体褐红色,藻丝直径为 1～2 μm,细胞高为 2～4(5) μm。相邻细胞间横隔膜处没有缢缩,细胞内没有颗粒体（图 3-37）。顶端细胞外侧呈钝圆形,不呈冠状。胶质鞘薄、透明,易溶解。

藻丝体能渗透石灰质,能群集成厚 1～2 cm、直径为 5 ～15(25) cm 坚实的软骨质垫状层。生长在低潮带的岩石、软体动物的贝壳、珊瑚上。主要分布于南海海南岛、西沙群岛海域。

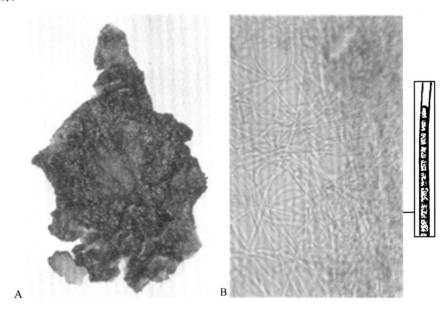

A. 群集成的藻层(×2/3);B. 部分藻丝体(×500)

图 3-37　十字盘旋藻 *Spirocoleus crosbyanus*（Tilden）P. C. Silva

（引自 Tseng,1983）

纤细盘旋藻 *Spirocoleus tnuis*（Meneghini）P. C. Silva ［纤细席藻 *Phormidium tenuis*（Meneghini）Gomont,1982;鱼腥藻 *Anabaina tenuis* Meneghini］

藻体蓝绿色或浅蓝绿色。藻丝细胞直径为 1.5～2 μm,高为 2～5 μm。相邻细胞间横隔膜处没有缢缩,顶端细胞圆锥形或圆球形,不呈冠状（图 3-38）。胶质鞘薄、透明,易溶解。

　　藻丝通常形成膜状分布,于潮间带附着在岩石或其他藻体上。广布种,在中国海域均有分布。

图 3-38　纤细盘旋藻 *Spirocoleus tnuis*（Meneghini）P. C. Silva 部分藻丝

（引自 Tseng,1983）

念珠藻科 Nostocaceae

　　藻丝体不分枝。繁殖时产生异形胞和厚壁孢子。异形胞在丝体的顶部或在丝体的中间产生。此外,细胞可直接分裂。

念珠藻科分属检索表

　1. 藻丝体短(几个到 10 多个细胞),附生在根管藻 *Rhizodolenia* sp. 的细胞上 ·····················

　　·· 植生藻属 *Richelia*

　1. 藻丝体长,非附生种 ·· 2

　　2. 藻体深绿色或黄棕色,细胞球形至长方状 ·························· 三离藻属 *Trichormus*

　　2. 藻体深蓝绿色或浅蓝绿色,细胞短、盘状·························· 节球藻属 *Nodularia*

三离藻属 *Trichormus*（Bornet *et* Flahault）Komárek *et* Anagnostidis,1987

　　藻丝体不分枝,外披胶质鞘,单独生活或结集成小团块。细胞圆球形。异形胞间生,厚壁孢子间生或顶生。本属以往的中文名为"项圈藻属"。

　　本属许多淡水种能造成"水华",有的能固氮。海生物种较少,在中国海域仅报道有 1 种。

多变三离藻 *Trichormus variabilis*（Kützing）Komárek *et* Anagnostidis［多变鱼腥藻 *Anabaina variabilis* **Kützing**］

藻丝体曲屈盘弯，念珠状，直径为 4～6 μm；丝体顶端细胞钝圆锥形；丝体内细胞圆球形，相邻细胞间有明显的收缢；异形胞球形或卵形而略方，直径为 6 μm，高为 8 μm；厚壁孢子椭球状，表面平滑，棕黄色，直径为 7～9 μm，高为 8～14 μm，通常数个相连成串，发育时先在两个异形胞间的藻殖体中的一个细胞开始，以后由其两侧细胞陆续发育，逐渐接近异形胞。藻丝一般没有胶质鞘，通常由很多条藻丝结集在一起，在基质上形成黏滑的藻团胶质层，深绿色或黄棕色（图 3-39）。

本种在中国最早（1956）于黄海的青岛湾潮塘中发现，呈团块状，黄棕色；后在南海西沙群岛的潮间带也有发现。

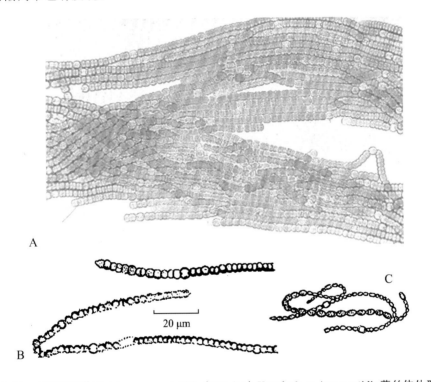

图 3-39　多变三离藻 *Trichormus variabilis*（Kützing）Komárek *et* Anagnostidis 藻丝体外形
（A 引自 Tseng，1983；B 引自 华茂森，1985；C 引自 朱浩然，1959）

节球藻属 *Nodularia* Mertens，1822

藻体为单条丝体或由多条丝体聚积形成不定形胶质体，丝体多数直，少数弯曲。胶质鞘无色，薄，紧贴于藻丝，有时不明显。细胞短，盘状。异形胞间生，有规则的隔一段细胞具一个异形胞。孢子位于两个异形胞之间，一个或几个一串，外壁光滑。

在中国海域已报道的有 2 种：哈氏节球藻 *N. harveyana*（Thwaites）Thuret 和夏威夷节球藻 *N. hawaiiensis* Tilden。

夏威夷节球藻 *Nodularia hawaiiensis* Tilden

藻体深蓝绿色或浅蓝绿色。藻丝体长 0.3～0.5 mm,直径为 10～12 μm。胶质鞘薄、透明,有时不明显。藻丝细胞扁圆柱形,直径为 7～10 μm,高为 4～6(8) μm。相邻细胞间横隔膜处有缢缩(图 3-40)。细胞分裂之前近球形或扁球形。异形胞很多,形态多样,直径为 7～10 μm。

本种附生于在低潮线附近泥沙地表,通常和其他藻类(颤藻、鞘丝藻、眉藻等)混生在一起。主要分布于南海海南岛、西沙群岛海域。

图 3-40 夏威夷节球藻 *Nodularia hawaiiensis* Tilden 部分丝体(×200)

(引自 Tseng,1983)

植生藻属 *Richelia* Schmidt,1901

藻丝体不分枝,无胶质鞘。丝体基部及顶端略有分化。异形胞基生。在中国海域内仅报道有 1 种。

胞内植生藻 *Richelia intracellularis* J. Schmidt(图 3-41)

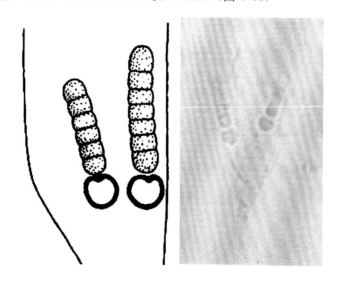

图 3-41 胞内植生藻 *Richelia intracellularis* J Schmidt(×300)

(引自 Tseng,1983)

藻体大多数寄生在具浮游习性的根管藻(*Rhizosolenia* sp.,硅藻)的细胞内,为几个到

10 多个细胞的短丝体，长仅为 40～50 μm。丝体中部直径为 5～7 μm，细胞高 4～5 μm。无胶质鞘。丝体基部及顶端略有分化，基部略膨大，有一个透明、球形的异形胞，直径可达 9～11 μm；顶部略细小，但顶端细胞通常略大，近球形。相邻两细胞间有明显的缢缩。胞内原生质均匀，未见颗粒体。随着根管藻（Rhizosolenia sp.）在暖水海域中浮游。主要分布于受"黑潮"影响的南黄海，以及东海和南海海域。

微毛藻科 Microchaetaceae

藻丝细胞单列，等粗，顶部有时尖细，无顶毛，不分枝，有时具假分枝。胶质鞘坚固，明显，内包含 1 条藻丝，极少有多条。异形胞间生或端生。具藻殖体和厚壁孢子。

在中国海域内仅报道有 1 属。

微毛藻属 Microchaete Thuret，1875

藻丝体着生成簇，罕为单一条。具假分枝。丝体顶部略尖细，很少等粗。胶质鞘明显。异形胞基生，少数间生。厚壁孢子多数单生，很少成列，靠近或远离异形胞。具藻殖体。

在中国海域已报道有 4 种：铜锈微毛藻 M. aeruginea Batters、灰色微毛藻 M. grisea Thuret、细小微毛藻 M. tapahiensis Setchell、维蒂微毛藻 M. vitiensis Askenasy ex Boanet et Flahault。

灰色微毛藻 Microchaete grisea Thuret

藻丝体能聚集成绒毛状或木耳状群体，蓝绿色或灰绿色，老时则变为紫蓝色（图 3-42）。

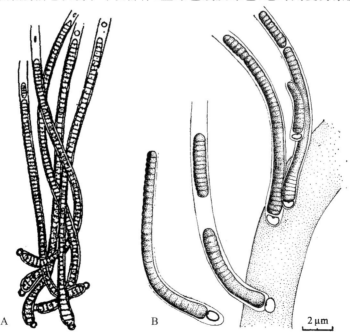

图 3-42　灰色微毛藻 Microchaete grisea Thuret

（A 引自朱浩然，1959；B 引自华茂森，1985）

丝体长为 150～300 μm,基部略膨大,呈结节状。丝体直径为 7～10 μm。胶质鞘薄而均匀,无色、透明易见。藻丝细胞直径为 4.5～7 μm,高为直径的 1/2～1/3,基部略膨大。相邻两细胞间略有缢缩。

异形胞着生于基部,1 个,半球形或近似球形。

本种生长在低潮带至中潮带,附生在鞘丝藻、黑顶藻 *Sphacelaria* sp. 的丝体或贝壳上,与多种蓝藻混生在一起。主要分布于南海西沙群岛海域,北方海域也有分布(朱浩然,1959)。

胶须藻科 Rivulariaceae

藻体为单条丝体或由多条丝体构成胶群体。胶群体中空或实心,半球形或球形。丝体在群体中平行或放射状排列,分枝或不分枝。鞘胶质化,均匀或分层。细胞列从基部至顶部渐尖细,顶端形成无色多细胞的毛,丝体不分枝或有假分枝。

异形胞间生或基生,少数种类无异形胞。有或无段殖体。

胶须藻科分属检索表

1. 藻群体球形或半球形 ·· 胶须藻属 *Rivularia*
1. 藻群体非球形或非半球形 ·· 2
　　2. 藻体簇生,外形呈伞房花序似扫帚状 ···························· 束枝藻属 *Gardnerula*
　　2. 藻体皮壳状、丛生(毛笔状、束状或垫状) ····································· 3
3. 藻体皮壳状 ·· 4
3. 藻体丛生(毛笔状、束状或垫状) ··· 5
　　4. 藻体呈坚实的壳状层,藻丝上方不分枝且变细呈毛状 ·············· 褶丝藻属 *Kyrtuthrix*
　　4. 藻体呈皮壳状藻团,藻丝上方具有稀疏分枝 ···················· 栅须藻属 *Isactis*
5. 藻体丛生,丝体多数直立,不分枝或有少数假分枝 ·················· 眉藻属 *Calothrix*
5. 藻体丛生,丝体游离具二叉式假分枝 ·························· 双须藻属 *Dichothrix*

眉藻属 *Calothrix* Agardh,1824

藻体单生或束生、丛生,绒毛状、毛笔状。丝状体略平行排列,多数直立,不分枝或具有少数假分枝。丝体内细胞直径由基部向顶部逐渐缩小,最后成毛状。胶质鞘牢固,有时仅在藻丝基部发现。异形胞基生,少数间生。异形胞半球形至球形,1～3 个。孢子单生或成串,与基部异形胞相邻。

在中国海域已报道有 7 种:钢色眉藻 *C. aeruginea* (Küetzing) Thuret、丝状眉藻 *C. confervicola* (Roth) C. Agardh ex Bomet et Flahault 、黏滑眉藻 *C. contarenii* (Zanardini) Bornet et Flahault、苔垢菜 *C. crustacea* Thuret、褐紫眉藻 *C. fuscoviolacea* Crouan et Crouan ex Borent et Flahault、软毛眉藻 *C. pilosa* Harvey 和岩生眉藻 *C. scopulorum* (W. et M.) Agardh。

丝状眉藻 *Calothrix confervicola* (**Roth**)C. Agardh

藻丝体不分枝,簇生,黄绿色至蓝绿色(图 3-43)。丝体长为 800～1220 μm,中部的直径为 20～28 μm,基部略膨大。胶质鞘厚达 5～8 μm,略有层纹。丝体自基部至中部细胞的直径为 10~15 μm,高为 3~5 μm。相邻两细胞间没有缢缩。异形胞基生,多数 1 个,有时 2 个,偶尔有 3 个,球形,直径为 10~12 μm。

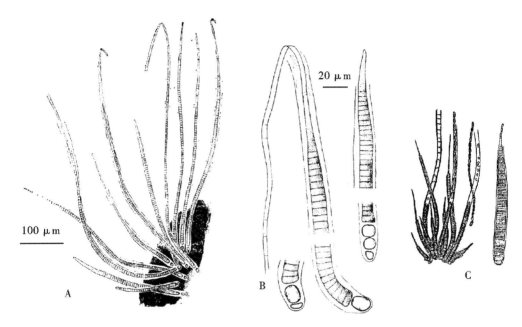

图 3-43 丝状眉藻 *Calothrix confervicola*(Roth)**C. Agardh** 藻体外形

(A,B 引自华茂森,1985;C 引自朱浩然,1959)

朱浩然(1959)在《华北微观海藻的研究》中把本种称为"尖尾美须藻"。主要分布于青岛、烟台、威海海域,附生在其他海藻体上,或生于石沼中;南海西沙群岛中建岛礁湖内的低潮带,泥沙地表亦有发现。

双须藻属 *Dichothrix* Zanardini,1858

藻体丛生,毛笔状或垫状。丝体游离具二叉式假分枝,丝体基部往往有几条藻丝包含在同一个胶质鞘内,彼此略微平行排列。分枝最顶端仅 1 条藻丝。藻丝具胶质鞘,鞘透明,黄色或橙褐色,均匀或分层,层纹平行或扩展。藻丝有的从基部到顶部逐渐尖细,有的仅在顶端渐细。

异形胞单生或数个连生、基生,少数间生。

在中国海域已报道有 5 种:博氏双须藻 *D. bornetiana* Howe、橄色双须藻 *D. olivacea*(Hooker)Bornet *et* Flah、簇生双须藻 *D. penicillata* Zanardini、附生双须藻 *D. fucicola*(Kützing)Bornet *et* Flah 和中建双须藻 *D. zhongjianensis* Tseng *et* Hua。

附生双须藻 *Dichothrix fucicola*(Kützing)**Bornet et Flah**

藻体丛生,橄榄绿色,直立,高 2~4 mm,有反复二叉状假分枝,呈刷状(图 3-44)。藻丝体较粗而刚实,不柔软,藻丝体直径为 25~35 μm。藻丝细胞直径为 17~27.5 μm,藻丝的中、上部细胞较粗大,基部细胞环面观呈方形或长方形,中、上部的细胞则偏压,高仅为 3

～10 μm。藻丝向顶部渐尖,末端呈长毛状。相邻两细胞间没有缢缩,但在基部往往有缢缩。胶质鞘透明、淡黄色,紧包藻丝,没有层次。异形胞基生或间生,球形或椭球形,直径通常与藻丝营养细胞的直径相同。

　　本种生长在礁湖内低潮带,附生在岩石、死珊瑚枝上,与鞘丝藻、眉藻等混生在一起。主要分布于南海西沙群岛海域。

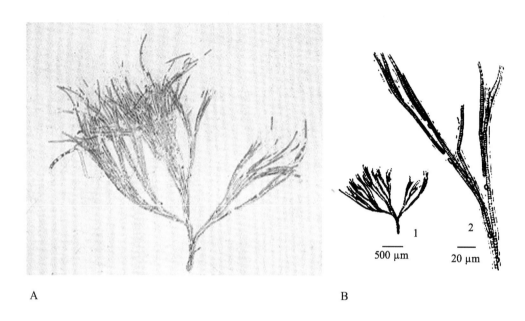

A. 示部分藻体;B:1. 示一株藻体的外形,2. 示一小枝的高倍放大

图 3-44　附生双须藻 *Dichothrix fucicola* (Kützing) Bornet *et* Flah

(A 引自 Tseng,1983;B 引自华茂森,1985)

中建双须藻 *Dichothrix zhongjianensis* Tseng *et* Hua

　　中建双须藻是由华茂森和曾呈奎于 1985 年 1 月共同发表的新物种。标本于 1976 年 2 月,采自中国西沙群岛内的中建岛。藻体大小与附生双须藻 *Dichothrix fucicola* (Kützing) Bornet *et* Flah 较相近。两者的主要区别在于:①本种藻体簇生,总是形成绒球状的藻团,没有少数丝体散生或单生的现象,其丝体比较柔软;而附生双须藻的藻丝体丛生,形成刷状藻团,常有少数丝体散生或单生,丝体较硬实,不柔软。②本种的藻丝体较粗,直径为 30～40(25) μm,藻丝细胞却较小,直径为 14～16 μm;附生双须藻的藻丝体直径较小,为 20～30 μm,藻丝细胞直径较大,为 17～22 μm。③本种的胶质鞘厚而有层次,无色透明;附生双须藻的胶质鞘较薄,往往均匀,没有层次,有时呈亮绿色。

　　中建双须藻基部和顶端部的丝体直径几乎相等,很少渐尖;除在藻体基部胶质鞘内含有几条藻丝外,其他部位只含有 1 条藻丝;藻丝基部细胞环面观大都为长方形或方形,高为 10～40(60) μm,两细胞间没有或微有缢缩;中部或顶部细胞大都呈扁压状,高为 5～10 μm,两细胞间微有缢缩(图 3-45)。异形胞基生,多数 1 个,少数 2 个,球形或椭球形,直径为 10～16 μm,高为 25～50 μm;成熟藻体常有 1 个或数个藻殖体。

中建双须藻略呈紫红色,附生在低潮带处的死珊瑚或沙粒上。主要分布于南海西沙群岛内的中建岛、金银岛海域。

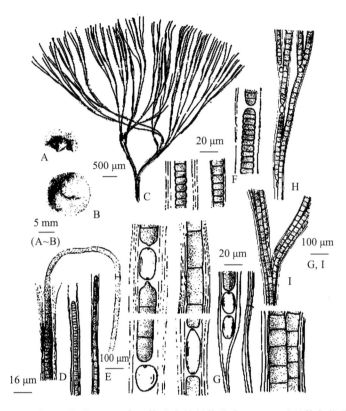

A,B. 藻团的侧面和顶面观外形;C. 一束丝体形态的低倍放大;D～I. 示丝体各部分的高倍放大;
D,E. 丝体的顶端;F. 丝体顶端部的细胞扁压,有缢缩;G. 丝体的异形胞和营养细胞的各种形态;
H,I. 顶部和基部的假分叉形态

图 3-45　中建双须藻 *D. zhongjianensis* Tseng *et* Hua 的藻体形态

(引自华茂森,1985)

栅须藻属 *Isactis* Thuret,1885

藻丝体外被胶化的公共胶质鞘(胶质鞘透明),呈皮壳状藻团。藻丝顶端胶质鞘呈开裂状。丝体平行紧密排列,分枝甚少,基部稍膨大,顶端渐尖呈毛状。异形胞基生。偶尔见藻殖体。

在中国海域只报道有 1 种。

扁平栅须藻 *Isactis plana* (Harvey) Thuret

藻丝体外被厚而胶化的公共胶质鞘,呈皮壳状藻团,藻丝平行紧密排列,分枝甚少,分枝稀疏地出现在藻丝上方,高达 3 mm,深绿色或淡黄色。胶质鞘透明,在藻丝基部甚薄,在藻丝顶端,胶质鞘呈开裂状。藻丝直径为 5～8 μm,基部稍膨大,为 6～10 μm,顶端渐尖呈毛状(图 3-46)。细胞环面观几乎呈方形,但中部细胞较短,为其直径的 1/2～1/3 倍。

异形胞基生,1～3个,球形或椭球形,直径为 8～20 μm。在胶质鞘内有 1～5 个藻殖体,但比较少见。

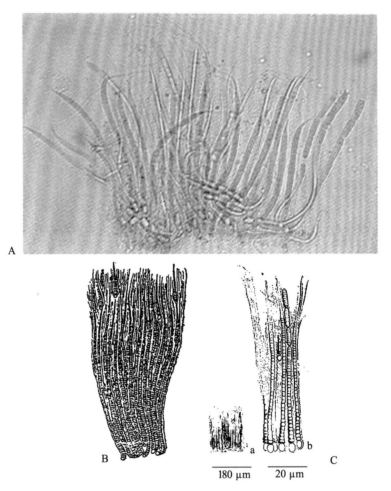

180 μm　　20 μm

A,B. 藻体形态;C:a. 一丛藻丝体彼此平行地直立附着;b. 一些藻体的高倍放大

图 3-46　扁平栅须藻 *Isactis plana*（harvey）Thuret 部分藻丝体

（A 引自 Tseng,1983;B 引自朱浩然,1959;C 引自华茂森,1985）

本种生长在礁湖内低潮带,附生在贝壳上,与鞘丝藻、眉藻、鞭鞘藻等混生在一起。主要分布于南海西沙群岛海域,渤海和黄海海域也有分布（朱浩然,1959）。

束枝藻属 *Gardnerula* G. De Toni,1936

藻体直立、簇生,多次重复分枝,由基部向上分枝增多,呈帚状。内部由多条藻丝平行地围绕同一轴紧密结合而成,具透明胶质鞘。横切面呈假薄壁组织状。

在中国海域已报道有 3 种:极细束枝藻 *Gardnerula tenuissima* Tseng *et* Hua、西沙束枝藻 *Gardnerula xishaensis* Tseng *et* Hua、簇生束枝藻 *Gardnerula fasciculata* Tseng *et* Hua。

簇生束枝藻 *Gardnerula fasciculata* Tseng *et* Hua

藻体直立、簇生,重复分枝 3～5 次,通常外形成伞房状,高为 5～10 mm。顶部的分枝通常有 6～12 个或更多,形成帚状(图 3-47)。分枝直径为 40 ～100(130) μm,由 30～80 (130)条藻丝平行地围绕同一轴紧密结合而成,外被同一个透明胶质鞘,横切面呈假薄壁组织状。藻丝直径为 5～7 μm,向上逐渐变细成长而透明的毛,长为 100～300(500) μm。

藻体能在潮间带珊瑚体上形成一层,呈天鹅绒状。主要分布在南海西沙群岛海域。

图 3-47 簇生束枝藻 *Gardnerula fasciculata* Tseng *et* Hua 示部分藻体

(引自 Tseng,1983)

褶丝藻属 *Kyrtuthrix* Ercegovic,1929

藻丝体外被胶化的同一个胶质鞘(较厚、稍有层化),藻层呈皮壳状。丝体平行排列较紧密,相邻两细胞间有缢缩,向上变细成毛状。异形胞间生。

在中国海域只报道有 1 种。

斑点褶丝藻 *Kyrtuthrix maculans*(Gom.)Umezaki

藻体蓝绿色,深蓝绿色。藻丝体直径为 10～15 μm;藻丝细胞直径 5～7.5 μm,向上变细成毛状。胶质鞘厚、透明黄褐色,稍有层化(图 3-48)。细胞高 4～8 μm。相邻两细胞间有缢缩。异形胞间生,通常呈圆球形或圆柱形。

本种生长在潮间带的岩石、石块上,能形成具黏液的、厚度约 200 μm 的、坚实的壳状层。主要分布于南中国海沿岸海域。

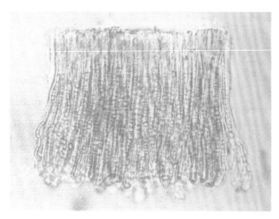

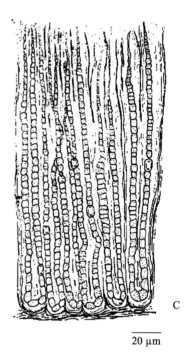

20 μm

A. 生长在石块上的藻层；B. 部分藻丝体；C. 一丛藻丝体

图 3-48　斑点褶丝藻 *Kyrtuthrix maculans* (Gom.) Umezaki

（A,B 引自 Tseng,1983;C 引自华茂森,1985）

胶须藻属 *Rivularia* C. Agardh,1824

幼藻体为球形或半球形,胶群体,成熟后扩展。丝状体略呈放射状或平行排列。胶质鞘略胶化。藻丝不分枝或略具不规则的假分枝,顶端呈毛状,生长明显。异形胞基生或间生,常位于假分枝基部。藻殖体单生或成串产生,无厚壁孢子。

本属与眉藻属的主要区别是丝体具有假分枝。在中国海域只报道有 1 种。

黑色胶须藻 *Rivularia atra* Roth

藻体由很多丝体集成半球形或球形体,单生,或在侧面互相愈合而成一个直径达 4 mm 的藻体。球内丝体密集,呈深绿色(图 3-49)。胶质鞘无色至黄色,藻丝上部至顶部的胶质鞘融合成公共的胶质鞘。分枝在切面观时,通常呈规则的层纹状。藻丝直径为 2.5～

5 μm,其基部细胞的直径略小于高度,自此向上的细胞直径逐渐大于细胞高度,最后又延伸成毛。藻丝的延长,主要由于细胞分裂所致。细胞的内含物均匀,蓝绿色。

　　黑色胶须藻是海生世界性广布种,分布在海水能溅到的高潮带岩石上。中国海域是在黄海威海的金线顶海区的高潮线发现,附着在其他海藻体上和小石块上,数量不多。

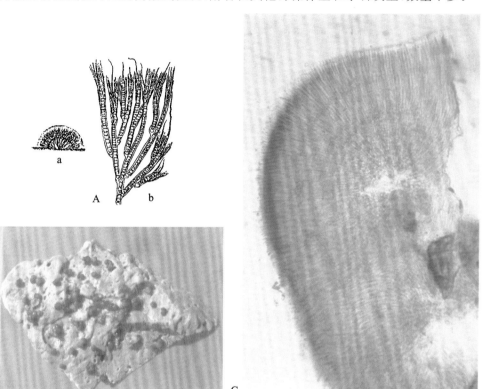

A. a. 藻体纵切面,b. 部分藻丝;
B. 示附生在石块上的藻体;C. 藻体纵切面示分枝呈层纹状
图 3-49　黑胶须藻 *Rivularia atra* Roth 藻体外形
(A 引自朱浩然,1959;B,C 引自 Tseng,1983)

伪枝藻科(双歧藻科)Scytonemataceae

　　藻丝体假分枝双歧或单歧状分叉,被胶质鞘包被(胶质鞘为本科的共同特征),呈片状或球形。异形胞间生。假分枝由邻近异形胞的细胞分裂,并突破胶质鞘继续分裂而形成新的分枝丝体。靠近异形胞的细胞向一侧分裂形成单一分枝,藻丝体呈单歧状分叉的物种都属于单歧藻属 *Tolypothrix* Kützing;若异形胞左、右的细胞都分裂,从而形成双歧状分叉的藻丝体,这些物种都属于伪枝藻属(双歧藻属)*Scytonema* Agardh。

伪枝藻科分属检索表

1. 藻丝体分枝呈双歧状分叉 ·· 伪枝藻属(双歧藻属)*Scytonema*
1. 藻丝体分枝呈单歧状分叉 ·· 单歧藻属 *Tolypothrix*

伪枝藻属(双歧藻属)*Scytonema* Agardh,1824

藻体的丝体游离或呈束,互相缠绕,匍匐或直立。假分枝单生或成对,产生于两个异形胞之间。藻丝体分枝呈双歧状分叉。胶质鞘坚固,分层或不分层,分层的层次平行或发散。每个鞘具1条直的藻丝。异形胞间生。藻殖体在藻丝顶部产生。

在中国海域已报道有3种:界文伪枝藻 *Scytonema javanicum* Bornet、溪生伪枝藻 *Scytonema rivulare* Borzi 和多胞伪歧藻 *Scytonema polycystum* Bornet *et* Flahault.。

多胞伪歧藻 *Scytonema polycystum* Bornet *et* Flahault.

藻丝体聚生,彼此交织呈絮状,蓝绿色,藻丝长0.2 cm,假分枝很少,双歧状分叉(偶尔有单歧状分叉),直径为13～15 μm,细胞扁压,高为3～6 μm,相邻两细胞间没有明显的缢缩(图3-50),仅在丝体的顶端微有缢缩。异形胞间生,球形或长球形,直径为10～15 μm。

多胞伪歧藻是亚热带、热带性物种。生长在低潮带,附生在贝壳表面,与鞘丝藻、颤藻等混生在一起。在中国海域仅采集于南海西沙群岛深航岛礁湖内的低潮带的贝壳上。

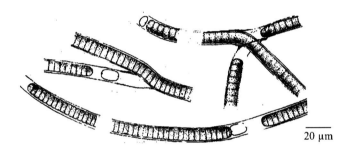

图 3-50　多胞伪歧藻 *Scytonema polycystum* Bornet *et* Flahault. 藻体各部分形态

(引自华茂森,1985)

单歧藻属 *Tolypothrix* (Kützing,1843.) Kützing *ex* Bornet *et* Flahault,1886

本属与双歧藻属不同之处是丝体假分枝呈单歧状分叉,偶有双歧状分枝。假分枝常在靠近异形胞处产生。藻殖体在丝体顶部产生,有些物种也产生厚壁孢子。

在中国海域只报道有1个物种。

半盐生单歧藻 *Tolypothrix subsalsa* Tseng *et* Hua

藻体深褐色、亮黄色或蓝绿色。高2～5 mm(图3-51)。上部藻丝体直径为30～45 μm。多次分枝,大多数分枝棍棒状,单歧状分叉(偶尔有像伪枝藻 *Scytonema* 双歧状分叉),胶质鞘直径为4～8(10) μm,亮黄色或黄褐色,层纹状;基部单条丝体直径为20～30 μm,胶质鞘薄。藻丝体呈膜状,通常蓝绿色或淡蓝绿色。细胞高为4～6 μm,基部细胞近球状。异形胞扁球形(饼状)或圆球形,直径为10～15 μm。细胞内含有一些大的颗粒。

藻丝簇生呈膜状,生长在高潮带至潮上带的岩石或潮湿的盐碱土壤表面。在中国仅分布在南海海南岛海域。

A. 长在岩石上的藻体;B,C. 部分藻丝

图 3-51　半盐生单歧藻 *Tolypothrix subsalsa* Tseng *et* Hua

(引自 Tseng,1983)

拟珠藻科 Nostochopsidaceae(多列藻科 Stigonemataceae)

藻体具真分枝,细胞间有联系。丝体细胞柱形或扁球形,排成单列或多列链状藻丝。

拟珠藻科分属检索表

1. 藻体为不规则球体,内部丝体呈 V 形或 Y 形分枝 ……………………… 短毛藻属 *Brachytrichia*

1. 藻体为簿膜状至壳状,内部丝体分枝向不同方向 ……………………… 鞭鞘藻属 *Mastigocoleus*

短毛藻(海雹菜属)属 *Brachytrichia* Zanardini *ex* Bornet & Thuret,1886

藻体为不规则球体,内部丝体呈 V 形或 Y 形分枝。在中国海域只报道 1 种。

扩氏短毛藻(海雹菜)*Brachytrichia quoyi* (C. Ag.)Bornet *et* Flahault

藻体由很多丝体组成,呈胶块状、皮壳状或念珠藻状团块,直径一般为 0.5 cm,大的 4～5 cm。团块表面大都卷缩或有皱纹,幼时为实体,老时多中空,呈黄绿色或黑棕色(图 3-52)。藻体内丝体自基部作稀疏的交织,在上部大都直列,互相平行或作放射状排列,在藻丝的末端其细胞往往狭细,延伸成毛;分枝一般呈 V 形,其中一枝发育完全,另一枝发育不完全;藻丝基部细胞的直径一般为 4～5 μm,但有时膨大,其直径可达细胞高的 2～3 倍;在整个藻丝上的细胞,其形态极不一致,有球形、椭球形、盘形或不规则形等;毛体细胞的直径为 1 μm;异形胞比一般细胞大,直径为 5～8 μm。

生长在泥沙底质,散有石块的中潮带上部靠近高潮带地区。黄海海域(青岛湾和大连湾的高潮带的岩石上都有生长)繁殖期在 8～9 月;东海台湾和南海春季最繁盛。

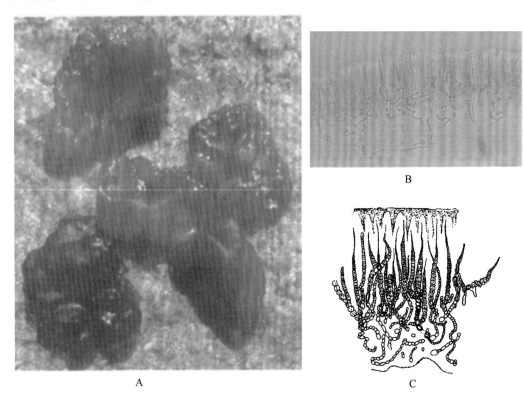

A. 示藻体外形;B,C. 藻体剖面示藻丝形态

图 3-52　扩氏短毛藻(海雹菜)*Brachytrichia quoyi*(C. Ag.)Bornet *et* Flahault 藻体外形

(A,B 引自 Tseng,1983;C 引自朱浩然,1959)

鞭鞘藻属 *Mastigocoleus* Lagerheim,1886

藻体为薄膜状至壳状,内部丝体分枝伸向不同方向。在中国海域只报道有 1 种。

鞭鞘藻 *Mastigocoleus testarum* Lagerheim

藻体淡蓝绿色、黄绿色或褐绿色。藻丝体单列,有发达的真分枝,匍匐着向不同方向弯曲,很难分离出两条清晰的丝体(图 3-53)。分枝有两种类型:一类为长分枝,圆柱形,顶端不渐尖,少数长分枝的顶端长毛状;一类为短分枝,仅有 1～3 个细胞,顶端通常具有圆球形的异形胞。分枝与主丝体的直径大致相同,为 6～10 μm。藻丝由 1 列细胞组成,很少有 2 列。胶质鞘薄、透明、坚实。细胞高为 4～8 μm,圆柱形。

异形胞间生或在短分枝的顶端,常在藻丝上侧生,圆球形或扁球形,直径为 5～10 μm。

鞭鞘藻是一个很重要的、能穿透贝壳的物种,通常能贯穿软体动物的贝壳和珊瑚。起初在贝壳和珊瑚内形成小点或线,以后,形成薄膜状,最后呈壳状。生活在潮间带。

在中国近海为常见种。

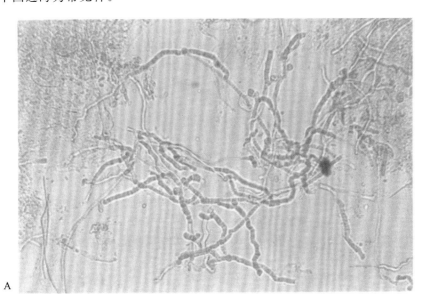

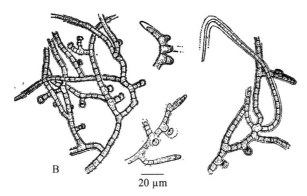

20 µm

图 3-53 鞭鞘藻 *Mastigocoleus testarum* Lagerheim 部分藻丝形态
(A 引自 Tseng,1983;B 引自华茂森,1985)

膜基藻科 Parenchymorphaceae

藻体为独特的异丝体,基部丝体分枝繁多,丝体侧面愈合形成假薄壁组织状的膜体。

膜基藻属 *Parenchymoepha* Tseng *et* Hua,1984

藻体附着生长,有异丝体分化,丝状,具有侧生真分枝,有时存在类似双叉状的分枝形态。基部由许多分枝丝体彼此愈合形成假薄壁组织状的膜体,扁平,仅一层细胞厚,且以此附着于基质上;上部分枝丝体游离;胶质鞘缺乏或薄,或呈溶化状态;藻丝由单列细胞组成,顶端渐尖成毛;无异形胞但具有藻殖体和厚壁孢子。

在中国海域只报道有 1 种。

西沙膜基藻 *Parenchymorpha xishanica* Tseng *et* Hua

藻体高 300～500 μm,附着生长,有异丝性分化,丝状,真分枝侧生,偶有类似双叉状的分枝形态,基部呈假薄壁组织状,扁平,仅一层细胞厚(图 3-54)。上部丝体有 2～10(20)条,丝状,直立,其中部直径为 6～10 μm,常有分枝,游离或部分游离,胶质鞘缺乏,或很薄;丝体由单列细胞组成,顶端渐尖成毛;无异形胞但具有藻殖体和球形或亚球形厚壁孢子,直径为 8～10 μm。附生在礁湖内水下 1 m 左右的蓠凤螺 *Babylonia formosae* 壳表。

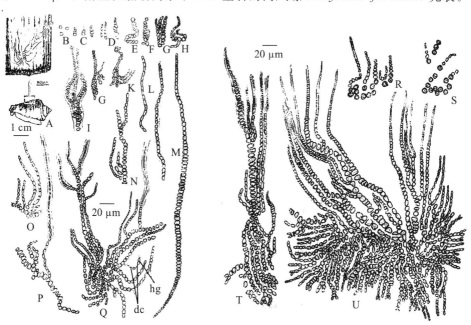

A. 一株藻体附生在蓠凤螺 *Strombus luhuanus* 壳表,显示其直立、贴附生长的习性;B,C. 孢子及孢子萌发形成的幼丝体;D～M. 一些不同形态的幼丝体;N～P. 三株具有侧生分枝的丝体,Q. 一株藻体,显示正在分化成基部和上部的异丝体性特征(dc＝死细胞;hg＝藻殖体);R,S. 显示一些孢子的形态;T,U. 两株成熟藻体,显示已分化为具有假薄壁组织状的膜状基部和游离(或部分游离)丝体的上部的形态

图 3-54　西沙膜基藻 *Parenchymorpha xishanica* Tseng *et* Hua 的藻体形态特征

(引自曾呈奎、华茂森,1984)

本种主要分布在南海西沙群岛海域。

1976 年 2 月,中国科学院海洋研究所华茂森研究员从中国的西沙群岛内的中建岛近海,从一只活的蓠凤螺 *Strombus luhuanus* 壳表采集到一种形态特殊的海洋蓝藻,经与曾呈奎共同研究,建立了一个新属和新种——西沙膜基藻 *Parenchymorpha xishanica* Tseng *et* Hua gen. *et* sp. nov. 并根据这种新蓝藻,建立了新科膜基藻科 Parenchymorphaceae Tseng *et* Hua,1984。

膜基藻科包含 2 个属:膜基藻属 *parenchymorpha* Tseng *et* Hua,1984 和伊延藻属

Iyengariella Desikachary,1953。伊延藻属主产印度海域,中国海域内尚未发现有这一属的物种。

　　膜基藻科的独特异丝体,特别是其分枝繁多的基部丝体侧面愈合的倾向及其形成假薄膜较高级的形态使这个新科非常突出。新科的复杂的真侧生分枝系统和异丝体的高度分化使它的进化地位甚至高于真枝藻科 Stigonemataceae。许多藻类学家认为真枝藻科包含最进化的蓝藻。藻体具有真分枝、异丝体不同型的藻丝体,通常具多列结构。真分枝是由于藻丝体细胞分裂面与藻丝体主轴垂直而产生的。

第四章 红藻门 Rhodophyta

第一节 一般特征

红藻门（Rhodophyta Rabenhorst，1863）物种的共同特征：①通常呈现出特殊的红色，这是因为色素体含有藻胆蛋白，由于每种红藻生活的水层不一，所含的藻胆蛋白的比例不同，因此颜色从鲜红色到深红色不等。②物种生殖细胞都不具有鞭毛，不能运动。有性生殖产生无鞭毛的雄配子（不动精子 spermatia），雄配子在水流的作用下到达雌性器官（果胞 carpogoniun）与卵结合；无性生殖产生的孢子没有鞭毛不能游动。③红藻门的物种几乎都是海生种，而且是营底栖生活的。

一、外部形态特征

红藻门中藻体结构为单细胞的只有少量物种（如红球藻属 *Rhodella*），群体结构的种类也不多（如角毛红藻属 *Goniotrichum*），绝大多数红藻是多细胞体，但很少有像褐藻那样大型的藻体。多细胞藻体有的是简单的丝状体（如红毛菜属 *Bangia*、顶毛藻属 *Acrochaetium* 等），多数是由许多丝状体组成的圆柱状或膜状的藻体。复杂的丝状体有单轴型和多轴型之分。单轴型丝状体具有单一的中轴丝，由中轴丝向周围生出侧丝形成皮层，如仙菜目 Ceramiales、石花菜目 Gelidiales 的藻体均为单轴型；多轴型是由许多中轴丝体组成中心髓部，由它向外生出侧丝，被胶质包围，很像由薄壁细胞组成的皮层，如红皮藻目 Rhodymeiales 为多轴型。因此，红藻藻体的外形有圆柱形、膜状体、分枝或不分枝的丝状体。

红藻的生长方式多数为顶端生长，具有一明显的顶端细胞，由其横分裂或斜分裂形成分裂节，每一分裂节再继续分裂形成围轴细胞或原始围轴细胞。单轴型的围轴细胞有一定的数目和位置，如松节藻科 Rhodomelaceae 的物种，通常有 4 个以上的围轴细胞。有的物种围轴细胞不再继续分裂，有的物种围轴细胞继续分裂形成皮层或者生长有限分枝的顶端细胞。居间生长只存在于红叶藻科 Delesseriaceae、珊瑚藻科 Corallinaceae 中的几个属，也有少数物种的生长方式为散生长（如紫菜属 *Porphyra*）。

二、细胞学特征

1. 细胞壁

红藻的细胞壁由内、外两层组成。内层坚韧，紧贴于细胞质，由纤维素组成；外层由藻胶组成，如琼胶、卡拉胶等。有些物种的细胞壁发生钙化作用，如珊瑚藻科 Corallinaceae

的海藻。

2. 细胞核

红藻细胞内的细胞核数目不定,多数物种只有 1 个核,有的物种细胞初期含 1 个核,到了晚期则含数个核,如石花菜目、红皮藻目和仙菜目中的许多种。核数目多少与体积的大小没有关系,如海头红的中轴细胞含一个大核,直径为 $30\sim35~\mu m$,其周围细胞含有许多小核。仙菜科 Ceramiaceae 藻体的中轴细胞所含的细胞核也比周围细胞的大。生殖细胞里通常只具有 1 个核。多数营养细胞的核较小,平均直径为 $3~\mu m$。核中往往有 1 个(有时几个)明显的核仁,此外还有发达的核网,并有染色质颗粒,染色质的含量很少。

3. 原生质体

真红藻亚纲物种所含的细胞质黏度很高,因此原生质体紧贴于细胞的内壁。一般情况下,原生质体收缩后,发生质壁分离,会引起细胞的死亡。羽状异管藻 Heterosiphonia plumosa 的原生质体特别容易收缩,而纤毛仙菜 Ceramium ciliatum 对原生质体的收缩抵抗力较强,可以抵抗高渗溶液,对寒冷的抵抗力也大,但多数红藻对培养液浓度的变化是很敏感的。

较原始的真红藻亚纲物种细胞中不含明显的液泡,但大多数的真红藻亚纲物种细胞内具有一个中央液泡。液泡的内容物有碱性、中性或酸性反应,用中性红、甲酚(cresol)或美蓝染色,极易着色,往往有结晶体的沉淀物形成。红藻的渗透压一般比海生的褐藻和绿藻低,生长在低潮带和潮下带的红藻,渗透压一般为海水的 1.5 倍,而生活在潮间带的物种渗透压则为海水的 $2\sim2.2$ 倍。

4. 色素体及色素

红藻色素体的形状、数量的多少,往往作为物种进化的标准之一。原始的红藻细胞内只有 1 个轴生的星形色素体,中央含有 1 个无色的淀粉核(无淀粉鞘)。红毛菜目 Bangiales 和海索面目 Nemalionales 的许多物种都有星形色素体。

在高等的真红藻亚纲物种中,如胭脂藻属 Hildenbrandia、屠氏藻属 Dumontia、阿氏藻属 Agardhiella、角叉藻属 Chondrus crispus、育叶藻属 Phyllophora 等的光合作用细胞,具有大的单一侧生色素体,而老细胞的侧生色素体往往成片状或分裂,有的老细胞的色素体断裂成带状。大多数的真红藻亚纲物种具有侧生色素体,但色素体的形状,往往随物种的不同而有差别,甚至在同一个藻体内,不同部位的细胞,色素体的形状也不同。如绢丝藻属 Callithamnion 的顶端细胞的色素体呈透镜形;仙菜属的皮层细胞所含色素体的形状不规则,多数是四边形。曾有人观察到真红藻亚纲物种类细胞中的色素体,在不同光质光照下能移动。

色素有叶绿素类的叶绿素 a;类胡萝卜素类的 α-胡萝卜素、β-胡萝卜素、叶黄素、玉米黄素;藻胆蛋白的藻蓝蛋白、藻红蛋白和别藻蓝蛋白。其中,藻红蛋白是藻胆蛋白的主要类型,含量较高。藻胆蛋白作为辅助色素与蓝藻所含有的相似。若用蒸馏水浸泡新鲜红藻,藻胆蛋白即可以溶出,但有些种只能缓慢地从细胞内渗出。在提取液中加入硫酸铵,藻红蛋白就能结晶沉淀而析出,过滤后再重结晶,可得到藻红蛋白纯结晶,此结晶为六角形。若原提取液加入硫酸铵放置几小时,就有藻蓝蛋白结晶沉淀而析出,呈菱形;如将其上清液再次用硫酸铵沉淀,可得到别藻蓝蛋白。藻红蛋白提取液呈现洋红色,在反射光中呈现橘黄色荧光。纯藻蓝蛋白提取液,呈现青蓝色,在反射光中呈现暗红色荧光。这两种色素受到强烈日光照射后,多数分解,藻红蛋白比藻蓝蛋白对强光更敏感。这两种色素的总量和相互的比例,往往随季节的不同而有差异。

生长在深海中的红藻呈红色,是由于含大量藻红蛋白,而藻蓝蛋白含量低。生活在海滨区的红藻呈紫色、暗棕红色、红紫色,是由于所含藻蓝蛋白与藻红蛋白的比例不同所致。淡水的红藻类如串珠藻属 *Batrachospermum*、鱼子菜属 *Lemanea* 呈深绿色和蓝绿色,是由于色素体中所含的藻蓝蛋白的量比藻红蛋白多,但它们在死亡以后就出现红色。

5. 储藏物质

红藻的光合作用产物是一种多糖类——红藻淀粉,通常为小颗粒,直径为 $3\sim4~\mu m$,分布于细胞质中,也有的附着于色素体上,但不被色素体包埋。这些小颗粒有时密集在细胞核的周围,若在有淀粉核的细胞里,则围于淀粉核的四周。

大的淀粉粒呈盘形或锥形,一面下陷,此处是淀粉粒与色素体连接的地方。另外,有的呈不规则的多角形,上面出现纹层,如果稍加压力,淀粉粒上出现放射状的裂缝,由此可知,淀粉粒呈球状。这些颗粒呈双折光,如放在尼古尔氏(Nicols)柱间观察,这些颗粒若放入沸水、NaOH 溶液、水合氯醛、碘液中就膨胀。膨胀后颗粒用碘处理时就出现两个区,中央为黑色,周围色浅。如用碘液直接处理红藻淀粉颗粒,颜色由黄色变成黄褐色,再转成红色,最后出现紫红色或蓝色。如先用沸水或水合氯醛处理,使其膨胀,再用碘液处理则现紫色或蓝色。有的红藻以水合氯醛处理,立刻出现蓝色,说明其中已含有碘。

许多红藻的光合作用产物是溶解的糖类,有些红藻体中有硝酸盐存在,特别是在老藻体的部分,如勃氏仙菜 *Ceramium rubrum* 硝酸盐含量占藻体干重的 1.5%,卤化物也往往存在于红藻类的特别细胞里,维生素在紫菜 *Porphyra* 里特别丰富。

三、繁殖和生活史

在红藻的繁殖过程和复杂的生活史中,没有游动细胞阶段。这是红藻门物种的重要特征。

1. 无性繁殖

仅在红毛菜亚纲的某些单细胞藻中以细胞直接分裂的方式进行繁殖。多数物种是由孢子体的营养细胞形成孢子囊母细胞,再由它经过减数分裂,产生四分孢子囊(tetrasporangium),其中有 4 个孢子,为单倍体(haploid)。它们在形态上完全一样,但在本质上有性的差别。实验证明,其中两个孢子萌发成雄配子体,另外两个孢子萌发成雌配子体。四分孢子囊分裂的方式有十字形(cruciate)、四面锥形(tetrahedral)及带形(zonate)。此外,有少数红藻的孢子体产生多室孢子囊(polysporangium),这一类型是四分孢子囊的变态。个别物种的配子体上也可以生成单孢子囊(monosporangium),每个孢子囊里产生 1 个孢子,为单孢子(monospore),这类孢子可以说是单性生殖孢子的变相孢子。单孢子同样可以繁殖成新的藻体。

2. 有性繁殖

红藻的有性繁殖方式都是卵式生殖,过程非常复杂,在藻类中是非常特殊的,也是藻类植物高级进化的表现。

雄性繁殖器官为精子囊(spermatangia),可产生不动精子,如紫菜属的物种,精子囊由普通营养细胞横、纵分裂而成数个精子。真红藻亚纲的物种,精子囊母细胞有的由皮层细胞形成,有的由特殊的丝体形成。前者所产生的精子囊常分布在藻体表面或集生成群,后者精子囊有的呈伞形排列,有的集生成精子囊群枝,丛生成葡萄状或其他形状。每一精子囊形成1~2个不动精子。精子成熟时,囊壁破裂释放出精子。

雌性繁殖器官为果胞,上面延长部分称受精丝。红毛菜亚纲果胞的受精丝短,为原始形态;真红藻纲的果胞受精丝细长,受精丝延伸到藻体表面,便于接受精子。精子成熟后从精子囊中散放出来,然后随水漂流,到达受精丝顶端开始进行授精。最初精子被黏附在受精丝上,接触处融化,精子核经受精丝进入果胞基部,与卵核合并形成合子。合子不离开母体,经过减数分裂或不经减数分裂继续发展,形成果孢子体,一般称为囊果,其中能产生许多果孢子。

红毛菜亚纲的藻类由于合子核经过减数分裂,因此所产生的果孢子为单倍体。真红藻亚纲的海索面目合子核也进行减数分裂,但由果胞直接产生分枝丝体,成为产孢丝(gonimoblast),由它形成果孢子囊,所产生的果孢子也是单倍体。其他目的物种受精后,果胞会产生连接管(connecting filament)与另外的辅助细胞(auxilliary cell)联合,合子核经过连接管进入辅助细胞,再继续分裂,同时辅助细胞形成分枝的产孢丝,由产孢丝的全部细胞或部分细胞形成果孢子囊,由于合子核未经过减数分裂,因此所形成的果孢子为二倍体(图 4-1)。

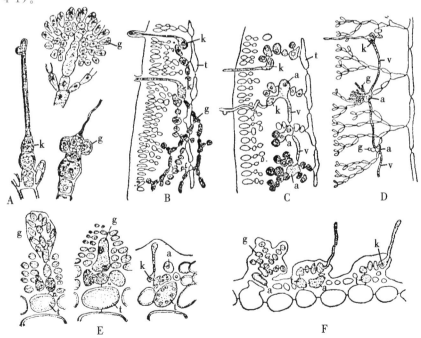

A. 海索面型　B. 石花菜型　C. 屠氏藻型　D. 麒麟菜型　E. 红皮藻型　F. 仙菜型

a. 辅助细胞;g. 产孢丝;k. 果胞;v. 连接管;t. 中丝

图 4-1　果胞枝、辅助细胞及产孢丝

(引自郑柏林等,1961)

3. 生活史

红藻的生活史可归纳为两个类型,即无孢子体型和有孢子体型。如果果孢子是经过减数分裂产生的,由它萌发后只能成为配子体,红毛菜亚纲和真红藻亚纲的海索面目生活史属于无孢子体型;其他真红藻亚纲的果孢子形成时,没有经过减数分裂,萌发后则生成了二倍体的孢子体,减数分裂一直延至四分孢子囊的第一次分裂时才进行,因此,这类红藻的生活史,除了独立自养的配子体和寄生在配子体上的果孢子体外,还有一个独立自养的孢子体阶段,这类生活史属于有孢子体型。有孢子体型生活史也被认为是三元生活史类型。

红藻生活史的特点可用下列的图解(图 4-2)表示。

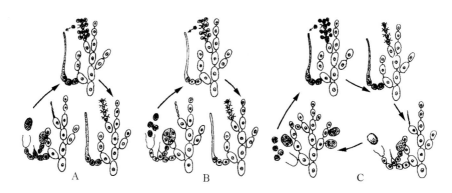

A. 单倍体的果孢子体与配子体交替的生活史类型

B. 二倍体的果孢子体与配子体交替的生活史类型

C. 二倍体孢子体、二倍体果孢子体与配子体组成的生活史类型

图 4-2　真红藻类生活史类型

(引自 G. M. Smith,1955)

四、生态分布及意义

红藻门藻类主要为海生种,淡水种约有 12 属 50 个种。海生物种分布范围很广,但主要产于澳大利亚、亚洲地区热带海洋中,北极和南极海域也有分布,但物种数很少。

红藻的地理分布通常和海洋的表面温度有密切的关系。从两极向热带,由于表层海水温度逐渐升高,红藻的物种分布也随着变化,约 34% 生于北半球温带海洋,22% 生于热带海洋,44% 生于南半球温带海洋。

红藻多数生于低潮线附近或潮下带,水清的海区可生长在低潮线以下 30～60 m 处。通常红藻不喜强光,为"阴生植物";但有一些生于潮间带或石沼中的物种,又像"阳生植物",如生活在中潮带岩石上的紫菜和海萝。

红藻生长的基质主要是岩石,也有一些种附生于其他海藻藻体上或寄生于其他藻体内部的空隙处(营寄生生活),这种红藻所含色素往往退化。

红藻很早就被人类所利用。有的可作为食用,如紫菜,含有丰富蛋白质,人们多将其作为辅助蔬菜。有的可提取藻胶质,如石花菜属 *Gelidium*、江蓠属 *Gracilaria*、麒麟菜属

Eucheuma 等的物种,都可以作为制造琼胶(agar)的原料。琼胶可食用,但主要是医药或科学研究方面用做微生物培养基,还可以用做纺织业印花及经纱浆料。有些红藻还可以做驱虫剂,如海人草 *Digenea simplex* (Wulf.)C. Ag. ,鹧鸪菜 *Caloglossa lepriurii* (Mont.)J. Ag. 。

第二节　分类及代表种

以前的红藻门下分为两个纲:真红藻纲和原红藻纲。目前红藻门的分类阶元中仅有红藻纲 Rhodophyceae 1 个纲,其下分为红毛菜亚纲 Bangiophycidae 和真红藻亚纲 Florideophycidae,两个亚纲分别对应以前分类系统中的原红藻纲和真红藻纲。

迄今已有记载的红藻为 558 属 3 740 种(Kylin,1956)。据《中国海洋生物名录》(2008)记载,中国海域已有的红藻为 166 属 569 种。此后出版的《中国黄渤海海藻》(2008)和《中国海藻志》第二卷红藻门第七册(2011)等专著,分别增加了新的属和种。因此,中国海域已有记载的红藻属、种已经超过《中国海洋生物名录》收录的数量。随着今后深入的研究,中国海域报道的的红藻属、种数量还会有所增加。

红藻纲分亚纲检索表

1. 藻体简单,多为单细胞、丝状体或膜状体;散生长;细胞间无孔状联系;无性繁殖产生中性孢子(neutral spore)或单孢子,少见有性繁殖,果胞具原始受精丝,精子由营养细胞重复分裂形成,合子经减数分裂产生果孢子 ·· 红毛菜亚纲 Bangiophycidae
1. 藻体为丝状体、假膜体或膜状体;顶端生长;细胞间具有孔状联系;无性繁殖由孢子体经减数分裂产生四分孢子;普遍具有有性繁殖,果孢具有高级分化的受精丝,1 个精子囊只产生 1 个精子,合子发育成果胞子体,由果胞子体产生果孢子,再发育成孢子体 ···················· 真红藻亚纲 Florideophycidae

红毛菜亚纲 Bangiophycidae

红毛菜亚纲藻体简单,有单细胞的物种(如紫球藻属)、丝状的物种(如角毛红藻属)、膜状的物种(如紫菜属)。藻体生长一般为无定点的散生长。细胞间一般无胞间联系。大多数细胞含一轴生星形色素体,色素体中央具有无淀粉鞘的淀粉核。

无性生殖:营养细胞直接分裂或形成单孢子。形成孢子的数目不等,如角毛红藻属的母细胞只形成 1 个孢子;星丝藻属的母细胞产生斜壁分成不等的两部分,小的细胞形成孢子;红毛菜属的细胞分裂成 2 或 4 个子细胞分别形成孢子;紫菜的营养细胞与表面呈垂直分裂,形成单孢子。

有性生殖:果胞具有原始受精丝,是由普通营养细胞变化而成,只产生 1 个卵;精子囊母细胞也为普通营养细胞变成,但经过多次分裂产生 32～128 个精子囊,每个精子囊产生 1 个不动精子,离开母体后,随水漂流,遇果胞后黏着于突起的原始受精丝上,接触处逐渐融化,伸延出一精子管,精子的内容物由此进入果胞基部,和卵核融合成合子,合子的第一次分裂为减数分裂,后经分裂形成 4、8、16 个单倍体的果孢子。

红毛菜亚纲藻类多数海生,少数生于淡水,阴湿的地面也能生长。

红毛菜亚纲包括紫球藻目、角毛藻目、红盾藻目、红毛菜目 4 个目。

红毛菜亚纲分目检索表

1. 单细胞，包在胶质膜内的群体……………………………………………… 紫球藻目 Porphyridiales
1. 多细胞，丝状、盘状、管状、叶状 …………………………………………………………………… 2
　　2. 藻体有分枝，无性繁殖是单孢子，孢子形成无特殊的分裂 ………………… 角毛藻目 Goniotrichales
　　2. 藻体丝状、膜状、管状，无性繁殖是单孢子，有性繁殖不详 ……………………………………… 3
3. 单孢子是用弯曲的壁从营养细胞分割成的，固着器成小盘状，没有根丝细胞 ………………………
　………………………………………………………………………………… 红盾藻目 Erythropeltidales
3. 单孢子是由营养细胞演变成的，用根丝细胞固着 ……………………………… 红毛藻目 Bangiales

紫球藻目 Porphyridiales

藻体单细胞，疏松的被包埋在胶质膜内形成不规则的群体，或呈假丝状，色素体多为星状，也有盘状或杯状的，淀粉核有或无。

繁殖为无性繁殖，在胶质膜内形成孢子。

该目只有紫球藻科 Porphyridiaceae 一个科。

紫球藻科 Porphyridiaceae

藻体为单细胞、群体或假丝体，丝体内的细胞明显分开，色素体星状或裂片状，具有一中央淀粉核或无淀粉核。繁殖为无性繁殖，细胞直接分裂或整个营养细胞变为孢子释放出来。

红球藻属 *Rhodella* Evans，1970

藻体单细胞，自由生存，不规则地聚集在一起，成团，细胞亚圆球形或卵形，含有显著的角质鞘，内含一个大型的带有蛋白核的星状色素体，有一中央淀粉核，呈紫红色。以细胞直接分裂的方式进行无性繁殖。

在中国海域只报道有 1 个物种。

小红球藻 *Rhodella purpureum* (Bory) Drew & Rose

藻体是单细胞的聚集，可自由生长或附生在其他藻体上，每一个细胞具有一个膜，亚圆球形或卵形(图 4-3)，直径为 8～13 μm，具有一个星状色素体及中央淀粉核。通过细胞分裂的方式进行无性繁殖。主要生长在潮间带岩石及其他海藻藻体上。广泛分布于黄海的山东青岛沿海。

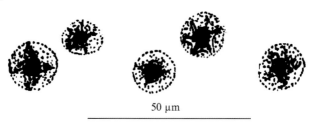

50 μm

图 4-3　小红球藻 *Rhodella purpureum* (Bory) Drew & Rose

(引自曾呈奎等，2008)

角毛藻目 Goniotrichales

藻体为多细胞丝体,大多数是由单列细胞组成、偶尔是由少数多列细胞组成的简单或具有反复分枝的丝体,细胞相互被胶质的、似鞘的物质分开,基部的细胞形态与营养细胞无明显区别,细胞球形或圆柱形,每个细胞具有星形色素体及淀粉核。

无性繁殖,由营养细胞形成单孢子;有性繁殖不详。

该目只有角毛藻科 Goniotrichaceae。

角毛藻科 Goniotrichaceae

藻体呈丝状,有分枝,彼此相互用胶质物分开,细胞呈圆柱形、卵形,具有星形色素体,淀粉核有或无。无性繁殖,裸露的单孢子是由营养细胞直接转变而成。

角毛藻科含有两个属,即色指藻属 Chroodactylon 和茎丝藻属 Stylonema。

角毛藻科分属检索表

1. 藻体为分枝丝状体,细胞单列,细胞侧面观呈圆形、长圆形,长大于宽,色素体呈蓝绿色,有厚壁孢子
……………………………………………………………………………………… 色指藻属 Chroodactylon
1. 藻体为分枝丝体,细胞 1 至多列,细胞侧面观呈扁方形,长小于宽,色素体呈玫瑰红色,无厚壁孢子
……………………………………………………………………………………………… 茎丝藻属 Stylonema

色指藻属 Chroodactylon Hansgirg,1885

藻体附生,丝状,具有假双歧型分枝,蓝绿色或红带青蓝色,藻丝是由亚球形或椭球形的单列细胞组成,藻丝埋没在胶质鞘内。细胞有自己的包鞘,色素体星形,中央有淀粉核;细胞分裂是插入式的,与细胞的长轴呈直角;在分枝的形成上,插入细胞首先确定分枝的方位,为此它的长轴是藻丝的一个角,反复地插入分裂,产生假分枝。

无性繁殖产生休眠孢子。藻丝的营养细胞可以直接转化成为具有厚壁的休眠孢子,当孢子成熟时,孢子就从丝体的胶质鞘中逸出来,当孢子停留在适宜的基质上时,就分泌出一层细胞壁,不久就萌发成新藻体。

在中国海域已记录本属有 1 个物种和 1 个变型,即色指藻 Chroodactylon ornatum (C. Agardh) Basson、色指藻简单变型 Chroodactylon ornatum (C. Agardh) Basson f. simple (Lakowitz) Basson。

色指藻 Chroodactylon ornatum (C. Agardh) Basson

藻体附生,体长为 1~1.5 mm,丝体的基部为一个略呈半球形的固着器,由分泌的胶质形成。基部直径为 18~25 μm,上部较窄,直径约为 12 μm。细胞被宽而无色的胶质包被,排列成单列,细胞呈椭球形。在分枝及主轴顶部的细胞由于不停地分裂而呈圆球形,细胞直径为 5~8 μm,高为 8~20 μm,在每个细胞外有明显的衣鞘,色素体星形,中央有 1 个淀粉核。藻体呈青绿色或红蓝绿色(图 4-4)。

藻体分枝不规则,有的偏向一侧,有的呈双叉形,顶部常常反曲并弯曲如钩。

无性繁殖,产生休眠孢子,孢子形成后常常停留在丝体内,孢子呈亚球形或椭球形,直

径为 7.5～9.5 μm,高为 16 μm,其厚壁可达 1～1.5 μm,厚壁是由原细胞母壁的最内部分转化而成。当厚壁孢子成熟后,丝体的侧壁裂开成一小孔,厚壁孢子即由此逸出。

附生在大型的褐藻、红藻(如黑顶藻 *Sphacelaria* sp.,沙菜 *Hypnea* sp.,绒线藻 *Dasya* sp.,环节藻 *Champia* sp.,海人藻 *Digenea* sp. 等)藻体上。主要分布于山东青岛、威海海域。

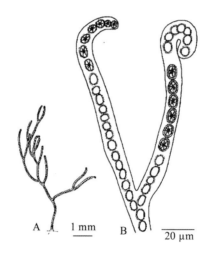

A. 外形;B. 分枝的一部分

图 4-4　色指藻 *Chroodactylon ornatum* (C. Agardh) Basson

(引自曾呈奎等,2008)

茎丝藻属 *Stylonema* Reinsch,1874

藻体附生,直立,细小,丝状,细胞单列或多列或分枝,紫红色,基部为一个基细胞,形态与营养细胞相近,有的丝体简单无分枝,有的丝体在细胞分裂到一定时候,通常产生分枝,分枝的上方可以再产生分枝,如此反复多次,形成复杂的分枝系。分枝的发生,有的无定位,有的偏向一侧,有的呈假双歧式分枝,细胞为短圆柱形或球形。在多列细胞处细胞间相互挤压而出现棱角,色素体星形,中央有 1 个淀粉核。

无性繁殖时,由藻体的营养细胞的原生质体转化成单孢子,此后由于细胞膜的胶化或破裂,单孢子逸出;有性繁殖不详。

在中国海域已报道 11 种和 2 个变型:茎丝藻 *S. alsidii* (Zanardini) Drew,简单茎丝藻 *S. simplicissimum* Zheng et Li,三叉茎丝藻 *S. trinacriforme* Zheng et Li,茎丝藻不规则变型 *S. alsidii* (Zanardini) Drew f. *irregulare* Zheng et Li,畸形茎丝藻 *S. abnormis* Zheng et Li,短枝茎丝藻 *S. breviramosum* Zheng et Li,矮小茎丝藻 *S. pumilum* Zheng et Li,瘤状茎丝藻 *S. gongylodes* Zheng et Li,均匀茎丝藻 *S. aequabile* Zheng et Li,尖顶茎丝藻 *S. acutum* Zheng et Li,茎丝藻小枝变型 *S. alsidii* (Zanardini) Drew f. *ramosum* Zheng et Li,远基茎丝藻 *S. basifugum* Zheng et Li,近基茎丝藻 *S. basifixum* Zheng et Li。

以上 13 种茎丝藻(包含变种),有 12 种是由郑宝福等建立的新物种。

茎丝藻 *Stylonema alsidii* (Zanardini) Drew

藻体附生,丛生,丝状,呈紫红色。藻体高为 1～4 mm,基部为一胶质的盘状固着器,在基细胞的上方,为一垂直单细胞列,细胞数在 10 个以上,在此藻丝上方发生多回双叉式的分枝,藻丝浓密。藻体最初是单列细胞,以后会出现不规则的双列细胞。许多分枝的上部细胞排列松散(图 4-5)。

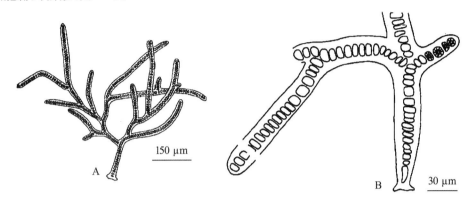

A. 藻体外形;B. 分枝的一部分

图 4-5　茎丝藻 *Stylonema alsidii* (Zanardini) Drew

(引自曾呈奎等,2008)

藻体的基部胶质较厚,直径为 20～40 μm,向上逐渐变薄,在最末分枝处最薄,直径为 12～15 μm。

细胞圆球形或圆桶形,细胞的直径在每个藻体中基本上相接近,一般为 9～10 μm。在同一个丝体的分枝中,由于细胞分裂速度不一样,导致其上下细胞的形状往往不一致,在每个细胞内有一个中央位的星形色素体,其中有 1 个淀粉核。

无性繁殖:有单孢子。丝体内的营养细胞的原生质体转化为单孢子。此后,由于细胞膜的胶化或破裂,单孢子随即放散出来,附生在潮间带、低潮带的多种大型红藻和褐藻藻体上。主要分布于渤海北戴河,黄海烟台、青岛及大连等海域。

红盾藻目 Erythropeltidales

藻体附生在大型藻体上,多细胞,呈盘状、丝状、叶状,具有胶质的或同心加厚的壁,细胞含星形或侧壁状色素体,淀粉核有或无,基部细胞有分化,但不产生假根。丝状的或叶状的藻体是居间生长,盘状的藻体是顶端生长。

无性繁殖:单孢子,营养细胞形成弯壁,分裂成单孢子。

有性生殖:在有些属内存在,生活史中包含一个丝状体时期。

在中国海域内本目只有红盾藻科 Erythropeltidaceae 1 个科。

红盾藻科 Erythropeltidaceae

藻体呈盘状、丝状或叶状,细胞含星形或侧壁状色素体,淀粉核有或无。基部细胞可分化为简单分枝,固着在基质上,一致的生活史包含一个丝状体时期。

无性生殖:单孢子。

有性生殖:有些属的种类在生活史中有一个微观的丝状体时期。

红盾藻科分属检索表

红枝藻属 Erythrocladia Rosenvinge，1909

藻体丝状,微观,呈紫红色,附生在大型海藻藻体上,藻丝水平地扩展;藻丝在中心处愈合,边缘的藻丝彼此分开。细胞通常圆柱形,形状上有一些变化,色素体侧壁状,无淀粉核。无性生殖产生单孢子,单孢子是普通营养细胞由一斜弯的壁分裂而成。

在中国海域只报道有不规则红枝藻 *Erythrocladia iregularis* 1 个物种。

不规则红枝藻 Erythrocladia irregularis Rosenvinge

藻体附生在大型海藻藻体上,丝状,紫红色,匍匐生长形成一个直径为 $50 \sim 100 \ \mu m$ 的不规则斑点(图 4-6)。开始藻丝是互相分开的,原始的藻丝向相对的方向生长,这些分枝不断地再进行分枝,表面观察,可见全方位的不规则分枝。顶端生长,中部细胞向两侧长出分枝。藻丝在中心处愈合,边缘的藻丝彼此分开再向不同方向生长。所产生的分枝是单轴的,分枝可以是互交的,也可以是偏向一侧的,细胞含有侧壁形的色素体,淀粉核不能清晰地分辨,细胞呈圆柱状,直径为 $5 \sim 6 \ \mu m$。

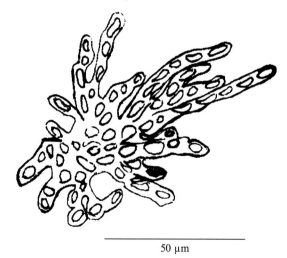

50 μm

图 4-6　不规则红枝藻 Erythrocladia irregularis Rosenvinge 外形

(引自曾呈奎等,2008)

无性生殖产生单孢子,直径为 4～5 μm。单孢子囊是营养细胞由斜壁分割而成。有性生殖不详。主要分布于大连、青岛(太平湾、汇泉湾)等海域。附生在如凹顶藻 *Laurencia* sp.、多管藻 *Polysiphonia* sp.、石莼 *Ulva* sp. 等藻体及水螅体 *Hydra* sp. 的附肢上。

沙哈林藻属 *Sahlingia* Kornmann,1989

藻体为盘状体,匍匐状,微观,呈紫红色,附生在大型海藻藻体上,细胞由中央向外呈辐射状排列,有的藻体从基部呈放射状排列。中部细胞通常圆球形,外围细胞长棒形,顶端细胞出现叉状分枝,色素体侧壁状,无淀粉核。

无性生殖产生单孢子,由普通营养细胞转化而成。

在中国海域已记录有 7 种和 3 个变型:全缘沙哈林藻 *S. subintegra*（Rosenvinge）Kornmann、均匀沙哈林藻 *S. aequabilis* Zheng *et* Li、全缘沙哈林藻小形变型 *S. subintegra*（Rosenvinge）Kornmann f. *pusilla* Zheng *et* Li、多层沙哈林藻 *S. polystratosa* Zheng *et* Li、拟沙哈林藻 *S. pseudosubintegra* Zheng *et* Li、全缘沙哈林藻圆形变型 *S. subintegra*（Rosenvinge）Kornmann f. *orbiculata* Zheng *et* Li、全缘沙哈林藻矩圆形变型 *S. subintegra*（Rosenvinge）Kornmann f. *oblonga* Zheng *et* Li、扇形沙哈林藻 *S. flabellata* Zheng *et* Li、肾形沙哈林藻 *S. reniformis* Zheng *et* Li、蝶形沙哈林藻 *S. papilionacea* Zheng *et* Li。

以上 10 种沙哈林藻(包含变型),有 9 种是由郑宝福等建立的新种。

全缘沙哈林藻 *Sahlingia subintegra*（Rosenvinge）Kornmann

藻体微小,球形或椭球形,直径为 100～300 μm,匍匐生长形成一个亚圆形的盘,细胞由中央向外辐射状排列。中央细胞呈短圆柱状,直径为 4～7 μm,末端细胞细长状,细胞直径为 3～10 μm,高为 5～20 μm,细胞层数不多,最外层的细胞有的呈叉状,有的形态似英文字母 V、Y(图 4-7);细胞的长度不一样,其中一侧细胞大于另一侧细胞;细胞薄壁,常常不易区别;年幼的藻体细胞呈十字形排列,边缘整齐,较老的藻体边缘呈波状。细胞的排列呈辐射状。色素体呈侧壁状,不能确认是否具有淀粉核。

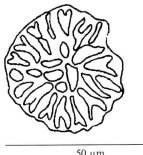

50 μm

图 4-7　全缘沙哈林藻 *Sahlingia subintegra*（Rosenvinge）Kornmann 外形

(引自曾呈奎等,2008)

无性生殖产生单孢子,单孢子是普通营养细胞用一斜弯的壁分裂而成,直径为 4～6 μm。

本种附生在被大浪击打上岸的多种大型海藻上,如凹顶藻 *Laurencia* sp.、多管藻

Polysiphonia sp.、石莼 *Ulva* sp. 及水螅体 *Hydra* sp. 的附肢上。

本种常见于青岛、大连附近海域。

星丝藻属 *Erythrotrichia* Areschoug，1850

藻体为玫瑰色的微小附生红藻，直立线状，有基部及直立部的分化，基部细胞细长或扩大为短小分枝的盘状固着器，有的是少数细胞所组成的盘状体，有的是一种匍匐性的假根丝。藻体直立部的性状多样性。最常见的是由具有分裂作用的单列细胞所组成的简单无分枝的直立丝体；有的是其丝体中的某一部分的细胞经过纵裂后形成多列细胞组成的直立藻体；还有的是其丝体内的某一部分的细胞分裂形成分枝，甚至扩展成为一种膜状体，这种情况通常只限于直立丝体的上方，至于下方一般仍保持其单列情况。每个营养细胞内有一个中央位的星形色素体及一个淀粉核，或是一个带状、侧壁位的没有淀粉核的色素体。

无性生殖由营养细胞转化成孢子囊母细胞，形成弯壁，斜分成单孢子；有性生殖为雌雄同体，雄性繁殖器官的形成方式与单孢子形成的方式相似，雌性繁殖器官是由一个普通的营养细胞经过变态后直接发育而成。果孢具有短的受精丝，受精后的合子萌发后有的不经分裂直接发育成一个果孢子，有的经分裂后产生 2 个或 4 个果孢子。

《中国海洋生物名录》收录了 1 个物种和 1 个变型：肉色星丝藻 *E. carnea*（Dillwyn）J. Agardh 和肉色星丝藻纤细变型 *E. carnea*（Dillwyn）J. Agardh f. *tenuis* Tanaka。前者主要分布于中国大陆沿海，后者主要分布于台湾海域。

此外，《中国黄渤海海藻》（2008）记录了由郑宝福等建立的 5 个新物种和新变型：分枝星丝藻 *E. ramulosa* Zheng et Li、小星丝藻 *E. minuta* Zheng et Li、简单星丝藻 *E. simplex* Zheng et Li、繁枝星丝藻 *E. propagulosa* Zheng et Li、肉色星丝藻不规则变型 *E. carnea*（Dillw）J. Agardh f. *irregularis* Zheng et Li。

目前中国海域内共发现 5 个物种和 2 个变型。

肉色星丝藻 *Erythrotrichia carnea*（Dillwyn）**J. Agardh**

藻体附生，丝状，细小，直立简单，单生或 2 至多个藻体集生。藻体由单列细胞组成，基部有盘状固着器，基部细胞向各方向延伸出短的突起，呈裂片状（图 4-8）。藻丝基部略细，直径为 8～10 μm，上部较宽，色素体星形，中央有 1 个淀粉核。藻体长为 0.5～2 cm，细胞（侧面观）长方形，有圆角，高度小于宽度，宽为 10～13 μm，高为 6.5～7 μm。藻体直径为 13～25 μm，胶质膜 3～4 μm。单孢子形成在藻体的上部，营养细胞由弯壁分割成单孢子，成熟的单孢子从藻体的侧壁逸出，直径一般为 5～10 μm。

无性生殖形成单孢子，有性生殖不详。

本种附生在大型海藻上，如多管藻 *Polysiphonia* sp.、黑顶藻 *Sphacelaria* sp. 等。

本种常见于黄海青岛、大连附近海域。

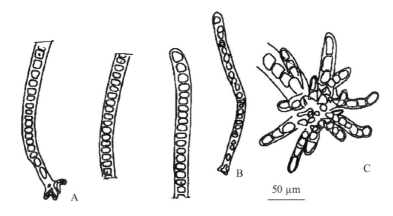

A. 外形；B. 幼体；C. 丛生的幼体

图 4-8　肉色星丝藻 *Erythrotrichia carnea*（Dillwyn）J. Agardh

（引自曾呈奎等，2008）

拟紫菜属 *Porphyropsis* Rosenvinge，1909

藻体附生，细小，紫红色或褐红色，由圆盘状或稍凸的基部长成为直立的囊状体，最后破裂形成膜状的叶子。藻体单层细胞，圆球形或卵形，色素体侧壁状，无淀粉核。用单孢子进行无性生殖。

本属在中国海域仅发现拟紫藻 *Porphyropsis coccinea* 1 个物种。

拟紫菜 *Porphyropsis coccinea*（J. Ag. *ex* Areschoug）Rosenvinge

藻体附生，细小，单层细胞，紫红色，呈椭圆状或不规则的圆形，具有明显的波浪状的光滑边缘（图 4-9）。藻体长为 1～1.5 mm，厚为 18～33 μm。藻体形成丝状根丝的基部细胞排列成 2 至多层，形成垫状的基部固着在基质上。细胞圆球形或卵形，直径为 3 μm，高为 6～7 μm，色素体呈侧壁形，无淀粉核。单孢子圆球形或卵形，直径为 4～8 μm，由营养细胞被斜壁分割而成。

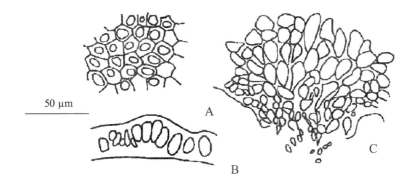

A. 营养细胞表面观；B. 营养细胞切面观；C. 基部根丝细胞

图 4-9　拟紫菜 *Porphyropsis coccinea*（J. Ag. *ex* Areschoug）Rosenvinge

（引自曾呈奎等，2008）

藻体与紫菜的幼体很相像,但藻体薄,细胞小,色素体的形状都与紫菜属 *Porphyra* 不同。

无性生殖产生单孢子,有性生殖不详。

本种附生在潮间带、低潮带的大型海藻藻体上。

本种常见于青岛、大连和旅顺附近海域。

红毛菜目 Bangiales

细胞单核,通常有 1 个单独的星形色素体,含有 1 个淀粉核,藻体偶尔为单细胞体,通常是多细胞,丝状或非丝状(叶片状、圆柱状)。生长方式为间分裂。

无性繁殖由营养细胞直接变化或是由一个营养细胞分裂形成单孢子。

有性生殖只有少数几个属具有。精子由一个营养细胞分裂形成。果孢具有很短的受精丝,是由一个营养细胞直接变化而成,受精卵反复分裂形成果孢子。

生活史属异型世代交替,具有微观的孢子体世代及宏观的配子体世代。

本目仅有红毛菜科 Bangiaceae 1 个科。

红毛菜科 Bangiaceae

藻体为不分枝柱形丝体、单层或双层膜状体;细胞具单核和 1 个内含 1 个淀粉核的星形色素体。

无性繁殖时由营养细胞分裂成 2 个、4 个或多个细胞,每个细胞再形成 1 个单孢子。

有性繁殖时,精子囊和果孢直接由营养细胞形成。果孢受精后合子经减数分裂后,再进行有丝分裂产生 4～32 个果孢子。

生活史为异型世代交替。生长于高潮带的岩石、小石块上。

红毛菜科分属检索表

1. 藻体无分枝,圆柱状　·· 红毛菜属 *Bangia*
1. 藻体平坦,膜状　··· 紫菜属 *Porphyra*

红毛菜属 *Bangia* Lyngbye,1819

藻体为不分枝的丝体,幼期由单列细胞组成,长成后藻体上部细胞纵裂成许多列,顶端有一凸形的细胞,但再生长方式为间生长。幼时由基部细胞固着,老的藻体基部产生无隔假根,穿过胶质壁固着基质。

无性繁殖时营养细胞直接分裂为 2 个、4 个或多个孢子。

有性繁殖雌雄同体或异体,精子囊由营养细胞重复分裂形成。果孢具有短受精丝,直接由营养细胞形成。果孢受精后,合子核经减数分裂,再进行有丝分裂形成 4 个或 8 个果孢子。

本属物种大多生长在潮间带的岩石上,集生成片,遮盖石面。

在中国海域已记录有 5 种:红毛菜 *B. fuscopurpurea* (Dillwyn) Lyngye、短节红毛菜 *B. breviaticulata* Tseng、小红毛菜 *B. gloiopeltidicola* Tanaka、胚根红毛菜 *B. radicula*

Zheng *et* Li、山田红毛菜 *B. yamadai* Tanaka。其中,短节红毛菜和胚根红毛菜是由中国学者发现的新种。

红毛菜 *Bangia fuscopurpurea*（Dillwyn）**Lyngbye**

藻体长为 3～15 cm,浓紫褐色、赭黄色或淡黄色。极软,干燥时呈现光泽。单条直伸或稍弯曲,幼时由 1 列细胞组成,直径为 20～35 μm,成熟藻体在进行繁殖时,藻体已为数列细胞(藻体上部),横切面观有 1 个细胞增至多个细胞,此时细胞呈楔形辐射状排列,丝体直径也随之增大,约为 150 μm。藻体直径根据其成熟的程度而有不同(图 4-10)。每个细胞具有 1 个星形色素体,中央为淀粉核。藻体基部细胞向下延伸成细长的假根丝,相互交织组成盘状固着器。

本种生长在高潮带的岩石上。

本种在中国大陆沿海均有分布,常见于黄海青岛、威海和大连附近海域。

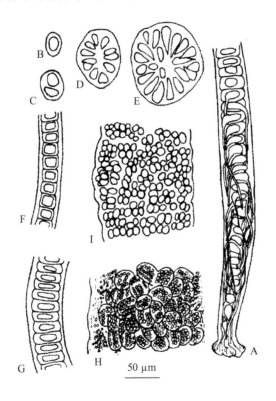

A. 基部的表面观,表面错综的假根丝;B～E. 从基部到中部的横切面;
F. 紧靠基部上面的藻丝,细胞(侧面观)略呈方形;G. 稍离基部上面的藻丝,
细胞(侧面观)呈横长方形;H. 精子囊部分的表面观;I. 果孢子囊部分的表面观

图 4-10　红毛菜 *Bangia fuscopurpurea*（Dillwyn）Lyngbye 示藻体结构

(引自曾呈奎等 1962)

紫菜属 *Porphyra* C. Agardh,1824

藻体为单层或双层细胞组成的叶状体,基部由盘状固着器固着于基质上,无柄或具有

小柄;边缘全缘或有锯齿(图 4-11);细胞由胶质包被,内含 1 个或 2 个星形色素体,内含 1 个淀粉核。

无性繁殖时叶状体由营养细胞与表面垂直分裂形成单孢子。丝状体产生壳孢子。

有性繁殖为雌雄同体或异体。精子囊由藻体边缘细胞开始分裂,形成 16、32、64 或 128 个精子囊,各产生 1 个精子,精子无色或浅黄色。

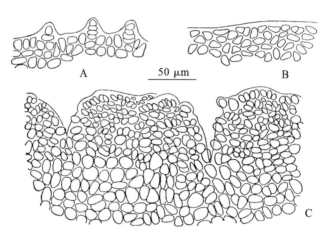

A. 刺缘紫菜组的边缘(圆紫菜);B. 全缘紫菜组的边缘(甘紫菜);

C. 边缘紫菜组的边缘 (边紫菜)

图 4-11　三组紫菜的边缘形态

(引自曾呈奎,1962)

果胞由藻体边缘的营养细胞形成,上端略突出呈原始受精丝,内含 1 个卵核。受精后形成合子,合子核经有丝分裂形成 8～32 个果孢子。精子囊和果孢子囊在不同种的紫菜中都有特定的分布区(图 4-12)。

中国海域已记录有 18 个种和 1 个变种:深裂紫菜 *P. schistothallus* B. F. Zheng *et* J. Li、皱紫菜 *Porphyra crispata* Kjellman、长紫菜 *P. dentata* Kjellman、刺边紫菜 *P. dentimarginata* Chu *et* Wang、福建紫菜 *P. fujianensis* Zhang *et* Wang、广东紫菜 *P. guangdongensis* Tseng *et* Chang、坛紫菜 *P. haitanensis* Chang *et* Zheng、铁钉紫菜 *P. ishigecola* Miura、半叶紫菜华北变种 *P. katadai var. hemiphylla* Tseng *et* T. J. Chang、边紫菜 *P. marginata* Tseng *et* Chang、单孢紫菜 *P. monosporangia* Wang *et* Zhang、少精紫菜 *P. oligospermatangia* Tseng *et* Zheng、青岛紫菜 *P. qingdaoensis* Tseng *et* Zheng、多枝紫菜 *P. ramosissima* Pan *et* Wang、列紫菜 *P. seriata* Kjellman、圆紫菜 *P. suborbiculata* Kjellman、甘紫菜 *P. tenera* Kjellman、越南紫菜 *P. vietnamensis* Tanaka *et* P. H. Ho、条斑紫菜 *P. yezoensis* Ueda。其中 10 个物种和 1 个变种,是由中国学者发现的。

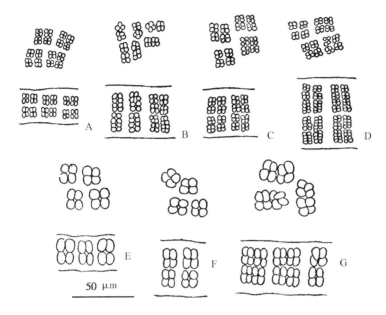

A. 甘紫菜精子囊分裂式♂a_4 b_4 c_4（圆紫菜）；B. 边紫菜精子囊分裂式♂a_2 b_4 c_8；

C. 条斑紫菜精子囊分裂式♂a_4 b_4 c_8（皱紫菜、长紫菜等）；D. 坛紫菜精子囊分裂式♂a_4 b_4 c_{16}；

E. 甘紫菜果孢子囊分裂式♀a_2 b_2 c_2；F. 边紫菜果孢子囊分裂式♀a_2 b_4 c_4（长紫菜、条斑紫菜等）；

G. 圆紫菜果孢子囊分裂式♀a_2 b_{42} c_4（部分坛紫菜）。每个图的上部为藻体表面观，下部为藻体横切面观

图 4-12　紫菜精子囊和果孢子囊的各种排列式

（引自曾呈奎，1962）

甘紫菜 *Porphyra tenera* Kjellman

藻体为叶状而较黏滑的膜状体，呈长盾形或椭圆形，基部有盘状固着器，体长一般为 15～20 cm，宽为 10～16 cm，个别藻体长可达 50 cm，宽可达 30 cm（图 4-13A）。藻体颜色随着年龄而变，幼时浅粉红色，以后逐渐变为深紫色，衰老后颜色逐渐转为浅紫黄色。藻体边缘为全缘，呈波状。细胞表面观呈圆形，排列不规则。藻体由一层细胞组成，切面观宽为 15～20 μm，细胞高约为宽的 1.5 倍，略呈方形。每个细胞有 1 个细胞核，1 个星形色素体，内含 1 个淀粉核。

无性繁殖通过产生单孢子来进行。

有性繁殖为雌雄同体，果胞和精子囊都由藻体边缘的营养细胞形成。一个营养细胞分裂成 64 个精子囊，排成 4 层，每层 16 个，表面观和切面观都是 16 个。每个精子囊内含 1 个精子，无色，因此产生精子囊的部分变为白色或黄白色。果胞内有 1 个卵核。精子成熟后释放到水中，随水流漂至受精丝上，进入果胞与卵接合成合子，合子经分裂形成 8 个果孢子，排列成两层，每层 4 个，表面观和切面观都是 4 个，果孢子成熟后离开母体钻入贝壳内萌发成为丝状体。

丝状体细长，具有不规则的分枝，细胞间有孔状联系。从形态上看，可区分为丝状藻丝和膨大藻丝两种。丝状藻丝细胞长在 50 μm 以上，直径为 2～7 μm，含有带形色素体；膨大藻丝较粗，直径为 12～15 μm，色素体为星形。膨大藻丝随着生长时期不同细胞逐渐

图 4-13A　甘紫菜 *Porphyra tenera* Kjellman 外部形态

（引自曾呈奎等，1962）

增大为纺锤形，色素体集中，形成膨大细胞。丝状藻丝在 3 个月时间内逐渐转化成膨大藻丝。膨大藻丝成熟时形成壳孢子，在适宜的温度下即可放散壳孢子。膨大藻丝的横膈膜溶解，成为子囊管，子囊管通到贝壳表面，藏在管内部的壳孢子为管状放散，近壳面的则呈星丝藻式放散。当秋季水温适宜（15℃～20℃）时，放散的壳孢子萌发成紫菜叶状体。

　　甘紫菜的生活史为异型世代交替（图 4-13B）。叶状体于秋末冬初出现，至来年春表面水温 15℃ 左右时，经 10～14 天，形成性器官，经过受精过程形成果孢子，果孢子成熟后离开母体，附于贝壳或其他石灰基质，萌发成为丝状体，丝状体在晚秋水温为 15℃～20℃ 时，经减数分裂产生大量壳孢子，壳孢子又萌发成紫菜叶状体。

　　此外，甘紫菜丝状体在初夏水温为 15℃～20℃ 时，也能产生壳孢子，发育成夏型小紫菜，夏型小紫菜又能产生单孢子，此种单孢子仍萌发为小紫菜，在整个夏天中，可以重复 2～3 代。但至秋季，水温降至 17℃～20℃ 时，小紫菜所产生的单孢子，亦有可能萌发为大紫菜。此外，甘紫菜的叶状体在初夏及晚秋水温高于 15℃ 时，也能形成单孢子，然后可直接萌发为叶状体。以上两种繁殖方法，为甘紫菜生活史中的侧径。

　　甘紫菜生于海湾内较平静的中潮带岩石上，为阳生藻类，耐干性强，在含磷、氮量较多的环境生长茂盛。自 11 月开始出现，至次年 5 月底开始逐渐消失，最盛期为 3～4 月，春末夏初，水温渐高，甘紫菜叶状体逐渐消亡。甘紫菜的生长期间，海面水温由 11 月上旬的 16℃ 逐渐下降到次年 2 月份的 2℃，然后又逐渐上升到 5 月底的 7℃。甘紫菜的丝状体和叶状体的生态习性有很大差别，丝状体生长在低潮线的贝壳内，怕强光，不耐干燥，喜高温，20℃ 时生长良好。

　　在此基础上进一步研究掌握了紫菜的生理、生态及壳孢子放散的条件等，为紫菜的全人工养殖奠定了基础。在中国沿海人工养殖的紫菜主要物种为条斑紫菜 *Porphyra yezoensis* 和坛紫菜 *Porphyra haitanensis* 等。

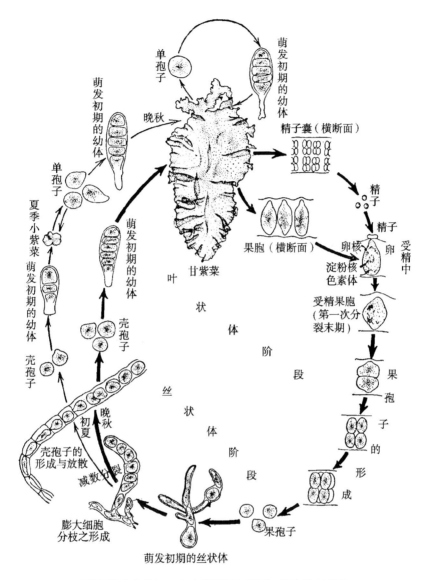

（图中除叶状体×0.5,小紫菜×0.75 外,其余均×400）

图 4-13B　甘紫菜 *Porphyra tenera* Kjellman 的生活史

（引自曾呈奎等,1964）

条斑紫菜 *Porphyra yezoensis* Ueda

条斑紫菜叶状体薄膜状,叶片卵圆形或长卵圆形,由叶片、柄和固着器三部分组成,藻体长一般为 10～30 cm(图 4-14A),人工栽培趋向大型化,有时可达 1 m 以上。藻体颜色随着生长年龄而变化,幼小叶体色泽鲜艳,随着个体生长色泽逐渐变深,衰老期的叶片色泽暗淡。藻体边缘为全缘,没有突起,边缘有皱褶。细胞表面观呈多角形或不规则四角形,细胞形状以及排列方式不规则。藻体由一层细胞组成,细胞多为椭球形,长径为 15～25 μm,短径为 10～18 μm。每个细胞有 1 个细胞核,1 个星形色素体,内含 1 个淀粉核。

无性繁殖通过形成单孢子来进行。

有性繁殖为雌雄同体,果胞和精子囊都由藻体前段或边缘部分的营养细胞形成。每个精子囊一般有 128 个不动精子。营养细胞首先进行一次水平分裂,然后进行数次交替的垂直和水平分裂形成精子囊,随着分裂细胞内色素逐渐转淡,成熟时呈浅黄绿色。成熟的精子离开母体后,随水漂流至受精丝上,进入果胞与卵接合成合子,合子经多次有规律的分裂形成 16 个果孢子,表面观 4 个;果孢子成熟后脱离母体放散到海水中,随水漂流,遇到含碳酸钙的基质,即钻入生长成丝状体。

紫菜丝状体微小,呈分枝丝状,通常生长在软体动物的贝壳内,形成点状或斑块状的藻落,细胞间有孔状联系。细胞为细长圆柱状,直径为 $3\sim5\ \mu m$,长度为直径的 $5\sim10$ 倍,细胞内有 1 核,含有带形色素体。丝状体在无碳酸钙附着基质的人工培养条件下,悬浮生长于海水中,可形成藻落或藻球,称为游离丝状体,或称"自由丝状体"。条斑紫菜丝状体藻落颜色因品系不同而有差异,一般呈黑紫色。藻落形态有的呈疏松一团,有的则呈较紧密的小簇状;有的分枝少,有的分枝繁密。

条斑紫菜的生活史为异形世代交替。叶状体在秋天发生,至来年的初春,叶状体生长成熟,形成性器官,经过受精形成果孢子,果孢子成熟后离开母体,钻入含钙质的基质(贝壳等)萌发成丝状体。丝状体在秋季经减数分裂形成大量壳孢子,壳孢子再萌发成叶状体幼苗;在幼苗生长阶段,部分细胞可形成通过无性繁殖形成单孢子,单孢子可直接发育为叶状体。由此,在自然条件下条斑紫菜生活史由叶状体、丝状体 2 个异形世代,单孢子、果孢子和壳孢子 3 种孢子交替出现。

条斑紫菜多生长在大潮线附近的岩礁上。生长期为 11 月份至来年 6 月份,繁殖盛期在 $2\sim3$ 月份。产于浙江舟山群岛以北的东海北部、黄海和渤海沿岸。本种为北太平洋西部特有种类。

坛紫菜 *Porphyra haitanensis* Chang et Zheng

藻体为膜状体,披针形或长卵圆形,基部较宽,呈心脏形,少数呈圆形或楔形,体长一般为 $12\sim18$ cm(图 4-14B),而人工栽培的藻体要大得多,可达 1 m。藻体暗紫色或红褐色。藻体边缘具由 $1\sim3$ 个细胞组成的锯齿状突起,呈波状。细胞表面观呈四边形、三角形、多边形和椭圆形等多种形状,排列不规则。藻体由单层细胞构成,但外被较厚胶质层,藻体较厚,一般为 $60\sim80\ \mu m$。每个细胞有 1 个细胞核,1 个星形色素体,内含 1 个淀粉核。

坛紫菜不能形成单孢子。

有性生殖大多数为雌雄异株,少数为雌雄同株。雌雄异株藻体的生殖细胞发育特点是,首先在藻体前端边缘发育,然后逐渐延伸到藻体前端部和藻体中、后部位边缘区域。雌雄同株的藻体两性生殖细胞分布特点是,有各自的分布区域,并以曲线、直线或者斜线分界。一个营养细胞分裂成 128 个或 256 个精子囊,表面观 16 个;产生精子囊的区域呈金黄色。雌性植株形成果胞,其生殖细胞区域呈现深紫红色。成熟的精子离开母体后,随水漂流至受精丝上,进入果胞与卵接合成合子,合子经多次有规律的分裂形成 16 个果孢子,表面观 4 个;果孢子成熟后脱离母体放散到海水中,随水漂流,遇到含碳酸钙的基质,即钻入生长成丝状体。

A. 条斑紫菜 *Porphyra yezoensis* Ueda；B. 坛紫菜 *Porphyra haitanensis* Chang *et* zheng

图 4-14　2 种紫菜的外部形态

（引自曾呈奎等，1962）

与条斑紫菜一样，坛紫菜丝状体世代通常生长在贝壳内，形成点状或斑块状的藻斑。但坛紫菜的贝壳丝状体及自由丝状体均呈现红褐色；而条斑紫菜则呈现为紫黑色。在光学显微镜下，坛紫菜丝状体细胞为细长的圆柱状；细胞内有 1 个细胞核，含有带形色素体，且细胞间有纹孔连接。

坛紫菜生活史与条斑紫菜相似，也是由叶状体（配子体，$n=5$）和丝状体（孢子体，$2n=10$）构成的异形世代生活史。与条斑紫菜不同的是，在其生活史中缺少叶状体阶段的无性繁殖，没有单孢子。壳孢子萌发是叶状体的唯一来源，在自然条件下生活史中仅有果孢子和壳孢子 2 种孢子交替出现。

坛紫菜叶状体是一年生的，自然界每年在农历的白露至秋分，生长在贝壳或碳酸钙基质里的丝状体成熟，开始放散壳孢子。壳孢子附着在岩礁上，萌发生长形成叶状体。叶状体繁殖旺盛期自 11 月开始，到来年 3、4 月份藻体逐渐衰老。叶状体释放的果孢子随流漂浮，遇贝壳等附着基质即钻入萌发生长，度过炎热的夏季。丝状体经丝状藻丝生长发育至孢子囊枝，秋季发育形成壳孢子囊，成熟放散壳孢子，壳孢子萌发形成叶状体。

坛紫菜多生长在朝北、朝东或东北风浪大的高潮带的岩石上。生长期为 9 月份至来年 3 月份，繁盛期在 11 月份至来年 3 月份。产于我国福建和浙江沿海，本种是我国特有的暖温性种类。

真红藻亚纲 Florideophycidae

真红藻亚纲是红藻门中主要的组成部分，大多数为海生种。多数物种生长于岩石上，少数附生于其他藻体上。

真红藻亚纲中虽然只有少数种的个体比较微小，但是个体很大的类型也比较少，经人工养殖的江蓠和龙须菜长可达 3 m，多数种为中小型个体。藻体的形态多样化，有简单的单轴型丝状体，如仙菜属 *Geramium*、多管藻属 *Polysiphonia*；有复杂的多轴型丝状体，主轴由许多平行或亚平行的藻丝所组成,如海索面属 *Nemalion*;有叶片状,如橡叶藻属 *Phycodrys*、顶群藻属 *Acrosorium*;有壳状,如胭脂藻属 *Hildenbrandia*;还有外表钙化的种类,如珊瑚藻属 *Corallina* 等。

多数物种细胞内含有侧生带形或盘形色素体,但在较为原始的海索面目,细胞内只有单个星形色素体,轴生或侧生,并含 1 个淀粉核。

细胞内具有单核或多核,但顶端细胞和生殖细胞仅有单核。营养细胞的核较小,直径为 $3\sim6~\mu m$。

生长方式多为顶端生长,顶端细胞呈圆顶形,横分裂后成为简单的分裂节。进化程度较高的物种分裂成 $2\sim3$ 面,成为许多分裂节,分裂节的侧面再分裂形成围轴细胞,中央为中轴细胞。大多数物种的藻体内部是致密的假薄壁组织,细胞宽而长,向外逐渐短小。多数物种的表面细胞仍保留了分生能力。

大多数物种的分枝是单轴分枝。但也有物种是合轴分枝,分枝从主轴生出或从小枝基部生出,如海头红属 *Plocamium*。

孔状联系(孔纹连丝,pit connection)是细胞与细胞相接的壁上常有纹孔存在,纹孔初生时是狭窄的小孔,后来逐渐增宽,若用盐酸或苛性钠处理可以看见纹孔膜,孔膜为圆盘形,可用美蓝番红染色,纹孔的形状随种类和年龄而异。孔腔可通过两相邻细胞的原生质丝。在结构比较复杂的藻体上,细胞与细胞之间的联系,可以纹孔的联系而推测,也有一些特别的藻体中发育次生纹孔(secondary pit connection)。

多数物种藻体的外围细胞常生出长的、单列细胞的无色毛,毛具薄壁,中央有一液泡,壁与液泡间含有细胞质。生活在北部海域的物种,春、夏季时藻体上生长的毛较多,冬季较少或不生长。

无性繁殖,孢子囊不规则地分散于藻体表面,或集生成群,也有生于特殊的四分孢子囊枝上,如绒线藻 *Dasya villosa* Harvey。孢子囊的核第一次分裂为减数分裂,再分成 4 个核,原生质体分成 4 部分,每一部分形成 1 个孢子。孢子囊的分裂有十字形、四面锥形及带形三种类型。

二分孢子囊,常存在于珊瑚藻科,有时在仙菜科也能见到;多分孢子囊是每个囊产生 8 个或更多的孢子,在仙菜目的一些种中可以见到。

有性繁殖,多数雌雄异体,少数雌雄同体。

精子囊多集生成群,生于特殊的丝体上或皮层内。精子囊母细胞是由枝的顶端细胞或皮层细胞发育而成,每个细胞形成 $2\sim5$ 个精子囊,每个精子囊产生 1 个不动精子。成熟时精子囊壁破裂放出精子。

果胞多生于一类特殊的丝体——果胞枝的顶端,果胞枝通常由 $3\sim4$ 个细胞组成,也有 9 或 11 个细胞组成的。进化较高的种类,果胞枝的细胞有固定数目,如仙菜目种的果胞枝由 4 个细胞组成。果胞的基部膨大含 1 个卵,上端伸出受精丝,长短不一,直生或弯曲。

受精是精子随水漂流至果胞,黏在受精丝上,它们的接触部融化,精子穿过受精丝进入果胞基部,与卵接合成合子(二倍体)。受精后的果胞可直接或间接的发育成为果孢子体(囊果)。海索面目和石花菜目的物种,由果胞直接发育而成,而其他目则需由特殊的辅助细胞发育而成。合子核进行减数分裂以后所形成的果孢子为单倍体,萌发成为配子体。

若不经减数分裂所形成的果孢子为二倍体,萌发成为孢子体。

辅助细胞在一些目中有特殊的位置:海萝目是由特别的附属侧丝发育而成;麒麟菜目的辅助细胞是侧丝的一个间生细胞;在红皮藻目,辅助母细胞是支持细胞的子细胞。辅助细胞形成的时间也略有不同,大多数种在受精前就形成了辅助细胞,而有些种是在受精以后由支持细胞或围轴细胞形成的,如仙菜目的辅助细胞。

果胞系是由果胞与1个或几个辅助细胞或几个辅助母细胞共同组成的特殊构造。在进化较高的物种中,果胞系有不同的发育体系,大多数的果胞系是由一个果胞同一个辅助细胞(如节荚藻属)或与两个辅助母细胞所组成;也有的果胞系由两个果胞枝与一个辅助细胞或一个辅助母细胞所组成。若果胞与辅助细胞接近,二者可能直接连合(如多管藻属),或者产生小的连接细胞(如丛胞藻属),二倍体核经连接细胞移入辅助细胞。而在果胞与辅助细胞相离甚远的一些物种中,则由果胞伸出长的连接丝到达辅助细胞。

果孢子体的发生,首先是由辅助细胞形成产孢丝(无辅助细胞的种,产孢丝则直接由果胞生出),产孢丝产生果孢子,成熟时与周围细胞形成球形体结构,结构突出体外或埋藏在体内,这种结构即为果孢子体,也称囊果。成熟的果孢子经过囊孔或通过周围组织的毁坏,释放到水中。一些物种所有的产孢丝细胞都可以形成果孢子,但另一些种只有产孢丝的顶端细胞才能形成果孢子。

真红藻亚纲分为11个目,分目检索表如下:

分目检索表

1. 藻体通常很强的钙化,细胞壁有钙质沉积 ·················· 珊瑚藻目 Corallinales
1. 藻体通常不钙化或轻微的钙化 ··· 2
　2. 藻体通常壳状,四分孢子囊位于生殖窝内 ··········· 胭脂藻目 Hildenbrandiales
　2. 藻体通常直立,四分孢子囊不生长在生殖窝内 ····························· 3
3. 纹孔塞有1个帽层 ·· 4
3. 纹孔塞没有或有两个帽层 ··· 5
　4. 藻体单轴型,羽状分枝 ······································ 石花菜目 Gelidiales
　4. 藻体常有分枝,非羽状分枝 ································ 江蓠目 Gracilariales
5. 纹孔塞有两个帽层 ·· 6
5. 纹孔塞没有帽层 ··· 7
　6. 藻体小,直立部由单列细胞组成 ···························· 顶丝藻目 Acrochaetiales
　6. 藻体宏观,多轴 ·· 海索面目 Nemaliales
7. 果孢子体直接自受精果胞发育,不包括辅助细胞 ·········· 柏桉藻目 Bonnemaisoniales
7. 果孢子体自一个辅助细胞发育 ··· 8
　8. 辅助细胞在受精后从支持细胞中分离出来 ·················· 仙菜目 Ceramiales
　8. 辅助细胞在受精前就存在,作为藻体营养细胞或特殊丝体细胞 ··············· 9
9. 囊果具有囊果被,并有囊孔 ································ 红皮藻目 Rhodymeniales
9. 囊果没有囊果被和囊孔 ··· 10
　10. 产孢丝自辅助细胞向藻体表面或中心生长 ·················· 杉藻目 Gigartinales
　10. 产孢丝自辅助细胞向外辐射并顶生在果孢子囊中 ·········· 伊谷藻目 Ahnfeltiales

顶丝藻目 Acrochaetiales

　　藻体可分为基部和直立丝体两部分。基部有的为 1 个附着细胞,也有的为匍匐丝体或多细胞的基盘。直立丝体由单列细胞组成,细胞呈圆柱状或稍呈念珠状,单核,多有透明毛。位于细胞侧壁或中央,每个细胞含有 1 个或数个由板状到带状、星状、盘状色素体。淀粉核有或无。纹孔塞有两层帽层,胞间无次生原生质联系。固着在岩石上或附着或内生于其他生物种上。

　　有性生殖只发现于少数种类。果胞为 1 个细胞,顶生于营养细胞上,或具有 1～2 个细胞的柄,很少有间生的。果孢子体是由受精的果胞直接纵向、横向分裂发育而成,细胞数量很少。四分孢子体与配子体有的同形,有的异形,四分孢子囊十字形分裂。孢子体和配子体有的可产生单孢子囊。

顶丝藻科 Acrochaetiaceae

　　藻体为单列细胞分枝丝状体,单轴型。通常其形态与环境相关,生长在其他藻体和动物体内的丝体分枝简单,而附着在动物、藻类体表或岩石上的形态较复杂,基部具有单细胞、多细胞盘状或匍匐假根状的固着器固着于基质上。固着器上面着生直立的分枝丝体。

　　有性繁殖,雌雄同体或异体。精子囊单生或集生;果胞枝细胞少,1～3 个;果孢子体简单,裸露无被,果孢子囊顶生或间生。四分孢子体多数种类营独立生活,少数种类由受精的果胞直接形成。四分孢子囊十字形分裂。配子体及四分孢子体大多数能产生单孢子囊,进行无性繁殖。

顶丝藻科分属检索表

顶丝藻属 Acrochaetium Nägeli in Nägeli et Cramer,1858

　　藻体单列细胞,丝状,直立,分枝,顶端生长,枝端有的冠有顶毛。配子体固着器为单细胞,有的种除了单细胞固着器外,还有附属这个细胞外的另一些起固着作用的细胞,四分孢子体固着器为多细胞。细胞内含有星形色素体,有 1 个淀粉核。

　　配子体、四分孢子体均能产生单孢子,进行无性繁殖。果孢子体由少数细胞组成,果孢子囊顶生。

　　在中国记录本属 8 个种:弓形顶丝藻 A. arcuatum（Drew）Tseng、密集顶丝藻 A. densum（Drew）Papenfuss、矮生顶丝藻 A. humile（Rosenvinge）Boergesen、斑点顶丝藻

A. macula（Rosenvinge）Hamel、微小顶丝藻 *A. microscopicum*（Naegeli *ex* Kützing）Naegeli、小顶丝藻 *A. parvulum*（Kylin）Hoyt、顶生顶丝藻 *A. terminale*（Nakamura）Lee、异形顶丝藻 *A. vagum*（Drew）Jao。

弓形顶丝藻 *Acrochaetium arcuatum*（Drew）Tseng［*Rhodochorton arcuatum* Drew］

藻体红色,微小,高为 50～100 μm。基部为一个大的椭球形细胞附着于基质上,基细胞长径为 7.7～10 μm,短径为 8～12 μm,多数稍扁压,半埋于宿主表皮中(图 4-15)。主枝第一个细胞多由原孢子的一端生出,较细小,其上生有 1～4 个主枝,少数再分枝。主枝细胞圆桶形,长为 9～12 μm,直径为 7.5～9 μm;主枝的上部以及分枝较细,细胞长为 7.5～12.5 μm,直径为 6～7 μm。色素体星形,淀粉核不明。单孢子囊卵形,长径为 10～12 μm,短径为 7.5～10 μm,侧生或顶生,无柄。

本种生长在低潮带,附着于 *Polysiphonia* sp. 藻体上。

本种常见于渤海、黄海、南海海域。

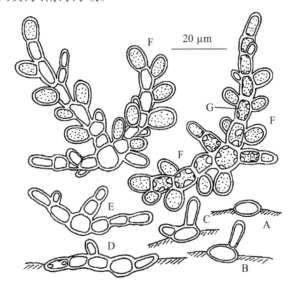

A. 原孢子；B～E. 幼体；F. 单孢子囊；G. 色素体

图 4-15　弓形顶丝藻 *Acrochaetium arcuatum*（Drew）Tseng

（引自曾呈奎等,2008）

旋体藻属 *Audouinella* Bory，1823

藻体为单列细胞直立丝体。基部是由多个细胞组成的基盘或一个细胞或从一个细胞伸出的假根丝体附着于基质上。色素体平板形或带形,淀粉核有或无。

单孢子囊产生于配子体和孢子体上,配子体与孢子体同形。果孢子体形成于配子体上,由少量细胞组成。

在中国记录本属 22 个种:渐尖旋体藻 *A. attenuata*（Rosenvinge）Garbary、栖松旋体藻 *A. codicola*（Boergesen）Garbary、柯狄旋体藻 *A. codii*（Crouan fart.）Garbary、曲枝旋体藻 *A. curviramulosa* Luan、丛出旋体藻 *A. daviesii*（Dillwyn）Woelkerling、网地旋体

藻 *A. dictyotae*（Collins）Woelkerling、半露旋体藻 *A. emergens*（Rosenvinge）Garbary、球状旋体藻 *A. globosa*（Boergesen）Garbary、纤细旋体藻 *A. gracilis*（Boergesen）Jaasund、豪氏旋体藻 *A. howei*（Yamada）Garbary、无柄旋体藻 *A. hypneae*（Boergesen）Luan *et* Zhang、中村旋体藻 *A. nakamurae*（Woelkerling）Garbary、网状旋体藻 *A. netrocarpa*（Boergesen）Garbary、太平洋旋体藻 *A. pacifica*（Kylin）Garbary、羽状旋体藻 *A. plumosa*（Drew）Garbary、矾蟹旋体藻 *A. pugettia* Luan、粗壮旋体藻 *A. robusta*（Boergesen）Garbary、琉球旋体藻 *A. ryukyuensis*（Nakamura）Garbary、偏枝旋体藻 *A. secundata*（Lyngbye）Dixon、连续旋体藻 *A. seriata*（Boergesen）Garbary、细枝旋体藻 *A. tenuissima*（Collins）Garbary、图氏旋体藻 *A. thuretii*（Bornet）Woelkerling。

渐尖旋体藻 *Audouinella attenuata*（Rosenvinge）Garbary［*Chantransia attenuata* Rosenvinge、*Acrochaetium attenuatum*（Rosenvinge）Hamel］

藻体红色，微小，高 0.3～0.4 mm，基部匍匐丝体密集形成一层细胞的基盘，基盘细胞呈球形或不规则球形，直径为 5～6 μm（图 4-16）。直立丝体着生于匍匐丝体上，不分枝或有较少分枝，向上渐细，主丝体细胞圆柱形，长为 10～15(19) μm，直径为 7～8 μm；上部分枝细胞长为 6～10 μm，直径为 5～6 μm。色素体壁着，淀粉核 1 个，中位。单孢子囊顶生或侧生，多着生于丝体上部或顶端，个别出现二分孢子囊，卵形，长径为 9～12 μm，短径为 9～10 μm，多元柄，极少有柄，柄细胞 1 个。

本种生长在低潮带石沼中，附着于 *Dictyopteris divaricata*，*Laurencia* sp. 藻体上。

本种主要分布于黄海及东海的浙江海域。

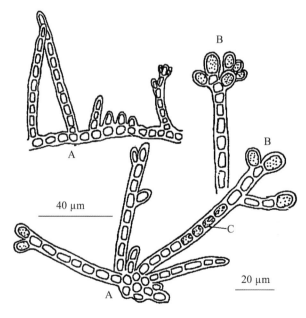

A. 基盘；B. 单孢子囊；C. 色素体

图 4-16　渐尖旋体藻 *Audouinella attenuata*（Rosenvinge）Garbary

（引自曾呈奎等，2008）

寄生丝藻属 *Colaconema* Batters，1896

藻体呈不规则的分枝丝体，有时形成网状分枝并内生于其他海藻的皮层间。色素体侧壁状，有不规则的分裂，含淀粉核。

单孢子囊有时在轴丝上顶生，有时生于短的侧枝上，是从营养细胞切割状分裂而成，成为原细胞的一部分。如间生，孢子释放后，残留基部呈凹槽状。有性生殖不明。

在中国记录本属仅有 1 个种，即（柏桉）寄生丝藻 *Colaconema bonnemaisoniae* 。

（柏桉）寄生丝藻 *Colaconema bonnemaisoniae* Batters〔*Audouinella bonnemaisoniae* (Batters) Dixon in Parke *et* Dixon〕

藻体红色，微小，内生于宿主的组织间，为不规则分枝的匍匐状丝体，匍匐状丝体可分为长细胞型和短细胞型两种（图 4-17）。长细胞型丝体多分布于宿主的深处，表面凹凸不平，细胞长为 17～20 μm，直径为 9～12 μm，长为直径的 1.5～2 倍；短细胞型丝体着生于长细胞形丝体上，多生于宿主的外部组织间，细胞短，形状不规则，亚圆形、圆形或长方形，细胞长为 10～15 μm，直径为 9～10 μm。色素体侧壁状，淀粉核 1 个。单孢子囊卵形，长径为 12～20 μm，短径为 12～13 μm，无柄，单个着生于短细胞丝体上。

本种在低潮带下内生于 *Sargassum thunbergii* 的生殖窝内。

本种常见于东海台湾、南海海南岛海域。

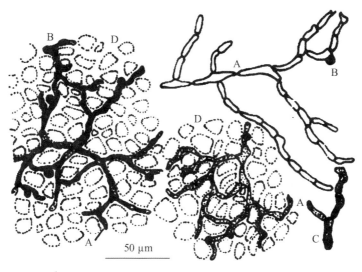

A. 匍匐丝体；B. 色素体；C. 淀粉核；D. 单孢子囊

图 4-17 （柏桉）寄生丝藻 *Colaconema bonnemaisoniae* Batters

（引自曾呈奎等，2008）

内丝藻属 *Liagorophila* Yamada，1944

藻体为单列细胞分枝丝体，匍匐蔓生于粉枝藻 *Liagora* sp. 的同化丝间，体上部呈叉状分枝，下部细胞稍长，直径约为 16 μm，长为直径的 4～5 倍，上部细胞较短，长为直径的 1～2 倍。色素体星形，胞间具有质丝相连。

　　果胞枝产生于藻体上部,无柄或有 1 个柄细胞。果胞受精后进行纵向或稍纵向分裂,产孢丝非常短。有性或无性生殖时,藻体均可产生单孢子囊。

　　在中国记录本属内丝藻 *Liagorophila endophytica* 1 个物种。

内丝藻 *Liagorophila endophytica* Yamada〔*Audouinella yamadae* Garbary、*Acrochaetium yamadae*（Garbary）Lee *et* Lee〕

　　藻体不分枝或不规则分枝,匍匐蔓生于宿主的同化丝间。营养细胞的形态变化较大,侧面观略呈三角形。细胞含有星形色素体,相邻细胞间有胞间连丝相连(图 4-18)。单孢子囊着生于同化丝的侧面,球形或椭球形,长径为 15～18 μm,短径约 14 μm。多为雌雄异体,极少同体。果胞枝仅具有果胞,果胞略呈壶形,直径为 6～8 μm,受精丝长 24～35 μm,果胞受精后进行纵裂,原始产孢丝再经分裂形成果孢子囊。精子囊卵形或半球形,长径为 6～8 μm,短径为 4～7 μm,多生于营养丝体细胞的侧面,亦有生于枝端,无柄或有柄。

　　本种生长在低潮线下,内生于粉枝藻 *Liagora* sp. 的同化丝间。

　　本种常见于东海的台湾沿海、南海的海南岛海域。

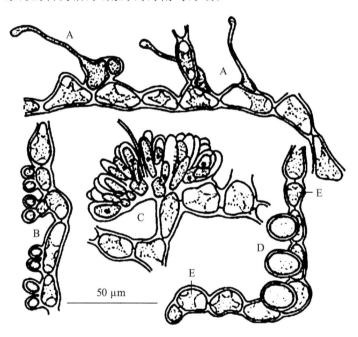

A. 果胞;B. 精子囊;C. 囊果;D. 单孢子囊;E. 色素体

图 4-18　内丝藻 *Liagorophila endophytica* Yamada

(引自曾呈奎等,2005)

红线藻属 *Rhodochorton* Nägeli,1862

　　藻体由匍匐和直立丝体组成。固着于岩石上,有时附着于其他海藻或动物体上,也有生于海藻或动物体内。色素体形态多样。不形成单孢子囊。受精的果胞产生由多细胞组成的细胞丝体,并在上面产生四分孢子囊,四分孢子萌发后可发育成配子体。

　　在中国记录本属有两个种:紫色红线藻 *R. purpureum*（Lightfoot）Rosenvinge、隐丝

红线藻 *R. subimmersum* Setchell *et* Gardner。

隐丝红线藻 *Rhodochorton subimmersum* **Setchell** *et* **Gardner** [*Acrochaetium subimmersum* (Setchell *et* Gradner) Papenfuss]

藻体微小,深红色。其藻体可分为上、下两部分,下部为不规则分枝假根状的匍匐丝体,内生于宿主的同化丝下部和髓部,细胞形状不规则,长为 8～15 μm,直径为 2.5～5 μm(图 4-19)。上部为直立丝体,着生于匍匐丝体上,密布于宿主同化丝之间,顶端突出宿主体表,在宿主的体表面形成大小不等的圆形或不规则的深红色斑晕。直立丝体不分枝或偶在基部分枝,高为 30～40 μm,一般由 4～8 个细胞组成,下部细胞较短,上部细胞较长,下部细胞长约为 4 μm,直径约为 3 μm;上部细胞长为 5～7.5 μm,直径为 3.5～5 μm。色素体侧壁着。

四分孢子囊生于直立丝体顶端或匍匐丝体上,锥形分裂,长 14～20 μm,宽 12～13 μm。

生长在低潮带的石沼中,内生于 Halymeniaceae 科的物种 *Grateloupia* sp. 体内。

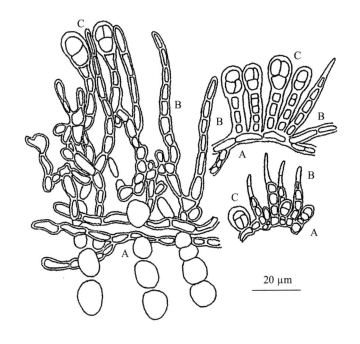

A. 匍匐状丝体;B. 直立丝体;C. 四分孢子囊

图 4-19　隐丝红线藻 *Rhodochorton subimmersum* Setchell *et* Gardner

(引自曾呈奎等,2008)

海索面目 Nemaliales

藻体直立,通常有不规则的或亚叉状的分枝,枝圆柱形到扁平状,顶端生长。多轴构造,具有一丝状的髓部(乳节藻科的一些种类变为中空)以及一垂周的丝状的或假薄壁组织的皮层。孢子体小,分离的丝状体,或壳状,或相同于配子体,但乳节藻例外。细胞单核,色素体浅裂至星形,周生,淀粉核有或无。

无性繁殖时,常产生单孢子,但有时 1 个孢子囊也产生 2～4 个孢子,四分孢子囊十字形分裂。

精子囊由外皮层细胞分割而成,呈伞房形集生(生殖窝)。果胞枝由 3～4 个细胞组成,受精的果胞发育产孢丝,产孢丝直接或再次分裂后,产孢丝的全部细胞或顶端细胞发育成果孢子囊。囊果分离生长,生于藻体表面或埋藏体内,多裸露,但有的具有特殊的外套包被。果孢子为单倍体。

除少数物种外,本目物种绝大多数为海生种。

海索面目分科检索表

1. 藻体多数钙化,新鲜时质地光滑,或光滑但不钙化 ·· 3
1. 轴和侧枝圆柱状,钙化,干时常有皱或破碎 ·· 2
  2. 囊果及精子囊长在坑或凹洼内 ························· 乳节藻科 Galaxauraceae
  2. 囊果散生,它们的丝体伸展在外皮层内 ········· 皮丝藻科 Dermonemataceae
3. 果孢枝侧生 ·· 粉枝藻科 Liagoraceae
3. 果孢枝顶生 ·· 海索面科 Nemaliaceae

皮丝藻科 Dermonemataceae

藻体含或不含钙质,多轴型。果孢枝侧生或顶生。产孢丝蔓生,其末端产生果孢子囊或四分孢子囊,无包围丝或少量包围丝。

本科包含 4 个属:皮丝藻属 *Dermonema*、杜氏藻属 *Dotyophycus*、丝拟藻属 *Yamadaella* 和华枝藻属 *Sinocladia*。

皮丝藻科分属检索表

1. 藻体不含钙质。果胞枝侧生,少数果孢枝产于根样丝上,产孢丝产生果孢子囊 ·············
  ·· 皮丝藻属 *Dermonema*
1. 藻体含钙质。果孢枝顶生、假顶生或侧生 ··· 2
  2. 产孢丝产生四分孢子囊 ···························· 丝拟藻属 *Yamadaella*
  2. 产孢丝产生果孢子囊 ·· 3
3. 果胞枝多数生于根样丝末端,髓丝的分枝末端也产生果孢子囊,囊果无包围丝,产孢丝不产生同化丝或根样丝 ·· 杜氏藻属 *Dotyophycus*
3. 果胞枝多数侧生于根样丝,少数顶生。髓丝主枝末端也产生果胞枝。囊果有少量包围丝或无,产孢丝能产生同化丝或根样丝 ·········· 华枝藻属 *Sinocladia*

皮丝藻属 *Dermonema* Harvey *ex* Heydrich,1894

藻体肥厚多汁,黏滑,圆柱状或扁圆柱状,重复多叉分枝。多轴型。髓部由纵向髓丝交织而成。皮层由分枝的丝状体组成。雌雄异株。果胞枝由 3 个细胞组成,侧生于同化丝细胞的基部。果孢受精后,直接生出产孢丝的原始细胞。其数目为 2～4 个,这些细胞继续分裂形成产孢丝,产孢丝是规则分枝的,蔓延穿插于皮层的营养细胞之间。其末端细胞形成果孢子囊。

在中国已记录有 2 种:垫形皮丝藻 *D. pulvinatum*（Grunow）Fan、台湾皮丝藻 *D. virens*（J. Ag.）Pedroche *et* Vila Orth。

台湾皮丝藻 *Dermonema virens*（J. Ag.）Pedroche *et* vila Ortiz[*Cladosiphon frappieri* Montagne *et* Millardet、*Dermonema frappieri*（Montagne *et* Millardet）Boergesen、*Dermonema gracilis*（Maetens）Schmitz in Engler、*Dermonema dichotomum* Heydrich]

藻体直立,高为 2～6 cm,直径为 1～3.5 mm。软骨质,肥厚多汁,黏滑,不含钙质。一般呈棕褐色或黄褐色,干燥后变为黑褐色。藻体单生或丛生,主枝呈圆柱形,2～4 回叉状

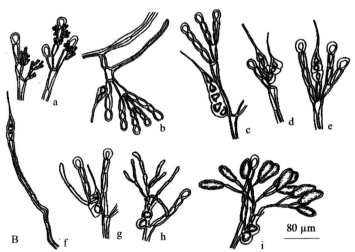

A. 藻体外形;B. 藻体结构(a. 精子囊枝;b. 果胞枝侧生,由两个细胞组成;

c. 果胞枝侧生,由 5 个细胞组成;d. 分枝果胞枝;e. 果胞枝顶生;f. 根样丝末端转化为果胞枝;

g. 果胞枝侧面产生根样丝;h. 幼年产孢丝;i. 成熟产孢丝,具有果孢子囊)

图 4-20　台湾皮丝藻 *Dermonema virens*（J. Ag.）Pedroche *et* vila Ortiz

(A 引自黄淑芳,2000 ;B 引自曾呈奎等,2005)

分枝,其末端具反复叉状小分枝,有部分藻体密生绒毛的小短枝(图 4-20)。固着器盘状。藻体内部呈多轴型,髓丝纵向,髓部细胞圆柱形,壁厚,直径为 5～15 μm。两端呈喇叭形或钝圆形。

同化丝常由髓丝末端膨大处或靠近两末端处生出,一般 2～3 回叉状分枝,少数 4～5 回,形成皮层。同化丝一般由 3～6 个长柱形细胞组成,其顶端细胞钝头形或水滴形,大小为 (8～13)μm×(15.8～31)μm,常见有毛。基部细胞膨大,长柱形,少数为囊状或球形,大小为 (7.5～12.5)μm×(17.5～42)μm。根样丝由基部细胞产生,直径为 3～6 μm。雌雄异体。精子囊枝着生于同化丝的顶端细胞下位第一、第二、第三细胞处,呈叉状,精母细胞柄状,每个精母细胞产生 1～4 个精子囊,大小为 4 μm×(6～8)μm。果胞受精后,直接向侧面或向上长出原始产孢丝细胞,然后继续分裂形成放散式的产孢丝,蔓延穿插于皮层的营养细胞之间。成熟的产孢丝末端膨大形成果孢子囊,呈棒状、长椭球形或卵形,直径为 5～13 μm,长为 15～35 μm。

本种生长在波浪较大的中、高潮带的岩石上或海水冲击的石沼内。每年 2～3 月份为成熟期。

本种常见于东海的台湾,南海广东、海南及香港海域。

杜氏藻属 *Dotyophycus* Abbott, 1976

藻体反复叉状分枝,末端广叉状,含丰富的钙质。果胞枝顶生,侧生或同化丝末端转化而来。果胞受精后横裂为上、下两个子细胞。上面的子细胞继续纵裂为产孢丝,囊果不具包围丝。

目前,中国海域内只报道有海南杜氏藻 *Dotyophycus hainanensis* 1 个种,是曾呈奎、李伟新于 2005 年发表的新种。

海南杜氏藻 *Dotyophycus hainanensis* Tseng et Li

藻体直立,深红色,5～6 回叉状分枝,末端尖细广叉状(图 4-21)。含丰富钙质。高为 8～15 cm,直径为 0.1～0.2 cm。干燥后可贴在纸上。

藻体为多轴型,髓丝长柱形,长度为 80～200 μm,直径为 5～8 μm。同化丝由髓丝生出,一般长达 150～200 μm。顶端细胞为长椭球形或圆柱形,长为 12～15 μm,直径为 5～8 μm,雌雄异株,但雄体未见。果胞枝一般由同化丝末端丝转化而来,也有从髓丝顶端形成的顶生,也有侧生,果胞枝由 8～10 个细胞组成,具有分枝果胞枝。果胞受精后则横裂或斜裂为两个子细胞,上面的细胞则继续纵裂、斜裂或横裂为蔓生的产孢丝。成熟的囊果无包围丝。

本种生长在低潮带 4～5 m 水深的岩石上,成熟期在 3～4 月间。

丝拟藻属 *Yamadaella* Abbott, 1970

藻体反复叉状分枝,末端广叉状,含丰富的钙质,鲜红色,多轴型。同化丝主轴细胞由下至上几乎同一形状。果胞枝的细胞与营养细胞相似,由 3～5 个细胞组成。囊果的产孢丝形成四分孢子囊。

目前中国海域内只报道有 1 个种。

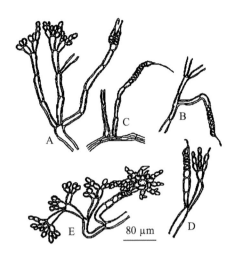

A. 同化丝末端转化为两个并列的果胞枝,由 3 或 4 个细胞组成;B. 髓丝分枝末端转化为果胞枝,由 8 个细胞组成;C. 髓丝分枝末端转化为果胞枝,由 10 个细胞组成;D. 果胞受精后,分裂为上、下两个子细胞;E. 囊果发育,无包围丝。产孢丝不产生同化丝或根样丝。

图 4-21 海南杜氏藻 *Dotyophycus hainanensis* Tseng et Li

(引自曾呈奎等,2005)

丝拟藻 *Yamadaella caenomyce*（Decaisne）Abbott

藻体鲜红色,含丰富石灰质(图 4-22)。基部较上部浓厚,高为 3～4 cm,反复二叉分枝,具厚壁,直径为 10～16 μm,长为 180～240 μm。同化丝由髓部伸出,长为 170～240

A. 藻体外形;B. 藻体结构

a. 果胞枝顶生,由同化丝末端细胞转化而来,由 3 个细胞组成;b. 果胞枝假顶生,由 3 个细胞组成

图 4-22 丝拟藻 *Yamadaella caenomyce*（Decaisne）Abbott 藻体结构

(A 引自黄淑芳,1998;B 引自曾呈奎等,2005)

μm,下部 2～3 回叉分枝;上部 1～2 回叉状或多叉状;其主轴细胞直径为 6～10 μm,由上至下均为棒形,直径几乎相等,长为 40～80 μm;顶端细胞梨形或卵形,直径为 6～10 μm,长为 12～18 μm。雌雄异体。雌体的果胞枝顶生,直立,其细胞外形类似营养细胞。囊果成熟时,产孢丝末端形成四分孢子囊。

本种生长在低潮带下 1～2m 水深的珊瑚礁上。

本种常见于南海海南岛海域。

华枝藻属 *Sinocladia* Tseng *et* Li,2005

藻体含钙质,分枝互生、侧生或对生。髓丝纵向,圆柱状,同化丝产于髓丝两端侧面,叉状分枝,具有短同化丝。根样丝产于同化丝中部或基部,精子囊卵形、球形或亚球形,生于同化丝顶端,有的也生在其下面的 2～3 个细胞处。果胞枝侧生、对生、顶生、亚顶生或簇生,有的基部具柄细胞,具有分枝的果胞枝,同化丝产生的根样丝也能产生果胞枝。髓部顶端细胞产生具柄或无柄的果胞枝,有的同化丝顶端细胞能变为果胞枝。合子首先横分裂,成熟囊果的产孢丝亦产生同化丝或根状丝。囊果具有稀少或分散包围丝,有的缺乏包围丝。

中国记载本属 8 个种:似叉华枝藻 *S. divergenscata* Tseng *et* Li、东郊华枝藻 *S. dongjiaoensis* Tseng *et* Li、扇形华枝藻 *S. flabelliformis* Tseng *et* Li、海南华枝藻 *S. hainanensis* Tseng *et* Li、圆锥华枝藻 *S. paniculata* Tseng *et* Li、羽状华枝藻 *S. pinnata* Tseng *et* Li、琼海华枝藻 *S. qionghaiensis* Tseng *et* Li、繁枝华枝藻 *S. ramossisima* Tseng *et* Li。

本属及其所有物种,都是由中国学者曾呈奎和李伟新于 2005 年发现并创建的。

圆锥华枝藻 *Sinocladia paniculata* Tseng *et* Li

藻体直立,淡红带绿色,柔软黏滑,含中等钙质(图 4-23)。高为 5～20 cm,主枝直径为 1～2 mm,不规则 2～3 回羽状分枝,小枝偏生或不规则互生,还有乳头状小枝,直径为 0.5～0.8 mm。

髓丝纵走,圆柱状,两端较细,直径为 17～84 μm,最大可达 150 μm,长为 210～700 μm。同化丝由髓丝两端生出,长为 240～422 μm,下部叉状分枝或轮生,基部细胞亚圆柱状或棒状,直径为 13～25 μm,长为 40～78 μm;上部 2～3 回叉状分枝,细胞圆柱形,末端为卵圆或椭圆形或酒瓶形,直径为 7～24 μm,长为 14～48 μm。有短形同化丝,根样丝由基部细胞伸出,直径为 7～12 μm。

雌雄异株,精子囊卵形,有的具柄,由同化丝的末端细胞产生,呈伞房形果胞枝侧生、顶生或对生,有的也具柄细胞。它由 4 个细胞组成,极少数为 3～6 个细胞,直径为 12～25 μm,长为 32～66 μm。果胞受精后则横裂为上、下 2 个子细胞,然后横裂和纵裂产生分枝状的产孢丝,成熟的产孢丝可产生少量的同化丝。果孢子囊椭圆形,直径为 10～12 μm,长为 10～15 μm。果胞具包围丝。一般包围丝较少,由长椭圆形细胞组成,无下垂的根样丝。

本种生长在低潮带 3～4 m 水深的岩石或珊瑚礁上,成熟期为 5～6 月。

本种主要分布于南海海南岛海域,为中国特有种。

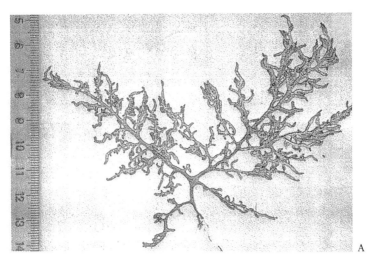

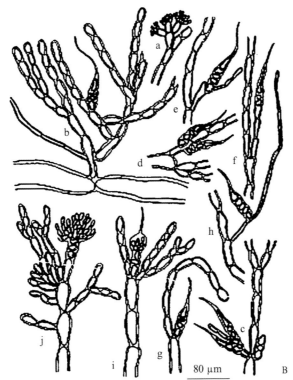

A. 藻体外形；B. 藻体结构

a. 精子囊枝；b. 果胞枝假顶生，由 4 个细胞组成；c. 分枝的果胞枝；d. 果胞枝对生；

e. 果胞枝顶生，果胞枝产生根样丝；f. 同化丝顶端转化为果胞枝，由 3 个细胞组成；

g. 果胞枝假顶生，由 4 个细胞组成；h. 根样丝上产生果胞枝，由 5 个细胞组成；

i，j. 顶生于髓丝末端的囊果发育过程

图 4-23　**圆锥华枝藻** *Sinocladia paniculata* Tseng *et* Li

（引自曾呈奎等，2005）

乳节藻科 Galaxauraceae

藻体直立,圆柱状,扁压(或扁平),大多数种类钙化,亚叉状分枝,分枝光滑,有环纹或多皱;有些种类在表面有丝一样硬的毛;多轴构造,丝状的髓部及多种排列的皮层细胞,多限制成窄的区域在藻体周边。四分孢子囊十字形分裂,一些种类位于藻体的外皮层,另一些种类则形成微观的丝状体世代。精子囊密集成群产生在较细的丝状体上。果胞枝通常3个细胞,顶生在内皮层的支持细胞上,果孢子囊形成在产孢丝的顶端。

本科包含 5 个属。

乳节藻科分属检索表

辐毛藻属 Actinotrichia Decaisne,1842

藻体直立,多轴式,轴硬,不规则的二叉式分枝;钙化,钙化层被与轴呈直角生长的硬毛的环规则地间隔。皮层细胞呈球形或垫状;髓部薄,为延伸的丝状体。雌雄异体;配子体和四分孢子体同形。

在中国记录本属只有易碎幅毛藻 Actinotrichia fragilis 1 种。

易碎幅毛藻 Actinotrichia fragilis (Forsskal) Bøergesen [Fucus fragilis Forsskål、Galaxaura rigida Lamouroux、Actinotrichia rigida (Lamouroux) Deciaisne](图 4-24)

藻体形成一疏松的球形团块,3～5 cm 高,质硬,钙化较强,反复的二叉式分枝,浅紫红色到淡黄色或微带绿色,制成的蜡叶标本不能附着于纸上。枝圆柱形,直径可达 540 μm;同化丝由表皮细胞产生并且等距离地与轴水平状轮生,直径为 9～13 μm,一般由 7～23 个长圆柱形细胞组成,每个细胞长为 16～32 μm,直径为 9～13 μm,藻体老的部位经常脱落。枝表面观,由紧密排列、具有 5～6 个角的细胞组成表皮,表皮细胞直径为 23～26 μm。切面观,藻体由髓部和皮层组成,髓部为一些直径为 6～9 μm 的细丝体,不规则地延伸;皮层由内、外两层组成,外皮层为短的透镜状的圆球形细胞,彼此紧密排列形成表皮,内皮层由近卵形或近球形细胞排列成疏松的不规则的二叉分枝的丝体,细胞长径为 19～28 μm,短径为 13～25 μm。精子囊小枝是总状分枝并且多分枝的,最末小枝的顶细胞形成精子囊,囊长圆球形或卵形,直径为 4～5 μm,长径为 6～7 μm。雌配子体和孢子体未见。

本种生长在珊瑚礁平台内、低潮线下珊瑚石上。

本种常见于中国的台湾、海南岛沿海。

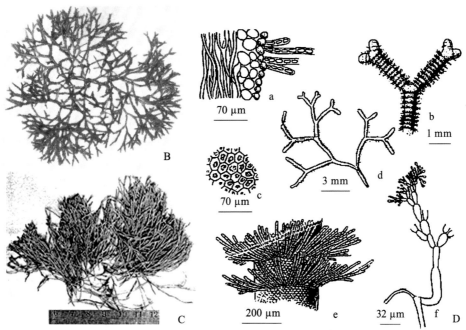

A,B,C. 藻体外形;D. 藻体结构

a. 藻体部分纵切面观;b. 部分藻体外形图;c. 表皮细胞;d. 藻体外形图;e. 体表面轮生的毛;

f. 雄性生殖托上的精子囊小枝

图 4-24　易碎幅毛藻 *Actinotrichia fragilis* (Forsskal) Bøergesen

(A 引自黄淑芳,1998;B 引自 Tseng,1983;C,D 引自曾呈奎等,2005)

乳节藻属 *Galaxaura* Lamouroux,1812

藻体为钙质,枝的外形有圆柱形和扁平两种类型,也有些种类其枝的基部为圆柱形而上部则为扁平。分枝通常为叉状,有时因不育枝的发生而呈三叉状或丛生状。藻体的内部构造分髓部和皮层。髓部由许多叉状分枝的髓丝错综交织而成,髓丝细胞不含色素体。皮层细胞 1～3 层,球形或扁圆球形,含有色素体。

　　四分孢子囊生于同化丝或表皮细胞上。雌、雄生殖器在藻体上形成生殖窝,球形或亚球形,具有 1 个针眼状的小孔,向体壁外开口。雌性生殖窝内产生产孢丝,果孢子囊生于产孢丝顶端,内生果孢子。雄性生殖窝内,充满束状的精子囊丝,产生大量的精子囊。

　　在中国记录本属 13 个种:尖顶乳节藻 *G. apiculata* Kjellman、簇生乳节藻 *G. fasciculata* Kjellman、纤丝乳节藻 *G. filamentosa* Chou、光秃乳节藻 *G. glabriuscula* Kjellman、钝乳节藻 *G. obtusata* Ellis *et* Solander) Lamouroux、太平洋乳节藻 *G. pacifica* Tanaka、硬乳节藻 *G. robusta* Kjellman、污浊乳节藻 *G. squalida* Kjellman、亚灌木状乳节藻 *G. subfruticulosa* Chou、伞形乳节藻 *G. umbellata*(Espore)Lamouroux、腹扁乳节藻 *G. ventricosa* Kjellman、荆棘乳节藻 *G. veprecula* Kjellman、乔木状乳节藻 *G. arborea* Kjellman。

硬乳节藻 *Galaxaura robusta* Kjellman

　　藻体高 10 cm。枝圆柱状,叉状分枝,干燥后枝扁平,节处缢缩,节间长 8~20 mm,直径为 4 mm,脱钙后体壁薄而韧性(图 4-25)。藻体的构造有皮层和髓部之分。髓部由叉状分枝的髓丝相互交错而成,髓丝排列疏松,丝径为 7~18 μm。皮层由单层的亚球形细胞组成,细胞大而壁薄,高为 43~72 μm,直径为 54~93 μm;在每个皮层细胞之上产生 1~3 个高为 18~25 μm、直径为 9~18 μm 的圆柱形柄细胞,在每个柄细胞之上又着生 1~2 个倒圆锥形的顶细胞,顶细胞排列紧密,构成表皮层,表面观细胞呈多角形,直径为 21~54 μm,细胞各具 1 个大的星形的色素体和 1 个淀粉核。

　　四分孢子囊短棒状或倒梨形,直径约为 28 μm,常几个堆集成四分孢子囊群。四分孢子四面锥形。

　　本种常见于东海台湾、南海广东沿海。

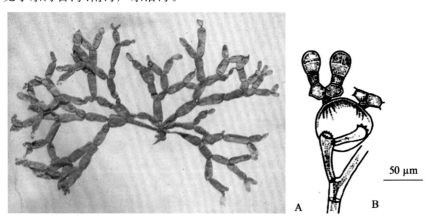

A. 示藻体外形；B. 示四分孢子囊上的精子囊小枝

图 4-25　硬乳节藻 *Galaxaura robusta* Kjellman

(A 引自 C. K. Tseng,1983;B 引自曾呈奎等,2005)

果胞藻属 *Tricleocarpa* Huisman *et* Borowitzka,1990

　　藻体钙质,叉状分枝,髓部丝状交错,皮层 3~4 层,皮层细胞之间没有发生融合。果胞枝由 3 个细胞组成,不育性的囊果被是从果胞枝的基部细胞产生,形成囊果被的不育性侧丝伸入囊果腔内与产孢丝交织在一起,果孢子囊顶生。精子囊生于精子囊窝内。四分孢子体丝状。

在中国只记录有白果胞藻 *Tricleocarpa fragilis* 1 个种。

白果胞藻 *Tricleocarpa fragilis*（Linnaeus）Huisman *et* Townsend［*Tricleocarpa oblongata*（Ellis *et* Solander）Huisman *et* Borowitzka、*Galaxaura oblongata*（Ellis *et* Solander）Lamouroux、*Galaxaura fragilis*（Lamarck）Lamouroux *ex* Decaisne、*Galaxaura fastigiata* Decaisn］

藻体高 2～10 cm,固着器盘状。枝圆柱状,有规则地密叉状分枝,光滑无毛,有环纹和关节,钙化明显,干燥后易碎,节间长为 3～12 mm,直径为 1～2 mm(图 4-26)。再育枝单生或簇生于节间或关节破裂处。藻体的构造有皮层和髓部之分。髓部由髓丝交织,丝径为 7～14 μm,从中轴向四周边叉状分枝,在各叉分小枝的末端冠以 2～3 个由内向外渐小的亚球形或扁球形的细胞构成皮层。皮层的最内层细胞高为 21～36 μm,直径为 28～36 μm,其最外层的小细胞排列紧密,组成表皮层,表皮细胞径为 10～18 μm,表面观细胞呈多角形。

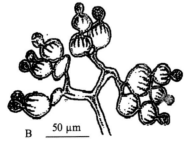

A. 示藻体外形;B. 示叉状分枝的髓丝和皮层细胞

图 4-26　白果胞藻 *Tricleocarpa fragilis*（Linnaeus）Huisman *et* Townsend

（A 引自黄淑芳,1998;B 引自曾呈奎等,2005）

雌雄同株。生殖窝球形,散生在藻体的皮层内,每个生殖窝具有 1 个小孔向体壁开口。果孢子球形或卵形,直径为 32~40 μm。精子囊球形或椭球形,高为 14 μm,直径为 4~7 μm。

本种生长在中、低潮线附近岩石上或低潮线下水深 0.1 m 岩石上。

本种常见于东海福建及南海海域。

胶皮藻属 *Gloiophloea* J. Agardh,1870

藻体不具钙质,枝体圆柱形,不缢缩,被有胶质,重复叉状分枝,顶端二叉分枝。囊果散生在藻体内。

在中国海域内仅发现胶皮藻 *Gloiophloea chinensis* 1 个物种。

胶皮藻 *Gloiophloea chinensis* Tseng

藻体褐紫色,具有淡黄色胶质,高达 3.5 cm,枝体圆柱形,质软,不缢缩,直径为 2 mm,规则地重复羽叉状分枝 7~8 回,节间部有些呈棒状,长为 4~4 mm,直径为 1~1.5 mm,有的可达 2 mm,枝顶部呈二叉状分枝(图 4-27)。囊果呈小斑点状,散生在藻体内。

本种主要分布于南海海南岛海域。

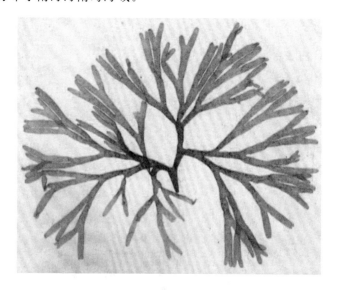

图 4-27　胶皮藻 *Gloiophloea chinensis* Tseng

(引自 Tseng,1983)

鲜奈藻属 *Scinaia* Bivona-Bernaldi,1822

配子体藻体直立,通常圆柱状,扁平或有缢缩;多轴构造;皮层丝分枝 6~7 回,顶端细胞膨大成为联合的表层,由大的方形(侧面观)的或具棱角的无色细胞(胞囊)组成,它们之间偶尔间生有色的表皮细胞;外皮层下面是狭窄的丝状皮下组织,和纵列的髓丝相连,表皮细胞可能形成凋落的单列毛。雌雄同株或雌雄异株,配子体和四分孢子体异形。四分孢子体是微观的、丝状的,四分孢子囊十字形分裂;精子囊母细胞长而细,位于胞囊细胞间,在表面形成精子囊群。在皮下组织内形成果胞枝,由 3~4 个细胞组成,顶生在支持细胞上,顶端细胞作为果胞,囊果壶状,位于髓层外,具果被。

在中国记录有 5 个种:鲜奈藻 *S. boergesenii* Tseng、日本鲜奈藻 *S. japonica* Setchell、扁鲜奈藻 *S. latifrons* Howe、念珠鲜奈藻 *S. moniliformis* J. Ag.、清澜鲜奈藻 *S. tsinglanensis* Tseng。

鲜奈藻 *Scinaia boergesenii* Tseng（图 4-28）

藻体柔软,略肉质,淡紫红色,基部有一盘状固着器固着于基质上。高约 7 cm,有 7～8 回规则的二叉式分枝,非常规则地由同一深缢缩成为亚球形、倒卵形或椭球形的节片,长径为 2～6 mm,是短径的 1～2 倍。基部具有无特化坚实的柄,最低的节片是延长的倒卵形或和上部的节片相似。整体的轴清楚可见,特别是体下部。

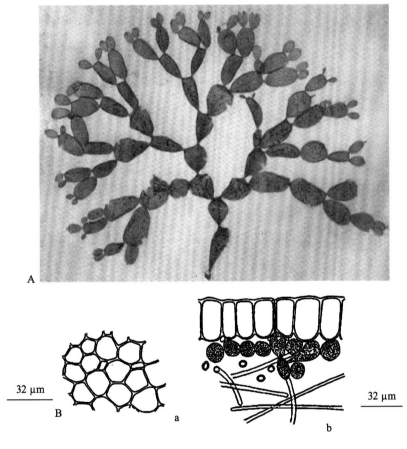

A.藻体外形；B.藻体结构:a. 表皮细胞表面观；b. 部分藻体切面观

图 4-28　鲜奈藻 *Scinaia boergesenii* Tseng

（引自曾呈奎等,2005）

节片由一表皮层、一皮下组织和一疏松的髓层组织组成,表皮层是由大的无色细胞或孢囊组成,同时在它们之中不规则地稀疏地散生小的有色细胞,这些小细胞通常是单个,有时是两个一组。孢囊扁倒圆锥形,表面观似有 5～6 个角,直径为 15～32 μm,横切面观或多或少呈放射延长,一般长方形,有时亚方形,高为 23～35 μm,宽为 15～32 μm。皮下组织是由 1～2 层有色的同化丝细胞组成,细胞球形、倒卵球形或短的倒梨形,径长为 10～

$15\ \mu m$。由细长圆柱形、径长为 $1\sim2\ \mu m$ 的细胞组成的髓层的无色丝状体附着到这些细胞上。节片中部的腔内充满了黏液。轴是由较大和较小的无色丝体组成,前者径长为 $6\sim12$ μm,后者径长为 $3\ \mu m$。

藻体可能是雌雄异株,囊果散生在成熟的节片上,呈暗的有色点,球形或宽的梨形,向外突然缢缩成一明显的胞囊口,直径为 $180\sim250\ \mu m$。囊果被较厚且密集,由 $5\sim6$ 层假藻壁细胞组成。产孢丝多而细,自一明显的细胞胎座放射形成,连续分离出梨形或椭球形的果孢子,短径为 $6\sim10\ \mu m$,长径为 $8\sim20\ \mu m$。精子囊及四分孢子囊未见。

本种生长在潮下带 $3\sim5\ m$ 水深的珊瑚礁上或漂浮。

本种产于南海海南岛海域,为中国特有种。

粉枝藻科 Liagoraceae

藻体胶黏或具钙质。构造为喷泉式。果胞枝生于同化丝上。果胞受精后,一般合子第一次进行减数分裂产生上、下两个子细胞,上面的继续分裂产生产孢丝,没有辅助细胞,产孢丝的分枝密集,顶端细胞形成果孢子囊。囊果裸露或具有疏松的包围丝。

本科包括 3 个属:蠕枝藻属 *Helminthocladia*、殖丝藻属 *Ganonema*、粉枝藻属 *Liagora*。

粉枝藻科分属检索表

1. 藻体不钙化 ··· 蠕枝藻属 *Helminthocladia*
1. 藻体通常整体钙化 ··· 2
  2. 髓丝少,细胞大,径通常大于 $40\ \mu m$ 不育丝少,通常不包围产孢丝 ·········· 殖丝藻属 *Ganonema*
  2. 髓丝多,细胞较细,径通常小于 $40\ \mu m$,不育丝接近或包围产孢丝 ·········· 粉枝藻属 *Liagora*

殖丝藻属 *Ganonema* Fan et Wang,1974

藻体含钙质,分枝呈叉状、亚叉状或不规则的圆锥状。中轴由纵向的髓丝体及根样丝组成;皮层丝双叉状或三叉状分枝,丝体细胞圆柱形。精子囊群生于同化丝的顶端,密集成头状。果胞枝位于小丝体上,合子先进行横分裂;囊果半球状,具包围丝。

在中国,本属记录两个种:殖丝藻 *G. farionsa* (Lamouroux) Fan et Wang、单轴殖丝藻 *G. pinnatiramosa* (Yamada) Fan et Wang。

殖丝藻 *Ganonema farinosa* (Lamouroux) Fan et Wang [*Liagora farinose* Lamouroux]

藻体高 $9\sim10\ cm$,直径为 $1\sim2\ mm$。反复不规则双叉分枝,基部密生副枝。副枝长短粗细不一,也是不规则双叉分枝(图 4-29)。藻体内部髓丝纵向,混有根样丝。同化丝由髓丝产生,数回叉状分枝,同化丝接近基部的细胞为长圆柱形。向上部分为圆柱形,略短,有时略向侧面凸出,不呈念珠状。雌雄异体。精子囊群着生于同化丝的顶端细胞或其下的第一、二个细胞,形成头状花序。果胞枝由同化丝形成的生殖丝中产生,一般由 $4\sim5$ 个细胞组成。果胞受精后横裂为上、下两个子细胞,上面的子细胞继续纵裂或横裂成半球状囊果。包围丝为根样丝。果孢子囊为倒卵形。

本种生长在中、低潮带的珊瑚礁上或岩石上,每年 $4\sim5$ 月间成熟。

本种常见于南海海南岛海域。

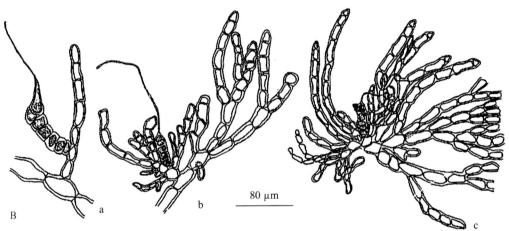

A. 藻体外形；B. 藻体结构：a. 侧生在生殖枝上的果胞枝，由 7 个细胞组成；
b. 侧生在生殖枝上的果胞枝，受精的果胞横裂为上、下两个子细胞；c. 幼年囊果

图 4-29　殖丝藻 *Ganonema farinosa* (Lamouroux) Fan *et* Wang

(A 引自 Tseng,1983；B 引自曾呈奎等,2005)

蠕枝藻属 *Helminthocladia* J. Agardh,1851

藻体丛生，紫红色，圆柱状，不规则羽状分枝，多轴型，同化丝末端细胞扩大成为倒卵形。雌雄异体。果胞枝由 3～4 个细胞组成。侧生。合子第一次斜裂为上、下两个细胞，上面的子细胞继续分裂产生产孢丝细胞。囊果由发达的包围丝包围。

在中国记录有 4 个种：蠕枝藻 *H. australis* Harvey、海南蠕枝藻 *H. hainanensis* Tseng *et* Li、羽状蠕枝藻 *H. pinnata* Tseng *et* Li、叉枝蠕枝藻 *H. yendoana* Narita。

蠕枝藻 *Helminthocladia australis* Harvey

藻体丛生，黏滑，紫红稍带黄色，高 20 cm 以上，不规则分枝。主枝圆柱状，基部直径为 2～5 mm，上部为 1～3 mm；分枝直径为 2～7 mm（图 4-30）。髓丝细长，直径为 15～30

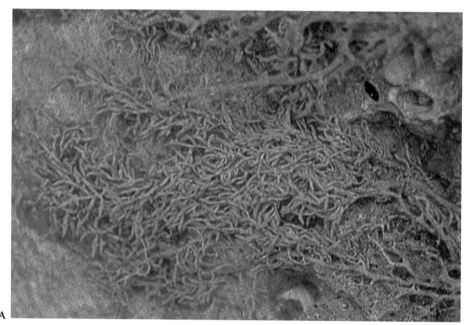

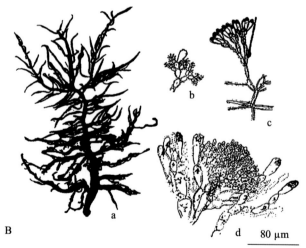

A. 藻体外形；B. 藻体结构：a. 蠕枝藻；b. 精子囊枝；
c. 同化丝，具有侧生果胞枝，由 3 个细胞组成，具有长形受精丝；d. 成熟囊果

图 4-30　蠕枝藻 *Helminthocladia australis* Harvey

（A 引自黄淑芳，2000；B 引自曾呈奎等，2005）

μm,同化丝由髓丝产生,长为 100～300 μm,基部直径为 40 μm 以上,末端细胞长卵形念珠状,直径为 14～25 μm,长为 30～50 μm。雌雄异体,精子囊球形或卵形,直径为 1～2 μm,着生于接近顶细胞稍下的第二、三个细胞,呈圆锥状。果胞枝由 3～4 个细胞组成,侧生而弯曲,长为 25～28 μm,直径为 8～10 μm。果胞受精后斜裂为两个子细胞,然后再继续斜裂或横裂产生分枝状的产孢丝。在囊果形成过程中,果胞枝的细胞间愈合为融合体。包围丝围绕着囊果。

本种生长在低潮带及潮下带有沙质的岩石上。每年 3 月份成熟(在台湾海域,2～5 月为生长期)。

本种常见于南海海南岛海域。

海南蠕枝藻 *Helminthocladia hainanensis* Tseng *et* Li

藻体紫红色,黏滑,2～3 回羽状分枝,高为 20～30 cm,主枝圆柱形,直径为 3～5 mm,小枝对生,不规则互生或偏生(图 4-31)。髓丝纵向,圆柱状,长为 130～400 μm,直径为 6～26 μm。同化丝由髓丝生出,长为 300～850 μm,基部细胞圆柱形,长为 40～80 μm,直径为 6～14 μm。根样丝由同化丝的基部伸出,直径为 4 μm。同化丝末端细胞膨大倒卵形,长径为 18～44 μm,短径为 10～20 μm。雌雄异体,雄体未发现。果胞枝侧生,由 3～6 个细胞组成,果胞受精后横裂为上、下两个子细胞,同时,支持细胞及其邻近细胞产生根样丝包围着果胞枝,成熟后囊果未发现。

本种生长于低潮带的岩石上。

本种常见于南海海南岛海域。

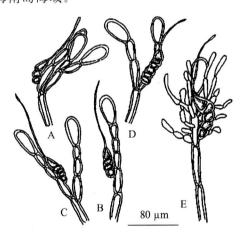

A～C. 果胞枝侧生,由 3～5 个细胞组成;D. 果胞枝侧生,由 6 个细胞组成;
E. 果胞受精后,斜裂为上、下两个子细胞

图 4-31　海南蠕枝藻 *Helminthocladia hainanensis* Tseng *et* Li

(引自曾呈奎等,2005)

粉枝藻属 *Liagora* Lamouroux，1812

藻体圆柱形或扁压，叉状或羽状分枝。含轻微或大量钙质，多轴型，雌雄同体或异体。雄体的精母细胞常集生于同化丝的顶端或下面的第二、三个细胞的周围，每一精母细胞的顶端或两侧亦产生 1 个以上的精子囊，呈伞状。精子囊球状或卵形，基部有明显的柄，雌性藻体的果胞枝常顶生于同化丝的第二、三次的叉状分枝上，直立，由 2 个以上的细胞组成，有的基部具长柄。果胞锥形，受精后合子首先横裂为上、下两个子细胞，上面的子细胞则向两侧纵裂为原始产孢丝细胞，向上又分裂产生新的产孢丝，为 3～4 回叉状。成熟的产孢丝末端细胞产生果孢子囊，椭球形。产孢丝形成的囊果呈半球形，外围有包围丝包裹。

在中国记录该属 30 个种：对生粉枝藻 *L. albicans* Lamouroux、波氏粉枝藻 *L. boergesenii* Yamada、软粉枝藻 *L. ceranoides* Lamouroux、棒状粉丝藻 *L. clavata* Yamada、大井粉丝藻 *L. dajingensis* Tseng et Li、叉枝粉丝藻 *L. divaricata* Tseng、东岛粉丝藻 *L. dongdaoensis* Tseng et Li、樊氏粉丝藻 *L. fanii* Tseng et Li、纤细粉枝藻 *L. filiformis* Fan et Li、广东粉丝藻 *L. guangdongensis* Li、海南粉丝藻 *L. hainanensis* Tseng et Li、伊似粉枝藻 *L. izziella* Li、东方粉枝藻 *L. orientalis* J. Ag.、圆锥粉枝藻 *L. paniculata* Tseng et Li、帕氏粉枝藻 *L. papenfusii* Abbott、长生粉枝藻 *L. perennis* Abbott、羽枝粉枝藻 *L. pinnata* Harvey、淇水湾粉枝藻 *L. qishuiwanensis* Li、根枝粉丝藻 *L. rhizophora* Tseng et Li、红头粉丝藻 *L. robra* Tseng et Li、粗粉枝藻 *L. robusta* Yamada、三亚粉枝藻 *L. samaensis* Tseng、细粉枝藻 *L. segawae* Yamada、鼓苞粉枝藻 *L. setchellii* Yamada、中国粉枝藻 *L. sinensis* Fan，Wang et Pan、亚双叉粉枝藻 *L. subdichotoma* Tseng et Li、硬粉枝藻 *L. valida* Harvey、文昌粉枝藻 *L. wenchangensis* Tseng et Li、侧羽粉枝藻 *L. wilsoniana* Zeh、徐闻粉枝藻 *L. xuwenensis* Tseng et Li。

对生粉枝藻 *Liagora albicans* Lamouroux

藻体直立，高为 10～25 cm，含钙质，较脆，稍对生分枝，成熟雌体呈现红斑点（图 4-32）。中轴丝直径为 7～10 μm，有时可达 50 μm，长为 100～160 μm。同化丝长为 260～280 μm，4～5 回叉状分枝，基部细胞棍棒状，直径为 6～10 μm，长为 35 μm；上部细胞长椭球状；顶细胞椭球状，短径为 5～10 μm，长径为 7～20 μm。雌雄异体。精子囊顶生，有的生于顶细胞的倒数第二个细胞。果胞枝侧生，弯曲，由 3 个细胞组成，有时为 4 个细胞，长为 35 μm。果胞横裂。囊果半球形。包围丝根样状较少。果孢子囊卵形，短径为 8～10 μm，长径为 10 μm。

本种生长在中、低潮带的珊瑚礁上。

本种常见于南海海南岛海域。

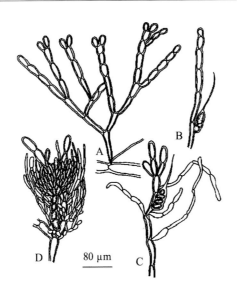

A. 同化丝外形；B. 果胞枝侧生，由 3 个细胞组成；

C. 受精后的果胞分裂为上、下两个子细胞；D. 成熟的囊果

图 4-32　对生粉枝藻 *Liagora albicans* Lamouroux

（引自曾呈奎等，2005）

海索面科 Nemaliaceae

藻体多轴构造，体质胶黏，髓部由密集的丝体组成，周围皮层由同化丝组成，下部叉状分枝。每个细胞含有 1 个色素体，内含 1 个中位或侧位的淀粉核。雌雄同株或异株。精子囊簇生于同化丝的顶部；果胞枝由 2～3 个细胞组成，受精后的果胞横裂，上部的细胞形成产孢丝，产孢丝的大部分细胞变为果孢子囊。条状的四分孢子体产生十字形分裂的四分孢子囊。

本科包含 3 个属。

海索面科分属检索表

1. 藻体不含钙质 ·· 海索面属 *Nemalion*
1. 髓的周围有钙质沉积 ·· 2
  2. 果孢子体无包围丝 ··· 果丝藻属 *Trichogloea*
  2. 果孢子体的基部被包围丝 ··· 拟果丝藻属 *Trichogloeopsis*

海索面属 *Nemalion* Duby，1830

藻体圆柱形，单条或分枝，由许多丝状藻丝构成。藻丝向多方向分枝，藻丝间充满胶质，髓部丝状细胞无色素体；皮层细胞（同化丝）单核，并具有 1 个星形色素体，上附淀粉核。

精子囊产生于侧枝的末端细胞，每个细胞顶端轮生 3～4 个精子囊。精子囊成熟后囊壁破裂，精子逸出。果胞枝的原始细胞由近中心的基部生出，分生 3～5 个子细胞，顶端细胞成果胞。果胞前端延长成为管状的受精丝，果胞和受精丝各含一核。精子随水流移动至受精丝，精核分裂一次成二核，粘在受精丝上，接触处细胞壁融化，精子的核经受精丝进

入果胞基部,一精核与卵核融合成合子,受精丝萎缩。合子的体积加大,经 1 次减数分裂成两个子细胞,上面的细胞分裂成为若干产孢丝原细胞,再形成产孢丝。产孢丝分枝,枝端细胞膨大成果孢子囊,内含 1 个球形果孢子。果孢子成熟,囊壁破裂,果孢子逸出,萌发成丝状体。第二年再生长成新海索面。产孢丝及果孢子囊共同构成囊果(果孢子体),寄生于配子体上。生长在中潮带或高潮带浪花常能打到的岩石上。生活期很短,只有 2～3 个月。其在南方生长在春季,在北方生长在初夏。

在中国记录该属有海索面 *Nemalion vermiculare* 1 个种。

海索面 *Nemalion vermiculare* Suringar [*Nemalion helminthodes* (Velley) Batt. var. *vermiculare* (Sur.) Tseng]

藻体单条,一般无分枝,质软而黏滑,呈蠕虫状,高为 7～20 cm,直径为 1.2～2.5 mm。藻体深紫红色,老时则略带黄色。髓部由丝状藻丝构成,丝体很细,直径为皮层同化丝的1/2～1/3(图 4-33)。由髓部向外丝体细胞呈念珠状,稍长。皮层同化丝的细胞略呈圆柱形。雌雄同株。生长在中潮带或高潮带浪花能打到的岩石上。

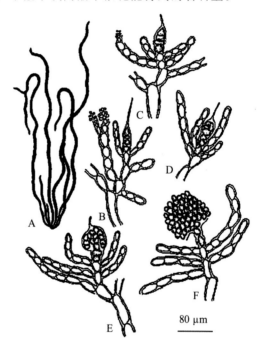

80 μm

A. 海索面藻体外形;B. 雌雄同体,精子囊枝及果胞枝,由同化丝末端细胞转化而来,果胞枝由 4 个细胞组成;C. 受精后的果胞横分裂为上、下两个子细胞;D. 幼年囊果;E,F. 成熟囊果,无包围丝

图 4-33　海索面 *Nemalion vermiculare* Suringar 形态与构造

(引自曾呈奎等,2005)

本种主要分布于黄海沿岸海域(在青岛夏季生长)。

图 4-34 为海索面生活史。

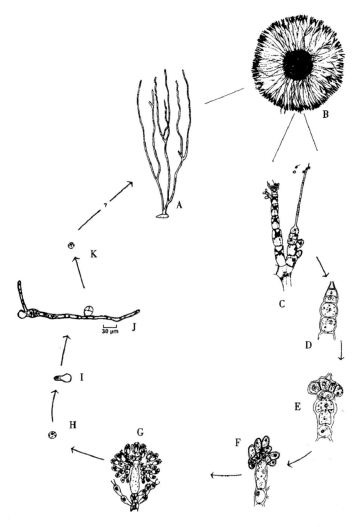

A. 藻体外形；B. 藻体横切面示侧生的精子囊和果胞枝；C. 成熟的精子漂到果胞受精丝；

D～G. 受精卵经减数分裂发育成果孢子体——囊果；H. 放散出的果孢子；

I,J. 果孢子发育成丝状体产生四分孢子；K. 四分孢子子发育成新的藻体

图 4-34　海索面 *Nemalion vermiculare* Suringar 生活史

（引自 R. E. Lee,1980）

果丝藻属 *Trichogloea* Kützing,1847

藻体多轴构造，钙化，产孢丝不具有不育丝，无毛或无同化丝，外皮层细胞彼此易散开，脱钙后不聚集，微小的丝状体世代生长十字形分裂的四分孢子囊。精子囊长在生殖窝内。生活史的方式不同于 *Galaxaura*，主要是由果被形成不育的侧丝和产孢丝的混合，以及丝状的孢子体。

在中国记录本属有果丝藻 *Trichogloea requienii* 1 个种。

果丝藻 *Trichogloea requienii*（Montagne）Kützng [*Batrachospermum requienii* Montagne]

藻体紫红色或黄红色，柔软，黏滑，多肉软骨质，主轴圆柱状，羽状分枝，直径为 0.3～0.6 cm，体长为 5～30 cm（图 4-35）。藻体内部为多轴型，髓部有许多密集纵向的藻丝组成，向外放射状分枝产生皮层组织。髓部内有钙质沉积，故在海中常可透见藻体内呈现一条白色中腺。

生活史有世代交替，配子体雌雄异体，精子囊由皮层顶端细胞生成，果卵胞可达 8 个细胞。囊果外有发达苞状藻丝包围。四分孢子囊十字形分裂。生长于低潮线附近或有流水的亚潮带礁石上。

本种主要分布于中国的台湾海域。

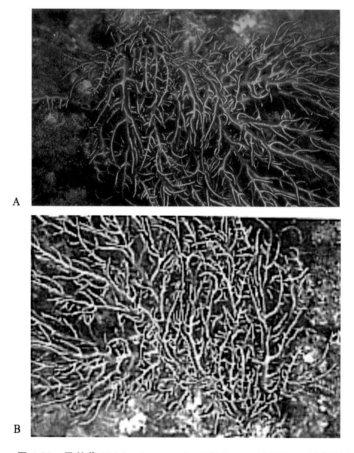

图 4-35 果丝藻 *Trichogloea requienii*（Montagne）Kützng 外部形态
（A 引自黄淑芳，2000；B 引自曾呈奎等，2005）

拟果丝藻属 *Trichogloeopsis* Abbot et Doty，1960

藻体羽状分枝或不规则分枝，柔软，黏滑，含少量钙质。多轴型。雌雄异体或同体。果胞枝来源于同化丝，一般顶生，也有假顶生或由同化丝的顶细胞转化而成。果胞枝的基部具柄细胞,也有两个以上的果胞枝并列一起。囊果无包围丝。产孢丝产生果孢子囊,成熟的果孢子逸出后,囊壳宿存。有囊果下垂的根丝状。

在中国记录本属有 5 个种:叉枝拟果丝藻 *T. divaricata* Tseng *et* Li、疣枝拟果丝藻 *T. hawaiiana* Abbott、聚枝拟果丝藻 *T. mucosissima*（Yamada）Abbott *et* Doty、羽枝拟果丝藻 *T. pinnata* Tseng *et* Li、西沙拟果丝藻 *T. xishaensis* Tseng *et* Li。

疣枝拟果丝藻 *Trichogloeopsis hawaiiana* Abbott *et* Doty

藻体柔软,黏滑,稍含钙质,灰红色,高为 15～20 cm,主枝直径为 2～3 mm。3～4 回羽状分枝,一般基部分枝较长,上枝较短,有的小枝呈疣状(图 4-36)。中轴髓丝圆柱形,直径 75～160 μm。同化丝长为 250～360 μm,基部细胞圆柱形,顶端细胞椭球状或圆球状,直径为 19～35 μm。雌雄异体。精子囊顶生或亚顶生,3～4 个精子囊生于精母细胞,呈伞状。果胞枝顶生,亚顶生或由同化丝转化而来,一般由 4～6 个细胞组成,长为 50～75 μm,直径为 12～16 μm。柄细胞在果胞受精前不明显,受精后开始伸长,偶然有两个并列聚生的果胞枝,具有 4 个细胞以上的果胞枝,基部细胞较长。囊果成熟时,柄细胞明显,长达 36 μm。囊果直径为 200～280 μm。果孢子囊直径为 20～25 μm,长为 30～36 μm。有下垂丝。生长在中、低潮带的珊瑚礁上。

本种主要分布于南海的西沙群岛海域。

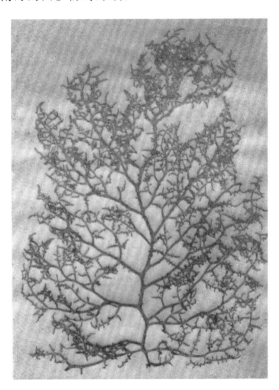

图 4-36A　疣枝拟果丝藻 *Trichogloeopsis hawaiiana* Abbott *et* Doty 藻体外形

（引自 Tseng，1983）

a. 精子囊枝；b. 同化丝外形；c～e. 顶生果胞枝，由 3～4 个细胞组成；

f. 受精后的果胞，横裂为上、下两个子细胞，果胞枝由 5 个细胞组成；g. 年幼囊果；h. 成熟囊果。

图 4-36B　疣枝拟果丝藻 *Trichogloeopsis hawaiiana* Abbott *et* Doty 藻体结构

（引自曾呈奎等，2005）

珊瑚藻目 Corallinales

藻体坚硬（易脆），细胞壁充满碳酸钙，粉红色到白色，直立轴及分枝具有钙化的节间，被不钙化的节规则地间隔；主轴以壳状固着器附着，有些种类变态成为匍匐茎状或内生胚栓；多轴型，分生组织由顶生或亚顶生的原始细胞组成，单层或多层的叶状体；在电子显微镜下，初生的纹孔连结的胚栓具有双层的圆顶状帽；邻接的营养丝细胞常常联生，直接侧面融合或由次生纹孔连接。生殖细胞发育在生殖窝内。四分孢子囊层形分裂，偶有产生双孢子囊；精子囊生长在雄性生殖窝的底层，有时也在雄性生殖窝的壁上。支持细胞生于雄性生殖窝底层，每个细胞长有 2～3 个由 1～2 个细胞组成的果胞枝，成熟时受精丝伸出胞孔；合子核转运到支持细胞内，立即融合成为一个或几个融合胞，这些融合胞产生短的不分枝的产孢丝，各产生大的果孢子囊。

珊瑚藻目分科检索表

1. 细胞壁充满碳酸钙，全部匍匐呈壳状或基部呈壳状，上生许多具有分枝的直立枝。枝分化具有节和宽的节间。节内部由许多轴丝组成，其外周表面细胞含色素体。生殖细胞发育在生殖窝内 ……………………………………………………………………………………………… 珊瑚藻科 Corallinaceae

1. 藻体组织由初级营养丝构成，无固着器，匍匐藻丝向藻体表面弯曲。在皮层和髓部相邻藻丝的细胞间融合现象易见。生殖细胞在藻体内部形成。孢子囊较为少见 …………… 孢石藻科 Sporolithaceae

珊瑚藻科 Corallinaceae

珊瑚藻科藻体红色或紫红色,细胞壁钙化,坚硬至易脆,全部匍匐呈壳状或基部呈壳状,上生许多具有分枝的直立枝。枝分化具有节和节间。节内部由许多轴丝组成,其外周表面细胞含色素体。

生殖细胞发育在生殖窝内。受精后,果胞与支持细胞连接,由支持细胞侧面形成大的融合细胞,再各自产生果孢子囊。

珊瑚藻科分属检索表

1. 藻体具膝节 ……………………………………………………………………………… 2
1. 藻体无膝节 ……………………………………………………………………………… 8
　2. 节间髓部相邻藻丝的细胞间直接的侧面融合 …………………………………… 3
　2. 节间髓部相邻藻丝的细胞间由次生纹孔连接融合 ………… 叉节藻属 Amphiroa
3. 生殖窝轴生 ……………………………………………………… 珊瑚藻属 Corallina
3. 生殖窝侧生 ……………………………………………………………………………… 4
　4. 融合胞表面产生孢丝 …………………………………………… 扁节藻属 Bossiella
　4. 融合胞表面不产生孢丝 ……………………………………………………………… 5
5. 多呈二叉状分枝 ………………………………………………………………………… 6
5. 具羽状分枝 ……………………………………………………………………………… 7
　6. 分枝节与节之间具有许多轴丝 ………………………………… 叉珊藻属 Jania
　6. 节与节之间无轴丝 ……………………………………………… 唇孢藻属 Cheilosporum
7. 藻体上部的节间呈侧扁平状,侧面观略呈五角形或长方形 ………… 边孢藻属 Marginisporum
7. 藻体上部的节间呈侧扁平状,侧面观略呈六角形 ………… 齿心藻属 Serraticardia
　8. 四分(二分)孢子囊生殖窝具多孔 …………………………………………………… 9
　8. 四分(二分)孢子囊生殖窝具单孔 ………………………………………………… 10
9. 表皮层具"覆盖细胞" …………………………………………… 石枝藻属 Lithothamniom
9. 表皮层不具"覆盖细胞" ………………………………………… 疣石藻属 Phymatolithon
　10. 邻近的细胞间有次生纹孔连接 …………………………………………………… 11
　10. 邻近的细胞间没有次生纹孔连接 ………………………………………………… 12
11. 表面有突起 …………………………………………………… 石叶藻属 Lithophyllum
11. 表面无突起 …………………………………………………… 皮石藻属 Titanoderma
　12. 四分(二分)孢子囊生殖窝的窝孔内面积大,窝孔不突出 ……… 水石藻属 Hydrolithon
　12. 四分(二分)孢子囊生殖窝的窝孔内面积小,窝孔突出 …………………………… 13
13. 藻体重度钙化 …………………………………………………………………………… 14
13. 藻体轻度钙化 …………………………………………………………………………… 15
　14. 藻体的组织为多轴型 ………………………………………… 中叶藻属 Mesophyllum
　14. 藻体组织由单轴营养丝构成 ………………………………… 新角石藻属 Neogoniolithon
15. 孢子体与配子体外观相似 ……………………………………… 宽珊藻属 Mastophora
15. 雌性生殖窝比孢子囊生殖窝要小 ……………………………… 呼叶藻属 Pneophyllum

叉节藻属 *Amphiroa* Lamouroux，1812

藻体由基部壳状或胚栓状的固着器和生有叉分或不规则的分枝组成。扁压的或亚圆柱状的藻体被不钙化的节片分割成节间，每个节间包括不同高度的髓部细胞层，外围是皮层和表皮细胞层；每个节由 1 至多层不钙化的细胞组成，生毛细胞为增大的个体细胞。生殖窝形成在生殖节间的表面。四分孢子囊生殖窝内含层形分裂的四分孢子囊。精子囊生殖窝内底部生有精子囊，果孢子囊生殖窝底部中央生有融合胞，周边生有产孢丝，其上产生果孢子囊。

在中国记录本属有 6 个种：网结叉节藻 *A. anastomosans* Weber-van Bosse、宽扁叉节藻 *A. anceps* (Lamarck) Decaisne、叉节藻 *A. ephedraea* (Lamarck) Decaisne、叶状叉节藻 *A. foliacea* Lamouroux in Quoy & Gaimard、脆叉节藻 *A. fragilissima* (Linnaeus) Lamouroux、带形叉节藻 *A. zonata* Yendo。

叉节藻 *Amphiroa ephedraea* (Lamarck) Decaisne

藻体玫瑰色呈灰紫色，直立，高 2～5 cm，规则的二叉状分枝，节间近基部圆柱形，分枝的中部和上部的节间大多扁压，末端的节片具有明显的横条纹（图 4-37）。纵切面观，节间部由髓部及皮层组成，节间的髓部由 3～4 横列长为 85～110 μm 的细胞组成，和一列短的细胞互生。孢子囊生殖窝侧生，散生在节间的表面，径长为 200～320 μm；四分孢子囊短径为 30～40 μm，长径为 60～80 μm。

本种生长在低潮线下或中低潮带石沼中的岩石上。

本种主要分布于黄海沿岸，常见于烟台、威海、青岛等海域。

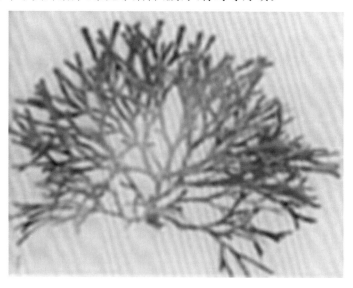

图 4-37　叉节藻 *Amphiroa ephedraea* (Lamarck) Decaisne 外部形态

（引自曾呈奎等，2008）

扁节藻属 *Bossiella* Silva,1957

藻体具壳状基部和节状的直立部。羽状或叉状分枝,节间部圆柱状到扁压,具翼,节间部的髓部具有相同长度的直细胞形成弓形层。节部有一长的厚壁的细胞层。生殖窝源于皮层,常常发生在枝顶端下面一点的节间部,窝孔是中央位或偏位;四分孢子囊或二分孢子囊的生殖窝产生在节间部的表面,有性藻体每个节间部通常有较多的生殖窝;常常可以看到 10 个以上的孢子囊产生在四分孢子囊或二分孢子囊的生殖窝内,精子囊的生殖窝具喙,窝孔部长 100 μm 以上。雌性生殖窝包含有 100 个以上的支持细胞。融合胞薄而宽,表面产生产孢丝。

在中国记录本属有粗扁节藻 *Bossiella cretacea* 1 个种。

粗扁节藻 *Bossiella cretacea* (Postels *et* Ruprecht) Johansen

藻体直立生长,粗壮,高 5~7 cm;分枝二叉或不规则的二叉,近基部的节间圆柱形,长为 2~3 mm,直径为 1~2 mm,主枝上部的节间圆柱形或略扁压,侧枝部的节间圆柱形,向顶部逐渐尖细或呈念珠状,侧枝和小分枝常从节间部位长出,有时一个节间可伸出 2~3 小枝,常一侧伸长,形成盘状固着器。藻体纵切面观,皮层较厚;髓部由数层等长细胞的横带组成,髓丝直向;在皮层和髓部相邻藻丝的细胞间常发生融合;节部由单列细胞组成。四分孢子囊生殖窝半球形,侧生在节间表面;有性繁殖器官未见。生长在中潮带和低潮带石沼中或水下 2~3 m 处。

本种主要分布于渤海和黄海的辽宁、山东沿海。

唇孢藻属 *Cheilosporum* (Decaisen) Zanardini,1844

唇孢藻属藻类为多年生,藻体扁平直立,外观呈丛生状。基部具壳状固着器附着在基质上,分枝多呈二叉状,具中肋。孢子体与配子体外观相似,为同型世代交替。配子体为雌雄异株。由辅助细胞产生 2~3 个果胞枝,果胞枝由两个细胞组成。配子囊与果胞子囊着生于生殖窝中,生殖窝为单孔,通常见于枝节的上部边缘,突出于藻体表面。

在中国记录本属有唇孢藻 *Cheilosporum acutilobum* 1 个种。

唇孢藻 *Cheilosporum acutilobum* (Decaisne) Piccone [*Cheilosporum jungermannioides* Ruprecht ex Areschoug]

藻体通常高 2~3 cm,有时可达 4 cm。每个节片多向两侧伸展呈不同程度的翅果翼状,节片扁压,具明显中肋,高为 0.5~0.7 mm,直径为 2 mm 左右;分枝多呈二叉状,靠近分枝顶部的节片常可变得尖细(图 4-38)。藻体纵切面观,节间皮层部发育较差,与髓部的界限不太明显;髓部由数层等长细胞的横带组成,髓丝直向;皮层和髓部相邻藻丝细胞间常发生融合;节膝部由单列细胞组成。四分孢子囊生殖窝着生在节间上部边缘,每个裂片着生一个。藻体上具有钙质沉积。同型世代交替。生长在中、低潮带岩石上或石沼中。多年生,在中国台湾海域全年可见。

本种主要分布于东海台湾,南海广东、海南等海域。

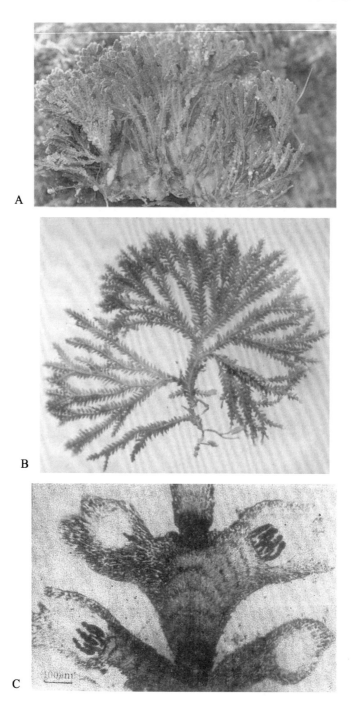

A,B. 藻体外形；C. 示带四分孢子囊生殖窝藻体的纵切面观

图 4-38　唇孢藻 *Cheilosporum acutilobum*（Decaisne）Piccone

（A 引自黄淑芳，2000；B 引自 Tseng，1983；C 引自周锦华等，1989）

珊瑚藻属 *Corallina* Linnaeus,1758

藻体直立,常呈簇状,以其皮壳状基部固着于中、低潮带的岩石上或石沼中。藻体二叉或三叉羽状分枝,近基部节间圆柱形,在较上部的节间扁压,近楔形,紫红色。钙化,易碎。

生殖窝产生在侧枝(轴)节间顶端,偶尔也在节间的表面形成(假侧枝);在大多数的配子体内,在生殖窝底缺乏分枝,具有中央孔。四分孢子囊生殖窝偶而产生小枝,内生孢子。精子囊生殖窝具喙,在喙的顶端有孔,从不长分枝。雌性生殖窝有时长有分枝,包含的果孢子体具有扁平的融合胞,在其周围(有时在它的上面)形成产孢丝。

中国记录本属有两个种:珊瑚藻 *C. officinalis* Linnaeus、小珊瑚藻 *C. pilulifera* Postels *et* Ruprecht。

珊瑚藻 *Corallina officinalis* Linnaeus

藻体紫红色,直立,高 4～7 cm,2～3 次羽状及对生羽状分枝,主枝节片基部圆柱形,长 1 mm,直径为 1 mm,中、上部的节片亚楔形,长 1 mm,宽 1～1.5 mm,小枝的节片条裂状,长 1～2 mm,宽 0.5 mm 左右(图 4-39)。孢子囊及生殖窝轴生在单条小枝的顶部,通常无角。生长在中、低潮带岩石上或石沼中。多年生,夏季生长,冬季体上部死亡。

本种常见于河北北戴河海域,辽宁大连、旅顺和山东烟台、威海、青岛等沿海。

图 4-39 珊瑚藻 *Corallina officinalis* Linnaeus 外部形态

(引自 Tseng,1983)

水石藻属 *Hydrolithon* (Foslie)Foslie,1909

藻体没有节,皮壳状,基层单层,细胞近于等径。围层厚,细胞在大小和排列方面不规则;隔离的异形胞在外围层,没有次生纹孔连结;存在胞间融合现象,所有生殖窝单孔。

在中国记录本属 4 个种:布氏水石藻 *H. bobergesenii* (Foslie) Foslie、端胞水石藻 *H. farinosum* (J. V. Lamouroux) D. Penrose & Y. M.、孔水石藻 *H. onkodes* (Heydrich)

Penrose & Woelkerling、水石藻 *H. reinboldii* (Webervan Bosse *et* Foslie) Foslie。

水石藻 *Hydrolithon reinboldii* (Webervan Bosse *et* Foslie) Foslie [*Lithohyllum reinboldii* W. v. Bathysiphon *et* Poslie、*Goniolithon reinboldii* Weber-van Bosse *et* Foslie]

藻体幼时皮壳状,很快生长加厚成瘤状突起(少数为短分枝)的块状、圆球状和结节状;表面具微小的方格斑纹(图 4-40)。纵切面观:基部主要是由一层垂直或倾斜伸长的细胞所组成;围层厚,切面观由多层很不规则的圆形或具棱角的细胞组成等;表层由单层扁平细胞所组成;异形胞数量较少,单个的分布在藻体细胞组织中,椭球形,长径约为 35 μm;细胞融合现象很普遍。二分孢子囊生殖窝凸出,成熟时具一开孔,二分孢子囊产生于生殖

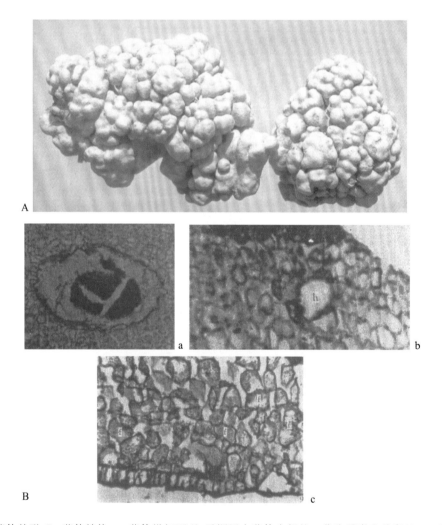

A. 藻体外形;B. 藻体结构:a. 藻体纵切面观,示深埋在藻体内部的二分孢子囊生殖窝(×130);
b. 示靠近藻体表层的异形胞(h)(×280);c. 纵切面观,示其基层细胞和排列不规则的围层细胞
及部分细胞间融合现象(f)(×280)

图 4-40　水石藻 *Hydrolithon reinboldii* (Webervan Bosse *et* Foslie) Foslie

(A 引自 Tseng,1983;B 引自张德瑞等,1978)

窝底,生殖窝长径为(170)230～280 μm,短径为 130～180 μm;二分孢子囊卵形,长径为 60～80 μm,由于藻体快速生长和加厚,有一些二分孢子囊生殖窝被深埋在藻体的内部。

本种生长在低潮带附近的珊瑚礁上。

本种主要分布于南海海南岛和西沙群岛海域。

叉珊藻属 *Jania* Lamouroux，1812

叉珊藻属藻体为粉红色,直立,体型小,藻体多轴,分枝具有节与节之分,节内部由许多轴丝组成。生殖细胞发育在生殖窝内。受精后,果胞与支持细胞连接,由支持细胞侧面形成大的融合细胞,再产生果孢子囊。

中国海域已记载有 6 个物种:宽角叉珊藻 *J. adhaerens* Lamouroux、毛叉珊藻 *J. capillacea* Harvey、幅形叉珊藻 *J. radiata* Yendo、红叉珊藻 *J. rubens* (Linnaeus) Lamouroux、蹄形叉珊藻 *J. ungulata* (Yendo) Yendo、粗叉珊藻 *J. verrucosa* Lamouroux。

宽角叉珊藻 *Jania adhaerens* Lamouroux [*Jania decussato-dichotoma* (Yendo) Yendo、*Corallina decussata-dichotoma* Yendo]

藻体粉红色,钙质,细小,高约 1 cm,丛生,呈海绵状团块(图 4-41)。主枝圆柱形,分枝清晰,二叉分枝常呈直角(大于 45°)。主枝扁圆柱形,有节与节间之分。藻体多轴型,节间部髓部由多列等长弓型细胞组成,膝节部则只有 1 列长细胞。

图 4-41　宽角叉珊藻 *Jania adhaerens* Lamouroux 外部形态
(引自黄淑芳,2000)

同型世代交替,配子体精子囊及果胞均生在生殖窝内,生殖窝轴生。由辅助细胞产生 2～3 个果胞枝,每个果胞枝为两个细胞;孢子体的孢子囊壶状,目字形分裂。

本种生长于低潮线附近的礁石上或石沼中,或其他大型海藻上。全年均可见。

本种主要分布在东海沿岸和南海海域。

石叶藻属 *Lithophyllum* Philippi，1837

石叶藻属藻体不断生长与基部融合在一起,呈壳状或团块状,钙质,表面具有突起。

切面观其分为外部的围层和内部的基层。

中国记录本属 3 个种：微凹石叶藻 *L. kotschyanum* Unger、岗村石叶藻 *L. okamurai* Foslie、矮型石叶藻 *L. pygmaeum*（Heydrich）Heydrich。

岗村石叶藻 *Lithophyllum okamurai* Foslie

藻体皮壳状，牢固地附着在岩石上，厚 0.3～3 mm，不断生长，最后几乎覆盖整个基质，呈球形或亚球形，径达 7～8 cm（图 4-42）。表面产生有些集聚的疣突，宽为 2～4 mm。

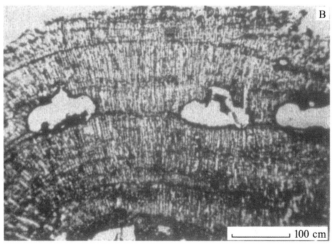

A. 藻体外形；B. 藻体纵切面观，示 3 个已放散的孢子囊生殖窝

图 4-42　岗村石叶藻 *Lithophyllum okamurai* Foslie

（引自陈锦华等，1985）

皮壳体纵切面观:基层主要为单层矩形或亚正方形细胞组成,如为矩形时,宽为 2~7 μm,长为 13~17 μm;如为亚方形时,边长为 7~13 μm。围层由多列伸长的矩形细胞组成,宽为(5)7~8(10) μm,长为(10)12~17(23) μm;或由两边长为 8~11 μm 亚正方形细胞组成。相邻藻丝细胞间的次生孔状连结明显易见。表皮由 1~3 层正方形或亚矩形细胞组成,前者宽为 4~7 μm,后者长为 3~6 μm,宽为 5~9 μm。孢子囊生殖窝都埋在藻体中,单孔,皮壳部和突起部都有,内径为(179)240~265(300) μm,高为(100)125~150 μm(从窝底到窝孔)。四分孢子囊侧生于窝底四周。

本种生长在礁湖内水下 1.5 m 深的礁石上。

本种主要分布于南海西沙群岛海域。

石枝藻属 Lithothamnion Heydrich,1897

藻体没有节,岩石附生,形成坚硬的钙质壳,或者从壳状的基部分枝;有两层细胞,基部的伸展,基层细胞不成层,围层细胞成层,有色素,但有时不明显。表层细胞具色素。上部的直立细胞列成横的迭生带,没有次生纹孔连结,胞间融合存在。雌性和雄性生殖窝单孔,四分孢子囊窝多孔。四分孢子囊层形分裂。

在中国记录本属有 4 个种:尖顶石枝藻 *L. aculeiferum* Mason、中间石枝藻 *L. intermedium* Kjellman、异石枝藻 *L. japonicum* Foslie、太平洋石枝藻 *L. pacificum* Foslie。

中间石枝藻 Lithothamnion intermedium Kjellman [Lithothamnion fruticulosum (Kützing) Fosl. f. intermedium (Kjellm.) Fosl.、Lithothamnion ungeri Kjellman f. intermedium (Kjellm.) Fosl.]

藻体初为皮壳状,厚 320~1500 μm,牢固地附着于礁石和牡蛎壳上(图 4-43)。随后,皮壳体上长满许多突枝,径为 2~3(4)mm,高为 5 mm 或更高,为单条、亚二叉状或反复地分枝呈密集的丛束,突枝部通常与发育很好的皮壳部共存。藻体纵切面观:基层细胞长为 10~20 μm,宽为 5~10 μm;围层具明显的"杯形"层(cup-shaped layers),细胞都呈长方形,长为 7~17(20) μm,径为 5~8 μm,有些则呈亚圆形或卵圆形,宽为 5~8 μm,在基层和围层相邻藻丝间细胞融合现象易见;表皮层具典型的"覆盖细胞",径为 5~6 μm,高为 3 μm。孢子囊生殖窝常生长在突枝上,或皮壳体上兼有;窝内径为(210)250~340 μm,高为 15~180 μm,厚为 7~25 μm,窝顶具 20~40 或更多的开孔;四分孢子囊长约 110 μm,径为 40 μm 左右,在孢子囊放散后,整个生殖窝易脱落,留下杯形的凹陷,后逐渐为新组织填满。精子囊生殖窝突起在分枝和皮壳体的表面,内径为(220)250~350(420) μm,高为 150~270 μm,顶厚 17~25(30) μm,精子囊散生在整个窝内。雌性藻体未见。

本种生长在水深 2~10 m 或更深处。

本种主要分布于黄海(山东省黄县桑岛)海域。

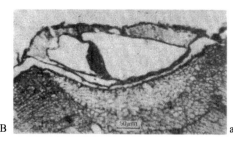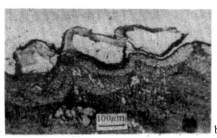

A. 藻体外形；B. 孢子囊生殖窝纵切面观

a. 示快脱落的生殖窝及留下的杯形凹陷；b. 示 3 个四分孢子囊生殖窝

图 4-43　中间石枝藻 *Lithothamnion intermedium* Kjellman 藻体外形

（A 引自 Tseng,1983；B 引自张德瑞等,1985）

边孢藻属 *Marginisporum*（Yendo）Ganesan,1968

边孢藻属藻体红褐色或红灰色,富含钙质,只有节部能略微转动,藻体基部则呈壳状,而藻体外观直立,丛生,二叉、三叉或羽状分枝。主枝上有多个羽状分枝,小羽枝对生,藻体上部的节间呈侧扁平状,并有明显的中肋状隆起,藻体下部节间部则近圆柱形。

孢子体与配子体外观相似,为同型世代交替大邊孢藻的生活史具有世代交替。配子体雌雄异体。生殖窝为半球状,侧生或边生在藻体节间部。

在中国记录本属有两个种：异边孢藻 *M. aberrans*（Yendo）Johanson & Chihara in Johansen、大边孢藻 *M. crassissimum*（Yendo）Ganesan。

大边孢藻 *Marginisporum crassissimum*（Yendo）Ganesan ［*Amphiroa crassissimum* Yendo］

藻体呈红褐色或灰红色,富含钙质,只有节部能略微转动,藻体基部则呈壳状,而藻体外观直立,其上丛生许多直立枝,枝分节清楚,高 5～8 cm,常成群丛生,如花朵般。藻体具二叉、三叉或羽状分枝,小羽枝对生,并长在同一平面上；主枝分节清晰,藻体上部的节间扁平,侧面观略呈五角形或长方形,并有明显的中肋状隆起,顶端节间部常呈棒状；藻体下部的节间会逐渐变成圆柱形(图 4-44)。

A,B. 藻体外形;C. 示半球形及顶端带尖的圆锥形生殖窝

图 4-44　大边孢藻 *Marginisporum crassissimum*（Yendo）Ganesan

（A 引自黄淑芳,2000;B 引自 Tseng 等,1983;C 引自周锦华等,1989）

　　藻体内部组织为多轴型,分生组织是由顶生的原始细胞组成;节间部的髓部组织是由 30～70 层等长细胞组成,横切面常呈同心圆状排列;膝节部组织则只由 1 层长细胞构成。

　　生活史具有世代交替,孢子体与配子体外观相似,为同型世代交替,配子体雌雄异体。精子囊及果胞均生在生殖窝内,生殖窝为半球状,侧生于节间部的边缘上。每个果胞枝为两个细胞构成。受精卵萌发前有辅助细胞连接,再由辅助细胞形成产孢丝。

　　本种生长在低潮带附近的岩石上或石沼中。

本种主要分布于东海浙江、福建沿岸和台湾东北部海域。

宽珊藻属 *Mastophora* Decaisne，1842

宽珊藻属藻体呈粉紫色或紫红色，至灰红色。藻体丛生，扁平壳状，轻度钙化，一般匍匐着生于其他种海藻茎上或岩石上。藻体表面具有瘤状突起。

孢子体与配子体外观相似，为同型世代交替。配子体雌雄异体。

在中国海域内仅记录两种：太平洋宽珊藻 *M. pacifica*（Heydrich）Foslie、宽珊藻 *M. rosea*（C. Agardh）Setchell。

宽珊藻 *Mastophora rosea*（C. Agardh）Setchell［*Mastophora macrocarpa* Montagne］

藻体灰紫色或紫红色，轻度钙化，扁平壳状体，下部匍匐生长，直立部边缘长不规则掌状分枝，背面具有许多瘤状突起，腹面则产生假根状固着器，常丛生成团块状（图 4-45）。藻体组织多轴型，有背腹面，由一层栅状细胞构成基层，向下产生腹面组织，向上产生直立背部组织。

图 4-45　宽珊藻 *Mastophora rosea*（C. Agardh）Setchell 形态

（引自黄淑芳，2000）

生活史为同型世代交替，孢子体和配子体外观相似。配子体雌雄异体，由辅助细胞产生 2～3 个果胞枝，每个果胞枝为两个细胞，精子囊及果胞均产生在生殖窝内，生殖窝单孔，位于扁平分枝上，成熟生殖窝隆起，疣状。四分孢子囊目字形分裂。

本种生长在中潮带以下至低潮线附近的岩石上，或附着在其他海藻上。全年均可见。

本种主要分布于东海台湾，南海东沙群岛、广东、海南岛等海域。

中叶藻属 *Mesophyllum* Lemoine，1928

藻体为粉紫红色或略带灰色，呈扁平壳状，高度钙化，易碎。藻体表面具有瘤状突起，质硬，并紧密附着在基质上。藻体的组织为多轴型，髓部的组织发达。

孢子体与配子体外观相似，为同型世代交替。配子体雌雄异体。由辅助细胞产生果胞枝、精子囊及果胞均生在生殖窝上，成熟生殖窝为半球状，隆起于藻体表面。四分孢子囊为目字形分裂。

在中国记录本属两个种：中叶藻 *M. mesomorphum*（Foslie）Adey、拟（木耳状）中叶藻 *M. simulans*（Foslie）Adey。

中叶藻 *Mesophyllum mesomorphum*（Foslie）Adey

中叶藻的藻体呈粉红色或浅紫红色，富含钙质，严重钙化，脆硬易碎。藻体匍匐，外观呈扁平状或具波状的壳片叶状体，偶尔形成管状，稍呈扇形，并如瓦片般的一层一层地相叠丛生，在壳片之间形成有腔室或空隙（图 4-46）。藻体无节与节间之分，且边缘波状。藻体断裂后可进行营养繁殖。藻体组织为多轴型，髓部发达。

图 4-46　中叶藻 *Mesophyllum mesomorphum*（Foslie）Adey

（引自黄淑芳，1998）

中叶藻孢子体与配子体外观相似，为同型世代交替。配子体雌雄异体。精子子囊与果胞子囊着生于不同藻体的单孔生殖窝中。果胞子体没有融合细胞的产生。

本种生长在潮间带较阴暗的大岩石下方或潮洞中。全年可见。

新角石藻属 *Neogoniolithon* Setchell *et* Mason，1943

藻体扁平，表面有突起。藻体组织由单轴营养丝构成，无固着器，藻体基部由营养丝构成，呈隆起壳状。髓部细胞近末端和末端的营养丝层叠，将其与皮层细胞分开。皮层外围的细胞侧面观呈圆形，在皮层和髓部相邻藻丝的细胞间融合现象易见。生殖细胞发育在生殖窝内。

在中国记录本属 7 个种：新角石藻 *N. brassicaflorida*（Harvey）Setchell & Mason、巨大新角石藻 *N. megalocystum*（Foslie）Setchell & Mason、三叉新角石藻 *N. trichoto-*

mum（Heydr.）Setchell *et* Mason、变胞新角石藻 *N. variabile* Zhang *et* Zhou、锥窝新角石藻 *N. conicum*（Dawson）Gordon，Masaki *et* Akioka、太平洋新角石藻 *N. pacificum*（Foslic）Setchell、串胞新角石藻 *N. fosliei*（Heydrich）Setchell *et* Mason。

串胞新角石藻 *Neogoniolithon fosliei*（Heydrich）Setchell *et* Mason

藻体皮壳状，紧贴地附着在死珊瑚等基质上，单个藻体厚 1.5 mm 左右，彼此重叠生长；表面光滑，具有明显的锥形生殖窝（图 4-47）。纵切面观：基层共轴，较薄，厚度一般为 70～130 μm，基层细胞亚长方形，宽为 15～40 μm，长为 10～17 μm；围层由多层细胞所组成，细胞形态、大小较不规则，有的呈亚正方形，宽为 10～15 μm，有的呈扁长方形，长为 10～24 μm，宽为 9～13 μm；表皮由单层细胞所组成，亚椭圆形，短径为 4～5 μm，长径为 6～10 μm；在围层和基层中 2～3 个相邻细胞间的融合现象较普遍，异形胞排列成长的纵列，由 4～12 个细胞所组成，细胞亚长方形，长为 10～23（35）μm，宽为 18～30 μm，位于顶端的细胞一般最大；孢子囊生殖窝锥形，内径为 700～900 μm，高为 190～250 μm。孢子囊四分，遍布于整个生殖窝底，长径为 90～100 μm，短径为 45～50 μm。有性藻体未见。

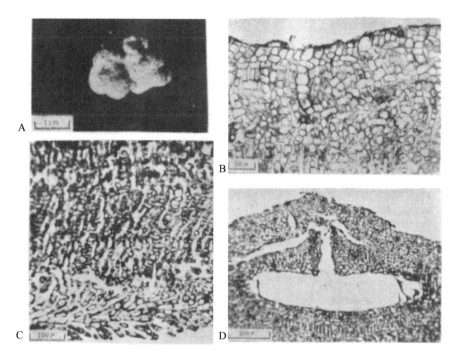

A. 藻体外形；B. 藻体上部的纵切面；C. 藻体下部的纵切面；D. 四分孢子囊生殖窝纵切面

图 4-47　串胞新角石藻 *Neogoniolithon fosliei*（Heydrich）Setchell *et* Mason
（引自张德瑞等，1980）

串胞新角石藻生长在礁湖内有浪的珊瑚石上。

串胞新角石藻在中国常见于南海西沙群岛海域。

疣（膨）石藻属 *Phymatolithon* Foslie，1898

藻体为平的壳状体；雌雄生殖窝为单孔，四分孢子囊生殖窝为多孔，四分孢子囊层形分裂。

在中国记录本属有勒农疣（膨）石藻 *Phymatolithon lenormandii* 1 个种。

勒农疣（膨）石藻 *Phymatolithon lenormandii*（Areschoug）Adey

藻体石竹色呈紫红色，壳状，厚为 200～300 μm，径为 2～5 cm（图 4-48）。藻体纵切面观：基层由 6～8 层细胞组成，围层由基层向上产生，细胞圆形或卵圆形，径为 5～8 μm；表层由 1～2 层长方形细胞组成，细胞宽为 7～9 μm，高为 3～4 μm。孢子囊生殖窝群生，在壳的表面略凸起，内径为 180～300 μm，生殖窝的顶部多孔，孢子囊大部分为双孢子，径为 30～45 μm，长为 50～75 μm。

勒农疣石藻生长在中、低潮带的岩石上或石沼中。

勒农疣石藻常见于黄海山东青岛沿岸海域。

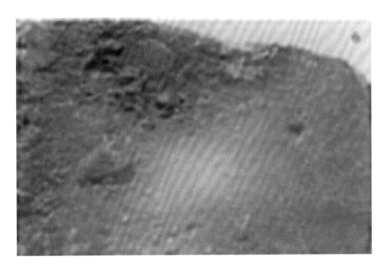

图 4-48　勒农疣石藻 *Phymatolithon lenormandii*（Areschoug）Adey 形态

（引自曾呈奎等，2008）

呼叶藻属 *Pneophyllum* Kützing，1843

藻体形成薄的、较轻度钙化的壳状体，底面附着在基质上，藻体由 1 个到数个细胞组成的层构成，基层有一放射排列的紧密联合起来的丝状组织；有时存在明显大的生毛细胞，孢子囊生殖窝表面的或稍下陷的，圆锥形或半球形-圆锥形，顶部有一单孔；孢子囊有一短的底部以及稳生的横纹丝；雌性生殖窝比孢子囊生殖窝要小，但其他方面相似。

在中国记录本属 5 个种：圆锥呼叶藻 *P. conicum*（Dawson）Keats，Chamberlain & Baba、呼叶藻 *P. fragile* Kützing、海韭呼叶藻 *P. zostericola*（Foslie）Kloczcova、间胞呼叶藻 *P. fragile* Kützing、大叶呼叶藻 *P. zostericola*（Foslie）Kloczcova。

间胞呼叶藻 *Pneophyllum fragile* **Kützing**

藻体石竹色呈紫红色,皮壳状,最初为亚圆形,径为 2～4 mm,后期彼此紧密地覆盖。表面观:细胞排列成放射状的细胞列,细胞亚正方形至长方形,长为 10～13 μm,宽为 5～7 μm,在某些壳内有时发现透明或不透明的生毛细胞,长为 15～16 μm,宽为 10～12 μm,常见细胞融合。孢子囊生殖窝单孔,凸起,外径为 90～120 μm,四分孢子囊,长为 40～50 μm,宽为 22～29 μm。

本种牢固地附生在潮间带及潮下带大叶藻的叶子上。

本种常见于黄海山东青岛沿岸海域。

图 4-49　间胞呼叶藻 *Pneophyllum fragile* **Kützing**

(引自曾呈奎等,2008)

皮石藻属 *Titanoderma* Nageli,1985

藻体无膝节,基层细胞为一层栅状细胞,四分孢子囊生殖窝单孔,没有顶端栓,具有次生纹孔连结。

在中国记录本属只有珊瑚皮石藻 *Titanoderma corallinae* 1 个种。

珊瑚皮石藻 *Titanoderma corallinae* **Chamberlain** *et* **Silva** [*Dermatolithon corallinae* **Foslie in Boergesen**]

藻体紫红色,皮壳状,附生,围绕着寄主的部分的或全部的主枝(图 4-50)。纵切面观,壳大多由 8～30 层细胞组成,靠近藻体的中部厚为 150～600 μm,基层为一层斜的长细胞,细胞长度大多超过 30 μm,围层由数层不同长度的细胞组成,在邻近的细胞列间有次生纹孔连结。表皮细胞亚三角形。孢子囊生殖窝单孔,内径为 120～300 μm,孢子囊通常为二分孢子囊,很少为四分孢子囊,宽为 20～35 μm,长为 40～70 μm,位于生殖窝腔的四周。

本种附生在潮间带岩石上的珊瑚藻种类的藻体上。

本种常见于中国黄海山东青岛沿岸海域。

图 4-50　珊瑚皮石藻 *Titanoderma corallinae* Chamberlain *et* Silva

(引自曾呈奎等,2008)

齿心藻属 *Serraticardia* (Yendo)Silva,1957

齿心藻属藻体为灰红色,具厚钙质,质脆硬。基部为壳状,藻体直立部具有羽状分枝,主枝分节清晰。

生活史为同型世代交替,孢子体和配子体外观相似,配子体雌雄异体。生殖窝位于节间,呈半球状,突出于藻体的表面。四分孢子囊为目字形分裂。

在中国记录本属大齿心藻 *Serraticardia maxima* 1 个种。

大齿心藻 *Serraticardia maxima* (Yendo)Silva [*Cheilosporum maxima* Yendo]

藻体灰红色,厚钙质,高为 4～10 cm,基部壳状,直立部则羽状分枝,小羽枝对生在同一平面,主枝分节清晰,主枝节间部扁平六角状,长为 1.1～1.9 μm,宽为 1.8～2.5 μm,上端两边各有 1 个小的节间部,藻体中下部节间部则有点圆柱形或楔形(图 4-51)。切面观:藻体多轴型,节间部髓部由 12～19 层细长细胞纵向排列组成,皮层由髓部向外放射生成,最外 1～2 层细胞与表面垂直,膝节部只有 1 层长细胞组成,长为 240～300 μm,宽为 520～830 μm。

生活史为同型世代交替。配子体精子囊及果胞都生在生殖窝内,生殖窝位于节间部左右上端,轴生或侧生,呈半球状,突出于藻体表面。四分孢子囊为目字形分裂。

本种生长在潮下带的礁石或贝壳上。

本种主要分布于我国台湾东北角海域。

图 4-51　大齿心藻 Serraticardia maxima（Yendo）Silva

（引自黄淑芳,2000）

孢石藻科 Sporolithaceae

孢石藻属 *Sporolithon* Heydrich，1897

藻体外部具有突起。藻体组织由初级营养丝构成,无固着器,匍匐藻丝向藻体表面弯曲,皮层外围的细胞扁平或呈喇叭状。在皮层和髓部相邻藻丝的细胞间常有融合现象。生殖细胞在藻体内部形成。有性生殖的孢子囊中,由于藻丝细胞的钙化而导致四分孢子和孢子不易区分。四分孢子通常为带形,有时也为十字形。孢子囊较为少见,配子囊结构尚不清楚。

在中国记录本属 1 个种。

孢石藻 *Sporolithon erythraeum*（Rothpl.）Kylin［*Archaeolithothamnium erythraeum*（Rothpl.）Fosl.］

藻体蓝色、红色或褐色,孢子囊形成于藻体的表面。

生长在不同水深阴暗的岩石上。

石花菜目 Gelidiales

藻体单轴型,羽状分枝,枝亚圆柱形或稍扁。枝内部具一中轴丝,四周为皮层,外皮层细胞小,含色素体。

四分孢子囊由孢子体上小分枝顶端的表面细胞形成,十字形或带形分裂,成熟孢子囊呈倒卵形。精子囊由藻体末枝的表面细胞形成。果胞为 1 个细胞,由围轴细胞发生。有的围轴细胞在同样的位置生长着一连串的小细胞,含有丰富的养料。果胞内的卵受精以后,由果胞基部生出产孢丝,产孢丝延长至这些小细胞,吸收其中的养料作为果孢子生长之用。因此这些富有营养的小细胞,也称为滋养小细胞。成熟的囊果膨大呈半球形或亚球形,在囊果扁平的两面或一面开孔。

石花菜目分科检索表

1. 四分孢子囊十字形分裂或不规则四面锥形分裂 ·························· 石花菜科 Gelidiaceae
1. 四分孢子层形分裂 ··· 层孢藻科 Wurdemaniaceae

石花菜科 Gelidiaceae

　　藻体微绿色、鲜红到紫红或黑色，具有圆柱形、扁压或扁平的直立轴，匍匐轴圆柱形、扁压或扁平，具有一明显的顶端细胞；皮层由几层含色素体的细胞组成，细胞含有一个大的周边的色素体，没有淀粉核；髓部细胞较大，不含色素体；绝大多数种类的髓层或皮层中含有厚壁的根丝细胞。未成熟的孢子体与配子体不易区分。四分孢子囊位于孢囊枝的顶端，十字形分裂或不规则四面锥形分裂。囊果位于枝端，明显地突出于枝表面，具有 1 个或 2 个囊孔。精子囊群在最末小枝的顶端。

石花菜科分属检索表

1. 藻体缺乏根丝（极个别种类具有极少量的根丝）····················· 凝花菜属 *Gelidiella*
1. 藻体有许多根丝，存在于髓层及内皮层细胞中 ····································· 2
　2. 囊果双室，具有一中央胎座，向囊果的上下面产生果孢子囊，每面有囊孔········ 石花菜属 *Gelidium*
　2. 囊果双室，具有一基部的小的胎座，向囊果的三面产生果孢子囊，仅在一面有囊孔 ·················
　　··· 拟鸡毛菜属 *Pterocladiella*

凝花菜属 *Gelidiella* Feldmann *et* Hamel，1934

　　藻体丛生，线形圆柱状或扁压，直立枝自基部的匍匐茎长出，单条或不规则羽状分枝；单轴，具有一较明显的顶细胞，分化为有许多纵丝的髓部和卵形细胞组成的皮层，没有根丝细胞或极少见；四分孢子囊生长在孢囊枝上部，十字形分裂或不规则分裂，埋于内皮层或外髓层中；囊果单室，具有一开孔，果孢子囊或成短链状；精子囊在亚顶端形成囊群，由外皮层细胞分裂而成。

　　在中国记录本属 2 个种：凝花菜 *G. acerosa*（Forsskal）Feldmann *et* Hamel、小凝花菜 *G. bornetii*（Weber-van Bosse）Feldmann *et* Hamel。

凝花菜 *Gelidiella acerosa*（Forsskal）Feldmann *et* Hamel［*Fucus acerosus* Forsskal］

　　藻体高为 5～7 cm，宽为 1 mm，由圆柱状分枝组成。藻体基部匍匐，由不规则盘形附着器固着在沙粒或碎珊瑚上，向上生长直立的次生枝；次生枝细圆柱状，长为 3～6 cm，多弧形弯曲，分枝不规则，常偏生，有时互生；小枝细，自次生枝上垂直生出，单条不分枝，或上部又分 1～2 次，偶有互生及对生现象，枝端渐细，长为 3～cm。藻体紫褐色，体硬，软骨质（图 4-52）。

　　藻体横切面观为不规则的圆形细胞组成，中央细胞较大，直径为 22～26 μm，向外逐渐变小，直径为 6～16 μm，表皮细胞为长卵形，长径为 6～8 μm，短径为 3～5 μm。四分孢子囊生长在最末小枝顶端膨大部分，长卵形，长径为 48～70 μm，短径为 26～32 μm，埋于皮层细胞中，紫红色，十字形分裂，囊周皮层细胞略变态。囊果、精子囊未见到。

　　本种生长在近礁缘处的珊瑚石上。

本种常见于东海台湾,南海海南岛海域。

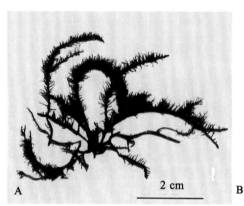

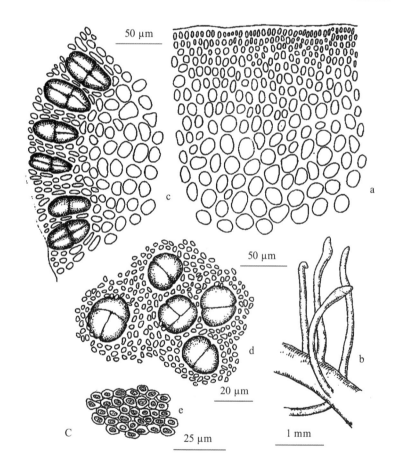

A,B. 藻体外形;C. 藻体结构

a. 藻体部分横切面;b. 四分孢子囊小枝;

c. 四分孢子囊枝横切面观;d. 四分孢子囊表面观;e. 藻体部分表皮细胞表面观

图 4-52　凝花菜 *Gelidiella acerosa* (Forsskal) Feldmann *et* Hamel

(A,C 引自夏邦美,2004;B 引自 Tseng,1983)

石花菜属 *Gelidium* Lamouroux，1813

藻体直立，具有圆柱形至扁平状两侧羽状分枝的主干。生长方式为顶端生长。每个中轴细胞形成 4 个围轴细胞，然后再生出丝体构成髓部。生活史中具有两个外形相似但本质不同的世代（孢子体和配子体），此外还有第三个世代寄生于配子体上，即果孢子体世代。四分孢子是由双相的孢子母细胞经过减数分裂而形成的，四分孢子呈十字形分裂。

在中国记录本属 13 个种和 3 个变种：石花菜 *G. amansii*（Lamouroux）Lamouroux、沙地石花菜 *G. arenarium* Kylin、细毛石花菜 *G. crinale*（Turner）Gaillon、小石花菜 *G. divaricatum* Martens、中肋石花菜 *G. japonicum*（Harv.）Okamura、钝顶石花菜 *G. kintaroi*（Okamura）Yamada、宽枝石花菜 *G. planiusculum* Okamura、马氏石花菜 *G. masudai* Xia et Tseng 、扁枝石花菜 *G. planiusculum* Okamura、匍匐石花菜 *G. pusillum*（Stackhouse）Le Jolis、匍匐石花菜壳状变种 *G. pusillum var. conchicola* Piccone & Grunow、匍匐石花菜圆柱状变种 *G. pusillum var. cylindricun* Taylor、匍匐石花菜扁平变种 *G. pusillum var. pacificum* Taylor、亚圆形石花菜 *G. tsengii* Fan、异形石花菜 *G. vagum* Okamura、密集石花菜 *G. yamadae* Fan。

石花菜 *Gelidium amansii*（Lamouroux）Lamouroux[*Fucus amansii Lamouroux*，1805，*Gelidium pacificum non* Okamora]

藻体紫红色，但因环境不同，有时可呈深红色、酱紫色，在受光多的海区呈淡黄色，基部假根无色。直立部高为 10～30 cm，宽为 0.5～2 mm。枝呈圆柱形或稍扁，两侧羽状分枝。分枝互生或对生，通常为 2～3 回的羽状分枝（图 4-53）。顶端生长，由顶端细胞生成中轴丝，每一细胞分成 4 个围轴细胞，由它们再分裂生出皮层与髓部。幼时中轴丝明显，老的藻体基部皮层再分裂形成假根丝，假根丝平行于中轴丝。皮层与髓部无明显区别。表面细胞紧密排列，其余疏松，细胞间充满胶质。孢子囊由孢子体的末枝顶端表面细胞形成，孢子囊母细胞第一次分裂为减数分裂，再均分成 4 个孢子。孢子囊呈十字形分裂。精子囊群椭球形，生于扁平小枝的顶端。果胞由皮层细胞形成，具长的受精丝，延伸到藻体表面。果胞受精后直接由基部生出产孢丝，产孢丝顶端发育成果孢子。囊果小枝呈亚球形的膨大突起，扁平，两面开孔。果孢子成熟后即由此孔逸出。

石花菜是温带性海藻，为多年生的种，每年生长季节由基部产生新枝。大多生长在低潮线下的岩石上，在北方生长的水层较浅，而南方则在水层较深、水流急而透明度高的地方生长良好，最适水温为 25℃～26℃，水温高限为 28℃～29℃。

孢子体一般在 6～11 月份放散孢子，7～10 月份最盛；果孢子体比孢子体放散孢子较晚，数目也较少。四分孢子囊的出现，开始于上部小枝，再到中部小枝，最后到下部小枝；顶端的幼嫩小分枝、主要分枝及大分枝上不易形成孢子囊。在 5～6 月份出现孢子囊的小枝数又下降，并且多在中部小枝上；10～11 月份，新孢子囊小枝仍然形成，但已集中于下部小枝，此枝细小、色浅。生长在深水层的石花菜，孢子囊出现早，消失也早。果孢子与四分孢子的大小相同，直径约为 30 μm，孢子中央都有 1 个细胞核，核周围原生质浓厚，色素体分散于细胞内。孢子放散后 12～24 小时，一边生出突起形成发芽管，空膜残留在一侧；其后突起的部分呈长椭球形，产生横壁与原孢子隔开，由此细胞作为基本细胞，一端延伸为假根，无色，另一端进行分裂，先纵分裂，其后多次横分裂就形成盘状的发生体。

本种是我国渤海和黄海沿岸常见的种类。

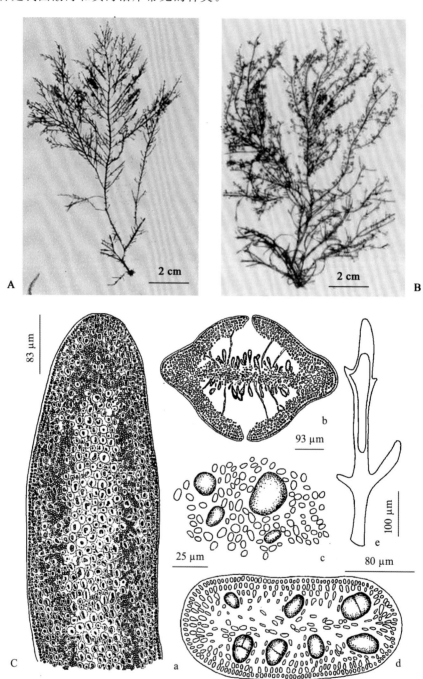

A，B. 藻体外形；C. 藻体结构：a. 部分藻体横切面；b. 囊果切面观；

c. 四分孢子囊表面观；d. 四分孢子囊切面观；e. 精子囊小枝，示不规则长圆形精子囊群

图 4-53-1　石花菜 *Gelidium amansii* (Lamouroux) Lamouroux 藻体外形及内部结构

（引自曾呈奎等，1962）

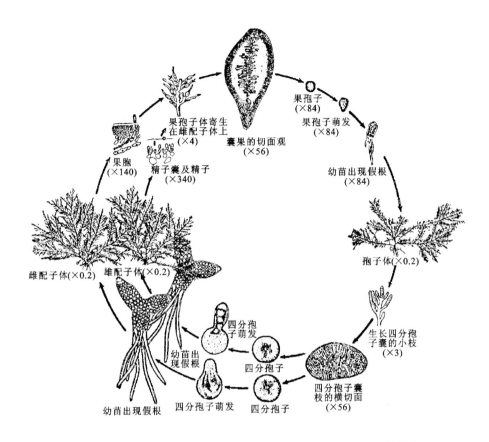

图 4-53-2　石花菜 *Gelidium amansii*（Lamouroux）Lamouroux 生活史

（引自曾呈奎等，1962）

拟鸡毛菜属 *Pterocladiella* Santelices *et* Hommersand，1997

藻体直立，枝扁平，两缘较薄，羽状分枝。枝顶有一个分生细胞，由其分成 4 个围轴细胞，再由它们分裂成皮层。皮层细胞 2～3 层。内皮层细胞长，围于中轴。中轴丝在幼期可见。四分孢子囊枝扁平，呈十字形分裂。囊果在枝的上部形成，成熟囊果在枝的一面呈半球形隆起，具一孔。

本属物种多生于潮间带石沼内或低潮带附近的岩石上。

在中国记录本属 3 个种：蓝色拟鸡毛菜 *P. caerulescens*（Kützing）Santelices、拟鸡毛菜 *P. capillacea*（Gmelin）Santelices、莺歌海拟鸡毛菜 *P. yinggehaiensis* Xia *et* Tseng。

拟鸡毛菜 *Pterocladiella capillacea*（Gmelin）Santelices *et* Hommersand［*Fucus capillaceus* S. G. Gmelin、*Pterocladia nana* Okamura、*Pterocladia tenuis* Okamura］

藻体直立，为 3～4 回羽状分枝，枝扁压，顶端纯圆形，基部由纤维状的假根固着于基质上。体长一般为 5～12 cm，枝宽为 0.5～2 mm（图 4-54-1）。其形态因所生的环境不同而异，生活在浅水海域的物种，羽状分枝较密，颜色为黄绿色；而处在深水海域物种的羽状分枝则较为稀疏，颜色为紫红色。藻体属于单轴型，实心，枝的两侧边缘较薄，外皮层由 2

～3层排列较紧密的细胞组成,内皮层由细长而疏松的细胞组成,内皮层中间生有许多假根丝,幼时较少,成年时则密集。孢子体成熟时,小枝顶端的表面细胞形成孢子囊,呈扁平状。精子囊由末枝的表面细胞形成,无色。果胞由雌配子体枝前端的围轴细胞形成。受精后的果胞基部形成产孢丝,发育成果孢子体(囊果)。成熟囊果在枝的一面呈半球形的隆起,具有一孔(图4-54-2)。

　　本种一般生长在潮间带的石沼内或低潮带附近的岩石上,生长期为6～12月份。

　　本种分布海域很广,渤海和黄海沿岸都有生长。

图 4-54-1　拟鸡毛菜 *Pterocladiella capillacea*（Gmelin）Santelices *et* Hommersand 藻体外形
（引自曾呈奎等,1962;夏邦美,2004）

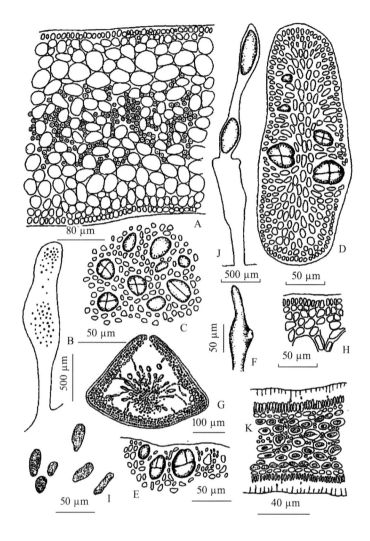

A. 部分藻体横切面(顶下 1.7 cm 处);B. 四分孢子囊小枝;C. 四分孢子囊表面观;

D. 四分孢子囊小枝切面观;E. 四分孢子囊切面观;F. 囊果枝;G. 囊果纵切面观;

H. 囊果被切面观;I. 果孢子囊;J. 精子囊小枝;K. 精子囊小枝切面观

图 4-54-2　拟鸡毛菜 *Pterocladiella capillacea* (Gmelin) Santelices *et* Hommersand 藻体结构

(引自夏邦美,2004)

层孢藻科 Wurdemaniaceae

藻体聚生,质硬,分枝较细,多轴型,胞壁厚;四分孢子层形分裂。

层孢藻科在 1999 年出版的《中国海藻志》(第二卷,红藻门,第五册)中隶属于杉藻目 Gigartinales,但同时又表明(分类)位置不明。《中国海洋生物名录》(2008)则隶属于石花菜目。

在中国海域内仅报道 1 属。

层孢藻属 Wurdemannia Haevey,1853

藻体小,丛生,基部缠结,以固着器固着,质硬,多轴型,具有几个顶端细胞;髓部细胞大,中央的胞壁较薄,延长且呈纵列,外围的较短,无一定排列,切面观,皮层由一层长方形细胞组成,稍放射延长,表面观为多角形;细胞壁厚;四分孢子囊层形分裂,多生于稍扩大的分枝顶部。

朱红层孢藻 Wurdemannia miniata (Sprengel) Feldmann et Hamel [Fucus miniatus Draparnaud ex De Candolle、Sphaerococous miniatus Sprengel、Wurdemannia miniata (Duby) Feldmann et Hamel]

藻体呈低矮密集的毛丛状或垫状,宽约 3 cm,高为 0.5～1 cm,分枝较稀少,不规则侧生,亚羽状,基部的枝圆柱状,直立枝明显扁压,枝径为 150～230 μm,细的部分枝径在 100 μm 以下,顶端分枝较直,枝端渐尖。紫红色或变淡,体下部缠结,附着于碎珊瑚或其他藻体上,体质稍硬(图 4-55)。

藻体横切面观:中央由明显的中轴和围轴细胞,形状不规则,由髓部向外,细胞变为扁压,排列整齐。繁殖器官未见。

本种生长在珊瑚礁平台内低潮线下 0.5～1 m 处的珊瑚枝上。

本种主要分布于东海台湾、南海香港和海南岛等海域。

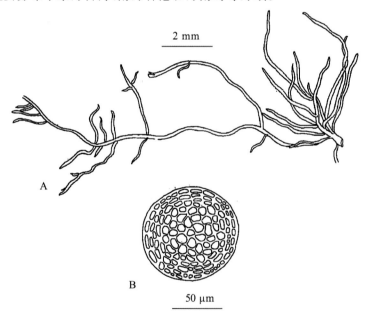

A. 藻体外形;B. 藻体横切面观

图 4-55　朱红层孢藻 Wurdemannia miniata (Sprengel) Feldmann et Hamel

(引自夏邦美,1999)

胭脂藻目 Hildenbrandiales

藻体壳状,有或无直立枝,软骨质,表面光滑或具瘤状突起。构造为分枝丝体侧面连接形成一基层,每个细胞产生一个由小的似立方体的细胞组成的直立的侧面连着的丝体,并且在直立部位产生一个网结丝体组成的髓部和一个紧贴的背斜排列的丝体组成的皮层;没有假根丝。初生的和次生的纹孔连接的纹孔栓有一个单帽层。

胭脂藻科 Hildenbrandiaceae

藻体非钙质,壳状,紧密地附着在基质上,没有假根,从基层产生的直立丝侧面紧密连接而成,匍匐藻体有时水平地层化。四分孢子囊形成在孔状的生殖窝内,层形或不规则分裂,具有或不具有侧丝,有性生殖不详。

该科只有 1 个属。

胭脂藻属 Hildenbrandia Nardo,1834

藻体扁平壳状,通常薄、硬、软骨质,蔓生于石块或其他基质上。表面光滑或者在个别种具有不规则的突出体。基层由紧密附着的呈放射分枝的丝体组成,每个细胞产生一个直立的、侧面连接的单条或偶有分枝的直立丝,这些直立丝由小的方形(侧面观)细胞组成纵行排列。没有假根。初生的和次生的纹孔连接栓有 1 个单帽层。四分孢子囊生长在亚球形、坛形具开口的生殖窝内,棍棒状,发育自某些壁细胞,层形或不规则分裂,具有或不具有侧丝。有性生殖不详。

在中国记录本属有 1 个种。

胭脂藻 Hildenbrandia rubra (Sommerfelt) Meneghini［Verrucaria rubra Sommerfelt、Hildenbrandia prototypus Nardo］

藻体薄壳状,蔓延于石块上,表面光滑,紧密附着,呈紫红色、赤褐色或橘红色片斑;藻体厚为 $85.5\sim132$ μm,直立丝的细胞紧密成行,方形或稍背斜排列伸长,最大径为 $3\sim4$ μm;生殖窝散生于藻体上,短颈烧瓶形或亚球形,深为 $59.4\sim82.5$ μm,宽径为 $66\sim85.5$ μm,其上具开孔;四分孢子囊为长卵形,长径为 $16.5\sim19.8$ μm,短径为 $6.6\sim9.9$ μm,不规则分裂,侧面丝不明显(图 4-56)。

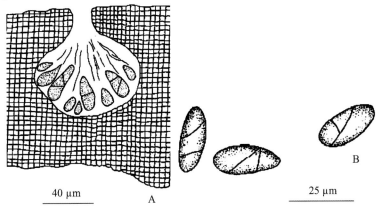

A. 生殖窝切面观;B. 四分孢子囊

图 4-56　胭脂藻 Hildenbrandia rubra (Sommerfelt) Meneghini

(引自夏邦美,2004)

本种生长在潮间带的岩石或大小石块上。

本种分布于黄海山东、辽宁,东海福建海域。

柏桉藻目 Bonnemaisoniales

藻体具有异形世代交替生活史,由单轴的、直立的、肉质的配子体和小型的丝状的四分孢子体交替。每个细胞色素体很多,盘形,无淀粉核。配子体为雌雄同体或雌雄异体;受精后发育不包括辅助细胞。囊果突出,被厚的具囊孔的果被包围。

本目只含有 1 个科。

柏桉藻科 Bonnemaisoniaceae

配子体直立,轴圆柱形,放射分枝,或扁平的,双侧分枝。横切面显示藻壁组织,外部为大小细胞混生;分泌细胞有时多而明显;四分孢子囊十字形分裂或四面体分裂。

本科分为 3 个属:海门冬属 *Asparagopsis*、柏桉藻属 *Bonnemaisonia* 和栉齿藻属 *Delisea*。

柏桉藻科分属检索表

1. 藻体圆柱状或部分扁压 ·· 2
1. 藻体扁平 ··· 栉齿藻属 *Delisea*
  2. 藻体放射分枝 ··· 海门冬属 *Asparagopsis*
  2. 藻体二列分枝 ··· 柏桉藻属 *Bonnemaisonia*

海门冬属 *Asparagopsis* Montagne in Webb *et* Berthelot,1841

藻体直立,枝干圆柱状或稍扁,辐射分枝,具有匍匐茎,向下生有假根状固着器或缠结于其他藻体上。囊果生于特殊小枝的顶部,球形至卵形,较膨大;精子囊长椭球形,具有短柄,生于枝上部。生活史中孢子体和配子体的形态不同,异型世代交替。

在中国记录本属有紫杉状海门冬 *Asparagopsis taxiformis* 1 个种。

紫杉状海门冬 *Asparagopsis taxiformis* (Delile) Trevisan [*Fucus taxiformis* Delile、*Asparagopsis sanfordiana* Harvey]

藻体直立,丛生,高为 6～12 cm,基部有分枝的匍匐茎,互相缠绕,从匍匐茎向下生长假根状的固着器,固着于基质上,向上伸出圆柱状的直立藻体部分,暗红褐色或略具紫红色。藻体下部分枝很少,或几乎裸露,上部则密被画笔状的短枝(图 4-57)。短枝长 1～3 cm,其上又生有 1～2 回的细密小枝。藻体的内部构造(切面观):皮层的最外一层为个体较小、具有色素的细胞,向内为 3～5 层个体较大、圆形至多角形、无色的薄壁细胞;最内为中轴管,中轴管到外皮层间有一很大的、充满液体的空腔,中轴细胞的纵切面观为一细长的管,其中有膨大的球状部分,分枝即从该处生出。雌雄异株,囊果为倒卵形至瓮形,生长在小枝上,有明显的囊孔和囊柄,柄长为 410～540 μm,直径为 98～114 μm,囊果长为 570～620 μm,囊果直径为 473～554 μm;精子囊托棍棒状或倒卵形至圆球形,生长在小枝上,托长为 410～650 μm,直径为 280～300 μm。四分孢子体丝状,矮小,形成一个密集的近球形的团块,高达 1 cm 左右,淡红色,错综缠结,附生于其他藻体上;丝状体由一中轴和 3 个围轴细胞组成,二者之间有时还能见到反光较强的腺状小细胞。不规则分枝,分枝是由围轴细胞中的一个细胞的中部产生一个突起,分割后成为一个新枝的顶端细胞;四分孢子囊由轴心细胞发育而成,十字形分裂。

习惯生长在礁平台内近礁缘处低潮线下 1～2 m 处的礁石上或碎珊瑚上。

本种常见于东海福建、台湾,南海广东、海南海域。

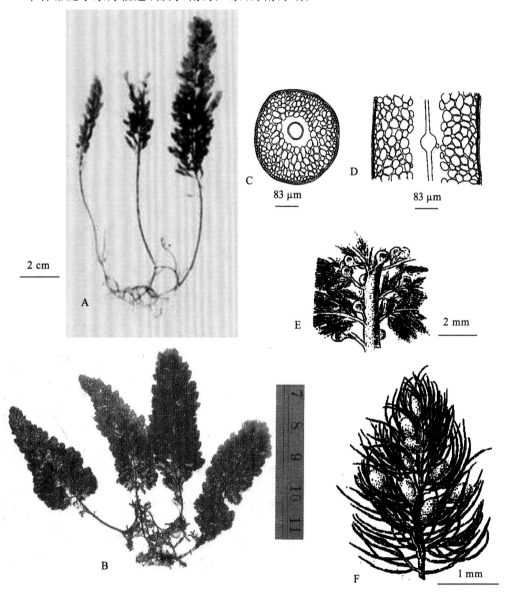

A,B. 藻体外形;C. 示体横切面观;D. 藻体纵切面观;E. 雌配子体的一部分;F. 雄配子体的一部分

图 4-57　紫杉状海门冬 *Asparagopsis taxiformis* (Delile) Trevisan 藻体外形和构造

(A,C,D 引自曾呈奎等,1962;B,E,F 引自曾呈奎,2005)

柏桉藻属 *Bonnemaisonia* C. Agardh. 1822

藻体直立,主干圆柱状至明显的扁压,固着器小盘状。直立部分两侧分枝,对生和二列分枝 3~5 次,每对对生枝的一个较短,单条,刺状,另一个则较长;这两类枝规则的交互排列。有些种类的枝顶端膨大形成钩状。皮层组织上有许多腺细胞。

精子囊群生长在单条的短枝上,覆盖在枝表面,呈长椭球形。果胞枝位于单条的短枝顶端,着生在主轴丝的一围轴细胞上;产孢丝自果胞向上生长,只有顶端细胞发育成果孢子囊;成熟的囊果着生在一单条枝上,果被多具有囊孔。四分孢子体小型、丝状,为一列细胞组成的丝状体,不规则分枝,四分孢子囊位于丝状体的细胞内。

中国记录本属有柏桉藻 *Bonnemaisonia hamifera* 1 个种。

柏桉藻 *Bonnemaisonia hamifera* Hariot [*Asparagopsis hamifera* (Hariot) Okamura]

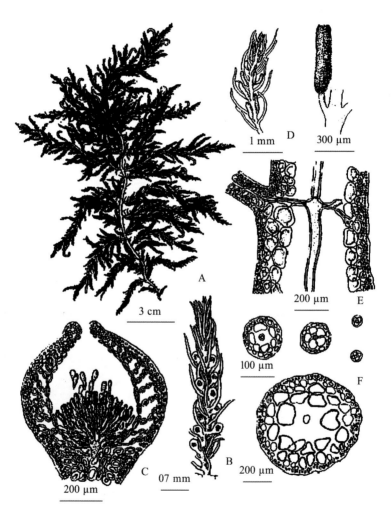

A. 藻体外形;B. 囊果枝;C. 囊果纵切面;D. 精子囊小枝;E. 藻体纵切面观;F. 藻体横切面观

图 4-58　柏桉藻 *Bonnemaisonia hamifera* Hariot 藻体外形和构造

(引自曾呈奎,2005)

　　藻体深玫瑰色或紫红色,高达 13 cm,分枝稠密,向各个方向生出,常缠结在其他藻体上。主干和分枝均为圆柱形,直径为 1～2 mm(图 4-58)。分枝有长、短两种,两者交互生长;短枝有时不甚规则,或折断,其上不再分枝;体下部的长枝比上部的长,因而藻体有金字塔形的轮廓;幼期分枝多而柔弱,渐长则逐渐变少而粗大,末枝互生,呈纺锤形;分枝近顶部的小枝有的膨大弯曲成为钩形;长为 5～12 mm。在枝端具有色素体的表面细胞间,常有小而无色,但反光甚强的腺细胞。

　　四分孢子囊由单列细胞组成,藻丝密集,丛生,常缠结于其他物种藻体上。初生枝匍匐于茎枝上,以吸盘状固着器附着;不规则的分枝。次生枝直立不规则,互生分枝,细胞宽 22～34 μm,内含无数小的碟形的色素体。细胞间也有小而无色但反光甚强的腺细胞。四分孢子囊生于次生藻丝的膨大细胞内,直径为 50～60 μm,单生或 3～6 个连接而生。精子囊群为长椭球形,长径为 375～440 μm,短径为 120～350 μm。囊果为卵形,长径为 260～350 μm,短径为 200～290 μm,具短柄,雌雄生殖器均有 1 对生小枝。

　　本种生长在低潮带和大干潮线下,缠绕在大型海藻上;孢子体和配子体同时出现于 4～6 月间,孢子体也见于 10 月份。

　　本种主要分布于山东沿海。

栉齿藻属 Delisea Lamouroux, 1819

　　藻体直立,扁平羽状分枝,两缘互生栉齿状锯齿片,藻体下部具中肋。体单轴构造,中轴明显,围绕中轴内侧细胞大,向外细胞较小。囊果生长在体上部小枝上,单生或 2～3 个集生;四分孢子囊长在小枝顶端的生殖瘤内,不规则分裂。

　　在中国记录本属有栉齿藻 Delisea japonica 1 个种。

栉齿藻 Delisea japonica Okamura [Delisea fimbriata (Lamouroux) Montagne]

　　藻体鲜红色,纤细扁平线状,复羽状分枝,分枝有纤细中肋构造,两侧边缘生有短尖三角形的齿状片,基部为盘状固着器,丛生,体高 15～25 cm,分枝径约 2 mm(图 4-59)。藻体组织为单轴型,中轴细胞明显。

　　生活史具有同型世代交替,配子体和孢子体外观相似。配子体雌雄异体。精子囊及果胞器均由小枝尖端内皮层组织生成,囊果球状,无柄,由分枝前段位近中肋处膨胀生成。四分孢子囊由轴心细胞发育成,具十字形分裂。

图 4-59-1　栉齿藻 Delisea japonica Okamura 藻体形态

(引自黄淑芳,2000)

图 4-59-2　栉齿藻 *Delisea japonica* 藻体形态

(引自黄淑芳,2000)

本种生长在潮下带 5～15 m 水深处的礁石上。

本种主要分布于东海台湾东北角海域。

杉藻目 *Gigartinales*

藻体直立,分枝或不分枝。直立枝呈圆柱形或叶状。内部构造为单轴型或多轴型。

四分孢子囊由藻体表面细胞形成,少数种的孢子囊下陷在皮层内,集生成群呈生殖瘤状,或生于真的生殖瘤内,或成串生于藻体内。精子囊集生成群,生于表面细胞上。果胞枝短,由 3 或 4 个细胞组成,生于皮层内,有时生于生殖瘤中。辅助细胞由皮层中的营养细胞形成,非特殊的藻丝。受精后,果胞产生连接管到达辅助细胞,把合子核送于其中。产孢丝自辅助细胞向藻体表面或向中心生长。成熟的囊果球形,生于藻体内部,外面没有特殊包被。

据《中国海洋生物名录》(2000)记载,杉藻目包含 16 个科:茎刺藻科 Caulacanthaceae、胶黏藻科 Dumontiaceae、内枝藻科 Endocladiaceae、杉藻科 Gigartinaceae、粘管藻科 Gloiosiphoniaceae、海膜科 Halymeniaceae、沙菜科 Hypneaceae、楷膜藻科 Kallymeniaceae、滑线藻科 Nemastomataceae、耳壳藻科 Peyssonneliaceae、育叶藻科 Phyllophoraceae、海头红科 Plocamiaceae、根叶藻科 Rhizophyllidaceae、海木耳科 Sarcodiaceae、粘滑藻科 Sebdeniaceae、红翎菜科 Solieriaceae;《中国海藻志(第二卷,红藻门,第五册)》(1999)内记录本目还有多遗子藻科 Polyidaceae。

内枝藻科、粘管藻科、胶黏藻科、耳壳藻科、海膜科、楷膜藻科等 6 个科在 2004 年出版的《中国海藻志(第二卷,红藻门,第三册)》中隶属于隐丝藻目 Cryptonemiales (Halymeniales)。《中国黄渤海海藻》(2008)所包含以上的科都归属于杉藻目。

杉藻目分科检索表

茎刺藻科 Caulacanthaceae

藻体圆柱形或扁平,放射分枝或两侧分枝;髓部丝状体,皮层细胞紧密,放射排列,内层较大,外层较小并含有丰富的色素体;四分孢子囊层形分裂,散生在藻体的外皮层中;果胞枝 2~5 个细胞,辅助细胞受精后发育;囊果埋在藻体内,果孢子囊产于一个大的浅裂的融合胞,隆起的皮层作用为一囊果被,囊果有开孔。

茎刺藻科分属检索表

1. 藻体较规则地深地缢缩成节片,匍匐生长,羽状或二叉到多叉分枝 ············· 链藻属 *Catenella*

1. 藻体直立,丛生,不缢缩成节片,不规则侧面分枝 ····················· 茎刺藻属 *Caulacanthus*

链藻属 *Catenella* Greville,1830

藻体具有一外倾的、圆柱形或亚圆柱形不规则分枝的匍匐茎,其上长有较规则的羽状或二叉到多叉分枝。标准型是规则的、深的、缢缩成亚圆柱形到扁节荚状节片。藻体利用产自匍匐茎上发达的盘状固着器以及产自上部节片的次生固着器固着于基质上。节片的内部由髓层和皮层组成。囊果通常单生,无柄,生长在顶端缩小的节片上,有囊孔;精子囊由小细胞组成,位于膨胀节片的皮层组织;四分孢子囊长球形,散生在皮层念珠状藻丝间,聚生在顶端的节片内,层形分裂。

在中国记录该属有 3 个种:节附链藻 *C. impudica*（Mont.）J. Agardh、粗壮链藻 *C. nipae* Zanardini、亚伞形链藻 *C. subumbellata* Tseng。

粗壮链藻 *Catenella nipae* Zanardini

藻体下部匍匐,亚扇形丛生,约 3 cm 高,反复有规则的二叉或三叉分枝,明显的缢缩;节片扁压,节片椭圆形、长圆形,有时倒卵圆形,短径可达 2 mm,长径是短径的 2～3 倍;次生固着器产自所有节片的顶端,因此变为有限的,但是在次生固着器形成之后,这些节片的亚顶生通常连续伸长,然后推向侧面,因此出现亚顶生的状态再次开始的分枝紧靠在次生固着器下面,实际是前次节片的远端;这些次生固着器常常弯向腹面,以此来使藻体附着基质上;干后暗紫褐色,膜质到软骨质(图 4-60)。

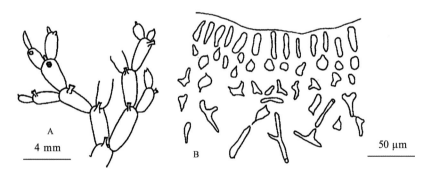

A. 部分藻体外形;B. 藻体横切面观

图 4-60　粗壮链藻 *Catenella nipae* Zanardini

(引自夏邦美等,1999)

节片切面观:髓部空隙处由许多疏松的交错并网结的纵丝组成,丝径为 19.8～39.6 μm;皮层较紧密,外皮层由长方形细胞组成,表皮细胞长为 19.8～39.6 μm,宽为 3.3～6 μm;内皮层由一些形状各异的细胞组成。繁殖器官未见。

本种生长在潮间带隐蔽的盐沼有泥的岩石上,形成仰卧的碎片状。

本种主要分布于南海广东和香港沿海。

茎刺藻属 *Caulacanthus* Kützing，1843

藻体直立，<u>丛生</u>，圆柱状或扁压，不规则侧面分枝，小枝刺状；内部有中轴，疏松的髓层，紧密的皮层。四分孢子囊层形分裂，位于皮层细胞中；囊果小，球形或卵形。

在中国只记录本属茎刺藻 *Caulacanthus ustulatus* 1 个种。

茎刺藻 *Caulacanthus ustulatus* (Turner) Kütziug [*Catriacanthus okamurai* Yamada]

藻体矮小，聚生，形成一广阔的密集的细弱的团块，高为 1～2 cm，基部具根状丝，向上长有圆柱形或稍扁压的上部；分枝极不规则，互生，偏生，羽状到叉状，生有或长或短的刺状小枝，这些小枝常外弯；枝端尖锐；枝与枝间常用附着物互相粘连；暗紫红色，膜质(图 4-61)。

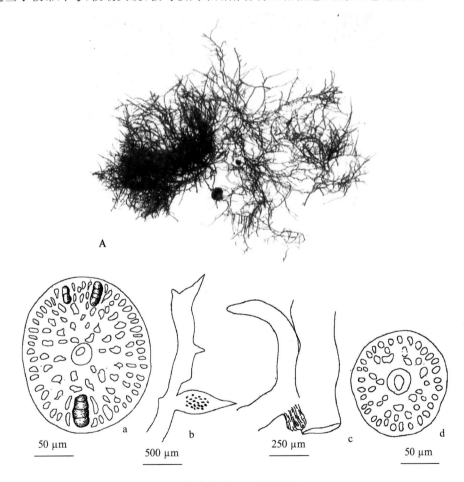

A. 藻体外形；B. 藻体结构

a. 四分孢子囊枝横切面；b. 四分孢子囊枝；c. 枝与枝间粘连；d. 小枝横切面观

图 4-61　茎刺藻 *Caulacanthus ustulatus* (Turner) Kütziug

(A 引自 Tseng，1983；B 引自夏邦美等，1999)

藻体内部构造，横切面观：中央有明显的中轴，近圆形，径为 53 μm；外围以疏松的不规则圆至卵圆形髓层细胞，径为 26.4～36 μm，内含物和细胞膜非常清晰；内皮层细胞 1～2

层,长径为 9.9～16.5 μm;最外层为表皮层,多为长圆形或长卵圆形细胞,长径为 6.6～9.9 μm,短径为 5～6.6 μm;枝径为 112～231 μm。纵切面观:中轴细胞长柱形,长径为 122～125 μm,短径为 16.5～23.1 μm,细胞连接处膨大,节间中部向外互生出丝状细胞,直径为 6.6～13.2 μm;外围有 1～2 层不规则圆形疏松的髓层细胞,径为 20～30 μm,胞膜及内含物非常清晰;内皮层细胞 1～2 层,不规则圆形至卵圆形,径为 10～13.2 μm;表皮层细胞卵圆形或长圆形,长径为 6.6～9.9 μm,短径为 5～9.6 μm;体厚 125～244 μm。

四分孢子囊散生在小枝中部加厚皮层细胞中。表面观,成熟的四分孢子囊近圆形或长圆形,长径为 29.7～33 μm,短径为 23.1～33 μm。切面观,长圆形或长方形,长径为 46～49.5 μm,短径为 19.7～26.4 μm,层形分裂,被稍延长的皮层细胞包围。精子囊、囊果未见。

本种生长在高潮带岩石上。

本种常见于我国沿海。

胶黏藻科 Dumontiaceae

藻体通常直立,圆柱形扁压至叶状,分枝或不分枝,常柔软并具黏质;藻体单轴,顶端细胞圆顶状,每个中轴细胞产生 4～6 个围轴细胞,或多轴,具有一个疏松的髓层和一个密集的皮层,髓层由较细的丝状体或膨大细胞组成,通常具有下行的假根丝;内皮层细胞较大,外皮层细胞小,排列紧密,常生有毛,色素体盘状。

生活史具有三个世代,异型世代交替:具有同型的配子体和四分孢子体,或者异型的具有平卧或壳状的四分孢子体。

有性藻体雌雄异株,有些种类为雌雄同株,雌性配子体具有分开的果胞枝和辅助细胞枝,常常远离围轴细胞或髓部细胞;果胞枝常常弯曲成钩状,辅助细胞枝直或弯曲,有或无短的侧枝,辅助细胞顶生或间生,通常小于邻近细胞。受精后的果胞分裂或不分裂,通常和果胞枝的一个较低的营养细胞相连,产生连络丝与辅助细胞愈合,合子核移入辅助细胞,由辅助细胞产生原始产孢丝,再产生产孢丝,产孢丝各个细胞都能形成果孢子;但在某些属直接产生产孢丝。囊果散生或集生,埋于藻体内部或突出于体表面。精子囊生于藻体表面,从外皮层细胞分裂而成,散生或集生。四分孢子体外形同于配子体,或者异形于配子体,为平卧,通常壳状,四分孢子囊层形或十字形分裂,在壳状的孢子体中四分孢子囊常常不规则分裂,产自皮层细胞,埋于藻体表面。

柔毛藻属 *Dudresnaya* Crouan frat.，1835

藻体直立,黏液质,通常很多分枝,有圆柱形的或扁平的分枝,有时是一微环状的外形。单轴构造,成熟时有 4～6 个围轴细胞轮生,各产生数次 2～4 个延长细胞,最外的形成一疏松到中度密集的皮层,含有红藻淀粉,但没有针状毛,假根丝通常由髓部细胞产生。

生活史具有三个世代,异型世代交替:有同型或异型配子体和四分孢子体。

有性生殖藻体通常雌雄异株。果胞枝和辅助细胞枝散生,生长在围轴细胞或内髓部细胞上。果胞枝由几个细胞组成,单条或很少有侧生,有的或顶端反曲,通常果胞和果胞枝的第 4 或第 5 个细胞融合,随后从融合胞产生几个连络丝,各有一个基生的纹孔连接。辅助细胞枝细胞多,较小的辅助细胞位于枝的中部或枝的下半部。果孢子体圆球形,密集,位于外髓层中,常常不同时期的果孢子体混生,在藻体表面几乎没有膨胀,产孢丝的所有细胞变为果孢子囊。精子囊自外皮层细胞分割成囊群。

四分孢子体与配子体相同,自外髓层或内皮层细胞顶端分裂成大的层形分裂的四分孢子囊,或者形态不同,四分孢子体为壳状的,形成不规则十字形分裂的四分孢子囊。

在中国记录本属有日本柔毛藻 *Dudresnaya japonica* 1 个种。

日本柔毛藻 *Dudresnaya japonica* Okamura

藻体长为 5～20 cm,柔软黏滑,圆柱状,不规则的二叉或三叉分枝,出水面见光易脱色成透明状。藻体富含黏质(图 4-62)。藻体单轴型构造。具世代交替,配子体和孢子体外形相似,配子体雌雄异体,囊果生长在分枝顶端钝头上。

图 4-62　日本柔毛藻 *Dudresnaya japonica* Okamura 藻体外形
(引自黄淑芳,2000)

四分孢子囊长在小羽枝上,十字形分裂。

本种生长在潮下 3～20 m 水深处带有沙质的礁岩上,全年可见,数量极多。

胶黏藻属 *Dumontia* Larnomoux,1813

藻体直立,丛生,基部具盘状固着器。直立部圆柱状,扁圆或扁平,中空,单条不分枝或侧面不规则分枝。体单轴构造,顶端细胞交互斜分裂,髓部由大型细胞组成,向内产生假根丝,外皮层由紧密排列的小型细胞组成,内皮层细胞稍大。

雌雄异株,精子囊由外皮层细胞分裂而成,体表大部分形成囊群;果胞枝和辅助细胞枝位于枝的中部;产孢丝向外产生果孢子囊,大部分细胞变为果孢子囊;囊果埋生在内皮层,小点状;四分孢子囊侧生在内皮层细胞上,十字形分裂。

在中国记录本属有单条胶黏藻 *Dumontia simplex* 1 个种。

单条胶黏藻 *Dumontia simplex* Cotton

藻体直立,丛生,基部具盘状固着器。直立部圆柱状,扁圆或扁平,中空,单条不分枝或侧面不规则分枝(图 4-63)。藻体单轴构造,顶端细胞交互斜分裂,髓部由大形细胞组成,向内产生假根丝,外皮层由紧密排列的小形细胞组成,内皮层细胞稍大。

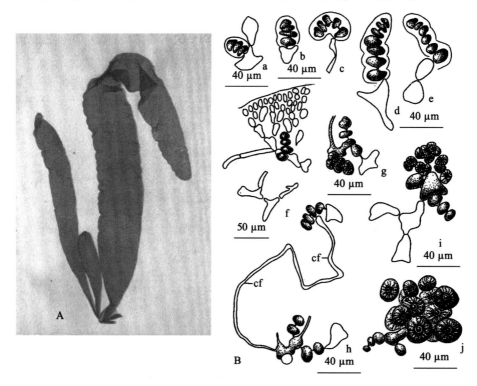

A. 藻体外形;B. 藻体结构

a~e. 辅助细胞枝,图示由 3~7 个细胞组成;f. 雌配子体的纵切面,图示一个辅助细胞枝生长在一个内皮细胞上;g. 由 4 个细胞组成的辅助细胞枝枝丛,图示辅助细胞(第二个)与一连络丝的初期发育;h. 两个辅助细胞枝枝丛,其一由 4 个细胞组成,另一由 5 个细胞组成,图示一个次连络丝正与另一枝丛上的辅助细胞接触(4 个细胞的辅助细胞枝枝丛的第 2 个细胞);i. 辅助细胞枝枝丛(5 个细胞)及出现的幼孢子囊;j. 辅助细胞枝枝丛(5 个细胞),图示辅助细胞(辅助细胞枝枝丛的第 2 个细胞)上生出的成熟的果孢子囊

图 4-63　单条胶黏藻 *Dumontia simplex* Cotton 外形和构造

(A 引自 Tseng,1983;B 引自夏邦美,2004)

雌雄异株,精子囊由外皮层细胞分裂而成,体表大部分形成囊群;果胞枝和辅助细

枝由内皮层细胞形成，果胞枝由 3～7 个细胞组成，辅助细胞枝由 3～7 个细胞组成，辅助细胞位于枝的中部；产孢丝向外大部分细胞变为果孢子囊；囊果埋生在内皮层，小点状；四分孢子囊侧生在内皮层细胞上，十字形分裂。

本种生长在潮间带岩石上或石沼中

本种主要分布于黄海的辽宁、山东沿海。

柄囊藻属 *Gibsmithia* Doty,1963

藻体直立，基部一个壳状的固着器，大多数种类有一单条的或分枝的软骨质的柄，其上生长有几个黏液质的藻体。多轴构造，髓层由较细的丝体和假根丝组成，它们常常被侧生的突起横向连接；背斜排列的皮层，由许多卵形至长卵形的细胞组成的分枝丝状体组成，常常生有毛丝体。

生活史由三个世代组成，同型的配子体和孢子体，四分孢子体。

有性藻体雌雄同株或异株。果胞枝和辅助细胞枝散生。果胞枝由几个细胞组成，常常在较低的细胞上有不育的侧生细胞，果胞枝分地反折，下位细胞大，受精后的果胞与 3～5 个细胞连接，然后产生几个连络丝。辅助细胞枝顶生在不育营养细胞上，即相似于皮层丝内，有一间生的辅助细胞及邻近的较低的不育的侧生细胞。产孢丝源于和连络丝融合的辅助细胞，有 2～3 个产孢丝裂瓣及成熟的果孢子体，被疏松的皮层丝包围，没有膨胀的皮层。精子囊由远轴的皮层丝细胞分割而成。四分孢子体在皮层丝上长有交互对生的十字形分裂的四分孢子囊。

在中国记录本属有夏威夷柄囊藻 *Gibsmithia hawaiiensis* 1 个种。

夏威夷柄囊藻 *Gibsmithia hawaiiensis* Doty

藻体直立，高为 8 cm(图 4-64)，自一个粗壮的柄产生 1～2 次亚叉状分枝，或略扁压，

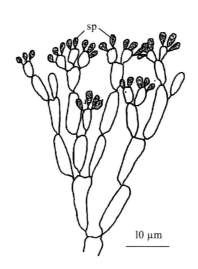

图 4-64　夏威夷柄囊藻 *Gibsmithia hawaiiensis* Doty 部分藻体的丝状体

示精子囊位于丝体先端

(引自夏邦美,2004)

宽为 5～8 mm,长为 10～15 mm。藻体浅紫红色,胶质。藻体横切面是整个密集的丝状体,胶质藻体的丝状体叉状分枝,径为 3～12 μm,长是径的 2～10 倍。精子囊由远轴的皮层丝细胞分隔而成,精子囊卵形或长卵形。生长在 8 m 水深的外礁缘。

亮管藻属 *Hyalosiphonia* Okamura,1909

藻体直立,线形圆柱状,向各个方向分枝;体单轴构造,顶端细胞产生横分裂,幼时中轴明显,中轴由直而无色的细胞组成,轮生细胞形成皮下层,再纵分裂形成皮层,皮层细胞由数层小细胞组成,与体表面成直角排列,老体部皮层下细胞增加,有大小之别,为长而透明的细胞,宽度与中轴细胞相同,和假根丝混生一起形成髓部,中轴细胞不明显。

果胞枝和辅助细胞枝多数由内皮层细胞形成,囊果小,球状隆起,散生或 2～3 个集生在藻体上部枝上,无柄,有囊孔,产孢丝的大部分细胞发育成果孢子囊;四分孢子囊散生在皮层细胞中,不规则十字形分裂。

在中国记录本属有亮管藻 *Hyalosiphonia caespitosa* 1 个种。

亮管藻 *Hyalosiphonia caespitosa* Okamura

藻体直立,丛生,基部具盘状固着器;藻体线形圆柱状,长为 10～20 cm,径为 1～2 mm,具有一及顶的主轴或分成几个主枝(图 4-65-1)。两端渐细;在所有面不规则分枝;分枝延长,柔弱,上面长有密的或长或短的细的小枝,小枝两端渐狭,顶端尖。藻体红色到紫红色,柔软,胶状膜质,制成的腊叶标本能较好地附着于纸上。

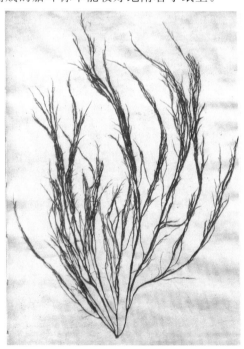

图 4-65-1　亮管藻 *Hyalosiphonia caespitosa* Okamura 外形

(引自 Tseng,1983)

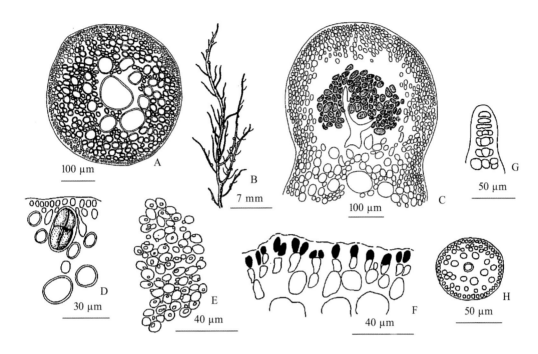

A. 藻体横切面；B. 囊果小枝；C. 囊果切面图；D. 四分孢子囊切面观；E. 精子囊表面观；

F. 精子囊切面观；G. 小枝顶端纵切面；H. 小枝顶端横切面

图 4-65-2　亮管藻 *Hyalosiphonia caespitosa* Okamura 藻体结构

（引自夏邦美，2004）

　　幼小枝的切面观，中央具有明显的中轴，由一较大的透明的圆柱形细胞组成，围绕中轴的是一些纵向的或长或短的内皮层细胞，进一步分裂产生较小的紧密排列的外皮层细胞；老体部分切面观，中轴变得不明显，内皮层细胞增多，其外形与轴细胞相似，不规则圆形，大的细胞长径为（39.6～46.2）μm，短径为（26.4～33）μm；小的细胞径为 13.2～19.8 μm，外表皮细胞径为 3.3～5 μm，同时混生有假根丝细胞，胞径 3.3～5 μm。

　　四分孢子囊散生在枝上，切面观长圆形，埋于皮层细胞中，十字形分裂，囊周的皮层细胞不变态延长。有性藻体，雌雄异株。囊果明显突出，长在小枝上，散生或常常集种在一起，球形，无柄。囊果纵切面观，近球形，无喙，基部略缩，囊果中央下部有一大的融合胞，其上产生产孢丝，果孢子囊不规则球形或长圆球形或长卵形，长径为 19.8～29.7 μm，短径为 11～23.1 μm，外围有较厚的囊果被包被。果胞枝和辅助细胞枝通常由内皮层细胞分开形成，果胞枝由 7～15 个细胞组成，常弯曲；辅助细胞枝由 8～13 个细胞组成，常强烈弯曲。精子囊发育在整个藻体上，首先由最外的皮层细胞产生平行或斜分裂，形成精子囊母细胞，精子囊母细胞无色，长圆球形，产生 1～2 个精子囊，位于精子囊母细胞的远端，由逐渐向内生长的壁与精子囊母细胞分开。

　　生长在中、低潮带石沼中。

　　常见于我国辽宁、山东、浙江沿海。

赤盾藻属 *Rhodopeltis* Harvey，1883

藻体具有很多分枝扁平的卵圆形到伸长的节间,钙化的节片和不钙化的节相连,基部具小盘状固着器,节间的顶端产生分枝;多轴型结构,中央是紧密的丝状髓部,外围是亚球形到伸长的背斜排列的细胞组成皮层;生活史具有三个世代,配子体和孢子体同形。所有生殖器官都生长在节片表面不钙化的生殖瘤内;雌雄异体;果孢枝 3～8 个细胞组成,辅助细胞枝由 3～12 个细胞组成,产孢丝的顶端细胞形成果孢子囊;精子囊生于生殖瘤丝的侧面或由皮层细胞分裂而成;四分孢子囊生于外皮层细胞形成的浅的生殖瘤内或在分枝的生殖瘤丝上,不规则层形分裂到十字形分裂。

在中国记录本属有北方赤盾藻 *Rhodopeltis borealis* 1 个种。

北方赤盾藻 *Rhodopeltis borealis* Yamada

藻体小,约 4 cm 高,基部有 1 个小的、软骨质不钙化的根以及很短的柄(图 4-66)。藻体的其他部分钙化程度高,常常在分枝的基部破裂,红色。分枝很密,叉状到帚状,并且常常生有小育枝。节间 2～3 mm 宽,基部稍狭,因此呈倒圆锥状,长是宽的 1.5～2.5 倍;蜡叶标本很光滑,略皮质,不具环纹,但易碎。

图 4-66　北方赤盾藻 *Rhodopeltis borealis* Yamada 藻体外形

藻体的内部构造:由钙化的围轴层和不钙化的髓层组成,髓层由丝体组成,紧密地纵向排列,丝径为 5～7 μm;外围由 7～9 层卵形到椭球形细胞组成,内面最大,向外逐渐变小,外皮层细胞径为 3～4 μm。囊果生殖瘤球形,径为 1.5～2.0 mm,大多生长在藻体上部。

本种主要分布于东海台湾东北角海域。

内枝藻科 Endocladiaceae

藻体直立,扁压,丝状或圆柱状,向各个方向分枝,或单轴分枝,体内具一条自基部至顶端的中轴丝,顶细胞斜裂产生中轴,中轴产生侧分枝,外皮层细胞小而紧密,很像薄壁组织,内皮层生有假根丝。四分孢子囊散生在外皮层,或生于生殖瘤内,不规则或规则地十字形分裂。精子囊呈无色的囊群,生长在皮层细胞的末端。果孢枝和辅助细胞枝生长在同一殖枝上,果胞枝由 2～3 个细胞组成,通常几个果胞生长在同一丝体上,受精后产生或不产生连络丝,辅助细胞扩大,生于具有果胞枝的能育丝的分枝下部,产孢丝大,几乎所有细胞都能变成果孢子囊,成熟囊果具果被,但没有囊孔。

本科包含 1 个属。

海萝属 *Gloiopeltis* J. Agardh,1842

植物体直立,具不十分规则的叉状分枝,圆柱状或扁压,内部组织疏松或中空,中轴由长圆柱状细胞组成;中轴细胞向外放射式分枝,枝末的小细胞念珠状,组成皮层。四分孢子囊散生在皮层中,十字形分裂;囊果球形或半球形,突出于体表面,密集遍布在藻体上。

在中国记录本属 3 个种:小海萝 *G. complanata*（Harvey）Yamada、海萝 *G. furcata*（Postels *et* Ruprecht）J. Agardh、鹿角海萝 *G. tenax*（Turner）Decaisne。

海萝 *Gloiopeltis furcata*（Fostels *et* Ruprecht）J. *Agardh*［*Fumontia fircata* Postels *et* Ruprecht］

藻体紫红色,黄褐色至褐色,软革质,干燥后韧性强,高为 4～10 cm,可达 15 cm,丛生,主枝短,圆柱形或亚圆柱形,径约 4 mm,不规则二叉分枝,于分枝处常缢缩（图 4-67）。内部组织疏松或中空,故藻体有时扁塌,细胞壁外层为琼胶（也称海萝胶）,内层为纤维素。四分孢子囊散在皮层中,十字形分裂,成熟的囊果圆球形或半球形,很小,突生体表,密布于藻体上。固着器盘状。

本种习惯生于中潮带和高潮带下部的岩石上。

本种分布于辽宁、河北、山东、江苏、浙江、福建、广东等沿海。

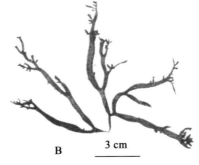
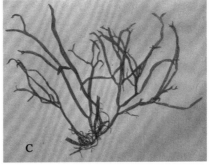

图 4-67-1　海萝 *Gloiopeltis furcata*（Fostels *et* Ruprecht）J. *Agardh* 藻体外形

（A 引自黄淑芳,2000;B 引自曾呈奎等,1962;C 引自 Tseng,1983）

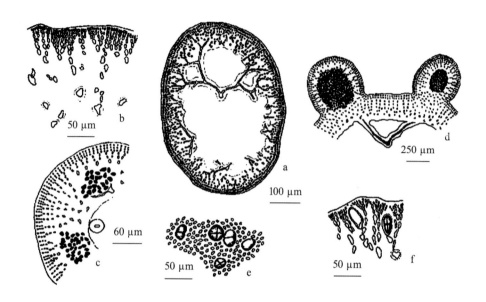

a. 藻体横切面;b. 藻体部分横切面;c. 部分囊果纵切面;d. 囊果纵切面观;

e. 四分孢子囊表面观;f. 四分孢子囊切面观

图 4-67-2　海萝 *Gloiopeltis furcata* (Fostels *et* Ruprecht) J. *Agardh* 藻体结构

(引自夏邦美,2004)

杉藻科 Gigartinaceae

杉藻科藻体直立,分枝或不分枝,枝圆柱形、稍扁或叶状。内部构造为多轴型。髓部由平行的纵向丝体组成;皮层的内部由排列疏松的丝状细胞组成,但外层细胞排列紧密,细胞小,并含有色素体。四分孢子囊由最内的皮层细胞或从生长在髓部的特殊藻丝发育而成,埋在髓层附近或髓层中,由皮层最内面细胞或髓丝上的特殊细胞发育而成。四分孢子囊呈十字形分裂。果胞枝由 3 个细胞组成。果胞受精后与支持细胞成融合成辅助细胞,向藻体的一面产生产孢丝。大多数产孢丝细胞形成果孢子囊。成熟囊果球形,深埋于体内,具有或不具特殊的包被组织;精子囊母细胞来自表皮层细胞并分裂 1~2 个精子囊。精子囊囊群形成扩张的盘,于表皮层或生殖瘤内。生活史具有世代交替,多为同形的四分孢子体和配子体世代。

杉藻科分属检索表

1. 产孢丝没有一个包围的包被 ………………………………………………………………… 2

1. 产孢丝被由次生丝体组成的包被包围,四分孢子囊位于皮层中,由原始丝体转变而来 …………

………………………………………………………………… 软刺藻属 *Chondracanthus*

  2. 产孢丝分散,线形,进入髓层与次生丝之间,常常次生纹孔连结它们,内部产孢丝细胞窄,四分

    孢子囊在髓层中,长在次生丝上 …………………………………… 角叉菜属 *Chondrus*

  2. 产孢丝细胞密集,短细胞的,替换髓层和次生丝,常常用顶端管状细胞与它们相连,内部产孢丝

    细胞扩张变宽,四分孢子囊由原始的皮层细胞转变,或长在源于内皮层或髓层细胞的次生丝上

    ………………………………………………………………… 马泽藻属 *Mazzaella*

软刺藻属 *Chondracanthus* Kützing，1843

藻体羽状分枝或叶状,长有许多营养的小羽片或乳头状突起。配子体雌雄异体或同体;果胞枝源于普通小枝的顶端;形成一些凸起的辅助细胞以及产孢丝从内边发育,被一个密集的包被包围;在囊果发育后期,产孢丝进入内层并以次生纹孔连结系包被细胞。果孢子囊以短的链状分散在不育的产孢丝和增大的包被细胞中;顶端管状的产孢丝细胞与外包被细胞融合;有时有囊果被和囊孔。

在中国记录本属 2 个种:中间软刺藻 *C. intermedius*（Suringar）Hommersand、线形软刺藻 *C. tenellus*（Harvey）Hommersand。

中间软刺藻 *Chondracanthus intermedius*（Suringar）Hommersand［*Gigartina intermedius* Suringar］

藻体伏卧,密密地重叠成团块状,蔓延在岩石上,接触地面的匍匐部分常生出固着器以紧紧固着在岩石上;藻体一般高 1~2 cm,最高可达 4.5 cm;自匍匐的部分生出的直立枝扁压,宽 2~3 mm,分枝为极不规则的亚羽状,强烈地反曲,枝上常弯曲,并扩展成披针形;枝末端尖锐,枝间时常被附着器相连;藻体暗红色,软骨质,制成的蜡叶标本不完全附着于纸上(图 4-68)。

图 4-68-1　中间软刺藻 *Chondracanthus intermedius*（Suringar）Hommersand 藻体外形

（引自黄淑芳，2000）

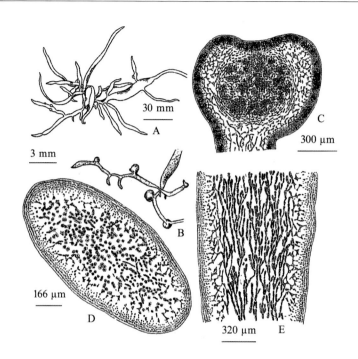

A. 藻体外形图；B. 囊果外形图；C. 囊果切面观；D. 藻体横切面；E. 藻体纵切面

图 4-68-2　　中间软刺藻 *Chondracanthus intermedius*（Suringar**）Hommersand 藻体结构**

（引自曾呈奎等，2008）

　　藻体的内部构造，由外皮层、内皮层和髓层组成，髓层由无色互相交织的丝体组成，纵切面观与藻体表面平行排列，丝径为 10～16.5 μm；外皮层由紧密的一层放射状分枝丝状小细胞构成，含色素体；内皮层由 3～4 层排列疏松的亚球形细胞组成；体厚为 581～664 μm。

　　四分孢子囊生长在皮层与髓层之间，长卵形或卵形，长径为 33～43 μm，短径为 16.5～23 μm，十字形分裂。囊果近球形，明显地突出于体外，单生或集生在藻体边缘，无柄，基部略缩，无喙，囊孔处略下陷；切面观，囊果生长在髓层，产孢丝细胞较大，果孢子囊不规则球形或卵圆形，长径为 13.2～20 μm，常集生成团块，产孢丝团外有较多特化的髓丝包围，产孢丝团块与特化的髓丝间有吸收丝相连。精子囊未发现。

　　本种生长在中潮带至低潮线之间的岩石缝中，匍匐密集于岩礁上。北方海域自 12 月到次年 9 月均可发现，春、夏季繁茂。

　　本种广布于中国各海域沿岸。

角叉菜属 *Chondrus* Stackhouse，1797

　　藻体扁圆、扁压或扁平，数次叉状分枝或叶状；有时边缘或表面生有育枝。髓部为纵走的短粗的圆柱状细胞，自其上向四周二叉式分枝组成皮层，皮层细胞小，卵形或长卵形，最外层含有色素体。四分孢子囊十字形分裂，位于髓层或它的边缘；配子体雌雄异株；囊果分布于体表面；辅助细胞亚球形，产孢丝起源于所有方向；次生髓丝缺少，或少许或丰富，但不组成围绕着辅助细胞的包被。

在中国记录本属 5 个种：扩大角叉菜 *C. armatus*（Harvey）Okamura、日本角叉菜 *C. nipponicus* Yendo、角叉菜 *C. ocellatus* Holmes、扩大角叉菜 *C. armatus*（Harvey）Okamura、异色角叉菜 *C. verrucosa* Mikami。

角叉菜 *Chondrus ocellatus* Holmes

藻体紫红色至黄绿色，厚叶状，有 1 个短茎，上部为数回二叉分歧的、扁平的呈扇形叶状体，分歧角度 40°～80°，常由藻体或边缘不规则生出小分枝，藻体边缘常有沟状凹陷，形态多变，体高为 5～8 cm，具盘状固着器（图 4-69）。藻体结构为多轴型，有皮层、皮下层和髓部之分。皮层细胞由 6～8 层小细长细胞组成，皮下层有 3～5 层纵列细胞组成，髓部由细长假根根状细胞丝与表面平行排列组成。

图 4-69-1　角叉菜 *Chondrus ocellatus* Holmes 藻体外形

（A 引自 Tseng，1983；B 引自黄淑芳，2000）

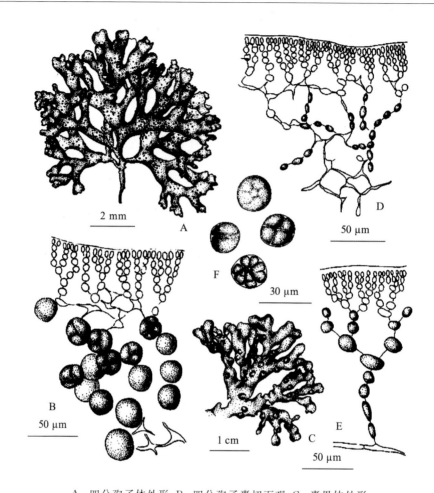

A. 四分孢子体外形；B. 四分孢子囊切面观；C. 囊果体外形；

D. 未成熟的四分孢子囊；E，F. 四分孢子的分裂

图 4-69-2　角叉菜 *Chondrus ocellatus* Holmes 藻体结构

（引自曾呈奎等 2008）

　　生活史同型世代交替。配子体雌雄异体，精子囊和果胞均有皮层细胞生成。果胞枝为 3 个细胞，最初由皮层细胞膨大转化为支持细胞，也是辅助细胞，由其分裂而成，同时在果胞枝侧面支持细胞产生一列营养丝，囊果椭球形。受精后，果胞产生一条联络丝与辅助细胞相接，再由辅助细胞产生分枝状的产孢丝，并由其顶端细胞形成许多椭球形的果孢子囊，成为团块状的囊群。

　　囊果椭球形，在藻体一面突出，另一面凹入，类似眼球状，散生于整个藻体表面。果孢子放出后发育为孢子体。四分孢子囊由内皮层细胞发育成，十字形分裂。

　　本种生长在中潮带到低潮线附近的礁石上。

　　本种主要分布于黄海辽宁、山东，东海浙江、福建及台湾东北部海域。

马泽藻属 *Mazzaella* De Toni，1936

　　马泽藻生长是由顶端的、边缘的或散生的分生组织进行；藻体叉状分枝到叶状，光滑

或边缘或表面具有育枝。配子体雌雄异株;果胞系及囊果多散生,有时形成乳头状突起,辅助细胞亚球形,产孢丝原始细胞向所有方面形成突起;没有包被;次生丝少到多,典型组合的短的四角形细胞用顶端的次生纹孔连结和髓层细胞连接;原始的产孢丝由反复分枝的亚四角状细胞组成;顶端的管状细胞在产孢丝周围相继形成,髓层细胞与次生丝细胞融合;内部的产孢丝细胞增大,变为多核,并长有侧生的链状或簇状的果孢子囊;果孢子通过外壁破裂进行释放。四分孢子囊群球形到椭球形,位于内皮层或外髓层,四分孢子囊由原始的皮层丝细胞或源于皮层或髓层细胞的次生侧丝的细胞以及用次生纹孔连结的其他细胞转化而成分枝的链状;四分孢子释放通过一个中心孔或外壁的破裂。

在中国记录该属日本马泽藻 Mazzaella japonica 1 个种。

日本马泽藻 Mazzaella japonica (Mikami) Hommersand

藻体扁平叶片状,丛生,高 10~30 cm;固着器盘状,体下部具楔形柄,上部立即扩张成叶部,单叶不分枝或分枝不规则,次数变化较大,多为叉状,叶片卵圆形或长卵圆形,或不甚规则;通常叶片宽 1~6 cm,可达 24.5 cm,边缘全缘或有皱波,紫红色,软骨质,制成的蜡叶标本不完全附着于纸上(图 4-70)。

藻体内部构造:由皮层和髓层组成,皮层厚 50~80 μm,由 5~7 层细胞组成,含色素体,外部细胞较小,排列整齐,横切面观表层细胞长圆形或椭圆形,长径为 2~10 μm,短径为 2~3 μm,向内细胞渐大,排列疏松,亚圆形或多角形,直径为 8~15 μm;髓层位于皮层内,由无色髓丝组成,髓丝多与体表面平行,宽为 2~4 μm;叶片厚 200~500 μm。

2 cm

图 4-70-1　日本马泽藻 Mazzaella japonica (Mikami) Hommersand 藻体外形
(引自曾呈奎等,2008)

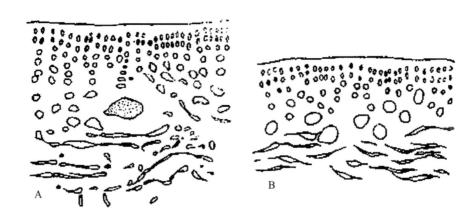

A. 雌配子体横切面观;B. 未成熟四分孢子囊堆横切面观

图 4-70-2 日本马泽藻 *Mazzaella japonica* (Mikami) Hommersand 藻体结构

(引自曾呈奎等,2008)

孢子体与配子体同形,四分孢子囊群散生在藻体上,形成稍隆起的椭圆形深紫色斑点,四分孢子囊切面观卵圆形,长径为 75~140 μm,短径为 50~60 μm,集生于皮层和髓层之间,十字形分裂;囊果球形,散生在叶片上,明显地突出于叶面,正面观,圆形,径为 0.5~14 mm,产孢丝密集,细胞短而宽。果孢子囊球形、卵形或不规则,长径为 30~50 μm,短径为 25~45 μm,囊果被厚 80~100 μm;精子囊未见。

本种习惯生长在潮间带石沼中或低潮线下的岩石上。全年可见,几乎每个季节都有成熟藻体。孢子囊和囊果见于 3~7 月间,8~9 月又长出新的幼苗。

本种常见于黄海大连海域。

粘管藻科 Gloiosiphoniaceae

配子体直立,有分枝,圆柱状或扁压。藻体单轴构造,体中央有一主轴丝,髓部由丝状体组成,皮层疏松,外皮层由密集的细胞组成。

四分孢子囊生长在壳状孢子体上,十字形分裂。精子囊在藻体表面形成囊群。果胞与辅助细胞产生于同一个枝系,3 个细胞的果胞枝包括一个大的下位细胞生长在支持细胞上,支持细胞也带有几个细胞的辅助细胞枝,有的属其辅助细胞枝的顶细胞作为辅助细胞,有的辅助细胞则是 6~8 个辅助细胞中的一个居间细胞,合子核通过小的联络细胞或是连络丝转移到辅助细胞内,连络丝和辅助细胞直接融合,产孢丝向外发育,产孢丝的大部分细胞发育为果孢子囊,果孢子体的周围无特殊的果被包围。

在中国海域内只有 1 属 1 种。

粘管藻属 *Gloiosiphonia* Carmichael in Berkeley,1833

配子体直立,圆柱状,单生或群生,以小盘状固着器固着基质上。藻体单轴构造,主轴明显或不甚明显,多分枝,轮生,或不规则分枝,藻体主枝或分枝内部具有一条中轴丝,中轴丝细胞各产生四个围轴细胞,围轴细胞再分生多分枝的侧生髓丝,它们侧面互相连接成致密的皮层,内皮层细胞大,外皮层细胞小,排列紧密。在老的部位,中轴周围往往有侧丝细胞产生假根丝包围,有时中轴消失,中央成为空腔,特别是在藻体的基部。

生活史具有三个世代,异型世代交替。

有性生殖藻体通常雌雄同株。精子囊由藻体表面外皮层细胞产生,呈斑点状。果胞枝短,常由 3 个细胞组成,辅助细胞枝与果胞枝分离,受精后,果胞产生连络丝与辅助细胞相连,产孢丝的大部分细胞成为果孢子囊,成熟的果孢子体埋于藻体内。四分孢子体为壳状,这种孢子体的构造为直立丝埋嵌在黏液质的基质内,但边缘单层构造,四分孢子囊生于直立丝的顶端,十字形分裂。

在中国记录本属有粘管藻 *Gloiosiphonia capillaries* 1 个种。

粘管藻 *Gloiosiphonia capillaries* (Hudson) Carmichael [*Fucus capillaries* Hudson]

藻体直立,丛生,6～21 cm 高,1～2 mm 宽,基部具盘状固着器固着于基质上,多个藻体产自同一基部,主轴明显,每个主轴有一单独的不分枝的茎,藻体线形圆柱状到亚圆柱形,稍有些管状,下部裸露(图 4-71)。分枝以互生、对生的方式疏松地排列在轴的所有面,3～6 cm 长,所有分枝又都密被有相似于它们的较短的次生分枝,这些次生分枝又具有短钻状的小枝,这些枝和小枝的基部逐渐变细,枝端明显地渐尖,枝上生有较细的单细胞透明的毛。藻体新鲜时为紫红色,老时色淡,非常柔弱,胶质。

图 4-71-1　粘管藻 *Gloiosiphonia capillaries* (Hudson) Carmichael 藻体外形

(引自 Tseng,1983)

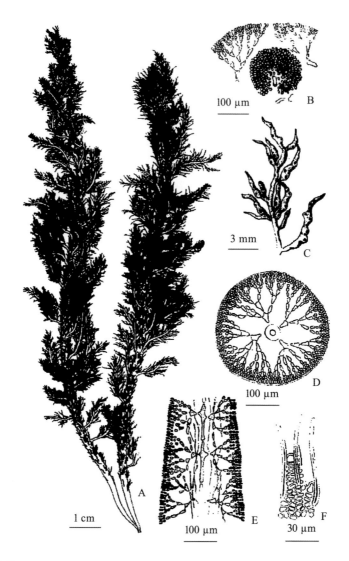

A. 藻体外形图;B. 囊果切面观;C. 囊果枝;D. 藻体横切面;E. 藻体纵切面;F. 枝顶端

图 4-71-2　粘管藻 *Gloiosiphonia capillaries*（Hudson）Carmichael 藻体结构

（引自曾呈奎等,2008）

　　小枝横切面观,切面中央可以看到中轴细胞和四个围轴细胞,以及由围轴细胞衍生的皮层,中轴细胞近圆形,径为 19.8～23.1 μm,在中轴与围轴细胞间的疏松髓部有假根丝细胞,径为 3～5 μm,皮层细胞放射状背斜排列,表皮层细胞长径为 9.9～6.6 μm,短径为 5～6.6 μm,内皮层细胞长径为 10～13.2 μm,短径为 6.6～9.9 μm,小枝径为 200～363 μm。

　　囊果点状,散生并埋于皮层中。切面观,辅助细胞枝比较容易观察到,辅助细胞近圆形或不规则卵圆形,较大,长径可达 19.8 μm,短径为 13.2 μm,位于内皮层与轴间;果孢子囊长卵圆形或卵圆形,长径为 6.6～13.2 μm,短径为 5～9.9 μm。精子囊及四分孢子体未见。

　　本种生长在低潮带岩石上和潮间带的石沼中。

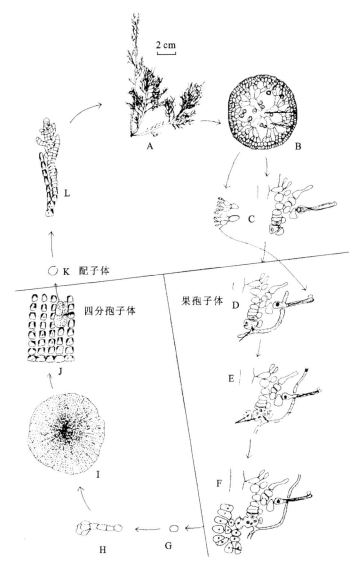

2 cm

图 4-71-3　粘管藻 *Gloiosiphonia capillaries*（Hudson）Carmichael 的生活史

（引自 R. E. Lee，1980）

本种常见于黄海辽宁大连，山东青岛、烟台等海域。

海膜科 Halymeniaceae

藻体直立，叶状或很多分枝，柔软黏质到硬软骨质，有或无一个明显的柄。多轴构造，有一个较细或粗壮、疏松或密集的丝状体组成的髓层和一个由卵形细胞背斜排列成线状或成薄壁组织的皮层，髓层有或无星状或反光折射的节状细胞。色素体盘状或细长，每个皮层细胞含几个。

生活史由三个世代组成，同型的孢子体配子体，以及四分孢子体。

有性藻体雌雄同体或异体。果胞枝由 2 个细胞组成,生长在内皮层一个初生枝纵丝上,发育产生次生丝围绕着果胞枝,连络丝由受精的果胞产生。辅助细胞枝枝丛由内皮层产生,辅助细胞在辅助细胞枝枝丛中或在一个初生丝上,初生丝产生次生丝,在某些属可以产生三生丝体(海膜属 Polypes),辅助细胞位于或近于枝丛基部。果孢子体自二倍体的辅助细胞向藻体表面发育,通常在产孢丝中的大部分细胞转变为果孢子囊,被一个轻度或显著的果被包围,果被来自枝丛丝体或者也包括髓部丝体;囊孔有或无。精子囊由表皮层细胞分割而成。四分孢子囊散生在外皮层,有时呈囊群,或者在侧丝之间呈稍隆起的生殖瘤,十字形分裂。

海膜科分属检索表

1. 生殖器官散生在藻体上 …………………………………………………………………… 2
1. 生殖器官集生在末枝或小育枝上 ………………………………………………………… 5
  2. 藻体革质,皮层厚,髓层没有反光折射细胞 …………………………………………… 3
  2. 藻体膜质,皮层薄,髓层含有反光折射细胞 …………………………………………… 4
3. 藻体中实,果胞枝由 2 个细胞组成 …………………………………… 蜈蚣藻属 Grateloupia
3. 藻体中空,果胞枝由 1～3 个细胞组成 ………………………………… 管形藻属 Sinotubimorpha
  4. 藻体黏质,髓丝与体表面垂直,辅助细胞枝枝丛倾向于稍平且扩展 …………… 海膜属 Halymenia
  4. 藻体膜质,髓丝与体表面平行,辅助细胞枝枝丛非常密集,可达 4 次分枝 …………………
  ……………………………………………………………………… 隐丝藻属 Cryptonemia(部分)
5. 藻体薄,膜质,叶片与柄间具中肋,髓层含有反光折射细胞,生殖构造由边缘小叶片形成 …………
  ……………………………………………………………………… 隐丝藻属 Cryptonemia(部分)
5. 藻体硬,软骨质,无中肋,生殖构造由主枝的末枝或次生枝或育枝形成 …………………… 6
  6. 皮层和髓层之间为大的多角状到球形细胞,辅助细胞枝枝丛分枝稀少 ……… 锯齿藻属 Yongagunia
  6. 皮层和髓层之间为小型的星状细胞,辅助细胞枝枝丛分枝较多 ……………………………… 7
7. 藻体为很硬的软骨质,叉状分枝,髓层厚度大于藻体的 1/2,外皮层由背斜排列的细长细胞组成的丝体
  …………………………………………………………………………………… 海柏属 Polyopes
7. 藻体具弹性,外形扇形,髓层厚度少于藻体的 1/3,外皮层假薄壁组织,有或无明显背斜排列的细长细胞的丝体 ……………………………………………………………………… 盾果藻属 Carpopeltis

盾果藻属 Carpopeltis Schmitz,1895

藻体软骨质,平面的互生分枝,枝扁压到扁平,一至多个轴来自一个盘状固着器,通常体下部产生中肋。藻体多轴构造,枝顶端圆形,腋角广开,皮层厚,外表皮细胞小,内部为大的球形细胞,形成假薄壁构造的没有星状细胞的内皮层和窄的紧密缠绕的丝状体的髓部,没有反光折射细胞。

生活史由同型的配子体和孢子体以及四分孢子体三个世代组成。有性藻体通常是雌雄同株,繁殖器官在枝的近末端处丛生成群。果胞枝枝丛在内皮层,比较简单,有 1～6 个延长的次生丝体集中在上面。辅助细胞枝枝丛较大,有较多的单条的或一次性分枝的由卵形到椭球形的细胞组成的次生丝体。果孢子体由辅助细胞发育而成,具有轻度到中度枝丛状丝体的包被和 1 个小的囊孔。精子囊在雌性藻体的近末端表皮层形成囊群。四分

孢子囊生长在稍隆起的生殖瘤内,与很多细胞的侧丝混生在一起,十字形分裂。

在中国记录本属 2 个种:盾果藻 *C. affinis*（Harv.）Okamura、硬盾果藻 *C. maillardii*（Montagne *et* Millardet）Chiang。

盾果藻 *Carpopeltis affinis*（Harv.）Ohmura ［*Gigartina affinis* Harvey］

藻体直立,丛生,线形,基部具不规则盘状固着器,体下部圆柱形或亚圆柱形,上部扁压,高为 4～7 cm,可达 10 cm,数回叉状扇形分枝,枝宽为 1～2 mm,叉分处可达 3 mm;藻体上部分枝多于中下部,密集叉分,枝端尖细或扩张成钝形,多叉分,藻体边缘及表面生有小育枝。藻体暗紫红色,软骨质(图 4-72)。

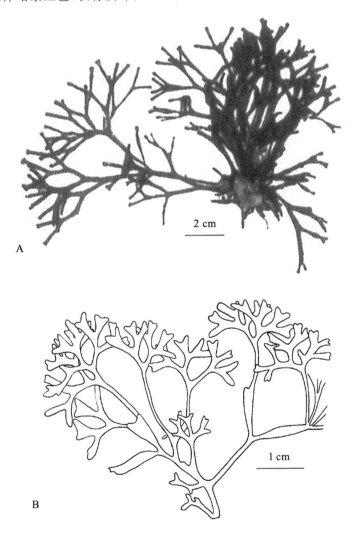

图 4-72-1　盾果藻 *Carpopeltis affinis*（Harv.）Okamura 藻体外形

（A 引自夏邦美,2004;B 引自曾呈奎等,2008）

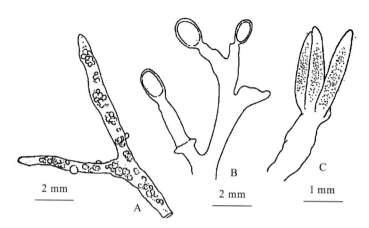

A. 囊果小枝；B. 精子囊小枝；C. 四分孢子囊小枝

图 4-72-2　盾果藻 Carpopeltis affinis（Harv.）Okamura 藻体结构

（引自曾呈奎等，2008）

枝横切面观，由皮层和髓层组成；皮层厚为 85.8～99 μm，外皮层由 5～8 层小的排列紧密的椭圆形细胞组成，内皮层细胞稍大，近圆形或不规则卵圆形，可以看到收缩的原生质体及其孢间连丝；髓层厚为 398.6～415 μm，由细的丝体组成，藻体 581～664 μm 厚。枝纵切面观，皮层由 7～8 层小的卵圆形或椭圆形细胞组成，排列整齐而紧密，内皮层由 3～4 层稍大的不规则星状细胞组成，胞壁不清，胞间连丝清晰；髓层由许多细长的叉分或不叉分的丝体组成。

四分孢子囊集生在枝端小的孢囊枝上，囊枝长荚型，长为 1.5～2 mm，宽为 0.5 mm。四分孢子囊表面观近球形或卵形，长径为 9.9～16.5 μm，短径为 7.5～13.2 μm；十字形分裂，囊周皮层细胞不明显变态延长。囊果不规则球形，生长在枝上部的末枝上，外观有些微突，囊果小枝长为 6～7 mm，宽为 0.5～1 mm；切面观，多个果孢子体散生在髓层和皮层间，每个果孢子体的长径为 99～264 μm，短径为 99～231 μm，腔内充满卵形、长卵形、长椭球形的果孢子囊，长径为 13.2～19.8 μm，短径为 6.6～13.2 μm，囊果周围有不育丝包围，有时可以看到囊孔。辅助细胞枝枝丛位于皮层和髓层间，辅助细胞较大，长卵形，长径为 6.6 μm，短径为 4 μm，位于枝丛中央底部，苯胺蓝染色后着色较深。精子囊窠位于最小的末枝顶端，卵形，长径为 830～1 195 μm，短径为 581～697 μm。精子囊切面观圆形或卵圆形，位于表皮层细胞上，由外皮层细胞分割而来。

本种生长在中、低潮带的岩石上或石沼中。

本种常见于黄海辽宁、山东，东海浙江、福建等沿海。

隐丝藻属 Cryptonenmia J. Agardh，1842

藻体直立叶状，单生或丛生，叶片的基部产生次生加厚部分形成多年生的柄，分枝或不分枝，上部为扁平叶状体，单叶或分枝，叶片常呈皱波状，中肋有或无，明显或渐消失，有的种类自中肋处又衍生出叶柄及叶片，叶片薄，膜质。藻体内部为多轴构造，具有平行于体表面的髓丝，围以背斜排列的 2～4 层细胞的皮层，髓层有反光折射的星状细胞，用苯胺蓝着色深。

　　生活史由同型的配子体和孢子体,以及四分孢子体三个世代组成。有性生殖藻体通常是雌雄异株。繁殖器官散生在叶片上,果胞枝由 2 个细胞组成,顶生在皮层中的分枝丝上,果胞枝枝丛比较简单,具有较少次生分枝丝,辅助细胞枝枝丛较大,近基部有一单独细胞膨大变成辅助细胞,具有较多的次生分枝丝。囊果小,明显地突出叶面,产孢丝的所有分枝均向叶片的所有表面生长,差不多所有细胞都变成果孢子囊,囊果有时有一小的不规则的囊孔。精子囊由外皮层细胞分裂而成。四分孢子囊通常散生在外皮层,十字形分裂。

　　在中国记录本属 7 个种:基肋隐丝藻 *C. basinervis* Xia *et* Wang、北方隐丝藻 *C. borealis* Kylin、茂盛隐丝藻 *C. luxurians* (C. Agardh) J. Agardh、椭圆隐丝藻 *C. ovalifolia* Kylin、小隐丝藻 *C. parva* Zhang *et* Xia、新海隐丝藻 *C. xinhaiensis* Xia *et* Wang、远藤隐丝藻 *C. yendoi* Weber-van Bosse。

基肋隐丝藻 *Cryptonemia basinervis* Xia *et* Wang

　　藻体扁平叶状,高为 3～7 cm,基部具一盘状固着器,其上有 1 个细的分枝或不分枝的圆柱状柄,柄长为 2～18 mm,径为 0.7～2 mm,柄的顶端逐渐扩张成扁平叶片(图 4-73)。叶片近似圆形,基部楔形,叶片老时变长或破碎成不规则形,叶片近柄处有隐约可见略隆

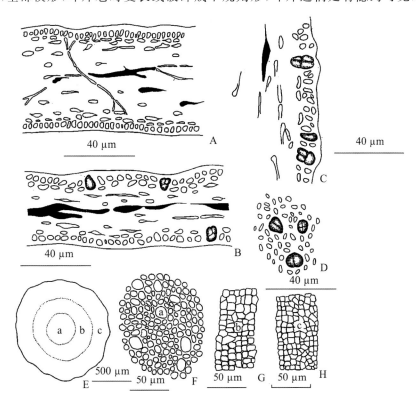

A. 藻体横切面观;B～C. 四分孢子囊切面观;D. 四分孢子囊表面观;E. 柄的横切面;

F. 柄的 a 区放大图;G. 柄的 b 区放大图;H. 柄的 c 区放大区

图 4-73-1　基肋隐丝藻 *Cryptonemia basinervis* Xia *et* Wang 藻体横切面

(引自夏邦美,2004)

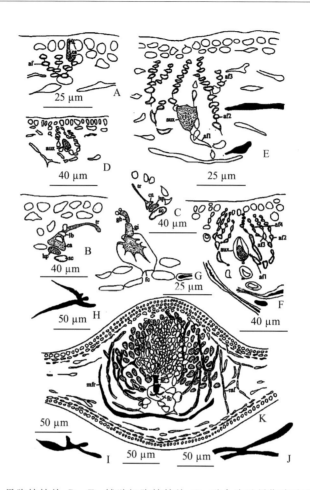

A. 果胞枝枝丛；D～F. 辅助细胞枝枝丛；G. 融合胞及早期产孢丝；
H～J. 髓层中反光折射细胞；K. 囊果切面观

图 4-73-2　基肋隐丝藻 *Cryptonemia basinervis* Xia *et* Wang 果胞枝及囊果等

（引自夏邦美，2004）

起的中肋，但迅即消失。中肋位于叶片中央，或偏于一侧。叶片边缘全缘，叶片长为 1.3～
4.6 cm，宽为 1.1～3.3 cm，叶片的顶端、边缘或表面再生小叶，有时小叶仍有柄及隐约可
见的中肋，小叶长为 0.6～1 cm，宽为 0.45～1 cm，叶片厚为 80～103 μm。藻体玫瑰红色，
膜质。

　　叶片的横切面观：中央由疏松的平周的偶有近垂周的丝体组成髓部，髓丝单条或叉
分，还可以看到较粗壮的不规则形的反光折射细胞，髓丝外面是 1～2 层扁压的椭圆形内
皮层细胞，长径为 5～9.9 μm，短径为 3.3～5 μm，最外层是一层卵圆形或近方圆形的外皮
层细胞，长径为 3.3～6 μm，短径为 2～3 μm。柄部横切面观，近圆形，由中央髓部和初生
及次生皮层组成，三者之间界限明显，髓层大小细胞混生，细胞卵圆形，皮层由排列紧密的
不规则方形、三角形或多边形细胞组成。四分孢子囊散生在藻体叶片及小叶的皮层细胞
中，卵圆形或长圆球形，长径为 9.9～13.2 μm，短径为 6.6～9.9 μm，周围的皮层细胞不显

著地变态,十字形分裂。囊果近球形,明显地突出于叶片表面,埋于髓层中,高 198～211 μm,宽 231 μm～264 μm。纵切面观,中央基部有明显的融合胞,长径为 39.6 μm,短径为 23.1 μm,其上有产孢丝原始细胞及较小的产孢丝细胞,成熟的果孢子囊卵圆形或长卵圆形,分布于产孢丝周围,果孢子囊长径为 6.6～13.2 μm,短径为 3.3～6.6 μm,其周围被以丝状细胞组成的果被。果胞枝由 2 个细胞组成,在其周围能看到枝丛细胞,埋于皮层细胞中。辅助细胞较大,长径为 13 μm,短径为 7 μm,苯胺蓝染色后着色较深,在其周围有原始枝丛、次生枝丛和三生枝丛,埋于皮层细胞中。精子囊未见。

本种生长在低潮线下 1～2 m 深处的岩石上。

蜈蚣藻属 Grateloupia C. Agardh, 1822

藻体直立。直立枝扁平,两缘生羽状分枝,基部为一盘状固着器。整个藻体表面平滑、柔软。呈紫红色。顶端生长,由一群顶端原始细胞进行。皮层由致密短小的细胞组成;髓部由无色星状细胞和由皮层内部生长出来的假根丝组成。

四分孢子囊十字形分裂,埋藏于藻体皮层内。雌雄异体。精子囊群由叶片表面形成,无色。果胞枝由 2 个细胞组成,生在髓部以外的特殊丝体上。辅助细胞丝分枝很多,由髓部外面细胞发生,在其基部有一膨大细胞即辅助细胞。受精后,果胞产生几条连接管,每一管都伸长到达辅助细胞。产孢丝分枝,由辅助细胞向藻体表面生出,分枝丝体最外的细胞发育成果孢子囊。成熟囊果深埋体内,包被囊果的皮层组织上开一孔。

在中国记录本属 31 个种:顶状蜈蚣藻 G. acuminata Holmes、肉质蜈蚣藻 G. carnosa Yamada et Segawa、江氏蜈蚣藻 G. chiangii Kawaguch et Wang、缢基蜈蚣藻 G. constricata Li et Ding、角质蜈蚣藻 G. cornea Okamura、伞形蜈蚣藻 G. corymbcladia Li et Ding、两叉蜈蚣藻 G. dichodoma J. Agardh、对枝蜈蚣藻 G. didymecladia Li et Ding、叉枝蜈蚣藻 G. divaricata Okamura、东海蜈蚣藻 G. donghaiensis Li et Ding、鲂生蜈蚣藻 G. doryphora (Montagne) Howe、椭圆蜈蚣藻 G. elliptica Holmes、帚状蜈蚣藻 G. fastigiata Li et Ding、蜈蚣藻 G. filicina (Lamouroux) C. Agardh、海门蜈蚣藻 G. haimenensis Li et Ding、海南蜈蚣藻 G. hainanensis Li et Ding、复瓦蜈蚣藻 G. imbricata Holmes、黑木蜈蚣藻 G. kurogii Kawaguchi、披针形蜈蚣藻 G. lanceolata (Okamura) Kawaguchi、裂叶蜈蚣藻 G. latissima Okamura、舌状蜈蚣藻 G. livida (Harvey) Yamada、岗村蜈蚣藻 G. okamurae Yamada、长枝蜈蚣藻 G. prolongata J. Agardh、青岛蜈蚣藻 G. qingdaoensis Li et Ding、繁枝蜈蚣藻 G. ramosissima Okamura、赛氏蜈蚣藻 G. setchellii Kylin、聚果蜈蚣藻 G. sorocarpus LI et Ding、稀疏蜈蚣藻 G. sparsa (Okmaura) Chiang、带形蜈蚣藻 G. tururturu Yamada、变色蜈蚣藻 G. versicolor (J. Agardh)、阳江蜈蚣藻 G. yangjiangensis Li et Ding。

蜈蚣藻 Grateloupia filicina (Lamourm) C. Agnrdh [Delesseria filicina Lamouroux]

藻体直立,丛生,直立枝扁平、线状,基部生一盘状固着器,常具短柄。藻体紫红色,柔软稍黏滑,有明显的主枝,体高为 20～30 cm,宽为 2～3 cm,主枝两侧生羽状分枝(图 4-74,75)。内部为多轴型。分皮层和髓部。皮层甚厚,由致密短小的细胞组成;髓部由无色星形细胞和皮层内部生出的假根丝组成,成体基部中空。

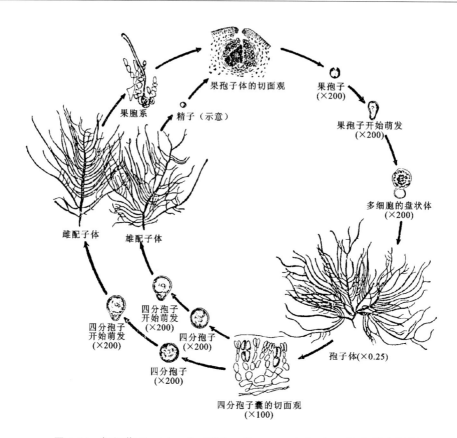

图 4-74 蜈蚣藻 *Grateloupia filicina* (Lamourm) C. Agnrdh 生活史图解

（引自曾呈奎等,1962）

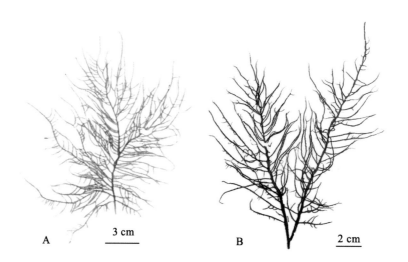

图 4-75-1 蜈蚣藻 *Grateloupia filicina* (Lamourm) C. Agnrdh 藻体外形

（A 引自曾呈奎等,1962；B 引自夏邦美,2004）

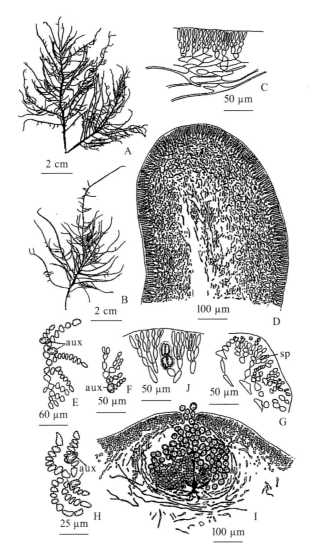

A. 雌性藻体;B. 雄性藻体;C~D. 藻体的横切面;E、H. 具有 2 个辅助细胞的枝丛;

F. 辅助细胞枝枝丛;G. 藻体的横切面,示精子囊及枝丛;I. 囊果的纵切面;J. 四分孢子囊切面观

图 4-75-2 蜈蚣藻 Grateloupia filicina (Lamourm) C. Agnrdh 藻体结构

(引自夏邦美,2004)

　　四分孢子囊由孢子体的皮层细胞形成。散生在皮层内,为十字形分裂。精子囊由藻体表面细胞形成,形成白色囊群。果胞枝由 2 个细胞组成,由皮层细胞产生。受精后,果胞与辅助细胞发育成果孢子囊。成熟囊果深埋体内。

　　蜈蚣藻生活史由同形的配子体和孢子体,以及四分孢子体三个世代组成(图 4-74)。

　　蜈蚣藻生长于海滨波浪比较大的潮间带岩石上。夏季生长繁盛。

　　蜈蚣藻中国沿海均有分布。

管形藻属 *Sinotubimorpha* Li et Ding,1998

藻体直立,多轴型,内部中空。外皮层细胞叉状排列或稍背斜排列。内皮层细胞圆形或椭圆形,具星状细胞。有性生殖藻体为雌雄异体。精子囊由皮层的表皮层形成。果胞枝枝丛与辅助细胞枝枝丛由雌配子体的内皮层产生,枝丛上产生的果胞枝由 1～3 个细胞组成,果胞枝可产生侧枝。枝丛只有一条主枝或有一回分枝。辅助细胞由枝丛的细胞形成,球形,比周围的细胞大,染色较深。囊果分布在分枝的皮层下面或藻体中部。四分孢子囊十字形分裂,分布在藻体皮层内。

生活史由同型的配子体和孢子体,以及四分孢子体三个世代组成。

在中国记录本属 5 个种:链状管形藻 *S. catenata*（Yendo）Li et Ding、棒形管形藻 *S. claviformis* Li et Ding、广东管形藻 *S. guangdongensis* Li et Ding、青岛管形藻 *S. qingdaoensis* Li et Ding、繁枝管形藻 *S. ramosissima* Li et Ding。

链状管形藻 *Sinotubimorpha catenata*（Yendo）Li et Ding［*Grateloupia calenata* Yendo、*Sinoyubimorpha porracea*（Mert.）Li et Ding］

藻体直立,单生或丛生,紫红色,软骨质,长为 7～3 cm,宽为 2～3 mm,线状或扁压,固着器小圆盘状,2～3 回不规则羽状分枝,主枝基部的分枝较长,两侧密生长短不一的小枝。小枝对生、互生或偏生,基部缢缩,水温升高至 25℃ 以上时,小枝逐渐变卵形、椭圆形或纺锤形,末端尖细或具嘴状突起或如节荚状,小枝末端基部也缢缩(图 4-76)。

藻体厚度为 160～220 μm,皮层由 6～14 层细胞组成,厚度为 70～80 μm,叉状排列,有的稍背斜排列。外皮层细胞 3～6 层,顶细胞卵形,长径为 4～6 μm,短径为 3～4 μm。内皮层细胞椭球形或稍不规则形,短径为 3～15 μm,长径为 4～25 μm,具星状细胞。幼体中空,髓丝长为 7～15 μm,径为 1.5～2 μm。接近内皮层的髓丝错综交织,但与内皮层相连的髓丝则与皮层细胞平行垂直。

雌配子体果胞枝的枝丛与辅助细胞枝的枝丛都由内皮层细胞形成,产生在不同的枝丛上,果胞枝枝丛的主枝一条,由 6～8 个球形或椭球形细胞组成,有的 1 回分枝,有的无分枝。果胞枝由 2 个细胞组成,即果胞与下位细胞;有的只有 1 个果胞,无下位细胞;还有的由 3 个细胞组成,其中 1 个为果胞,其余 2 个为下位细胞。一般果胞为壶形,末端有 1 条受精丝,其下位细胞常产生 1～5 个细胞组成的侧枝,但有的果胞侧面也产生小分枝。辅助细胞枝枝丛与果胞枝枝丛相似,主枝由 7～10 个球形或椭球形细胞组成,常有 1 回分枝,辅助细胞与一般枝丛细胞相似,但个体比较大,原生质较浓,染色较深。成熟的辅助细胞一端可伸出 1～3 条以上的连络管与果胞相连,但具有合子的果胞常产生连络管与辅助细胞相接,其合子则通过连络管移入辅助细胞中发育,首先合子横裂产生第一个产孢丝细胞,然后继续横裂或纵裂产生 2 个以及更多产孢丝细胞,最后产孢丝末端细胞形成果孢子囊。成熟囊果切面观球形,其周围有髓丝形成的包围丝,但囊果基部残留的枝丛细胞呈分枝状。一般囊果位于内皮层附近,直径为 180～240 μm,由中空周围边缘残留的髓丝包裹着。成熟的囊果均匀地散布在分枝的表面。

四分孢子体和配子体的外形略有差异,前者的节荚状小枝有的比后者密些。四分孢子囊由孢子体的皮层细胞形成,十字形分裂,成熟的四分孢子囊也散布在分枝的表面。

　　本种一般生长在中潮带的岩石或砂砾上,在退潮后有流水经过或积水处生长的密度较大,个体也较长。在北方沿岸当水温升高至5℃～7℃时幼苗已陆续出现,有的幼体长至2 cm时已开始长出小羽枝,水温升高至25℃以上时,大部分藻体的小枝渐变为卵形、椭圆形或纺锤形,末端尖细或具嘴状突起或形如节荚。成熟期在7～8月间。

　　本种主要分布于黄海山东沿海。

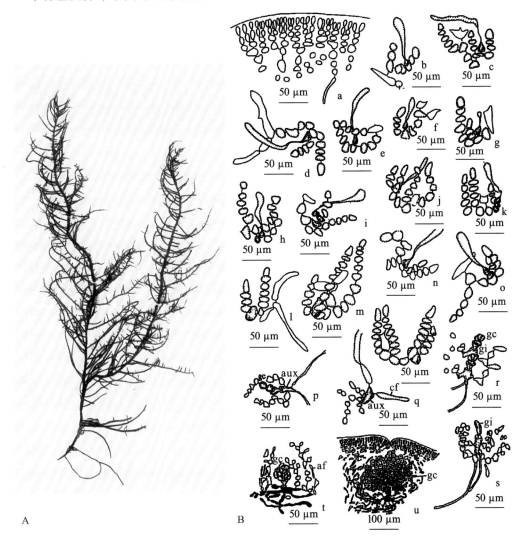

A. 藻体外形;B. 藻体结构

a. 皮层横切面;b,e～g. 果孢枝枝丛,果孢枝为一个细胞,即果孢无下位细胞;c,j. 果孢枝枝丛,
主枝6～7个细胞;d,h,n,o. 果孢枝枝丛,果孢侧面长出小分枝;i,k. 果孢枝枝丛,
果孢枝为3个细胞,一个果孢,2个下位细胞;l,m. 辅助细胞枝枝丛,主枝7～10个细胞;
p～t. 产孢丝的早期发育;u. 囊果纵切面

图 4-76　链状管形藻 *Sinotubimorpha catenata*（Yendo）Li *et* Ding 构造

（引自夏邦美,2004）

据《中国海藻志(第二卷,红藻门,第三册)》(2004)记载,管形藻属 *Sinotubimorpha* 包含 5 个物种,其中 3 个种产于渤海和黄海,但在《中国黄渤海海藻》(2008)中此属种未被收录。《中国海藻志》记录链状管形藻 *Sinotubimorpha catenata*(Yendo)Li *et* Ding 的同物异名为 *Grateloupia calenata* Yendo,而《中国黄渤海海藻》把 *Grateloupia calenata* Yendo 列为正名物种,中文名为"链状蜈蚣藻",但又没有把链状管形藻 *Sinotubimorpha catenata*(Yendo)Li *et* Ding 列为链状蜈蚣藻的同物异名。因此,本属的分类地位有待进一步考证。

海膜属 *Halymenia* C. Agardh,1817

藻体直立,基部具盘状固着器和短柄,为扁平(有的有分枝),叶状到双羽状体,柔软且黏滑。多轴构造,皮层较薄由 3～6 层细胞构成,内部细胞常呈星状,髓层疏松,幼体有很多横向的丝体,老体丝体密集且不规则,通常具有反光折射细胞。

生活史由同型的配子体和孢子体,以及四分孢子体三个世代组成。有性生殖藻体雌雄异体。果胞枝枝丛由几个单条次生丝体集生在上面,辅助细胞枝枝丛较大,有很多次生丝体及 3 生丝体。果孢子体明显地在基部保留有辅助细胞,具轻度的包被,由延长的枝丛丝体衍生而来,通常有囊孔。精子囊由表皮层细胞形成于体表面。四分孢子囊散生在外皮层,十字形分裂。

本属的多数种类生于热带和亚热带海域。

在中国记录本属 4 个种:扩大海膜 *H. dilatata* Zanardini、海膜 *H. floresia*(Clemente)C. Agardh、具斑海膜 *H. maculata* J. Agardh、小果海膜 *H. microcarpa*(Montagne)Silva。

海膜 *Halymenia floresia*(Clemente)C. Agardh［*Fucus floresius* Clemente］

藻体鲜红色或黄红色,柔软黏滑,扁平叶状,高 10～40 cm,以直径 2～5 mm 的盘状固着器固着于礁岩上。藻体边缘 4～5 回不规则羽状分枝,如鸡冠状,主枝宽,径为 1～3 cm,侧枝径为 2～10 mm,多次分枝末端尖细,藻体边缘及表面有齿状突起,表面形成不规则斑纹(图 4-77)。

藻体内部为多轴型,髓部由许多错综交织的髓丝组成,走向与表面垂直排列,内有反光折射细胞,皮层 5～6 层,最外 2～3 层垂直排列,内侧细胞卵形或星形。

生活史由三个世代构成,配子体与孢子体同形。配子体雌雄同株,生殖构造散生在藻体上,果孢枝 2 个细胞,埋于髓部,有囊孔。精子囊由外皮层细胞形成,小班点状。四分孢子囊散生在皮层中,十字形分裂。

本种生长在低潮线附近至潮下带 20 m 深处的礁石上,全年可见。

本种主要分布于东海台湾东北角海域。

海柏属 *Polyopes* J. Agardh,1849

藻体直立,密集丛生,软骨质,体基部具盘状固着器,藻体下部圆柱形,上部稍扁压,或轻度到中度扁压,直立部分具有很多窄的亚叉状分枝。藻体多轴构造,由圆形顶端细胞发育产生几个细胞厚的皮层,外皮层背斜排列成丝状,表皮层细胞小,内皮层的最内层细胞近星形,髓层多由纵走且网结的丝状细胞组成。藻体雌雄异体。果胞枝枝丛比较简单,有

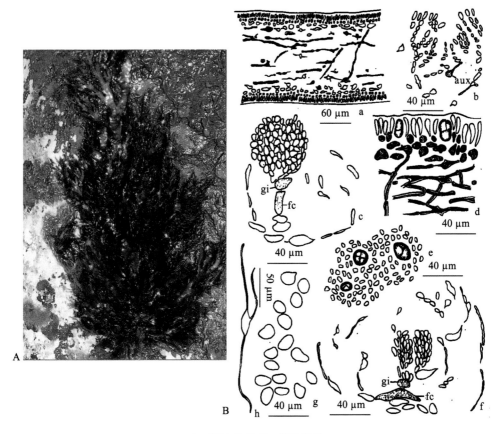

A. 藻体外形；B. 藻体结构

a. 藻体横切面；b. 辅助细胞枝枝丛；c、f. 囊果的早期发育；d. 四分孢子囊切面观；

e. 四分孢子囊表面观；g. 果孢子囊；h. 髓层中的折射细胞

图 4-77 海膜 *Halymenia floresia* (Clemente) C. Agardh 形态结构

（A 引自黄淑芳，2000；B 引自夏邦美，2004）

短的次生丝体或偶有三生丝体。辅助细胞枝枝丛相当大，有很多次生的且可达 5 次分枝的丝体，由小的卵形细胞组成，辅助细胞突出，明显地保存在果孢子体的基部。包被突出，由枝丛丝体衍生而来，囊孔轻微。精子囊在近枝端形成表面层。四分孢子囊在近枝末端形成生殖瘤，间生许多的多细胞侧丝，十字形分裂。

在中国记录本属海柏 *Polyopes polyideoides* 1 个种。

海柏 *Polyopes polyideoides* Okamura

藻体直立，丛生，高 5～15 cm，宽 1～2 cm，基部具圆盘状固着器，藻体下部圆柱状，色深，软硬，上部略扁压，色浅，稍软；亚二叉式分伎，上部叉分的距离较近，下部枝距较远，分枝基部不缩或略细，枝端钝形，藻体上常有较轻微的缢缩，并偶尔有小育枝。藻体深紫红色，衰老时变为淡黄色，新鲜时软骨质，干燥后变为硬的角质（图 4-78）。

横切面观：由皮层和髓层组成。近枝端横切面观，扁压至扁平，宽 1 494～1 544 μm，厚 365～868 μm；髓层厚 198～211 μm，由许多扭曲丝状细胞连成网状，网孔大小不等；皮层厚 85.5～105.6 μm,由 10～15 层念珠状及长柱形细胞构成的二叉式分枝丝体。枝基部近圆形至卵圆形,宽 879.8～913 μm,厚 713.8～730.4 μm;其中,髓层厚 524.6～531.2 μm,皮层厚 79.2～99 μm,皮层内有 2～3 层年轮状的环纹。

　　四分孢子囊集生于枝顶端略微膨大的生殖瘤内,埋于皮层细胞中,表面观近圆形或卵圆形或长圆形,长径为 9.9～13.2 μm,短径为 6.6～9.9 μm,切面观长方形或长椭圆形,长径为 26.4～42 μm,短径为 6.6～9.9 μm,囊周的皮层细胞变态延长。囊果也生长在分枝的上部,外观微凸,色深。辅助细胞枝枝丛位于内皮层和髓层之间,辅助细胞明显较大,长径为 5～9.9 μm,短径为 3.3～13.2 μm,着色深,由许多小的卵形细胞组成的次生或 3 次(最多可达 5 次)的丝体组成。成熟果孢子体和精子囊未见。

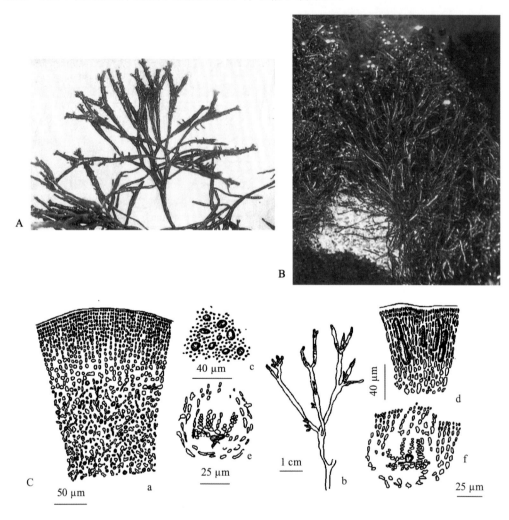

A,B 藻体外形;C 藻体结构

a. 部分藻体横切面;b. 四分孢子囊小枝;

c. 四分孢子囊表面观;d. 四分孢子囊切面观;e～f. 辅助细胞枝枝丛

图 4-78　海柏 *Polyopes polyideoides* Okamura 藻体形态结构

(AB 引自黄淑芳,2000;C 引自夏邦美,2004)

本种生于低潮带岩礁上和潮间带隐蔽的石沼中。4～7 月繁盛,成熟于夏季。

本种常见于东海福建、台湾东北角等海域。

锯齿藻属 *Yongagunia* Kawaguchi *et* Masuda, 2004(*Prionitis* J. Agardh)

藻体直立叶状,体质硬,基部具盘状固着器,其上具有 1 至多个主轴,轴圆柱形或扁压,或下部圆柱形上部扁压,大多数细胞几乎等径,叉分或不规则分枝,分枝的侧缘常生有小育枝,少数育枝亦来自体表。藻体内部由密集的皮层和髓层组成,二者之间具有大的多角状或球形至扁球形细胞。繁殖器官限于末枝或次末枝或小育枝上。四分孢子囊十字形分裂,埋于皮层细胞中。精子囊群位于体表面。果胞枝由 2 个细胞组成,辅助细胞枝枝丛分枝少,达第二次,产孢丝除基部细胞外,几乎所有细胞变为果孢子囊,被不育丝包围。

《中国海洋生物名录》(2008)记录本属仅有 1 个种,为台湾锯齿藻 *Y. formosana* (Okamura) Kawaguchi *et* Masuda [*Prionitis formosana* (Okamura) Kawaguchi];《中国海洋生物种类与分布》(2008) 记录了 3 个种:角质锯齿藻 *Prionitis cornea* (Okam.)Dawson [*Carpopeltis cornea*]、育枝锯齿藻 *P. prolifera* (Hariot) Kawaguchi *et* Masuda [*Carpopeltis affinis*]、繁枝锯齿藻 *P. ramosissima* (Okam.) Kawaguchi [*Grateloupia ramosissima*];《台湾东北角海藻图谱》(2000)记录 1 种,为繁枝锯齿藻 *Prionitis ramosissima* (Okamura) Kawaguchi,其中文名称为繁枝蜈蚣藻。从上述的记载中表明,在中国海域内本属物种,数量还有待进一步核实。

台湾锯齿藻 *Yongagunia formosana* (Okamura) Kawaguchi *et* Masuda [*Prionitis formosana* (Okam.) Kawaguchi *et* Nguyen] (图 4-79)

藻体直立,线形,高 5～15 cm,基部具有 1 个不规则的盘状固着器,不规则数次二叉式分枝,腋角广开,特别是体下部;上部略小,分枝扁压至扁平,一般个体 2～3 mm 宽;大的体下部可达 4～4.2 mm 宽,体中部宽为 3～3.2 mm,体上部宽为 2 mm;在不规则节间处有时有稍缢缩现象,分枝基部下缩或略缢;枝端钝形或叉分,藻体的两侧边缘(少数由体表面)产生很多小育枝;小育枝卵圆形或长圆形,长径为 0.5～2 mm,短径为 0.3～1.2 mm,扁压,单生或叉分,基部缢缩,顶端钝圆或略尖。藻体紫红色,软骨质,干后变硬,制成的腊叶标本不能附着于纸上。

藻体内部构造:体下部横切面观,扁平,宽为 4～4.2 mm,厚为 398～415 μm。体中部横切面观,扁平,宽为 3～3.2 mm,厚为 432～465 μm。体上部横切面观,体宽为 2 mm,厚为 382～432 μm。由皮层和髓层组成,皮层厚为 85.8～99 μm。由外皮层和内皮层组成,外皮层厚为 33～39.6 μm,由 5～6 层长椭圆形或卵圆形细胞组成,常背斜排列,长径为 3.3～6.6 μm,短径为 3.3～5 μm,内皮层厚为 40.5～39.6 μm,由 6～7 层大的不规则形细胞组成,长径为 13.2～19.8 μm,短径为 9.9～13.2 μm,细胞内含有明显的收缩的原生质体,胞间常有次生纹孔连结;髓层非常厚,为 231～244.2 μm,由密集的髓丝组成。

四分孢子囊埋于藻体边缘小育枝的皮层细胞中,孢囊小枝卵圆形或近圆形,枝基略缩,枝端钝圆,长为 1～3mm,径为 581～747 μm。四分孢子囊切面观,长椭圆形或长卵圆形,长径为 16.5～29.7 μm,短径为 3.3～8 μm,只看到横分一次的孢子,完全成熟的四分孢子未见。囊果生于最末小枝或育枝的枝端,明显地微突。囊果小枝单条或多叉分,基部

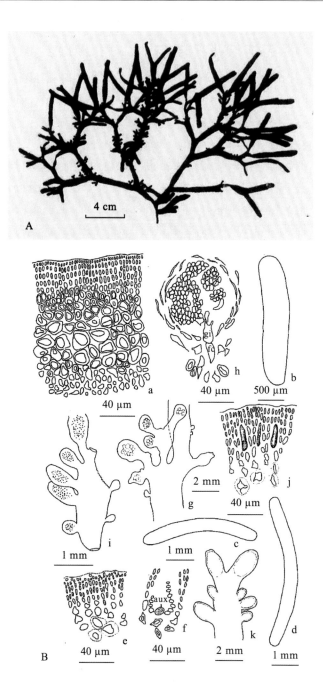

A. 藻体外形；B. 藻体结构

a. 部分藻体横切面；b. 图示藻体上部横切面；c. 图示藻体中部横切面；d. 图示藻体下部横切面；

e. 精子囊切面观；f. 辅助细胞枝枝丛；g. 囊果小枝；h. 囊果切面观；i. 四分孢子囊小枝；

j. 四分孢子囊切面观；k. 精子囊小枝

图 4-79　台湾锯齿藻 Yongagunia formosana (Okamura) Kawaguchi et Masuda 藻体形态结构

（引自夏邦美，2004）

不缩,枝端钝圆。囊果纵切面观,圆形或亚圆形,长径为 149.4～199 μm,短径为 132.8～199 μm,位于皮层与髓层间,腔底部有一大融合胞,其上产生产孢丝,腔内充满果孢子囊,成熟的果孢子囊不规则卵形,周围具有不育丝组成的囊果被,顶端有时可以看到开口。在成熟的雌性藻体切面中,可以看到辅助细胞枝枝丛,由 1～2 次枝丛细胞组成,其基部有 1 个较大的着色深的辅助细胞,位于髓层与皮层之间。精子囊寠位于末枝或小育枝的表皮层,解剖镜下,精子囊小枝表面观色淡发白,周围有明显的深色边;横切面观,精子囊寠小粒状,于表皮层外端,色淡反光强。

本种生长在低潮带的石沼底部岩石上或低潮线下 0.5 m 深处的岩石上。

本种主要分布于东海台湾、南海海南等海域。

沙菜科 Hypneaceae

藻体直立,丛生,放射分枝,枝圆柱形,常生有刺状小枝;藻体中央有一起源于顶细胞的中轴丝,皮层部分由较大的薄壁细胞组成;繁殖器官多生于最末小枝或分枝上。

四分孢子囊层形分裂,囊果近球形。

本科只有 1 个属。

沙菜属 *Hypnea* Lamouroux,1813

藻体直立,丛生或错综缠结,多圆柱状,向各方向分枝,被有疏密程度不等的刺状小枝;内部具有一中轴,一般明显,有时不十分明显。四分孢子囊生于最末小枝膨大部位的皮层细胞中,囊果球形,突出于体表面,精子囊巢散生在末枝的表皮层。

在中国记录本属 8 个种:密毛沙菜 *H. boergesenii* Tanaka、鹿角沙菜 *H. cervicornis* J. Agardh、长枝沙菜 *H. charoides* Lamouroux、裸干沙菜 *H. chordacea* Kützing、星刺沙菜 *H. cornuta* (Lamouroux) J. Agardh、冻沙菜 *H. japonica* Tanaka、巢沙菜 *H. pannosa* J. Agardh、小沙菜 *H. spinella* (C. Agardh) J. Agardh。

密毛沙菜 *Hypnea boergesenii* Tanaka

藻体直立,丛生,高为 5～13 cm,厚为 1～2 mm,圆柱形,基部具纤维根状固着器附着于基质上,略缠结,帚状分枝,顶端逐渐尖细,整个轴径密被小枝,小枝单生或分枝,枝端尖,藻体紫黑色,软骨质(图 4-80)。

藻体内部横切面观:中央有一明显的中轴,径为 66～50 μm;外围以大的不规则圆至卵圆形薄壁细胞组成髓部,长径为 66～199 μm,短径为 50～183 μm,壁厚为 6.6～8 μm;内皮层细胞近圆形,长径为 17～40 μm,短径为 13～33 μm;表皮细胞卵圆形或长圆形,长径为 10～13 μm,短径为 5～6.6 μm;髓部细胞壁有明显的镜状加厚。

四分孢子囊长柱形,长为 46～63 μm,短径为 17～23 μm,生长在末枝基部,中部或上部膨大部位的皮层细胞中,层形分裂,其周围的皮层细胞明显的变态延长。囊果球形,单生或集生。精子囊散生在末枝略膨大的表皮层。

本种生长在低潮带岩石上或低潮线下 1～2 m 深处背浪的岩石上。

本种主要分布于东海浙江、台湾,南海广东、海南沿海。

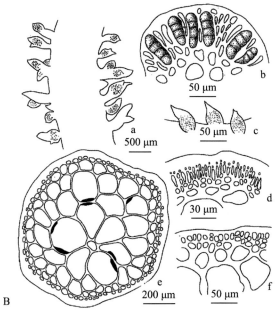

A. 藻体外形；B. 藻体结构

a. 四分孢子囊小枝；b. 四分孢子囊切面；c. 精子囊小枝；d. 精子囊切面；

e. 主枝横切面；f. 部分藻体横切面放大

图 4-80　密毛沙菜 *Hypnea boergesenii* Tanaka 藻体形态结构

（A 引自 Tseng；B 引自夏邦美，1999）

楷膜藻科 Kallymeniaceae

藻体直立,叶状,或很多分枝但常在一面,或寄生。藻体多轴构造,有髓层,由卵圆形紧密集中的细胞组成,或由松弛的、密集的、较细的丝体组成,胞间还常常伴有较细的根丝小细胞,薄的或中等厚度的皮层由短的或中等长度背斜排列的丝体组成。

生活史由三个世代构成,配子体和孢子体同形。

有性生殖,藻体雌雄异株。果胞枝生长在内皮层的一个支持细胞上,受精后形成 1 个融合胞,包括支持细胞和果胞枝的下位细胞,有的属产生连络丝。辅助细胞系特殊,不同于果胞系,有 1 个辅助细胞,生长有 1~2 个细胞的不育的卵圆形的副枝细胞链。自辅助细胞或邻近的连络丝产生产孢丝,形成较细的丝状体,这些丝状体发育成果孢子囊群,有或无一个少量的丝状包被。囊果显著,通常埋在体内,显著或不显著的膨胀,某些属突出,具开口或不具开口。精子囊由表皮层细胞分割而成,散生,十字形分裂。

美叶藻属 Callophyllis Kützing, 1843

藻体基部具有盘状固着器,其上有扁平的圆形或扇形的很多分裂的叶片,叶片无中肋或叶脉,亚叉状或不规则分枝,分枝边缘全缘,皱波状或齿状。藻体由髓层和皮层组成,髓层由大的卵球形细胞、间生小的丝状细胞所组成;皮层细胞较小,4~5 个细胞厚,没有星形及反光折射细胞。果胞枝系单个或多个果胞,没有分离的辅助细胞系,支持细胞变为辅助细胞,受精后发育为 1 个融合胞,产孢丝自融合胞直接发育,囊果向内发育,被不育丝包围,果孢子囊团被不育丝分割,产孢丝单侧突出,有或无囊孔。精子囊由表皮细胞形成,表面观呈斑点状。四分孢子囊十字形分裂,散生于皮层细胞中。

在中国记录本属 3 个种:附着美叶藻 C. adhaerens Yamada、贴生美叶藻 C. adnata Okamura、紫色美叶藻 C. mageshimense Tanaka。

附着美叶藻 Callophyllis adhaerens Yamnda

藻体扁平,高 2~3 cm,叉状至羽状分枝 3 次至多次,枝与枝间常互相附着,枝宽 2~4 mm,边缘全缘,偶有波状,老时具齿状小突起,顶端圆形或微叉分,腋角长圆形。藻体紫红色,膜质(图 4-81)。

切面观由皮层和髓层组成;中央髓层由大的长卵圆形或长椭圆形薄壁细胞组成,长径为 59~86 μm,短径为 26~36 μm,被小的根丝细胞间生,根丝细胞长径为 3.3~6.6 μm,皮层由 1~2 层小的含色素体的细胞组成,表皮层细胞小,长径为 3.3~6.6 μm,短径为 3.3~5 μm。叶片厚 96~102 μm。

四分孢子囊散生在藻体叶片上,埋于皮层细胞中;表面观卵圆形或近圆形,长径为 19.8~6.4 μm,短径为 13.2~19.8 μm,切面观长卵圆形或椭圆形,长径为 23.1~39.6 μm,短径为 16.5~23.1 μm,十字形分裂,囊周的皮层细胞不变态或略变态。囊果、精子囊未见。

本种生长在低潮线附近岩石上或石沼中。

本种常见于东海浙江海域。

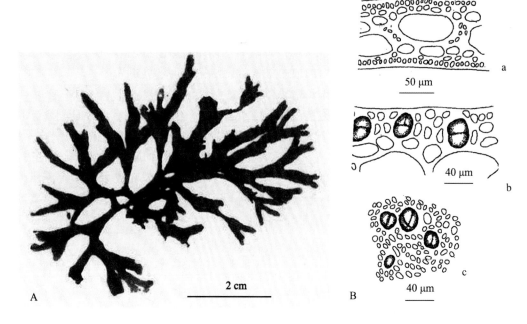

A. 藻体外形；B. 藻体结构

a. 藻体横切面；b. 四分孢子囊切面观；c. 四分孢子囊表面观

图 4-81　附着美叶藻 *Callophyllis adhaerens* Yamnda 藻体形态结构

（引自夏邦美，2004）

滑线藻科 Nemastomataceae

藻体直立，枝干圆柱形，扁平或叶状，简单或分枝。内部结构为多轴型。髓部是平行纵裂的丝状体；皮层细胞向表面逐渐变小。四分孢子囊在孢子体上分散生长，分布在藻体皮层中，由皮层的最后部的细胞发育而成。十字形分裂。果胞枝由 3～4 个细胞组成，辅助细胞与果胞枝分离生长。产孢丝向藻体表面伸出，其中大多数细胞可以发育成果孢囊。成熟囊果埋生在藻体内，没有特殊的包被。

本科只有 1 个属。

曾氏藻属 *Tsengla* Fan et Fan，1962

藻体黏滑，圆柱状或扁压，叉状或不规则叉状分歧，髓部由纵向排列的藻丝组成；皮层细胞集成与表面垂直排列 S 形叉状或三叉状分枝的细胞列；无腺细胞。果胞枝由 3 个细胞组成，无滋养辅助细胞。生殖辅助细胞为皮层之间生的细胞转化而成；产孢丝从生殖辅助细胞生出。精子囊不明。四分孢子囊十字形分裂。

在中国记录本属曾氏藻 *Tsengia nakamura* 1 个种。

曾氏藻 *Tsengia nakamura*（Yendo）Fan *et* Fan ［*Nemastoma nakamura* Yendo、*Nemastoma cowdryi* Howe］

藻体直立，单生或丛生，线形圆柱形，老成部略呈变压状，高约 10 cm，基部具不规则圆盘状固着器,数回叉状或亚叉状分歧,枝宽为 1~3 mm,枝基不缩,枝端尖,腋角广开;深紫红色,黏滑,制成的蜡叶标本能较好的附着于纸上(图 4-82)。

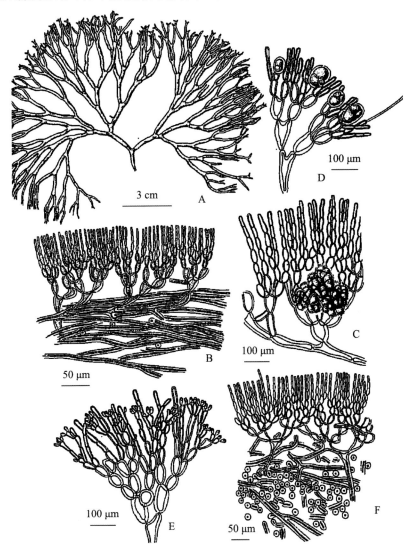

A. 藻体外形图;B. 部分藻体纵切面观;C. 囊果切面观;D. 四分孢子囊切面观;
E. 精子囊切面观;F. 部分藻体横切面观

图 4-82　曾氏藻 *Tsengia nakamura* (Yendo) Fan *et* Fan 藻体形态结构

(引自夏邦美等,1999)

　　髓部疏松,由纵斜排列的分枝的藻丝组成;皮层细胞排列较紧密,由 6~8 层椭球形或亚球形细胞组成,表皮或接近表皮的细胞狭长形;有些表皮细胞则生出单细胞的长毛;没有腺细胞。

　　四分孢子囊顶生,散生在藻体的皮层接近表面的部分,椭球形,长径为 23~33 μm,短径为 17~20 μm,十字形分裂或不规则分裂;囊果不突出,果胞枝生长在接近髓部的皮层细胞的侧面,由 3 个细胞组成;受精后的果胞向侧面生出 1～2 条连络丝;辅助细胞是皮层下部的间生的营养细胞转化而成;连络丝是与复制细胞的下部融合的,产孢丝的第一个细胞由辅助细胞的上部生出,朝向藻体表面,继续分裂而形成果孢子体。精子囊未见。

本种生长在潮间带岩石上或石沼中。

本种常见于黄海辽宁、山东海域。

耳壳藻科 Peyssonneliaceae

藻体匍匐壳状,完全或部分附着。藻体主要由基层产生的直立丝组成,藻体由边缘和直立丝的顶端生长,或形成一个分枝的基层,由基层向上产生直立的斜上丝体,形成一个类似的中心区,由中心区产生向上或向下的斜上丝,斜上丝或直立丝单条或分枝,侧面紧紧地凝集在一起,或有些疏松,在一个胶质的基质内,藻体内部钙化有或无,没有纹孔栓帽层,色素体数量很多,盘状。

有性生殖,藻体雌雄同体或异体,具有表面的生殖瘤。果胞枝和辅助细胞枝由 3～6 个细胞组成,果孢子体由短的、单条的或分枝的丝状果孢子囊组成。雄性生殖瘤生有密集的精子囊丝。四分孢子囊形成在表面的生殖瘤内,十字形分裂,具有较细的多细胞侧丝。

在中国海域内发现有 2 个属。

耳壳藻科分属检索表

1. 藻体完全或大部分匍匐,壳状,外形圆形,但边缘常有裂片,常常从藻体边缘的分生组织生长,产生同心圆的生长带,基部下面常常钙化 ·················· 耳壳藻属 *Peyssonnelia*
1. 藻体皮壳状,上面长出密集的呈不规则分枝的突起,重度钙化 ·················· 枝壳藻属 *Ramicrusta*

耳壳藻属 *Peyssonnelia* Decaisne,1841

藻体完全或大部分匍匐,壳状,外形圆形,但边缘常有裂片,裂片薄或比较厚,常常从藻体边缘的分生组织生长,产生同心圆的生长带;藻体以单细胞或多细胞的假根固着于基质上,下部藻体无明显界限,为单层构造,由单层的分枝丝体组成,几乎是平卧或形成很多扇形,上部藻体由垂直细胞侧面连接而成,直立丝细胞间常常钙化。

有性生殖,藻体雌雄同株或异株。果胞枝 3～6 个细胞,受精的果胞产生连络丝到附近的辅助细胞或较远的辅助细胞,果孢子体由大的果孢子囊组成,果孢子囊形成短排。精子囊在直立丝的细胞上产生密的囊群。四分孢子囊形成生殖瘤,通常顶生在直立丝上,或卧在较细的多细胞侧丝中,十字形分裂。

在中国记录本属 5 个种:木耳状耳壳藻 *P. conchicola* Piccone *et* Grunow、充满耳壳藻 *P. distenta* (Harvey) Yamada、基扇耳壳藻 *P. dubyi* Crouan & Crouan、东方耳壳藻 *P. orientalis* (Weber-van Bosse) Cormaci *et* Furnari、耳壳藻 *P. squamaria* (Gmelin) Decaisne。

木耳状耳壳藻 *Peyssonnelia conchicola* **Piccone *et* Grunow** [*Peyssonnelia rubra sensu* **Okamura**]

藻体扁平,肾形,木耳状,藻体宽为 1～3 cm,藻体腹面以假根附着于基质上,藻体有时部分复叉状重叠,表面光滑,边缘全缘,成熟藻体由边缘纵裂成裂片,干燥后可见波状皱纹及同心圆凹凸纹。藻体红褐色,革质,轻度钙化(图 4-83)。

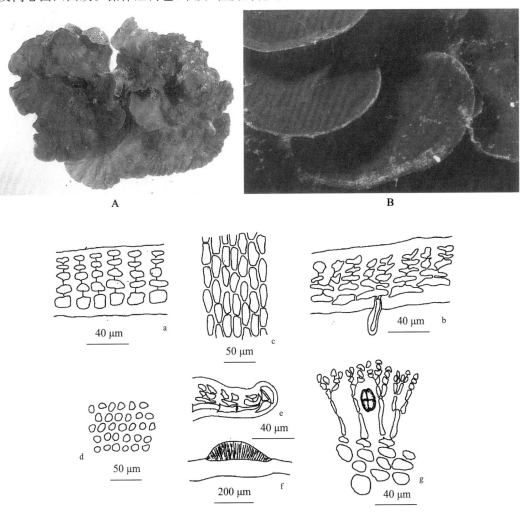

A,B. 藻体外形;C. 藻体结构

a～b. 藻体切面观;c. 藻体腹面基层细胞表面观;d. 藻体背面细胞表面观;e. 藻体边缘顶细胞切面观;f. 图示生殖瘤切面观;g. 四分孢子囊切面观。

图 4-83　木耳状耳壳藻 *Peyssonnelia conchicola* Piccone et Grunow 藻体形态结构

(A,B 引自黄淑芳,2000;C 引自夏邦美,2004)

藻体脱钙后横切面观:体腹面由一层较大的近方形或横长方形细胞组成基层,基层细胞宽为 9.9～11 μm,长为 9.9～13.2 μm,向下产生单细胞毛状假根,向上产生 4～7 层直立丝,直立丝胞宽为 3.3～6.6 μm,长为 9.9～15 μm,体厚为 52.8～60 μm。纵切面观:单细胞假根长为 33～76 μm,宽为 5～13.2 μm,直立丝细胞有些斜向排列,染色后的基层细胞宽为 5～6.6 μm,长为 26.4～29.7 μm;直立丝细胞宽为 3.3～6.6 μm,长为 6.6～9.9 μm,藻体厚为52.8～56.1 μm。藻体背面(即表皮)表面观为不规则圆形或卵圆形细胞组成,胞径为 9.9～13.2 μm;腹面表面观由不规则长柱形细胞平行排列组成,细胞长为 26.4 ～33 μm,宽为 9.9～13.2 μm;藻体边缘纵切面观可以清楚地看到长比高大的边缘生长点细胞,长为 16.5 μm,高为 6.6 μm。

四分孢子囊生长在藻体背面略隆起的生殖瘤内,切面观位于直立丝间,长卵圆形,长径为 33～36.3 μm,短径为 23.1 μm,十字形分裂,生殖瘤处藻体厚为 199.2～215.8 μm。精子囊、囊果未见。

本种生长于低潮线附近及潮下带死珊瑚礁上,全年可见。

本种主要分布于东海台湾东北角,南海海南岛及西沙群岛等海域。

枝壳藻属 *Ramicrusta* Zhang *et* Zhou,1981

藻体重度钙化,皮壳状,上面长出密集的、呈不规则分枝的突起。基层由单层细胞组成,有的基层细胞具一单细胞假根。围层纵切面观,由数列较大的和数列较小的细胞带反复相间组成;相邻髓丝的细胞之间常存在细胞融合,能观察到次生纹孔连结。表皮层由 1 ～3 列小细胞排列而成,在表皮层细胞间常可见到异形胞。四分孢子囊生殖瘤突出于体表面;四分孢子囊十字形分裂。

在中国记录本属枝壳藻 *Ramicrusta nanhaiensis* 1 个种。

枝壳藻 *Ramicrusta nanhaiensis* **Zhang** *et* **Zhou**

藻体重度钙化,皮壳状,直径为 8～15(20) cm(图 4-84);上具密集的、不规则分枝和扭曲的灌木状突起;突起长可达 2 cm,宽为 2～6 mm,具有环状、半环状的缢缩或斑纹,邻近突起上的分枝联生在一起的现象相当普遍;皮壳部厚 1～1.5 mm,以其基层的许多单细胞假根附着、包被在基质上;一般固着生长在死鹿角珊瑚上。活体带紫色,蜡叶干标本呈棕色、橙色或金黄色。藻体的纵切面,最下方为一层略为倾斜或排列比较平整的纵长方形细胞所组成的基层,细胞径为 16～45 μm(冰冻切片可达 30～65 μm),高为 35～50 μm(冰冻切片可达 50～70 μm),有的基层细胞可向下长出单细胞的假根丝用以固着,假根一般长为 100～150 μm,少数可达 350 μm,宽为 15～23 μm;由基层细胞向上则长出髓丝,开始是 4～8 个壁较厚、形态不很规则的大细胞,多呈卵圆形或带圆的长方形,其直径为 16～32 μm,高为 35～50 μm,再向上髓丝出现分枝,紧接着则是 3～8 层比较小的细胞,其直径为 8 ～15 μm,高为 10～20 μm;再往上大细胞带和小细胞带反复相间。大细胞带的厚度一般为 230～420 μm,小细胞带为 90～130 μm。这种大、小细胞反复相间的现象普遍存在于比较增厚了的皮壳部及其分枝部,组成藻体的围层组织。藻体的最外面是由 1～3 列小细胞所组成的表皮层,小细胞直径为 6～12 μm。

大、小细胞反复相间的发生过程:首先出现的一般是表皮层下面相邻接的 2～4 个小细胞融合成为一个大细胞,且成列的出现,显然是起着新的基层细胞的作用,由此长出新的大细胞髓丝,开始是 4～8 层的大细胞带,往上又是 3～8 层较小的细胞带,而接近藻体表面的总是 1～3 列小细胞组成的表皮层。这种过程的不断重复就形成了藻体内部的大、小细胞反复相间的现象,藻体也就相应地增厚。

藻体的直立分枝也以同样的增生方式形成,即这种增生现象如果在皮壳部较大面积上发生时,就将出现皮壳部较大面积的同时增厚。但到相当时候皮壳部上一般就只有局

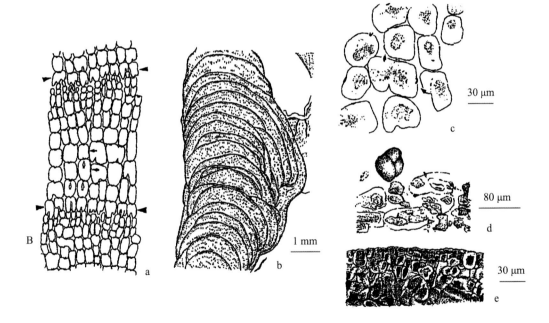

A. 藻体外形；B. 藻体结构

a. 藻体围层的纵切面，示大、小细胞带反复相间的情形（▶所指为小细胞带最上一层的细胞 b～d 个相融合以组成大细胞带的基层；⇨所指为初生孔状连结；➡所指为次生孔状连结）；b. 直立分支突起的皮壳部纵切面，示大、小细胞带开始形成；c. 藻体部分细胞的纵切面观（➡所指为次生孔状连结）；d. 四分孢子囊（⇨所指为初生孔状连结；➡所指为次生孔状连结和细胞融合）；e. 藻体近表层的纵切面，示其异形胞

图 4-84　枝壳藻 *Ramicrusta nanhaiensis* Zhang *et* Zhou 藻体形态结构

（A 引自 Tsing，1983；B 引自夏邦美，2004）

部的在比较小的面积上发生并不断重复这种增生过程,因而形成了藻体的直立分枝。再者,当直立分枝侧面上较小范围的表皮层下的小细胞也发生这种增生现象并不断重复大、小细胞带时,直立分枝的侧枝也就形成了。藻体无论在其分枝部还是皮壳部,相紧邻的髓丝细胞间互相融合的想象均相当普遍。

实际上,藻体的围层出现大细胞带和小细胞带相间的现象,主要就是由于小细胞带最上面的一列小细胞每 2~4 个融合成为一个大细胞而开始的。这样的大细胞成列地出现并连续分裂,新的大细胞带就形成了。再者,在围层组织中,除了所有的真红藻纲藻类所共具的、存在于同一髓丝上、下细胞之间的初生纹孔连接外,还能在其相邻髓丝的细胞之间见到明显而典型的次生纹孔连接,即在相邻髓丝的细胞之间除了细胞融合,还存在有次生纹孔连接。初生和次生纹孔连接在电镜下尤为明显。在表皮层细胞间常可见到异形胞,径为 20~25 μm,高为 25~50 μm,通常细胞质较浓,用苏木精染色后,细胞核清晰地显露出来。异形胞一般都是由表皮层以下的髓丝的侧枝顶细胞逐渐膨大而开始的,该细胞逐渐增大后,首先横分为二,其上位细胞不断增大而下位细胞则不断萎缩乃至消失,遂形成典型的异形胞。

无性生殖是以产生典型的耳壳藻科四分孢子囊生殖瘤的方式进行的,比较少见,仅发现存在于突枝表面新扩展出来的小片状组织上。生殖瘤突出于体表,内径为 1.5~1.8 mm,高为 95~110 μm;四分孢子囊十字形分裂,径为 45~65 μm。有性生殖未见。

本种习惯生长于礁湖内死的鹿角珊瑚上。

本种常见于南海西沙群岛海域。

育叶藻科 Phyllophoraceae

藻体直立,岩礁定生,近软骨质,多为二叉式分枝。分枝圆柱状至宽扁平。体多轴。髓部细胞大,紧密排列,胞壁厚。皮层细胞小,有色素,坚实,常垂周排列。四分孢子体小,四分孢子囊十字形分裂,链状垂周排列。雄配子体的精子囊棍棒状,表面生长,多样群生。雌配子体的果胞系是由有 3 个细胞的果胞枝并具有 1 个不育性小枝和 1 个作为辅助细胞的大支持细胞组成,产孢丝向内或向外发育果孢子囊。少数种类有单孢子囊。配子体内含 iota 或 iota-kappa 卡拉胶,孢子体内含卡拉胶。

本科只有 1 个属。

拟伊藻属 *Ahnfeltiopsis* Silva *et* DeCew,1992

藻体直立,扁压至圆柱状,分枝多或稀少,二叉式、亚二叉式或不规则分歧,有时有育枝。髓部细胞大,形成假薄壁组织,皮层细胞小,垂周排成细胞列。生活史异形世代交替。孢子体皮壳状,四分孢子囊间生,链状排列,十字形分裂。精子囊群生,成对,长为宽的 4~5 倍。果胞枝由 3 个细胞组成,生长于具有一生殖辅助细胞作用的支持细胞上;果胞枝的第一个或第一、第二两个细胞产生不育性细胞。囊果内生,在发育过程中,皮层加厚并特化出一至多个小孔,果孢子成熟时即自此孔放散,短平周丝组成的囊孔发育自垂周的皮层细胞。

在中国记录本属 6 个种:扇形拟伊藻 *A. flabelliformis*(Harv.)Masuda、广东拟伊藻 *A. guangdongensis* Xia *et* Zhang、海南拟伊藻 *A. hainanensis* Xia *et* Zhang、马氏拟伊藻

A. masudai Xia *et* Zhang、矮小拟伊藻 *A. pygmaea*（J. Ag.）Silva *et* DeCew、瑟氏拟伊藻 *A. serenei*（Dawson）Masuda。

扇形拟伊藻 *Ahnfeltiopsis flabelliformis*（Harv.）Masuda［*Gymnogongrus flabellifromis* Harvey］

藻体直立，单生或丛生，高 4～10 cm，基部具小盘状固着器附着于基质上，藻体基部亚圆柱形，其余部位均为窄线形扁压或扁平叶状，6～12 次二叉式分枝，枝宽 1～1.8 mm。枝端尖或钝圆，有时略膨胀，微凹或二裂，边缘全缘或有时有小育枝，小育枝单条或 1～3 次叉分，枝距 2～9 mm，体中下部枝距大于上部，分枝多集中上部，整体有扇形轮廓；藻体紫红色，干后变黑或褐色，软骨质，蜡叶标本不完全附于纸上（图 4-85）。

囊果生长在末枝及次末枝上，以 3～5 个链状排列，成熟的囊果径为 681 μm×630 μm，位于髓层中，被厚的皮层细胞包围着，上果被厚 112 μm，由 10～11 层长柱形细胞组成；下果被 73 μm，由 6～7 层长圆形细胞组成，两边都有孢囊口；果孢子囊集生成不规则团块，囊长径为 6.6～16 μm，短径为 3.3～10 μm。精子囊群生长在枝或育枝的表皮层，横切面观长方形，色淡，反光强，长为 7～13.2 μm，宽为 3.3～5 μm。四分孢子囊未见。

本种生长在潮间带的岩石上或石沼边缘。

本种中国沿海北起黄海辽东半岛，南至南海海南岛均有分布。

图 4-85-1 扇形拟伊藻 *Ahnfeltiopsis flabelliformis*（Harv.）Masuda 藻体外形
（a 引自 Tseng,1983;b 引自黄淑芳,2000）

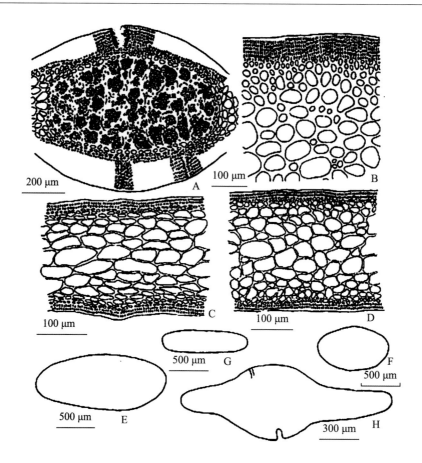

A. 囊果切面观;B. 藻体顶下 3.6 cm 处部分横切面;C. 藻体顶下 2 mm 处纵切面;

D. 藻体顶下 3 mm 处纵切面;E. 顶下 3.6 cm 处横切面;F. 基上 9 mm 处横切面;

G. 顶下 3 mm 处横切面;H. 成熟囊果横切面观

图 4-85-2　扇形拟伊藻 *Ahnfeltiopsis flabelliformis* (Harv.) Masuda 藻体结构

(引自夏邦美等,1999)

海头红科 Plocamiaceae

藻体直立,合轴分枝,锯齿形,枝干圆柱形或稍扁,两侧边缘薄,羽状分枝,各侧互生 2 ～5 个小羽片。枝顶有明显的顶端细胞存在。枝的内部构造为单轴型,有一个从顶端到基部的中轴。皮层细胞由内向外逐渐变小,排列致密。四分孢子囊由藻体皮层细胞形成,各自分生。四分孢子囊带形分裂。精子囊集生或群生在藻体表面,由皮层细胞形成,为小的透明细胞。

本科只有 1 个属。

海头红属 *Plocamium* Lamouroux,1813

藻体直立,由盘状固着器或匍匐枝生出直立枝,呈亚柱形或稍扁,自由分枝,合轴分枝。双叉分枝栉齿状,在分枝的近轴或远轴上有连续互生栉齿,每一栉齿有 2～5 个分枝。

合轴分枝是在其一侧产生 2～3 个弯的分枝,最上面的生长旺盛,后来主轴就偏斜向一边像一个不分枝的侧枝,它与连接的枝继续生长;次生分枝与合轴节部相互产生。枝的内部为单轴型,由顶端细胞分裂形成中轴丝,每一轴丝分生侧丝,侧丝再分裂成圆球形、多角形细胞形成皮层。皮层细胞内大外小,并紧密地连成薄壁组织。四分孢子囊带形分裂,生于最末小枝的中肋两旁,形成扁平的孢子囊枝。雌雄异体,精子囊由枝的末端皮层细胞形成。果胞由 3 个细胞组成,生于中轴丝的基部。果胞枝的支持细胞即辅助细胞,受精后,产孢丝向藻体表面生长,大部分产孢丝的细胞均能发育成果孢子囊。成熟囊果无柄,膨大突出于藻体的一边,由囊果邻近的营养细胞生长似果被的构造,但无囊孔。

在中国记录本属海头红 *Plocamium telfairiae* 1 个种。

海头红 *Plocamium telfairiae* Harvey ［*Thamnophora telfairiae* Hooker and Harvey］

藻体玫瑰红色,由下部小枝发育的丝状根附着在岩石、贝壳等基质上(图 4-86)。藻体为扁平、线状或丝状,薄的膜质,高为 7～15 cm,宽为 1～2 mm,往往上部较细,各部直生或稍屈曲,藻体下部生许多分枝,但长大后,下部分枝常脱落而仅留下枝的残余部分。大的藻体,各部分的宽度、分枝的粗细及长短、小羽枝的距离及体质很不相同。分枝皆自两侧生出,为 3～4 回复羽状分枝;单条枝长为 2～3 mm,全缘无锯齿,基部广,上端尖,稍屈曲。上部枝同样互生小枝,由一侧面互生 2 个(有时 3 个),再由它侧面生同数的枝,这些枝的最下面常是单条,在其上面一段又侧生小羽枝。四分孢子囊 2 列,生于小羽枝中肋两边,成为扁平孢子囊枝。囊果球状生于枝的侧面,无柄。

本种生于低潮线以下岩石或贝壳上。

本种主要分布于黄海辽宁、山东,东海浙江沿海。

图 4-86-1　海头红 *Plocamium telfairiae* Harvey 藻体外形

(引自 Tseng,1983)

A. 藻体外形；B. 藻体形态与结构

a. 部分藻体外形图；b. 小枝横切面；c. 四分孢子囊小枝；e，f. 四分孢子囊切面观

图 4-86-2　海头红 *Plocamium telfairiae* Harvey 藻体形态结构

（A 引自黄淑芳，2000；B 引自夏邦美等，1999）

根叶藻科 Rhizophyllidaceae

藻体顶端生长,没有果被,生殖器官集生成生殖瘤;四分孢子囊不规则十字形分裂或层形分裂;生殖瘤无特殊的壁。

软粒藻属 *Portieria* Zanardini,1851

藻体扁平,直立,羽状分枝;顶端生长,有一单独的顶细胞;囊果突出于藻体;四分孢子囊形成在凸起的生殖瘤内,不规则十字形分裂或层形分裂。

在中国记录本属只有美羽软粒藻 1 个种。

美羽软粒藻 *Portieria hornemannii*（Lyngbye）Silva［*Chondrococcus honemannii* (Lyngbye) Schmitz］

藻体直立,丛生,扁压,高为 2～6.5 cm,宽为 0.5～1 mm,基部具有鳞片状固着器;4～5 次密的羽状互生分枝,主枝不规则互生,藻体下部分枝稀疏,上部密集,腋角圆,边缘具有尖的或钝的,常常是三角形的单列的或叉分的齿;顶端伸直或卷曲;紫红色,膜质(图 4-87)。

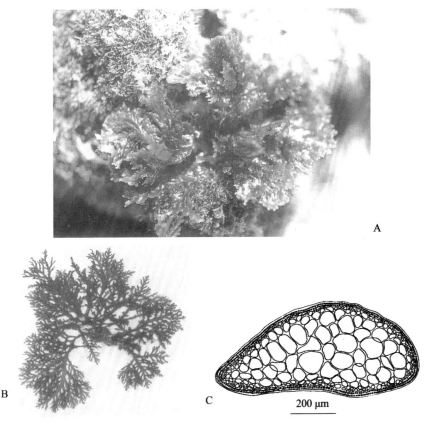

A.B. 外部形态;C. 藻体横切面观

图 4-87　美羽软粒藻 *Portieria hornemannii*（Lyngbye）Silva 藻体形态结构

(A,B 引自黄淑芳,2000;C 引自夏邦美等,1999)

　　藻体横切面观,由微圆的大薄壁细胞组成髓部,胞径为 98～176 μm;内皮层细胞较小,径为 33～65 μm;最外面是 2～3 层紧密的近圆形或长圆形的外皮层细胞,长径为 6.4～12.8 μm,短径为 4～6 μm;藻体厚为 359～554 μm。繁殖器官未见。

　　本种生长在礁平台内低潮线下 0.3～1 m 处的珊瑚礁上。

　　本种主要分布于东海台湾(中文名谓之"浪花藻")及南海西沙群岛、南沙群岛等海域。

海木耳科 Sarcodiaceae

　　藻体圆柱状,扁压至扁平,不规则叉状分枝或裂片;髓部由丝状细胞组成,皮层细胞由外向内细胞由小变大;囊果明显的突出于体表面或沿藻体边缘生长;四分孢子囊生长在加厚皮层的生殖瘤细胞中,层形分裂。

　　该科包含 2 个属。

海木耳科分属检索表

1. 藻体大,扁平叶状,宽幅的不规则叉分 ·· 海木耳属 Sarcodia
1. 藻体小,细圆柱形或略扁压,规则地二叉分枝 ····················· 孔果藻属 Trematocarpus

海木耳属 Sarcodia J. Agardh,1852

　　藻体扁平叶状,叉状分枝或不规则裂片,藻体边缘常生有乳头状突起,肉质;结构为多轴型;髓部由较密的丝状细胞组成,外围以数层紧密排列的卵圆形内皮层细胞及小圆柱形或长卵形的外皮层细胞;生活史由 3 个世代构成,配子体和孢子体同形;果胞枝 3 个细胞组成;囊果明显地突出于体表面或沿藻体边缘生长;精子囊形成于体表皮层细胞;四分孢子囊生长在外皮层细胞间,层形分裂。

　　在中国记录本属 2 个种:双裂海木耳 S. ceylanica Harvey ex Kützing、锡兰海木耳 S. ceylonensis (J. Ag.) Kylin。

双裂海木耳 Sarcodia ceylanica Harvey ex Kützing [Sarcoaia montagneana (Hooker et Harvey) J. Agardh]

　　藻体暗红色或黄绿色,扁平叶状,厚革质,3～4 回不规则叉状分枝,高为 8～15 cm,基部楔形,有粗茎状叶部,幼时全缘,表面光滑,成熟后表面有小突起,边缘有副枝,形态变化丰富,以小盘状固着器附着于岩礁上(图 4-88)。

　　藻体多轴构造,横切面观,丝状细胞组成髓部,内皮层细胞较大,不规则卵圆形或近圆形,外皮层细胞小。

　　生活史具有世代交替,孢子体与配子体外观相似。四分孢子囊散生在皮层细胞中,长卵形,层形分裂;囊果近球形,明显地突出于藻体边缘。

　　本种生长在潮间带中部石沼中至潮下带 15 m 深的岩石上。

　　本种主要分布于东海台湾海域,在东北角海域全年可见,2～5 月末繁殖。

孔果藻属 Trematocarpus Kützing,1843

　　藻体圆柱状或扁平,叉状分歧,髓部由丝状细胞组成,内皮层细胞较大,外皮层细胞较

A. 藻体外形；B. 藻体结构

a. 部分藻体横切面，示四分孢子囊；b. 囊果纵切面

图 4-88　双裂海木耳 *Sarcodia ceylanica* **Harvey** *ex* **Kützing 藻体形态结构**

（A 引自黄淑芳，2000；B 引自夏邦美，1999）

小；肉质或革质。囊果半球形或球形，突出于体表面，囊果切面具有较大的不规则的融合胞；四分孢子囊散生在隆起的生殖瘤的皮层细胞中，层形分裂。

在中国记录该属只有矮孔果藻 *Trematocarpus pygmaeus* 1 个种。

矮孔果藻 *Trematocarpus pygmaeus* **Yendo**（图 4-89）

藻体矮小，直立丛生，高为 1～2.5 cm，宽为 0.5～1 mm，分枝处可达 1.5 mm；近基部呈圆柱形；上部扁压，有时也呈圆柱形；体下部有匍匐枝，径上具短柄，末端形成不规则盘状固着器，藉以附着在基质上；较规则的二叉式分枝，末端钝圆或叉分，有时枝侧生有叉状分歧的副枝；藻体微红褐色，软骨质。

横切面观：有三层组织，中央髓部由一些较细小的不规则圆形或卵圆形细胞组成，径为 16～29 μm，髓部外面是 3～4 层较大的厚壁细胞，径为 22～54 μm，最外面是 2～3 层排列紧密的较小的卵圆形或长圆形的皮层细胞,长径为 6.4～9.6 μm,短径为 5～6.4 μm;藻体厚 359～375 μm。

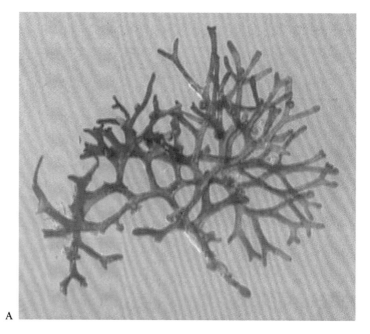

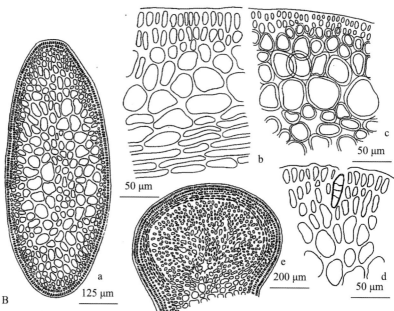

A. 藻体外形;B. 藻体结构

a. 藻体横切面;b. 藻体的部分纵切面;c. 藻体的部分横切面;d. 四分孢子囊切面观;e. 囊果切面观

图 4-89　矮孔果藻 *Trematocarpus pygmaeus* Yendo 藻体形态结构

（A 引自 Tseng,1983;B 引自夏邦美等,1999）

四分孢子囊长圆柱形,散生在藻体的皮层细胞中,层形分裂,长径为 23～26 μm,短径为 5～6 μm,生长四分孢子囊的部位皮层加厚,形成生殖瘤状。囊果球状或半球状,生长在枝侧,无喙,基部不缩或略缩,短径为 489～554 μm,长径为 652～717 μm;切面观,在底部中央由一稍大的融合胞,产孢丝细胞小而多,果胞子囊小,卵圆形,长径为 6.4～9.6 μm,短径为 5～6.4 μm,囊果被厚为 64～70 μm。精子囊未见。

本种生长在礁平台内低潮线下 0.3～0.7 m 珊瑚石上。

本种主要分布于南海海南岛、东沙群岛和西沙群岛海域。

裂膜藻科 Schizymeniaceae

藻体具单条或分枝的叶状配子体,内部构造由疏松排列的丝状髓层和放射成束的丝状体组成的紧密的皮层;邻接丝体的细胞间没有次生纹孔连接;有腺细胞,顶生在皮层束上或间生在皮层束或髓丝上;精子囊成对的生于最外皮层细胞;果胞枝 3～4 个细胞,单独产自皮层束的基部细胞;受精后的果胞首先用直接融合或通过次生纹孔连接和营养辅助细胞联络;产自营养辅助细胞的联络丝和受精的果胞连接,和生殖辅助细胞向外产生产孢丝并在皮层中形成一个小的密集的果孢子体。四分孢子体是连着的壳状体,顶生层形分裂的四分孢子体。

本科只有 1 个属。

裂膜藻属 *Schizymenia* J. Agardh,1851

藻体叶状,无叶脉;髓部主要由缠结的藻丝组成;外皮层具有大的透明的卵形腺细胞。四分孢子囊大多数为十字形分裂;囊果球形,深埋,具有孢囊口,大部分产孢丝细胞变为果孢子囊,果孢子囊集生。

在中国记录本属只有裂膜藻 *Schizymenia dubyi* 1 个种。

裂膜藻 *Schizymenia dubyi* (Chauvin) J. Agardh

藻体扁平叶状,常单生,基部具小盘状固着器附着于基质上,具短柄,向上扩展成一膜状藻体,高为 10～20 cm,宽为 10～25 cm;体表面观多少有些皱褶,边缘波状;深红色,亚软骨质(图 4-90)。

藻体髓部由疏松排列的缠结丝体组成,径为 6.5～10 μm,皮层由 5～7 层细胞组成,叉状背斜排列;具较多的腺细胞,倒卵形或梨形,长径为 16～19 μm,短径为 10～13 μm,散生在较外皮层中;果孢子体厚度变异,440～590 μm;果胞枝 4 个细胞。四分孢子囊和精子囊未见。

本种生长在潮下带 6 m 伸出的岩石上。

本种主要分布于东海台湾东北角海域很少、南海香港海域。

粘滑藻科 Sebdeniaceae

藻体扁平,叶状,叉分或不规则裂片或浅裂;髓部具明显的丝体结构,皮层紧密。

该科只有 1 个属。

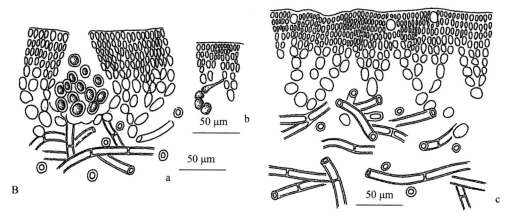

A. 藻体外形；B. 藻体结构

a. 囊果横切面观；b. 果孢枝；c. 部分藻体横切面

图 4-90　裂膜藻 *Schizymenia dubyi*（Chauvin）J. Agardh 形态结构

（A 引自黄淑芳，2000；B 引自夏邦美，1999）

粘滑藻属 *Sebdenia*（J. Agardh）Berthold，1884

藻体无中轴，髓层由明显的丝体组成，四分孢子囊不规则分裂，或十字形或层形分裂；果胞枝由 4 个细胞组成。果胞受精后产生连络丝与辅助细胞融合，后产生产孢丝，其上产生果孢子囊；囊果略微突出于体表面。生活史可能是多管藻 *Polysiphonia* 类型。但未被培养研究所证实。

在中国记录本属只有叉分粘滑藻（扇形囊膜藻）*Sebdenia flabellata* 1 个种。

叉分粘滑藻(扇形囊膜藻)*Sebdenia flabellata* (J. Ag.) Parkinson [*Halymenia agardhii* De-Toni、*Halymenia polydactyla* Borgesen、*Sebdenia agardhii* (De-Toni) Codomier、*Sebdenia polydacyla* (Borgesen) Balakrishman]

藻体扁压,高为5～10 cm(或8～20 cm),基部具小盘状固着器,上具较细的很短的柄,向上扩展成5～10次叉状分枝,枝径为3～5 mm(或1～2 cm),末枝近圆柱形,末端钝圆形或二裂顶;紫红色,藻体内充满黏液(图4-91)。

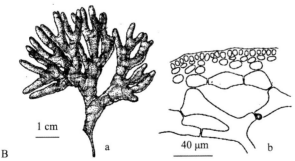

A. 藻体外形;B. 藻体结构

a. 藻体外形图;b. 部分藻体横切面观

图 4-91 叉分粘滑藻(扇形囊膜藻)*Sebdenia flabellata* (J. Ag.) Parkinson 形态结构

(A 引自黄淑芳,2000;B 引自夏邦美,1999)

藻体切面观,髓部由疏松的网状星形细胞组成,胞径为6～10 μm,皮层由2～3层细胞组成,圆至卵圆形,排列紧密。

生活史为同型世代交替。四分孢子囊球状,散生在皮层中,十字型分裂。

本种生长在外海潮下带深处礁岩上。数量少。

本种主要分布于东海台湾东北部海域,南海香港、海南等海域。

红翎菜科 Solieriaceae

藻体圆柱形、扁压或扁平的叶状,叉状或侧生分枝或不规则地裂片状;髓部具有明显的丝状结构,但没有中轴;皮层细胞密集,内部为大细胞,外部为小细胞,缺乏果胞系;受精前辅助细胞容易看到或看不到;产孢丝最初向藻体内发育,在成熟的产孢丝的中部具有1个大的融合胞或由不育细胞组成的小细胞组织,这种情况下,产孢丝由根丝组成的纤维鞘所包围。囊果埋入藻体内或向外突起,果被上具1个明显的囊孔。四分孢子囊散生于藻体的表面或埋于藻体的外表皮,为层形分裂。

该科包含9个属。

琼枝藻属 Betaphycus Doty ex Silva in Silva et al., 1996

藻体扁压到扁平,有不对称的背腹面,平展的或直立的藻体,以短圆柱形直立茎节自壳状基部产生,对生分枝,不形成轮生;内部构造:外皮层多为丝状体,内皮层为假薄壁细胞;髓部有一扁平的中轴及旋转的假根。囊果亚顶生或侧生,在短腹面的圆柱形到扁压的小枝上;四分孢子囊生于腹面,包于外皮层中,排成列。营养细胞壁含有 β- 及 κ-卡拉胶。

中国记录本属琼枝藻 Betaphycus gelatinae 1 个种。

琼枝 *Betaphycus gelatinae* (Esp.) Doty [*Fucus gelatinae* Esper、*Eucheuma gelatinae* (Esp) J. Ag.]

藻体平卧于生长基质上,团块直径为 10～20 cm,不规则对生、互生或叉状分枝,偶有羽状分枝,分枝向四面伸展,枝近于扁平,3～5 mm 宽,1～2 mm 厚;藻体表面通常光滑,腹面常具有疣状或圆锥状突起,枝两缘生羽状小枝,分枝上或小枝顶端常具有圆盘状固着器用以附着于碎珊瑚或其他藻体上,分枝基部稍缢缩,分枝亦常互相附着而呈愈合现象;藻体表面多紫红或黄绿色,有时则呈现绿色,夏季有些藻体为黄色,腹面大部分为紫红色,肥厚多肉,软骨质(图 4-92)。

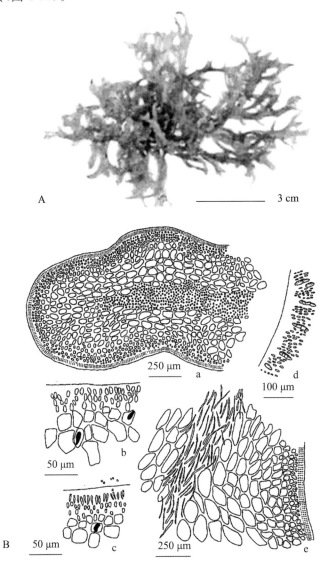

A. 藻体外形;B. 藻体结构

a. 藻体枝端部分横切面(AST 59-4192);b. 枝端部分横切面放大,示皮层细胞(AST 77-0028A);

c. 精子囊切面观(AST 77-0028);d. 四分孢子囊切面观(AST 60-7969);

e. 藻体部分纵切面(AST 59-4192)

图 4-92　琼枝 *Betaphycus gelatinae*(Esp.)Doty

(A 引自曾呈奎等,1962;B 引自夏邦美等,1999)

藻体内部横切面观:髓部中央有具有由厚壁细胞密集成束的藻丝,丝径约 17 μm,其方向与藻体平行;外围是个体较大的不规则卵圆形薄壁细胞,长径为 66～100 μm,短径为 33～66 μm;皮层由 3～4 层具有色素体,个体较小的卵圆形细胞组成,径为 10～7 μm。藻体纵切面观,中央为沿藻体纵向延长的藻丝。

　　四分孢子体与孢子体体或雌、雄配子体均同型,但四分孢子体的刺突或乳突稀少;四分孢子囊散生在藻体的表面皮层细胞中。切面观幼时卵圆形,成熟时长柱形,长径为 13 μm,短径为 5 μm,层形分裂,与边缘营养细胞有纹孔连结,囊周皮层细胞加厚并延长。成熟的囊果为不太规则的球形,通常具柄,单生或二三个合生于一个柄的突起中,年幼的囊果球形,无明显的柄,生于藻体的腹面及两侧;切面观中央为融合胞,由融合胞上发射出产孢丝,在各个产孢丝顶端产生成束的果孢子,外具囊果被。精子囊散生在藻体表面,一个皮层细胞发育成 1～2 个细长的精子囊母细胞,长径为 13 μm,短径为 3 μm,每个精子囊母细胞顶生 1～2 个精子,径为小于 3 μm。

　　本种生长于低潮线附近碎珊瑚上,深可达低潮线下 2～4 m,但以低潮线下 1 m 生长最旺盛。

　　本种主要分布于东海澎湖列岛,南海海南岛和东沙群岛等海域。

麒麟菜属 *Eucheuma* J. Agardh, 1847

　　藻体基部为盘状固着器,上有不规则的互生、对生或叉状的分枝,分枝细长,圆柱形或稍扁,周围生突起。突起有刺状、疣状或圆锥形,基部宽而头钝。突起很少单独存在,往往对生或 3 个、5 个轮生。藻体内中央为髓部,由长的丝状细胞集生。皮层细胞横切面观圆形或多角形,细胞开始为单核,长成后为多核。皮层细胞由内向外逐渐变小,外围细胞最小,含单核及带状色素体。固着器由髓丝形成。四分孢子囊由孢子体的表面细胞形成,带形分裂。

　　精子囊由表面细胞产生,1 个表面细胞产生 3～5 个精子囊母细胞,每个精子囊母细胞产生 2～3 个精子囊,每个精子囊产 1 个精子。果胞枝由皮层细胞内侧生出,为 3 个细胞组成,辅助细胞枝在侧面,包括 1 个单核的辅助细胞和许多细胞质浓稠而多核的初生营养细胞,它们在产孢丝发育后形成次生营养细胞。果胞受精后,产生长的连接管到达辅助细胞,合子核移入辅助细胞,其顶端分裂生成原产孢丝,再发育成产孢丝,产孢丝顶端细胞或顶端的两个细胞形成果孢子囊,囊外为次生营养细胞所包围。成熟囊果单生,或几个集生,突出于藻体表面。

　　麒麟菜属所包含的物种为热带性种,分布只限于热带海区。一年生。生于低潮线下的珊瑚礁上或岩石上。盛产于中国的东海台湾,南海海南岛、东沙群岛、西沙群岛和南沙群岛等海域。

　　在中国海域已发现有 5 种:错综麒麟菜 *E. perplexum* Doty、齿状麒麟菜 *E. serra* (J. Ag.) J. Agardh、珊瑚状麒麟菜 *E. arnoldii* Weber-van Bosse、麒麟菜 *E. denticulatum* (Burman) Collins *et* Harvey、西沙麒麟菜 *E. xishaensis* Kuang *et* Xia。

齿状麒麟菜 *Eucheuma serra* (J. Ag.) J. Agardb [*Sphaerococcus serra* J. Agardh]

　　成熟的藻体匍匐生长,宽为 10～20 cm,长为 10～15 cm,幼体有直立分枝,外形变异较大,从圆柱形、扁压到扁平,从固着器上或环绕固着器不规则生出许多严格对生分枝,成熟的藻体有明显的背腹之分；根据分枝的突起形状可分为四分孢子体，雄配子体和雌配子体，四分孢子体的分枝乳黄色，背面带有淡红色斑点，腹面深红色，分枝圆柱至扁压，环绕分枝有棘状突起；雄配子体背面为奶白或奶黄色，腹面淡红色，分枝基部圆柱至扁压，中部至顶端为扁压或扁平，箭状突起通常羽状生长，极少生于藻体的背腹面；雌配子体的藻体颜色和分枝形状与雄配子体非常相似，但箭状突起不仅边生，背面也很丰富，且绝大多数转为囊果，软骨质（图 4-93）。

藻体内部横切面观，中央为厚壁细胞构成的紧密的假丝体，胞径约 33 μm，其密集程度不低琼枝 *Betaphycus gelatinae* 之下，外围以 6～7 层不规则的薄壁细胞组成髓部，细胞长径为 100～166 μm，短径为 83～133 μm，皮层细胞小，长径为 10 μm，短径为 7 μm。纵切面观中央假根丝纵向延长。

本种生长于潮下带 3～4 m 深的礁坪上。

本种主要分布于东海台湾及南海海南岛海域。

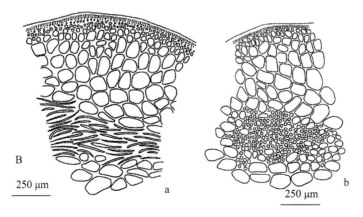

A. 藻体外形；B. 藻体结构

a. 藻体纵切面；b. 藻体横切面

图 4-93　齿状麒麟菜 *Eucheuma serra*（J. Ag.）J. Agardb

（A 引自黄淑芳，2000；B 引自夏邦美等，1999）

卡帕藻属 Kappaphycus Doty，1988

藻体肥厚多肉，繁殖器官(疣状突起)少见，简单钝形或渐狭圆锥状，无紧密假根轴。藻体髓部由藻丝与大细胞共同形成。囊果位于主轴上。四分孢子囊层形分裂。产生卡拉胶。

在中国记录本属 3 个种：长心卡帕藻 *K. alvarezii* (Doty) Doty、耳突卡帕藻 *K. cottonii* (Weber-van Bosse) Doty、异枝卡帕藻 *K. striatum* (Schmitz) Doty。

耳突卡帕藻 *Kappaphycus cottonii* (Weber-van Bosse) Doty [*Eucheuma cottonii* W. v. Bathysiphon、*Eucheuma okamurai* Yamada]

藻体重叠成团块状，匍匐生长，团块直径可达 20～25 cm，藻体背腹明显，分枝不规则，扁圆至扁压，枝与枝有互生愈合的现象；藻体一面及边缘密密地覆盖着连生成耳状的乳突，另一面光滑，无突起；藻体颜色因生长的水深、生长发育阶段而异，一般为紫红色或稍带黄色；肉质，干燥后变为硬软骨质(图 4-94)。

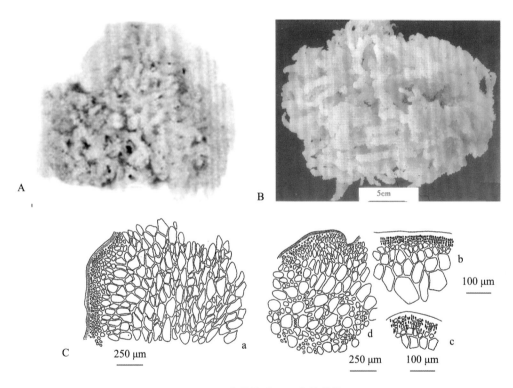

A，B. 藻体外形；C. 藻体结构

a. 藻体纵切面；b. 藻体横切面放大，示皮层细胞；c. 四分孢子囊切面观；d. 藻体横切面

图 4-94　耳突卡帕藻 *Kappaphycus cottonii* (Weber-van Bosse) Doty

(A 引自曾呈奎等 1962；B，C 引自夏邦美等，1999)

藻体内部横切面观，髓部中央无假丝体，在大的薄壁细胞之间散布着数量较多的小细胞，大细胞的长径为 398～531 μm，短径为 332～465 μm，间生小细胞胞长径为 133～166 μm，短径为 100～133 μm；外围以 3 层细胞组成的皮层，皮层细胞卵圆形，大小近相等，长

径为 7 μm,短径为 3 μm。纵切面观,中央为不规则形状的大细胞,长径为 150～232 μm,短径为 83～133 μm,两侧小细胞,径为 33 μm,无髓丝。

四分孢子囊散生于皮层细胞中,切面观卵圆形或宽圆形,长径为 20～40 μm,短径为 7～26 μm,层形分裂,囊周皮层细胞明显延长,长径为 13 μm,短径为 6 μm。

囊果直接生于藻体表面的球形突起中,突起无柄,顶部较平,下陷为囊果孔;囊果纵切面观,中央为一个大的融合胞,产孢丝的顶端产生果孢子囊,囊果被和由融合细胞上辐射出的产孢丝之间是充满胶质的空间。精子囊未见。

本种生长于低潮线下 1～2 m 深处的碎珊瑚上。

本种主要分布于南海海南岛及西沙群岛海域。

拟鸡冠菜属 *Meristiella* Gabrielson et Cheney,1987

藻体圆柱状,肥厚多肉,主轴有或无,分枝不规则;髓部多由菌丝与大细胞组成或为松散的丝体。囊果位于主轴,囊果切面中央为许多不育小细胞构成产孢丝座。

在中国记录本属只有具花拟鸡冠菜 *Meristiella florigera* 1 个种。

具花拟鸡冠菜 *Meristiella florigera* Kuang et Xia

藻体圆柱状至扁压,不规则分枝,四周被以不很密集的突起和刺,有些标本的老枝上新生幼嫩光滑的细枝;藻体紫红色,干燥后变为黄褐色,肉质(图 4-95)。

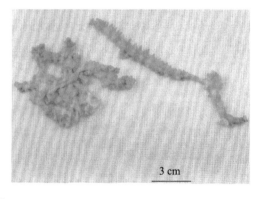

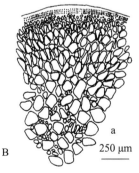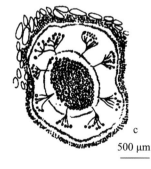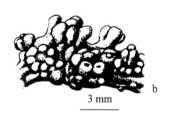

A. 藻体外形;B. 藻体结构

a. 藻体横切面;b. "花形"囊果;c. 囊果纵切面观

图 4-95 具花拟鸡冠菜 *Meristiella florigera* Kuang et Xia

(引自夏邦美等,1999)

藻体横切面观,髓部细胞由外向内逐渐变大,主枝横切面中央为大细胞,长径为 $250\sim$ 415 μm,短径为 $83\sim216$ μm,中间杂有小细胞,长径为 $50\sim66$ μm,短径为 $33\sim50$ μm,外围是 3 层等大的卵圆形细胞构成皮层;光滑细枝的横切面,由 3 层等大的细胞构成皮层,皮层以下是 $4\sim5$ 层髓部细胞,中央有不十分密集的髓丝。

成熟的囊果呈"花形",中央深紫红色的突起即是囊果,纵切面观,囊果半球形,中央产孢丝座由许多不育的小细胞组成,而不是形成一个大的融合胞,由产孢丝座向四周辐射出果孢子囊,囊果被较薄,囊果被向内生出横向丝。四分孢子囊及精子囊未见。

本种生长在低潮线下 $0.3\sim1$ m 处环礁内的珊瑚枝上。

本种主要分布于南海西沙群岛海域。

鸡冠菜属 *Meristotheca* J. Agardh,1872

藻体扁平叶状,不规则的叉状分枝或羽状分枝,边缘又生出小枝,体边缘或表面有多数疣状突起或乳头状突起。髓部有不十分紧密的丝体,皮层中无腺细胞。囊果球形,突出于藻体的表面,生于裂片的边缘或藻体的表面。四分孢子囊层形分裂。

在中国记录该属只有鸡冠菜 *Meristotheca papulosa* 1 个种。

鸡冠菜 *Meristotheca papulosa* (Mont.) J. Agardh [*Callymenia papulosa* Montagne、*Meristotheca japonica* (Mont.) Kylin、*Euchema papulosa* Cotton *et* Yendo]

藻体直立,扁平叶状,高达 $20\sim30$ cm,基部有 1 个圆盘状固着器,从固着器到直立的藻体有楔形而纤细的茎;藻体分裂为不规则的叉状裂片,裂片较宽,为 $1\sim5$ cm,藻体全缘或生出不规则地、分枝状的、广开的小枝,宽窄不同的小枝混杂排列;藻体干燥后呈深红或紫红色,肥厚多肉,制成蜡叶标本完全附着于纸上(图 4-96)。

藻体的内部构造可分为皮层和髓部,中央髓部为错综排列而较疏松的丝,皮层的最外一层为个体较小,具有色素的细胞,向内则为广椭圆形或卵形的薄壁细胞,$3\sim4$ 层。繁殖器官未见。

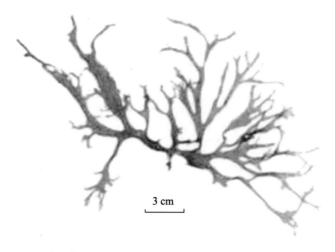

3 cm

图 4-96-1　鸡冠菜 *Meristotheca papulosa* (Mont.) J. Agardh 藻体外形

(引自曾呈奎等,1962)

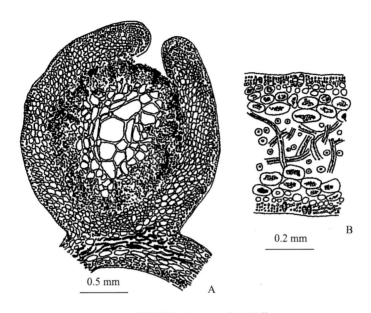

A. 囊果纵切面；B. 四分孢子体

图 4-96-2　鸡冠菜 *Meristotheca papulosa*（Mont.）J. Agardh 藻体结构

（夏邦美等，1999）

本种生长于潮间带的岩石上或大干潮线下。

本种主要分布于东海台湾、南海西沙群岛等海域。

红翎菜属 *Solieria* J. Agardh，1842

藻体直立，单生或丛生，圆柱形，向各方向分枝，枝内有些中空，内部组织疏松，中轴由一些丝体围绕。囊果稍突出，散生在藻体各处，中央为一大的融合胞。四分孢子囊层形分裂。

在中国记录本属 2 个种：太平洋红翎菜 *S. pacifica*（Yamada）Yoshida、细弱红翎菜 *S. tenuis* Xial et Zhang。

太平洋红翎菜 *Solieria pacifica*（Yamada）Yoshida［*Solieria robusta*（Grev.）Kylin、*Chrysymenia pacifica* Yamada］

藻体直立，单生或丛生，基部具不规则盘状固着器；高为 14～30 cm，最高可达 40 cm，基部较细，圆柱形，向上逐渐变宽，变为扁压，宽为 2～5 mm；不规则互生分枝，有时 3～6 个分枝几乎同出一个枝端，分枝基部缢缩，靠近藻体上部的分枝，其基部缢缩的愈为明显，枝端呈尖顶，有的呈截形，可能被鱼类或其他动物咬断，后还能再生分枝。藻体黄红到紫红色，肥厚多汁，鲜时易折断，膜质（图 4-97）。

藻体内部构造由皮层和髓部组成，髓部为空腔，腔内具有疏松排列的丝，丝径为 3.3～16.5 μm，靠近藻体表面的是 2 层个体较小而具有色素体的小细胞组成外皮层，向内则为个体较大而无色的薄壁细胞组成内皮层，长径为 92～132 μm，短径为 53～92 μm。

四分孢子囊散生在藻体皮层细胞中，长柱形或长卵形，长径为 30～33 μm，短径为 10

～13.2 μm，层形分裂。囊果突出于体表，半球形，生于藻体各处；囊果生于髓部，中央有一大的融合细胞，长径为 290～332 μm，短径为 182～232 μm，由融合细胞向四面产生产孢丝，其顶端形成果孢子囊，果孢子囊卵形、长卵形或不规则球形，长径为 23～26 μm，融合胞与果被间由不育丝连续。精子囊未发现。

本种生长在低潮带的石沼中或潮下带 1～3 m 处。

本种分布仅于南海海南海域。

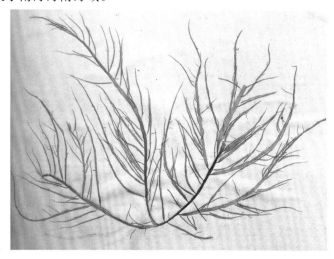

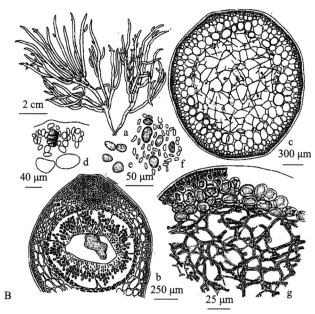

A. 藻体外形；B. 藻体结构

a. 藻体外形；b. 囊果纵切面观；c. 藻体横切面；d. 四分孢子囊切面观；e. 果孢子囊；

f. 四分孢子囊表面观；g. 部分藻体横切面放大

图 4-97-1　太平洋红翎菜 _Solieria pacifica_（Yamada）Yoshida

（A 引自 Tseng，1983；B 引自夏邦美等，1999）

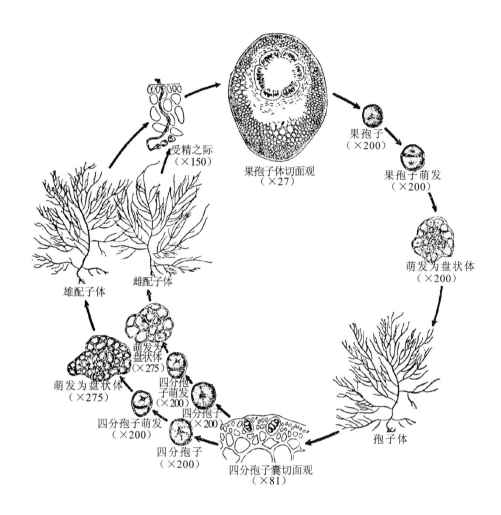

四分孢子囊切面观
（×81）

四分孢子
（×200）

四分孢子萌发
（×200）

萌发为盘状体
（×275）

四分孢子萌发
（×200）

四分孢子萌发
（×200）

萌发为盘状体
（×275）

雄配子体

雌配子体

受精之际
（×150）

果孢子体切面观
（×27）

果孢子
（×200）

果孢子萌发
（×200）

萌发为盘状体
（×200）

孢子体

图 4-97-2　太平洋红翎菜 *Solieria pacifica*（Yamada）Yoshida 生活史

（引自曾呈奎等，1962）

厚线藻属 *Sarconema* Zanardini，1858

藻体圆柱状，二叉或互生分枝，髓丝薄，密集成束，皮层密，向内为大细胞向外为小细胞，产孢丝埋于内皮层，没有特殊的包被，来自于大的融合细胞的假根状分枝以向外渗透的方式附着在加厚的外皮层，具有孢子囊的枝生于整个藻体，囊果生于藻体表面，多少有些向外突出，具有窄的囊孔，四分孢子囊层形分裂。

在中国记录本属 2 个种：丝状厚线藻 *S. filiforme*（Sond.）Kylin、江蓠状厚线藻 *S. gracilarioides* Zhang et Xia。

丝状厚线藻 *Sarconema filiforme*（Sond.）Kylin［*Sarconema furcellatum* Zanardini］

藻体直立，线形圆柱状，基部具盘状固着器及匍匐部分，高为 4～18 cm；较规则的二叉式分枝，枝距不规则，为 0.4～4 cm；枝宽为 0.5～1 mm，分枝基部不缢缩，枝端钝或叉分；

藻体暗红褐色或浅紫红色,膜质(图 4-98)。

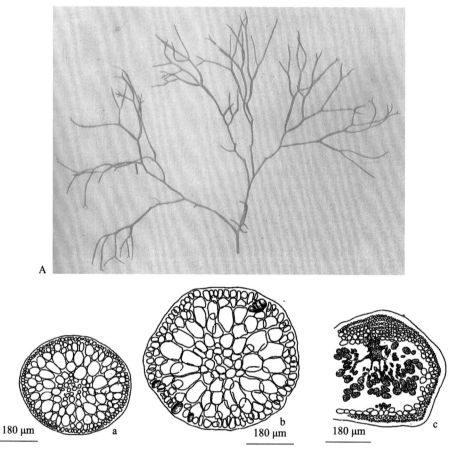

A. 藻体外形;B. 藻体结构

a. 藻体横切面;b. 四分孢子体横切面;c. 囊果切面观

图 4-98　丝状厚线藻 *Sarconema filiforme* (Sond.) Kylin

(A 引自 Tseng,1983;B 引自夏邦美等,1999)

藻体内部构造由皮层和髓部组成,髓部的中心是由一些细小的纵向成束的藻丝组成,横切面观,卵圆形或圆形,径一般为 25 μm 左右,外围则是数层大的长卵圆形或长圆形无色的薄壁细胞,长径为 83～249 μm,短径为 66～116 μm;内皮层细胞 1～2 层,近圆形或卵圆形,长径为 30～33 μm,短径为 20～26 μm;最外 1～2 层为外皮层细胞,长卵圆形或近圆形,长径为 23～26 μm,短径为 10～23 μm,含有色素体。

四分孢子囊散生在整个藻体皮层细胞中,长柱形,长为 40～46 μm,径为 26～29 μm,层形分裂。囊果半球形,突出于体表面,散生在整个藻体上,无柄,基部不缩,也无喙状突起;切面观,中央具有一大的浅裂的融合细胞,其假根状的分枝面向体表的一端,插入到加厚的皮层中,向内产生产孢丝,其顶端形成果孢子囊,卵形或棍棒状,长径为 33～40 μm,短径为 20～26 μm,无果被,成熟的囊果有 1 个小的囊孔。精子囊未见。

本种生长在中潮带石沼较隐蔽处或潮下带 5 m 左右的珊瑚石上。

本种主要分布于东海福建和南海海南岛海域。

腹根藻属 *Tenaciphyllum* Børgesen，1953

藻体膜质，坚韧而肉质，平卧，具背腹面；不规则裂片或扇形，叶片下面生有许多小假根，借以附着到基质上。藻体由髓层和皮层组成，皮层细胞亚圆柱形和长圆形，紧密排列在一起；髓层细胞多为亚球形或亚多角形，自髓层至外部皮层细胞逐渐变小。四分孢子囊纺锤形，层形分裂，生长在稍厚的生殖瘤中。囊果、精子囊未见。

在中国记录本属只有西沙腹根藻 *Tenaciphyllum xishaensis* 1 个种。

西沙腹根藻 *Tenaciphyllum xishaensis* Xia *et* Wang

藻体扁平，平卧，具有明显的背腹面，厚为 456～734 μm，腹面有较多的圆柱状假根突起，单条或分枝，长为 5～6 mm，宽为 1mm，其末端常形成小盘状固着器，借以附着到基质上；藻体由不规则二叉分歧的裂片组成，裂片又可互相重叠，上面的叶片利用腹面的假根附着在下面的叶片上；裂片宽为 0.5～1.5 cm，最宽可达 2 cm，边缘近圆形或深波状；新鲜时暗紫红色，干燥后暗褐色，粗糙且肉质（图 4-99）。

藻体切面观，由皮层和髓部组成，中央由大的不规则近圆形薄壁细胞组成髓部，厚为230～330 μm，胞径为 96～112 μm，最大可达 160 μm，胞壁厚为 10～13 μm，偶能见到间生的小细胞，径为 10～13 μm；外围以 1～2 层较小的微圆的细胞组成内皮层，径为 16.5～33 μm，最外层是 1～2 层含色素体的表皮细胞，长椭圆形，长径为 10～16 μm，短径为 6～13 μm，体表胶质层厚 5～10 μm，繁殖器官部位外胶质层厚于营养部位。

四分孢子囊生长在藻体背腹面的隆起的生殖瘤内，生殖瘤由同化丝和四分孢子囊组成，厚为 99～132 μm，同化丝由许多棒状细胞组成，长为 10～20 μm，径为 2～3 μm，单条或叉分，同化丝的顶端细胞不规则梨形，长径为 13～17 μm，短径为 5～6.6 μm；四分孢子囊笋形，长径为 17～30 μm，短径为 3.3～6.6 μm，层形分裂，生长在同化丝层中。囊果和精子囊未见。

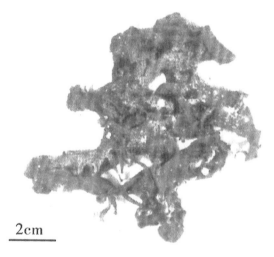

2cm

图 4-99-1　西沙腹根藻 *Tenaciphyllum xishaensis* Xia *et* Wang 藻体外形

（引自夏邦美等，1999）

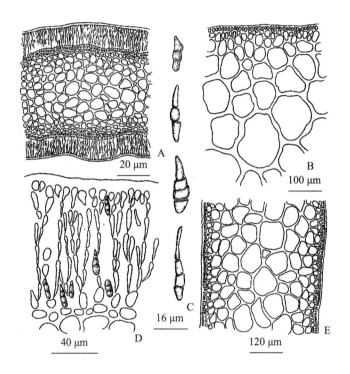

A. 藻体横切面,示四分孢子囊生殖瘤;B. 部分藻体横切面;C. 层形分裂的各类型四分孢子囊;
D. 生殖瘤内四分孢子囊切面观;E. 藻体纵切面

图 4-99-2　西沙腹根藻 *Tenaciphyllum xishaensis* Xia *et* Wang 藻体结构

(引自夏邦美等,1999)

本种生长在礁平台内低潮线下珊瑚枝上。

本种仅分布于南海西沙群岛海域,为中国特有种。

江蓠目 Gracilariales

江蓠科 Gracilariaceae 在《中国海藻志(第二卷,红藻门,第五册)》(1999)中被隶属于杉藻目 Gigartinales。本目仅有江蓠科 1 个科,目的特征同科的特征。

江蓠科 Gracilariaceae

藻体直立,少数匍匐或寄生,有分枝,枝圆柱形,扁压或叶片状,枝内部为单轴型或多轴型,髓部为大的薄壁细胞,互相密接,自内向外逐渐变小;皮层细胞较小,内含色素体。

四分孢子体上的四分孢子囊分布于藻体各处,埋卧于藻体的皮层细胞中,多为十字形分裂;囊果突出于体表面,内部中央有 1 个不育的胎座,周围为果孢子囊,外围有厚的囊果被包围;精子囊生于深浅不等的生殖窠状的体表面下陷皮层细胞内。

《中国海藻志》(1999)中,江蓠科包含 3 个属,蓠生藻属 *Gracilariophila*、江蓠属 *Gracilaria* 和拟石花属 *Gelidiopsis*。而在《中国海洋生物名录》(2008)中把拟石花属 *Gelidiopsis* 归于红皮藻目 Rhodymeniales 红皮藻科 Rhodymeniaceae 内。

江蓠科分属检索表

蓠生藻属 *Gracilariophila* Setchell *et* Wilson，1910

藻体小，球形或不规则瘤状，寄生在江蓠属 *Gracilaria* 的种类上；藻体的内部构造和生殖结构同江蓠属。

在中国记录本属 3 个种：同体蓠生藻 *G. deformans* Weber-van Bosse、枝瘤蓠生藻 *G. infidelis*（Weber-van Bosse）Weber-van Bosse、单瘤蓠生藻 *G. setchellii* Weber-van Bosse。

同体蓠生藻 *Gracilariophila deformans* Weber -van Bosse

藻体为中实的近球形的瘤状物，径为 3～4 mm，高为 2.5～3 mm，紫褐色，裂片较小，其表面生有一些圆形的瘤，这些小瘤通常是繁殖器官，雌雄同体（图 4-100）。四分孢子囊散生在体表面皮层细胞中，长卵形，十字形分裂，囊长径为 23～26 μm，短径为 11～15 μm，周围部分皮层细胞变态。囊果半球形，突出于体表面。切面观，中央有 1 个大的融合细胞，产孢丝细胞小，长卵圆形，其顶端产生长圆形、圆形或卵圆形的果孢子囊，囊径为 6～11 μm，囊果被由 7～8 层细胞组成，顶端有一囊孔。精子囊窠生长在囊果附近的小瘤上，精子囊遍布在腔状生殖窠的窠壁上，精子囊小，无色透明，反光强。

本种寄生于生长在潮间带死珊瑚上的缢江蓠 *Gracilaria salicornia* 藻体上。

本种主要分布于南海广西、海南海域。

江蓠属 *Gracilaria* Greville，1830

藻体直立，丛生，少数匍匐；圆柱状或扁平叶状；体浅红色、紫红色、暗红色或微带绿色；膜质，软骨质或革质；互生，偏生或二叉分枝；固着器盘状；藻体髓部为薄壁细胞组成，外围是较小的含有色素体的皮层细胞。四分孢子囊生长在皮层内，十字形分裂；囊果近球形或圆锥形，突出于体表面；囊果被与产孢丝间有或无吸收丝；雄性繁殖器官生于体表层或埋卧在皮层内，形成深浅不等的坑状或深的生殖窠状，精子囊生于其内。

在中国记录本属 35 个种（包含变种、变型）：弓江蓠 *G. arcuata* Zanardini、弓江蓠原变种 *G. arcuata* var. *arcuata*、弓江蓠异枝变种吸盘变型 *G. arcuata* var. *snackeyi* f. *rhizophora* Weber-van Boaae、弓江蓠异枝变种原变型 *G. arcuata* var. *snackeyi* f. *Snackeyi* Børgesen、节江蓠 *G. articulata* Chang *et* Xia、异枝江蓠 *G. bailinae*（Zhang *et* Xia）Zhang *et* Xia、繁枝江蓠 *G. bangmeiana* Zhang *et* Abbott、芋根江蓠 *G. blodgettii* Harvey、张氏江蓠 *G. changii*（Xia *et* Abbott）Abbott，Zhang *et* Xia 、绳江蓠 *G. chorda* Holmes、脆江蓠 *G. chouae* Zhang *et* Xia、散房江蓠 *G. coronopifolia* J. Agardh、楔叶江蓠 *G. cuneifolia*（Okamura）Lee *et* Kurogi、帚状江蓠 *G. edulis*（Gmelin）Silva、凤尾菜 *G. eucheumoides* Harvey、樊氏江蓠 *G. fanii* Xia *et* Pan、硬江蓠 *G. firma* Chang *et* Xia、粗江蓠 *G. gigas* Harvey、团集江蓠 *G. glomerata* Zhang *et* Xia、海南江蓠 *G. hainanensis* Chang *et* Xia、龙须

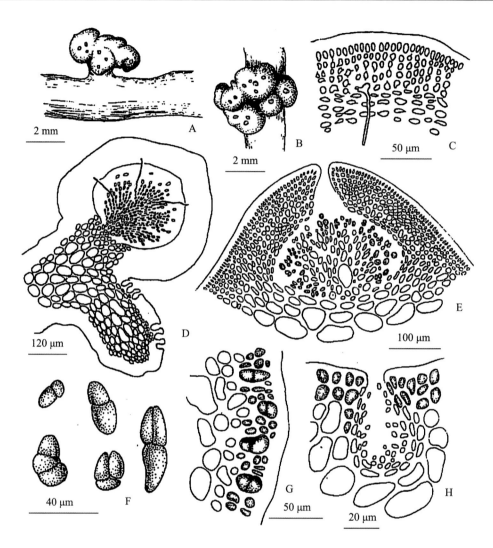

A,B. 藻体外形图;C. 囊果被切面观;D. 雌雄同体切面观;E. 囊果切面观;
G. 各种类型分裂的四分孢子囊;G. 四分孢子囊切面观;H. 精子囊果切面观

图 4-100　同体蒿生藻 *Gracilariophila deformans* Weber -van Bosse 形态结构

（引自夏邦美等,1999）

菜 *G. lemaneiformis* (Bory) Greville、长喙江蓠 *G. longirostris* Zhang *et* Wang、巨孢江蓠
G. megaspora (Dawson) Papenfuss、混合江蓠 *G. mixta* Abbott，Zhang *et* Xia、斑江蓠 *G.
punctata* (Okamura) Yamada、红江蓠 *G. rubra* Chang *et* Xia、缢江蓠 *G. salicomia* (C.
Ag.) Dawson、刺边江蓠 *G. spinulosa* (Okamura) Chang *et* Xia、细基江蓠 *G. tenuistipita-
ta* Chang *et* Xia、细基江蓠繁枝变种 *G. tenuistipitata* var. *liui* Zhang *et* Xia、扁江蓠 *G.
textorii* (Suring) De Toni、真江蓠 *G. vermiculophylla* (Ohmi) Papenfuss、真江蓠简枝变
种 *G. vermiculophylla* var. *zhengii* (Zhang *et* Xia) Yoshida、山本江蓠 *G. yamamotoi*
Zhang *et* Xia 、莺歌海江蓠 *G. yinggehaiensis* Xia *et* Wang。

真江蓠 *Gracilaria vermiculophylla*（Ohmi）Papenfuss［*Gracilaria asiatica* Zhang *et* Xia、*Gracilaria confervoides*（L.）Grev.，Tseng and Li、*Gracilaria confervoides* Greville、*Gracilaria verrucosa*（Huds.）Papenfuss，*Sphaerococcus confervoides* Martens］（图 4-101）

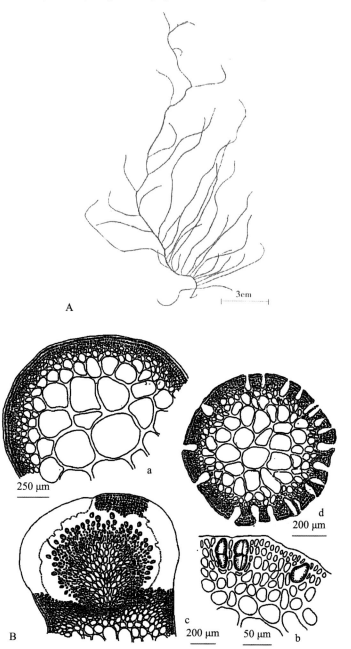

A. 藻体外形；B. 藻体结构

a. 藻体部分横切面观；b. 四分孢子囊切面观；c. 囊果切面图；d. 精子囊横切面

图 4-101-1　真江蓠 *Gracilaria vermiculophylla*（Ohmi）Papenfuss 藻体形态结构

（引自夏邦美等，1999）

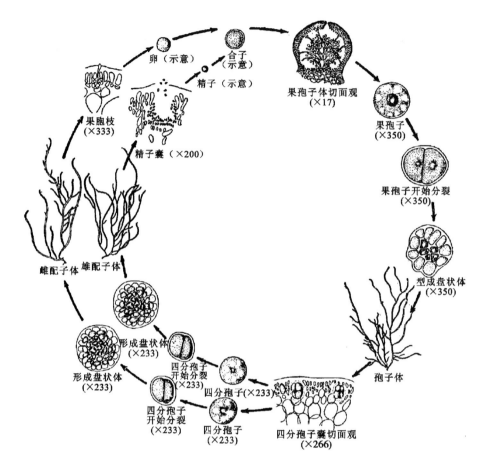

图 4-101-2　真江蓠 *Gracilaria vermiculophylla*（Ohmi）Papenfuss 生活史
（引自曾呈奎等,1962）

　　藻体直立,单生或丛生,线形,圆柱状,高为 30～50 cm,可达 2 m 左右,基部具小盘状固着器,主干及顶或否,径为 1～3 mm,分枝 1～4 次;枝多伸长,常被有短的或长的小枝,或裸露不被小枝,向各个方向不规则地互生、偏生或叉分;分枝的基部常略缩,也可看到缢缩的个体,甚至略缩和缢缩的现象同时出现在一个个体上,枝径为 0.5～2.5 mm,枝端逐渐尖细。紫褐色,有时略带绿或黄色,干燥后变暗褐,藻体亚软骨质,腊叶标本不完全附着于纸上。

　　藻体切面观,内部为大的薄壁细胞组成的髓部,细胞呈不规则圆形,径为 165～365 μm,壁厚为 8～24（40）μm,外围有 3～5 层或更多的逐渐变小的皮层细胞;表层细胞常含有色素体,卵圆形或长圆形,长径为 7～10 μm,短径为 5～7 μm,多少有些背斜排列;细胞自皮层向内逐渐增大,故皮层和髓部之间界限不明显,老时藻体常中空;体表胶质层厚约10 μm。

　　四分孢子囊呈十字形分裂,偶能看到不规则四面锥形分裂,紫红色,散生在藻体表面,埋于皮层细胞中;表面观近圆形或卵圆形,径为 40～46 μm;切面观为卵圆形或长圆形,长径为 49～69 μm,短径为 39～49 μm,被不变态的皮层细胞包围。果胞枝由两个细胞组成。囊果近球形且明显地突出体表面,径为 660~750 μm,一般无喙或略具喙,基部不缩或微缩,内部中央有一个融合胞,上面产生很多薄壁细胞组成的产孢丝;果孢子囊产自产孢丝,形状近于球形或卵形,径为 16~23 μm;吸收丝无或少见,且数量不多;囊果被由 7~13层细胞组成,厚为 115~250 μm;表层细胞一层,切面观,长圆形,内部细胞背斜排列,有时在局部位置显示纵列,除最内面的 2~5 层细胞外,其余 6~8 层内部细胞的胞壁不清,细胞原生质体呈星状,具明显的次生纹孔连接,囊果被的内面常破碎;囊果的顶端有 1 个囊孔,成熟的果孢子就从此孔放散出去。精子囊窠散生在藻体皮层中,深袋状 V 形,表面观呈圆形或长圆形,径为 33~50 μm 或更多,切面观呈卵圆形至长椭圆形腔状,长径为 80~180μm,短径为 33~100 μm,周围的皮层细胞变态或不变态,顶端有一开口;精子囊色淡,反光强,位于腔壁上。

　　本种生长在潮间带至潮下带上部的岩礁、石砾、贝壳以及木料和竹材上,而生长在肥沃、平静的浅水内湾中的藻体更长、更为繁盛。

　　本种分布于中国沿海各海域,北起辽东半岛,南至广东南澳岛,向西至广西的防城港沿岸。

拟石花属 Gelidiopsis Schmitz,1895

　　藻体直立,纤细,不规则分枝;内部构造为多轴型,中央髓部为细长的、小且厚壁的柱形细胞组成,外围细胞稍大,皮层细胞渐小;四分孢子囊生于匙形枝的顶部,四面锥形分裂。囊果明显地突出,单生或集生在分枝的上部。

　　在中国记录本属 2 个种:缠结拟石花 G. intricata(Ag.)Vickers、匍匐拟石花 G. repens(Kützing)Schmitz。

匍匐拟石花 Gelidiopsis repens (Kutzing) Schmitz [Gelidium repens Kützing]

　　藻体黄红色或紫红色,扁平细线状,不规则叉状或掌状分岐,形成扇形,丛生,高为 4~10 cm、分枝宽度为 0.1~0.5 cm。藻体为多轴型构造,髓部由纵向细长细胞组成,皮层由薄壁细胞组成(图 4-102)。

图 4-102　匍匐拟石花 Gelidiopsis repens (Kutzing) Schmitz 藻体外形

(引自黄淑芳,2000)

生活史为同型世代交替,孢子体与配子体外观相似。果胞枝由 3 个细胞组成,果胞枝与辅助细胞由支持细胞形成。成熟囊果卵形,位小枝末端单独生成。四分孢子囊位变形枝先端皮层内,十字形分裂。

本种生长在潮间带下部至潮下带礁岩上。

本种仅分布在东海台湾东北部海域。

伊谷藻目 Ahnfeltiales

果胞顶生,无柄,生长在从营养体皮层向外发育的雌孢子堆的未特化的丝体上;受精以后,果胞与未特化的营养细胞合并与向外生长的产孢丝原始体切断;在雌孢子上向外生长的分枝产孢丝与营养细胞和其他产孢丝细胞并合,其后向外辐射并顶生在果孢子囊中;纹孔栓缺少帽层和帽膜;细胞壁含有琼胶。

本目只有 1 个科。

伊谷藻科 Ahnfeltiaccae

配子体具有展开的固着器和直立的多轴分枝轴体,营养丝形成生有次生纹孔连结的结合细胞,也有直接结合的细胞;精子囊母细胞横切成一个精子,果胞顶生,无柄,生长在从营养体皮层向外发育的雌孢子堆的无区别丝体上;受精以后,果胞随意与未特化的营养细胞并合并与向外生长的产孢丝原始体切断;每个雌配子堆中的若干合子引起在雌配子堆上向外生长的分枝产孢丝与不育细胞和其他产孢丝细胞合并,产孢丝逐渐密集交织,其后在复合外生长的果孢子体向外辐射并顶生在果孢子囊中;皮层细胞发育为单孢子囊;四分孢子体皮壳状,具有直接细胞合并,但缺次生纹孔连结,四分孢子囊发育在囊群中,由顶端分裂形成的短丝和继续分裂形成的四分孢子细胞的结果,成熟的四分孢子囊为不规则地层形分裂,四分孢子细胞自顶细胞向下分裂;纹孔栓缺帽层和帽膜;细胞壁含有琼胶。

本科只有一个属。

伊谷藻属 *Ahnfeltia* Fries,1835

藻体直立,具有较多的源于圆柱形根状茎的圆柱形到稍扁压的分枝。反复地二叉分枝或不规则分枝,坚硬。髓部由狭窄的、平行的纵向长丝体组成;外皮层紧密连接的细胞层放射状排列。单孢子囊产生在膨大分枝的生殖瘤内。

在中国记录本属 2 个种:帚状伊谷藻 *A. fastigiata* (Post. *et* Ruprecht) Makienko、莺歌海伊谷藻 *A. yinggehaiensis* Xia *et* Zhang。《Common Seaweeds of China》(1983) 和《浙江海藻原色图谱》(1983)都记录有叉枝伊谷藻 *A. furcellata* Okam. 但在《中国海藻志》(1999)和《中国海洋生物名录》(2008)内都未收录。

帚状伊谷藻 *Ahnfeltia fastigiata* (Post. *et* Ruprecht) Makienko [*Ahnfelfia plicala* var. *fastigiata* Post. *et* Rupr,J. Ag.、*Gmnogongrus fastigiata* (Post. *et* Ruprecht) Ruprecht、*Gigartina fastigiata* Postels *et* Ruprecht]

藻体线形,圆柱状,较纤细,高为 4～5.5 cm,基部具稍大不规则盘状固着器;较规则地二叉分枝,枝径变异不大,宽为 332～340 μm,枝基不缩,枝端钝形;藻体暗紫红色,亚软骨质(图 4-103)。

　　藻体横切面观:中央由较小的不规则圆形或长圆形的髓部细胞组成,长径为 7～13.2 μm,短径为 5～6.6 μm;外围以 2～3 层长柱形的皮层细胞包围,长径为 3～5,短径为 1～2 μm。

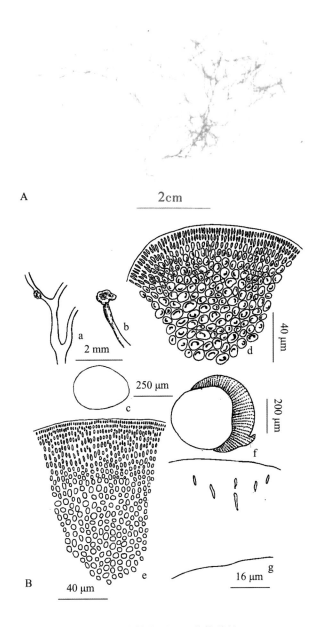

A. 藻体外形;B. 藻体结构

a,b. 果孢子体外形图;c. 中轴横切面观;d,e. 部分中轴横切面观;

f. 果孢子体横切面观;g. 雌性孢子堆中的果孢

图 4-103　帚状伊谷藻 *Ahnfeltia fastigiata* (Post. et Ruprecht) Makienko 藻体形态结构

(引自夏邦美等,1999)

果孢子体长在枝上,明显的凸出,呈瘤状。切面观,瘤状果孢子体由雌性孢囊堆和产孢丝组成,448 μm 宽,132 μm 厚,在雌性孢囊堆中观察到少量的果胞,着色深。雄配子体及四分孢子体未见。

本种仅分布于南海广东沿海。

红皮藻目 Rhodymeniales

藻体扁平,扁压,圆柱形或中空,多轴型;果胞系具有 1~2 个辅助细胞枝,辅助细胞枝由 2 个细胞组成(个别,由 3 个细胞组成),它们在受精前直接源于支持细胞。但是,这些细胞枝只在受精后才变的可以辨别;四分孢子囊顶生或间生在皮层细胞中,十字形分裂或四面锥形分裂(少数形成多孢子囊);精子囊源于皮层细胞;囊果具有囊果被,并有囊孔;生活史为多管藻 Polysiphonia 类型。

红皮藻目分科检索表

1. 藻体有一明显的主轴,髓层无丝状细胞;孢子囊十字形或四面锥形分裂;果胞枝 3 个细胞,囊果形成时不形成大的融合胞 ……………………………………………… 红皮藻科 Rhodymeniaceae
1. 藻体没有一明显的主轴,髓层有丝状细胞;孢子囊四面锥形分裂;果胞枝 3~4 个细胞,囊果形成时形成大的融合胞 …………………………………………………… 环节藻科 Champiaceae

环节藻科 Champiaceae

藻体为分枝圆柱形到狭窄地叶状,有时具棱角形细胞组成的髓部,但通常为中空,并被横隔膜等距间隔。四分孢子囊多为四面锥形分裂,有时形成多孢子囊,分布于外皮层;精子囊无色,生于表皮层;果胞枝多为 4 个细胞,辅助细胞受精后和其他细胞融合,产孢丝的大多细胞或仅顶端的一些细胞变为果孢子囊。

环节藻科分属检索表

1. 藻体下部具有一中实的较细的茎,支持着上部分隔的囊状分枝……………… 腹枝藻属 Gastroclonium
1. 藻体不如上述 ……………………………………………………………………………… 2
　2. 分枝扁平 ………………………………………………………………… 蛙掌藻属 Binghamia
　2. 分枝圆柱形或稍扁压 ……………………………………………………………………… 3
3. 藻体不规则缢缩,分枝基部中实,其余部分中空 ………………………………… 节荚藻属 Lomentaria
3. 藻体规则地缢缩成环,中空,由很多横隔分隔 ……………………………………… 环节藻属 Champia

蛙掌藻属 Binghamia J. Agardh, 1894

藻体扁平,不规则叉状分枝,有时边缘有羽状次生小枝;分枝开始中实,后来变为中空,具有纵向的网状横隔膜。四分孢子囊生于体表凹陷的囊窠中,四面锥形分裂;精子囊生于藻体表皮层;囊果突出,坛状,具有明显的喙状突起,产孢丝大部分细胞形成果孢子囊。

在中国记录本属只有蛙掌藻 Binghamia californica 1 个种。

蛙掌藻 *Binghamia californica* **J. Agardh**［*Binghamiella californica*（**Farlow**）**Setchell** *et* **Dawson**］

藻体宽线形,扁平叶状,高 2 cm 左右,基部具不规则盘状固着器,藉以附着于基质上;不规则叉状分枝,枝上部常有 3～6 个叉形分裂,形似蛙类的掌,枝端尖或钝形;边缘全缘或有小叶状副枝;紫红色,膜质(图 4-104)。

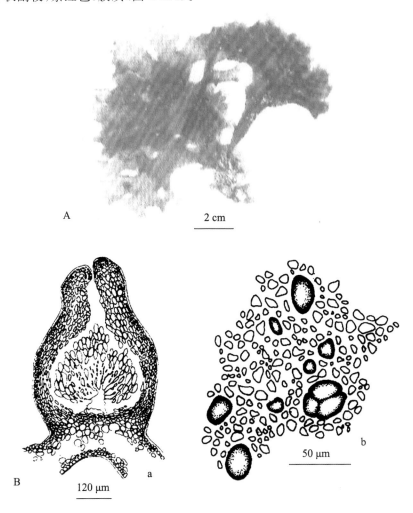

A. 藻体外形;B. 藻体结构

a. 囊果切面观;b. 细胞结构

图 4-104　蛙掌藻 *Binghamia californica* **J. Agardh 藻体形态结构**

（引自夏邦美等,1999）

藻体切面观,内部中空,体壁由圆形或椭圆形细胞组成,内部细胞大而薄壁,外部细胞小,有时在内层细胞壁上能见到腺细胞。

四分孢子囊生长在藻体上部皮层细胞中,表面观卵圆形,长径为 26～46 μm;切面观卵圆形或不规则长卵圆形,埋于皮层细胞中,长径为 56～73,短径为 26～33 μm,四面锥形分裂。囊果明显的突出于体表面,具较长的喙状突起,基部略缩,高为 830 μm,宽为 581～631 μm,切面观囊果中央底部有大的不规则裂瓣的融合细胞,长径为 158～349,短径为 92～167 μm,产孢丝顶端产生果孢子囊,长卵圆形或长椭圆形,长径为 39～66,短径为 20～33 μm,囊果被由 6～8 层横椭圆形细胞组成,厚为 86～132 μm;囊果顶端有开口。精子囊生于表皮层细胞,小粒状,径约 3 μm,色淡,反光强。

本种生长在低潮线附近岩石上。

本种主要分布于东海浙江沿海。

环节藻属 *Champia* Desvaux,1809

藻体多为圆柱形,有时稍扁压,中空,较规则地缢缩成环状节和节间,缢缩处由 1 层细胞组成,内部有纵走丝体,其上生有腺细胞;四分孢子囊分布在皮层细胞中,四面锥形分裂;精子囊生于表皮层;囊果明显地突出,产孢丝具有丰富的分枝,顶端形成果孢子囊。

在中国记录本属 2 个种:日本环节藻 *C. japonica* Okamura、环节藻 *C. parvula* (C. Ag.) Harvey。

环节藻 *Champia parvula* (C. Ag) Harvey

藻体直立,丛生,或附生在其他藻体(如蔓枝马尾藻和麒麟菜等)上,由圆柱状分枝组成,高为 2～10 cm,宽为 1～2.5 cm;分枝圆柱状,互生,有时对生,枝基部略细,枝端渐细,顶端钝头,由许多圆桶状节片组成;节片长为 0.65～1 mm,宽为 0.49～0.77 mm,节处有横隔膜。紫褐色或微绿色,柔软,黏滑,膜质(图 4-105)。

藻体内部中空,皮层由 1～2 层细胞组成,表面观为不规则的圆至卵圆形,径为 22～38 μm,间生有小细胞,径为 6.4～13 μm;切面观,大细胞为不规则的角圆长方形,长为 29～58 μm,宽为 19～32 μm,内壁上有近圆形的腺细胞,径为 9.6～16 μm。体壁厚为 38～61 μm,体中央充满有无色透明的黏液;横隔膜细胞表面观为不规则的多角形,径为 49～82 μm。

A

图 4-105-1　环节藻 *Champia parvula* (C. Ag) Harvey 藻体外形

(引自黄淑芳,2000)

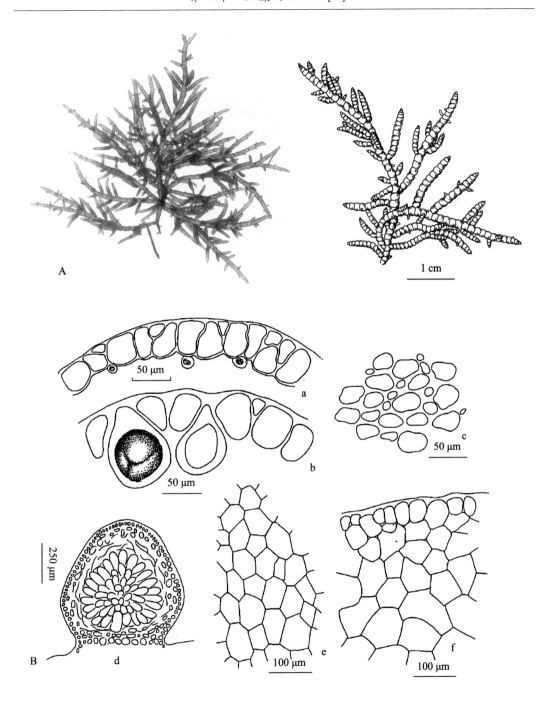

A. 藻体外形；B. 藻体结构

a. 藻体部分横切面；b. 四分孢子体的部分横切面；c. 部分藻体的表面观；d. 囊果切面观；

e,f. 横隔膜细胞

图 4-105-2　环节藻 *Champia parvula* (C. Ag) Harvey 藻体形态结构

（a 引自 Tseng，1983；b 引自夏邦美等，1999）

四分孢子囊生长在枝上部皮层细胞中,表面观近球形,径为 $29\sim35~\mu m$;切面观,卵圆形,长径为 $74\sim86~\mu m$,短径为 $54\sim70~\mu m$,四面锥形分裂。囊果近球形,散生在枝上,突出体表面,基部略缩,喙不明显,有孔;胎座细胞长柱形,上面生有长棒状的果孢子囊,长径为 $70\sim96$,短径为 $32\sim45~\mu m$,囊果顶端有 1 个囊孔。精子囊未见。

本种生长在潮间带岩石上或礁平台内低潮线下 $0.5\sim1$ m 处的珊瑚礁上,常与其它藻类混生。

本种遍布中国沿海各海域。

腹枝藻属 *Gastroclonium* Kützing,1843

藻体具中实的主干,生有中空并有横隔膜小枝,小枝由一些缢缩成节的节片组成;囊果中心有 1 个大的融合细胞,融合细胞周围附有大的果孢子;四分孢子体具四分孢子囊,有时可产生多孢子囊。

在中国记录本属只有西沙腹枝藻 *Gastroclonium xishaensis* 1 个种。

西沙腹枝藻 *Gastroclonium xishaensis* Chang et Xia

藻体直立,高为 $15\sim25$ mm,宽为 $1.5\sim2$ mm,基部有 1 个不规则的盘状固着器,借以固着在珊瑚上(图 4-106)。藻体下部具有分枝或不分枝圆柱状主干,长为 $2\sim5$ mm,径为 $0.9\sim2$ mm,中实。切面观,细胞自内向外逐渐变小,髓部由许多不规则圆形或长圆形的薄壁细胞组成,径为 $48\sim110~\mu m$,外层细胞较小,不规则圆形或扁圆形,径为 $13\sim16~\mu m$,中间无纵向丝;主干顶端纵生出 $2\sim8$ 个小枝,在解剖镜下检查,小枝呈极短距离的互生状,枝单条或在上部节处长出次生幼枝,但较少见;枝长圆柱形,念珠状,长为 $11\sim19$ mm,由 7~13 节组成,节处略缢缩,内有多角形细胞组成的横隔膜,径为 $0.06\sim0.15$ mm;最基部的关节细而长,长为 $1.35\sim1.47$ mm,径为 $0.53\sim0.91$ mm;枝端节片略尖,长小于宽,长为 $0.24\sim0.41$ mm,宽为 $0.64\sim0.83$ mm;越靠近中部,其节片长与宽逐渐接近,长为 $0.57\sim1.24$ mm,宽为 $1.14\sim1.93$ mm;幼枝一般 $2\sim4$ 个节片,顶端略圆,长为 $0.10\sim0.46$,宽为 $0.32\sim0.64$ mm;生活在水中时藻体发明亮的荧光。藻体内部充满粘液,蜡叶标本浅紫褐色。

1cm

图 4-106-1 西沙腹枝藻 *Gastroclonium xishaensis* Chang et Xia 藻体外形

(引自夏邦美等,1999)

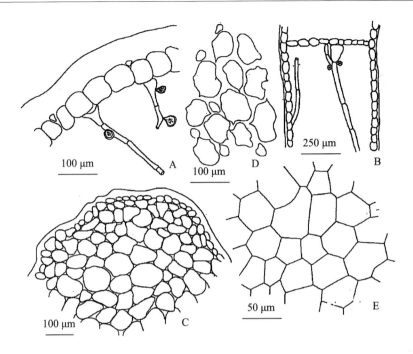

A. 部分藻体的横切面,图示纵丝上生长的腺细胞;B. 部分藻体的纵切面,图示纵丝上生长的腺细胞;
C. 茎的横切面的一部分;D. 部分藻体的表面观;E. 横膈膜细胞的表面观

图 4-106-2　西沙腹枝藻 *Gastroclonium xishaensis* Chang *et* Xia 藻体结构

（引自夏邦美等,1999）

　　横切面观,由一层近方形、长方形或近圆形细胞组成,体壁长径为 38~64 μm,短径为 38~70 μm,偶有不规则圆形或近三角形的小细胞镶嵌在细胞间,径为 13~16 μm;丝体上生有圆形或卵圆形的腺细胞,胞径为 26~32 μm;外围胶质层厚为 32~51 μm。繁殖器官未见。

　　本种生长在礁平台低潮线下 0.5 m 处的珊瑚礁石上。

　　本种仅分布于南海海南海域,为中国特有种。

节荚藻属 *Lomentaria* Lyngbye, 1819

　　藻体圆柱形或稍扁平,由多层细胞的横隔缢缩成不规则的节间;内部由皮层和髓部组成;具腺细胞;四分孢子囊集生在皮层细胞中,四面锥形分裂;精子囊生长在藻体表面表皮细胞上;果胞枝 3 个细胞,囊果突出,具囊孔,大部分产孢丝细胞形成果孢子囊。

　　在中国记录本属 2 个种:链状节荚藻 *L. catenata* Harvey、节荚藻 *L. hakodatensis* Yendo。

节荚藻 *Lomentaria hakodatensis* Yendo

　　藻体直立丛生,分枝密集,圆柱形,高为 3.5~6.5 cm。藻体基部具匍匐茎状的盘状固着器。固着器上长有直立枝,直径为 0.5~1(1.3)mm。分枝多为对生、轮生,极少互生。枝基部略缩,顶端尖细,具有明显的不规则节和节间,节部明显缢缩。藻体紫红色,柔软,黏滑(图 4-107)。

　　藻体内部由皮层和髓层及中央腔组成,在中央腔处有由多层细胞组成的横隔膜将空

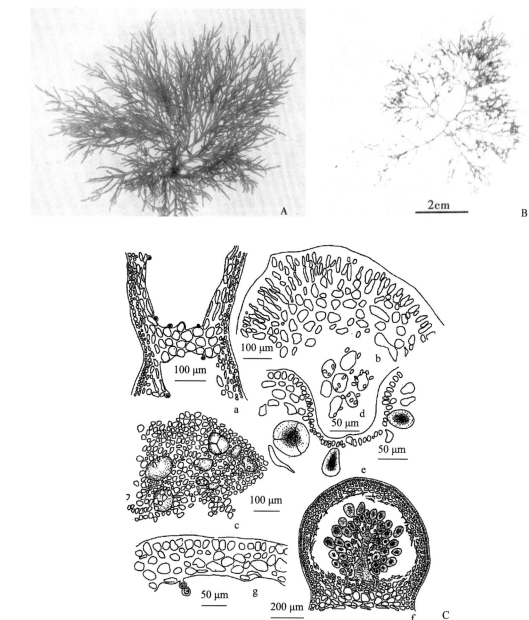

A,B. 藻体外形;C. 藻体结构

a. 藻体纵切面观;b. 藻体部分横切面观;c. 四分孢子囊表面观;d. 精子囊表面观;

e. 四分孢子囊切面观;f. 囊果切面观;g. 部分藻体横切面,示腺细胞

图 4-107 节荚藻 *Lomentaria hakodatensis* Yendo 藻体形态结构

(A 引自 Tseng,1983;BC 引自夏邦美等,1999)

腔间隔开。横切面观,皮层由单层具有色素体的长椭圆形细胞组成,长径为 8～17 μm,短径为 8～13 μm,排列成栅状;髓层由 3～4 层圆至椭圆形细胞组成,排列由外向内变为疏

松,长径为6.6～30 μm,短径为 6.6～26 μm。纵切面观髓层细胞延长成长柱形,横隔膜由3～4 层不规则排列的透明的椭圆形细胞组成,长径为 36～43 μm,短径为 33～40 μm,其上生有卵形的腺细胞,长径约8.2～9.9 μm。

四分孢子囊集生在小枝的皮层内侧,成熟多为圆形,四面锥形分裂,径为59～96 μm。囊果多生于体上部的小枝上,单生或集生,近球形,上部略有喙,基部略缩,囊果高为747～996 μm,径为697～963 μm。切面观,中央有 1 个大的融合细胞,径为 277 μm× 59 μm,果孢子囊圆形至长椭圆形,径为59～118 μm× 33～59 μm;囊果周围是由 4～6 层细胞组成的囊果被,厚为92～118 μm。精子囊集生于分枝的表面,半球形至长椭球形,长径为12～20 μm,短径为 8 μm。

本种生长在低潮带浪大处的岩石上。

本种主要分布于黄海辽宁、山东和东海浙江沿海。

红皮藻科 Rhodymeniaceae

藻体圆柱形或叶状体,大多数种类具有分枝;髓层由具角的细胞组成,或中空;皮层由背斜排列的 3～4 层细胞组成;腺细胞单生或群生;四分孢子囊十字形分裂,生于皮层细胞间或形成囊窠;果胞枝 3 个细胞,辅助细胞受精后一般不和其他细胞融合;产孢丝的大部分细胞发育为果孢子囊。

红皮藻科分属检索表

葡萄藻属 Botryocladia (J. Agardh) Kylin, 1931

藻体单个或分枝,具有中实的圆柱形的单管轴,其上生 1 至多个直立囊状分枝,囊状枝球形,梨形或长柱形,具柄或分枝,中空,内皮层由 1 至数层大的、无色细胞组成,内层壁上长有无柄的腺细胞,单个或集生,突出于腔内,腔内充满粘液;外皮层细胞少。四分孢子囊散生在皮层中,十字形分裂。囊果向外突出或内部的,具囊孔。精子囊生于囊状枝的表皮层。

在中国记录本属 3 个种:葡萄藻 *B. leptopoda*（J. Agardh）Kylin、梨形葡萄藻 *B. pyriformis*（Børgesen）Kylin、厚壁葡萄藻 *B. skottsbergii*（Boerg.）Levring。

葡萄藻 *Botryocladia leptopoda*（J. Agardh）Kylin

藻体直立,圆柱形,高为 14～17 cm,基部具盘状固着器,主轴及顶或不明显,中实,径为 1～1.5 mm,主枝互生于主轴上。主枝及小枝上密被倒卵形囊,长为 1.5～5 mm,短径为 1～2.5 mm,中空;具小柄,柄长为 0.2～0.5 mm,中实。切面观,由许多近圆形的薄壁细胞组成髓部,径为 46～99 μm;外围 2～3 层较小的内皮层细胞,径为 13～20 μm;最外 1～2 层皮层细胞,长径为 5～16.5 μm,短径为 3.3～6.6 μm。淡粉红色或浅褐色,膜质(图 4-108)。

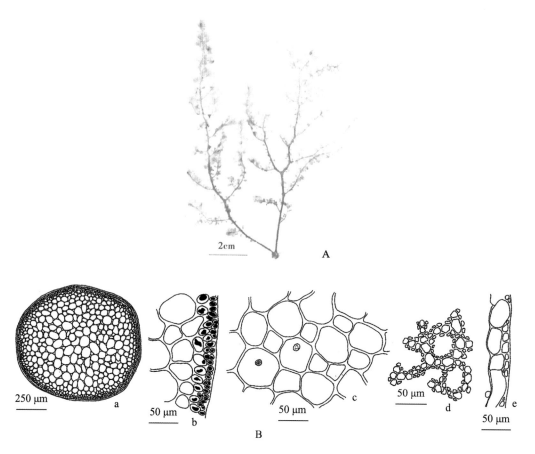

A. 藻体外形；B. 藻体结构

a. 基部茎的横切面；b. 部分茎的横切面放大；c. 囊体内壁表面观；d. 囊体表面观；e. 囊体切面观

图 4-108　葡萄藻 *Botryocladia leptopoda*（J. Agardh）Kylin 藻体形态结构

(引自夏邦美等,1999)

囊内部构造:里面为一层大而无色透明的薄壁细胞,切面观呈角圆的长方形,宽为 30

～36 μm,长为 43～73 μm;表面观则呈有角的圆或方形,径为 36～66 μm,有时内层细胞壁上附生有 1 个近球形腺细胞,径为 16.5 μm;外面有一层不完全覆盖的含有色素体的小细胞,扁压椭圆形或近方形,长径为 2～5 μm,短径为 3～7 μm。囊壁厚为 30～36 μm。生殖器官未见。

伴绵藻属 *Ceratodictyon* Zanardini,1878

藻体与海绵(现为多孔动物门,Porisera)共生,体形极不规则,圆柱状,不规则向各方分枝,枝常互相愈合连结成网;髓部由长柱形薄壁细胞组成,皮层细胞渐小,外层含有色素体。四分孢子囊散生在皮层细胞中,不规则十字形分裂;囊果卵球形,突出于体表面。

在中国记录本属伴绵藻 *Ceratodictyon spongiosum* 1 个种。

伴绵藻 *Ceratodictyon spongiosum* **Zanardini**

藻体与海绵共生,常错综形成一团,外形为直立圆柱状不规则分枝的海绵体,体上生有一些圆形的海绵固有的出水孔,体长为 10～20 cm,宽为 0.5～1 cm,褐色,蜡叶标本不易附着于纸上(图 4-109)。藻体软骨质,由不规则分歧的圆柱状枝组成错综缠结的网状结构。

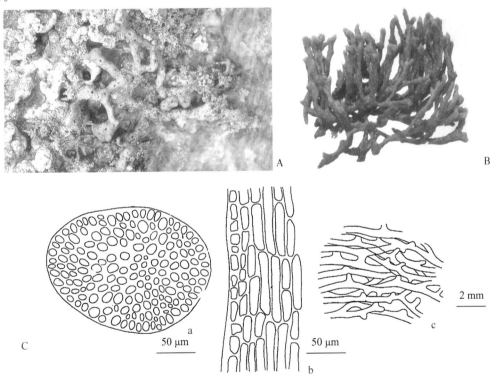

A,B.藻体外形;C.藻体结构

a. 小枝的横切面;b. 小枝的部分纵切面;c. 藻体由不规则圆柱状枝组成错综复杂的网状结构

图 4-109　伴绵藻 *Ceratodictyon spongiosum* Zanardini 藻体形态结构

(A 引自黄淑芒,2000;B 引自 Tseng,1983;C 引自夏邦美等,1999)

藻体的纵切面观,中央髓部由一些长柱形的细胞组成,长为 54～102 μm,径为 16～19 μm;横切面观:为不规则近圆形的细胞组成,径为 9.6～16(19) μm,向周围逐渐变小;在网状细枝的空隙充有海绵的骨针。繁殖器官未见到。

本种生长在礁平台内低潮线下 1 m 左右的珊瑚礁上。

本种主要分布于东海台湾东北部海域(又名角网藻),南海海南岛海域。

金膜藻属 Chrysymenia J. Agardh, 1842

藻体圆柱形,稍扁压,很少扁平,中空,互生分枝,藻体由皮层和髓部组成;髓丝少许或无;内皮层细胞大,有的具有腺细胞;外皮层 1～3 层小细胞;四分孢子囊散生在皮层细胞间,十字形分裂;囊果散生,半球形,具囊孔。

在中国记录本属 2 个种:仰卧金膜藻 C. procumbens Weber-van Bosse、金膜藻 C. Wrightii (Harvey) Yamada。

金膜藻 Chrysymenia wrightii (Harvey) Yamada

藻体直立,单生或丛生,圆柱形或略扁压,高为 10～18 cm,径为 2～3.5 mm;基部具盘状固着器,径为 1～2.5 mm,借以附着于基质上;其上具短柄,圆柱形,径为 1 mm 左右;主枝较明显;互生、对生或不规则分枝,枝基部明显的缢缩,枝端渐尖;最末小枝有的稍向内弯;藻体紫红色,膜质,光滑,含有胶质,腊叶标本能较好地附着于纸上(图 4-110)。

藻体的内部构造由皮层和髓层及中央腔组成,切面观,髓部由 3～4 层大的不规则圆至扁椭圆形的薄壁细胞组成,长径为 53～112 μm,短径为 30～73 μm,最内层的髓层细胞上,有的生有腺细胞及菌丝状的丝体伸向腔内,腺细胞卵圆形或近圆形,长径为 13～26 μm,短径为 6.6～18 μm;菌丝由 2～3 个细胞组成,厚壁,径为 13.2～19.8 μm;皮层由 2～3 层不规则排列的细胞组成,外皮层细胞小,卵圆形或椭圆形,含有色素体,长径为 6.6～9.9 μm,短径为 5～6.6 μm;内皮层细胞一层,扁压,椭圆形,长径为 20～33 μm,短径为 12～26 μm;藻体壁厚为 96～132 μm;内面不完整。

四分孢子囊散生在藻体皮层细胞中,表面观圆至椭圆形,长径为 23～33 μm,短径为 16.5～20 μm;切面观卵圆形至长圆形,长径为 33～46 μm,短径为 20～26 μm,被皮层细胞包围,十字形分裂。

囊果散生在藻体上,明显地突出,半球形或亚球形,基部略缩,略有喙,高为 664～697 μm,宽为 896～996 μm,果胞枝 4 个细胞;切面观,囊果中央基部具不太明显的融合胞及产孢丝,其上集生成团的果孢子囊,囊卵形或长卵形,长径为 26～33 μm,短径为 13.2～17 μm;囊果被厚为 183～199 μm,由 8～9 层扁压椭球形细胞组成,顶端具囊孔。精子囊散生在藻体表面表皮层,小粒状,色淡,反光强。

本种习惯生长在低潮带的石沼中或低潮线下 1 m 左右的岩石上,常被大风冲上岸。

本种常见于黄海辽宁、山东,东海浙江海域。

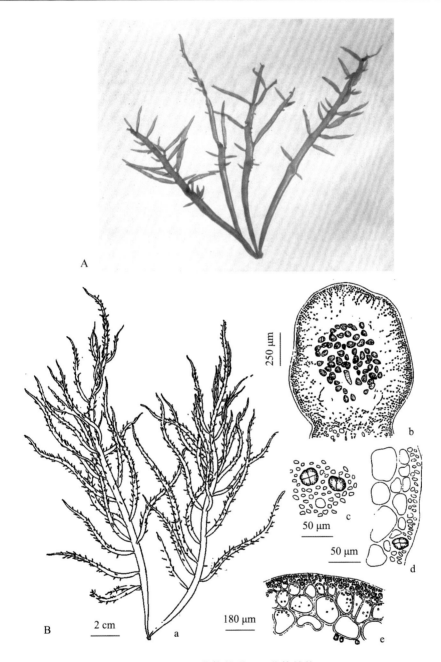

A. 藻体外形；B. 藻体结构

a. 藻体外形图；b. 囊果切面观；c. 四分孢子囊表面观；d. 四分孢子囊切面观；e. 部分藻体切面观

图 4-110　金膜藻 _Chrysymenia wrightii_（Harvey）Yamada 藻体形态结构

（A 引自 Tseng，1983；B 引自夏邦美等，1999）

腔节藻属 _Coelarthrum_ Bøergesen，1910

藻体直立，分枝（叉状，分节，节间中空），有薄的膜状体壁，腔内充满胶质；体壁由 2 层细胞组成,外层细胞较小,内层细胞较大,在腔内壁 1 个小的支持细胞上有时长有 1～5 个腺细胞;有横隔膜;四分孢子囊生长在外皮层细胞中,十字形分裂;囊果散生,半球形,果被具囊孔。

在中国记录本属聚集腔节藻 Coelarthrum boergesenii 1 个种。

聚集腔节藻 Coelarthrum boergesenii Weber-van Bosse〔Coelarthrum coactum Okamur et Segawa〕

藻体直立或横卧生长,由许多具有关节的圆柱状囊体组成,高为 2～3 cm,叉状或不规则分枝。中空,缢缩关节处具有横隔膜。藻体各处常粘连形成网结状;节部球形或倒卵形,径为 1～3.5 mm。藻体粉红色,体软,膜质(图 4-111)。

藻体横切面观,囊体的内面是 1 层(偶尔有 2 层)大的薄壁细胞,短径为 65～82 μm,长径为 114～179 μm;外面是 2～3 层小的皮层细胞,径为 32～38 μm× 64～116 μm;腺细胞卵圆形或圆形,长径为 14～22 μm,短径为 9～16 μm,2～5 个群生,生长在体内面的星状细胞或普通细胞上。体壁厚 89～160 μm;内壁大细胞表面观为不规则圆形,径为 179~277 μm;横隔膜由 2～3 层细胞组成,排列不整齐,胞径为 50～114 μm。

四分孢子囊成群集生于囊体的皮层细胞中,卵形或椭球形。长径为 16～19 μm,短径为 13～16 μm,十字形分裂。囊果半球形,突出于囊体表面,长径为 391～652 μm,短径为 10～13 μm。在囊果腔内有时能看到由囊果底部伸向果被的丝体。囊果被厚为 130～150 μm,由数层球形或扁球形细胞组成,顶端有 1 个囊孔。精子囊未见。

本种生长在礁平台内低潮带珊瑚礁上。

本种主要分布于南海西沙群岛及南沙群岛海域。

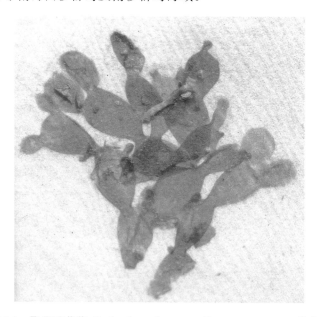

图 4-111-1　聚集腔节藻 Coelarthrum boergesenii Weber-van Bosse 藻体外形

(引自 Tseng,1983)

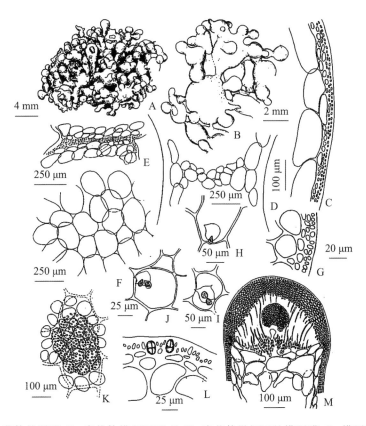

A、B. 部分藻体外形图；C. 囊状体横切面观；D、E. 囊状体纵切面的横膈膜；F. 横膈膜表面观；

G. 部分囊状体横切面；H～J. 生长在体内面星状细胞上的腺细胞；K. 囊状体表面观；

L. 四分孢子囊切面观；M. 囊果切面观

图 4-111-2　聚集腔节藻 *Coelarthrum boergesenii* Weber-van Bosse 藻体结构

（A 引自 Tseng，1983；B 引自夏邦美等，1999）

腔腺藻属 *Coelothrix* Børgesen，1920

藻体硬，较细，圆柱形，具较多不规则分枝，藻体由皮层和髓层组成，髓层中空；体壁由几层细胞组成，内层细胞壁上长有腺细胞，外皮层细胞较小；四分孢子囊十字形分裂，集生在稍膨大的枝端。

在中国记录本属有不规则腔腺藻 *Coelothrix irregularis* 1 个种。

不规则腔腺藻 *Coelothrix irregularis*（Harv.）Børgesen（图 4-112）

藻体由圆柱状枝组成，体高为 3～7 cm，丛生或匍匐缠结成疏松的或紧密的垫状，体基部或下面生有不规则盘状固着器，分枝圆柱状，不规则分歧，常在枝的弯曲面上偏生，枝端渐狭，枝径为 300～780 μm，枝间有时产生粘连。暗红色，有时略带青色，活体具荧光，体质较硬，软骨质。

藻体切面观，中空，髓部由一些疏松的延长的细胞组成丝体，上面附生有卵圆形的外有透明的胶质膜包围的腺细胞，腺细胞长径为 25～28 μm，短径为 19～22 μm。皮层细胞横切面观为不规则圆形或长圆形，细胞长径为 25～28 μm，短径为 13～26 μm，外面有透明的胶质层表皮。

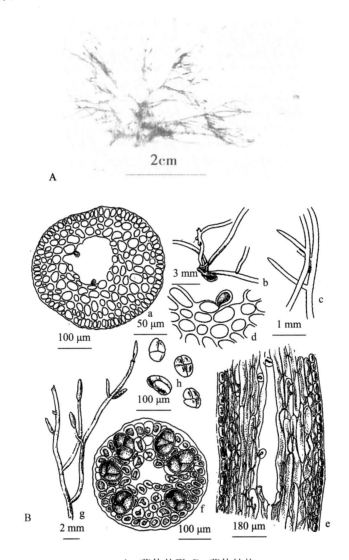

A. 藻体外形；B. 藻体结构

a. 藻体横切面切；b. 固着器；c. 枝间粘连；d. 藻体内壁上的腺细胞；e. 藻体纵切面观；

f. 孢囊枝切面观；g. 孢囊枝外形图；h. 四分孢子囊

图 4-112　不规则腔腺藻 *Coelothrix irregularis*（Harv.）Børgesen 藻体形态结构

（引自夏邦美等,1999）

　　四分孢子囊生长在小枝上部膨大部分的皮层细胞中,圆球形至卵形,囊长径为 70～77 μm,短径为 51～64 μm,四面锥形分裂,偶能见到十字形分裂或不规则分裂。囊果和精子囊未见。

　　本种生长在礁平台内低潮线下 1 m 处的珊瑚枝上,生活时在水中发荧光。

　　本种仅分布于南海海南岛海域。

隐蜘藻属 *Cryptarachne*（Harvey）Kylin，1931

藻体叶状或扁压,深裂或浅裂,具有次生边缘叶片,常局部中空,但不形成囊状或管状;内皮层细胞大,紧密排列,偶有腺细胞;藻体中央具有一些较细的、疏松的无色丝体。外皮层 1～3 层较小细胞组成。

在中国记录本属 3 个种:齿叶隐蜘藻 *C. kairnbachii*（Grun.）Kylin、全缘隐蜘藻 *C. okamurai*（Yamada *et* Segawa）Zhang *et* Xia、网状隐蜘藻 *C. reticulate* Xia *et* Wang。

全缘隐蜘藻 *Cryptarachne okamurai*（Yamada *et* Segawa）Zhang *et* Xia [*Chrysymenia okamurai* Yamada *et* Segawa]

藻体扁压,中空,由不规则复叉状分枝组成平卧于基质上的块状体,径为 4～5 cm,基部及体下部枝侧面处生有圆柱状固着器;枝不规则复叉状分枝,枝径为 0.5～1 cm,分叉处宽可达 1.5～2 cm。枝缘全缘,枝端钝圆或分叉,腋角圆,紫红色,干燥后变浅红色,胶质至膜质(图 4-113)。

横切面观,藻体中空,中间充满黏液,体壁有数层细胞组成,内面为 2～3 层较大的、微圆的薄壁细胞,径为 130～230 μm;最内层的细胞则常为扁圆形,长径为 130～160 μm,短径为 250～290 μm,细胞径向外逐渐变小,66→50→13→9 μm;最外 1～2 层皮层细胞小,近卵圆形,含色素体,长径为 5～6 μm,短径为 2～3 μm;在最内层大细胞上有时具有卵圆形厚壁的腺细胞,径为 17～26 μm。髓部细胞的内壁上有时或多或少生有丝状体,分枝或不分枝,丝端渐细,丝径为 9.5～12.5 μm,伸向中央的空腔处,内部细胞常不整齐,致使内壁极不平滑。

四分孢子囊位于藻体上部皮层细胞中,十字形分裂,长径为 20～435 μm,短径为 10～335 μm,囊周皮层细胞显著延长。囊果和精子囊未见。

本种生长在礁平台内低潮线下珊瑚石上。

本种仅分布于南海西沙群岛海域。

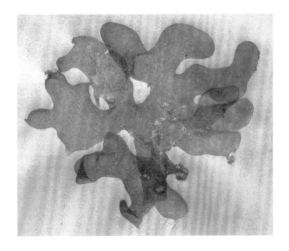

图 4-113-1　全缘隐蜘藻 *Cryptarachne okamurai*（Yamada *et* Segawa）Zhang *et* Xia 藻体外形

（引自 Tseng,1983）

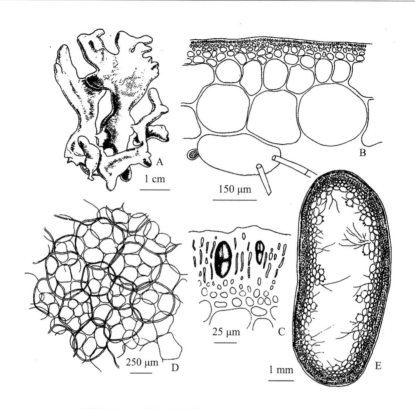

A. 藻体外形；B. 部分藻体横切面观；C.四分孢子囊横切面观；
D. 藻体内壁表面观；E. 藻体横切面观；F. 内皮层细胞的不规则形状内含物

图 4-113-2　全缘隐蜘藻 Cryptarachne okamurai（Yamada et Segawa）Zhang et Xia 藻体结构
（夏邦美等,1999）

红肠藻属 *Erythrocolon* J. Agardh in Grunow,1874

藻体横卧于基质上,由许多囊状枝组成,囊中空,长柱形,顶端钝,基部缢缩；叉状或掌状分枝,也有侧生分枝；体壁由小大小 3 种细胞组成,内壁细胞上有腺细胞；繁殖器官未见。

在中国记录本属有红肠藻 *Erythrocolon podagricum* 1 个种。

红肠藻 *Erythrocolon podagricum*（J. Ag. *ex* Grunow）J. Agardh［*Chylocladia podlagrica* J. Agardh *ex* Grunow、*Chrysymenia podagrica*（J. Agardh）Svedelius、*Coelarthrum boergesenii* Boergesen（non Weber-van Bosse）Det］

藻体由许多圆柱状或卵形的囊组成,高为 2～7.5 cm,囊中空,长为 2～20(35)mm,径为 2～4(5)mm,顶端钝形,基部略缩。藻体叉分或掌状分歧,也有侧分现象；枝上生有小的固着器,互相附着或借以附着于基质上（图 4-114）。固着器横切面观,由许多细长的丝体构成,底面凹凸不平以便于附着。藻体表面观,表层为不规则的卵圆形细胞连结在一起,径为 3.3～9 μm,中层为不规则圆形的大细胞,径为 40～92 μm,腺细胞卵圆形,径为 26.4～30 μm,一般群生,每群 3～4 个；藻体紫红色,膜质。

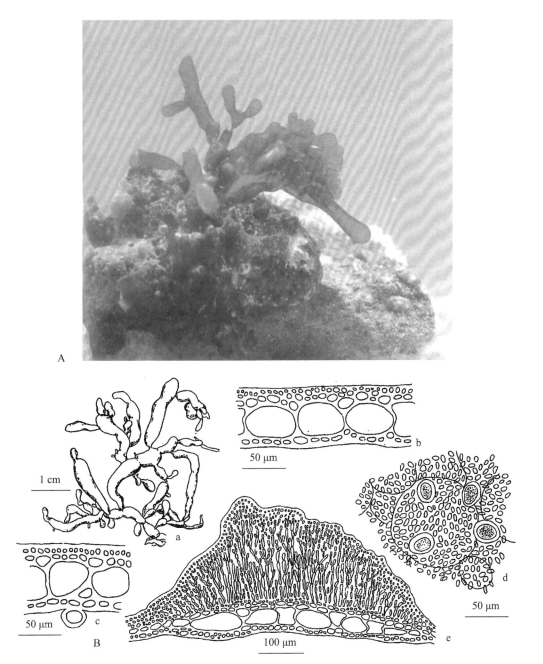

A. 藻体外形；B. 藻体结构

a. 藻体外形图；b. 藻体切面观；c. 藻体切面观，内腔壁具腺细胞；

d. 藻体表皮细胞及腺细胞的表面观；e. 固着器的切面观

图 4-114　红肠藻 *Erythrocolon podagricum* (J. Ag. *ex* Grunow) J. Agardh 藻体形态结构

（A 引自 Tseng，1983；B 引自夏邦美等，1999）

藻体横切面观，外面是 2～3 层小的含有色素体的皮层细胞，径为 3.3～10 μm，中间是不规则的、无色透明的卵圆形或长圆形大细胞,径为 36～59 μm,最内面为 1 层小的扁圆形细胞,径为 6.6～10 μm;在体内壁上有时可以看到数量不多的圆形或卵圆形的腺细胞,径为 10～23 μm;藻体厚度为 56～63 μm。繁殖器官未见。

本种生长在环礁内低潮线下 0.1～1.2 m 的珊瑚礁上。

本种主要分布于东海台湾及南海西沙群岛、南沙群岛等海域。

网囊藻属 *Fauchea* Montagne *et* Boly in Durieu,1846

藻体扁压或扁平叶状,叉状分枝或不规则裂片,内部结构髓层为大的薄壁细胞,皮层为较小的含色素体细胞;四分孢子囊散生在藻体表面的生殖瘤内,十字形分裂;囊果球形或半球形,明显地突出,散生在藻体表面或两缘;产孢丝与囊果被间有明显的网状结构;精子囊散生在表皮层细胞上。

在中国记录本属有西沙网囊藻 *Fauchea xishaensis* 1 个种。

西沙网囊藻 *Fauchea xishaensis* Xia *et* Wang

藻体直立,单生或丛生,平卧生长,高为 6～8 cm;基部具小盘状固着器,其上具细的圆柱形柄,长为 2～7 mm,径为 1～1.5 mm,其顶端扩张成扁平叶状,不规则裂瓣,6～9(20) mm 宽;藻体上部二叉分裂,体下部不明显;枝端钝圆,边缘全缘或略呈波状,老时有的地方破碎;藻体裂片的下面及边缘生有许多小的固着器,使裂片间上下、左右粘连;藻体鲜红色,膜质(图 4-115)。

藻体内部构造由髓层和皮层组成,切面观,髓层由大的不规则圆至椭圆形薄壁细胞组成,长径为 83～283 μm,短径为 66～249 μm,胞壁厚 5～6.6 μm;内皮层细胞较小,1～2 层,卵圆形,长径为 20～30 μm,短径为 13～17 μm;外皮层细胞更小,1～2 层,小圆形或卵圆形,长径为 3.3～5 μm,短径为 3.3～4 μm,含色素体;藻体厚 465～548 μm。

囊果半球形,散生在藻体表面,明显地突出,具长喙,基部不溢缩,高为 880～996 μm,宽为 896～1046 μm;切面观,中央底部产孢丝细胞少,不规则长圆形,其上生团块状果孢子囊堆,高为 132～145 μm,宽为 152～158 μm,囊果被厚为 199～249 μm,由 10～12 层圆至扁圆形细胞组成,中间层细胞大,圆形,内层细胞小,扁圆形,表皮层细胞更小,顶端具囊孔,囊孔处果被厚 432～448 μm,囊果被与产孢丝和果孢子囊之间的空隙充满网状结构。精子囊散生在藻体表皮层细胞上,小粒状,色淡,反光强。四分孢子囊未见。

本种生长在礁湖内珊瑚石背面。

本种主要分布于南海西沙群岛海域。

红皮藻属 *Rhodymenia* Greville,1830

藻体直立,盘状固着器上具柄,有或无圆柱形匍匐茎;分枝硬,叶状,叉状分枝或不规则分枝;藻体由髓部和皮层组成,髓部细胞大,等径,向外渐小皮层细胞小,2～3 层;四分孢子囊散生在所有叶面上,或者形成囊窠,十字形分裂;精子囊生于体表皮;果胞枝 3 或 4 个细胞,果孢子体的基部具小的融合细胞;囊果突出,散生或限于枝顶,具有厚的带囊孔的果被。

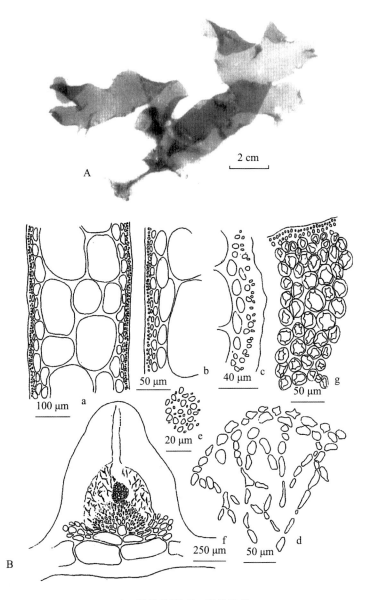

A. 藻体外形；B. 藻体结构

a. 藻体切面观；b. 部分藻体横切面；c. 精子囊果切面观；d. 囊果被与产孢丝间的网状结构；

e. 精子囊果表面观；f. 囊果切面观；g. 囊果被切面观

图 4-115 西沙网囊藻 *Fauchea xishaensis* Xia et Wang 藻体形态结构

（引自夏邦美等,1999）

在中国记录本属 2 个种：海南红皮藻 *R. hainanensis* Xia *et* Wang、错综红皮藻 *R. intricata* (Okamura) Okamura。

海南红皮藻 *Rhodymenia hainanensis* Xia *et* Wang

藻体直立丛生,高为 2.5～8 cm,基部具盘状固着器,其上具分枝的、近圆柱形的匍匐茎,其顶端或边缘再生固着器或次生固着器,以此加固附着于基质上;匍匐茎中实,宽为 0.5～1 mm,切面观由许多近圆形的薄壁细胞组成,中央细胞较大,径为 46～73 μm,外围细胞较小,径为 17～30 μm,表皮细胞小,径为 5～10 μm;茎上生长有复二叉式分裂的扁平叶片,宽为 1～3 mm,基部楔形,叶片顶端渐细,其上又形成一个极细且扁压的叶,叶部再度变宽,其顶端渐尖或叉分或钝圆形,老体常破碎,有时再生 2～3 个小叶;体边缘全缘或略成波状,有时生有小育叶,小育枝基部圆柱形或扁、压;淡紫红色,膜质,腊叶标本不易附着于纸上(图 4-116)。

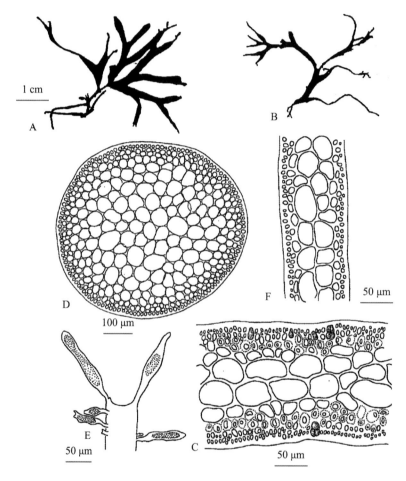

A,B. 藻体外形图;C. 具四分孢子囊叶片横切面;D. 柄横切面;
E. 生长四分孢子囊的生殖瘤;F. 藻体横切面

图 4-116 海南红皮藻 *Rhodymenia hainanensis* Xia *et* Wang 藻体形态结构
(引自夏邦美等,1999)

叶片的横切面观,中央有 2 层(偶尔有 3 层)大的不规则圆至椭圆形薄壁细胞组成髓部,长径为 33～56 μm,短径为 20～40 μm,内皮层细胞较小,1～2 层,长径为 17～20 μm,短径为 10～13 μm,外皮层细胞 1～2 层,卵形,充满色素体,长径为 3～7 μm,短径为 3 μm;叶片厚为 92～96 μm。

　　四分孢子囊集生在叶片顶端的生殖瘤内,生殖瘤长椭圆形;切面观,四分孢子囊卵圆形或椭圆形,生长在皮层细胞中,长径为 17～20 μm,短径为 13 μm,十字形分裂;生殖瘤处的皮层细胞明显变态,层数加厚,内外皮层通常 3～5 层,体厚为 132～158 μm。精子囊集生在小枝上部的表皮层中,形成一个长椭圆形生殖瘤,具不育的边缘;切面观,精子囊由单层延长的皮层细胞斜切或横切形成,长径为 3.3～6.6 μm,短径为 3.3 μm,色淡,反光强。囊果未见。

　　本种多为大风后漂上岸边。

　　本种常见于南海海南岛海域。

仙菜目 Ceramiales

　　本目藻体直生或匍匐,丝状分枝或非丝状分枝。丝状的藻体单轴,都具皮层,或仅主枝生皮层,或枝的全部生皮层;非丝状的藻体呈多轴管状、叶片状,皮层有或无。中轴细胞由顶端细胞分化而成。

　　四分孢子囊隆起或埋卧于皮层内,单生或群生于特别的枝上。四分孢子囊十字形或四面锥形分裂。精子囊集生呈伞房形,有的由特别的藻丝紧密的生长或集生成精子囊群。果胞枝由 4 个细胞组成,生于中轴或围轴细胞上。受精后,果胞枝的支持细胞分裂形成辅助细胞。产孢丝从辅助细胞生出。所有产孢丝的细胞或仅顶端细胞发育成果孢子囊。成熟囊果裸露或部分由藻丝包围,或全部由果被包围。

　　生活史具有孢子体、配子体和四分孢子体 3 种世代。

仙菜目分科检索表

1. 藻体单轴,不具皮层或具皮层,大部分繁殖构造缺乏不育的包被结构 ············· 仙菜科 Ceramiaceae
1. 藻体最初为单轴,后成为叶片或多管状,常具皮层,大部分繁殖构造具包被或为不育丝包围 ········· 2
　2. 藻体叶片状,常具脉,非多管状 ·································· 红叶藻科 Delesseriaceae
　2. 藻体非叶片状,枝由中轴细胞产生的围轴细胞和中轴细胞组成,为多管状 ···················· 3
3. 合轴生长,四分孢子囊生在特殊枝上 ····················· 绒线藻科 Dasyaceae
3. 非合轴生长,四分孢子囊不生在特殊枝上 ················ 松节藻科 Rhodomelaceae

仙菜科 Ceramiaceae

　　仙菜科藻体丝状,单轴型,不具皮层;有的仅主枝有皮层,分枝不具皮层;也有的藻体分枝为扁平形,全被有皮层。生长是由顶端细胞横分裂或斜分裂发育成 1 列中轴细胞。在分枝上,往往生有不分枝的无色、不分节的毛或分枝的顶端伸展后,成为分节或不分节的透明丝体,在透明丝体上再生三叉或多叉分枝。具皮层的物种,其皮层的发生最初在节产生 1 个环细胞,有的物种环细胞不伸展,有的物种环细胞伸展到节间,稍微呈丝状,最后形成薄壁细胞,前者皮层只在节部有,后者节和节间均有,或再包被 1 层假根丝而形成皮层。

　　四分孢子囊生在分枝上,具柄或不具柄,单生或在节部轮生。具皮层的物种的四分孢子囊露出表面或埋生于皮层内。四分孢子囊十字形或四面锥形分裂。精子囊生在特殊的分枝上,往往集生成小簇,无色。果胞枝由 4 个细胞组成。受精后,果胞的支持细胞形成 1

个简单的辅助细胞,有时在果胞枝的两侧各形成 1 个辅助细胞。产孢丝由辅助细胞生出,其中的大多数细胞或仅顶端细胞发育成果孢子囊。成熟囊果裸露或部分或全部被由外向内弯的藻丝总苞(involucre)包围。

仙菜科分属检索表

1. 藻体不具皮层或为假根丝包被成的假皮层 ……………………………………………… 2
1. 藻体节部规则地具皮层,有时伸向节间,成为薄壁细胞 …………………………………… 13
　2. 藻体呈刷形,主轴明显,有限枝末端羽状密集 …………………………………………… 3
　2. 藻体分枝展开,一般主轴和有限枝无明显区别 ………………………………………… 4
3. 藻体具分枝的小羽枝,很柔软 ……………………………………… 软毛藻属 *Wrangelia*
3. 藻体羽枝短,通常稍有钙质沉积成白色 …………………………… 短丝藻属 *Crouania*
　4. 藻体分枝结合成网状,无主枝 ……………………………………… 毡藻属 *Haloplegma*
　4. 藻体分枝对生,轮生或互生,少有双分枝 ……………………………………………… 5
5. 藻体主轴与分枝无明显区别,细胞大型,肉眼可见,在细胞末端常生出分枝毛丝体 ……… 6
5. 藻体明显地分主轴和次生分枝, ………………………………………………………… 7
　6. 藻体细胞呈球形或椭圆形,四分孢子囊和精子囊环生于细胞相接的缢缩处,或生于细胞顶端,均无柄 …………………………………………………………… 凋毛藻属 *Griffithsia*
　6. 藻体营养细胞为长柱形,四分孢子囊由上部营养细胞生出,1~12 轮生,具柄,精子囊枝由营养细胞生出,生于指状小柄上 ……………………………………… 冠毛藻属 *Anotrichium*
7. 无分枝毛丝体 ……………………………………………………………………………… 8
7. 具分枝毛丝体 …………………………………………………………… 喜毛藻属 *Dasyphila*
　8. 藻体分枝稀少,通常由匍匐枝向上分生主枝 …………………… 小珂达藻属 *Gordoniella*
　8. 藻体分枝对生,轮生或互生 ……………………………………………………………… 9
9. 分枝互生 …………………………………………………………………………………… 10
9. 分枝对生或轮生 …………………………………………………………………………… 11
　10. 无性生殖产生四分孢子 ………………………………………………………………… 18
　10. 无性生殖产生多分孢子 ………………………………… 多孢藻属 *Pleonosporium*
11. 分枝对生,等长 ……………………………………………………… 对丝藻属 *Antithamnion*
11. 分枝轮生 ………………………………………………………………………………… 12
　12. 1~4 分枝轮生,分枝等长 …………………………… 拟对丝藻属 *Antithamnionella*
　12. 每轮具 4 分枝,两长两短 …………………………………… 扁丝藻属 *Pterothamnion*
13. 囊体末端小枝仅节部有窄皮层,其余分枝全具皮层 …………………… 篮子藻属 *Spyridia*
13. 藻体所有枝全部或节部有皮层,并且相仿 ……………………………………………… 14
　14. 皮层完全,细胞规则地排列成纵行 ……………………………………………………… 15
　14. 皮层不完全或极不规则,节部无轮生刺 ………………………………………………… 16
15. 每个围轴细胞具 2 条向顶端的皮层丝体和 2 条长的向基皮层丝体 ……… 珊形藻属 *Corallophila*
15. 每个围轴细胞具 2 条向顶端的皮层丝体和 1 条长的向基皮层丝体 ……… 纵胞藻属 *Centroceras*
　16. 藻体扁平 …………………………………………………………… 爬软藻属 *Herpochondria*
　16. 藻体圆柱状 ……………………………………………………………………………… 17
17. 基部固着器由皮层细胞延伸而成 ……………………………………… 仙菜属 *Ceramium*
17. 基部固着器由真正的假根细胞组成 …………………………… 凝菜属 *Campylaephora*
　18. 细胞多核,果孢子体球形 …………………………………… 绢丝藻属 *Callithamnion*

18. 细胞单核,果孢子体扁平心形 ·· 丽丝藻属 *Aglaothamnion*

丽丝藻属 *Aglaothamnion* Fledmann-Mazoyer，1940

藻体深玫瑰红色,形态构造与绢丝藻属 *Callithamnion* 相似,但其细胞为单核。果胞枝沿主轴交互形成,发达的产孢丝位于主轴的左右面呈"之"字形,囊果常呈心形、肾形或不规则形,一般无总苞。四分孢子囊为四面锥形分裂。

在中国记录本属有小丽丝藻 *Aglaothamnion callophyllidicola* 1 个种。

小丽丝藻 *Aglaothamnion callophyllidicola* (Yamada) Boo，Lee，Rueness *et* Yoshida

藻体鲜红色,高为 1～1.2 cm,多回互生分枝,藻体顶端呈伞房状,分枝顶端稍钝。切面观:藻体上部主轴细胞长为宽的 2 倍,中上部细胞长为 70～90 μm,宽为 30～40 μm,长为宽的2.5倍;基部细胞长为 230～270 μm,宽为 95～100 μm,长为宽的 2.5 倍左右(图 4-117)。

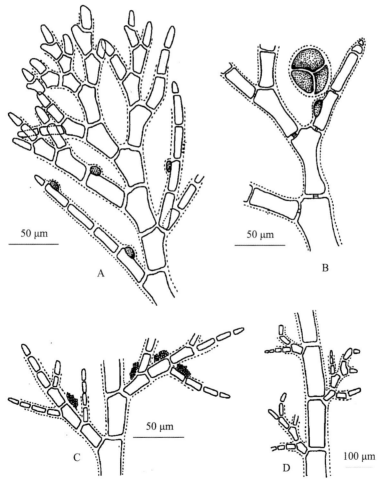

A. 藻体顶端、腺细胞;B. 部分藻体显示四分孢子囊;C. 部分藻体显示精子囊;D. 藻体下部

图 4-117 小丽丝藻 *Aglaothamnion callophyllidicola* (Yamada) Boo，Lee，Rueness *et* Yoshida 藻体结构

(引自郑柏林等,2001)

四分孢子囊卵型,无柄,直径为 $50\sim60~\mu m$,四面锥形分裂。四分孢子体上腺细胞普遍存在于互生分枝上,亮绿色,宽为 $14\sim18~\mu m$,长为 $8\sim12~\mu m$。精子囊成群生于雄配子体上、中部分枝细胞向轴面上。

本种附生于其他藻体上或低潮线附近岩石上。

本种主要分布于东海浙江普陀山、福建等沿海。

冠毛藻属 *Anotrichium* Nägeli, 1862

藻体主轴和分枝区别不明显,由单列细胞组成,藻体营养细胞为长柱型,顶端细胞钝圆。四分孢子囊由藻体上部营养细胞生出,$1\sim12$ 个,轮生,具柄。精子囊有营养细胞生出,生于指状小柄上。

在中国记录本属有纤细冠毛藻 *Anotrichium tenue* 1 个种。

纤细冠毛藻 *Anotrichium tenue*（C. Agardh）Nageli［*Griffithsia tenuis* C. Ag.、*Griffithsia thyrsiigere* Askenasy、*Griffithsia tenue* Hervey］

藻体纤细,高为 $2.3\sim4$ cm,由单列圆柱形细胞组成,细胞多核,有圆盘状色素体与棱状结晶;下部细胞向外生出单细胞的假根,固着基质(图 4-118)。分枝稀少,不规则,明显地偏生在一边,均由母细胞的基部生出。藻体顶端细胞钝圆,主枝细胞圆柱形,长短不一,上部较短,中部较长,直径为 $120\sim180~\mu m$,长为直径的 $2.5\sim3$ 倍。幼藻体次顶端细胞周围轮生 $8\sim12$ 条、$2\sim3$ 回叉状分枝、早落性的无色毛丝体,在细胞延伸的过程中毛丝体脱落。

四分孢子囊球形,锥形分裂,$8\sim12$ 个四分孢子囊形成一环,由孢子体顶端细胞下面的第二、第三细胞上部的周围生出。每一生殖枝上生 $2\sim3$ 轮四分孢子囊,每个孢子囊生在 1 个指状或梨形小柄的顶端,柄直径为 $30\sim40~\mu m$,长为直径的 $1.5\sim2$ 倍。成熟四分孢子囊直径为 $50\sim60~\mu m$,无苞片包被,但在它下面存有毛丝体或其痕迹。囊果枝由雌配子体的上部枝的侧面生出,1 个囊果由 12 条单细胞、向内弯的苞片包围,果孢子球形,直径为 $40\sim60~\mu m$。精子囊枝由雄配子体的上部枝的侧面生出,精子囊群集生成"头状",生于梨形或指状柄上,它的上部细胞分生初生精子囊小枝,小枝再 $2\sim3$ 回分枝,顶端成为小型、无色透明的精子囊。藻体暗红色。

本种生于礁湖内低潮线下珊瑚上或附生于其他海藻上。

本种主要分布于东海福建东山、南海西沙群岛等海域。

对丝藻属 *Antithamnion* Nägeli, 1847

藻体纤细,为单列细胞分枝丝状体,集生成簇。藻体借基部盘状固着器或分枝假根丝固着,丝状体固着器全部附着或钻入基质。主枝直立,具有次级分枝(多次分枝),小枝对生或 $3\sim4$ 小枝轮生,轮生小枝等长,有时分枝互生,是由于对生的分枝抑制另一分枝生长的结果。分枝的细胞含有许多小椭球形或带状色素体。小枝的细胞有时具有透明的腺细胞。整个藻体无皮层。

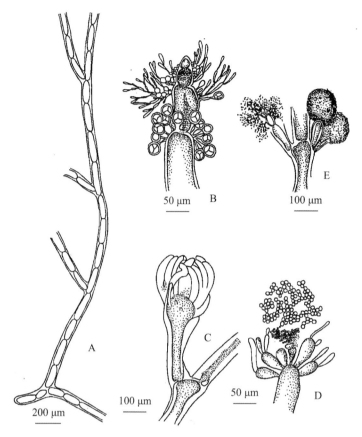

A. 部分藻体显示偏生分枝；B. 部分藻体显示孢子体枝顶端具毛和节部四分孢子囊；
C. 部分藻体显示幼囊果；D. 部分藻体显示成熟囊果；E. 部分藻体显示精子囊枝

图 4-118　纤细冠毛藻 *Anotrichium tenue*（C. Agardh）Nageli 藻体结构

（引自郑柏林等,2001）

四分孢子囊常生在小枝近轴的一侧,无柄或有柄。四分孢子囊一般为十字形分裂,但有时出现四面锥形分裂。精子囊散生或丛生,或密集在小枝上部的侧面。果胞枝由 4 个细胞组成,受精丝直接伸向枝顶,是由藻体顶端营养小枝最下面的细胞形成。受精后由支持细胞分裂产生 1 个辅助细胞,位于果胞枝对方,由果胞基部分裂出 1 个小细胞,在辅助细胞与果胞之间,借以连接果胞与辅助细胞。果胞的双相核由小细胞送至辅助细胞,由辅助细胞生出 1 个原产孢丝,向上生长,发生分枝,产孢丝除去最下面的细胞外,所有细胞都能发育成果孢子囊。成熟囊果裸露,无总苞。

在中国记录本属 5 个种：对丝藻 *A. cruciatum*（C. Ag.）Naegeli、多姿对丝藻 *A. defectum* Kylin、赫勃对丝藻 *A. hubbsii* Dawson、匍枝对丝藻 *A. iherminieri*（Crouan *et* Crouan）Nasr、日本对丝藻 *A. nipponicum* Yamada *et* Inagaki。

对丝藻 *Antithamnion cruciatum* （C. Ag） Naegeli ［*Callithamnion cruciatum* C. Agardh］（图 4-119）

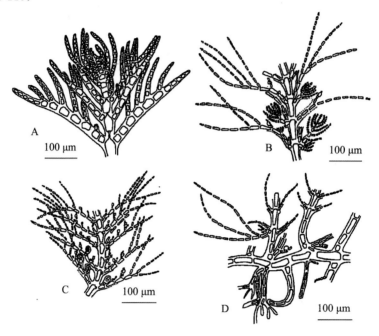

A. 藻体顶端：示小枝及蓖状羽枝；B. 藻体中上部：示小枝及蓖状羽枝及不定枝；
C. 藻体中部：示侧枝，小枝，羽枝及四分孢子囊；D. 藻体基部

图 4-119 对丝藻 *Antithamnion cruciatum* （C. Ag） Naegeli 藻体结构
（引自郑柏林等，2001）

藻体纤细，丝状，丛生，玫瑰红色。高为 1.5～2 cm，主干分枝甚多，有一级和次级分枝，在长枝的每一关节对生或轮生小枝，小枝上再生出偏生一侧的小羽枝，分枝愈向上愈密，顶端集生成簇，枝顶稍尖。主干细胞直径为 40～49 μm，长为直径的 2～4 倍；小羽枝细胞直径约 21 μm，长为直径的 2～4 倍。靠近末端小羽枝的基部生多个透明的腺细胞。色素体侧生。

四分孢子囊椭球形，多数生在小羽枝的侧面，具短柄，宽为 49 μm，长为 70 μm。四分孢子囊十字形分裂。精子囊群由小羽枝形成，呈葡萄状集生。囊果卵形，长径为 220 μm，短径为 170 μm。春季成熟形成四分孢子囊及囊果。

本种生长在低潮带岩石上或附生在其他藻体上。

本种主要分布于渤海河北北戴河，黄海山东青岛，东海浙江普陀山、渔山等海域。

拟对丝藻属 *Antithamnionella* Lyle，1922

藻体玫瑰红色，直立或从匍匐基部生长直立枝。主轴单列，无皮层，每 1 个轴细胞上具 1～4 轮生小枝，小枝等长，小枝再分枝或不分枝，小枝的基部细胞与邻近的细胞长度相似，细胞单核，腺细胞常生长在小枝下部及其内侧的一个细胞上。

四分孢子囊卵形或亚圆球形，四面锥形分裂或十字形分裂，无柄或具短柄，生于小枝

细胞内侧。精子囊枝生于小枝向轴面。果胞枝由 4 个细胞组成,生于藻体顶端小枝的基部细胞上。

　　在中国记录本属 3 个种:优美拟对丝藻 A. elegans (Berthold) Price et John、拟对丝藻 A. samiensis Lyle 、蠕虫拟对丝藻 A. spirographidis (Schiffner) Wollaston。

　　优美拟对丝藻 Antithamnionella elegans (Berthold) Price et John [Antithamnionella brieviramosa (Dawson) Wollaston ex Womersley et Bail 、Antithamnion elegans Berthold、Antithamnion breviramasum Dawson]

　　藻体十分细小,直立枝生长在匍匐的基部,高 2～5 mm,主轴每 1 个细胞的上部具 2～3 轮生小枝,小枝几乎等长,分枝或不分枝,顶端常呈钝圆(图 4-120)。主轴细胞长为 145～230 μm,径为 35～50 μm,长为径的 4 倍。腺细胞甚多,往往连续生于小枝下部的 2～3 个细胞上,每 1 个细胞上生 1 个腺细胞,腺细胞长为这个细胞长的 1/2～3/5,腺细胞长为 15～20 μm,径为 10～15 μm。

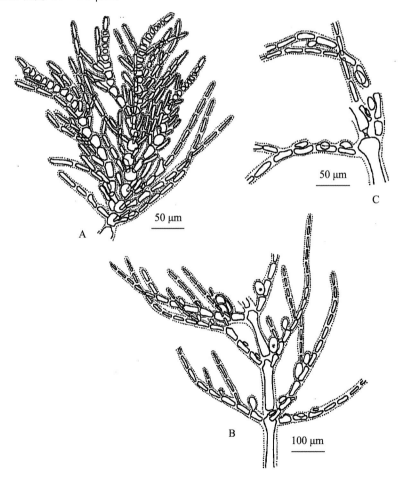

A. 藻体顶端;B. 藻体中上部,示四分孢子囊;C. 藻体中部,示腺细胞

图 4-120　优美拟对丝藻 Antithamnionella elegans (Berthold) Price et John 藻体结构

(引自郑柏林等,2001)

四分孢子囊卵形或亚圆球形,长径为 45~55 μm,短径为 25~35 μm,四面锥形分裂,无柄,生于小枝基部向面轴上。

本种多生于低潮带岩石上,或附生在其他藻体上。

本种仅分布于黄海山东青岛海域。

绢丝藻属 *Callithamnion* Lyngbye,1819

藻体丝状分枝,有致密的盘形固着器或分枝丝状假根,丝状假根附着基质表面或钻入基质内部。直立枝主干互生分枝,重复分枝 2~7 次,连续排成 2 列或不在一个平面上。有的主干从基部到顶端具皮层,有的仅在基部具皮层,有的无皮层。主干的细胞常含有多核,并具小球形或带形色素体。

四分孢子囊生在藻体末枝近主干的一面,单生或丛生,四面锥形分裂。

有性生殖为雌雄同体或异体。精子囊群生在藻体顶端分枝的基部,丛生成疏松的球状或集成卵形的团块状。果胞枝的支持细胞由主干的某些中间细胞形成,2 个对生,其中的 1 个支持细胞侧生。由 4 个细胞组成的果胞枝,受精后,1 个支持细胞的上端分裂产生 1 个大的辅助细胞;另外 1 个支持细胞只在其上端形成 1 个大的辅助细胞,继而在果胞基部形成 1 个小细胞连接辅助细胞。产孢丝由辅助细胞向上分枝,所有产孢丝细胞除去基部细胞外,其余的都能发育成果孢子囊。成熟囊果圆球形,无总苞。

在中国记录本属有绢丝藻 *Callithamnion corymbosum* 1 个种。

绢丝藻 *Callithamnion corymbosum* (Smith) Lyngbye [*Confeva corymbosa* Engl.、*Ceramium pedicellatum* Lyngb.]

藻体由单列细胞组成,具有很多分枝,鲜红色,很柔软,黏滑,丛生成簇,高为 3~4 cm。基部具皮层,次生分枝互生,再双叉分枝呈扇形。小羽枝重复双叉分枝,呈伞房形,其顶端钝圆,通常生无色细毛(图 4-121)。切面观,主干细胞宽为 90 μm,长为 180 μm;分枝细胞宽为 60 μm,长为 150 μm;小羽枝细胞宽为 22 μm,长为 75 μm。老细胞多核。

四分孢子囊卵形,短径为 24~28 μm,长径为 38~42 μm,无柄,单生或 2~3 个生于上部小枝内侧近节部。精子囊由上部小分枝基部形成,集生呈半球形坐垫式精子囊群。囊果圆球形,直径为 120~150 μm,生于次生分枝顶端。

本种生长在低潮带岩石上或附生于其他藻体。

本种主要分布于渤海河北北戴河,黄海山东青岛,东海福建厦门、平潭,南海西沙群岛等海域。

凝菜属 *Campylaephora* J. Agardh,1851

藻体基部由假根细胞形成明显的圆锥状固着器,有真正的假根细胞,而不是皮层细胞的延伸,枝全为二叉分枝,均具皮层。

在中国记录有本属 2 个种:凝菜 *C. crassa* (Okamura) Nakamura、钩凝菜 *C. hypnaeoides* J. Agardh。

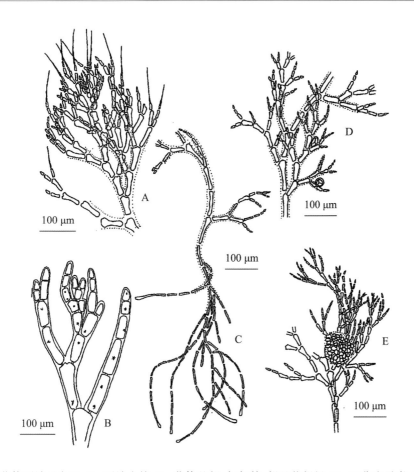

A. 藻体顶端无色毛；B. 顶端小枝；C. 藻体基部，匍匐枝，假丝状假根；D. 四分孢子囊；E. 囊果

图 4-121　绢丝藻 *Callithamnion corymbosum*（Smith）Lyngbye 藻体结构

（引自郑柏林等,2001）

凝菜 *Campylaephora crassa*（Okamura）Nakamura

藻体暗红色至淡黄色,圆柱状,高为 3～25 cm,主轴直立,径为 0.5～0.7 mm,较短,二叉分枝,展开呈聚伞状或伞房状。固着器圆锥形,边缘不规则,直径为 1～2 mm,由假根丝细胞组成。小枝常规则或不规则二叉分枝,常成一平面,分枝或侧枝简单或二叉或多叉,顶端直或稍内弯。节与节间全具皮层,主枝节间皮层宽为 500～800 μm,向着顶端和基部逐渐变为较狭、较短(图 4-122)。皮层细胞 4～5 层,在藻体下部皮层细胞有时变为细长纵向的似假根丝细胞。

四分孢子囊球状,埋在皮层内,四面锥形或十字形分裂,精子囊无柄,散生在上部分枝,囊果球状,具 4～9 片稍内弯的总苞。

本种多附生于其他藻体上。

本种主要分布于黄海山东青岛石老人海域,南海广东、香港沿海也有分布。

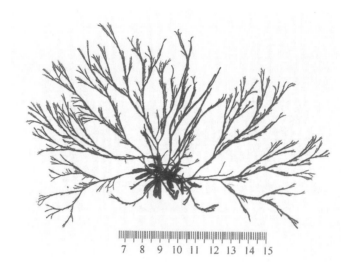

图 4-122　凝菜 *Campylaephora crassa*（Okamura）Nakamura 藻体外形
（引自曾呈奎等，2008）

纵胞藻属 *Centroceras* Kützing，1841

藻体直立或匍匐，枝为圆柱状，叉状分枝，分枝末端内弯呈钩状，一般主枝及分枝都由节与节间组成，上部节间较短，下部的较长，节上有轮生锐刺或无。藻体全部具有皮层，切面观皮层细胞长方形或方形。

四分孢子囊四面锥形分裂，由枝上部节的围轴细胞形成，环生于节部，有时生于特殊的枝上。精子囊在由枝上部节的围轴细胞形成的不定枝的顶端，密集簇生。成熟囊果被一些不育枝包围。

在中国记录本属 3 个种：纵胞藻 *C. clavulatum*（C. Agardh）Montagne、日本纵胞藻 *C. japonicum* Itono、小纵胞藻 *C. miniatum* Yamada。

纵胞藻 *Centroceras clavulatum*（**C. Anardh**）Montagne［*Ceramium clavulatum* **C. Ag.**］（图 4-123）

藻体丝状，为圆柱形，直立，有时枝下部匍匐交织，高为 2～5 cm，由下部生出丝状假根附着于基质上。主枝规则地双叉分枝，偶尔产生三分枝或不定枝，主枝直径为 70～150 μm，枝下部节间长为直径的 2～5 倍，节间越向上越短。枝的生长是由枝顶的原始顶端细胞横分裂成扁平的分裂节，由其分裂成 14 个围轴细胞，每个围轴细胞分裂成 3 个原始皮层细胞。原始皮层细胞向下分裂成纵行排列的方形或长方形皮层细胞；向上分裂的皮层细胞，其中之一形成 1～3 个细胞的锐刺，刺长为 35～60 μm，每 1 个节部轮生 12～14 个锐刺。位于两节之间的节部细胞较细小，而且两个节易由此处断裂。双分枝的产生是由原始顶端细胞斜分裂成 2 个大小相等的顶端子细胞，后者各将分别长成 1 个等长的分枝，新分枝且能按原来的方式继续产生分枝；两枝的末端向内弯曲或呈钳形。

四分孢子囊由枝上部节的围轴细胞分裂形成，围绕于节部。四分孢子囊裸露，为锥形分裂，直径为 50～60 μm。精子囊由枝上部的围轴细胞形成，枝具有 3、4 回分枝，小分枝顶端为无色透明的小棒状的精子囊。藻体暗红色,稍硬,呈软骨质,干燥后易脆。

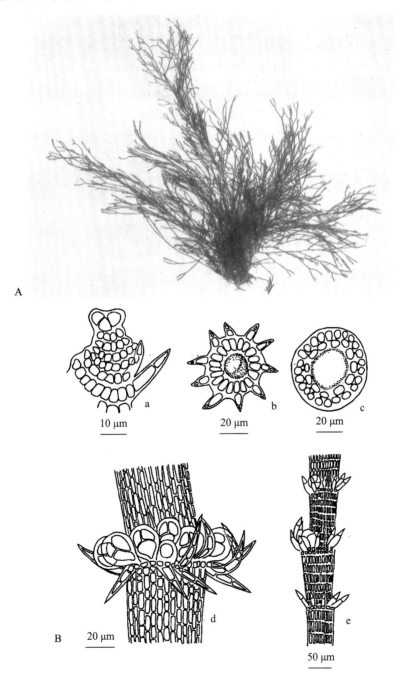

A. 藻体外形;B. 藻体结构

a. 枝顶端-顶端母细胞斜分裂成 2 个顶端细胞;b. 节都横切面:示轮生尖刺;c. 界面横切面:示围轴细
胞和皮层细胞;d. 部分孢子囊枝放大图;e. 部分藻体示 3 个节部及其轮生尖刺和四分孢子囊

图 4-123　纵胞藻 *Centroceras clavulatum*（C. Anardh）Montagne 藻体形态结构

（A 引自 Tseng,1983;B 引自郑柏林等,2001）

本种生长在礁湖内低潮线下的死珊瑚体上,还附生于其他藻体上。

本种主要分布于东海浙江大沙岙、福建布袋礁、东尾屿,南海广东汕头,西沙群岛等海域。

仙菜属 *Ceramium* Roth,1797

藻体直立,但有的一部分或全部匍匐。直立枝圆柱形,具分枝,分枝一般为互生或不规则的叉状,偶有羽状,愈上面愈细,尖端呈钳形的弯曲。在藻体中有一列圆柱形或圆桶形的中轴细胞,老的细胞无色。每1个分枝顶端有1个球形的顶端细胞,由其产生斜壁,形成围轴细胞,再分生出许多皮层细胞,包围中轴细胞。皮层细胞为多角形,含有色素体。基部皮层细胞及中轴细胞形成固着器。

孢子体通常产生四分孢子囊,但有时也产生多室孢子囊,产生多个孢子。孢子囊无柄,部分或全部由周围细胞包裹。四分孢子囊呈四面锥形分裂。精子囊由枝节部的表面细胞形成,为一层无色的小细胞。果胞枝由4个细胞组成,支持细胞是1个皮层细胞。多数各产生2个果胞枝。受精后,支持细胞分裂成单一的辅助细胞,产孢丝由其上部生出。产孢丝一部分或全部细胞发育成果孢子囊。成熟囊果间生,往往由几个向内弯曲的藻丝组成的总苞包围。

在中国记录本属 19 个种:内枝仙菜 *C. aduncum* Nakamura、窄皮小仙菜 *C. affine* Setchell *et* Gardner、波登仙菜 *C. boydenii* Gepp、细毛仙菜 *C. camouii* Dawson、窄皮仙菜 *C. comptum* Børgesen、透明仙菜 *C. diaphanum* (lightfoot) Roth、短毛仙菜 *C. fimbriatum* Setchell *et* Gardner、优美仙菜 *C. flaccidium* (Kützing) Ardissone、皮刺仙菜 *C. Hamatispinum* Dawson、日本仙菜 *C. japonicum* Okamura、三叉仙菜 *C. kondoi* Yendo、皮角仙菜 *C. koronensis* Itono、偏胞仙菜 *C. mazatlanese* Dawson、圆锥仙菜 *C. peniculatum* Okamura、纤细仙菜 *C. seriosporum* Dawson、伏枝仙菜 *C. serpens* Setchell *et* Gardner、泰氏仙菜 *C. taylorii* Dawson、柔质仙菜 *C. tenerrimurn* (Martens) Okamura、笔头仙菜 *C. vagabunde* Dawson。

三叉仙菜 *Ceramium kondoi* Yendo

藻体纤细,直立,红色,长为10~20 cm,甚至可达 25 cm,主轴上有许多小分枝,分枝两叉、三叉或四叉,但主要是三叉分枝。枝表面有明显的节与节间。小枝由节间不同的方向伸出,小枝的数量变化很大,有时多,有时少或没有。在分枝顶端的小枝,有呈钳形的小分枝,有的是直立的。藻体基部有1个小的圆锥状或扁球形的固着器,把藻体固着在岩石上或小石块上(图 4-124)。

藻体自顶端至下部由1列柱形或圆桶形的中轴细胞贯穿,细胞无色;皮层细胞有1~2层。围轴细胞为围绕中轴的一层细胞,细胞较大,形状不定(球形、椭球形、扁球形等),含有少量色素体;表面细胞椭球形,较小,排列较紧密,含有许多粒状的色素体。藻体的横切面观直径约 817 μm。顶端生长,在每一分枝顶端有一圆顶形的顶端细胞,由它产生斜壁,形成围轴细胞,再分生许多皮层细胞,包围中轴细胞。

四分孢子囊由节部皮层细胞形成,无柄,在节上排列成一圈。四分孢子比果孢子小。精子囊由皮层产生,一般在分枝的上部,每个皮层细胞能生成1~3个精子囊。精子囊成

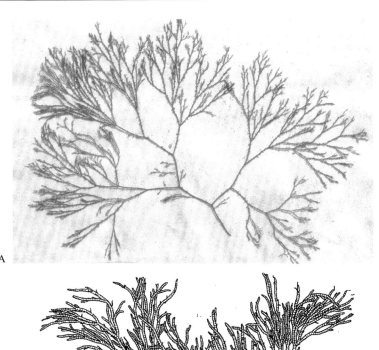

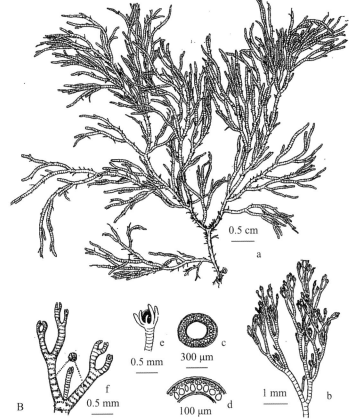

A. 藻体外形；B. 藻体结构

a. 三叉仙菜藻体；b. 小枝；c. 藻体横切面；d. 部分藻体横切面；

e. 囊果；f. 四分孢子囊枝，示四分孢子

图 4-124　三叉仙菜 *Ceramium kondoi* Yendo

（A 引自 Tseng，1983；B 引自郑柏林等，2001）

群,无色无柄。果胞枝由围轴细胞形成。受精后,果胞与新分生的辅助细胞融合,发育成囊果。成熟囊果在枝间生长,被向内弯曲的小枝所围绕。

三叉仙菜为 1 年生,多生长在低潮带的岩石上或石沼上。

本种分布极广,在中国沿海各海域都有分布,一般在春季生长繁盛。

珊形藻属 *Corallophila Weber-van* Bosse,1923

藻体是匍匐枝和由其产生的直立枝构成,直立枝呈无分枝乃至不定枝或假叉状分枝。围轴细胞是 4~12 个。每个围轴细胞生长二条向上皮层丝和二条向下皮层丝。向上皮层丝是数个散乱圆形细胞。向下皮层丝完全或不完全的覆盖中轴细胞,一般由 4 个细胞到多个细胞构成,有时分枝,有棱角的细胞排成纵列也排成横列。

四分孢子囊由直立的孢子枝囊构成,孢子囊枝末端有的具有不繁殖的节,有的没有。四分孢子囊完全或部分地被皮层所覆盖,呈四面锥形分裂。精子囊由普通皮层细胞构成。

在中国记录本属 2 个种:尖顶珊形藻 *C. apiculatum*(Yamada)Norris、纵皮珊形藻 *C. huysmansii*(Weber-van Bosse)Norris。

尖顶珊形藻 *Corallophila apiculatum*(**Yamada**)**Nonis**［*Centroceras apiculatum Yamada*］

藻体很小,高 1.5 cm,由匍匐枝的节部向下生出毛状假根,向上生直立枝,分枝稀少,不规则。顶端尖细,顶端细胞突出,不分叉,由其横分裂产生节部,再纵分裂成中轴和皮层。皮层近方形,规则地排列成纵行和横行,包围大的中轴细胞,节部无刺。枝的直径 120~180 µm,节间长为直径的 1~15 倍,枝下部节间比上部稍长(图 4-125)。

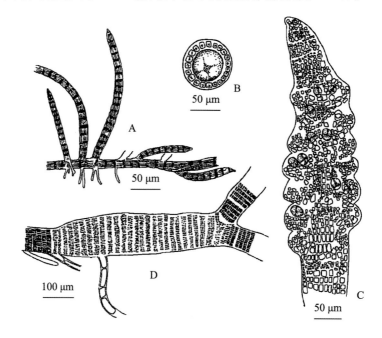

A. 形态图;B. 枝横切图;C. 四分孢子囊枝;D. 精子囊枝

图 4-125　尖顶珊形藻 *Corallophila apiculatum*(Yamada)Nonis 藻体结构

(引自郑柏林等,2001)

四分孢子囊在枝的上部形成,埋藏在皮层内,锥形分裂,直径为 $30\sim40$ μm。精子囊由雄藻体枝的中部皮层细胞形成,精子囊枝稍膨大,比营养枝粗,直径为 $300\sim330$ μm,从表面看,成熟精子囊无色透明。藻体鲜红色。

本种多生于环礁内,低潮线下 $0\sim1.2$ m 的珊瑚体上,或附生于其他藻体上。

本种仅分布于南海西沙群岛海域。

短丝藻属 Crouania J. Agardh,1842

藻体纤细丛生,具明显的圆柱状单列细胞的中轴丝,无皮层,中轴丝上有分枝和短枝或轮生枝 $3\sim4$ 列,分枝的每一节上也为 $3\sim4$ 列短枝轮生,短枝 $2\sim3$ 回叉状分枝,短枝展开,向着顶端逐渐变细,顶端钝圆,轮生枝的基部细胞往往产生根样丝。

四分孢子囊单生在短枝基部,椭圆形,四面锥形或十字形分裂。

在中国海域内记录本属 2 个种:短丝藻 C. attenuata (C. Agardh) J. Agardh、小短丝藻 C. minutissima Yamada。

短丝藻 Crouania attenuata (C. Agardh) J. Agnrdh [Mesgloia attenuata C. Agardh]

藻体纤细,丝状,丛生,高为 $1\sim1.5$ cm,具明显的圆柱状的、单列细胞组成的中轴丝,无皮层,中轴丝上有分枝和短枝或短枝轮生,$3\sim4$ 列,分枝的每 1 个关节也为 $3\sim4$ 列短枝轮生,短枝 $2\sim3$ 回叉状分枝,短枝展开,朝向顶端长度逐渐减少,顶端钝圆,轮生短枝的基部细胞往往产生根样丝,特别是藻体的下部,其先端成盘状固着器,藻体上部根状丝细,顶端钝形。中轴丝直径为 $60\sim80$ μm,细胞长为 $101\sim169$ μm,分枝直径为 $14\sim40$ μm,细胞长为 $38\sim71$ μm,短枝直径为 $8\sim10$ μm,细胞长为 $20\sim30$ μm(图 4-126)。

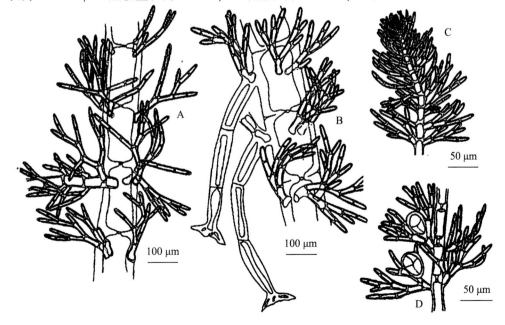

A. 藻体中部:分枝,轮生枝;B. 藻体下部:轮生枝,根状丝;C. 藻体顶端;D. 小枝上四分孢子囊

图 4-126　短丝藻 Crouania attenuata (C. Agardh) J. Agnrdh 藻体结构

(引自郑柏林等,2001)

四分孢子囊单生在短枝基部,椭圆形,四面锥形分裂,短径为 34 μm,长径为 51 μm。

本种生长于低潮线的礁湖内,附生在大型藻体上,为暖温性海藻。

本种仅分布于南海西沙群岛海域。

喜毛藻属 *Dasyphila* Sonder,1845

藻体紫红色,主轴多回羽状分枝,羽枝上的小羽枝为单列细胞。主枝基部圆柱状,上部扁压。

中国记录本属羽状喜毛藻 *Dasyphila plumarioides* 1 个种。

羽状喜毛藻 *Dasyphila plumarioides* Yendo

藻体紫红色,基部为圆柱状,上部扁压,主轴多回羽状分枝,体高约 5~10 cm,主轴上羽状小枝 2 列对生,羽枝上的小枝为单列细胞,互生,枝的关节有毛状小枝,毛状小枝由 2~4 个细胞组成(图 4-127)。藻体为单轴型,横切面观,有大的中轴细胞和 6 个围轴细胞,小羽枝的基部细胞可产生假根状细胞丝的皮层组织包覆主轴。

生活史为同型世代交替。四分孢子囊球形,四面锥形分裂,有小羽枝的顶端细胞形成。囊果未见。

本种生长在低潮线附近礁岩上或其他海藻上。

本种仅见于东海台湾东北角海域。

图 4-127　羽状喜毛藻 *Dasyphila plumarioides* Yendo 外形
(引自黄淑芳,2000)

小柯达藻属 *Gordoniella* Itono,1977

藻体为纤细的丝状体,附生于其他藻体上。藻体分匍匐丝和直立丝二部分,匍匐丝以掌状分裂的固着器固着基质,直立丝从匍匐丝背部产生,直立丝简单或下部少分枝。

四分孢子囊生于直立丝下部单细胞小柄顶端,四面锥形分裂。精子囊椭球形生于直立丝近基部的小短枝上。果胞枝侧生于直立枝下部短的单细胞柄的亚顶端,囊果卵形,具总苞。

在中国记录本属有顶孢小柯达藻 Gordoniella yonakuniensis 1 个种。

顶孢小柯达藻 Gordoniella yonakuniensis (Yamada et Tanaka) Itono [Spermothamnion yonakuniensis Yamada et Tanaka]

藻体纤细,高为 1~1.5 cm,分匍匐丝和直立丝,由匍匐丝的细胞中部向下生出假根,向上垂直生直立丝,假根有的很短,有的较长或具有分枝,其顶端成裂片形成吸盘,附着基质。直立丝简单,偶有分枝,顶端钝圆,由圆筒形细胞组成,细胞连接处无收缢,直径为 20~30 μm,长为直径的 3~4 倍(图 4-128)。

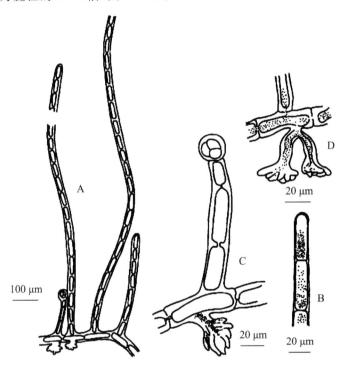

A. 习性;B. 枝顶端;C. 短直立枝顶端生四分孢子囊,假根顶端生成片状吸着器;D. 假根分枝

图 4-128　顶孢小柯达藻 Gordoniella yonakuniensis (Yamada et Tanaka) Itono 藻体结构
(引自郑柏林等,2001)

四分孢子囊卵形,生于短直立丝顶端,径为 20~35 μm,长为 25 μm,锥形分裂。囊果与精子囊未见。藻体干燥后为棕红色。

本种生长在礁湖低潮线下 1 m 处的珊瑚体上。

本种仅分布于南海西沙群岛海域。

凋毛藻属 Griffithsia C. Agardh,1817

藻体直立,由单列细胞组成,不规则叉状分枝或不分枝的丝状体,细胞很大,一般肉眼能观察到。藻体上部细胞"肩部"围生数回叉状分枝的毛丝体,有些种类的毛丝体在形成繁殖器官时立即脱落。

四分孢子囊和精子囊密集轮生,或四分孢子囊单生,具或不具苞片细胞,精子囊在侧枝顶端或枝的顶端形成,集生成冠,无苞片。果胞枝由 4 个细胞组成,囊果生于顶枝下的第二个关节周围,具或不具苞片。

在中国记录本属 6 个种:联结凋毛藻 *G. coacta* Okamura、异形凋毛藻 *G. heteromorpha* Kützing、日本凋毛藻 *G. japonica* Okamura、环节凋毛藻 *G. metcalfii* Tseng、环节凋毛藻亚匍匐变型 *G. metcalfii* f. *subsecunda* Tseng、亚圆形凋毛藻 *G. subcylindrica* Okamura。

联结凋毛藻 *Griffithsia coacta* Okamura

藻体高为 0.6～1.2 cm,直立枝不规则叉状分枝,由单列细胞组成,下部细胞侧面生出丝状假根固着基质。顶端细胞圆柱形,直径为 50～60 μm;向下为球形,细胞稍大,直径为660～700 μm;中部细胞椭球形,短径为 400～450 μm,长径为 600～650 μm;下部细胞圆柱形,直径为 400～450 μm,长为 660～740 μm,上部关节"肩部"周围生长短毛,数回叉状分枝。囊果生于枝顶下的第二关节周围,果孢子圆球形,直径约为 100 μm。精子囊在侧枝顶端形成,集生成冠状,精子囊无色(图 4-129)。藻体浅红色。

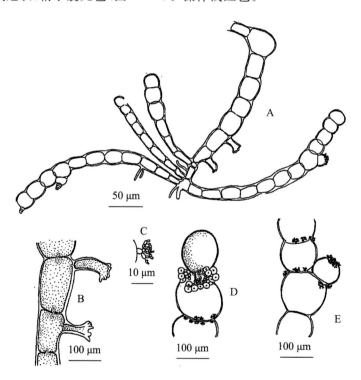

A. 部分藻体;B. 藻体基部,示假根;C. 短毛丝体;D. 雌性藻体,示果孢子枝;E. 雄性藻体,示精子囊

图 4-129　联结凋毛藻 *Griffithsia coacta* Okamura 藻体结构

(引自郑柏林等,2001)

本种常附生于礁湖低潮线下 1 m 处的仙掌藻 *Halimeda* sp. 和鱼栖苔 *Acanthophora* sp. 上。

本种主要分于东海福建平潭岛、南海西沙群岛等海域。

毡藻属 *Haloplegma* Montagne. 1842

藻体玫瑰红色至暗红色。藻体基部由许多向下延伸的丝体构成一个极不规则的盘状固着器，固着器上有一短柄，上生许多薄而扁平的、外观似绒毡的裂片，裂片重叠或不规则分裂。藻体由许多单列细胞丝体连接成一个多层的网状结构，藻体上部和边缘网层少，下部网层多，网与网间的丝体彼此互相交替连接，形成大小不等的网孔，网孔为不规则四边形或多边形，其上生有单条或叉分的游离同化丝，一般由 2～6 个细胞组成，同化丝不断生长形成网状结构以增加藻体的长度与厚度。

本属物种产生四分孢子囊和多室孢子囊。

在中国记录本属 2 个种：毡藻 *H. duperreyi* Montagne、多孢毡藻 *H. polyspora* Chang *et* Xia。

毡藻 *Haloplegma duperreyi* Montagne（图 4-130）

藻体玫瑰红色至暗粉红色，高为 2～8 cm，体下部由许多向下延伸的丝体构成的一个不规则的盘状固着器，用以附着在珊瑚礁上。固着器底面内凹，上有一极短的柄，其上生许多薄而扁平的外观似绒毡的裂片。裂片特别是体下部的常互相重叠，又由于体中下部的裂片略扭曲或彼此黏连，以致藻体的裂片有近似重瓣的花朵模样，有的裂片部分边缘向下延伸成假根丝，假根丝体末端的细胞常分裂成小盘状，借以加固藻体的固着能力。裂片不规则的分裂，宽为 4～10 mm，分枝处可达 15～20 mm，顶端钝，裂片边缘常有短小的须状细齿。藻体由许多单列细胞丝体连接成一个多层的网状结构，体上部和边缘网层少，体中、下部网层增多，用手触摸，有海绵状的感觉。切面观：体下部和中部的中层丝体细胞，狭长形，长径为 310～374 μm，短径为 65～83 μm；体中、上部的丝体细胞长宽比例接近，长为 32～50 μm，宽为 32～45 μm，甚至有长小于宽的，长为 25 μm，宽为 32 μm。网与网间的丝体彼此互相交错连接，形成大小不等的网孔。网孔为不规则的四边形或多边形，其边缘的表面生有单条或叉分的游离的同化丝，丝一般由 2～6 个（可达 10 个）细胞组成，短而粗，或细而长，顶端多尖，有时钝，同化丝的不断生长形成网状结构以增加藻体的长度和厚度。无性生殖为四分孢子囊。

本种生长在低潮线附近的珊瑚礁上或荫蔽处的水沟中。

本种主要分布于南海西沙群岛、南沙群岛海域，东海台湾鹅銮鼻和火烧岛海域也有分布。

爬软藻属 *Herpochondria* Falkenberg in Engler *et* Prantl，1897

藻体扁平、规则或不规则交互羽状分枝，呈扇形，枝顶端略凹陷。藻体软骨质或多肉质。内部构造由 1 列中轴细胞和发达的皮层细胞组成。

四分孢子囊由顶端分枝形成，孢子囊规则地交互纵向排列在中轴两侧，锥形分裂。果孢子体生于分枝顶端或边缘，果孢子体的大部分细胞形成果孢子囊，有数条苞状小枝。

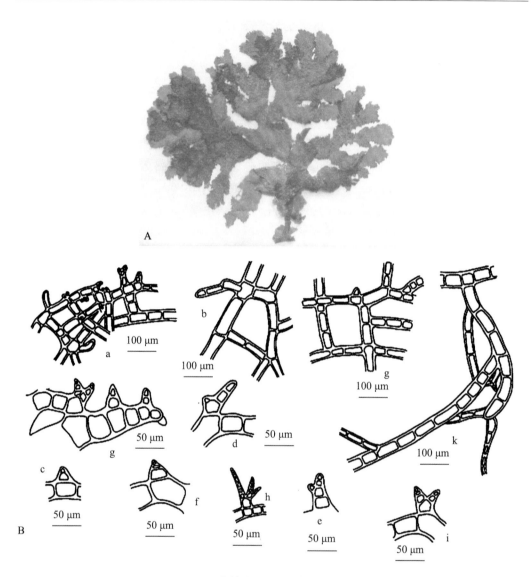

A. 藻体外形；B. 藻体结构

a. 藻体近边缘处网孔及同化丝的表面观；b. 藻体中、下部网孔；c. 单条不分枝、顶端顿的同化丝；

d,e,h,i. 各种类型的分枝的同化丝；f. 单条不分枝顶端尖的同化丝；g. 藻体边缘的同化丝；

j. 藻体上部的网孔；k. 藻体下部近基部边缘处衍生的假根状的丝状体

图 4-130 毡藻 *Haloplegma duperreyi* Montagne 藻体形态结构

（A 引自 Tseng1983；B 引自郑柏林等，2001）

在中国记录本属 2 个种：齿边爬软藻 *H. dentata*（Okamura）Itono、优美爬软藻 *H. elegans*（Okamura）Itono。

齿边爬软藻 *Herpochondria dentata*（Ohura）Itono

藻体纤细，扁平，最初匍匐附生于其他藻体上，从基部丝状假根产生直立枝，高为 2.5 ～4 cm，具明显的直立主枝，各主枝两侧交互羽状分枝，羽枝在此产生交互羽状小枝，经数次分枝,扩展呈扇状。内部构造中间为 1 列中轴细胞,由其分裂产生皮层,皮层细胞由内向外逐渐变小。枝两端具明显的齿状小枝(图 4-131)。

本种生长在低潮带岩石上或附生于其他藻体上。

本种主要分布于北黄海辽宁大连黑石礁、金县大李村朱家屯、荣成成山头过水礁等海域。

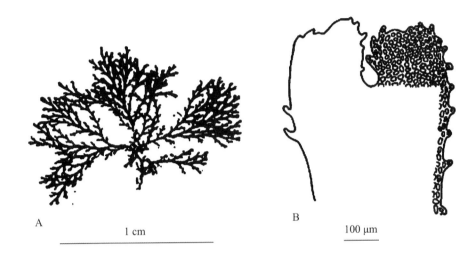

A. 部分藻体外形;B. 枝顶端及齿状边缘

图 4-131　齿边爬软藻 Herpochondria dentata (Ohura) Itono 形态结构

(引自郑柏林等,2001)

多孢藻属 Pleonosporium Nägeli,1862

藻体丝状,直立,常具不定根,主轴互生分枝,侧枝羽状或偏向一侧分枝,主轴和主分枝部分地具皮层或无皮层。细胞多核。多孢子囊无柄或具柄,生于枝或互生枝的近轴面,精子囊生于末枝顶部,偏向一侧或互生。果胞枝由 4 个细胞组成,果胞受精后由支持细胞分裂产生 1 个辅助细胞,几乎所有的产胞丝都成为果孢子囊,成熟囊果周围包被以 6～8 裂的总苞。

在中国记录本属有复羽多孢藻 Pleonosporium venustissimum 1 个种。

复羽多孢藻 Pleonosporium venustissimum (Montagne) De Toni

藻体直立,高为 4～8 cm,富羽状互生分枝在一个平面上,分枝顶端稍钝圆。藻体上部为单列细胞,无皮层,中部及下部由互生枝基部细胞产生的根状丝围绕主轴侧面或两侧,藻体基部根状丝十分发达(图 4-132)。藻体中上部主轴细胞长为 614～824 μm,径为 135～152 μm,长为宽的 3～5 倍,主分枝细胞长为 134～152 μm,径为 45～60 μm,长约为宽的 2 倍,多分孢子囊生在互生小枝上,除顶端的几个细胞外,互生小枝的每个细胞都能形成多分孢子囊。多分孢子囊椭球形,无柄,孢子囊长径为 65～80 μm,径为 50～62 μm,每个孢子囊产生 16 个孢子。

本种生长在低潮线附近的岩石上。

本种仅分布于东海浙江朱家尖海域。

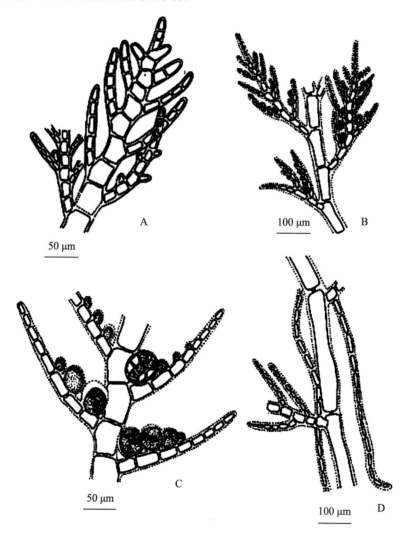

A. 藻体顶端;B. 菌体中上部,分枝及多分孢子囊;C. 菌体上部,多分孢子囊;D. 藻体基部,根样丝
图 4-132　复羽多孢藻 *Pleonosporium venustissimum*（Montagne）De Toni 藻体结构
（引自郑柏林等,2001）

扁丝藻属 *Pterothamnion* Nägeli in Nägeli *et* Cramer，1855

藻体直立,基部以假根固着在基质上,玫瑰红色,直立部分枝,无皮层,每个中轴细胞上部具 4 个轮生枝,包括 2 个对生的长枝和 2 个对生的短枝,长枝上生次生副枝,常反复分枝,短枝上具短的常从基部细胞产生的副枝。细胞单核,腺细胞侧生在小枝的一个细胞上。

四分孢子囊呈亚圆球形,十字形分裂,多数生于小枝的副枝的内侧。精子囊群生于小枝内侧精子囊枝上或有时生于小枝的副枝上。成熟囊果完全裸露,球状或有裂片,无总苞。

在中国记录本属有扁丝藻 *Pterothamnion yezoense* 1 个种。

扁丝藻 *Pterothamnion yezoense* (Tokida) Athanasiadis *et* Kraft

藻体玫瑰红色,直立,高 2～5 cm。基部以假根固着于基质上,直立部二叉状分枝,呈两列式,无皮层,每一个主轴细胞的上部轮生 4 个分枝,由 2 个对生的长枝和 2 个对生的短枝组成,长枝生有次生小枝,并常再分枝,短枝上具短的小枝,分枝及小枝顶端针状(图 4-133)。主枝细胞长为 81～336 μm,直径为 81～117 μm,分枝细胞长为 56～123 μm,直径为 29～47 μm,腺细胞发达,侧生于小枝的一个细胞上,直径为 20～25 μm。

四分孢子囊卵形,无柄,生于小枝内侧,十字形分裂。精子囊群生于雄配子体小枝内侧精子囊枝上,或有时生于小分枝上。囊果球状,生于上部小枝基部,裸露无总苞。

本种生长在低潮带至潮下带岩石上或附生于其他藻体上。

本种主要分布于黄海辽宁大连,渤海和山东青岛等海域。

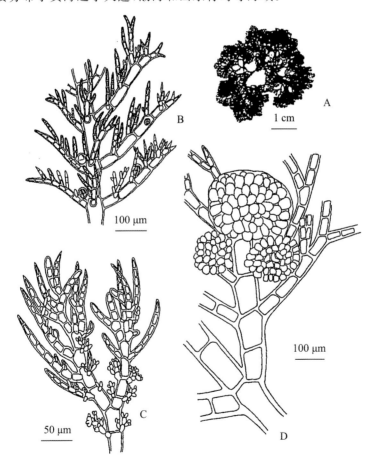

A. 藻体外形;B. 主枝及轮生分枝,四分孢子囊,腺细胞;C. 雄配子体:精子囊枝;D. 雌配子体,囊果

图 4-133　扁丝藻 *Pterothamnion yezoense* (Tokida) Athanasiadis *et* Kraft 藻体形态结构

(引自郑柏林等,2001)

篮子藻属 *Spyridia* Harvey in Hooker，1833

藻体直立,枝圆柱形,向各方向互生多个分枝,基部具假根固着器,上部具有限生长的小分枝,为早落性,主轴及分枝均具有皮层,小分枝节部具皮层,节间透明,小分枝顶端具针形细胞。

四分孢子囊由有限枝的皮层形成。四面锥形分裂。精子囊由小枝节上的皮层细胞发育而成。精子囊群呈斑点状。果胞枝短,由小枝的顶端发育而成,有 4 个细胞组成。囊果位于小枝顶端,常由细长枝组成的总苞所包被。

在中国记录本属有篮子藻 *Spyridia filamentosa* 1 个种。

篮子藻 *Spyridia filamentosa* （Wulfen）Havey in Kooker［*Fucus filamentosa* Wulfen］

藻体暗红色,质地柔软,粗糙,分枝稠密,枝圆柱形,盘状固着器由假根组成。高为 8～20 cm,下部直径为 1.5 mm,向上渐细。分枝互生,末端分枝较细,并生有多个或少个的短而细的小分枝,小分枝为早期凋落或下部早期凋落。小枝顶端具有 1 个硬而直的顶端针形细胞(图 4-134)。主干的构造:中央为大的中轴细胞,细胞直径约 385 μm;其周围是由 1 层小细胞组成的皮层,皮层厚约 150 μm。主干有明显的节和节间。节间长为直径的 2～4 倍,每个节上有许多细胞。节间纵分裂在节组成之前,因此,在生长过程中有一个时期是每个相对的节环有 2 个节间细胞,但是后来就不规则,不相等地分裂。小分枝呈放射性生出,越上面越多,无色,由 1 列单细胞组成,长为 0.5～1.5 mm,直径为 20～45 μm,分散生长。

四分孢子囊圆球形,无柄。四分孢子囊四面锥形分裂,直径约 21 μm,单生或 2～3 个轮生在小分枝的节部。精子囊由小分枝的节部皮层细胞形成,集生成斑。囊果球形,具短而细的柄,生在小枝的顶端,外被内弯的小总苞枝。

本种生长于大干潮线(低潮带)附近岩石上。

本种主要分布于黄海山东青岛,南海西沙群岛,香港等海域。

软毛藻属 *Wrangelia* C. Agardh，1828

藻体直立,单生或丛生,主轴明显或不甚明显,圆柱状。主轴和分枝的节部具轮生枝,轮生枝多次叉状分枝,枝端钝或尖,藻体下部的轮生枝常较早脱落,藻体基部具盘状固着器或以基部细胞延伸的假根附着基质。藻体具皮层或无皮层,具皮层的种类,皮层位于表皮胶质层内,或轮生枝基部细胞生出的分枝丝包围中轴细胞。

四分孢子囊生长在轮生枝的基部,球状,四面锥形分裂,外围被有弯曲或伸直的苞丝,苞丝单条或叉分。

在中国记录本属 4 个种:光辉软毛藻 *W. argus* （Montagne）Montagne、海南软毛藻 *W. hainanensis* Tseng、粗枝软毛藻 *W. tagoi* （Okamura）Okamura et Segawa、锥状软毛藻 *W. tanegana* Harvey。

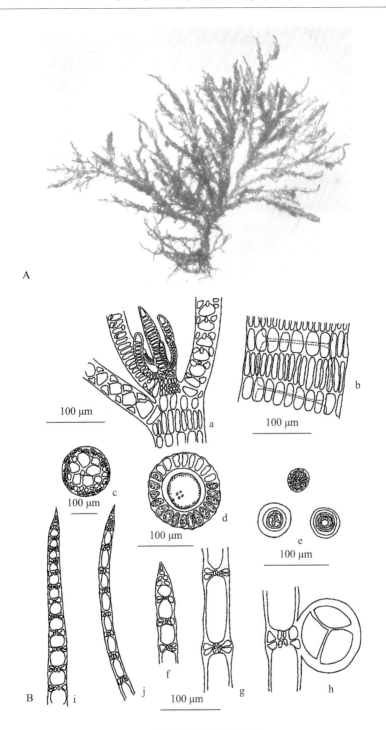

A. 藻体外形；B. 藻体结构

a. 藻体顶端；b. 主轴：节与节间皮层；c～e. 枝横切面；f. 小分枝顶端；g. 小分枝中部；

h. 四分孢子囊；i. 小分枝；j. 小分枝

图 4-134　篮子藻 *Spyridia filamentosa* (Wulfen) Havey in Kooker 藻体形态结构

（A 引自 Tseng，1983；B 引自郑柏林等，2001）

光辉软毛藻 *Wrangelia argus* (Montagne) Montagne [*Griffithsia argus* Montagne]
(图 4-135)

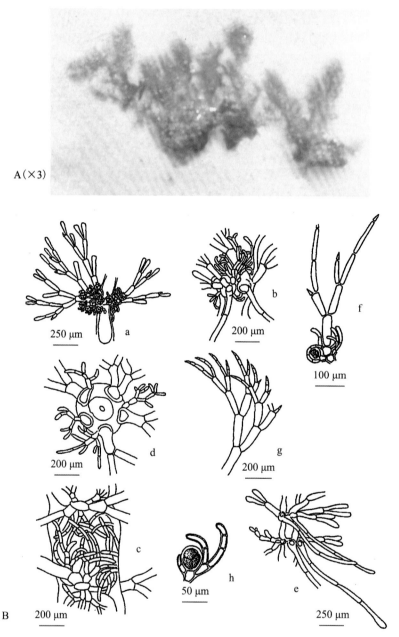

A. 藻体外形；B. 藻体结构

a. 生长在轮生枝基部的四分孢囊；b. 体上部关节处表面观长有轮生分枝丝和假根丝；c. 体中部分枝丝；d. 藻体的横切面，图示中轴，游离的轮生枝及基部细胞；e. 体中、下部关节处生长的假根丝；f. 四分孢子囊，生长在轮生枝的基部；g. 轮生枝；h. 四分孢子囊及其苞丝

图 4-135 光辉软毛藻 *Wrangelia argus* (Montagne) Montagne

(A 引自 Tseng，1983；B 引自郑柏林等，2001)

　　藻体小,高 1 cm 左右,丛生,丝状,柔软,褐绿色。体下部由轮生枝基部细胞生出的较多的向下延伸的假根丝,借其末端附着于基质上。藻体有明显而及顶的主轴,由单列细胞组成,体中部细胞一般长为 0.45～0.54 mm,径为 0.22～0.39 mm,长是径的 2～3 倍;体下部细胞一般长为 0.39～0.44 mm,径为 0.22～0.26 mm,长是径的 1.5～2 倍;互生分枝;在体中、上部的主轴和分枝下部的节处密集着轮生枝,体下部则由于脱落而逐渐减少;轮生枝直立,2～5(6)次二叉分枝,放射状,枝端细胞尖,渐长则常脱落,枝长为 141～245 μm,径为 13～49 μm,长是径的 4～7 倍,有的可达 10 倍;轮生枝的基部细胞上生有一种分枝丝,丝体较细,常略弯曲或伸直,二叉或三叉分枝,顶端钝,由 2～3 个或再稍多一些的细胞组成,细胞长为 77～90 μm,径为 12～26 μm。分枝丝位于表皮胶质层之外,向上、向下生长,疏松的、并不紧贴的围绕着除藻体顶端和基部以外的主轴和分枝下部的细胞周围。

　　四分孢子囊生长在轮生枝的基部,球形至卵球形,径为 60～80(90) μm(包括外膜);锥形分裂;外围被有弯曲的苞丝,苞丝单条或叉分,由 2～3(4)个细胞组成,胞径为 10～16 μm,常强烈弯曲,紧贴四分孢子囊。

　　本种生长在礁平台内低潮线下 3～5 m 处珊瑚礁上。

　　本种主要分布于南海西沙群岛海域。

绒线藻科 Dasyaceae

　　绒线藻科藻体直立,树枝状丛生,主干为长圆柱形。多轴管型,呈放射、互生双叉分枝,或对生单管型。藻体为合轴生长,顶端细胞不能永久地继续分生。产生皮层前,在顶端细胞的侧面产生一个新的生长点细胞,代替原来的顶端细胞,由它分裂产生主干的一部,而原来的分枝则偏向一侧,发育成一条单轴管的侧枝。有一些种发育一圈围轴细胞成为皮层。其中第一个细胞生于主轴的右方,至于以后所产生的细胞,则在第一细胞的左方形似一个环,在此侧枝的基部向下发育成内部丝体,最后成为厚皮层。有时在侧枝下方节部变成多轴管型,但其上方仍为单轴管。分枝末端往往延伸成无色毛丝体,由亚顶端细胞侧面产生一新的分枝时,就成为双叉分枝。

　　四分孢子囊发生在特殊的多管型的大、小枝中,或发育在分枝毛丝体上的孢子囊枝里。由皮层细胞形成,为四面锥形分裂。精子囊无色,生在侧生小分枝上。果胞枝靠近侧生枝的基部发育,生殖的围轴细胞产生 2 个不育的原始细胞和 4 个细胞的果胞枝;受精后,靠近果胞枝的支持细胞分裂成辅助细胞,辅助细胞和其他的细胞结合或不结合形成 1 个大的胎座细胞,产孢丝由胎座发生,放射形分枝,在其末端形成 3～5 个细胞成念珠状的果孢子囊,成熟囊果具有开孔果被。

绒线藻科分属检索表

1. 主干上部由网状结构组成的四边形长囊状 ················· 棱藻属 Dictyurus
1. 主干上部非上述 ·· 2
　2. 最末小枝相对排列 ································· 异管藻属 Heterosiphonia
　2. 最末小枝放射状排列或两叉式 ···································· 3
3. 藻体辐射状分枝,四分孢子囊常由 2 个盖细胞半覆盖 ················ 4
3. 藻体二叉式分枝,四分孢子囊常由 3 个桶形或格条式细胞半覆盖 ········· 拟绒线藻属 Dasyopsis

4. 围轴细胞(4～)5 个,具明显的孢子囊枝 ……………………………… 绒线藻属 *Dasya*

4. 围轴细胞 6 个,孢子囊枝是枝的一部分 ……………………………… 华管藻属 *Sinosiphonia*

绒线藻属 *Dasya* C. Agardh,1824

藻体直立,枝丛生。枝主干圆柱形,被有许多纤细的小分枝。小分枝呈绒毛状,集生在主干上,轮生、螺旋生或分散生长。主干中央有 1 列中轴细胞,外被 5 个以上的围轴细胞包围,大多数种的老藻体部分又被假根丝体所包围,具有较厚的皮层。

四分孢子囊生在特殊的孢子囊枝里。枝为长荚果形,具柄。孢子囊由几个或所有围轴细胞横分裂形成,下面的像支持细胞,上面的为孢子囊,此支持细胞又分出外、右、左及中部节形成 3 个盖细胞和孢子囊。四分孢子囊呈四面锥形分裂,成熟时部分露出。

精子囊集生在侧枝(精子囊枝)上,为披针形或圆柱形;果胞枝由一侧丝基部附近的生殖节的第三个围轴细胞发育而成;起初是一个生育细胞向外分裂产生第一组原始不育细胞,然后在同侧由辐射分裂产生支持细胞;由右侧产生 4 个细胞的果胞枝的原始细胞,最后在原始细胞下面产生第二组不育细胞;受精后,支持细胞分裂出辅助细胞,果胞基部分裂出 1 个小的连接细胞,与辅助细胞融合,合子核经过连接细胞进入辅助细胞。原产孢丝由辅助细胞生出,初为 1 列大细胞,后分裂成小细胞,然后分生成分枝丝,果孢子囊由其顶端细胞形成。成熟囊果具有短柄,卵形或瓮状,外被果被,上具 1 个囊孔。果被由四周的围轴细胞发育而成。每个小枝只生 1 个成熟囊果。

在中国记录本属 3 个种:柔毛绒线藻 *D. mollis* Harvey、帚状绒线藻 *D. scoparia* Harvey、绒线藻 *D. villosa* Harvey。

绒线藻 *Dasya villosa* Hatvey

藻体直立,主干圆柱形,幼时紫红,成熟期暗紫色,高为 1.5～10(15)cm,径为 0.81～1mm。主干密生毛状枝,自枝的皮层按一定的顺序产生,与主干呈锐角向各方面展开,其基部由一列细胞组成,叉状分枝,向顶端逐渐变细。藻体横切面观,中央具有 1 个中轴细胞,外围有 5 个以上的围轴细胞;皮层厚,细胞为近球形、椭球形,表面细胞较小,排列不十分紧密(图 4-136)。

四分孢子囊枝在毛丝体之间,孢子囊由其顶端形成,具有 1 列细胞的柄,幼孢子囊枝为卵形或披针形,成长后为长卵形,顶端细长圆柱形,长为宽的 4 倍。精子囊群由毛丝体的基部形成,精子囊枝呈纺锤形,具柄,长为径的 3 倍,长为 135 μm,径为 45 μm。囊果长为 0.8 cm,径为 0.5 mm。

本种生长在大干潮下岩石、贝壳或其他藻体上。

本种主要分布于渤海河北秦皇岛,黄海辽宁大连和山东烟台、威海、青岛,东海浙江普陀等海域。

拟绒线藻属 *Dasyopsis* Zanardini,1843

藻体直立,具 1 个及顶的主轴,主轴具放射状或互生分枝,主轴和主分枝圆柱状或稍扁平,密被画笔状的毛丝体。中央具明显的中轴细胞,中轴外为内、外皮层具色素体。

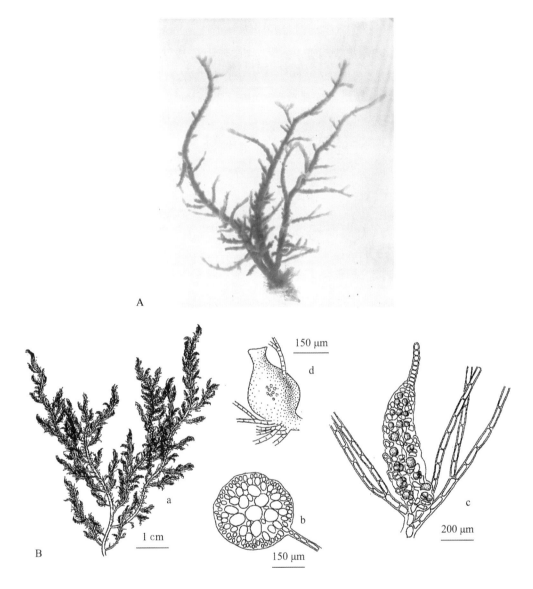

A. 藻体外形；B. 藻体结构

a. 部分藻体外形；b. 枝横切面；c. 四分孢子囊枝；d. 囊果枝

图 4-136 绒线藻 *Dasya villosa* Hatvey 藻体形态结构

（A 引自 Tseng，1983；B 引自郑柏林等，2001）

四分孢子体具有四分孢子囊，具柄，生于主轴或分枝画笔状毛丝体的侧面，四面锥形分裂。果胞枝由 4 个细胞组成，支持细胞由分枝顶端的围轴细胞转变而来，支持细胞产生2 组不育细胞，辅助细胞由支持细胞分裂而成，并产生产孢丝。成熟囊果壶状，具果孔，果被由围轴细胞发育而来。

在中国记录本属有拟绒线藻 *Dasyopsis pilosa* 1 个种。

拟绒线藻 *Dasyopsis pilosa* Weber -van Bosse

藻体直立,圆柱形,高为 3～5 cm,径为 1～2 mm,二叉分枝,除成熟藻体中下部裸露外,密被画笔状毛丝体,细长,由单列柱状细胞组成,细胞长为 30～50 μm,径为 13 μm。叉状分枝,向丝端逐渐变细。藻体深紫红色,柔弱,膜质(图 4-137)。

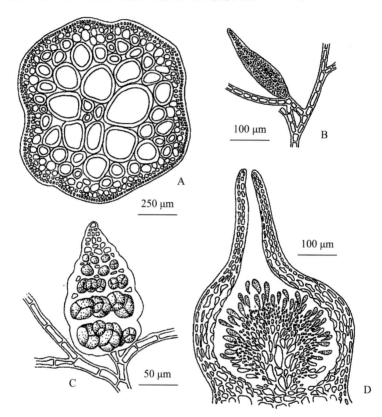

A. 藻体裸露部位横切面;B. 精子囊托;C. 四分孢子囊托;D. 囊果切面观

图 4-137　拟绒线藻 *Dasyopsis pilosa* Weber -van Bosse 藻体摘选

(引自郑柏林等,2001)

成熟藻体的中、下部毛丝体常脱落。其裸露部位横切面观:中央具明显的中轴细胞,径为 59～92 μm,外围为不规则圆形的髓部细胞,径为 232～432 μm,壁厚为 26～33 μm,皮层为 1～2 层含有色素体,长圆形或倒卵圆形的表皮细胞长径为 20～26 μm,短径为 10～13 μm;内皮层细胞为圆形,径为 33～66 μm。

四分孢子囊枝生长在毛丝体上,长卵形或长柱形,顶端细,基部具单细胞的柄,长径为198～238 μm,短径为 106～112 μm;四分孢子囊轮生,卵形或圆球形,径为 39～43 μm,四面锥形分裂。囊果生长在藻体表面,为壶形,具细长的喙,长径为747～1 079 μm,短径为548～564 μm,切面观,中央有大而不规则的融合细胞,长径为 132 μm,短径为 53 μm,产孢丝细胞不规则长柱形,长为 40～66 μm,径为 13～26 μm,其顶端产生棍棒状的果孢子囊,长为 46～53 μm,径为 17～20 μm,紫红色,囊果被由 3～4 层细胞组成,厚为 53～59 μm。

精子囊枝棍棒状,生于毛丝体上,长为 282~298 μm,径为 50~60 μm,精子囊为小粒状,白色,反光强。

　　本种生长在水下 1~3 m 深处的珊瑚枝上或礁石上。

　　本种主要分布于南海南沙群岛海域。

棱藻属 *Dictyurus* Bory in Belanger *et* Bory，1834

　　藻体直立丛生,基部具 1 个盘状固着器,藻体下部为圆柱状主干,主干分枝或不分枝,主干上部有网状结构组成的四边形长囊,外形呈棱形。

　　四分孢子囊枝成簇,生长在中轴延伸的侧枝顶端。

　　在中国记录本属有棱藻 *Dictyurus purpurascens* 1 个种。

棱藻 *Dictyurus purpurascens* Bory

　　藻体直立、丛生,高为 2~8 cm,基部有 1 个不规则的盘状固着器借以附着在珊瑚礁石上。体下部是圆柱状主干,分枝或不分枝,长为 8~22 mm,径为 0.5~2 mm(图 4-138)。

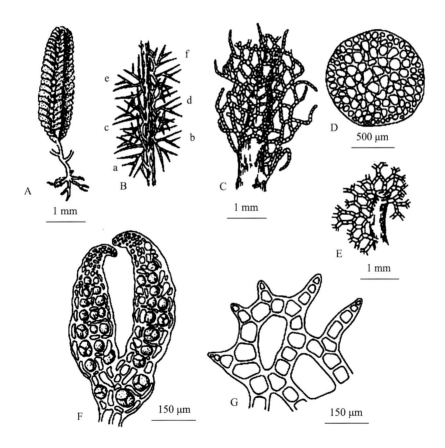

A. 部分藻体外形图;B. 图解表示假侧枝二列的排列及合轴分枝系形成一水平面占轴外面的圆周之半;
C. 幼体;D. 主茎的横切面;E. 中轴上螺旋上升的部分梯网;F. 四分孢子囊枝;G. 网孔边缘的游离丝

图 4-138　棱藻 *Dictyurus purpurascens* Bory 藻体形态结构

(引自郑柏林等,2001)

主干上的每个分枝都有1个精致的、似螺旋式的面纱状网状组织所构成的具棱的四边形长囊,囊长为5～55 mm,宽为2～8 mm,偶有长囊上再生1个幼囊,但极少见。每个长囊的中央有1个中轴,合轴的中轴有四个围轴细胞,其外围有较厚的皮层细胞;每个关节有2个细胞;其假侧枝二列排列。每个假侧枝有丰富的分枝,这种单列细胞组成的假侧枝分枝向外生长形成的突起与邻近分枝的细胞的同样突起融合连接起来,形成一水平面达到占据轴外面的圆周之半,这种连接不仅发生在每个合轴分枝系的侧枝间,而且2个合轴分枝系沿着边缘也可相遇组成一个螺旋上升的延伸的梯网;同时,每个合轴枝系的边缘向上弯曲与上面的合轴分枝系的底面相连,这样,边缘组成的网状组织把那个不间断的螺旋上升的梯网围绕起来,形成了一个完全封闭的具棱的四边形的网状长囊。网孔为不规则的圆至长圆形,径为228～440 μm。网孔的边缘有时向外长出短小的游离枝。

四分孢子囊枝成簇生长在自中轴延伸出的多管侧枝的顶端,这种侧枝位于网状长囊的上部,枝顶端自网状长囊周围的网孔伸出。囊枝长为603～815 μm,宽为146～163 μm,单条或叉分。四分孢子囊四面锥形分裂,囊径为44～70 μm。

本种生长于礁缘深沟阴僻处和礁湖内礁石底缘附近。

本种主要分布于南海西沙群岛、南沙群岛海域。

异管藻属 *Heterosiphonia* Montagne,1842

藻体直立,主干背腹对称,分枝在主干两侧互生,小羽枝也互生于分枝上。分枝的一部分发达,一部分较弱,前者由有限枝组成,后者由三叉状分枝丝状的小羽枝组成。顶端细胞互相生出侧枝。小羽枝内部为多轴管或下部为多轴管上部为单轴管,或全部单轴管。主干为多轴管,1个中轴细胞由6～7个围轴细胞包围,数目大致相同,顶端减少;围轴细胞大小相同,或在两边的稍小,一般不横分裂,有时一次或数次分裂成同样大小的细胞;主干往往由围轴细胞生出内丝体细胞组成后生皮层。后生皮层细胞生1个或多个的后生枝,此枝形成单管毛,为有限或无限成长的枝。

四分孢子囊枝由羽状小枝形成,常呈放射状,长圆柱形,上部尖细,多数有多轴管的柄,极少为单轴管,一般各节有4～6个孢子囊轮生。四分孢子囊的外面,上下各分裂2个盖细胞,此细胞由围轴细胞生成。

精子囊枝由羽状小枝形成,长而尖,有柄,为单轴管型。果胞枝由靠近主干生长点的羽状毛丝体的下方的小细胞形成,稍弯曲。多数聚集,有时成对。产孢丝集生,稍隆起。孢子由产孢丝的顶端形成,多数是2个相连,小球状,极少数为顶端1个呈大的棍棒状。囊果卵形或壶形,以较宽的基部着生在羽枝较粗的轴上,上开囊孔。

在中国记录本属2个种:日本异管藻 *Heterosiphonia japonica* Yendo、美丽异管藻 *Heterosiphonia pulchra* (Okamura) Falkenberg。

日本异管藻 *Heterosiphonia japonica* Yendo

藻体直立,玫瑰红色,质软。主干数条,由节生出3～4回互生羽状分枝,小分枝呈背腹排列,小枝结构简单,长为1.5～3 mm,1～2次羽状分枝。羽枝基部直径为100～150 μm,上部细胞长为120 μm,直径为60 μm,顶端稍细。固着器小盘状。藻体高为3～15 cm,直径为0.7～1.3 mm(图4-139)。藻体中央为1个中轴细胞和4～5个围轴细胞。小枝全为单轴管或基部为多轴管;除小羽枝外,均被皮层。在皮层形成时,围轴细胞开始生出内丝体,后渐加厚皮层。皮层表面观,细胞为线形、纵列。节部细胞长、宽大致相等或宽为长的 0.5～2 倍。

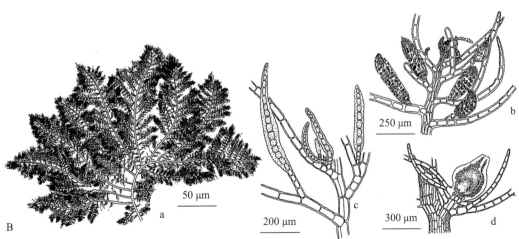

A. 藻体外形;B. 藻体结构

a. 部分藻体;b. 四分孢子囊枝;c. 精子囊枝;d. 囊果枝

图 4-139　日本异管藻 *Heterosiphonia japonica* Yendo 藻体形态与结构

(A 引自 C. K. Tseng,1983;B 引自郑柏林等,2001)

　　四分孢子囊枝披针形,具单列细胞的柄,长为 420～550 μm,直径为 135～150 μm,由羽枝或小羽枝单轴管基部或多轴管基部生出,通常 2～3 个集生。孢子囊枝内生孢子囊 10～14 层,每层 3～8 个孢子囊。孢子囊直径为 24～38 μm。四分孢子囊呈四面锥形分裂。精子囊枝生于雄藻体小羽枝或分枝顶端,单生或 3～5 枝集生,枝长为 525～631 μm,宽为 60～90 μm,下有 3～5 个细胞组成的柄。囊果球形或卵形,具短柄,顶端稍突起,开孔,直径为 67～90 μm,单生于侧枝顶端。

　　本种生长在低潮带石沼中或潮下带岩石上。

　　本种分布于渤海河北秦皇岛,黄海辽宁大连、旅顺和山东烟台、威海、青岛,东海浙江嵊山、南麂岛等海域。

华管藻属 *Sinosiphonia* Tseng *et* Zheng,1983

　　藻体玫瑰红色,以盘状固着器附着于基质,其上生直立、圆柱形直立枝,枝上互生分枝和小羽枝,枝上并生有红色毛丝体,毛丝体之间的开角均为 60°。

　　藻体顶端生长,当毛丝体生长到一定长度即生出小羽枝,形成节部,由其分裂为 1 个中轴和 6 个围轴细胞,由围轴细胞分生成皮层。

　　四分孢子体的生殖毛丝体的每个节部的围轴细胞 6 个中的 4 个形成孢子囊,2 个退化。雄性藻体的生殖毛丝体形成精子囊枝,主枝较粗,分枝较细,精子囊由围轴细胞分化而成多数无色、透明的精子囊围生于中轴细胞。雌性藻体上部生殖毛丝体形成果胞系,成熟的囊果较大,卵形或坛形,每个生殖枝上通常生 3～5 个囊果。

　　在中国记录本属美丽华管藻 *Sinosiphonia elegans* 1 个种。

美丽华管藻 *Sinosiphonia elegans* Tseng *et* Zheng

　　孢子体高为 30～39 cm,每一节具 4 个圆球形四分孢子囊,直径为 65～135 μm,锥形分裂,四分孢子囊卵形,直径为 60～80 μm,高为 75～120 μm(图 4-140)。雄性藻体高为 6

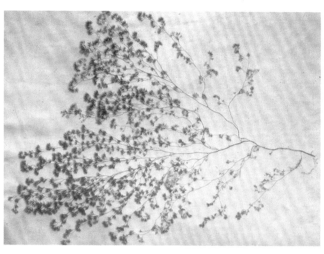

图 4-140-1　美丽华管藻 *Sinosiphonia elegans* Tseng *et* Zheng 藻体外形

(引自 Tseng,,1983)

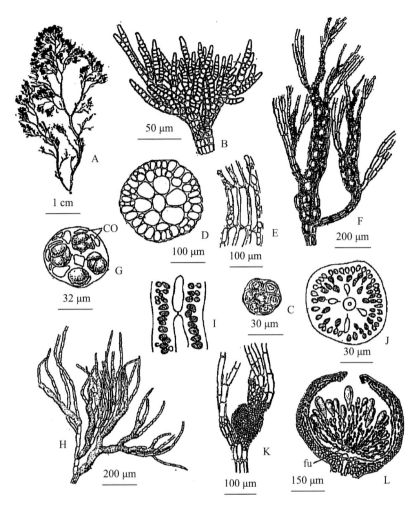

A. 藻体外形图;B. 分枝顶端,表示顶端细胞;C. 一分枝部分,示皮层发育的早期阶段;D. 老枝横切,
示中轴和围轴细胞;E. 分枝纵切,示中轴和围轴细胞;F. 生殖主枝和分枝,示四分孢子囊及其外延的
皮层;G. 成熟生殖枝横切,示 4 个孢子囊,每个孢子囊具有 2 个盖细胞包围着中央细胞;H. 具有分
枝轴及分枝的生殖毛丝体转变成精子囊枝;I. 精子囊枝纵切面;J. 成熟精子囊枝横切,示精子囊;K.
一幼囊果,示皮层;L. 一囊果纵切,示笑的愈合胞,产孢丝,果孢子及厚果被

图 4-140-2　美丽华管藻 Sinosiphonia elegans Tseng et Zheng 藻体结构
（引自郑柏林等,2001）

～10 cm,生殖毛丝体的围轴细胞分化成精子囊,精子囊主枝较粗,小枝较细,成熟精子囊
器为无色、透明小卵形,围生于中轴细胞。雌性藻体高为 18～20 cm,果胞系从生殖毛丝体
上部发育而来。成熟囊果较大,球形或坛形,直径为 755～870 μm,高为 695～850 μm,上
具囊孔,果孢子卵形,高为 90～100 μm,直径为 60～70 μm。

　　本种生长在低潮带的石隙、岩石及贝壳上。

　　本种仅分布于黄海青岛附近海域。

红叶藻科 Delesseriaceae

红叶藻科藻体多呈叶形,或扁平,分成许多节,常具有中肋或叶脉,或两者均有。叶片或每个叶片的节内具 1 个中轴丝,每个中轴的细胞生长一对对生的丝体,继续产生侧丝,侧丝互相连接,形成一层或几层薄壁细胞组成的叶片。藻体生长系由顶端细胞产生一行中轴,并由此产生侧生细胞而形成片状,有时也形成皮层。

四分孢子囊集生成球形孢子囊群,在叶片上有特定的部位,有的分散于整个叶片,有的生于叶片边缘,有的生于叶片伸出的小叶片上。四分孢子囊四面锥形分裂。雌雄异体。精子囊群不规则地分布于叶面。有的只分布在叶片的边缘上。果胞枝由 4 个细胞组成,自叶的中轴细胞生出。果胞枝的支持细胞常生两个不育丝。受精后,支持细胞分裂成辅助细胞。最后,辅助细胞、支持细胞及不育丝融合成 1 个不规则的胎座细胞。产孢丝由胎座向藻体表面生出,全部细胞或其顶端细胞发育成果孢子囊。同时周围的细胞分裂成果被。成熟囊果膨大,球形或半球形,突出藻体表面,果被上具有囊孔。

红叶藻科分属检索表

顶群藻属 *Acrosorium* Zanardini *ex* Kützing，1869

藻体不规则分枝，枝体扁平，无中肋和对生侧脉，但具有纵向的细脉。小分枝锯刺状、裂片状。无横关节生长点细胞。

四分孢子囊生于枝的顶端或边缘裂片上，由皮层细胞形成。成熟四分孢子囊群呈球块状，单生在枝端或裂片边缘。囊果具有不育细胞，散生在藻体上。果孢子不成串。

在中国记录本属 4 个种：扇形顶群藻 *A. flabellatum* Yamada、细脉顶群藻 *A. polyneurum* Okamura、具钩顶群藻 *A. venulosum*（Zanardini）Kylin、顶群藻 *A. yendoi* Yamada。

顶群藻 *Acrosorium yendoi* Yamada

藻体不规则叉状分枝，高为 1.5～5 cm，宽为 2～3 mm。小分枝锯刺状，较大的分枝宽广像山羊角，枝端钝方形，边缘全缘。藻体通常从体内伸出许多根状突起，匍匐于其他海藻体上，分枝大部游离生长，具有明显的细脉（图 4-141）。横断面由 3～5 层正方形细胞组成。中央细胞大而无色，边缘细胞小，含有色素体。鲜红色。

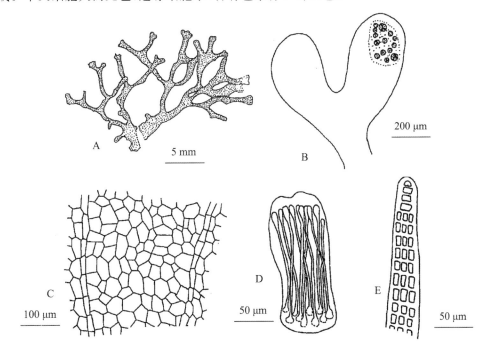

A. 部分藻体外形；B. 四分孢子体的一部分；C. 部分枝表面观；D. 假根状突起；E. 藻体横切面

图 4-141　顶群藻 *Acrosorium yendoi* Yamada 藻体形态与结构

（引自郑柏林等，2001）

四分孢子囊群呈小卵形，生于藻体边缘或顶端呈圆斑状。四分孢子囊出现于秋季。有性繁殖器官未见。

本种生长在大干潮附近岩石上或附生其他藻体上。

本种为渤海、黄海沿海常见的物种。

鹧鸪菜属 *Caloglossa* J. Agardh，1876

藻体小、扁平叶状，具中肋，多次叉状分枝，有时具副出枝，通常匍匐生长在基质上，叶片由中央轴和翼细胞组成，中央轴由 1 个纵列的大的中轴细胞和 4 个围轴细胞组成，翼细胞在中轴两侧有规则地排列，为 1 层细胞厚。顶端生长，第 2、第 3 序列的顶端细胞达叶片边缘，无居间分裂，许多远轴的第 2 序列细胞一般不产生第 3 序列细胞。四分孢子囊在叶片两侧，四面锥形分裂，囊果生在中肋上。

在中国记录本属 3 个种：匍匐鹧鸪藻 *C. adhaerens* King *et* Puttock、鹧鸪菜 *C. leprieurii* (Montagne) J. Agardh、侧枝鹧鸪菜 *C. ogasawaraensis* Okamura。

匍匐鹧鸪藻 *Caloglossa adhaerens* King *et* Puttock〔*Caloglossa adnata* King *et* Puttock、*Caloglossa chuanshiensis* Chen *et* Zheng〕

藻体暗紫色，扁平叶状，近叉状分枝，分枝可达 4 次，高为 1.3～2 cm，枝宽为 1～3 mm。偶尔小枝由叶片边缘生出，假根散生在枝的腹面，以此匍匐生长在基质上，假根末端呈吸盘状(图 4-142)。表面观，叶片的一个中轴细胞向两边翼产生 6 个细胞列，第 2、第 3 序列细胞到达叶片边缘，第 2 序列细胞不全部产生第 3 序列细胞，只由基部的第 1～5 个细胞产生，第 3 序列的最下层细胞列为 21～23 个细胞。

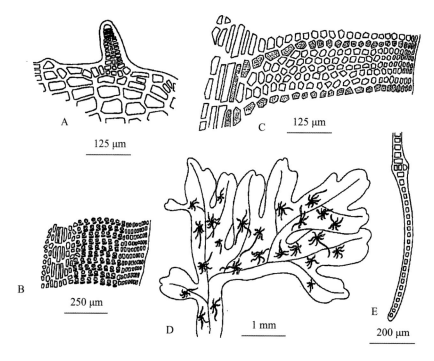

A. 叶片边缘表面观；B. 部分叶片表面观示四分孢子囊；C. 部分叶片表面观示细胞列；
D. 藻体的一部分；E. 叶片横切面

图 4-142　匍匐鹧鸪藻 *Caloglossa adhaerens* King *et* Puttock 藻体形态与结构

（引自郑柏林等，2001）

　　四分孢子囊集生在叶片中肋两侧或小枝中肋两侧,长可达 2.2 mm,宽为 0.43~0.55 mm,四分孢子囊球形,径为 20~45 μm,由第 2 或第 3 序列细胞基部的第 2 或第 3 个细胞发生,从中央到边缘 7~10 列,侧生围轴细胞不形成。囊果、精子囊尚未见。

　　本种生长在中、高潮带附着在藤壶、牡蛎上。

　　本种仅分布于东海福建川石岛海域。

顶冠(雀)藻属 *Claudea* Lamouroux,1813

　　顶(雀)冠藻属藻体红色至粉红色,由肥厚多肉的主干和外观上形似几条孔雀冠的叶状体组成。藻体下部的圆柱状长柄由近圆形或长圆形的薄壁细胞组成。叶片边缘具齿状突起。

　　在中国记录本属有多裂顶冠藻 *Claudea multifida* 1 个种。

多裂顶冠藻 *Claudea multifida* Harvey

　　藻体鲜红色或红褐色,柔软,膜质,由肥厚多肉圆柱状长柄和孔雀冠状的叶状体组成,高 3~7 cm,基部为分枝状假根固着器。网状叶是由连续的 3~4 回叶片所组成,在初生叶腹面的中肋上以垂直方向连续分裂产生次生叶,并以同样方式产生三生叶,三生叶为有限生长,其尖端与次生叶的背部网结,形成网状结构(图 4-143)。网孔的形状多为长方形,平

图 4-143　多裂顶冠藻 *Claudea multifida* Harvey 藻体外形

(引自黄淑芳,2000)

行排列,长的一边是由三生叶片形成,短的一边由次生叶片形成;叶片有许多六角形细胞组成,边缘具有翅状突起。

生活史同型世代交替,孢子体和配子体外形相同。配子体雌雄异体,精子囊不规则地分布在叶面或边缘。果胞枝由 4 个细胞组成,受精后,由支持细胞产生辅助细胞,由其产生产孢丝。成熟囊果突出藻体表面,球状,有果被包裹及明显囊孔。四分孢子囊位于孢子体最末分枝,孢子囊四面锥形分裂。

本种生长在低潮线附近至潮下带的多毛类动物体上或珊瑚石上。秋末至初夏为生长期。

本种仅在东海台湾东北角海域有记录。

红舌藻属 Erythroglossum J. Agardh. 1898

藻体小型、扁平叶状,由两缘产生分枝,中肋无或不明显,无侧脉,枝除中肋为数层细胞厚外,枝的边缘为一层细胞。顶端生长,居间分裂由第 1 序列的细胞产生。

四分孢子囊群沿叶片边缘排列或生在小枝中央,囊果散生在叶片上,精子囊群未见。

在中国记录本属 2 个种:小红舌藻 E. minimum Okamura、羽状红舌藻 E. pinnatum Okamura。

小红舌藻 Erythroglossum minimum Okamura

藻体深红色、矮小,固着器盘状,高为 0.8～2cm,单回羽状分枝,偶尔二回羽状分枝,枝披针形,枝宽达 1～2 mm,小枝长椭圆形或倒卵形(图 4-144)。切面观,主枝基部中肋 5～6 层细胞,厚为 300～380 μm,仅缘边为 1 层细胞,小枝中肋 3 层细胞,厚为 100～120 μm,边缘 1 层细胞,厚为 50～53 μm。

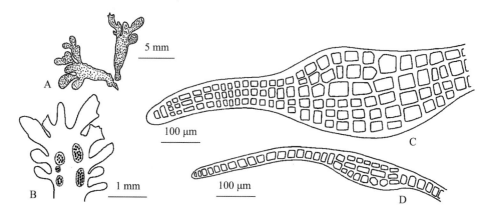

A. 藻体外形;B. 四分孢子体的一部分;C. 主枝近基部横切面;D. 小枝横切面
图 4-144　小红舌藻 Erythroglossum minimum Okamura 藻体形态与结构
(引自郑柏林等,2001)

四分孢子囊群椭球形或球形,长径为 640～850 μm,短径为 190～450 μm,生于枝的边缘或小枝中央,四分孢子囊球形,径为 33～72 μm。囊果及精子囊群未见。

本种生长在低潮带附近的岩石上。

本种仅分布在东海浙江海域。

下舌藻属 *Hypoglossum* Greville，1830

藻体小型或大型，叶状，分枝由中肋产生，中肋具皮层或不具皮层，顶端生长，所有第3序列的原始细胞达藻体顶端边缘，许多种类叶片的第2序列细胞全部产生第3序列细胞或不全部产生，第2、第3序列细胞到达叶片边缘，无居间分裂。藻体除中肋外只有1层细胞厚。

四分孢子囊起源于皮层细胞或侧生围轴细胞，四分孢子囊四面锥形分裂。囊果一般生于顶端。

在中国记录本属 5 个种：渐狭下舌藻 *H. attenuatum* Gardner、福建下舌藻 *H. fujianensis* Zheng Yi、双分下舌藻 *H. geminatum* Okamura、小下舌藻 *H. minimum* Yamada、日本下舌藻 *H. nipponicum* Yamada。

渐狭下舌藻 *Hypoglossum attenuatum* Gardner（图 4-145）

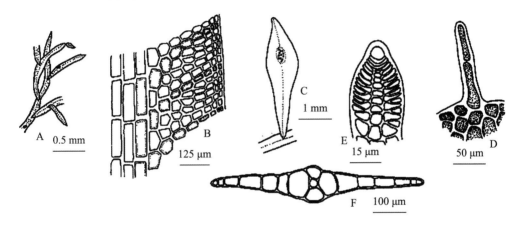

A. 藻体的一部分；B. 部分叶片表面观示细胞列；C. 四分孢子体的一部分；
D. 叶片边缘表面观；E. 小枝顶端生长点；F. 叶片横切面

图 4-145 渐狭下舌藻 *Hypoglossum attenuatum* Gardner 藻体形态与结构
（引自郑柏林等，2001）

藻体极薄，高为 1～1.5 cm，枝宽为 0.5～0.8 mm，由中肋处产生稀疏的分枝，枝单生或偶有对生一大一小的分枝，节间长为 2.5～5.8 mm，枝细长披针形，全缘，两端渐细或基部突然变细，枝端尖锐。基部或叶片边缘具假根，以此附着于基质上。切面观，叶片除中肋外为 1 层细胞，中肋无皮层，厚为 88～96 μm，表面观，叶片的第 2、第 3 序列细胞均达到边缘。表面观，所有的第 2 序列细胞不全部产生第 3 序列细胞。

四分孢子囊窝生于叶的中央，长可达为 3.6 mm，宽达为 1.8 mm。四分孢子囊球形，由围轴细胞形成，大的直径为 60～90 μm，小的为 20～30 μm。囊果、精子囊群尚未见。

本种生长在礁平台内低潮线下 0.7～1.2 m 珊瑚礁上，附生在蕨藻 *Caulerpa* sp.、仙掌藻 *Halimeda* sp. 的藻体上。

本种仅分布于南海西沙群岛中建岛海域。

红网藻属 *Martensia* Hering，1841

藻体叶状,薄叉状或各式分裂,无中肋或细脉,沿着叶状部的外缘具有网状结构或部分的叶状部具有网状结构,其形似精巧的格子,薄而幅狭,由纵向片层和横网组成,纵向片层(纵带)相互并行接近,细长薄的膜片粘附在网状结构上部的外缘,形状各式各样。

四分孢子囊散生在膜状部或网状部或膜片上。囊果球形,散生在网状部上。精子囊由纵向片层细胞分裂而成。

在中国记录本属有脆红网藻 *Martensia fragilis* 1 个种。

脆红网藻 *Martensia fragilis* Harvey

藻体鲜红色,薄的膜状体,叉状分裂,高为 2～5 cm,基部具盘状固着器。藻体由膜状部和网状部构成。网状部上又能重复产生膜状部与网状部(图 4-146)。膜状部由多角形的细胞组成,横切面为 2～5 层细胞。网状部由纵向片层和横网组成,纵向片层为单层细胞厚,表面观为多角形细胞组成。网状部上方边缘为薄的膜片,藻体成熟后常破裂。

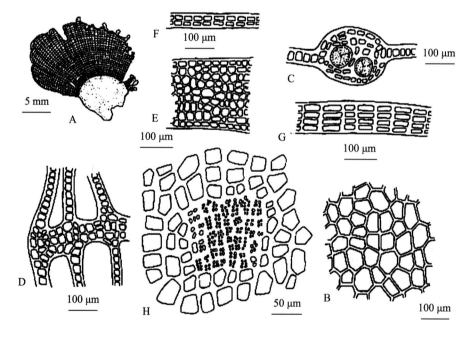

A. 雌配子体的一部分;B. 部分膜状部表面观;C. 四分孢子囊表面观;
D. 部分网状部结构;E. 部分片层表面观;F. G. 膜状部横切面;H. 精子囊表面观

图 4-146　脆红网藻 *Martensia fragilis* Harvey 藻体结构

(引自郑柏林等,2001)

四分孢子囊群散生在膜状部、网状部或膜片上。四分孢子囊球形,径为 70～130 μm。囊果球形,散生在网状部,径为 93～143 μm。精子囊由纵向片层细胞分裂而成,径为 2.5～3(4) μm。

本种生长在低潮带附近的岩石上。

本种主要分布于东海福建沿海、南海西沙群岛金银岛等海域。

新红网藻属 *Neomartensia* Yoshida *et* Mikami，1996

藻体柔软膜质，扇形，分膜状部和网状部，基部有短柄，且不重叠如花状。

生活史为同型世代交替，孢子体和配子体外形相同。

在中国记录本属有扇形新红网藻 *Neomartensia flabelliformis* 1 个种。

扇形新红网藻 *Neomartensia flabelliformis*（Harvey *ex* J. Agardh）Yoshida *et* Mikami［*Martensia flabelliformis* Harvey *ex* J. Agardh］

藻体鲜红色或黄褐色，柔软膜质，体小，扇形，分膜状部和网状部，基部有短柄，且不重叠如花状，体高 2～4 cm。膜状部由扁平细胞不规则配列约 8 层排列而成，网状部密且厚，其网目近正方形（图 4-147）。

生活史同型世代交替，孢子体和配子体外形相同。配子体雌雄异体，果胞枝由 4 个细胞组成，受精后，由支持细胞产生辅助细胞，由其产生产孢丝。成熟囊果位网状部突出，球状，常 2～3 个果胞子囊相连形成短锁片状。四分孢子囊位于网状部，球形，四面锥形分裂。

本种生长在低潮线附近波浪强但有阴暗的礁石上。

本种仅分布于东海台湾东北部海域。

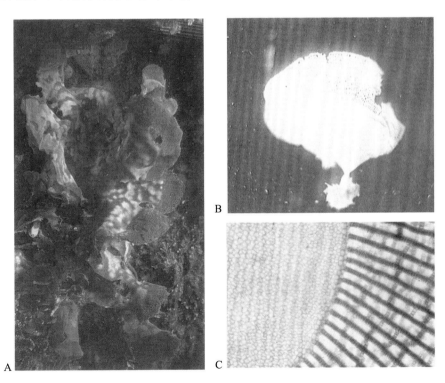

A. 藻体自然生长状态；B. 示扇形叶、柄、膜状部及网状部；C. 膜状部及网状部放大

图 4-147　扇形新红网藻 *Neomartensia flabelliformis*（**Harvey *ex* J. Agardh**）**Yoshida *et* Mikami 藻体形态结构**

（引自黄淑芳，2000）

橡叶藻属 *Phycodrys* Kützing，1843

藻体幼期有 1 个盘状固着器和 1 个直立叶片。叶片大致为椭圆形,具有由基部到叶尖的中肋和对生叶脉,除中肋叶脉外其余各部位单层细胞组成,叶片边缘由平滑到具有极深的锯齿。在叶片边缘产生新叶片,就成为羽状和对生分枝。老的叶片除中肋外往往下部逐渐侵蚀消失,此时叶片就好似生长在对生分枝的轴上。

孢子体上具有圆形四分孢子囊群,孢子囊群通常散生在整个叶片上,但也有只限于生在叶片边缘,或生在边缘生出的芽体上。四分孢子囊为四面锥形分裂。

精子囊生在叶片边缘的里面呈连续带状,或有时生在小的圆形精子囊群内,分布在整个叶片单层细胞的部分。果胞枝在整个叶片上都能发育,由 4 个细胞组成,其支持细胞也生长两群不育细胞。受精以后由支持细胞分裂出辅助细胞。支持细胞、不育细胞和辅助细胞互相联合形成一个不规则形状的胎座细胞,其上发生放射分枝的产孢丝,伸向藻体表面。果孢子囊由产孢丝游离的一端发育而成,念珠状。成熟囊果被一个有开孔(囊孔)的果被。

在中国记录本属有橡叶藻 *Phycodrys radicosa* 1 个种。

橡叶藻 *Phycodrys radicosa* (Okamura) Yamada *et* Inagaki

藻体叶片状、披针形,单条或不规则分裂,具有短柄,高为 1～4 cm,宽为 3.6 cm,边缘有稀疏的锯齿,老年期藻体边缘由锯齿处生出新叶片(图 4-148)。叶片中部有明显中肋,侧脉对生,藻体除大、小叶脉外,其余部分均为 1 层细胞所组成。藻体鲜红色,薄膜质。

四分孢子囊群球形或椭球形,生在藻体边缘靠近小脉处,四面锥形分裂。

本种生长在低潮带的岩石上,中潮带石沼内阴暗处。

本种主要分布于黄海辽宁、山东和东海浙江等沿海。

顶枝藻属 *Sorella* Hollenberg，1943

藻体小型、扁平,细软,直立,基部具盘状固着器,有时小枝边缘生出附着器,小枝彼此固着,除中肋外藻体为 1 层细胞厚,无侧脉。居间生长由第 1 序列细胞产生。

四分孢子囊群卵圆形,单个生于枝的中央,囊果单个生于中肋一旁,精子囊群卵形至长椭圆形,单个或对生于枝端。

在中国记录本属 2 个种:美丽顶枝藻 *S. pulchra* Yoshida *et* Mikami、匍匐顶枝藻 *S. repens* (Okamura) Hollenberg。

美丽顶枝藻 *Sorella pulchra* Yoshida *et* Mikami [*Erythroglossum pulchra* Yamada、]

藻体紫红色,膜质,高为 2～3.5 cm,叉状分枝,枝扁平,枝宽达为 2 mm,从叉状枝两缘生出羽状枝,在羽状枝上有时生出小羽枝,最末小羽枝长椭圆形或披针形,缘边偶有小锯齿。四分孢子囊群生于枝中央(图 4-149)。

本种生长在低潮带附近岩石上。

本种主要分布于东海浙江沿海。

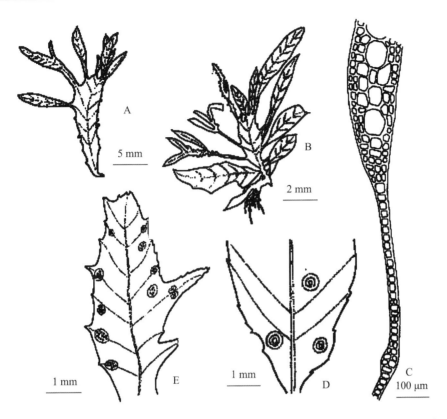

A～B. 藻体外形；C. 藻体横切面；D. 雌配子体的一部分；E. 四分孢子体的一部分

图 4-148 橡叶藻 *Phycodrys radicosa* (**Okamura**) **Yamada** *et* **Inagaki** 藻体形态与结构

（引自郑柏林等，2001）

图 4-149 美丽顶枝藻 *Sorella pulchra* **Yoshida** *et* **Mikami** 藻体外形

（引自郑柏林等，2001）

绶带藻属 *Taenioma* J. Agardh, 1863

藻体纤细的丝状,匍匐枝圆柱状,在其腹面生出丝状假根,背面生有直立枝,枝数回叉状分枝,枝扁平细带状,具中肋,内部由 1 个中轴细胞和 4 个围轴细胞组成,有限枝的枝端具有 2~3 条无色的毛。

四分孢子囊生于枝中肋两侧,精子囊沿中肋缘边两面着生。囊果壶状。

在中国记录本属 2 个种:大绶带藻 *T. nanum* (Kützing) Papenfuss、绶带藻 *T. perpusillum* (J. Agardh) J. Agardh。

大绶带藻 *Taenioma nanum* (Kützing) Papenfuss [*Ploysiphonia nanum* Kützing、*Taenioma macrounum* Thuret in Bornet *et* Thuret]

藻体小型,从匍匐枝腹面生出单细胞的假根,宽约 30 μm,其背面生出直立枝,有限生长,直立枝短,小于 1 mm,宽为 60~75 μm,节片长与枝宽近似,枝通常从匍匐枝第 4~6 节间隙产生,有限小枝基部具圆柱状短柄,1 或 2 节片,上部似状叶片,宽为 60~75 μm,长为 240~400 μm(包含毛),8~15 节片,枝端具 2 条单管的无色毛,毛基部宽为 25~30 μm。

四分孢子囊沿叶片中轴两侧排列成 2 列,幼期育性叶片(孢子囊枝)宽 80~90 μm。

本种生长在低潮带附近岩石上或附生在小形藻体上。

本种仅分布于南海香港海域。

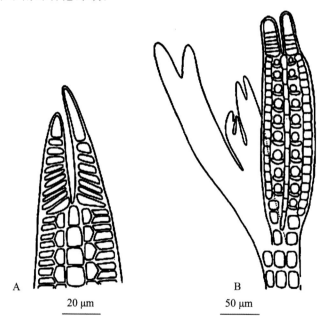

A. 小枝顶暗示 2 条顶毛;B. 枝的上部示孢子囊枝

图 4-150　大绶带藻 *Taenioma nanum* (Kützing) Papenfuss 藻体结构

(引自郑柏林等,2001)

斜网藻属 *Vanvoorstia* Haevey,1845

斜网藻属藻体肉厚膜质,网状叶状体,丛生,盘状固着器由丛生假根形成。

孢子体与配子体外观相同,为同型世代交替。配子体雌雄异体。

在中国海域仅报道有本属猩红斜网藻 *Vanvoorstia coccinea* 1 种。

猩红斜网藻 *Vanvoorstia coccinea* Harvey ex J. Agardh

藻体淡红色或黄白色,肉厚膜质,网状叶状体,无柄,匍匐丛生,高为 3～10 cm。网状体斜偏一侧分生,由网状叶的背轴方向顺序产生弯曲新裂片(图 4-151)。每个网状叶由数回圆柱状具有皮层组织的"叶片"组成,形成许多大小不等的网孔。藻体基部有丛生假根形成盘状固着器,网状叶的腹面也有吸盘,可以匍匐生长,藻体干后质地变软。

生活史为同型世代交替。配子体雌雄异体,果胞枝由 4 个细胞组成。果孢子囊由造孢丝先端顶生生成。囊果球状,有明显果孔,为最末小枝中肋上。突出体表。孢子囊枝由孢子体最末分枝背面的周心细胞生成,每个节片可长生 5 个四分孢子,孢子囊球形,四面锥形分裂。

本种生长在礁平台内低潮线附近至潮下带 1 m 深处背阳的礁石上。2 至 3 月尾生长期。本种仅分布于东海台湾东北部海域。

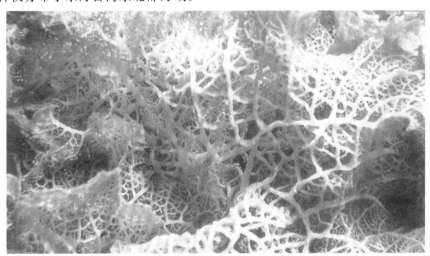

图 4-151　猩红斜网藻 *Vanvoorstia coccinea* Harvey ex J. Agardh 藻体外形

(引自黄淑芳,2000)

刺边藻属 *Tsengiella* Zhang et Xia,1987

藻体由许多边缘具刺的带状叶组成,由边缘产生分枝。靠横分裂的顶端细胞生长,无居间分裂,无侧脉。表面观,所有的第 2 序列细胞都产生第 3 序列细胞,第 3 序列细胞到达藻体边缘。叶的边缘通常由于具刺的突起而形成不规则的变化多样的锯齿状,突起由外方的第 3 序列细胞发生,此第 3 序列细胞通常产生第 4 序列细胞。切面观,除藻体的顶端和边缘无皮层外,其余的部分具皮层,由 3～5 层甚至 7 层细胞组成。

四分孢子囊群位于藻体上部中肋两旁。囊果单生,大多数生于藻体中肋分叉处、精子囊群在第 2、第 3 序列的大细胞之间产生。

在中国记录本属有曾氏刺边藻 *Tsengiella spinulosa* 1 个种。

曾氏刺边藻 *Tsengiella spinulosa* Zhang *et* Xia

藻体粉红色，为边缘带刺的带状叶，长为 4.5～9 cm，宽为 0.2～1.2 mm，由边缘产生分枝，顶细胞横分裂，所有的第 2 序列细胞都产生第 3 序列细胞，第 3 序列细胞到达藻体边缘，无居间分裂，具中肋，无侧脉（图 4-152）。切面观，藻体为多层，3～5(7)层。囊果球形，径为 740～960 μm，生于枝中肋分叉处，精子囊群生于枝的上部中肋两旁。四分孢子囊群散生在枝的上部中肋两旁，四面锥形分裂，径为 20～40 μm。

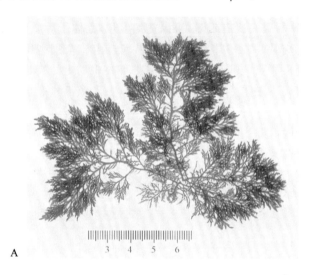

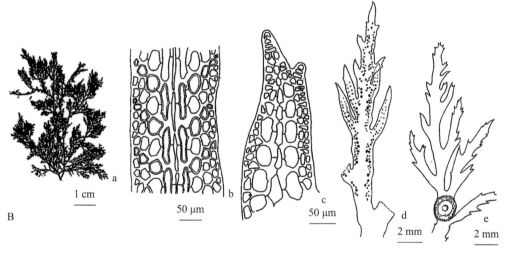

A. 藻体外形；B. 藻体结构

a. 藻体外形；b. 部分枝表面观示细胞列（有黑点示第二序列细胞）；

c. 小枝顶端生长点；d. 四分孢子体的一部分；e. 雌配子体的一部分

图 4-152　曾氏刺边藻 *Tsengiella spinulosa* Zhang *et* Xia

（A 引自夏邦美，2008；B 引自郑柏林等，2001）

本种生长在低潮带至潮线下的岩石上。

本种分布于黄海山东、辽宁海域。

雀冠藻属 *Zellera* Martens，1866

藻体具肥厚肉质的主干和外观上像几条孔雀冠的叶状体组成，叶状体为不完全的网状结构，由各级远轴分枝的叶片组成，偏生，叶片具柄。繁殖器官未见。

在中国记录本属有长柄雀冠藻 *Zellera tawallina* 1 个种。

长柄雀冠藻 *Zellera tawallina* Martens

藻体粉红色，高为 5～7 cm，由肥厚多肉的主干和外观上形似几条孔雀冠的叶状体组成。固着器由主干上生出分枝的假根组成，以此固着于基质上。主干分枝，但常愈合。长达 3 cm，以主干上生出一些具柄、偏生、不完全网状的叶状体，质地柔软（图 4-153）。藻体下部的圆柱状长柄长可达 2 cm，径为 2～2.4 mm，切面观由一些近圆形或长圆形的薄壁细胞组成。藻体网状部由连续 3～4 级叶片组成，叶片由许多六角形细胞组成，边缘具齿状突起，生殖器官未见。

本种生长在礁平台内低潮线下 1～2 m 处的珊瑚石上。

本种主要分布于南海西沙群岛的东岛、南沙群岛，东海台湾海域有分布。

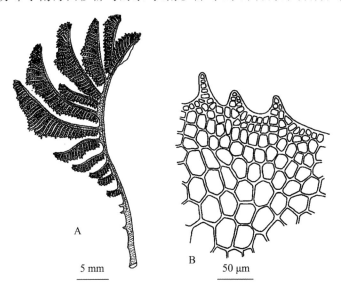

A. 藻体外形；B. 藻体部分叶状体边缘

图 4-153　长柄雀冠藻 *Zellera tawallina* Martens 藻体形态与结构

（引自郑柏林等，2001）

松节藻科 Rhodomelaceae

藻体通常直立，但有时全部匍匐，自由分枝。分枝往往互相分离，枝呈圆柱形或稍扁，但有的分枝侧面互相连接形成扩展的片状。分枝有的不具皮层，或仅在主干具皮层，或全部具皮层。分枝的顶端常生无色毛丝体，螺旋形排列，它们是在围轴细胞形成以前，从初生中轴节的上部边缘形成。顶端生长，顶端细胞为圆顶形，由顶端细胞分裂形成一简单的节,由其斜分裂产生侧丝,原始的侧丝纵分裂成中轴与围轴细胞,形成多管的内部构造。

　　四分孢子囊由孢子体上部枝的围轴细胞或皮层细胞形成。藻体的任何分枝均可以产生孢子囊或仅限于特殊的小分枝(stichidia)上。四分孢子囊呈四面锥形分裂。四分孢子囊产生孢子过程中,第一次分裂为减数分裂。精子囊枝生长在毛丝体上。毛丝体互相分离或连接成扁叶状。精子囊枝为长椭球形,一般无色。果胞枝由毛丝体形成。一般在毛丝体基部的节上,如基部节变成多轴管,即正常的生殖枝产生 5 个围轴细胞,最初分裂的 2 个细胞在轴外面,其次的 2 个细胞在左右翼,第 5 个细胞为支持细胞在腹面。由支持细胞生成果胞系。支持细胞产生不育侧丝和 4 个细胞的果胞枝,最后产生第二基部的不育细胞。受精后,不育细胞分裂,可以作为营养功用,也有使发育的产孢丝与囊果壁隔开的作用。果胞的支持细胞、辅助细胞、不育细胞互相愈合而成大而不规则形态的胎座细胞,由胎座细胞上产生原产孢丝。原产孢丝一般较短,只有顶部细胞发育成果孢子囊。成熟囊果具开孔的果被。果被主要是从生殖的毛丝体的节部的 2 个侧生围轴细胞分裂产生。

松节藻科分属检索表

鱼栖苔属 Acanthophora Lamouroux,1813

藻体直立,圆柱状,辐射分枝。藻体全部或部分被有圆锥状短刺,螺旋状互生排列。体软骨质,结构坚实,由薄壁细胞组成,中轴 1 条,密接 5 条围轴管。四分孢子囊生于短的刺状侧枝上,每节可产生几个四分孢子囊,四面锥形分裂,精子囊群扁平,片状,生在毛丝体上,边缘有不育细胞;囊果卵形,无柄,生于刺腋间。

在中国记录本属 3 个种:台湾鱼栖苔 A. aokii Okamura、藓状鱼栖苔 A. muscoides (Linnaeus) Bory、刺枝鱼栖苔 A. spicifera (Vahl) Børgesen。

刺枝鱼栖苔 Acanthophora spicifera (Vahl) Børgesen [Fucus spicifera Vahl、Acanthophora orientalis J. Agardh]

藻体浅绿色或呈现暗紫红色,肥厚多汁,质脆易断。丛生直立,高为 5～30 cm(或 5～20 cm)。固着器圆盘状。向上生出数条比较明显的主干。藻体中部以上分枝较繁。小枝短,有刺,呈星状。枝及小枝的顶端甚尖锐(图 4-153)。

　　四分孢子囊生于小枝顶端膨大为半球状的部分,这部分无刺,但在下部则有数个刺,外观很象苞片;囊果生于顶端的小枝的周围,卵形,无柄。

　　本种多生长在风浪较小处的浅滩上或珊瑚礁上,自低潮带至大干潮线下数米深处多能生长。

　　本种为印度洋—西太平洋区热带性海藻。主要分布于东海福建、台湾(东北部海域全年可见),南海广东、海南岛及西沙群岛等海域。

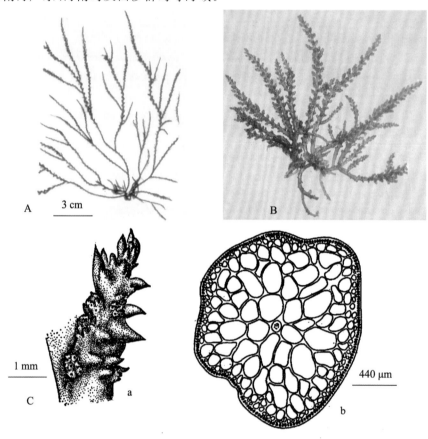

A,B. 藻体外形;C. 藻体结构

a. 四分孢子囊枝;b. 藻体分枝中部横切面

图 4-154　刺枝鱼栖苔 *Acanthophora spicifera*（Vahl）Børgesen 藻体形态与结构

（A 引自曾呈奎等,1962;B 引自 Tseng 等,1983;C 引自曾呈奎等,1962）

顶囊藻属 *Acrocystis* Zanardini，1872

　　藻体聚生,基部具匍匐的根状茎,向上产生短的、中实的圆柱形柄部,单条或分枝,其上部是中空的囊状体,囊倒卵形或梨形;柄部的横切面有 1 个中轴细胞和 5 个围轴细胞,外围数层薄壁细胞的皮层;囊状部中央是中轴,轮生 5 个围轴细胞,外被 3 或 4 层细胞,顶端生有早期凋落特性的毛丝体。

四分孢子囊生长在囊状部顶端的乳头状孢囊枝内,四面锥形分裂,外被 2 个大的盖细胞。在中国记录本属有顶囊藻 *Acmcystis nana* 1 个种。

顶囊藻 *Acrocystis nana* Zanardini

藻体成群聚生,形成不规则形的伸展的片状,藻体上部为中空的囊状体,囊体倒卵形或梨形,体下部为短的中实的圆柱形柄,基部为匍匐根状茎附着于基质上,其上附生有毛状根纤维。藻体高为 0.7～2 cm;囊状体长一般为 6～10 mm,宽为 3～6 mm;柄长为 2～5 mm,径约 1 mm。藻体红褐色或暗紫色,质软但强韧(图 4-155)。

藻体内部构造,囊状部分横切面观,中空,内有 1 条中轴细胞及 5 个围轴细胞轮生,囊部外皮厚为 145～178 μm,由 3 或 4 层细胞组成,最内层细胞大,长为 99～158 μm,宽为 53～86 μm,外皮层细胞小,不规则卵圆形或长方形,长径为 13.2～16.3 μm,短径为 6.6～9.9 μm。柄的横切面观,中实,中央有明显的 1 个中轴细胞及 5 个围轴细胞,外围为薄壁细胞,长径为 46～86 μm,短径为 26～66 μm,表皮细胞较小,长径为 13.2～36.3 μm,短径为 6.6～19.8 μm,柄长为 531～564 μm,短径为 481～498 μm(蜡叶标本)。

生活史同型世代交替,孢子体与配子体外形相同;四分孢子囊囊枝乳头状或三角锥状突起,位于囊状体顶端,常密生或散生,长为 365～597 μm,宽为 282～332 μm。孢囊枝切面观,可以看到 2～4 个大的卵圆形或近圆的四分孢子囊,长径为 92～106 μm,短径为 72～92 μm,四面锥形分裂。囊果近球形或长卵形,生于囊状体顶部或上部,长径为 830～996 μm,短径为 697～830 μm;切面观,长径为 498～531 μm,短径为 332～365 μm,囊果底部由一些小细胞组成的产孢丝,其上产生长的棍棒状果孢子囊,囊长为 26～92 μm,囊宽为 13～20 μm,囊果被厚为 59～99 μm,由 3～5 层细胞责成,顶端有囊孔口。精子囊未见。

本种生长在中、低潮带背阴的岩石上或边缘处。

本种主要分布于东海台湾东北部及南海海南岛等海域。

图 4-155-1　顶囊藻 *Acmcystis nana* Zanardini 藻体外形

(引自黄淑芳,2000)

A. 藻体外形;B. 藻体结构

a. 柄的横切面;b. 部分囊体横切面;c. 藻体顶生的囊果;d. 囊果放大图;

e. 囊果纵切面观;f. 囊体顶生的四分孢子囊;g. 四分孢子囊切面观

图 4-155-2 顶囊藻 *Acmcystis nana* Zanardini 藻体形态与结构

(a 引自黄淑芳,2000;b 引自夏邦美,2011)

卷枝藻属 *Bostrychia* Montagne in Ramon de la Sagra，1842

藻体个体较小,通常分为背腹构造并匍匐。藻体丝状,大多数是二列互生分枝,有时很不规则,常常具有内卷的顶端。丝体为亚圆柱形或扁,多管的,由 1 个中轴管和几个包围的围轴细胞组成,这些围轴细胞可能是裸露的无皮层的,或者是有皮层的,被 1 到几层较小的长方形细胞包围,由此就形成了一个假薄壁组织的皮层。在中轴细胞垂直分裂之后,围轴细胞常常再分裂形成 2 个细胞,因此每个中央管细胞就有 2 个围轴细胞,中轴细胞的长度是围轴细胞的 2 倍。然而,在某些种类,由横分裂形成的围轴细胞的 1 个或 2 个分裂多于 1 次或 2 次,就会产生每个中央管(或中轴)细胞有 3～6 个围轴细胞。在每个特殊的种类这点似乎是不变的,保证了在属的分类上它的应用。围轴细胞列的数量,正好相反,是不变的,藻体的较低部位变化从 5 到 10,并且向上逐渐减少直至最末小枝,或者至少它们的顶端部分或多或少是单管的。卷枝藻属除了初生的固着器外,还通常生长有一定数量的辅助固着器(附着器)。四分孢子囊四面锥形分裂,生长在膨胀的纺锤形顶生的孢囊枝内,呈双列排列。囊果顶生在小枝上,通常卵圆形,具有明显的顶端囊孔。精子囊形成在最末小枝膨胀的末端。

在中国记录本属 4 个种:香港卷枝藻 *B. hongkongensis* Tseng、具根卷枝藻 *B. radicans* (Mont.) Mont. *et* Kützing、简单卷枝藻 *B. simpliciuscula* Harvey *ex* J. Agardh、柔弱卷枝藻 *B. tenella* (Lamouroux) J. Agardh。

香港卷枝藻 *Bostrychia hongkongensis* Tseng

藻体浅紫红色,缠结丛生,高可达 20 mm,分枝互生,二列,不规则亚羽状混生,下部有时亚叉分。丝状体具节,整体无皮层(图 4-156)。主枝径为 150 μm,多管,每个中轴管通常外围 6 个围轴细胞,向上围轴细胞减为 4 个,围轴细胞表面观为长方形,通常长约为宽的 2 倍。两个纵列的围轴细胞对一个中轴细胞。节部通常稍短于径部。最末小枝由 1 个多管的基部和一些单条的或稍有分枝的亚伞房形排列的单管丝组成,这些丝状体细胞长方形,比宽略长,在横壁处稍缢缩,较低部位径约 45 μm,顶部逐渐减少 30 μm,周边型的附着器不规则地产生,但常产生在叉分处,或近于此处。繁殖器官未见。

本种生长在隐蔽的潮间带有泥覆盖的岩石上,形成缠结的团块。

本种主要分布于南海香港海域。

软骨藻属 *Chondria* C. Agardh，1817

藻体直立,圆柱状,有时扁压,肥厚多汁,软骨样。分枝圆柱状,大多数不规则放射状分枝或互生,有时对生或轮生,多次分枝;顶端生长,顶细胞向外突出,不向内凹陷,顶端丛生分枝的毛丝体。藻体中央有 1 个中轴细胞,围轴细胞 5 个,但据 Newton(1931)对该属特征的描述,围轴细胞 4～6 个,皮层细胞大而薄壁并由内向外渐小,有些围轴细胞和皮层细胞壁上具有透明状的加厚部分。四分孢子囊生长于末枝上,无规则分布在皮层表面下,四面锥形分裂。精子囊枝盘状,具有不育性的边缘,簇生在枝的顶端。囊果卵形,无柄,侧生在末枝上,外被皮层。

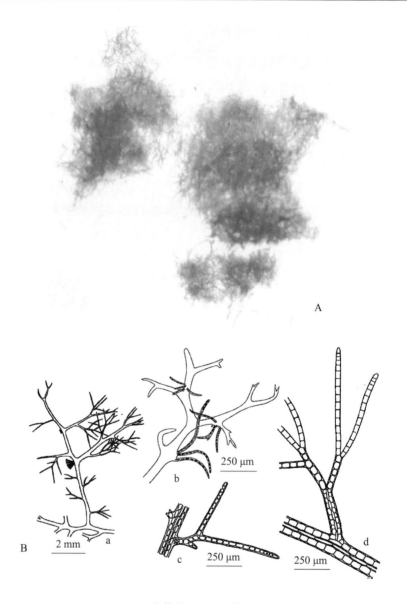

A. 藻体外形；B. 藻体结构

形图；b. 部分藻体示假根状吸附器；c. 部分幼枝纵面观，示围轴和中轴细胞及单管丝；

d. 一个老枝纵面观，示围轴和中轴细胞及单管小枝

图 4-156　香港卷枝藻 *Bostrychia hongkongensis* Tseng 藻体形态与结构

（A 引自 Tseng，1983；B 引自夏邦美，2011）

据《中国海洋生物名录》（2008）记载，中国海域有 10 种：树枝软骨藻 *C. armata* （Kützing）Okamura、粗枝软骨藻 *C. crassicaulis* Harvey、软骨藻 *C. dasyphylla*（Woodward）C. Agardh、扩展软骨藻 *C. expansa* Okamura、吸附软骨藻 *C. hapteroclada* Tseng、披针软骨藻 *C. lancifolia* Okamura、匍匐软骨藻 *C. repens* Børgesen in Skottsberg 、琉球软骨藻 *C. ryukyuensis* Yamada、细枝软骨藻 *C. tenuissima*（Withering）C. Agardh、西沙软

骨藻 *C. xiahaensis* Chang *et* Xia。

《中国海藻志(第二卷,红藻门,第七册,仙菜目松节藻科)》(2011)记载为 9 种,其中琉球软骨藻 *Chondria ryukyuensis* Yamada 未被收录。

树枝软骨藻 *Chondria armata* (Kützing) Okamura [*Lophura armata* Kützing]

藻体树状,淡红色。假根状固着器,其上生出一到数条短而壮、亚圆柱形、直径为 2~3 mm 的主干。主干上部生出一些较细的分枝,下部裸露。小枝呈纺缍形,基部狭窄,顶端尖锐(图 4-157)。藻体内部构造:髓部有 5 个围轴细胞围绕中轴;其外为亚皮层细胞所包围;表皮层在最外围。小枝内部有些疏松,细胞间隙较大,其中常有丝细胞;主干的结构则较小枝紧密。

四分孢子囊形成于小枝上;囊果未见。

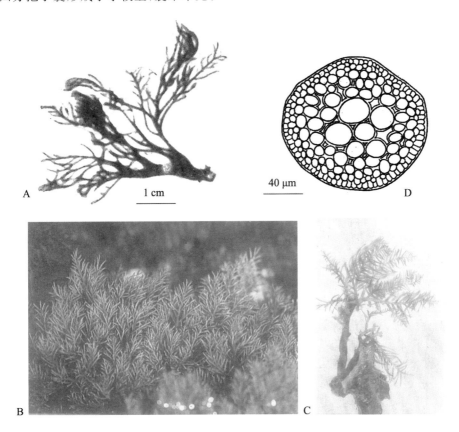

A,B,C. 藻体外形;D. 小枝横切面

图 4-157　树枝软骨藻 *Chondria armata* (Kützing) Okamura 藻体形态与结构

(A 引自曾呈奎等 1962;B,C 引自黄淑芳,2000;D 引自夏邦美,2011)

本种生长在潮间带岩石上。

本种为印度洋—太平洋区热带或亚热带性。主要分布于东海台湾东北部海域及垦丁海域,南海广东、海南等海域。

海人草属 *Digenea* C. Agardh，1822

藻体直立，丛生，圆柱形，互生或二叉分枝，主轴软骨质，没有一个很明确的顶细胞或多管构造，主轴具有厚的皮层，轴及枝的表面密被毛状小枝，这些小枝横切面观有 6～10 个围轴细胞和 1 层细胞的皮层；四分孢子囊生长在不规则的膨大的没有皮层的生殖枝上部，每个孢子囊被 3 个围轴细胞覆盖，精子囊呈卵球形的盘状群，在生殖小枝的顶端形成；囊果卵球形，顶生或侧生在小枝上。

在中国记录本属有海人草 *Digenea simplex* 1 个种。

海人草 *Digenea simplex* (Wulfen) C. Agardh

藻体直立丛生，圆柱状，高为 5～11 cm，径为 2～3 mm；基部具不规则圆盘状固着器；不规则互生叉状分枝，体下部枝腋角广开，上部略小；体下部及近基部常因小枝脱落而裸露，其余部位密被毛状小枝，顶端似狐狸尾，小枝单条，偶有分歧，硬，长为 2～3mm，宽为 100～133 μm。藻体暗紫红色，干燥后变绿或灰色，软骨质（图 4-158）。

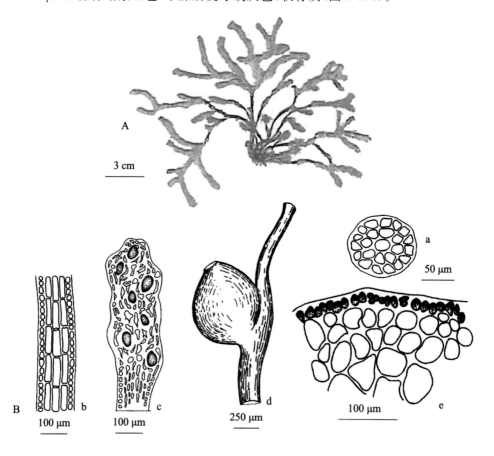

A. 外部形态；B. 藻体结构

a. 藻体横切面；b. 藻体纵切面；c. 四分孢子囊小枝纵切面；d. 囊果外形图；e. 部分藻体横切面，示皮层

图 4-158　海人草 *Digenea simplex* (Wulfen) C. Agardh 藻体形态与结构

（A 引自曾呈奎等 1962；B 引自夏邦美，2011）

　　藻体主枝横切面观,体中央由薄壁细胞组成的髓部,髓胞长径为 $40\sim118~\mu m$,向外逐渐变小,表皮层细胞卵圆形,长径为 $6.6\sim16.5~\mu m$,短径为 $6.6\sim9.9~\mu m$;小枝横切面观,中央由一大的中轴细胞,长径为 $29.7\sim33~\mu m$,短径为 $13.2\sim19.8~\mu m$;小枝的围轴细胞 8~10 个,长径为 $16.5\sim23.1~\mu m$,短径为 $9.9\sim16.5~\mu m$;外围一层皮层细胞,不规则卵圆形或长方形,长径为 $9.9\sim16.5~\mu m$,短径为 $9.9\sim13.2~\mu m$。

　　生殖器官生于刚毛状的小枝上,四分孢子囊生于小枝顶端的膨大部分,螺旋排列;囊果(蜡叶标本)加水后,果孢子囊极易从囊孔溢出,产孢丝细胞较大,果孢子囊长卵形,长径为 $99\sim118.4~\mu m$,短径为 $19.8\sim52.8~\mu m$;精子囊未发现。

　　本种生长在大干潮线下 2~7 m 深处的珊瑚碎块上。

　　本种主要分布于东海台湾、南海东沙群岛等海域。

内管藻属 *Endosiphonia* Zanardini, 1878

　　藻体直立或缠结,很多分枝,分枝硬。藻体干燥后软骨质。圆柱形,具有短的刺状的侧生最末小枝;以假根或纤维状的固着器固着。藻体由 1 个中轴细胞,外围 4 个围轴细胞及皮层细胞组成;雌雄异株;精子囊和四分孢子囊枝具有单管的柄细胞;四分孢子囊螺旋排列,四面锥形分裂。

　　在中国记录本属有棍棒内管藻 *Endosiphonia horrida* 1 个种。

棍棒内管藻 *Endosiphonia horrida* (C. Agardh) P. Silva [*Endosiphonia clavigera* (Wolny) Falkenberg、*Sphaerococcus horridus* C. Agardh、*Giartina horrida* (C. Agardh) Greville、*Hypnea horrida* (C. Agardh) J. Agardh]

　　藻体直立,由圆柱状枝组成,多少有些错综缠结成团块状,体高为 4~6 cm,宽为 1~2 mm,浅紫红色,质脆,易折断。不规则放射状分枝,体上被有单条不分枝的短而尖的锥形小刺,以及 3 或 4 个分歧的复刺(图 4-159)。

　　藻体横切面观,中央有 1 个较小的中轴细胞,近圆形或近方形,径为 $65\sim82~\mu m$;外围有 4 个围轴细胞,不规则圆形,径为 $212\sim244~\mu m$;皮层细胞向外渐小,最外面是 1 或 2 层圆形或长圆形更小的细胞。

　　四分孢子囊枝呈披针形,长为 $490\sim652~\mu m$,宽为 $130\sim147~\mu m$,具有单列细胞的柄,柄长为 $51\sim128~\mu m$,宽为 $32\sim58~\mu m$,由 2 或 3 个细胞组成。孢囊枝上面生有螺旋排列的四分孢子囊,囊卵圆形,径为 $48\sim61~\mu m$,四面锥形分裂。囊果壶形,常散生在藻体中部和上部的小枝上,突出于体表面,基部略缩,顶端有明显的圆筒状喙,中央有一开口,囊果长径为 $1\,190\sim1\,549~\mu m$,短径为 $766\sim978~\mu m$。切面观,囊果底部周围由一些近圆形或扁圆形细胞组成,上面有一些由细而长的含有内含物的小细胞组成的产孢丝,其上部产生一些长棒状的果孢子囊,囊长为 $64\sim160~\mu m$,径为 $20\sim44~\mu m$;囊果被厚为 $114\sim130~\mu m$,外层细胞,圆形或方圆形,内层细胞近长方形,在产孢丝与囊果被间有单细胞丝状体相连,丝体偶有分枝。精子囊未见到。

　　本种生长在礁平台低潮线下 1 m 左右的珊瑚石上。

　　本种仅分布于南海西沙群岛海域。

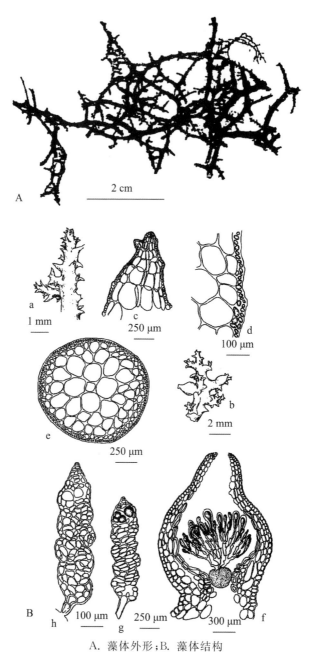

A. 藻体外形；B. 藻体结构

a. 四分孢子体的一部分；b. 雌性孢子体的一部分；c. 藻体枝端部分纵切面；d. 藻体部分横切面；

e. 藻体横切面；f. 囊果切面图；g.h. 四分孢子囊枝

图 4-159　棍棒内管藻 *Endosiphonia horrida* （C. Agardh） P. Silva 藻体形态与结构

（引自夏邦美，2011）

爬管藻属 *Herposiphonia* Nägeli，1846

藻体平卧或匍匐,丝状匍匐的轴具有背腹性,分枝从侧背面或两侧生出,为外源性生长,无皮层。假根由主轴腹面围轴细胞割出。分枝有无限枝与有限枝,左右交错排列,但一个有限枝和下一个无限枝总是在同一侧,其排列方式有两种:① 大多数种类是在 2 个连续的无限枝之间有 3 个有限枝,无裸露节片;② 每个无限枝后接着 1 个有限枝,后又紧接着 1 个以上的裸露的节片。但有时这两种排列方式同时发生在同一藻体的分枝上,个别种类分枝排列不规则。无限枝分枝顶端不同程度地向上卷曲,有限枝单条不分枝,个别种类有分枝,枝多少向前弯曲,幼枝更为明显。

繁殖器官和毛丝体着生在有限枝上,有性繁殖器官从有限枝基部至顶端均可着生。囊果壶形或近壶形,精子囊弓形或穗状,大多数螺旋排列。四分孢子囊单列着生在有限枝上,四分孢子囊四面锥形分裂。

《中国海洋生物名录》(2008)记录本属 6 个种:丛生爬管藻 H. caespitosa Tseng、爬管藻 H. insidiosa (Gervey) Falk.、顶囊爬管藻 H. parca Setchell、蓖齿爬管藻 H. pectenveneris (Harvey) Falk.、多枝爬管藻 H. ramosa Tseng、二列爬管藻 H. subdisticha Okamura;《中国海藻志(第二卷,红藻门,第七册,仙菜目)》(2011)又增加记录 7 种及 1 变种:基生爬管藻 H. basilaris Zheng et Chen、细嫩爬管藻 H. delicatula Hollenberg、裂齿爬管藻 H. Fissidentoides (Holmes) Okamura、福建爬管藻 H. fujianensis Zheng et Chen、赫伦伯爬管藻 H. hollenbergii Dawson、赫伦伯爬管藻裸节片爬管藻 H. hollenbergii var. interruota Zheng、偏枝爬管藻 H. secunda (C. Agardh) Ambronn、柔弱爬管藻 H. tenella (C. Agardh) Ambronn。在中国海域本属共有 13 种和 1 个变种。

丛生爬管藻 *Herposiphonia caespitosa* Tseng

藻体软垂,红褐色。分枝密集,从侧面呈帚状出发,丛生,高可达 3 mm,围轴细胞 8～14 个。在两个互生的无限枝之间有 3 个有限枝,主枝和无限枝匐生,具背腹,顶端向上内卷,每一节片成对生出单细胞的假根,有时单条或 3 条,径为 30～150 μm,节片长不及宽或相近;有限枝直立,高为 1.2～3 mm,径为 70～90 μm,下部较宽,顶端钝圆,节片数目 16～30 个,节片上方较短,下方较长,大约可达宽的 2 倍。毛丝体发达,螺旋状生于有限枝顶端,4～6 次亚二叉分枝,基部细胞径约 20 μm。色素体带状排列。四分孢子囊径为 30～60 μm,单列生于有限枝(图 4-160)。精子囊枝多数,近圆柱形,螺旋状生于有限枝顶端,径为 45～80 μm,长为 170～600 μm,顶端具一大的不育性细胞。囊果幼时呈近圆球形至卵形,成熟后变成壶形,短径为 460 μm,长径为 520 μm,顶生于育性枝上,偶见成对,一个较大,另一个迟发育,较小;育性枝的长度通常只有相邻营养枝的 1/3 到 1/2,但它们的节片数目相同,育性枝的节片很短。

本种生长在潮间带岩石上,丛生呈垫状,或附生在珊瑚藻 *Corallina* sp. 的藻体上。

本种主要分布于东海福建及南海香港海域。

菜花藻属 *Janczewskia* Solms-Laubach,1877

藻体属寄生红藻,常形成球形的瘤状物,集生在 *Laurencia* 藻体上;由中实的瘤状物及其上的游离枝组成,内生的根丝侵入到寄生的组织内;游离枝髓层的镜状加厚有或无;次生纹孔连结有或无。精子囊成簇地生长在生殖窠的基部,具柄或不具柄,几乎布满整个生殖窠壁上;囊果生长在小枝的近顶端,单个或成对。四分孢子囊生长在游离枝外皮层内,四面锥形分裂。

在中国记录本属有菜花藻 *Janczewskia ramifromis* Chang *et* Xia 1 个种。

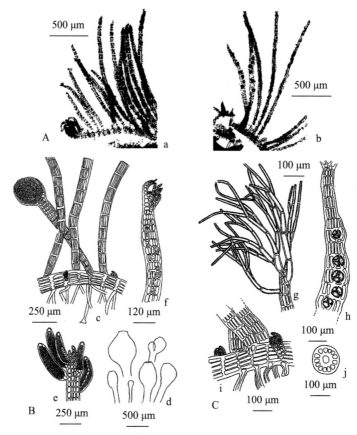

A. 藻体外形;B,C. 藻体结构

a,b. 藻体外形;c. 部分囊果的外形;d. 不同时期发育的囊果具有两个一对;

e. 雄性小枝的上部,示精子囊;f. 幼孢子囊小枝的上部,示幼毛丝体;g. 有限枝顶端的毛丝体;

h. 四分孢子囊枝;i. 主轴上的分枝和假根;j. 主轴横切面

图 4-160　丛生爬管藻 *Herposiphonia caespitosa* Tseng 藻体形态与结构

(引自夏邦美,2011)

菜花藻 *Janczewskia ramiformis* Chang *et* Xia

藻体紫褐色,由 1 个较小的、不甚明显的、中实的瘤状体和覆盖在其上面的一些放射状的、圆柱形的游离枝组成的一个不规则形状的团块,寄生在凹顶藻 *Laurencia* sp. 藻体的任何部位,每个游离枝的上部又产生 2～5 个小枝,生殖器官主要生长在这些小枝上;藻体利用根丝穿入寄主的细胞间隙;由于这种藻类的寄生常使寄主的枝体变弯,甚至折成直角;体软骨质(图 4-161)。

雌雄异体,四分孢子体较大,径为 8～10 mm,瘤状体略显著,游离枝细而密,枝长为 1～2 mm,宽为 0.5～0.7 mm,枝上又密分许多小枝。四分孢子囊位于小枝的皮层细胞中,四面锥形或十字形分裂,囊长为 64～77 μm,宽为 45～58 μm;周围部分皮层细胞变态。雌配子体也较大,径为 5～8mm,瘤状体不明显,游离枝粗而长,枝长为 1.5～2.5 mm,宽为 1

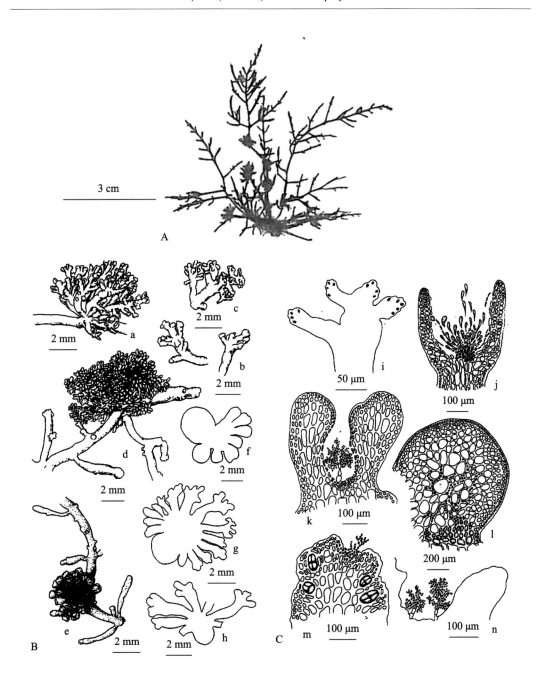

A. 藻体外形;B,C. 藻体结构

a. 雌配子体外形图;b. 雌配子体上的小枝;c. 四分孢子体上的小枝;d. 四分孢子体外形图;

e. 雄配子体外形图;f. 雄配子体和寄生藻体的横切面;g. 四分孢子体和寄主藻体的横切面;

h. 雌配子体和寄主藻体的横切面;i. 四分孢子体小枝纵切面;j. 囊果切面图;

k,n. 精子囊果切面图;l. 切面观寄生根丝侵入寄生的组织;m. 四分孢子囊枝切面观

图 4-161 菜花藻 *Janczewskia ramifromis* Chang et Xia 藻体形态与结构

(引自夏邦美,2011)

mm 左右,多在上部长出小枝。囊果近球形,位于小枝上;果孢子囊棍棒状,上宽下细,有时略弯曲,囊长为 $29\sim49$ μm,径为 $6\sim10$ μm;在产孢丝与囊果被间有连丝,囊果被厚约 77 μm,顶端有囊孔。雄配子体较小,径为 $3\sim5$ mm;瘤状体不显著,游离枝短而粗,长约为 1.5 mm,径约 1 mm,一般单条不分枝,或具极不明显的突起,顶端略凹;精子囊窠长卵圆形,位于枝顶端,精子囊群羽状分枝成簇,具短柄,生长在下陷的窠底上;精子囊小,无色透明,反光强。

本种寄生在中、低潮带石沼中生长的凹顶藻 *Laurencia* sp. 藻体上。

本种主要分布于黄海辽宁、山东沿海海域。

凹顶藻属 *Laurencia* Lamouroux,1813

藻体直立,放射状或二列的 $2\sim5$ 次分枝,柔软到坚强,软骨质,分枝顶端截形并凹陷;固着器盘状或匍匐根茎状,固着于岩石或附生。顶端凹陷处生有毛丝体,每个轴细胞有 4 个围轴细胞;表皮细胞间有次生纹孔连结;有些物种的髓层细胞壁上有透镜状加厚。细胞单核或多核,色素体圆盘状或伸长,常连接在大的内部细胞中。配子体雌雄异株,囊果通常侧生在枝上,无柄,圆锥状,基部缩或不缩,有孔口。精子囊枝丛生长在下陷的杯形顶部中,精子囊生于丝体顶部膨大的球形细胞。四分孢子囊通过远轴的生长在侧生延长的围轴细胞的外端,与轴平行排列,四面锥形分裂。

《中国海藻志(第二卷,红藻门,第七册,仙菜目、松节藻科)》(2011)记载,中国原有的凹顶藻属的物种应分别隶属于 3 个属:凹顶藻属 *Laurencia*、软凹藻属 *Chondrophycus* 和栅凹藻属 *Palisada*。

中国海域内有记录凹顶藻属有 21 种:红羽凹顶藻 *L. brongniartii* J. Agardh、凹顶藻 *L. chinensis* Tseng、复生凹顶藻 *L. composita* Yamada、俯仰凹顶藻 *L. decumbens* Kützing、加氏凹顶藻 *L. galtsoffii* Howe、香港凹顶藻 *L. hongkongensis* Tseng C. K.,C. F. Chang,E. Z. Xia and B. M. Xia、略大凹顶藻 *L. majusscula*(Harvey)Lucas, in Lucas & Perrin、马岛凹顶藻 *L. mariannensis* Yamada、南海凹顶藻 *L. nanhaiense* Ding,Huang,Xia *et* Tseng、日本凹顶藻 *L. niponica* Yamada、冈村凹顶藻 *L. okamurai* Yamada、俄氏凹顶藻 *L. omaezakiana* Masuda、羽枝凹顶藻 *L. pinnata* Yamada、齐藤凹顶藻 *L. saitoi* Peretenka、赛氏凹顶藻 *L. silvai* Zhang *et* Xia、似瘤凹顶藻 *L. similis* Nam *et* Saito、单叉凹顶藻 *L. subsimplex* Tseng、柔弱凹顶藻 *L. tenera* Tseng、三列凹顶藻 *L. tristicha* Tseng 热带凹顶藻 *L. tropica* Yamada 小脉凹顶藻 *L. venusta* Yamada。

冈村凹顶藻 *Laurencia okamurai* Yamada [*Laurencia japonica* Yamada、*Laurencia okamurai* Yamada var. *dongshanicus* Zhuang]

藻体通常为青紫色,有时为暗紫色。直立,簇生,高为 $10\sim15$ cm(或 $12\sim20$ cm),不规则分枝 $2\sim3$ 次,对生、互生或亚轮生,向三个方向伸展,藻体外形呈圆锥状。主枝及顶,圆柱形,直径为 $1\sim2$ mm;末端分枝圆柱形,棒状,顶端圆形或平凹。分枝横切面观,表层细胞非长形的;髓部细胞一侧呈透镜状加厚(图 4-162)。

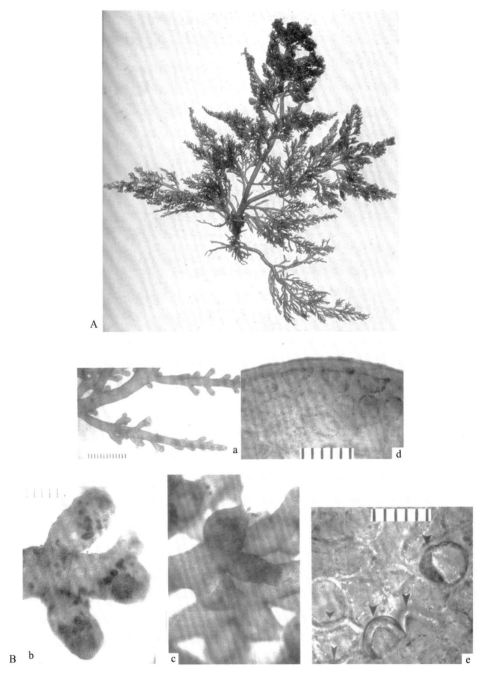

A. 藻体外形；B. 藻体结构

a. 四分孢子体分枝；b. 四分孢子囊末小枝；c. 囊果；d. 分枝横切面观示皮层细胞；

e. 末小枝横切面观示髓部细胞(细胞壁一侧有透镜状加厚)(标尺：1 mm/小格；2,3,4,5. 10 μm/小格)

图 4-162　冈村凹顶藻 *Laurencia okamurai* Yamada 藻体形态与结构

（A 引自 Tseng,1983；B 引自夏邦美,2011）

四分孢子囊排列成的纵剖面与孢囊枝的中央轴平行。

本种生长在低潮带至潮下带的岩石上。

本种广布种,中国沿海均有分布。

软凹藻属 *Chondrophycus* (Tokida *et* Saito) Garbary *et* Harper,1998

藻体直立,放射或二列分枝 2~5 次,较硬,软骨质,分枝截形的顶端有一衰退的顶端的纹孔;固着器圆盘状或匍匐茎状;顶端凹陷处生有毛丝体;每个中轴细胞具有 2 个围轴细胞,切面观很不明显;表皮细胞没有次生纹孔连结,没有樱桃体;髓层细胞壁上有或无透镜状加厚。细胞单核或多核。配子体雌雄异体,囊果侧生在分枝上,无柄,基部不缩或收缩,稍突出。精子囊枝丛生长在顶端杯状的下陷处,有 1 个增大的球形细胞于丝体的顶端。四分孢子囊远轴的生长在侧生的延长的围轴细胞的外端,与轴垂直排列在生殖小枝上,四面锥形分裂。

在中国记录本属 9 个种:圆锥软凹藻 *C. paniculatus* (C. Agardh) G. Furnari in Boisset *et* al.、合生软凹藻 *C. concreta* (A. B. Cribb) Nam、栅状软凹藻 *C. palisada* (Yamada) K. W. Nam、轮枝软凹藻 *C. verticillata* (Zhang *et* Xia) Nam、姜氏软凹藻 *C. kangjaewonii* (Nam *et* Sohn) Garbary *et* Harper、软凹藻 *C. cartilaginea* (Yamada) Garbary *et* Harper、波状软凹藻 *C. undulata* (Yamada) Garbary *et* Harper、节枝软凹藻 *C. articulata* (Tseng) K. W. Nam、张氏软凹藻 *C. zhangii* Ding *et* Tseng。

轮枝软凹藻 *Chondrophycus verticillata* (Zhang *et* Xia) Nam [*Laurencia verticillata* Zhang *et* Xia]

藻体直立,高 5~7 cm,基部具匍匐茎,其上生直立枝,匍匐茎上有一些不规则盘形固着器,紫红色或紫褐色,体质较硬(图 4-162)。主干不及顶或及顶不明显,下部多少有些裸露,分枝 4~5 回,圆柱状,轮生,偶有偏生现象,常常在主干和各级分枝上每间隔 1~2 mm 的距离轮生一圈密集的小枝,在这些小枝中特别是在枝中部的,有时可以长出 1 或 2 个较长的次生枝,因此,各级分枝上都以同样的方式按一定的距离轮生一圈小枝,形成明显的环节状,所有各级枝的枝径为 0.4~1.5 mm;最末小枝棍棒状,长为 0.5~1.5 mm,枝端钝头,其皮层细胞不突出。藻体横切面观,中央有较明显的中轴细胞,径为 49~65 μm,围轴细胞 5~7 个(小枝较明显),胞径为 110~130 μm;髓部细胞径为 82~180 μm,髓部细胞壁上有明显的透镜状加厚,皮层细胞宽而扁,长径为 19~26 μm,短径为 13~32 μm,不排列成栅状。皮层细胞表面观带角,长径为 26~35 μm,纵切面观皮层细胞无次生纹孔连结。

四分孢子囊生长在最末小枝顶端的皮层细胞中,孢囊枝的纵切面观囊与轴垂直排列,孢囊枝单条,偶有分枝的,囊卵形或长卵形或近圆球形,长径为 47~160 μm,短径为 32~110 μm;四面锥形分裂。囊果、精子囊未见。

本种生长在礁平台内低潮线下 2 m 左右的珊瑚或死珊瑚枝上。

本种分布于南海西沙群岛海域,为我国特有种。

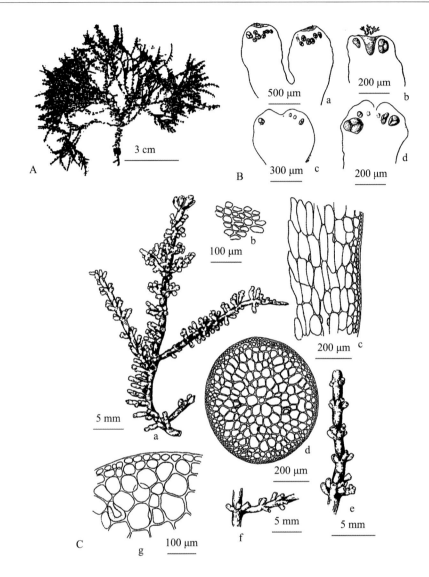

A. 藻体外形；B. 图示四分孢子囊生长在孢子囊枝上的位置；C. 藻体结构

a. 藻体外形图；b. 部分表皮层细胞表面观；c. 部分藻体纵切面观；d. 藻体横切面观；

e. 轮生小枝；f. 次生枝上生出的三生枝；g. 部分藻体横切面观

图 4-163　轮枝软凹藻 *Chondrophycus verticillata*（Zhang *et* Xia）Nam 藻体形态与结构

（引自夏邦美，2011）

栅凹藻属 *Palisada* K. W. Nam，2007

顶端细胞常常位于小枝顶端的凹陷处，靠近顶端细胞能够看到中轴，形成一个外延的皮层，营养轴的部位具有 2 个围轴细胞，第一个围轴细胞具有毛丝体的基部，精子囊的发育是以毛丝体型，在毛丝体的上基细胞上的两个侧枝的一个产生精子囊小枝，生长果胞系的部位具有 4 个或 5 个围轴细胞，通常在受精后形成辅助细胞，四分孢子囊发育自特殊的围轴细胞，四分孢子囊轴有 1 个单独的不育的围轴细胞和第一个能育的围轴细胞。

在中国海域内已记录有 7 个物种:小瘤栅凹藻 *P. parvipapillata*（Tseng）Nam、弯枝栅凹藻 *P. surculigera*（Tseng）Nam、旋转栅凹藻 *P. jejuna*（Tseng）Nam、长枝栅凹藻 *P. longicaulis*（Tseng）Nam、瘤状栅凹藻 *P. papillosa*（C. Agardh）Nam、异枝栅凹藻 *P. intermedia*（Yamada）Nam、头状栅凹藻 *P. capituliformis*（Yamada）Nam。

头状栅凹藻 *Palisada capituliformis*（Yamada）Nam［*Laurenda capituformis* Yamada、*Chondrophycus capotuliformis*（Yamada）Garbary *et* Harper］

藻体直立,高可达 15 cm,丛生,存在匍匐基部分枝,以盘状基部附着于基质上,一般紫红色,软骨质。直立主枝圆柱形,直径为 1.0～2.5 mm,高 5～14.5 cm,圆锥状分枝。分枝互生,对生,或亚轮生(图 4-164)。表面观主枝皮层细胞纵向延长,而分枝中部的皮层细胞稍延长或不延长,多角形或圆角形。横切面观,藻体表皮细胞放射延长,且栅状排列。纵切面观,藻体表皮细胞也栅状排列。髓细胞壁缺乏透镜加厚。藻体营养轴节的每个轴细胞产生 2 个围轴细胞。

雄殖枝的末小枝端部特殊性的粗大,产生 1～3 个或多个精子囊凹陷。精子囊卵形,端部含有 1 个大核。可育生毛体轴的端细胞大泡状,卵形。雌植株的末小枝不育时为圆柱状,随囊果发育而成棒状。成熟囊果圆锥形,位于小枝的上侧表面,具有明显突出的喙。四分孢子体植株的四分孢子囊末小枝幼时圆柱状,成熟后变成棒状。四分孢子囊与四分孢子囊末小枝中央轴呈垂直排列。

本种生长在潮间带岩石上或石沼中。

本种主要分布于黄海辽宁、山东沿海。

海藓藻属 *Leveillea* Decaisne,1839

藻体匍匐,多管,具背腹面,从弯曲的顶端生长;主轴圆柱状,在间隔处由集生的假根形成的固着器附着;叶状的有限的外生枝沿轴成 2 背侧列,规则地互生从一边到另一边。幼体的轴有 4 个围轴细胞,背面和腹面不分裂,侧生的一对形成单层的翼,其顶端生有一些明显的毛丝体的节片;成熟的轴有 7 个围轴细胞,腹面的围轴细胞由于平周的分裂产生龙骨状突起,由于围轴细胞在主轴上重新排列,结果使邻近节片的细胞排列不成直线;龙骨状突起和邻近的围轴细胞的衍生物一起产生复合的假根,这些假根构成固着器;另外提供了叶状的有限分枝的背腹排列。四分孢子囊形成在弯曲的孢囊枝状的分枝上,这些分枝代替了无限枝。精子囊形成在有限枝的侧面。囊果外生,形成在有限枝的基部或上基部的节片上,果被 2 层。

在中国记录本属有海藓藻 *Leveillea jungermannioides* 1 个种。

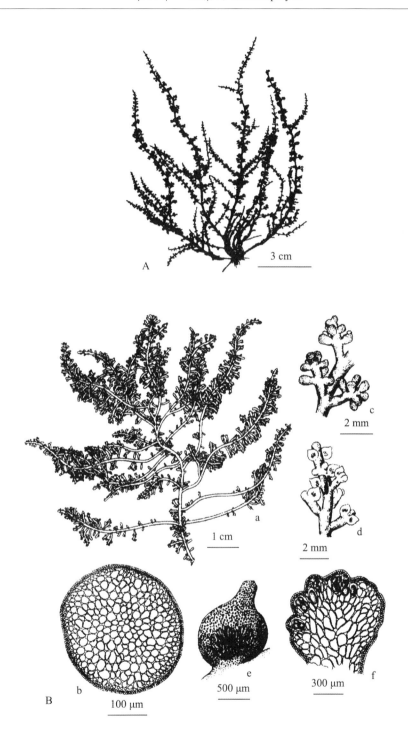

A. 藻体外形；B. 藻体结构

a. 部分藻体外形；b. 藻体横切面观；c. 四分孢子囊小枝；d. 夹果小枝；e. 囊果；f. 四分孢子囊纵切面观

图 4-164 头状栅凹藻 *Palisada capituliformis*（Yamada）Nam 藻体形态与结构

（引自夏邦美，2011）

海藓藻 *Leveillea jungermannioides* （Hering *et* Martens） Harvey ［*Amansia junger-mannioides* Heting *et* Martens、*Polyzonia jungermannioides* （Hering *et* Maetens） J. Agar-dh、*Leveillea gracilis* Decaisne］（图 4-165）

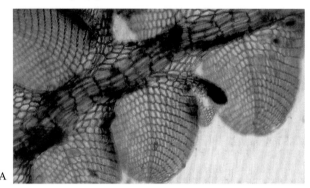

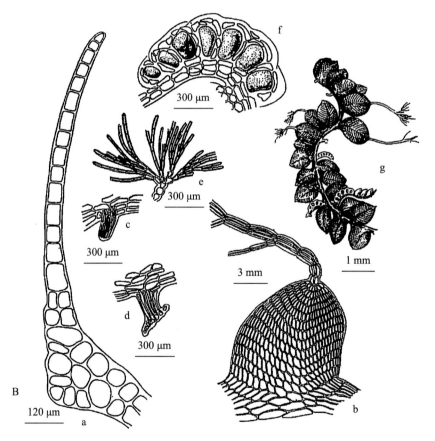

A. 部分藻体外形（放大）；B. 藻体结构

a. 藻体的部分横切面；b. 叶状有限枝；c. 初生的固着器；

d. 成长的固着器；e. 毛丝体；f. 四分孢子囊枝的表面观；g. 藻体的一部分

图 4-165　海藓藻 *Leveillea jungermannioides* （Hering *et* Martens） Harvey 藻体形态与结构

（A 引自黄淑芳，2000；B 引自夏邦美，2011）

藻体小,长约 2 cm,叶状,由几个有背腹面的、平卧的主轴匍匐附生于其他藻体上,如蕨藻、马尾藻等属种类,浅紫红色,膜质,其腹面生有一些长的固着器,借以附着于其他藻体上。固着器圆柱状,径为 98～114 μm,成长后末端形成圆盘状,盘径可达 228 μm。主轴为无限枝,细胞表面观由长柱状六角形细胞组成,细胞长为 163～310 μm,宽为 49～98 μm。沿主轴背面两侧有一些叶状有限枝连续的排成两列,有限枝沿着无限枝规则地互生,叶缘略有重叠,幼时长椭球形,成长后卵形,长径为 0.39～0.8 μm,短径为 0.47～0.82 μm;边缘全缘,顶端微凸或略凹,由许多长柱形六角形细胞组成,长为 42～80 μm,宽为 19～32 μm。中肋细,由一列细胞组成,自叶片顶端至基部将叶片区分成两个不对称的部分。幼枝顶端生有无色透明二叉分歧的毛丝体,毛丝体细胞细而长,长为 67～112 μm,径为 6～16 μm,顶端钝圆;藻体横切面观,中央有一近圆形的中轴细胞,径为 64 μm,外围以数个围轴细胞,径为 51～70 μm,体最厚处约 0.2 mm;叶片两缘的横切面观,由一层长方形细胞组成,长为 38～71 μm,宽为 35～58 μm。

四分孢子囊生长在无限枝的幼枝下部,自叶腋内生出,形状很像略弯曲的豆荚,每个枝上可生 4 或 5 个四分孢子囊,偶有达到 7 个的,成熟囊卵形,径为 196～212 μm,幼囊长卵形至长方状,径为 179～228 μm×130～196 μm。有性繁殖器官未见。

本种生长在礁平台内低潮线下 0.3～0.7 m 处,附生于其他藻体上。

本种主要分布于东海台湾东北部海域,南海的海南岛、东沙群岛、西沙群岛等海域。

冠管藻(鸡冠枝藻)属 Lophosiphonia Falkenberg in Engler et Prantl, 1897

藻体具有平卧的匍匐的轴,多管,无皮层,无限轴具弯曲的顶端,生有不规则或多少直立的、单条或分枝的有限侧枝,其上常生有毛丝体;用和围轴细胞相连的单细胞假根固着,直立轴有 4 个或多个围轴细胞,这些围轴细胞在不规则的节间内生,不分枝或分枝稀少,典型的组成在轴的背腹面排列;内生的或外生的形成侧枝,单侧的或螺旋排列,侧面枝也可不定式的形成,结果打乱了最初的背腹面的分枝方式;毛丝体通常外生性的分枝,大多螺旋排列(极少为单侧的)。四分孢子囊生长在有限的侧枝上,排列呈行,每节 1 个。配子体雌雄异株,精子囊头替代了全部毛丝体,或者除了上基细胞外的全部。囊果通常生长在短的多管的有限侧枝上。

在中国记录本属有冠管藻(鸡冠枝藻)Lophosiphonia obscura 1 个种。

冠管藻(鸡冠枝藻)Lophosiphonia obscura (C. Ag.) Falkenberg [Hutchinsia obscura C. Agard、Lophosiphonia subadunca (Kützing) Falkenberg、Polysiphonia subadunca Kützing]

藻体具有水平的匍匐的长枝及主枝,借助于粗壮的径约 30 μm 的单细胞假根固着,这些假根被一个横壁或者一个小细胞从母围轴细胞割开而形成。枝直立,背部产生。长枝侧生,发生在 2～7 节的间隔处。所有分支通常是单条的,幼时很强地向腹面弯曲,高约 5 mm,并且有 50 节片那样多,通常较多,为 30～40 个。毛丝体在矮枝的上部发育很好,各有一个大的基部细胞,径约 35 μm,3～5 次亚叉式分枝。主枝和长枝径为 90～120 μm,矮枝径为 60～90 μm,远端渐尖,径约 30 μm。整体节片长约等于宽,但近顶端变得很短。

四分孢子囊径约 60 μm,产生在矮枝的上部,呈 6～9 个螺旋排列。精子囊和囊果未见。

本种生长在潮间带上部红树林中泥土上形成缠结的斑点,或者生长在红树的树皮上,也有生长在潮间带地区红树林中有泥覆盖的岩石上。

本种仅分布在南海香港海域。

旋花藻属 *Amansia* Lamouroux,1809

藻体直立,基部具圆柱状茎,扁平叶状,有背腹面,分枝或不分枝,中肋显著,具皮层,切面可以看到 1 个中轴细胞和 5 个围轴细胞;侧翼无皮层,由二层细胞构成,叶片边缘具齿状突起,顶端内卷,生殖器官生于叶片边缘的突起上。

在中国记录本属有旋花藻 *Amansia rhodantha* 1 个种。

旋花藻 *Amansia rhodantha*(C. Agardh)Norris[*Melanamansia glomerata* Norris、*Amansia glomerata* C. Ag.、*Delesseria rhodantha* Harvey、*Rytiphlaea rhodantha*(Harvey)Decaisen]

藻体红褐色,直立,高为 2.6~5 cm,基部具盘状固着器附着于基质上;多年生的,茎状轴大部分裸露在体下部,分枝或不分枝;中、上部由许多薄的膜质的披针形叶片聚生成玫瑰花状,叶片边缘具齿状突起,并有隆起的中肋,中肋向顶端逐渐变细且慢慢消失(图 4-166)。中肋顶端也可再生许多同形的分枝,叶片顶端向内卷,叶长为 0.8~2 cm,叶宽为 3 mm 或以下;叶片横切面观,除中肋处外由二层细胞组成,细胞不规则长方形或亚方形,长为 53~79 μm,宽为 40~46 μm 大小,叶片厚为 119~132 μm;中肋处横切面由中轴细胞和围轴细胞,外围一些皮层细胞组成。叶片表面观,细胞长六角形,长约 79 μm,宽约 26 μm,排列整齐,规则的横列。

生殖器官生于叶片边缘齿状小育枝上,四分孢子囊小枝披针形,位于叶缘,具小柄,单条或叉分,长为 266~1129 μm,宽为 282~266 μm。四分孢子囊切面观,近圆形或扁压椭圆形,长径为 100~116 μm,短径为 66~83 μm,四面锥形分裂,排成二列于小枝上。囊果近球形,位于叶片边缘,具小枝,囊果高约 913 μm,径为 946~1 112 μm,纵切面观,囊果中央底部由较大的产孢丝细胞组成,其顶端产生倒长卵圆形果孢子囊,囊长为 92~112 μm,径为 26~33 μm,外围由 3 或 4 层细胞组成囊果被,厚为 125~178 μm,囊果顶端有时可看到囊孔。精子囊群未发现。

3 cm

A   B

图 4-166-1　旋花藻 *Amansia rhodantha*(C. Agardh)Norris 藻体外形

(A 引自 Tseng,1983;B 引自夏邦美,2011)

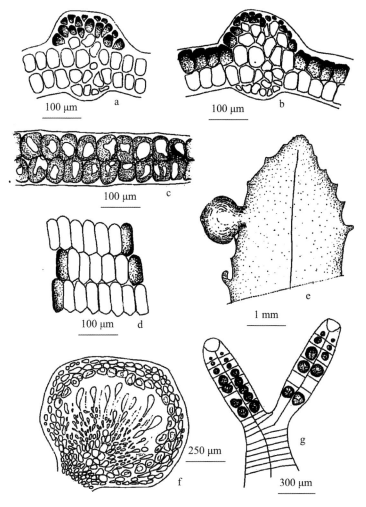

A,B. 藻体中肋处横切面；C. 皮层细胞横切面；
D. 部分皮层细胞表面观；E. 囊果；F. 囊果纵面观；G. 四分孢子囊小枝

图 4-166-2　旋花藻 *Amansia rhodantha* (C. Agardh) Norris 藻体结构

（引自夏邦美,2011）

本种生长在低潮线附近的岩石上或浪大处的岩礁上。

本种主要分布于东海台湾东北角海域和南海的海南岛海域。

轮孢藻属 *Murrayella* Schmitz，1893

藻体圆柱状，由直立和匍匐部分组成，匍匐部具有假根附着于基质上。藻体具有 4 个围轴细胞；整体没有皮层；顶端生长；侧枝通常是单管不分枝，或是叉状分歧的小枝，其主轴部为多管，但其侧枝则为单管。孢囊枝生于叉状分歧小枝的末端，每节的每个围轴细胞各产生 1 个四分孢子囊。

在中国记录本属有柄轮孢藻 *Murrayella periclados* 1 个种。

有柄轮孢藻 *Murrayella periclados* （C. Agardh） Schmitz［*Murrayella squarrosa* (Harvey) Schmitz、*Hutchinsia periclados* C. Agardh］

　　常见红树林藻类,生长在红树的根上,暗红褐色,浓密的毡状垫,由基部的匍匐丝及由此产生的直立丝组成。匍匐丝或多或少缺乏分枝,但在大多数情况下还是可见的,即使它们常常是比较稀少的而且大部分是发育不好的。匍匐丝用假根固着于基质上。假根由围轴细胞近端长出。单独生长或者常常几个源自同一个节片。在这种情况下,假根基部大多数生长在一起,形成一束。上部较多的假根变为逐渐游离,向所有方向伸展。这些假根如卷枝藻 *Bostrychia*,常常是分枝的,具有横壁以及较长的圆柱形细胞,长为宽的 3～5 倍;假根细胞有较厚的壁,常常透入到红树的树皮中。

　　本种仅东海台湾海域有分布。

新松节藻属 *Neorhodomela* Masuda,1982

　　几个直立的藻体产自一个共有的基部盘状固着器,直立体有很多分枝,圆柱形,顶端生长,围轴细胞 6 个(有时 5 个);精子囊生长在生殖毛丝体上;成熟的囊果具有发育很好的囊果被;四分孢子囊成对地产生在没有分化的每个节片内,四面锥形分裂。

　　在中国记录本属有新松节藻 *Neorhodomela munita* 1 个种。

新松节藻 *Neorhodomela munita* （Perestenko） Masuda［*Rlodamelo confervoides* (Huds.) Silva］

　　藻体直立,多年生,由一个共有的、扩张的基部盘状固着器向上产生几个直立体,直立体圆柱形,高为 6～13 cm,有的可达 21 cm,3～4 回螺旋式分枝,主轴几乎是直的,最低部位(固着器向上 1 cm 处)径为 1 096～1 129 μm,固着器向上 3.2 cm 处径为 1 610～1 660 μm,体上部(即固着器向上 9 cm 处)径为 868～913 cm;第一侧枝生长很好,顺次分枝越向上越短、越细,不定枝多,且为无限生长,有限枝很细,径为 132～165 μm;营养毛丝体生长在有限枝和无限枝的顶端枝的背部,很多,微叉状分枝 4 次;生活时暗褐色或黄褐色,干后变为黑色,幼时质软,老成部稍硬(图 4-167)。

　　主轴上部横切面观,中央有明显的中轴细胞,近圆形,径为 99.6～116 μm;周围有 6 个围轴细胞,不规则带角的卵圆形或长卵圆形,长径为 66～99 μm,短径为 40～66 μm;细胞由内向外逐渐变小,表皮层细胞长径为 16.5～36 μm,短径为 6.6～16.5 μm。

　　雌雄异株,精子囊小枝长椭球形或长柱形,生长在生殖毛丝体上,长为 166～332 μm,径为 33～66 μm;囊果卵形或梨形,长径为 332～515 μm,短径为 298.8～448 μm,囊孔较宽;果孢子囊黄褐色,长径为 59～89 μm;四分孢子囊生长在末枝及次末枝的节片上,排成 2 列,四分孢子囊近球形,长径为 46～92 μm,短径为 26～73 μm。

　　本种生于潮间带岩石上或高潮带附近迎浪冲击的岩石上。多年生,冬季羽枝脱落,只留下衰老主干,第二年春季又重复生羽枝,羽枝比前一年繁密;无性及有性生殖在夏、秋季进行。

　　本种主要分布于黄海辽宁、山东沿海。

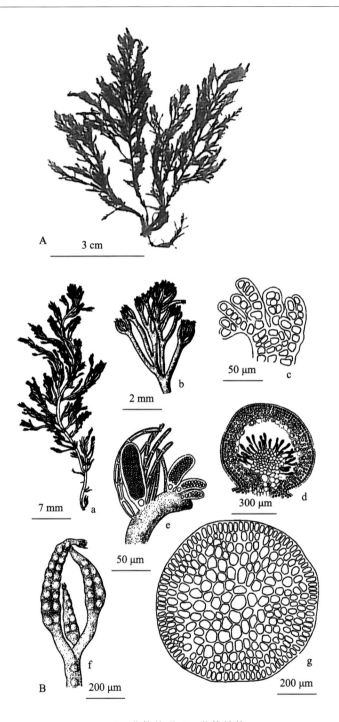

A. 藻体外形；B. 藻体结构

a. 藻体外形；b. 部分分枝外形；c. 幼毛丝体；d. 囊果切面观；e. 精子囊小枝；

f. 四分孢子囊小枝；g. 藻体横切面

图 4-167　新松节藻 *Neorhodomela munita*（Perestenko）Masuda

（引自夏邦美，2011）

新管藻属 *Neosiphonia* Kim *et* Lee，1999

藻体单生、直立或具局限性匍匐枝，果胞枝由 3 个细胞组成，精子囊由毛丝体第二节的分枝形成，假根均被围轴细胞侧壁分隔，枝端顶细胞均钝圆不具芒尖，囊果均为球形或卵形，不呈坛状。

在中国记录本属 11 个种：倾伏新管藻 *N. decumbens*（Segi）Kim *et* Lee、长皮新管藻 *N. elongata*（Hudson）Xiang Si-duan、南方新管藻 *N. notoensis*（Segi）Kim *et* Lee、蛇皮新管藻 *N. harlandii*（Harvey）Kim *et* Lee、日本新管藻 *N. japoncia*（Harvey）Kim *et* Lee、东木新管藻 *N. eastwoodae*（Setchell *et* Gardner）Xiang Si-duan、细小新管藻 *N. savatieri*（Hariot）Kim *et* Lee、球果新管藻 *N. sphaerocarpa*（Børgesen）Kim *et* Lee、疏叉新管藻 *N. teradomariensis*（Noda）Kim *et* Lee、汤加新管藻 *N. tongatensis*（Harvey *ex* Kützing）Kim *et* Lee、侧聚新管藻 *N. yendoi*（Segi）Kim *et* Lee。

倾伏新管藻 *Neosiphonia decumbens*（Segi）Kim *et* Lee

藻体单生或少数植株聚生，株高为 1~2 cm，基轴径为 240~500 μm。假根自基部丛生，或由下部倾伏枝围轴细胞的角端发生，被侧壁切隔，假根径为 24~70 μm，长为 160~800 μm，先端具盘状附着器或无。基部分枝互生或对生，稍上为不规则叉状分枝，末位枝呈不等钳状：一个为锥形，略直；另一个稍细，内弯。顶细胞钝圆，其下一节即发生毛丝体，毛丝体 1~3 叉，1/4 螺列，脱落后有痕细胞（图 4-168）。围轴管 4 个。基部横切面观可见围轴管间有 4 个次生围轴细胞，再外疏列皮层细胞；藻体表面观可见基部密覆碎块状的皮层细胞，稍上渐成疏散的长形细胞纵列于围轴管外面，到第一次分枝之后不见皮层。关节短，长宽比一般为 0.3~0.5 倍，中部偶尔为 1 或 2 倍。四分孢子囊 4~10 个，螺旋状着生于末位及次末位枝上，连续或间断，成熟时，次末位枝上的先成熟，球形径为 80~100 μm，并使小枝左右膨突扭曲。雌配子体囊果侧生枝旁，成熟囊果宽坛状，长径为 320，短径为 360 μm，上端具宽口，口径为 160 μm，柄弯，一边 3 节，一边 1 节。雄株精子囊枝由毛丝体第二节的 1 个分枝形成，另一分枝仍为二叉毛丝体，精子囊枝长圆柱形或披针形，长为 70~200 μm，下部宽为 20~48 μm，顶端具 1 个不育的顶细胞，球状。蜡叶标本黑褐色。

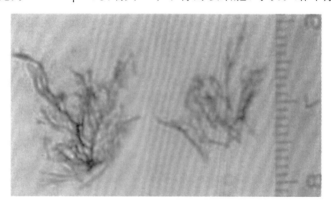

图 4-168-1　倾伏新管藻 *Neosiphonia decumbens*（Segi）Kim *et* Lee 藻体外形

（引自夏邦美，2011）

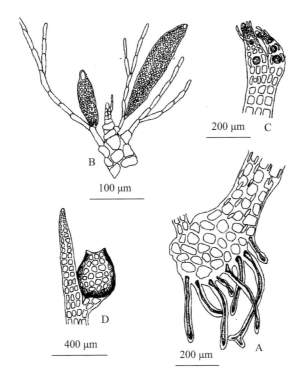

A. 藻体基部；B. 精子囊枝；C. 末位枝及四分孢子囊；D. 囊果

4-168-2 倾伏新管藻 *Neosiphonia decumbens*（Segi）Kim *et* Lee 藻体结构

（引自夏邦美，2011）

本种附生于大型藻体上。

本种主要分布于黄海山东，东海浙江、福建，南海广东沿海。

派膜藻属 Neurymenia J. Agardh，1863

藻体直立，扁平叶状，体下部具茎状构造，叶片硬膜质，具明显的中肋和斜向两缘贯通的细脉，叶片顶部向腹面内卷，生长点细胞多少凹陷成倒心脏形；在叶片的边缘叶脉的末端呈短的分枝的刺状小枝，又同样的在藻体的两面，在叶脉和中肋上形成短的圆柱形的小枝。边缘小枝以及许多表面生长的小枝通常是不育的。生殖结构形成时，替代了在表面生长的小枝背面的一边的毛丝体。藻体分枝从中肋或从侧脉的顶端产生。

在中国记录本属有派膜藻 *Neurymenia fraxinifolia* 1 个种。

派膜藻 *Neurymenia fraxinifolia*（Mertens *ex* Turner）J. Agardh〔*Fucus fraxinifolia* Mertens *ex* Turner、*Amansia fraxinifolia*（Mertens *ex* Turner）C. Agardh、*Delesseria fraxinifolia*（Mertens *ex* Turner）C. Agardh、*Dictyomenia fraxinifolia*（Mertens *ex* Turner）J. Agardh、*Epineuron fraxinifolia*（Mertens *ex* Turner）Harvey in Hooker *et* Harvey〕

藻体鲜红色或红褐色，硬膜质，扁平叶状，长椭圆形，边缘有尖锯齿，有中肋，叶面有羽状排列的小突起，两缘有平行的细脉与中肋相连，中肋通到叶顶端，顶端生长点处凹陷成倒心脏形。中肋隆起,副枝由中肋长出,形成 2～3 回羽状分枝,高为 15～20 cm,基部有茎状构造,不规则分枝(图 4-169)。藻体内部构造为单轴型,顶端生长,横切面有中轴细胞及 5 个围轴细胞。

具同形世代交替,配子体与孢子体外观相似。配子体雌雄异体,有生殖托器官构造,囊果球形,有果皮组织及短柄,位于藻体背面边缘侧脉上。孢子体边缘侧脉刺基部生成披针形的孢子囊枝,孢子囊呈 2 纵列分布于孢子囊枝腹面上,四分孢子囊椭圆形,直径为 60～90 μm,四面锥形分裂。

本种生长在低潮线附近的石沼或至潮下带 5 m 深的礁岩上,全年可见。

本种仅分布于东海台湾东北角海域。

图 4-169　派膜藻 *Neurymenia fraxinifolia* (Mertens *ex* Turner) **J. Agardh** 藻体外形
(引自黄淑芳,1998、2000)

多管藻属 *Polysiphonia* Greville, 1823

藻体直立或部分匍匐,匍匐枝圆柱形,背面具有 1 个或 2 个细胞组成的假根,在腹面则生直立主干。直立主干辐射状分枝,圆柱形,无限生长,主干每一个节的内部都是多轴管。有 4 至多个围轴细胞,在某些种分枝的老的部分都具有皮层。分枝顶端生毛丝体,毛丝体分枝或不分枝,毛丝体形成后有的保留相当长的时间,有的在形成后立即脱落。毛丝体的基部细胞叫痕迹细胞,在毛丝体脱落后仍存留相当长的时间。

四分孢子囊在分枝上部的节上产生,可在每节上连续不断发生,但每节只形成 1 个孢子囊。四分孢子囊多为螺旋形排列或成直线纵列。每个围轴细胞先纵分裂形成两个细胞,外面的一个细胞再横分成 2 个不育的盖细胞,里面的一个细胞横分裂一次,下面的一个细胞是柄细胞,上面的一个细胞是孢子囊母细胞,由孢子囊母细胞四面锥形分裂(第一次为减数分裂)形成四分孢子囊。精子囊生在雄配子体上部的毛丝体上,一般在一条毛丝体上只有 1 个分枝。生殖毛丝体,包括 1 个由 2 个细胞组成的柄,柄细胞上常生 1 个分枝——生殖枝。此生殖枝变成多轴管,由围轴细胞多次分裂,形成致密的精子母细胞层,每一母细胞产生 2～3 个精子囊,成熟精子囊群无色,为长柱状。果胞系是从毛丝体发育而成的。毛丝体基部的第二个细胞分裂形成支持细胞,由支持细胞再分裂,上面形成 4 个细胞的果胞枝,侧面发生出 2 条不育丝体。受精后,支持细胞分裂,一分为二,上面的为辅助细胞。在果胞旁的不育细胞也分裂。果胞基部产生连接细胞,与辅助细胞相连,合子核移入辅助细胞。其后,辅助细胞与支持细胞不育丝联合形成一个大的胎座细胞,辅助细胞的核不久消失,合子核分裂,由胎座向外生出短产孢丝,每丝一核,仅产孢丝顶端细胞发育成果孢子囊。成熟囊果为卵形、球形或亚瓮状,被有开孔的果被。果被是由生殖的毛丝体最下面的 3 个围轴细胞分裂发育而成。

据《中国海藻志(第二卷,红藻门,第七册)》(2011)记录本属有 16 种、2 个变种和 1 个变型:大陈多管藻 *P. dachenensis* Xiang Si-duan、厚多管藻 *P. crassa* Okamura、混乱多管藻 *P. confuse* Hollenberg、钝顶多管藻缠结变型 *P. ferulacea* Suhr *ex* J. Agardh f. *implicata* Tseng、脆多管藻 *P. fragilis* Suringar、纤细多管藻 *P. gracilis* Tseng、霍维多管藻 *P. howei* Hollenberg in Taylor、丛托多管藻 *P. morrowii* Harvey、五旋多管藻 *P. richardsonii* Hooker、岩生多管藻长节变种 *P. scopulorum* var. *longinodium* Xiang、岩生多管藻绒毛变种 *P. scopulorum* var. *villum* (J. Agardh) Hollenberg、淡盐多管藻 *P. subtilissima* Montagne、多管藻 *P. senticulosa* Harvey、膨根多管藻 *P. upolensis* (Grunow) Hollenberg、布兰特多管藻 *P. blandii* Harvey、疏枝多管藻 *P. coacta* Tseng、六棱多管藻 *P. forfex* Harvey、帚枝多管藻 *P. tapinocarpa* Suringar、变管多管藻 *P. denudata* (Dillwyn) Greville in Hooker。《中国海藻志》记录的物种数量多于《中国海洋生物名录》(2008)收录的数量;后者收录的延长多管藻 *Polysiphonia porrecta* Segi 在《中国海藻志》(2011)中未出现,也未列入某一物种的同物异名。

多管藻 *Polysiphonia senticulosa* Harvey [*Polysiphonia urceolata* (Lightfoot *et* Dillwyn) Greville、*Orcasia senticulosa* (Harvey) Kylin、*Polysiphonia pungens* Hollenberg、*Polysiphonia formosa* Suhr.、*Polysiphonia urceolata* (Lightfoot) Greville, Tseng *et* al.、*Conferva urceolata* Dillwyn]

藻体生活时鲜红色,干燥时茶褐色至黑色。质地稍硬,不滑。丛生成束,疏松地相互缠结,为细长的、直生的、刚毛状的、较硬的丝状体,一般无主枝,为羽状双分叉。藻体高 20 cm,从匍匐基部生出,靠近下面的节稍凸出。基部由围轴细胞向外生出单细胞的假根固着基质。分枝为外生长式,每隔 3～4 节,互生弯曲的分枝,节间长为 1.5～4 mm,分枝下面较稀松,并具有短的细长的小分枝,上面的羽状分枝较致密(图 4-170)。常具有很细长的假根。小分枝在分枝上每隔 2～4 节向各方面互生,往往为直立的,向下较开展,向上渐尖削，并再生出细的、直立的、末端尖的小分枝，无毛丝体。节部透明，无皮层。基部细胞宽为 40 μm，长约为宽的 0.4 倍，藻体中部细胞长为宽的 2～3 倍，直立枝上部多半是长宽相等。具 1 中轴细胞，4 个围轴细胞。

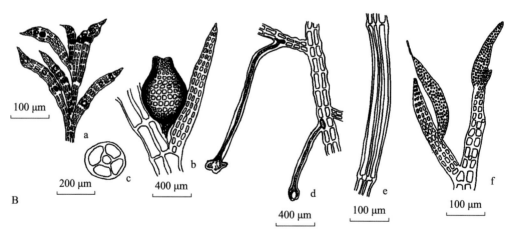

A. 藻体外形；B. 藻体结构

a. 四分孢子囊枝；b. 囊果；c. 枝的横断面；d. 匍匐枝及假根；e. 一个中下部关节；f. 精子囊枝

图 4-170-1　多管藻 *Polysiphonia senticulosa* Harvey

（A 引自 C. K. Tseng，1983；B 引自夏邦美，2011）

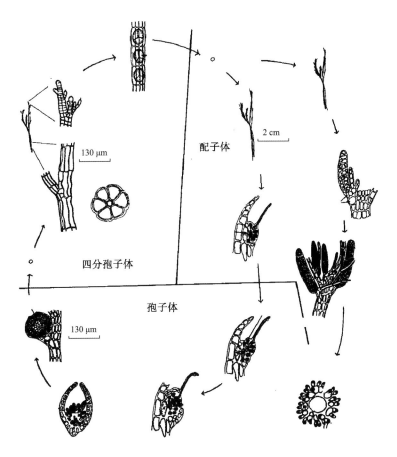

配子体

2 cm

130 μm

四分孢子体

孢子体

130 μm

图 4-170-2　多管藻 _Polysiphonia senticulosa_ Harvey 的生活史

（引自 R. E. Lee, 1980）

四分孢子囊几个或几行生于末端小枝中部，由 1 个围轴细胞形成，有时很小，直径约 30 μm，有时很大，直径为 65～80 μm，向外凸出。每一孢子囊枝上生有几个或 10 多个孢子囊，纵列成串，孢子囊圆球形，四分孢子囊呈四面锥形分裂。精子囊枝圆柱状，长为 50～75 μm，径为 30 μm，具短柄，顶端延长成无色毛。囊果为瓮状，分布在小分枝中部，下部以短柄着生在枝上，上部突出成宽颈并有大的开孔，长为 525 μm，径为 450 μm。

本种生长在低潮带岩石及其他底质上。

多管藻是黄海、渤海常见的物种。除盛夏以外，其他各时期均能生长，但春季繁盛，无性及有性生殖在 2～5 月份发生。此外，东海浙江舟山等海域也有分布。

斑管藻属 _Stictosiphonia_ Harvey in Hooker，1845

藻体由无限生长的匍匐部和直立部组成，匍匐枝的直径比直立的无限生长轴要细，轴为多管构造，围轴细胞(4)5～7(8)个，1 个中轴细胞对或 3～5 个围轴细胞，每个围轴细胞同时产生皮层，分枝有外生枝和内生枝。

精子囊群由最末小枝特化而成，果胞枝在特化的最末小枝内产生，囊果生于枝的近顶端,卵形或球形,具囊孔;四分孢子囊生于孢囊枝状的小枝上,每节形成(3)4～5 个四分孢子囊,四面锥形分裂。

在中国记录本属 2 个种:缠结斑管藻 *S. intricata*(Bory)Silva、卡拉斑管藻 *S. kelanensis*(Grunow *ex* Post)King *et* Puttock。

缠结斑管藻 *Stictosiphonia intricata*(Bory)Silva [*Bostrychia intricate*(Bory de Saint-vincent)Montagne](图 4-171)

藻体约 12 mm 高,稀疏,远距,亚二叉分枝;藻体下部枝径可达 240 μm,向上逐渐变细,顶端枝径为 40～60 μm。顶端节片钻状,或多或不内弯。丝状体无皮层,多管构造,整体无节。围轴细胞表面观亚正方形到近六角形,高短于宽 1/3～1/2,每个中轴细胞对 4～6 个围轴细胞。体侧的附着器不规则的间距形成。

四分孢子囊枝顶生,膨大,枝约 531 μm 长,径为 99～119 μm,四分孢子囊生于膨大处,近圆球形或卵形,长径为 46.5～49.5 μm,短径为 33～52.8 μm,四面锥形分裂;囊果及精子囊未见。

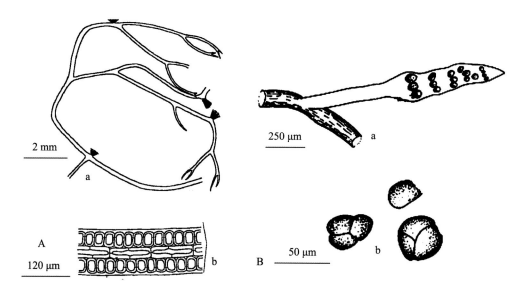

A:a. 部分藻体外形,示分枝和附着器;b. 藻体纵切面,示围轴和中轴细胞

B:a. 四分孢子囊枝;b. 四分孢子囊

图 4-171 缠结斑管藻 *Stictosiphonia intricata*(Bory)Silva

(引自夏邦美,2011)

本种主要分布于红树林海域,和各种红树林沼地的藻类混生在潮间带覆盖有泥的岩石上。

本种仅分布于南海香港海域。

鸭毛藻属 *Symphyocladia* Falkenberg in Engler *et* Prant,1897

藻体由基部平卧附着基质,带状扁平,宽度往往不相同,边缘为齿状或有裂片,具有放射状叶脉,数条相邻的枝边缘愈合,成为阔枝,因此枝的生长点细胞与藻体裂片的生长点并列。在顶端生长停止,枝的愈合即中止,此时发生一列细胞组成的毛状叶,各条枝具有 1 个中轴管细胞,藻体上部侧枝有 4～6 个围轴细胞,较低部位的侧枝有 8～10 个围轴细胞,有些物种具皮层。

四分孢子囊枝生在藻体的最上部,相当于枝的一部分,散开呈扇状,为纵列,各节形成 1～3 个同长的盖细胞,散在生有孢子囊的各个枝的上端,稍微游离。精子囊群在藻体上部枝的两边丛生,由毛状叶形成,开始由一列细胞组成,后为长椭球形有单细胞柄。果胞枝从枝的上部两缘毛状叶产生。成熟囊果卵形,无柄,囊孔大。

《中国海藻志》(2011)未收录《中国海洋生物名录》中的线形鸭毛藻 S. linearis (Okamura) Falkenberg,也未列入其他物种的同物异名,《中国海藻志》记录了以下 4 个种:鸭毛藻 S. latiuscula (Harvey) Yamada、苔状鸭毛藻 S. marchantioides (harvey) Falkenberg in Engle et Prant、小鸭毛藻 S. pumila (Yendo) Uwai et Masuda、博鳌鸭毛藻 S. boaoensis Xia et Wang。

鸭毛藻 *Symphyocladia latiuscula* (Harvey) Yamada

藻体暗紫褐色,由纤维状细根固着,丛生,枝细线形,宽为 1～1.5 mm,高为 5～12 cm,最高 15 cm,近基部分出数条主枝,主枝两缘呈不规则数回羽状双分枝。分枝下部长,上部短。因此成为塔形,或分枝伸长展开,达到同等高度而呈扇形。枝及羽枝为细线形,先端尖细,互生小羽枝,小羽枝短针状,特别靠近主干及主枝的下部生出的都为针状。幼苗顶端生毛状叶,为单条或再生羽状次生小羽枝。围轴细胞 6～8 个,并生皮层,中肋微细,在分枝宽的部分可见(图 4-172)。

四分孢子囊枝由小羽枝产生,集生在上部缩短的且分叉的羽枝上,各枝微披针形,长为 1～2 mm、枝宽为 133～249 μm,顶端二裂,四分孢子囊纵列成两行,囊不规则球形,径为 46.2～79.2 μm,四分孢子囊呈四面锥形分裂。囊果呈球形,径为 400～500 μm,生长在羽状小枝的枝侧,纵切面观果孢子囊棍棒状,长可达 180 μm,具由 2～3 层细胞组成的果被,顶端有一开口,精子囊群生长在最末小枝的顶端,弯月形色淡,精子囊小粒状。

图 4-172-1　鸭毛藻 *Symphyocladia latiuscula* (Harvey) Yamada 藻体外形
(引自 C. K. Tseng,1983)

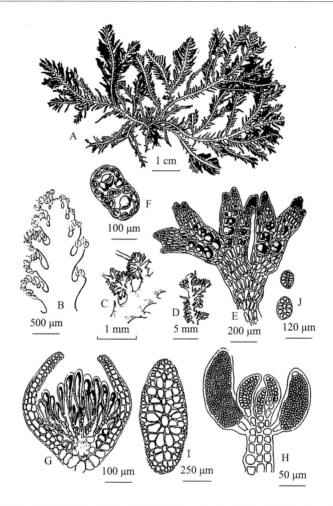

A. 藻体外形图；B，H. 精子囊小枝；C，E. 四分孢子囊小枝；D. 囊果小枝；F. 四分孢子囊小枝切面观；
G. 囊果切面观；I. 主枝横切面；J. 小枝横切面

图 4-172-2　鸭毛藻 *Symphyocladia latiuscula*（Harvey）Yamada 藻体结构

（引自夏邦美，2011）

本种生长在低潮带岩石上或石沼中

本种主要分布于渤海河北，黄海山东和东海浙江沿海。

球枝藻属 *Tolypiocladia* Schmih in Engler *et* Prantl，1897

藻体自匍匐的基部直立，利用单细胞的假根固着，多管构造；围轴细胞 4 个，每个节片以 1/4 的螺旋式产生短的有限的侧枝；不分枝的无色的毛丝体很快地在有限的侧枝上脱落；有些种具有网结的有限侧枝形成海绵状植物体；在不规则的部位无限的侧枝替代了有限侧枝；假根很多，单个或簇生，在不规则的部位从有限的侧枝围轴细胞处产生。生殖节片在有限侧枝内单个或呈近轴排列，每个节片产生 1 个四分孢子囊。精子囊群替代了毛丝体，卵球形，常常有顶生的不育细胞。囊果单个，卵球形，生长在有限侧枝上。

在中国记录本属 2 个种：球枝藻 *T. glomerulata*（C. Agardh）Schmitz *et* Prantl 和美

网球枝藻 *T. calodictyon*（Harvey *ex* Kützing）P. Silva。

球枝藻 *Tolypiocladia glomerulata*（C. Agardh）Schmitz *et* Prantl[*Hutchinsia glomerulata* C. Agardh、*Polysiphonia glomerulata*（C. Agardh）Sprengel、*Vertebrata glomerulata*（C. Agardh）Kuntze、*Roschera glomerulata*（C. Agardh）Weber-van Bosse]

藻体直立,丝状,错综缠结成一团块,高为 10～20 cm,附着在珊瑚砂粒或其他藻体上,暗红褐色,膜质。主枝和分枝由 1 个中轴细胞和 4 个围轴细胞组成,主枝径为 0.36～0.39 mm,细胞长圆柱形,一般长为 0.25～0.44 mm,径为 0.13～0.18 mm;在主枝上不规则地互生分枝,主枝及分枝上四面螺旋生长有短的末枝,末枝单条,或叉分,或形成复杂的星状枝,星状枝顶端歧分一些圆锥状、顶端尖的小枝,星状枝顶端中央有时生出长的单细胞的丝体,丝径为 65～97 μm,其顶端形成盘状吸附器,借以固着于其他物体上;藻体星状枝顶端中央生有很长的无色毛丝体,丝径为 16～23 μm(图 4-173)。

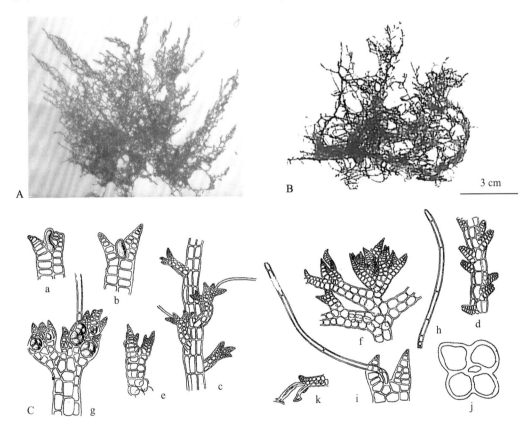

A,B. 藻体外形;C. 藻体结构

a,b. 小枝顶端;c. 藻体的一部分;d. 单条不分枝的最末小枝;e. 分枝的最末小枝;

f. 分歧复杂的最末小枝即星状枝;g. 四分孢子囊枝;h,i. 枝端生长的毛丝体;

j. 藻体的横切面,示一个中轴及四个围轴;k. 枝端形成单细胞的附着器

图 4-173 球枝藻 *Tolypiocladia glomerulata*（C. Agardh）Schmitz *et* Prantl 藻体形态结构

（A 引自 Tseng,1983;B. C 引自夏邦美,2011）

四分孢子囊生长在最末小枝上，四面锥形分裂，囊径为 64～96 μm。有性繁殖器官未见。

本种生长在礁平台低潮线下 1 m 左右的珊瑚礁石或砂粒上，或其他藻体上。

本种主要分布于南海海南岛、东沙群岛、西沙群岛等海域。

软骨生藻属 *Benzaitenia* Yendo，1913

藻体黄色，瘤状，寄生在粗枝软骨藻的藻体上，常以小型细胞侵入到寄主的细胞组织中。生殖器官直接生长在藻体外部。孢囊枝长圆锥形，每节有 6 个围轴细胞，每个四分孢子囊有 2 个盖细胞，四面锥形分裂。精子囊群圆锥状。囊果球形，无柄。

软骨生藻 *Benzaitenia yenoshimensis* Yendo

《中国海藻志（第二卷，红藻门，第七册，仙菜目、松节藻目）》（2011）仅记载了本种的产地为东海浙江普陀山海域，没有图文描述。

旋叶藻属 *Osmundaria* J. V. Lamouroux，1813

藻体直立，多分枝，具有扁平的叶状分枝及背腹面，顶细胞的末端向枝德腹面内卷；没有毛丝体或存在轴的背部；多管构造，有 5 个围轴细胞，2 个背部的假围轴细胞，有些围轴细胞纵分裂，结果丝状体融合形成侧翼；轴和翼具皮层，轴的皮层常变成较厚的并且形成分离的互生脉或中肋；内生的分枝形成侧生的细微脉，末端形成边缘的锯齿；外生的分枝形成翼的边缘，或表面或中肋；在背部不育片片上有毛丝体或痕细胞。

四分孢子囊的孢囊枝生长在锯齿上或外生的叶货中肋的表面，每节 2 个孢子囊。精子囊群球形或圆球形。囊果球形，具有多管的柄，生长在锯齿上或不定的小枝上，替代了毛丝体。

旋叶藻 *Osmundaria obtusiloba*（C. Agardh）R. E. Norris［*Vidalia obtusiloba*（Mert. *ex* C. Agardh）J. Agardh、*Rytiohlaea obtusiloba* Mertens *ex* C. Agardh、*Sphaerococcus maximiliani* Martius］

《中国海藻志（第二卷，红藻门，第七册）》（2011）也仅记录 1 个物种，指明产地产于中国台湾红头屿，没有图文记述。

螺旋枝藻属 *Spirocladia* Børgesen，1933

藻体圆柱形，直立，轴变平卧或具有直立和匍匐两部分，不规则分枝，具有色素体的永存的毛丝体，螺旋状排列在藻体的上部，藻体下笔裸露；毛丝体分枝少或多。藻体全部被有皮层或仅基部具有皮层；中轴细胞外围 4 个围轴细胞。四分孢子囊螺旋地生长在毛丝体的孢囊枝内。精子囊托（头）圆柱状，混有不育的毛丝体丝。囊果生长在多管枝的侧枝上。

在中国仅记录本属印度螺旋枝藻 *Spirocladia barodensis* 1 个物种。

印度螺旋枝藻 *Spirocladia barodensis* Borgesen

藻体线形圆柱状，高为 6～8 cm，基部有些错综缠结，形成几个直立的或平卧的轴，体下部次生的附着假根具有盘状末端；丝状体具皮层；不规则多次各方分枝，近基部的轴或枝径可达 747～813 μm，越向上越细；藻体上部密被毛丝体，下部裸露；毛丝体是永存的，由单列、圆柱形细胞组成，细胞长为 56.1～75.9 μm，径为 13.2～16.5 μm，常在节处叉状分枝或不分枝。藻体玫瑰紫色,柔弱,膜质(图 4-174)。

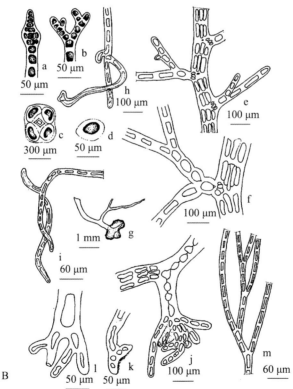

A. 藻体外形;B. 藻体结构

a.b. 枝端;c. 主枝横切面;d. 单管枝横切面;e.f. 部分藻体表面观;g. 固着器;

h~l. 各类假根吸附器;m. 部分毛丝体

图 4-174 印度螺旋枝藻 *Spirocladia barodensis* **Borgesen** 藻体形态结构

(引自夏邦美,2011)

　　藻体横切面观,主枝长径为 79.2,短径为 72.6 μm,中央由明显的中轴细胞,长径为 23.1 μm,短径为19.8 μm,外围 4 个较大的围轴细胞,长径为 33~39.6 μm,短径为 16.5~19.8 μm。单管枝横切面,长径为 33 μm,短径为 19.8 μm。繁殖器官未发现。

　　本种生长在低潮带岩石上。

　　本种主要分布于渤海海南海域。

翼管藻属 *Pterosiphonia* Falkenberg，1897

　　藻体大部分直立,具匍匐根状枝,直立枝 1 至数次分枝,互生;枝圆柱状至扁平,围轴细胞 4~20 个,通常无皮层或有皮层覆盖;末枝有限生长,无毛丝体。四分孢子囊通常直列,生于末枝中,每节 1 个,四面锥形分裂。精子囊枝簇生在有限小枝的顶端附近或生在有限枝上的矩状小枝,有或无不育性顶端。囊果卵球形至球形,具柄。

　　在中国仅记录本属仅翼管藻 *Pterosiphonia pennata* 1 个物种。

翼管藻 *Pterosiphonia pennata*（C. Agardh）Sauvageau［*Ceramium pennatum* Roth、*Pterosiphonia pennata*（Roth）Falkenberg、*Pterosiphonia penata*（C. Agardh）Falkenberg］

　　藻体直立,丛生,由平卧的枝生出,具有假根。2 回羽状分枝,围轴细胞 8~9 个,具有四分孢子囊(图 4-175)。

　　本种生长在潮间带岩石上。

　　本种主要分布于东海浙江、福建沿海。

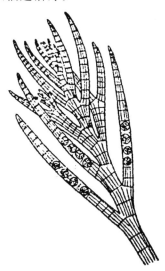

4-175　翼管藻 *Pterosiphonia pennata*（C. Agardh）Sauvageau 四分孢子体一部分

(引自夏邦美,2011)

第五章　隐藻门 Cryptophyta

第一节　一般特征

隐藻门的物种较少，是一类单细胞（少数为不定群体）、结构较为复杂的双鞭毛藻。藻体背腹扁平、不对称；无纤维素的细胞壁，具有柔软或坚固的周质膜；细胞腹面通常有一条倾斜的浅沟，由体后向前伸，直到藻体前端，深入到细胞内成为口沟（咽喉），两侧有微细的、强折光的小颗粒（丝胞）；两根稍微不等长的鞭毛（茸鞭）从口沟中伸出；细胞内通常有1～2个色素体，色素成分较复杂，且因所含比例不同而使藻体呈现出不同的体色。

在淡水和海水环境中，都有隐藻门物种的分布。有些物种喜欢生活在含有大量有机物和富氮的水环境中，有些物种能和海洋动物如放射虫（radiolarian）、海葵（Sea anemone）等营共生生活，少数生活在土壤中和沼泽地带。

迄今，在中国海域仅报道1种，波罗的海隐藻 *Cryptomonas baltica* (Karsten) Butcher。

一、外部形态特征

藻体单细胞，少数为不定群体。细胞卵形或肾形，大多不对称，背腹扁平。侧面观：背面隆起；腹面前端近中央处略有内凹，由此向细胞中部延伸成一浅沟（至细胞后半部已不明显），许多属的物种在此位置，具有明显而特殊的、深入到细胞内的口沟（咽喉）。口沟两侧有微细的、强折光的小颗粒（丝胞，trichocyst；驱体，ejectosome），当细胞受外界伤害时，丝胞能向口沟内伸出长丝。细胞前端着生两根几乎等长的鞭毛，鞭毛的长度与细胞的长径相近（图5-1）。

二、细胞学特征

1. 细胞壁

绝大多数隐藻没有含纤维素的细胞壁，而是有两层结构的周质膜。只有不具鞭毛的单细胞种——四角隐球藻（疣四面藻）*Tetragonidium verrucatum* Pasher 具有含纤维素的细胞壁。

2. 细胞核

细胞内含一个核，核圆球形，有明显的核膜，一个大的核质和无数的染色体颗粒。细胞核通常位于细胞中部或后半部的中央。

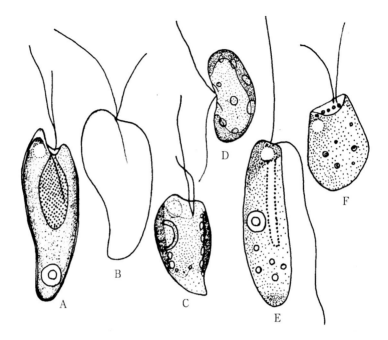

A. 弯隐藻;B. 草履缘胞藻;C. 尾色胞藻;D. 森氏藻;E. 尖眼藻;F. 杯胞藻

图 5-1　隐藻藻体不同的形态

(引自 B. Fott，1971)

3. 色素体及色素

细胞内通常含有 1～2 个色素体，其内有松散的、成对的类囊体。色素体与细胞核被共同的被膜所包围。色素体位于细胞的两侧。在 *Cyanomonas* 属中，细胞内含有小型的、数量较多的色素体。

迄今为止，对隐藻所含色素成分尚未了解清楚。已知除含有叶绿素 a、叶绿素 c 外，还有 a-胡萝卜素、叶黄素中的甲藻黄素(甲藻门所含的甲藻素中是没有的，Nakayma，1962)、藻胆素中的藻红蛋白和藻蓝蛋白。由于不同物种所含色素的含量比例不同，不同物种的体色有很大的变化，有褐色、褐绿色、红褐色、红色、蓝绿色和蓝色等。后两种体色是由藻胆素中的藻红蛋白和藻蓝蛋白所决定的。另外还有些属的物种是无色的。

4. 淀粉核

淀粉核 1 至多个，色素体内的淀粉核没有淀粉鞘，位于细胞后半部;另外还有游离的、外被淀粉层的淀粉核。

5. 储藏物质

隐藻的储藏物质为淀粉或类似淀粉的物质。油类以小滴的形式贮存于细胞质中。

6. 鞭毛

运动型藻体和生殖细胞都有两根几乎等长的鞭毛。鞭毛的结构为茸鞭型，其中一根鞭毛轴丝的两侧生有等长的鞭丝，另一根鞭毛仅在轴丝的一侧生有较短的鞭丝。鞭毛着生于细胞前端一侧，或从口沟中伸出，少数物种的鞭毛着生在细胞的侧面（图 5-2）。

7. 伸缩泡

伸缩泡 1～2 个，位于细胞前端。

图 5-2 为隐藻细胞结构的示意图。

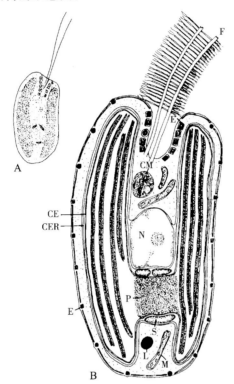

A. 光学显微镜观察下的隐藻；B. 电子显微镜观察下的隐藻细胞结构示意图

CE. 色素体被膜；CER. 色素体内质网；CM.莫帕氏体（Corps de Maupas）；E. 驱体（器）；F. 鞭毛；L. 脂类；M. 线粒体；N. 细胞核；P. 淀粉核；S. 淀粉

图 5-2　隐藻细胞结构示意图（引自 R. E. Lee，1980）

三、繁殖

运动型物种通常是通过细胞纵分裂繁育后代；不定群体和非运动物种是产生游孢子，通过游孢子发育成新的藻体。Gantt（1980）曾报道有关隐藻属的有性生殖，合子萌发前经减数分裂，具有单相型生活史（林鹏等，1989）。

第二节　分类及代表种

由于隐藻藻体结构的特殊,色素体所含色素成分至今尚未了解清楚,隐藻的分类地位至今还未像其他门藻类那样被藻类学者们所公认。

Pascher(1914)首先把隐藻列入甲藻门,唯一的依据是具有相似的同化产物——淀粉。Graham(1951)认为隐藻细胞具有口沟(咽喉)这样的特别构造,以及隐藻的鞭毛、色素体、细胞核等的构造与甲藻的结构是完全不同的。因此,建议把隐藻从甲藻门中分离出来。显然这一建议的理由是比较充分的。

隐藻门包含一个隐藻纲 Cryptophyceae。运动型物种与非运动型物种分成两个目,前者为隐鞭藻目 Cryptomonadales;后者为隐球藻目 Cryptococcales。郑柏林等(1961),C. J. Dawes(1966),B. Fott(1971)认为隐藻纲只包含一个隐藻目,目下分 5 个科。

隐藻科 Cryptonomadaceae

隐藻科包含的是具有两根几乎等长鞭毛的、能运动的物种。丝胞包着口沟,藻体前端斜钝。

隐藻属 *Cryptomonas* Ehrenberg,1838

藻体长卵形,前端斜钝,后端钝圆,藻体后半部略有变细,或略弯。藻体有背腹之分:背面隆起;腹面略凹,有明显的口沟。丝胞分布在口沟周围。细胞内含 1 个半环状色素体,亦有含两个色素体的,分布在细胞两侧。淀粉核 1 至多个,贴着色素体,表面有淀粉颗粒。弯隐藻 *Cryptomonas curvata* Ehr. 是本属的代表种(图 5-1A;图 5-2)。

海生物种有:

拖鞋隐藻 *Cryptomonas calcer formis* Lucas

藻体细胞倒卵形至梭形(纺锤状),背腹扁平。腹面观藻体向后端渐尖,前端多少呈喙状(嘴状突起)。藻体长为 13~15 μm,宽为 6~9 μm,厚度为 4~7 μm。周质体(膜)上有偏斜的条纹。"沟"短而不明显,口沟(咽喉部)向后顺延,为细胞长度的 1/3~1/2。刺胞 3~4 列。两根几乎等长的鞭毛,其长度略短于细胞长度(图 5-3)。细胞内单个色素体,贴近周质膜,暗红色到亮褐色。一个淀粉核位于细胞中央,伴有淀粉鞘。没有眼点。老细胞内充满淀粉颗粒。收缩泡位于细胞前端。细胞核位于淀粉核以下细胞后体部中央。

无性繁殖通过藻体自身二分裂;有性生殖不详。

本种分布于日本冲绳县那霸市近海。英国海域亦有报道。本种为赤潮种。

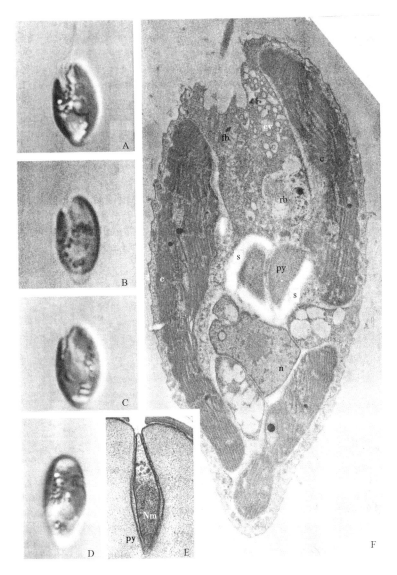

A,B,C,D. 在光学显微镜下观察到的藻体外形;E. 淀粉核附近的放大照片,示埋在淀粉核内的
　　　由双层膜包被的核物质;F. 在电子显微镜下观察到的藻体纵切面图,示细胞内部结构
c. 色素体;py. 淀粉核;s. 淀粉鞘;fb. 鞭毛基部;cv. 收缩泡;rb. 丝胞;n. 细胞核;Nm. 核物质

图 5-3　拖鞋隐藻 *Cryptomonas calcer formis* Lucas

(引自福代康夫等,1990)

深隐藻 *Cryptomonas profunda* Butcher

藻体细胞长卵形,背腹扁平。腹面观藻体向后端渐尖,前端突出。细胞长为 15~20
μm,宽为 8~12 μm,厚度为 6~10 μm。沟短但明显,约为细胞长度的 1/5。口沟延伸到细
胞中部。刺胞 5~7 列。两根几乎等长的鞭毛,略短于细胞长度(图 5-4)。色素体 1 个,橙
黄色至锈红色,通常贴近周质膜。淀粉核单个,具有淀粉鞘,位于细胞中央。没有眼点。
收缩泡位于细胞前端。细胞核具有凸出的核仁,位于淀粉鞘下方。

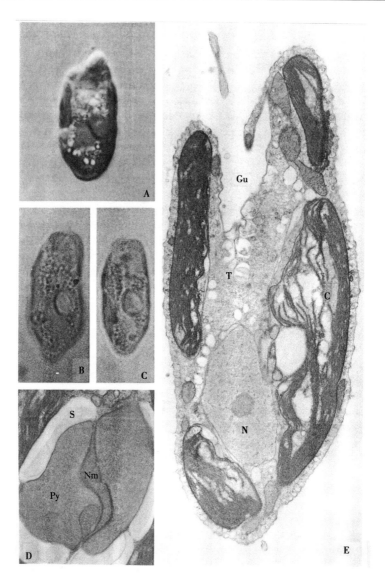

A～C. 为光学显微镜下藻体背腹面的照片；D,E. 为电子显微镜下藻体纵剖面的照片

（D 为淀粉核和淀粉鞘的放大及被埋在淀粉核内的核物质）

c. 色素体；Gu. 口沟（咽喉部）；T. 丝胞；N. 细胞核；Py. 淀粉核；S. 淀粉鞘；Nm. 核物质

图 5-4　深隐藻 Cryptomonas profunda Butcher

（引自福代康夫等，1990）

无性繁殖依靠藻体自身的二分裂；有性生殖不详。

本种在日本濑户内海有记录，英国沿海亦有报道。本种为赤潮种。

隐金藻科 Cryptohrysidaceae

隐金藻科物种的主要特征与隐藻科相近，区别在于本科物种有沟，但没有咽喉构造。丝胞在沟中排列，藻体前端斜切。本科包含 1 属。

隐金藻属 *Cryptochrysis* Pascher,1913

本属有 6 个种。其中隐金藻 *Cryptochrysis commutata* Pascher 为代表种。淡水和海水中都有分布。Butcher(1952)记录了这属的海生物种。

杯胞藻科 Cyathomonadaceae

杯胞藻科体内无色素体,吞食性营养。仅有 1 属 1 种。

杯胞藻属 *Cyathomomas* Fromentel,1874

杯胞藻 *Cyathomonas truncata*（Fres.）Fisch

藻体微小,稍扁,前端呈切口状。有一袋形变深部分。电子显微镜下观察,发现有一个窄的直伸到细胞核的管。

生活在污水及腐烂的藻类之中(图 5-1F)。

尖眼藻科 Katablepharidaceae

尖眼藻科物种,藻体内无色素体,吞食性营养。这些特征与杯胞藻科物种的特征相似,但本科物种具有沟和咽喉等构造。科内有 3 属,代表属为尖眼藻属 *Katablepharis*。

尖眼藻属 *Katablepharis* Skuji,1939

本属内有 4 种,均为淡水性种,代表种为尖眼藻 *Katablepharis phoeni-koston* Skuja。

尖眼藻 *Katablepharis phoenikoston* Skuja

藻体长卵形。顶生两根不等长、有游泳与拖曳不同功能的鞭毛(图 5-1E)。咽喉明显,由藻体前端向后延伸,其长度超过藻体长度的 2/3。

本种生活在有黏土的近岸水中。

森氏藻科 Senniaceae

森氏藻科藻体肾形。有色素体和两根分离的腹鞭毛。本科有 2 属。

森氏藻属 *Sennia* Oascher,1913

藻体肾形。有 2 根分离的腹鞭毛。咽喉短,向下直伸,周质膜坚固。

森氏藻 *Sennia commutata* Pascher(图 5-1D)

本种为淡水性种。

生森氏藻 *Sennia marina* Schiller

本种为海生性种。

B. Fott(1971)认为这一科的分类地位有待进一步深入研究后才能确定。

第六章　黄藻门 Xanthophyta

第一节　一般特征

黄藻门物种的共同特征:色素体内不含叶绿素 b,由于其色素体内含有较多的叶黄素而呈现出黄绿色(但并不呈现出黄的颜色);光合作用的产物为油和金藻昆布糖,不产生淀粉;营养细胞的细胞壁通常由两部分复合而成;运动细胞和生殖细胞具有两根顶生、长度不等、结构不同的鞭毛。也是黄藻门与其他门的主要区别。

黄藻门物种的藻体形态结构类型与绿藻门较相似,有由单细胞体向多细胞丝状体演化的多种类型,有的种藻体结构为多核管状体。

黄藻门物种绝大多数为陆生,在淡水中漂浮或附着在其他生物体表面生活;在土壤内、土壤表面通常与苔、藓类混生在一起;在潮湿的树干和墙壁上气生。海生物种极少,主要分布在潮间带的石沼内和泥土表面,少数营浮游生活。

黄藻门约有 75 属 375 个种。目前,在中国海域仅报道 3 属 3 种。

一、外部形态特征

黄藻大多数物种的个体微小,为单细胞或群体,少数物种为丝状体和个体相对较大的单细胞管状体。

(一)单细胞物种的外部形态

(1)球形:如异球藻目 Heterococcales 的无根拟气球藻 *Botrydiopsis arhiza* Borzi. ,为单细胞球形,营养期无鞭毛,与绿藻门中绿球藻科 Chlorococcaceae 的某些物种在藻体形态和体色等方面都非常相似,最早曾被误录入绿藻门,但以后发现这种藻的细胞不能作营养性分裂,而且有黄藻的色素成分,这才回归黄藻门,被列入异球藻目(图 6-1)。

(2)卵形或不定形,如异鞭藻目 Heterochloeidales 的活泼绿变藻 *Chloromeson agile* Pascher 这是一种生长在微盐水中的单细胞藻,具有两根极不等长的鞭毛,能运动,通常的形态为卵形,但有时呈变形虫状(图 6-2)。

(3)单细胞管状体:管状体为单个呈球状或具有少数分枝的管状细胞,如异管藻目 Heterosiphonales 的气球藻属 *Botrydium* 和无隔藻属 *Vaucheria* 的物种,都是单细胞管状体。都能成片地生长在潮湿的土壤表面。气球藻 *Botrydium* sp. 有一个球形的、含有色素体的藻体部,伸出土壤表面而呈气生,另有无色的假根部分伸入土内。无隔藻 *Vaucheria* sp. 的藻体亦以假根部分伸入土内以固定藻体,气生部分为简单分枝的管状细胞,匍匐

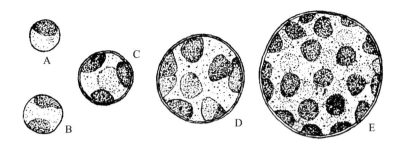

A～E. 随着藻体增大,藻体内色素体亦增多

图 6-1　无根拟气球藻 *Botrydiopsis arhiza* Borzi

（引自 G. M. Smith,1955）

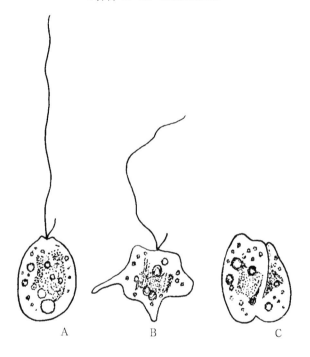

A. 藻体为卵形;B. 呈变形虫状;C. 示细胞开始分裂

图 6-2　活泼绿变藻 *Chloromeson agile* Pascher

（引自 G. M. Smith,1955）

在土表。后者在过去相当一段时期内同样被一些藻类学者列入在绿藻门的管藻目 Siphonales 中（因两者的藻体结构非常相似）,直到 1945 年 Chadefaud 才正式把无隔藻列入到黄藻门。其根据是无隔藻色素体的颜色和光合作用的产物中没有淀粉等特征。此后,Strains(1948)发现无隔藻色素体内的成分是标准的黄藻色素成分,而绿藻门管藻目物种的色素成分中没有黄藻所含的两种叶黄素。Koch 在 1951 年又发现无隔藻的游动精子的两根鞭毛,一根是茸鞭型,而另一根是尾鞭型。这就更明确了无隔藻的分类地位(图 6-3)。

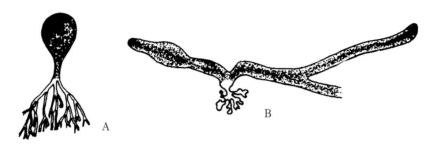

A. 颗粒气球藻囊状藻体;B. 无柄无隔藻属管状藻体(×2500)

图 6-3　单细胞管状体结构

(A 引自 R. E. Lee,1980;B 引自 B. Fott,1971)

(二) 群体

群体物种是由不定数目的细胞,被胶质状包被体包埋而成的形态不规则或树状个体。如异囊藻目 Heterocapsales 的斯氏胶绿藻 *Gloeochloris smithiana* Pascher,是由很多椭球形细胞被胶质包埋成一个直径可达 20 mm 或更大的亚球形到球形群体,在淡水环境内自由漂浮或附着在沉水植物的体表。又如根鞭藻目 Rhizochloridales 的匍匐绿蜘蛛藻 *Chlorarachnion reptans* Geitler,群体中的每个细胞都是裸露(变形虫状)的原生质体,原生质体之间依靠细胞质桥而互相连接,组成有一层细胞厚的群体,最大的群体能包含 150 个原生质体。在海水内漂浮或附着生活(图 6-4)。

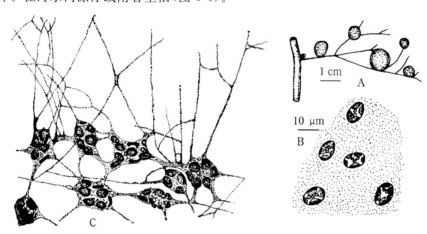

A. 斯氏胶绿藻球形群体　B. 被胶质包的细胞　C. 匍匐绿蜘蛛藻原生质体之间依靠细胞质桥而互相连接

图 6-4　藻体为群体结构类型

(A,B 引自 B. Fott,1971;C 引自 G. M. Smith,1955)

(三) 丝状体

丝状藻体简单,分枝或不分枝,细胞通常为长圆柱形。如异丝藻目 Heterotrichales 的黄丝藻 *Tribonema bombycinum* (Ag.)Derbes and Sol,为不分枝的丝状体,细胞长圆柱形,其长为宽的 2～5 倍,丝体可以很长,断裂后能继续生长。在江、河、湖、泊中自由漂浮,如绿色黄丝藻 *Tribonema viridis* Pascher(图 6-5)。

图 6-5　绿色黄丝藻丝状藻体类型

(引自 B. Fott,1971;×1500)

二、细胞学特征

(一) 细胞壁

黄藻细胞壁的主要成分是果胶质化合物(果胶醣或果胶酸),其中可能略有硅质(SiO_2)沉积,黄丝藻属 *Tribonema* 物种的细胞壁的成分中有微量的纤维素(Tiffany,1924),而气球藻属 *Botrydium* 物种的细胞壁几乎全由纤维素所组成(Miller,1927;Pascher,1937,1939)。黄藻门中相当多物种的细胞是没有纤维素壁的,可暂时或永久性呈变形虫状态;另一些物种具有纤维素细胞壁而有固定的外形。颗粒气球藻的细胞(囊体)壁是由果胶质和纤维素组成,而在老的囊体壁上时常分泌有钙质。

黄藻的细胞壁与硅藻一样,都不是以一个"完整壁"包围细胞原生质体,细胞壁是由两个半片合成。但与硅藻不同的是丝状体黄藻细胞壁的一个半片呈"H"形,是相邻两个细胞壁的一个半片,"H"形壁的中央为相邻两个细胞的隔壁。每一个细胞都是由两个"H"片的一半组成的。另外,黄藻的细胞壁也没有像硅藻那样,沉积有那么多的硅质和由此构成的精美纹饰。通过浓的氢氧化钾或 30%～40%浓铬酸溶液处理,可以看到黄藻细胞壁的结构和细胞壁上随着细胞的伸长出现的沉积层纹(图 6-6)。

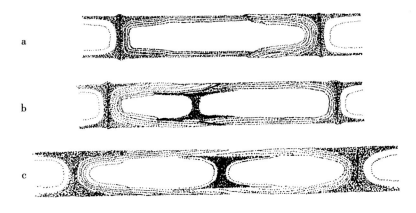

示在用氢氧化钾处理之后的细胞壁构造及细胞壁上出现的沉积层纹

a. 由两个"H"片的一半组成一个细胞的细胞壁;b,c. 细胞分裂过程中新细胞壁的形成

图 6-6　黄丝藻 *Tribonema* 细胞壁

(引自 R. E. Lee,1980)

（二）细胞核

黄藻的细胞核通常很小，以致在生活的细胞中，不能肯定地被识别，但具有与其他植物一样的标准真核构造。

多数属物种的细胞内含 1 个核，而有些属物种的细胞内核的数量为 2 的倍数，还有些属物种含有无定数的多个核。

（三）色素体及色素

黄藻的色素体大都呈盘形，少数为杆状。每个细胞内含有 1 个、两个或多个色素体，少数物种的细胞内含有无数个色素体。色素体贴近细胞壁分布（侧生）或位于细胞中央（轴生）。

黄藻色素体所含色素成分为叶绿素 a、叶绿素 c；β-胡萝卜素及其他胡萝卜素；叶黄素类中的紫黄素（violaxanthin）、新黄素（neoxanthin）等。由于不同物种所含色素成分的量不同，藻体呈现出黄绿色至绿色。

（四）淀粉核

大多数种的色素体是没有淀粉核的，如黄丝藻属 Tribonema sp. 的色素体就没有淀粉核；但一些黄藻物种，如拟气球藻属 Botryodiopsis 的色素体上有淀粉核；气球藻属 Botrydium 的物种，仅在幼年时期的色素体有淀粉核。淀粉核为"裸露"型，没有积聚淀粉的功能。

（五）储藏物质

油是黄藻原生质体中所积聚的主要储藏物质；另一种是非溶解性白色物质，为金藻碳水化合物。但原生质体内的所有白色有折光性的颗粒体并不都是金藻碳水化合物，其中一些颗粒体可能是排泄的产物（Pascher，1925），尤其是在老而生长缓慢的细胞中，可含有无数的这种颗粒体。在黄丝藻属 Tribonema 中，还有水溶性和碱溶性的碳水化合物（糖类），Cleare and Percival（1972，1973）证实这类物质为游离甘露醇（糖）、葡萄糖以及 1,6-葡聚糖和 1,4-木聚糖的混合物。

（六）鞭毛

黄藻能运动的物种和生殖细胞都顶生有两根长、短相差悬殊（4～6 倍）且构造不同的鞭毛。长鞭毛为茸鞭型，其上着生两列鞭丝"鞭茸"（mastigonemes）；短鞭毛为尾鞭型，没有鞭丝构造（图 6-7）。

（七）眼点、伸缩泡

眼点、伸缩泡仅在少数运动型物种或游孢子中出现。

图 6-8 和图 6-9 为不同黄藻物种的细胞结构示意图。图 6-8 为具有鞭毛、能游动的、没有纤维素壁的单细胞藻体结构。图 6-9 为不具鞭毛、不能游动的、具有纤维素壁的藻体细胞结构。

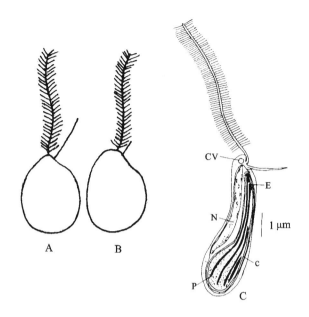

A. 黄丝藻的鞭毛构造示意图　B. 气球藻的鞭毛构造示意图

C. *Pseudobumillreiopsis pyrenoidosa* 的游孢子鞭毛构造示意图

N. 细胞核；P. 淀粉核；c. 色素体；E. 眼点；CV. 伸缩泡

图 6-7　黄藻的鞭毛构造

（A，B 引自 G. M. Smith，1955；C 引自 R. E. Lee，1980）

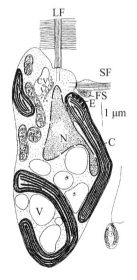

LF. 长鞭毛（具有绒毛）；SF. 短鞭毛；FS. 短鞭毛基部隆起；

CV. 伸缩泡；E. 眼点；C. 色素体；N. 细胞核；V. 液泡

图 6-8　黄藻 *Mischococcus sphaerocephalus* 细胞结构示意图（一）

（引自 R. E. Lee，1980）

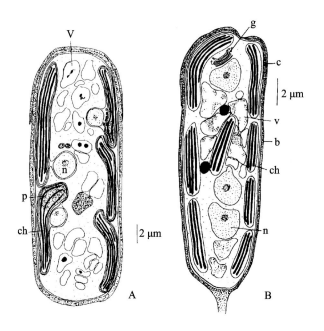

A. *Pseudobumilleriopsis pyrenoidosa*

B. *Ophiocytium majus*，细胞壁延伸成柄，以此连成群体或附着生活

V. 液泡；p. 淀粉核；ch. 色素体；n. 细胞核；g. 高尔基体；b. 呈管状的细胞壁；c. 呈帽状细胞壁

图 6-9　黄藻细胞结构示意图(二)

(引自 R. E. Lee,1980)

三、繁殖

黄藻的繁殖同样有无性生殖和有性生殖两种方式。

（一）无性生殖

1. 营养性繁殖

一些丝状和群体种,即使藻体折断或群体破裂,分离后的部分藻体仍然能继续生长。如黄丝藻 *Tribonema* sp. 的藻丝断裂后能成为新的藻体继续生长。

2. 细胞分裂

在黄藻门中,并不是所有物种都能通过细胞分裂进行繁殖。异球藻目 Heterococcales 和异管藻目 Heterosiphonales 物种的细胞不能进行营养性分裂;但异鞭藻目 Heterochloridales 中的全部物种,都能通过细胞纵分裂来繁殖;细胞分裂同样是根鞭藻目 Rhizochloridales 和异囊藻目 Heterocapsales 的繁殖方法之一。

3. 孢子繁殖

黄藻可以产生多种不同性质的孢子来进行繁殖。

（1）游孢子:在黄藻门中,除异鞭藻目以外的所有物种,都能产生游孢子繁殖后代。游孢子裸露,宽卵形至梨形,顶生两根不等长的鞭毛,内含1至数个色素体,一般有1~2个伸缩泡,通常都没有眼点(拟气球藻属的游孢子可能有1个眼点)。无隔藻属内的水生物种,通常由其孢子囊内的整个原生质体转化成1个游孢子。游孢子大型,多核,具有多数成对的、几乎等长的鞭毛。游孢子停止游动后萌发成新藻体(图6-10A,B)。

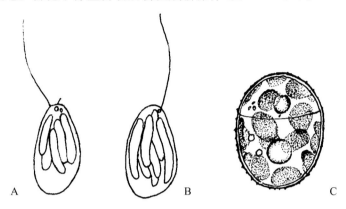

A,B. 绿黄丝藻的游孢子;C. 绿黄丝藻的不动孢子

图 6-10　黄藻的游孢子和不动孢子

(引自 B. Fott,1971)

(2) 不动孢子:黄藻门中的很多物种都能利用不动孢子以进行繁殖。在异丝藻目中,以不动孢子进行繁殖,比游孢子生殖更普遍。不动孢子的产生由整个细胞原生质体转化产生单独1个不动孢子,或由原生质体进行分裂成若干部分,每部分都能形成1个不动孢子。

不动孢子可以直接萌发成新藻体,或转化成游孢子后再发生成新藻体(图6-10C)。

在丝状黄藻中,如果生活条件发生改变时,营养细胞往往会直接变化成具有极厚的细胞壁、含有比营养细胞更为丰富的食物储蓄及呈休眠状态的不动孢子,称为休眠孢子或厚壁孢子。一条丝体上的细胞同时都能发生成这样的孢子,或丝体上相连接的几个细胞同时产生孢子,或在偶然的情况中,丝体内仅有一个细胞产生这样的孢子。

(3) 似亲孢子:异球藻目 Heterococcales 中的某些属在母细胞内产生一个以上具有母体的特征性形状及与母细胞一样的细胞壁构造的孢子。待母细胞壁破裂,孢子被释放出来成为新藻体(图6-11)。

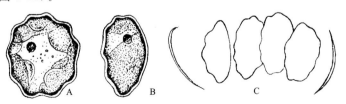

A. 顶面观;B. 侧面观;C. 似亲孢子释放

图 6-11　轮形绿片藻的似亲孢子

(引自 G. M. Smith,1955)

(4) 孢囊(cysts):在异鞭藻目 Heterochloridales 和根鞭藻目 Rhizo-chloridales 少数物

种的原生质体内部发育的孢子,曾被称为内质孢子(endoplasmic spore)。在这种孢子产生过程中,原生质体内部分化,原生质体周围部分与母细胞质膜(壁)分离开,然后分泌出具有两个相等或大小不相等的半片细胞壁套合而成的孢囊。孢囊的发生,由其原生质体发育成2个或4个子原生质体。子原生质体可以成为裸露的变形虫状体,或具有双鞭毛游孢子而发育成新藻体(Pascher,1932)(图6-12)。

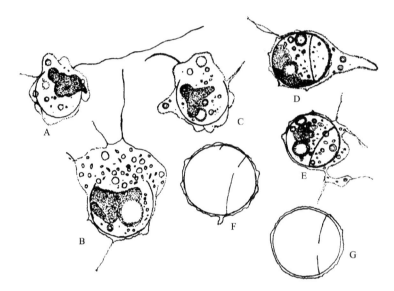

A~E. 内质孢子(孢囊)形成的各个阶段;F,G. 成熟内质孢子(孢囊)的细胞壁

图6-12　活泼绿变藻的孢囊

(引自 G. M. Smith,1955)

(二) 有性生殖

在黄藻中只有极少数属的物种能通过有性繁殖生育后代。有性生殖以配子融合和卵式生殖方式来完成。

1. 同配或异配生殖

在气球藻属中,有性繁殖是通过雌、雄配子间的融合完成的。配子的形成往往是在下雨的时期发生,藻体囊状部分的原生质体发生分裂,形成若干单核的原生质团块,后转变成若干个配子。配子梨形,顶端具有黄藻特征的两根鞭毛,配子内含1~4个色素体,有的有眼点,有的无眼点。配子在囊状体顶部壁发生胶化作用后逸出。配子的配合,首先是在两个配子的前端紧密结合在一起,继而整个侧面接合,最后融合成一个球形合子。合子萌发经减数分裂,产生4~8个具双鞭毛的游孢子。合子壁破裂后游孢子逸出,发育成新藻体。

气球藻属配子的接合,有的是同配,有的是异配;配子的来源,可以是同宗配合,也可以是异宗配合(Moewus,1940;图6-13)。

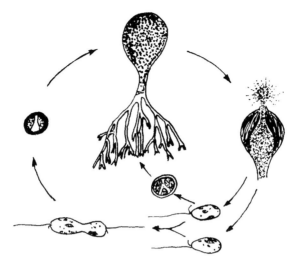

图 6-13　气球藻属有性生殖过程示同配和单性生殖

(仿 R. E. Lee,1980)

2. 卵式生殖

生长在静水环境和潮湿土壤面上的无隔藻,经常以卵式生殖方式繁育后代。精子的产生,首先在藻体短小分枝的末尾部分产生横隔,与藻体其他部分分开,被分隔后末尾部分的原生质体体内含有多数核和少数色素体,这部分通常被称为"藏精器"。不同物种的藏精器有的呈直形,有的呈钩状。精子的产生是由藏精器内原生质体的分裂开始,分裂成一个个含单个细胞核的原生质团,继而转化成具有双鞭毛的精子。藏精器的发育,开始于下午,精子的形成系在第二天的破晓以前(Couch,1932)。精子的鞭毛顶生(Koch,1951)或侧生(Couch。1932)。

卵由藏卵器产生。藏卵器的发育,是在接近具藏精器的小分枝基部的主轴丝体内,开始由无色多核的细胞质团(游走质,wanderplasm)在该处结集,主轴丝体壁向与小分枝相同方向凸起,无色多核的细胞质团进入凸起,形成幼期藏卵器,随着藏卵器的体积增大,许多细胞核和色素体移入藏卵器,最后产生横壁并与主轴丝体分隔,成为一个成熟的藏卵器。藏卵器内仅有一个细胞核的卵。对卵的发生不同学者有不同的见解。一些学者认为藏卵器内产生一个卵,只需要一个细胞核,多余的核最后退化了(Davis,1904;Mundie,1929);另一些学者认为多余的核在藏卵器与主轴丝体之间产生横壁把两者完全分隔之前,大都从藏卵器移入主轴丝体内了(Heidinger,1908;Couch,1932;Gross,1937),事实上横壁是在藏卵器发育到晚期才产生。后一种见解得到更多学者的认同。受精过程是破晓以前精子从藏精器逸出,此时藏卵器顶壁已胶化而产生一顶孔,精子从顶孔进入藏卵器。进入藏卵器的精子可以多个,但只有一个精子能进入卵;进入卵后的精子核并不立刻与卵核结合,较小的精子核有增大体积的过程,直到体积与卵核相当时才两核融合,形成合子。合子具有 3～7 层厚壁,原生质浓厚并充满油,经休眠后萌发成新藻体,萌发前可能发生减数分裂(Gross,1937;图 6-14)。

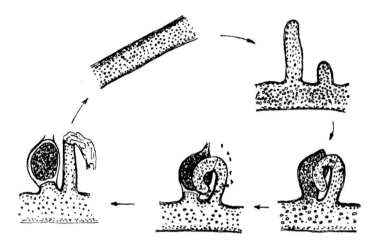

图 6-14　无柄无隔藻有性生殖过程示卵配生殖

(仿 R. E. Lee，1980)

淡水中生活的物种都是同宗配合；海生物种有 2～3 种是异宗配合。

四、生态分布及意义

绝大多数黄藻物种的藻体都是微小、柔软、容易损坏的，标本经固定后难以确认。因此，给研究工作带来困难。迄今为止，只有少数藻类学者在研究黄藻方面有一定的贡献。已报道的物种大都是普遍分布的种。多数种出现在淡水和土壤环境中，仅有少数种生活在海水环境内，个别物种(无根拟气球藻 *Botydiopsis arrhiza* Borzi)可在空气中生活。

迄今为止，对黄藻的生态环境、地理分布等了解的还很少，因为许多种只有一次出现。已知多数黄藻是喜钙的，有一些种能在酸性水中生活，许多种生活在纯净的贫营养水体中，也有的种生活在污水内(蛇胞藻属 *Ophiocytium*)。水温对黄藻分布有一定的影响，春天在冷水中开始有黄丝藻属 *Tribonema* 物种的出现，绿色黄丝藻 *T. viride* Pascher 可以在冰上生活。有一些种则喜爱在温暖的水域内活动。它们在水中漂浮，或生活在其他藻丛中，或附着在沉水植物体上；生活在土壤环境的物种，通常与其他植物混生在一起，亦有的能单种成片的生长覆盖在土表；气生物种分布在潮湿的土表、树干、墙面上。

第二节　分类及代表种

迄今为止，藻类学者对黄藻应处的分类阶元还没有统一认识。G. M. Smith(1955)和 H. C. Bold(1978)把黄藻作为一个黄藻纲 Xanthophyceae，又称为不等鞭毛藻纲 Heterokontae，列入金藻门；B. Fott(1971)把黄藻也作为一个黄藻纲 Xanthophyceae，但与金藻、硅藻、褐藻和甲藻(分类阶元都为纲)共同隶属于杂色藻门 Chromophyta；R. E. Lee(1980)把黄藻单独成立为黄藻纲 Xanthophyce-ae；D. C. Pandey(1979)和郑柏林、王筱庆(1961)等把黄藻应处的分类阶元列为黄藻门 Xanthophyta。黄藻在藻类系统进化过程中，与其他藻的进化一样，都各自保持稳定的特征(各门藻是平行进化)，把黄藻的分类阶元列为"门"是比较合理的。

黄藻门以下分一"纲",即黄藻纲 Xanthophyceae。"纲"内的分类:Fritsch 于 1935 年把黄藻纲分为 4 个目,即异鞭藻目 Heterochloridales、异球藻目 Het-erococcales、异丝藻目 Hetero-trichales 和异管藻目 Heterosiphonales。

Smith 在 1955 年分为 6 个目。分目的主要依据是藻体的形态结构与繁殖类型。分目如下:

(1) 异鞭藻目 Heterochloridales,包含黄藻中其营养体为单细胞、具有鞭毛、没有细胞壁的物种,可以成为暂时性的变形虫状。细胞内单核,含有 1~2 个或多个盘形至杆状色素体,1 至多个伸缩泡。生殖作用是借助于细胞分裂,个别属能产生内生孢子。

(2) 根变藻目 Rhizochloridales,藻体是具有伪足的(永久性)变形虫状原生质体。单独存在或是借细胞质桥互相连接在一起。单独存在的原生质体可以是裸露的,或是一部分被一个包被体(甲鞘 lorica)所围裹。包被体有的无柄,有的有一柄,并以此附着在基质上。原生质体内单核或多核,含 1 个到几个色素体。生殖作用是通过原生质体营养性分裂,或产生游孢子、不动孢子、内生孢子。

(3) 异囊藻目 Heterocapsales,藻体都是呈不定群体。由一种胶质状包被把不定数目的、不运动的营养细胞包裹,成为无定形或树状群体。不运动的营养细胞有直接回复到运动的能力。生殖作用除了利用营养性细胞分裂外,还能产生游孢子(游孢子有直接产生新游孢子的能力)和具有厚壁的厚壁孢子。

(4) 异丝藻目 Heterotrichales,包含黄藻门中所有呈简单丝状体或有分枝的丝状体物种。丝状体是由细胞前后相连接而成。无性生殖,产生游孢子、不动孢子和厚壁孢子;有性生殖,已知有一属。有的物种是由动配子愈合的方式完成有性生殖。

(5) 异球藻目 Heterococcales,所包含的物种是具有细胞壁(由两个半片套合而成)的单细胞体,或不定多数细胞被胶质衬质所包裹在一起,这些营养细胞都不能运动,而且不能直接回复、转成运动型。细胞内含 1 个核或多个核。藻体生殖产生游孢子或不动孢子(似亲孢子)。

(6) 异管藻目 Heterosiphonales,包括全部多核且呈管状的单细胞黄藻。藻体通常分两部分:一部分是没有色素体分布的无色的假根(以固定藻体);另一部分是具有无数色素体、细胞核的囊状或具有简单分枝的管状藻体。整个单细胞藻体不发生营养性分裂,无性生殖产生具有双鞭毛或具有无数(成对)鞭毛的游孢子、不动孢子和厚壁孢子;有性生殖有同配、异配和卵式等繁殖方式。

B. Fott(1971),H. C. Bold(1978)等同样根据所有黄藻物种的结构与繁殖的不同类型,分为 6 目,内容基本相似;郑柏林、王筱庆(1951)则分为 5 个目:异鞭藻目 Heterochloridales、异囊藻目 Heterocapsales、异球藻目 Heterococcales、异丝藻目 Heterotrichales 和异管藻目 Heterosiphonales,没有建立根变藻目 Rhizochloridales。

藻类学者们都是根据黄藻的形态结构、生殖方法等特征,进行"目"的分类。Simth(1955)提出的系统是容易被接受的。

黄藻海生物种较少,在中国海域仅记录了少数几种。迄今为止,中国还没有一位藻类学者对海洋黄藻进行系统专门的研究。以下介绍的内容限于中国海域已报道的内容。

异球藻目 Heterococcales

海球藻属 *Halosphaera* Schmitz，1876

绿色海球藻 *Halosphaera viridis* Schmitz

细胞球形,细胞壁略硅质化,由相等的两瓣组成,以边缘相接。当细胞增大时,原生质体分泌新壁,破裂的旧壁仍可附于细胞上。细胞含单核,位于细胞中央或边缘一侧。色素体多个,盘形或多角状,侧生,幼细胞的色素体常由内质网连成网状(图 6-15)。

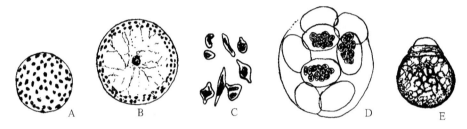

A. 藻体外形　B. 细胞内部构造　C. 变形孢子　D. 不动孢子　E. 幼体发育

图 6-15　绿色海球藻 *Halosphaera viridis* Schmitz

(引自郑柏林等,1962)

生殖时产生一种变形孢子,孢子卵形或球形,有 1 对侧生的色素体,具 1 个眼点。孢子的形状可变,其发育过程尚不清楚。此外,还可产生具有由两个瓣组成细胞壁的不动孢子和休眠孢子。

绿色海球藻为暖水性浮游种,有时能大量出现。中国的渤海、黄海、东海、南海海域都有分布。

B. Fott(1971)根据 Parke 和 Adams(1961)的报道,提出海球藻属 *Halosphaera* 不能属于黄藻,认为它是海产鞭毛类中 *Pyramimona* 属的一个不运动时期的状态。

异鞭藻目 Heterochloridales

异弯藻属 *Heterosigma* Hada，Hara *et* Chihara

赤潮异弯藻 *Heterosigma akashiwo*（Hada）Hada

藻体单细胞,黄褐色至褐色。无细胞壁,外覆盖一层薄胶质,背腹略扁。细胞形态变化较大,有球形、卵形、长椭球形等,长径为 $8\sim25$ μm,短径为 $8\sim15$ μm,厚度变化很大(图 6-16)。细胞前端常钝圆,后端变细,腹部有一斜短沟。在细胞近顶端体长的 $1/4\sim1/3$(多数为 $1/2$)处生出 2 条稍不等长鞭毛,一条较长,向前游泳,另一条沿腹部斜沟向体后拖曳。细胞运动方式为旋转向前。细胞单核,略呈圆球形,位于细胞中部。色素体黄褐色,盘状,$10\sim15$ 个,各含一淀

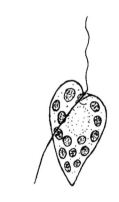

图 6-16　赤潮异弯藻 *Heterosigma akashiwo*（Hada）Hada 示意图

(引自 Tomas，1977)

粉核,分布于细胞周围。无眼点、伸缩泡及黏液泡,细胞表层下有许多脂质小体。

无性繁殖为细胞二分裂;有性生殖及孢囊形成未知。赤潮异弯藻为海生种,通常生活在温带至亚热带内湾、河口及沿岸海区。春季至秋季常引起赤潮。中国大连湾分别于1985 年、1986 年、1987 年的夏季发生过此种赤潮,细胞数量最高达 $1 \times 10^8/L$。

异管藻目 Heterosiphonales

假双管藻属 *Pseudodictomosiphon* Yam.

假双管藻小变种 *Pseudodictomosi phonconstricta*（Yam.）Yam. var. *minor* Tseng

藻体生活在潮间带的泥质基底上,成束生长,高约 1.2 cm,呈暗淡绿色。直立丝体有 1～2 次的二叉分枝,分叉基部有不规则的收缩。枝的直径为 60～130 μm(图 6-17)。

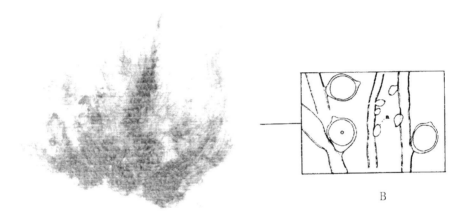

A. 成束成长的藻体;B. 卵囊和精子囊(o:示卵囊;a:示精子囊)

图 6-17 假双管藻小变种 *Pseudodictomosi phonconstricta*（Yam.）Yam. var. *minor* Tseng

(引自 Teng. C. K. ,1983)

有性生殖:卵囊由丝体一侧生出,单独生长,无柄,圆球形,顶端有一小孔。每个卵囊内含 1 个卵。精子囊也是由丝体侧面生出,单个生长,无柄,梨形,剖面观平均长为 100 μm,宽为 50 μm。

标本采自南海广东和海南的潮间带高潮区泥滩。

第七章　金藻门 Chrysophyta

第一节　一般形态

金藻门物种的外部形态与绿藻门较为相似,有单细胞体(为主体)、群体和丝状体等类型。共同的特征是藻体大多呈金棕色,这是因为金藻的色素体内含有 β-胡萝卜素和某些叶黄素并占优势的缘故。主要的光合作用储藏物质为金藻淀粉和油。但在细胞结构,尤其是细胞壁的构成成分上有很大的差别,有的裸露,有的有含纤维素的壁,还有的具有硅质鳞片。能运动的物种具有 1 根、2 根或 3 根(3 根鞭毛中有 1 根为特殊的变异鞭毛)鞭毛,并具有不同的功能。这也是造成目前对金藻分类出现新见解的原因。

金藻通过无性生殖来繁衍后代,有性生殖仅见个别报道(Geitler,1935;Skuja,1950;Fott,1966)。

金藻主要分布在淡水环境中,特别喜好在软水、冷水环境中生活。海水中生活的种相对较少,主要是钙质鞭毛类 Coccolithineae 和硅质鞭毛类 Silicoflagellineae。浮游或底栖生活,海生种在潮间带亦有分布。

金藻大多数物种对于环境的改变是非常敏感的,当把它们带到实验室中,在数小时之内藻体会完全分解。加上藻体极其微小,这给人工培养、在显微镜下观察研究带来很大困难。

金藻估计有 200 属约 1 000 种(B. Fott,1971)。中国的藻类学家对海洋金藻研究甚少,已有的报道仅有几种硅鞭藻 *Dictyocha* sp. 和其他个别物种。

一、外部形态特征

金藻门中大多数种是个体微小、具有鞭毛、能游动的单细胞藻体;有的呈变形虫状,有的为能运动的或不能游动的群体;少数种是多细胞具有分枝的丝状体。图 7-1 为不同类型的藻体形态。

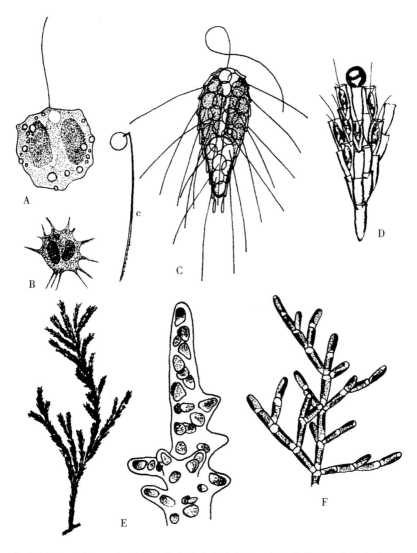

A. 球状金藻游动单细胞体；B. 辐射金变藻变形虫状藻体；C. 高鱼鳞藻细胞壁具有硅质鳞片(c)的藻
体；D. 花环钟罩藻具有甲鞘的藻体；E. 水树藻胶群体外形及部分分枝放大；F. 褐枝藻丝状分枝体型
图 7-1　几种金藻的藻体形态
（A，B，F 引自 G. M. Smith，1955；C，E，F 引自 B. Fott，1971；D. 引自 H. C. Bold，1978）

二、细胞学特征

（一）细胞壁

金藻的细胞壁无论是其所含成分，还是结构，都有不同程度的差别。这也是金藻分类
的依据之一。能运动的种大都没有纤维素细胞壁，只有能固定形态的周质膜；有细胞壁的
种，细胞壁主要由果胶质、纤维素组成；相当数量的种还具有由二氧化硅（SiO_2）、碳酸钙
（$CaCO_3$）组成的鳞片；许多种的原生质体外具有一个开敞而坚固的有特定形态的甲鞘（lo-

rica,图 7-2）。

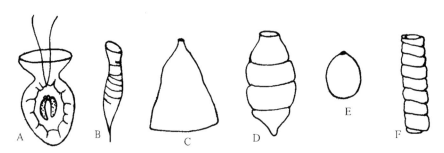

A. 花瓶藻；B. 钟罩藻；C. 金瓶藻；D. 假金杯藻；E. 金颗藻；F. 金杯藻

图 7-2　几种甲鞘的形态
（引自 H. C. Bold,1978）

（二）色素体及色素

金藻除少数腐生种没有色素体外,细胞内通常含有 1～2 个片状、侧生的色素体。藻体呈金黄色、绿黄或褐色,这是由于色素体内含有叶绿素、类胡萝卜素、岩藻黄素等色素（见第一章,色素体一节）的含量不同所引起的。

（三）淀粉核

金藻的色素体内通常有简单、裸露、没有同化产物包被（淀粉鞘）的"淀粉核"。

（四）储藏物质

金藻的光合作用产物是一种无色的多糖类物质,这种物质是由液泡内含物浓缩而成的,一般分布在细胞的后部,是一种具有 β-1,3 葡萄糖多聚糖（polyglucans）,这种物质有不同的名称,如麦白蛋白（1eucosin）、金藻糖（chrysose）、金藻淀粉（chrysamylum）等,但考虑到这种物质的化学性质与褐藻的昆布糖有相近之处,更多的称之为金藻昆布糖（chryso-laminaran）。此外,还有油滴状的脂肪,特别是在休眠孢子和孢囊中含量较多。

（五）细胞核

金藻细胞内只有 1 个核。

（六）鞭毛

能运动的或固着生活的金藻都具有 1 根或 2 根不等长的鞭毛。单鞭毛和双鞭毛中的长者都为茸鞭型,鞭毛轴一侧具有排列规则的茸毛（鞭丝）；短的一根鞭毛为尾鞭型。鞭毛轴的结构由 11(9＋2) 条轴丝组成。通常把单鞭毛的金藻列为简单而古老的类群,但在对金光藻属 *Chromulina* 和金网藻属 *Chry-sopxis* 的电镜观察后,发现在细胞的一侧还有另 1 根短而不易见到的鞭毛。因此,有些学者认为单鞭毛金藻是由于双鞭中的 1 根退化而形成的。

褐胞藻属 *Phaeocystis* 和土栖藻属 *Prymnesium* 等除有两根几乎等长的鞭毛外,在双

鞭毛的中间还有 1 根特殊的、类似鞭毛的固着丝体,称为定鞭毛或附着鞭毛(haptonema)
(图 7-3)。

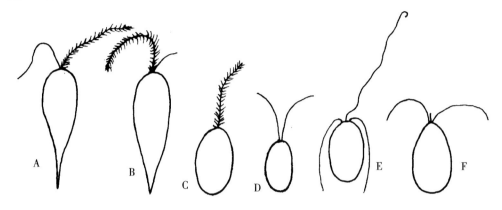

A. 合尾藻属;B. 赭球藻属;C. 金光藻属;D. 等鞭金藻属;E. 金色藻属;F. 土栖藻属

图 7-3　金藻鞭毛的类型

(引自 H. C. Bold,1978)

三、繁殖

金藻主要依靠细胞分裂进行无性繁殖,群体物种依靠折断分离来繁衍后代,有性生殖
极少见。无性生殖有以下几种形式。

(一) 营养性繁殖

群体物种可以利用群体本身的分离产生新的群体。如合尾藻 *Synurauvella* Ehr. 是
营浮游生活的物种,群体内的细胞分裂增加了群体的细胞数量,群体内的细胞自己以两个
中心作辐射状集合,然后这两个部分互相分离,成为两个独立的群体。有的从群体中脱落
下一个细胞,由这个细胞不断分裂,聚集而成新的群体。一些球形的和丝状的非运动型群
体,也可以借营养性的碎裂而生殖。但是,像水树藻 *Hydrurus foetidus* (Vill)Kirchn 这样
的群体,在受到偶然事故而折断的部分,是否可以生长成一个独立生活的新群体,仍是不
明确的。

(二) 细胞分裂

细胞分裂是金藻繁殖后代的主要方式。通常是纵分裂,分裂后的两个子细胞立即分
离。群体也通过细胞分裂来增加细胞数量而使群体增大,细胞分裂也是纵分裂。但丝状
群体物种,其分枝顶端细胞的分裂是横分裂。

(三) 游孢子

绝大多数金藻,包括全部非运动型的物种,都能通过产生游孢子来繁殖后代。游孢子
裸而无壁,一些种具有 1 根鞭毛,另一些种具有两根等长或不等长的鞭毛;含 1~2 个色素
体。有些物种的细胞只产生 1 个游孢子,而有些物种可通过细胞原生质体的分裂,产生几

个游孢子。

（四）内壁孢子

内壁孢子是金藻特有的一种生殖方式（内壁孢子的形成见第二章第四节及图 2-），内壁孢子萌发的时候，孢壁顶部的孔盖发生分解，或是盖与壁分离。多数属的原生质体从壁孔中逸出，作变形虫状运动，有些种在运动过程中产生鞭毛，另一些种则在运动后才产生鞭毛。在某些属中，原生质体在孢壁内经分裂，产生 2～4 个或多个游孢子，然后再从孢壁孔中逸出，发育成新藻体（图 7-4）。

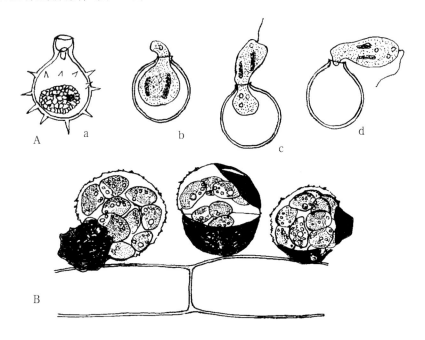

A. a. 凹糟赭胞藻成熟的内壁孢子；b，c，d. 示内壁孢子萌发

B. 球瓶藻的内壁孢子，示在孢壁内已形成多数个孢子

图 7-4　内壁孢子的发生

（A 引自 G. M. Smith，1955；B 引自 B. Fott，1971）

四、生态分布及意义

金藻在淡水和海水环境内都有分布，但迄今已知生活在淡水环境中的金藻物种要多于海生种。生活在淡水环境中的金藻物种，大多数是在矿物质含量较低的饮水中，而且是在较寒冷的水体内发现的，一些能运动的物种能在湖泊中大量出现，球型和丝状的物种大多数在寒冷的泉水、小溪及山涧中的石块和木椿上形成胶质状或皮壳状的生长物，这些物种大多对环境变化较敏感。生活在海水中的物种广播于大洋和近岸海域，营浮游或底栖附着生活。球（颗）石藻类 *Coccolithineen* 广泛分布于沿岸海域和大洋中，通常接近水面，但大多数种分布在暖海，适于在光亮度较弱的海水环境中成长，有些种在水深 100 m 处的清澈的热带大洋内，可达到最大的丰度。由于在浮游生物中大量出现，如赫氏球石藻 *Coc-*

colithus huxleyi(Lohm.)Kamptner 的个体数量可达 115×10^5/L（海水），成为海洋中有机物质的重要生产者。由于金藻的个体绝大多数属于微型（nanophytoplankton）和超微型（picophytoplankton）类群，在启动海洋生态系统能流过程（微型生物食物环）中，具有重要的作用。另一方面，一些能运动的海洋金藻，如硅鞭藻目 Dictyochales 和定鞭藻目 Prymnesiales 的一些物种，能在世界各海区引发赤潮，历史上有一次由球（颗）石藻造成赤潮的面积可达 1 000 km×500km，相当于英国本土的面积（Lalli and Parsons，1993），给海水养殖业造成极大危害。由于球石藻的细胞壁具有物种特征的钙质或硅质鳞片（球石粒，coccolith），这些藻死亡后，鳞片沉积在大洋深处成为海洋底质的重要成分，特别是在大西洋中，这些鳞片形成了大量的沉积物。最早的球石藻类（鳞片）化石是在侏罗纪的地质沉积中发现的。

第二节　分类及代表种

藻类学家对金藻门的分类争议最多。G. M. Smith(1955)采纳了由 Pascher(1921)最早提出的建议，金藻门包含了金藻 Chrysophyceae、黄藻 Xanthophyce-ae 和硅藻 Bacillariophyceae 三个纲；B. Fott(1971)把金藻列入杂色藻门中的一个纲，与黄藻纲、硅藻纲、褐藻纲 Phaeophyceae 并立；R. E. Lee(1980)把金藻单独成立为金藻纲；H. C. Bold(1978)建立了金藻门，包含了金藻纲、定鞭金藻纲 Prymnesiophyceae、黄藻纲、真眼点藻纲 Eustigmatophyceae、绿胞藻纲 Chlo-romonadophyceae 和硅藻纲。

就金藻本身的分类，最早 Pascher(1914)根据金藻藻体结构由单细胞型向丝状体型的进化顺序，把金藻纲分成与绿藻相对应的目。G. M. Smith(1955)所著《隐花植物（上册）》(Cryptogamic Botany Volume I)中应用了这一分类系统，把金藻纲分为以下 5 个目：

（1）金（鞭）藻目 Chrysomonadales，包括的物种在营养期是运动的，有 1～3 根鞭毛，细胞裸露无壁或具有甲鞘的单细胞体和群体。细胞内有 1～2 个色素体，繁殖依靠细胞分裂，有的能产生内生孢子。

（2）金变形（根金）藻目 Rhizochrgsidales，包括的物种在营养期呈变形虫状。单细胞的各属，可以裸露无壁或是被 1 个甲鞘所包裹；群体性的各属，可以裸出或者其各个细胞各被 1 个甲鞘所包裹。生殖作用可以只有细胞分裂，或是兼有细胞分裂和动孢子的形成，有些属能形成内生孢子。

（3）金囊藻目 Chrysocapsales，包括的物种的藻体是由不运动的营养细胞互相连接成不定群体，群体外被公共的胶质所包裹，细胞在胶质内生活。群体内的细胞都能进行分裂或是限制在群体的一端分裂，有的属可产生内生孢子。包含的物种都是淡水性种。

（4）金球藻目 Chrysophaerales，包括的物种是不能游动的单细胞体或非丝状群体，附着或漂浮生活。细胞分裂是由原生质体垂直分裂，可产生单鞭毛的游孢子或内生孢子。

（5）金丝（毛）藻目 Chrysotrichales，包括的物种是分枝状丝状体，其分枝可以互相分离，或紧贴而成假薄壁组织团块。本目的物种绝大多数为淡水性种，仅有个别属的物种能在微盐水中生活。

郑柏林和王筱庆教授编著的《海藻学》(1961)中也采用了这一系统。

Hibberd(1972)首先提出从原有金藻中细胞具有特别结构的一类分离建立"定鞭藻门"(Haptophyta)的建议;Park and Green(1976)在定鞭藻门内设 1 个定鞭藻纲 Haptophyceae,纲下分为 4 个目:等鞭金藻目 Isochrysidales、普林藻目 Prymnesiales、球石藻目 Coccosphaerales 和巴夫藻目 Pavlovales。此后,Chretiennot-Dinetetal(1993),Jordan&Gree(1994),Gavalier-Smith(1996),Edvarsen *et* al(2000)等都同意建立定鞭藻门,但在纲、目一级的分类仍有不同的见解。

综上所述,有关金藻的分类,迄今为止藻类学家还没有形成统一的认识。有待于今后进一步研究,才能逐步形成共识的分类系统。

G. M. Smith(1955),郑柏林等(1961)和 B. Fott(1971)都采用了把金藻分为 5 个目的系统。其中 B. Fott 在目以下的分类较详细。本书也采用这一系统。

金胞藻目 Chrysomonadales

本目包含的物种最多,藻体为单细胞或群体,细胞壁裸露,有些物种藻体具有甲鞘,或细胞壁具有鳞片(球石粒),或有一个原生质突出物(领子),有的在原生质内有硅骨架,具有 1～3 根鞭毛,有 1～2 个较大型的色素体,有一些物种是营动物性生活方式的。金胞藻目下分 4 个亚目。

金胞藻亚目 Chrysomonadineae

金胞藻亚目藻体单细胞或群体。有些属原生质体裸露而且能变形,有获取固体营养物的能力;另一些属由原生质体的最外层直接形成周质膜,其中有的周质膜上具有条纹或网状结构,起加固膜的作用。具有 1～2 根鞭毛,细胞内有 1～2 个较大型的黄绿或褐色的色素体。常有 1 个眼点,淡水物种还有伸缩泡。贮存物质为金藻昆布糖和油滴,繁殖方式有细胞直接分裂、产生游孢子和内生孢子。Geitler(1935)曾多次发现,孢囊内有 2 个核,认为是有性过程的开始;Skuja(1950)和 Fott(1966)分别观察到,孢囊的产生是由 2 个具有配子作用的营养体接合而形成的(图 7-5)。认为接合现象在金藻中是较多的,但不如其他藻类引起人们的注意。

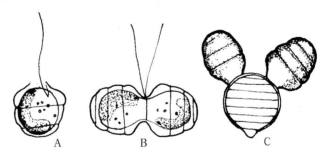

A. 营养期细胞;B. 细胞接合;C. 形成的孢囊

图 7-5　锥形拟金杯藻的接合过程和孢子的形成

(引自 B. Fott,1971)

亚目内包含的物种大多是淡水性种,目前发现的海生种较少,可能是对其研究较少的缘故。本亚目下分6个科。

赭球藻科 Ochromonadaceae

赭球藻科藻体有明显的背腹面,有1根或2根不等长的鞭毛,长者为茸鞭型鞭毛,短者为简单的尾鞭型鞭毛。很多物种无色素体。藻体单细胞或群体。营浮游或附着在其他生物上固着生活。大多数是淡水性种,海水性种很少。

奥里藻属 *Olisthodiscus* Carter(1937)

黄奥里藻 *Olisthodiscus luteus* Carter

黄奥里藻是生活在咸水中的物种,藻体变形虫状,前半部不对称,在藻体侧顶部具有两根鞭毛,鞭毛基部有一个与细胞核紧密连接、转动的精细鞭毛根系统。体内含有多个黄色色素体(图7-6)。

等鞭藻科 Isochrysidaceae

等鞭藻科藻体单细胞或群体,外形易改变,细胞顶端有两根等长、功能相同的鞭毛。它们中间有1根短而不卷曲的定鞭毛。细胞内有两个侧生的黄褐色色素体。藻体黄褐色。

淡水和海水内都有分布。目前发现的物种多为海生种。

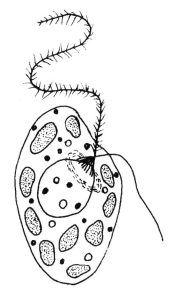

图 7-6　黄奥里藻 *Olisthodiscus luteus*
Carter 的藻体外形
(引自 H. C. Bold,1978)

等鞭金藻属 *Isochrysis* Parke,1949

藻体单细胞,椭球形,前端平截,后端圆,背腹扁平,横切面呈卵圆形。胞壁裸露,外形易改变,细胞顶端有两根等长的鞭毛。它们中间有1根短而不卷曲的定鞭毛。细胞内有两个侧生的黄褐色色素体,眼点小或无,无液泡,细胞核小,单个位于细胞中央。贮藏物为麦清蛋白和油脂。无有性生殖,只有通过产生游孢子、细胞分裂和内生孢子等无性生殖方式繁育后代。

本属物种淡水和海水内都有分布。

黄绿等鞭金藻 *Isochrysis galbana* Parke emend. Green *et* Pienaar,1977

本种是在英国的海边采集到,并纯培养得到的海产物种。在中国山东沿海分布较广,青岛和荣成沿岸及海阳的虾池中都有发现。

藻体单细胞,长为5~6 μm,宽为2~4 μm,厚为2.5~3 μm,椭球形、前端平截、后端圆、背腹扁平、整体形态可变。具有两根在形态学和功能上相同且等长的鞭毛。两根鞭毛之间有1根短的、不能卷曲的定鞭毛。周质膜上有鳞片,鳞片表面约有40个放射脊,分为两层。定鞭毛外也被有小圆形鳞片,表面有12条放射脊。细胞内通常有1个色素体,侧生,黄棕色,包埋1个纺锤形的淀粉(蛋白)核,通常有1对类囊体穿过。没有眼点,但有1个类胡萝卜素体(假眼点)(图7-7)。运动和不运动的藻体都通过纵分裂进行无性繁殖。

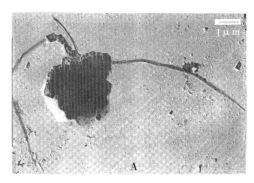

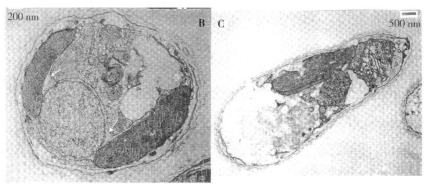

A. 游动细胞外形,2 根鞭毛和在其中间的定鞭毛;B,C. 球形和长椭球形细胞的切面,1～2 个色素体

图 7-7　黄绿等鞭金藻 *Isochrysis galbana* Parke emend. Green *et* Pienaar 藻体外形

(引自胡晓燕,2003)

有关本属的分类地位有很大的变动,定鞭藻属原属于金藻门等鞭藻科。但最近,国际上有些藻类学者建立的定鞭藻门 Haptophyta 的分类系统,把等鞭藻属列入定鞭藻门普林藻纲 Prymnesiophyceae 之内。

土栖藻科 Prymnesiaceae

土栖藻科藻体单细胞,具有两根等长且功能相同的鞭毛,1 根定鞭毛或称附着鞭毛。本科包含的海生物种较多。

土栖藻属(定鞭藻属,普林藻属)*Prymnesium* Massart,1920

藻体单细胞,具有两根等长、功能相同的鞭毛,都有行使游泳的作用。此外,在两根鞭毛之间还有 1 根特殊的、类似鞭毛的丝体,称为定鞭毛或附着鞭毛。本属包含的海生物种较多。

有关本属的分类地位也有很大的变动。国外学者把这一属列入定鞭藻门 Haptophyta 普林藻纲 Prymnesiophyceae,改名为普林藻属 *Prymnesium* Massart *et* Conrad,1926。

土栖藻（小定鞭藻）*Prymnesium parvum* **Caretr**（小普林藻 *Prymnesium parvum* **N. Caretr. Greerl, Hibberd.** *et* **Pienaar**）

细胞长卵形、米粒状，背腹略扁。前端倾斜平截，不对称，后端圆或尖。细胞长径为 8～10 μm，短径为 4～4.5 μm。细胞外覆盖两层椭圆形鳞片（长径为 1.0 μm，短径为 7.5 μm，两层鳞片形状不同，仅在电镜下可见。细胞具两根鞭毛，近等长，从顶端的小凹处伸出。定鞭短而不卷曲，长约 5 μm。细胞内有两个色素体，侧生，各具一淀粉（蛋白）核。无眼点（图 7-8）。繁殖方式为细胞二分裂，有形成硅质孢囊的报道；有性生殖未知。分布于近海内湾。世界性赤潮种，可产生溶血性毒素。

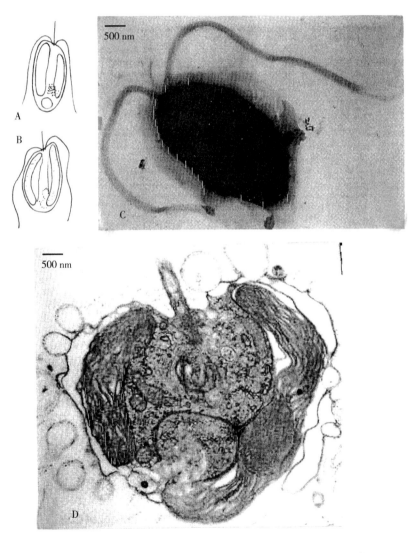

A. B. 普林藻示意图（Tomas, 1997）；C. 细胞外观示 2 根鞭毛和定鞭毛；

D. 细胞内部色素体等细胞器的构造

图 7-8　小普林藻 *Prymnesium parvum* N. Caretr. Greerl, Hibberd. *et* **Pienaar**

（电镜照片引自胡晓燕，2003）

本种为中国海域新记录种,此外还有以下两种新记录种: *Prymnesium nemamethecum* Pienaar *et* Birkhead, *P. patellifera* Green, Hibberd. *et* Pienaar(胡晓燕,2003)。

目前,被列入普林藻纲的还有:棕囊藻属 *Phaeocystis* Lagerheim 1893,包含 1 个中国海域的新记录种;桥石藻属 *Gephyrocapsa* Kamptner 1943,1 个新记录种;*Corymbellus* Green 1976,1 个新记录种;金色藻属 *Chrysochro-mulina* Lackey 1939,记录了 1 新种,13 个新记录种和 1 个记录种。

钟罩藻科 Dinobryonaceae

钟罩藻科包含自由或固着生活的类群。藻体有背腹之分,具有两根不等长的鞭毛。原生质体外有 1 个由原生质体分泌物构成的囊鞘。囊鞘无色或褐色,有的有铁质沉积,其形状是物种分类的依据之一。繁殖依靠原生质体纵分裂,分裂在囊内或囊外都能进行。在囊内分裂后,二者之一离开囊鞘后形成新藻体;有的属由配子接合而形成孢囊。

本科的物种主要在淡水环境中生活。

钟罩藻属 *Dinobryon* Ehrenberg,1835(图 7-1D)

近岸沿海生长的有大西洋钟罩藻 *Dinobryon balticum*(Schutt)Lemm. 和透明钟罩藻 *Dinobryon pellucidum* Levander(图 7-9)。

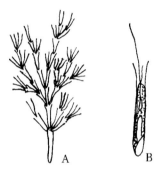

A. 群体外形;B. 带囊鞘的单个细胞

图 7-9　透明钟罩藻

***Dinobryon pellucidum* Levander**

(仿郑柏林、王筱庆,1961)

合尾藻科 Synuraceae

合尾藻科藻体为单细胞或群体,原生质体周质膜上有由原生质体分泌的有机物质,有果胶质和硅质组成的鳞片所覆盖。鳞片的中央通常有不同长度的针状或棒状物,鳞片的排列呈覆瓦状、螺旋状,或自由地不规则排列。繁殖时藻体纵分裂,周质膜及鳞片亦随之分裂。

本科的物种主要在淡水环境中生活,如鱼鳞藻属 *Mallomana* Perty(图 7-1C)。

柄钟藻科 Pedinellaceae

柄钟藻科藻体固着生活,原生质体顶部具有一圈伪足。伪足的数目、长短是分类的依据之一。有的属在伪足中间有 1 根鞭毛,不同种的鞭毛的长短亦不同。所有这些物种都是混合营养。具有色素体,可进行光合作用产生有机物;同时也能利用伪足获取食物。繁殖的方式为细胞纵分裂。

本科的属种很少,分布范围也很局限,仅在某个地区发现。如鱼蓝藻属 *Cyrtophora* Pascher,1911,至今仅在捷克发现过,固着在微孢藻的丝体上;束发藻属 *Palatinella* Lauterborn,1906,至今也仅在前苏联和 Pffilzerwald 发现,着生在毛鞘藻藻体上。

球石藻亚目 Coccolithineae

球石藻亚目藻体单细胞,单独生活。原生质体有一胶质被膜包着,被膜上具有特殊的石灰质结构,通常称其为球石粒(coccolith)。在电子显微镜下观察,可看到被膜是 2 层或多层结构,其间分布有球石粒,但经常有由有机物质堆积成的有结构的鳞片。球石粒是由原生质分泌碳酸钙结晶而成的,大小为 1～30 μm。球石粒的结构和形状是具有物种特征的,不同属种具有各自形态结构的球石粒,是重要的分类依据。图 7-10 为部分属种的不同形态的球石粒。藻体具有两根几乎等长、功能相同的鞭毛。定鞭毛在不同的属长短不同,有的似乎退化了。细胞内有两个黄褐色的色素体,少数属的物种没有色素体。淀粉(蛋白)核仅在少数物种内发现,成圆球形,由色素体一侧伸到细胞质内,无同化产物包被。贮存物质是金藻昆布糖和脂肪油滴。繁殖通过原生质体分裂,产生游孢子或内壁孢子。

　　本目物种大多为海生种。

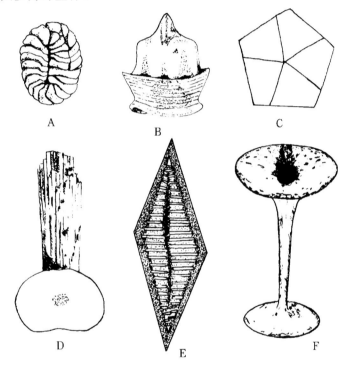

A. *Actinosphaera sear* Black 的盾(鳞)形球石粒;B. *Calyptrosphaera pirus* Kamptner 的冠状球石粒;
C. *Braarudosphaera bigelowi*(Gran et Braarud)Deft. 的五边形球石粒;D. *Rhabdosphaera clavigera*
Murray *et* Blackman 的棒状球石粒;E. *Calciosolenia murrayi* Gran. 的菱形(中空)球石粒;
F. *Discosphaera tubifea*(Murr. et Blackm)Ostenf 的隆背盾形球石粒

图 7-10　球石粒的几种形态
(引自 H. C. Bold,1978)

薄钙板藻科 Syracoaphaeraceae

薄钙板藻科物种具有隆起的圆盘形、壶形或杯形的球石粒。

薄钙板藻属 *Syracosphaera* Lohmann,1902

薄钙板藻属的主要特征是具有两种形态的球石粒。属内约有 18 种。

四角薄钙板藻 *Syracosphaera quadricoanu* Schiller

藻体单细胞,具有两根几乎等长的鞭毛(图 7-11)。球石粒长卵形。但在细胞前顶部具有 4 个呈弯角状的球石粒。

图 7-11　四角薄钙板藻 *Syracosphaera quadricoanu* Schiller 藻体外形

(引自 B. Fott,1 9 71)

桥头藻属 *Pontosphaera* Lohmann,1902

本属物种具有不同高度边缘的杯状、盘形球石粒。本属约有 20 种。

桥头藻 *Pontosphaera syracusana*

藻体具有较大型、边缘较高的杯状、盘形球石粒(图 7-12)。

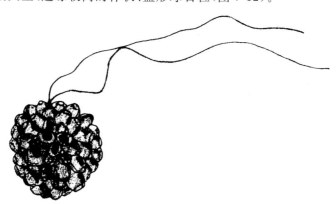

图 7-12　桥头藻 *Pontosphaera syracusana* 藻体外形

(引自 B. Fott,1971)

聚球藻属 *Lohmannosphaera* Schiller,1913

本属物种具有桶形的扁盘球石粒。约有 3 种。

亚得利亚聚球藻 *Lohmannos adriatica* Schiller

本种藻体具有桶形的扁盘球石粒(图 7-13)。分布在地中海。

图 7-13　亚得利亚聚球藻 *Lohmannos adriatica* Schiller 藻体外形

(引自 B. Fott,1971)

球石藻科 Coccolithaceae

球石藻科的物种具有穿孔的分节球石粒,表面观呈椭圆形、圆形或棒形杆状。

球石藻属 *Coccolithus* Schwarz,1894

球石藻属的物种具有表面观呈椭圆形的球石粒。

赫氏球石藻 *Coccolithus huzleyi* (Lohm.)Kamptner

赫氏球石藻的球石粒表面观呈椭圆形,球石粒的一个单位是由中部圆柱形壁和其上、下两部分组成,球石粒有很小的内面圆盘(图 7-14)。本种广泛分布于大洋,在浮游生物中,个体数量可达 $1.15×10^6/L$(海水),是海洋有机物质的重要生产者。

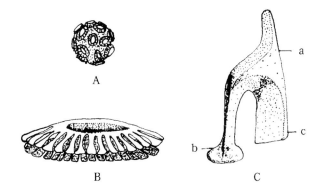

A. 藻体外形;B. 示一片球石粒;C. 球石粒的一个单位的结构

a. 圆柱形壁;b. 上部分;c. 下部分

图 7-14　赫氏球石藻 *Coccolithus huzleyi* (Lohm.)Kamptner

(引自 R. E. Lee,1980)

杆球藻属 *Rhabdosphaera* Haeckel,1894

杆球藻属的物种具有棒棍形杆状球石粒。本属约有 10 种。

棒棍杆球藻 *Rhabdosphaera clavigera* Murray *et* Blackman

棒棍杆球藻具有明显的棒棍形杆状球石粒(图 7-10D)。

钙管藻科 Caliciosoleniaceae

钙管藻科物种具有菱形球石粒。整个藻体由菱形球石粒所包被,呈被甲状。

钙管藻属 *Caliciosolenia* Gran,1911

本属物种的整个藻体由菱形球石粒所包被,呈被甲状。有两种。

有孔钙管藻 *Caliciosolen sinuosa* Gran

整个藻体由菱形球石粒组成的被甲所包被,被甲中的菱形球石粒之间无间隙,整个被甲是封闭的(图 7-15)。

图 7-15　有孔钙管藻 *Caliciosolen sinuosa* Gran 藻体外形

(引自 B. Fott,1971)

硅鞭藻亚目 Silicoflagellineae

硅鞭藻亚目,又称网骨藻亚目 Dictyochineae。藻体裸露,能伸出微细的伪足。体内有硅质骨架。有 1 根鞭毛。色素体小,黄绿色,分布在细胞周围,贴近周质膜。同化产物是与金藻昆布糖相似的物质和油。

本亚目的物种都是海生种。化石种为主,现存种较少。

本亚目分两个科:网骨藻科 Dictyochaceae 和 Vallacertaceae 科,后者只包含有化石物种。

网骨藻科 Dictyochaceae

网骨藻科藻体内有硅质骨架。硅质骨架由基环(图 7-16)、基肋和中心柱组成。基环的每个角有一放射棘,基肋从基环的近中央处生出,并与中心柱连接,形成基窗。硅质骨架的形态结构是分类的重要依据。

本科除包含化石种外,包含所有的现存种。

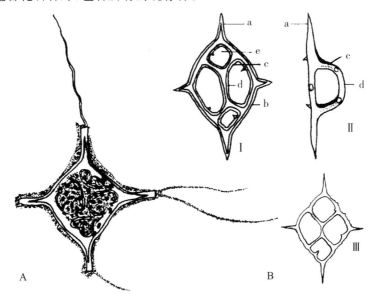

A. 小等刺硅鞭藻 *Dictyocha fibula*;B. *Dictyocha speculum* Ehrenberg 生活状态的藻体

B. 示骨架结构:Ⅱ. 骨架侧面观;Ⅰ,Ⅲ. 示骨架正面观

a. 放射棘,b. 基环,c. 基肋,d. 中心柱,e. 基窗;

图 7-16 网骨藻形态及骨架结构

(引自 B. Fott:,1971 和引自 Tomas,1997)

网骨藻属(等刺硅鞭藻属)*Dictyocha* Ehrenberg,1837

藻体微小,表面有一层膜。具 1 根鞭毛。细胞内有 1~2 个以上的硅质基环,基环有分歧的刺(放射棘),4~8 面,还有一顶生的弓形顶端器(中心柱),有的弓形顶端器由多个小窗格(基窗)集合而成。原生质内有多数金棕色粒状色素体。单核位于细胞中央。繁殖方式为细胞分裂。

小等刺硅鞭藻 *Dictyocha fibula* Ehrenberg(图 7-16):藻体幼时球形,有 1 根鞭毛,幼时无骨架。成熟藻体含有粗的硅质骨架,被原生质体包裹。原生质体内含有多数褐色盘状色素体。骨架由基环、基肋和中心柱组成。基环菱形或正方形,基环的每角有一放射棘,基环每边的近中央处有基肋伸出,并与中心柱连接,形成 4 个基窗。

现存种。根据是否具有明显的基环棘和顶棘,可分成 4 个变种。

本种为世界性种,能形成赤潮。中国的黄海、东海和南海都有分布,数量较少。但在 1993 年 5 月 6 日在大鹏湾盐田水域形成一次小规模赤潮(林永水等,1995),细胞密度为 $1 \times 10^6 /L$。

异刺硅鞭藻属 *Distephanus* Stoehr

藻体单细胞,生有 1 根鞭毛。体内有坚硬的硅质骨架,外被原生质膜。色素体金棕色。细胞核单个,位于细胞中央。细胞质向外放射状伸出并含有色素体。营浮游生活。

六异刺硅鞭藻 *Distephanus speculum* (Ehrenberg) Haeckel

藻体幼时球形,1 根鞭毛。体内有多角形粗硅质骨架和许多黄褐色盘状色素体(图 7-17)。骨架由基环、基肋和顶环组成。基环六角形,每角有 1 条放射状长刺,从基环每边的中部伸出一基肋,基肋的顶部相连形成六角形顶环和 8 个基窗。

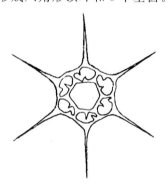

图 7-17　六异刺硅鞭藻 *Distephanus speculum* (Ehrenberg) Haeckel 的骨架形态
(引自 Tomas,1997)

本种根据基环形状、基窗和顶窗的大小、基环的支持刺和顶环的顶刺的有无,分成 7 个变种。

本种为世界性广泛分布的物种。现存种和化石种同时存在。在中国海域主要分布于台湾海峡和广东大鹏湾水域,数量较少。

领鞭藻亚目 Craspedomonadineae

领鞭藻亚目的物种为单细胞或群体。营浮游或附着生活。共同的特征是在原生质体顶部都有一个定形的呈漏斗形的领状结构。有的物种在细胞体外还有一甲鞘(鞘室)。具有呈漏斗形领状结构的细胞与海绵动物门 Porifera 的领细胞很相似,游离的领细胞有可能会被误认为是本亚目的物种。B. Fott(1971)把本亚目列入未确定分类位置的无色鞭毛类中,也许是由于这类生物不仅在结构方面具有原生动物的特征,而且很多种又无色素(体)的缘故。

本目大多数种生活在淡水环境中,海生种较少。海生单领藻 *Monosiga marina* Groent 在海中生活,分布较广,*Acanthoeca* Ellis(1929)属有两种、*Diaphanoeca* Ellis(1929)属

有两种、多孔藻属 *Stephanoeca* Ellis(192)有 4 种,都是海生的。图 7-18 是圣瓶多孔藻 *Stephanoeca ampulla* Ellis 的藻体外形。

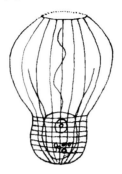

图 7-18　圣瓶多孔藻 *Stephanoeca ampulla* Ellis 的藻体外形
(引自 B. Fott,1971)

这一物种原生质体顶部有一个比原生质体还大一些的呈漏斗形的领状结构,在细胞体外还有一甲鞘。藻体具有 1 根较长的鞭毛。

根金藻目 Rhigochrgsidales

本目藻体单细胞或群体,在营养期呈变形虫状态,具有暂时性或永久性的伪足,伪足的形状有宽叶状的叶状足、丝状的根足,或者是刚硬的有轴丝的伪足。伪足是一种永久性的获取有机养分的结构。单细胞的各属,有的细胞裸露而无壁,或是藻体的一部分被一个甲鞘所围裹;群体性的各属,有的可以裸出,或是各个细胞各被一个甲鞘所包裹。典型的根金藻目物种的鞭毛已完全退化。大多数种都持有色素体,作为光合营养的器官。同化产物和贮藏物为金藻昆布糖和油。生殖有不同的方式:有的属只有细胞分裂或是兼有细胞分裂和产生游孢子,有些属能产生内壁孢子。

本目包含的物种几乎都是在淡水中生活的。B. Fott(1971)报道的 *Chrysothalakion vorax* 是为数不多的海产物种。

金囊藻目 Chrysocapsales

本目物种的藻体不具鞭毛,不能运动,由多数细胞相聚,外被共同的胶质包裹形成不定群体。裸露的细胞只有在胶质包被内生活。它们形成小的胶质团块到比较大的肉眼可见的黏液块。大多数物种的细胞具有伸缩泡。有 1 个大型色素体。同化产物和贮藏物为金藻昆布糖颗粒。

繁殖时藻体可以直接二分裂,或转变成游孢子。放散出的游孢子不久就进入静止状态,分泌胶质,形成新的胶黏包被,随着包被内细胞的不断分裂,形成新的群体。

藻体营浮游或附着生活。绝大多数物种是在淡水环境内生活,仅有少数属种是海生的。如褐胞藻属 *Phaeocystis* 及卢氏藻 *Ruttnera ghadefaudii* Bouii. *et* Magne。

褐胞藻(金囊)属 *Phaeocystis* Lagerheim,1893

本属物种在海水环境中营浮游生活。群体呈不规则的球状凸起。细胞裸露,有 2 根鞭毛。有色素体，自养。繁殖时产生游孢子。本属内仅有 1 种褐胞藻 *Phaeocystis pouchetii* Lagerh. 。

褐胞(金囊)藻 *Phaeocystis pouchetii* Lagerh.

藻体细胞球形，色素体侧生，无鞭毛，具胶质和硅质的壁。许多细胞由胶质包裹成较大的、呈不规则球状凸起的群体(图 7-19)。繁殖时群体碎裂或产生游孢子。游孢子梨形，具有两根不等长的鞭毛。

褐胞藻大量出现时会形成赤潮，在挪威北海岸曾经发生过。

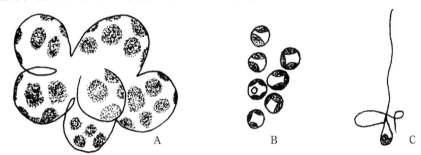

A. 群体外形；B. 藻体细胞放大；C. 游孢子外形

图 7-19　褐胞(金囊)藻 *Phaeocystis pouchetii* Lagerh.

(引自郑柏林等，1961)

金球藻目 Chrysophaerales

本目物种的藻体是单细胞或非丝状群体，都有固定的细胞壁。细胞内通常含有 1 个较大的金棕色色素体。光合产物为金藻碳水化合物颗粒和油滴。营养藻体不能直接转化成游动细胞。繁殖时，藻体不能作营养性分裂，是由原生质体作垂直二分裂，当分裂后的子原生质体还停留在母细胞壁内时已形成新壁(类似似亲孢子)，还可以产生单鞭毛的游孢子。游孢子停止游动后，停留在坚固的基质上转入休眠期，而后发育成新的营养细胞；或者是游孢子在漂浮过程中发育成小形的不定群体。不定群体的细胞可以产生游孢子，或产生内生孢子。

大部分物种在淡水环境中生活，海生种极少。

(金)光球藻属 *Aurosphaera* Schiller

翅(金)光球藻 *Aurosphaera echinata* Schill.

细胞球形，外被硅质的壁，表面上生有许多硅质鳞片，鳞片上有突出的针状刺(图 7-20)。生殖时产生单鞭毛的游孢子。

翅果藻属 *Pterosperma* Pouchet，1925

本属内有几种是在海洋浮游生物中发现的，但对它们的生物学特性直到现在还不十分清楚。图 7-21 为翅果藻 *Pterosperma moebiusi* 的形态。

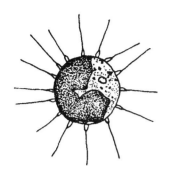

图 7-20 翅(金)光球藻 *Aurosphaera echinata* Schill. 藻体外形

（引自 B. Fott,1971）

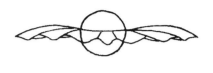

图 7-21 翅果藻 *Pterosperma moebiusi* 藻体外形

（引自郑柏林等,1961）

褐枝藻目 Chrysotrichales

G. M. Smith（1955），郑柏林和王筱庆（1961）等称本目为金毛（丝）藻目 Chrysotrichales。

褐枝藻目的物种是丝状体。由细胞互相连接成单列分枝状丝状体或形成分枝状不定群体，往往在具有分枝的胶质管内，细胞呈单列排列或不规则分布。附着生活。

本目的属种绝大多数在淡水环境中生活，仅有线金藻属 *Nemathochrysis* 包含的 3 个种在海水环境中生活。

线金藻属 *Nemathochrysis* Pascher,1925

无柄线金藻 *Nemathochrysis sessilis* Pascher

藻体为不分枝丝状体（图 7-22）。由基部细胞附着在基质上。丝体内细胞圆柱形，内有两个侧生的色素体。

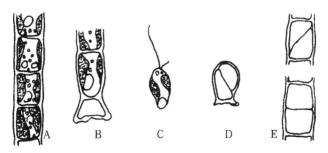

A. 部分丝体；B. 基部丝体示基部细胞；C. 游孢子外形；

D. 幼体进行第一次细胞分裂；E. 成体细胞分裂；

图 7-22 无柄线金藻 *Nemathochrysis sessilis* Pascher

（引自郑柏林等,1961）

藻体有时能转变成不定群体。转变过程是由细胞变圆开始，然后细胞质胶质化，并有眼点出现,这可能是形成游孢子的一种变态情况。不定群体的细胞可以再产生内壁孢子。

　　生殖细胞不经分裂也可以直接产生游孢子,游孢子具两根鞭毛,1 个眼点。成熟的游孢子由母细胞的侧壁上的开孔逸出,停止游泳后,形状变圆,靠近基层的细胞壁加厚用以附着,然后进行分裂。但起附着作用的基部细胞不再分裂,上面的细胞继续分裂,形成新的丝状体。

第八章 甲藻门 Pylrrophyta

第一节 一般特征

甲藻门包含的物种主要为单细胞体,只有少数几个属为丝状体。细胞核大而明显,为中核构造。鞭毛两根,多生于细胞腹面。一根为横鞭,带状,绕于细胞中部的横沟内;另一根为纵鞭,自纵沟伸向体后。

最早的甲藻化石记录可以追溯到志留纪(Silurian)。甲藻是一群古老的成功生存下来的中核生物,它们能适应各种不同的生态环境。从浮游生活到底栖生活,从极地到热带海洋,从淡水到高盐水都有甲藻的存在。很多物种是广布种,有些物种甚至有很多的生态类型。甲藻的形态学和细胞学特征是:它们的运动细胞在光学显微镜下具有明显不同的两种鞭毛,有特殊的运动方式;细胞核具有独特的永久浓缩状态的染色体;营自养生活物种的色素体除了具有叶绿素 a 和 c 外,还有多种辅助色素,有些物种甚至可以产生神经毒素(neurotoxin)。

甲藻的营养类型差异很大,有自养型(autotrophic)、混合营养型(mixotrophic)和异养型(heterotrophic)。自养型细胞营光合作用;混合营养型细胞是自养型细胞在特定的情况下摄取溶解有机物或营吞噬型(phagotrophic)的生活方式;异养型种具有特殊的细胞结构,如捕食胞(peduncle),它们可以用来吞噬其他的有机体。大约有一半的甲藻是营异养型生活方式的,在开阔大洋中营浮游生活的一些属,如原多甲藻属 *Protoperidinium* 和裸甲藻属 *Gymnodinium*,它们是全动物营养类型。

甲藻的贮存物质一般是不饱和脂肪酸或淀粉,在有些细胞中这两种物质同时存在。

个别的异养型甲藻可以达到很高的细胞丰度,如扁压原多甲藻 *Protoperidinium depressum* 和海洋尖尾藻 *Oxyrrhis marina* 在河口和近岸常常达到很高的细胞丰度,某些底栖甲藻也能够达到很高的细胞丰度。但它们的分布、丰度、基础生物学和生态学的研究还很不够。甲藻水华种常在特定的区域再现,表明它们对特定环境因子的适应,这些环境因子包括水温、盐度、光照、水团运动方式和营养盐等。例如,光照可以影响甲藻的垂直分布、光合作用速率和效率、颜色和色素改变、细胞内营养盐库和代谢途径等,垂直迁徙与趋地性和光的影响密切相关。温度可以影响光合作用和细胞分裂速率、吸收和呼吸速率、细胞大小和种间竞争适应而引起的群落演替模式等。甲藻对不同资源的吸收和存储有相对应的策略,这些资源包括有机氮、有机磷、维生素、痕量元素和其他生长因子。甲藻也可以分泌一些外分泌物(ectocrine)以抑制其他种类的生长。这些环境因子通常是协同作用于浮游植物群体上的,不但作用于甲藻,同样作用于相关的细菌群体上。

Loeblich 和 Taylor 提出的甲藻进化理论认为,原甲藻目 Prorocentrales 是较为原始的种类,由它先后进化出多甲藻目 Peridiniales 和裸甲藻目 Gymnodinales,它们先进化出甲板然后又丢失了甲板。这个理论有两个证据可以支持,一个是不同类群的鞭毛排列位置,另外一个是原甲藻 *Prorocentrum* 比其他甲藻的色素体少。另外,也存在一个相反的观点,认为裸露的物种(裸甲藻目)更为原始。这个观点被内共生理论所支持:自养型的甲藻是异养型的甲藻(裸甲藻目)吞噬溪藻 Prasinophyta 和金藻 *Chrysophyta* 而内共生的结果。同时这个理论还被化石记录和现今裸露的种类存在具甲类液泡所支持。另外,还有一种理论认为尖尾藻 *Oxyrrhis* 由于原始的细胞学、生物化学和繁殖特征而被认为是最原始的物种。但是,在没有搞清楚阿皮藻 *Arpylorus*、志留纪甲藻低等特征和甲藻生活史之前任何甲藻进化理论都是值得怀疑的。

一、外部形态特征

甲藻的藻体多数为单细胞,细胞球状至针状或分枝状。细胞背腹扁平或左右侧扁,细胞的前后端常有突出的角状构造。有些属种少数细胞连成群体,只有 2~3 个属的物种是丝状体的。甲藻从形态上一般分为两大类:纵裂甲藻 Desmokont 和横裂甲藻 Dinokont。纵裂甲藻是两根不同的鞭毛从细胞前部伸出的甲藻类型,细胞由左右两瓣组成,两根鞭毛着生于前端,繁殖时细胞纵分裂;横裂甲藻是两根不同的鞭毛从细胞腹部伸出的甲藻类型,其中一根鞭毛横绕在横沟(cingulum=girdle)内,另外一根向后伸出位于纵沟(sulcus)内,横鞭(transverse flagellum)提供推动力,而纵鞭(10ngitudinal flagellum)则决定细胞的运动方向,繁殖时细胞为横分裂或斜分裂(图 8-1 和图 8-2)。

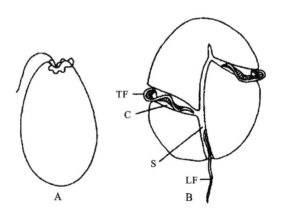

A. 纵裂甲藻的侧面观,示顶部 2 根不同类型的鞭毛
B. 横裂甲藻的腹面观,示 2 根不同的鞭毛着生在腹部纵沟处
LF. 纵沟鞭毛;TF. 横沟鞭毛;C. 横沟;S. 纵沟

图 8-1　甲藻形态
(引自 Taylor,1980)

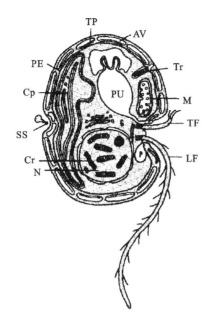

AV. 鞘液泡；TP. 鞘甲板物质；Cp. 色素体；Cr. 染色体；G. 高尔基体；LF. 纵沟鞭毛；
M. 线粒体；N. 核；PE. 膜；Pu. 甲藻液泡；SS. 蛋白质索；TF. 横沟鞭毛；Tr. 刺丝胞

图 8-2　横裂甲藻细胞侧面的剖面图
（引自 Taylor，1980）

二、细胞学特征

（一）细胞壁

甲藻根据壳的构造分为裸露的（unarmoured＝naked）或具甲的（armoured＝thecate）两大类，但从其亚显微结构来看，基本构造是相似的，都是由质膜、囊体及微管组成，仅囊体内含物有所不同。从超显微结构水平来看，甲藻普遍具有壳（theca）或细胞包被，再加上它们的鞭毛和细胞核，使其区别于其他藻类。壳可以是平滑和没有花纹的，如在一些裸甲藻 *Gymnodinium* 中的壳，也可以是由多糖组成的细胞壁形成的甲板（plate）组成，甲板上通常会有一些刺（spine）和翼（flange）。它的基本结构是有一系列的膜或一层外壳和微管组成。甲板液泡通常构成第二层和第三层膜，它可以是空的或含有附加物质，所有具甲类（armored form）的甲板液泡都含有多糖，如葡聚糖、甘露糖或半乳糖等。周质膜（amphiesma）是壳、表皮（cortex）或细胞覆盖（cell covering）的同物异名，但因为历史文献中壳这个词使用的较多，所以一般我们都称之为壳。壳上有些种光滑无纹，有真孔、拟孔及网纹，有些种有小刺状或结状、条状的突起，有些种更有突出如翼状的翅，以适应浮游生活。

具甲类常在环境条件恶劣和生殖的情况下脱去外被的甲板。从光学显微镜下观察：一些种的细胞壁纵分为左、右两瓣，每瓣都由数块小板组成；大多数种的细胞壁以横沟分成上、下两部分，横沟以上的部分称为上壳，横沟以下的部分称为下壳，横沟一般位于细胞中部，略凹。在细胞腹面横沟以下，有一条纵沟。上壳、下壳、纵沟、横沟各部分都由数块小甲板组成。各属种的小甲板的形状、数目和排列形式是不同的，为甲藻属种分类的鉴别特征。

(二)鞭毛

运动的个体都有两根特殊的、构造及运动方式不同的鞭毛。横裂甲藻，鞭毛生于腹面，分别自横沟及纵沟相交的鞭毛孔生出。一条为纵鞭，尾鞭型，基部较粗，1/3 的末端部分较细，内部结构与一般鞭毛相同，中央轴丝为 9＋2 的微管构造；一条为横鞭，环绕于横沟内，为扁平带状，通过电镜观察，内侧为条纹束(S)，外侧为轴丝(A)，二者之间充满填充物质，条纹束在一定部位有细丝与横沟壁相连，轴丝呈波状，半绕于条纹索的一侧，轴丝的表面有单列长度为 2 μm 的细绒毛(图 8-3)。横鞭作波状运动；纵鞭通过纵沟伸向体后，作鞭状运动，使藻体前进，因此运动时藻体是旋转前进的(图 8-4)。纵裂甲藻，两根鞭毛都生于细胞的前端，一条直伸向前，另一条环状围绕于细胞前端。

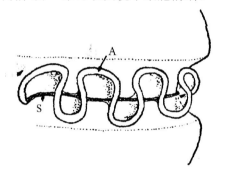

图 8-3　横鞭侧面观

(引自 Gaines & Taylor, 1985)

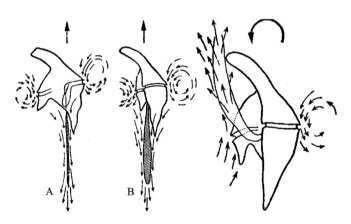

A. 横鞭运动的腹面观；B. 侧面观

图 8-4　角藻鞭毛的运动方式

(引自 Metzner, 1929)

（三）细胞核

甲藻的细胞核很特殊，通常大而明显，有的种可达细胞体的 1/3。细胞核球形、椭球形、肾形，以至于 U 形、V 形或 Y 形，核仁 1 至数个。甲藻的染色体数目变化较大，从 10～500 不等，许多细胞单倍体的染色体数目大约为 100。另外，由于断裂、异数性和技术问题的缘故，甲藻细胞染色体数目常用范围值来表示。甲藻细胞染色体常为棒状、V 形或 Y 形。由于电镜技术和细胞化学方法的发展，近年来进行的各方面研究发现，甲藻细胞核在形态和构造上都不同于其他藻类，称为中核细胞（mesokaryote），主要是因为甲藻的染色体状态处于原核生物和真核生物之间。甲藻非寄生种类单倍体的核是处于浓缩状态的，细胞间期染色质呈染色体状态，具有永久的核膜和核仁，染色体附着于核膜上。染色体只有少数的 DNA 合成酶附着。生物化学分析表明，尽管在细胞核内存在少数的核蛋白，但甲藻缺少典型的组蛋白。在许多自由甲藻中，有丝分裂以细胞质微管向细胞核内开始入侵，并以典型的后期和末期特征结束。甲藻细胞的细胞核由于缺乏组蛋白和在有丝分裂过程中始终保持染色体的浓缩状态，所以它不同于真核细胞的结构；但在甲藻的细胞质中又具有同真核细胞同样的细胞器，如色素体、线粒体和高尔基体等，所以它又不同于原核细胞。

（四）色素体及色素

细胞质的外层部分常较浓厚，有时呈颗粒状，内含色素体，色素体多个，盘状，也有梭形或带状而呈放射排列的。色素体构造与其他藻类相似，但外膜为 3 层，每个片层由 2～4 个类囊体组成，一般为 3 个。纵裂甲藻为比较原始的种类，只有 1 个或 2 个大片状的色素体。有些物种不具色素体，色素溶于细胞质内，细胞通常呈黄色或棕黄色，也有些物种呈粉红色。色素除叶绿素 a、叶绿素 c_2 和 β-胡萝卜素外，还有叶绿素 b、叶绿素 c_1、硅甲黄素、甲藻黄素、新甲藻素、新甲藻黄素和藻胆素等。有些种与蓝藻和金藻共生，所以还具有这些藻类的色素。

（五）淀粉核及储藏物

已观察到不少物种有淀粉核的构造。如横裂甲藻的物种，在放射排列的色素体中央有淀粉核；纵裂甲藻在两片色素体内各有一个淀粉核；还有的甲藻具有柄的淀粉核，外被淀粉鞘。甲藻的储藏物为淀粉（葡聚糖型）和油（C_{14}-不饱和脂肪酸、C_{16}-不饱和脂肪酸、C_{18}-不饱和脂肪酸和 C_{22}-不饱和脂肪酸），有时呈黄色或粉红色的油球，特别是海生种比较明显。

（六）其他细胞器

（1）甲藻液泡（pusule）：某些海生的和淡水生的物种细胞内常有一种特殊的液泡，球形、椭球形或囊状；也有的物种有两个大小不等的液泡，各有一条细管自细胞基部通向体外；还有的物种有一种聚合液泡，中央一个大的，周围一圈小的副液泡与之相连（图 8-5）。液泡内含有红色或赤红色的液体。甲藻液泡可能和细胞的漂浮和渗透压的调节作用有关。

（2）刺丝胞（trichocysts）：存在于多种甲藻细胞中，在刺激作用下射出，每个细胞常有数百个，是一种蛋白质的棒形结晶，长可达 200 μm（超过细胞本体的长度）。具甲类从甲板上特殊的刺丝胞孔射出。

（3）眼点（ocellus = ocelloid）：在单眼藻科 Warnowiaceae 中，有一个透明体（hyalosome）、一个黑色体（melanosome）和一个眼杯（ocelloid chamber）共同构成的细胞器。它是光接受复合体，对光敏感，同时可以感知图像。一般在细胞的左侧。

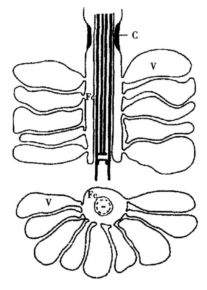

C. 鞭毛孔缢缩；Fc. 鞭毛管；V. 甲藻液泡

图 8-5　甲藻液泡

（引自 Dodge & Crawford，1968）

（4）线丝胞（nematocyst）：为线甲藻 Nematodinium、单眼藻 Warnowia、多沟藻 Polykrikos 的发射功能的细胞器。分为后体部和前鳃部。在细胞内常呈放射状或类似放射状排列。线甲藻和多沟藻的线丝胞在结构上是不同的。线丝胞不同于腔肠动物的刺细胞。

（5）捕食胞（peduncle）：为在鞭毛孔附近的细胞质附属物，存在于光合作用或非光合作用的细胞。它的作用是吞噬，但可能也有其他用途。

三、发光

除细菌、腔肠动物、甲壳动物、被囊类等生物能发光外，甲藻是藻类中惟一能发光的类群，海洋生物发光，俗称海火，在海运、交通及渔业上均有重大的实用价值。例如在渔业上，可利用海火来寻找鱼群；在航运交通上，海火可帮助航海人员识别航行标志及障碍物，但海火也会刺激人的眼睛，减低视力，致使航行发生危险，对航行不利。因此，了解和掌握甲藻发光的时空分布和变化规律，对国民经济的发展具有重要意义。许多海生甲藻具有发光的能力，但对其发光的机制了解不多，如夜光藻 Nocticulca、膝沟藻 Gongaulax、梨甲藻 Pyrocystis 等发光体（scintillons）是原生质中的亚显微结晶小颗粒（Desa 等，1963），但 Dodge 等在不发光甲藻中也发现了同样的结构。Dodge（1971）指出某种多甲藻在细胞壁下有与大型线粒体相连的片层结构,可能与发光有关,并认为多边膝沟藻 *Gongaulax polyedra* 在周缘的细胞质中有一种多囊体,可能是发光的细胞器。

四、繁殖和生活史

二分分裂是甲藻普遍存在的繁殖方式。纵裂甲藻和横裂甲藻的鳍藻目为纵分裂,横裂甲藻的其他种是横分裂或沿甲板连接线的斜分裂。原始物种,鞭毛都生在前端,但比较进化的种类则生在腹面。因而许多学者认为,这种鞭毛着生部位的转移是由于运动方向发生了改变,因而使形态上的侧面变成了功能上的前端。总之,所有甲藻的分裂面都是通过鞭毛孔的,对于原始的物种也可以说都是纵裂的。

有些种如角藻属、膝沟藻属和鳍藻属等,细胞分裂时,两个子细胞各得母细胞壁的一半,所以是沿甲板连接线裂开,然后两个子细胞再生出另外的一半新的细胞壁。原多甲藻

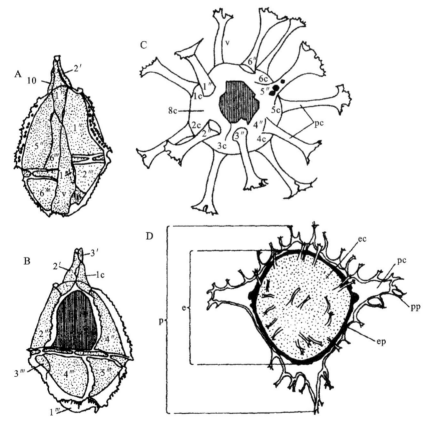

A. 腹区;B. 似包囊;C. 刺包囊;D. 穴包囊

v. 腹突;ec. 内腔;pc. 围腔;e. 内包囊;p. 围包囊;ep. 内膜;pp. 围膜

(图中其他字符为甲片的代码)

图 8-6　甲藻包囊及其类甲板方程(paratabulation)

(引自 Williams 1977)

属的物种是沿横沟分裂的,原生质体脱离母细胞壁,分裂后各形成一个完整的新壁,也有许多物种分裂后子细胞暂不分开形成链状群体。有些物种可以产生游孢子和不动孢子。游孢子球形或卵形,很像一个裸甲藻的构造,有纵、横沟和纵、横鞭毛。游孢子通过母细胞壁上的小孔释放出来,或是由于母细胞壁的脱鞘而被释放。不动孢子通常球形,每个母细胞的原生质体形成1个或2个,但也有的物种不动孢子有棱角或呈新月形。

在不良环境条件下,许多甲藻可以形成休眠孢子,具厚壁,对酸碱有较强的抵抗力。如许多化石甲藻都是以休眠孢子的方式保留下来的。休眠孢子根据壁的结构和形态分为三种类型(图 8-6):一种休眠孢子具有和营养细胞完全相同的甲板形态的厚壁,孢囊的两层壁,即外壁和内壁紧密相接,称为似孢囊(proximate cyste);另外一种休眠孢子壁上有分枝和管状突起,外壁和内壁紧密相接,称为刺孢囊(chorate cyste);此外,还有一种休眠孢子壁上有分枝和管状突起,外壁和内壁不紧密相接,称为穴孢囊(cavate cyste)。休眠孢子成熟时,厚壁上有固定的开口,称为古口(archaeopyle,图 8-7),细胞质或子细胞由此逸出。

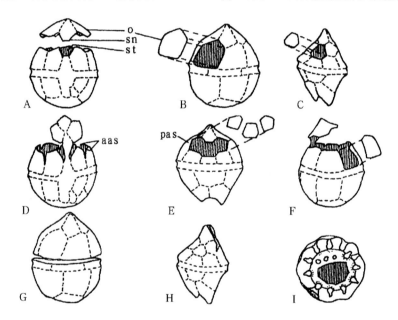

A. 简单顶孔板古口;B. 简单沟前板古口;C. 简单间插板古口;D. 复合顶孔板古口
. 复合间插板古口;F. 顶孔板—间插板古口;G. 横裂古口;H. 顶缝古口;I. 底古口
aas. 辅助古口类缝;o. 盖;pas. 主古口类缝;sn. 类缝槽;st. 类缝舌

图 8-7 甲藻古口的类型

(A~H 引自 Evitt,1967;I 引自 Wall and Dale,1971)

甲藻的有性生殖比较少见,有同配生殖或异配生殖、同宗生殖或异宗生殖。如角藻属为似亲生殖,雌配子与营养细胞大小和形状相同,雄配子较小,形态上也有变化,二者接合形成合子。海生种如三角角藻 *Geratium tripos* 的合子能游动,称为游动合子(planozygote)。淡水种角藻 *Geratium cornutum* 的合子不能游动。裸甲藻属 *Gymnodinium* 为同配生殖。以上各种甲藻营养细胞均为单倍体,因而合子萌发时先进行减数分裂。二倍体的夜光藻 *Nocliluca scintillans* 有性生殖为同配生殖,配子产生时,细胞核先减数分裂成 4

个子核,每个子核成为一个单鞭毛裸露的配子,接合后合子直接发育成新个体。在缺氧培养条件下,可以成功地诱导某些甲藻出现有性生殖。

甲藻的生活史为单元双相式(图 8-8)。生活史中主要阶段为单倍体营养细胞,它通过二分分裂产生与母细胞相似的子细胞,有时营养细胞可以形成一个暂时不游动的临时孢子(temporary cyst),临时孢子在一定条件下萌发又可以形成营养细胞,这一阶段是单倍体的无性繁殖阶段。有时营养细胞可以形成配子,配子经结合形成双倍体的游动合子,游动合子可以经过减数分裂重新形成单倍体营养细胞,也可以形成休眠孢子(休眠合子 hypnozygote),休眠合子再脱鞘后形成新的游动合子,然后形成营养细胞,或者休眠合子在脱鞘时直接形成营养细胞,这一阶段是有性繁殖阶段。

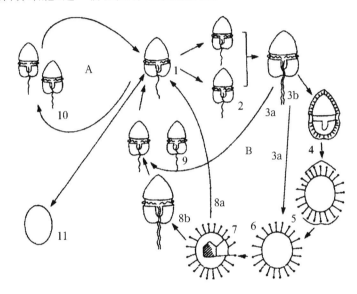

A. 无性生活史阶段;B. 有性生活史阶段

1. 浮游性营养细胞;2. 配子对;3b. 游动合子;3a. 减数分裂;4,5. 包囊形成过程;6. 休眠孢子;
7,8a. 包囊萌发过程;8b. 游动合子;9. 浮游性营养细胞;10 二分分裂;11. 临时性不动孢子

图 8-8　可以产生游动合子的甲藻生活史

(重绘自 Dale,1986)

五、生态分布及意义

甲藻为主要的浮游藻类群,分布很广,海水、淡水、半咸水都有,海滩、积雪上也有它们的踪迹,有的种类寄生在鱼类、桡足类和其他无脊椎动物体内,也有的种类与放射虫、腔肠动物营共生的。此外,还有不少化石种类。暖海种类多,寒海种类少,但数量大。远洋性的种类多为裸露的,而近岸生长的多具厚壁。

甲藻与硅藻同为海洋动物的主要饵料,有些人曾将它们比做"海洋牧草",它们的产量也是海洋生产力的指标。此外,甲藻对海流、水团的调查,地层的鉴定和石油勘探也有重要的指(示种)标作用。

六、赤潮及有毒甲藻

自然海水中如果甲藻过量繁殖,往往使水体变色,发出腥臭的气味,形成所谓的"赤潮"。赤潮发生后,由于溶解氧的突然减少,或由于腐败细菌分解而产生的毒素会使动物窒息中毒。许多甲藻物种是赤潮形成的主要原因种,如原多甲藻属 *Protoperidinium*、裸甲藻属 *Gymnodinium*、亚历山大藻属 *Alexandrium* 及原甲藻属 *Prorocentrum* 的某些种和夜光藻等。有些赤潮甲藻可产生各种毒素,当甲藻生长和繁殖时,这些毒素在其细胞内累积,其中一些被释放到水中。有些浮游动物和滤食性贝类像蛤类、贻贝、扇贝和牡蛎摄食这些有毒的甲藻,在其自身的细胞组织内累积和浓缩,而甲藻的毒素不受其影响。然而脊椎动物,如鱼类、鸟类及人类摄食,对这些毒素是敏感的,当它们摄食含有甲藻毒素的食物后会致病,甚至致死。

在已知的 2 000 种海洋甲藻中,有 60 种是有毒的。它们有以下的特征:① 主要是自养型河口和浅海性种;② 大部分存在底栖的有性休眠阶段;③ 大部分有较强的竞争能力而形成单一的浮游植物种群;④ 产生的水溶性和脂溶性生物活性物质都是化学结构和转换状态依赖型的溶胞性、溶血性、肝毒性和神经毒性的毒素。

甲藻毒素通常有麻痹性贝毒(Paralytic Shellfish Poisoning,PSP)、腹泻性贝毒(Diarrhetic Shellfish Poisoning,DSP)、神经性贝毒(Neurotoxic Shellfish Poisoning,NSP)和西加鱼毒(Ciguatera Fish Poisoning,CFP)等几类。

麻痹性贝毒是一类烷基氢化嘌呤化合物,类似于具有两个胍基的嘌呤核,为非结晶、水溶性、高极性、不挥发的小分子物质。在酸性条件下稳定,碱性条件下发生氧化,毒性消失;毒素遇热稳定,并不被人的消化酶所破坏。它是一类神经肌肉麻痹剂,其毒理作用为阻断细胞钠离子通道,造成神经系统传输障碍而产生麻痹作用。目前已分离出 18 种毒素,包括石房蛤毒素(saxtoxins)及其衍生物。其来源生物均为甲藻,如联营亚历山大藻 *Alexandrium catenella* 和塔玛亚历山大藻 *Alexandrium tamarense* 等。

腹泻性贝毒为具有多个环状醚的脂肪酸衍生物,不溶于水,能溶于甲醇、乙醇、丙酮、氯仿和乙醚等有机溶剂,属脂溶性物质,不吸收紫外线,对一般加热较为稳定。它主要作用于酶系统,为肿瘤促进剂。目前已发现的腹泻性贝毒至少有 12 种,包括大田软海绵酸(okadaic acid)及其衍生物、鳍藻毒素(dinophy-toxins)及其衍生物等。其来源生物多为甲藻,如倒卵形鳍藻 *Dinophysis fortii* 和利玛原甲藻 *Prorocentrum lima* 等。

神经性贝毒主要是短裸甲藻毒素及其衍生物,由 11 个反式相连的醚环形成的长链组成梯形结构,不含氮,为低熔点耐热固体,具高度脂溶性,难溶于中性和酸性水溶液中,能溶于甲醇、乙醇、丙酮、氯仿、乙醚、苯、二硫化碳等有机溶剂和 1‰NaOH 溶液。其作用机制是作用于钠离子通道,抑制快速钠离子的失活而使细胞膜去极化。其来源生物为短凯伦藻 *Karenia brevis*。(另外,有些有毒硅藻如多列伪菱形藻 *Pseudo-nitzschia multiseries* 会产生健忘性贝毒(Am-nesia Shellfish Poisoning,ASP),主要是多摩酸毒素(domoic acid),它的作用机制是通过谷氨酸受体破坏大脑内的海马体及其邻近部位,中毒者会有记忆丧失的症状。)关于赤潮的防治,由于海洋面积广大,海水不停地流动着,目前还没有很好的方法。

第二节 分类及代表种

Pascher(1914,1927)最早把甲藻连同隐藻一起,建立了甲藻门 Pyrrhophyta。此后,由于动物学家和植物学家各自的观点不同,甲藻的分类系统较为混乱。以往的分类系统中通常将甲藻从形态上分为两大类:横裂甲藻和纵裂甲藻。后经 Dodge 和 Bibby 对甲藻超微结构的研究发现,横裂甲藻和纵裂甲藻的超微结构区别不大,所以将两者合并为一个纲。本章的分类系统主要参考 Fen-some 等(1993)对现今和化石甲藻的最新分类系统略作修改,其中有个别的是化石物种。

甲藻门 Dinophyta
  甲藻亚门 Dinophycidae
  甲藻纲 Dinophyceae
    裸甲藻亚纲 Gymnodiniphycidae
     裸甲藻目 Gymnodiniales
      裸甲藻亚目 Gymnodiniineae
       裸甲藻科 Gymnodiniaceae
       多沟藻科 Polykrikaceae
       单眼藻科 Warnowiaceae
       原夜光藻科 Pronoctilucaceae
       虫黄藻科 Zooxanthellaceae
      星甲藻亚目 Actiniscineae
       星甲藻科 Actiniscaceae
       迪可甲藻科 Dicroerismaceae
     皱盘藻目 Ptychodiscales
       短甲藻科 Brachydiniaceae
       双顶藻科 Amphitholaceae
       皱盘藻科 Ptychodiscaceae
     苏斯藻目 Suessiales
       共生藻科 Symbiodiniaceae
       苏斯藻科 Suessiaceae
    多甲藻亚纲 Peridiniphycidae
     膝沟藻目 Gonyaulacales
      瑞提阶膝沟藻亚目 Rhaetogonyaulacineae
       瑞提阶膝沟藻科 Rhaetogonyaulacaceae
      扁盖藻亚目 Cladopyxiineae
       曼彻斯特藻科 Mancodiniaceae
       扁盖藻科 Cladopyxiaceae
       盔藻科 Scriniocassiaceae
       洛林藻科 Lotharingiaceae
       派瑞藻科 Pareodiniaceae

屋甲藻亚目 Goniodomineae

  屋甲藻科 Goniodomaceae

  梨甲藻科 Pyrocystaceae

膝沟藻亚目 Gonyaulaclneae

  膝沟藻科 Gonyaulacaceae

  网甲藻科 Areoligeraceae

  角甲藻科 Ceratocoryaceae

角藻亚目 Ceratiineae

  角藻科 Ceratiaceae

多甲藻目 Peridiniales

  异孢藻亚目 Heterocapsineae

    异孢藻科 Heterocapsaceae

  多甲藻亚目 Peridiniineae

    钙甲藻科 Calciodinellaceae

    翼藻科 Diplopsalaceae

    多甲藻科 Peridiniaceae

    原多甲藻科 Protoperidiniaceae

    足甲藻科 Podolampaceae

    扁甲藻科 Pyrophacaceae

    蛎甲藻科 Ostreopsidaceae

    隐甲藻科 Crypthecodiniaceae

    异甲藻科 Heterodiniaceae

    尖甲藻科 Oxytoxaceae

  粘甲藻亚目 Glenodiniineae

    粘甲藻科 Glenodiniaceae

鳍藻亚纲 Dinophysiphycidae

  微角藻目 Nannoceratopsiales

    微角藻科 Nannoceratopsiaceae

  鳍藻目 Dinophysiales

    奥克斯藻科 Oxyphysiaceae

    鳍藻科 Dinophysiaceae

    双管藻科 Amphisoleniaceae

    鸟尾藻科 Ornithocercaceae

原甲藻亚纲 Prorocentrophycidae

  原甲藻目 Prorocentrales

    原甲藻科 Prorocentraceae

嫩甲藻纲 Blastodiniphyceae

  嫩甲藻目 Blastodiniales

    嫩甲藻科 Blastodiniaceae

    元奥丁藻科 Protoodiniaceae

    卡考藻科 Cachonellaceae

    奥丁藻科 Oodiniaceae

海玻藻科 Haplozoaceae

无柄甲藻科 Apodiniaceae

夜光藻纲 Noctiluciphyceae

夜光藻目 Noctilucales

夜光藻科 Noctilucaceae

帆甲藻科 Kofoidiniaceae

柱盘藻科 Leptodiscaceae

寄生藻亚门 Syndiniophycidae

寄生藻纲 Syndiniophyceae

寄生藻目 Syndiniales

杜波藻科 Duboscquellaceae

寄生藻科 Syndiniaceae

阿米巴藻科 Amoebophryaceae

球寄生藻科 Sphaeriparaceae

迄今,甲藻的分类仍然以藻体的形态结构特征作为分类的主要依据,由于扫描电子显微镜的大量应用,使得细胞表面结构的研究更加深入,人们对甲藻的形态分类研究也就更加深入(近年来也有使用免疫荧光或分子生物学的方法进行甲藻的分类研究)。因此,甲藻的形态术语及其内涵必须统一而规范化,因为形态术语是进行甲藻分类研究必须掌握的基础知识。以下为最基本的甲藻的形态术语:

(1) 顶端(apex):细胞(上部)的前端。前体部在多甲藻目和膝沟藻目中常具有顶孔复合体,而在无甲类中常具有顶沟。

(2) 底端(antapex):细胞(下部)的后端部,不包括刺(spine)、翅(list)和其他类似结构。

(3) 横沟(cingulum=girdle=transverse groove):在横裂甲藻中,通常绕细胞有一圈或多圈的犁沟状结构;如果横沟有多圈缠绕在细胞上,则认为是细胞"扭的"。

(4) 纵沟(sulcus):在细胞的腹面,有一条或深或浅的沟,其上有纵鞭着生。具甲类的纵沟主要在下体部,但其中有些物种的纵沟会侵入到上体部;在无甲类中,纵沟常和顶沟连接在一起,表明纵沟起源于上部。

(5) 鞭毛孔(flagellar pore):所有的甲藻在它们生活史的某个阶段都会有两根鞭毛,这些鞭毛从1个或2个孔伸出,这孔就是鞭毛孔,但其鞭毛只是从1个鞭毛孔中伸出来。有两种以上的原甲藻 Prorocentrum,尽管它们的围鞭毛甲板区域(periflagellar plate area)有两个鞭毛孔,但其鞭毛只是从1个鞭毛孔中伸出来。横裂甲藻中通常在纵沟区域有两个鞭毛孔,其中1个是可以看见的,另外1个就被腹缘(ventral edge)、捕食胞和纵沟甲板(sulcal plate)所阻挡而不可见。

(6) 上壳(epitheca=epicone=episome):横裂甲藻中横沟以上的细胞壁。

(7) 下壳(hepotheca=hepocone=heposome):横裂甲藻中横沟以下的细胞壁。

(8) 腹侧(ventral):在横裂甲藻中,腹侧是纵沟与横沟交汇点所在的一侧,鞭毛孔也常位于这一侧。

(9) 背侧(dorsal):横裂甲藻的背侧部分是与具有纵沟的腹侧部分相对应的。在光学显微镜下观察时,必须要搞清楚是面对腹侧还是由背侧透视到腹侧,否则就会观察到相反的图像。

(10) 侧面(lateral):细胞的左侧或右侧。在横裂甲藻中要分辨细胞的左、右侧,需要先找到细胞的纵沟,确定细胞的腹侧,然后就可以区分出左侧或右侧了。

甲藻根据鞘的囊体内是否具有纤维素分为无甲类和具甲类两大类。无甲类甲藻,细胞壁是薄的,壳的囊体内无纤维素;相对于裸露的无甲类,具甲类甲藻的细胞壁是厚的,其上有花纹,壳的囊体内具纤维素。所以在这两类的显微结构上,各有其独特的形态学术语。

无甲类横裂甲藻可以由以下综合特征鉴定到科、属和种:① 大小、形态、活体或完好固定细胞的各部位的比例;② 横沟位置、位移和悬垂(图 8-9);③ 纵沟的位置和入侵;④ 壳脊(thecal ridge)是否存在;⑤ 顶沟的有无,其形态和与纵沟的关系;⑥ 捕食胞的有无及其位置;⑦ 细胞核和线丝胞、眼点等细胞器的有无及其位置。

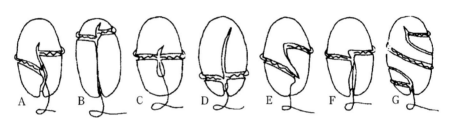

A. 纵沟侵入上鞘;B. 上位横沟;C. 中位横沟;
D. 下位横沟;E. 悬垂;F. 没有横沟侵入上鞘;G. 横沟扭曲

图 8-9 纵沟、横沟位置示意图

(引自 Tomas 1997)

无甲类有以下形态学术语:

(1) 顶沟(apical groove＝acrobase):位于无甲类上鞘的一道犁沟状结构。它可以是直的、弯的或环状的,在背腹侧都有,但在腹侧它不会超过横沟和纵沟的交叉点。

(2) 环状横沟(circular cingulum):横沟终端与起始端相遇的横沟类型。

(3) 位移横沟(displaced cingulum):横沟终端位于起始端之上或之下的横沟类型。如果横沟终端位于横沟起始端之上则称之为上旋(ascending),又称右旋(right handed);反之称为下旋(descending),又称左旋(left handed)。

(4) 中位横沟(median cingulum＝equatorial girdle):横沟位于细胞的中部。

(5) 下位横沟(postmedian cingulum):横沟位于细胞的中部以下。

(6) 上位横沟(premedian cingulum):横沟位于细胞的中部以上。

(7) 腹脊(ventral ridge＝ventral flange):纵沟侵入上鞘那一部分右侧的脊状突起,内部由微管复合体组成。

具甲类横裂甲藻可以由以下综合特征鉴定到科、属和种:① 大小、形态、活体或完好固定细胞的各部位的比例;② 横沟位置、位移和悬垂;③ 甲板的数量和排列方式;④ 顶孔复合体的有无及其组成形式;⑤ 纵沟边翅、鳍、横沟边翅、角、刺和肋的有无、位置和角度;

⑥ 壳面的花纹;⑦ 细胞器的有无和位置。具甲类的甲板厚度、壳面花纹和甲板排列方式都是不同的,甲板是它们区别于裸露种或无甲类的主要特征。具甲类有以下形态学术语:

(1) 眼纹(areolate):为具甲类中,壳面或深或浅的凹陷,其上具或不具隆起的边缘,边缘多边形或圆形,紧密相接。眼纹具有 1 个或 2 个孔。

(2) 齿状(denticulate):为壳面上的装饰物,基部大而顶端窄细,像牙齿。

(3) 凹陷(depression＝pit):为甲板表面上的装饰物,向下凹陷,一般具边缘,通常不紧密相连,其上可以有孔。

(4) 蠕虫爬迹形(vermiculate):为具甲类壳面上类似蠕虫爬迹形的突起和网纹模式。在新细胞的鞘面上可能会看不到这些表面装饰物。

(5) 边翅(list＝wing＝flange):为具甲类甲藻的膜的扩展,例如纵沟边翅和横沟边翅伸展出细胞主体。有些边翅会皱褶以形成蓝细菌共生的栖息处。

(6) 网纹(recticulae):为具甲类甲藻的甲板的表面装饰物,它是鼓起的、直的或不规则线形交叉组成的网状结构,或是不同形状和大小的网格。网纹有可能是不完整的。

(7) 肋(rib):为边翅的支撑物。如鳍藻目的纵沟边翅和原多甲藻 *Protoper-dinium* 的横沟边翅中都具有肋的结构。

(8) 刺(spine):为壳面上实心突出物,通常逐渐变细为一点,它可以或长或短,或宽或窄。

(9) 点条(striae):为具甲类或无甲类甲藻壳面的装饰物,呈经线或脊状延伸。在具甲类甲藻中点条可以被孔所中断,也可以与其他表面装饰物如网纹相连。

(10) 甲板方程(tabulation＝plate formula):具甲类甲藻的甲板按照从上到下、从左到右顺序的排列方式称为甲板方程。它一定程度上反映了甲藻的进化方向,也反映了甲板的相接方式和鞘面形态。甲板方程按不同的系列划分甲板。在 Kofoidian 命名系统中主要划分为 6 个横向的系列:顶板(′)、前间插板(a)、沟前板(″)、沟后板(‴)、后间插板(p)和底板(⁗),每个系列都用一个上标或斜体字母来表示。例如,3′表示有 3 个顶板。在 Kofoidian 的年代,甲板方程并不包括横沟、纵沟和顶孔复合体的甲板。最近的甲板方程中都加入了横沟甲板(c)、纵沟甲板(s)和顶孔复合体甲板,如顶孔板(Po)、围孔板(cp)以及 X 甲板(X)。甲板方程将这些甲板的符号合并起来拼写,如 Po,4′,0a,6″,8 c,5s,5‴,1p,3⁗。一个属内的甲板方程一般是稳定不变的,但由于甲板可以分裂或其他的原因,同一个属或种的某些甲板数目是在一定范围内波动的。甲板方程有不同的体系,以 Balech 改进的 Kofoidian 的体系最被广泛接受。

(11) 顶板(apical plate):为围绕和覆盖细胞顶部的甲板;在具有顶孔复合体的种则是与顶孔复合体相接的甲板。

(12) 底板(antapical plate):为覆盖细胞底部的甲板。Balech 认为它们是与纵沟甲板相接的甲板,它们不与横沟甲板相连。

(13) 顶孔复合体(apical pore complex-APC):许多具甲类海生横裂甲藻在细胞顶部具有一个顶孔。这个顶孔通常位于一个特殊的甲板上,这个甲板叫顶孔板。顶孔通常不一定是个圆形或卵形的孔,而是 1 个或 2 个裂隙。如果顶孔是圆形的,通常会有 1 个邻接或覆盖于其上的甲板,Balech 称其为盖板(canopy)。盖板是壳的外膜,覆盖于顶孔上,它是一个单独的甲板。盖板在样品准备过程中通常会脱落。另外,在顶孔腹部一侧的顶板叫管甲板(canal plate)或 X 甲板(X plate)。

(14) 第一顶板(first apical plate):为具甲类甲藻中,直接位于纵沟顶板上方的甲板。通常这个甲板直接位于顶孔复合体的下方,否则以一个垂直的缝隙相连,这时则称其为"错位"的第一顶板。错位的第一顶板也是直接位于纵沟顶板的上方。在原多甲藻 *Protoperdinium* 中,第一顶板可以是四边形、五边形或六边形,通常是分类鉴别的特征。

(15) 间插板(intercalary plate):为在具甲类甲藻中,在顶板和沟前板(前间插板 anterior intercalary plate)或底板和沟后板(后间插板 posterior intercalary plate)之间的甲板。前间插板不与顶孔板和横沟相连,后间插板不与横沟相连。在原多甲藻 *Protoperdinium* 中,第二前间插板可以是四边形、五边形和六边形,通常是分类鉴别的特征。

(16) X 甲板(X plate):在隐鞘藻 *Crypthecodinium* 和半甲藻 *Hemidinium* 中,横沟的末端并不在始端汇合处,而是在腹侧的右边。在此附近的一个甲板占据了横沟甲板(或沟后板)的位置,这个甲板就是 X 甲板。

(17) 过渡甲板(transitional plate=t):为位于横沟和纵沟交界处的一个小甲板。如果过渡甲板位于横沟左侧,则它属于第一块横沟甲板,如果它位于横沟的右侧它才可以真正算作过渡甲板(图 8-10)。

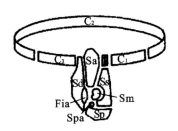

图 8-10　图示过渡甲板,由于位于细胞的左侧,所以应该是第一横沟甲板(C₁)

(重绘自 Taylor,1980)

(18) 同源甲板(homologous plate):为在甲板方程中定义为一个系列或一组的甲板。它是用来确定种或更高分类阶元之间关系的。如一个顶部错位的沟前板可能等同于第一顶板,或一个纵沟甲板可能等同于一个沟后板。可以从甲板重叠方式或形态上来确定同源甲板。

(19) 甲板覆瓦(plate overlap=imbrication):为在多甲藻目中两个相邻的甲板边缘斜向重叠。上层和下层甲板的排列决定了斜向的角度。甲板覆瓦的排列方式是鉴别同源甲板的特征(图 8-11)。

(20) 片间带(suture):为具甲类甲藻中甲板之间的清晰可见的线型边界,它是一个甲板的结束和另一个甲板的开始。在许多物种中,它是由粘连两块甲板的化学物质如多糖组成的。

(21) 腹孔(ventral pore):在一些膝沟藻目的物种中,第一顶板和其中的一块前间插板或顶板结合处会有一个小孔称为腹孔。有时这个小孔可能会出现在其中的一块顶板或前间插板中。腹孔是膝沟藻目和鳍藻类某些物种的鉴别特征。

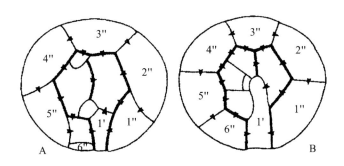

A. 化石种类　B. 多边舌甲藻 Lingulodimum polyedra

图 8-11　膝沟藻目中的甲板覆瓦,箭头显示重叠的方向

(重绘自 Gocht,1981)

(22)附着孔(attachment pore):具甲类或无甲类甲藻在沿经线轴形成链状群体时,细胞质通常是相通的。在这种情况下,具甲类在顶孔复合体的顶孔板上还有另外一个孔,这个孔叫附着孔。在亚历山大藻 Alexandrium 中附着孔与顶孔的相对位置是分类的鉴别特征。后附着孔位于后侧的纵沟甲板上,它也是鉴别特征。

(23)角(horn):在具甲类甲藻中,突出的顶部或底部的原生质体上会覆盖有甲板,这样的突出物称为角。顶角由顶板组成,而底角则由底板组成。但在角藻 Ceratium 中底角则由底板和后间插板构成,所以在角藻中底角叫下壳角(hypothecal horn)。角可以中空或部分中实。

常见甲藻属 Kofoidian 系统的甲板方程如表 8-1。

表 8-1　常见甲藻属 Kofoidian 系统的甲板方程

属	Po	cp	X	'	a	"	c	s	'''	p	''''
Centrodinium	+	0	0	2	3	7	5	?	5	0	2
Corythodinium	+	0	0	3	2	6	5	4?	5	0	1
Oxytoxum	+	0	0	5	0	6	5	4	5	0	1
Amphidiniopsis	+	0	0	4	1~3	5~6	3?	?	5	0	2
Roscoffia	+	0	0	4	0	5	3	3	5	0	1
Adenoides	+	0	0	3	0	5	5	6	5	4	2
Thecadinium	+	0	0	3	1	4	5?	5	3	0	1
Cladopyxis	+	0	0	3	3	7	6	7	6	0	2
Paleophalacroma	+	0	0	4	3	7	6	6	6	0	2
Coolia	+	0	0	3(4)	0	7(6)	6	6?	5	1	2
Ostreopsis	+	0	0	3(4)	0	7(6)	6	6?	5	1	2
Amphidoma	+	0	0?	6	0?	6	6	4?	6	0	2
Gambierdiscus	+	0	0	4	0	6	6	8	6	0	2

(续表)

属	Po	cp	X	′	a	″	c	s	‴	p	⁗
Amylax	+	0?	0	3	3	6	6	7~8	6	0	2
CeratocorVs	+	0?	0	3	1	5	6	10	5	0	1
Ceratium	+	0?	0	4	0	6	5~6	2+	6	0	2
Gonyaulax	+	0?	0	3	2	6	6	7	6	0	2
Lingulodinium	+	0?	0	3	3	6	6	7	6	0	2
Schuttiella	+	0?	0	2	1	6	6	9	6	0	2
Spiraulax	+	0?	0	3	2	6	6	7	6	0	2
Fragilidium	+	+	0	4~5	0	7~9	9~11	6~8	7~8	1	2
Pyrophacus	+	+	0	5~9	0~8	7~15	9~16	8	8~17	0~15	3
Alexandrium	+	+	0	4	0	6	6	9~10	5	0	2
Goniodoma	+	+	0	4	0	6	6	6	6	0	2
Heterodinium	+	+	0	3	2	6	6	?	6	0	3
Protoceratium	+	+	0	3	0	6	6	6	6	0	2
Pyrocystis	+	+	0	4	0	6	6	5~7	5	0	2
Pyrodinium	+	+	0	4~5	0	6	6	6	6	0	2
"*Phantom*"	+	+	+	4	1	5	6	4	5	0	2
Peridiniella	+	0	+	4	3~4	7	6	6~7	6	0	2
Ensiculifera	+	0	+	4	3	7	5	5	5	0	2
Pentapharsodinium	+	0	+	4	3?	7	5	4	5	0	2
Scrippsiella	+	0	+	4	3	7	6	4~5	5	0	2
Boreadinium	+	0	+	4	1	7	4	5	5	0	1
Diplopelta	+	0	+	4	1	6	4	6	5	0	2
Diplopsalis	+	0	+	3	1	6	4	5	5	0	1
Diplopsalopsis	+	0	+	4	1	7	4	6	5	0	2
Oblea	+	0	+	3	1	6	4	6	5	0	2
Preperidinium	+	0	+	4	1	7	4	5	5	0	1
Protoperidinium	+	0	+	4	2~3	7	4	6	5	0	2
Heterocapsa	+	+	+	6	3	7	6	5	5	0~1	2
Crypthocodinium	0	0	0	4	3	5+x	6	5	5	0	3
Gotius	0	0	0	4	1	6	4	5	5	0	2
Peridinium	0/+	0	0/+	4	3	7	5~6	5~6	5	0	2

（续表）

属	Po	cp	X	′	a	″	c	s	‴	p	⁗
Blepharocysta	+	+	+	3	1	5	3	4	4～5	0	1
Lissodinium	+	+	+	3	1	5	3	5	5	0	1
Podolampas	+	+	+	3	1	5	3	5	5	0	1

中国有记录的海生浮游种包括在以下 8 个目中（以下描述细胞大小的术语为：小型＜50 μm；中型＝50～100 μm；大型＞100 μm）。

原甲藻目 Prorocentrales

本目物种为具甲类，属原甲藻亚纲。纵裂甲藻目，鞭毛顶端着生。无横沟和纵沟。本目只有 1 个科——原甲藻科。

鉴定原甲藻目纵裂甲藻的形态分类术语如下：

（1）片间带增长区（metacytic growth zone）：原甲藻目的细胞增长发生在两个壳之间的缝隙，而鳍藻目 Dinophysiales 的细胞增长发生在壳裂缝处，这些区域就是片间带增长区。当片间带达到它的最大长度时，细胞本身长度和宽度也达到了最大值。

（2）围鞭毛甲板（periflagellar plate）：由围绕两个孔的前甲板（anterior plate）或小甲板（platelet）组成，其中的一个小孔是鞭毛孔。这些甲板在细胞的右壳。

（3）刺丝胞孔（pore＝trichocyst pore）：为横裂甲藻壳上的孔或通道，用于胞饮作用、刺丝胞或黏液胞（mucocyst）的排放等过程。刺丝胞孔的数量和位置在同一个种内是变化的。但在很多类群中，如原甲藻 *Prorocentrum*，刺丝胞孔的一般分布模式也是鉴定种的分类信息。

（4）壳（valve）：为原甲藻目或厚细胞壁的横裂甲藻中，两个相对各半的壳。右壳是可以由前端的围鞭毛甲板辨认出来。

原甲藻科 Prorocentraceae

本科的特征同原甲藻目。包括 3 个属，都为现今甲藻。中国常见的属为原甲藻属。

原甲藻属 *Prorocentrum* Ehrenberg，1883

本属为具甲类。藻体细胞小到中型，壳面观细胞形态从圆球形到梨形。细胞营自养型生活方式，具有色素体。细胞壳从凸起到凹入。细胞具有两根不同形态的鞭毛。有些种两根鞭毛从一个鞭毛孔中伸出，在围鞭毛孔甲板区的另外一个孔可能同分泌黏液和附着有关。有些种两根鞭毛分别从不同的鞭毛孔中伸出。有些种具有前端翼刺（称为"齿"）或短的前端突出物。细胞表面具有孔、孔纹和小刺等结构。细胞内含有 1 个中央淀粉核，细胞核位于藻体后端，前端具有液泡。细胞壁左右两瓣，分别称为左壳和右壳。有 5～14 个（通常 8 个）围鞭毛甲板，它们位于右壳的前端。本属约 50 种，营底栖、浮游或附着生活。海水和淡水中都存在。浮游的种常常可以形成水华，而许多底栖的种通常有毒，并且可以达到很高的密度。

闪光原甲藻 *Prorocentrum micans* **Ehrenberg**

细胞卵形或略似心脏形,左右侧扁,后端尖,前端或中部较宽。壳面自中央分成相等的两瓣。鞭毛两条,自细胞前端两半壳之间出生,一条向前,另一条环绕细胞前端。鞭毛孔的附近,在一个壳上有一角状突起。壳面上除纵裂线的两侧外,布满小孔。色素体多数小盘状,棕黄色(图 8-12)。细胞直径 22 μm,长 38 μm。本种近岸河口及外海远洋均有分布。北海、波罗的海、丹麦海以夏季较多,地中海大量出现于早春,太平洋、大西洋及印度洋均有分布。闪光原甲藻是一种发光的赤潮生物,当赤潮发生的前一天,海面上即可看到发光现象。海水逐渐呈现红色,最后变为棕色而发出臭味。中国的渤海、黄海、东海、香港和南沙群岛等水域也有分布,是形成赤潮的主要物种之一。

图 8-12 闪光原甲藻 *Prorocentrum micans* **Ehrenberg**

(引自 Tomas 等,1997)

鳍藻目 Dinophysiaoes

本目是横裂甲藻中特殊的一类,细胞左右侧扁,有与长轴平行的纵裂线将细胞分成左右两瓣,但也有明显的横沟。横沟靠近细胞前部,因而上壳小,下壳大。纵沟短,在腹面横沟以后与纵裂线重合。邻接横沟与纵沟的各片甲板,边缘生出宽如翼状的边翅,有些种沿纵裂线的边翅特别发达,一直延长到细胞后端及背面,边翅上一般都有肋刺,可以加强其抵抗水流及其他机械作用(图 8-13)。壳面共有 18 或 19 块甲板组成,分为顶(A)、上壳(E)、横沟(C)、纵沟(S)和下壳(H)系列。本目有 3 个科 16 个属,中国已有记录的海产浮游的有 2 科。即鳍藻科和双管藻科。

鳍藻科(翅甲藻体)Dinophysiaceae

本科为具甲类。细胞大型,梨形细胞可以超过 1 mm。细胞可以明显地分为头部、脖部、肩部、窄体部、膨胀的中部和足部。细胞左右侧扁,卵形或后端不规则突出,横沟及纵沟边缘均有发达的边翅。壳面由 18 块甲板组成,分成 5 组:顶部(A)分为两块,即左顶板(A_1)和右顶板(A_2);上壳(E)4 块,即上壳左腹片(E_1)、上壳左背片(E_2)、上壳右背片(E_3)和上壳右腹片(E_4);下壳(H)4 块,即下壳左腹片(H_1)、下壳左背片(H_2)、下壳右背片(H_3)、下壳右腹片(H_4);横沟(C)4 块,即横沟左腹片(C_1)、横沟左背片(C_2)、横沟右背片(C_3)和横沟右腹片(C_4);纵沟(S)4 块,即纵沟前板(Sa)、纵沟右片(Sd)、纵沟后片(Sp)和纵沟左片(Ss),其中纵沟前板和纵沟右片是加长的(图 8-13)。本科共有 15 属,其中两个属是化石种类。中国已有记录的有 4 个属,鳍藻属、法拉藻属、帆鳍藻属和鸟尾藻属,常见的是鳍藻属。

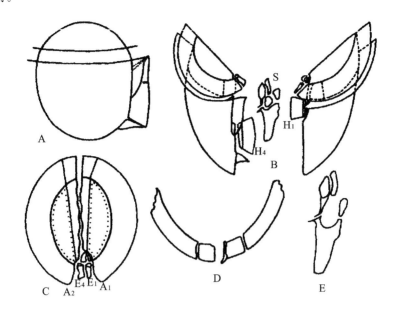

A. 侧面观　B. 解剖的腹区　C. 顶面观　D. 横沟甲板　E. 纵沟甲板
S. 纵沟甲片；H₁ 下壳左腹片；H₄ 下壳右腹片

图 8-13　鳍藻目甲板结构示意图

（引自 Balech，1980）

鳍藻属（翅甲藻属）*Dinophysis* Ehrenberg，1839

藻体侧面观一般似卵形、椭圆形、倒卵形、梨形或体形较长且后端延伸成 1～2 个突出的构造，左右侧扁。上壳短，一般不突出，或仅少许突出于横沟前边翅以上。上壳主要由两块顶板 A₁ 和 A₂ 组成，4 块上壳甲板很小。横沟窄，前后差不多等宽，或略凸出，或凹陷。下壳为藻体的主要部分，下壳的 H₁ 和 H₄ 也很小，主要部分为 H₂ 和 H₃。纵沟甲板 4 块围绕鞭毛孔。横沟边翅一般都向上伸展，上边翅较宽，一般有肋刺，下边翅较窄，多数不具肋刺，纵沟也有明显的边翅。右边翅为横沟下边翅向后延长的部分，左边翅较长而宽，有 3 条明显的肋刺（R₁，R₂，R₃）。色素体有或无。本属的主要特征是横沟上边翅发达，形成漏斗状结构。本属约有 100 种。中国沿海已记录的有 10 余种。

具尾鳍藻 *Dinophysis caudata* Saville-Kent

细胞中型，长为 71～107 μm，左右侧扁，背腹直径约为长度的 1/2。上壳中央很平看不出突起。下壳自前向后背腹面逐渐加宽。背面显著隆起，下壳最后的 1/3 部分又突然收缩形成一个粗而末端尖的底角，直伸向后或斜向伸出（图 8-14）。横沟上边翅较宽；腹面比背面更宽一些，漏斗状有短的隆起线。下边翅较开展，其宽度仅为前者的一半。腹区左边翅长达底角的基部，自前向后逐渐加宽，具有明显的网状隆起。壳面薄而透明，有许多小孔。色素体为黄色颗粒状。有时 2～3 个细胞以背面的隆起部分连成群体。本种为暖水种，产于温带、亚热带及热带海区。在中国福建厦门、浙江舟山群岛海域曾有记录，东海的连云港及南海均有分布。本种可产生腹泻性贝毒(DSP)。

法拉藻(秃甲藻)属 *Phalacroma* Stein,1883

藻体为中型到大型细胞。藻体形态同鳍藻属相似。上壳比下壳明显短。横沟边翅发达,但不形成漏斗状结构。大部分为大洋性物种,营异养型生活方式。本属约有 100 种。

圆法拉藻 *Phalacroma rotundatum* (Claparade & Lachmann) Kofoid & Michener

细胞中型,长为 $36\sim56\mu m$。上壳圆,顶点平。细胞左右侧扁。横沟边翅发达,但遮盖不住上壳。肋刺 R_1 和 R_2 紧密相邻。纵沟左边翅发达,长可达体长的一半。纵沟右边翅窄,但较纵沟左边长,可达 R_3(图 8-15)。分布于近岸和大洋中,世界广布种。在中国见于黄海和东海。

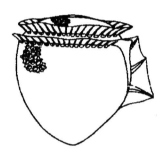

图 8-14　具尾鳍藻 *Dinophysis caudata* Saville-Kent

(引自 Tomas 等,1997)

图 8-15　圆法拉藻 *Phalacroma rotundatum* Claparade & Lachmann) Kofoid & Michener

(引自 Tomas 等,1997)

帆鳍藻属 *Histioneis* Stein,1883

本属为具甲类。藻体为小型到大型细胞。藻体形态亚圆球形、肾脏形、亚肾脏形。藻体具有华丽的翅、肋系统和大的横沟室(cingular chamber)。形态特殊,较易辨认。横沟下边翅发达呈杯状,横沟上边翅较小呈漏斗状。纵沟左边翅发达而纵沟右边翅退化。缺乏色素体。细胞表面具有孔或孔纹。暖温带和热带大洋性种类。本属约有 100 种。在我国见于黑潮暖流和南海。

米切尔帆鳍藻 *Histioneis mitchellana* Murray & Whitting

细胞大型,长为 $100\sim120\ \mu m$,船形。横沟上边翅窄,漏洞状。横沟下边翅发达,具网纹结构。纵沟左边翅发达,边缘平缓,具透明窗孔(图 8-16)。本种广泛分布于亚热带、热带海域。在中国见于黑潮暖流和南海。

鸟尾藻属 *Ornithocercus* Stein,1883

细胞侧面观呈圆形、椭圆形、卵圆形、三角形或近似梯形。一般体长比体厚为 0.76:1 ~1.24:1,左右侧扁。上壳短盘形,其厚度为下壳的 0.37~0.67 倍。横沟背侧比腹侧宽,背侧凹,腹侧平或凸出。边翅很宽,为细胞厚度的 0.37~1.46 倍,前边翅具 4~24 条肋刺,后边翅具 6~24 条肋翅,有的肋刺成网状。纵沟右边翅小,左边翅大,常达细胞末端或延至背后,由 2~5 个圆形或四角形的裂片组成,有 4~15 条放射排列的肋刺,有的种在这些肋刺的末端还有一条肋刺相连,肋刺长有小分枝。本属分布于热带近岸和大洋,约 25 种。在中国报道 5 种。

赛氏鸟尾藻 *Ornithocercus thurni* Schmidt(Kofoid & Skogsberg)

细胞中型,长为 43.7~81.5 μm,侧面观呈圆形。横沟上边翅有 5~9 条,末端分叉或无数短分枝的肋刺,横沟下边翅具 11~16 条不分枝的肋刺。纵沟左边翅终于细胞的背面但距横沟较远,分成 3 个较宽的裂片,其中一个在腹面,一个在底面,一个在背面。有 5 条肋刺末端被一条边缘肋刺相连成网状(图 8-17)。本种主要分布在热带、亚热带及暖温带海洋,在中国曾见于南海及东海南部。

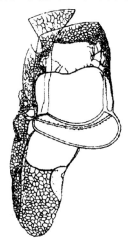

图 8-16 米切尔帆鳍藻 *Histioneis mitchellana* Murray & Whitting
(引自 Balech,1988)

图 8-17 赛氏鸟尾藻 *Ornithocercus thurni* Schmidt(Kofoid & Skogsberg)
(引自 tomas 等,1997)

双管藻科 Amphisoleniaceae

双管藻科藻体细长,长宽比大于 4,直或略呈 S 状,自前向后分为“头”、“颈”、“前突”、“中体”和“后突”5 个部分。“头”部有横沟环绕,上壳很小且扁平或略凸出。“颈”部圆柱形或两侧扁平。“前突”比颈部宽而短。“中体”部为细胞直径最大的部分,侧面观常呈管状、三角形、卵形、圆形、椭圆形或袋形。“后突”1 或 2 个,细长且与颈部等宽或略宽一些。横沟斜生于头部,边翅向前伸出,透明或有肋刺。纵沟在横沟以下,与颈部等长,鞭毛孔在纵沟的末端。只有横鞭 1 条,自鞭毛孔伸出后沿纵沟向前环绕于横沟内。色素体为黄褐色,也有无色的物种。有甲藻液泡。本科主要为暖水种,分布在热带、亚热带和暖温带海洋中,有 2 属,近 50 种。在中国东海和南海分布有双管藻属和三管藻属。

双管藻属 *Amphisolenia* Stein,1883

本属为具甲类。藻体一般较长,可达 1 mm 以上,直或 S 状具有 1 个。有的种末端有 1~4 个分枝。部分甲板上有孔。具色素体。有时在横沟边翅外共生有蓝细菌。壳面由

18块甲板组成,分成5组,顶部分为2块,上壳4块,下壳4块,横沟4块,纵沟4块。纵沟前板和纵沟右片是加长的。横沟环状。本属物种主要分布在热带及亚热带海区,在中国分布于东海和南海。

二齿双管藻 *Amphisolenia bidentata* Schröder

细胞大型,长为716~990 μm,直或略呈S状弯曲,"头"部宽,长为2∶1~3∶1,上壳略凸出。"中体"梭形,逐渐过度成"前突"和"后突",从鞭毛孔到后突的长度为"颈"长的3.5~5.5倍,与细胞长度的比例为30.3∶1~67.7∶1。"后突"为"颈"长的8~73.5倍。末端部分向腹面90°弯转呈足形,在转弯的地方,左下壳有一个短棘,末端有两个带棘的短角(图8-18)。本种主要分布于太平洋的热带及亚热带海区,在中国曾见于南海西沙群岛海区。

三管藻属 *Triposolenia* Kofoid,1906

本属为具甲类。藻体一般较长,可达300 μm,形态与双管藻相似,但有两个"腿"。身体三角状有3个延伸。具色素体。本属物种主要分布在热带及亚热带海区。在中国,分布于东海和南海,发现有中型三管藻 *Triposolenia intermedia* 和双角三管藻 *Triposolenia bicornis* 两种。

双角三管藻 *Triposolenia bicornis* Kofoid(图8-19)

细胞大型,体长为120~150 μm,双锥形。上壳圆而低。"颈"部加长,背部弯曲。两底角向外伸展,于末端内收平行于纵轴。亚热带、热带大洋性种。在中国见于黑潮暖流和南海。

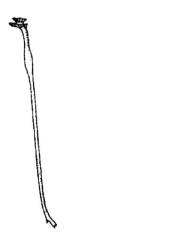 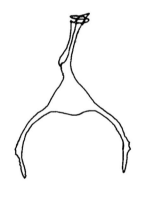

图 8-18　二齿双管藻 *Amphisolenia bidentata* Schröder　图 8-19　双角三管藻 *Triposolenia bicornis* Kofoid
　　　　　(引自 Tomas 等,1997)　　　　　　　　　　　　　　　(引自 Schiller,1933)

裸甲藻目 Gymnodiniales

本目包括大部分裸露(不具厚壁)或仅有固定形状的周质膜的物种,具明显的横沟和纵沟。具或不具色素体、线丝胞、眼点和硅质内构造等。绝大多数种主要分布在外海或者在至少是受沿岸影响小的海区。许多种对盐度、温度、光强以及溶解氧的变化极其敏感，在采水及网浮的标本中，细胞很快就会解体或变形而看不出其原来的形态构造。因而对这些种的研究是比较困难的。本目包括 5 科 31 属，其中 5 个属为化石属。在中国沿海曾见到的仅两科，裸甲藻科和多沟藻科。

裸甲藻科 Gymnodiniaceae

本科物种均有发达的横沟和纵沟，但其长度变化很大，横沟的长度可围绕细胞 0.5～4 周，纵沟的长度也随细胞扭曲的程度而不同。细胞核在细胞的中央。有时不具核膜，染色质粒常呈念珠状。有甲藻液泡。海生种一般不具色素体，细胞质呈棕黄色或粉红色。细胞膜上常有条状纹。本科包括 17 个属，其中 1 个为化石属。常见的属有前沟藻属、螺沟藻属、旋沟藻属、下沟藻属、凯伦藻属等。

前沟藻属 *Amphidinium* Claparède *at* Lachmann，1859

本属为无甲类。细胞小型到大型、球形、陀螺形或双锥形，细胞背腹或左右略扁。细胞具或不具厚的壳，纵条纹有或无。上壳短，小于或等于细胞体长的 1/3。横沟在前中部，明显，具或不具横沟位移。有些种具有纤维状的纵沟条纹。色素体有或无。营吞噬生活方式的种具有捕食胞。存在于淡水和近岸环境中，大约有 100 种。

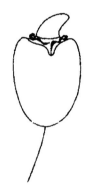

图 8-20　卡特前沟藻
Amphidinium carterae
Hulburt
（引自 Tomas 等，1997）

卡特前沟藻 *Amphidinium carterae* **Hulburt**

细胞小型，营浮游生活，双锥形，具有纵生的嵴。长为 11～24 μm，宽为 6～17 μm。上壳小于或相当于体长的 1/3。横沟前位。色素体紧贴体壁，内含淀粉核，色素含量低（图 8-20）。细胞表面覆盖多糖-蛋白质复合物，有毒。本种属世界性分布种，分布于热带和温带水域。在中国本种主要分布在南海。

环沟藻属 *Cochlodinium* Schuett，1896

本属为无甲类。细胞小型到大型，梨形、双锥形、卵形或水滴形。横沟旋转 1.5 圈以上。通常具有顶沟。细胞体由于横沟扭曲而呈扭曲状。缺乏线丝胞和眼点。色素体有或无。常形成包囊。温带或暖水近岸种，本属大约 50 种。

多环环沟藻 *Cochlodinium polykrikoides* **Margelef**

藻体有游泳单细胞和链状群体两种形态。游泳单细胞为椭球形，细胞长径为 30～40 μm，短径为 20～30 μm。横沟深，左旋，绕细胞 1.8～1.9 周，其始端和末端离细胞顶端分别为细胞长度的 1/4 和 9/10，横沟位移约为细胞长度的 3/5；纵沟窄，起于横沟的始端，在横沟的下方随横沟绕细胞一周后至细胞腹面右侧急降，与横沟末端会合后继续下行至细胞底端。细胞底端不对称，腹面观右侧较左侧稍窄，并向下略突出。横沟的旋转方式在个体间略存在差异，如果横沟与纵沟在下壳的会合处接近贯顶轴的中央，细胞底端的不对称性就变得不明显。顶沟起于横沟的上壳，向上经细胞右侧绕过顶端直至背面。链状群体的细胞数一般少于 8 个,但偶尔可见 16 个(图 8-21)。各细胞由于上壳位或下壳位发育不完全,细胞长度比单细胞个体短。细胞核位于细胞的上壳位。色素体黄褐色,大多为椭球形或棒状,充满细胞内部。在上壳位背面近顶端处有一红色的眼点。本种为世界广布种,常见于暖温带和热带水域。国外最初发现于葡萄牙南岸,美国大西洋一侧的 Barnegat 湾曾发生本种引发的赤潮。本种为日本中、西部近岸水域的常见种,并在九州西岸和熊野滩近岸水域经常引发赤潮,使养殖业深受其害。在中国发现于珠江口海域,并在桂山岛近海的赤潮中出现。本种为有毒赤潮生物,能使鱼致死。

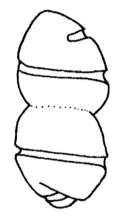

图 8-21　多环环沟藻
Cochlodinium polykrikoides
Margelef
(引自 Tomas 等,1997)

旋沟藻属 *Gyrodinium* Kofoid *et* Swezy,1921

本属藻体细胞梨形、双锥形、卵形或水滴形。长为 23～155 μm。有时细胞背腹或两侧稍扁。横沟左旋,突出或不突出,横沟位移超过体长的 1/5。纵沟纵行或扭曲,但不超过细胞直径的 1/2,常伸入上壳。有些种具有顶沟。细胞核一般在中部。有甲藻液泡。表面光滑或具条纹。多数种不具色素体,营异养型生活方式,常可见食物胞。淡水、海水均有,河口、近岸到远洋,北极到温带、热带海洋均有分布。已知有 100 多种,采水样品中可见到本属物种。

旋沟藻 *Gyrodinium spirale*(Bergh)Kofoid&Swezy

细胞中型到大型,长为 55～80 μm,直径为 22～32 μm。营单细胞游泳生活。藻体纺锤状,沿纵轴轻微扭曲。壳面有清晰的纵条纹贯穿细胞全体(图 8-22)。横沟窄,横沟位移为细胞长度的 1/3。上壳渐尖向右弯曲,下壳轻微二裂,右侧长于左侧。不具色素体。细胞核拉长,位于细胞中部。具食物胞。本种为世界广布种,常见于温带和亚热带海域,分布于黄海大连湾、南海珠江口海域。

下沟藻属 *Katodinium* Fott,1957

本属藻体细胞裸露。小的裸甲藻型横沟位于中后部,不易辨认。细胞梨形、倒螺旋形、棍棒形、蘑菇形。细胞壳具脊或肋。上壳是下壳的两倍以上。壳常具有薄的甲板。外膜覆盖有鳞片。鳞片三角形,具有 6 个发散性的肋和 9 个周边小刺。色素体有或无。营浮游或底栖生活。广泛分布于近岸、河口和大洋中。本属约有 30 种。

灰白下沟藻 *Katodinium glaucum*(Lebour)LoeblichⅢ

藻体中型,单独营游泳生活。藻体外形呈纺锤状,直径最大处在细胞中央或近中央处,横断面近圆形,细胞长径为 25～35 μm,短径为 14～16 μm。细胞顶端和底端都为尖圆锥形,但上壳比下壳宽大,占细胞的大部分。横沟左旋,宽且深入细胞里面,横沟下位,横沟位移约为细胞长度的 1/4。纵沟较短,直达细胞底部(图 8-23)。横鞭毛沿着横沟绕细胞一周,纵鞭毛从横鞭毛孔略下方的纵鞭毛孔伸出后,向细胞后方延伸,其长度一般比细胞略长。细胞核位于横沟上方的细胞近中央处。细胞不具色素体,营异养型生活方式。在光学显微镜下,活体细胞一般呈浅灰色,表面可见纵向条纹,但有些个体较难观察到。上壳常可见到与摄食有关的黄褐色卵形颗粒。本种为世界性广布种,常见于温带和热带的内湾水域。在中国报道于珠江口。

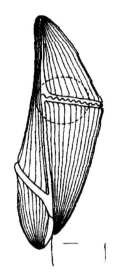

图 8-22　旋沟藻 *Gyrodinium spirale*
(Bergh)Kofoid & Swezy
(引自 Tomas 等,1997)

图 8-23　灰白下沟藻 *Katodinium glaucum*
(Lebour)Loeblich
(引自 Tomas 等,1997)

裸甲藻属 *Gymnodinium* Stein,1878

本属藻体细胞椭球形或双锥形,长为 11~210 μm。单细胞或链状群体。横沟在细胞中部,环状或左旋,两端位移距离不超过体长的 1/5。纵沟自前端到后端或比较短,常伸入上鞘。细胞核在下体部,常不具核膜。有甲藻液泡。细胞质无色或为金褐色、绿色或黄绿色。有些种有色素体。有的细胞壳表面光滑,有的有隆起或凹入的条纹。本属有淡水、半咸水及海生者,远洋及近岸都有。主要分布温带海洋,约 200 多种,新鲜的采水样品中可见到本属的物种。

链状裸甲藻 *Gymnodinium catenatum* Graham

藻体有游泳单细胞和链状群体两种。游泳单细胞体为长卵形,背腹近圆形,体长为 48~65 μm,直径为 30~43 μm。上壳呈顶端略平的圆锥形,明显比下壳小(图 8-24)。侧面观顶端略倾斜,背部向外凸出。下锥底部因纵沟而略为凹陷。横沟深,位于细胞中下部,横沟位移为横沟宽的 2~3 倍。纵沟始于细胞近顶端处,环绕顶端延伸至接近底部,在横沟始末两端处略呈 S 形走向。顶沟始于纵沟前端,绕顶端一周后消失于始端近处。细胞表面有小的起伏和纵向条纹。椭球形的细胞核位于细胞中央。色素体小,呈黄褐色密布于细胞内。常见脂肪粒和淀粉粒等贮存物。该种一般为链状群体,细胞数一般在 16

图 8-24　链状裸甲藻
Gymnodinium catenatum
Graham
(引自 Tomas 等,1997)

个以上,最多可达64个。细胞下壳显著内凹,与下面细胞的上壳嵌合而成链状。各细胞的长度随群体细胞数的增加而相应缩短。长链细胞的横沟始末位移也相对较窄。休眠包囊球形,直径35~55 μm,其表面可见微小的网纹,以及与游泳细胞的横沟、纵沟、顶沟和鞭毛孔相对应的结构痕迹。本种主要分布于北美、欧洲、澳大利亚和日本,是发生麻痹性贝毒的原因生物之一。本种是中国珠江口海域和东南沿海的潜在有毒赤潮原因种,可产生麻痹性贝毒(PSP)。近年来应用分子生物学的手段(如大亚基 rDNA 序列的比较),结合对藻类超微结构的研究,有些分类学家将裸甲藻属分离为4个属,即凯伦藻属 *Karenia*、卡洛藻属 *Karlodinium*、裸甲藻属 *Gymnodinium* 和阿卡藻属 *Akashiwo*。其中有几种是中国海域常见的种,原先是在裸甲藻属中,现在迁移到凯伦藻属和阿卡藻属中。虽然应用分子生物学分类提供了一些自然分类体系的直接证据,但是大多数藻类分类学家仍然坚持以形态分类为主。

凯伦藻属 *Karenia* Hansen at Moestrup,2000

本属为无甲类。辅助色素类胡萝卜素主要组成为墨角藻黄素、19′-己酰基氧墨角藻黄素或 19′-丁酰基氧墨角藻黄素。核膜囊状无核孔。顶沟直。

短凯伦藻 *Karenia breuis* (Davis) Hansen & Moestrup

细胞小型。背腹侧扁。上壳圆锥形,顶端中部在腹侧隆起,中间有凹陷,使得上壳轻度二裂。腹侧凹陷,而背侧凸起。细胞右侧较左侧宽而平(图8-25)。横沟中位,下旋,横沟位移可达横沟宽度的2倍。横沟具纵向的鞘脊。纵沟侵入上鞘,达上壳高度的1/3。顶沟从纵沟在上壳末梢处的右侧开始,在上壳腹侧延伸直至上壳背侧。顶沟右边加厚。腹脊有波动,容易鉴别。细胞核圆球形,位于细胞体左后的1/4胞体内。具色素体,色素体位于细胞周缘。常形成链状群体,群体细胞丰度可以达到 10^8/L。本种主要分布在暖温带到热带的沿岸水域和内湾,有时在大洋出现。日本西部沿岸水域、美国、墨西哥湾曾发生赤潮,引起鱼类大量死亡。在中国广东沿岸、大亚湾和大鹏湾水域有分布。该藻可产生神经性贝毒(NSP)。

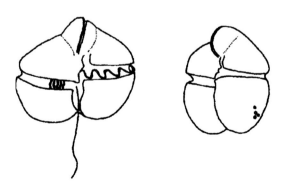

图 8-25 短凯伦藻 *Karenia breuis* (Davis) Hansen & Moestrup

(引自 Tomlas 等,1997)

阿卡(赤潮)藻属 *Akashiwo* Hansen & Moestrup,2000

本属为无甲类。类胡萝卜素主要成份为多甲藻素。核膜具真核细胞特征。不具鞭毛器与细胞核之间的背连接(dorsal connective),又称核纤维连接器(nuclear fibrous cnnector,NFC)。顶沟顺时针方向围绕在顶端。

血红阿卡藻 *Akashiwo sanguinea* (Hirasaka) Hansen & Moestrup

藻体小型到中型,形态变化较大。典型细胞轮廓形态腹面观呈五边形,上壳宽锥形,下壳二裂。上、下壳近相等。横沟下旋,横沟位移可达横沟宽度的 1 倍(图 8-26)。纵沟小侵入上壳,但深陷入下壳。顶沟顺时针方向围绕在顶端。具色素体,中心放射状排列于细胞内。细胞核大,位于细胞中央。产生毒素,能使鱼致死。本种分布于温带到热带的河口和近岸水域中,为世界广布种。在中国本种发现于黄海青岛胶州湾、东海和南海广东近岸水域中。

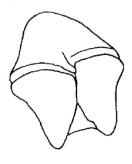

图 8-26　血红阿卡藻
Akashiwo sanguinea
(Hirasaka) Hansen &
Moestrup
(引自 Tomas 等,1997)

多沟藻科 Polykrikaceae

本科藻体为 2 个、4 个或 8 个细胞的链状群体。每个细胞具有典犁裸甲藻式的构造,横沟左旋,纵沟自顶端到末端。细胞内有色素体或不具色素体。

多沟藻属 *Polykrikos* Bütschli,1873

本属藻体细胞裸露。小到大型细胞,常以两个细胞形式假聚生在一起,或形成 2 个、4 个或 8 个细胞的链状群体,各细胞以相同的方向排列,有时看起来是一个细胞。上壳圆球形,下壳二裂或圆球形。各细胞的纵沟接连成一条,每个细胞都有一条横鞭,一条纵鞭,细胞核的数目为细胞数目的一半。无色素体,营吞噬型生活方式。细胞内具或不具线丝胞。细胞下壳有的种有纵条纹。在中国东海舟山群岛曾记录 1 种——史氏链环藻 *Polykrikos schwarg*,下壳没有纵条纹。海生暖水性种,远洋及近岸都有分布。

斯氏多沟藻 *Polykrikos schwartzii* Bütschli

细胞中型到大型,营群体浮游生活,长椭球形,由 2~8 个小细胞组成。群体长为 80~130 μm,直径为 40~55 μm(图 8-27)。小细胞的纵轴极短,横切面为卵圆形,无法从群体游离出单个游泳细胞。横沟宽且深,位于每个细胞的近中央部,横沟位移小于横沟宽。纵沟窄且直,作为每个细胞的共同纵沟从群体顶端直达底端。群体顶端略呈凸圆形,底端因底部小细胞的纵沟而呈 V 字形。底部小细胞的纵鞭毛比其他细胞的略长。无眼点和触手,但有线丝胞。细胞核球形,位于群体左侧,一般为群体细胞数的一半。无色素体,营吞噬型生活方式。本种游泳速度很快,呈螺旋推进式,在游动中身体可以弯曲,长链群体会产生纵向的扭曲,使纵沟不在一条直线上。在光学显微镜下观察时,藻体死亡很快,而且死后立即裂解。用福尔马林固定后,藻体虽不会很快裂解,但体积显著萎缩,体长缩至 40~50 μm,体宽缩至 30~35 μm,且壳面花纹消失难以辨认。包囊为长椭球形,比营养体略小,长为 75~85 μm,直径为 38~48 μm。囊壁呈深褐色,具粗糙的网纹和棒状的突起。本种为广布种,在欧洲、美国和日本等都有记录。在中国的黄海大连湾、东海的舟山群岛、厦门以及南海珠江口、海南等水域都有分布。

灰沟藻属 *Pheopolykrikos* Chatton emend Matsuoka&Fukuyo,1933

本属藻体细胞裸露。小到中型,常以两个细胞形式假聚生在一起,或以单细胞形式出现。上壳圆球形,下壳二裂或圆球形。横沟上位,左旋。上壳具顶沟。假聚生细胞具一个细胞核,位于细胞中部。背腹不侧扁,不具线丝胞。无色素体,营吞噬型生活方式。产生包囊。本属5种。

哈氏灰沟藻 *Pheopolykrikos hartmannii*(Zimmerman)Matsuoka&Fukuyo

藻体通常是两个细胞构成的假聚生群体,长约 60 μm,直径约 40 μm,横切面为圆形。群体顶端较平坦,底端则为钝圆锥状,近中央处最宽(图 8-28)。假聚生群体两细胞的大小相等,接合部可见浅沟。细胞的横沟始于中央或略前处,左旋。横沟位移为横沟宽的 2 倍以上。纵沟始于近前端,垂直向下,到群体近后端处慢慢变宽。随着群体的生长,小细胞分离成 2 个单独的游泳细胞,此细胞经过生长又分裂成 2 个细胞的假聚生群体。假聚生群体的细胞数只有 2 个,未见 4 细胞或 8 细胞的群体。细胞有多个黄褐色的色素体,2 个核分别位于各自细胞的中央。本种孢囊为茶褐色、直径约 40 μm 的球体,球体表面密生刺状突起。包囊有色素体和细胞核。古口为直线形的口,约占壳面的 1/3 周。本种在美洲、欧洲和亚洲都有分布,为温带和热带水域的常见种。在日本西南沿海为常见种,但数量并不占优。中国南海广东沿海及内湾有报道。

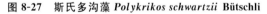
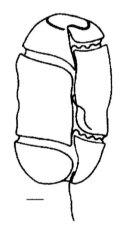

图 8-27　斯氏多沟藻 *Polykrikos schwartzii* Bütschli

(引自 Docle,1982)

图 8-28　哈氏灰沟藻 *Pheopolykrikos hartmannii*(Zimmerman)Matsuoka&Fukuyo

(引自 Tomas 等,1997)

苏斯藻目 Suessiales

苏斯藻目包括一个现存甲藻科——共生藻科 Symbiodiniaceae 和一个化石甲藻科——苏斯藻科 suessiaceae。

共生藻科 Symbiodiniaceae

藻体球形,共生于海洋无脊椎动物体内。双鞭毛游动细胞,在壳液泡中含有薄的甲板。甲板水平排列为 7 列。横沟有两列甲板组成。其甲板构成是介于无甲类和具甲类之间的类型。

共生藻属 *Symbiodinium* Freudenthal,1962

本属藻体分为两个时期,球状体期(coccoid stage)和甲藻孢子期(dinospore stage),两个时期都有色素体存在。有50 个以上的甲板,但由于存在小瘤和小乳突而不易辨认。横沟甲板层叠的排列,上壳具有一个顶沟,不具顶孔复合体。本属约 25 种。

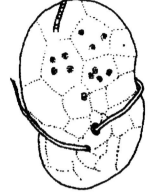

小亚得里亚共生藻 *Symbiodinium microadriaticum* Freuden-thal

藻体细胞圆球形,直径小于 10 μm,顶部和底部钝圆(图8-29)。上壳和下壳等长,上壳略宽于下壳。横沟较宽。常共生于热带海域珊瑚、腔肠动物和无脊椎动物体内。

图 8-29　小亚得里亚共生藻
Symbiodinium microadriaticum
Freuden-thal
(引自 Tomas 等,1997)

夜光藻目 Noctilucales

本目细胞大型。为自由生活的无甲类,细胞具有大的液泡以适应浮游生活。营吞噬型生活方式。鞭毛退化或缺失。本目共 3 个科,在中国常见的为夜光藻科物种。

夜光藻科 Noctiluaceae

藻体球形,具有一个能动的触手,幼体形状很像裸甲藻,成长后,横沟及二鞭毛均不明显。只有夜光藻属 *Noctiluca* suriray1 个属,夜光藻是发光种,也是赤潮生物之一。

夜光藻属 *Noctiluca* Suriray,1836

夜光藻 *Noctiluca scintillans* (Mac-artney) Kofoid & Swezy

属无甲类。藻体近圆球形,游泳生活,细胞直径为 200~1000 μm,肉眼可见。细胞壁透明,由两层胶状物质组成,表面有许多微孔(图 8-30)。口腔位于细胞横沟、纵沟交汇处,上面有一条长的触手,触手基部有两条短小的鞭毛,靠近触手的齿状突出有横沟退化的痕迹;纵沟在细胞的腹面中央。细胞内原生质淡红色,细胞核小球形,由中央原生质包围,不具色素体,营吞噬型生活方式。本种是世界性的赤潮生物。也是中国沿海引起赤潮最普遍的原因种。本种具有毒性。

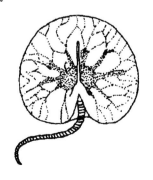

图 8-30　夜光藻 *Noctiluca scintillans*
(Mac-artney) Kofoid & Swezy
(引自 Tomas 等,1997)

膝沟藻目 Gonyaulacales

本目为具甲类。细胞甲板不对称排列。具顶孔复合体,缺乏 X 甲板或管甲板。甲板方程通常为:$3'\sim4',5''\sim7'',5c\sim6c,5'''\sim6''',1''''\sim3'''',0p\sim1p$。$1'$通常不对称。

角藻科 Geratocaoryaceae

角藻科是膝沟藻目的第一大科,本科最显著的特征是有 2～4 个角,有的角由沟后板组成,有的角由 $1''''$ 和相邻的 6～7 个甲板组成。角藻科有 13 属,其中主要的为角藻属,除了角藻属外,其他均为化石种类。

角藻属 Ceratium Schrank,1793

角藻是最常见的浮游甲藻之一,通常为单细胞,有时几个细胞连成链状。具甲类,细胞小型到大型,长可达 1 mm 以上。细胞有 2～4 个中空的角,角的顶端开口或封闭。顶角(前角)1 个,底角(后角)2 或 3 个,某些海生种只有一个底角发达,另一个短小或完全退化。细胞背腹略扁。有些种由于营吞噬型营养方式而具有食物泡。甲板方程为:$Po,cp,4',6'',5c,2+s,6''',2''''$。横沟在细胞体部中央、环状、略微倾斜。细胞腹面中央为一斜方形的透明区,由数块薄片组成,它们是 $6'',5c$ 和 $6'''$。纵沟在此区的左方,透明区的右侧,有一个锥形的槽,是用来容纳另一个体的前角以连成链状群体的。无间插板,其中顶板联合形成顶角,底板组成一个左底角,沟后板组成另一个右底角。壳面有孔纹,少数有纵列隆起线或网状纹。色素体多个,呈小颗粒状,顶角和底角内也有色素体。核 1 个,在细胞中部。

角藻的形态多样化。为了测量细胞的方便,将角藻划分为几个部分:细胞的宽度(横沟直径)用 t 表示;细胞的长度(高)用 l 表示;顶角长度用 A 表示;左角(左底角)长度用 L 表示;右角(右底角)长度用 R 表示;上壳长度用 E 表示;下壳长度用 H 表示;横沟到左角距离用 X 表示;横沟到右角距离用 Y 表示;左底角弯曲部突出体后的长度用 b 表示;横沟和细胞底部的夹角用 $\angle\delta$ 表示;左角和顶角的夹角用 $\angle\alpha_l$ 表示;右角和顶角的夹角用 $\angle\alpha_r$ 表示;左角和细胞底部的夹角用 $\angle\rho_l$ 表示;右角和细胞底部的夹角用 $\angle\rho_r$ 表示;两底角的夹角用 $\angle\beta$ 表示;上壳顶角基部延伸所构成角度用 $\angle\varepsilon$ 表示。

本属有 125 种,其中除 4 种为淡水生以外,其余全为海生。分类的主要根据是体部的大小、形态、前后角的长短、伸出方向等。角藻属分为 4 个亚属,15 个组,亚属及组的区别以及在中国已有记录的种类的主要区别见检索表。

角藻属分亚属及组的检索表

原角藻亚属 *Archaeceratium* Jrgensen, 1911

　　本亚属特征是没有顶角。全为暖海性,分布热带及亚热带海洋,有些为阴生种,多见于 100～200 m 的深海中。本亚属有 3 个组,目前在中国南海只发现孔角藻组的物种。

　　孔角藻组 Proroceratium

长头角藻 *Ceratium praelongum* (Lemmermann) Kofoid

　　细胞无顶角,上体部扁平,顶端圆,宽度与细胞直径几乎相等,下体部短,宽度约等于或略小于细胞直径。右角短,直伸向后,左角长略向左侧伸出。$t=60～65\ \mu m$。左角 $L=t$,右角 $R=1/2L～2/3L$(图 8-31)。为暖海深水种,分布太平洋、大西洋和印度洋的热带海区,终年有,但数量不多,在中国曾见于南海的西沙群岛海区。

二角角藻亚属 *Biceratium* Vanhoeffen, 1896

　　本亚属有顶角和两个后角,淡水种有 3 个后角,后角末端封闭,两个后角向后,平行或分歧状。本亚属分为 3 个组。

　　蜡台角藻组 Candelabra

蜡台角藻 *Ceratium candelabrum* Stein

　　细胞中体部短而粗壮,宽大于长。上体部短圆锥形,右侧边比左侧边长,前端突然变细形成顶角,顶角直或略弯。下体部短,尤其右侧更短成斜三角形。横沟具有肋刺的边翅。两个后角并行向后或略分歧(图 8-32)。左角长度为右角长度的 1.25～2 倍,$t=55～70\ \mu m$,$E=27～30\ \mu m$,$H=30\ \mu m$,$A=65～70\ \mu m$,$L=30～40\ \mu m$,$R=26～32\ \mu m$。本种根据前人报告认为是一种多形性的个体,在不同的海区和不同生长阶段,形态上可能都有变化。如图 8-32 所示即为一较老个体,体部后角都有齿状边翅。

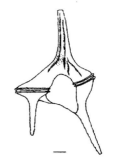

图 8-31　长头角藻 *Ceratium praelongum*
(Lemmermann) Kofoid
（引自 Tomas 等,1997）

图 8-32　蜡台角藻 *Ceratium candelabrum* Stein
（引自 Tomas 等,1997）

叉分角藻组 Furciformin

叉角藻 *Ceratium furca* (Ehrenberg) Claparède & Lachmann

上体部呈三角形,其中一角向上(前)均匀地逐渐变细形成顶角,顶角有时长,有时短。两后角平行或略分歧,右角较粗壮,其长度一般为左角的两倍,末端尖(图 8-33)。壳面有明显的纵纹和小孔。分为两个亚种。

两极角藻亚属 *Amphiceratium* Vanhoeffen,1896

本亚属细胞细长,右角小或完全退化。左角长,粗壮而发达。本亚属有两个组,在中国只有梭形角藻组的物种。

梭形角藻组 Fusiformia

梭角藻 *Ceratium fusus* (Ehrenberg) Dujardin

细胞梭形,上体部长向前逐渐变细而形成顶角,顶角直或略弯向背面,下体部长约等于宽,左后角长,明显的弯向背面,少数直,边缘显著齿状,右角退化仅保留小刺状或完全不存在(图 8-34)。$t=25\sim30\ \mu m,E+A=240\ \mu m+250\ \mu m,L=210\sim265\ \mu m$。本种能发光。在中国东海舟山群岛及南海均有记录。

真角角藻亚属 *Euceratium*

细胞大而宽,背腹面较扁,一般两后角长而弯向前方,少数物种后角短。本亚属有 7 个组,中国有记录的有以下几组:

臼齿角藻组 Dens

臼齿角藻 *Ceratium dens* Ostenfeld & Schmidt

最明显的特征是右后角较短,向右伸出,也有向后或向前的,是一个体大而较粗壮的物种,体部长大于宽(图 8-35)。上体部为直径的 1/2。顶角发达,基部稍宽。链群内个体有异形,但每个个体顶角都是长的,下体部亦为直径的 1/2,后缘略斜。左后角长度为直径的 1/2,直或稍弯,向左后方伸出,末端封闭。壳面很厚,有不规则的弯的条纹和明显的大孔。较罕见的暖水种,分布印度洋及其附近海区。在中国仅南海海南岛三亚港有记录。

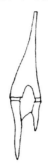 

图 8-33　叉角藻 *Ceratium furca*
(Ehrenbgerg)Claparède & Lachmann
(引自 Tomas 等,1997)

图 8-34　梭角藻 *Ceratium fusus*
(Ehrenberg)Dujardin
(引自 Tomas 等,1997)

三角角藻组 Tripos

三角角藻 *Ceratium tripos*(O. F. Müller)Nitzsch

细胞个体较大,体部长宽相等,上体部相当短,常只有体宽的 1/2。左侧边少许凸出,右侧边凸出明显,下体部与上体部等长或略长些,其右侧边一般凹入。3 个角均较粗壮,顶角基部较后角为宽,一般右后角明显的比左后角细弱,后角尖端与顶角叉分,但也有时两后角与顶角平行,或有时相交。壳面较厚,有不规则的纵纹和小孔(图 8-36)。$t = 72 \sim 75$ μm,$A = 190 \sim 200$ μm,$L = 140 \sim 145$ μm,$R = 100$ μm。本种分布很广,除北冰洋之外的三大洋均有,但在中国沿海仅南海海南岛的清澜港及新村港有记录,数量也不多。在中国沿海常见而数量较多的是两个变种。

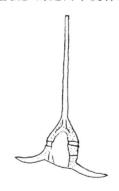 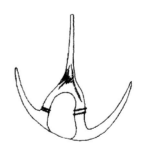

图 8-35　臼齿角藻 *Ceratium dens* Ostenfeld & Schmidt

(引自 Tomas 等,1997)

图 8-36　三角角藻 *Ceratium tripos*
(O. F. Müller)Nitzsch
(引自 Tomas 等,1997)

紧挤角藻组 Limulus

歪斜角藻 *Ceratium limulus* Gourret

个体小,后角和体部紧紧靠在一起是本种的主要特点。体部长大于宽。上体部相当宽,顶角基部两侧有一个明显半球形的瘤,侧边上部凹入,下部凸出。下体部(与上体部几乎等长)两侧边极短,后缘与后角的基部成半球形(图 8-37)。后角约与体部等长,自基部向前弯与体部紧靠在一起,与前角平行。顶角短,基部宽,与横沟斜交。壳面粗糙,有交织或网状的粗纹和小孔。$t=54\sim57\ \mu m$,$H=37\sim28\ \mu m$,$A=37\sim43\ \mu m$,L、$R=15\sim20\ \mu m$。远洋暖水种,可分布到近 200 m 深海。在中国见于南海西沙群岛。

掌状角藻组 Palmata

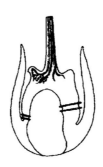

图 8-37 歪斜角藻 *Ceratium limulus* Gourret
(引自 Tomas 等,1997)

掌状角藻分枝变种 *Ceratium palmatum* var. *ramipes*(Cleve)Jörgensen

体部中型,长等于宽,上体部短而倾斜,两侧边凸出形成 90°夹角。下体部与上体部等长,左侧边略凹入,后缘略凸出,在两角基部各形成一浅凹陷(图 8-38)。顶角长,左侧边靠近基部的 1/3 明显齿状。后角长为体部的 2~3 倍,自体部斜出很短距离后即弯向上,彼此平行,末端 1/3 部分通常形成 4~8 指状裂片,右角比较偏向背后,与顶角相交成 45°角,左角与顶角分叉。$t=64\ \mu m$,$E+H=t$,$A=245\ \mu m$,$L=190\ \mu m$,$R=L$。$\angle\beta=180°$,$\angle\alpha_1=60°$。暖水性物种,在中国南海海南岛三亚港有记录,也发现于西沙群岛。

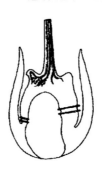

图 8-38 掌状角藻分枝变种 *Ceratium palmatum* var. *ramipes*(Cleve)Jörgensen
(引自 Tomas 等,1997)

长角角藻组 Macroceros

长角角藻 *Ceratium macroceros* (Ehrenberg) Cleve

细胞体部中等大小,角很长,末端开口,体部长大于宽,腹面凹入(图8-39)。上体部宽而扁,侧边凹入。

下体部大于上体部,左侧边很斜,后缘很直。两端与两后角各形成一个斜角。顶角长,基部较宽,直或略弯。后角最初分歧状向体后伸出一定距离,然后转向前方,但仍与顶角成分歧状,最后末端逐渐与顶角近于平行,右后角略有些转向腹面。壳面有不规则的纵纹和小孔。后角弯曲部分的后缘呈细齿状。$t=43\sim48\ \mu m$,$A=130\sim200\ \mu m$,$\angle\beta=65°\sim75°$,$\angle\delta=27°\sim30°$。暖水性物种,北大西洋分布颇广,尤其多见于北海。在中国北方沿海的渤海湾、黄海均有分布,数量较多,东海舟山群岛也有记录,南海则为其变种。

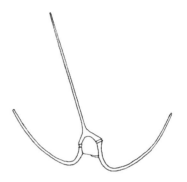

图8-39　长角角藻 *Ceratium macroceros* (Ehrenberg) Cleve

(引自 Tomas 等,1997)

角甲藻科 Ceratoeoryaceae

本科物种为具甲类。藻体细胞中型。具5个沟前板,横沟明显右旋。本科2属,常见角甲藻属,另外1属为化石种。

角甲藻属 *Ceratocorys* Stein,1883

本属物种为具甲类。细胞中型,具有2~8个从底板或腹部和背部沟后板发出的长翅刺。下壳占细胞的绝大多数,且左右稍扁。细胞表面粗糙具孔纹。横沟位移0.5~2.5倍。横沟边翅由明显的刺支撑。甲板方程为 Po,3′,la,5″,6c,10s,5‴,1⁗。具色素体。

羊角角甲藻 *Ceratocorys horrida* Stein

藻体下壳的长翅刺末端具倒钩。有些刺和细胞体长等长(图8-40)。世界广布种,分布于暖水和热带的近岸与大洋。

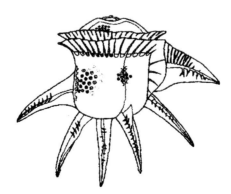

图8-40　羊角角甲藻 *Ceratocorys horrida* Stein

(引自 Tomas 等,1997)

屋甲藻科 Goniodomaceae

藻体细胞多面体形或球形,没有顶角和底角,也不具刺,横沟一般在细胞中央,纵沟宽而短。共24属,其中14属为化石种类。在中国常见的有亚历山大藻属、冈比藻属和屋甲藻属。

亚历山大藻属 *Alexandrium* Halim,1960

本属物种为具甲类。细胞圆球形、半球形、卵形、双锥形。没有刺和角。甲板方程为Po,cp,4′,0a,6″,6c,9~10s,5‴,2‴。横沟左旋,没有悬垂物和扭曲,横沟位移1~1.5倍。细胞表面具孔、网纹和蠕虫爬迹状的花纹。壳可以从薄而轻到厚而多皱纹。具色素体,多细胞核,呈C字形。本属可分为亚历山大亚藻属 *Alexandrium* 和吉斯藻亚属 *Gessnerium*。本属30种,绝大多数种可以产生导致麻痹性贝毒(PSP)事件的神经毒素。个别种可以发光。多数为近岸种,少数可以分布于大洋水体中。

塔玛亚历山大藻 *Alexandrium tamarense* (Lebour) Balech

藻体细胞小型到中型,形态有变化。上壳圆台型,具轻微的肩部。下壳偏梯形体,低部凹陷。左侧大于右侧,使得藻体看起来有些倾斜(图8-41)。顶孔板有明显的胼胝体结构,第一顶板有一个小的腹孔,纵沟底板短。不同的藻株具或不具毒性。该藻分布较广,近岸性种类。日本、菲律宾、马来西亚、埃及、西班牙、阿根廷、意大利、美国、澳大利亚、中国香港等地均有赤潮记录。中国在南海大鹏湾、东海厦门海域和黄海青岛胶州湾均有发现。该种可产生麻痹性贝毒(PSP)。

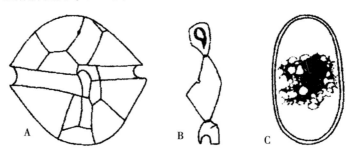

A. 藻体外形(胶面欢);B. 顶孔板;C. 胼胝体结构

图8-41　塔玛亚历山大藻 *Alexandrium tamarense* (Lebour) Balech

(引自 Tomas 等,1997)

冈比藻属 *Gambierdiscus* Adachi&Fukuyo,1979

藻体细胞中型到大型,细胞上下扁压,近双凸透镜形。甲板方程为Po,4′,6″,6c,8s,6‴,2‴。与屋甲藻属相似,但具有顶孔复合体。具色素体。1′和6″小而邻接位于纵沟甲板的右上方。横沟位移。本属只有具毒冈比甲藻1种。

具毒冈比甲藻 *Gambierdiscus toxicus* Adachi&Fukuyo

细胞前后稍扁,侧面轮廓像双凸透镜。细胞长度为24~60 μm,宽度为42~140 μm(图8-42)。甲板排列方式:顶孔,顶板4片,沟前板6片,连接板6片,沟后板6片,底板2

片。第一顶板与第六沟前板都很小并互相连接。沟翅宽,甲板厚,其上有小网眼。色素体明显。本种在生长大型藻类处多见,常黏附于底栖藻体上,主要生长在珊瑚礁、浅污水塘和热带亚热带海湾。在中国南海西沙群岛有本种的分布。本种可产生西加鱼毒素(CFP)。

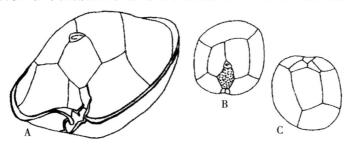

A. 胶面观;B. 顶面观;C. 底面观

图 8-42　具毒冈比甲藻 *Gambierdiscus toxicus* Adachi&Fukuyo

(引自 Tomas 等,1997)

屋甲藻属 *Goniodoma* Stein,1883

藻体细胞多面体形或球形,上壳与下壳几相等或稍小一些,横沟左旋,两端位移距离为横沟宽度的 0.5～1 倍,不重叠,有较稀的肋刺的边翅。甲板方程为 Po,cp,4′,6″,6c,6s,6‴,2⁗。壳壁厚,但不均匀,特别在某些甲板连接的区域常成龙骨状的加厚,甲板上有分散较密的孔,有时甲板边缘加厚的龙骨上也有大型椭圆孔。本属有 5 种,在中国南海海南岛记录过两种。

多边屋甲藻 *Goniodoma polyedricus* (Pouchet)Jørgensen

藻体细胞多面体形,腹面观上壳有四边,下壳有三边,体长为直径的 1.09～1.22 倍(图 8-43)。

上、下壳等长或上壳比下壳稍短,没有显著的顶角,下壳侧边较直。横沟左旋,两端位移 0.5～1 个横沟的宽度,不重叠,凹陷深度中等,有边翅,肋刺少。纵沟宽,不凹陷。壳面具孔,甲板接缝有龙骨状加厚的部分,并有大型的孔。体宽为 75.6 μm(57～91 μm),体长为 66 μm(52～79 μm)。本种分布于所有热带及亚热带海洋,在中国常见于南海海南岛的清澜港、三亚港、新村港,东海厦门近海也有记录。

图 8-43　多边屋甲藻 *Goniodoma polyedricus* (Pouchet)Jørgensen

(引自 Tomas 等,1997)

膝沟藻科 Gonyaulacaceae

膝沟藻科是膝沟藻目中包含种较多的一个科,有些种是赤潮生物。细胞个体小,形状多样化:圆球形、多面体形、椭球形,有时两端有角状突起或有明显的刺。具 6 个沟前板。横沟左旋。本科有 193 属,其中只有 5 个属是现存种,其他均为化石种。在中国已报道的只有 3 属。膝沟藻属在近岸水体中常见,舌甲藻属发现于南海近岸水体中,螺沟藻属的种曾见于南海西沙群岛的标本中。

膝沟藻属 *Gonyaulax* Diesing,1866

藻体细胞圆球形、多面体形、广梭形、长椭球形,具粗壮的前后角。背腹较扁,顶端圆或平,对称或不对称。末端圆或扁平,或为对称或不对称的尖形,或具 1 个或多个刺。横沟通常在细胞中央,左旋,明显凹陷,显著螺旋状,且两端经常存在重叠现象,横沟位移可达横沟宽度的 6 倍,具或不具横沟悬垂。1′ 为 S 状弯曲到长菱形。通常第一顶板细而长,向后与纵沟的右前片相接,界于 1″ 与 6″ 之间,有时被误认为是纵沟向上壳延伸的一部分。纵沟后部常加宽,一直延长到细胞的最后端。细胞顶端也有一块小顶孔板。少数种壳面光滑,大多数壁厚,沿甲板接缝特别增厚形成规则或不规则的网状纹或纵列条纹。壳的厚度和表面修饰多变化。上壳腹面右侧第一顶板右侧接缝上常有一特殊的腹孔。甲板方程为 Po,3′,2a,6″,6c,7 s,6‴,2⁗。顶孔复合体具有卵形和狭卵形的孔,具色素体。常形成底栖包囊。是膝沟藻科最大的属。主要海生,约 100 种。本属为广布种,从两极到热带、近岸及大洋均有分布。

具刺膝沟藻 *Gnoyaulax spinifera* (Claparède & Lachmann) Diesing

藻体细胞小,近似球形,长为直径的 1.14～1.25 倍。横沟相当宽,凹陷深,明显左旋,两端略重叠。上壳圆锥形,侧边凸出,前端形成一个四边形的截顶的顶端,顶角不明显,下壳半球形,末端具两个底刺。纵沟前端倾斜,侵入上壳,纵沟的后部不明显加宽。壳面上有分散的小孔,孔的四周围具细网纹。藻体直径为 24～34 μm,长为 34～40 μm(不包括底部的刺)(图 8-44)。腹孔位于第二前间插板和第三顶板之间。形成包囊。本种分布广,温带及热带均有,分布于远洋但近岸半咸水也有。在中国,本种分布于渤海湾、黄海青岛沿海。

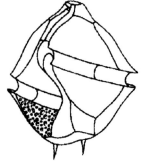

图 8-44　具刺膝沟藻 *Gnoyaulax spinifera* (Claparède & Lachmann) Diesing

(引自 Tomas 等,1997)

舌甲藻属 *Lingulodinium* D. wall, 1976

藻体细胞多面体形,没有底刺和顶角。横沟位移,没有横沟悬垂。壳具网纹和点纹。甲板方程为 Po,3′,3a,6″,6c,7s,6‴,2⁗。

多边舌甲藻 *Gnoyaulax polyedra* Stein

藻体细胞小,多面体形,甲板接缝常隆起,有时加宽成带状,上壳为多边锥形体,顶角不明显。横沟在细胞中央,凹陷,左旋,两端位移为 1～2 倍横沟的宽度。下壳为截顶形锥体,侧边直。纵沟较宽而平。壳面具小孔(图 8-45)。甲板方程为 4′,2a,6″,6c,6‴,1p,1⁗。外海性暖水及冷水均有分布,能发光,为形成赤潮的主要种。在中国黄海青岛近海有分布,但数量不多;在南海大亚湾、大鹏湾水域也有分布。

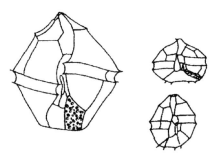

图 8-45　多边舌甲藻 *Gnoyaulax polyedra* Stein

(引自 Tomas 等,1997)

苏提藻属 *Schuettiella* Bdech, 1988

本属为具甲类。细胞大型,细胞脆弱,横沟下旋,横沟位移超过横沟自身宽度的 3 倍。细胞壳面甲板上由纵轴方向的小孔排列成明显的线。具明显的顶孔复合体。典型的细胞横沟位移超过横沟宽度的 6 倍。甲板方程为 Po,cp?,2′,la,6″,6e,9s,6‴,2⁗。具色素体。

帽状苏提藻 *Schuettiella mitra* (Schütt) Balech

藻体横沟处最宽,上下体部自横沟处延伸、变窄,上体部至顶端细而钝圆,下体部至底部变为尖细(图 8-46)。细胞纵条纹的孔具眼纹的构造。分布于热带水域。

螺沟藻属 *Spiraulax* Kofoid, 1911

本属为具甲类。细胞大型。与膝沟藻属相似,区别是上壳第一顶板较宽,不与腹区相接,在第一顶板的顶端有一缺刻,没有腹孔。细胞双锥形,顶部尖,接近横沟部特别加宽,横沟两端明显位移,可达横沟宽度的 5 倍。左右纵沟边翅发达。壳面厚具点纹。甲板方程为 Po,3′,2a,6″,6c,7s,6‴,2⁗。本属只有 1 种。

科氏螺沟藻 *Spiraulax kofoidii* Graham

藻体细胞是很宽的梭形,体长小于直径的 2 倍。顶角长为宽度的一半。上、下壳为几乎相等的锥形体,顶和底都比较尖,侧边凹入,尤其左前侧边和右后侧凹入更明显,右前侧边和左后侧边轻微波状(图 8-47)。横沟部切面近圆形,横沟左旋,横沟位移约为横沟宽度的 3 倍,凹陷较深,有具肋刺的边翅。纵沟略成 S 形,在横沟两端之间的部分很窄,后部加宽成长椭圆形。第一顶板不与腹区相接,在顶端有一缺刻。壳面为圆形凹陷,中央有孔或为中央有孔的网纹。体宽为 92 μm,体长为 132 μm,横沟宽 5 μm。为暖水种,分布在大西洋热带海区,印度洋赤道附近也有。在中国,本种曾见于南海西沙群岛海域。

图 8-46　帽状苏提藻 *Schuettiella mitra* (Schütt) Balech
(引自 Tomas 等,1997)

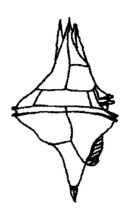

图 8-47　科氏螺沟藻 *Spiraulax kofoidii* Graham
(引自 Tomas 等,1997)

梨甲藻科 Pyrocystaceae

本科物种生活史不同时期的细胞裸露或具甲。营养细胞时期是一个大的浮游性囊状细胞,没有鞭毛。繁殖阶段细胞是具甲类的,甲板方程特征同亚历山大藻属。通常在母细胞内由原生质浓缩开始完成 1~2 个孢子时期。所有阶段细胞核为马蹄形。各阶段细胞都具有色素体。可以发光。

梨甲藻属 *Pyrocystis* Murray & Haeckel,1890

本属物种繁殖时形成膝沟藻式的游孢子,是热带及亚热带海洋常见的浮游甲藻,有的能发光。在中国南海的西沙海域已记录的有 4 种。

夜光梨甲藻 *Pyrocysis noctiluca* Murray *et* Haeckel

细胞球形与新月李藻甲藻相似,但个体大,直径为 342～510 μm(图 8-48)。为暖水性,主要分布在热带及亚热带海洋。

图 8-48 夜光梨甲藻 *Pyrocysis noctiluca* Murray *et* Haeckel
(引自 Tomas 等,1977)

扁甲藻科 Pyrophacaceae

本科常见的有 2 个属。生活史中有一个具光滑的孢囊的休眠孢子阶段,孢囊有一个深裂隙的古口。

扁甲藻属 *Pyrophacus* Schiller,1883

本属为具甲类。细胞大型。细胞扁,双锥形或凸透镜形。一般上壳、下壳等大,有时细胞的极轴倾斜。横沟很窄,环状,中位,轻微下旋。纵沟短,很窄且浅。壳具孔和生长条带。甲板方程为 Po,cp,$5'\sim9'$,$0\sim8a$,$7''\sim15''$,$9c\sim16c$,$8s$,$8'''\sim17'''$,$0\sim15p$,$3''''$。具色素体。本属有 5 个种。

斯氏扁甲藻 *Pyrophacus steinii* (Schiller) Wall & Dale

此种与变种的区别是细胞直径和长度均较长,直径为 $90\sim235$ μm,长为 $40\sim60$ μm(图 8-49)。甲板数目也较多,$6'\sim7'$,$12''$,$12'''\sim13'''$,$4''''\sim10''''$。在中国渤海湾、黄海的山东青岛、东海及南海均有分布。

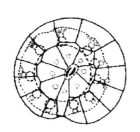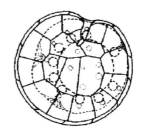

图 8-49 斯氏扁甲藻 *Pyrophacus steinii* (Schiller) Wall & Dale
(引自 Tomas 等,1997)

多甲藻目 Peridiniales

多甲藻目在淡水、海水及半咸水中均有分布,为海洋浮游藻类主要组成。本目为具甲类。藻体多为单细胞,有时几个细胞成链状群体。顶孔复合体通常具有 X 甲板;顶板 3～6个,通常 3 或 4 个;前间插板 1～3 个;6 或 7 个沟前板;4～6 个横沟甲板;4～6 个纵沟甲板;5 个沟后板;1～2 个底板,通常 2 个。第一顶板通常比膝沟藻目的更加对称。在中国已有记录科包括钙甲藻科、翼藻科、多甲藻科、足甲藻科、原多甲藻科。

钙甲藻科 Calciodinellaceae

本科为具甲类。第二前间插板为六边形。包囊具有钙质层。古口在顶端中部。本科53属,3属为现存种,其余为化石种。

斯比藻属 *Scrippsiella* Balech ex Loeblich Ⅲ,1965

藻体细胞小型。营浮游或底栖生活,其中有一个种营共生生活。有些种为混合营养型,具捕食胞。有些种可以分泌黏液营固着生活。鞘具孔、网纹、点条或乳突。甲板方程为 Po,X,4′,3a,7″,6(5+t)c,4s～5s,5‴,2⁗。纵沟后板与横沟相接。顶孔复合体典型。X甲板长度有所变化。有些种具有顶端突起。产生钙质孢囊,有可能产生有机质孢囊。本属约 25 种,中国海域常见的是锥状斯比藻。

锥状斯比藻 *Scrippsiella trochoidea* (Stein) Loeblich Ⅲ

上壳圆锥形,短,顶端突起和领部弯曲。下壳圆球形。第一顶板非常狭窄,略呈不对称形。产生钙质孢囊(图 8-50)。由明显的梨形细胞体、顶部突起和狭窄的第一顶板可以较易辨认本种。本种在近岸和河口广泛分布。

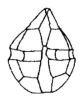

图 8-50　锥状斯比藻 *Scrippsiella trochoidea* (Stein) Loeblich

(引自 Tomas 等,1997)

翼藻科 Diplopsalaceae

本科藻体细胞球形、卵形或透镜形。藻体细胞小型到中型。上壳顶端钝圆,或突出成角状。下壳末端圆。横沟环状或螺旋状。本科有 11 属,在中国有记录的有 4 属,常见的为翼藻属。

翼藻属 *Diplopsalis* Bergh,1881

本属为具甲类。藻体细胞中型,椭球形、凸透镜形或球形。具顶孔复合体。顶端和底端都不具角。横沟在细胞中部,有时略凹入,环状或略上旋,常有具肋的边翅。纵沟在下壳,露在表面上不凹入,左侧有一个明显的透明膜状边翅,实际上是由第一沟后片的右侧生出。壳面光滑无纹,但具小孔。不具色素体。甲板方程为 Po,X,3′,1a,6″,4(3+t)c,5s,5‴,1⁗。能产生孢囊。本属在中国曾记录 7 个种 1 个变种。

小翼藻 *Diplopsalis minor* (Pauisen) Pavillard

藻体细胞较小,长为 40～48 μm,直径为 42～54 μm,腹面观凸透镜形,上壳沟前板为 7片,下壳只有 1 个底片,前间插板 2a 靠近顶孔,横沟边翅有明显的肋刺,表面有细点纹及小孔(图 8-51)。本种多分布在近岸的半咸水区。在中国渤海及黄海青岛均有分布。

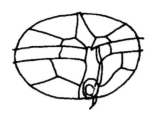

图 8-51　小翼藻 *Diplopsalis minor* (Pauisen) Pavillard

（引自 Tomas 等,1997）

拟翼藻属 *Diplopsalopsis* Meunier,1910

本属为具甲类。藻体细胞小型到中型。细胞椭球形、凸透镜形或球形。具顶孔复合体。纵沟左边翅发达。壳面有散布的孔。不具色素体。甲板方程为 Po,X,4′,1a,7″,4(3+t)c,6(?)s,5‴,2‴ 或 Po,X,3′,2a,7″,4(3+t)c,6(?)s,5‴,2‴。能产生孢囊。中国记录 1种。

轮状拟翼藻 *Diplopsalopsis orbicularis* (Paulsen) Meunier

特征同属。分布于太平洋和欧洲北海的沿岸水体中（图 8-52）。在中国本种分布于渤海、黄海青岛胶州湾和东海。

图 8-52　轮状拟翼藻 *Diplopsalopsis orbicularis* (Paulsen) Meunier

（引自 Tomas 等,1997）

多甲藻科 Reridiniaceae

本科藻体细胞形状有多种变化,球形、卵形或透镜形。上壳顶端钝圆,或突出成角状。下壳末端圆或叉分成两个角,或有 2～3 个刺。横沟环状或螺旋状,不包括 t 甲板,横沟甲板有 4～6 个,在背面至少有一个横沟甲板间隙明显可见。本科有 4 属。

异孢藻属 *Heterocapsa* Stein,1883

本属为具甲类。藻体细胞小型。在光学显微镜下看起来像是裸露的。上壳球形或锥形,下壳球形到渐尖。横沟轻微位移,下旋。薄甲板上有鳞片。具色素体。甲板方程为 Po,cp,X,6′,3a,7″,6c,5s,5‴,0～1p,2‴。第一顶板与顶孔板错位,位于纵沟下板的上方。纵沟下板小。X 甲板在第六顶板的左前方与顶孔板相接。有些种可以形成水华。

弱三角异孢藻 *Heterocapsa tripuetra* (Ehrenberg) Stein

本种下壳渐尖至角状,具一个沟后板(图8-53)。分布于近岸、河口、半咸水、海水广布种。

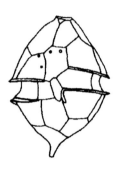

图 8-53　弱三角异孢藻 *Heterocapsa tripuetra* (Ehrenberg) Stein

(引自 Fornas 等,1997)

多甲藻属 *Peridinium* Ehrenberg,1832

本属为具甲类。藻体细胞小到中型,球形、卵形、透镜形,不具顶孔复合体。壳面花纹多变,甲板方程为 $4',3a,7'',5c,5s,5''',2''''$。本属绝太多数种已经迁入原多甲藻属。现在只有一个淡水种——带多甲藻 *Peridin-ium cincture* 被明确划分入此属中。

足甲藻科 Podolampaceae

本科藻体细胞梨形至球形,本科和其他各科最显著的区别是没有横沟。沟前板三块。包括 3 属,都为现存种,常见的有细胞梨形或叶状的足甲藻属、细胞球形的囊甲藻属。

囊甲藻属 *Blepharocysta* Ehrenberg,1873

本属为具甲类,藻体细胞中型,球形至椭球形,下壳大于上壳,前端没有顶角。有一具顶孔的顶孔板。后端在顶板的右侧还有一个较小的孔叫副孔。无角也无刺。仅在底片 $1''''$ 和 $5'''$ 的边缘生出两块太小相等的翼状边翅,将鞭毛包围在其中,壳面上有小孔分布。甲板方程为 $Po,cp,X,3',1a,5'',3c,4s\sim5s,4'''\sim5''',1''''$。本属 10 种,在我国记录的有 2 种。

美丽囊甲藻 *Blephaocysta splendormaris* (Ehrenberg) Ehrenberg

藻体细胞椭球形至亚球形,背腹不扁,最宽的部位在中央,上壳小于下壳。腹区窄,略内陷,为体长的 0.5～0.55 倍。有明显的片间带。壳面上有不规则分布的大小不等的小孔。藻体长为 42～65 μm,直径为 37～65 μm。海洋性暖水种,曾发现于荷兰、地中海、亚得里亚海。

足甲藻属 *Podolampss* Stein,1883

本属菇具甲类髓细胞大型蓼梨形或陀螺形,背腹略扁,上壳渐尖,前端逐渐缩小如角状,有 1～3 个明显具边翅的底刺。没有横沟边翅。甲板方程为 $Po,cp,X,3',1a,5'',3c,4s$

～6s，5‴，1″″。第一前间插板四边形且小。底板小，不易辨认。沟后板有明显的双孔管道。具色素体。本属约有 10 种，在中国常见 2 种。

掌状足甲藻 *Podolampas palmipes* Stein

细胞细长梨形，最宽的部位在中部，背腹略扁。壳面上有大小不等的小孔，长为 72～80 μm，直径为 26～30 μm（图 8-55）。上壳大于下壳，前端逐渐缩小成细长的顶角。下壳囊状，末端有些凹，末端有两个不等具边翅的底刺，底刺不相连，两边的边翅互相重叠。左侧的比右侧的长，并在其边翅的右侧有横裂的条纹，右底刺轻度分叉，为左底刺的 1/2。顶部背侧有一个齿状突出物，可能起源于其中的一个顶板。为大洋性种，分布于暖温带和热带。世界广布种。在中国南海海南岛海域曾有记录，也发现于西沙群岛海域。

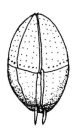

图 8-54　美丽囊甲藻 *Blephaocysta splendormaris*（Ehrenberg）Ehrenberg
（引自 Tomas 等，1997）

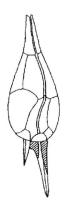

图 8-55　掌状足甲藻 *Podolampas palmipes* Stein
（引自 Tomas 等，1997）

原多甲藻科 Protoperidiniaceae

本科细胞球形、卵形或透镜形。上壳顶端钝圆或突出成角状。下壳末端圆或叉分成两个角，或有 2～3 个刺。横沟环状或螺旋状，不包括 t 甲板，横沟甲板有 3 个，在背面无明晰的横沟甲板间隙。本科有 21 属，现存甲藻有 3 个属。常见的类群为原多甲藻属。

原多甲藻属 *Protoperidinium* Bergh, 1882

本属为甲藻门内最大的一属，是主要海洋浮游甲藻类群之一。本属为具甲类。细胞小型到大型。细胞球形，椭球形或多面体状，太多数常呈底部连接的双锥形。许多物种具顶角和底刺。前端为细而短的圆顶状或突出成角，末端略凹入或分成角，或有 2～3 个刺。一般背腹略扁，腹面凹入，因此顶面观时呈肾形。许多种类不具色素体，营异养型生活方式。多数种壳面上都有花纹、孔、刺或眼纹。最普通的为网纹，网间有小孔，还有的为波状或线状纹，也有为乳头状或刺状突起的。幼体鞘壁薄，成体常较厚，片间带有的很窄，有的较宽，并具线状横纹。在片间带交叉的地方形成三角形空隙。横沟为不完整的圆环，在腹面中央为腹区中断，通常较上、下壳凹入，也有平的。横沟环状，中位，上旋或下旋，边翅无色透明或有肋刺，腹区自横沟向后，延伸到细胞末端，6 块小甲板组成，各甲板常侧立深藏于腹区内，因此不易观察清楚。典型的甲板方程为 Po, X, 4′, 2～3a, 7″, (3+t)c, 6s, 5‴, 2⁗。孔顶板在藻体的最前端，通常是一个膜状透明的薄片，边缘较厚，被第二、第三、第四 3 个顶板包围，下端与第一顶板相接，形状像个螺丝圈，圈的中央有顶孔。上壳甲板形态变化较多，其中尤以第一顶板和第二前间插板的变化以及其他沟前板的连接关系为本属分类的重要依据。有些种产生孢囊。细胞内有明显的甲藻液泡。色素体多数粒状，也有不具色素体的，而细胞质呈棕黄色或粉红色。海生种细胞内常含有大量油，细胞核一般大且明显，位于细胞中部。本属有 250 余种。在中国已知有 30 余种。

根据第一顶板的形状和沟前板接壤关系分为 3 种类型：① 直角形（Orthe-），第一顶板为平行四边形，与 1″ 和 7″ 相接；② 偏角形（Meta-），第一顶板为五边形，除与 1″ 和 7″ 相接外又与 2″ 相接；③ 仲角形（Para-），第一顶板为六边形，左侧与 1″ 和 2″ 相接外，右侧与 6″ 和 7″ 相接。

第二间插板也有不同的形状，按其形状及与沟前板相接壤的关系归纳成 3 组：① 四边形组（Quadra-），第二间插板为四边形，面积小于第四沟前板，位于第四沟前板中央；② 六边形组（Hexa-），第二间插板为六边形，除与第四沟前板相接外，又与第三和第五沟前板相接；③ 五边形组（Penta-），第二间插板为五边形，排列不对称，除一边与第四沟前板相接外，另一边与第三或第五沟前板相接。

根据第一顶板、第二间插板的形状，以及前后角的情况等分成 8 个组：① 光面组（Tabalata）；② 梨形组（Pyriformia）；③ 矮胖组（Humilia）；④ 透明组（Pellucida）；⑤ 付分角组（Paradivergentia）；⑥ 分角组（Divergentia）；⑦ 锥形组（Coniea）；⑧ 大洋组（Oceanica）。

各组主要区别见表 8-1。

表 8-1　各组主要区别

		直角		偏角		仲角
六边	锥形组	少数为五边或四边,无顶角,有两空后角,横沟环状或左旋			透明组	少数为五边或四边,也有偏角六边的,无后角,但有 2～3 刺,横沟右旋
四边	大洋组	少数为五边或六边,具顶角和两空后角,横沟左旋	矮胖组	无后角但具两刺,横沟右旋	付分角组	横沟右旋或环状,具两空后角
五边	光面组	3a 或 2a,无明显的角和刺或刺很小,横沟左旋至环状	分角组	少数为五边,其他特征与付分角组同		
			梨形组	少数为四边或六边,无后角但有两刺,横沟右旋		

(1)光面组 Tabalaca

歪心原多甲藻 *Protoperidinium excentricum* Paulsen

藻体细胞长 36 μm,直径为 45～60 μm,垂直方向扁平,并斜向扭曲,因而上壳的顶端和下壳的底部不在中央。腹面观时,上壳顶部偏向左方,下壳底部偏向右方,下壳左侧则比右侧略长些。侧面观时,上壳顶端完全偏向腹侧,而下壳底端偏向背侧。横沟环状,凹陷,有具肋刺的边翅。腹区后部渐扩展,后缘凹陷。壳面布满点纹(图 8-56)。1′直角形,2个前间插板不相等,左侧的小。细胞常呈粉红色。本种主要分布于北海(大西洋)和地中海和印度洋。在中国黄海青岛海域也有发现。

图 8-56　歪心原多甲藻 *Protoperidinium excentricum* Paulsen

(引自 Tomas 等,1997)

(2)梨形组 Pyriformia

光甲原多甲藻 *Protoperidinium pallidum* Ostenfeld

藻体细胞腹面观似梨形,长略大于宽,长为 62～96 μm,宽为 40～72 μm;上壳三角形,顶端略有些延长成顶角;下壳比上壳稍短一些;纵沟末端左侧有 2 个、右侧有 1 个具边翅的刺;横沟右旋不凹陷,有较宽的边翅(图 8-57)。侧面观时与纵轴成 21°角倾斜。1′仲角形,2a 六边。壳面花纹明显,有不规则长短的隆起组成的窄楞,中间分布着小孔。色素体多数,棕黄色,细胞内经常可看到粉红色的甲藻液泡。本种为广温性,近岸及远洋种,分布在欧洲和非洲的大西洋沿岸、地中海、北极和南极的海区。英国普利第斯附近常较大量出现。在中国渤海湾及黄海青岛沿海,全年都有,数量也较多。

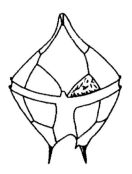

图 8-57　光甲原多甲藻 *Protoperidinium pallidum* Ostenfeld

(引自 Tomas 等,1997)

(3)付分脚组 Paradivergentia

实角原多甲藻 *Protoperidinium solidicorne* Mangin

藻体细胞外形与光甲原多甲藻很相似,但后端叉分成两个角,不具刺。腹面观长大于宽,长为 170～114 μm,宽为 50～87 μm;上壳三角形,顶端逐渐变细,顶角侧边自上而下先凹入再凸出,接近横沟附近圆弧形(图 8-58)。下壳侧边先凸出然后急速凹入,末端叉分成两个角,角的后部的 1/2 成实心刺状;横沟略左旋。1′仲角形,2a 四边,壳面布满短而粗的刺状突起。本种分布大西洋、印度洋、地中海及南极附近。在中国,本种见于黄海青岛沿海,有时数量多。

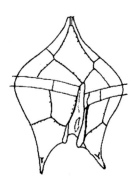

图 8-58　实角原多甲藻 *Protoperidinium solidicorne* Mangin

(引自 Tomas 等,1997)

(4)分脚组 Divergentia

分角原多甲藻 *Protoperidinium divergens* Ehrenberg(图 8-59)

本种与实角原多甲藻的区别是两后角发达,基部粗壮,末端尖细并分别向两侧斜伸。纵沟边缘具发达的边翅。壳面为较粗的网纹,网结间突出呈刺状。藻体细胞直径平均为

74 μm,长平均为 69 μm。本种为沿岸性种类,分布很广。在中国渤海和东海厦门近海均有记录。

图 8-59　分角原多甲藻 *Protoperidinium divergens* Ehrenberg
(引自 Tomas 等,1997)

(5)锥形组 Coniea

锥形原多甲藻 *Protoperidinium conicum* Gran

藻体细胞双锥形,腹面观长宽几乎相等,长 70～80 μm,背腹略扁平,背面凸出而腹面凹入,腹面观上壳呈三角形。侧边直或略向内凹。下壳和上壳大小相等,侧边略向内凹,末端明显又分为两后角。横沟较窄,轻微凹陷,边翅明显,横沟环状或略呈左旋。纵沟深而长,后端略宽。壳面有较细的网纹(图 8-60)。上壳的 2′,2″以及右侧相对应的甲板 4,6″和其他顶板、沟前板的片间带连成两条明显的隆起线。这也是锥形原多甲藻显著的特点。本种分布广,冷水及暖水,沿岸及远洋均有。有时在近岸大量出现。在中国的渤海湾、东海舟山群岛均有记录,为黄海青岛沿海常见种,尤以 8～9 月数量较多。

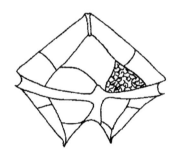

图 8-60　锥形原多甲藻 *Protoperidinium conicum* Gran
(引自 Tomas 等,1997)

(6)大洋组 Oceancica

扁形原多甲藻 *Protoperidinium depressum* Bailey(图 8-61)

藻体细胞有明显的前角和两个较长的后角,体部呈扁透镜形,长轴与横沟呈斜交。腹面观长为 116～200 μm,宽为 76～153 μm。上壳为极不对称的锥形,腹面缓慢的凹入,背面及侧边凹入,因而顶角不在中央面而偏向背侧。顶面观肾形。下壳侧边凹入,2 个后角长,末端尖细。2 个后角不在一平面上,右后角与顶角平行向右伸出。横沟左旋,不凹陷,边翅具肋刺。纵沟细而长,达细胞后缘。壳面有细网纹,网孔大,网结上有小点。细胞原生质常呈粉红色,内含大量油球。本种为广盐性,冷水及暖水,沿岸及远洋均有分布。在中国东海舟山群岛曾有记录,为黄海青岛常见种,秋季数量较多。

图 8-61　扁形原多甲藻 *Protoperidinium depressum* **Bailey**

(引自 Tomas 等,1997)

嫩甲藻目 Blastodiniales

嫩甲藻目藻体都是不能动的单细胞,形状为球形、月形、梭形或其他形状。营寄生生活。没有横沟,也没有鞭毛,只有繁殖时才产生能动的细胞。游孢子裸露(如裸甲藻)或有固定数目甲板组成的壁。中国沿海已知有 1 科 2 属。

卡考藻科 Cachnellaceae

本科物种具 2 个以上的营养细胞阶段。营寄生生活。通过形成孢子,来完成无性生殖过程。

孪甲藻属 *Dissodinium* Pascher,1916

新月孪甲藻 *Dissodninum lunula* **Schütt**

本种生活史中有两个营养阶段,第一阶段细胞为球形,直径为 $80\sim155\ \mu m$,中央为一大液泡,液泡表面有原生质线与周围原生质相连,细胞核 1 个和许多色素体分布在周围原生质中(图 8-62)。球形藻体经多次分裂形成 8~16 个月形细胞,长为 $104\sim130\ \mu m$,这种月形细胞被释放出来后营浮游生活(第二营养期),繁殖时每个月形细胞分裂产生 4~8 个裸甲藻式游孢子,游孢子再发育成球形细胞。本种为近岸种,分布极广,在山东青岛沿海春季出现较多,常为月形细胞阶段。

尖尾藻属 *Oxyrrhis* Dujardin,1841

本属物种为无甲类。细胞小型,卵形。细胞体轻微左右侧扁,没有横沟和纵沟。细胞后部有一个圆形触手和一个背部副翼;细胞后部伸出两根鞭毛,异型。细胞表面和鞭毛上覆盖有鳞片。缺乏色素体。营异养型生活方式。本属 5 种。中国常见的为海洋尖尾藻。

海洋尖尾藻 *Oxyrrhis marina* **Dujardin**

藻体表面覆盖微小鳞片,细胞的形状、大小、颜色随细胞的进食情况和分裂时间极易变化。通常细胞为长卵形,前端宽圆锥形,后端稍尖,腹面观长为 $8\sim24\ \mu m$,宽为 6~20

μm。细胞后部腹面和左侧面凹陷呈洼状,触手叶位于腹面的洼穴中央,梨形。横沟范围不明显,向右边逐渐模糊,没有后边缘(图 8-63)。纵沟宽阔,洼状,从触手叶的右边直通到细胞后部腹面底端。鞭毛 2 根,表面有纤细的毛和小鳞片。横鞭毛从触手叶基部左侧伸出,纵鞭毛比藻体长,从触手叶的右侧伸出。细胞核大,椭球形,位于细胞的前端。细胞质内含有食物胞。海洋尖尾藻是广盐性种,营养方式为异养型生活,硅藻、绿藻、隐藻等是它的主要饵料。分布广泛,世界沿岸水域和内湾、含盐的沼泽、陆地的半咸水湖等都有分布。在中国南海大鹏湾、大亚湾等有分布。

图 8-62　新月孪甲藻 *Dissodninum lunula* Schütt
（引自 Taylar 1977）

图 8-63　海洋尖尾藻 *Oxyrrhis marina* Dujardin
（引自 Tomas 等,1997）

第九章 硅藻门 Bacillariophyta

第一节 一般特征

硅藻门包含数目极多的单细胞及群体性藻,其细胞结构与其他藻类有明显区别。一是细胞壁由两个似培养皿的半壁套合而成;一是细胞壁的成分高度硅质化,并形成有物种特征性的各种结构。

硅藻细胞内有 1 个到数个色素体,在色素体中含有叶绿素 a、叶绿素 c_1、胡萝卜素、δ-胡萝卜素、ε-胡萝卜素、硅甲藻素、硅黄素和岩藻黄素。同化产物(贮藏物质)为金藻昆布糖、油和异染小粒(volutin)。

硅藻繁殖最普遍的方式是细胞分裂,也可通过产生小孢子、休眠孢子和复大孢子(有性繁殖)等方式来繁殖。

硅藻约有 170 个属 5 500 个物种,其中的大多数是现存种。地球上有阳光照耀、有生物生存的地方几乎都有硅藻物种的出现,但主要分布在水域中。它们中的一些属、种只能生活在淡水中;另一些属、种只能生活在海水中。即使是一些属所包含的物种既有海生的亦有在淡水中生活的,但是通常其中有一定的种绝对限于海洋,而另外有一定的种绝对限于淡水。根据它们的生活习性,可分为浮游和底栖两大类,前者在水体中漂浮,后者则附着于水底岩石、沙、泥、其他物体或生物体体表。

中国海域已有报道的硅藻物种大致有 1 395 种(包括变型和变种)。

一、外部形态特征

硅藻物种主要包括单细胞及群体两大类。单细胞藻体的形态由于细胞壳面形态、细胞断面形态、细胞直径、贯壳轴的长短等的不同而有各种不同的形态。群体是依靠细胞分泌胶质、细胞壁或细胞壁的衍生物直接连接而成的。由于分泌胶质的胶质孔在壳面上的位置不同,形成了形态多样化的群体,如星状(日本星杆藻 *Asterionella japonica* Cleve)、曲折状(菱形海线藻 *Thalassionema nizschioides* Grunow)、树枝状(扇形楔形藻 *Licmophora flabellata* Agardh)、念珠状(诺氏海链藻 *Thalassiosira noedensköldi* Cleve)等;有的群体形态是由若干细胞共同分泌胶质,所有细胞都被包埋在一个不定形状的胶质团块内(细弱海链藻 *Thalassiosira subtilis* (Ostenfeld) Gran)或成假丝状群体(桥弯藻 *Cymbella caespitosa* Kütz.);有的群体是由细胞壳面直接相连成群体,如丹麦细柱藻 *Leptocylindrus danicus* Cleve、膜质舟形藻 *Navicula membranace* Cleve 等;有的群体是由细胞壳面细胞壁衍生出的刺、角毛、角、突起等特殊构造相连成的长短不一及直的、曲折或螺旋状的链状群体,如骨条藻属 *Skeletonema*、冠盖藻属 *Stephanopyxis* 等的物种都是由相邻细胞壳面边缘一圈小刺相连成直的链状群体,盒形藻属 *Biddulphia* 物种是由细胞壳面两侧对应的长角末端的胶质孔分泌胶质和相邻细胞的长角(有的物种在长角内侧的长刺亦与相邻细胞的长刺相交,并插入相邻细胞)相连成曲折的或直的链状群体,弯角藻属 *Eucampia* 物种是由相邻细胞壳面两侧对应的长角相连成螺旋状群体,角毛藻属 *Chaetoceros* 物种是由相邻细胞壳面两侧相对应的角毛基部相交而成的直链状或螺旋状群体(图 9-1)。

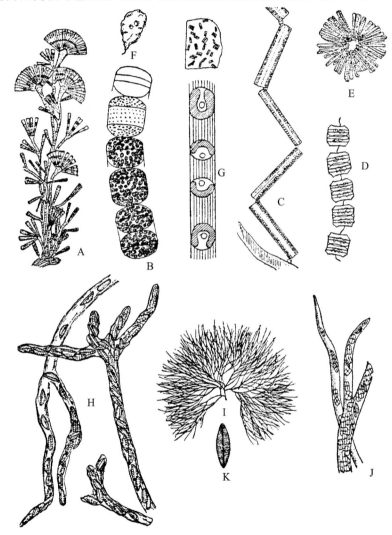

　　A. 扇形扇杆藻树状群体;B. 波氏直链藻以壳面连结成链状群体曲折状群体;
C. *Diatoma vulgare* Bory 曲折状群体;D. 诺氏海链藻以壳面中央原生质丝连成念珠状群体;
　　E. *Synedra ulna*(Nitzsch.)Ehr. 放射状群体;F. *Navicula ultacea* Berk 不定形群体;
　　G. 中肋骨条藻以壳缘小刺连成群体;H. 桥弯藻藻细胞被包埋在胶质内形成丝状群体;
　　I,J,K. *Navicula grevillei* Ag. 丝状群体(J 为群体部分放大;K 为细胞壳面观)

图 9-1　硅藻的群体类型

(仿郑柏林等,1961)

二、细胞学特征

（一）细胞壁

硅藻细胞壁的主要成分：内层为果胶质（pectin）；外层为硅质（$SiO_2 \cdot n\,H_2O$）。细胞壁厚的底栖种类，其果胶质层厚于硅质层，但通常情况下，果胶质与硅质两者是无法区分的，只有用氟氢酸溶去硅质后，才能区分果胶质；另一方面，对硅质层厚的种类，可用强酸溶去有机质，使细胞壁上的硅质构造显得更清楚。由于硅藻细胞壁的结构比较特殊，故称为壳壁（theea）。

1. 壳壁构造

硅藻细胞壁由两个似培养皿的半壁套合而成，套合在外的称为上壳（epitheca）；被套合在内的称为下壳（hypotheca）。壳顶和壳底，也就是培养皿的盖面和底面分别称为上壳面（epivalve）和下壳面（hypovalve）；壳面边缘转弯的部分称为壳套或壳衣（valve mantle）；与壳套相连接而与壳面垂直的部分称为相连带（connecting band）或称环带（girdle band）；完整细胞的上壳、下壳的相连带合称壳环（girdle，图 9-2）。当观察到硅藻细胞的壳面时，称为壳面观（valve view）；观察到硅藻细胞的壳环时，称为壳环面观（girdle view）。硅藻细

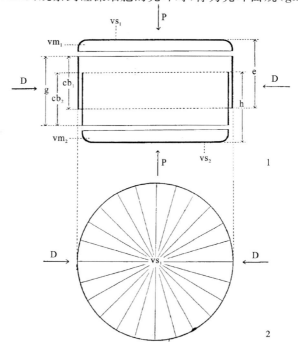

1. 环面观　2. 壳面观

P. 贯壳轴；D. 直径；vs_1，vs_2 分别为上、下壳的壳面；vm_1，vm_2 分别为上、下壳的壳套；

cb_1，cb_2 分别为上、下壳的环带；e. 上壳；h. 下壳；g. 壳环

图 9-2　中心纲硅藻细胞壳壁构造示意图

（引自 E. E. Cupp，1943）

胞的壳面有的是圆形的,但更多的是非圆形的。壳面是非圆形的物种的环面观就有宽环面观(broad girdle view)和窄环面观(narrow girdle view)之别。非圆形壳面的物种,壳面有长椭圆形、梭形、舟形、楔形、S 形、月形、四边形、三角形、五边形、狭长形或其他各种形状。因此,研究硅藻,正确无误地认识硅藻物种,必须认清硅藻细胞的不同轴和面的关系。连接上、下壳面中心点的线为贯壳轴(pervalvar axis);连接壳面两端的线为壳面轴(valvar axis),非圆形壳面的壳面轴又分为壳面长轴(apical axis)和壳面短轴(transapical axis)。贯壳轴代表硅藻细胞的长度(或称高度);壳面长轴代表硅藻细胞的宽度;壳面短轴代表硅藻细胞的厚度。通过上述的 3 个轴,在细胞上可以确定 3 个主要的面:即由贯壳轴和壳面长轴所决定的面,称为长轴面(apical plane);由贯壳轴和壳面短轴所决定的面称为短轴面(transapical plane);由壳面长轴和壳面短轴所决定的面称为盖壳面(valval plane),又称平断面或细胞分裂面(图 9-1,图 9-2,图 9-3,图 9-4)。

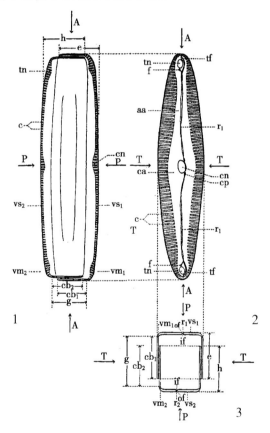

1.宽环面观;2.壳面观;3.窄环面观

A.壳面长轴;T.壳面短轴;P.贯壳轴

e.上壳;h.下壳;cb₁.上壳的环带;cb₂.下壳的环带;g.壳环;tn.端结;cn.中央结;cp.中央孔;
r₁.上壳面纵沟;r₂.下壳面纵沟;tf.端裂缝或极裂;f.漏斗状体;aa.中轴区;ca.中心区;vs₁.上壳面;
vs₂.下壳面;vm₁.上壳面壳套;vm₂.下壳面壳套;c.肋纹;of.纵沟的外裂缝;if.纵沟的内裂缝

图 9-3　羽纹纲硅藻细胞壳壁构造示意图

(引自 E. E. Cupp,1943)

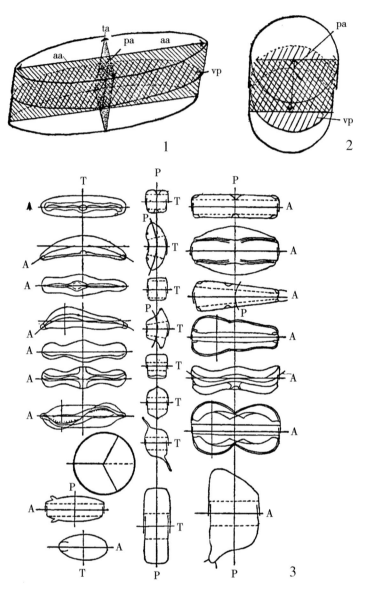

1. 羽纹硅藻:示短轴面(面内为小点);长轴面(以单行斜线示之);盖壳面又称平断面、
　　细胞分裂面(以交叉斜线示之)。aa. 长轴;ta. 短轴;pa. 贯壳轴;vp. 盖壳面
2. 中心硅藻:单行斜线示盖壳面;叉斜线示轴面(因壳面为圆形,
　　轴面轴无长短之分。pa. 贯壳轴;vp. 盖壳面
3. 各种类型硅藻的轴和面的关系。A. 壳面长轴;T. 壳面短轴;P. 贯壳轴

图 9-4　硅藻细胞轴、面关系示意图

(仿郑柏林等,1961)

2. 硅藻壳面构造

硅藻壳面上具有各种构造,各种不同的构造在壳面上都有相对稳定的位置和排列方式。另外,硅藻壳面并非都是平的,有些物种的壳面呈不同程度的内凹,有些物种的壳面

呈不同程度的外突。所有这些特征都是硅藻分类的重要依据。随着显微技术的发展,特别是电子显微镜的问世并应用于硅藻研究,不仅能更清楚地认清硅藻壳面上的各种构造,还发现了"支持突"这种具有硅藻的属分类特性结构。

(1) 小刺(spine):为封闭的或实心的突出物,形态短小,由壳面伸出。*Thalassiosira excentrica*(Her.)Gleve 和 *Corethron* Castr. 的壳面边缘都有这种构造。很小的刺称微刺(spinule);刺顶呈圆形的小刺称微颗粒(granule);依靠小刺连接细胞成链的小刺称连接刺(Linkng spine),如半管藻属 *Hemiaulus* Ehrenberg 角顶端的小刺。

(2) 角毛或称角刺(seta,多数 setae):由壳面伸出的细长、空心的突出物。如角毛藻属 *Chaetoceros* Schröder 和辐杆藻属 *Bacteriastrum* Lauder 中的物种都有这种构造,并依次相连接而组成群体。角毛藻属内相当多的物种的角毛内还有色素体的分布。

(3) 角(horn):是部分壳面的隆起。如盒形藻属 *Biddulphia* Gray 和半管藻属 *Hemiaulus* Ehrenberg 的物种都有这种构造。前者的角顶端具有胶质孔,能分泌胶质,使若干细胞角互相连接而成群体;后者的角顶端具有小刺,相邻细胞的小刺插入相对应的角顶而形成群体(图 9-5)。

(4) 耳突(otarium):是位于小刺基部成对的短小的膜质肋,又称为翼。如笔尖形根管藻 *Rhizosoleina styliformis* 等物种壳面刺的基部就有此构造(刺是"唇形突"的一部分)。

(5) 唇形突(labiate process,rimoportule):是壳壁上的一个开孔或一条管子,开孔或管子在细胞腔的一侧(内壳面),为一条扁管或纵裂成两片唇形状突起(基部有一短柄)。细胞外侧(外壳面)伸出的部分实际上就是大、小不同的刺。如盒形藻属 *Biddulphia* Gray 的物种壳面向外伸出的刺就是唇形突的一部分。广卵洛氏藻 *Roperia latiovala* Chen et Qian 壳面边缘有一圈唇形突,但在外壳面没有向外伸出的刺。

(6) 闭合突(occluded process):是细胞壁的一个开孔外伸的空心管,其一端是关闭的。如优美旭氏藻 *Schröederella delicatula*(Pergae.)Pavillard 群体间的连接管即为闭合突。

(7) 支持突(struttedprocess,Fultoportule):是由壳面伸出的小管,其基部周围有 2～5 个小室或孔(卫星孔 satellite pores 或小室 chambers),经过壳壁内部由支持 所支持,常有丝状有机物由此向外分泌。如海链藻科的物种都有这种构造,细胞分泌的胶质通过壳面中央支持突外管形成胶质线与相邻细胞连成群体。

(8) 拟节(pseudonodulus):是位于壳面边缘到近壳缘之间的一个特殊构造。如爱氏辐环藻 *Actinocyclus ehrenbergii* Ralfs 的拟节呈孔状,也有的呈盖状。

(9) 孔(pore)和室(areola,chamber):这是构成硅藻壳面花纹的基本结构。孔分真孔(pore)和拟孔(poroid)。前者是壳壁上直径为 $0.1～0.6\ \mu m$ 的真正穿孔,后者是壳壁上周围厚、中央簿的小穴,非真正穿孔,直径通常大于 $0.6\ \mu m$;室的结构较复杂,其周围由中央大孔(opening of areole,foramen)、侧壁(lateral wall of areola)和筛膜(sieve membrane,cribrum)(筛膜上有拟孔)组成。由于不同的物种在细胞壳壁上的孔和室有不同的形态和排列方式,产生了具有硅藻分类学意义的各种构造:① 点纹(puneta),是细胞壳壁上的管状穿孔,呈线条状排列。② 条纹(stria),是在细胞壳壁上由拟孔排成的线条。③ 肋纹(costae),是呈长形的、中央孔向细胞腔内开口的室。④ 网纹(areola),通常是由多边形的小室相互排列成蜂窝状的花纹,室的中央孔向细胞腔内开口,如圆筛藻属 *coscinodiscus* 的物种都有这样的花纹,而三角藻属 *triceratium* 物种的室中央孔向细胞外开口。网纹在壳面上的排列一般以一个中心或多个中心呈辐射对称状,这种花纹主要在中心硅藻纲的物种中出现(图 9-5,图 9-6,图 9-7,图 9-8,图 9-9);点纹、条纹、肋纹主要在羽纹硅藻纲的物种中出现,排列方式为两侧对称。

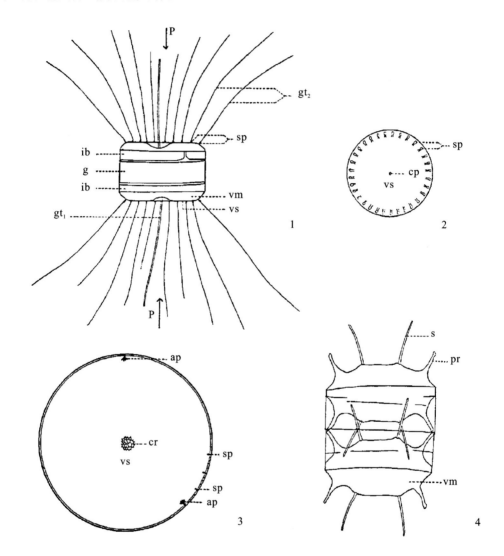

1,2. *Thalassiosira aestivalis* Gran and Angst 环面观和壳面观;3. *Coscinodiscus centralis* var. *pacifica* Gran and Angst 壳面观;4. *Biddulphia mobiliensis* Bail. 环面观

P. 贯壳轴;gt_1. 中央粗胶质丝(相邻细胞以此相连成群体);gt_2. 由壳面边缘小刺伸出的细胶质丝;sp. 壳面边缘小刺;ib. 间插带;g. 壳环;vm. 壳套;vs. 壳面;cp. 中央黏胶孔 ap. 小刺;cr. 中央玫瑰区;s. 刺;pr. 突起或角

图 9-5 硅藻的壳壁构造(一)

(引自 E. E. Cupp,1943)

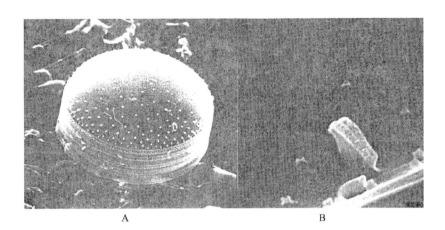

A. *Porosira giacialis*(Grun.)Jørg. 的外壳面,示 1 个唇形突和很多个支持突(×1 200)

B. *Porosira glacialis*(Grun.)Jørg. 的内壳面,示 1 个唇形突和很多个支持突(×13 200)

图 9-6 硅藻的壳壁构造(二)

(引自 Werner,D. 1977)

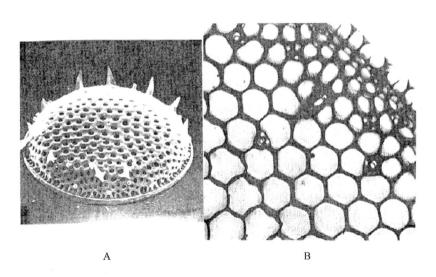

A. *Thalassiosira ecentrica*(Ehrenb.)Cleve 的外壳面观,示 1 个唇形突、很多个支持突和边缘刺(×3 000);B. *Thalassiosira ecentrica*(Ehrenb.)Cleve 的内壳面观,示 1 个唇形突、几个较小的支持突和具有筛膜的室的构造(×25 200)

图 9-7 硅藻的壳壁构造(三)

(引自 Werner,D. 1977)

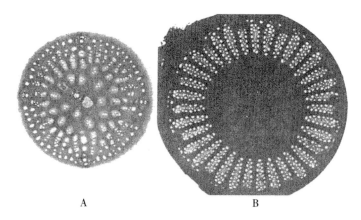

A B

A. *Thalassiosira profunda*(Hendey)Hasle 的壳面观,示 1 个中央支持突、
多个唇形突和形态不一的室的构造(×24 000);B. *Cyclotella stelligera*
(Cl. *et* Grun.)Vall Heurck 的壳面观,示具有筛膜的室的构造(×8 400)

图 9-8　硅藻的壳壁构造(四)

(A 引自 Wermen,D. 1977;B 引自 R. E. Lee,1980)

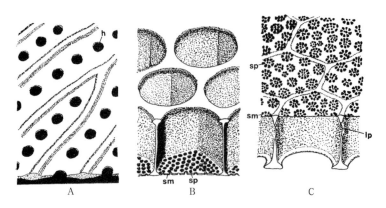

A. *Chaetoceros didymus* var. *anglica*(Grunow)Gran 细胞壁上的孔;B. *Coscinodiscus lineatus*
Ehrenberg 向外开口的室的构造;C. *Coscinodiscus wailesii* Gram 向内开口的室的构造

h. 孔;lp. 侧孔;sm.筛膜;sp. 筛孔或称拟孔

图 9-9　硅藻的壳壁构造(五)

(引自 R. E. Lee,1980)

(10) 壳缝或称纵沟(raphe):在羽纹硅藻纲(图 9-10,图 9-11)中能运动物种的壳壁上
才有的特殊构造:① 纵沟(raphe),从壳面上看,由中央节(central nodule)、端节(terminal
nodule)和两者之间壳壁上的裂缝所组成。裂缝分外沟(outer fissure)和内沟(inner fis-
sure),两者截面呈">"形,位于壳壁外侧的为外沟;靠近细胞腔一侧的为内沟。原生质在
内、外沟中流动。在中央节处,节两侧来自同一端节的内、外沟不直接相通,同一侧的内、
外沟由环形孔管又称垂直管(vertical canal)相连,中央节内面两侧的垂直管之间又有一水
平方向的沟管来连接;在端节处,外沟的末端呈半环状弯曲,这部分称之为端隙(polar
cleft),同一壳面两端的端隙弯曲方向相同,但与另一壳面的端隙弯曲方向相反。内沟末端

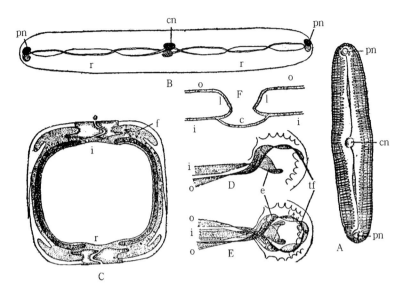

A. 壳面观,示纵沟及节;B. 上、下两壳面上纵沟的位置(示意图);C. 壳壁的横断面;

D. 端节,示纵沟的末端部分;E. 上、下壳的端节;F. 中央节的贯壳轴切面

c. 中央节内连接纵沟的水平管;cn. 中央节;e. 漏斗隙;f. 小室;i. 内沟

o. 外沟;1. 垂直管;pn. 端节;r. 纵沟;tf. 端隙

图 9-10　羽纹硅藻纵沟的构造(一)

(引自郑柏林等,1961)

在端节的内壁中膨大如漏斗形伸入原生质内,称为漏斗隙(funnelcleft),其弯曲方向与端隙相同。因此,上、下壳面的内、外沟恰好互补。长期以来,一般认为原生质在纵沟内流动的同时,与外界接触产生反作用力,使藻体滑动来解释能运动的机制。但是,经电子显微镜观察后认为,纵沟肯定与运动有关,但不认为运动是由原生质流动而引起的,而是由在靠近纵沟末端原生质体内很多小而折光很强的颗粒(可能是一种结晶体或线粒体分泌产生的纤维丝束)在壳缝内伸缩摆动引起的。舟形藻属 *Navicula*、曲舟藻属 *Pleurosigma* 等的物种,上、下壳面中央都有一条这样的纵沟;卵形藻属 *Cocconeis*、穹杆藻属 *Achnanthes*的物种,只有下壳面有一条纵沟;*Peronia erinacea* Breb et Arn. 的纵沟仅限于壳面两端,无中央节,这样的纵沟称不完全纵沟。② 管状纵沟(canal raphe),只有在部分羽纹硅藻中出现,位于长形壳面中央或壳面边缘的龙骨突(keel,龙骨突实际上是壳面的突起)的顶上。纵沟管状,纵沟管向细胞外一侧是一条管缝;向细胞腔的一侧有很多"窗孔"(fenestra),窗孔即所谓龙骨点。奇异菱形藻 *Nitzschia paradoxa*(Gmelin)Grunow 的管状纵沟位于壳面中央,尖刺菱形藻 *Nitzschia pungens* Grunow 的管状纵沟位于壳面一侧(上、下壳面方向相反),华壮双菱藻 *Surirella fasuosa* Ehrenberg 的管状纵沟位于壳面整个壳缘龙骨突上,一个纵沟围绕整个壳面,所以,其截面呈双菱形。③ 拟纵沟(pseudoraphe),其实并无纵沟构造,而是在羽纹硅藻纲中的一些物种,壳面上的花纹排列以壳面长轴为中心,两侧对称地排列,而长轴面中央出现没有任何构造的壳壁,也就是所谓的无纹区。如条纹藻属 *Striatella*、斑条藻属 *Grammatophora* 的物种都有拟纵沟。

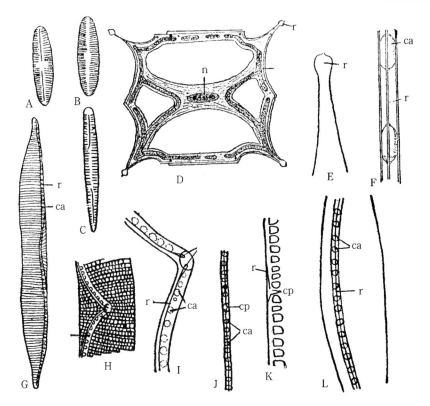

A,B. Acnaothes linearis W. Sm. 上壳面具纵沟,下壳面为拟纵沟;C. Peronia erinacea Bréb et Arn.
具不完全纵沟;D～F. 双菱藻 Surirella sp. 的管纵沟(D 横断面,示龙骨突起内的管纵沟;
E 示龙骨突起;F 示管纵沟);G. Nitzschia bilobata var. minor Gran 位于壳面边缘的管纵沟;
H,I. Epithemia argus Kütz. (H 示壳面中部;I 示管纵沟);J～K. Nitzschia tryblionella Hantzsch
的管纵沟(J 为表面观;K 为侧面观);L. nitzschia granulata Gran 位于近壳面中部的管纵沟
c. 色素体;ca. 龙骨孔;cp. 中央孔;r. 管纵沟;n. 细胞核

图 9-11   羽纹硅藻纵沟的构造(二)
(引自郑柏林等,1961)

3. 细胞壳环面构造

硅藻壳环面细胞壁具有间插带、隔片、翼状突出物等构造。

(1) 间插带(intercalary band,copulae;图 9-12,图 9-13):是壳环面细胞壁的特殊构造,位于壳套与相连带之间,属次级相连带。中心硅藻纲内的很多物种都有,尤其是根管藻属的物种都有,并且有不同的形态。如:斯氏根管藻 Rhizosolenia stolterfothii Peragallo 为环形领状连接的间插带、中华根管藻 R. sinensis Qina 为环形楔形状连接、复瓦根管藻 R. castracanei Peragallo 的间插带为复瓦状,卡氏根管藻 R. imbricata Brightwell 则为菱形(鳞片状)等。间插带有加固细胞壁的作用。壳环面观为长柱状的硅藻物种都有较多的间插带。因此,一个硅藻物种有无间插带及间插带数量,与其贯壳轴的长短有直接关系。

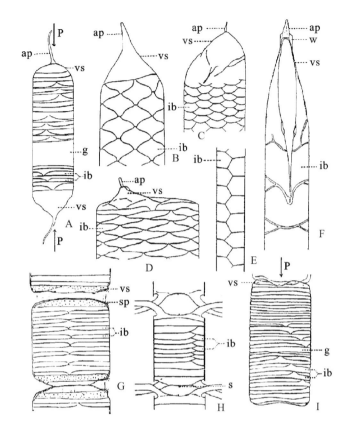

A. *Rhizosolenia cylindrus* 环（领）状间插带；B. *R. arafurensis* Castr. 菱形间插带；C. *R. clevei* Osten. 鳞状间插带；D. *R. castracani* H. Pér. 扁菱形间插带；E. *Dactyliosolen mediterraneus* H. Pér. 半环状间插带（锯齿状连）；F. *R. styluformis* var. *longispina* Hust. 复瓦状间插带；G. *Lauderia annulata*（衣）领状间插带；H. *Chaetoceros eibenii* Grun 环状间插带（楔形连接）；I. *Guinardia flacida* (Castr.) H. Pér. 领状间插带（连接点不在一条直线上，而呈螺旋状）所有的图都是环面观：P. 贯壳轴；ap. 壳面顶端突起；vs. 壳面；g. 壳环；ib. 间插带；w. 小刺两侧的翼（耳）状突；sp. 小刺；s. 位于壳面中央的小刺

图 9-12　不同形态的间插带

（引自 E. E. Cupp，1943）

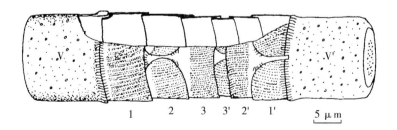

图 9-13　*Melosira varians* 上、下壳间插带的形成

（引自 R. E. Lee，1980）

（2）隔片（seeptum）（图 9-14）：是壳套与相连带之间细胞壁向细胞腔内衍生的产物，为与壳面平行的平片状或波片状突出物，把原生质体不完全分隔。楔形藻属 *Licmophra* 的隔片仅限于细胞的一端；斑条藻属 *Grammatophra* 的隔片是由细胞两端伸入细胞腔，但相对应的隔片并不连接；梯形藻属 *Climacosphenia* 的隔片是由细胞壁四周伸入细胞腔，形成一个整片，但隔片上有孔，使细胞内原生质体不至于完全分隔。前两种形态的隔片称为不完全隔片，后者称为完全隔片。隔片也有加固细胞壁的作用。隔片多的细胞，其贯壳轴也增长。

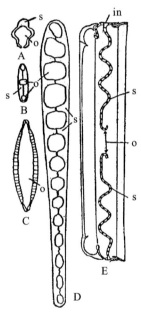

A. *Tetracyclis* sp. 的隔片；B. *Diatomella* sp. 的隔片；C. *Mastogloia* sp. 的隔片；
D. *Climacos phenia* sp. 的隔片；E. *Grammatophora* sp. 的隔片
o. 开口；s. 隔片；in. 间插带

图 9-14　硅藻隔片的类型
（仿郑柏林等，1961）

（3）翼状突出物（wing）：漂流藻属 *Planktoniella* 等的翼状突出物是由上、下壳壳套和壳环的交界处（包含整个环带）向外延伸而成，并具有腔室构造的半透明的膜质结构。有翼圆筛藻 *Coscinodiscus bipartitus* Rattray 的翼状突出物是由细胞分泌胶质构成的不透明的翼状突出物。

4. 硅质壁的功能

上述硅质细胞壁的各种构造，都是硅藻在长期适应环境过程中形成的。因为硅藻的生活习性无非是在水体中飘浮，或附着在水体底质表面或其他物体表面上，所以分为浮游和底栖两大类。浮游的类群在水体中要使自身能长时期保持在有光水层，最突出的矛盾是防止自身的下沉。由硅藻细胞壳面上的各中突出物或胶质孔分泌的胶质与相邻细胞连成各种形态的群体，增加了与水体的接触，将能减小硅藻细胞体下沉的速度，由贯壳轴延长而成的长柱形个体也比圆球形个体下沉的速度要慢。无论是中心硅藻还是羽纹硅藻壳面上的各种"花纹",与昆虫的复眼相似,都具有集光作用,有利于进行光合作用;硅质细胞壁支撑着细胞的形态,使每一物种都有各自的固定形态,隔片、小室等有加固细胞壁的作用。在羽纹硅藻类中,绝大多数具有纵沟的物种都是底栖生活的,藻体能移动可避免被水体中的沉积物所覆盖,主动移向泥沙表面,更好地进行光合作用。

细胞壁上的各种特别结构,是硅藻分类的重要依据。

(二) 细胞核

硅藻细胞单核。硅藻细胞内通常具有一个中央大液泡,而液泡中央往往被原生质团所通过,使液泡呈环状,通过液泡、位于细胞中央的原生质团称之为原生质桥(contractilening),细胞核位于原生质桥中央;如果细胞的大液泡没有原生质桥,细胞核则靠近细胞壁边缘分布(图 9-15)。

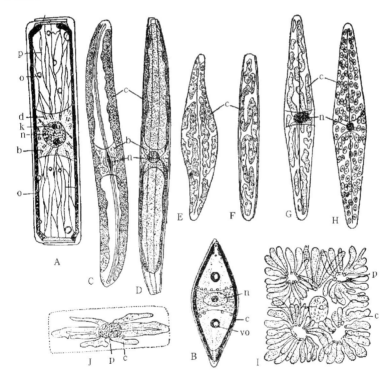

A. *Pinnularia major*(Kuetz.)Cleve 细胞宽环面观,示细胞内部构造;B. *Navicula cuspidata* Kütz. 壳面观,示细胞内部构造;C,D. *Pleurosigma spenceri* Schalen and Gurtelbenseite 壳面观(C)、环面观(D);

E,F. *Pleurosigma rigidum* W.Smith 壳面观(E)、环面观(F);G. *Pleurosigma* sp. 壳面观;

H. *Pleurosigma giganteum* 壳面观;I. *Rhabdonema arcuatum*(Ag.)Kuetzing 示色素体形态;

J. *Crammatophora marina*(Lyngb)Kuetzing 示色素体形态

b. 原生质桥;c. 色素体;d. 棒状体;k. 核仁;n. 细胞核;o. 油滴;P. 淀粉核;P. 原生质线;vo. 布氏小球

图 9-15　硅藻细胞的内部构造

(仿郑柏林等,1961)

（三）色素体和色素

色素体片层由 3 条或更多条类囊体组成。硅藻门藻类色素有叶绿素类的叶绿素 a、叶绿素 c_1、叶绿素 c_2，类胡萝卜素的 β-胡萝卜素、花药黄素、硅甲藻黄素、硅藻黄素、墨角藻黄素、紫黄素、玉米黄素。因此，大多数硅藻呈黄绿色、黄褐色、黄色或绿色。

硅藻色素体的形状因物种而异。有颗粒状、片状、叶状、带状、分枝状或星状等。羽纹类硅藻大多数物种的细胞内只含有少数色素体，其色素体的外形通常是大型、片状的，一般靠近细胞壳环面分布；中心类硅藻大多数物种的细胞内有多数色素体，其色素体的外形通常是小型、颗粒状的。色素体在细胞内的分布，一般靠近细胞壳面处，群体性物种靠近细胞壳环面分布。总之，色素体在细胞内的分布都是处在有利于利用光能的位置，如角毛藻属内的一些大洋性物种的角毛内都有色素体的分布。

（四）淀粉核

只有少数羽纹类硅藻物种的色素体的中心或边缘具有小型的球形或透镜形的淀粉核。通常一个色素体内有一个淀粉核，但有的物种一个色素体内含有多个小型的淀粉核。在中心类硅藻物种中，如角毛藻属的单色体亚属内的物种，细胞内含有一个大型片状色素体，色素体中央有一个没有淀粉粒包被（鞘）的蛋白核。

（五）同化产物

硅藻的光合作用产物为金藻昆布糖、油和异染小粒。

图 9-15 为硅藻细胞的内部构造。

三、繁殖和生活史

（一）硅藻的繁殖

硅藻的繁殖包括无性生殖和有性生殖两种方式。

1. 无性生殖

无性生殖有细胞分裂、休眠孢子、小孢子和复大孢子，但复大孢子通常是由有性生殖产生的。

(1)细胞分裂：硅藻的细胞分裂和高等植物的细胞分裂一样，都是有丝分裂，细胞核和细胞质分裂，其过程是一致的。但由于硅藻细胞壁结构特殊，分裂后的两个子细胞分别以母细胞的上壳和下壳作为上壳，新生的壳都被母细胞的壳套在内而成为下壳。因此，第一代的两个子细胞中，一个以母细胞上壳为上壳的个体与母体大小相等，而另一个以母细胞下壳为上壳的个体则小于母体，小了两倍壳壁的厚度。子细胞继续分裂，后代细胞的个体大小就会出现如下的情况：

第一代，1～2（1：示母体细胞上壳；2：示母体细胞下壳）

第二代，1～2，2～3（其中一个细胞的个体与母体相同；另一个细胞则以 2 为上壳，3 为下壳，细胞的个体比母体小了两倍壳套的厚度。）

第三代,1~2,2~3;2~3,3~4

第四代,1~2,2~3,2~3,3~4;2~3,3~4,3~4,4~5

……

细胞分裂通常在夜间进行,亦有在白天进行的。在环境特别良好的状况下,个别物种能一小时分裂一次。如此一代又一代的延续下去,子代中只留有一个与母细胞大小相当的个体,而有相当数量的个体会变小。Geitler 曾在培养硅藻 *Gomphonema parvulum* var. *micropus* 两个月后发现,壳面长轴减小至原来的 3/4,5 个月后仅有原来的 3/5;另一种硅藻 *Eunotia formica* 培养 5 个月后减小至原来的 2/3。由于硅藻细胞壳壁构造的特殊,子代细胞个体的缩小是事实,但由于硅藻细胞分裂受到环境的影响,在不同的季节内有不同的分裂速度,同一子代中不同大小个体细胞的分裂速率不同,而且能产生复大孢子来恢复细胞的大小,因此,硅藻子代细胞不可能无限制的缩小下去。在细胞分裂过程中,细胞内的色素体先平分给子细胞,然后再进行分裂(纵、横裂)而增多。有分叉的色素体在分裂开始前突出部分先收缩,然后再分裂。Dawson(1973)图解了硅藻 *Gomphonema parvulum* 细胞分裂中新的壳壁形成过程(图 9-16)。

(2)休眠孢子(Resting spore):休眠孢子也称厚壁孢子(akinete) 休眠孢子的产生与硅藻的生活环境密切相关。当海水中缺乏营养盐、海水水温太高或太低、光照不足或过强等环境因素改变了硅藻的正常生活环境时,就会产生休眠孢子。这是近海物种对多变环境的一种适应。以产生休眠孢子来度过不良环境,当生活环境得到改善至有利于生活时,休眠孢子才进行萌发。

休眠孢子通常是厚壁的,亦有上、下壳的构造,但上、下壳都只有壳面和壳套,并由壳套直接套合,没有相连带。不同物种的休眠孢子的上、下壳面上都有特别的棘刺或突起。不同物种的休眠孢子有不同的形态并且是稳定的。因此,休眠孢子的形态有时也可作为区分物种的依据。通常一个母细胞内产生一个休眠孢子,位于母细胞的中央或一端,但少数物种能在一个母细胞内产生两个休眠孢子。个别物种(如 *Chaetoceros didymus* Ehrenberg)的相邻两母细胞能同时产生休眠孢子,能依靠休眠孢子壳面上的突出物相交,有成对存在的现象。

休眠孢子萌发时,其原生质体开始膨大,一直到把产生休眠孢子的母细胞壁分开。最后,由膨大的原生质体分泌出上、下壳壁,恢复原始的形态和大小。另一种情况是休眠孢子离开母细胞壁,下沉至海底,休眠孢子萌发时,其原生质体开始时也膨大,并呈变形虫状态离开休眠孢子壳壁,以后伪足收缩而成圆球形,形状似复大孢子,然后分泌出壳壁形成新细胞。这样产生的新细胞要比母细胞大 2 倍以上,达到该种的最大宽度。由于休眠孢子离开母细胞壁萌发,初生的细胞形态有时会与母细胞形态不完全一样,要经过一、二次分裂之后才能和母细胞一样。孢子萌发的整个过程需要 1~2 天。

(3)小孢子(Microspore):小孢子是由细胞原生质体经多次分裂,形成许多近球形的个体。不同物种的每个母细胞产生小孢子的数量不同,如变异直链藻 *Melosira varians* 能产生 8 个小孢子、活动盒形藻 *Biddulphia mobiliensis* 有 32 个、双凸圆筛藻 *Coscinodiscus biconicusd* 多达 128 个;不同物种产生的小孢子也有不同的形态,如圆筛藻属 *Coscinodiscus* 产生的小孢子具有鞭毛而能动,角毛藻产生的小孢子有的能变形,并基角毛藻

Chaetoceros decipiens 能产生不同大小的小孢子。至于小孢子如何发育成新的后代,长成与母体一样的形态,其过程尚无具体的记载。但据一般理解,小孢子需要扩大成复大孢子,然后再发育成新的个体。

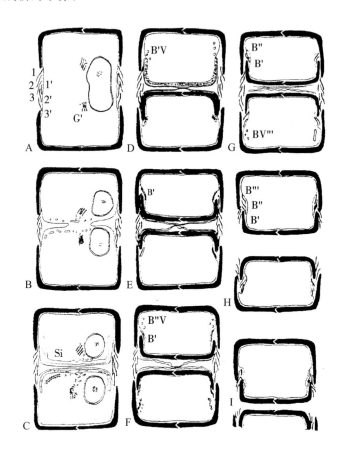

A. 显示细胞分裂开始时,细胞延长、核开始分裂;B. 细胞核分裂完成后,细胞质膜向细胞中央收缩;
C. 由高尔基小泡合并成硅质片膜;D. 在硅质片膜形成的壳面范围内继续沉积硅质,高尔基小泡积聚在第一个环带区内;E. 在高尔基小泡范围内形成的第一个环带隐藏到外侧,硅质片内侧的膜成为新的原生质膜,老的原生质膜和硅质片外侧的膜消失了;F～I. 显示了第一、第二个环带形成的过程

图 9-16　硅藻细胞分裂及子细胞新壳新形成的过程

(引自 R. E. Lee,1980)

(4) 复大孢子(Auxospore):复大孢子是硅藻繁殖的一种特殊方式,这是由于硅藻壳壁构造的特殊而产生的。硅藻细胞连续分裂必然导致大部分子细胞体积会出现不断的缩小,但事实上在自然海域或在实验室内并没有发现无穷小的细胞,而是每个硅藻物种的大小都有一定的幅度。子细胞体积小到一定范围就会以产生复大孢子的形式来恢复细胞的大小,或者被自然淘汰(死亡)。

复大孢子由母细胞通过无性或有性生殖产生。通常由复大孢子发育成的子细胞较母细胞大 1～2 倍或更大。

无论是休眠孢子、小孢子或复大孢子,它们发育成的子细胞较母细胞都大,都有恢复细胞大小的作用。硅藻以多种形式的孢子来繁殖后代,这也是生活在多变环境中的一种适应。

2. 有性生殖方式

中心纲硅藻的有性生殖方式是卵式生殖;羽纹纲硅藻的有性生殖方式是配子生殖。产生生殖细胞前,母细胞都须经染色体的减数。

(1) 中心纲硅藻的有性生殖。

精子的形成:首先由母细胞转化成精原细胞精子层。不同物种的每个细胞产生精原细胞的数量不等。直链藻 *Melosira* sp. 每个细胞产生 1 个精原细胞;塔形冠盖藻 *Stephanopyxis turris* 在一个细胞内分裂形成 4 个精原细胞;波状石丝藻 *Lithodesmium undulatum* 一个细胞内有 16 个精原细胞(图 9-17)。每个精原细胞产生 4 个具单鞭毛能游动的精子。精原细胞产生精子的过程是原生质体离开精原细胞外壳,细胞核经减数分裂形成两个具双鞭毛的个体,然后再分裂一次而成。有的物种的精原细胞在产生精子的过程中,原生质体不完全分给 4 个精子,精子形成后有残余物;有的物种的精原细胞在产生精子时把原生质体完全分配给 4 个精子(图 9-18)。

卵子的形成,有三种方式:① 在 1 个卵原细胞内产生两个成熟的卵,每一个卵内含有 1 个单倍体成活的核和固缩核;②卵原细胞内产生 1 个卵(卵内亦含有 1 个单倍体成活的核和固缩核)和 1 个极体;③ 卵原细胞内只产生 1 个卵,内含有 1 个单倍体成活的核和 2 个固缩核(图 9-19)。在这三种方式中,最后一种方式是形成卵子最普遍方式。

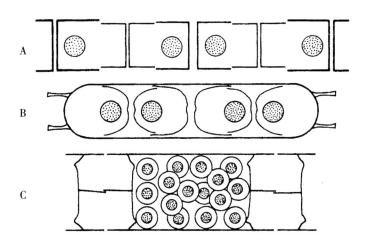

A. 直链藻每个细胞产生 1 个精原细胞;B. 塔形冠盖藻在一个细胞内分裂形成 4 个精原细胞;

C. 波状石丝藻一个细胞内有 16 个精原细胞

图 9-17　不同物种硅藻细胞形成的精原细胞(精子器)

(引自 Werner D.,1977)

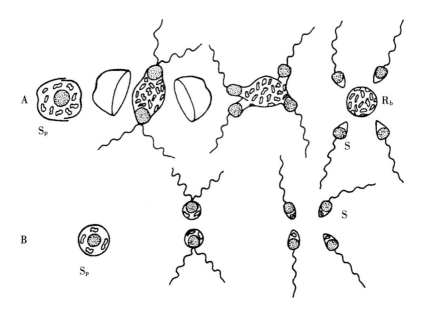

A. 精子(S)形成后有残余物(Rb);B. 精子形成后无残余物

图 9-18　精原细胞(S_p 精子器)形成精子的过程

(引自 Wemer D. ,1977)

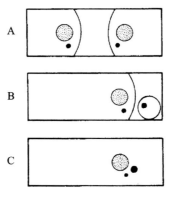

图 9-19　中心纲硅藻雌配子(卵子)的形成的三种方式

(引自 Werner D. ,1977)

　　受精过程:直链藻属 *Melosira*(图 9-20A)、冠盖藻属 *Stephanopyxis*(图 9-20B)和角毛藻属 *Chaeticeros*(图 9-20C)等物种是在卵原细胞壳壁的壳环处开一小孔,精子由小孔进入受精;盒形藻属 *Biddulphia*(图 9-20D)的物种是在卵原细胞壳壁断裂后,精子进入卵细胞内与之受精;扭鞘藻属 *Streptotheca*(图 9-20E)的卵细胞是在离开卵原细胞壳壁之后才与精子受精(图 9-20)。

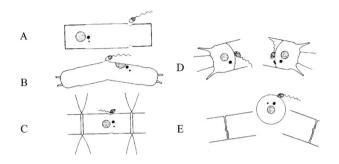

图 9-20　中心纲硅藻受精过程的三种类型

（引自 Werner D.，1977）

　　受精卵发育，经过复大孢子阶段。原始细胞形成的过程（图 9-21）：图 9-21A 的两侧为卵细胞的壳壁（o），中间为一复大孢子，含有 1 个二倍体合子的核；图 9-21B 中 e 为在复大孢子膜内的原始细胞的上壳，原始细胞在受精后的一次有丝分裂后形成，分裂后的两个核中的一个消融了；图 9-21C 中 f 为原始细胞，仍然被复大孢子膜包围着，成活核的旁边有受精后的有丝分裂形成的两个固缩核。

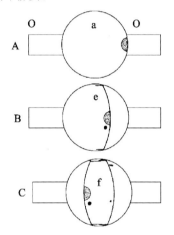

a. 复大孢子；e. 原始细胞的上壳；f. 上壳、下壳已形成的原始细胞

图 9-21　中心纲硅藻受精卵发育过程

（引自 Werer D.，1977）

　　（2）羽纹纲硅藻的有性生殖。

　　羽纹纲硅藻有性生殖为配子生殖，类型有（图 9-22）：① 正常类型（normaltype），1 对配子囊各自都有 2 个配子。减数分裂后，每个配子都含有 1 个单倍体机能核和 1 个固缩核。配子交配融合在异体产生的配子间进行（图 9-22A）。② 退化类型（reduced type），1 对配子囊各自都有 1 个配子。因为在减数分裂期间没有发生胞质分裂，每个成熟的配子都含有 1 个机能核和 1 个固缩核。配子的交配融合也是在异体产生的配子间进行（图 9-22B）。③ 自体交配（automixis，pedogamy），单独的配子囊内含有 2 个与正常类型相似的配子。2 个配子自体交配（图 9-22C）。④ 自核交配（automixis，autogamy），单独的配子囊内含单一

配子,由于在第一次减数分裂之后核固缩,成熟的配子含 2 个存活的核和 2 个固缩核,交配是在 2 个存活的核之间进行(图 9-22D)。上述羽纹纲硅藻有性生殖的 4 种类型中,前两者是属于异宗配合,后两种类型为同宗配合。

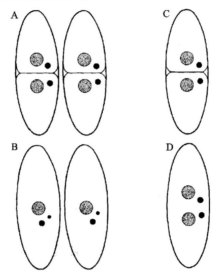

图 9-22　羽纹纲硅藻有性生殖的 4 种类型

(引自 Werner D.,1977)

图 9-23 以 *Gomphonema parvulum* 为例,图解了羽纹纲硅藻有性生殖的 4 种类型中正常类型配子交配的过程:图 9-23A 是成对的配子囊内都含有 2 个成熟的配子;图 9-23B 及 C 是在能(移)动的和静止不动的配子之间交叉异体受精;图 9-23D 是两个幼期的合子。

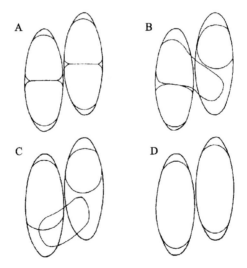

图 9-23　正常类型配子交配的过程

(引自 Werner D.,1977)

Rhabdonema adriaticum 为链状群体,有性生殖时(图 9-24),雌(雌配子母细胞)、雄(雄配子母细胞)群体互相靠近。雌配子母细胞内含有一个功能卵和一个极体(图 9-24P,E);雄配子母细胞产生 2 个不动精子(图 9-24R)。成熟的雄配子释放出来,黏附在雌配子母细胞的壳环处(图 9-24Sp),雄配子核经壳环处的小孔注入雄配子内进行配合(图 9-24下方 Sp)。图中雄性群体处于减数分裂的不同阶段和成熟的雄配子释放出来会留有残留物。

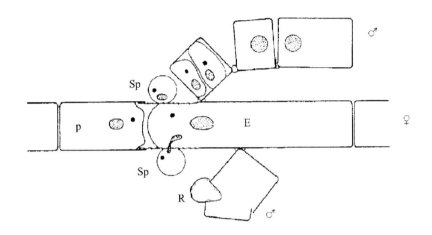

图 9-24　*Rhabdonema adriaticum* 异体受精过程

(引自 Werner D. ,1977)

(二) 硅藻的生活史

Von Stosch(1951)以变异直链藻 *Melosira varians* 为例,图解了这一类硅藻的生活史。变异直链藻的有性生殖方式是异宗交配。雌、雄营养细胞转化为卵原细胞和精原细胞,经减数分裂之后,分别产生卵和具单鞭毛、能游泳的精子,成熟的精子从精原细胞中释放出后,游泳至卵原细胞的壳环处,经壳环处的小孔注入卵内进行配合。合子发育成复大孢子(复大孢子是在卵原细胞壳壁内形成),由复大孢子萌发,分化出壳壁,成为大型细胞,再经分裂后恢复到营养细胞的正常大小。至此,完成了包含该种个体发育变化全过程的生活史(图 9-25)。图中横线以下为双倍体阶段;横线以上为单倍体阶段。变异直链藻的营养细胞为双倍体。营养细胞亦可通过无性繁殖(细胞分裂)直接繁衍后代。

皇冠角毛藻 *Chaetoceros diadema*(Her.)Grun 为直链状群体,也有与变异直链藻相同的生活史。所不同的是复大孢子形成的方式不同,复大孢子是在卵原细胞壳壁外形成的。

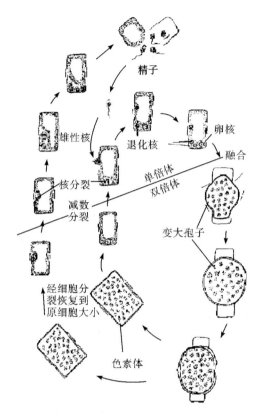

图 9-25　变异直链藻 *Melosira varians* 的生活史

(引自 R. E. Lee, 1980)

四、硅藻的运动

羽纹硅藻中具有纵沟的物种都能运动。群体性物种可在细胞间相互滑动,底栖性物种可在基质上爬行。硅藻的运动对于底栖物种具有重要的生态学意义,运动使这类硅藻不至于被海水中的沉积物所覆盖,可使这类硅藻能够在不稳定的底层沉积物上生活,有利于处在异地的同一物种之间有机会进行有性繁殖。

有关硅藻的运动早期认为是通过细胞质的流动、原生质分泌形成的纤毛摆动或细胞内气体的释放等方式来驱动的。1962 年 Jarosch 提出了细胞质理论,认为在细胞壁的一端固定有波状的肌动纤维,它和与原生质体相连接的黏附在细胞膜上的有动作纤维(肌动蛋白丝体)连接起来,通过纤维的扩展和波状摆动来推动藻体运动。

图 9-26 是不同学者对硅藻运动理论的论证图解。图 9-26A:由于连接原生质体的肌动蛋白丝体波状摆动,在 a 孔和 c 孔驱动了黏液的分泌(Jarosch,1962)。图 9-26B:拖曳分泌贯穿整个纵沟的长度,由 a 到 b 和 c 到 d,扩展到离开纵沟系统(Hopking & Drum,1966)。图 9-26C:运动由于从图 A 孔中拖曳分泌物。来自上部 e 孔和 h 孔的分泌物形成了堆积 1 和颗粒物 p 向前方搬运(Harper & Harper,1967)。图 9-26D:沿着纵沟 ab 和 cd 流动的毛细状流,变换到 b 孔和 d 孔拖曳分泌(Gordon & Drum,1970)。

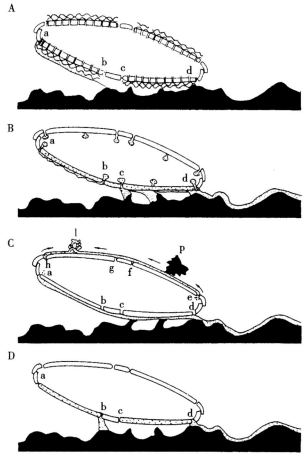

图 9-26　硅藻运动理论的论证图解

（引自 Werner D.，1977）

第二节　分类及代表种

　　在 18 世纪曾把硅藻列入原生动物鞭毛虫纲，后又列入褐藻门。20 世纪初将藻类分为 10 个纲，硅藻为其一。Pascher(1914)认为金藻、黄藻和硅藻间有密切联系，合并为金藻门，硅藻为其中一纲。1928 年 Karsten 认为很难认定硅藻与其他藻类的关系，而提升为硅藻门，被近代许多硅藻学工作者所采纳。

　　近代流行的硅藻分类系统有以下 4 种：① Grunow(1885)首次提出按硅藻壳面花纹排列的对称情况，分为辐纹目（圆心目）与羽纹目；Schütt(1896)，Mann(1925)，Hustedt (1930)，Allen & Cupp(1935)，Cupp(1943)，金德祥(1965)，小久保(1965)和 Round(1965) 等都同意这一划分原则。他们在圆心目下又分出盘状、管状、盒形和舟形辐射 4 个亚目。② Прощкина-Лавренко(1949，1950)也同意上述意见，但将舟形辐射目和其他一些壳面花纹不太规则的种类合称中间目 Mediales 与圆心目和羽纹目并列，实际上其中一部分应隶属圆心目,而另一部分是属于羽纹目,故一般人都不支持其的意见,仍采用圆心目和羽纹目。③ Handy(1937,1964)把硅藻作为纲,包括一个硅藻目;还提出管状亚目和盒形亚目的种壳面上有偏心突起或在壳面两极生出突起,无法归入辐射对称类;于是又把硅藻目直接分成 10 个亚目,辐射目和羽纹目各含 5 个亚目;属于辐射对称的 5 个亚目是:盘形亚目Discineae、沟盘藻亚目 Aulacodiscineae、眼纹藻亚目 Aulisineae、盒形藻亚目 Biddulphirneae 和管状藻亚目 Soloniineae。后来 Sournis(1968)、Taylor(1964)也都采纳此意见。④ Silva(1962)在硅藻门下设圆心纲 Centrobacillariophyceae 和羽纹纲。在圆心纲下的分类方案与 Schütt 的意见基本一致,也就是 Hustedt 的分类系统。Simonsen(1972)曾指出目前通用的 Hustedt(1930)所建立的圆心硅藻纲的分类系统还存在缺点,不能完全令人满意。因为该系统中对形态特征如细胞外形、间插带等特征估计太高,而又忽略了休眠孢子的有无、同一个细胞的两壳面花纹是否完全相同等特征,属与属之间缺乏联系等缺点。应再联系化石硅藻特征找出其系统发育路线,重新建立一个更接近于自然的分类系统。本书支持其意见,尤其 Hustedt(1930)把壳面圆形或近圆形的 25 个属都堆积到一个圆筛科中,而不论其壳面平或凹凸不平、壳面花纹的排列方式、室纹构造的繁简程度、有无眼斑或乳头突,更不论其繁殖方式是否一致,模糊了系统发育的路线,造成混乱。虽然现在通过细微生物已阐明了一些硅藻的细微构造,但仍缺乏化石硅藻研究的第一手资料和个体繁殖发育的细胞学研究成果(当前还未见到关于圆心纲硅藻染色体的研究成果),因无法查清圆心纲的系统发育关系。因此,找出它们之间的更接近自然的分类系统将是摆在硅藻分类工作者面前的又一个新课题。

过去和现行对硅藻的系统分类,主要是基于硅藻细胞壁的硅质部分,特别是壳面的结构和形态数据。但是最近也添加了一些其他的分类信息。例如,有性繁殖的类型和复大孢子的形态被认为是区分中心和羽纹硅藻的主要特征。Round 等(1965)还将硅藻的栖息地作为重要的分类依据。

Simonsen 于 1979 年提出的分类体系是根据细胞形态、极化和突出物的排列,将中心硅藻分为 3 个亚目;根据纵沟的有无将羽纹硅藻分为两个亚目。

中心硅藻纲 Centricae

盘状硅藻亚目 Discoidales

直链藻科 Melosiraceae

直链藻科细胞球形或圆柱形,壳面圆形,偶尔有呈椭圆形的。单独生活或相连成长链。壳套常发达。本科共包含 6 个属,详见分属检索表。

直链藻科分属检索表

1a. 壳面圆形,有孔纹或点纹,无刺 ·· 2
1b. 壳面椭圆形,通常透明,既无孔纹也无颗粒状结构,无透明射出线,但有稀散的刺 ··················· ·· 棘箱藻属 Xanthiopyxis

棘箱藻属 *Xanthiopyxis* Ehrenberg,1984

本属藻体壳面椭圆形,通常透明,既无孔纹也无颗粒状结构,无透明射出线,但有稀散的刺。Van Landingham(1967—1979)把本属列为圆箱藻属 *Pyxidicula* 的同属异名。在中国只找到微刺棘箱藻的一个变种。

微刺棘箱藻 *Xanthiopyxis microspinosa* Avdrews

壳面椭圆形,两端圆钝,壳缘狭,整个壳面有不规则、不均匀的小刺,每 10 μm 约 7 个,壳面长径为 70～165 μm,短径为 34～106 μm(图 9-27)。本变种与原种的差异是前者两端圆钝,后者两端略尖。本变种生态性质不详。采自美国马里兰州第三纪中心世的沉积物中。在中国出现于福建罗源湾至江苏海州湾,长江和钱塘江口外侧的表层沉积物中。

10 μm

(除注明者外标尺均为 10 μm,以下相同)

图 9-27　微刺棘箱藻 *Xanthiopyxis microspinosa* Avdrews 环面观
(引自郭玉洁,钱树本,2003)

直链藻属 *Melosira* Agardh,1824

本属藻体球形或短圆柱形。以壳面相连成直或略弯的链状群体。壳面略凸呈半球形或扁平,有放射状排列的细点纹或孔纹。壳环无纹或有较粗的点纹或孔纹。壁一般较厚(硅质化程度较强),壳面边缘有横沟或船骨突。色素体多而小。有复大孢子、休眠孢子和具两条鞭毛的小孢子。细胞能分泌胶质,附生于海藻或其他物体上,为近岸底栖种,但常被风浪冲击,脱离附着物而出现于水体中,偶尔浮游生活。有淡水产及海水产种,除现存种外,还有化石种。本属据记载有 150 余种。关于其分类系统尚有异议,有待进一步研究确定。截至目前,在中国共记录 8 个物种及 1 个变种,并以船骨突的有无,分为有船骨突亚属和真直链藻亚属。其中直链藻除海产种外,也有能生活于海水及河口半咸水域的广盐性种。

具槽直链藻 *Melosira sulcata* (Ehrenberg) Küetzing(图 9-28)

短圆筒状,环面观卵圆形,壁厚(硅质化程度较强),具大型网纹。宽(顶轴长即直径)为 8～80 μm,一般为 30 μm 左右,宽大于高(贯壳轴短),以壳面紧密相接,连成直链状群体。壳套陡直,壳面圆而略凸,有呈放射状排列的花纹。在光学显微镜下可见到同一细胞的异壳面性(heterovalvy,同一细胞两壳面边缘的构造不同)。相邻细胞壳面边缘与直陡的壳套相接处分别具有脊(ridger)和沟(grooves),呈浮雕(cameo)和凹雕(intaglio)的构造,各脊分别插入相对应的沟中,连接成锁状群体(环面观)。Crawford(1979)曾在扫描电镜(SEM)下,详细研究了上述链上相邻细胞的连接构造。色素体小盘状,多数。海洋近岸底栖种,常出现于近岸浮游藻类中,在风浪大的冬季及地形复杂、受海浪冲击较大的海岸边,本种出现的数量较大,属偶性浮游生物。世界性广布种。

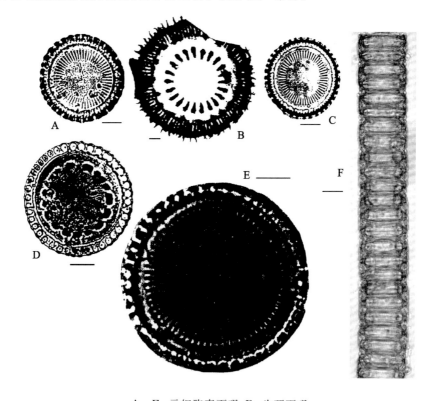

A～E. 示细胞壳面观;F. 为环面观

图 9-28　具槽直链藻 *Melosira sulcata* (Ehrenberg) Küetzing

柄链藻属 *Podosira* Ehrenberg,1840

本属藻体球形或亚球形,以胶质柄附生在其他附着基质上,有时也单个生活或 2～3

个细胞以壳面连成短链。壳面圆,有平的中央区,无明显的壳套部分。壳面中央区外侧的点纹成束排列,中央区点纹较模糊。色素体颗粒状,多个。海生种类,也有化石记载。已记载约 30 个种,中国记录的有 5 个种。

星形柄链藻 *Podosira stelliger* (**Bailey**) **Mann**

细胞近球形,壳面高凸为半球状,直径为 37 μm(30～85 μm),中部有直径为 14 μm 的边缘不齐的中央区,具从壳面中心向边缘放射排列的 12～17 束细点纹,各束的点纹都顺该束点纹的中行平行,点较密,10 μm 内有 15～16 个。环面观椭圆形,有环纹;在正处于分裂中的母细胞的环部,其环纹尤为明显(图 9-29)。为广布性底栖硅藻。常见于海藻体表及无脊椎动物的体表和消化道中。风浪大的季节较为常见,但数量不多。中国海域都有记录。欧洲、日本、美洲大西洋沿岸、俄罗斯北部海区都曾采到。

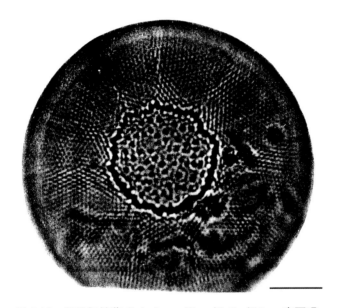

图 9-29　星形柄链藻 *Podosira stelliger* (Bailey) Mann 壳面观

明盘藻属 *Hyalodiscus* Ehrenberg,1845

壳面隆起为皿状,中央部分略凹或扁平,其花纹呈不规则点纹或放射状细孔纹。中央区外围有六角形小室,呈放射状或束状排列。相邻两细胞常在中央以胶质连成短链,或附着于其他物体上,有时也单体生活。色素体多,呈片状。海产。现存种和化石种都有,已记载约 30 个种,中国曾记载 4 个种。

细弱明盘藻 *Hyalodiscus subtilis* **Bailey**

细胞呈较扁的双凸镜形。壳面为浅皿状,直径为 40～150 μm,Hustedt(1930)记载为 25～120 μm,中部有边缘不整齐的中央无纹区(约占壳面直径的 1/3),具较密的点纹,中央以外的壳面具六角形小室,在半径中部每 10 μm 约为 25 个,越靠近壳面边缘的室越小(图 9-30)。整个壳面的花纹都呈放射状排列,惟中央区的花纹较外围的花纹更细弱,更不清晰。相邻细胞在中央区,以胶质块连成短链,营附着生活。海生种类。广温底栖种,也常在浮游生物藻类中出现。在中国各海区都有少量记录。北大西洋、北海、太平洋东部沿岸、菲律宾和欧洲等海域都有。

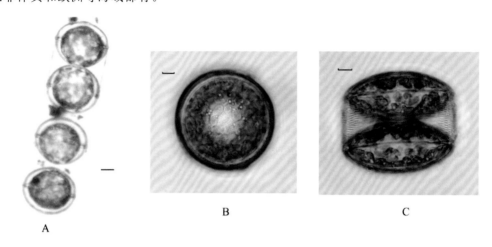

A,B. 示细胞环面观;C. 壳面观

图 9-30　细弱明盘藻 *Hyalodiscus subtilis* Bailey

圆箱藻属 *Phxidicula* Ehrenberg,1883

本属藻体椭球形、近球形,单独生活或连成链。壳面凸起呈半球形,有六角形大室,室的表层有圆形盖孔,在普通光学显微镜下,壳面上看不到小刺。色素体颗粒状,数目多。海生种类。本属已记载 11 个种,在中国记载 2 个种。

范氏圆箱藻 *Phxidicula weyprechtii* Grunow

壳面圆形,凸起近半球状。顶轴约 55 μm。细胞壁厚,室六角形,外层有大圆孔,内层有细点纹。室呈直线状排列,在壳面中部每 10 μm 有 2～3 个点纹,近壳面边缘部分每 10 μm 有 3～4 个点纹。壳面边缘透明无纹。环面观贯壳轴长为 40～80 μm,有环形间插带(图 9-31)。外洋浮游性种。最初发现于北极海法兰士约瑟地(Frane-Josephs-Land)。在中国出现于东海福建东山和厦门近海。此外在冲绳海槽表层沉积物中也有记录。

内网藻属 *Endictyca* Ehrenberg,1845

本属藻体圆桶形,壳面圆形,单独生活或以壳面相连成短链。壳面与壳套成直角,界限清楚,在普通光学显微镜下都有大小不一的近六角形的大筛室,其盖孔在外层;硅质程度强,壁厚如网状。在壳面与壳套相接处有小齿状突起,在电镜下可见这是生在细胞壁内面的一圈孔状的唇形突。本属已记载 10 个物种。在中国记载 1 个物种。

大洋内网藻 *Endictyca oceanica* Ehrenberg

藻体圆桶形,壳面圆形,顶轴 150 μm(60～240 μm),切顶轴约 120 μm。以壳面连接成短链或单个细胞生活。壳面与壳套上有近六角形的大室,近直线形排列,每 10 μm 约 3.5 个大室。细胞壁厚,室列整齐(图 9-32)。本种是本属的模式种。热带底栖种。在中国发现于南海海南岛琼东县沙笼港，集自的浮游藻类中。此外在匈牙利化石内、秘鲁鸟粪中及欧洲南部沿海皆有发现。

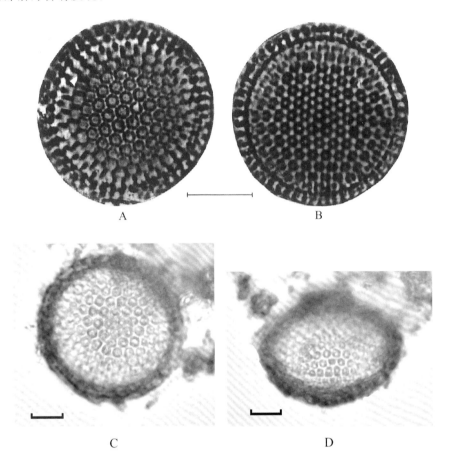

图 9-31　A～D 范氏圆箱藻 *Phxidicula weyprechtii* Grunow 壳面观

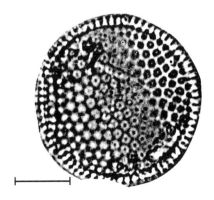

图 9-32　大洋内网藻 *Endictyca oceanica* Ehrenberg 壳面观

圆筛藻科 Coscinodiscaceae

圆筛藻科物种通常单独生活,盘形、球形,偶尔有短柱形,或纵切面呈楔形。壳面纹饰有孔纹、点纹或杂有线纹。一般呈向心排列,在少数情况下有较不规则的排列,甚至中部与四周构造有所不同,也有分成块状的。有的种壳面上有无纹眼斑、小突起、真孔、小刺或翼状突等。本科有 24 属,包含种很多,广泛分布与世界各大洋中。以浮游生活为主,亦有底栖种和不少化石种。

圆筛藻科分属检索表

1a. 壳面无明显的无纹眼斑,或无"明显的分成小块" ···································· 2
1b. 壳面有明显的无纹眼斑,乳状突或粗大的突起 ···································· 9
1c. 壳面分成小块,常凹凸不平 ·· 16
　2a. 壳面有长刺列或环状翼,并与壳面平行伸展 ···································· 3
　2b. 壳面无刺列或环状翼,个别具胶质突出物 ······································ 4
3a. 具长刺列 ··· 环刺藻属 Gossleriella
3b. 具环状翼 ··· 漂流藻属 Planktoniella
　4a. 壳面平,不分边缘区和中央区 ·· 5
　4b. 壳面波状凹凸 ·· 8
　4c. 壳面中央鼓起,缺中央区,网状纹排列不规则,网纹交叉处有 1 根小刺 ····· 脊刺藻属 Linndiscus
　4d. 壳面椭圆形,中央凹陷,有疣状大斑点 ··············· 波盘藻属 Cymatodiscus
5a. 壳面边缘无强刺列,但常有小刺 ·· 6
5b. 壳面边缘有 1 圈强刺 ······································· 冠盘藻属 Stephanodiscus
　6a. 细胞圆盘形 ······································· 圆筛藻属 Coscinodiscus
　6b. 细胞短圆柱或圆柱形 ·· 7
7a. 细胞短圆柱形,壳面中央有大无纹区 ··············· 筛盘藻属 Ethmodiscus
7b. 细胞长圆柱形,壳面中央为圆形的脐区 ··············· 金盘藻属 Chrysanthemodiscus
　8a. 壳面圆形分为中央区和边缘条纹区 ··············· 小环藻属 Cyclotella
　8b. 壳面圆形至椭圆形,凹凸各半,孔纹大小、排列疏密不同 ··· 波形藻属 Cymatotheca
9a. 壳面有乳状突 ·· 10
9b. 壳面有无纹眼斑 ·· 11
9c. 壳面具明显的唇形突和支持突 ·· 15
　10a. 壳面孔纹不分块状排列 ····························· 乳头盘藻属 Eupodiscus
　10b. 壳面孔纹分块状排列 ································· 沟盘藻属 Aulacodiscus
11a. 无纹眼斑两个以上 ······································· 眼斑藻属 Auliscus
11b. 无纹眼斑 1 个 ·· 12
　12a. 无纹眼斑小 ·· 13
　12b. 无纹眼斑大形,占壳面的 1/8～1/4 ··············· 斑环藻属 Stictocyclus
13a. 壳面圆形 ·· 14
13b. 壳面半圆形 ··· 半盘藻属 Hemidiscus
　14a. 壳面孔纹辐射状排列 ································· 辐环藻属 Actinocyclus
　14b. 壳面孔纹呈直线状、束状或离心状排列 ··············· 罗氏藻属 Roperia

15a. 细胞圆筒状,壳面中央有 1 个唇形突,壳面自中央到边缘具明显的辐射状的肋 ……………… ……………………………………………………………………… 小筒藻属 *Microsolenia*

15b. 细胞圆柱形,除有 1 个唇形突外,还有 2～5 个支持突,壳面孔纹排列形状多样 …………… ………………………………………………………………………… 小盘藻属 *Minidiscus*

   16a. 壳面中央不分块 ……………………………………………………………………… 17

   16b. 分块达壳面中央 ……………………………………………………………………… 20

   17a. 壳面圆形、三角形或多角形 ……………………………………………………… 18

   17b. 壳面凸起,椭圆形 …………………………………………………… 乳头藻属 *Mastognia*

   18a. 壳面扁平,有狭射出条 …………………………………………………………… 19

   18b. 壳面凹凸起伏 ………………………………………………… 辐裥藻属 *Actinoptychus*

   19a. 壳面蛛网形 ……………………………………………………… 蛛网藻属 *Arachnoidiscus*

   19b. 壳面非蛛网形 …………………………………………………… 斑盘藻属 *Stictodiscus*

   20a. 射出无纹条,四周都有,并相似 ………………………………… 星芒藻属 *Asterolampra*

   20b. 四周射出无纹条不完全相似 …………………………………… 星脐藻属 *Asteromphalus*

环刺藻属 *Gossleriella* Schütt,1893

　　本属藻体圆盘状,壳面平或略隆起。壳缘生粗细相间的长刺。色素体小颗粒状,数目多。海产、单个细胞生活的热带浮游性硅藻。截至目前,本属只记载 1 种。

热带环刺藻 *Gossleriella tropica* Schutt

　　藻体圆盘状,单个生活,直径为 144～348 μm。细胞壁的硅质化程度很弱,薄而透明,在水封片下看不出壳面有明显的构造(图 9-33)。壳面略隆起,在一壳面的边缘有放射排列的粗刺(刺长约 50 μm,两粗刺间隔为 12～27 μm)和细刺,另一壳面无刺。在两粗刺之间有 4～12 根细刺,细刺的长度与粗刺相仿,基部都略膨大,粗刺基部的膨大部分更明显。一组粗刺和细刺常顺细胞壳面顶轴方向生出,另一组则常自壳面边缘倾斜生出,因此自壳

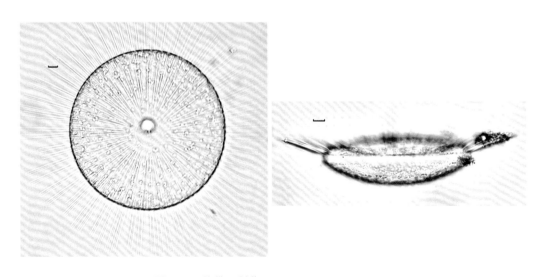

图 9-33　热带环刺藻 *Gossleriella tropica* Schutt

面看去,常同时看到两圈伸出方向不同的刺,一圈向壳面周围放射伸出,另一圈则向壳面中心伸出,这一状态在细胞环面观更清楚。西沙群岛和中沙群岛海域的标本较大,直径为144～348 μm。壳面的粗刺和细刺等长,与 Shutt(1893),Karsten(1928)等记录一致。色素体很小,无淀粉核。Sproston 报告舟山标本较小,直径仅为 53.5～69 μm,细刺很短,仅及粗刺长度的 1/4,而且 Karsten(1928),Hustedt(1930),金德祥等都报告其色素体中有淀粉核。

漂流藻属 *Planktoniella* Schütt,1893

本属藻体由细胞体和翼组成,单独生活。细胞体圆盘状。壳面构造与圆筛藻属 *Coscinodiscus* 相似,围绕细胞周围一圈翼状物,具许多条放射肋,有支持突出翼和利于漂流的作用。色素体多而小,靠近壳面分布。海生种。据金德祥(1965)报道,在中国海域仅有太阳漂流藻 *Planktoniella sol*(wallich)Sctütt 1 种,但现今发现在中国海域有 2 种漂流藻(钱树本等,1996),即太阳漂流藻和美丽漂流藻 *P. formosa*(Kansten)Qian *et* Wang

太阳漂流藻 *Planktoniella sol* (Schütt)Qian *et* Wang

藻体由细胞体和翼组成,细胞体盘状,壳面直径为 80～90 μm,壳面花纹似偏心圆筛藻 *Coscinodiscus excentricus* Her.,为六角网纹,网纹从壳面中央至边缘几乎等大,每 10 μm 5～6 个;翼宽为 100～112 μm,翼的边缘有褶皱状的隆起部分(图 9-34)。侧面观,翼的尾部弯曲,翼上有放射状肋,肋条数较少,为 30～60 条,变化范围较大。总细胞直径为 280～314 μm,细胞体与翼的比为 1∶1.2。在电镜下,壳面中央有 1 个支持突,呈孔状,仅在孔的周围略有突起,近壳缘处有 2 个大唇形突,和中央支持突三者几乎排列成一直线。壳面内侧靠近壳缘处有一圈小唇形突,唇形突均具外管,向细胞内成唇形,这种结构与 G. R. Hasle(1972)描述一致。翼生于壳套和壳环的交界处,包含整个壳环,向外延伸,并由肋条分割成若干腔室。海生种,热带大洋性种,是良好的暖流指示种,在中国的东海(黑潮区)、南海海南岛海域均有分布。印度尼西亚爪哇海域也有记录。

圆筛藻属 *Coscinodiscus* Ehrenlberg,1838

Ehrenberg(1838)以壳面为圆形,并带明显室纹(arealae)的 5 种现存种和化石种硅藻(蛇目圆筛藻 *C. argus*,中心圆筛藻 *C. centralis*,直线列圆筛藻 *C. lineafus*,小圆筛藻 *C. minor* 和绿锈圆筛藻 *C. patina*)为基础,建立了圆筛藻属。他对上述各种的形态描写都很简单,亦未指明属的模式种(Hasle,1983)。其后全球报道 400～500 种(包括化石种及淡水和海水的现存种,Van. Landingham,1968)。在中国沿海报道 64 个物种(其中存疑 5 种)和 12 个变种。

本属各种的细胞壳面大多为圆形,个别为椭圆形。壳面隆起、扁平或中心凹下,有明显的壳套。细胞的贯壳轴长短不一,有的甚短,细胞环面薄如钱币;有的种间插带较宽或数目较多,细胞环面则呈高低不同的短圆柱形;个别种的同一个间插带一侧宽、一侧窄,细胞环面观呈楔形。壳面具六角形筛室(lucolus),当筛室的间距较远时,筛室的角呈圆形。筛室外表为带筛孔(sieve pore)的筛膜(cribrum ＝ sieve membrane)所覆盖,筛膜下为一大中孔(foramen),又称盖孔(over pore),为细胞内外物质交换的通道(perium ＝ passage)。

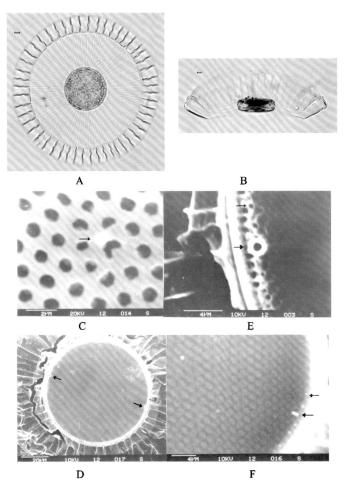

A(壳面观),B(环面观). 细胞体和翼;C. 中央支持突;

D. 壳缘处 2 个大唇形突及其着生位置;E. 内壳面唇形突. F. 外壳面唇形突

(标尺:A,B 为 10 μm;C 为 2 μm;D 为 20 μm;E,F 为 4 μm)

图 9-34　太阳漂流藻 *Planktoniella sol* (Schütt)Qian *et* Wang

壳面边缘有一圈简单的唇形突(1abiate processes＝rimopertulae),其中两个很大,相距约 120°。还有一圈内管(在显微镜下曾被称为小爪(缘突和小刺))。

近年来,通过在电子显微镜下研究的结果,已明确的圆筛藻属级特征主要为:① 壳面花纹的构造为筛室,室的外层为筛膜,筛膜下为中孔;② 有许多唇形突;③ 无支持突、闭塞突及实心刺(spina);④ 无拟结节(pseudonodulus)。还提出 *C.argus* 为圆筛藻属的模式种(Hasle,1983)。并发现以往鉴定的离心列圆筛藻 *C.excentricus* Her. 1893 具有支持突而恢复为 *Thalassiosiara excentrica*(Ehr.)Cleve。近年又把直线列圆筛藻 *C.Lineatus* grun 更名为 *Thalassiosira leptopus*(Grun)Hasle *et* Fryxell。估计今后对本属各种的超微结构进行全面研究后,属种的分类及系统还需再作进一步的订正。

目前关于本属种的分类依据一般还是采用细胞外形、筛室的大小及排列形状(各筛室筛孔的排列、壳面中央筛室排列的稀疏及是否呈玫瑰形排列等）、自壳缘向中央有无透明线等在普通光学显微镜下所观察的结果。由于圆筛藻的形状构造十分复杂，对种的形态描述和绘图表达都有一定的困难，因此在种际区分和分类系统上出现许多混淆。本书按在扫描电镜（SEM）下的研究除将离心列圆筛藻（*Coscinodiscus exceatricus*）及直线列圆筛藻（*Coscinodiscus lineatus*）、移海链藻属 *Thalassiosira* 外，其余圆筛藻暂按 Hustedt（1930）的意见分隶于直列组 Lineati、束列组 Fasciculati、放射列组 Radiati。

圆筛藻属的分组检索表

1a. 壳面的室呈直线排列 ·· 直列组 Lineati
1b. 壳面的室呈束状排列 ·· 束列组 Fasciculati
1c. 壳面的室呈放射状排列 ·· 放射列组 Radiati

直列组 Lineati

小眼圆筛藻 *Coscinodiscus oculatus*（Fauv.）Petit

藻体圆盘状，壳面扁平，中央略凹。直径为 40～83 μm。孔纹六角形，正中央有一小形的孔纹，直径只有 1.7 μm，其周围有 6 个排列整齐的孔纹，直径较大，在 3.3 μm 左右。中央部分孔纹粗大，每 10 μm 内有 3 个。壳面孔纹的排列为 6 个偏心圆。壳缘狭，每 10 μm 有条纹 10～12 条（图 9-35）。

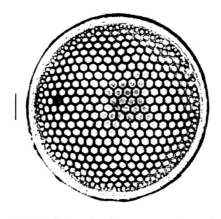

图 9-35　小眼圆筛藻 *Coscinodiscus oculatus*（Fauv.）Petit 壳面观

束列组 Fasciculali

弓束圆筛藻 *Coscinodiscus curvatulus* var. *curvatulus* Grunow

壳面圆而平，直径为 40～96 μm，无中央玫瑰区，中央部分小室排列不规则。壳面小室从中央到周缘呈弧形排列成 11～16 个弧形辐射束。每一辐射束内有 6～9 条弧形排列的室纹，这些室纹都与辐射束凸起一边的室列平行。每 10 μm 6～10 个室，但近壳缘处的室稍小。在两个辐射束之间有小刺。壳缘狭，有较密的辐射条纹，每 10 μm 有 12～16 条。环面狭（图 9-36）。近岸广布性种。在中国黄海、东海、南海浮游生物群体中都曾发现，但数量极少,有时出现于底栖动物消化道中或附生于海藻上。地中海、北大西洋、北极海、北海、日本高岛(冬季)、太平洋(尤其北美沿岸冬季较多)均有记录。

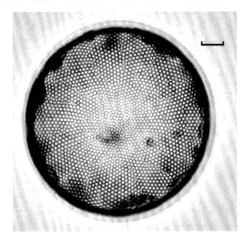

图 9-36　弓束圆筛藻 *Coscinodiscus curvatulus* var. *curvatulus* Grunow 壳面观

放射列组 Radiati

巨圆筛藻 *Coscinodiscus gigas* var. *gigas* Ehrenberg

藻体细胞直径为 300 μm 左右,细胞扁薄,故在显微镜下很难看到其环面观。壳面中央无玫瑰纹,有较小的边缘不齐的中央无纹区及长短不一的放射列。自中央无纹区直到壳面半径中段部分的细胞壁的硅质化程度较弱,有排列稀疏的略呈四角形的圆角室(每 10 μm 3~4 个),各室的详细构造不明显;越近壳面边缘处的室越增大,自半径中段至壳面边缘部分细胞壁的硅质化程度也渐增强,有排列紧密的六角形室(每 10 μm 2.5 个),各室的筛孔与盖孔都清楚可见;边缘处的壳面弯下成壳套,自壳面看去边缘的一圈室变扁小如粗放射纹。壳面无刺,有相距约 120° 的两个小缘孔(图 9-37)。色素体小颗粒状,数目很多。9 月在南海采到,东海亦有记录,数量都很少。

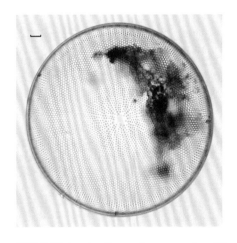

图 9-37-1　巨圆筛藻 *Coscinodiscus gigas* var. *gigas* Ehrenberg 壳面观

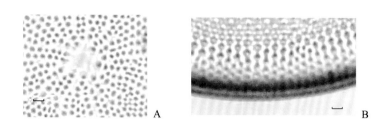

A. 示壳面中央；B. 示壳面边缘。

图 9-37-2　巨圆筛藻 *Coscinodiscus gigas* var. *gigas* Ehrenberg

辐射列圆筛藻 *Coscinodiscus radiatus* Ehrenberg

藻体细胞直径为 100 μm 左右，壳面几乎是平的，环面扁矩形，壳套很低，细胞壁的硅质化程度较高。壳面上无玫瑰纹或中心无纹区，有自中心向边缘放射排列的室列，壳面中部室每 10 μm 3.3 个，近边缘处者最大为每 10 μm 2.5 个，边缘处为每 10 μm 6 个（图 9-38）。无明显的螺旋室列，但短放射室列很清楚，有唇形突。室六角形，盖孔明显，筛孔不清楚，各室的间隔较大，故当提高焦距时，各室呈稀疏的大圆点状。壳面边缘有放射状条纹（每 10 μm 10 条），未见缘突或缘刺。色素体小盘状，数目较多。本种是广布种，在中国近海常采到。在世界海洋中也很常见。

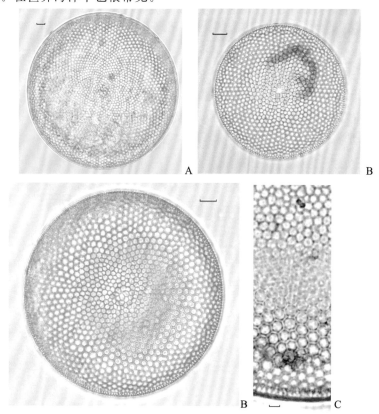

图 9-38　辐射列圆筛藻 *Coscinodiscus radiatus* Ehrenberg 壳面观

虹彩圆筛藻 *Coscinodiscus oculusiridis* Ehrenberg

藻体圆盘状,中央略凹,直径为 $100\sim300~\mu m$。壳面中央有 $6\sim7$ 个(少数为 9 个)室组成的大而明显的玫瑰纹,玫瑰纹中央有时有小无纹区。室由玫瑰纹区(每 $10~\mu m$ $3\sim5$ 室)向细胞边缘方向渐增大(每 $10~\mu m$ $2.5\sim3.5$ 室),边缘处有 $1\sim2$ 行小室(每 $10~\mu m$ $5\sim6$ 室)。室的中孔很明显,筛孔不清楚,亦无室间孔。各室列自玫瑰纹呈放射状排列,螺旋列也很清楚。壳缘狭,从壳面观,壳缘有相隔 90° 的 2 个孔,壳缘小刺不明显(图 9-39)。本种与星脐圆筛藻 *Coscinodiscus asteromphalus* var. *asterompholus* 常易混淆,两者的细胞直径、形状和中央玫瑰纹的形态甚相似,而前者的室自壳面中央向外圈渐增大,到壳边缘有 $1\sim2$ 圈小室,后者壳面的室大小近似,或较玫瑰纹附近者略为缩小,到壳面边缘有多圈小室(一般 $3\sim5$ 圈)。另外,室筛孔不及星脐圆筛藻明显。本种广温性,广泛分布于世界各海洋。在中国黄海周年都有记录,东海常见,南海各季均较多。

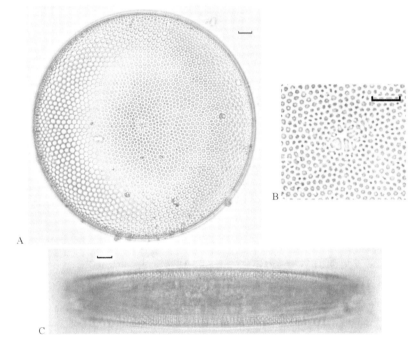

A. 示壳面观;B. 示壳面中央玫瑰区及小无纹区;C. 示环面观

图 9-39　虹彩圆筛藻 *Coscinodiscus oculusiridis* Ehrenberg

星脐圆筛藻 *Coscinodiscus asteromphalus* var. *asteromphalus* Ehrenlberg

藻体直径为 $260\sim300~\mu m$,高度的变动幅度很大($35\sim94~\mu m$)。细胞壁的硅质化程度较强。壳面圆形,中央略凹,近边缘处又骤凹下。环面观呈中央较狭而两侧较宽的圆角矩形。壳面有明显的大玫瑰纹,玫瑰纹的中央常有一无纹区(图 9-40)。壳面的室呈放射状排列,短放射列和螺旋室列都很清楚,短放射列的向心端有时有室间孔。室表的筛膜上有许多筛孔,室底的盖孔虽较小,但清晰可见。除壳面边缘有 $3\sim4$ 圈室较小(每 $10~\mu m$ $5\sim7$ 个)外,整个壳面的室几乎都是每 $10~\mu m$ 3.3 个。玫瑰纹外围 $2\sim3$ 圈室较扁而长,略呈扁

六角形,形状很不规则,其余的室都是规则的六角形,大小相仿。壳面边缘有两个相距约
120°的小缘孔。壳套一般高为 15 μm 左右,也有与壳面相同的六角形室状构造,其筛孔和
盖孔都很清楚。此外在壳套的下缘约 4 μm 处(即靠近连接带处)有一圈相距约 10 μm 的
室间孔,也可能是一些很短的小刺,因在普通显微镜下仅能看到其断面,而无法看清其高
度。壳套下缘的边缘还有带细放射纹的狭边(约 10 μm 22 条)。色素体很多,小圆盘状,中
包 1 个淀粉核,色素体的中心呈淡褐绿色,其周围颜色较深。渤海、黄海、东海都有记录。
秋、冬季在南海沿岸均可采到,汕头附近海区数量尤多。

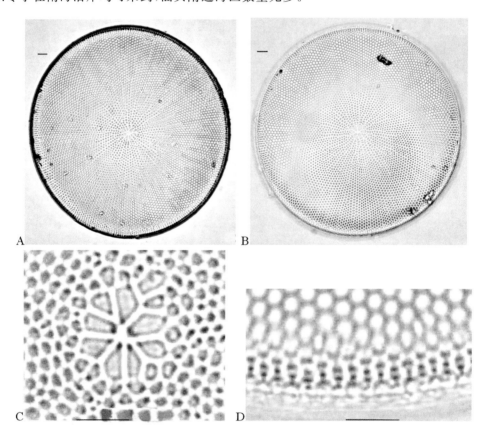

A. B. 示壳面观;C. 示壳面中央玫瑰区;D. 示壳面边缘花纹

图 9-40　星脐圆筛藻 *Coscinodiscus asteromphalus* var. *asteromphalus* Ehrenlberg

筛盘藻属 *Ethmodiscus* Castracane,1886

本属藻体大,直径可达 2 mm 以上,如截顶的短圆柱体,单个生活。细胞壁硅质化程度
低,较为透明。壳面中央有大无纹区,无纹区外缘有 9 个排列成 1 圈或散乱排列的长条形
裂隙以及呈放射状稀疏断续排列到壳面边缘的缘孔。色素体小而多,椭球状。本属个体
的壳面观近似薄壁的圆筛藻,以其壳面上有贯通细胞壁的圆孔道以及位于壳面中部的长
条形裂隙而有别于圆筛藻。

伽氏筛盘藻 *Ethmodiscus gazellae* (Janish) Hustedt

藻体大,单个生活,薄壁而透明,直径为 564 μm,高约为 400 μm。壳面观圆形,同一细胞的两壳面形状不同,一壳面高凸,中部略平或略凹,壳套与壳面成大于 90°缓慢弯曲;另一壳面扁平,壳面与壳套几乎成 90°弯曲,因此细胞环面观如一端截顶的圆顶短圆柱体。壳套低(高 37 μm)且不明显。凸起的壳面中央有一个很大而且边缘很不整齐的中央无纹区,在无纹区外缘有 9 个呈放射状排列的直的长条形裂隙(长为 2～2.5 μm,宽为 1 μm)。细胞壁上稀疏地分布着许多中部凹下的小圆点状构造,电镜观察这些小圆点为与细胞垂直的小孔道,在壳面观只能看到其断面如小点状的构造;它们呈间断的放射状排列,各放射列间常有间隙,同一条放射列的圆点间也有间隙,而不能一直连续分布到壳面边缘;在放射列向心端的点纹较小(每 10 μm 约有 12 个),近壳面边缘处(放射列的离心端)的点增大为每 10 μm 8 个。壳面上还有许多散乱分布的小点,Venrick(1972)在电镜下观察认为是一些瘤状小突起。连接带上的点纹与壳面的构造相同,成直线形 60°的三向交叉排列。色素体呈椭球形颗粒状,数目很多,常由几个色素体聚集在一起。细胞核大而圆,位于细胞中部。夏季在南海海水盐度大于 34 的水域可采到完整的个体,数量极少,是中国最早记录的该属物种。

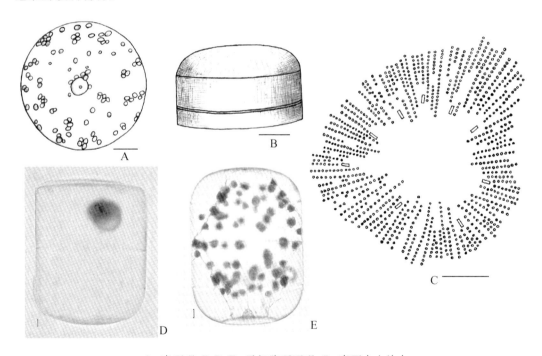

A. 壳面观;B,D,E. 示细胞环面观;C. 壳面中央放大

图 9-41　伽氏筛盘藻 *Ethmodiscus gazellae* (Janish) Hustedt

金盘藻属 *Chrysanthemodiscus* Mann.,1925

本属藻体圆筒状,壁薄,高度常为细胞直径的 4～6 倍。壳套不明显,有许多环形的间插带。壳面隆起,壳面中央的网纹(areolae)较大,可能为轮纹孔板型(rotatype),其外围有

放射状排列的细点纹(areolae),点纹的一侧有小缘毛,在电镜下也看不出其细胞壁内的详细构造。间插带上有垂直排列的点纹,其侧面亦有小缘毛(Round et al.,1990)。壳面可分泌胶质,以之连成不规则的群体,常附生在定生藻的体表。

本属仅有 1 种。

金色金盘藻 Chrysanthemodiscus floriatus (Mann) Takano

细胞单个生活或以胶质连成不规则的群体。细胞壁薄而透明,硅质化程度很弱。壳面圆而隆起,直径 100 μm 左右。壳面中部有一圆形的脐区(其直径约为壳面直径的 1/8),脐区中部不规则地布满颗粒状粗点纹,一般约有 68 个点,每 10 μm 约 7 个。在脐区外围每 10 μm 内约有 11 条细放射纹(图 9-42)。

在显微镜下,细胞常以环面出现,环面略呈圆筒状,壳面隆起呈弧状,贯壳轴长为 200 ~300 μm。每个细胞约有 10 条环形的间插带,其上布满约成 45°交叉排列的长六角形小室,每 10 μm 约 8 个。

靠近细胞壁内有一层细胞质膜,近膜处存在 1 个清晰的细胞核和许多小盘状色素体。

本种为热带大洋浮游物种。曾在东海福建厦门港、南海南沙群岛海域采到。

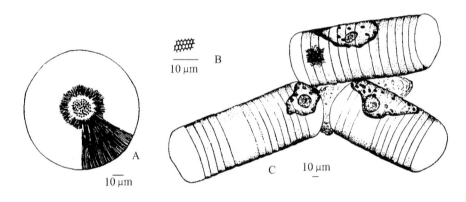

A. 壳面网纹;B. 壳面网纹;C. 群体环面观

图 9-42 金色金盘藻 Chrysanthemodiscus floriatus (Mann) Takano

冠盘藻属 Stephanodiscus Ehrenberg,1854

本属藻体多呈圆盘形,少数呈鼓形或圆柱状。单独生活或连接成链状群体,壳面圆形,中央凸起或凹下,具辐射状排列的细点纹,各点条纹之间有无纹的间隙,中央部分较稀,不规则。壳缘具一圈短刺。壳环面有环带。色素体多,小板状。本属物种生活于海水和淡水,也发现于化石。据记载,本属有 20 余种。在中国记录有 1 个种及 1 个变种。

星冠盘藻 Stephanodiscus astraes (Ehrenberg) Grunow

细胞圆盘状。壳面作同心圆状的起伏,直径为 30~70 μm。具辐射状长短不一的点条纹,每 10 μm 9 条,点条纹有无纹间隙。点纹在壳面中央较稀,且不规则。壳缘有一圈显著的刺,呈冠状。色素体多,小板状(图 9-43)。复大孢子椭球形。

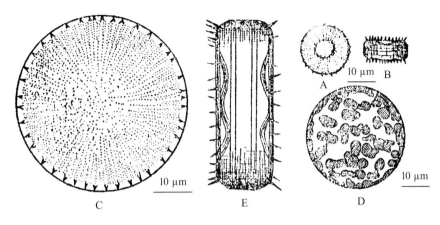

A,C,D. 壳面观;B,E. 环面观

图 9-43　星冠盘藻 *Stephanodiscus astraes* (Ehrenberg) Grunow

小环藻属 *Cyclotella* Kutzing,1834

本属藻体圆盘状或短圆柱状。壳面圆形,少数为椭圆形。壳面有呈波状起伏不平(一半壳面隆起,一半凹下)或平坦的中央区,其外围为具肋纹状花纹的壳缘区。中央区大都有支持突和 1 个唇形突。肋纹间有大小不同的两排或多排室纹,有的孔在壳缘边有大形开孔。细胞常单个生活或以相邻壳面相连成短链或聚集成黏液块状群体生活。本属主要为淡水产,在河口半咸水域也曾采到,全属共 100 余种。中国目前已记录海产和半咸水种8 种,其中 5 个变种,另有 1 种存疑。

柱状小环藻 *Cyclotella stylorum* Brightwell

细胞单个生活,直径为 30～80 μm。壳面圆,壳缘宽,有射出条纹,每 10 μm 8～10 条,在射出条最外围有马蹄形粗纹,每 10 μm 3～4 个。壳面中央区有排列不规则的斑点。壳环面呈波浪状(图 9-44)。色素体块状,数目多。本种常出现于暖海边缘,可能属广温性潮间带种。在中国黄海威海市、青岛市,东海三都湾、连江、东山、厦门及南海北部湾等均有记录。此外也曾出现于牡蛎、小土参、杂色蛤、缢蛏的消化道中。

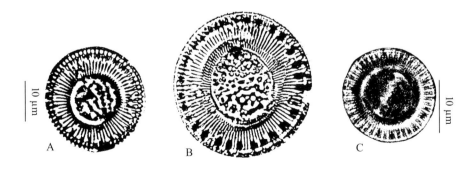

A～C. 壳面观

图 9-44　柱状小环藻 *Cyclotella stylorum* Brightwell

波形藻属 *Cymatitheca* Hendey,1958

本属藻体单个生活。壳面椭圆形,少数圆形,在主轴上略呈波状弯曲,使壳面形成焦距不同的两个面(约各占一半)。下凹的一面孔纹相对较大,呈间隔较宽的放射线,另一壳面孔纹较细密(少数情况下,孔纹呈不规则排列)。这些细密的孔纹,向着壳缘渐变小,在近壳缘处被一窄无纹带所隔断。壳缘呈粗糙的条纹环状,有一圈支持突和1个唇形突。壳面中央有1个近中心支持突。

细小波形藻 *Cymatotheca minima* Voigt

藻体壳面近圆形至椭圆形,表面略呈波浪状。在一半壳面上,斑点排列呈间隔较宽的放射状条纹;另一半壳面的斑点较密,呈不规则排列,在壳缘内侧有一半圆形无纹带。壳缘呈粗条纹状。壳面有一近中心支持突,在无纹带与近壳缘的中间有一圈壳缘支持突(7~9个)和1个唇形突(图9-45)。近岸浮游性种。在东海福建东山海域形成赤潮(3月份),还曾出现于福建厦门港海水及挂板上,马六甲海峡马莱沿岸的牡蛎壳上。

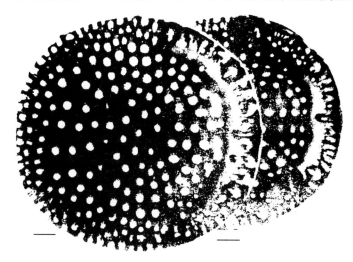

图 9-45　细小波形藻 *Cymatotheca minima* Voigt

脊刺藻属 *Liradiscus* Greville,1865

本属藻体壳面圆形、椭圆形或肾形。中央鼓起,具网状纹,网状纹的交叉处有1根刺。环带狭。本属有记载的近10种,多数种都是在化石中发现的。

肾形脊刺藻 *Liradiscus reniformis* Chin *et* Cheng

壳面肾形、椭圆形,椭圆形壳面的中部两侧缢缩,长为70~90 μm,宽为32~45 μm;肾形壳面的长为63~65 μm,宽为32 μm。壳面中央鼓起,缺中心区。网状纹排列不规则,交叉处生1根刺(图9-46)。壳缘缺。化石种。

波盘藻属 *Cymatodiscus* Hendey,1957

本属藻体单独生活。壳面椭圆形,中央区凹下,有疣状大斑点;中央区外的点纹呈不规则放射状排列。壳缘的孔纹较小,另有约 10 个较大的支持突外孔或外管。壳面长轴两端各有两个相距较近的支持突(程兆第等,1993)。

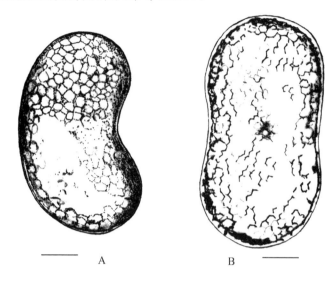

A,B. 壳面观

图 9-46　肾形脊刺藻 *Liradiscus reniformis* Chin *et* Cheng

星球波盘藻 *Cymatodiscus planetophorus*(Meister)Hendey

藻体壳面椭圆形,长为 15~30 μm,宽为 10~20 μm。中央区凹陷,有 6~12 个大孔纹,零散分布。中央区与壳缘之间的孔纹较稀,每 10 μm 10~15 个。壳面长轴两侧孔纹呈直线形排列;壳缘区孔纹呈较密的放射状排列,每 10 μm 20~45 个。壳缘约有 10 个左右的支持突。壳面长轴两端的两个支持突相距较近(图 9-47)。近岸浮游生活,也常出现于半咸水和红树林沿岸区。分布于东海舟山、厦门近海及南海海南岛周边海域。

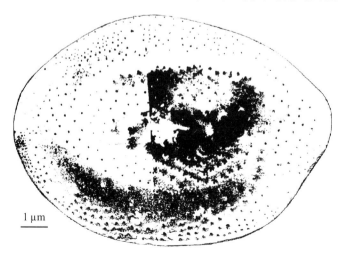

1 μm

图 9-47　星球波盘藻 *Cymatodiscus planetophorus*(Meister)Hendey 壳面观

乳头盘藻属 *Eupodiscus* Ehrenberg，1844

本属藻体壳面圆形，无中心区。壳面具呈辐射状或近似辐射状排列的六角形或近似六角形的筛室（筛膜在室表，中孔在室底）。壳缘明显，具点条纹和 2～6 个短的圆形突起。本属迄今已记载约 20 种，在中国仅记载 1 种。

辐射乳头盘藻 *Eupodiscus radiatus* Bailey

藻体壳面圆，直径为 48～75 μm，具略呈辐射状排列的六角形筛室，近壳缘突起处的筛孔略呈会聚状。壳缘明显，有点条纹，近壳缘处有 3～6 个（一般为 4 个）突起（图 9-48）。海生种，在中国采自南海西沙群岛海域。

沟盘藻属 *Aulacodiscus* Ehrenberg，1845

本属藻体壳面圆形，中部略凹或略凸，壳面筛室明显（筛膜在室表，室底为大中孔）。有或无中心区。壳缘内侧有 4 个或多个锥形唇形突突起，从突起到壳面中央有两条或多条由室纹组成的直线纹，如从壳面内面看，这些直线纹更清楚。环面观有多条间插带，有垂直纵列的小室。本属主要发现于沉积物中，极少现存种，多栖息于热带海区，单个生活。已发现 130 余种，在中国采到两种，其中一种尚待定名。

近缘沟盘藻 *Aulacodiscus affinis* Grunow（图 9-49）

藻体壳面圆，直径为 90 μm，中心区不规则，内有小点。壳面中央的室纹较稀，向壳面边缘逐渐加密。壳缘内侧有 8～10 个突起。从突起向壳面中央有两条平行排列的室纹，两突起间的筛室又依中线呈束状排列，每 10 μm 约 5 个。突起外侧至壳缘的筛室明显变小，呈条纹状排列。据 De Toni（1894）报告本种为化石种，但曾在南海广西涠州岛低潮区岩石上的附着物中采到（金德祥等，1991）。

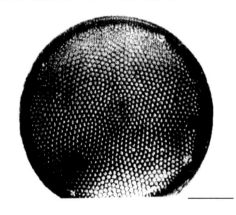

图 9-48　辐射乳头盘藻 *Eupodiscus radiatus*
Bailey 壳面观

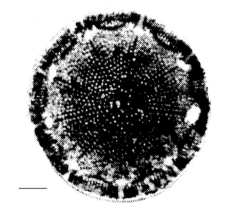

图 9-49　近缘沟盘藻 *Aulacodiscus affinis*
Grunow 壳面观

眼斑藻属 *Auliscus* Ehrenberg，1843

本属藻体圆柱状或近似圆柱状。环带具纵列的细点。壳面圆形或椭圆形，不平，具圆形或不规则的中心区。中心区壳面具两种花纹：辐射状或不规则的筛室；肋纹状辐射的或弯曲的线。壳面内层可见到筛板。在壳面边缘上一般有两个(有时 1～4 个)略隆起的眼纹突起,眼纹突起的周围为厚硅质的凸肋所围绕,眼纹突起边缘一般透明或具点条纹,据 Round 等(1990)报道在扫描电镜下,眼纹突起上有呈放射状分区排列的小孔(porelli)。壳面结构复杂,变化较多。本属为海生沿岸性种。截至目前在全球已发现 130 种,主要为化石种(曾发现于白垩纪化石样品中),少数为附生种,在浮游生物群及海洋动物胃含物中偶尔可见。在中国东、南海沿岸海区已记录 4 种。

侧窝眼斑藻 *Auliscus caelatus* Bailey

壳面椭圆形,长径为 78 μm,短径为 74 μm;中心区椭圆形;眼状突起两个。壳面中央部分具细条纹,并向壳缘转为宽肋纹,两者之间具明显的界线。宽肋纹每 10 μm 3～4 条(图 9-50)。海生种,附着在北部湾广西北海养殖场马氏珍珠贝壳上及东海大陆架柱样(深度为 0～60 cm,165～230 cm)表层沉积物中。

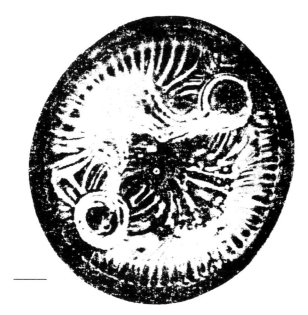

图 9-50　侧窝眼斑藻 *Auliscus caelatus* Bailey

斑环藻属 *Stictocyclus* Mann,1935

本属藻体圆筒状。壳面圆,略凹,中部略凹下,有放射排列的透明放射条纹。这些条纹在壳面与壳套相接处最为明显,向着壳面中部及壳套渐变细弱,尤其在壳面中部几乎变成点状。近壳面边缘处有一无纹的拟结(pseudoodule)。环面有许多间插带,其上有与壳面相同的点纹(areolae)。在中国本属仅记载 1 种。

射纹斑环藻 *Stictocyclus stictodiscus* (Grunow) Ross

藻体圆筒状,壳面圆形,中部略凹下,边缘部分平或略凸,直径 350 μm。壳面中央有直径约 60 μm 的中心区(中心区的半径约占细胞半径的 1/2),散乱分布着一些室纹(点纹)。在中心区的外围约有 100 条透明放射条纹,直伸到壳面边缘,又折向壳套部分后渐变细,约达壳套的 2/3 处终止。两放射条纹间有放射排列的点纹(靠近壳面边缘处为 5 行,靠近壳面中部约 2～3 行),每 10 μm 约为 5 个,这些小点纹也是从壳面连续分布到壳套。此外,在靠近壳面边缘处有一直径约 5 μm 的圆形无纹斑(拟结),它常生在透明放射条纹上,其附近的透明放射条纹则随无纹斑的形状略向两侧突出,这是本属的特征。环面观呈高圆筒状,高度(贯壳轴长度)可达 2 mm,壳面与壳套相接处约成 90°弯转,如上所述在壳套上有自壳面连续分布的透明条纹与点纹(图 9-51)。环面细胞壁较壳面更薄且透明,有呈 ＊ 形排列的细点纹,每 10 μm 9～10 个。环面还有许多与壳套高度相仿或较之更高的间插带,间插带上亦布满室纹。细胞内含有小颗粒状色素体。热带性种,在南海西沙群岛中建岛附近海域采到。

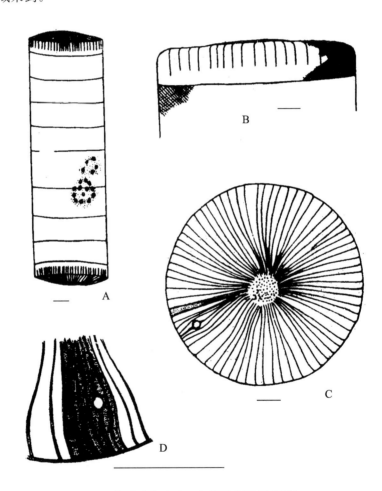

A,B. 为环面观;C,D. 为壳面观(C 示拟结)

图 9-51　射纹斑环藻 *Stictocyclus stictodiscus* (Grunow) Ross

辐环藻属 *Actinocyclus* Ehrenberg,1873

　　本属藻体盘状。壳面圆形,极少呈椭圆形。壳面中央有散乱排列的孔纹,向外呈稀疏的放射状排列如同心圆状,越近壳面边缘的孔纹越呈紧密的放射状排列,壳缘有一无纹的眼斑和许多等距离排列的小刺。色素体呈小颗粒状,数目多。本属已记载 82 种,多为海生种,化石种和现存种皆有,为底栖种,但常被风浪卷起,出现于浮游生物群中,属偶性浮游生物。在中国已记载 14 个种、3 个变种和 1 个变型。

爱氏辐环藻 *Actinocyclus ehrenbergii* **Ralfs**

壳面圆形且平,直径为 $50\sim300~\mu m$,一般为 $100~\mu m$ 左右。壳壁厚,花纹清晰,壳面孔纹近圆形,中部孔纹稀疏,排列不规则并向外围放射排列,孔纹也渐加密呈扇形束状排列,壳缘两束孔纹间有一缘刺,两缘刺相距约 $10~\mu m$。壳缘有短条纹(每 $10~\mu m$ $16\sim20$ 根)(图 9-52)。

在壳缘内侧,有一圈由紧密孔纹(每 $10~\mu m$ $7\sim8$ 个)组成的颜色较深的缘带,缘带内侧有 1 个无纹眼斑。海生种,广布性种,尤以温带海域较多。在中国各海域近岸均能采到。

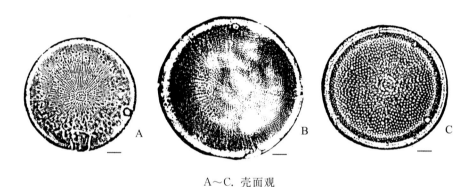

A~C. 壳面观

图 9-52　爱氏辐环藻 *Actinocyclus ehrenbergii* Ralfs

罗氏藻属 *Roperia* Grunow,1881

本属藻体壳面圆形或近圆形,扁平,壳缘稍倾斜,无中心区,具网状的六角形筛室(室表为筛板,室底有大中孔),它们在壳面中部呈直线状和交叉状排列,在壳缘略呈束状或全部呈偏心状排列。壳套明显。壳缘狭,靠近壳缘有一个拟结(pseudonodulus),在壳套边缘有一圈唇形突。色素体小盘状,数目多。海生种,浮游性,单个生活,已记录 3 种,在中国均有记载。

方格罗氏藻 *Roperia tesselata* (**Rop.**)**Grunow**

壳面圆形或近圆形,直径为 $34\sim80~\mu m$。壳面中央的绝大部分呈扁平状。壳面六角形的网状孔纹,在中央呈直线状和交叉状排列,每 $10~\mu m$ 6 个,向外略转为束状排列,变小,每 $10~\mu m$ 10 个。拟结直径为 $2\sim2.5~\mu m$。壳缘狭,具放射状条纹(图 9-53)。海生种。黄海辽宁大连、东海台湾澎湖列岛、南海广东省近海和西沙群岛均有分布。

半盘藻属 *Hemidiscus* Wallich,1860

本属藻体橘瓣状或近半球形,断面楔形。壳面半月形。壳套不明显。壳面切顶轴(frans apical axis)明显短于顶轴。细胞壁薄或厚。壳面上孔纹细致,呈辐射状排列,通常略成束。壳缘生一圈唇形突。壳面腹缘中部有的种有一个伪结节(psedonodule),中央有

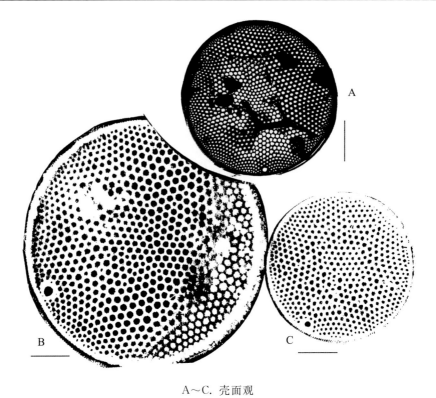

A～C. 壳面观

图 9-53 方格罗氏藻 *Roperia tesselata*（Rop.）Grunow

或无无纹区。色素体多数,小颗粒状。海生种,分布在热带。外洋或沿岸浮游生活。古生或今生。共记载 87 种,在中国发现 2 个物种和 3 个变种。

哈氏半盘藻 *Hemidiscus hardmannianus*（Greville）Mann

藻体近半球形,壁薄且大,顶轴长为 65～483 μm,切顶轴长为 3～167 μm,单个浮游生活。壳面半月形,背侧呈弧形弯曲,腹面平直,两端钝圆。窄壳环面窄楔形。沿壳面边缘(腹缘),每隔 7～15 μm 的距离生一向细胞内突入的微细头状小棘(唇形突),自小棘的基部有无纹线向壳面中央分布。壳面有六角形室纹自壳面中央略呈束状射出。壳面背面小室每 10 μm 12～13 个,腹面者较小,每 10 μm 13～15 个。壳面中央有空白的无纹区。色素体呈颗粒状,小而多(图 9-54)。藻体外常有原生动物鞘居虫 *Vaginicola*,这种共生纤毛虫身体呈长椭球形,有铠甲(lorica)而无柄,以其后端直接附于哈氏半盘藻的壳套与壳环带相接处。一个藻体上最多时有纤毛虫 30 个以上。热带海产浮游性种。分布于东海厦门一带的暖季和南海广东阳江、海南岛和广西北部湾东部,以及中沙、西沙群岛海域。

小筒藻属 *Microsolenia* Takano,1988

本属藻体圆筒状,壳面圆形,不具隆起的突出部。中央具 1 个唇形突。从中央向着壳缘,有不等长的辐射脉肋,期间具细弱孔纹和分散的小孔。本属由 Takano(1988)建立,仅记录 1 种。

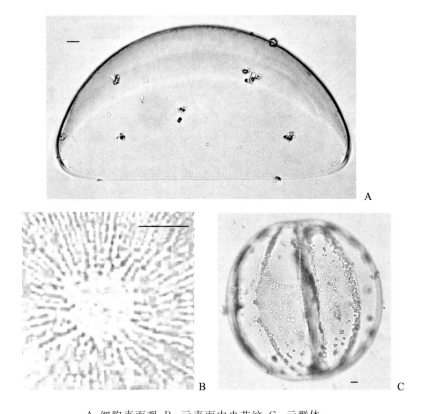

A. 细胞壳面观;B. 示壳面中央花纹;C. 示群体。

图 9-54　哈氏半盘藻 *Hemidiscus hardmannianus* (Greville) Mann

单一小筒藻 *Microsolenia simplex* Takano

藻体圆筒状,单独生活或两个相连,环面观为长方形。壳面圆形,中部稍为微起,直径 6～6.5 μm(Takano 1988 记录为 8～13 μm)。壳面中央的无纹区直径约 1 μm,其中有 1 个唇形突。从中央向外为辐射状的脉肋,脉肋之间具孔纹,10 μm 约 30 个,此外还有一些分散的小孔(图 9-55)。海生种,浮游生活。本种首次记录于日本沿岸水域。6月东海厦门港海水和室内培养的样品中能采到。

小盘藻属 *Minidiscus* Hasle,1973

本属藻体短圆柱状,壳面圆盘形。中央部分有 2～5(经常为 3)个支持突和 1 个唇形突,且都远离壳缘。常见的是由 1 个中央的支持突和两个相邻的支持突排列成三角形,唇形突则位于这两个相邻支持突之间,有的种只有 1 个位于中央的唇形突。支持突有明显的基部和 2～3 个较小的围孔。壳面外围常有一圈宽的无纹壳套。环带具细点条纹。壳面孔纹排列形式多样,辐射状,近乎直线排列,或中央部分无纹仅在壳缘内侧有辐射状的小孔纹。这是一群微型的种类,壳面直径不超过 10 μm(根据现有记录为 2～7.5 μm)。浮游生活,主要分布于近岸海水中,也发现黏附于其他物体上。小盘藻属 *Minidiscus* 与海链藻属 *Thalassiosira* 结构很相似,在光学显微镜下难于区别,直到 1973 年 Hasle 通过电子显微镜观察研究才把它确定为 1 个新属。本属以壳面直径一般较小(小于 10 μm)、壳缘

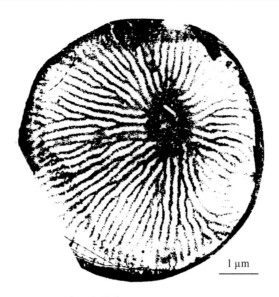

1 µm

图 9-55　单一小筒藻 *Microsolenia simplex* Takano

没有一圈支持突、多个支持突和 1 个唇形突均远离壳缘而与海链藻属相区别。本属迄今包括 3 种。

三眼小盘藻 *Minidiscus trioculatus* (F. J. R. Taylor) Hasle

藻体圆柱状。壳面圆盘形,直径为 2.5～5.5 µm。壳套宽,无纹,环带具细点条纹,有些标本经酸处理后环带脱落。壳面孔纹六角形或多角形,每一微米 5～6 个,排列的形式不一,近乎直线状,或辐射螺旋状,或不规则。壳面上有 3～5 个支持突(Hasle(1973b)认为 2～5 个)和 1 个裂缝状的唇形突(图 9-56)。细胞较大者,支持突数目一般较多。但较常见的是由 3 个支持突排列成三角形,唇形突位于其中一条边的中央。支持突和唇形突都远离壳缘,常有 1 个是靠近壳面中心的,在这一支持突和唇形突之间有 1 个大筛孔;有些标本近中心无支持突,也见不到这种大筛孔。每个支持突有两个较小的围孔。本种虽然具有多个支持突,但在自然海区的水样和培养的材料中均呈单个独立生活。Hasle (1973b)也未观察到它的群体形式,她认为这与太阳漂流藻 *Planktoniella sol* (Wallich) Schutt 是相似的,后者也有 1 个支持突(管),但还从未见过群体形式。海生种,沿岸性,广布种。浮游和附着生活。采自东海福建厦门港海水中和实验挂板上(4～10 月),2 月在福建三都湾,福建蒲田近岸海水中也有分布。

辐裥藻属 *Actinoptychus* Ehrenberg,1843

本属藻体壳面盘形、三角形或多角形。中央无纹区平滑或有小颗粒状突起。壳面室纹分成辐射且凹凸相间排列的扇形束,故环面观呈波浪状。在普通光学显微镜下,可看到壳面上的花纹较复杂,有六角形的大孔纹、细点纹或网状纹,也有呈环状向中心排列的花纹。壳缘上有大刺、小刺或锥形突。在电镜下,壳面大六角形室的外侧是中央凹下的筛板状构造,其内侧扩大成唇形。壳面上有网形的泡状组织。壳面边缘有粗肋,肋下为具筛孔列的壳套,其上有向外生长的一圈大小不一的小刺。连接带平而宽,有裂缝。细胞单个生

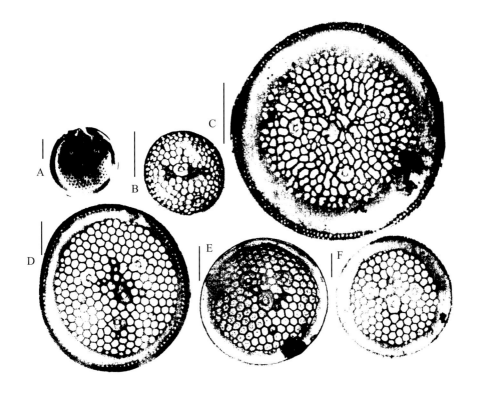

A～F. 细胞壳面观（标尺为 1 μm）

图 9-56　三眼小盘藻 *Minidiscus trioculatus*（F. J. R. Taylor）Hasle

活或以环部黏结成疏松的小群体。色素体多数为不规则块状。Andrews（1979）提到，本属支持突的排列可变化。壳面上每个凸起的扇形区可有 1 个以上的支持突，这些支持突也出现于凹下的扇形区的边缘（如 *Actinoptychus keliopelta*）。Van Landingham 在本属记载 150 个种，其中许多种的形态和生态性质都需要再进一步研究。本属都为海生种。营底栖及浮游生活，现存种和化石种都有。世界上已记录 150 余种，中国有 11 个种及 1 个变种。

波状辐裥藻 *Actinoptychus undulatus*（Bailey）Ralfs

藻体单个生活或连成小群体。藻体壳面圆形，直径为 50 μm 左右。壳面由 6 块高低相间排列的扇形区组成。各扇形区都有六角形的大室状构造，各室外侧凹下成筛板构造，内侧为单孔。壳面中部有中央无纹区。其外围凸起的 3 个扇形区外缘中央有突起的唇形突开口，唇形突向细胞内侧扩大成耳形。壳套部位有纵列孔纹，中部沿壳面边缘有一圈大小不一的小刺（图 9-57）。色素体多，颗粒状。广布性底栖海生沿岸种，尤其在北温带沿岸水域，周年出现，大洋也有分布。在中国各海区都有记录。

蛛网藻属 *Arachnoidiscus* Bailey，1850

藻体壳面圆盘状，平坦，只有中央略凹入。中心区圆形，周围具棒状肋（按 Round *et al*. 1990 年描述，是一圈唇形突的长形开口）和圆形孔，自圆形孔至壳缘有等距离的辐射肋

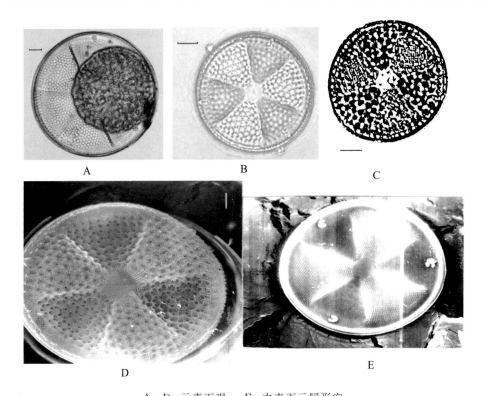

A～D. 示壳面观；　E. 内壳面示唇形突

图 9-57　波状辐裥藻 *Actinoptychus undulatus* (Bailey) Ralfs

状隆起,壳缘内侧还有短的肋状隆起。各肋状隆起间有作同心圆排列的粗孔纹。本属都为海生种,沿岸性种,附生在海藻和其他附着物上,也常被风浪吹落出现于浮游生物群中。在热带太平洋中较多。也有化石种。本属目前已记载 30 余种,在中国有 2 个种和 1 个变种。

蛛网藻 *Arachnoidiscus ehrenbergii* Bailey

壳面园盘形,中央略凹入,直径为 110～210 μm。中心区无纹,或具斑点,其外围为一圈短棒状肋所环绕,在棒状肋外侧又有一圈圆形孔(图 9-58)。自圆形孔至壳缘有辐射的肋状隆起,各肋状隆起的壳缘处还有两种长短不等的肋状隆起,一条较长的称为二级肋状隆起,两条较短的称为三级肋状隆起。各隆起间有略呈直角交叉的、形似蛛网的轮状纹。在各条纹间有 2～5 个数量不等的轮状排列的孔纹。海生种,在东海厦门、象山港,渤海秦皇岛,黄海烟台和南海的潮间带均有记录。

斑盘藻属 *Stictcdiscus* Greville,1861

藻体壳面圆盘形或多角形,中央凸起。孔纹圆形,在壳面中央排列较稀,其他部分呈明显的向心排列。射出线不连到壳面中央。海生种,既有现存种,也有化石种。本属目前已记录有 60 余种。在中国已报道有 4 个种及 1 个变种。

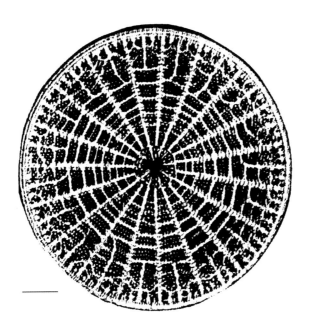

图 9-58　蛛网藻 *Arachnoidiscus ehrenbergii* Bailey 壳面观

加利福尼亚斑盘藻 *Stictodiscus californicus* Greville

壳面圆盘形，直径为 118 μm。中央和边缘部分轻微凹入，环面观呈波浪状。壳面孔纹圆形，凸起呈乳头状，排列稀疏，呈放射状，其间具空白的射出线；中央孔纹多为封闭式的，缺射出线；其外围的孔纹较粗大，向壳缘逐渐变小。壳缘内侧呈锯齿形（图 9-59）。海生种，现存种，但也有化石记录。采自中国东海大陆架表层沉积物中。

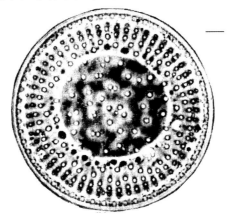

图 9-59　加利福尼亚斑盘藻 *Stictodiscus californicus* Greville 壳面观

乳头藻属 Mastogania Ehrenberg，1844

本属物种单独生活，壳面略凸起或几乎扁平，被肋纹所区分，肋纹在壳面中央形成 1 个或 2 个交叉点。各肋纹间近壳缘处有或没有圆形到椭圆形的大斑纹。无刺。化石种。

据记载还不到 5 种,在中国至今只发现 1 种。

有眼乳头藻 *Mastogania ocella* Chin *et* Cheng

藻体单独生活,壳面近椭圆形或椭圆形。长为 75～130 μm,宽为 40～90 μm。壳面具肋纹,肋纹相互交叉于壳面中心。各肋间的壳缘内侧有 1 个大的圆形至椭圆形的斑纹(图 9-60)。海生化石种,采自冲绳海槽柱样沉积物中。

图 9-60　有眼乳头藻 *Mastogania ocella* Chin *et* Cheng

星芒藻属 *Asterolampra* Ehrenberg,1844

藻体壳面圆且略隆起,中部为一个无纹的透明区。自壳面中部凸起 7 条等粗的透明无室纹构造的放射条纹,各条纹的末端(靠近壳面边缘的一端)有 1 个小爪。Round 等(1990)以本属的模式种 *A. marylandica* Ehr. 为例,说明在电镜下观察此小爪为一唇形突。相邻两放射条纹之间为略凹的扇形区,区内布满小室(电镜下为向外开通的孔道,Round 等,1990)。此外,自壳面中心还放射生出 7 条细纹,分别通向扇形小区的向心端。本属共记载约 30 种,现存种或化石种,都为热带海生种。现存种都为单个细胞浮游生活。在中国已报道有 2 个种。

南方星芒藻 *Asterolampra marylandica* Ehrenberg

壳面圆形,微凸,直径为 57 μm。中央透明区的宽度至少是壳面直径的 1/3,中央区内分为 7 个或 4～12 个均等的楔形区。楔形区的中部有从近壳面中心处向外辐射的粗放射线,其宽度约为 2.5 μm,末端有一短棘状突起(图 9-61)。放射线将壳面分成 7 个或 4～12 个均等的半圆形区,区内有射出排列的六角形室纹,每 10 μm 14～16 个,在壳缘的室纹一般较小。热带大洋性种,有化石记录。曾采自南海西沙群岛海域。

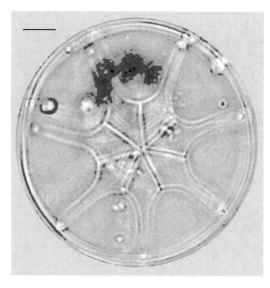

图 9-61　南方星芒藻 *Asterolampra marylandica* Ehrenberg 壳面观

星脐藻属 *Asteromphalus* Ehrenberg,1844

本属所含种的构造近似星芒藻属 *Asterolampra*,其主要不同处在于本属种从壳面中心生出的放射无纹区中有一条特细,其余皆大小相近。壳面常呈椭圆形,较细的一条放射无纹区常顺壳面长轴排列,壳面的中心也不在壳面正中。藻体单独生活,现存种或化石种,热带性,皆为海生种。本属共含 38 种,在中国已报道 6 种,另存疑 1 种(克氏星脐藻 *Asteromphalus cleveanus*)。

扇形星脐藻 *Asteromphalus flabellatus* Greville

壳面卵圆形,略凸,宽为 36～95 μm,其星脐区宽达细胞直径的 1/3～1/2,偏居壳面的宽部。从星脐区射出 7～13 条透明无纹区,其中一条甚细(图 9-62)。透明无纹区间有自中部向边缘略缩小的六角形小室(每 10 μm 16～18 个)。本种为世界广布性种。在黄海南部、东海、南海都有记录。

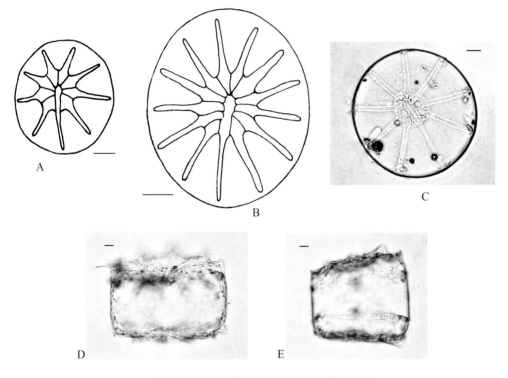

A,B,C. 示细胞壳面观;D,E. 示细胞环面观

图 9-62　扇形星脐藻 *Asteromphalus flabellatus* Greville

海链藻科 Thalassiosiraceae

海链藻科藻体圆盘状或短圆柱状。壳面平或呈半球状突起,细胞壳面具有支持突,分泌胶质丝或块,使相邻细胞连成链状或块状群体。壳面边缘有的还具有小刺。壳面花纹放射状排列。壳环面常有领状间插带。

本科大部分有休眠孢子。一般认为是近岸现存种。在中国海域有 4 属。

海链藻属 Thalassiosira Cleve,1873

藻体壳面圆形,凸或平,极少凹下。壳面上有呈直线形、离心形、放射形或束形排列的小室。壳套一般较高。细胞环面观大都呈圆角的矩形或接近正方形,极少呈六角形;环带大多高于细胞高度的 1/3;有的种有领状(舌状)间插带、隔片(壳面环)及侧板。本属的决定性特征是在壳面周缘有一圈小刺或放射状排列的长刺。壳面中央有一泌胶孔,从此孔生出粗的或细的胶质丝,将细胞连成直的或略弯的链状群体,故在显微镜下常呈环面观出现,同一链上相邻细胞间的距离近似或长短不一,有的种相距较远(可达细胞高度的 3 倍以上),有的种两细胞壳面贴近,几乎看不出距离,还有的种以许多细胞聚集生活在胶质块中,极少单个细胞生活。在电镜下,壳面筛室(loculus)为六角形或多角形,小室内层有筛板(cribra),外层有大而圆的盖孔(formina)。壳面上有许多支持突(strutted process,即泌胶孔道 fultoortula)围绕排列在壳面边缘及壳面中心,少数种的壳面上还散乱地分布着一些小型的支持突。此外,在壳面边缘或靠近壳面中心还有一个唇形突(labiate process,即裂隙状孔道 rimoportula)。从它们的基部都有向细胞壁内、外伸出的内管及外管。在普通显微镜下看到的胶质丝就是从这些支持突向壳外伸出的。壳环面一般由 1 个壳面环(valvocopula)、一个或多个舌形间插带(copula)和一些无纹的侧板组成。色素体小颗粒状或小盘状,数目多。本属在 1932 年以前仅包含 25 种左右。近 30 年来,随着硅藻细胞壁超微结构研究的进展,本属已报道近 150 种,大多是海生微型浮游性种,淡水产约 12 种。中国共报道 26 个种及 2 个变种。

圆海链藻 Thalassiosira rotula Meunier

藻体圆筒状,中部略凹,中间宽为 39~51 μm,贯壳轴约为 10 μm(大型细胞的贯壳轴小于直径的 1/2)。环面观扁长方形至长条形,四角略圆。壳面中央生一较粗的黏液丝,将相邻细胞连接成直的或略弯的链状群体(图 9-63)。细胞壳套与环带之间有明显界限,环宽约为 3μm。据 Takano(1979)在扫描电镜下观察,本种壳面中央的粗黏液丝是壳面许多支持突生出的细黏液丝集合而成的。壳面中心有放射状排列的伸向壳面边缘的小室纹列。除去壳面中部有支持突外,壳面与壳套上也散乱地分布着许多支持突,这些支持突的前端呈斜切的圆筒状。在壳面边缘有 1 个唇形突。色素体小而多。可形成球状的复大孢子。温带浮游性种。在中国黄海、东海及南海北部湾均有记录,数量少。

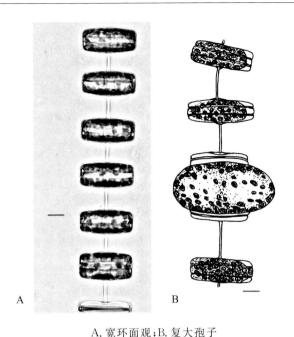

A. 宽环面观;B. 复大孢子

图 9-63　圆海链藻 *Thalassiosira rotula* Meunier 细胞链

诺氏海链藻 *Thalassiosira nordenskioeldii* Cleve

藻体厚圆盘状,小型细胞的贯壳轴较高。因壳套较宽,故环面观细胞呈八角形。细胞壳面圆形,中部凹下,直径为 12~43 μm(图 9-64)。壳面有呈放射状排列的室列,每 10 μm 16~18 个,在壳面中心室纹的排列较不规则,向着壳缘室的放射状排列渐清晰。在壳面的中心,壳面中部凹下部分的中央生出长胶质丝,将相邻细胞联成链状群体。此外在壳面中部凹下部分的边缘生出不规则的一圈小刺,有时较长,倾斜向链外放射生长。据 Takano (1979)在扫描电镜下观察,本种壳面中心的室较大且较其他室纹更为凹下,在大室的一侧有支持突,能分泌细黏液丝,将细胞连成略为弯曲的链状群体。壳面边缘生一圈向外突出且末端膨大的支持突(8~20 个)。壳面的唇形突向外突出,其前端较细,靠近支持突圈中两个支持突中的 1 个(不是两个支持突的中间位置)。在壳壁内面,唇形突的基部顺壳面半径方向而延长。色素体多,小盘状。曾发现每个细胞中生一个休眠孢子(初生壳凸起,后生壳较平),生长的适宜水温为 10~15℃(Durbin,1974)。北方或北极近海分布。在中国渤海、黄海、东海都有记录,但数量少。

筛链藻属 *Coscinosira* Gran,1900

藻体圆盘状或短圆柱状。通常由壳面伸出几条长胶质线使相邻细胞连成群体。壳面平或略凹,具有较大的饰纹。有的种壳面边缘有小刺。间插带较清楚,呈环状。色素体小圆盘状,数目多,靠近壳缘及环带处分布。海生种。浮游生活。本属仅有 1 种。

筛链藻 *Coscinosira polychorda* (Gran)Gran

藻体短圆柱状,壳面圆形,平或略凹,直径为 23~52(6) μm(Cupp,1943)。壳面中央

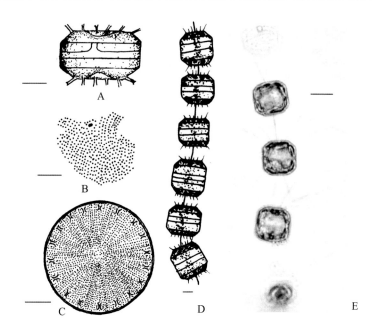

A. 环面观；B. 壳面中央花纹；C. 壳面观；D. E. 细胞链

图 9-64　诺氏海链藻 *Thalassiosira nordenskioeldii* Cleve

部周围生出 4～9 条长胶质丝，胶质丝与贯壳轴平行，更多的是斜向伸展，相邻细胞以此胶质丝相连成群体（图 9-65）。壳面饰纹清晰，呈扇形分区排列。环面观长方形，四角圆钝，具环状间插带。色素体小盘状，数量多，近细胞壁分布。海生种，北温带种，分布广但数量极少。在中国海域内仅于 20 世纪 70 年代中后期，在黄海青岛近海发现过，为罕见种。

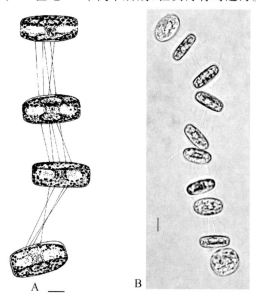

图 9-65　筛链藻 *Coscinosira polychorda* (Gran) Gran 细胞链宽环面观

旭氏藻属 *Schroederlla* Pavillard，1913

藻体短圆柱状，壳面平而圆，中央略凹下，生一大刺与相邻细胞的大刺连接。在电镜下，此大刺为从壳面支持突生出的一个简单的管（极少为两个管），从管中生出多糖类（po-lysac-charide）纤维。壳面边缘有一圈支持突，其末端有明显的凸起膨大，相邻细胞的这些膨大的凸起相接成群体。在壳面边缘以内还有一圈较大的唇形突，与壳缘呈直角排列。环面有许多间插带。色素体多，呈裂片状或小圆盘状。已发现复大孢子及休眠孢子。海生种，现存种，浮游性种。在世界上记录 1 个物种及 1 个变种，在中国均已采集到。

优美旭氏藻 *Schroderella delicatula* (Peragllo) Pavillard

藻体圆柱状。壳面扁平或略凸，一大刺从壳面中央的小凹陷处生出。壳缘生一圈小刺，常与邻细胞的小刺交互相接成锯齿形，借以连结成细胞链。壳面直径为 30 μm 左右（图 9-66）。环面有许多领状间插带（每 10 μm 5 条）。壳壁有室孔（areola），每 10 μm 约为 20 个。色素体星状，数目多。复大孢子椭球形，其贯壳轴与母细胞一致，但其直径都较母细胞大得多。因复大孢子在第一次分裂后仍保留在母细胞上，故在同一群体上常同时出现个体大的子细胞和个体小的母细胞。一个细胞中仅生成一个休眠孢子，其直径与母细胞相同。浮游性暖海近岸种。在中国出现于：黄海；东海福建福清、厦门及台湾；南海西沙群岛海域。数量少。

图 9-66 优美旭氏藻 *Schroderella delicatula* (Peragllo) Pavillard 细胞链环面观(A)及复大孢子(B)

娄氏藻属 *Lauderia* Cleve，1873

本属藻体短圆柱状，壳面圆，中央略凹，边缘生许多长短不一的小棘（支持突）。以壳面的小棘连结成直链状群体。环面生许多环状间插带。壳面与环面都有细密的孔纹；壳面观呈放射状排列，环面观呈直行排列。色素体多，小板状，具囊状突起。据 Van Land-ingham(1971)记载，本属含 6 种，海生种，现存种。在中国有 1 种。

环纹娄氏藻 *Lauderia annulata* ［Cleve 北方娄氏藻 *Lauderia borealis* Gran］

藻体圆筒状,直径为 40 μm 左右(24～75 μm),高(贯壳轴长度)为 50 μm 左右(26～96 μm),常由几个细胞连成直链(图 9-67)。壳面圆而略突,中央略凹,壳面中部及近壳面边缘的壳套部分生许多长短不一的棘,据 Takano(1982)及 Syvertsen & Hasle(1982)在电镜下观察,这些棘是支持突(较长者)和闭塞的突起(occluded processes,一般较短),有时从支持突向细胞体侧放射出黏液丝。在壳面边缘有一个唇形突,向细胞壁内面呈唇形扩大,顺半径方向伸出。自壳面中央有放射排列的孔纹,呈二分叉状向壳面边缘分布(每 10 μm 中有 30 个以上的孔纹)。在壳套部分,亦分布着同样细密的拟孔纹(pseudoloculi)。环面有许多环领形间插带。Okuno(1970)曾对本种细胞壁的超微结构做过详细研究。本种原由 Cleve 采自爪哇海,为暖海大洋性的壳壁较厚的大型细胞。但在北方冷水域或内湾出现薄壁的小型细胞,Gran(1900)将其定为 *Lauderia borealis*。但经近年来的研究,两者构造相同,应认为是一种(Sournia,1968;Hasle,1974)。在中国及日本近岸海域多出现小型个体,大型个体罕见。而在暹罗湾等热带海域中则出现大型细胞。在日本北海沿岸高岛附近冬季还出现在北极海域的物种(北方近岸性种)冷淡娄氏藻 *Lauderia glacialis*(Grunow) Gran(yamaji 1984)。这些细胞构造一致,因生境的水温不同而细胞大小不一,壳壁厚薄不同的标本都应属于本种的不同生态型。本种为从暖海到寒海都可生存的广温性近岸种。在中国渤海、黄海、东海、南海都有记录。

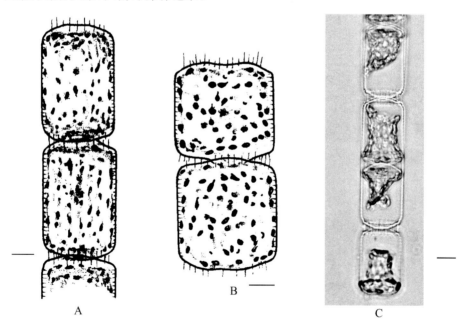

A,B,C. 示细胞链环面观

图 9-67 环纹娄氏藻 *Lauderia annulata*

骨条藻科 Skeletonemaceae

骨条藻科藻体透镜状或圆柱状,壳面四周生有一圈与贯壳轴平行或略有扭曲伸出的细刺,并借刺与邻细胞相连成群体。细胞壁上有大而明显的六角形孔纹,或孔纹微细难以辨认。本科的种能产生休眠孢子,近海生活。在中国已报道 2 属。

骨条藻科分属检索表

1a. 藻体个体小,透镜形、圆柱状或球形,壳壁纹难以认辩 ························· 骨条藻属 Skeletonema
1b. 藻体个体大,圆筒状或椭球形,壳壁纹六角形,大而明显····················· 冠盖藻属 Stephanopyxis

骨条藻属 Skeletonema Greville,1865

本属藻体近球形、透镜形或短圆柱状,壁薄,单个生活或呈 8 个以下或 50 个细胞以上的长短不同的链状群体。壳面圆形,平或凸起如冠状。在壳面的边缘生一圈与细胞贯壳轴平行的细长管状突起(支持突),相邻细胞的支持突在与两细胞略呈等距离处呈结状连接(连接结连成链状群体),邻细胞间的距离(即支持突的长度)长短不一,有的甚短(几乎看不出距离),有的则长于细胞的贯壳轴。细胞壳面支持突的数目变化范围很大,为 8~30根。细胞中的色素体的数目和形状不同,或为 1~2 个,呈大肾形,或为无数个小颗粒状。上述形态变化均为本属种间区别的依据。细胞核大而圆,位于细胞中央。一般以无性的细胞分裂进行繁殖,也常见到其复大孢子(如中肋骨条藻)。以往文献曾认为本属系海生种,其中仅中肋骨条藻一种为现存种,但经近代许多学者的研究结果,本属大多为海生种,至今已记录现存种 6 种,内含 3 种淡水至半咸水种。在中国已发现 4 种。此外本属还有 9个化石种。

中肋骨条藻 Skeletonema costatum (Greville) Cleve

藻体透镜形或短圆柱状,壁薄。在普通显微镜下,细胞壁纹不明显。以长链状群体(有时可达 50 个细胞以上)浮游生活(图 9-68)。壳面圆,凸如透镜状,直径 6 μm 左右;壳面边缘生一圈管状长突起(支持突,一般为 10 条左右),以之与邻细胞的长突起相接而连成长链,连接结明显;两细胞的对应长突起一一相接或一细胞的一个长突起与邻细胞的两个长突起相接,使两细胞连接结的连线呈环状或折线状排列。色素体 1 或 2 个,个体较大,呈肾形。复大孢子的直径常为其母细胞的 2~3 倍。在扫描电镜下,本种壳面上具有向外凸起的放射肋,各肋连成网状,网孔(室孔)呈不规则的五角形或六角形;壳套的室孔则略呈四角形,室孔的内壁具筛板(crabra)。壳面中央有一唇形突,其下端有孔与细胞内相通。壳套顶部(壳面边缘)有围成一圈的 7~16 根长支持突,其基部(与壳面相接处)为一圈泌胶孔道(fultoportula)所包围。此泌胶孔道向外的开孔通入支持突基部的短管中。支持突的断面扁或接近圆形,大部分呈管状,有的支持突呈裂隙状,其离心端膨大,形成与邻细胞支持突相接的关节,它可与两邻细胞的一个对应的支持突或两个支持突连接形成连接结。据 Fryxell(1975)报告,在链内细胞壳面(inter-calary valves)上的唇形突靠近支持突的环部(与壳面相连的部位),在末端细胞壳面上的唇形突靠近壳面中央,而在我们所观察的同一壳面上存在这两种情况。间插带上有简单的孔状构造。本种为世界广布性种,在近岸低盐水(盐度<31.5)及河口海域尤为繁茂,是沿岸流的良好指示生物。在中国近海和河口也普遍出现,夏、秋季在长江口海域,本种可占现场浮游植物总个数的 90% 以上(郭玉洁、杨则禹,1994)。本种能生长于富营养化水域,是沿岸常见的赤潮生物,在国内外已

做过许多关于其生态、生理的研究,近年已人工培养大量用于甲壳类动物育苗的饵料。

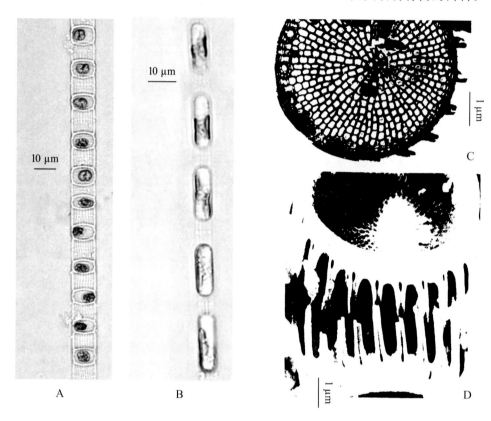

A,B. 细胞长链;C. 壳面观;D. 部分壳面和环面(C,D. SEM)

图 9-68　中肋骨条藻 *Skeletonema costatum* (Greville) Cleve

冠盖藻属 *Stephanopyxis* Ehrenberg,1844

　　本属藻体圆筒形、球形或椭球形。壳面圆形,微鼓起,有六角形筛室,壳面边缘生一圈管状刺(与壳环轴平行),略扭曲,末端截平,以之与邻细胞的刺相连,形成直短链。环面近方形或长卵形。色素体多,小圆盘状,有休眠孢子。本属含 39 种,海生种,在中国已报道 2 种。

掌状冠盖藻 *Stephanopyxis palmeriana* (Grev.) Grunow

　　藻体短圆柱状。壳面圆形,略鼓起,顶端平,直径为 100 μm 左右(Takano,1980 年记载 19~156 μm),边缘生一圈(16~20 条)带裂缝的刺,刺端稍粗,与邻细胞的相应刺相遇后相接,连成短而直的链状群体(图 9-69)。壳面生六角形筛室,其外侧为较大的盖孔,内侧为筛板。在壳面中部呈直线排列,向壳面边缘者放射排列且渐变小(中央每 10 μm 2~3 个,壳缘处每 10 μm 6~7 个)。细胞环面扁长方形,角稍圆,有许多纵列筛室和由壳缘伸出的裂管状的连接刺。本种仅有唇形突,无支持突。休眠孢子环面观扁圆形,直径与细胞一致,但较营养细胞(母细胞)的壁硅质化程度强。壳面的筛室呈直线形排列,逐渐向边缘呈放射状排列,除在壳面分散分布许多唇形突外,在壳套与壳面相接的边缘也有一圈唇形突。热带近岸浮游种。在中国该藻分布于黄海南部(秋季)、东海和南海海域。

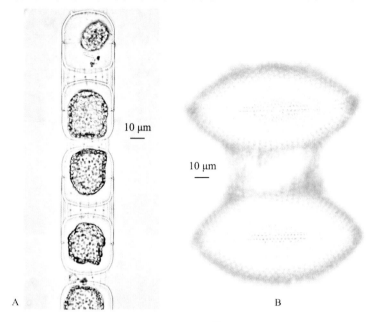

10 μm

10 μm

A. 细胞链环面观;B. 休眠孢子

图 9-69　掌状冠盖藻 *Stephanopyxis palmeriana* (Grev.) Grunow

细柱藻科 Leptocylindraceae

　　细柱藻科藻体圆柱状,壳面扁平,相邻细胞以壳面相接连成群体。有的种壳面中央略凹或略凸,有的种的壳缘具不对称的齿状突起。壳环面通常具有环形或半环形间插带。海生种,现存种,浮游生活。在中国已记录有 3 属。

细柱藻科分属检索表

1a. 壳缘无明显的任何构造 ·· 2

1b. 壳缘有 1 个不对称的齿状突起,间插带领状连接 ··························· 几内亚属 *Guinardia*

　2a. 壳面平,间插带明显可见,楔形或锯齿形连接 ·························· 指管藻属 *Dactyliosolen*

　2b. 壳面微凸或微凹,相邻细胞连接紧密,间插带难以辨认 ················ 细柱藻属 *Leptocylindrus*

几内亚藻属 *Guinardia* Peragallo,1892

　　本属物种壳面圆,壳套很低。细胞壁薄,花纹细弱。细胞环面观圆筒形,有许多间插带,以壳面边缘及其 1 个或 2 个钝齿状突起与邻细胞壳面相应部位连接成直链,细胞壁薄链常易断开。海生种,浮游生活,已记录 4 种。在中国采集到两种。

薄壁几内亚藻 *Guinardia flaccida* (Castracane) Peragallo

　　藻体壳面圆形,边缘有 1 或 2 个不明显的钝齿状突起。环面圆筒形,常以壳缘及齿状

突与邻细胞相接成直链,因齿甚钝,故同一链上相邻两细胞间无明显空隙,几乎是直接以
壳面相连接(图 9-70)。西沙群岛标本细胞直径为 90 μm,高度变化较大,为 76 μm～180
μm。环面有许多高 3～5 μm 的环形间插带,可见到连接处常呈领状。因本种细胞壁的硅
质化程度很弱,以往的报告认为其细胞壁上无花纹构造。但在西沙群岛采得的标本水封
片在相差显微镜 600 倍下即可看到每个间插带上有 3～9 行顺细胞顶轴排列的细点纹(具
体行数随间插带的高度而不同),每 10 μm 约为 18 个。细胞中有许多中部较细、表面隆起
不平、长约 5 μm 的弯棒状或较大的颗粒状的色素体。热带近海浮游种。在中国的东海和
南海有分布。

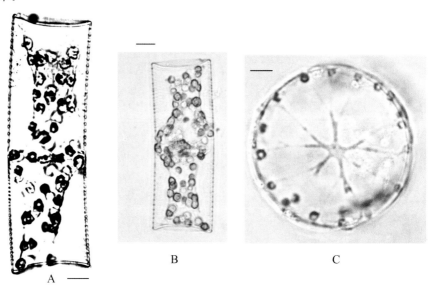

A,B. 示细胞环面观及间插带;C. 示细胞壳面观

图 9-70　薄壁几内亚藻 *Guinardia flaccida* (Castracane) Peragallo

指管藻属 *Dactyliosolen* Castracane,1886

本属物种壳面圆而平,无隆起,邻细胞以壳面相贴连成坚固的长直链。细胞贯壳轴长
为直径的一倍以上,有许多间插带。色素体约 10 个,呈较大的圆板状。本属含 7 种。在中
国仅采到 1 种。

地中海指管藻 *Dactyliosolen mediterraneus* Peragallo

藻体圆柱形,由壳面紧密相连成直链(图 9-71)。壳面圆且平,直径约为 25 μm(据金德
祥等 1965 年报告为 10～35 μm;Cupp1943 年为 7～11 μm)。细胞贯壳轴约为壳面直径的
一倍以上。壳套不明显,环面观长方形,有许多间插带(每 10 μm 约 2 个),间插带一端尖,
同一个体上间插带的尖端交错排列,顺细胞贯壳轴看去间插带的连接带呈锯齿状(金德祥
等报告间插带为领状)。壳面和环面上都有六角形的小室,每 10 μm 约 9 个。每个细胞中
有几个较大的片状色素体。在细胞的环面常出现许多小球状颗粒,据 Cupp(1943)和金德
祥等(1965)报告为黄色鞭毛藻 *Solenicola setigera* 附生。热带浮游性种。在黄海中部、东
海、南海均有分布。

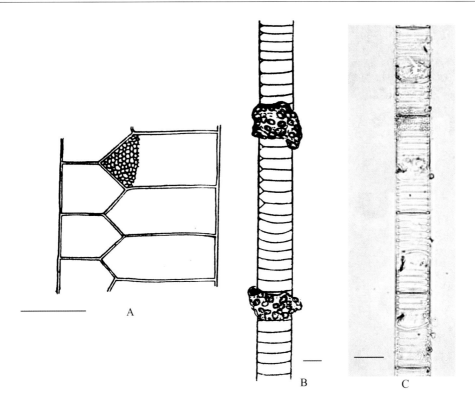

A,B,C. 细胞链环面观及间插带

图 9-71　地中海指管藻 *Dactyliosolen mediterraneus* Peragallo

细柱藻属 *Leptocylindrus* Cleve,1889

本属物种呈细长圆筒状,壳面圆。以壳面紧密连结成细长的直或略弯的链状群体。细胞壁很薄(硅质化程度很弱),在普通显微镜下看不到花纹。色素体两个或数个,呈圆板状或呈颗粒状,数目很多。已发现本属有些种的休眠孢子和厚大孢子。根据 Van Landinghain(1971)记载,本属含 3 种,海生种,现存种。在中国已报道 1 种。

丹麦细柱藻 *Lephtocylindrus danicus* Cleve

藻体呈细长圆筒状,直径(顶轴长)为 10 μm 左右,高(贯壳轴长)为 31～130 μm,高度为直径的 2～12 倍。以壳面相接连成细长或略带波状弯曲的细长细胞链(图 9-72)。壳面圆形,平或略有凹凸。细胞壁薄,在普通显微镜及扫描显微镜下,都看不出花纹构造。在透射显微镜下,在壳面中心由 10 个左右的小孔组成一中央区,其周围有放射排列的孔纹伸向壳面边缘;在中央区附近常有一贯穿细胞壁的小管;在环面约有 10 个间插带,间插带上有许多小孔。色素体小板状,一般不足 10 个。本种的休眠孢子壁厚,球形,其初生壳半球形,次生壳略隆起,都生有许多小棘。复大孢子直径为 7～10.5 μm,比母细胞增大 1.5～2.5 倍。温带近海浮游生活,分布广,富营养的内湾中数量较多。在中国各海域均有记录。

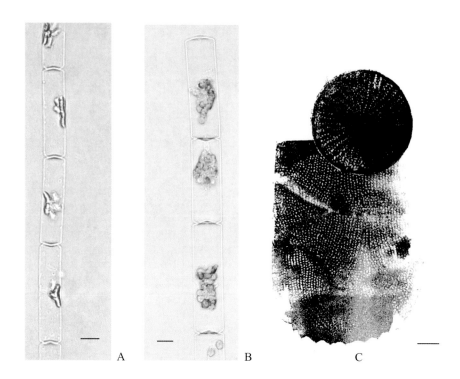

A,B. 细胞链环面观及色素体;C. 壳面及壳环上的花纹

图 9-72　丹麦细柱藻 *Lephtocylindrus danicus* Cleve

棘冠藻科 Corethronaceae

棘冠藻科物种短圆柱状,常呈环面出现。一般单个生活(极少连成短链),壳面隆起,有细长的直刺,向贯壳轴的一端射出,或分别向两端斜射出。壳环面有鳞形的间插带,细胞壁薄。细胞核由原生质丝悬挂在细胞中部。色素体多,小盘状,其长轴顺细胞贯壳轴排列于贴近细胞壁的原生质膜表面。本科仅含棘冠藻 1 属,海生种,现存种。

棘冠藻属 *Corethron* Castracane,1886

本属个体因环面有鳞状间插带,曾被 Fryxell & Hasle(1971)列入根管藻科 Rhizosot-niaceae;Simonsen(1979)又将之列入直链藻科 Melosiraceae。一般学者都因其两壳面不同形态的刺,同意 Lebour(1930)的意见而将之单独建科(Fam. Corethronaceae Lebour),又因其壳面为圆形,录入圆盘类。Van Landingham(1968)记载本属含 10 种,在中国仅记录 1 种。

棘冠藻 *Coretheon criophilum* Castracane

藻体短圆柱状,个体较大,壁薄而透明,两壳面呈半球形突起,直径为 40 μm 左右。贯壳轴长度一般约为直径的两倍。上下壳边缘呈齿状,各生一圈(50~60 根)长为 100~150 μm 的长刺,刺上又生左右对生的小刺,长刺向末端逐渐变细,末端较钝(图 9-73)。上壳除有上述长刺外,在相邻两长刺之间还生一圈末端膨大如爪的短刺。两壳面为带刺冠,两壳

面的刺互成相反方向或均向与贯壳轴同一方向伸出。当细胞分裂时,刺被母细胞环带所
束缚,子细胞刺的基部着生处转体,使刺与壳面成锐角伸出。壳面圆形,中部突起,无任何
管状构造。壳环面有鳞形间插带,但因细胞壁薄,易破裂,间插带界限不易看清。色素体
多,小盘状,顺细胞贯壳轴排列,贴近细胞壁的环面。本种为广布性种,从近岸到外洋,从
热带到两极普遍出现,但数量不多。

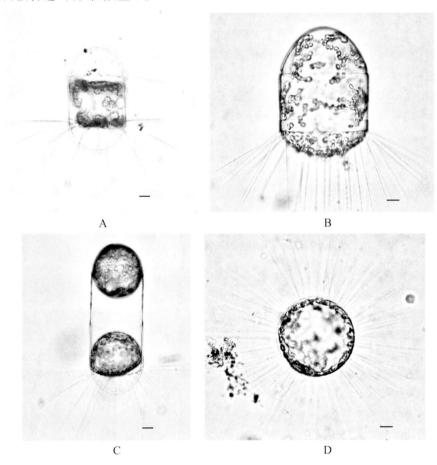

A,B,C. 示细胞环面观;D. 示细胞壳面观

图 9-73　棘冠藻 *Coretheon criophilum* Castracane

管状硅藻亚目 Solenoideae Schutt

本亚目仅有根管藻科 Rhizosoleniaceae。

根管藻科 Rhizosoleniaceae

本科藻体长筒状,壳面椭圆形,少数近圆形。壳面突起为半球形、锥形、斜锥形或鸭嘴
形,通过末端的刺与邻细胞壳面的凹痕相贴紧(或插入)连接成群体或单个细胞生活。壳
环面有圆环形或鱼鳞状的间插带。色素体颗粒状,数目多。根据 Hustedt(1930)报告,本
科仅有根管藻属。

根管藻属 *Rhizosolenia*(Ehrenberg)Brightwell,1886

根藻藻属物种呈短的或很长的直形或弯形的圆筒状。单个生活或连成直形、弯形或螺旋形长链。壳面平或呈不对称的锥状突起(calyptrae),锥的末端延长或生出长短不一的刺,其基部平滑或在两侧各有 1 个耳状突(ataria)。在壳面倾斜的一边生 1 个与刺的形态一致的凹痕或沟,相邻藻体细胞壳面的刺则插入沟中或紧贴在凹痕上而连成群体。壳面平直的一侧与倾斜的一侧,统称为藻体细胞的背腹面(dorsol-ventral view),其左右两边称为侧面。壳环面生许多领状、环状或鳞状的间插带,是鉴定种的主要依据。细胞壁大都薄而透明。壳面有呈直行排列的小室(areola),从壳面看,这些小室很不清楚,因各室的表面都被具有一个或几个裂缝或孔的板所覆盖。有些种的壳面具很浅的筛室(locu-li)构造,在壳面前端刺的基部有一个唇形突(实际上是唇形突向外膨大的部分)。色素体数目多,呈颗粒状或小盘状,少数种的色素体呈片状。休眠孢子、复大孢子及小孢子都常见。本属大都是暖海性种。世界上已报道 52 种,中国产 18 个物种 2 个变种和 6 个变型。

刚毛根管藻 *Rhizosolenia setigera* Brightwell

藻体通常单独生活,偶尔组成短链,圆柱状,细长(图 9-74)。壳面呈较高的偏锥形。顶端生 1 个细长刺,刺自基部向外伸展一定距离仍然等粗,然后逐渐变细呈长刺状,刺实心,无耳状突。细胞直径为 13.8~15.5 μm。背腹面各有一纵列间插带,背腹面观,略呈六边形;侧面观间插带的分界线为锯齿形。细胞壁薄,壁上无明显花纹,但常能见到相邻细胞端刺插入的凹痕。色素体小椭球形,数量多。本种具有休眠孢子,其壳面光滑,一端壳面圆形,另一端壳面甚平。1 个母细胞产生 1 个休眠孢子,而 Gran 记载则为 1 对。江草周三(Ekusa,1957)在渥尾湾还发现本种的复大孢子,直径为 42~47.3 μm(母细胞直径为 10~11.3 μm)。温带近岸广布种。在中国渤海、黄海、东海和南海海域都曾采集到。

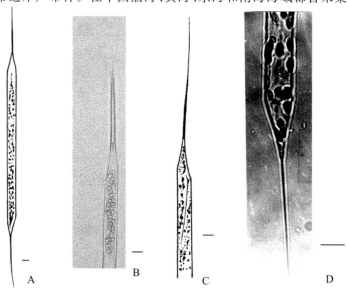

A. 完整细胞;B. 细胞背面观;C. 细胞腹面观;D. 细胞背面观示色素体

图 9-74　刚毛根管藻 *Rhizosolenia setigera* Brightwell

盒形藻亚目 Biddulphineae

辐杆藻科 Bacteriastraceae

藻体圆筒状。壳面圆形,周围生有成列的长刺毛,相邻细胞依靠长刺毛相交组成群体,群体链直。本科仅含辐杆藻属 *Bacteriastrum* ,均有海生种和现存种,浮游生活。

辐杆藻属 *Bacteriastrum* Shadbbolt,1854

藻体圆筒状。壳面圆形,边缘生一圈刺毛(毛状刺),刺毛的数目、形状和排列方式因种而异。相邻细胞壳面的刺毛融合一段距离,将细胞连成疏松的短链,然后刺毛再度呈双叉状分开,与链轴平行、垂直或呈锐角向链的一端展开。链端刺毛一般较链内刺毛粗短,不存在融合部分,其伸展方向及形态是本属区分种的主要依据。细胞环面一般无间插带,两细胞间的空隙也因种而异。细胞壁薄而透明,无明显花纹。色素体数目多,小圆盘形,略带突起。休眠孢子生于细胞中部,一壳面隆起且生小刺。本属含 11 种,都为海生种,浮游生活。在中国已报道 6 个物种 3 个变种。

根据群体链两端角毛形态的异同,把本属所有物种分为两类。

同形类 Isomorpha(细胞链两端角毛同型)

透明辐杆藻 *Bacteriastrum hyalinum* Lauder

藻体短圆柱状,直径为 13~76 μm(藻体直径随海域水温高低而异,据金德祥等 1965 年报告南海标本较大,直径可达 50 μm,黄海标本较小,直径为 17~27 μm。Lebour 1930 年报告温带海藻体直径为 20~30 μm,暖海者 50 μm),呈长而直的链状群体,相邻细胞的间隙虽小,但明显可见。壳面圆,发射状生出 7~25 条刺毛,个别标本的刺毛达 30 根以上。链内刺毛与链轴垂直伸出,基部短于分叉部(图 9-75)。链两端刺毛同型,皆弯向链内,环面观为伞状,较链内刺毛粗壮,有呈螺旋形排列的小刺。每细胞中生 1 个休眠孢子,相邻两细胞的休眠孢子成对生长,其初生壳呈壳缘略收缩的半球形,生细长的小刺,后生壳转平,无刺。近海广布种,是黄海、东海、南海近海的常见种,暖季数量较多。

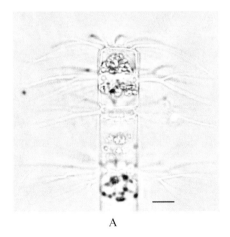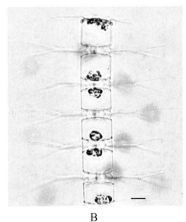

A. B. 示细胞链环面观;

图 9-75A　透明辐杆藻 *Bacteriastrum hyalinum* Lauder

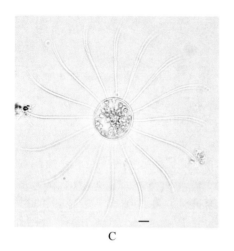
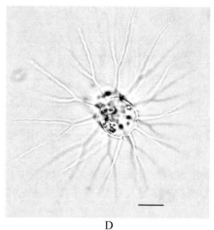

C. D. 示细胞壳面观

图 9-75B　透明辐杆藻 *Bacteriastrum hyalinum* Lauder

矢形类 Sagihata（细胞链两端的刺毛形态不同）

丛毛辐杆藻 *Bacteriastrum comosum* Pavillard

藻体圆柱状，高度大于宽度。常以 4～5 个细胞连成短直链，直径为 5～25 μm，细胞间隙宽。链内刺毛细长，有 6～11 条，邻细胞的刺毛愈合部短，分叉部长，皆弯向链的后方，与链轴平行。链两端刺毛的形态不同，前端刺毛 6～10 条，很细，呈波状扭曲，弯向链后端，呈张开的伞形（环面观）；后端刺毛长于前端刺毛且粗于链内刺毛，亦弯向链后方，但其环面观为吊钟状（图 9-76）。热带或亚热带大洋种。在中国舟山群岛以南及南海都有记录，数量少。

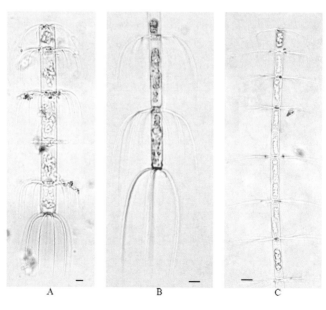

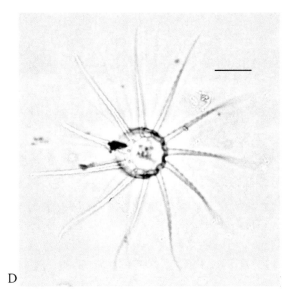

D

A，B，C. 细胞环面观，示链端及链内刺毛；D. 示前端细胞壳面观

图 9-76　丛毛辐杆藻 *Bacteriastrum comosum* Pavillard

角毛藻科 Chaetoceroceae

藻体宽壳环面长方形或正方形。壳面椭圆形，有的圆形。壳面有两个突起，并连有长角毛。角毛的基部和相邻细胞的角毛相连成链，细胞间常有空隙，称为细胞间隙。本科海生浮游的只有角毛藻属 *Chactoceros* 1 个属。

角毛藻属 *Chactoceros* Ehrenberg，1844

角毛藻属藻体呈短而略扁的圆筒状，一般宽度与高度近似，少数种的高度大于宽度，故细胞的宽环面往往接近正方形，窄环面则呈竖长方形。壳面椭圆形，少数近似圆形，壳面平，中部隆起或凹下，有的种上下两壳形状不同，上壳中部往往隆起，下壳扁平。壳套一般约占细胞高度的 1/3，与连接带相接处常形成深浅不同的凹沟，个别种的壳套与连接带之间还生出几条环状的间插带。在普通显微镜下除有些种能看到链细胞壳面中央的小刺外，很难看出在壳面和连接带上的花纹。但在电子显微镜下，则可看到许多种壳面中央有一中央突，从环面观它们为长管状伸出到细胞壁外，呈低丘状凸起于细胞壁或在细胞壁上为一裂缝。它们穿过细胞壁，从细胞内面看则是唇形突。在中央突的周围有向边缘放射排列的小孔。在壳面顶轴两端各生一细长的角毛，其断面大多为圆形，亦有四角形或多角形等。角毛的表面常有横列点纹及螺旋排列的实心小刺。在电子显微镜下，还可看到角毛表面有更细致的构造，如在 *Ch. densus* 角毛上的菱形网状纹和网状纹下面还有一层具斜列小孔的薄膜，*Ch. didymus* 角毛上分布着不规则的小孔，*Ch. compressum* 角毛上有毛发状的突起等。少数种藻体单独生活，大部分种相邻藻体的相近角毛连接，连成直的、弯的或螺旋状的链状群体。链两端细胞的角毛往往比链内细胞的角毛粗短，花纹也更明显，有的种链上端细胞上下壳角毛生出的位置不同，有的种链两端角毛伸出的位置不同，它们向链外伸出的方向不同。角毛的形态、生长位置、伸出方向、有无色素体等都是鉴定角毛藻种的主要依据。由于角毛连接的位置不同及壳面形状不同，相邻细胞间所形成的空隙——细胞间隙，呈线条形、哑铃形、正方形、长方形、六角形、椭圆形及纺锤形等，变化很大，同一种角毛藻（如 *Ch. decipiens* 和 *Ch. affinis*）的细胞间隙冬窄夏宽，角毛和壳壁也是冬季粗厚、夏季细薄，在形态上表现出明显生态性的季节变异，有的广布种（如 *Ch. affinis*）在不同温度带其形态不同，还有明显的地理分布变异。

本属细胞中色素体的数目、形状及其在细胞中的位置，是种的分类根据之一。色素体黄褐色或褐绿色。近岸种的色素体在每个细胞中大都有 1～2 个，靠近环面或壳面，呈盘状或片状，有的在边缘有不规则的突起，每个色素体常包有一个淀粉核。大洋性种的色素体大都呈颗粒状，数目多，散布在细胞内及粗大中空的角毛中。*Gran*(1897)根据角毛内色素体的有无，将本属分为色体角毛亚属 *Phaeoceros* 和无色角毛亚属 *Hyalochaete*。*Ostenfeld*(1903)根据细胞构造及形态将色体角毛亚属分为大西洋组 Atlantic 及北方组 Boreala，又将无色角毛亚属分为 16 个组，本属共分为两亚属 18 组。在这 18 组中，各组的特征有些混淆，有些种与其所属组别所规定的特征并不完全符合。朱树屏、郭玉洁(1957)则根据本属各物种具有色素体的形态和数目所表示的进化次序，将本属分为单色体亚属 Monochromatophorus、二色体亚属 Dichromatophorus 和多色体亚属 Polychromatophorus；又根据角毛中色素体的分布所表示的进化次序，将多色体亚属分为无色角毛组 *Achromatophorus* 和色体角毛组 *Chromatophorus*。金德祥等(1965)则将本属分为多色暗角毛亚属 Phaeoceros-polychromatophorus，多色明角毛亚属 Hyalochaeto-poly-chromatophorus 和寡色体亚属 Oligochromatophorus，在此三亚属之下又根据形态分为 18 组，基本上和 Gran 的意见一致(金德祥等,1965)。鉴于最后的分类方案中，把多色体种与寡色体种放在同等的进化次序上，而暗角毛种与明角毛种为同等的进化次序，与寡色体种不在同一进化阶层上，把它们并列为亚属无法体现本属内物种的进化层次。因此，本书仍采取朱树屏、郭玉洁(1957)对本属的分类系统。本属共 140 余种，都是海生现存浮游种，在中国有80 个种，其中，包括 9 个变种和 1 个变型。

角毛藻属 Chaetoceros Ehrenberg 分亚属和组的检索表

1a. 每细胞中有 1 个色素体 ……………………………… 单色体亚属 Subgenus I *Monochromatophorus*

1b. 每细胞中有两个色素体 ……………………………… 二色体亚属 Subgenus II *Dichromatophorus*

1c. 每细胞中的色素体多于两个 ……………………………… 多色体亚属 Subgenus III *Polychromatophorus*

　2a. 角毛中无色素体 …………………………………… 无色角毛组 Section I Achromatocerae

　2b. 角毛中有色素体 ……………………………………… 色体角毛组 Section II Chromatocerae

单色体亚属 *Monochromatophorus* Chu *et* Kuo, 1957

窄隙角毛藻 *Chaetoceros affinis* Lauder（图 9-77）

藻体细胞链直，宽 7～37 μm。细胞宽环面长方形，角尖，相邻细胞的角常相接触。壳面平或中央部分微凸，链端细胞壳面中央常生 1 个小刺。壳套常高于细胞高度的 1/3，壳套于环带相接处有小凹沟。细胞间隙小，中央部分略窄，呈纺锤形或近长方形。角毛细，自细胞角生出后即与邻细胞角毛相会于一点,然后与细胞链轴垂直伸出,或渐弯向链端。端角毛自细胞角生出,向外斜伸出后,又渐弯下,略与链轴平行,较其他角毛粗壮,生 4 行小刺。有时候链端角毛基部细,向外斜伸或垂直伸出时渐加粗,末端向内弯转如镰刀状,转弯处最粗,有时候链内细胞亦生有似端角毛般的粗短角毛,略呈对角线伸出或与端角毛伸出情况相同。每细胞有 1 个色素体,靠近宽环面,色素体中央有 1 个淀粉核。休眠孢子生于母细胞中央,初生壳呈丘状凸起,壳面遍生小刺,成熟后初生壳边缘也生一圈小刺,后生壳边缘较平,仅中央部分凸起,生数根粗大长刺。温带近岸种,广泛分布于中国近海,早春及秋季在渤海、黄海大量出现,在东海、南海分布数量较少。

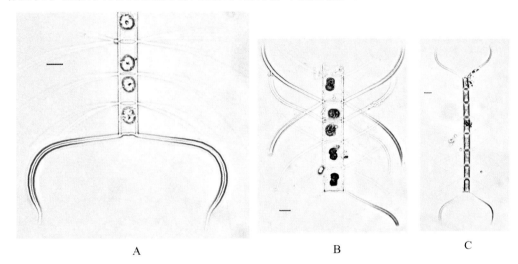

A.B.C. 示细胞链形态及不同形态的角毛

图 9-77 窄隙角毛藻 *Chaetoceros affinis* Lauder

二色体亚属 *Dichromatophorus* Chu *et* Kuo

双孢角毛藻 *Chaetoceros didymus* Ehrenberg

藻体细胞链直,宽为 15～52 μm。细胞宽环面观四角形。壳面椭圆形,凹下,中央部分生一半球形小突起,在宽环面观特别显著。壳套的高度不超过细胞高度的 1/3,与环带相接处有小凹沟。细胞间隙大,呈纺锤形或近圆形(图 9-78)。角毛细长,上生 4 行小突起;角毛自近细胞角生出,经短距离后即与邻细胞角毛相会,然后斜向外伸。链端角毛与其他角毛相同或比链上其他角毛粗大,以 V 形或 U 形向链端伸出。每细胞内有两个色素体,各靠近细胞一壳面,每一色素体靠近壳面之半球状突起处各有一淀粉核。休眠孢子在母细胞刚刚分裂之后形成,在子细胞中新生出的一壳壳面长轴的两端各生一根粗短的角毛。两相邻休眠孢子初生壳的对应角毛相交(交叉后倾斜伸出)使两个休眠孢子联合,成对存在。后生壳面平滑无刺。温带近岸种。夏季在中国近海各海域均可采到,分布较广且数量很多。

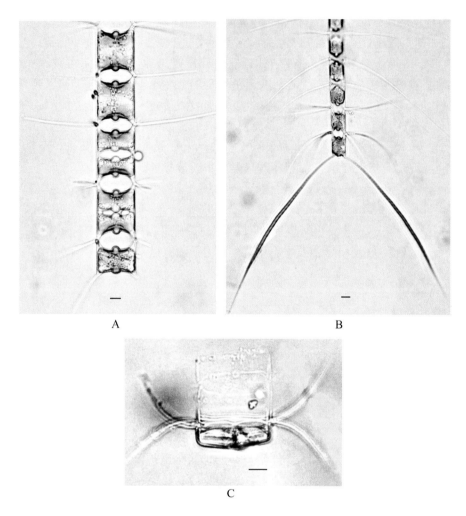

A,B. 细胞链宽环面观;C. 休眠孢子

图 9-78 双孢角毛藻 *Chaetoceros didymus* Ehrenberg

多色体亚属 *Polychromatphorus* Chu et Kuo

无色角毛组 *Achromatocerae* Chu et Kuo

洛氏角毛藻 *Chaetoceros lorenzianus* Grunow

藻体细胞链直,宽为 $15\sim70~\mu m$。细胞宽环面观长方形,角尖。壳面椭圆形而平,中部微凸或微凹。壳套大都高于细胞高度的 $1/3$,与环带相接处有明显的小凹沟。细胞间隙略成六边形,角圆(图 9-79)。角毛较粗硬,有 4 个棱,每一棱上纵生一行极小的小刺,两棱间的平面上生有明显可见的粗点纹,相邻两面上的粗点纹交错排列。角毛自细胞角生出即与邻细胞角毛相交粘接于一点,和细胞链轴垂直或倾斜伸出。链端角毛直,通常比其他角毛粗,有时较短,生出后即斜向外伸出,其点纹较为明显。每个细胞中有盘状色素体 $4\sim10$个。休眠孢子生于母细胞中部或一端,初生壳生两锥状突起,锥顶各生一个多次二分枝的

实心长刺,后生壳具1或2个低突起,壳面平滑。暖水近岸种,分布广。在中国近海各海域夏秋季经常采到,数量很多。

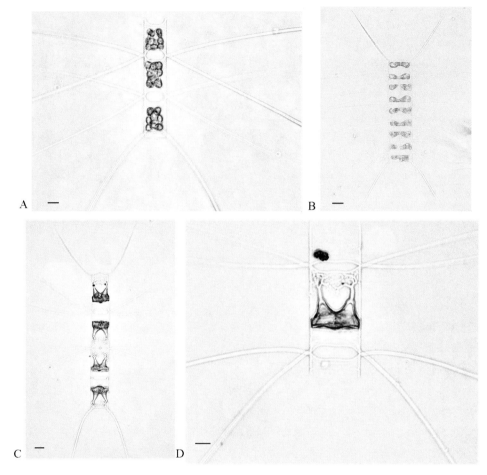

A.B. 示细胞链形态;C.D. 示休眠孢子

图 9-79 洛氏角毛藻 *Chaetoceros lorenzianus* Grunow

色体角毛藻组 *Chromatocet* Chu et Kuo

艾氏角毛藻 *Chaetoceros eibenii* Grunow

藻体细胞链长而直,宽为 48~69 μm。细胞宽环面长方形(一般宽大于高),有间插带,间插带的锯齿状连接线在细胞宽环面,与细胞贯壳轴平行。壳面椭圆形,平或微凹,中央有一很小的刺。壳套等于或小于细胞高度的1/3,与环带相接处有浅凹沟(图 9-80)。细胞间隙略呈六边形。角毛粗且长,具 6 个棱(断面六角形),有横列点纹(10 μm 内有 20 条左右)。角毛自细胞角稍向内(即壳面长轴链端边缘稍向内处)生出,经一短距离后与邻细胞角毛交叉黏合于一点,再与链轴略成垂直方向伸出,并逐渐弯向链端。链端细胞的角毛与其他细胞的角毛相同。色素体小椭球形,数目很多,分布于细胞及角毛内。春季在黄海近海大量出现。曾发现于黄海青岛,东海舟山、平潭(福建)和厦门海域。

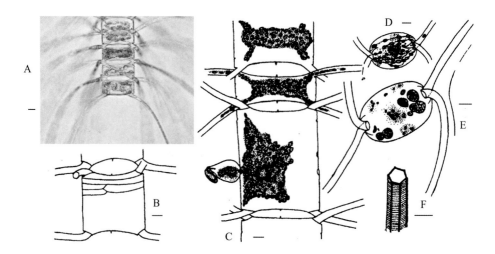

A,B. 具间插带的细胞链宽环面观;C. 产生复大孢子的细胞链环面观;
D. 细胞壳面观;E. 具小孢子的细胞壳面观;F. 一段角毛

图 9-80　艾氏角毛藻 *Chaetoceros eibenii* Grunow

盒形藻科 Biddulphiaceae

盒形藻科物种单独生活或构成群体。藻体柱状或短柱状。壳面三角形、四角形、多角形、椭圆形或圆形。壳面近边缘处或角隅处均有突起。有的突起上还生有小棘或孔纹,有的在突起之间的壳面上还生有 1 至数根大小、形态不一的刺。海生,浮游、底栖或附着生活,近岸或大洋均有分布。中国已报道有 10 个属。

盒形藻科分属检索表

盒形藻属 *Biddulphia* Gray,1821

在显微镜下,盒形藻属藻体常呈扁柱形(宽环面观)出现,单个生活也常连成直的或折线形的群体。壳面椭圆形或近圆形,中部凸、凹或平。在壳面长轴(apical axis)的两端各生一丘状的短角或突出成长角状。在壳面中央生两支短刺或靠近长角各生一长刺。自壳面中央有向外辐射排列的点纹(筛室或孔),环面的点纹与贯壳轴平行,呈直线形排列。细胞壁的硅质化程度有的很弱,壁很薄(多为浮游性种);有的很强,壁很厚(主要为附生性种)。前者壁上花纹纤细,后者壁上花纹粗大。壳套与壳环间有明显界限,壳环的边缘有明显缢痕(凹沟),还有从壳面顺切顶轴生出的肋(凹沟)直通到环面。色素体小颗粒状,出现于近细胞壁的细胞质膜上,数目多。细胞核大而圆,常位于细胞中央。在一些浮游性种中,曾发现复大孢子和小孢子。本属主要为海产附生种,少数浮游生活。据 Mills(1933-1934)及 Van Landingham(1968)报告本属共含 237 种,在中国出现 15 种。

高盒形藻 *Biddulphia regia* (Schultge)Ostenfeld〔高齿状藻 *Odontella regia* (Schultze) Simonsen〕

藻体细胞宽环面观与中国盒形藻近似,但本种个体一般较为瘦长(贯壳轴长于顶轴),其顶轴长为 90~340 μm,而极少见到像中国盒形藻那样宽而扁的个体。本种的壳面突起较短,角内侧有小突起,上生长刺,长刺的着生处距角稍远(稍向壳面中部靠近),但又比活动盒形藻刺到角的距离更近。刺的中段常向细胞外的方向伸出,刺末端常呈杯状扩大。至今尚未见有关其亚显微结构的报道。细胞壁薄,有明显点纹,每 10 μm 约有 14 个,环部点纹略细。常以单个细胞浮游生活,连成群体者极少见(图 9-81)。色素体小颗粒状,数目

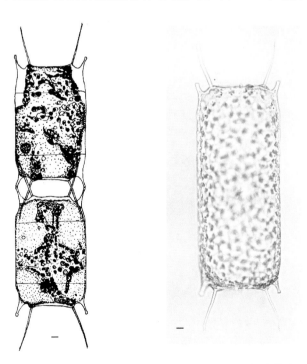

图 9-81　高盒形藻 *Biddulphia regia* (Schultge)Ostenfeld 细胞链宽环面观

多。细胞核大,位于细胞中央。本种为暖温带和热带近岸浮游种。在中国各海区均曾采到,东海南部及南海分布较多。

半管藻属 *Hemiaulus* Ehrenberg,1844

半管藻属壳面一般呈椭圆形,顶轴两端各生 1 个角,角上侧生 1 个小爪,与相邻细胞的小爪相贴连成直或略弯的细胞链,细胞间隙视角的长短而呈长方形、四方形或椭圆形,壳面具网纹,在中央或近中央处有 1 个唇形突,也有无唇形突的种类。间插带领状,有比壳面更细的网纹(Round 等,1990)。色素体小颗粒状,数量多。本属以化石种为主,均为海生种,在中国采到 4 个浮游种。

中华半管藻 *Hemiaulus sinensis* Greville

壳面宽椭圆形,壳面长轴(宽环面观)长为 22～88 μm。壳面长轴两端各有 1 个短粗角,角末端一侧生 1 个小爪,以之与邻细胞的突起相连成直的、弯的或螺旋形的链(图 9-82)。壳面有呈放射状排列的大椭圆形至长方形的被复杂的筛膜所覆盖的孔(Round 等,1990),近中央处每 10 μm 有 7～8 个,靠近壳套基部每 10 μm 有 11 个(金德祥等,1965)。壳套高,与壳环交接处无明显凹沟。本种细胞壁的硅质化程度较霍氏半管藻高。色素体小颗粒状,数量多。温带暖水浮游种。在中国各海域都曾采集到。

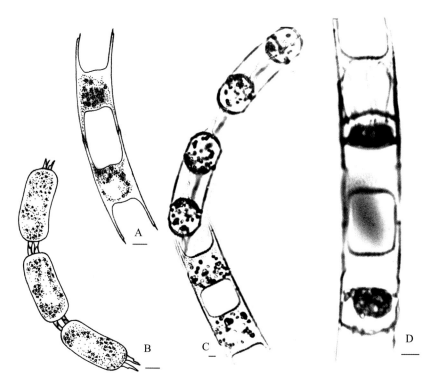

A. 细胞链宽环面观;B. 窄环面观;C. 同一链上的宽环面及窄环面观;D. 休眠孢子在形成

图 9-82　中华半管藻 *Hemiaulus sinensis* Greville

船藻属 *Isthmia* Agardh,1832

船藻属细胞环面观呈圆筒状,两端各有 1 个斜锥状突起,藻体细胞的高度(贯壳轴)通常比宽度(顶轴)长,在显微镜下常以宽环面观出现,如船状。壳面卵形,壳面与壳套间无明显界限。两壳面不同,一壳面的末端有边缘平滑的高突起;另一壳的突起较低,其倾斜一侧的边缘呈波状或两个低丘状的凹凸,壳上有卵形或多角形室。细胞常以胶质连接成群体,或附生于其他海藻体表。本属在中国浮游藻类样品中曾见到 3 种。

脉状船藻 *Isthmia mervosa* **Kuetzing**

藻体细胞大,形状多变,两壳不同形,一壳的斜锥形突起很高,另一壳较低,自壳顶向壳环缓慢倾斜。突起上的花纹细小。壳面具网状纹和肋纹(图 9-83)。环带上的花纹较小,呈三组交叉排列。本种为广布种。在中国南海西沙群岛海域出现。

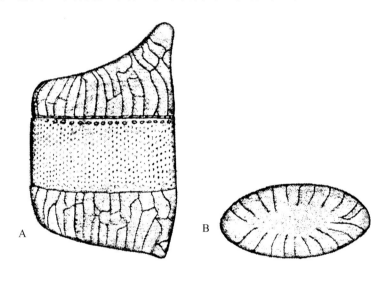

A. 环面观;B. 壳面观

图 9-83　脉状船藻 *Isthmia mervosa* Kuetzing

角管藻属 *Cerataulina* Peragallo,1892

角管藻属藻体常以细长圆筒状的环面观出现于显微镜下。壳面圆或近圆形,边缘处生 2 个或 4 个短而尖的隆起(短角),隆起末端各生一小刺。相邻细胞以之连成直的、弯的或螺旋状的链状群体。环面有数条领形间插带。色素体小圆盘状,数量多。在电镜下,壳面网纹为拟孔(poroid)纹,隆起的基部各有一带浅褶皱的膜(顶板)。壳面在中央、近中央或边缘部有 1 个唇形突。在系统分类上,本属与真弯角藻属 *Eucampia* 为近缘类群。本属含 4 种,都是偏暖水性的海生种或半咸水种,现存浮游种。在中国采到 3 种。

大洋角管藻 *Cemataulina pelagica* (**Cleve**) **Hendey**

在显微镜下,藻体呈圆筒状的环面观出现,东海、南海标本的直径长为 31 μm,贯壳轴长为 116 μm(国外记录分别为 7～56 μm)。壳面有两个相对的角,角相接成直的或略弯的链状群体,相邻细胞的间隙呈细长条形(图 9-84)。壳面的这两个角低而明显,呈楔状,其基部有一条带横条的顶板。顶板是黏合在角内面的、有凸起的、弯的或波状的膜。电镜下,壳面网纹四角形,向着近中央部而排列,其间常出现厚壁的孔(尚待进一步研究);在部分被筛板所阻塞的拟孔纹之间,有时出现螺旋状的网纹构造;在近壳面中央有 1 个裂缝,可能是简单的唇形突。在普通显微镜下测量,壳面上的网纹为每 10 μm 14～20 条,壳套低,有条纹,每 10 μm 22～25 条。在细胞环面有许多领状间插带,环面有呈直行排列的细纹,每 10 μm 60～70 条。色素体小圆盘状,数量很多。本种为暖温带近岸种。通常出现于东海南部海域。

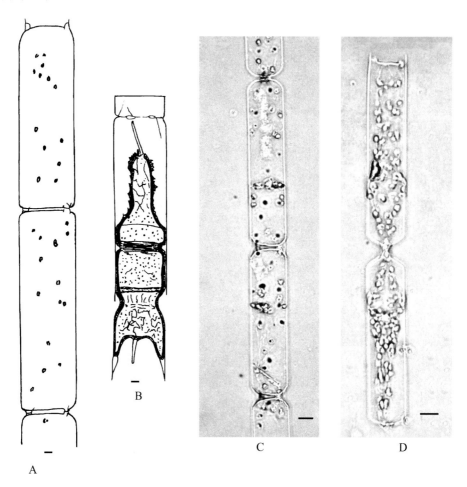

A.B.C. 示细胞链环面观;D.示休眠孢子

图 9-84　大洋角管藻 *Cemataulina pelagica* (Cleve) Hendey

角状藻属 *Cerataulus* Ehrenberg,1843

角状藻属物种圆柱状或近圆柱状,壁厚,壳面近圆形,互相扭转(不在贯壳轴位置上)排列的有两个头状突起。在突起之间有两个实心刺,刺的性质因种而异。海生种,底栖种,偶尔也出现于浮游生物中。本属已记载 21 种,在中国已发现两种。

膨突角状藻 *Cerataulus turgidus* Ehrenberg(图 9-85)

藻体单个生活。环面观呈圆柱形,宽为 106 μm(79~163 μm),高为 198 μm(86~198 μm)。高与宽的比例常有变化。有的高与宽相当,有的高小于宽,一般高大于宽。壳面鼓起,呈圆形至椭圆形。在壳面两侧,各有 1 个钝形角,基部宽为 24~26 μm,高为 30~33 μm,顶端平钝。壳面有很多小刺,相距 3~4 μm,刺基粗,刺端尖。此外,靠近角处有 1~4 根粗刺,刺长 43~56 μm,刺端分成叉状或不分叉,也有个别个体不具粗刺。壳面室纹六角形,每 10 μm 12 个。壳缘有短条纹。突起上的花纹,每 10 μm 10~12 个,放射状排列。壳环轴扭转,使上、下壳面的突起扭向不同平面,几乎互相垂直。壳环面也有明显的花纹,每 10 μm 16~18 个。色素体数量多,呈大颗粒状,满布于壳环面和壳面内侧。本种是偏暖性沿岸种,但在浮游生物中也能见到。在中国,该种分布于东海福建厦门、南海广东近海等海域的泥表、泥沙滩上和海岸上。

A,B,C. 环面观;D. 壳面观

图 9-85 膨突角状藻 *Cerataulus turgidus* Ehrenberg

三角藻属 *Triceratium* Ehrenberg,1839

三角藻属藻体单个出现于浮游生物中,或以胶质附着于其他基质上。壳面多为三角形或多角形,环面扁长方形,大部分物种细胞壁厚。壳面中部略突,在角隅处略隆起或突起为角状,突起上常有眼斑、小棘或孔纹。壳面具排列整齐的六角形筛室,筛室清楚,筛室外层有大中孔(盖孔),内层具筛板。色素体小颗粒状,数量多。海生种。据 Van Landingham(1978)记载本属含 400 余种,目前在中国已记载 23 个种、1 个变种和 4 个变型。

蜂窝三角藻 *Triceatium favus* Ehrenberg

藻体如三角形盒状,边长为 80~130 μm,高(贯壳轴长度)为 50 μm 左右。壳面三角形,各边直或略凸出,各角有粗短的头状钝突起,突顶有 1 圈小棘(图 9-86)。壳套低。壳面有六角形大小均一的略与壳面边缘平行排列的筛室,每 10 μm 约 1.5 个,筛室底部为筛板,具筛孔,每 10 μm 5～6 个。壳环面亦具粗大的与壳环轴平行排列的筛室。广温性,潮间带种。中国各海域近岸都有记录。

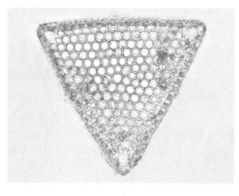 

A ——　　　　　　　　　　B ——

A. 壳面观;B. 环面观

图 9-86　蜂窝三角藻 *Triceatium favus* Ehrenberg

三叉藻属 *Trinacria* Heiberg,1863

三叉藻属壳面三角形或四角形。边多少有凹入。角上具有高起的突起,突起上有短刺。壳面具斑点。本属类似半管藻 *Hemiaulus*,只是后者的壳面形状是椭圆形或圆形,而且仅两个突起。本属已记载近 50 种。在中国仅记录 1 个变种。

部分三叉藻四棱角变种 *Trinacria refina* var. *tetragona* Grunow

藻体细胞短筒状,壳面四角形,中央稍凹下,壳面的边直或略凹入,边长为 70～225 μm,角宽楔形,突起等长,突起上的小刺短,一般 2 根或 3 根,以小刺与相邻细胞连接(图 9-87)。成群体壳面室纹粗,略带圆形,呈辐射状排列,壳面中央部分的室纹较松散,近壳缘处的室排列较密,每 10 μm 为 3～6 个。壳套突出,环短。

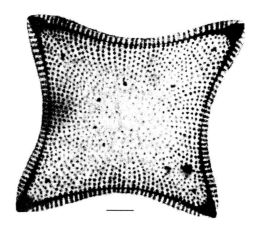

图 9-87　部分三叉藻四棱角变种 *Trinacria refina* var. *tetragona* Grunow 壳面观

双尾藻属 *Ditylum* Bailey，1861

双尾藻属藻体三棱柱状、四棱柱状或圆柱状。单独生活。壳面中央有一条粗直中空的长刺，和贯壳轴平行。在中央大刺四周的壳面上，有许多小刺，和贯壳轴平行。壳环面依间插带的多少而有长短不同。细胞壁薄，花纹不明显。色素体多而小。化石种或现存种。海生种，浮游生活。据 Van Lardingham(1969)记载，本属有 5 种，其中 3 种为化石种。在中国有两种现存种。

布氏双尾藻 *Ditylum brightwelli* (West) Grunow

藻体呈短三棱柱状，少数呈圆柱状或方柱状，细胞壁薄而透明，常单个浮游生活，以环面观出现在显微镜下。藻体细胞宽为 $14\sim60\ \mu m$，高为 $70\sim100\ \mu m$，一般宽度明显小于高度。壳面平，多呈边缘弯向壳面中部的三角形（故此细胞环面观呈三棱柱状），少数呈狭长形或四边形（图 9-88）。壳面边缘有一列小刺与细胞贯壳轴平行伸出为刺冠，中央有一末端截平的中空大刺。大刺的周围有一小空白无纹区，其外围为放射排列的点纹，中央点纹较大（每 $10\ \mu m$ 10 个），外围点纹渐小。壳套宽，故在壳面观除见到壳面外，同时可见到壳

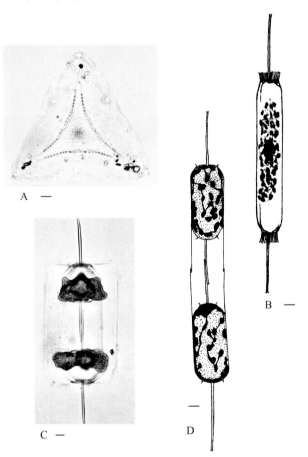

A. 壳面观；B. 环面观；C. D. 细胞分裂

图 9-88　布氏双尾藻 *Ditylum brightwelli* (West) Grunow

面外围的壳套部分,壳套上有顺贯壳轴排列的细密点纹(每 10 μm 16～19 个)。壳环面有鳞状间插带,具更细小的纵列点纹,在普通光学显微镜下,不易辨认。色素体多,颗粒状。细胞核位于细胞中部。休眠孢子很大,生于母细胞的一端或两端,其壳面和母细胞壳面构造相似,初生壳有壳套和大的中央刺,后生壳无壳套。每个细胞最多产生 64 个球形的小孢子,每个小孢子有两个色素体,但未见其游动能力。本种在世界上分布很广,从温带海到热带海都有记录,但数量不多。本种为近岸浮游种。在中国,从渤海到南海北部湾都曾采集到本种。

石丝藻属 *Lithodesmium* Ehrenberg,1840

石丝藻属细胞呈短柱状,环面高度(贯壳轴长度)小于壳面直径,单独生活或依靠角、壳面或膜状的壳膜(即 Lamella 或称 Laminar wall)相连成群体。壳面狭长形、三角形、四边形或多边形。壳面中央部分凹陷,中心有 1 根棘。壳面室纹从中心向外辐射状排列。色素体数量多,小颗粒状。

本属已报道 10 种左右。在中国海域仅发现两种。

波状石丝藻 *Lithodesmium undulatum* Ehrenberg

藻体壳面三角形(边长 40～90 μm)或四边形,中央有一中空的长棘及中心区,边缘部分有壳膜。壳面的各个角上都有一个波纹或褶皱,形成一个略呈圆形的中心区。壳套高。细胞壁硅质化程度较弱(图 9-89)。在壳面、间插带、壳环及壳膜上都有室状点纹,在壳面上的放射状点纹每 10 μm 约为 18 行,每行中每 10 μm 有点纹 17～20 个。在壳环及间插带上的室状点纹较细,每 10 μm 22～25 个。壳膜上的点纹较粗,每 10 μm 10～14 个。据Round 等(1990)报告这些室状点纹可能都是由无筛膜的孔组成。壳面中央的长刺是唇形突的外开口,此唇形突向细胞壁内呈两线状裂隙,称为双唇形突的突起(bilabiate process)。细胞环面观三棱柱状,由在壳面上的膜将相邻细胞连成长的直链状群体,细胞间隙宽大,但常为壳膜所遮盖。本种为分布于南温带至暖海的浮游种。在中国黄海青岛

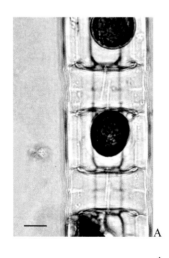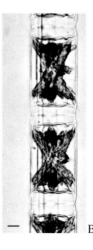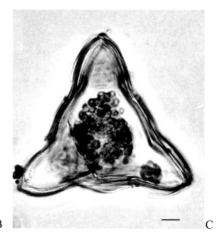

A,B. 细胞链环面观;C. 细胞桥面观

图 9-89　波状石丝藻 *Lithodesmium undulatum* Ehrenberg

近海,于 1984 年 8 月首次发现这一物种。可能是随黄海暖流北上或由外轮带来的,是黄海暖流的良好指标种。

中鼓藻属 *Bellerochea* Van Heurck,1885

在显微镜下,本属物种常以其环面观出现。边缘部分凹下,生 2 个、3 个或 4 个短角,以之与相邻细胞的角连接呈直带状长链,同时因两邻细胞壳面中部略凸也相互连接,故从环面观细胞为矩形。在细胞角处有菱形间隙,而两细胞中部的间隙不明显或仅如一缝。壳套与环带间有小凹沟。细胞壁硅质化程度很弱,薄而透明。色素体呈小颗粒状,数目多。海生浮游种。主要分布于温带水及暖水中,能适应较低盐度,也常见于河口海域。在中国仅采到 1 种。

锤状中鼓藻 *Belleroghea malleus*(Brightwell)Van Heurck

藻体细胞环面观呈扁带状,宽为 100 μm 左右,为长且直的群体。相邻细胞之间仅在链的两侧出现近菱形的小间隙。壳面多为狭长形(有时为三角或四边形),中部略凸,近边缘处略凹下生两个短角(与壳面的角数一致),以之与邻细胞的角相连呈群体,壳面中部则互相贴近,甚至细如一缝。壳套于环带相接处有小凹沟(图 9-90)。在电镜下,壳面近中央处有一扁圆形或马蹄形的环状纹,生一向外呈管状突起的唇形突,自环状纹向壳面边缘生出许多带分枝的放射肋,肋间生多行构造不清楚的网纹。在细胞角处,壳面与壳套之间生一带纵纹的缘角。壳面中部或近边缘处构造微细,但因其硅质化程度较壳面更弱,构造不清楚。色素体小颗粒状,数量多。温带及暖水浮游种。在中国渤海、黄海、东海、南海及主要河流入海口都曾采到。

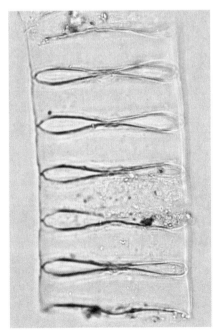

图 9-90　锤状中鼓藻 *Belleroghea malleus*(Brightwell)Van Heurck 细胞链环面观

真弯藻科 Eucamplaceae

真弯藻科藻体狭扁,壳面长椭圆形,通常两端(壳面长轴)具有突起,末端平。相邻细胞,依靠突起或壳面相连成群体。群体链直、弯转或扭旋。海生浮游种。在中国有3属。

真弯藻科分属检索表

1a. 细胞壳面长轴两端突起明显,细胞环面观呈 H 或"工"形 ··· 2
1b. 细胞壳面长轴两端突起不明显,群体链细胞以壳面相连,并以贯壳轴为中心扭转 ··············
·· 扭鞘藻属 *Sterptotheca*
2a. 群体链直形,细胞环面观呈 H 形 ································· 梯形藻属 *Climacodium*
2b. 群体弯转,细胞环面观呈"工"形 ································· 弯角藻属 *Eucampia*

扭鞘藻属 *Streptotheca* Shrubsole,1890

扭鞘藻属物种细胞壳面平,线形至椭圆形,两端圆,有时中部略膨大。壳套低,仅在壳面两端略明显。壳面两端有裂隙状小开口,有时以壳面连成膜状或中部扭转的群体。本属含两种,在中国近海均已见到。

泰晤士扭鞘藻 *Streptotheca tamesis* Shrubsole

藻体细胞壳面平,一般呈线形,中部略膨大,两端圆,有裂隙状小开口,常以壳面联成膜状群体,无细胞间隙。故在显微镜下常以环面观出现,极少见到壳面(图 9-91)。细胞宽为 $40\sim120~\mu m$。链内有的细胞上下壳面可扭转 $90°$,使细胞链亦呈扭转状。细胞壁薄,硅质少,据 Round(1990)报告,在显微镜下可见到本种壳面有小室。色素体小颗粒状,数量很多,常以细胞质丝相连,遍布于细胞中。浮游广布种。在中国黄海、东海、南海都有记录。

梯形藻属 *Climacodium* Grunow,1868

本属物种常呈群体,链直。壳面突起很长。细胞间隙大。细胞壁硅质少,薄而透明。色素体多而小。本属为南、北热带,亚热带大洋性种,是暖流的指标种,共有两种。在中国都可采到。

双凹梯形藻 *Climacodium bioconcavun* Cleve

藻体细胞宽环面观略呈四角突起的正方形或高大于宽的长方形,组成直而略扭转的长链。细胞宽为 $40\sim70~\mu m$,高为 $60~\mu m$ 左右(与另一种宽梯形藻相比,本种宽度较之更狭,高度较之更高)。宽环面观壳面中部凹,致使链上的细胞间隙呈两边凸起的双突透镜形或长椭圆形(图 9-92)。壳面两极的凸起不明显,借所分泌的胶质直接与相邻细胞相接。色素体小而多。热带海生浮游种。分布于中国的东海厦门和台湾海域,秋季在黄海南部常见。

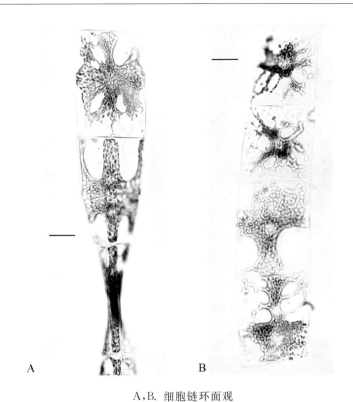

A，B. 细胞链环面观

图 9-91 泰晤士扭鞘藻 *Streptotheca tamesis* Shrubsole

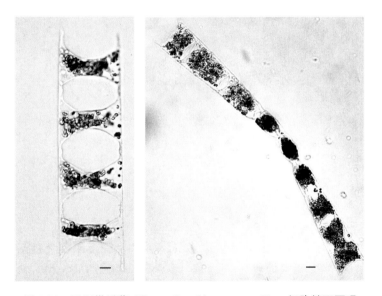

图 9-92 双凹梯形藻 *Climacodium bioconcavun* Cleve 细胞链环面观

弯角藻属 *Eucampia* Ehrenberg，1839

弯角藻属藻体细胞宽环面观呈“工”形，壳面椭圆至条状，顶轴两端各生一顶端截平的短角状突起,相邻细胞以之连接成螺旋链。细胞间隙由纺锤形至大扁圆形。有间插带。自壳面中央区放射伸出大室列,中央区有一个唇形突及几个室,角上有几行被肋(ridge)隔开的小孔。色素体小盘状,数量多。具有休眠孢子。本属共 5 种,都是海生种。中国已发现两种。

浮动弯角藻 *Eucampia zodiacus* Ehrenberg(图 9-93)

藻体细胞宽环面呈"工"形,宽(顶轴)36～72 μm,细胞中部高(贯壳轴)6～32 μm。壳面呈扁而长的椭圆形,中央凹下,中心有 1 个齿状缺刻(在细胞宽环面即可看到)。壳面椭圆形(顶轴)两极各生 1 个顶端截平的短角状突起,以之与邻细胞相应突起相接成长螺旋链,细胞间隙椭圆至圆形。壳面中央有一小结节(唇形突),并由此向外围生出放射排列的许多多角形的室(每 10 μm 16～20 个),环面也有放射条纹,每 10 μm 22～33 列(条)。有少数间插带。色素体小盘状,数量多。近岸、广温浮游种,分布广。常见于中国沿海,渤海、黄海较多。

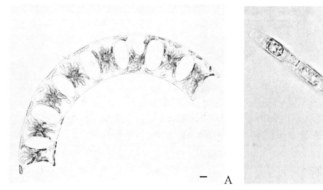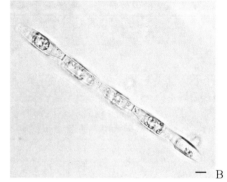

A. 细胞链宽环面观;B. 细胞链窄环面观

图 9-93　浮动弯角藻 *Eucampia zodiacus* Ehrenberg

舟辐硅藻亚目 Rutilariineae

舟辐硅藻科 Rutilariaceae

本科藻体壳面长椭圆形或新月形,有些属的细胞内有隔片。在中国仅记录 1 属。

井字藻属 *Eunotogramma* Weisse,1854

井字藻属藻体细胞壳面新月形至半圆形,被 1～2 个或多个隔片所分隔。环面四边形,角锐。壳面有细点纹或大斑纹,一般呈横向排列。本属含 10 余种,为化石种或现存种。在中国记录 4 种。

平滑井字藻 *Eunotogramma laevis* (leve)Grunon

藻体壳面长椭圆形至半圆形,端钝圆;腹侧有的略直、有的凸、有的凹。壳面形状和大小及隔片数目多变化。隔片 1～8 个或更多,同一细胞两壳面的隔片数目常不等(图 9-94)。在中国采集的标本的壳面长为 17 μm,宽为 6 μm。海生种。在中国采自南海西沙群岛潮间带。此外大西洋沿岸、佛罗里达和北卡罗来纳等海域均有分布。

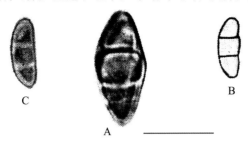

A,B,C. 壳面观

图 9-94　平滑井字藻 *Eunotogramma laevis* (leve) Grunon

羽纹硅藻纲 Pennatae

羽纹硅藻纲简称羽纹纲。绝大多数物种有壳缝,能运动,它们壳面的形状基本上是狭长形至椭圆形。但有一些附着生活的物种,形状为楔形,没有壳缝,不能运动,也有连成群体营浮游生活的物种。壳面花纹左右对称,沿着一条中线呈羽纹状排列。本纲的花纹构造比中心纲简单,花纹排列和细胞形状比中心纲复杂。细胞表面一般没有像中心纲那样的突起和刺毛,但与运动有关的壳缝有各种不同的类型,相当复杂。

大多数物种的色素体数量少,个体大,通常呈叶状或分枝状。生殖方式较多,但没有以配子配合生殖方式。本纲在化石种类较少,主要认为是本纲生物出现的年代较晚。

本纲包含的物种数量比中心纲多。绝大多数生活在淡水中;海生种内有相当数量的种营底栖生活,只有少数物种营浮游生活。此外,有较多的底栖性种偶尔能进入浮游藻类中,但这些种的种群数量一般都很少。

根据有或无壳缝,羽纹纲分两个目,无壳缝硅藻目(Araphidinales)和有壳缝硅藻目(Raphidinales)。

无壳缝硅藻目 Araphidinales

本目物种细胞通常为狭长形,壳面花纹羽状排列,但无壳缝,不能行动。

无壳缝硅藻亚目 Araphidineae 分为两科。一般营底栖生活,但也有营浮游生活的。在中国海域已记录两科。

脆杆藻科 Fragilariaceae

脆杆藻科藻体壳面扁卵形至长针形,有“拟壳缝”或者没有。壳缝壳环面长方形,但也有呈三角形的。常借壳面相连成带状群体。无隔片。

拟星杆藻属 *Asterionellopsis* Round

拟星杆藻属藻体壳面观和环面观两端异形。细胞借助壳面近边缘的足孔(foot pole)相连成星形螺旋状群体。足孔壳面观钝圆。拟壳缝不明显。色素体数量多,呈板状或小颗粒状。顶端在电镜下观察具孔或缝。本属物种为浮游种,海水、淡水中皆有。现存种,在中国有两种海生浮游种。

冰河拟星杆藻 *Asterionellopsis glacialis*（Castracane）Round〔*Aslerionella japoniea Cleve*〕（图 9-95）

藻体群体生活,常以一端连成星形螺旋状的链。藻体长为 $75\sim120\ \mu m$。壳环面近端呈三角形,宽为 $16\sim20\ \mu m$,另一端细长,末端截平。壳面较狭,宽为 $10\ \mu m$,呈长椭圆形,一端大,一端细长。色素体一般分为两片,分布于细胞核附近。近岸广温性种,分布广,数量大。中国沿海均有分布。

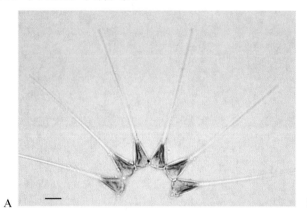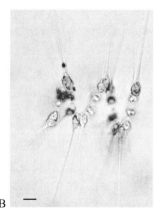

A. 细胞链环面观;B. 细胞链壳面观

图 9-95　冰河拟星杆藻 *Asterionellopsis glacialis*（Castracane）Round

布莱克里亚藻属 *Bleakeleya* Round 1990

本属只有 1 个物种。

标志布莱克里亚藻 *Bleakeleya notata*（Grunow）Round

藻体狭线型,长为 $60\sim100\ \mu m$。壳面观和环面观两端异形。细胞靠壳面扩展的足孔相连,形成平直或扭曲的链状群体(图 9-96)。头孔(head pole)壳面观钝圆,足孔壳面观轻微膨大呈钝圆或尖形,中部被一横向的窄细的中线区(sternum)凸起分隔。

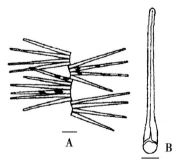

A. 群体环面观;B. 细胞壳面观

图 9-96　标志布莱克里亚藻 *Bleakeleya notata*（Grunow）Round

(引自 Tomas 等,1997;图中比例尺为 $10\ \mu m$)

足孔基部有小的眼纹(areolae)形成放射状的点条(striae)。色素体颗粒状,数量多,分布于整个细胞内。本种为海生近岸偏暖性种。在中国沿海均有分布。

条纹藻属 Striatella Agardh.

本属只有一个物种。

单点条纹藻 Striatella unipunctata (Lyngbye) Agrdh

藻体细胞长为 25～125 μm,宽为 6～20 μm。间插带每 10 μm 有 6～10 个,每个斜点条每 10 μm 有 18～25 个点纹。环面观细胞平板状,角隅处平截,相连成带状或锯齿形链状群体(图 9-97)。有很多开放式全隔片组成的间插带。色素体颗粒状到椭球状,呈放射排列。壳面观细胞披针形,扫描电子显微镜下观察,具有明显的顶孔区(apical pore field),凹陷或被轮缘(rim)所包围,形成了光镜下的角隅平截。两端各有一个唇形突。壳面眼纹形成 3 个自我交叉的线系。中线区窄。海生近岸种,为底栖附着的普通种,在温带海分布更广泛,但常见于亚热带海沿岸浮游生物中。在中国,本种多分布于南海。

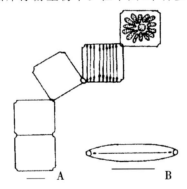

A. 群体环面观;B. 细胞壳面观

图 9-97　单点条纹藻 Striatella unipunctata (Lyngbye) Agrdh

(引自 Tomas 等,1997;图中比例尺为 10 μm)

斑条藻属 Grammatophora Ehrenberg

斑条藻属藻体壳环面长方形,但四角圆形,借胶质块相连成锯齿状或星形的群体。每个细胞有间插带两个。有两个波状弯曲的假隔片,一端固定在间插带,一端游离,游离端呈头状。壳面细线形或椭圆形,有时中部或两端突出。壳中央有很狭的伪(拟)壳缝,但不明显。有端节,无中央结节。壳上有精细的条纹,在浸制标本上不易发现。色素体 1 个或多个。有复大孢子。

波状斑条藻 Grammatophora undulata Ehrenberg

藻体壳环面长方形。两藻体常以壳面一端借胶质块相连成曲折的链。隔片全都呈波状弯曲。壳面椭圆形(图 9-98)。两端与中央略有胀大。细胞壁很厚。长为 40～60

图 9-98　波状斑条藻 Grammatophora undulata Ehrenberg 群体环面观(示隔片)

(引自金德祥等,1965)

μm,宽为 12 μm。本种分布于黄海山东青岛栈桥、东海浙江舟山群岛,福建连江和厦门也有分布,但数量稀少。

楔形藻属 *Licmophora* Agardh

楔形藻属藻体楔形,内有假隔片。群体像扇子形状,借胶质柄附着在高等藻类或其他物体上。海生种,现存种。

短楔形藻 *Licmophora abbreviata* Agardh

藻体环面三角形或扇形,长为 53～124 μm。细胞常借助尖端的胶质柄组成群体。壳面棍棒状,一端大一端小,两端皆呈钝圆形,壳环面楔形,其隅角圆形。间插带弯曲,隔片长占细胞的 1/8～2/3。细胞壁有细横纹。色素体多,呈椭球形。本种为近岸种,营附着生活,但常混入浮游生物群中。分布广,在中国黄海山东青岛近海全年出现,但数量不多;北黄海山东烟台,东海福建平潭、三沙外海、厦门都有分布。平潭和厦门附近海藻上附生数量很多。

A 细胞环面观示间插带;B. 细胞壳面观示拟壳缝(拟壳缝);

C. 细胞环面观示色素体;D. 细胞壳面观示隔片

图 9-99　短楔形藻 *Licmophora abbreviata* Agardh

(引自金德祥等,1965)

梯楔形藻属 *Climacosphenia* Ehrenberg

梯楔形藻属藻体楔形。壳面长椭圆形、箭形或细线形。壳面具有细致的点条纹,无拟壳缝和结节。壳环面楔形。全隔片上具有梯形大孔。色素体多数,呈小颗粒状。本属都为海生种,为化石种或现存种。

念珠梯楔形藻 *Climacosphenia moniligera* Ehrenberg

藻体楔形,一端大,另一端小,长为 165～234 μm。小端具有胶质柄,以柄附着。壳面呈棍棒形,壳面大端宽为 32.5 μm,具有全隔片,隔片上有梯形大孔。壳环面大端宽为 34～39 μm,无拟壳缝和结节(图 9-100)。壁厚,具有明显精细的点条,每 10 μm 有 16～18 条。点条由点纹直线排列组成,垂直于细胞纵轴,每 10 μm 14～16 个点纹。暖水性种,常附生于海藻上,是本属典型的种。在中国东海福建的福安、厦门近海曾采到,但数量少。

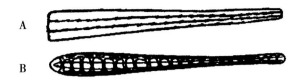

A. 细胞环面观;B. 细胞壳面观(隔片)

图 9-100 念珠梯楔形藻 *Climacosphenia moniligera* Ehrenberg

(引自山路勇,1991)

杆线藻属 *Rhabdonema* Kützing,1844

杆线藻属藻体壳面长椭圆形至细线形,伪壳缝很窄。壳面有微细点纹组成的点条纹。壳环面四边形,间插带多。细胞内有很多伪隔片。伪隔片呈弯弓形或末端加粗成头状。色素体多,呈颗粒状,包围细胞核作星形排列。藻体常相连成带状。群体一端有短柄以附着在其他物体上。本属都为海生近岸种。多数附生生活,但在浮游生物群中也能找到。

亚得里亚海杆线藻 *Rhabdonema adriaticum* Kützing

藻体细胞侧扁,大型,常由壳面相连成长带状群体。壳面细长,两端圆形,并有椭圆形透明区,长为 116 μm,宽为 7 μm,伪壳缝狭(图 9-101)。壳面有肋纹,每 10 μm 有 8～9 条。伪隔片呈弯弓形,有长短两种相间排列。色素体片状,聚集成星形。本种是海生种,沿海性,常附着在藻类或其他基质上,但在浮游生物群中也能找到。常见于暖海和温带海。黄海山东青岛和威海等海区均有分布,较常见于东海的福建厦门、罗源海域。

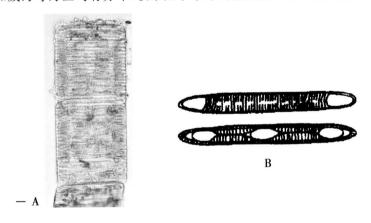

A. 群体环面观;B. 细胞壳面观(隔片)

图 9-101 亚得里亚海杆线藻 *Rhabdonema adriaticum* Kützing

(引自山路勇,1991)

膨杆藻属 *Toxarium* Bailey,1854

膨杆藻属藻体壳面观和环面观都呈针状,在中部和端部略微膨大。没有明显的中线区。眼纹散布于壳面上。无唇形突和顶孔区。本属有两种:亨尼膨杆藻 *Toxarium hennedyanum*(Gregory)Pelletan 和波边膨杆藻 *Toxarium undu-latum* Bailey。在中国都有分布。

波边膨杆藻 *Toxarium undulatum* Bailey

藻体细长,中部比两端略膨大,壳边缘波状,长为 $300\sim600\ \mu m$。在近缘区,每 $10\ \mu m$ 有点条纹 $10\sim18$ 个(图 9-102)。在中国分布于东海台湾海峡和南海。

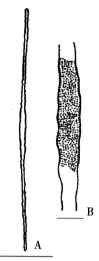

A. 细胞外部形态;B. 细胞壳上的点条纹

图 9-102　波边膨杆藻 *Toxarium undulatum* Bailey

(引自 Tomas 等,1997;图中比例尺为 $10\ \mu m$)

海线藻科 Thaiassionemaceae

海线藻科物种基本上是海生浮游种。单细胞或形成各式群体。细胞针形,通常长,扭曲,有时在中部和端部弯曲、膨大。中线区通常宽,随细胞的长度而改变宽窄。眼纹具内孔(internal foramina)和外膜(external vela)的隔室。眼纹圆形或沿横轴拉长。末端各具一个唇形突。一端或两端都具顶刺(apicalspine),无顶孔区。缘刺(marginal spine)有或无。色素体数量多,个体小,散布于细胞中。本科中国常见两个属。

海线藻属 *Thalassionema* Grunow ex Mereschkowsky,1902

海线藻属细胞环面观长方形,两端同型或异型。壳面观细胞中部从加宽到线型(从纺锤状到针状),或在中部和端部加宽,或一端钝圆另一端尖细。中线区宽。边缘处有一圈垂直于壳缘的眼纹。眼纹圆形,内孔小于外孔。眼纹的外孔被一简单的硅质棒或交叉的硅质棒所交错覆盖。

菱形海线藻 *Thalassionema nitzschioides*(Grunow) Mereschkowsky

藻体细胞以胶质相连成星状或锯齿状的群体,壳环面狭棒状,直或略微弯曲。壳面亦呈棒状,但两端圆钝,同形。长为 $30\sim116\ \mu m$,宽为 $5\sim6\ \mu m$。缘刺非常细小,每 $10\ \mu m$ 有 $8\sim10$ 根。壳上两侧有短条纹(图 9-103)。色素体颗粒状,数量多。在中国近海均有分布。

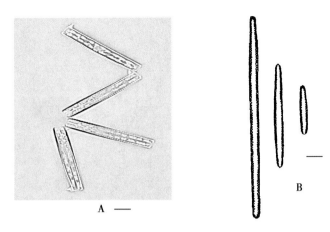

A. 群体环面观；B. 细胞壳面观

图 9-103　菱形海线藻 *Thalassionema nitzschioides*(Grunow) Mereschkowsky

（引自 Tomas 等,1997）

海毛藻属 *Thalassiothrix* Cleve & Grunow,1880

海毛藻属藻体单细胞或呈放射状群体。细胞直或轻微弯曲或 S 状弯曲。细胞通常严重扭曲。细胞两端同型或异型。壳面中部和近缘端或多或少膨大。线区宽,有时在端部变窄。边缘处有一圈垂直于壳缘的眼纹。眼纹外孔加长,在光镜下为短的缘条纹(marginal striae)。内孔小于外孔。外孔有网状的膜覆盖,被平行于壳缘的棒分为两个隔室。缘刺位于壳套边缘处的纵向棍状突起眼纹膜的中部或膜与无孔缘(unperforate margin)交界处。

长海毛藻 *Thalassiothrix longissima* Cleve & Grunow

细胞非常细长,略为弯曲。长为 647～1 000 μm,亦有达 4 000 μm 的,宽为 6～8 μm。单独生活。壳面狭披针形,两端略异形,一端较宽,另一端较狭(图 9-104)。本种是大洋浮游种,分布很广,为常见的世界种。在中国黄海黑潮区和南海都有分布。

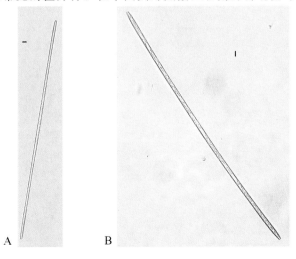

图 9-104　长海毛藻 *Thalassiothrix longissima* Cleve & Grunow 藻体外形

有壳缝硅藻目 Raphidinales

本目物种藻体细胞的壳面具有壳缝或管壳缝。

单壳缝硅藻亚目 Monoraphidineae

本目物种的一个壳面具有壳缝,另一壳只有拟壳缝。一般营固着生活,但也可脱离基质而进入浮游生物群体的。

穹杆藻科 Achnanthaceae

穹杆藻科藻体壳环面为弯曲的膝形。上、下壳形态不同。下壳有一条壳缝和结节。上壳只有一条拟壳缝。壳面箭形或狭长形。

穹杆藻属 Achnanthes Bory,1822

本属只有 1 个物种,进行浮游生活。

绳穹杆藻 *Achnanthes taeniata* Grunow

由多个细胞整个壳面相连成带状群体,细胞环面观略微弯曲,壳缝位于弯曲的内侧。具有 1 个 H 形色素体。壳面观细胞端部钝圆,壳缝直,中线区窄(图 9-105)。细胞长为 10～14 μm,宽为 4～6 μm,横条纹每 10 μm 大约有 25 个。在中国黄海有分布。

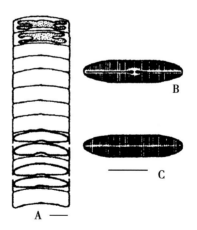

A. 群体环面观;B. 壳面观(壳缝);C. 壳面观(拟壳缝)

图 9-105　绳穹杆藻 *Achnanthes taeniata* Grunow

(引自 Tomas 等,1997;图中比例尺为 10 μm)

卵形藻属 *Cocconeis* Ehrenberg,1837

卵形藻属藻体细胞呈扁椭球形。壳面宽卵形、椭圆形和圆形。上、下壳异形。上壳具有拟壳缝,下壳具有中央结节和壳缝。壳环面在横轴的方向呈弧形或曲膝形。没有间插带和隔片。色素体单个。复大孢子由 1 个细胞或 2 个细胞组成。本属在海中和淡水中均有。营附着生活,但也出现在浮游生物中。

盾形卵形藻 Cocconeisscutellum Ehrenberg

藻体壳面椭圆形。下壳有分格的宽缘。点条纹由中央向四周射出,粗大,被纵列的无纹带隔成小方格,每 10 μm 内只有 4 个。中央有壳缝(图 9-106)。上壳中央区很狭,花纹亦呈方格形,每 10 μm 内有 4~6 个,边缘每小格又分为两格。细胞小,长为 41 μm(45~60 μm),宽为 28 μm。本种为海生潮间带种。本种为底栖种,但在浮游生物群中也常见。广布种,在各海域均常见,黄海山东青岛和东海福建厦门等海区都有发现。

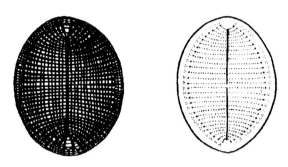

图 9-106　盾形卵形藻 Cocconeisscutellum Ehrenberg

(旨自山路勇,1991)

褐指藻科 Phaeodactylaceae

褐指藻科只有 1 属 1 个物种。

褐指藻属 Phaeodactylum Bohlin,1897

三角褐指藻 Phaeodactylum tricornutum Bohlin

藻体单细胞。通常有三种类型:卵形、纺锤形、三叉形,三叉形较少出现(图 9-107)。卵形细胞常具硅质化壳,能运动,而纺锤形细胞缺乏硅质壳,不能运动。单个色素体。卵形细胞长为 8 μm,宽为 3 μm。纺锤形细胞长为 25~35 μm。中国沿岸海域均有分布。

纺锤形　　　三叉形　　　卵形

图 9-107　三角褐指藻 Phaeodactylum tricornutum Bohlin

(引自 Tomas 等,1997)

双壳缝硅藻亚目 Biraphidineae

本目物种上、下壳都有壳缝,其位置在壳的正中线、边缘或四周。细胞的形状有直箭形、S 形、月形、弓形、橄榄形、楔形以及扭转形等。

舟形藻科 Naviculaceae

本科物种的壳缝在壳的中线上或接近中线。有的壳面直,壳缝也直;有的壳面呈 S 形或月形,壳缝也呈 S 形或月形。有中央结节和端节。壳环面呈长方形。本科是羽纹纲中最大的科。物种和数量均多。

缪氏藻属 *Meuniera* Silva,1996

本属只有 1 个种。

膜状缪氏藻 *Meuniera membranacea* (Cleve)Silva

藻体细胞长为 $50\sim90~\mu m$,高为 $30\sim40~\mu m$。环面观长方形,壳面平或中部稍凹陷。细胞壁硅质化弱。十字节位于中央结节处,明显。每个细胞有 4 个折叠的带状色素体,其中有两个沿着环带的两侧。壳面观窄椭圆形,末端点状,十字节从中央结节扩展至壳边缘(图 9-108)。在中国近海均有分布。

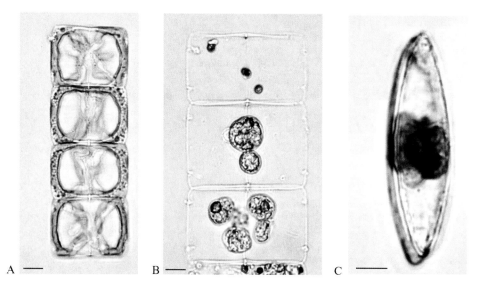

A,B. 细胞链环面观(A.示素色体形态;B. 细胞内产生的小孢子);C. 细胞壳面观
图 9-108　膜状缪氏藻 *Meuniera membranacea* (Cleve)Silva

舟形藻属 Navicula Bory 1822

本属藻体壳面有直的壳缝和中央结节,舟形。细胞 3 个轴都是左右对称。环面观长方形。横条纹线型,与更细的纵条纹交叉。每个细胞有色素体两个,分别位于环带的两侧。本属有近 1000 个物种,其中大部分是淡水生和底栖物种。

直舟形藻 *Navicula dirrcta* (Smith)Ralfs

壳面窄披针形,末端钝。壳缝和中线区不易分辨。点条平行排列,均匀遍布于壳面。每个色素体长度接近于壳面长轴(图 9-109)。在中国近海均有分布。

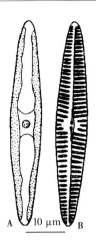

A. 细胞壳面观(示色素体形态) B. 细胞壳面观(示壳缝)

图 9-109 直舟形藻 *Navicula dirrcta*(Smith)Ralfs

(引自 Tomas 等,1997)

双壁藻属 *Diploneis* Efrenberg 1894

本属藻体壳面椭圆形或中部收缩,末端圆形。中央结节明显,常为方形,其四角硅质加厚而延伸到壳缝的两侧,并包住它,名为中央结节角(horn)。中央结节角的两侧有无纹沟(sulci 或称 furrows),其间有的还包围了一列点纹。有些种没有无纹沟,还有具月形(lu-nula)的无纹区。这个无纹区,又被肋纹,有时被点纹所切断。肋纹内有 2 行或 1 行粗点纹,特别在壳缘部比较明显。在有些种的肋纹不明显而只见粗点纹。

蜂腰双壁藻 *Diploneisbombus* Ehrenberg

壳面中部有很深的收缩,分为两个等大的或略有大小之分的两部分。每部分呈椭圆形,末端圆形,中央结节椭圆形到长方形,其四角略呈叉状射出(接近平行),至末端会合。纵列无纹沟有很多条,分肋条为小方块到念珠状的粗点纹。愈近中央点纹距离愈远,靠边缘则愈近。无纹沟到细胞中部被 3 条完整的肋纹所切断,细胞长为 39 μm(39～130 μm),宽为 13 μm,每 10 μm 有肋条 6～8 条(5～8 条)。本种为常见的底栖种,偶尔可发现于浮游生物群中。在中国,本种发现于渤海和东海。

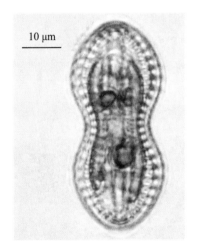

图 9-109 蜂腰双壁藻
Diploneisbombus Ehrenberg

花舟藻属 *Anomoeoneis* Pfitzer 1871

本属壳面长箭形到菱形。中线区狭。中央区向两侧扩大。左右有时不对称。点条横列。有纵线或弯曲纵线把点条切断。本属大多数是淡水和半咸水种类。

婆海密花舟藻 *Anomoeoneis bohemica* (Ehrenberg) Pfitzer

壳面长椭圆形,两端圆形。长为 162 μm,宽为 46 μm。点条纹呈射出状,到两端接近垂直,每 10 μm 有 8~9 条。点条上的花纹非点形而呈短条形。壳缝两侧的无纹区狭小。离壳缝不远处有一条明显的凹沟,和壳缝完全平行,成为壳面 3 条明显的纵线。中央结节小,椭圆形,两侧的无纹区大,呈两个圆形(图 9-111)。本种为底栖且能混入上层海水浮游生物中的稀有种类,发现于东海。

粗纹藻属 *Trachyneis* Cleve 1894

本属壳面长椭圆形、箭形或菱形。中线区线形或箭形,常不对称。中央区常为对称的向两侧扩大的扇形。壳有三层构造:内层粗点状;外层细点状;中央层为网状,由长方形或菱形孔纹组成。本属为底栖种类,可混入浮游生物群内。

粗纹藻 *Trachyneisaspera* (Ehrenberg) Cleve

壳面长椭圆形,向两端逐渐缩小,末端近圆形。长为 94 μm(68~200 μm),宽为 17 μm。也有细胞较小(长为 58 μm,宽为 16 μm)。点条纹射出状排列,外层极细,不易看到,中层网状,内层为粗点纹,是最容易看到的,每 10 μm 有 11 行。点纹粗大明显,呈椭圆形。壳缝略有弯曲。中线无纹区一侧较狭,而另一侧较宽,呈箭形,在壳面前部和后部中央略有扩大。中央结节近圆形,中央孔明显(图 9-112)。中央无纹区向两侧伸展,呈扇形,两侧直。端节圆形。壳环面近长方形,两端成钝角,中央凹入。本种为世界性海生底栖种类,但可混入浮游生物群。中国沿海均有分布。

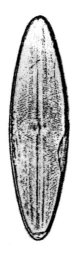

图 9-111 婆海密花舟藻 *Anomoeoneis bohemica* (Ehrenberg) Pfitzer

(引自金德祥等,1965)

图 9-112 粗纹藻 *Trachyneisaspera* (Ehrenberg) Cleve

(引自金德祥等,1965)

布纹藻属 *Gyrosigma* Hassau 1845

本属细胞狭而扁。壳面 S 形。壳缝线在壳面的中线上,也呈 S 形。壳纹纵横排列。

每个细胞有两个色素体。海生及淡水产,化石种或现存种。

波罗的海布纹藻 *Gyrosigma balticum* (Ehrenberg) Cleve

藻体直长形,长为 460 μm,末端钝圆形。壳面长箭形。两端呈 S 形弯曲,壳缝亦随之呈 S 形。点条纹由纵横两种明显的点条组成,互相交叉成直角,每 10 μm 有 10～15 个。中心区小,斜列(图 9-113)。本种海生,但也出现在半咸水中。分布广,在中国沿海均有分布。

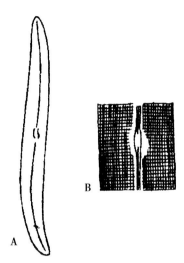

A. 细胞壳面观;B. 细胞壳面观(壳缝中央结节)

图 9-113　波罗的海布纹藻 *Gyrosigma balticum* (Ehrenberg) Cleve

(引自山路勇,1991)

曲舟藻属 *Pleurosigma* Smith 1852

本属壳面线形或箭形,但总体呈 S 形。壳缝也呈 S 形,在中线上或偏在一侧。点条纹斜列和横列。中央结节常小而圆。壳环面狭,有时呈弓形或扭转或中部收缩。色素体两个,带状。是半咸水或海生种类,淡水种极少。化石种或现存种。

相似曲舟藻 *Pleurosigma affine* Grunow

壳面宽箭形,略呈 S 形。中央向两端很急的转尖。壳缝也呈 S 形,在壳面中央。壳面横纹较斜纹明显,在中央部斜点条呈弯曲状。斜点条每 10 μm 有 15～16 个,到末端更多。横列每 10 μm 有 13～14 个。斜纹交叉成 70°。中央结节区向两侧扩大(图 9-114)。壳面长为 266 μm,宽为 62 μm。海生种。在中国黄海山东青岛、东海福建厦门海区都有记录。

茧形藻属 *Amphiprora* (Enrenberg) Cleve

本属藻体单独生活或成链状。壳面有 S 形的船骨突起。壳缝线侧没有无纹区,近中央结节处也没有无纹区或极小。中央结节小,有端节。壳缝线 S 形。壳环带有纵折。每个细胞只有 1 个色素体。大部分海生或半咸水生,淡水中极少。

翼茧形藻 *Amphiprora alata* **Kützing**

藻体单个生活。壳环面呈双凹的椭圆形。长为 60～160 μm,宽为 36～60 μm。中央凹缢处宽度为 26～38 μm。壳面棱形。两端渐大,至顶端圆钝。船骨突呈 S 形,具有较长的船骨点,每 10 μm 有船骨点 3 个。条纹细小,每 10 μm 有 14～16 条。间插带多数。色素体大,1 个,呈板状(图 9-115)。本种为海生或生活在半咸水中,分布广。在中国沿海多有分布。

图 9-114　相似曲舟藻
Pleurosigma affine Grunow
(引自金德祥等,1965)

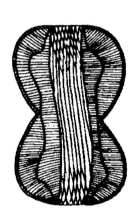

图 9-115　翼茧形藻
Amphiprora alata Kützing
(引自山路勇,1991)

月形藻属 *Amphora* Ehrenberg 1844

本属壳面纵轴两侧不对称。较大的一侧作弧形凸起,为背面。较小的一侧常作直线,其中部常弓起,为腹面。壳面的形状为半箭形、弓形或肾形。两壳缝线在腹面,其间为狭的间插带,有时没有花纹。相反的一面为宽的间插带,有呈纵条排列的点条纹,或者没有。中央结节有时扩大为侧节。海水、半咸水、淡水均有,是化石或现存底栖种类。偶尔混入到海洋浮游生物群中。

牡蛎月形藻 *Amphora ostyearia* **Brébisson**

本种通常看到的是长卵形的壳环面。末端平,两边直。长为 132 μm,间插带为许多有横纹的纵条,每 10 μm 内有 12～13 个横条(最少记录为 10 条)。壳面弓形(图 9-116)。背面弧形凸起,腹面较平,但中部鼓起。末端近圆形。壳缝也弯成弓形。中央结节向两侧扩大为侧节。本种在东海福建厦门有记录。

龙骨藻属 *Tropidoneis* Cleve 1891

本属细胞形似舟形藻。壳面有直列的船骨突一条,在中线上或稍离中线,非 S 形。突上有壳缝线。中央孔在中线上,有两个,很接近。无中轴无纹区。中央无纹区小或没有。点条纹平行横列。壳环带简单。海生及半咸水生,现存种。

大龙骨藻 *Tropidoneis maxima* (Gregory) Cleve

藻体舟形,两端尖。在一个壳面中线上有弧形船骨突,另一壳无船骨突。中央无纹区小,横列。中央结节处无突起。壳长为 165 μm,宽为 35 μm(图 9-117)。本种海生。在中国,发现于南海琼东海域。

图 9-116　牡蛎月形藻
Amphora ostyearia *Brébisson*
(引自金德祥等,1965)

图 9-117　大龙骨藻 *Tropidoneis*
maxima (Gregory) Cleve

菱形硅藻亚目 Nitzschioideae

棍形藻科 Bacillariaceae

本科通常由多个细胞连成链状,很少单细胞。细胞环面观长方形或纺锤形。整个壳面存在加长的趋势。壳缝下具有硅质交联的管壳缝(canal raphe)。

管壳缝通常位于壳缘而偏离中部。色素体通常 2 个,每个向相对的细胞一端延伸。很少具休眠孢子。

棍形藻属 *Bacillaria* Gmelin,1791

管壳缝位于细胞中部。

派格棍形藻 *Bacillaria paxillifera* (Müller) Hendey〔*Nitgshia paradoxa* (Grnelin) Grunow〕

藻体细胞长为 70~115 μm,宽为 5~6 μm,每 10 μm 有横纹(fibulae)7~9 个和点条 20~21 个。环面观细胞长方形,链状,细胞壳和壳之间可以滑动,所以细胞链成列状。壳面观线型,末端拉长。壳缝略微龙骨状,从一端连接至另一端。横纹明显,壳面具横向平行的点条(图 9-118)。在中国近海均有分布。

柱鞘藻属 *Cylindrotheca* Rabenhorst,1859

本属管壳缝不位于细胞中部。藻体单细胞。硅质壁螺旋扭曲,壳面轻度硅质化。

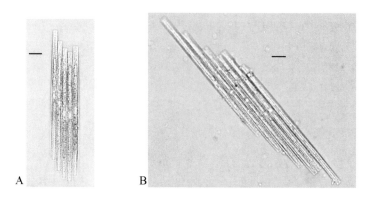

图 9-118　派格棍形藻 *Bacillaria paxillifera*(Müller)Hendey 全体外形

新月柱鞘藻 *Cylindrotheca closterium*(Ehrenberg)Lewin ＆ Reimann〔*Nitgschia closle-nium*(Ehrenberg)W. Smith〕

藻体细胞长为 20～180 μm,宽为 1.5～8 μm。每 10 μm 有横纹 12～25 个。细胞中央部分呈纺锤形,不扭曲,两侧细长,沿纵轴轻微扭曲或不扭曲,常朝同一方向弯成弓形。壳面轻微硅质化,基本上无孔,横向有或多或少的硅质加厚。壳缝上具一系列横向的肋,这些肋直接与壳面相连。壳缘的一边产生锯齿形裂缝(fissure)。裂缝在中部中断(图 9-119)。细胞内含 2 个大型色素体。在中国近海均有分布。

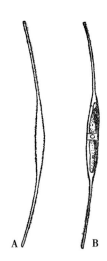

A. 细胞环面观(色素体);B. 细胞壳面观(色素体)

图 9-119　新月柱鞘藻 *Cylindrotheca closterium*(Ehrenberg)Lewin ＆ Reimann

(A 引自 Hustedt 1930;B 引自 Gran,1908)

伪菱形藻属 *Pseudonitzschia* Peragallo,1900

本属管壳缝不位于细胞中部。细胞显著加长,环面观长方形或纺锤形。链状群体,群体靠两相邻细胞末端重叠相连。链状群体可以运动,壳缝不凸出于壳面。壳面的点条相对多于横条纹。大多数细胞中部有个大的间隙(interspace)。壳面稍微弯曲或膨大,不呈波浪状。壳面窄披针形或纺锤形,末端尖细。有些物种壳面长轴两端异型。色素体两个,沿环带分布,分别位于中部横切面的两侧。

尖刺伪菱形藻 *Pseudonitzschia pungens* (Grunow *ex* Cleve) Hasle

环面观细胞纺锤形,高 8 μm。横条纹和间点条之间区别明显。细胞间重叠等于或超过细胞长度的 1/3。壳面观大细胞线形,末端尖细;而小细胞则呈纺锤形(图 9-120)。硅质化强,水封片看不出点条纹。在中国近海均有分布。

菱形藻属 *Nitzschia* Hassall,1845

本属藻体细胞梭形,断面菱形。单独生活或成群体。壳缘有管壳缝。无中节。色素体一般两个,极少多个。有性生殖,可产生复大孢子。海生及淡水生,化石种或现存种。种类很多。

长菱形藻 *Nitzschia longissima* (Brébisson) Ralfs

藻体单独生活。壳面中央膨大,两端细长,直伸。细胞长为 415 μm,宽为 4～13 μm。船(龙)骨点每 10 μm 有 6～12 个,点条纹每 10 μm 有 16 条(图 9-121)。色素体两个,分布于细胞中央部分。本种为潮间带种类,但也常见于浮游生物群中。在中国黄海山东青岛海域数量虽不多,但几乎全年出现;东海台湾海峡、福建沿海各海区常见;南海广东北部湾全年都有分布。

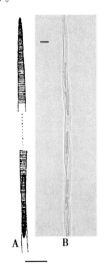

A. 细胞壳面观;B. 细胞环面观

图 9-120 尖刺伪菱形藻 *Pseudonitzschia pungens*

(Grunow *ex* Cleve) Hasle

(引自 Tomas 等,1997;图中比例尺为 10 μm)

图 9-121 长菱形藻 *Nitzschia longissima*

(Brébisson) Ralfs

(引自 Tomas 等,1997;图中比例尺为 10 μm)

双菱硅藻亚目 Surirelloideae

双菱藻科 Surirellaceae

本科物种单独生活。壳面卵圆形，一般左右对称，也有不甚对称的类群。藻体扁平或扭转。每壳在壳缘翼状船骨突上有管壳缝一条，由壳的一端绕壳缘经过另一端而再回到原初的一端。因此，每壳虽然只有一条管壳缝，但在壳的两侧都有。所以在断面上呈双菱形。壳面中线上有拟壳缝。壳面常有明显的肋纹。

底栖种类，但常常混入浮游生物群。海水、淡水均有分布。

双菱藻属 Surirella Turpin,1828

本属壳环面细长或楔形。壳面细长，椭圆形、卵圆形，有时中部收缩。肋纹由中线射出，或长或短。肋内有点条纹。中央区线形或箭形，构造常不明显。壳缘多少突起，有波状翼的船骨突。其最边缘为管壳缝，不易见。色素体片状，两个，在近壳面，淀粉核数量多。有的种已发现具有休眠孢子。

芽形双菱藻 Surirella gemma Ehrenberg

壳面椭圆形，形似一张宽叶片，一端较尖，另一端较钝。钝端的中央可见两个三角形的翼突。壳长为 154 μm（70～154 μm），宽为 77 μm。肋纹狭长，相距很远，到达中央拟壳缝的位置。每 10 μm 有肋纹 2～3 条，左右肋纹不对称，肋纹间距亦不一样，肋纹亦由中线略向四周射出。肋纹间有极细的点条纹，每 10 μm 有 14～16 点，亦有 20～21 点。壳面一般左右不对称，但亦有对称的，壳环面楔形（图 9-122）。本种为潮间带底栖种，但常漂入浮游生物群中。海生，但也可生活在半咸水中。在中国东海浙江舟山群岛以及福建沿海、黄海山东青岛海域都有记录。

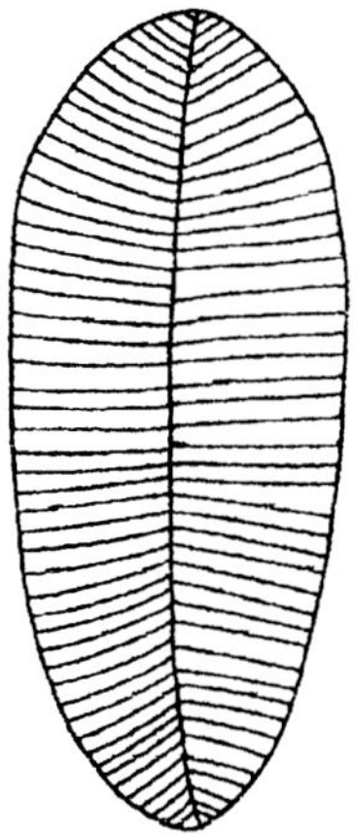

图 9-122　芽形双菱藻
Surirella gemma Ehrenberg
（引自金德祥等，1965）

马鞍藻属 Campylodiscus Ehrenberg,1844

本属藻体单个生活。形状如圆盘而弯转成马鞍形。壳环轴直，而纵轴呈弯转状。壳面中央有明显的拟壳缝。肋条短，且明显。色素体两个。本属为底栖种，但常出现在浮游生物群中。

双角马鞍藻 Campylodiscus biangulatus Greville

壳环面弯弓形，向内弯的一侧有 5 个缺刻。以中心为准，两边大小对称。厚为 19.8 μm。壳环带边缘花纹粗大，每 10 μm 有 3 个。壳面马鞍形，长及宽 171.6 μm，肋条每 10 μm 有 6 条。中央无纹条直而细。肋条分成两种，中央肋条平行排列，边缘弧形射出（图 9-123）。本种分布于中国南海海南岛琼东海域，数量较多。

图 9-123　双角马鞍藻 *Campylodiscus biangulatus* Greville
（引自金德祥等,1965）

折盘藻属 *Tryblioptychus* Hendey,1958

本属藻体单独生活,壳面椭圆形,缘有孔纹。壳面花纹成块,粗点纹成条,射出状,不是很规则地排列。

卵形拆盘藻 *Tryblioptychus cocconeiformis* (Cleve) Hendey

壳面宽椭圆形或近圆形。长为 19～42 μm,宽为 16～36 μm。缘带有长方形孔纹,每 10 μm 有 7～8 条;缘宽为 2～2 μm。壳面左右花纹均分成小块,每侧有 8～12 块,略成波状起伏(图 9-124)。每块有 3～4 行粗孔纹,每 10 μm 内有 10～11 个。本种为海生底栖种,但常混入浮游生物中。分布于中国东海福建平谭、厦门和东山等海域。

足囊藻属 *Podocystis* Kützing

藻体本属壳面、壳环面均为楔形,有柄附着。有粗点条排成横肋状并具有明显的拟壳缝。壳缘有翼状突。海生现群主,只有两种。在中国有 1 种。

佛焰足囊藻 *Podocystis spathulata* (Shadbolt) van Heurck

壳面呈不对称椭圆形。长为 82.5～112 μm,宽为 62.7～104 μm。上端较宽,下端较狭。中央有明显的拟壳缝,壳缘有翼状突,突内有管壳缝。有粗点条花纹。粗点条间没有肋纹。由宽部中央略呈射出状排列,到下端附近,接近横列(图 9-125)。粗点条每 10 μm 有 6 条,条内每 10 μm 有 7 点。本种发现于中国南海海南岛琼东海域。

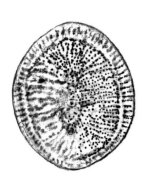

图 9-124　卵形拆盘藻

Tryblioptychus cocconeiformis (Cleve) Hendey

（引自金德祥等,1965）

图 9-125　佛焰足囊藻

Podocystis spathulata (Shadbolt) van Heurck

（引自金德祥等,1965）

第十章 褐藻门 Phaeophyta

第一节 一般特征

褐藻门的物种呈褐绿色、棕褐色或褐色,这是由于色素体内除含有叶绿素类、胡萝卜素类外,还含有大量叶黄素类的缘故。光合作用的主要产物为褐藻淀粉(laminaran)及甘露醇(mannitol)等。

褐藻门物种都是多细胞体,没有单细胞体或群体结构的物种;藻体体形都较大型,最大的藻体可长达 100 m 以上(如巨藻 *Macrocystis* sp.);大多数属都具有性生殖,为同配、异配和卵式配合等方式,无性生殖是则主要孢子生殖;无论是配子还是孢子其外形都是梨形或梭形,并侧生两根不等长的鞭毛,其中 1 根为茸鞭型(Tinsel type)鞭毛;大多数属的生活史中都有世代交替,(同型世代交替或异型世代交替)。

褐藻门内几乎所有的物种都是在海水中生活的,仅有 8 种为淡水性种(朱浩然,1962),在中国,由藻类学家饶钦止于 1941 年、1943 年分别在四川等地发现两种:石皮藻 *Lithoderma zonata* Jao 和河生黑顶藻 *Sphacelaria fluviofilis* Jao;海生的物种几乎都营固着定生生活,只有极个别的物种是营漂浮生活的,如马尾藻海内的漂浮马尾藻 *Sargassum malans*,原本也是在近岸、浅海中固着生活,由于藻体折断,被大西洋环流传送汇聚在一起而改营漂浮生活。

褐藻门包含的物种大约有 240 属 1 500 种(Fott,1971;郑伯林、王筱庆,1961);G. M. Smith(1955)报道为 195 属 1 000 个种。

目前,据《中国海洋生物名录》(2008)记载,在中国海域已有记录的褐藻为 58 属 260 种(包括变种)。

一、外部形态特征

褐藻门物种的体形相对较大,都有比较明显的外部形态,由于本门的物种几乎都是营定生生活的,所以每个种都有"固着器"的分化。最简单的藻体外形为分枝丝状体,有多细胞组成的叶片状、盘状和囊状体;最复杂的藻体外形有"茎"、"叶"分化,并生有气囊,成熟的藻体还能分化出产生生殖细胞的"生殖托"。藻体依靠固着器固着于基质而定生生活,最简单的固着器由藻体基部的一个或几个细胞组成,呈小盘状或由多细胞丝体横卧在基质上,或整个藻体紧贴在基质上;最复杂的固着器是由多细胞组成的有多分枝的假根。

褐藻门物种的藻体形态虽然多样化,藻体结构大致可以分为以下三种类型:

（一）异丝体（Heterotrichous filament）类型

藻体由直立枝和匍匐枝两部分组成，多出现在较低等的物种中，如水云属 *Ectocarpus* 内物种的藻体结构。

（二）假膜体（Pseudoparenchyma）类型

藻体横切面观，其结构好象由许多薄壁细胞组成，而实际上是由丝状体紧密集合而成。藻体纵切面观，其中有的物种似由一中轴分枝而组成的假膜体，称为单轴假膜体，如酸藻属 *Desmarestia*；有些物种则似由多轴分枝而组成的假膜体，称为多轴假膜体，如粘膜藻属 *Leathesia*。

（三）膜（叶）状体（Parenchyma）类型

细胞向多方向生长，藻体结构具有长、宽及厚度的外形。简单的藻体由数层细胞构成，复杂的藻体结构，其最外层细胞分化成为皮层，细胞内具有色素体，内部的细胞生长成丝状、无色素体，并联合成髓部，如网管藻目 Dictyosiphonales、墨角藻目 Fucales、海带目 Laminariales 的物种，高度分化的髓部丝体有能成为类似维管植物筛管那样的构造，并且也有输导营养物质的功能，如海带目 Laminariales 内的物种的藻体结构。

二、细胞学特征

（一）细胞壁

褐藻物种的细胞均具有细胞壁。其内层为纤维素，外层为藻胶质。藻胶质含有几种不同的藻胶，存在最广泛的为褐藻胶（algin），其次是褐藻糖胶（岩藻多糖，fucoidin），在海带属 *Laminaria*、墨角藻属 *Fucula* 中的含量较多。有些种类的细胞膜含有胼胝质，而海带属的"筛管"存有胼胝体。团扇藻属 *Padina* 的细胞壁有钙质化的现象，在黑顶藻目 Sphacelariales 和团扇藻属 *Padina* 中还曾发现有铁元素的沉积。

（二）细胞核

褐藻的细胞核有一层核膜；一个较大的、易被染色的核仁（有些种类有两个核仁），核仁在有丝分裂的时候比较明显；有染色质网状体组织；细胞核的分裂是有丝分裂。褐藻的细胞核一般比其他藻类的细胞核大的多，如黑顶藻目的顶端细胞，最易观察到大型的细胞核。细胞一般都是单核。

（三）液泡

褐藻细胞的原生质体内一般都有许多小液泡，如黑顶藻目；少数物种的细胞内具有较大的液泡，如网地藻属 *Dictyota*。这些液泡可以用中性红或亮甲基蓝来做活体染色，呈中性或碱性反应。液泡内 pH 最低的是酸藻属 *Desmaretia*，呈强酸性，pH 为 2，不同物种的液泡有呈中性、碱性或弱酸性，黑顶藻目、海带目的液泡就带有弱酸性。

（四）色素体及色素

褐藻的色素体多数为粒状、侧生。也有少数物种的色素体呈轴生星状、螺旋带状、分枝带状或板状。有些物种的色素体随着光照强度和方向可以改变本身的位置，如在光照强度不太强时，色素体靠近外壁；强光时，则移到内侧。也有些物种的色素体能够随着生活环境的改变而改变它的位置，如网地藻目在高浓度溶液中，色素体移到表面；在低浓度溶液内，则移到侧壁。褐藻色素体含有主要的色素成分有叶绿素 a、叶绿素 c、叶黄素、β-胡萝卜素、墨角藻黄素（fucoxanthin）、紫黄素（violaxanthin）、新黄素（xeoxanthin）]等。由于不同物种所含的各种色素的比例不同，藻体的颜色变化较大，从橄榄绿色到深褐色不等。如网地藻属、海带属、间囊藻属和幅叶藻属中类胡萝卜素的含量都比较丰富，而墨角藻属中的含量却较少。

（五）淀粉核（蛋白核）

在水云目等低级的褐藻类型中，有类似淀粉核（蛋白核）的小球体，但在高级的类型中尚未发现。淀粉核的位置和绿藻不同，它不埋于色素体内，多数为梨形，也有圆球形的，有的以一小柄或窄的一端连接于色素体的表面，有的以原生质丝与色素体相连。

（六）储藏物质

褐藻的储藏物质主要是可溶性的碳水化合物，储藏在液泡、细胞质或者整个原生质体内。此外，还有褐藻淀粉。褐藻淀粉是白色、无味、粉状体，溶于水，遇碘不变色，与裴林试液作用呈红色反应。褐藻淀粉在褐藻中的含量可达到藻体干重的 7%～35%，但也随种类不同而异。海带属 *Laminaria* 的含量最多；囊叶藻属 *Ascophyllum* 的含量较少；而在鞭状索藻 *Chordaria flagelliformis*、绳藻 *Chorda filum*、海树藻（长角角藻）*Halidrys silipuosa* 中没有发现褐藻淀粉。甘露醇和油也是褐藻中普遍存在的储藏物质，它们的含量因种类和生长环境的不同而有所差异。

（七）其他物质

褐藻的特点之一就是细胞内具有褐藻聚糖囊（fucusan-vesicles）。它是一种反光强，无色的囊状物。囊多位于分生细胞、光合细胞和生殖细胞等的细胞核周围，囊的直径在 4 μm 左右，内含液体呈酸性反应，新鲜材料遇中性红变紫红色，遇 Cresyl 蓝则变美蓝色。它的来源不明，有说起源于液泡，有说起源于线粒体，也有说它是一种病态的表现。褐藻聚糖囊能进行分割和融合，随着形状的改变而具有改变位置的趋向，移动的速度快慢不一，这可能和细胞质的流动或其他物理原因有关。褐藻聚糖囊很多地方表现出有单宁性质，因此有人推测它是代谢的产物。

此外，褐藻中还含有多种微量元素（如碘、铁、钙等）和维生素。富含碘是褐藻的主要成分特征之一，碘元素含量可达藻体干重的 0.3%～0.5%。

三、繁殖和生活史

（一）繁殖

褐藻的繁殖方式包括无性生殖和有性生殖两种方式。

1. 无性生殖

主要包括营养生殖和孢子生殖两种类型。

（1）营养生殖：一种是在幼期或成熟藻体上可以通过断折进行繁殖。通常固着生长在岩石上，垂直割裂成几部分，而每一部分仍固着在基质上，再长出新枝，于是一个个体变成了一丛藻体。另一种营养生殖是在藻体上形成繁殖枝（propagule）。如黑顶藻属的藻体上能形成有繁殖作用的二叉或三叉分枝，这些小枝脱落后附着基质上，长成新的个体。此外藻体也可以断折，与母体分离，漂浮水中再生长成新藻体，如马尾藻海中的漂浮马尾藻 *Sargassum natans*（L.）Gaillon，这也是漂浮马尾藻唯一的繁殖方式。

（2）孢子生殖：褐藻除圆子纲 Cyclosporeae 以外的物种，都能产生裸露的游孢子或不动孢子进行繁殖。游孢子梨形，具两根鞭毛，侧生不等长，用特殊的染色方法在电子显微镜下观察，前面长的一条为茸鞭型鞭毛，有两列纤毛（鞭丝，Mastigonemes），后面短的一条是鞭状、无纤毛。游孢子内有 1 个细胞核、色素体及 1 个眼点（图 10-1）。

不同性质的孢子分别由单室孢子囊（unilocular sporangium）和多室孢子囊（plurilocular sporangium）产生（图 10-1）。单室孢子囊由一个细胞发源而成，发生之初是由单核细胞膨大后，细胞核分裂成 4、8、16、32、64 或 128 个子细胞核，然后细胞质分割成单核的许多原生质体，许多单核的原生质体之间并没有细胞壁将它们互相分开，最后每个单核的原生质体经过发育形成一个具有双鞭毛的游孢子，或是发育成为没有鞭毛的不动孢子，随着孢子囊壁的破裂，而使其孢子释出。单室孢子囊内细胞核的第一次分裂为减数分裂，因此产生单室孢子囊的藻体必然是二倍体的孢子体，这种（游）孢子萌发必然成为配子体。多室孢子囊的发育同样是由孢子体的一个细胞开始，先是横分裂后纵分裂，产生隔壁，形成许多小室，即由许多细胞构成，每一个细胞产生 1、2 个游孢子，但细胞分裂时不经过减数分裂。孢子成熟后，孢子囊壁溶解，游孢子逸出。因此它们萌发成为二倍体的孢子体。单室孢子囊孢子的放散是通过囊壁顶端的小孔逸出。多室孢子囊游孢子的放散，首先是细胞隔壁溶解，然后通过顶端或侧面的小孔逸出。但马鞭藻目 Cutleriales 及黑顶藻属则是每一小室开一孔，游孢子同时全面逸出。

有些褐藻如网地藻属以不动孢子进行有性繁殖。这种孢子没有细胞壁，没有鞭毛，因此不能自由的游动，其发生过程与单室孢子囊相同，但每一个孢子囊，通常只产生 4 个单倍体的孢子。

2. 有性生殖

褐藻的有性生殖有三种不同类型：同配生殖，似配生殖和卵式生殖。

（1）同配生殖是原始的类型，雌、雄配子从外形、大小上很难区别。水云目、黑顶藻目和网管藻目 Dictyosiphonales 的绝大多数物种为同配生殖。雌雄同体或异体，两个配子接合成合子,合子立即萌发新的藻体。一般不接合的配子不久便分解死亡,但也有可能进行单性生殖产生新的配子体。

(2)似配生殖的雌、雄配子外形上可以区别出来,雄配子个体很小,雌配子较大。雄配子通常有一个色素体,雌配子体却有多个色素体。马鞭藻目中的物种在雌配子没有接合的机会时,一般可以进行单性生殖。

(3)卵式生殖是最高级的类型,雌、雄配子形状大小都不同,明显分为卵和精子。精子小,有两条侧生鞭毛,一根向前一根向后,除了圆子纲 Cyclosporeae 的物种外都是前长后短;但网地藻目的物种只有一根在前端的鞭毛。精子都能游动,卵体积较大,不具鞭毛。酸藻目、海带目、网地藻目的物种一般为雌雄异体。此外,网地藻目没有受精的卵可发生孤式生殖。

(二)生活史

世代交替是褐藻生活史的一个主要特征。褐藻的生活史归纳起来有三类:

双元同形:生活史中既有双相的孢子体(藻体),又有单相的配子体(藻体),而且这两种藻体在外形上是相似的。如在水云属 Ectocarpus 的生活史中,在藻体营养期是无法从外形上区分出孢子体和配子体的。

双元异形:生活史中既有双相的孢子体(藻体),也有单相的配子体(藻体),但这两种藻体在外形上是绝然不同的。海带属 Laminaria 的生活史中孢子体未具有"根"、"茎"、"叶"分化的大型藻体,而配子体是单细胞或多细胞丝状体,是只有在显微镜下才能看清的是小型藻体。

单元双相式:如马尾藻属 Sargassum 生活史中只有一种双相的孢子体(藻体),没有单相的配子体(藻体),单相期仅在生殖细胞时期(精子、卵)出现,如墨角藻目 Fucales 内物种的生活史。

通常认为同形世代交替在系统发生上是较古老的,在系统发生上比较年幼的类型是它们单相的配子体藻体渐渐退化,直到只有单相的有性细胞阶段,在整个生活史中藻体仅有 2 倍体阶段,如墨角藻目 Fucales 的藻体只有一种属双相的孢子体世代。

四、生态分布及意义

褐藻中仅有 Heribaudiella、Pleurocladia、Bodenella 及一种黑顶藻(Sphacelaria sp.)生于淡水,其他全部为海生种类。但也有不少种类生长于半咸水,有的还是盐泽植物群的主要成份。在寒冷海洋生长的种类较多而且个体较大,如海带目的巨藻,长可达 100 m;也有不少的物种习惯生于温带及热带海洋,如网地藻属 Dictyota、马尾藻属 Sargassum。褐藻的多数物种固着于岩石上生长,有些种附生于其他动、植物的体表、内部或者在海水中漂浮生长。固着生长的物种大多生长在低潮带和低潮线以下,如海带目 Laminariales 的种类;但也有生长在中潮至高潮带的,如鹿角菜属 Pelvetia、黑顶藻属 Sphacelaria、粘膜藻属 Leathesia。褐藻多数为潮下带分布,有的为潮间带分布。一些褐藻类能够在弱光低温下进行光合作用,这对于它们能生长在南北极海域是很重要的。

中国自古以来就有利用褐藻的传统。有的可供食用,如海带,鹿角菜,是人们最喜爱的食品;可利用褐藻提取藻胶质,如马尾藻类的褐藻胶可作纺织业中的浆料,医药上作弹性印膜,食品工业上作稳定剂;不少褐藻可以提取甘露醇、碘、氯化钾等药物及化学品。褐藻在医药领域有很大的利用价值,2009 年出版的《中华海洋本草》记载有 45 种褐藻已成为药物的基原。我国沿海居民很久以来就利用马尾藻等褐藻作为肥料、饲料,这对农业生产也有一定的意义。近年来,随着海水养殖业的发展,褐藻刚成为人工养鲍 *Haliotis* 的饲料。随着国民经济的发展,工、农业需求的日益增强,褐藻资源必然会进一步被开发利用。

第二节　分类及代表种类

褐藻的分类是采用 1933 年希林(Kylin)所建议的,根据褐藻繁殖和生活史的不同特点分为 3 纲。《中国海洋生物名录》(2008)在褐藻门下仅分一个褐藻纲 Phaeophyceae;《中国黄海海藻》(2008)在褐藻门下直接分目,未列出纲这一分类阶元。

采用希林(Kylin)的建议是根据门内物种的繁殖和生活史的不同特点可分三大类群,它们之间在分类学上有着明显的区分,作为纲这一分类阶元的界定是合理的。

分纲检索表

1. 具有无性繁殖 ………………………………………………………………………… 2
1. 没有无性繁殖 ………………………………………………………… 圆子纲 Cyclosporeae
　2. 无性繁殖产生游孢子 ……………………………………………… 褐子纲 Phaeosporeae
　2. 无性繁殖产生不动孢子 ………………………………………… 不动孢子纲 Aplanosporeae

褐子纲 Phaeosporeae

本纲是褐藻门里主要的类群。藻体形态、构造、生长、繁殖及生活史等都是多样化的。

藻体一般为简单的异丝体,如水云科 Ectocarpaceae 的种类;假膜体,有单轴假膜体如 *Spermatochnus* 和多轴假膜体如粘膜藻属 *Lethesia*;膜状体,如点叶藻属 *Punctaria*、萱藻属 *Scytosiphon*、海带属 *Laminaria*。许多物种的藻体上生长无色、多细胞的毛丝体。毛丝体一般与毛基分生细胞相连,它们生于丝状体分支的顶端或者在藻体上分散生长或集生成束,也有的埋藏在藻体内。有的毛基部具鞘,有的毛丝体细胞含有色素体。

生长方式通常为居间生长、顶端生长或毛基生长。

无性繁殖产生游孢子,有性繁殖为同配生殖,似配生殖及卵配生殖。游孢子和雄配子都为梨形,鞭毛两根不等长,侧生,长的在前,短的在后。

在生活史中,孢子体与配子体都存在,不同种类的配子体大于、小于或等于孢子体。

本纲物种根据藻体的形态、构造、繁殖和生活史分为 9 目。其中,在中国海域内未发现线翼藻目 Tilopteridales 和马鞭藻目 Cutleriales 的物种。

分目检索表

1. 藻体为膜状体或假膜体 ………………………………………………………………… 3
1. 藻体为丝状体或异丝体 ………………………………………………………………… 2
　2. 藻体为单列细胞组成的异丝体 ……………………………………… 水云目 Ectocarpales

水云目 Ectocarpales

藻体为单轴或多轴型丝状体、异丝体或丝体侧面接合成假膜体。丝状体主轴的分枝顶端延伸成无色毛。生长方式为毛基生长或居间生长(diffuse)。

细胞具有 1 个或几个片状、星形、带形或盘形色素体,其上有蛋白核。

孢子体生有单室孢子囊,或同时生有单室孢子囊和多室孢子囊。单室孢子囊顶生或间生,多单生,产生的孢子发育成新的单倍体的配子体;多室孢子囊与配子囊形状相同,生长方式也一样,但产生的孢子发育成新的二倍体孢子体。

配子体生有多室配子囊,配子囊多列或单列,顶生或间生,仅很少集生成群。同配生殖或似配生殖。同配生殖的两个配子的形态虽相同,但其生理功能上有所不同,雌配子比雄配子活动的时间短,配子接合后形成一个不动的合子,配子还可进行单性生殖。

水云目分科检索表

水云科 Ectocarpaceae

藻体丝状,多少具分枝,由匍匐部或盘形基部生出,一般丝状体由单列细胞组成,基部具有 1 个或 2 个纵隔,很少多列。细胞含单核。色素体侧生,小盘形或不规则带形,单条或稍有分枝。生长方式为居间生长或毛基生长。

繁殖器官由枝侧生或间生于营养丝体中,有单室型与多室型;单室孢子囊内的游孢子经过减数分裂后形成,为单倍体。配子囊为多室型。

水云科分属检索表

水云属 *Ectocarpus* Lyngbye,1819

藻体为异丝体,由单列细胞组成并生分枝,细胞含单核,色素体侧生,不规则带状或盘状。分支顶端尖细,或延伸成无色毛。一般的种类由主轴基部生出假根固着基质,也有不少种类由基部生出丝体伸入其他藻体内生长。

孢子体产生两种孢子囊:一种为单室孢子囊,游孢子是在减数分裂以后产生的,孢子的形状与配子相似,萌发成配子体;另一种为多室孢子囊,所产生的游孢子是不经减数分裂的二倍体,萌发成新孢子体。

有性繁殖时,枝旁生出配子囊,为许多小细胞所组成,每个细胞产生出一个配子,配子有两根不等长的侧生鞭毛,长的向前,短的向后,配子有雌、雄配子之分,雌配子略大些或与雄配子同样大小,但在生理上有性的分别。配子配合后成合子,合子不经休眠即发生成为孢子体。孢子体与配子体外形相同,不过前者是二倍体,后者是单倍体。配子可进行单性繁殖,即不经配合而萌发为新配子体,所以水云的配子体世代可单独绵延(图 10-1)。

水云生于潮间带岩石上或石沼中,或附生于其他藻体上。

水云的种类很多,据《中国海洋生物名录》(2008)记载,在中国海域内已报道有 11 种:锐尖水云 *E. acutus* Setghell *et* Gardner、栖松水云 *E. commensalis* Setghell *et* Gardner、皮层水云 *E. corticulatus* Saunders 毛果水云 *E. dasycarpus* Kuckuck、二型水云 *E. dimorphus* Silva、束枝水云 *E. fasciculatus* Harvey、小水云 *E. parvus* (Saunders) Hollenberg、笔头水云 *E. penicillatus* (C. Ag.) Kjellmann、长囊水云 *E. siliculosus* (Dillwyn) Lyngbye、虾夷水云 *E. yezoensis* Yamada *et* Tanaka、群居水云 *E. socialis* Setchell *et* Gardner;《中国黄海海藻》同样记录有 11 种水云,但没有收录长囊水云,而增加了另一个物种——水云 *E. confervoides* (Roth) Le Jolis,长囊水云两个变种分别列为长囊水云小型变种 *E. si-*

liculosus var. *parvus* Saunders 和长囊水云笔头变种 *E. siliculosus* var. *penicillatus* C. Agardh 的同物异名。

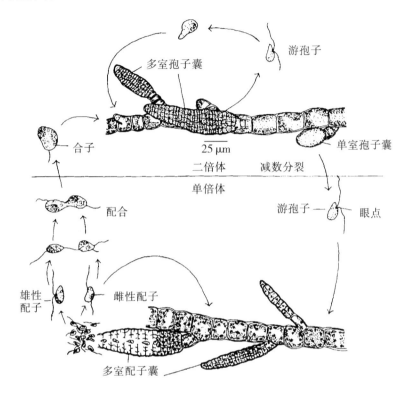

图 10-1　水云 *Ectocarpus confervoides* (Roth.) Le Jolis 生活史

(引自 R. F. Lee, 1980)

水云 *Ectocarpus confervoides* (Roth.) Le Jolis [*Ceramium confervoides* Roth]

藻体丛生固着,基部多少缠结,赭褐色,5～7(15)cm 高,不规则分枝(图 10-2),主要为互生分枝或假二叉分枝,无对生分枝,分枝尖,很少在末端形成透明毛。特别在藻体的基部,往往形成许多假根。主轴直径为 20～50 μm,有时长为宽的 3～7 倍,色素体带形,常常分叉。

多室孢子囊无柄或具短柄,散生,末端无毛,短锥形至梨形,长为 60～150 μm,直径为 20～35 μm,宽为 22～30 μm;单室孢子囊卵圆形,无柄或有短柄,长为 35～50 μm,直径为 20～40 μm。生长在潮间带的石沼内,附着在岩石上。主要分布于辽宁大连、兴城菊花岛,山东青岛,江苏连云港车牛山岛,东海也有分布。

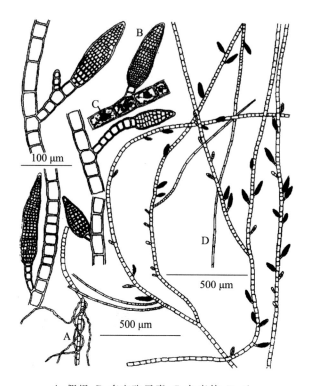

A. 假根;B. 多室孢子囊;C. 色素体;D. 毛

图 10-2　水云 *Ectocarpus confervoides*（Roth.）Le Jolis

（引自曾呈奎,2008）

锐尖水云 *Ectocarpus acutus* Setghell *et* Gardner［*Ectocarpus obtuosus* Noda］（图 10-3）

藻体褐色或橄榄绿色,高为 2～5 cm。直立丝体密集丛生,在基部生有很多假根附着于基质上,假根细胞长为 15～33 μm,宽为 5～7.5 μm,长为宽的 3～5 倍。分枝较多,下部互生,上部偏生,小枝末端尖锐,呈细锥状。主丝体常被生有假根丝包围,细胞横壁处稍缢缩,桶形,长为 32～45 μm,径为 25～40 μm,长为径的 0.5～2 倍;分枝细胞长为 25～50 μm,径为 18～30 μm,长为径的 1～2 倍;小枝下拨,长为 12～40 μm,径为 10～30 μm,长为径的 1～1.5 倍。色素体带状并有分叉,长交织呈网状。有淀粉核。

多室孢子囊圆锥形,顶端尖,长为 70～130 μm,径为 20～40 μm,有柄,偶见无柄,柄细胞多为 1～2 个,少数为 3～5 个;单室孢子囊卵形或椭球形,长径为 40～70 μm,短径为 20～35 μm,极少有柄。

本种生活在中潮带以下,附着在岩石或其他大型海藻上,春季大量出现。

本种主要分布于辽宁大连小平岛、石槽村、营城子,长海大长山岛,瓦房店大咀子;山东荣成成山头,青岛。为黄、渤海常见种。

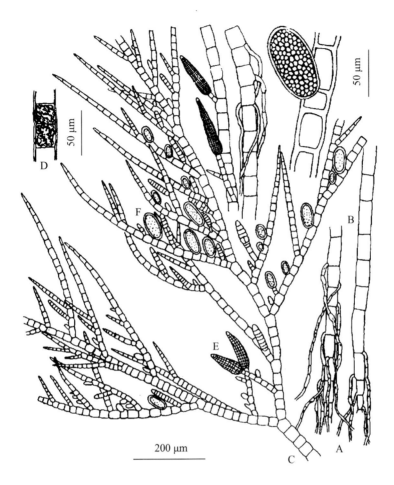

A. 假根;B. 直立藻丝;C. 藻体上部分枝;D. 色素体;E. 多室孢子囊;F. 单室孢子囊

图 10-3　锐尖水云 *Ectocarpus acutus* Setghell *et* Gardner

(引自曾呈奎,2008)

定孢藻属 *Acinetospora* Bormet,1892

藻丝体直立,细丝状,多分枝,分枝上有很多的分散生长区。小枝短,着生于细胞中部,细胞中色素体较多,盘状,淀粉核位于侧面。

单室孢子囊少,偶有发生,球形或卵形;多室孢子囊较多,侧生,多在藻体下部。在中国海域内仅报道有 1 种。

定孢藻 *Acinetospora crinita*（Carmichael *ex* Harvey）Kornmann［*Ectocarpus crinita* Carmichael *ex* Harvey in Hooker］

藻体黄褐色,丛生,丝状,常互相绞缠形成很长的团丛,基部有匍匐丝固着于基质上。分枝稀疏,有主丝体中间细胞生出,成直角(图 10-4)。整个藻丝粗细差异不大,主丝体细胞长为 20～55 μm,径为 20～30 μm,长为径的 0.5～3 倍;小枝细胞长为 12～50 μm,径为 13～20 μm,长为径的 1～3 倍。小枝和假根丝都很短,一般由 2～20 个细胞组成。生长区分散于藻体各部。色素体原盘状,较多。

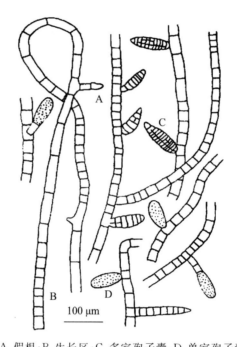

A. 假根;B. 生长区;C. 多室孢子囊;D. 单室孢子囊

图 10-4　定孢藻锥 *Acinetospora crinita* 锥(Carmichael *ex* Harvey) Kornmann

(引自曾呈奎,2008)

多室孢子囊圆锥形或卵形,侧生,长为 75～128 μm,径为 24～42 μm,有 1～2 个细胞的柄;单室孢子囊卵形或椭球形,长径为 60～70 μm,短径为 25～32 μm,有柄,很少。

本种生长在中、低潮带,附着于其他海藻上。

本种分布于中国南、北海域沿岸,渤海、黄海常见种。

费氏藻属 *Feldmannia* Hamel,1939

藻体细小,丛生,丝状,有不规则的分枝,分枝多在基部。生长区在分枝的基部或下部,其他部位很少出现,无真正毛。细胞内色素体多个,盘状,有一个淀粉核。

单室孢子囊卵形至球形,稀少;多室孢子囊形状多样,通常不对称,多列,有柄,偶见无柄。

据《中国黄渤海海藻》记录,中国海域内有 3 种:不规则费氏藻 *F. irregularis* (Kützing) Hamel、台湾费氏藻 *F. formosana*(Yamada) Itono、圆柱费氏藻 *F. cylindrica* (Saunders) Hollenberg *et* Abbott。

圆柱费氏藻 *Feldmannia cylindrica* (Saunders) Hollenberg *et* Abbott [*Ectocarpus cylindrica* Saunders]

藻体黄褐色,微小,高为 0.5～1.2 mm。基部具有假根丝,可深入宿主的组织间,假根丝细胞长为 12～37 μm,径为 5～10 μm,长为径的 2.4～5 倍。直立丝体基部多分枝,上部少分枝,丝体粗细较均匀,下部较细,中部略粗,向上稍细,枝端钝圆(图 10-5)。近基部丝体细胞,长为 20～50 μm,径为 13～20 μm,长为径的 1.5～2.9 倍;中、上部细胞,长为 30～62 μm,径为 20～27 μm,长为径的 1.2～2.5 倍。生长区明显,位于主丝体或分枝的下部,分生细胞 8～15 个,细胞长为 12～18 μm,径为 20～27 μm,长为径的 0.6～0.8 倍。色素体盘状,每个细胞中多个。

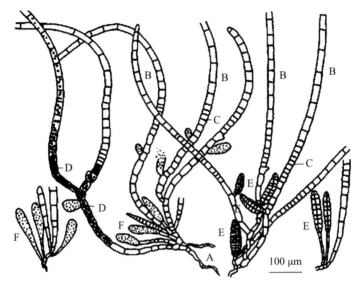

A. 假根;B. 直立丝体;C. 生长区;D. 色素体;E. 多室孢子囊;F. 单室孢子囊

图 10-5　圆柱费氏藻 *Feldmannia cylindrica* (Saunders) Hollenberg *et* Abbott

(引自曾呈奎,2008)

单室孢子囊、多室孢子囊异株,生于直立丝体基部或靠近基部。单室孢子囊卵形、纺锤形或长囊状,长径为 62～68 μm,短径为 26～30 μm,长径为短径的 1～3.4 倍,无柄或有柄,柄细胞 1～8 个,细胞长径为 12～25 μm,短径为 10～15 μm;多室孢子囊纺锤形、圆球形或圆锥形,长为 75～100 μm,径为 25～40 μm,长为径的 2～4 倍,无柄或有柄,柄细胞 1～5 个,细胞长为 13～25 μm,径为 12～17 μm。

本种生活在低潮线下,附着于羊栖菜 *Hizikia fusiforme*、*Sargassum thunbergii* 藻体上。

本种主要分布于辽宁大连石槽村。

台湾费氏藻 *Feldmannia formosana* (Yamada) Itono [*Ectocarpus formosanus* Yamada]

藻体黄褐色,矮小簇生,高为 1～1.5 mm,基部具有节分枝的假根丝,可深入宿主的组织间和部分附着其体表上,假根丝细胞长为 15～75 μm,径为 8～15 μm,长为径的 3～7 倍。直立丝体分枝在基部,分枝中、下部稍粗,向上渐细,中下部细胞长为 10～40 μm,径为 15～20 μm,长为径的 0.65～3 倍,上部顶下细胞长为 15～45 μm,径为 7.5～15 μm,长为径的 1.5～3.5 倍。生长区极明显,位于丝体中上部,具有分生细胞 5～12 个。色素体盘状。

多室孢子囊狭披针形或锥形,多着生于直立丝体下部,通常在体下部较长,在体上部较短,长为 55～65 μm,宽 20～30 μm,长为宽的 2～7 倍,无柄或有柄,柄细胞 1～2 个;单室孢子囊卵形或球形,径为 25～55 μm,无柄或有柄,柄细胞 1 个。

本种生长在低潮带,附着于海带 *Laminaria japonica* 和 *Codium* sp. 藻体上。

本种主要分布于辽宁大连、山东青岛海域。

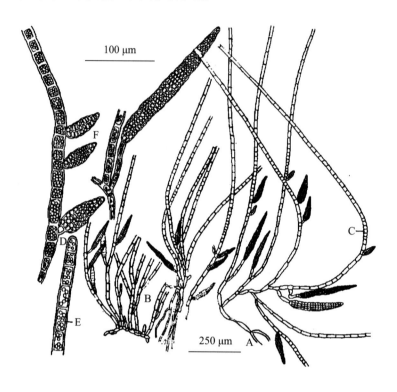

A. 假根;B. 直立丝体;C. 生长区;D. 枝端;E. 色素体;F. 多室孢子囊

图 10-6　台湾费氏藻 *Feldmannia formosana* (Yamada) Itono

(引自曾呈奎,2008)

褐茸藻属 *Hincksia* J. E. Gray,1864

藻体丛生,为单列细胞分枝异丝体。直立丝体基部向下延伸形成假根状固着器附着于基质,或以匍匐枝固着于基质上。主丝体下部常具有假根丝体包围。色素体盘状。

无性生殖中,多室孢子囊多分大小两种形态,多不对称,通常无柄,往往数个偏生于分枝一侧;单室孢子囊无柄或有柄。

有性生殖为异配生殖。

在中国海域内已报道有 6 种:柱状褐茸藻 *H. mitchellae*(Harvey)Silva in Silva *et al.*、卵形褐茸藻 *H. ovata* (Kjellman) Silva in Silva *et al.*、尖枝褐茸藻 *H. acuto-ramuli* (Noda) R. X. Luan、桑德褐茸藻 *H. sandriana* (Zanardini) Silva in Silva *et al.*、短节褐茸藻 *H. breviarticulata* (J. Agardh) Silva、印度褐茸藻 *H. indica* (Sonder) J. Tanaka。

尖枝褐茸藻 *Hincksia acuto-ramuli* (Noda) R. X. Luan [*Ectocarpus acuto-ramulis* Noda]

藻体褐色,高为 0.5～20 mm,附着于其他海藻上,基部有发达分枝的假根丝,伸入宿主的组织细胞间或附着于体表上,假根细胞长为 20～75 μm,径为 15～25 μm,长为径的 2

～8.5 倍。直立丝分枝不规则,互生或偏生于一侧,细胞横壁处略有缢缩,向上分枝逐渐变细尖,枝腋夹角较小(图 10-7)。主丝体长为 $20\sim110$ μm,径为 $30\sim50$ μm,长为径的 $0.8\sim3$ 倍;分枝细胞长为 $15\sim60$ μm,径为 $10\sim30$ μm,长为径的 $0.6\sim4$ 倍;末位小枝多呈锥形,无真正毛,细胞长为 $15\sim35$ μm,径为 $2\sim25$ μm,长为径的 $2\sim5$ 倍。色素体盘状,每个细胞内多个。

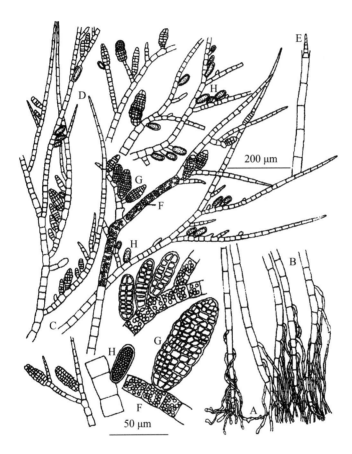

A. 假根;B. 直立丝体;C. 分枝;D. 枝端;E. 断小枝;F. 色素体;G. 多室孢子囊;H. 单室孢子囊

图 10-7　尖枝褐茸藻 *Hincksia acuto-ramuli*（Noda）**R. X. Luan**

（引自曾呈奎,2008）

多室孢子囊生于分枝侧面,有时 $2\sim3$ 个连续生长,无柄,多列,纺锤形或椭球形,多不对称,分大囊和小囊,大囊长为 $50\sim125$ μm,径为 $30\sim45$ μm;小囊长为 $45\sim60$ μm,径为 $15\sim20$ μm。单室孢子囊椭球形或卵形,长为 $45\sim60$ μm,径为 $18\sim20$ μm,有柄或无柄。

本种生长在低潮带,附着在 *Codium fragile*,*Sphaerotrichia firma* 和 *Laminaria japonica* 等藻体上。

本种主要分布在辽宁大连石槽村、小平岛、金州、旅顺等海域,为常见种。

柱状褐茸藻 *Hincksia mitchellae*（Harvey）Silva in Silva *et al.*［*Ectocarpis mitchellae* Harvey，*Giffordia mitchellae*（Harvey）］

　　藻体黄褐色，丛生，高为 2～7 mm，整个藻体外形呈半球形。主丝体下部产生假根固着于基质上，假根细胞长为 40～60 μm，径为 8～12 μm，长为径的 4～7.5 倍。直立丝体分枝不规则，侧生或互生，向上渐细，顶端多延伸呈毛状，幼小枝有时呈锥形（图 10-8）。主丝体细胞长为 40～100 μm，径为 37～50 μm，长为径的 0.75～4 倍；分枝细胞长为 10～100 μm，径为 12～30 μm，长为径的 0.6～4 倍，毛状枝细胞长为 50～135 μm，径为 7～13 μm，长为径的 5～13 倍。色素体盘状或小颗粒状。

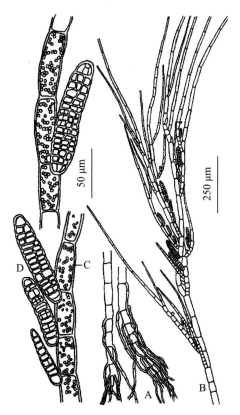

A. 假根；B. 上部分枝；C. 色素体；D. 多室孢子囊

图 10-8　柱状褐茸藻 *Hincksia mitchellae*（Harvey）Silva in Silva *et al.*

（引自曾呈奎，2008）

　　多室孢子囊无柄，圆柱形，侧生，大小差异较大，大囊长为 90～130 μm，径为 20～25 μm；小囊长为 50～90 μm，径为 17～20 μm；单室孢子囊卵形，长为 70～80 μm，径为 30～35 μm。

　　本种生长在低潮线处，附着在 *Codium fragile* 藻体上，其假根伸入宿主的藻卵中。

　　本种在北方海域主要分布于黄海江苏连云港车牛山岛；东海、南海常见种。

库氏藻属 *Kuckuckia* Hamel，1936

藻体直立，基部具有假根丝附着于基质上，常常有很多不规则分枝。具有内生性透明毛，往往毛基部具毛鞘。色素体带状，较少，淀粉核多个。

单室孢子囊卵形；多室孢子囊形态多变化，圆球形到圆柱形，偶见有顶毛。

在中国海域内仅报道有 1 种。

基氏库氏藻 *Kuckuckia kylinii* Cardinal

藻体黄褐色，丛生，高为 1～1.5 cm，基部有匍匐状丝体附着于基质上，向上生出直立藻丝体，分枝密集，不规则，主丝体细胞长为 12～77 μm，径为 13～25 μm，长为径的 1～3.5 倍；小枝细，细胞长为 12～16 μm，径为 12～17 μm，长为径的 1～2 倍（图 10-9）。在多室孢子囊着生部位的细胞偶见纵分裂。小枝端多生有透明毛，毛细胞长为 70～95 μm，径为 8～11 μm，长为径的 1～9 倍，少数枝端无毛，毛生于鞘内，基部的生长区有分生细胞 5～8 个。色素体明显呈带状，淀粉核数个。

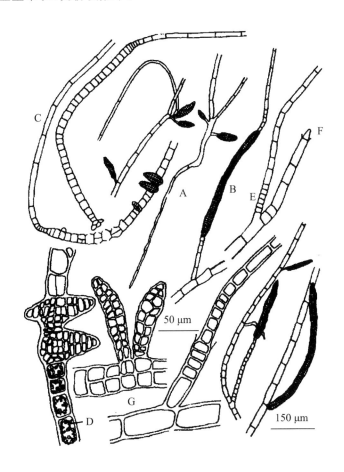

A. 假根；B. 多室孢子囊；C. 毛；D. 色素体；E. 生长区；F. 鞘；G. 纵裂细胞

图 10-9　基氏库氏藻 *Kuckuckia kylinii* Cardinal

（引自曾呈奎，2008）

多室孢子囊卵形、纺锤形、圆锥形、椭球形,长为 $50\sim300\ \mu m$,径为 $17\sim33\ \mu m$,有柄或无柄,多侧生少顶生,偶见冠状毛;单室孢子囊不明。

本种生长在低潮带,附着在 *Neosiphonia japonica*、*Sargassum comfusum* 藻体上。

本种主要分布于辽宁大连海域。

带绒藻属 *Laminariocolax* Kylin,1947

藻体较小,丝状,密集蔓生于宿主体表上,匍匐丝体附着于宿主体表或少部分伸入宿主的组织间。直立丝体具有侧生分枝。色素体盘状,或带状,每个细胞中 1 至数个,上有 1 个淀粉核。

多室孢子囊线状或圆柱状,单列。不分叉或分叉,单个或多个簇生于小枝侧面或枝端,也有的直接生于匍匐丝体上。

在中国海域内已报道的有 2 种:短囊带绒藻 *L. draparnaldioides* Noda 和绒状带绒藻 *L. tomentosoides* (Farlow) ylin。

短囊带绒藻 *Laminariocolax draparnaldioides* Noda

细胞黄褐色,蔓生于宿主体表上,呈毡毛状,高为 $2\sim2.8$ mm(图 10-10)。基部生有短的假根丝状体,部分伸入宿主的皮层细胞间,假根细胞形状不规则,细胞长为 $7.5\sim10\ \mu m$,径为 $5\sim7.5\ \mu m$,长为径的 $1\sim2$ 倍,壁厚,直立丝体生于假根丝体上,具有分枝,下部较多,上部稀少,粗细较均匀;主丝体细胞圆柱状,长为 $12\sim55\ \mu m$,径为 $8\sim10\ \mu m$,长为径的 $1.5\sim5.5$ 倍,末位小枝稍细,细胞长为 $10\sim14\ \mu m$,径为 $5\sim7.5\ \mu m$,长为径的 $1.5\sim3$ 倍。色素体带形或短带形。

多室孢子囊线状或不规则线状,多短分枝,有的弯曲,单列,通常 $2\sim5$ 个集生于短的侧枝上,少为单生,长为 $32\sim50\ \mu m$,径为 $5\sim6\ \mu m$,无柄或有柄柄细胞 $1\sim2$ 个,柄细胞长为 $5\sim7.5\ \mu m$,径为 $5\sim5.5\ \mu m$。

本种冬季和早春生长在低潮带的石沼中,附着在 *Sargassum confusum* 藻体的主干上和 *Audouinella* sp. 混生在一起。

本种主要分布于辽宁大连海域。

粗轴藻属 *Rotiramulus* R. X. Luan,1994

藻体丛生或单生,透明假根生于直立藻丝的基部,固着在岩石上。主轴明显的粗,细胞较短,在横壁处缢缩,呈念珠状。小分枝短,在主轴的节上间断的轮生,向顶端逐渐变细。毛透明,密集,生于小枝的基部。色素体小盘状。

多室孢子囊生于小枝的基部或顶部,单列或多列,有柄或无柄。

因本属形态特征为单列细胞异丝体,近似水云科特征。暂放入水云科内,其分类地位有待研究。

在中国海域内仅报道有 1 种。

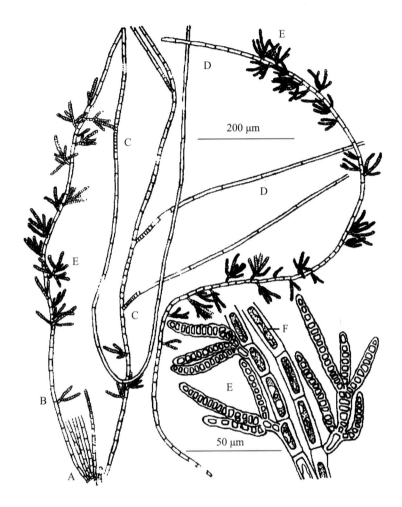

A. 基盘；B. 主丝体；C. 生长区；D. 毛；E. 多室孢子囊；F. 色素体

图 10-10 短囊带绒藻 *Laminariocolax draparnaldioides* Noda

（引自曾呈奎，2008）

长毛粗轴藻 *Rotiramulus pilifer* R. X. Luan

藻体褐色，丛生或单生，高为 1～2 cm，假根细胞长为 25～50 μm，径为 7～7.5 μm（图 10-11）。主轴丝明显的粗，细胞横壁处缢缩，呈念珠状，细胞长为 25～62 μm，径为 42～70 μm，小枝短，密集，间断轮生于轴的节上，分枝 2～4 次，向顶端逐渐变细，细胞长为 12～50 μm，径为 6.2～37 μm。无色毛多数，由小枝基部生出，长达 2 mm，细胞长为 17～187 μm，径为 17～25 μm.。分生区在毛的基部，分生细胞 5～10 个。色素体盘状，很多。

多室孢子囊生于小枝的基部或顶端，线形，长为 62～75 μm，径为 7～10 μm，多数单列，少数多列，无柄或有柄；单室孢子囊不明。

本种生活于低潮带，固着在岩石上。

本种主要分布于辽宁大连海域。中国特有种。

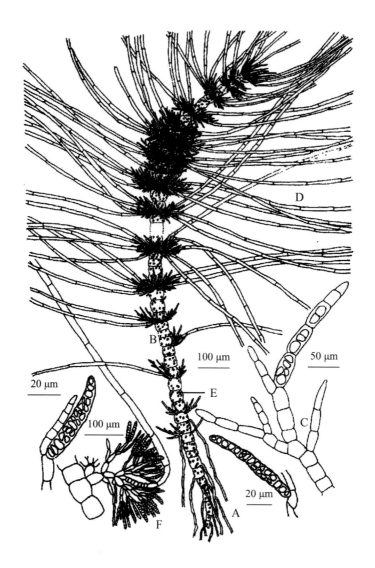

A. 假根;B. 主轴丝体;C. 短分枝;D. 毛;E. 色素体;F. 多室孢子囊

图 10-11　长毛粗轴藻 *Rotiramulus pilifer* R. X. Luan

（引自曾呈奎,2008）

绵线藻属 *Spongonema* Kützing,1849

藻体丛生,下部为具有短分枝的匍匐丝体。上部为有大量分枝的直立丝体,分枝不规则,常生有很多短的钩形小枝,以钩着相邻近的丝体,使整个藻体纠缠像棉线丝一样。色素体带状,每个细胞内 1 至数个,淀粉核 1～2 个。

多室孢子囊侧生,无柄或有短柄;单室孢子囊偶见,有柄。

在中国海域内仅报道有 1 种。

绒毛绵线藻 *Spongonema tomentosum*（Hudson）Kützing［*Conferva tomentosa* Hudson］

藻体黄褐色或暗绿色,丛生,直立丝体少分枝,常相互绞缠成 4～20 cm 宽的团丛(图

10-12）。匍匐丝体短，无分枝。直立丝体长，分枝稀疏，小枝顶部常弯曲，呈镰刀状。主丝体细胞圆柱状，径为 8～12 μm，长为径的 1～2.5 倍，色素体不规则带状，数量少。

多室孢子囊柱状圆锥形，长为 40～100 μm，径为 10～15 μm.，侧生或偏生，稍向内弯曲，无柄或有柄；单室孢子囊卵形或椭球形，顶生或侧生，长为 28～40 μm，径为 20～30 μm，有柄。

本种生长在低潮带附近，附着在 *Sargassum thunbergii* 藻体上。

本种主要分布于辽宁大连海茂村、牧城驿等海域。

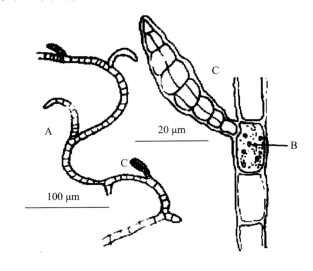

A.钩状小枝；B.色素体；C.多室孢子囊

图 10-12　绒毛绵线藻 *Spongonema tomentosum*（Hudson）Kützing

（引自曾呈奎，2008）

扭线藻属 *Streblonema* Derbès et Solier，1851

藻体的营养丝体不规则分枝，全部或大部分寄生于其他海藻组织内，繁殖器官和毛全部或者部分伸出宿主的体表，为居间生长。无色毛着生于直立丝体的枝端或基部。色素体带状或盘状，一个细胞内含 1 个或多个。

多室孢子囊单列或多列；单室孢子囊有或无；生活史不明。

据《中国黄海海藻》记录，中国海域内有 12 种：畸形扭线藻 *S. anomalum* Setchll et Gardner、渤海扭线藻 *S. bohaiensis* Luan、栖索扭线藻 *S. chordariae*（Wollny）Cotton、栖松扭线藻 *S. codicola* Sctchell et Gardner、伞房扭线藻 *S. coryymbiferum* Setchell et Gardner、厚枝扭线藻 *S. crassule* R. X. Luan、壳状扭线藻 *S. evagatum* Setchell et Gardner、束生扭线藻 *S. fasciculatum* Thuret、覆盖扭线藻 *S. investiens*（Collins）Setchell et Gardner 、矮小扭线藻 *S. nanella* R. X. Luan、透明扭线藻 *S. hyalina* R. X. Luan、宁远扭线藻 *S. ningyuanensis* R. X. Luan。

渤海扭线藻 *Streblonema bohaiensis* Luan

藻体微小，褐色，匍匐状丝体深入宿主的组织间，细胞长为 10～25 μm，径为 7.5～12

μm,长为径的 1.7～3 倍(图 10-13)。直立丝体生于匍匐丝体上,延伸到宿主体外,长达 450 μm,细胞长为 10～25 μm,径为 12～15 μm,长为径的 0.6～2 倍。无色毛生于直立枝的顶端,细胞长为 6～30 μm,径为 7～13 μm,长为径的 1～4 倍,基部具有生长区,分生细胞 3～5 个。色素体盘状或条状。

多室孢子囊形状不规则,棒形、纺锤形,长为 38～55 μm,径为 18～22 μm,多列,有柄细胞 3～6 个;单室孢子囊不详。

本种生活在低潮带以下,附着于 *Sphaerotrichia firma* 藻体上。

本种主要分布于辽宁、山东威海等海域。中国特有种。

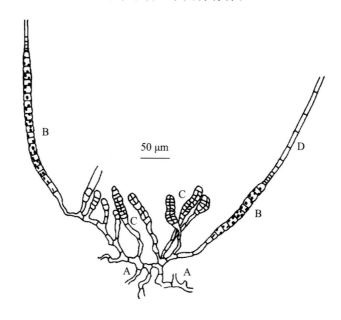

A. 匍匐丝体;B. 直立丝体;C. 多室孢子囊;D. 毛

图 10-13　渤海扭线藻 *Streblonema bohaiensis* Luan

(引自曾呈奎,2008)

厚枝扭线藻 *Streblonema crassule* R. X. Luan

藻体微小,褐色,内生于宿主组织之间。下部为匍匐丝体,匍匐丝体长为 10～30 μm,径为 5～8 μm,长为径的 2～6 倍(图 10-14)。直立丝体着生于匍匐丝体上,不分枝,总长为 50～100 μm,中间粗,两端细,细胞横壁处收缩,呈念珠状,顶端钝圆,细胞长为 8～20 μm,径为 11～20 μm,长为径的 0.5～1.1 倍。无色毛生于直立丝体基部或匍匐丝体上,细胞长为 30～90 μm,径为 6～10 μm,长为径的 3～9 倍,基部有生长区,分生细胞 3～5 个。色素体圆盘状。

多室孢子囊单列,线形,长为 40～60 μm,径为 6～10 μm,生于直立丝基部或匍匐丝体上;单室孢子囊不明。

本种内生于 *Sphaerotrichia firma* 上

本种主要分布于旅顺海域。中国特有种。

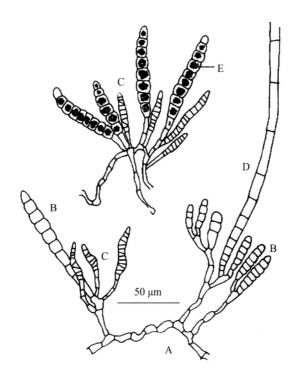

A. 匍匐丝体；B. 直立丝体；C. 多室孢子囊；D. 毛；E. 色素体

图 10-14 厚枝扭线藻 *Streblonema crassule* R. X. Luan

（引自曾呈奎，2008）

间囊藻科 Pilayellaceae

藻体为单列细胞的异丝体，分枝不规则，互生或对生。顶端无真正毛。生长区分散，顶端生长或间生长。色素体盘状、短条状或星状。

单室孢子囊和多室孢子囊在营养丝体细胞间连续形成。

在中国海域报道有 1 属 1 种。

间囊藻属 *Pilayella* Bory，1823

藻体为单列细胞不规则分枝的异丝体，分枝有侧生、互生或对生。直立丝体为居间生长或毛基生长，无真正毛，色素体盘状或带状，淀粉核 1 个。

单室孢子囊和多室孢子囊在营养丝体细胞间数个连续生长，也有少数生于营养丝体侧面；有性生殖为同配生殖。

间囊藻 *Pilayella littoralis* (Linnaeus) Kjellman [*Canferva littoralis* Linnaeus]

藻体黄褐色或黑褐色，丝状，丛生，常互相缠结成绳索状，高为 2～5 cm，基部具有匍匐状假根丝体，附着于基质上（图 10-15）。分枝互生或对生，主丝体细胞长为 25～120 μm，径为 25～60 μm，长为径的 1～3 倍或更大。色素体盘状、数量多，有淀粉核。

单室孢子囊圆球形，常 5～10 个呈链状排列，间生于分枝上；多室孢子囊常 2～30 个一组成链状间生。

本种生长在中、低潮带,附着在岩石或其他海藻藻体上。

本种主要分布于黄海辽宁大连石庙子海域。

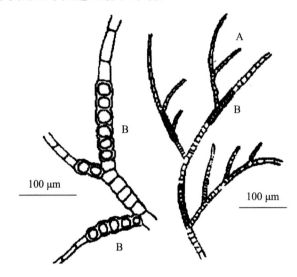

A. 小枝;B. 单室孢子囊

图 10-15 间囊藻 *Pilayella littoralis* (Linnaeus) Kjellman

(引自曾呈奎,2008)

聚果藻科 Sorocarpaceae

藻体为单列细胞,具有分枝异丝体,分枝不规则,居间生长。在枝端或侧面生有无色毛,毛基部具有生长区。色素体盘状。

多室孢子囊在枝侧面或顶端多聚生呈葡萄穗状或单生,成熟开孔于顶端。同形世代交替。

聚果藻科分属检索表

1. 多室孢子囊聚生呈葡萄穗状 ·· 聚果藻属 *Botrytella*
1. 多室孢子囊形态不规则,单生或集生 ·· 多孔藻属 *Polytretus*

聚果藻属 *Botrytella* Bory,1822

藻体为单列细胞丝状体,丛生,分枝较多,不规则,枝端或侧面生有无色毛。每个细胞含有几个盘状色素体。

多室孢子囊卵形或短锥形,集生于毛或分枝基部,呈葡萄穗状。有性生殖为异配。

在中国海域内仅报道有 1 种。

聚果藻 *Botrytella parva*（Takamatsu）Kim［*Sorocarpus parva* Takamatsu, *Sorocarpus micromorus* Wang Luan, *Sorocarpus uvaeformis sensu* Tseng *et* Cheng］

藻体黄褐色,丝状丛生,高为 3~8 cm,多次不规则分枝,向上逐渐变细。主丝体较粗,细胞长为 75~170 μm,径为 50~70 μm,长为径的 0.8~3 倍(图 10-16)。分枝细胞长为 20~40 μm,径为 25~30 μm,长为径的 0.9~1.4 倍;小枝细胞长为 10~25 μm,径为 10~20 μm,长为径的 0.8~1.5 倍。毛透明,着生于枝顶端或枝下端侧面,细胞长为 100~200 μm,径为 10~20 μm,长为径的 6~13 倍,基部生长区有分生细胞 4~8 个。色素体盘状或不规则盘状,个体较小数量少。

多室孢子囊短锥形或亚球形,长径为 15~30 μm,短径为 15~20 μm,多个集生,呈葡萄穗状,着生于毛的基部或分枝上,无柄或有柄,柄细胞 1~2 个。

本种生活在低潮带,附着于大型海藻或岩石上。

本种主要分布于辽宁大连、兴城、长海和山东青岛等海域。

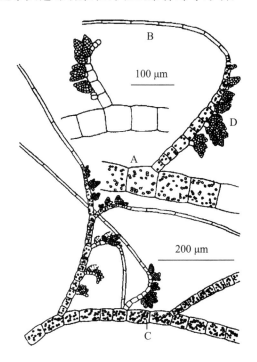

A. 部分藻丝;B. 毛;C. 色素体;D. 多室孢子囊

图 10-16 聚果藻 *Botrytella parva*（Takamatsu）Kim

(引自曾呈奎,2008)

多孔藻属 *polytretus* Sauvageau,1900

藻体为单列细胞分枝的异丝体,附着于其他海藻或岩石上,簇生。分枝不规则,基部常常有分生区,顶端或侧面有较细的无色毛,毛有时脱落。

多室孢子囊形状多样,卵形、短圆柱形等,成熟时外面小室各自开孔,该室和相邻小室内的生殖细胞由孔释放出来。

云氏多孔藻 *polytretus reinboldii*（Reinke）Sauvageau [*Ectocarpus reinboldii* Reinke]

藻体褐色,高为 2～4 cm,丝状,丛生。基部向下生有分枝的假根丝体,附着于基质上。直立丝体向上逐渐变细,末端尖或钝(图 10-17)。分枝不规则,3～4 次,互相纠缠,有多数向后弯曲的小枝。主丝体细胞横壁处稍有缢缩,细胞长为 20～100 μm,径为 40～50 μm,长为径的 0.5～2 倍,分枝细胞径为 15～25 μm。生长区在分枝的基部。色素体盘形。毛无色,侧生或顶生,老体多脱落。

多室孢子囊多数,形态多不规则,卵形、球形、椭球形,有的表面凹凸不平,单生,无柄,或几个集生在一个柄上,长为 60～100 μm,径为 40～50 μm,成熟时多室孢子囊的各室开孔,生殖细胞由此孔散放出来;单室孢子囊不明。

本种于冬季或早春生活在低潮带附近,附着在 *Sargassum thunbergii* 藻体上或岩石上。

本种主要分布于黄海辽宁大连、兴城、长海,山东青岛、烟台等海域。为黄海常见种。

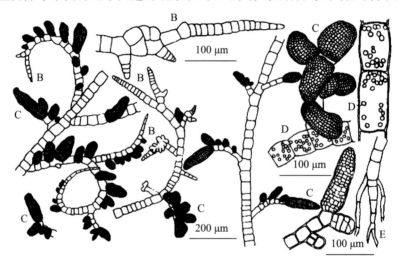

A. 老体小枝;B. 枝端;C. 多室孢子囊;D. 色素体;E. 假根

图 10-17　云氏多孔藻 *polytretus reinboldii*（Reinke）Sauvageau

(引自曾呈奎,2008)

褐壳藻目 Ralfsiales

藻体呈皮壳状,为假膜体,多丛生,分上下两部分:下部藻丝呈水平辐射状,藻丝侧面互相连合呈扁平基层;上部侧由基层向上形成直立丝体层。在藻体表面的内凹部位形成单条或成束的无色毛。毛基生长。

同形世代交替:孢子体产生单室孢子囊和多室孢子囊,由藻体上层细胞形成,群生,具侧丝或无;配子体产生配子囊,群生,无侧丝,顶生或间生,常成串状。

本目只有褐壳藻科 Ralfsiaceae 一科

褐壳藻科 Ralfsiaceae

藻体呈硬壳形,假膜体,多丛生,基层为辐射形藻丝,藻丝由侧面连合成扁平层,上生直立细胞,多数形成假膜组织,也具有无色毛。

多室配子囊成群,无隔丝,顶生或间生,链状。单室孢子囊由藻体的上层细胞形成,集生,具隔丝或不具隔丝,二者生于不同的藻体上。

褐壳藻科分属检索表

褐壳藻属 *Ralfsia* Berkeley *ex* Smith *et* Sowerby,1843 (Berk. 1331.)

藻体黑褐色,呈革质壳状,幼期圆形,边缘光滑,常具同心纹圈,老期粗糙成疣状,松脆易碎,往往可达 15 cm 宽,1~2 mm 厚。藻体分两层,基层藻丝呈放射形,下生假根,上生同化丝,有时藻体边缘与基质分离,则两面都具有同化丝。细胞侧面紧密连接,每个细胞含色素体 1 个,紧贴细胞壁。毛基分生组织位于短丝体末端,或基部细胞处。无色的毛单生或成束。

单室孢子囊侧生于侧丝基部的侧面;多室孢子囊生于同化丝的末端,常群生,无侧丝,有无色毛。

配子囊生于直立丝的顶端。多在秋末成熟,在游动细胞逸出后,生殖丝脱落,下部再继续生长,在春夏营养体的生长包括藻体的厚度增加及边缘生长。图 10-18 为褐壳藻属物种生活史示意图。

在中国海域已有报道的为两个物种:疣状褐壳藻 *Ralfsia verrucosa* (Aresch) J. Ag.,和黄海褐壳藻 *Ralfsia huanghainsis* Li *et* Li。

疣状褐壳藻 *Ralfsia verrucosa* (Areschoug) Areschoug [*Cruoria verrucosa* Areschoug]

藻体黑褐色,硬壳状,全面紧密附着于基质上,幼期圆形,边缘光滑,圈状,老熟期粗糙成疣状,松脆易碎,藻体宽可达 4~5 cm,厚为 1~2 mm(图 10-19)。藻体分两层,基质藻丝呈放射状,细胞径为 40~55 μm,下生假根;上层同化丝丛生成列,细胞排列紧密,壁呈黑褐色,胞径为 5.5~9.0 μm。

单室孢子囊梨形,长为 60~80 μm,径为 60~80 μm;侧丝棒状,长为 90~130 μm。多室孢子囊圆柱状,径为 6~7 μm。

本种着生于中潮至低潮带岩石上,常见于池沼周围。全年生长。

本种主要分布于渤海和黄海沿岸海域。

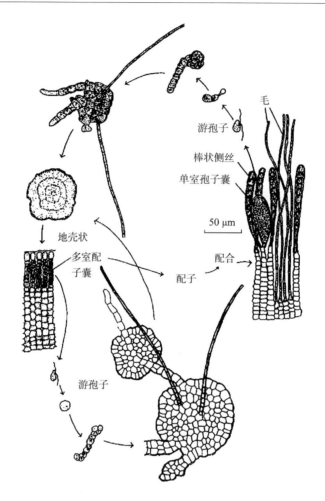

图 10-18　褐壳藻 *Ralfsia* sp. 生活史

（引自 R. E. Lee, 1980）

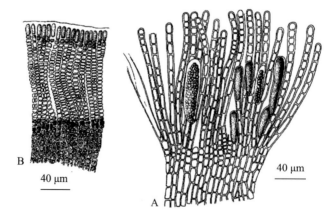

A. 上层同化丝及单室孢子囊；B. 藻体的两层藻丝及同化丝端部的多室孢子囊

图 10-19　疣状褐壳藻 *Ralfsia verrucosa*（Areschoug）Areschoug

（引自曾呈奎, 2008）

异形褐壳藻属 *Heteroralfsia* Kawai,1898

藻体在壳状,群生,简单,圆柱状,近基部缢缩,中空,稍黏滑,有弹性,黄褐色至红褐色。壳状部分由基细胞层及由其产生的浓密直立丝体组成。藻体直立部分多轴,由假薄壁组织构成。髓丝浓密,近基部简单,中上部稍有松散且相互连结,形成网状髓层。毛缺乏基部分生组织。细胞含有丰富的丹宁酸,色素体杯状,无淀粉核。

单室孢子囊倒梨形,无柄,由同化丝的基部细胞产生。

在中国海域已报道的仅有 1 个物种。

石生异形褐壳藻 *Heteroralfsia saxicola* (Okamura *et* Yamada) Kawai [*Gobia saxicola* Okamura *et* Yamada in Yamada,*Saundersella saxicola* (Okamura *et* Yamada) Inagaki]

藻体黄褐色,简单,圆柱形,常丛生,高为 10～15 cm,近基部具非常短的线状柄,固着器小盘状(图 10-20)。藻体中空。常扭曲,向顶渐狭,顶钝。皮层由不分枝的同化丝组成。同化丝不弯曲,常常 2～4 个细胞长。有时长达 5 个细胞,几乎与主轴成直角,端细胞膨大呈卵形,含浓密的色素。毛无色,单列,圆柱状,从同化丝的基部细胞产生。幼藻体的髓层由纵向松散排列的圆柱状细胞组成,髓细胞长为 30～40 μm,直径为 8～12 μm,常常与不规则多角形、相互缠绕、自由结合呈松散网状排列的纤细假根丝混杂在一起,假根丝细胞长径为 8～10 μm,短径为 15～20 μm,基部由髓部及亚皮层细胞向下产生的假根丝组成。

单室孢子囊倒卵形或椭球形,长径为 30～35 μm,短径为 18～20 μm。

本种生长在潮间带中上部,附着在岩石上。

本种主要分布于黄海沿岸海域。

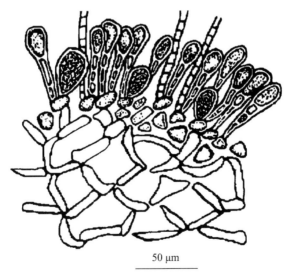

50 μm

示藻体内部构造

图 10-20　石生异形褐壳藻 *Heteroralfsia saxicola* (Okamura *et* Yamada) Kawai

(引自李熙、李君丰,1990)

黑顶藻目 Sphacelariales

藻体直立,分枝,有时呈壳状。假根直生,分枝互生、对生或轮生。细胞含有多数盘状、透镜状色素体,无明显的淀粉核。顶端生长,顶端细胞显明,由每一个顶端细胞先横分裂,形成初生分裂节,再纵分裂,形成膜状体。藻体具有或不具无色的多细胞的单列毛。

生活史为同形世代型。

营养繁殖,由特殊小分枝——繁殖枝(Propagula)脱出母体,再继续生长成新藻体。

无性繁殖是孢子体上产生单室孢子囊,很少产生多室孢子囊。单室孢子囊单生,常常具柄。多室孢子囊与配子囊的形态相似。

有性繁殖是同配或似配生殖。配子体产生多室配子囊,配子囊多列,顶生,单生,常常具柄。

本目只有黑顶藻科 Sphaecelariaceae 一科。

黑顶藻科 Sphacelariaceae

藻体直立或皮壳柱状。直立藻丝具分枝,由主干周围下拨发育产生。二分列分枝有时不明显,非轮生。藻体常产生繁殖枝。生活史为同形世代交替。

繁殖特性见本目的描述。

黑顶藻属 *Sphacelaria* Lyngbye in Homemann,1818

藻体小,丛生成束,或分散成席形,由盘形基部或匍匐小枝附生基层或钻入其他藻体组织内,直立枝生多数小枝,呈刷状。

顶端细胞含大核和浓厚原生质,横分裂成节部细胞,节部细胞再分裂成上、下两个次生节细胞,这些细胞纵分裂形成许多小形细胞,组成次生节细胞;次生节细胞向外突出产生分枝原始细胞,由其继续分裂生长成分枝,新分枝顶端又成为浓厚原生质的顶端分生细胞。

黑顶藻属的匍匐部为多年生,由多层细胞组成。

黑顶藻属的营养体繁殖很普遍,由营养枝上生三分枝或二分枝的繁殖枝,繁殖枝断离母体后,再附着基层上,继续生长形成新的藻体。

无性繁殖时枝的顶端或侧面生单室孢子囊,产生游孢子。

有性繁殖时产生多室配子囊。

图 10-21 为黑顶藻属物种生活史示意图。

黑顶藻属在我国沿海都能生长,一般附生于马尾藻或其他大型藻体上或生于潮间带岩石上、石沼中。

据《中国海洋生物名录》记载,在中国海域内已报道的有 5 种:叉开黑顶藻 S. *divaricata* Montagne,褐色黑顶藻 S. *fusca*(Hudson)S. Gray,肩裂黑顶藻 S. *novae-hollandiae* Sonder,三角黑顶藻 S. *tribuloides* Meneghini,黑顶藻 S. *subfusca* Setchell *et* Gardner。

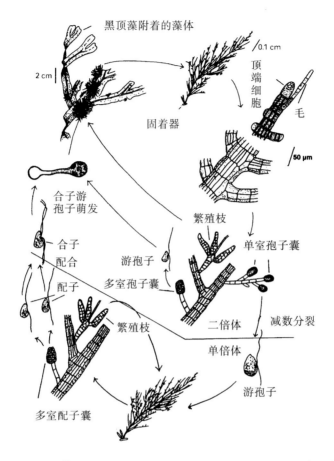

图 10-21　黑顶藻 *Sphacelaria subfusca* Setchell *et* Gardner 生活史示意图

（引自 R. E. Lee, 1980）

黑顶藻 *Sphacelaria subfusca* Setchell *et* Gardner

藻体鬃毛状,褐色,丛生,高为 3～6 mm,直立丝自紧密缠绕的根状丝长出(图 10-22)。根状丝略入宿主的表层细胞,绝不形成盘状。分枝互生,但不规则,节间只有初生纵膈,高为 24～40 μm,主枝径为 33～50 μm,最宽径可达 70 μm,分枝径为 18～21 μm。毛很多,单条,长为 350～800 μm,直径为 13～18 μm,由 4～18 个细胞组成。

繁殖枝细小,一般有毛枝 3 条,但也有两条的,甚至偶有 4 条。毛枝的细胞有 4～16 个,细胞长径为 12～15 μm,短径为 7～9 μm,毛枝的顶端略尖细,全长为 150～260 μm。柄部稍细,有 8～15 个细胞,长径为 180～340 μm;基部渐尖细,繁殖枝分枝处附近径为 18～24 μm。

单室孢子囊圆球形至卵形,囊径为 33～70 μm,生长在分枝的顶端,或在枝上侧生,也常侧生在顶端有孢子囊的分枝基部。侧生的单室孢子囊具有含 1 个细胞的柄部。

多室配子囊椭球形至长柱形,囊长为 33～65 μm,囊径为 30～36 μm,有柄,柄部为 1 个细胞的居多,柄细胞长径为 13 μm,有时也有 6 个细胞组成的柄,柄长为 76 μm,柄径为 16 μm。

单室孢子囊、多室配子囊的出现期都在 3 月。

本种生长在中低潮带,附着在鼠尾藻藻体上。

本种主要分布在渤、黄海沿岸海域,为习见种。

黑顶藻 *Sphacelaria subfusca* 为渤、黄海地区种,其他 4 种黑顶藻主要分布于福建、台湾和广东沿海。

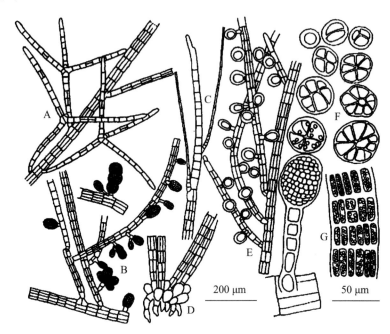

A. 繁殖枝;B. 多室配子囊;C. 毛;D. 假根;E. 单室孢子囊;F. 藻体横切面;G. 主丝体表面观

图 10-22　黑顶藻 *Sphacelaria subfusca* Setchell *et* Gardner

(引自曾呈奎,2008)

索藻目 Chordariales

本目物种的孢子体和配子体的形状和大小都不同。孢子体小型或中型,基本构造是分枝甚繁的丝状体,但因大小分枝互相挤压交织而成为假膜体。一般来说,本目孢子体丝状的交织并不甚紧密,因此假膜体的构造有时不太明显,许多种在稍加压力下,即可辨别丝状体的构造。生长方式为毛基生长。生活史为异形世代交替。

孢子体上仅生单室孢子囊,或生单室与多室孢子囊。单室孢子囊不集生成群,多室孢子囊中为单列或多列细胞组成,有时相互连接,但不是真的群生。

配子体小,为丝状。多室配子囊往往为单列细胞。

多数物种的有性生殖为同配生殖,只有一种为似配生殖,卵配生殖尚未发现。

在中国海域报道本目的物种分别隶属于 6 个科。

索藻目分科检索表

1. 藻体大型,分枝圆柱形或扁平,直立,皮层具同化丝 ……………………………………… 2
1. 藻体小型,盘状、丝状或垫状 ………………………………………………………………… 5
　2. 藻体复叉状分枝 ………………………………………………… 铁钉菜科 Ishigeaceae
　2. 藻体非复叉状分枝 ………………………………………………………………………… 3
3. 一般为毛基生长,近端分裂部位具有少数轴细胞 ………………………………………… 4
3. 顶端生长,无顶毛 ……………………………… 狭果藻科(海蕴科)Spermatochnaceae
　4. 藻体是多轴结构 ………………………………………………… 索藻科 Chordariaceae
　4. 藻体单轴结构 ………………………………………………… 顶毛(丝)藻科 Acrotrichaceae
5. 藻体基部为假膜组织,上部为游离丝状 ………………………… 短(褐)毛藻科 Elachistaceae
5. 藻体呈枕状、块状,具皮层及髓部,中空或中实 …………………… 黏膜藻科 Leathesiaceae

索藻科 Chordariaceae

　　孢子体单条或分枝,枝圆柱形,有时中空。藻丝埋藏于胶质层内,形成假膜组织,内部为无色藻丝组成髓部,然后生出同化枝组成皮层。同化丝短,游离,由胶质包围,细胞含多数色素体。无色毛丝体常由同化丝基部生出。生长方式为居间生长。

　　单室孢子囊、多室孢子囊由同化丝基部生出,埋于体内,二者分生于不同藻体,或生于同一藻体。单室孢子囊倒卵形或棍棒形;配子囊直接或间接自同化丝细胞的侧面膨胀起而成。有性生殖为同配生殖。

　　据《中国海洋生物名录》(2008)收录,本科物种分别隶属于 5 个属。

索藻科分属检索表

1. 藻体上密被毛茸 …………………………………………………… 异丝藻属 Papenfussiella
1. 藻体上不密被毛茸 …………………………………………………………………………… 2
　2. 藻体稍硬,内部细胞排列紧密 ……………………………………… 球毛藻属 Sphaerotrichia
　2. 藻体柔软,内部细胞排列疏松 …………………………………………………………… 3
3. 内皮层不明显,内皮层丝体横向长出,藻体很容易撕开 …………………………… 真丝藻属 Eudesme
3. 内皮层明显,内皮层丝体不完全横向长出,藻体难撕开 …………………… 面条藻属 Tinocladia

球毛藻属 Sphaerotrichia Kylin,1940

　　藻体分枝,枝细圆柱形。髓部由纵形圆柱形无色丝体结合而成,由它向外生短的棒体细胞,形成狭的皮层,同化丝由皮层生出,同化丝又分枝,分枝联合成紧密的一层,末端常被厚壁。毛丝体从它们中间伸出。在生长点具有一些中轴丝。在顶端同化丝的基部都具有不明显的分生细胞,它们在藻体顶端内部形成扇形。

　　单室孢子囊卵形,生于同化丝的基部。

　　藻体一年生,生于潮间带岩石上。

　　据《中国海洋生物名录》(2008)记载,在中国海域内已报道有 4 种:叉开球毛藻 S. di-varicata (Agardh)Kylin,硬球毛藻 S. firma (Gepp.) A. Zinova,黄海球毛藻 S. huanghaiensis Ding *et* Lu，日本球毛藻 *S. japonica* Kylin。但同年出版的《中国黄渤海海藻》记载了 3 种，又开球毛藻未被收录，而之前报道这一物种的产地是在黄海。

硬球毛藻 *Sphaerotrichia firma*（Gepp）A. Zinova［索藻 *Chordaria firma* Gepp］

孢子体黄褐色，干燥后黑色，软骨质，单生或丛生，丝状或圆柱状，高为 15(20)～25(35)cm，固着器长圆盾状(图 10-23)。主枝明显，不规则分枝，侧生或互生，分枝基部一般与主枝几乎呈直角，枝径为 1(0.5～1.5)mm，末枝长为 1～2 cm。近基部的分枝为不规则互生，向各方面伸出，有些为 1～4 回分枝，年幼的个体分枝上有许多小分枝，而较老的个体大部分小分枝脱落。藻体幼时富黏质而柔软，老时革质。

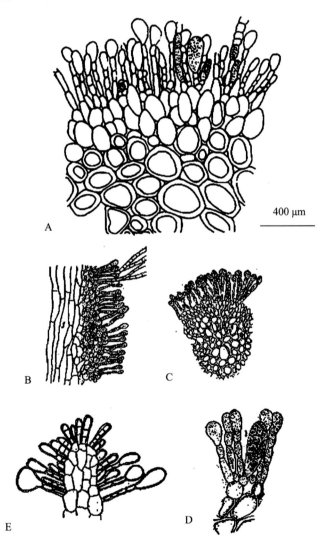

400 μm

A. 藻体中部横切面观；B. 藻成体纵切面；C. 横切面；D. 单室孢子囊；E. 生长点

图 10-23　硬球毛藻 *Sphaerotrichia firma*（Gepp）A. Zinova

(A 引自曾呈奎，2008；B ～D 引自郑柏林、王筱庆，1962)

藻体为假薄壁组织。藻体内部构造可分髓部、皮层和同化丝三部分:髓部由 2～3(5) 层细胞壁较厚、长柱状的细胞组成;皮层由 4～5 层放射状、短的圆形或多角形细胞组成;同化丝通常由 4～5 层细胞组成,顶端细胞膨大,圆球形或侧梨形,径为 22～26 μm,都为胶质所包,下部细胞圆柱形,径约 8 μm,长为直径的两倍。

居间生长的横分裂发生在中轴的顶部。生长点有一至数个大而圆的细胞,在中轴丝的顶端及同化丝的基部呈扇形排列。毛丝体无色,从同化丝之间伸出,很长,幼期茂盛,随后逐渐脱落。

单室孢子囊生长在同化丝基部,长卵形或长倒卵形,长为 70～80 μm,径为 30～40 μm,无柄。

本种生长在大干潮潮线附近或大干潮潮线以下的岩石上,或潮间带石沼内。一年生。夏季繁殖。

本种主要分布于黄海辽宁大连,山东烟台、威海、荣成和青岛等沿岸海域。

真丝藻属 *Eudesme* J. Agardh,1882

藻体为假薄壁组织。藻体单生或丛生。次生基部由直立初生中央轴及假根状丝体组成;初生中央轴由几个丝体束构成;假根状丝体由中央丝体基部产生;中央轴多管状,合轴分枝,由纵向排列的丝体组成,排列比较疏松;内皮层细胞从中央轴横向长出,稍网状排列;同化丝由内皮层末端细胞产生,不分枝,有密集的色素体;毛透明,从生长点或皮层丝体基部产生。

单室孢子囊无柄,或在皮层丝体生有柄。

在中国海域内报道有 4 种:黄海真丝藻 *E. huanghaiensis* Ding *et* Lu,真丝藻 *E. virescens* (Carmichael *ex* Berkeley) J. Agardh,青岛真丝藻 *E. qingdaoensis* Ding *et* Lu,山东真丝藻 *E. shandongensis* Ding *et* Lu。

真丝藻 *Eudesme virescens* (Carmichael *ex* Berkeley) J. Agardh [*Mesogloia virescens* Carmichael *ex* Berkeley]

藻体单生或丛生,绿褐色或淡褐色,直立生长于盘状基部上,高为 10～20 cm 或更高,直径为 2～5 mm,实心,外被胶质,非常光滑,柔软,单主轴,合轴生长和三叉生长,1～3 次互生分枝(图 10-24)。薄壁内假薄壁组织,次生基部盘状,由藻体基部髓丝细胞产生假根的基部细胞长出,分枝和小枝开展,或疏或密,下端渐狭,顶端钝圆形。髓层由多列纵向平行排列的丝体束组成,细胞排列非常疏松,易分离。髓细胞圆柱状,大小为(50×70)μm～(20×150)μm,单常发生变化。藻体内皮层外部的细胞常比内部的窄小。外皮层丝体(同化丝)不分枝,向顶变狭或在顶部呈念珠状,顶部弯曲,顶细胞不膨大;在藻体基部,顶端细胞一般呈钝圆形。外皮层细胞含有的色素体比内皮层的多。皮层丝体较细小,个别常常伸长形成毛,色素体少。毛透明,一般约 100 μm 长,有时长达 1 mm,直径为 10 μm,由一列圆柱形细胞组成,从中央轴生长点或皮层丝体基部产生。

单室孢子囊椭球形、卵圆形,直径为 50～90 μm,无柄或在皮层丝体生有柄。

本种生长在低潮带或大干潮潮线下有浮泥处的岩石上,有时生长在低潮带以下的其他藻体上。

本种主要分布于黄海辽宁旅顺、大连、长海、山东长山岛、烟台、荣成、青岛和日照等沿岸海域。

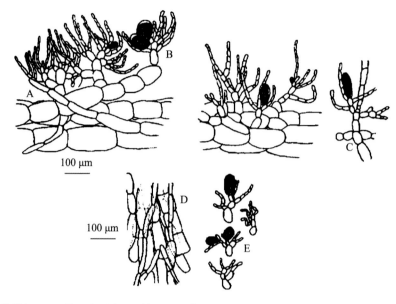

A. 藻体纵切面；B. 单室孢子囊；C. 单室孢子囊、同化丝及毛；D. 髓丝；E. 同化丝及单室孢子囊

图 10-24　真丝藻 *Eudesme virescens*（Carmichael *ex* Berkeley）**J. Agardh**

（引自曾呈奎，2008）

面条藻属 *Tinocladia* Kylin，1940

藻体黄褐色至暗褐色，除毛外均包被在胶质中，不分枝或少分枝，单列丝围绕着最激烈的主轴和直立部分。藻体内假薄壁组织次生基部为不规则平卧的初生基部和自初生直立中央丝向下延伸的缠结的根状丝所组成。中轴为合轴式，多管，含有纵立的丝，丝粗或细，重复分枝。同化丝自内皮层的末端部分长出，不分枝或稍分枝，线形，包被在胶质中。毛无色透明，自同化丝基部细胞长出。

单室孢子囊椭球形，生长在同化丝的基部细胞上；多室孢子囊不详。

在中国海域内已报道本属有 4 个物种：纤细面条藻 *T. grailis* Ding *et* Lu，拟真丝面条藻 *T. eudesmoides* Ding *et* Lu，张氏面条藻 *T. zhangii* Ding *et* Lu，微孢面条藻 *T. microsporangiis* Ding *et* Lu。

纤细面条藻 *Tinocladia gracilis* Ding *et* Lu

藻体绿褐色，单生，实心，纤细，被较薄的胶质包被，主轴较明显或不明显，圆柱形、亚圆柱形，产生不规则的 1～3 次互生分枝，高约 8 cm，成熟藻体的主分枝和次生分枝相似，不易分辨（图 10-25）。藻体内假薄壁组织基部盘状，非常细小。主分枝和次生分枝很细，长为 3～8 cm，直径为 0.5～0.7 mm，末端小枝顶端钝圆。中央轴多管状，合轴分枝。髓丝排列比较松，粗细不一，粗的丝体细胞长为 60～145 μm，直径为 70～74 μm，窄的丝长为 57～96 μm，直径为 22～30 μm，外围有些假根丝体；内皮层由中央轴的外围丝体多次分裂产生,在这些丝体分叉处常常产生简单的假根,丝体细胞长为 $25\sim45$ μm,直径为 $20\sim28$ μm;外皮层由同化丝、毛及孢子囊组成。同化丝由内皮层末端细胞产生,由 $2\sim7$ 个念珠状或圆柱形细胞组成,一般稍弯曲,分枝简单,完全包被在胶质中。色素体多数,充满同化丝细胞。毛无色,由同化丝基部细胞产生。

单室孢子囊椭球形或近球形,长为 $32\sim47$ μm,径为 $27\sim33$ μm,生于同化丝的基部细胞上;多室孢子囊不详。

本种生长在低潮带的石沼中。

本种主要分布于山东青岛近海沿岸,中国特有种。

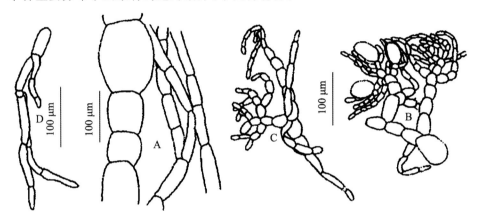

A. 髓丝;B. 皮层丝体;C. 完整的皮层丝体分枝;D. 假根丝

图 10-25　纤细面条藻 *Tinocladia gracilis* Ding *et* Lu

(引自曾呈奎,2008)

异丝藻属 *Papenfussiella* Kylin,1940

藻体不规则羽状分枝。藻体上密被毛茸。

在中国海域内仅报道有 1 个物种。

异丝藻 *Papenfussiella kuromo* (Yendo) Inagaki

藻体深绿色,线状,软骨质,黏滑,高为 $15\sim40$ cm,直径为 $0.7\sim1$ mm(图 10-26)。具有不规则羽状分枝。藻体上密被毛茸。

本种生长在低潮带岩石上。生长盛期为 $5\sim7$ 月。

本种主要分布于浙江舟山群岛的嵊山、渔山和温州南麂岛等海域。

褐条藻属 *Saundersella* Kylin,1940

《中国海洋生物名录》(2008)收录,在中国海域内本属有 1 物种——褐条藻 *Saundersella saxicola* (Okamura *et* Yamada) Inagani,指明该种的产地在渤海、黄海海域;但在同年出版的《中国黄渤海海藻》专著中未有本种的记载;《中国海洋生物种类与分布》(2008)也未记载有这一物种。

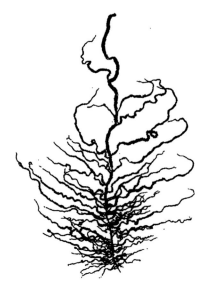

图 10-26　异丝藻 *Papenfussiella kuromo*（Yendo）Inagaki
（引自杭金欣、孙建璋，1983）

短（褐）毛藻科 Elachistaceae

藻体小，块状或毛笔形，多少粘滑，丝体由单列细胞组成，基部附着其他藻体上，往往钻入其他藻体内，基部的丝体细胞错综交织成假薄壁组织。居间生长，上部直立游离为同化丝，仅在基部分枝。

单室孢子囊或单列的多室孢子囊生于短同化丝之间，有时与无色毛丛生。多列多室孢子囊由同化丝转化而来。侧丝有或无。

短毛藻科分属检索表

1. 藻体较大，生殖器官生在丝体基部……………………………………………… 短毛藻属 *Elachista*
1. 藻体较小，生殖器官生在丝体细胞上……………………………………………… 褐毛藻属 *Halothrix*

褐毛藻属 *Halothrix* Reinke. 1888

藻体丝状，多少有分枝，枝的一部分形成数次短分枝，由一列细胞组成，基部生短分枝，枝的宽度相同，固着器由藻体基部藻丝交织而成。成束生长，高约　个毫米毫米。

多室孢子囊无柄，由同化丝中央部及上部细胞转化形成，周围有同化丝。

在中国海域仅报道有 1 个物种。

褐毛藻 *Halothrix lumbricalis* Kützing Reinke

藻体黄褐色，丝状成束，丛生于其他藻体上，高为 2～5 mm（图 10-27）。基部具有短丝交织成固着器。直立藻体间生长，产生许多形状、大小相似的细胞，组成单列藻丝。细胞粗而短，径为 46～76 μm，长 33～88 μm。藻丝大都单条，但近基部，常有分枝甚繁的短枝。

配子囊不具柄,密集围绕藻丝上端的一部分细胞。

本种附生在大叶藻 *Zostera marina* 及其他藻体上。

本种主要分布于辽宁旅顺西岸、大连、长海(大长山岛、獐子岛),山东庙岛群岛(大小钦岛、北长山岛)、蓬莱、烟台、威海、荣成和青岛等海域。青岛海域春季常见。

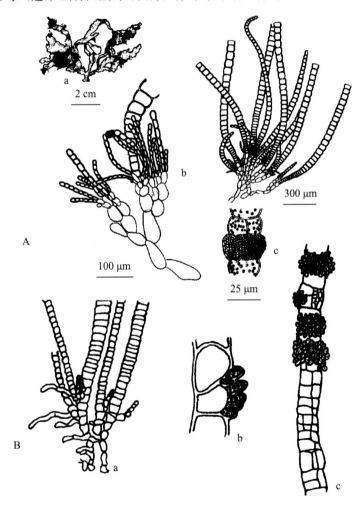

A:a. 附生的藻体外形;b. 皮层丝体(示长短藻丝);c. 孢子囊

B:a. 部分藻体外形;b. 孢子囊形成;c. 多室孢子囊围绕藻丝着生

图 10-27　褐毛藻 *Halothrix lumbricalis* Kützing Reinke

(A 引自引自曾呈奎,2008;B 引自郑柏林、王筱庆,1962)

短毛藻属 *Elachista* Duby,1830

藻体小,丛生,呈刷状,或一丛小毛状,基部无色丝体常穿入宿主体内。营养丝只在下部略有分枝,单列,有两类,即直立的游离同化丝和其下密集并常弯曲呈念珠状的短丝或称侧丝。

单室孢子囊和多室配子囊生长在侧丝之间。

在中国海域仅报道有 1 个物种。

短毛藻 *Elachista fucicola*（Velley）Areschoug

藻一丛生,高为 4～8 mm,黄褐色,质软,略黏滑。基部半球形,细胞紧密,其下产生许多由薄壁细胞组成的形状不规则的丝状体(图 10-28)。由基部向外产生许多藻丝、孢子囊和侧丝。藻丝略硬,钝顶,上部细胞径为长的 1/3 至 1/2 倍;中部细圆桶状,长、径相似;下部的渐宽;接近基部时,长为径的 1/3～1/2 倍,节部缢缩。侧丝棍棒状,稍弯曲,长为 120～150 μm,径为 6～12 μm。毛无色。

单室孢子囊呈长倒卵形或长椭球形,长为 65～85 μm,径为 20～26 μm;多室孢子囊呈线状或丝状。

本种生长在中潮带石沼中或大干潮潮线下,前者附着在海蒿子 *Sargassum confusum* 的藻体上,后者附着在海韭菜的体表。

本种主要分布于渤海、黄海沿岸海域。

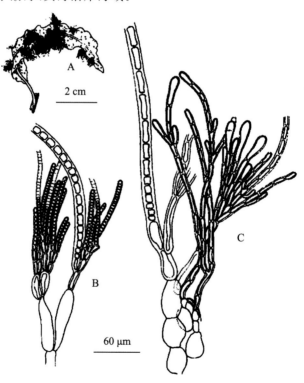

A. 短毛藻附着在宿主叶面上;B. 藻丝(具多室孢子囊);C. 藻丝(具单室孢子囊)

图 10-28　短毛藻 *Elachista fucicola*（Velley）Areschoug

（引自引自曾呈奎,2008）

黏膜藻科 Leathesiaceae[Corynophlaeaceae]

孢子体呈坐垫形或球形,含胶粘质,其内部为无色藻丝粘质结合成的假膜组织,髓部细胞大,外围细胞小,形成同化皮层,含有色素体。并由皮层生出无色多细胞的毛。

单室孢子囊卵球型;多室孢子囊由一列细胞组成,均由同化丝基部细胞生长;配子体是微观的丝状体。配子囊多室,单列。

附生于其他藻体上或生于岩礁上。

粘目藻科分属检索表

1. 藻体为不规则的圆球形、半球形或枕状 ·· 黏膜藻属 *Leathesis*
1. 藻体呈微小垫状或丛状 ·· 2
　2. 基部假根丝密贴于寄主表面或侵入寄主体内 ···························· 多毛藻属 *Myriactula*
　2. 基部假根丝密贴于寄主表面而不侵入寄主体内 ···················· 海绵藻属 *Petrospongium*

黏膜藻属 *Leathesia* Gray,1821

藻体褐色,幼时呈卵圆形,长大后中空,形成不规则的褶皱或裂片。髓部为假膜组织,由无色的大细胞组成,细胞间充有黏质,皮层狭窄,由含色素体的同化丝组成,每一个同化丝由 2～4 个细胞组成,最后一个细胞较大,由皮层细胞生出单列细胞的毛丝体。

多室孢子囊圆柱形、单列;单室孢子囊梨形、椭球形或卵形,都由同化丝基部细胞产生。多室孢子囊所产生的游孢子,不经减数分裂,萌发成孢子体;单室孢子囊产生游孢子时经过减数分裂,孢子萌发成为配子体,配子体小,为微观丝状体,具单列多室的配子囊。

黏膜藻属物种为一年生,生于潮间带岩石或附生于其他藻体上。

在中国海域内已报道有 3 种:小黏膜藻 *L. nana* Setchell *et* Gardner、岩生黏膜藻 *L. saxicola* Takamatsu 和黏膜藻 *L. difformis* (Linnaeus) Areschoug。

黏膜藻 *Leathesia difformis* （Linnaeus）Areschoug

藻体呈浅褐色、深褐色或绿色,常聚生,质黏滑,形状、大小不一,稍呈球状,表面凹凸,幼时实心,长大后中空(图 10-29)。髓部细胞无色;同化丝由髓部细胞长出,由 3～6 个细胞组成,长为 60～120 μm,不分枝,细胞一般为棍棒状,但形状变化较大,细胞长为 15～30 μm,径为 3～6 μm,每个细胞内含少数色素体,顶端细胞膨大,明显大于其他细胞,球形、椭球或卵形,长为 10～20 μm,径为 10～13 μm,含色素体。毛无色透明,单列,细胞圆柱形,长为 50～75 μm,径为 8～10 μm,单生或丛生。

单室孢子囊椭球形或倒卵形,长为 40～50 μm,径为 15～24 μm,生长在同化丝的基部细胞上或髓部的外部细胞上,无柄;多室孢子囊常见,长圆柱形,无柄或有柄,具 2～12 个小室,长为 30～45 μm,径为 4～6 μm。

本种生长于潮间带岩石上,或附生在其他大型海藻如海蒿子、鼠尾藻、海黍子、凹顶藻、松节藻、软骨藻等藻体体表。5～7 月间繁殖。

本种主要分布于渤海和黄海沿岸,为该海域的常见种。

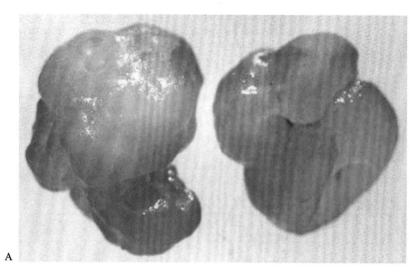

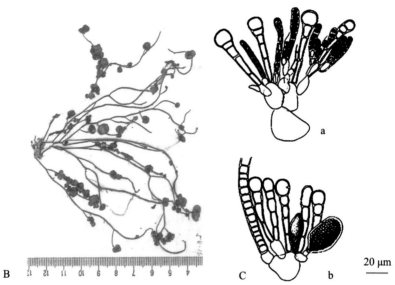

A. 示藻体外形；B. 示藻体附着在其他藻体上；C. 示内部构造

a. 具同化丝及多室孢子囊的皮层丝体；b. 具同化丝、单室孢子囊及毛的皮层丝体

图 10-29　黏膜藻 *Leathesia difformis*（Linnaeus）Areschoug

（A 引自曾呈奎，1983；B，C 引自曾呈奎，2008）

多毛藻属 *Myriactula* Kuntze，1898

藻体附生，部分种类为内附生，在寄主体上呈微小垫状或丛状，高为 250mm，直径为 12 mm。基部假根丝密贴于寄主表面或稍侵入寄主体内，由其产生直立的丝体。直立丝体细胞无色素，球形。一些直立丝体形成一个具髓细胞群的结构，其末端层位含色素的、短的、弯曲或直立的同化丝、毛及繁殖器官。

多室孢子囊单列，丛生；单室孢子囊梨形，都生长在同化丝的基部。生活史不详。广泛地分布于寒温带及暖温带海域。

在中国海域内已报道有两种:棒状(粗丝)多毛藻 *M. clavata* (Takamatru) Feldmann,马尾多毛藻 *M. sargassi* (Yendo) Feldmann。

棒状多毛藻 *Myriactula clavata* (Takamatru) Feldmann [*Gonodia clavata* Takamatsu]

藻体深褐色,半球形,直径为 0.5~1 mm,基部的丝状体伸入宿主的皮层内。藻体由同化丝和假膜组织组成,同化丝着生在外部假膜组织上,可分长、短丝体(图 10-30)。长丝长为 1.3~2.2 mm,由 49~66 个细胞组成,节短,中部粗,向两端渐细,基部细胞长为 8~20 μm,径为 12~30 μm,长为径的 0.5~1.3 倍;中上部细胞长为 5~50 μm,径为 65~80 μm,长为径的 0.3~0.8 倍;上部细胞长为 15~30 μm,径为 20~30 μm,长为径的 0.5~1.3 倍。短丝长为 120 μm,上部细胞长为 17~30 μm,径为 12~30 μm,长为径的 0.8~2.7 倍。毛着生于同化丝基部,无色,细胞长为 25~75 μm,径为 8~15 μm,长为径的 2.5~5 倍。生长区在基部,分生细胞 8~11 个。基部假膜体细胞无色,呈不规则圆柱形。色素体盘状。

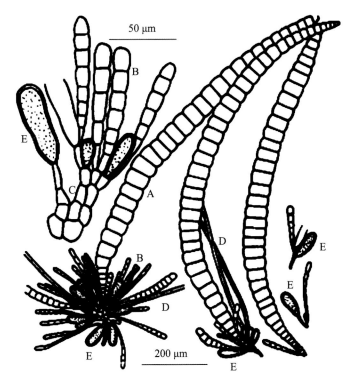

A. 长同化丝;B. 短同化丝;C. 假根细胞;D. 毛;E. 单室孢子囊

图 10-30　棒状多毛藻 *Myriactula clavata* (Takamatru) Feldmann

(引自曾呈奎,2008)

单室孢子囊倒卵形,着生于同化丝基部,长为 75~105 μm,径为 25~35 μm,无柄或有柄;多室孢子囊不详。

本种生长在潮下带,附着在 *Sargassum hoeneri* 藻体上。

本种仅见于黄海辽宁大连海域。

海绵藻属 *Petrospongium* Nägeli *ex* Kützing，1858

藻体呈微小，垫状，稍似海绵样，光滑，革质，基部假根丝密贴于寄主表面而不侵入寄主体内。

在中国海域内仅报道有 1 个物种——海绵藻。《中国海洋生物名录》(2008)记载这一物种的拉丁学名为 *Petrospongium rugosum* (Okamura) Setchll *et* Gardner，把曾呈奎(1983)报道的 *Cylindrocarpus rugosus* Okan. 列为本种的同物异名;《中国海洋生物种类与分布》(2008)有同样的记载，但称本种的中文名为皱纹岩棉藻;在曾呈奎(1983)报道中则把 *Petrospongium rugosum* (Okamura) Setchll *et* Gardner 列为 *Cylindrocarpus rugosus* Okan. 的同物异名。显然这两者是同一个物种。

海绵藻 *Petrospongium rugosum* (Okamura) Setchll *et* Gardner [*Cylindrocarpus rugosus* Okan.]

藻体暗褐色，稍似海绵样、光滑、革质，环形或不规则垫状，直径为 6 ～7 cm(图 10-31)。老时的藻体在上表面有很多皱折和折叠，中央部位厚为 0.5 ～1.5 mm，向边缘逐渐变薄。皮层丝体大部分不分枝，由 10～12 个细胞组成，细胞直径为 6～11 μm，长为直径的 1～2 倍，内含盘状色素体;内部组织由分支的、无色的、大细胞丝体构成。毛长，为无色的单列细胞丝体，通常在皮层丝体之间。孢子囊(Unangia)长卵形至长方形，长为 55～60 μm，径为 15～26 μm，具有 1～2 个细胞组成的短柄。

本种生长在潮间带的岩石上。

本种主要分布于南海广东、香港沿海海域。

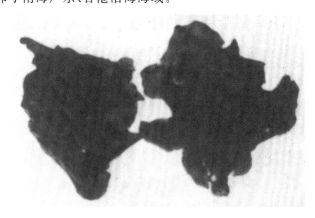

图 10-31　海绵藻 *Petrospongium rugosum* (Okamura) Setchll *et* Gardner

(引自曾呈奎,1983)

顶毛(丝)藻科 Acrotrichaceae

藻体直生，丝状，丛生分枝，硬黏滑质。横断面为放射状，中轴为 1 列细胞，开始由顶部毛基部的分生细胞分裂而生成，后来毛衰弱，就为顶端细胞代替继续分裂，向下方伸长为中轴细胞;同时周围轮生短分枝丝，沿中轴的短分枝的基部细胞分裂，则成为皮层;此皮层再生出第二次短分枝丝,由其外方或基部细胞上方生出穹形屈曲短分枝丝,轮生,短分枝基部向外继续生毛,第二次的短分枝丝即为同化丝,遮蔽藻体表面。

单室孢子囊倒卵形或亚梨形,生于同化丝基部,或在一定范围内混生。

在中国海域内仅报道有 1 属。

顶毛(丝)藻属 *Acrothrix* Kylin,1907

藻体圆柱形丝状,中轴由一列细胞组成,1 条长的无色毛由生长点上部生出,由此中轴生出第一次同化丝,顶端生长点毛丛生,像毛笔头。第一次同化丝下部的细胞产生皮层细胞,皮层最外面的细胞是由第二次同化丝形成的,在藻体表面散生。

单室孢子囊椭圆形或倒卵形,由二次同化丝的下部或同化丝和皮层生出。

通常附生于其他海藻的体表。

在中国海域内仅报道有 1 个物种。

太平洋顶毛(丝)藻 *Acrothrix pacifica* Okam

藻体直立,光滑,黄褐色,高为 10~15 cm,枝为圆柱形或略扁压(图 10-32),直径为 1 mm 左右,不规则互生分枝,最终为单列细胞的小分枝。枝上部实心,中部和下部中空。每个中轴细胞的顶部生长有一条长的无色毛,多出现于年轻的藻体上,老的藻体上不常见。同化丝由 3~8 个细胞组成,枝展开,少弯曲,顶端细胞椭圆形、卵形或倒卵形,长为 10~23 μm,径为 8~15 μm。毛散生,直径为 10 μm。

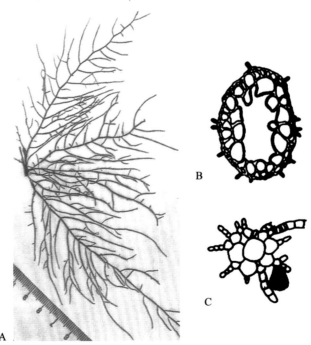

A. 藻体外形;B. 藻体横切面示藻体内部中空;C. 示近枝端横切面具单室孢子囊

图 10-32　太平洋顶毛(丝)藻 *Acrothrix pacifica* Okam

(A 引自曾呈奎,2008;B,C 引自郑柏林、王筱庆等 1961)

单室孢子囊卵形或哑铃形,长为 30~40 μm,径为 27~30 μm。

本种生长在低潮带,多附着在绳藻或其他海藻上。

本种主要分布于渤海和黄海沿岸海域。

狭果藻科(海蕴科) Spermatochnaceae

藻体丝状,不规则分枝,富黏质。藻体横切面中央实心或中空,由此外围呈放射状。藻体内部有长条丝和短条丝的区别,长条丝即为中轴,是由顶端细胞分裂而成的,藻体因此而伸长,长条丝永存,或在早期明显。长条丝轮生短条丝,为 1 列棍棒状细胞,即为同化丝,长条的细胞伸长,短条丝在长条丝的周围,最下细胞伸长,先为大细胞,形成 1 层皮层,再由它分生出小的皮层细胞。

单室孢子囊卵形,由同化丝的基部形成,无柄或有柄,多室孢子囊为单列细胞组成。

在中国海域内,本科仅报道有 1 属 1 种。

海蕴属 *Nemacystus* Derbès *et* Solier, 1850

藻体丝状,不规则分枝,富黏质。内部由薄壁细胞组成,横切面呈放射状,中实或中空。

单室孢子囊椭球形或倒卵形,无柄或具一个细胞的柄,生长在同化丝基部或下部细胞上;多室孢子囊线形,生于同化丝上。

海蕴 *Nemacystus decipiens* (Suringar) Kuckuck [*Mesogloia decipiens* Suringar]

藻体黏滑,颜色带绿黄色、褐色至浅褐色,成熟后为暗褐色,有丝状体组成的假膜体,外形呈圆柱形(线形),高为(8)20~30 cm,具有互生分枝 3~4 次,具有不规则的二叉式小分枝,特别是幼期,长具有短而广开或弓形的小分枝(图 10-33)。固着器为盘状。中轴为单轴式,由单列细胞组成。藻体切面观,内部结构分髓部和皮层两部分:髓部细胞长圆形或更长形,排列稍疏松;皮层由同化丝和孢子囊组成。同化丝单条或分枝,长为 100~200 μm,由 9~21 个细胞组成,上部细胞稍膨大或稍弯曲,含有色素体。毛丝体为单列细胞,无色,由同化丝基部细胞或小枝生出,在幼体中很多。

单室孢子囊为椭球形或卵形,长为 70~85 μm,径为 50~60 μm。生于同化丝的基部,无柄或有一个细胞的柄;多室孢子囊线形,为单列细胞,由同化丝细胞形成,在同化丝上簇生成群。

海蕴生活在低潮线附近至大干潮潮线下海区。缠绕在海蒿子、绳藻等藻体上。

海蕴主要分布于黄海辽东半岛和山东半岛沿海。9~10 月间出现。

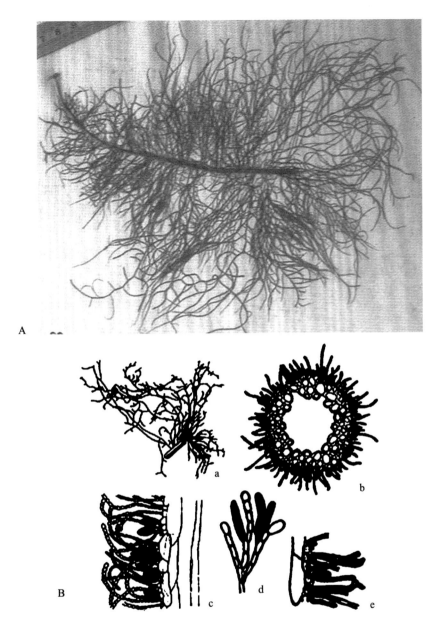

A：藻体外形；B. 藻体结构：a. 部分藻体外形；b. 藻体横切面；
c. 藻体纵切面示单室孢子囊和多室孢子囊；d. 多室孢子囊；e. 藻体纵切面示单室孢子囊

图 10-33　海蕴 *Nemacystus decipiens* (Suringar) Kuckuck

（A 引自曾呈奎，2008；B 引自郑柏林、王筱庆，1961）

铁钉菜科 Ishigeaceae

藻体呈圆柱状或扁平，复叉状分枝。内部构造为两层组织，内层为致密而错综的丝状细胞，外层由与藻体表面垂直生长的小细胞组成，有毛窠。

本科在中国海域内仅报道有 1 属 2 个物种。

铁钉菜属 *Ishige* Yendo,1907

藻体圆柱形(稍带棱角),或为扁平的叶状,复叉状分枝,直立丛生,基部具一小柄,以盘状固着器附着于基质上。

生活为异型世代交替(孢子体大于配子体)。孢子体为大形藻体,生殖时由顶端表面细胞产生单室孢子囊,进行减数分裂产生四分孢子;配子体为小形单列丝状体,产生多室配子囊,同形交配。

在中国海域内报道有两个物种:铁钉菜 *I. okamurea* Yendo 和叶状铁钉菜 *Ishige sinicola* (Setchlln *et* Gardner) Chihara。

叶状铁钉菜 *Ishige sinicola* (Setchlln *et* Gardner) Chihara [*Ishige foliacea* Okam., *Polyopes sinicola* S. et G.]

藻体黄褐色,扇形,高为 5~10 cm,有时可超过 15 cm,固着器小圆盘状,具有短的、圆柱形的柄,重复叉状分枝(图 10-34)。分枝扁平、叶状,宽为 0.5~2 cm,分枝的上部有时由于有气体而胀凸。藻体由髓部、皮层组织组成,在结构上与 *I. okamurai* 非常相似,但皮层薄。

单室孢子囊棒状,由表皮细胞产生。

本种生长在潮间带的岩石上或石沼内。

本种主要分布于浙江南麂岛海域和福建、广东沿海。该种为常见种。

图 10-34　叶状铁钉菜 *Ishige sinicola* (Setchlln *et* Gardner) Chihara
(引自曾呈奎,1983)

网管藻目 Dictyosiphonales

网管藻目的物种具有明显的异形世代交替。孢子体小型或中型,叶状、带状、圆柱状或管状,单条或具分枝,居间生长、顶端生长或毛基生长。每个细胞含有大量盘状色素体,常含有淀粉核。具有单室或多室孢子囊,或兼有两者。孢子囊单生或群生,由皮层细胞产生,常埋于皮层中或稍被皮层细胞包围或凸出于体表,在藻体上横列;配子体微小,丝状似

水云属 *Ectocarpus*,配子囊进行有性生殖,除极少数种类外,配子的结合全为同配。

有些属只产生多室孢子囊,而缺少有性世代。

生活史基本上与索藻目 Chordariales 相同,但网管藻目的配子体由真薄壁细胞组成,这也是两者的区别。

在中国海域出现的物种分别隶属于以下 4 个科。

网管藻目分科检索表

1. 藻体扁平叶状至圆柱状分枝,中空或中实 ·· 2
1. 藻体丝状分枝 ·· 3
  2. 藻体叶状 ··· 点叶藻科 Punctariaceae
  2. 藻体圆柱状 ·· 粗粒藻科 Asperococcaceae
3. 分枝顶端由 1 列细胞组成 ····································· 环囊藻科 Striariaceae
3. 分枝近端部由发达的薄壁组织构成 ····················· 网管藻科 Dictyosiphonaceae

粗粒(散生)藻科 Asperococcaceae

藻体圆柱状至囊状。内层细胞无色,而外层细胞有颜色。开始为顶端生长,然后转变为居间生长。

单室孢子囊有侧丝,群集,在藻体表面上散生。

在中国海域内仅出现 1 属 1 种。

肠髓藻属 *Myelophycus* Kjellman,1893

藻体丛生,单条,圆柱形,以密集错综的丝状根附着于基质。幼时中实,随着生长上部逐渐变为中空。藻体由髓部、内皮层和外皮层组成:髓部由大的圆形、正方形和长方形细胞组成;内皮层由细长的圆柱状纵行细胞组成;外皮层由垂直于体表密集的同化丝组成。

单室孢子囊和多室孢子囊在不同的藻体上产生。单室孢子囊及多细胞侧丝自皮层突出;多室孢子囊由皮层产生,1 至 2 列,顶端为 1 个不育细胞。

单条肠髓藻 *Myelophycus simplex* (Harvey) Papenfuss [*Chordaria simplex* Harvey]

藻体黑褐色,丛生,圆柱状,不分枝,向顶渐狭,常扭曲,高为 10~20 cm,直径为 1~2 mm。基部盘状。软骨质。幼时中实,成熟后中空(图 10-35)。髓部由几排较大的无色、稍等径的细胞组成;内皮层由一层小的方形细胞组成;外皮层为与体表垂直的直立同化丝,由内皮层细胞产生,同化丝 8~10 个细胞长,端细胞稍膨大。

单室孢子囊倒卵形或椭球形,散生在同化丝之间。多室孢子囊从内皮层上产生,20~30 个细胞长,端部为一个大而不育的细胞。

本种生长在中潮带和下潮带,附着在岩石上。

本种主要分布于渤海和黄海沿岸。

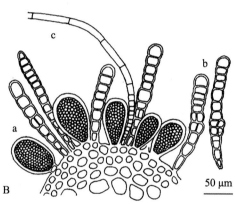

A. 藻体外形；B. 藻体结构

a.单室孢子囊；b.多室孢子囊；c.毛

图 10-35　单条肠髓藻 *Myelophycus simplex* (Harvey) Papenfuss

（引自曾呈奎,2008）

网管藻科 Dictyosiphon

　　藻体圆柱状、丝状,数次互生分枝,中实或中空,由薄壁细胞组成。固着器盘状。顶端生长,由圆形顶细胞分裂产生髓部和皮层。内部由 2～3 层细胞组成,内层为细长、坚实的细胞,外层为短而近似正方形或稍扁的细胞。毛散生在藻体上,易早落。

　　单室孢子囊由体表面细胞形成,常埋于皮层中,有大量的无色毛。

　　有性繁殖为同配生殖。配子体为微小的丝状体。

　　在中国海域内仅报道有 1 属。

网管藻属 *Dictyosiphon* Greville,1830

藻体直立,线形,分枝繁多或稀少,有及顶的主干,光滑,无黏质,固着器盘状。藻体内部有髓部和皮层之分,但中央部分常局部中空。髓层具纵向的大细胞;皮层细胞小,壁薄,近正方形,内含小盘状色素体。幼枝的表面可见到大量柔软的细毛。

单室孢子囊椭球形至卵形,埋卧在皮层细胞中;配子体微小丝状,同配或孤雌生殖。

网管藻 *Dictyosiphon foeniculaceus* (Hudson) Greville [*Conferva foeniculaceus* Hudson]

藻体高为 8~15 cm,单生或偶而有几个藻体丛生在一个盘状固着器上(图 10-36)。藻体柔软,重复分枝,枝圆柱形,互生或偶尔对生,分枝长短不齐,末端逐渐变细,短小的如

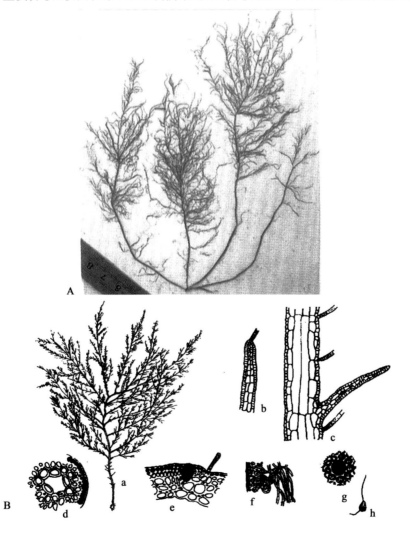

A. 示藻体外形;B. 藻体形态与内部结构:a. 藻体外形;b. 藻体分枝顶端;c. 藻体纵切面;d. 藻体横切面;e. 藻体横切面示孢子囊;f. 藻体纵切面;g. 藻体表面观,具 1 个埋在内部的孢子囊;h. 游孢子

图 10-36 网管藻 *Dictyosiphon foeniculaceus* (Hudson) Greville

(A 引自曾呈奎,2008;B 引自郑柏林、王筱庆,1961)

锥状,幼时密生细毛。枝基部不缢缩。皮层由 1～2 层(基部 3 层)细胞组成,细胞小,圆球形或具角,细胞内充满盘状色素体;髓部由大而延长的细胞组成,随成长逐渐变为中空。

单室孢子囊球形或椭圆形,不规则地散布在藻体表面,囊的下部常陷入髓层细胞中,囊的表面观为圆形或卵圆形。

本种生长在高潮带石沼中或大干潮潮线下(可附着在绳藻或萱藻藻体上)。

本种主要分布于黄海烟台、威海、青岛等海域。

点叶藻科 Punctariaceae

藻体叶状,带形,囊状或圆柱形,不分枝,由薄壁细胞组成,内层细胞大而无色,外层小且含有色素体,居间生长。

繁殖时由皮层细胞形成单室孢子囊或多室孢子囊,二者可同时存在,集生或分生,部分被皮层细胞包围。配子体微小丝状,具多室配子囊。

在中国海域出现的物种分别隶属于两个属,即点叶藻属和髭毛藻属。

点叶藻科分属检索表

1. 藻体叶状,有毛 ·· 点叶藻属 Punctaria
1. 藻体细线状,无毛 ·· 髭毛藻属 Pogotrichum

髭毛藻属 Pogotrichum Reinke,1892

藻体多附生在海带 Laminaria japonica 藻体上,以假根的基部或盘状固着器附着,丛生。直立藻体稍胶质,简单,部分地单管的,部分地薄壁组织的,实心,长度不超过 5 cm,直径 200 μm,黄褐色至黑色。在单管藻体中细胞圆柱状,而在多管藻体中的内部细胞壁较外围细胞大一些。每个细胞含有几个盘状色素体有明显的淀粉核。缺乏褐藻毛。

单室孢子囊和多室孢子囊都是由外围营养细胞直接转化而来的。单生或群生,有时连续分布。孢子具双鞭毛,含 1 个色素体。

在中国海域内仅报道有 1 个物种。

虾夷髭毛藻 Pogotrichum yezoense (Yamada et Nakamura) Sakai et Saga [Litosiphon yezoense Yamada et Nakamura]

藻体褐色,丛生,线状不分枝,高为 2～4 cm。基部生有透明单列细胞的假根,伸入宿主皮层细胞间或附着宿主体表,细胞长为 50～70 μm,径为 7～10 μm,长为径的 6～10 倍,在直立藻体上部有时偶见假根。直立藻体由单列或多列细胞组成(图 10-37)。中部较粗,直径为 100～170 μm,向两端渐细;下部多数为单列细胞,少数为多列细胞,直径为 25～40 μm;上部为单列细胞,呈毛状,直径为 15～25 μm。内部可分髓部和皮层:皮层细胞 1～2 层,较小,正面观为方形、长方形或多角形,横切面观为亚圆形或多角形,长为 15～25 μm,径为 15～20 μm;髓部细胞大而无色,横切面观亚圆形或多角形,长为 25～50 μm,径为 20 ～45 μm。皮层细胞内含盘状色素体,但数量较少。

多室孢子囊由皮层细胞发育而成,横切面观呈方形或近方形,长为 16～25 μm,宽为 16 ～25 μm;单室孢子囊不详。生长在低潮带大石沼内或低潮线下附着于海带 Laminaria japonica 叶面上,常与其他藻类混生。

本种主要分布于黄海大连石槽村、老虎滩、黑石礁等海域。

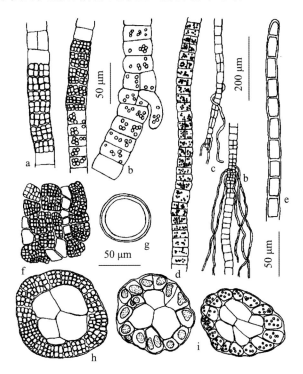

a. 具有多室孢子囊的部分藻体;b. 假根;c. 藻体的基部;d. 部分藻体;e. 藻体末端;

f. 表面观多室孢子囊;g. 藻体上部横切面;h. 藻体横切面具多室孢子囊;i. 中部藻体横切面

图 10-37　虾夷髭毛藻 *Pogotrichum yezoense*（Yamada *et* Nakamura）Sakai *et* Saga

（引自曾呈奎,2008）

点叶藻属 *Punctaria* Greville,1830

孢子体一年生,具有盘状固着器,1 至几个直立叶状体,扁压,带形呈叶片状,基部略尖削,有一短而细的柄。表面生有成束多细胞的毛。叶状体的中部厚度为 2～9 层细胞;细胞为立方形,内部比表面的细胞大。

单室孢子囊由皮层细胞形成,为亚立方形,埋生在藻体表面。多室孢子囊的发生与单室孢子囊相同,但单室孢子囊的发生比较早;多室孢子囊往往集生成小群,没有隔丝,为多列,亚立方形,遍布顶端露出藻体表面。

在中国海域已报道有 4 种:拟西方点叶藻 *P. hesperia* Setchlle *et* Gardner,西方点叶藻 *P. occidentalis* Setchlle *et* Gardner,厚点叶藻 *P. plantaginea*（Roth）Greville 和点叶藻。

点叶藻 *Punctaria latifolia* Greville

藻体呈披针形,顶端稍钝圆,基部为楔形,亚圆形或心脏形(图 10-38)。柄短,固着器圆盘状。体长为 10～25 cm,宽为 3～7 cm,在叶面上散布着暗褐色斑点。

　　成熟的藻体由 4 层细胞组成,有时 5～6 层,厚为 60～95 μm,内部的两层细胞较大呈长方形,外部细胞较小,含有较多的色素体。藻体表面具有成束无色的毛。

　　单室孢子囊在藻体只分化成两层细胞时已形成,埋在藻体体内。多室孢子囊发育较晚,所以形成后稍突出于表面,在藻体表面观的褐色斑点即为多室孢子囊。

　　本种生长于低潮线附近岩石上或石沼内,或附生于其他的藻体上。一年生。

　　本种主要分布于渤海和黄海沿岸,为该海域常见的物种。

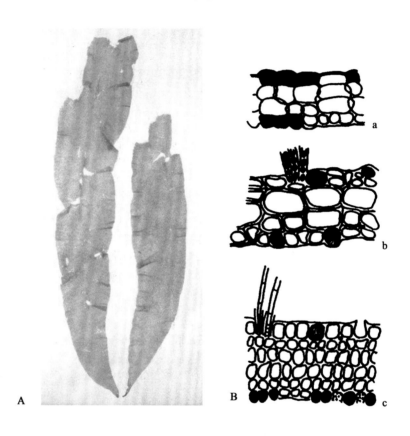

A. 藻体外形;B. 藻体结构

a. 藻体横切面示多室孢子囊;b. 藻体横切面示单室孢子囊;c. 藻体横切面示单、多室孢子囊

图 10-38　点叶藻 *Punctaria latifolia* Greville

(A 引自曾呈奎,1983;B 引自郑柏林、王筱庆,1961)

环囊藻科 Striariaceae

　　藻体丝状、管状,有端部 1 列细胞进行顶毛生长,产生不规则多管状薄壁组织。髓部细胞大,无色;皮层仅有 1 层小细胞组成,含有大量色素体。

　　孢子体可产生单室和多室孢子囊,或同时产生这两类孢子囊。孢子囊由表层细胞变形分裂而来,群生。

　　在中国海域内仅报道有 1 属 1 种。

环囊藻属 *Striaria* Greville

藻体管状,中空,数回对生分枝,顶端具有毛。藻体由多列细胞构成,包括内部大形的无色细胞及 1 层含色素的皮层细胞。末端为 1 列细胞。每个细胞含有多数色素体和淀粉核。毛分散,轮生。

单室孢子囊由皮层细胞形成,呈斑点状,无柄,卵形至椭球形,具侧丝。多室孢子囊不详。

纤细环囊藻 *Striaria attenuata*（Greville）Greville［*Carmichaelia attenuata* Greville］

藻体淡黄褐色,高为 10～50 cm,分枝粗的部分直径为 5 mm(图 10-39)。分枝对生、轮生,圆柱状,分枝基部纤细,末端尖细。切面观皮层细胞方形,不规则纵向排列,边长为 19～32 μm。

单室孢子囊由皮层细胞转化而来,在主轴及枝上有规则地间隔,呈带状群生。孢子囊直径为 48～60 μm。侧丝仅 1 个细胞,与单列的毛混生。

本种生长在潮间带下部波浪平稳的地方。

本种仅分布在黄海青岛沿岸海域。

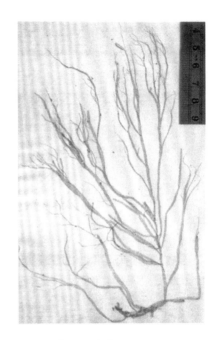

图 10-39　纤细环囊藻 *Striaria attenuata*（Greville）Greville

(引自曾呈奎,2008)

萱藻目 Scytosiphonales

孢子体或配子体中型,叶状、管状、圆柱状或囊状膜状体。顶端生长或居间生长。髓层细胞大,皮层细胞小。每个营养细胞含 1 个色素体,1 个明显的淀粉核。褐藻毛单生或群生。

单室孢子囊或多室孢子囊单生或群生,一般由皮层细胞产生。侧丝有或无;有性繁殖为同配或异配。

本目物种具有明显的异形世代交替。生活史与索藻目基本相同,区别在于本目物种无论是孢子体还是配子体都是由薄壁细胞构成。

在中国海域内本目物种分别隶属于以下 2 个科。

萱藻目分科检索表

1. 藻体叉状分枝 …………………………………………………… 毛孢藻科 Chnoosporaceae
1. 藻体不分枝 ……………………………………………………… 萱藻科 Scytosiphonaceae

毛孢藻科 Chnoosporaceae

在中国海域内报道本科仅有 1 个属两个物种:小毛孢藻 *Chnoospora minima*（Hering）Papenfuss 和毛孢藻。

毛孢藻属 *Chnoospora* J. Agardh,1847

毛孢藻 *Chnoospora implexa* **J. Agardh**

藻体黄褐色,重复叉状分枝,不规则地纠缠成簇,伸展开后,高为 $10\sim30$ cm(图 10-40)。分枝实心,亚圆柱形,稍有扁压,直径为 $1\sim2$ mm,接近分枝顶端的一小段逐渐变细,也呈叉状分枝,腋角近圆形。横切面观皮层由 1 层长方形、具有色素的小细胞组成,包围了髓部无色、伸长的、大型的、形态不规则的薄壁组织细胞 $6\sim7$ 层。

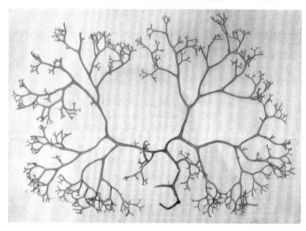

图 10-40　毛孢藻 *Chnoospora implexa* J. Agardh

(引自曾呈奎,1983)

多室孢子囊棒状,由藻体表面细胞产生。

本种生长在低潮带的岩石上。

本种主要分布在东海台湾岛、南海广东沿海。

萱藻科 Scytosiphonaceae

藻体圆柱形、不规则球形或叶片形。前两种藻体中央部分为中空,后一种藻体则为实体。藻体开始由顶端毛基生长,后来为居间生长。无分枝。内部由 $2\sim3$ 层组织构成。髓部有的由丝状细胞组成,有的为无色大细胞组成,有的中央成空腔;藻体皮层为含有色素体的小四角形细胞或长的、短的细胞组成。毛常丛生。

本科大多数物种配子体大于孢子体,为异形世代交替。孢子体为丝状体或壳状体。

多室孢子囊由皮层细胞发育而成;单室孢子囊迄今尚未发现。

多室配子囊由皮层细胞发育而成,配子囊可覆盖藻体表面或仅局限于一部分。

在中国海域已报道的物种分别隶属于以下 5 个属。

萱藻科分属检索表

1. 藻体中实,叶状 ·· 幅叶藻属 *Petalonia*

1. 藻体中空 ·· 2

　　2. 藻体不分枝 ·· 3

囊藻属 *Colpomenia* (Endlicher) Derbès *et* Solier，1851

配子体为肉眼可见的较大个体，块状、袋状、管状。幼时中实，其后变为中空。固着器宽盘状，无柄。成熟藻体长略扁平或多少具角状缺刻。体表散布着由多细胞组成的毛，成束散生。藻体有数层细胞厚，自内向外细胞逐渐变小，无细胞间隙。髓层细胞无色，皮层细胞含有色素体。

多室配子囊在藻体表面群生。

孢子体小形，具有单室孢子囊。

在中国海域内报道有两种：长囊藻 *C. bullosa* (Saunders) Yamada、囊藻 *C. sinuosa* (Mertens *ex* Roth) Derbes *et* Solier。

囊藻 *Colpomenia sinuosa* (Roth.) **Derbès *et* Solier**

藻体褐色至暗褐色，膜质，富韧性，幼时表面平滑，球状，中空囊状，其内充满水分，无柄，以基部附着基质；成长后稍扁压，球状至不规则形状，有时破裂，直径为 4～10 cm，大者可达 20 cm 以上；以宽盘状的基部固着于基质，直径为 3～7 cm，可达 10 cm（图 10-41）。体壁厚度为 250～350 μm，由髓部与皮层组成；皮层为 1～3 层正方形或多角形细胞，含有色素体；髓部由 2～6 层细胞组成，细胞较大，略呈圆形。

生活史为异型世代交替。一般见到的藻体为配子体，多室配子囊由外皮层细胞发育而成，多室配子囊长为 18～40 μm，径为 5～12 μm，通常为两列小室，其中杂有棍棒状隔丝。

本种生长于潮间带低潮线附近岩石上，或附生于其他藻体上。一年生。

本种在中国沿海均有分布。

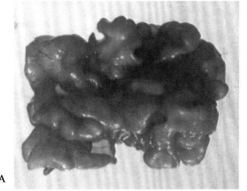

A. 外形；B. 囊藻附着在其他藻体上

图 10-41　**囊藻 *Colpomenia sinuosa* (Roth.) Derbès *et* Solier**

（A 引自曾呈奎，1983；B 引自郑柏林、王筱庆，1961）

网胰藻属 *Hydroclathrus* Bory,1825

在中国海域内报道有两种:细弱网胰藻 *H. tenuis* Tseng *et* Lu 和网胰藻 *H. clathratus* (C. Agardh) Howe。

网胰藻 *Hydroclathrus clathratus* (**C. Agardh**) **Howe**

藻体黄褐色,直径约 30 cm,有时可超过 1 m,粗壮,光滑,形态非常不规则,最初为泡囊状或不规则卵形,后为中空,具有很多小的裂孔,破裂以后形成网状体,网孔圆形,直径通常为 0.5～2 cm,周边的网孔是紊乱的(图 10-42)。网状体的厚度为 600～900 μm,藻体内部由皮层和髓部组成:皮层由 1～2 层细胞构成,细胞小,立方形,具有色素体;髓部由无色、直径为 100～130 μm、形状不规则的大细胞组成。

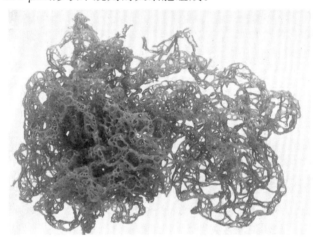

图 10-42　网胰藻 *Hydroclathrus clathratus* (C. Agardh) Howe
(引自曾呈奎,1983)

多室配子囊由皮层细胞发育而成,互相密接,散布在藻体表面。毛成簇分布在藻体表面浅凹窝内。

生活史为异型世代交替。常见到的藻体为配子体。

本种生长在低潮带或潮下带岩石上或死珊瑚碎片上。

本种主要分布于东海台湾岛、南海香港和海南西沙群岛等海域。

幅叶藻属 *Petalonia* Derbès *et* Solier,1850

藻体丛生,外形叶片状,披针形至倒卵形,固着器盘状,有一短柄藻体柔软。藻体内部由两层组织构成,内层为由大型细胞组成的髓部,常混有丝状的小细胞;外层由小型的方形、含色素体的细胞组成。毛散生。

繁殖时,多室配子囊由皮层细胞产生。

通常着生在低潮线附近的岩石上。

在中国海域内已报道有两种:幅叶藻 *P. fascia* (O. F. Muller) Kuntze 和细带幅叶藻(大叶幅叶藻)*P. zosterifolia* (Reinke) Kuntze]

幅叶藻 *Petalonia fascia* (O. F. Muller) Kuntze [*Ilea fascia* (Müll) Fries、*Fucus fascia* O. F. Muller]

藻体绿褐色或橄榄色,质软,披针形至倒卵形,上端往往损伤,柄部较短,固着器盘状。一般长达 6～12 cm,最长可达 35 cm,宽为 0.5～3.5cm,最宽可达 6 cm(图 10-43)。

藻体由皮层和髓部构成,髓部细胞大而无色,6～10 层,中央部位细胞有时疏松,并形成大的腔,腔内充满胶质;皮层由小的方形、含色素体的细胞组成。藻体表面生有长毛。

繁殖时由藻体的皮层细胞向外突出 4～6 排细胞构成多室配子囊。

本种生于低潮线附近岩石上。冬季繁盛。

本种主要分布于渤海和黄海沿岸,为常见种;东海温州南麂岛海域也有分布。

据《台湾东北角海藻图录》(黄淑芳,2000)记载,幅叶藻属 *Petalonia* 还有 1 个物种 *P. binghamiae* (J. Agardh) Vinogradova,中文名谓之"小海带",别名鹅肠菜、白毛菜、脚白菜、舌苔和土海带。

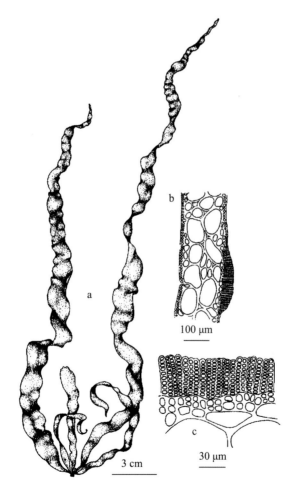

A. 藻体外形;B. 藻体纵切面;C. 藻体纵切面的多室配子囊

图 10-43 幅叶藻 *Petalonia fascia* (O. F. Muller) Kuntze

(引自曾呈奎,2008)

如氏藻属 *Rosenvingea* Bøgesen，1914

藻体分枝，柔软，中空，分枝纠缠成簇，非网状。

中国海域内已报道有两种：错综如氏藻 *R. intricata* （J. Agardh）Bøgesen、东方如氏藻
R. oiirentalis （J. Agardh）Bøgesen。

错综如氏藻 *Rosenvingea intricata* （J. Agardh）Bøgesen

藻体黄褐色，柔软，中空，特别在藻体上端有很多不规则的或互生的分枝，形成了很错
综复杂的一簇。高为10～20 cm。藻体分枝通常扭转，互相黏着，藻体上部分小枝是弯曲
的，分枝顶端急尖（图10-44）。藻体内部中央为一个"空腔"，靠近腔的髓部细胞大形，由一
层多边形（切面观）的小细胞组成的皮层包围着，宽为10～15 μm，每个皮层细胞含有圆盘
形或轻微浅裂的色素体。

多室配子囊棍棒形，长为15～16 μm，径为5～7 μm。毛通常散布在藻体表面。

本种生长在低潮带岩石上。

本种主要分布于南海香港、海南岛等近岸海域。

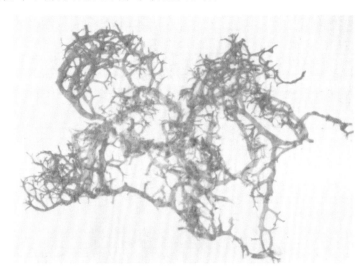

图 10-44 错综如氏藻 *Rosenvingea intricata* （J. Agardh）Bøgesen

（引自曾呈奎，1983）

萱藻属 *Scytosiphon* C. Agrdh，1820

藻体为单条圆柱状体，圆柱状体上有明显的收缩，固着器盘状。幼期藻体内部充满大
型、无色、圆柱形细胞组成髓部，随着成长，髓部中央成为空腔；髓部以外的细胞较小，呈圆
形、多角形；层细胞最小，排列紧密，含有色素体，向外生出毛，毛群生。

多室配子囊由皮层细胞产生，常单列，高约数个细胞，分布在藻体表面；单室孢子囊尚
未发现。

孢子体小形，盘状。

多丛生在潮间带的岩石及石沼内。

在中国海域内仅报道有1个物种。

萱藻 *Scytosiphon Lomentaria* （Lyngbye）Link

藻体黄褐色，深褐色，单条，圆柱形，相隔 1.5～8 cm，有一收缩部分。顶端和基部尖细，固着器盘状。成长的藻体长为 15～70 cm，直径为 0.2～0.8 cm。体被毛（图 10-45）。

发生初期的藻体为丝状体，后由直立丝状体纵分裂形成膜状体。藻体在生长过程中，中央部细胞体积增大，产生长形的髓部细胞，随着藻体成长，髓部细胞逐渐分离，最后中央成空腔，其中储藏气体和黏液；髓部细胞大，3～5 层；外围细胞分裂成为 1～3 层细胞的皮层，皮层细胞小，排列紧密，含有色素体；毛由皮层细胞产生，单生或群生。

无性繁殖时，由孢子体的皮层细胞形成单列多室孢子囊，在孢子囊之间有棒状隔丝。

萱藻为一年生。在中国大陆沿岸均有分布。在黄海和渤海山东半岛沿岸普遍生长，多丛生在潮间带的岩石及石沼内，冬春季生长茂盛。

图 10-45　萱藻 *Scytosiphon Lomentaria* （Lyngbye）Link

（引自曾呈奎，1983）

毛头藻目 Sporochnales

本目物种具有显明的异形世代交替，中型孢子体，配子体小型丝状。孢子体有两点特征是其他目所没有的：第一，枝端细胞成束着生，每枝能生 1 个分枝；第二，生长方式为毛基生长，每根毛下有一分生细胞，因此生长部为椭圆形，生长枝顶端，为一层生细胞组织而成，分生细胞向上生长顶毛，向下生薄壁细胞，互相挤压，紧密组织成为假膜体。

孢子囊均为单室孢子囊，着生于枝顶，游孢子萌发后发育为微小丝状配子体；有性繁殖时为卵配生殖。

本目只有毛头藻科 *Sporochnaceae* 1 个科包含 6 个属，据《中国海洋生物名录》（2008）记载，在中国海域内本目仅有 1 个物种——毛头藻 *Spporochnus radiciformis* （R. Brown ex Turner）/C. Agardh，隶属于毛头藻科 Sporochnaceae 毛头藻属 *Spporochnus* 产地为福建；《中国黄渤海海藻》（2008）记载，本目也仅有 1 个物种，但是隶属于毛头藻科果冠藻属 *Carpomitra* 的肋果冠藻 *Carpomitra costata* （Stackhouse）Batters，产地为山东威海，是由

Cotton 于 1915 年报道的,但没有任何形态、习性等记述,而迄今尚未采到这一物种的标本;《中国海洋生物种类与分布》(2008)没有收录这两个物种。根据上述报道的情况,目前在中国近岸沿海能否采到这两个物种,看来可能存在疑问。

酸藻目 Desmarestiales

本目物种的世代交替显明,两个世代的藻体不相等,孢子体中型至大型,配子体为丝状,孢子体大的可达 4～5 m 长,以一盘形或圆锥式固定器附着于基质上,藻体羽状分枝甚繁,有长枝和短枝之别,为假膜组织,多为扁压,但亦有不少为圆柱形或卵形。短枝呈毛状,单列,单条或对生,轮生分枝,生长方式为毛基生长。

无性繁殖为孢子体产生单室孢子囊,孢子囊分生或集生成群。游孢子萌发成为丝状配子体。

有性繁殖的雌雄孢子体异体,为卵配生殖,卵成熟时被排出卵囊外,停留在空囊上,等待受精。每一精囊只产 1 个精子,合子萌发成孢子体。

酸藻目有酸藻科 Desmaretiaceae 及 Arthrocladiaceae 两科三属,均为寒带海洋性种。在中国海域只发现 1 属 1 种。

酸藻科 Desmarestiaceae

藻体直立,分枝圆柱状或扁压至扁平的叶状,互生或对生。生长初期为毛基生长。中轴是永久性的,有明显的轴细胞列。髓部细胞大,无色。皮层为 1～3 层小细胞,含色素体。

单室孢子囊散生在叶的表面;配子体微小丝状,雌雄同株或异株。

酸藻属 *Desmarestia* Lamour,1813

藻体分枝甚繁,两年生的种类藻体很大,可达 2 m,一年生的较小。基部由盘形固着器固着岩石上。分枝呈亚圆柱形,主轴扁压,由假膜组织构成。横切或纵切藻体的任何部分,可见中间有一大的中轴与许多延长的细胞,在较老部分的细胞具有厚壁,在成熟部,中轴由宽的皮层细胞包被,外皮层由一些含有扁豆形色素体的小细胞组成。内皮层由一些含有几个或不含色素体的大细胞组成。在皮层细胞间有许多较小的细胞—藻丝,是由内皮层产生的。中轴的细胞延长贯穿整个藻体,产生许多分枝,在细胞的横壁上有小孔,小孔的分布,最初不规则,后来集成 4～5 个。这些小孔可通过细胞质丝——胞间联丝,可能是组成了一个类似的输导系统。

生长方式为毛基生长,分生细胞在顶毛的基部,向上生长的细胞继续形成毛,向下生成为中轴的一部分。初生中轴节部在上端产生侧毛状分枝,由表皮细胞分裂产生皮层,从皮层细胞产生藻丝及主轴向下生分枝。

酸藻的孢子囊由孢子体的表面细胞切线分裂形成,产生几个游孢子(第一次分裂为减数分裂),孢子囊在皮层细胞集生成小群。游孢子含一个色素体,一个眼点,两根侧生鞭毛。

游孢子萌发成丝状配子体,雌配子体细胞较大,卵囊呈管形,只形成一个卵,成熟后由卵囊顶端开孔逸出,但停在卵囊顶端;雄配子体的细胞较小,分枝较多,精子囊由丝体分枝的顶端细胞形成,群生或单生,呈卵圆形,每个精子囊产生一个精子。成熟时由精子囊顶端的小孔逸出,卵受精后发育为合子。

　　合子发育时,先横分裂为细胞,上面的分裂形成单列不分枝的直立丝,成为初生主轴;下面的形成假根。后来初生主轴对生分枝,3～4回后,主轴下部形成皮层,并产生分枝,基部的集结成束,主轴顶端稍下的部分出现中间分生细胞(图 10-46)。

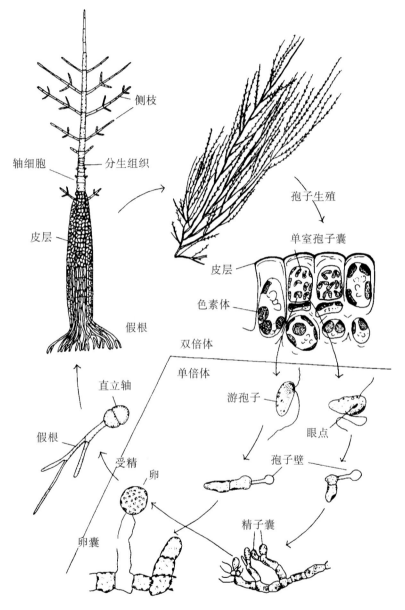

图 10-46　酸藻 _Desmaretia_. sp. 生活史

(引自 Lee,1980)

　　酸藻属多生于寒冷的海域,亚低潮线下岩石上,有一年生的物种,也有多年生的物种。
　　在中国海域内已报道的有两个物种:酸藻 _D. viridis_ (O. F. Muller) J. V. Lamouroux 和舌状酸藻 _D. ligulata_ Stackhouse。

酸藻 *Desmarestia viridis* (O. F. Muller) J. V. Lamouroux [*Fucus viridis* O. F. Müller]

藻体淡黄色,下部圆柱状,数回对生羽状分枝,向上分枝渐尖细,呈极细毛状,各枝有中轴,分枝多而密,相距 2～7 mm,对生,固着器圆盘状。藻体高 10～100 cm,下部直径 3 m,上部呈细毛状。枝的上部开始有单列毛,后脱落(图 10-47-1,图 10-47-2)。

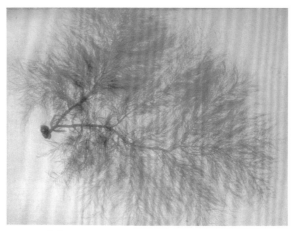

图 10-47-1　酸藻 *Desmaretia viridis* (O. F. Muller) J. V. Lamouroux

(引自曾呈奎,1983)

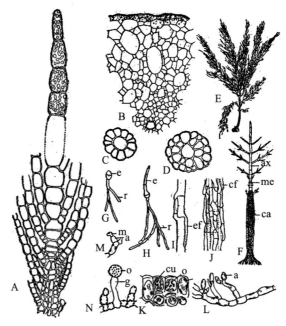

A. 藻体顶端;B. "茎"的横切面;C,D. 不同生长期分枝的横切面;E. 藻体外形;F. 幼体图解;
G,H. 幼胚;I,J. 皮层的发育;K. 孢子囊切面观;L. 雄配子体;M. 放散精子;N. 雌配子体
a. 精子囊;ax. 主轴;c. 色素体;co. 皮层;cf. 皮层丝;cu. 胶质膜;e. 直立丝;g. 卵囊;m. 精子;
me. 分生细胞;o. 卵;r. 假根;u. 单室孢子囊

图 10-47-2　酸藻 *Desmaretia viridis* (O. F. Muller) J. V. Lamouroux

(引自郑柏林、王筱庆,1961)

本种生长在海水流动速度快的大干潮潮线下 1～3 m 的岩石上。春季孢子体繁茂。本种主要分布于渤海和黄海沿岸,为常见物种。

海带目 Laminariales

本目为褐子纲中最进化的类群,配子体微小,丝状,和本纲其他目的配子体相似,有性繁殖均为卵式生殖,卵成熟时被排出停留在空卵囊的顶端等待受精。每个精子囊只产生一个精子,卵受精后即萌发为合子。

孢子体均为大型膜状体,单条或分枝,圆柱状至扁平,构造也很复杂,非其他藻所能比拟。除一属外,藻体有"叶片"、"茎"部之分,基部固着器盘形或分枝的根状。

孢子囊遍生于叶片上,或生在特殊的孢子叶上,均为单室孢子囊。本目藻体的孢子囊发育过程都相同,开始由皮层细胞向外延伸成栅栏状细胞,每个细胞分裂为两个细胞,下面的小,为基部细胞,上面的继续伸展成隔丝。隔丝顶部宽,互相连接,其外面常有胶质膜,以保护孢子囊群的发育。

隔丝为指状,内含有许多色素体,往往还有丰富的褐藻聚糖囊存在。孢子囊长方形或长椭圆形,由隔丝之间的基部细胞生出。在孢子囊发育时,隔丝可起保护作用。在海带属和一些别的属,膜是形成连续的一层,覆盖孢子囊群,但也有的仅在顶端稍加厚。

孢子囊所产生的游孢子数目不同,海带属为 32 个,有的种为 64 个或 128 个,绳藻为 16 个。成熟孢子囊顶端由于生殖细胞的形成以及胶质膜的形成变厚,孢子囊由此裂开放散出游孢子。游孢子梨形,有两条不等长的侧生鞭毛,长的在前面,短的在后面,并含有一碟形色素体。孢子遇适宜基质即附着,萌发成配子体。

本目有 4 科 30 多个属,大多数生寒带、亚寒带,但有少数生活于暖温带。在中国沿海自然分布的有 4 种,加上由日本移植过来的海带 *Laminania japoiniea* 共有 5 种。

海带目分科检索表
1. 藻体没有"柄"和"叶片"的分化 ································· 绳藻科 Chordaceae
1. 藻体具有"柄"和"叶片"的分化 ······························· 2
　2. "叶片"进行纵分裂,一直延伸到生长区,结果使最初的"叶片"分裂成许多"叶片",并增加了许多居间分生组织 ·································· 巨藻科 Lessoniaceae
　2. "叶片"总分裂不延伸到生长区 ····························· 3
3. 单室孢子囊群生长在 藻体"叶片"上······················· 海带科 Laminariaceae
3. 单室孢子囊群生长在藻体特殊的孢子叶上 ················· 翅藻科 Alariaceae

绳藻科 Chordaceae

孢子体褐色,圆柱形,中空,部分有隔膜分隔体腔。直立不分枝,由基部盘状固着器生出。在夏季被无色透明毛,有的种类毛细小,也有的被有色素体的毛。

有明显的世代交替。孢子体大,配子体极小。藻体成熟时,孢子囊群面积逐渐扩大。

在中国海域内仅有 1 属。

绳藻属 *Chorda* Stackhouse,1797

藻体褐色,圆柱形,单条,固着器圆盘状,体长可达 1 m 以上。髓部细胞 3～8 层。成熟的藻体中央为含有气体及黏液的空腔,并有藻丝形成的隔壁;皮层细胞单层,含有色素体,间生无色毛。

单室孢子囊由皮层细胞产生,椭球形,群生,之间由侧丝隔断。

配子体雌雄异体,为微小的丝状体,有分枝。雄配子体的细胞小,含有 2～4 个色素体;雌配子体的细胞大且内含很多色素体。精子囊和卵囊生于短枝侧面或顶部。

春季生长在低潮线附近。

在中国海域内仅报道有 1 个物种

绳藻 *Chorda filum* (Linnaeus) Stackhouse [*Fucus filum* Linnaeus]

藻体褐色,呈不分枝的鞭状,中空,顶端尖细,固着器为小而不规则的圆盘状,通常几个藻体丛生于同一固着器上。长为 1～3 m,宽为 2～5 mm。在夏季常密生无色或淡黄色的细毛(图 10-48)。

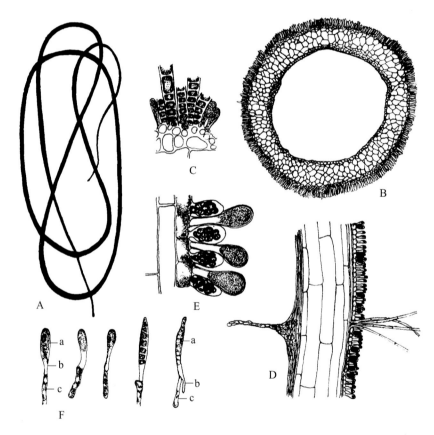

A. 藻体外形;B. 藻体横切面;C. 藻体横切面(部分)示毛的基部和隔丝;D. 藻丝纵切面(部分);

E. 藻丝纵切面(部分)示单室孢子囊和隔丝;F. 幼孢子体发育(a. 直立丝体;b. 假根;c. 配子体)

图 10-48　绳藻 *Chorda filum* (Linnaeus) Stackhouse

(引自郑柏林、王筱庆,1961)

成熟藻体的表层为含有色素体的等边或栅栏状细胞组成,它的内部有 1～2 层狭长的细胞,皮层细胞宽大延长,愈内愈狭,髓部细胞细长,具有喇叭丝的特性。多数藻丝从皮层内部细胞生出,横生至空腔,适宜地集生成横膈膜。中央空腔含有气体及黏液。藻体表面细胞含有色素体,间生无色毛。

繁殖时,由皮层细胞形成单室孢子囊,为长椭球形,长径为 30～50 μm,短径为 10～15 μm。最初由栅栏状的皮层细胞基部分裂成两个细胞,上面细胞延长成隔丝,基部细胞发育成孢子囊。隔丝为单细胞棍棒状,孢子囊在隔丝之间,孢子囊母细胞核第一次分裂为减数分裂,后继续分裂成 16 个,最初核排在孢子囊中间,色素体在外围,后来核移动并与色素体联合,形成 16 个游孢子,孢子梨形,侧生两条不等长的鞭毛,并含一盘形色素体。成熟后由囊顶开孔逸出。游孢子萌发成雌、雄配子体。

配子体分枝较多,雌配子体上形成卵囊,卵囊成熟后卵子被排出,部分连接卵囊壁上。雄配子体上形成精子囊,每囊内产生一个精子,精子成熟后逸出游至卵子处进行受精,发育为合子,合子发育成孢子体。

绳藻一年生,春季生长在低潮线附近,静止水中的岩石上或贝壳上,藻体上部可浮于水面。

绳藻主要分布于渤海和黄海沿岸,为常见的物种。

巨藻科 Lessoniaceae

本科包含褐藻门中藻体最大(也是所有海藻中个体最大)的物种。孢子体成功地分化为"固着器"、"柄"和"叶片"三部分。一个藻体具有 1 个或多个叶片,叶片基部通常还有气囊。孢子体的生长是依靠叶片和柄的交界处(叶片基部)的胞间分生组织的作用,分生组织生长使叶片和柄不断增长;配子体微小、丝状。

无性生殖由孢子体产生单室孢子囊,由游孢子发育成配子体;有性生殖为卵式生殖,由配子体产生不能游动的卵和能游动的精子,受精后的合子发育成孢子体。

主要分布在南美、北美西海岸潮下带浅海区。

迄今为止,中国海域未发现有本科的自然生长的物种。但在上世纪后期由南美引进的梨形巨藻 *Macrocystis pyrifera*,曾移植在大连,蓬莱长岛和青岛渤海海域。

巨藻属 *Macrocystis* Agardh,1820

本属包含巨藻科内藻体最大的物种,成体体长可达 60 m 左右。外形上分固着器、柄和叶片三部分。固着器有很多分枝,并相互交织而成,主柄部分较短,叶片多数。孢子体的生长是依靠叶片和柄的交界处的胞间分生组织的作用,分生组织活动的结果使叶片和柄不断增长。

无性繁殖产生游孢子;有性繁殖为卵式生殖。主要分布在潮下带浅海区。

梨形巨藻 *Macrocystis pyrifera* (L.) C. Ag.

藻体外形上分固着器、柄和叶片三部分。体长可达 60 m 左右,是藻体最大的物种之一。固着器由很多分枝相互交织而成,具有很强的固着力,主柄部分较短,叶片多数(图10-49)。孢子体的生长是依靠叶片和柄的交界处的胞间分生组织的作用,分生组织活动的结果使叶片和柄不断增长。叶片的增多是由于在叶片基部开裂的结果。裂开的叶片基部

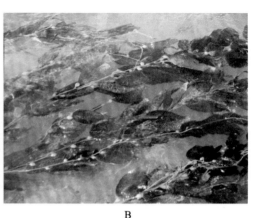

A. 示蜡叶标本;B. 自然生长状态时的巨藻;C. 正在收割时的巨藻

图 10-49　梨形巨藻(巨藻)*Macrocystis pyrifera*(L.)C. Ag.

(图片由中国水藻科学院、黄海水藻研究所王飞提供)

与新形成的柄的交界处仍有胞间分生组织的作用,叶片基部继续开裂,最后使藻体具有很多叶片。在新形成的柄与裂开的叶片交界处生有气囊。藻体由固着器固着在海底岩石上,整个藻体在海水中悬浮,部分叶片可漂浮在水面;藻体内部分化为三层组织构造:中央髓部由多细胞、不分枝的、无色的丝体[髓丝(Hyphae)]纵(垂直丝体)横(连接丝体)交错而成,有的纵向伸展的丝体在细胞连接处呈喇叭状膨大而演化成喇叭丝(Trumpet phyphae),并具有类似"筛板"的结构。这一构造可与维管植物的筛管相比拟(Olivers,1887;Sykes,1908),具有输导组织的作用;皮层是由纵向长形细胞紧密排列组成,皮层区中有黏液腔,能分泌黏液,皮层最外层细胞含有色素体;表皮层通常由一层小型的内含多数小形色素体的细胞组成。

　　单室孢子囊是孢子体所产生的唯一的繁殖器官,由表皮层细胞分裂产生,表皮细胞首先产生单细胞直立的隔丝,隔丝顶端有一个明显的胶质状的冠,隔丝呈栅栏状排列。在隔丝呈栅栏状排列的形成过程中,单室孢子囊随即形成,孢子囊棒状,约为隔丝长度的 2/3。

幼期的孢子囊单核,开始产生孢子时,孢子囊内单一的细胞核首先进行减数分裂,继而有丝分裂,产生 32 或 64 个细胞核,然后细胞质被分割成单核的原生质体,最后演化成游孢子;游孢子发生成雌、雄配子体。配子体为小型、多细胞丝状体。雌配子体的细胞通常较大于雄配子体的细胞。有性生殖为卵式生殖。

巨藻主要分布在潮下带浅海区,是南美、北美西海岸潮下带浅海区的优势物种。

巨藻本身不仅具有重要的经济价值;大量生长的巨藻营造成"海底森林",引来了各种海洋生物,构成了特殊的海洋生态环境,在海洋生态系统内有重要贡献。

海带科 Laminariaceae

孢子体大型,配子体微小丝状。孢子体分化成"固着器"、"柄"及"叶片"。固着器发达,具有许多分枝也称假根;"柄"为长柱状,称为柄长;"叶片"扁平,单条,中央部较厚称为中带部(fascia),叶面平滑或沿中央线两侧凹凸,边缘呈波浪状。"柄"和"叶片"均由髓部、皮层及表面层三部分组成,"叶片"和"柄"均具有黏液腔或没有。藻体生长为居间生长,分生细胞在叶片基部与茎连接处。

无性繁殖时,由叶片皮层细胞形成单室孢子囊,孢子囊间生有隔丝。

有性繁殖为雌雄异体,卵式生殖。配子体丝状,雄配子体细胞较多,每个精子囊产生 1 个精子;雌配子体由 1 个或几个细胞组成,1 个卵囊只产生一个卵子,卵子排出后附着在卵囊壁上,受精后发育为合子。

据《中国黄渤海海藻》(2008)记载,在中国海域内本科包含 3 个属:昆布属 Ecklonia、海带属 Laminaria,还有孔叶藻属 Agarum。同时有提到孔叶藻属是由英国藻类专家 V. M. Grubb 在我国北戴河采到一株据称是在大风之后漂来的标本。但迄今还没有其他人采到这种标本。这很可能是由外轮带来的,附着在船底的藻体,在北戴河海域掉落下来,但没有繁衍生息的条件而绝后的缘故,而实际上中国海域内没有这一物种。《中国海洋生物名录》(2008)没有收录这一物种。

海带科分属检索表

1. 藻体叶片呈宽带形 ··· 海带属 Laminaria
1. 藻体叶片两侧深裂 ··· 昆布属 Ecklonia

海带属 Laminaria Lamouroux,1813

藻体褐色,由"固着器"、"茎"与"叶"三部分组成。"叶"扁平,单条。藻体生长为居间生长,分生细胞在叶片基部与茎连接处。

无性繁殖时,由表皮细胞形成单室孢子囊。单室孢子囊成群,可遍布叶片两面。

有性繁殖为卵式生殖。

海带属物种主要分布在冷温带,在大干潮潮线以下的岩石上或在海底基质上固着生活。

在中国海域仅有海带 Laminaria japonica 1 个物种。

海带 Laminaria japonica Aresch

海带孢子体长度可达到 5～6 m,但一般为 2～4 m 长,褐色,有光泽,藻体由"叶"、

"茎"、"固着器"所组成。茎部圆柱形或扁圆柱形,一般为 5～6 cm 长,海带幼小时固着器为盘状,后逐渐分生出假根,假根两叉分枝茂盛,常呈帚状假根,假枝分枝,枝端各具基质上;叶片生在柄的上部,单一无分枝,扁且宽,中央厚度较厚,为 2～5 mm,边缘波褶状较薄,叶片成熟时一般为约 30 cm 宽,最宽可达 50 cm(图 10-50、图 10-51、图 10-52)。带状,称为中带部,中带部与边缘之间常有两条浅沟,称为纵沟。"柄"、"叶片"相接的地方为生长部,常呈楔形、圆柱形、心脏形。

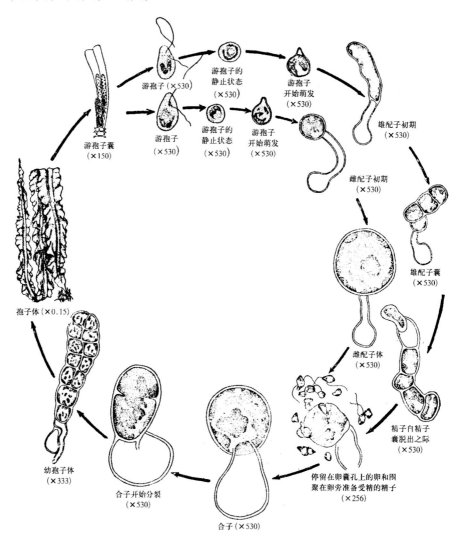

图 10-50 海带 *Laminaria japonica* Aresch
(引自曾呈奎等,1962)

孢子体的幼龄期叶表面平滑,小海带期叶片表面出现凹凸现象,成长为大海带则平直。

孢子体的构造比较复杂,随着藻体的生长,内部构造逐渐分化完整。叶片和柄都可分为表皮、皮层、髓部三层组织,而假根仅有表皮和皮层的分化。表皮为最外面的一层组织,由1～2层方形小细胞组成,排列整齐、紧密,内含有小椭球形色素体,表皮外有胶质层,有保护作用,是由黏液腔分泌而成;皮层是介于表皮与髓部的一层组织,为方形或长方形的薄壁细胞组成,接近表皮之间的为外皮层,接近髓部的为内皮层。自表皮向内的细胞逐渐增大,外皮层的细胞排列不整齐,细胞壁簿。内皮层细胞的细胞壁厚,排列整齐。色素体只分散于细胞壁的内侧;髓部是叶片和柄的中部组织,由许多无色的丝组成。髓部由许多横生或斜生的丝体相连,这类髓丝叫联丝。有些相连的髓丝顶端膨大很象喇叭,叫喇叭丝。喇叭丝是由内皮层细胞分化而来,内皮层细胞逐渐长大,两端膨大相连。膨大处形成盘,并有小孔,叫"筛板",髓部具有输导作用。"柄"的加粗是由皮层的细胞继续分裂产生新细胞实现的,因季节的不同,生长速度也不一样,因此,可以在多年生海带的柄部见到类似年轮的轮纹。老的柄部细胞,在内皮层的细胞壁上有小孔,原生质可以由此沟通,很象原生质丝。

　　黏液腔是分布在柄部与叶片的外皮层内的一种特殊构造,柄部的黏液腔排列成一层,最初在皮层细胞当中发生,开始时为细狭缝,再向四周呈放射状的延伸,到达表皮,成为纺锤形的腔,许多黏液腔互相连成网状。黏液腔的内面最初是小细胞,含有大的细胞核及丰富的细胞质。这些细胞继续分裂,在腔内形成不规则的一层能分泌黏液的分泌细胞。

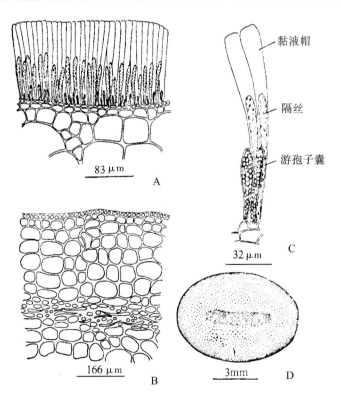

黏液帽

隔丝

游孢子囊

83 μm

A

32 μm　C

166 μm

B

3mm　D

A. 叶片横切面示孢子囊;B. 叶片中部横切面;
C. 孢子囊、隔丝、黏液帽;D. 柄部横切面。

图 10-51　海带 *Laminaria japonica* Aresch

(引自曾呈奎等,1962)

海带的生长为居间生长,生长部在叶片与柄之间,生长部的区域随海带孢子体的长大而有所增大,分生细胞的体积小,壁薄内含有浓厚的原生质及较大的细胞核,分张能力很强。在生长季节,生长部的细胞不断的分生,此外,生长部以外的细胞也有所长大,从而使藻体体积增大。孢子体冬春季叶片上出现凹、凸,是由于此时的细胞分裂和细胞体积增大的速度不均匀的结果。

无性繁殖时,由叶片皮层细胞产生孢子囊,孢子囊集生成群,暗褐色,在叶的两面不规则分布。孢子囊可分别在初夏和秋季产生。每一个孢子囊形成 32 个游孢子,游孢子成熟后,由孢子囊顶逸出,遇适宜生长基质即附着萌发为胚孢子,再进一步发育为单细胞或丝状的雌、雄配子体。

有性繁殖为雌雄异体。雄配子体为多细胞丝状体,细胞含有少数色素体,由顶端细胞发育为精子囊。精子囊无色,1 个精子囊形成 1 个精子。精子梨形,具两根侧生鞭毛,前长后短;雌配子体为 1 个细胞(在人工培养下,可生长为多细胞),圆形,含色素体较多,颜色较深,卵囊上尖下圆,内含 1 个卵子。成熟卵由卵囊顶端小孔排出,但并不完全离开,而停留在卵囊顶端等待受精。精子游泳至卵处,与卵接合受精成合子,合子仍附着于卵囊顶端,不经休眠就继续分裂长成幼孢子体。

海带原产于日本,生长在冷水性海域。中国现在生长的海带主要是由日本移植过来的。现在中国沿海由北至南均能利用科学化的筏式养殖,大面积的养殖起来。

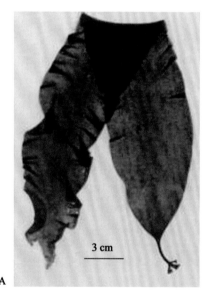

A. 幼体;B. 成体

图 10-52　海带 *Laminaria japonica* Aresch 藻体外形

(A 引自曾呈奎等,1962;B 引自曾呈奎,1983)

昆布属 *Ecklonia* Hornem,1828

昆布属物种的固着器假根状或成匍匐状,自其上生出新枝条;柄部呈圆柱状,不分枝;

叶片单条或羽状,以至复羽状分枝,叶缘多呈粗锯齿状。黏液腔道 1～2 层,呈环状排列。

游孢子囊群生在叶片的表面。

在中国海域内仅有 1 个物种。

昆布(鹅掌菜)*Ecklonia kurome* Okamura

藻体褐色,干燥后呈黑色,革质,假根分枝,柄圆柱形或稍扁,较长,长为 1～2 m,直径为 10～15 mm,中部略宽两端较细,成长后中实。黏液腔在皮层呈环状排列。幼叶宽,带状,中部稍厚,为 2～3 mm,两缘逐渐成皱褶,侧面生出羽状分裂,后来中部增厚,羽状裂叶呈皱褶,边缘通常呈粗锯齿状(图 10-53,图 10-54)。

孢子囊群生羽状裂叶上。

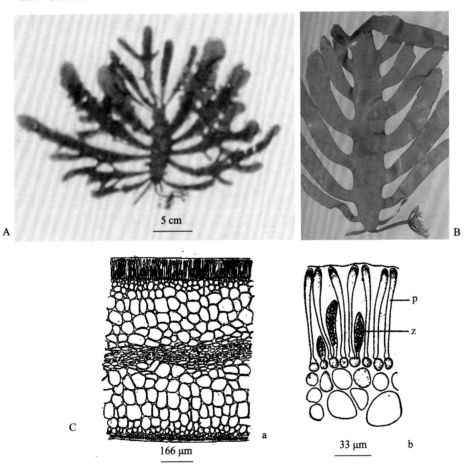

A.B. 藻体外形;C.藻体内部构造;a.纵切面;b.孢子囊(z),隔丝(p)

图 10-53　昆布(鹅掌菜)*Ecklonia kurome* Okamura

(A 引自曾呈奎等,1962;B 引自曾呈奎,1983;C 引自曾呈奎,2008)

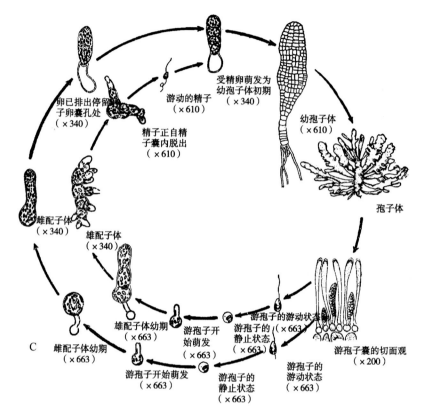

图 10-54　昆布(鹅掌菜)Ecklonia kurome Okamura

(引自曾呈奎等,1962)

昆布为温带性藻类。多年生,生于低潮线下 5~15 m 深岩石上。

昆布曾分布于东海渔山列岛、莆田、平潭海域。

翅藻科 Alariaceae

孢子体大型,分假根、柄及叶片三部分,叶片具裂叶。孢子囊生在特殊的孢子叶上,孢子叶由叶边缘或基部形成。藻体为居间生长。

在中国海域内仅有 1 属 1 种。

裙带菜属 *Undaria* Suringar,1873

藻体幼期卵形或长叶片形,单条,在生长过程中逐渐分裂为羽状,有隆起的中肋结构,或加厚似中肋,有毛窠,无黏液腔,但有点状黏液细胞。

繁殖时由柄部的两侧延伸出木耳状折叠的孢子叶,产生单室孢子囊;有性繁殖与海带相似,配子体雌雄异体。

裙带菜 *Undaria Pinnatifida*(Harv.)Sur

裙带菜孢子体呈黄褐色,呈披针形,长为 1~1.5 m,有时能达到 4 m,宽为 0.6~1 m。分为叶片、柄和假根三部分。由叉状分枝的假根所组成,末端略粗大,用以固着于岩礁上;

茎部扁压,中间稍隆起,边缘有狭长的突起,突起延长到叶片,随着藻体生长、成熟,突起也逐渐生长,最后呈现出木耳状重叠的结构,成为孢子叶;叶片中部有从茎伸长而来的中肋,两侧形成羽状裂片。叶面上散布着许多黑色小斑点,为黏液腺。叶面全部被毛(图 10-55、图 10-56)。

　　裙带菜内部构造与海带相似,分为表皮、皮层及髓部三部分。表皮内含色素体,排列紧密,黏液腺细胞由表皮细胞产生为椭圆形或圆锥形的单一囊体,常分泌黏液渗出叶面,由叶面观察,黏液腺为多角形的小孔,四周表皮细胞以小孔为中心呈放射状排列。腺体中的内含物为无色透明的颗粒,它们很容易变成黏液渗出体外,藻体干燥后,这种内含物呈暗褐色;皮层介于表皮与髓部之间,为薄壁细胞,细胞较大,但甚疏松;髓部由无色藻丝组成,藻丝纵横相连,连接处膨大为喇叭丝。

　　无性繁殖时,在茎侧特殊木耳形的孢子叶的表面可形成孢子囊群。孢子囊由皮层细胞形成,生在许多棒状的隔丝中间。隔丝的顶部细胞膜加厚,成为黏膜套。游孢子梨形,具两根不等长的侧生鞭毛。

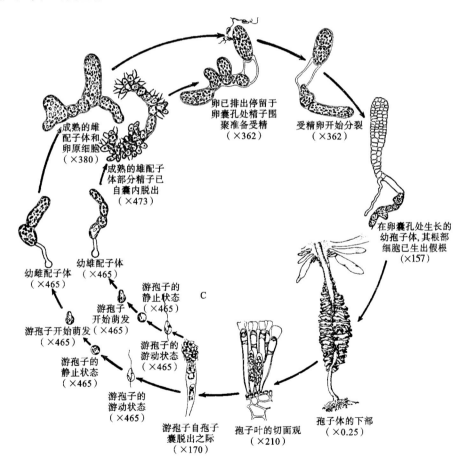

图 10-55　裙带菜 *Undaria Pinnatifida*（Harv.）Sur

（引自曾呈奎等,1962）

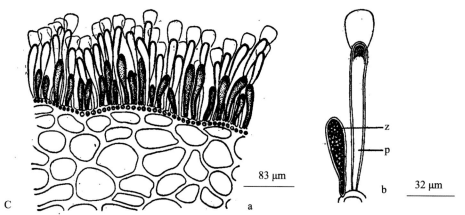

A,B. 藻体外形;C. 群带菜内部构造

a.孢子叶的切面观;b.高倍镜下的游孢子囊(z)和隔丝(p)

图 10-56　裙带菜 *Undaria Pinnatifida*(Harv.)Sur

(A 引自曾呈奎,1983;B 引自曾呈奎等,1962;C 引自曾呈奎等,2008)

　　孢子囊成熟后,叶子大半衰烂。青岛的裙带菜在五月水温超过 15℃的时候,大多数都已成熟,放散大量游孢子。

　　有性繁殖与海带相似,配子体有雌雄分化。

　　裙带菜的生活史与海带相同,但裙带菜的孢子体是一年生。从繁殖器官进化的角度来看,裙带菜比海带要高级些,因其孢子囊生长在特殊的孢子叶上。

　　虽然海带类的海藻一般都属寒带性物种,但是裙带菜却是少数例外,为温带性。它能忍受较高水温,因此在受暖流影响的地区,也能生长,日本的裙带菜分布于九州至北海道的日本沿岸,这些地区都有黑潮或其支流,如对马暖流经过。中国的嵊泗列岛是黑潮一支流经过地区,裙带菜的自然分布丰富。一般说来,裙带菜适宜生活在风浪不过大、矿质养分较多的海湾内,固着在低潮线以下 1～4 m 深的岩石上。裙带菜生长的海域,由于所处纬度和海水温度的不同,在藻体形态上有明显的变化。因此,日本学者认为裙带菜可分为两型:"北海形种(Forma *distans* Miyabe *et* Okam.)分布于纬度较高的北方海区,海水温度较低,藻体体形较为细长,羽状裂片的缺刻接近中肋,柄较长,孢子叶距叶片有相当的距离;暖海形种(Form *typica* Yendo)分布于纬度较低的南方海中,形状和北海形种恰相反,即羽状裂片缺刻浅,柄较短,孢子叶接近叶部,浙江嵊山自然生长的裙带菜属此型。裙带菜同样是一种很好的海洋蔬菜,也可作为提取褐藻胶的原料。

在我国黄海大连、荣成等地已开展了裙带菜的筏式养殖工作,其养殖的裙带菜主要来自日本和韩国。属于"北海型种"。

不动孢子纲 Aplanosporeae

本纲内物种的无性繁殖产生不动孢子,一般为四分孢子。在形式上四分孢子原为红藻的特征,因此以前有些藻类学家将这类列入红藻门,但从所含色素,光合作用产品,具有游动精子及其他特征看,本纲毫无疑问应属于褐藻。

有性繁殖为卵式生殖,精子为梨形,确知前端具有鞭毛一条,但有些藻类学家认为侧生鞭毛实有长短两条,因短者不显著常被忽略。这一争执点迄今尚未能解决,本纲只有一目。

网地藻目 Dictyotales

本目藻藻体外形扁平,双分枝,具有或没有中肋。顶端生长,或为边缘生长。顶端细胞大。成熟藻体分化成髓部与皮层,髓部由 1 至数层大的细胞组成;皮层由 1 层小的细胞组成。

孢子体仅产生单室孢子囊,孢子囊群分布在扁平藻体的表面,产生 4 个或 8 个不动孢子。

有性繁殖雌雄异体、卵式生殖。卵囊单生或成小的卵囊群。每个卵囊产生 1 个卵;精子囊成小的精子囊群,精子囊多室,每室产生 1 个侧生鞭毛、前端具眼点、梨形的精子。

孢子体和配子体同形,生活史为同型世代交替。

本目仅有 1 科。

网地藻科 Dictyotaceae

科的特征同目。

在中国海域内本科的物种分布隶属于 8 个属:网地藻属 *Dictyota*、团扇藻属 *Padina*、网翼藻属 *Dictyopteris*、厚缘藻属 *Dilophus*、匍扇藻属 *Lobophora*、厚网藻属 *Pachydictyon*、褐舌藻属 *Spatoglossum*、圈扇藻属 *Zonaria*。

网地藻科分属检索表

1. 藻体二叉、亚二叉分枝,枝宽线形 ……………………………………………… 4
1. 藻体扇形,或呈开裂的叶片状 …………………………………………………… 2
 2. 藻体柄部至中部覆盖着褐色的毛,非同心纹排列 ……………… 圈扇藻属 *Zonaria*

网地藻属 *Dictyota* Lamour,1809

　　藻体褐色,膜质,扁平重复地二歧分枝,其基部由分枝假根或固着器固着于基质。顶端生长,由透镜形的分生细胞进行分裂。顶端细胞横分裂成初生节部细胞,节部细胞再行纵分裂,增加藻体的宽度。藻体分枝是由顶端细胞纵分成两个相等的原始顶端细胞,由它们继续分裂形成。不定枝的产生是由单一的边缘细胞分裂而来。

　　成熟藻体分为三层:中层由大的长方形的无色或含几个色素体的细胞组成,其中含有反光强的小球体,是由几种储存物质组成,由细胞质丝联系;外层由小的含有色素体的细胞组成,无色毛生于藻体表面,或当期则脱落。

　　无性繁殖时,产生不动孢子(四分孢子)。孢子囊球形,单生或集生,由表面细胞形成,从上生横壁与母细胞分隔。当孢子囊膨大时,细胞核的体积也增大。核的第一次分裂为减数分裂,再分裂成四个核,十字形分裂形成四个孢子。成熟孢子由孢子囊顶散出,分泌纤维素壁直接萌芽成配子体。有时孢子在孢子囊内即萌发。

　　有性繁殖为雌雄异体。精子囊与卵囊可分布于整个藻体,表面观为椭圆形,切面观为扇形,表面为角质膜所覆盖。卵囊深褐色,有 20~25 个卵囊集生成群,每个卵囊产生 1 个卵,成熟后由卵囊顶端裂开逸出;精子囊无色,集生成群,周围被 3 行或更多行的长形、含有色素体的不育细胞(似精子囊)包围,精子囊先纵分裂(垂直表面)然后进行横分裂,成熟的精子囊群横切面观,可见为 32~64 个室由纤细壁分隔,每个精子囊群包括 100~200 个精子囊,每个精子囊约发育成 1 500 个精子。精子梨形,前端有 1 眼点,后部含 1 个大核,近眼点处生长 1 根细长鞭毛。

　　网地藻 1 年生,多生于热带及温带海低潮带附近岩石上及石沼内。

　　在中国海域内已报道有 7 个物种:拜氏(萤光)网地藻 *D. bartayresiana* Lamouroux、鹿角网地藻 *D. cervicornis* Kützing、网地藻 *D. dichotoma* (Hudson) Lamouroux、叉开网地藻 *D. divaricata* Lamouroux、脆弱网地藻 *D. friabilis* Setchell、线状网地藻 *D. linearis* (C. Agardh) Greville、刺叉网地藻 *D. patens* J. Agardh。

(双叉)网地藻 *Dictyota dichotoma* (Hudson) J. V. Lamouroux [*Ulva dichotoma* Hudson]

　　藻体直立,黄褐色,膜质。高为 6~10 cm,通常为二叉分枝,分枝的顶部钝圆。叶片厚为 120～140 μm，由两层小的表皮细胞和一层近方形的髓层细胞组成（图 10-57、图 10-58）。

生活史为同型世代交替。下图为网地藻的生活史图解，其中也图示了藻体型态、结构、四分孢子囊、精子囊群和卵囊群。

网地藻生长在低潮带的岩石上。青岛的生长季节均在夏、秋。

网地藻主要分布于黄海山东沿海，东海台湾岛，南海广东、香港、海南（海南岛和南沙群岛）等海域。

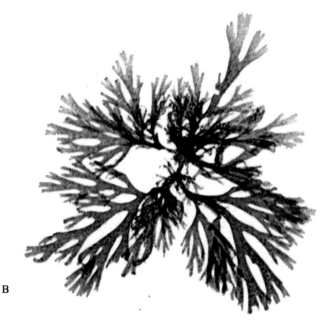

图 10-57　（双叉）网地藻 *Dictyota dichotoma*（Hudson）J. V. Lamouroux 藻体外形

（A 引自曾呈奎，1983；B 引自《浙江海藻图谱》，1983）

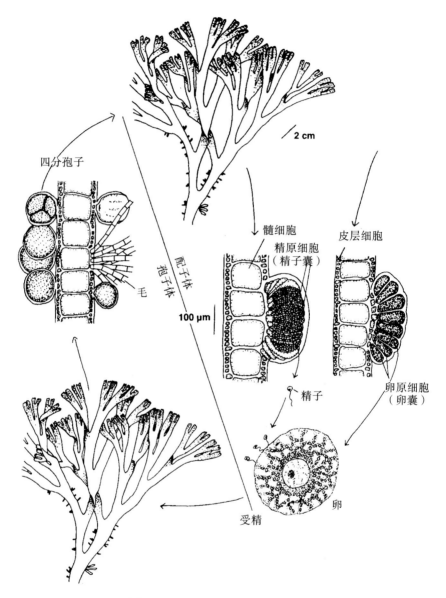

图 10-58　（双叉）网地藻 *Dictyota dichotoma* （Hudson）J. V. Lamouroux 生活史

（引自 R. E. Lee,1980）

团扇藻属 *Padina* Adans,1763

　　藻体扁平,扇状,无中肋,单条或呈羽状裂片,基部有短柄和固着器,藻体内部由髓部与皮层组成。髓部为数层无色方形细胞;皮层在藻体两面各由 1 层方形细胞组成,具有色素体。藻体边缘细胞分裂使藻体扩展、伸长。藻体一面或两面上部都生有毛,并排成若干同心纹层。多数物种藻体表面含有钙质。

　　雌雄生殖细胞均为群生。无性繁殖产生四分孢子,无性生殖具四分孢子囊;有性生殖具精子囊和卵囊。生殖细胞常横列在同心纹层上或纹层间。

在中国海域内已报道有 7 个物种：树状团扇藻 *P. arborescens* Holmes、南方团扇藻 *P. australis* Hauck、包氏团扇藻 *P. boryana* Thivy、大团扇藻 *P. crassa* Yamada、日本团扇藻 *P. jonesii* Tsuda、小团扇藻 *P. minor* Yamada、西沙团扇藻 *P. xishaensis* Tseng *et* Lu。

大团扇藻 *Padina crassa* Yamada

藻体扇形，棕褐色，高为 8～12 cm，稍厚，膜质，下有短柄及固着器。扇形的部分常分裂成几个同样的扇形裂片，边缘全缘而向下卷曲（图 10-59）。上表面及下表面都生毛，排

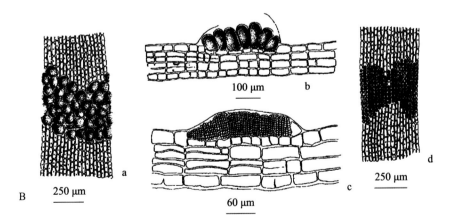

A. 藻体外形；B. 内部构造

a. 藻体表面观示孢子囊群；b. 藻体纵切面示孢子囊群；

c. 藻体纵切面示精子囊群；d. 藻体表面观示精子囊群

图 10-59　大团扇藻 *Padina crassa* Yamada

（A 引自曾呈奎，1983；B 引自曾呈奎，2008）

成若干行同心纹层。靠近基部由 6~8 层细胞组成,边缘为 2~4 层细胞组成,厚为 200~300 μm。外围细胞含有色素体,内部细胞无色,下表面含有钙质。同心纹层的间距较宽,为 5~6 mm。幼体发育时,顶端细胞的节部进行多次的纵分裂,因此顶部的后部很快地加增宽度,渐渐变成钝圆,近 180° 角。

生活史为同型世代交替。孢子体和配子体外观相似。四分孢子囊在两圈同心纹层间形成,卵形,群生。

本种多生于热带及温带海区,低潮线附近岩石上,一年生。

本种主要分布于黄海、东海和南海香港等沿海。为黄海常见种。

网翼藻属 *Dictyopteris* Lamouroux, 1809

藻体外形扁平,带状,具中肋,叉状分枝。内部结构由髓部及皮层二部组成:髓层细胞为多角形或四方形;皮层细胞稍正方形,含多数色素体。

生长为顶端生长,顶端原始细胞形状与团扇藻相同,中央有 4 或 5 个长细胞,含有浓厚原生质,由它形成中肋。顶端原始细胞的两边向边缘进行分裂。双分枝时,原始分生细胞分裂成两群,再继续分裂形成。

同型世代交替。四分孢子囊成群,排列在藻体两面的中肋两侧;精子囊和卵囊也散布在藻体表面。

在中国海域内已报道有 5 种:叉开网翼藻 *D. varicata*(Okamura)Okamura、宽叶网翼藻 *D. latiuscula*(Okamura)Okamura、育叶网翼藻 *D. prolifera*(Okamura)Okamura、匍匐网翼藻 *D. repens*(Okamura)Børgesen、波状网翼藻 *D. undulata* Holmes。

叉开网翼藻 *Dictyopteris divaricata*(Okamura)Okamura［*Dictyopteris divaricata*(Okam.)Tseng、*Neurocarpus divaricata*(Okamura)Howe、*Haliseris divaricata* Okamura］

藻体橄榄色,稍硬,高为 10~20 cm,宽为 1~2.5 cm,扁平,不规则二叉分枝,边缘全缘,中肋扁平,埋卧于叶面内,但下部中肋则少有隆起。固着器盘状或圆锥状,幼时柄不明显,随不断生长而明显,基部较短距离内具毛茸。藻体表面生有成束的毛,幼叶的两面密布毛窝(图 10-60)。

切面观,中肋部由长形髓部细胞与等边的皮层细胞组成,有 4~6 层细胞。皮层细胞稍呈正方形,含多数色素体。

孢子囊细胞小,为长卵形,生于成熟藻体上部,位于中肋的两侧,排成数列。

本种丛生于低潮间带的岩石上、石沼内、或大干潮潮线下 1~4 m 深处的岩石上。

本种主要分布于黄海和渤海沿岸海域。为该海域的常见种。

厚缘藻属 *Dilophus* J. Agardh, 1882

藻体黄褐色,直立生长,膜质,二叉状分枝,藻体下部收缩成细柄,不具中肋。分枝顶端圆钝或微两浅裂,有明显的生长点细胞。藻体边缘部分特别厚。

生活史为同型世代交替。

在中国海域内仅报道有厚缘藻 *Dilophus okamurae* 1 个物种。

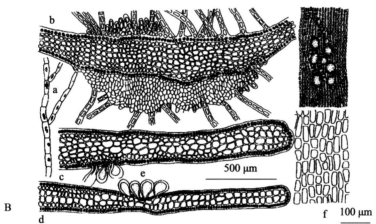

A. 藻体外形；B. 藻体内部构造

a. 假根；b. 中肋部横切面；c. 主枝边缘横切面；d. 小枝边缘横切面；

e. 卵囊；f. 雌配子体表面观；g. 藻体表面观

图 10-60　叉开网翼藻 *Dictyopteris divaricata* (Okamura) Okamura

（A 引自曾呈奎，1983；B 引自曾呈奎，2008）

厚缘藻 *Dilophus okamurae* Dawson

藻体黄褐色，直立生长，膜质，不规则二叉分枝，广开呈扇形，基部收缩成细柄状，多少被有些长毛，丛生，高为 10～15 cm。叉分枝段的顶端圆钝或微凹。叉分枝段宽线形，宽 4～8 mm，边缘为全缘（图 10-61）。横切面观，髓部由大细胞组成，横向排成 1 列，此外，在边缘部特别厚，有 2～4 层多角形厚壁细胞。

生活史同型世代交替。四分孢子囊球状，单室，散生在藻体表面。

本种生长在低潮带的岩石上。

本种主要分布在东海福建、台湾沿海海域,浙江南麂岛海域也有分布,生长盛期为5～7月。

A. 示藻体外形;B. 藻体横切面,示边缘结构

图 10-61　厚缘藻 *Dilophus okamurae* Dawson

(A 引自曾呈奎,1983;B 引自《浙江海藻原色图谱》,1983)

厚网藻属 *Pachydictyon* J. Agardh,1894

藻体大型、粗壮,直立生长。复二叉分枝,展开呈扇形,基部有柄,固着器盘状。皮层由两层小型细胞组成,髓部由 1 层大型细胞组成。顶端生长。

生活史为同型世代交替。

在中国海域内仅报道有厚网藻 *Pachydictyon coriaceum* 1 个物种。

厚网藻 *Pachydictyon coriaceum*（Holmes）Okamura

藻体暗褐色,大型、粗壮,亚二叉分裂成线形裂片叶(分枝),边缘为全缘,裂片叶基部收缩,有时呈柄状裂片,叶分角钝圆形,高为 15～30 cm,固着器盘状(图 10-62)。切面观,表皮由薄壁、近方形小细胞组成,具有多个色素体,髓部由一层长方形细胞组成,细胞壁稍厚,通常在接近边缘处为两层。在皮层和髓部之间有 1 层内皮层细胞。每个分枝顶端为单列细胞(顶端生长),常一分为二。

生活史为同型世代交替。四分孢子囊为球状,由体表细胞生成,群生成不规则椭球形,沿着边缘略成线状排列,每个孢子囊可形成 4 个不动孢子;配子体雌雄异体,卵囊为半球状群生。卵囊精子囊群均生于藻体表面。

本种生长在低潮带至潮下带的岩石上。

本种主要分布于东海浙江、福建沿海。

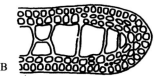

A. 示藻体外形；B. 藻体横切面，示边缘结构

图 10-62　厚网藻 *Pachydictyon coriaceum* (Holmes) Okamura

（A 引自曾呈奎，1983；B 引自《浙江海藻原色图谱》，1983）

匍扇藻属 *Lobophora* J. Agardh，1894

藻体革质，扁平扇形或肾形，成熟时纵裂成数片，匍匐生长，腹部长出许多毛状假根，附着在岩石上。外皮层由 1 层壁薄小细胞组成；髓部由 1 层薄壁、长方形大细胞组成；两者之间有几层细胞构成的内皮层。

生活史为同型世代交替。

在中国海域内仅报道有 1 个物种。

匍扇藻 *Lobophora variegata* (Lamouroux) Womersley *ex* Oliveira [*Dictyota variegata* Lamouroux]

藻体黑褐色，扇形或亚圆形，卧伏，重叠成簇，长为 4～6 cm，厚为 230～250 μm。藻体整个上部，稍呈叶状，具有深色斑点，呈同心带状；下表面具有很多毛状假根，以附着于岩石上，藻体上端或边缘游离，而稍微倾斜直立（图 10-63）。切面观，外皮层由 1 层壁薄小细胞组成，呈栅栏状排列，内皮层细胞长方形，2～4 层；中央髓部由 1 层薄壁、长方形大细胞组成。藻体顶端具多数并立的生长点细胞，分裂生长。

生活史为同型世代交替，孢子体及配子体外观上相似。孢子囊由体表细胞生成，倒卵形，散布在藻体表面。

本种生长在潮下带，固着在死珊瑚的碎片上。

本种主要分布于中国东海台湾，南海香港、海南岛、西沙群岛、南沙群岛等海域。

图 10-63　匍扇藻 *Lobophora variegata*（Lamouroux）Womersley *ex* Oliveira

（引自曾呈奎,1983）

褐舌藻属 *Spatoglossum* Kützing,1843

藻体黄褐色,扁平,二叉分枝或不规则二叉分枝,分枝不具中肋,边缘全缘或具有小锯齿（由此产生分枝）,近基部变细,具柄。皮层细胞方形,1～2 层;髓部由 2 至多层不规则、长方形、薄壁细胞组成。

生活史为同型世代交替。

在中国海域内已报道有两个物种:褐舌燥 *S. pacificum* Yendo、二叉褐舌燥 *S. dichotomum* Tseng et Lu。

二叉褐舌藻 *Spatoglossum dichotomum* Tseng *et* Lu

藻体黄褐色,扁平,高为 8～10 cm,重复对称二分叉或亚二分叉分枝,分裂出很多叶片而成扇形,固着器结实、垫状。柄楔形,高为 1.5 cm,宽为 5 mm。叶片顶端圆形,宽为 0.5～1 cm,厚为 150～155 μm（图 10-64）。切面观,由皮层和髓部组成,皮层细胞方形,具有很

图 10-64　二叉褐舌藻 *Spatoglossum dichotomum* Tseng *et* Lu

（引自曾呈奎,1983）

浓的色素(体),宽为 20～25 μm,围着髓部;髓部由两层不规则、长方形、薄壁细胞组成,细胞长为 60～70 μm,宽为 30～35 μm。

雌雄异体。精子囊群分散在叶的表面,由皮层细胞产生,长为 40～45 μm,宽为 15～20 μm。

本种生长在潮下带 2～3 m 深处,固着在岩石上。

本种为中国藻类专家曾呈奎、陆保仁于 1983 年首先发表的新物种,最早发现于香港海域。为中国特有种。褐舌燥 *S. pacificum* Yendo 分布于中国台湾东北部海域。

圈扇藻属 *Zonaria* C. Agardh,1817

藻体黄褐色或暗褐色,膜质,扁平,扇形或掌状,边缘不内卷,具有较长的柄,覆有褐色毛,固着器圆锥状。髓部由数层无色细胞组成,皮层为 1 层细胞。

生活史为同型世代交替,孢子体和配子体外观相似。繁殖器官构造还不十分了解,但有的物种能进行出芽繁殖,每个芽体可长成新藻体。

中国海域内已报道有两个物种:圈扇藻 *Z. diesingiana* J. Agardh、有柄圈扇藻 *Z. stipitata* Tanaka *et* Nozawa。

圈扇藻 *Zonaria diesingiana* J. Agardh

藻体暗褐色,扁平,扇形,卧伏,长为 6～8 cm 或更长,通常相互重叠。藻体基部具有长 1～2 cm 的柄,柄上覆盖着褐色的毛,并扩展到藻体中部。固着器圆锥形。藻体上部通常开裂成一些叶片,叶片顶部边缘光滑(图 10-65)。内部构造:切面观,髓部由 4～6 层大型的长方形细胞组成;皮层由 1 层褐色的小细胞组成,与髓部细胞放射状排列。

图 10-65 圈扇藻 *Zonaria diesingiana* J. Agardh
(引自曾呈奎,1983)

生活史为同型世代交替,孢子体及配子体外观相似。孢子囊由体表细胞生成,群生散布在藻体表面凹陷处,孢子囊群棍棒状,外有隔丝及薄膜,减数分裂产生四分孢子。藻体也可进行出芽繁殖。每个芽体发育成长成一个新个体。

本种生长在低潮带附近浪袭珊瑚礁或潮下带岩礁上。

本种主要分布于东海福建、台湾岛和南海广东沿海。

圆子纲 Cyclosporeae

本纲藻类的生活史只有孢子体世代,没有单倍体配子体世代。顶端生长。孢子体上产生配子囊(即卵囊和精子囊),都在生殖窝内发育,包埋在营养枝的顶端或生殖托内,雌雄同株或异株。

圆子纲的繁殖是由小分枝形成生殖托,在生殖托上形成生殖窝,窝内再产生卵囊或精子囊。雌雄同体或异体。减数分裂在卵或精子形成时核的第一次分裂时进行。卵囊中的卵数目因属而不同,可形成 1、2、4 或 8 个;每个精子囊可产生 64～128 个精子。精子梨形,有侧生鞭毛两根,游动时,短者向前,长者即拖在后面;卵球形,比精子大数百倍,成熟后由生殖窝排出,漂浮于水面,无数精子围绕着卵游动,故常见浮于水中的卵转动不已,单个质子受精发育为合子。

本纲只有墨角藻目 1 个目。

墨角藻目 Fucales

本目包含物种较多,约有 40 属 350 种。一些物种生长在南、北半球的寒冷海域,也有一些物种生于暖热海域,如马尾藻属。中国的马尾藻属物种甚多。多数物种是固着于潮间带的岩石上生长,但也有的生长在低潮线以下的岩石上,个别物种能漂浮生活,如生活在马尾藻海中的马尾藻。生于潮间带的物种的藻体长度很少超过 1 m,但潮下带物种长度可以超过 5 m。

在中国海域内出现的物种分别隶属于以下 3 个科。

墨角藻目分科检索表

1. 次生分枝、气囊和生殖托都从叶腋中产生 ……………………………………… 马尾藻科 Sargassaceae
1. 次生分枝、气囊(有或无)和生殖托不从叶腋中产生 ……………………………………………………… 2
　2. 主轴扁压,没有茎、叶的分化,没有气囊 ……………………………………… 墨角藻科 Fucaceae
　2. 主轴亚圆形或圆柱形,具有茎叶分化,具有气囊 ……………………………… 囊链藻科 Cystoseiraceae

墨角藻科 Fucaceae

藻体为多年生,世代无中轴。从固着器以上双分枝,分枝成一平面。气囊有或无。

藻体只有孢子体,生活史中没有独立的配子体阶段。繁殖时,精子囊和卵囊生长在藻体顶端膨大的生殖托的生殖窝内。雌雄同株。卵囊产生 1、2、4 或 8 个卵。

鹿角菜属 *Silvetia* Serrão,Cho,Boo *et* Brawley,1999

藻体线形,叉状分枝。固着器盘状。枝扁平至扁圆,无中肋。气囊或有或无。

生殖托生在藻体上部的分枝上,每个卵囊内有两个卵,卵无鞭毛;精子囊生于毛的基部,精子具两根鞭毛。

在中国海域内仅有 1 个物种。

鹿角菜 Silvetia siliquosa（Tseng et Chang）Serrao, Cho, Boo et Brawley［Pelvetia siliquosa Tseng et C. F. Chang］

鹿角菜的藻体为孢子体，呈软骨质，新鲜时黄橄榄色，干燥时变黑，在环境适宜的地方，高达 14.5 cm，但一般为 6～7 cm。基部固着器为圆锥状的盘状体，"茎"呈亚圆柱形，很短，"茎"以上重复叉状分枝，可分枝 2～8 次，藻体下部叉状分枝较为规则，分枝角度较宽，上部分枝的角度较狭，双分枝不等长，上部节间比下部长，有时长达 2 cm，一般为扁压的线状体，全藻体的厚度相似，上下没有什么差别。无气囊（图 10-66、图 10-67）。

生殖托多具有明显的柄，柄部和普通分枝在形状宽度上没有区别，普通的长度在 2 至 5 mm 间，有时可达 2 cm。春、夏季节，当生长的时候，生殖托前端有长、短不同的细枝，具有继续生长的能力。因此，此时的生殖托为纺锤形。到了秋季，生殖托上失去具有生长能力的尖枝，变为圆柱状或棍棒状，顶端截形，成熟的生殖托为"长角果"形，表面显著的结节状突起是生殖窝的开孔。生殖托较普通分枝粗，宽为 4～5 mm，普通枝宽仅为 1～3 mm；生殖托一般长为 2～3 cm，但个别长可达 4～5 cm，横切面为卵圆形。

切面观，鹿角菜的内部构造分为表层、皮层与髓部三部份：表皮细胞较小，为长方形，排列的紧密，含有多数粒状色素体，表皮外有一层黏质膜；其内为皮层，较外边的 2、3 层细胞排列整齐，为四方形，较小，内面的 2～4 层椭圆形的细胞排列不整齐；中央的髓部细胞由纵行的丝状细胞组成，细胞被黏质分隔。皮层细胞与髓部细胞的横隔膜上有小纹孔相连，原生质可由此通过。皮层与髓部无明显界限。

鹿角菜的生长和本目的其他物种的生长相同，都为顶端生长，每一分枝的顶端细胞为四面形的锥体，由它分生侧面节部与基部节部，侧面节的外面细胞分裂形成皮层薄壁细胞，内面细胞同基部节的表面细胞分裂形成髓部。顶端细胞纵分成二，这两个子细胞就成为一个顶端细胞，产生新的分枝。

鹿角菜的繁殖器官是生殖托，为雌雄同体，雌雄共窝。卵囊与精子囊都由窝壁上发生。生殖窝的产生起始是由一接近生长部的表皮细胞为原始细胞，这一细胞瓶形，含有特别大的细胞核，较浓的细胞质；分裂的方式为先纵分裂，后横分裂，成为四个细胞，外面两个不再分裂，内面两个再继续分裂形成 2～3 层细胞的生殖层。生殖层继续分生，则形成生殖窝。成熟时生殖窝为圆球形，上有小孔，生殖层的表面细胞还产生由几个细胞组成、单条不分枝的毛状隔丝，由小孔伸出。

卵囊发生于生殖层中的原始卵囊细胞，这细胞分裂 1 次变成 1 个柄细胞与另 1 个卵囊母细胞。卵囊胀大，核分裂三次成八个核，第一次分裂为减数分裂。八个核分成两组，每组含四核，每组中只处在卵囊中央的 1 个核长大形成卵，其他 3 个核则移向两组间形成原生质膜，于是成熟的卵囊含有两个纵分或稍斜分的卵。切面观，卵囊为圆或卵圆形，短径为 120 mm，长径为 200 μm。卵囊壁分化成内外两层，由黏质分隔。卵囊基部与柄部连接处的壁上留有一孔。

精子囊直接由生殖层发育而成，或由隔丝基部产生。精子囊梨形或长圆柱形，径为 14 μm，长为 58 μm。精子囊母细胞第一次分裂为减数分裂，继续分裂至 64 个核，再形成精子。因此，每个精子囊含有 64 个精子。精子梨形，前端侧面生有两条不等长的鞭毛，长者在后。内含 1 个细胞核、1 个眼点，色素体含有类胡萝卜素与叶黄素。

卵囊成熟后,外膜破裂,内膜与卵被压,由小孔外逸,此时两个卵仍包在卵囊内膜中;成熟的精子也在精子囊外壁破裂后由小孔逸出,精子逸出时也被黏质套包围,但在短时间内此套即溶解。精子游动接近卵,进入卵囊内膜,与卵核融合成合子。合子分泌 1 细胞,1～2 天萌发。在卵囊膜内的两个卵中,只有 1 个卵受精。

合子为梨形,横裂为上下两个细胞,下部细胞较小,分裂形成假根部,上部细胞较大,分裂形成为幼孢子体。

多数的生殖托在秋天成熟进入受精阶段,生殖托内的卵完全受精后,藻体变脆,很易被风浪折断,第二年春天,从折断处再生出新枝。

图 10-66　鹿角菜 *Silvetia siliquosa* (Tseng *et* Chang) Serrao, Cho, Boo *et* Brawley
(引自曾呈奎等,1983)

鹿角菜为多年生。藻体的大小与年龄、生长地区有关,如山东半岛所产的鹿角菜,藻体较小,平均为 6～7 cm 高,很少超过 8 cm,而辽东半岛所产的鹿角菜,藻体较大,高为 6～12 cm。鹿角菜为暖温带性种,是黄海的特有种。它一般生长在中潮带或高潮带的岩石上。藻体每日暴露在空气中数小时,不怕干燥,由于藻体需要一定高温的夏季和低温的冬季,这样就造成它在分布上的特殊性。它所生长地地方,夏季温度一般不超过 25℃,而冬季的温度总在 1～2℃以上。主要产地是辽东省长海(广鹿岛、海洋岛)、金县东岸、大连、旅顺(南岸及西岸)、复县(长兴岛)和山东省的苗岛群岛(南城隍岛)、威海、(鸡鸣岛)、荣成(成山角、俚岛、莫邪岛)、文登(苏门岛至苏山岛)、乳山等局部海域。

中国所产的鹿角菜主要特征是藻体小,分枝角度宽。一般在生长水流较急、风浪不大而且较隐蔽地方,在这些水区,鹿角菜生长的很繁盛,个体较大,分枝也较多,反之生长在显露处、风浪大的岩礁上的藻体小且分枝简单。

鹿角菜可医用,在中国北方,沿海人民常食用。

鹿角菜的生活史参阅第二章图 2-34。

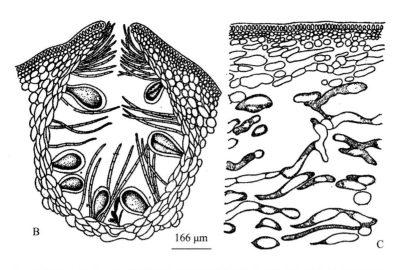

A. 示藻体外形；B. 雌、雄同窝的生殖窝横切面；C. 藻体中部分枝的横切面

图 10-67 鹿角菜 *Silvetia siliquosa* (Tseng *et* Chang) Serrao, Cho, Boo *et* Brawley

（引自曾呈奎等，1962）

囊链藻科 Cystoseiraceae

藻体通常两侧分枝，后成辐射状或互生分枝，明显地分为顶部和基部两部分：顶部通常一年生；基部多年生，圆柱形，叶状，多裂。气囊在顶部分枝间着生，单生或几个呈一系列。

枝端产生生殖器。卵囊含 1 个卵；精子囊含 64 个精子。

在中国海域出现的物种分别隶属于两个属。

囊链藻科分属检索表

1. 气囊由末端小枝转化而成 ·· 囊链藻属 *Myagropsis*
1. 气囊由叶状育枝中央膨大而成 ······································· 叶囊藻属 *Hormophysa*

囊链藻属 *Myagropsis* Kützing, 1843

藻体由固着器、主干和分枝三部分组成。固着器和主干多年生，分枝 1 年生。主干直立，圆柱形、亚圆柱形，单生或分叉，表面光滑或有分枝脱落的痕迹。分枝扁平、扁压、圆柱形。气囊长圆形、梭形、亚球形或球形，顶端常有由末端小枝转化而成的单生或分叉的茎状叶。

生殖托叶由末端小枝转化而来。雌雄同株或异株，总状排列，顶端的生殖托个体较大。

在中国海域内仅报道有 1 个物种。

囊链藻 *Myagropsis myagroides*（Mertens *ex* Turner）J. Agardh［*Fucus myagroides* Mertens *ex* Turner、*Cystophyllum caespitosum* Yendo、*Cystophyllum sisymbrioides*（Turner）J. Agardh］

藻体黑褐色,高达 30～40 cm(图 10-68)。固着器圆锥状,直径达 2 cm。主干圆柱形,具有较多辐射状分枝,表面光滑,高达 2～10 cm,长短不等,直径约为 5 mm。初生分枝从主干上部长出,簇生,下部偏压,上部圆柱形,表面光滑,长达 30 cm,直径约为 2 mm;次生分枝从初生分枝上长出,亚圆柱形,长达 23 cm,直径约为 1 mm,表面光滑;末端小枝比较细,偏压,丝状,从次生分枝上长出,表面具有腺点。叶状分枝从初生分枝两侧长出,羽状,几次分叉;扁平,中肋明显,到顶;边缘全缘;长达 4 cm,宽约为 2 mm,基部收缩为亚圆柱形的柄。气囊较小,由末端小枝下部膨大转化而成,卵形、椭球形、梭形,长达 8 mm,直径达 3 mm,顶端常具较长、单生或分叉的丝状小叶,表面光滑或具有几个毛窝,基部具有圆柱形的柄,长为 3～4 mm,非常纤细,直径不到 0.5 mm。

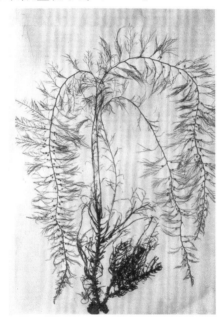

图 10-68　囊链藻 *Myagropsis myagroides*（Mertens *ex* Turner）J. Agardh

（引自曾呈奎,1983）

本种雌雄异株。生殖托都由末端小枝顶部转化而成。雌生殖托圆锥形、方锤形,顶端尖,表面光滑,长 8～18 mm,直径达 2 mm,基部具有丝状的柄,长达 3 mm,交互生长;雄生殖托圆锥形,顶端尖或钝,表面光滑,长 12～24 mm,直径 1～1.5 mm,基部具有丝状的柄,长达 3 mm,交互生长。雌、雄生殖托总状排列在末端小枝上。

本种生长在低潮带和潮下带浅水岩石上。

本种主要分布于黄海大连、旅顺,南海潮阳、海门、惠来、海丰等海域。

叶囊藻属 *Hormophysa* Kützing,1843

固着器盘状,丛生,多次分叉,叶状翅,顶端截形,基部楔形,中肋明显,及顶。气囊由上部的叶状翅膨大而成。

本种雌雄同体。生殖窝位于上部气囊的翅中。

在中国海域内仅报道有 1 个物种。

楔形叶囊藻 *Hormophysa cuneiformis*（Gmelin）Silva［*Hormophysa articulata* **Kützing，Lu and Tseng**］

藻体黄褐色，高达 30 cm，固着器不规则盘状，丛生（图 10-69）。直立枝扁平，叶状，多次侧生分枝，基部两侧分枝，上部辐射状分枝，中肋明显凸起，边缘具有 2～3 边形的间断的翅。翅的顶端较平，基部楔形，边缘具有锯齿。分枝从翅间长出，翅的宽度为 10～12 mm。气囊是由末端小枝中央膨大而成，椭球形或梭形，长为 6～8 mm，直径为 4～5 mm。

图 10-69　楔形叶囊藻 *Hormophysa cuneiformis*（Gmelin）Silva
（引自曾呈奎，1983）

本种雌雄同体。生殖窝着生在气囊边缘的翅中上，卵囊和精子囊同窝。一个卵囊中只有 1 个卵。

本种生长在潮下带 1～2 m 水深的礁石上。

本种主要分布于南海海南岛文昌、琼海、三亚、新盈、东沙群岛、西沙群岛和南沙群岛等海域。

马尾藻科 Sargassaceae

藻体为多年生，分为固着器，主干和各种排列不同的枝。主枝自主干的各个方向生出，多数物种的主枝比主干长，有时不易与主干区分。分枝互生，扁平至圆柱形，小分枝常形成气囊和生殖托。藻体成熟后，枝即逐渐烂掉。

藻体为孢子体，属于二倍体，产生卵囊和精子囊，减数分裂在卵或精子形成过程中的第一次细胞分裂时进行。精子和卵结合为合子，萌发后长成新藻体。

生殖与鹿角菜科相似，但卵囊内一般只产 1 个卵。

在中国海域内发现的物种分别隶属于 3 个属。

马尾藻科分属检索表

1. 气囊直接从叶腋中长出 ……………………………………………………… 马尾藻属 *Sargassum*
1. 气囊不是直接从叶腋中长出 ……………………………………………………………… 2
 2. 幼期气囊由藻叶顶端转化而成 ……………………………………………… 羊栖菜属 *Hizikia*
 2. 气囊位于叶片中央 ………………………………………………………… 喇叭藻属 *Turbinaria*

喇叭藻属 *Turbinaria* Lamouroux,1825

藻体黄褐色,基部是由固着器和密集的假根丝两部分组成。初生分枝直立,单生或具有分枝。藻叶由初生分枝或分枝上长出,基部是细长的亚圆柱形、圆柱形或三角状的叶柄,有的光滑,有的具有凸起的"脊"。上部的藻叶是三角形、倒金字塔形、陀螺形或扁平盾形,具有坚实的肉质翼状边缘,或者盾状,有的具刺,有的光滑。通常具有气囊,包埋在叶片的中央,有的物种没有气囊。毛窝通常是存在的,比较小。

生殖托着生在叶柄基部的叶腋中,单生或不规则的分叉,总状排列,有时聚伞状排列。

在中国海域内已报道有 7 个物种和 1 个变型:紧缩(密叶)喇叭藻 *T. condensata* Sonder、下延喇叭藻 *T. decurrens* Bory、喇叭藻 *T. ornata* (Turner) J. Agardh、喇叭藻海南变型 *T. ornata* f. *hainaneasis* Taylor、棱翼喇叭藻 *T. trialata* (J. Agardh) Küetzing) J. Agardh、拟小叶喇叭藻 *T. conoides* (J. Agardh) Küetzing、小叶喇叭藻 *T. parvifolia* Tseng et Lu、丝状喇叭藻 *T. filamentosa* Yamada。

喇叭藻 *Turbinaria ornata* (Turner) J. Agardh

藻体黄褐色,高达 30 cm(图 10-70、图 10-71)。直立枝单生或具分枝。藻叶大小不等,长为 10～30 mm,宽为 8～20 mm,比较粗糙,而且结实(但亦有一些比较疏松)。叶柄圆柱形,长为 5～10 mm。藻叶的上部膨大圆形或倒金字塔形,叶片全缘,叶片边缘伸展,较厚,

图 10-70 喇叭藻 *Turbinaria ornata* (Turner) J. Agardh

(引自曾呈奎等,1983)

表面观为圆形,有时三角形,具有几个明显短刺,刺长为 1~3 mm。叶片中央是气囊,顶部具有几个直立的粗刺(幼期或发育不好的藻体顶部直立刺常常退化),有时气囊不明显,凹入,在不对称的藻叶上,直立刺常常偏于一侧,单列。

生殖托单生,成串,总状排列,着生在叶柄基部 1/3 处,通常比藻叶短,常不规则分叉。

本种生长在低潮带,固着在岩石上。

本种主要分布于南海湛江硇洲岛,海南岛、西沙群岛、南沙群岛和广西涠洲岛。

在中国海域内还有一个本种的变型——喇叭藻海南变型 *T. ornata* f. *hainaneasis* Taylor。与原种的主要区别在于变型的藻叶的形态特征很不规则,特别是冠状刺很不规律。

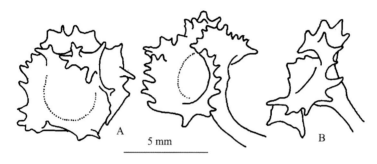

A. 藻叶顶面观;B. 藻叶侧面观

图 10-71 喇叭藻海南变型 *Turbinaria ornata* f. *hainaneasis*

(引自曾呈奎等,2000)

羊栖菜属 *Hizikia* Okamura,1932

固着器假根状。主干直立,圆柱形。分枝圆柱形或亚圆柱形,次生分枝从初生分枝叶腋中长出,比较短。藻叶肉质,肥厚,初生藻叶多数扁压,卵圆形,但很快脱落,次生藻叶多数棍棒状,顶端钝或尖,边缘全缘或有浅锯齿,顶端常膨大,转化成气囊,气囊纺锤形、卵圆形。

本属物种雌雄异株。生殖托从叶腋中长出,比较简单,长圆球形或圆柱形。

该属仅有 1 个物种。最早是从马尾藻属中独立出来,该种的分类一直是马尾藻科藻类分类的焦点之一。

羊栖菜 *Hizikia fusiforme*（Harvey）Okamura［*Sargassum fusiforme*（Harv.）Setchell、*Turbinaria fusiformis*（Harv）Yendo、*Cystophyllum fusiformis* Harv.］

藻体黄褐色,肥厚多汁,多数高 40~100 cm,个别可达 2 m 以上(图 10-72)。固着器为圆柱形的假根状,长短不一。主干为直立圆柱形,从基部长出数条主分枝,初生分枝圆柱形,长达 100 cm 以上,直径为 3~4 mm,表面光滑;次生分枝和初生分枝相似,但比较短,长为 5~10 cm,互生。幼苗的基部有 2~3 个初生叶。初生叶扁平,肉质,具有不明显的中肋,渐长则脱落,但南方浙江等海域的类型存在时间甚长。叶的变异很大,形状也多,长短不一,细匙形或线形,匙形叶的两缘常有粗的锯齿或波状缺刻,长为 3~5 cm,宽为 2~3 cm,其上有许多须借放大镜才能看到的毛窝。气囊的形状变化较大,纺锤形或梨形,长达 15 mm,宽达 4 mm,囊的柄长短不一,最长的可达 2 cm,枝、叶和气囊不一定同时存在于同一藻体上,有些类型只有其中1至2种构造,这是由于生长环境不同而引起的形态变化。

图 10-72　羊栖菜 *Hizikia fusiforme*（Harvey）Okamura

（引自曾呈奎等,1983）

本种雌雄异株,生殖托圆柱状,顶端钝,表面光滑,基部具有柄,单条或偶有分枝,一般雄托长为4～10 mm,直径为1～1.2 mm;雌托长为2～4 mm,直径为1.5～4 mm。

羊栖菜的生长、繁殖季节随生长海区而不同:黄海和渤海海域于8～11月初见幼苗,次年5～10月成熟;东海海域幼苗见于9月至次年2月,4～8月间成熟;南海海域羊栖菜成熟期很早,一般为2～6月。羊栖菜藻体成熟后,枝叶即烂去,而保留基部,后又在基部上再生新枝,因此羊栖菜是多年生的物种。

羊栖菜生长在低潮带和大干潮潮线下的岩石上,经常为浪水冲击的处所。

羊栖菜在中国海域分布很广,辽东半岛、庙岛群岛、山东半岛东南岸、浙江、福建以至广东雷州半岛东岸的硇洲岛海域都有生长。目前在浙江温州近海已开展了大规模人工养殖。

马尾藻属 *Sargassum* C. Ag. 1821

马尾藻分为固着器,主干,叶三部分。固着器为圆锥状、盘状、瘤状、假盘状、假根状等;主杆圆柱状,向两侧或四周辐射分枝;叶扁平或棍棒状。有些物种上部和下部的叶形状不同。全缘或有锯齿。气囊和生殖托都生在叶腋处。气囊圆球形、椭圆形或管形,能使藻体浮起直立,进行光合作用。生殖托纺锤形或圆锥形。

马尾藻的生长与鹿角菜一样,都为顶端生长。气囊是由皮层细胞加厚和髓部细胞破裂而成,所以气囊中部为空腔。马尾藻的髓部细胞壁上有阶纹的加厚。

　　繁殖为雌雄同体或异体;雌雄同窝或异窝。生殖窝由表皮细胞产生,原始细胞瓶形,含大的细胞核、浓厚细胞质。此细胞分裂时由弯曲的隔膜分成三部:上面的柱形叫舌形细胞;下面的叫基部细胞。

　　卵直接在生殖窝壁上产生,往往有柄细胞埋在壁内,幼卵囊含 1 个卵母细胞核,核分裂两次为 4 个核,第一次分裂为减数分裂,再分裂两次为 8 个核的细胞,但在成熟时每个卵囊只含 1 个核,其他 7 个核则退化消失。

　　精子囊在生殖窝的隔丝上产生,一般生长在隔丝分枝的基部。原始的精子囊含母细胞多个色素体及 1 个大的细胞核,第一次分裂为减数分裂,然后继续分裂成 64 个细胞核。成熟的精子囊具有两层壁,成熟时由开口处逸出呈椭圆形的胶团,内含精子,精子梨形,具有两条侧生不等长的鞭毛,长者在后端。

　　精子逸出后围绕卵并由前端鞭毛与卵相连转动,因此卵也跟着转动,受精完成后形成合子。

　　马尾藻属是热带、温带性藻类。热带分布的种类和生物量都比温带多。在较冷地区,冬季只留藻体基部的一小部分,春夏季再生新藻体。生长在中潮带、或低潮线岩石上。

　　据《中国海藻志(第三卷褐藻门,第二册墨角藻目)》记载:马尾藻属分 3 个亚属(Subgenus):叶枝亚属 *Phyllotrichia*、反曲叶亚属 *Bactrophycus* 和真马尾藻亚属 *Sargassum*。以下还分有组(Section)、亚组(Subsection)、种群(Spicies Group)、系(Series)等,共有 127 个物种,7 个变种和 1 个变型。

马尾藻属分亚属检索表

1. 茎叶扁平,没有明显分化 ⋯⋯⋯⋯⋯⋯⋯⋯⋯⋯⋯⋯⋯⋯⋯⋯⋯⋯ 叶枝亚属 *Phyllotrichia*
1. 茎叶明显分化 ⋯⋯⋯⋯⋯⋯⋯⋯⋯⋯⋯⋯⋯⋯⋯⋯⋯⋯⋯⋯⋯⋯⋯⋯⋯⋯⋯⋯⋯ 2
　　2. 基部藻叶或分枝反曲 ⋯⋯⋯⋯⋯⋯⋯⋯⋯⋯⋯⋯⋯⋯ 反曲叶亚属 *Bactrophycus*
　　2. 基部藻叶或分枝不反曲 ⋯⋯⋯⋯⋯⋯⋯⋯⋯⋯⋯⋯⋯ 真马尾藻亚属 *Sargassum*

　　叶枝亚属 Subgenus *Phyllotrichia* J. Agardh,1848
　　初生分枝从主干上部长出,扁平,叶状伸展;次生分枝扁平,从初生分枝上长出,羽状分枝;末端小枝呈亚圆柱形或圆柱形,从次生分枝上长出,羽状排列。气囊、生殖托位于藻叶或叶状末端小枝的基部。

　　在中国有 4 个物种及 2 个变种:球囊马尾藻 *Sargassum piluliferum*,展枝马尾藻 *S. patens*,展枝马尾藻圆干变种 *S. patens* C. Agardh var. *rodgersianurn*,展枝马尾藻裂叶变种 *S. patens* C. Agardh var. *schizophylla*,羽叶马尾藻 *S. pinnatifidum*,土佐马尾藻 *S. tosaense*。

展枝马尾藻 Sargassum patens C. Agaedh〔*Fucus pilulifer Turn*. 、*Halochloa patens Küetz*. 、*Sargassum rodgersianum* Harvey、*Anthopycus japonicus* Martens〕

　　藻体黑褐色,高达 1m 以上。固着器盘状,直径达 1 cm(图 10-73)。主干圆柱形,长达 2 cm,直径达 2 mm,表面不光滑,具有叶痕。从主干的顶部长出几条扁平的初生分枝,长可达 1 m 以上,宽达 4 mm,下部粗,越到上部越细,表面光滑;次生分枝扁压或扁平,表面光滑,从初生分枝两侧的叶腋长出,交互生长,比较长,长达 26 cm,宽达 1.5 mm。枝间距离为 1.5～2 cm。末端小枝从次生分枝两侧叶腋长出,交互生长,扁压或亚圆柱形,表面光滑,长达 7 cm,宽约 1 mm 左右。基部藻叶比较大,通常单生,椭圆形或卵圆形,有时羽状分枝,长达 3 cm,宽达 10 mm,中肋到顶,边缘绝大多数全缘,偶有几个缺刻,基部不对称,明显倾斜。中、上部藻叶非常细长,而且很窄,线形或丝状,长达 6.5 cm,宽达 2 mm,越到上部越细,顶部较尖,基部不对称,清晰而去,还具有 1 个短柄,中肋明显到顶,多数没有毛窝,偶有个别也不明显,边缘全缘。气囊卵形或少数亚球形,有时对生,大小不等,最大的长达 8 mm,直径达 6 mm,最小的长达 3 mm,直径达 2 mm,多数长达 6 mm,直径达 5 mm,顶端具有细尖或小叶,多数单条,偶有个别一次分叉,小叶长达 10 mm,宽 1 mm 左右,表面多数没有毛窝。偶有 1～2 个。囊柄多数扁平,光滑,其长度多数比气囊长,是气囊的 1～2 倍,个别和气囊长度相似。

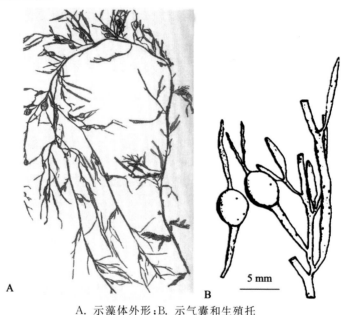

A. 示藻体外形;B. 示气囊和生殖托

图 10-73　展枝马尾藻 *Sargassum patens* C. Agaedh

(引自曾呈奎等,2000)

本种雌雄同株。生殖托多数圆锥形,单生,偶有 1 次分叉。长达 7 mm,直径达 1.5 mm,表面比较光滑。几个生殖托总状排列在生殖枝上。

本种生长在低潮带岩石上。

本种主要分布于东海潭州东山岛,南海惠阳、海丰、硇洲岛,香港等海域。

反曲叶亚属 Subgenus *Bactrophycus* J. Agardh,1848

具有明显的主干、大多数单生的藻叶和气囊,主干圆柱形、扁压或三角形;次生分枝反曲;生殖托单生或有分枝,成为较复杂的复合体从叶腋中长出,总状排列在生殖枝上。

本亚属分 5 个组(中国海域内没有匍匐组 Section Repentia Yoshida 的物种)。

(1)长干组 Section *Spongocarpus* (Kuetz.) Yoshida:

藻体主干直立,延长,分枝始终从主干的叶腋中长出,比主干短,生殖托圆柱形,长角状。在中国仅有铜藻 S. horneri（Turn.）C. Agardh 1 个物种。

铜藻 Sargassum horneri（Turn.）C. Agardh ［Spongocarpus horneri（Turn.）Kütetz.、Sargassumspalycolonthum J. Agardh、Sargassum horneri var. densum C. Ag.］

藻体黄褐色,高 0.5～2 m,藻体主干及分枝较细,藻体整体呈得较为纤弱(图 10-74)。固着器裂瓣状,向上生出圆柱形主干,主干一般单生,直径为 1.5～3 mm,幼期长有刺状突起,随着藻体长大,主干中、上部变为平滑,在基部保留有叶的痕迹。侧枝与主干不如在幼期时那样好区别。体下部的叶稍有反曲现象。叶柄细长,其长度通常在 1～2 cm 之间;叶具中肋,至叶尖处则渐消失;叶基部的边缘常向中肋处深裂,向上至叶尖则逐渐浅裂并变狭窄,叶尖微钝。叶片长为 1.5～7 cm ,宽为 0.3～1.2 cm。气囊圆柱形,长为 0.5～1.5 cm ,径为 2～3 mm,两端尖细,顶端冠一小裂叶,裂叶基部甚细,气囊柄短,为 1～3 mm。气囊在分枝上常排列成总状。

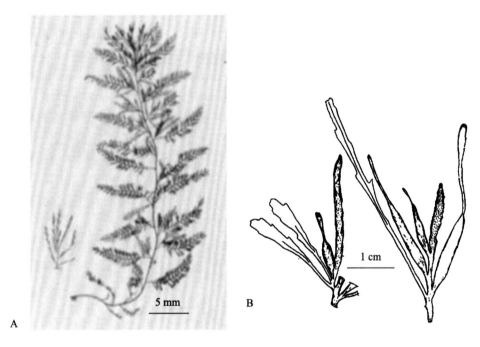

A. 示藻体外形;B. 生殖托小枝,示藻叶、生殖托和气囊

图 10-74 铜藻 Sargassum horneri（Turn.）C. Agardh

（A,B 引自曾呈奎等,2000）

铜藻的生殖托是马尾藻属中最长的,圆柱状,两端较细,顶生或生在叶腋内,一般雄生殖托长为 4～8 cm ,直径为 1.5～2 mm,雌生殖托长为 1.5～3 cm ,直径为 2.0～3.0 mm,均具短柄。生殖托常自下向上作 2～3 次分段成熟,排卵之际,托径变粗。辽东半岛于 9 月初见幼苗,成熟期在 5 月以后;东海一般在夏季初见幼苗,成熟期在 3～5 月间;南海则更早。

铜藻生长在低潮带深沼中或大干潮潮线以下 4 m 处的岩石上。

本种为北太平洋西部特有海藻,主要分布海域北起辽宁大连、金县东岸,向南经浙江中街山列岛、嵊泗群岛,福建平潭、莆田(湄州岛、南日岛)、厦门、漳浦、东山岛,南至广东惠来、饶平、南澳和海丰之间的广大海区。

(2)反曲叶组 Section *Halochloa* (Kuetz.) Yoshida,1983:

藻体主干直立,比较短,始终比初生分枝短,初生分枝三角形至扁压,基部藻叶反曲。生殖托扁压或扁平,三角形,边缘全缘或有锯齿。

在中国有 6 种:黑叶马尾藻 S. *nigrifolioides*,裂叶马尾藻 S. *siliquasteum*,锯齿马尾藻 S. *serratifolium*,任氏马尾藻 S. *ringgoldianum*,古素马尾藻 S. *kushimotense*,钩枝马尾藻 S. *rostratum*。

裂叶马尾藻 Sargassum siliquastrum (Turn.) C. Agardh [*Fucus siliquastrum* Mertens *ex* Turner, *F. tortilis* C. Agardh, *F. serratifolius* Thunberg, *Cystoserira siliguastra* (Mertens *ex* Turner) C. Agardh, *Halochloa macracantha* Kuetz. , *H. polyacantha* Kuetz. , *H. tenuis* Kuetz. , *H. pachycarpa* Kuetzing, *Sargassum tortile* (C. Agardh) C. Agardh, *S. tunue* (Kuetzing) Endlicher, *S. scoparium* var. *tenue* (Kuetz.) Grunow, *S. pachycarpum* (Kuetz.) Endlicher, *S. scoparium* var. *pachycarpum* (Kuetz.) Grunow, *S. corynecarpum* Harvey, *S. tortile* f. *ulophyllum* Grunow, *S. siliquastrum* var. *pyriferum* Harvey, *S. siliquastrum* var. *nipponense* Grunow, *S. siliquastrum* var. *capitellatum* Grunow]

藻体高为 40~100 cm,可达 2 m,体质粗硬,暗褐色。固着器圆锥状或盘状,向上长出,高为 2~3 cm。主干圆柱形,由主干上生出数条粗壮而扁压的初生分枝。初生分枝的基部略扭曲,上部枝则近圆形。藻叶为革质。藻体下部的叶长而宽,向下强烈的反曲,叶缘近于全缘,或有微齿,叶脱落后,叶柄常残存一小段,由于反曲的缘故,叶柄伸出的方向沿着初生枝向下形成一角度;中部的叶其边缘呈锯齿形或重锯齿形;上部的叶窄细,有深裂,可裂至中肋。次生分枝及其下部叶也有反曲现象(图 10-75)。

雌雄异株。生殖托单条,生于狭窄的叶腋间。雄托较长,表面光滑,一般为 5~9 mm,径为 1.5 mm;雌托短圆,表面光滑,一般长为 2~4 mm,径为 1.5~2 mm。有时 2~3 个生殖托生长在同一个短次生分枝上,总状排列。

多年生。不同海区的裂叶马尾藻的生殖托成熟季节不同:黄海、渤海为 6~7 月;东海为 4~5 月;南海在 1~3 月。

本种多生于低潮线以下 1~5 m 深处的岩石上,少数生长在低潮带的大石沼中。

本种为暖温带性种,为北太平洋西部特有种,主要分布于黄海辽宁省的大连、长海(獐子岛、海洋岛),山东省的庙岛群岛(大钦岛、小钦岛、南隍城岛和北隍城岛);东海福建省的平潭、莆田(平海)、东山岛;南海广东省从惠来西至宝安间,以及香港等海区。

(3)圆柱形组 Section *Teretia* Yoshida,1983:

藻体主干直立,比较短,主干比初生分枝短,初生分枝圆柱形,略有棱角。生殖托圆柱形。

在中国有 4 个物种和 1 个变种:半叶马尾藻中国变种 S. *hemiphyllum* var. *chinense*、海蒿子 S. *confusum*、海黍子 S. *muticum*、鼠尾藻 S. *thunbergii*、无肋马尾藻 S. *fulvellum*。

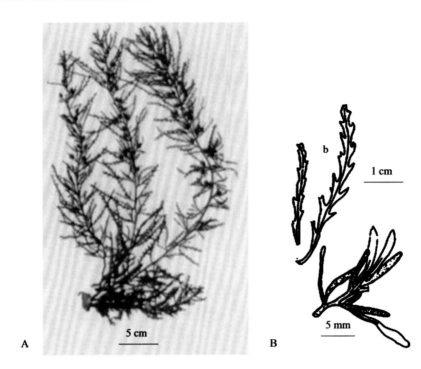

A. 示藻体外形；B. 示生殖托及小枝

图 10-75　裂叶马尾藻 *Sargassum siliquastrum*（Turn.）C. Agardh

（A 引自曾呈奎等，1962；B 引自曾呈奎等，2000）

海蒿子 *Sargassum confusum* **C. Agardh** [*Sargassum pallidum* **Tseng and C. Chang**]

海蒿子藻体一般高 30～60 cm，可达 1 m。固着器扁平、盘状或短圆锥状，上生圆柱状的主干。主干单生，但双生或三生的现象也很普遍。主枝自主干两侧钝角或直角地羽状生出，主枝为一年生，经过生长季节后脱落，在主干表面上遗留一个圆锥形突起，次年新枝又在其上部生出（图 10-76、图 10-77）。新枝初发生时，部分旧枝仍然残留在主干上。主干自顶端逐年增长，而圆锥形突起也随着增多。因此，多年后的主干可长达 20 cm 以上，径为 2～7 mm。侧枝自主枝的叶腋间生出，幼枝和主干幼期均生有短小的刺状突起。叶的形状变异很大。初生叶为披针形、倒卵形或倒披针形，叶片革质，全缘，此种叶生长不久即行凋落；次生叶线形、披针形、倒披针形、倒卵形狭匙形或羽状分裂的叶。侧枝自次生叶的叶腋间生出，枝上又生出许多狭披针形或线形的三生叶。在叶腋间长出具有许多丝状叶的小枝，生殖托或生殖枝就从丝状叶腋间生出。气囊都生在末枝上，幼时为纺锤形或倒卵形，顶端有针状突起；成熟时为球形或亚球形。顶端圆滑或具细突起，少数具有不同大小的叶。气囊具短柄，柄长为 0.5～2 mm，表面有少数显著的斑点状毛窝。气囊中空，直径为 2～5 mm，也有的可达 8 mm。

在丝状小枝的叶腋间生出生殖枝或生殖托。生殖托圆柱形，顶端略钝，直径约为 1 mm，长为 3～15 mm，也有长达 27 mm，总状排列在生殖小枝上。生殖托常具有顶端继续生长的能力，常有分枝。

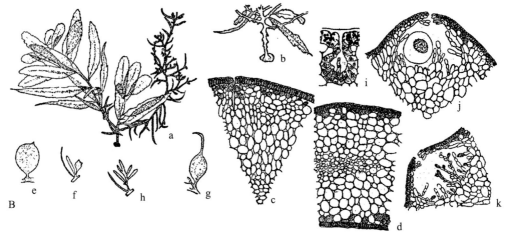

A. 藻体外形；B. 藻体结构

a. 具有生殖枝的藻体，b. 藻体基部根痕，c. "茎"的横切面，d. "叶"的横切面，

e. f. g. 气串，h. 生殖托，i. 生殖窝切面，j. 雄窝切面，k. 雌窝切面

图 10-76　海蒿子 *Sargassum confusum* C. Agardh

（A 引自曾呈奎等，1983；B 引自郑柏林、王筱庆，1961）

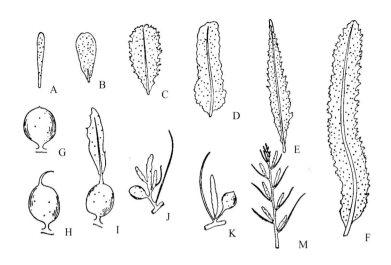

A～B.标准型的基叶；C.钝叶型的基叶；D.刚叶型的基叶；E.长叶型的基叶；F.大叶型的基叶；
G～I.冠叶型气囊的变异；J～L.生殖托的变异。1～6(约×1),7～11(约×25),12(约×17)

图 10-77　海蒿子 *Sargassum confusum* C. Agardh 叶和气囊的不同形态

（引自曾呈奎等,1962）

　　海蒿子主干的内部构造,由表面细胞、皮层、髓三部组成。表面细胞一层,呈栅栏状,排列紧密,含有颗粒状色素体;其皮层为薄壁细胞;中央髓部也是薄壁细胞,但细胞相连处具有纹孔,有原生质可以沟通,似筛管。叶由排列紧密的一层栅栏表面细胞,皮层及髓部组成,但髓部细胞逐渐分离成空腔,内贮藏气体,以增加藻体的浮力。

　　海蒿子在秋冬季成熟,孢子体上产生生殖托(少数生殖托可残存至夏季),在生殖托内产生生殖窝,窝中精子囊和卵囊都生在隔丝基部。

　　海蒿子为中国北部常见的物种,藻体因生长地区不同而大小相差甚多,生于中潮带石沼中的藻体,成熟时一般在 30 cm 左右,但在于中潮线下的,高可达 1 m 以上。此种在黄海和渤海沿岸普遍生长。

　　(4)叶囊组 Section *Phyllocystae* Tseng,1985：

　　藻体主干较短,初生分枝基部藻叶向下反曲,没有一般正常的气囊,而是被叶囊(phyllocysts)代替,即藻叶的中央膨大,边缘和顶端保留藻叶部分。生殖托具有分枝,比较复杂,雌托扁平或三角形,表面具有刺,比较短,总状排列。

　　在中国有 4 个物种:赫氏马尾藻 *S. herklotsii*,莫氏马尾藻 *S. mcclurei*,凹顶马尾藻 *S. emarginatum*,叶囊马尾藻 *S. phyllocytum*。

叶囊马尾藻 *Sargassum phyllocystum* Tseng et Lu

　　藻体高约 80 cm。固着器由支根式假根联合组成,直径达 5 mm。主干圆柱形,广滑,长为 3～4 mm,其上长出几条亚圆柱形或扁压、光滑、长 15～20 cm、宽 2 mm 的初生分枝。从初生分枝两侧生出互生排列的次生分枝,其形状与初生分枝相似,枝间距离为 3～4 cm。末端小枝从次生分枝的叶腋间长出,长为 3～5 cm,上生藻叶、气囊和生殖托(图 10-78)。藻叶的形状变化很大,多数披针形,长为 1～2 cm,宽为 5～7 mm,边缘具不规则的锯齿,顶端钝,基部楔形,具一短柄,具中肋,不贯顶,一般在叶的中部消失,毛窝开口型,不规则地分布在中肋两侧。末端小枝上的叶为叶囊取代,叶囊由中间膨大的囊和周围的叶片共同组成。叶囊的形状变化较大,两侧不对称,一般为椭球形,长径为 4~8 mm,短径为 2~4 mm。叶囊中间膨大部分为长椭球形,一般长径为 3 mm,短径为 1 mm,两端略尖;叶囊下部一侧无叶片包被,叶片包被具锯齿;叶囊基部楔形,毛窝明显。

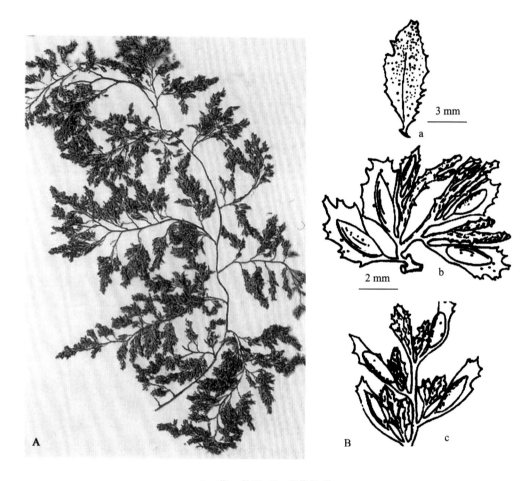

A. 藻一外形;B. 藻体结构

a. 示藻叶;b. 雄生殖托和叶囊;c. 雌生殖托和叶囊

图 10-78　叶囊马尾藻 *Sargassum phyllocystum* Tseng *et* Lu

(引自曾呈奎等,2000)

本种雌雄异株。雄生殖托亚圆柱形或扁压,边缘具锯齿,单条或叉状分枝,长为 5~6 mm,宽为 0.5~0.7 mm,基部具一短柄,一般由 2~4 个生殖托亚总状排列组成较复杂的托序;雌生殖托多数三棱形,个别扁压,上下都具有明显锯齿,单生或叉状分枝,生长在末端小枝的叶腋间,长为 2~3 mm,宽为 1 mm,基部具短柄,一般由 2~3 个生殖托组成亚总状。

雄藻体叶托混生现象比较明显;雌藻体则很少。

中国特有种 。本种主要分布于南海西沙群岛内的广金岛、中建岛海区。

真马尾藻亚属 Subgenus *Sargassum* J. Agardh,1848

初生分枝扁平、扁压或圆柱形,次生分枝不反曲;藻叶通常单生;气囊是从藻叶的叶腋中产生的,其形态各种各样;生殖托比较复杂,形态变化较大,但都是具有分枝的复合体,表面光滑或具有刺,其排列方式是聚伞状(cymose)、总状(racemose)或复总状(paniculate)。根据生殖托的特征分有 3 个组。

(1)叶托混生组 Section *Zygocarpicae* Setchell,1935:

藻体细长,生殖托、藻叶和气囊密切联系在一起,即有的直接从生殖托上长出小叶或气囊,有的从生殖托的基部紧密地长出小气囊或小叶。可分成两个亚组。

A. 真叶托混生亚组 Subsection *Holozgocarpicae* Setchell:

本亚组主要特征是从生殖托上直接长出小气囊或小叶。又依据藻体生殖器官的特征划分 5 个种群。

a. 果叶种群 Group *Carpophyllea* J. Agardh:

本种群雌雄同株。生殖托纺锤形或圆柱形,表面光滑。

在中国有 3 个物种:狭叶马尾藻 *S. angustifolium*,果叶马尾藻 *S. carpophyllum*,涠洲马尾藻 *S. weizhouense*。

果叶马尾藻 *Sargassum carpophyllum* J. Agardh [*Sargassum angustifolium sensus* Yamada (non C. Agardh)、*Sargassum vulgare* var. *linearifolium sensus* Yamada (non J. Agardh)]

藻体黄褐色,高 80 cm。固着器盘状。主干圆柱形,较短,高 2～3 mm,直径约为 1 mm。初生分枝光滑、圆柱形;次生分枝和末端小枝上都有显著的但不突出的毛窝。初生分枝和次生分枝上的藻叶为渐尖的披针形,叶缘有深锯齿,中肋至叶顶端逐渐消失,毛窝散生在中肋两侧。末端小枝上的藻叶线形至披针形,基部不对称,柄短,具中肋,叶缘有不规则锯齿。气囊球形,顶端圆,小柄圆柱形(图 10-79)。

雌雄同株。生殖托亚圆柱形或纺锤形,表面光滑,顶端尖细,常为二叉或三叉,叶托混生,2 个或 3 个生殖托呈总状排列。

本种生长在潮下带岩石上

本种主要分布于南海硇洲岛海域。

b. 软叶种群 Group *Tenerrima* Setchell,1935:

本种群雌雄同株。生殖托扁压或三棱形,表面具刺特别是在顶端。

在中国有 6 个物种:软叶马尾藻 *S. tenerrimum*,斜基马尾藻 *S. assimile*,纤细马尾藻 *S. subtilissimum*,皇路马尾藻 *S. huangluense*,角托马尾藻 *S. aemulum*,细囊马尾藻 *S. parvivesiculosum*。

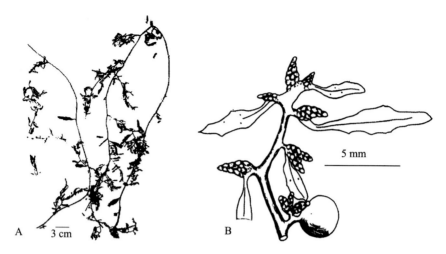

A. 藻体外形;B. 示生殖枝、藻叶、气囊及生殖托

图 10-79 果叶马尾藻 *Sargassum carpophyllum* J. Agardh

（引自曾呈奎等:2000）

软叶马尾藻 *Sargassum tenerrimum* J. Agardh [*Sargassum campbellianum* Greville]

藻体黄褐色,细长柔软,高为30~50 cm。固着器小,圆锥状。主干圆柱形,较短,高为5 mm。初生分枝从主干顶部长出,光滑、圆柱形,长达50 cm;次生分枝,圆柱形、光滑,交互生长,长达20 cm,枝间距离为6~8 cm;末端小枝较短,表面具有凸出的腺。下部藻叶长椭圆形至披针形,上部藻叶向上逐渐变小,线形至披针形,顶端钝,基部长楔形,柄较短,边缘有不规则的波状锯齿,很薄且透明,中肋纤细,顶端以下消失,毛窝散生在短柄上或聚生在藻叶上(图 10-80)。

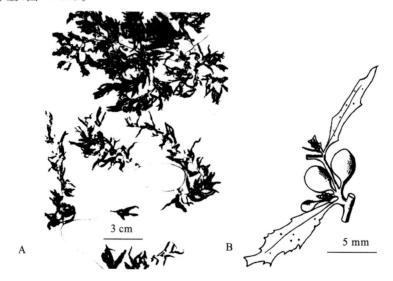

A.藻体外形;B.生殖小枝示藻叶、气囊及生殖托

图 10-80 软叶马尾藻 *Sargassum tenerrimum* J. Agardh

（引自曾呈奎,2000）

雌雄同体,生殖托疣状,扁压,有时呈三角形,托上常有小叶或气囊,顶端有刺,多次分叉,总状排列在生殖枝上。

本种主要分布于南海香港、海南岛、广西涠洲岛海域。

c. 张氏种群 Group *Zhangia* Tseng *et* Lu,1988:

本种群雌雄异株。雌雄生殖托圆柱形,表面都没有刺。

在中国有 3 个物种:硇洲马尾藻 *S. naozhouense*、张氏马尾藻 *S. zhangii*、半月礁马尾藻 *S. banyuejiaoense*。

硇洲马尾藻 *Sargassum naozhouense* Tseng *et* Lu

藻体灰褐色,中等大小,高约 60 cm。固着器盘状。主干圆柱形,光滑,高约 5 mm,直径为 2 mm。初生分枝从主干顶部长出,光滑、圆柱形,高约 60 cm,直径为 1～1.5 mm。次生分枝由初生分枝的叶腋处分生,形状和初生分枝相似,但较短;密生叶片、气囊和生殖托。末端小枝表面具有黑点状腺。分枝基部的叶片较厚,长披针形至线形,长为 2～3 mm,边缘全缘,顶端钝,叶片基部长楔形,中肋不及顶,毛窝少量且不规则散布,叶片基部具有短柄。次生分枝和末小枝上的叶,线形或丝状,边缘全缘,顶端钝,长为 1～1.5 cm,宽为 1～2 mm,叶片基部长楔形,柄丝状,没有中肋,具少量毛窝。气囊球形或卵形,表面光滑,直径为 1～2 cm,无细尖,气囊柄丝状,长约 1 mm(图 10-81)。

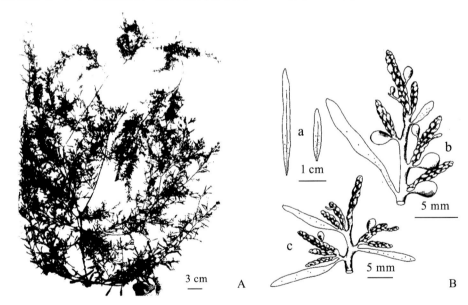

A. 藻体外形;B.藻体结构

a.基部藻叶;b.气囊及雄性生殖托;c.气囊及雌性生殖托

图 10-81　硇洲马尾藻 *Sargassum naozhouense* Tseng *et* Lu

(引自曾呈奎,2000)

本种雌雄异株,雌雄生殖托均为圆柱形,表面光滑没有锯齿,其部具有圆柱形柄,单个或具有分枝,大多数单生或 2～3 个组成简单的集合,总状排列,着生在末端小枝的叶腋间。雄生殖托长为 4～5 cm,直径为 0.2～0.4 cm;雌生殖托长为 3～4 cm,直径为 0.5 cm。

叶托混生,生殖托上常生有气囊或小叶,尤其是雄生殖托上较为普遍。

本种主要生长在低潮带或潮下带岩石上。

本种分布于南海广东湛江硇洲岛等海域,为我国特有种。

d. 匐枝种群 Group *Polycysta* Tseng *et* Lu:

本种群雌雄异株。雄生殖托圆柱形,表面光滑,雌生殖托扁压或三棱形,表面具有刺。

在中国有 7 个物种:匐枝马尾藻 *S. polycystum*、谷粒马尾藻 *S. granuliferum*、南沙马尾藻 *S. nanshaense*、松弛马尾藻 *S. laxifolium*、中肋马尾藻 *S. costatum*、巴林加萨马尾藻 *S. balingasayense*、细弱马尾藻 *S. gracillimum*。

匐枝马尾藻 *Sargassum ploycystum* C. Ag. [*Sargassum brevifolium* Greville, *S. pygmaeum* Kuetz, *S. microphyllum sensus* Yendo (non C. Agardh), *S. ambiguum* Sonder]

藻体纤弱,黄褐色,高为 60~100 cm。主干圆柱状,高为 5~11 mm,直径为 12 mm,具有疣状突起。主干上长有初生分枝和匐匐枝。初生分枝圆柱状,直径为 1.5~2 mm,长为 40~60 cm。次生分枝又长出末端小枝,其上长生殖托。所有枝都有很多黑色小突起。初生叶长为 2~4 cm,宽为 8~12 mm,卵圆形、长椭圆形,中肋及顶,叶缘锯齿形;次生分枝和末端小枝上的叶很小,长 10~12 mm,宽 2~3 mm,狭披针形,边缘有锯齿,中肋不及顶,叶顶圆。毛窝不规则地分布于中肋两侧。气囊卵形,较小,直径为 1.5~2 mm(图 10-82)。

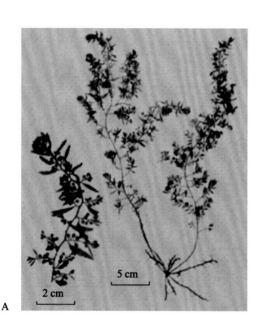
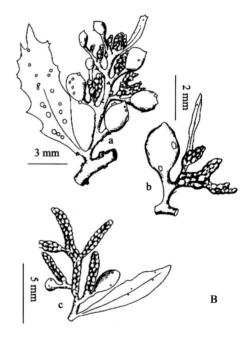

A. 藻体外形;B. 藻体结构

a. 生殖小枝、藻叶、气囊及雌生殖托;b. 气囊、藻叶及雌生殖托;c. 雄生殖托

图 10-82　匐枝马尾藻 *Sargassum ploycystum* C. Ag.

(引自曾呈奎等,1962)

本种雌雄异体。雄生殖托圆柱形,1~2 次分叉,长为 3~5 mm,直径为 0.5~0.6 mm。

雌生殖托纺锤形，扁压，常分叉，顶端有锯齿，长为 1～0.5 mm，直径为 0.2～0.4 mm，其上常常生有小叶或气囊，单生或呈伞房状。

藻体多年生，枝叶在夏季衰烂，主干保留，晚秋开始再生长。生殖托出现于 3～6 月，春季成熟。

本种生长在低潮带至大干潮潮线下 10 m 左右深处的珊瑚礁和岩石上。

匐枝马尾藻为热带性物种。主要分布于南海硇洲岛，北海涠洲岛、防城，海南岛的琼海、文昌、三亚、莺歌海、新英和西沙群岛永兴岛等海域。

e. 越南种群 Group *Vietnamense* Ajisaka：

本种群雌雄异株。雄生殖托圆柱形，具有分枝，上部具有少量刺；雌生殖托扁压或三棱形，边缘具有刺。

在中国有 3 个物种：微囊马尾藻 *S. myriocystum*、密囊马尾藻 *S. densicystum*、细枝马尾藻 *S. capillare*。

密囊马尾藻 Sargassum densicystum Tseng *et* Lu

藻体中等大小，黄褐色。初生分枝圆柱形，光滑，高约 45 cm，直径约 2 mm。次生分枝从初生分枝的叶腋中长出互生，圆柱形，表面光滑，长为 20～32 cm，直径为 1.2～1.5 mm。两分枝间距离为 1～2 cm。末端小枝比较短，圆柱形，长为 4～5 cm，直径不到 1 mm，密生着藻叶、气囊和生殖托(图 10-83)。初生分枝上的藻叶已脱落，次生分枝和末端小枝上的

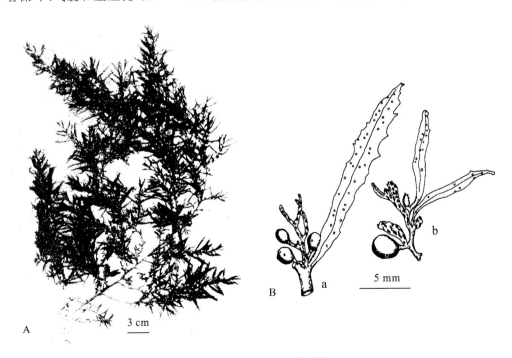

A. 藻体外形；B. 藻体结构

a. 着生雌性生殖托、藻叶和气囊的小枝；b. 着生雄性生殖托、藻叶和气囊的小枝

图 10-83　密囊马尾藻 Sargassum densicystum Tseng *et* Lu

（引自曾呈奎，2000）

藻叶窄披针形,长为 2~2.5 cm,宽为 2~4 mm。顶端略尖细或钝,下部楔形或略倾斜,中肋到顶或消失在叶顶下部,毛窝明显,略凸起,分散在中肋两侧,通常是单列,偶有双列,叶缘的下部或 1/3 处波状,没有锯齿,上半部或 1/3 以上边缘具有锐锯刺。气囊椭球形、倒卵形,长为 2~3 mm,直径为 1.5~2 mm,顶端具有细尖或圆形、表面具有凸起的 2~3 个毛窝。囊柄圆柱形,光滑,长约 2 mm,直径为 0.5 mm,很纤细。

本种雌雄异株。雌生殖托亚圆球形,顶端扁压,具有刺,边缘疣状,长为 2.5~4 mm,直径 1.2~1.5 mm。雄性生殖托圆柱形,长约 6 mm,直径约 0.8 mm。顶端具有几个小刺,单生或具有分叉。几个生殖托总状排列在生殖托枝上。小叶或小气囊常常直接从生殖托上部长出,形成叶、托混生。

本种主要分布于中国南沙群岛海域,为中国特有种。

B. 拟叶托混生亚组 Subsection *Pseudozygocarpicae* Setchell:

本亚组主要特征是小藻叶和小气囊不是直接从生殖托上长出,而是从托的基部长出。下设灰叶系 Series cinerea Tseng et Lu。系的特征与亚组相同。系下划分 4 个种群。

a. 粉灰种群 Group *Incana* Ajisaka,1995:

本种群雌雄同株。生殖托圆柱形,纺锤形,没有刺或有少量刺。

在中国有 3 个物种:鳞茎马尾藻 S.*bulbiferum*、头状马尾藻 S.*capitatum*、粉灰马尾藻 S.*incanum*。

头状马尾藻 *Sargassum capitatum* Tseng *et* Lu

藻体比较矮小,灰褐色,高达 24 cm。固着器盘状,直径 1.5 cm。从上出 2~3 个圆柱形主干,表面疣状,不光滑,常因初生藻叶脱落留下的痕迹,长达 1.5 cm,直径达 3 mm,顶端分叉。初生分枝从分叉主干顶端长出,扁压,表面光滑,沧大 23 cm,宽达 2 mm。末端小枝非常短,从初生分枝叶腋间长出,没有次生分枝和末端小枝的分化,着生小藻叶、气囊和生殖托。藻叶灰褐色,比较大,而且厚革质、长披针形,有些藻叶长分叉,长 8 cm,宽达 10 mm,顶端略尖,基部略斜,楔形,中肋非常明显,到顶。毛窝不明显,不规则地分散在中肋两侧,边缘多数全缘,偶有一些藻叶只在种或上部边缘有不规则的几个位锯齿。下部藻叶比较大,上部藻叶比较小,但其外形示一致的。气囊球形或卵圆形,顶呱光滑,直径 3~4 mm,囊柄扁压,表明光滑,长达 3 mm。

本种雌雄同株,同托。生殖托圆柱形,表面疣状,比较光滑,具有数次分枝,顶端多数分叉,长达 5 mm,直径不到 1 mm。整个生殖托枝复总状排列。呈圆锥托序。每个托的基部常有小气囊或小叶(图 10-84)。

本种生长在低潮带或潮下带岩石上。中国特有种,主要分布于东海浙江省大陈岛、北渔山和南麂岛等海域。

b. 刺托种群 Group *Denticarpa* Ajisaka,1995:

本种群雌雄同株。生殖托扁压或三棱形,表面和顶端具有刺。中国海域内尚未发现本群的物种。

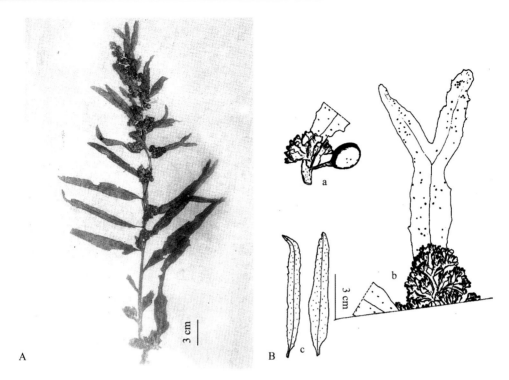

A. 藻体外形；B. 藻体结构：a.气囊及生殖托；b.藻叶及生殖托；c. 藻叶

图 10-84　头状马尾藻 *Sargassum capitatum* Tseng *et* Lu

（引自曾呈奎等，2000）

c. 瓦氏种群 Group *Vachelliana* Setchell，1935：

本种群雌雄异株。雌雄生殖托都是圆柱形或纺锤形，没有刺或具有少量刺。

在中国有 3 个物种：草叶马尾藻 *S. graminifolium*、瓦氏马尾藻 *S. vachellianum*、皱叶马尾藻 *S. crispifolium*。

瓦氏马尾藻 *Sargassum vachellianum* Grev.

藻体褐色，高为 30～90 cm。固着器盘状。主干短，圆柱状，其上有落枝的残痕。自主干顶部生出 1 至数个初生分枝，枝下部扁平；初生分枝上互生出较短的次生分枝。藻叶长披针形，边缘有稀疏但较尖锐的锯齿；中肋明显，至顶端处消失；毛窝较多，散布在中肋两侧（图 10-85）。生在藻体下部的叶较宽，上部的叶窄。气囊球状，顶部圆，囊柄常扁平，有时呈叶状。生殖托圆柱状，近于二叉式分枝，排成总状。

生殖托 2～5 月出现。

本种主要生长在大干潮潮线及以下的礁石上，中、低潮带内的大石沼中也可见到。

在中国，本种见于东海南麂列岛，南海南澳岛，硇洲岛。

d. 灰叶种群 Group *Cinerea* Setchell：

本种群雌雄异株。雄生殖托圆柱形，光滑或具有刺；雌生殖托扁压，三棱形，具有刺。

在中国有 3 个物种：宽叶马尾藻 *S. euryphyllum*、粉叶马尾藻 *S. glaucescens*、灰叶马尾藻 *S. cinereum*。

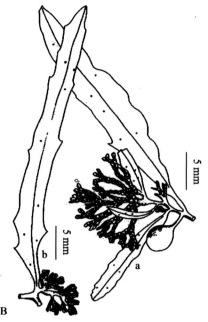

A. 藻体外形；B. 藻体结构

a. 生殖小枝、藻叶、气囊及雄性生殖托；b. 雌性生殖托

图 10-85　瓦氏马尾藻 *Sargassum vachellianum* Grev.

(引自曾呈奎等,1962,2000)

灰叶马尾藻 *Sargassum cinereum* J. Agardh

藻体细长,淡灰绿色。主干较短,初生分枝为光滑圆柱状,也较短。次生分枝和次生末端小枝的形态和初生分枝相似。基部藻叶膜状,长圆形,长为 2.5～3 cm,径为 7～8 mm,顶端圆,中肋在叶中部消失,叶缘有锯齿。次生末端小枝的藻叶披针形,长为 2～2.5 cm,宽为 3～4 mm,基部楔形,叶缘平滑或为波状,偶有少量粗糙的锯刺,叶肋两侧分布毛窝。气囊球形,直径约 4 mm,有的倒卵形,表面光滑,顶端急尖叶柄上部扁压,下部亚圆柱形(图 10-86)。

本种雌雄异株。雄生殖托圆柱状,有小刺,长为 8～10 mm,直径约 1 mm;雌托较短,三边形,有粗锯齿,单生或 2～3 个聚集成较短的、常常具有藻叶或小气囊组成总状托序。

本种生长在低潮带下部和潮下带岩石上;主要分布于广东硇洲岛和香港海域。

(2)滑托组 Section *Malacocarpicae* (J. Agardh) Abbott, Tseng *et* Lu:

本组雌雄生殖托光滑,没有刺,聚伞状、亚总状或总状排列。下分 3 个亚组,中国只发现两个亚组。

A. 丛伞托序亚组 Subsection *Feuticuliferae* (J. Agardh) Tseng *et* Lu:

本亚组主要特征是雌雄生殖托光滑,聚伞状排列。雌雄生殖窝位于托柄及生殖托各处。

在中国有两个物种:多孢马尾藻 *S. polyporum*、长干马尾藻 *S. longicaulis*。

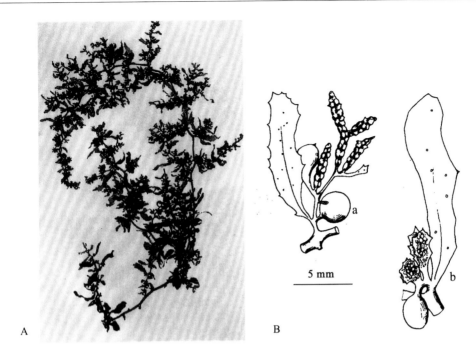

A. 藻体外形；B. 藻体结构

a. 雄生殖小枝，藻叶、气囊、生殖托；b. 雌生殖小枝；藻叶、气囊、生殖托

图 10-86 灰叶马尾藻 *Sargassum cinereum* J. Agardh

（引自曾呈奎，2000）

多孢马尾藻 *Sargassum polyporum* Montagne

藻体黑褐色，高为 23 cm。固着器盘状至亚圆锥形，直径为 1.5 cm，顶部生出 4～6 条主干。主干圆柱状，表面瘤状，高为 1.5～2 cm，直径为 1.5～2 mm；顶部生出 2～3 条亚圆柱状或扁压的初生分枝，枝长为 20 cm，直径为 1.5 mm，表面着生粗糙的具有分叉的小刺。初生分枝上密生着交互排列的、非常短而粗糙的次生分枝。次生分枝长为 1.5～2 cm，分枝间距离为 0.5～1 cm。藻叶黑褐色，革质，坚硬，通常扭曲，密集（图 10-87）。藻叶具有两种类型：一种为羽状分裂型，具有细长的线形裂片，边缘全缘或波状，长为 4～5 cm，宽为 8～10 mm；一类为非羽状分裂型，叶为长方形，长为 1.5 cm，宽为 6～8 mm，顶端钝圆，边缘全缘。这两类叶都具有楔形、不对称的基部，中肋贯顶，毛窝分散分布。叶柄亚圆柱形，长1 mm。采到的标本未见气囊。

本种雌雄异株。雌托亚圆柱状，扁压，具有分枝，表面为瘤状，顶端钝圆，通病分叉，长为 3～5 mm，直径为 0.8～1 mm，通常 4～5 个生殖托呈伞状排列在末端小枝上；雄性藻体尚未采到。

本种生长在低潮带石沼中 。主要分布于广东大亚湾三门岛、徐闻县近海，广西涠洲岛海域。

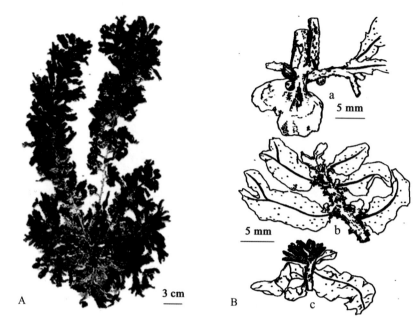

A. 藻体外形；B. 藻体结构

a. 固着器；b. 具刺小枝；c. 羽状分枝叶、雄生殖托

图 10-87　多孢马尾藻 *Sargassum polyporum* Montagne

（引自曾呈奎，2000）

B. 总状托序亚组 Subsection *Racemosae* (J. Agardh) Tseng *et* Lu：主要特征是生殖托光滑，总状排列在生殖枝上。亚组下划分 3 个系，中国目前只发现两个系。

a. 具线系 Series *Glandulariae* (J. Agardh) Tseng *et* Lu：主要特征是生殖枝较短，从叶腋中长出，分枝表面具有腺点。

在中国有 3 个物种：线形马尾藻 *S. capilliforme*、棒托马尾藻 *S. baccularia*、钦州马尾藻 *S. qinzhouense*。

钦州马尾藻 *Sargassum qinzhouense* Tseng *et* Lu

藻体黄褐色，高达 60 cm，固着器盾状，直径为 5 mm。主干圆柱状，光滑，非常短，高仅为 4 mm，直径为 5 mm。初生分枝圆柱状，光滑，直径为 1.5 mm。次生分枝长为 8～10 cm，互生，相隔 2～2.5 cm，次生分枝和初生分枝之间角度较大，接近直角。末端小枝具腺。基部藻叶长圆形，长为 2.5 cm，宽为 8 mm，藻叶边缘全缘或少量锯齿状中肋贯顶。初生分枝上藻叶披针形，长为 4.5 cm，宽为 6 mm，边缘尖锯齿，中肋贯顶，有显著凸起的毛窝，不规则地分散在中肋两侧，藻叶顶端尖，基部轻微斜楔形。次生分枝上的藻叶与初生分枝藻叶相似，但较小，长为 2.5～3 cm，宽为 3～4 mm。气囊球形，幼时为卵形，直径约为 6 mm，顶端通常圆形，少量具细尖，具有少量毛窝，囊柄圆柱状，有时扁平，长约 3 mm（图 10-88）。

本种雌雄异株。雄生殖托圆柱状，光滑，长约 8 mm，直径为 0.5 mm，常常具有分枝，3～4 个生殖托总状排列在生殖枝上。生殖枝中央的生殖托似乎具有顶生能力，继续长出生殖托;雌生殖托没有发现。

本种生长在潮下带岩石上。主要分布于广西壮族自治区钦州湾龙门镇海域。

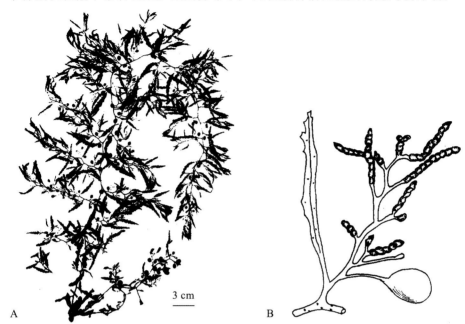

A. 藻体外形;B. 生殖托小枝(示藻叶、气囊和生殖托)

图 10-88 钦州马尾藻 *Sargassum qinzhouense* Tseng *et* Lu

(引自曾呈奎,2000)

b. 荚托系 Series *Siliquosa* (J. Agardh) Tseng *et* Lu:主要特征是生殖枝比较长,圆柱形,长角形或窄长角形的生殖托上多处缢缩。交互生长在生殖枝上。

中国有 15 种和 1 变型:龙舌马尾藻 *S. agaviforme*、灌丛马尾藻 *S. frutescens*、灌木马尾藻 *S. fruticulosum*、拟乌黑马尾藻 *S. fuliginosoides*、球芽马尾藻 *S. gemmiphorum*、广东马尾藻 *S. quangdongii*、亨氏马尾藻 *S. henslowianum*、山东马尾藻 *S. shandongense*、山东马尾藻细叶变型 *S. shandongense* Tseng, C. F. Zhang *et* Lu f. *linearium*、拟全缘马尾藻 *S. integrifolioides*、软枝马尾藻 *S. kuetzngii*、雷州马尾藻 *S. leizhouense*、圆锥马尾藻 *S. paniculatum*、上川马尾藻 *S. shangchuanii*、荚托马尾藻 *S. siliquosum*、青岛马尾藻 *S. qingdaoense*。

亨氏马尾藻 *Sargassum henslowianum* C. Ag.

藻体高为 0.5～1 m,黑褐色,较粗糙。固着器圆盘状。其上长出 1～2 个圆柱形、表面具瘤状的主干。由主干向上长出几个圆柱状到亚圆柱状光滑的初生分枝。初生分枝约 1 m 高。次生分枝较短,圆柱状及亚圆柱状,表面光滑,末端为着生生殖托的小枝。初生分枝下部的叶披针形,中肋明显,叶边缘具浅齿,毛窝分散在中肋的两边,上部叶与下部叶外型相同,但较窄;次生分枝上的叶窄披针形或线状,边缘具尖锯齿。藻体上、下部叶的大小相差显著。气囊通常球形或亚球形,直径为 5～7 mm,顶端圆(幼期顶端具细尖,图 10-89)。

本种雌性异体。雄生殖托表面光滑,圆柱状,大多数单生,有时上部分叉;雌生殖托纺锤形,单生,表面光滑,有时上部分叉,2列在生殖枝上总状分布。

本种生长在低潮带的岩石上。

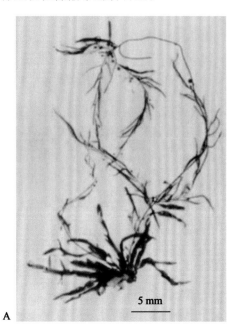

A. 示藻体外形;B. 藻体结构(示藻叶,气囊和生殖托)

图 10-89 亨氏马尾藻 *Sargassum henslowianum* C. Ag.

(A 引自曾呈奎等,1962;B 引自曾呈奎等,2000)

本种主要分布在东海浦田,南海南澳岛、上川岛、闸坡、惠来、硇洲岛和香港等海域。

(3)刺托组 Section *Acanthocarpicea* (J. Agardh) Abbott,Tseng *et* Lu:雌雄同株或异株,生殖托的形态多种多样,但雌生殖托的表面或顶端具有刺,雄生殖托具有少量刺或光滑。根据生殖托在生殖末端小枝上的排列特征,本组分为两个亚组。

A. 团伞托序亚组 Subsection *Glomerulatae* (J. Agardh) Tseng *et* Lu:生殖托序伞形或较短的亚总状排列,分叉的生殖托基部没有单独的柄;生殖托圆柱形,扁压或扁平,其上部顶端或边缘具有刺或锯齿。根据初生分枝的形态分成两个系。

a. 宾德系 Series *Binderiana*:初生分枝扁平,扁压,气囊椭球形,亚椭球形或球形或亚球形。根据气囊的形态又分成两个种群。

斯氏种群 Group *Swartzia*:本种群气囊椭球形或亚椭球形,囊柄常常比气囊长。

在中国有 9 个物种:硬叶马尾藻 S. aquifolium、原始马尾藻 S. pprimitivum、斯氏马尾藻 S. swartzii、围氏马尾藻 S. wightii、尖叶马尾藻 S. acutifolium、海南马尾藻 S. hainanense、鹿角马尾藻 S. cervicorne 文昌马尾藻 S. wenchangense、矮小马尾藻 S. pumilum。

原始马尾藻 *Sargassum primitivum* Tseng *et* Lu

藻体褐色,初生分枝粗壮扁平,光滑,高约 40 cm,宽约 3 mm(图 10-90)。次生分枝光滑扁平,从初生分枝两侧叶腋间生出,高为 20～28 cm,宽约 3 mm。末端分枝亚圆柱形,常常具有略突起的腺点,长为 10～12 cm,径约 1 mm。初生分枝上的挨藻叶披针形,长为 4～4.5 cm,宽为 10～12 mm,叶的边缘具有不规则的、较大的锯齿,顶端一般尖细或钝圆,基部不对称,略倾斜。次生分枝上的藻叶披针形,长为 4.5～5 cm,宽为 3～5 mm,边缘具有锯齿藻叶基部楔形或略倾斜。两种叶的中肋都不到顶,一般在叶片的 2/3 处消失。毛窝不突起,不规则地分散在中肋两侧。气囊椭球形,通常长径为 7～8 mm,短径为 4～5 mm,最大的长径达约 11 mm,短径约 6 mm,顶端略尖。囊柄略长,扁平,叶状,长约 16 mm,宽约 2 mm,通常是气囊本身的 2 倍。

本种雌雄同株。生殖托圆柱形,四周光滑,仅在顶端具有几个刺,生殖托常常 1～2 次分叉,几个生殖托排列非常紧密,以聚伞状或亚总状排列成团伞托序。

本种生长在低潮带岩石上。主要分布于海南省文昌县龙楼海域。

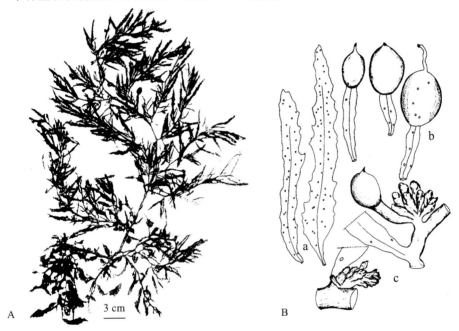

A. 藻体外形;B. 藻体结构

a. 藻叶;b. 气囊;c. 生殖托

图 10-90　原始马尾藻 Sargassum primitivum Tseng et Lu

(引自曾呈奎,2000)

宾德种群 Group Binderia:本种群初生分枝扁平,扁压;成熟期气囊球形,囊柄通常和气囊的直径相等(个别种有例外);生殖托扁平,扁压或圆柱形,具有刺或锯齿,聚伞状或亚总状紧密地排成团伞状托序。

在中国有 6 个物种:中间马尾藻 S. intermedium、宾德马尾藻 S. binderi、孤囊马尾藻 S. oligocystum、琼海马尾藻 S. qionghaiense、费氏马尾藻 S. feldmannii、裂开马尾藻 S. erumpens。

宾德马尾藻 *Sargassum binderi* Sonder *ex* J. Agardh

藻体黑褐色,高约 40 cm。固着器盘状。主干非常短,圆柱形。高为 5～mm,直径为 2～3 mm。初生分枝从主干上部长出,扁平,光滑,长为 30～40 cm,宽为 4～5 cm。次生分枝从初生分枝两侧的叶腋内长出,扁平或扁压,光滑,比较短,长为 4～5 cm,宽为 2.5～3 mm,从其叶腋间长出小分支。下部藻叶披针形,长为 4～5 cm,宽为 8～10 mm,顶端尖,基部楔形,边缘具有锯齿,中肋明显到顶,毛窝排列在中肋两侧。上部藻叶窄披针形,长为 3～5 cm,宽为 3～5 mm,边缘具有锐锯齿,中肋明显,通常消失在顶端以下(图 10-91)。气囊幼时亚球形,成熟期球形,直径为 4～5 mm,顶端圆形或具细尖,表面具毛窝。囊柄叶状,具毛窝,通常长为 3～4 mm,宽为 1.5～2 mm。

本种雌雄同株。生殖托扁压,顶端和边缘具刺,通常长为 4～5 mm,宽为 1～2 mm,具有分叉,几个生殖托密集地聚伞状排列成团伞托序。

本种生长在低潮带和潮下带浅石灰岩石上。主要分布于海南文昌、琼海、陵水和三亚等海域。

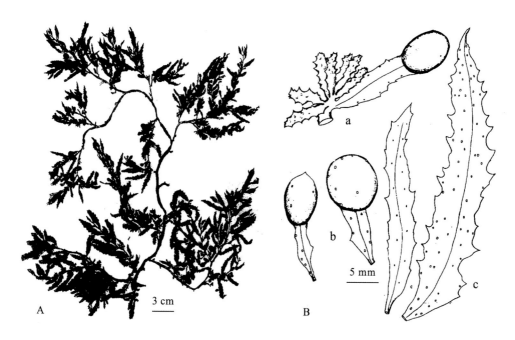

A. 藻体外形;B. 藻体结构

a. 生殖托及气囊;b. 气囊;c. 藻叶

图 10-91　宾德马尾藻 *Sargassum binderi* Sonder *ex* J. Agardh

(引自曾呈奎,2000)

b. 扁托系 Series *Platycarpae* (Grunow) Tseng *et* Lu:初生分枝丝状,亚圆柱形或圆柱形,至少上部分分枝为圆柱形。次生分枝从初生分枝的叶腋中长出,互生。

在中国有 8 个物种和 2 个变种:剑形马尾藻剑形变种 *S. acinarium*(L.) var. *acinaris*、剑形马尾藻厚叶变种 *S. acinarium*(L.) var. *crassiuscula*、重缘叶马尾藻 *S. duplicatum*、

永兴马尾藻 S. *yongxingense*、冠叶马尾藻 S. *cristaefolium*、三亚马尾藻 S. *sanyaense*、巨囊马尾藻 S. *megalocystum*、大洲马尾藻 S. *dazhouense*、厚叶马尾藻 S. *crassifolium*、景天马尾藻 S. *telephifolium*。

永兴马尾藻 *Sargassum yongxingense* Tseng *et* Lu

藻体黄褐色,比较小而硬,通常高约 20 cm。主干圆柱形,光滑,从主干的上部长出初生分枝。初生分枝圆柱形,表面光滑;次生分枝较短,从初生分枝叶腋中长出,圆柱形,具有一些略突出表面的腺点,交互生长,分枝之间的距离为 1.5～2 cm。末端小枝更短,圆柱形,表面密集地生长着突出表面的腺点,其上密生藻叶、气囊、生殖托。叶片匙形、倒卵形,顶端大于基部,常常重缘,形成杯状,基部角窄,对称,楔形,边缘具有细锯齿,中肋不到顶,通常消失在叶的中部,毛窝明显,略突起,不规则地分散在中肋两侧。叶柄较短,扁压或亚圆柱形,其上具有几个小刺。气囊较小,球形,顶端光滑,圆形,两侧具有耳状翅或包被着小藻叶,但顶端是光滑的。囊柄圆柱形,表面具有几个小刺,毛窝比较明显,略突出表面(图 10-92)。

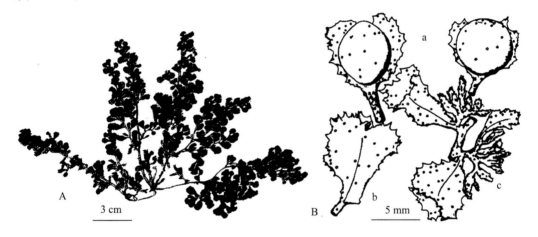

A. 藻体外形;B.藻体结构

a. 气囊;b. 藻叶;c. 生殖托

图 10-92　永兴马尾藻 *Sargassum yongxingense* Tseng *et* Lu

(引自曾呈奎等,2000)

雌雄同株。生殖托通常扁压,下部亚圆柱形,表面具有小刺,常常分叉,几个生殖托聚伞状排列成团伞托序(glomenulate).

本种生长在低潮带珊瑚上。

本种为中国特有种,主要分布于南海西沙群岛永兴岛海域。

B. 双锯叶亚组 Subsection *Biserrulae* (J. Agardh) Tseng *et* Lu:生殖托在生殖小枝上总状排列。雌雄同株,同托,表面具有刺,或雌雄异株,雌生殖托具有刺,雄生殖托光滑或具有刺;分枝扁平,扁压、亚圆柱形或圆柱形;藻叶革质或膜质,线形、椭圆形或披针形,顶端圆形具细尖或小藻叶。根据生殖托和藻叶的特征划分为 3 个系:

a. 革叶系 Series *Odontocarpae* Tseng *et* Lu:雌雄同托;藻叶较大,通常披针形;毛窝较

小;气囊球形,长圆球形、椭球形或倒卵形。

在中国有 10 种:娇美马尾藻 *S. amabile*、北海马尾藻 *S. beihaiense*、台湾马尾藻 *S. tai-waicum*、刺托马尾藻 *S. odontocarpum*、薛氏马尾藻 *S. silvae*、刺叶马尾藻 *S. spinifex*、陀螺马尾藻 *S. turbinatifolium*、王氏马尾藻 *S. wangii*、西沙马尾藻 *S. xishaense*、拟冬青叶马尾藻 *S. ilicifolioides*。

北海马尾藻 *Sargassum beihaiense* Tseng *et* Lu

藻体黄褐色,高约 46 cm。固着器盘状。主干圆柱形,表面光滑(图 10-93)。初生分枝亚圆柱形或圆柱形,表面光滑,从主干顶端辐射状长出;次生分枝较短,从初生分枝叶腋中交互长出,圆柱形,下部略粗,越到上部越细,表面具有腺点,分枝间的距离为 3～4 cm。末

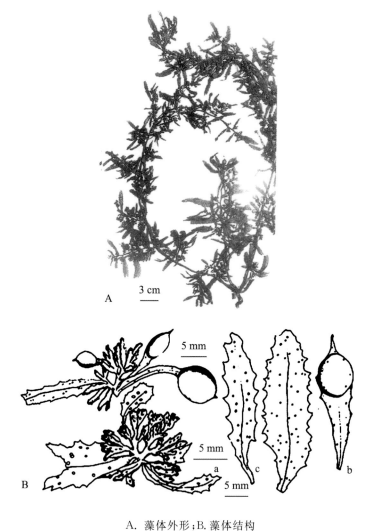

A. 藻体外形;B. 藻体结构

a. 生殖托;b. 气囊;c. 藻叶

图 10-93　北海马尾藻 *Sargassum beihaiense* Tseng *et* Lu

(引自曾呈奎等,2000)

端小枝非常短,圆柱形,表面具有略隆生的腺点,其上着生藻叶、气囊和生殖托。初生分枝上的藻叶革质,披针形,顶端尖,有时略钝,基部略不对称,倾斜,外侧比较大,内侧比较小,边缘具锯齿,中肋明显,不到顶,常常消失在顶端之下,毛窝明显,多数单列,分散在中肋的两侧;次生分枝和末端小枝上的藻叶基本上与初生分枝上的藻叶相似,披针形,顶端尖。气囊球形、亚球形或长圆球形,顶端圆,具细尖或小叶,周围有狭窄的藻叶包被,囊柄较长,扁平,叶状,有长有短,中央具有明显的中肋,表面具毛窝,边缘全缘或有锯齿。

本种雌雄同株。生殖托亚圆柱形,顶端略扁压,有几个刺,下部较光滑,基本没有刺,总状排列在生殖小枝上。

本种生长在低沼带和潮下带岩石上。

本种为中国特有种,主要分布于南海涠洲岛海域。

b. 斜叶系 Series *Plagiophyllae* Tseng *et* Lu:藻体雌雄异枝,雌生殖托表面具有刺,雄生殖托光滑;藻叶膜质,比较小或略大,比较窄,基部略歪或不明显地弯曲。根据固着器的形态,藻叶的大小,分有两个种群:

假根种群 Group *Rhizophora*:本种群主要特征是固着器假根状。

在中国有 4 种:全缘马尾藻 *S. integerrimum*、假根马尾藻 *S. rhizophorum*、合根式马尾藻 *S. symphyorhizoideum*、莺歌海马尾藻 *S. yinghaiense*。

假根马尾藻 *Sargassum rhizophorum* Tseng *et* Lu

藻体黄褐色,高达 1 m 以上。固着器假根状,互相缠结。主干圆柱形,顶端长出 2～5 条圆柱形初生分枝,表面光滑。次生分枝从初生分枝的叶腋中长出,互生,圆柱形,表面光滑,枝间距离较长。末端小枝较短,圆柱形,表面具有腺点,其上分生藻叶、气囊和生殖托。基部藻叶宽披针形,顶端钝圆,基部略斜,楔形,中肋明显,到顶或接近顶端消失,毛窝不凸出表面,不规则地分散在中肋两侧,边缘上端具有微锯齿,下部波状。初生分枝上的藻叶宽披针形,顶端略尖或钝,基部略有些倾斜,楔形,中肋接近顶端消失,毛窝明显,略凸起,不规则地分散在中肋两侧,边缘具有粗锯齿。次生分枝基部藻叶略宽,越到顶部越细,顶端尖或钝,基部略斜,楔形,中肋及顶或接近顶端消失,毛窝不规则地分散在中肋两侧,边缘具有不规则的粗齿。末端小枝上的藻叶线形,顶端略尖或,中肋明显模糊,消失在顶端之下。毛窝多数单列,分布于中肋两侧,边缘具有不规则的粗锯齿。所有藻叶都具有较长的细柄。气囊较小,球形或倒卵形,多数顶端圆形,偶尔有细尖,表面具有几个毛窝,囊柄略长,圆柱形(图 10-94)。

本种雌雄异株。雌生殖托成熟时上部三棱形,下部圆柱形,表面具有刺;雄生殖托圆柱形,表面光滑。雌、雄生殖托通常 2～3 次分叉,总状排列,雌生殖托幼期排列尤其紧密。

本种生长在潮下带 1 m 深的岩石上。

本种是由中国科学院海洋研究所的藻类学家曾呈奎院士和陆保仁研究员在南海涠洲岛海域首次发现的新种,是中国特有种。

斜叶种群 Group *Plagiophylla*:主要特征是固着器盘状或圆锥状。

在中国有 6 种:火烧岛马尾藻 *S. kasyotense*、异囊马尾藻 *S. heterocystum*、拟小马尾藻 *S. parvifolioides*、斜叶马尾藻 *S. plagiophyllum*、褐叶马尾藻 *S. fuscifolium*、长囊马尾藻 *S. longivesiculosim*。

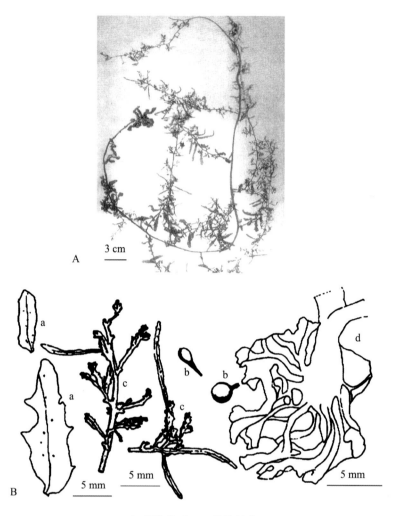

A. 藻体外形；B. 藻体结构

a. 藻叶；b. 气囊；c. 小叶及生殖托；d. 固着器

图 10-94　假根马尾藻 *Sargassum rhizophorum* Tseng *et* Lu

（引自曾呈奎等，2000）

斜叶马尾藻 *Sargassum plagiophyllum* C. Agardh

藻体灰褐色，高达 50 cm 以上。固着器盘状，直径达 5 mm。主干圆柱形，表面光滑。初生分枝从主干的上端辐射状长出，圆柱形，表面光滑。次生分枝从初生分枝的叶腋长出，圆柱形，表面光滑。分枝间的距离较短。末端小枝更细小，圆柱形，表面光滑（图 10-95）。藻叶长椭圆形、披针形或倒披针形，顶端多数钝，个别略尖，基部不对称，明显倾斜，外侧大于内侧，中肋很不明显，毛窝两列，边缘多数全缘或波状，偶在叶的上部具有个别的微小锯齿。气囊椭球形、卵形或倒卵形，顶部圆形或具尖刺，幼期的气囊纺锤形，顶端具细刺，比较细小，表面都有几个毛窝；囊柄扁压或圆柱形，扁压的囊柄略比囊长，圆柱形的囊柄较短。

本种雌雄异株。雄生殖托圆柱形,表面光滑,单生,偶有 1 次分枝,总状排列在生殖枝上。雌生殖托未见。

本种主要分布于东海台湾岛的火烧岛,南海广东海陵岛峙仔等海域。

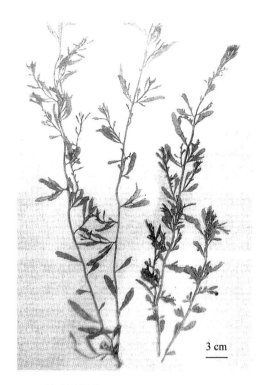

图 10-95　斜叶马尾藻 *Sargassum plagiophyllum* C. Agardh

（引自曾呈奎等,2000）

c.冬青叶系 *Series Ilicifoliae*（J. Agardh）Tseng *et* Lu：雌雄异株,雌、雄生殖托表面都具有刺;藻叶基部明显的倾斜,不对称,向内弯曲,内侧边缘全缘或有少量锯齿,外侧边缘具有粗锯齿。

在中国有 14 个物种及 2 个变种:亚匙形马尾藻 *S. subspathulatum*、细叶马尾藻 *S. tenuifolioides*、小叶马尾藻 *S. parvifolium*、拟双锯叶马尾藻 *S. biserrulioides*、拟短角马尾藻 *S. siliculosoides*、拟披针叶马尾藻 *S. pseudolanceolatum*、围绕马尾藻 *S. cinctum*、福建马尾藻 *S. fujianense*、茅膏马尾藻 *S. subdroserifolium*、叶囊马尾藻少刺变种 *S. cystophyllum* Montagne var. *parcespinosa*、都氏马尾藻 *S. dotyi*、山德马尾藻 *S. sandei*、粗糙马尾藻 *S. squarrosum*、双锯马尾藻 *S. biserrula*、冬青叶马尾藻 *S. ilicifolium*、冬青叶马尾藻重缘变种 *S. ilicifolium* C. Agardh var. *conduplicatum*。

冬青叶马尾藻 *Sargassum ilicifolium*（Turn.）C. Agardh［*Fucus ilicifolium* Turner］

藻体黄褐色,高达 90 cm。固着器盘状。主干圆柱形,表面光滑。初生分枝圆柱形,表面光滑,越往上越细;次生分枝从初生分枝的叶腋长出,形状和初生分枝相似,比较短,越往上部越短;分枝较密集,分枝间的距离为 2～3 cm。末端分枝从次生分枝的叶腋长出,形状和次生分枝相似,但比较短而且细,一般长为 5～7 cm,直径达 1 mm,表面具有腺点。藻叶为长椭圆形,藻叶顶端钝圆,基部明显倾斜,不对称,外侧大于内侧,楔形,边缘具有较小的锯齿,一般外侧多,内侧少或无锯齿,中肋不到顶,一般消失在叶的中部,毛窝明显,略凸起,分散在叶的各处,叶基部有短柄。气囊为球形,直径约为 5 mm,表面有少量毛窝,两侧常有耳状翅叶。囊柄较短,亚圆柱形(图 10-96)。

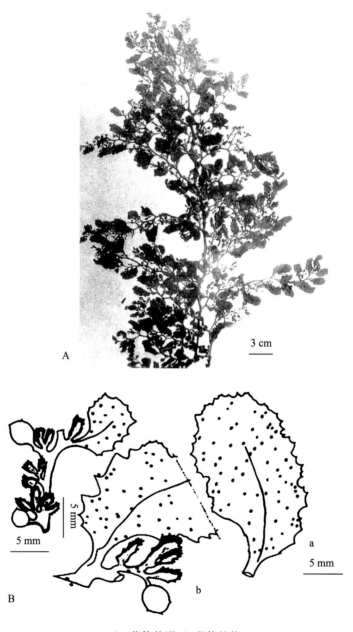

A. 藻体外形;B. 藻体结构

a. 藻叶;b. 生殖小枝、气囊、雌生殖托和藻叶

图 10-96　冬青叶马尾藻 *Sargassum ilicifolium*（Turn.）C. Agardh

（引自曾呈奎等,2000）

　　本种雌雄异株。雌生殖托多数扁压,个别三棱状,1~2 次分枝,顶端略宽,表面有刺,基部具有一短柄,总状排列在生殖末端小枝上;雄生殖托亚圆柱形,顶部略扁压,分叉,表面有刺。

　　本种生长在环礁内水下 1 m 左右的珊瑚石上。

　　本种主要分布于东海台湾岛、南海海南岛和涠洲岛等海域。

第十一章 原绿藻门 Prochlorophyta

20世纪70年代初,美国藻类学家柳文博士(Li,W.K.W)在下加利福尼亚海湾考察海藻时,发现一种过去藻类学家们尚未认识的单细胞藻。这种单细胞藻的体积极其微小,附着生长在海鞘 *Ascidians* 体表。经过研究,这是一种原核生物。因此,柳文博士认为它属于蓝藻门的一个新"科",并发表在《国际藻类杂志》上。此后,科学家们先后在昆士兰、新加坡、夏威夷群岛以及加勒比海等热带海区找到了这种海藻。

曾呈奎教授详细分析研究了此藻的形态结构、所含色素成分后,认为这种单细胞藻并非蓝藻,而是原始的绿藻,建立了新的"原绿藻门"。

原绿藻被认为对研究植物系统进化具有重大意义。原绿藻很可能是地球上所有高等植物的共同祖先。

迄今,原绿藻门已发现有3属:原绿藻属 *Prochloron*,原绿藻球藻属 *Prochlorococcus* 和原绿丝藻属 *Prochlorothrix*。前两属为海生种,藻体均为球形,但个体大小、生态习性等完全不同。原绿藻属物种的藻体直径为 8~12 μm,生活在低潮带,附着在其他生物的体表;原绿球藻属的物种,其藻体直径为 1 μm,生活在开阔的大洋 50~100 m 水层内,为超微型浮游生物(picoplankton)的重要成员;原绿丝藻属仅有1个物种 *P. hollandica*,在荷兰(Netherlands)的一个营养良好的淡水湖内发现的,藻体为不分枝丝状体,大量出现时能产生"水华"。

在中国海域发现的是原绿藻 *Prochloron* sp.,分属于原绿藻纲 Prochlorophyceae 原绿藻目 Prochlorales 原绿藻科 Prochloraceae 原绿藻属 *Prochloron*。

原绿藻 *Prochloron* sp. C. K. Tseng

藻体为单细胞,草绿色,聚集成群。细胞圆球形,直径为 8~12 μm(图 11-1)。细胞壁多层结构(与蓝藻细胞壁结构相似),细胞内含有叶绿素 a 和叶绿素 b(chlorophyll a/b),比例为 5:6,没有叶绿素 c(与绿藻的色素成分相似),有 β 胡萝卜素、叶黄素等辅助色素,缺乏藻胆素(与蓝藻不同);没有细胞核膜与核仁的结构,DNA 在原生质体内呈分散状分布(蓝藻 DNA 集聚分布在原生质体的中央);没有色素体和其他细胞器结构(如高尔基体、线粒体、内质网等);原生质内包含有类囊体和多面体的颗粒,类囊体通常两个或多个堆积在一起(与绿藻相似),类囊体表面光滑,没有藻胆(蛋白)体。

原绿藻为暖水性物种。

本种主要分布于南海西沙群岛、海南岛海域。生活在低潮带,附着在珊瑚礁内的贝壳动物上,尤其是海鞘、死珊瑚和大型海藻的体表。

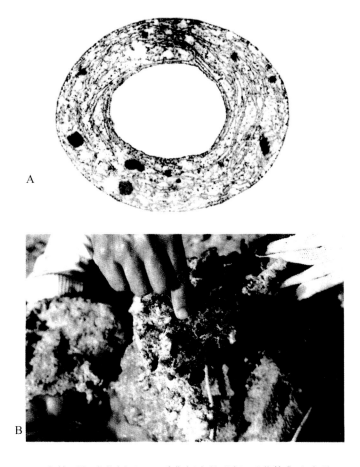

A. 电镜下细胞的剖面；B. 采集标本的现场，示藻体集生成群

图 11-1　原绿藻 *Prochloron* sp. C. K. Tseng

（引自曾呈奎，1983）

第十二章　裸藻门(眼虫藻门)Euglenophyta

第一节　一般特征

裸藻门的绝大多数物种是具有鞭毛能运动的、没有纤维素细胞壁、藻体形态可变的、藻体结构特殊(具有眼点、伸缩泡等构造)的单细胞藻,细胞内具有与绿藻相似的色素,但光合产物又是独特的裸藻淀粉(paramylum),又有一些物种是无色而营异养生活的。因此,动物学家把裸藻列入原生动物门,称之为眼虫(Euglenozao)。

裸藻主要在淡水环境中生活,尤其是在富营养的、水温高于 25℃ 的水环境中能大量繁殖,有些种能在潮湿的土壤内生活,无色的物种能寄生在许多水生动物(扁虫、桡足类、腔肠动物、轮虫等)及两栖类的体内,另有一些种能在半咸水及海水内生活。

据 G. M. Smith(1955)记载,裸藻门内大约有 25 属 450 种。B. Fott(1971)记载了大约有 40 属,超过 800 种。中国对西藏的裸藻有专门研究,已出版专著《中国西藏的裸藻》,但有关海生裸藻的分类学研究,尚未有详细的报道。

一、外部形态特征

裸藻门绝大多数物种的藻体细胞由于没有纤维素细胞壁而易发生藻体扭转及形态上的改变。但其基本形态通常是前端为钝圆,后端尖细,横切面为扁圆形或近圆形。图 12-1 为裸藻部分属物种的基本形态。极少数物种是不定群体。

二、细胞学特征

(一)细胞壁

裸藻没有纤维素细胞壁,而是有主要由蛋白质组成的周质膜(periplasm membrane)。周质膜由平而紧密结合的壁纹组成,这些壁纹旋转状包着藻体。壁纹是细胞内部的构造,在原生质中产生,并被原生质膜紧密包围着。用电子显微镜观察,每个壁纹的两侧都有一个隆起的纵缘,因此,在相邻的两条壁纹之间有一深的通常是向上变窄的纵沟。相邻的壁纹是纵行的,并以关节状相钩合。在两壁纹增高处之间产生一条沟,这就是在光学显微镜下所能看到的周质膜上的条纹。在条纹下面黏液体积聚(产胶体)。条纹及整个周质膜的外面有 3 层原生质膜盖着。如果在周质膜上出现疣突或其他构造时,它就与原生质膜相联合。

有些属物种的细胞外是由其原生质分泌物形成一个带口且具有一定形状的甲鞘(lorica),甲鞘表面通常具有刺和乳头突起,并因铁和锰的沉积而呈现出不同的体色(图 12-1;图 12-2)。

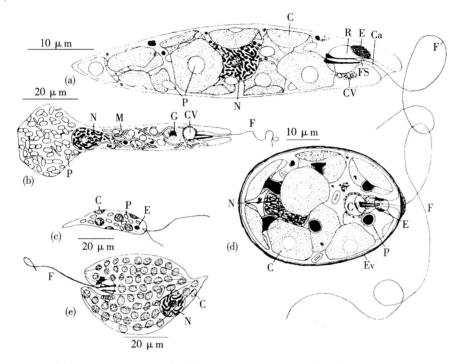

（a）裸藻属 *Euglena* sp. ;（b）变形藻属 *Astasia* sp. ;（c）变体裸藻属 *Eutreptiella* sp.

（d）囊裸藻属 *Trachelomonas* sp. ;（e）扁裸藻属 *Phacus* sp.

C. 色素体;Ca. 泡咽;CV. 伸缩泡;E. 眼点;Ev. 藻体外膜;F. 长鞭毛;FS. 长鞭毛的膨大处;

M. 线粒体;N. 细胞核;P. 裸藻淀粉颗粒;R. 储蓄泡

图 12-1　裸藻不同属物种的藻体外形及内部构造

（引自 R. E. Lee,1980）

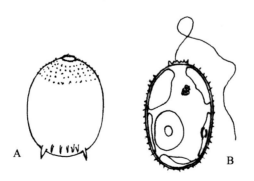

A. 陀螺藻 *Strombomonas* sp. 的甲鞘;B. 具棘囊裸藻 *Trachelomonas hispidi*(Petty)Stein

图 12-2　示甲鞘

（引自 B. Fott,1971）

　　壁纹的数目、形态以及甲鞘的形态、体色、刺和乳头突起等特征,都是裸藻分类上的重要依据。

（二）细胞核

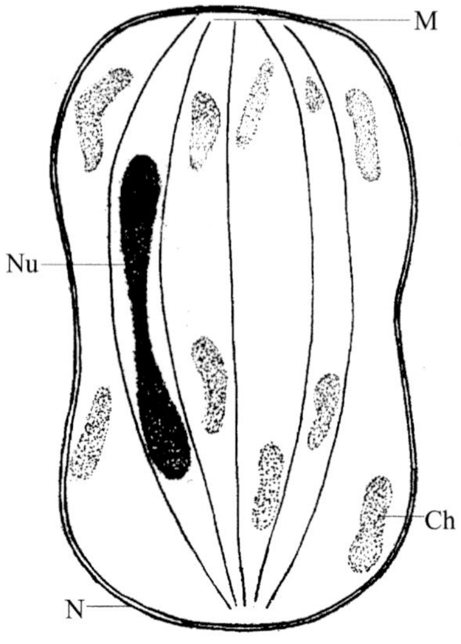

　　裸藻的细胞核通常大而明显,圆球形、椭球形,位于细胞的中部或后半部。细胞核有明显的核膜,内有核仁和核网,在核网的节上有许多染色质粒。在正常情况下,裸藻都是单细胞核。但是,当细胞分裂过程中,细胞质分裂受到抑止时,细胞内会出现多个核。

　　当细胞分裂开始时,核网联合成一定数目的染色体,核仁拉长,并在其中部收缢,直到分为两个的过程中,染色体亦同时分成两组。裸藻细胞分裂还保持着原始特征,它和典型的核分裂不同的是:核膜永久存在,核仁和染色体分裂是在原有核膜内进行的;核分裂过程中不出现纺锤体(图 12-3)。

（三）色素体与色素

　　具有色素体的裸藻体内通常含有多个色素体。色素体有盘状、带状、裂片状等。侧生或呈星形排列(图 12-4)。

　　裸藻色素体含有与绿藻相似的色素成分,色素有叶绿类的叶绿素 a、叶绿素 b,类胡萝卜素类的 β-胡萝卜素、花药黄素、甲藻黄素、新黄素。

M. 微管;Nu. 核仁;N. 核膜;Ch. 染色体

图 12-3　裸藻属细胞分裂过程

(示细胞核的分裂)

(引自 R. E. Lee,1980)

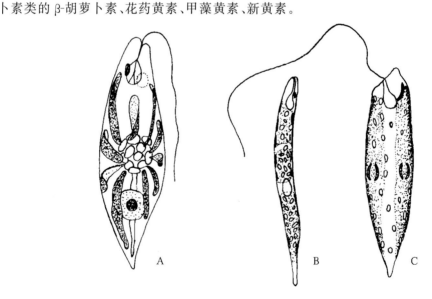

A. 绿色裸藻 *Euglena viridis* Ehrenberg 示带状色素体星形排列,淀粉核裸露;

B. 变形裸藻 *E. mutabilis* 色素体侧生,淀粉核没有副淀粉鞘;

C. 鱼形裸藻 *E. pisciformis* 色素体侧生,淀粉核两侧有副淀粉鞘

图 12-4　裸藻色素体形态及其在细胞内分布

(引自 B. Fott,1971)

（四）淀粉核

有些裸藻的色素体有 1 个淀粉核，淀粉核简单而裸露，或在淀粉核的两侧附有裸藻淀粉（图 12-4，图 12-5）。

（五）储藏物质

具有色素的裸藻含有与绿藻相似的色素成分，但同化产物与绿藻的淀粉不同，而是裸藻淀粉，也称为副淀粉。它的化学性质与昆布糖和金藻昆布糖相似。它的结构如 β-1,3 葡聚糖。裸藻淀粉大多呈球形至椭球形，而且中间穿空成环状（Pochmann，1956）。裸藻淀粉通常分散在原生质中，或附着在突出色素体外的淀粉核的表面上。不同种裸藻，其裸藻淀粉的形状及其在细胞内的位置都是比较稳定的，是裸藻分类学上的重要特征。

一些无色的裸藻都以脂类代替裸藻淀粉作为储藏物质。

（六）贮蓄泡、伸缩泡

贮蓄泡是所有裸藻都具有的，也是裸藻的标志性特征。贮蓄泡位于藻体前端，是由藻体顶端中部周质膜（原生质膜）向藻体内凹陷而成的一个形态类似长颈烧瓶样的构造。向外开口处称之为泡口（cytostome），泡口处有一周质膜盖；细长而呈管状的瓶颈为泡咽（cytopharynx）；近似圆球形的瓶体称为贮蓄泡（reservoir）（图 12-1）。

伸缩泡（contractile vacuole）位于贮蓄泡附近，由一个大的具有伸缩运动能力的液泡和在其周围的若干个小液泡组成。在大液泡伸缩作用下，接受小液泡收集的体内废物，继而排入贮蓄泡，有时整个大液泡在伸缩作用下进入贮蓄泡，最后都排出体外。因此，伸缩泡系统是具有排泄功效的液泡系，贮蓄泡是体内废物排出体外的通道（图 12-5）。

B.Fott（1971）认为，贮蓄泡的作用仅是作为一个充满水体的空间，鞭毛则从这里伸出体外，搏动的伸缩泡由体内排入废物，后被送出体外。作为裸藻物种的特征性构造，贮蓄泡并没有贮藏物质的功能。因此，B.Fott 建议不如改称为"裸藻泡"为好，贮蓄泡的名称往往会导致此结构具有贮藏物质功能的误解。

（七）鞭毛

裸藻原始物种有两根鞭毛，都从贮蓄泡底部的基粒体伸出，其中一根伸向前方为游泳鞭毛，同时是触角器官；另一根向体后伸展为拖曳鞭毛。在绿色裸藻中，伸出体外的只有 1 根游泳鞭毛，而在贮蓄泡内鞭毛根底部有一个"鞭毛隆起"（图 12-5），而且在此处出现二分叉状，呈现出两个鞭毛根底部。其实，其中之一是拖曳鞭毛退化后仅保留的鞭毛根底部分（图 12-5），而其前端通常紧贴游泳鞭毛的隆起处。鞭毛隆起处与眼点一样具有感光作用。

生活在蝌蚪肠内的裸藻，有 3 根鞭毛的 *Euglenamorpha* sp. 和 7 根鞭毛的 *Hegneria* sp.。

在电子显微镜下观察，裸藻鞭毛为单茸鞭型，仅在鞭毛主轴一侧有鞭毛丝。内部微管为 9＋2 结构（图 12-5）。

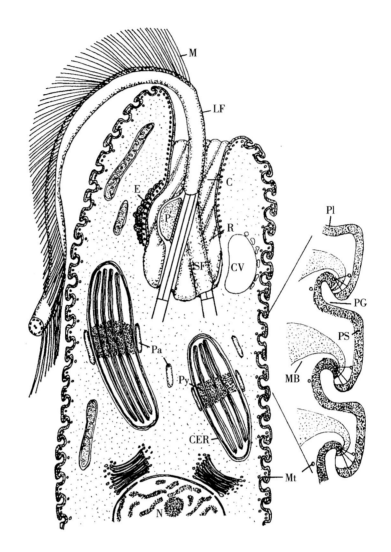

C. 沟（泡咽）；CER. 色素体内质网；CV. 伸缩泡；E. 眼点；LF. 长（游泳）鞭毛；
M. 鞭（毛丝）茸；MB. 产胶体；Mt. 微管；N. 细胞核；P. 鞭毛隆起；Pa. 裸藻淀粉；
PG. 表膜沟；Pl. 周质膜；PS. 表膜条纹；Py. 淀粉核；R. 贮蓄泡；SF. 短鞭毛

图 12-5　裸藻的藻体结构示意图

（引自 R. E. Lee，1980）

（八）眼点

无色素裸藻没有眼点（stigma），有色素的裸藻都有一个眼点，位于藻体前端贮蓄泡附近，是很多由类胡萝卜素染成红色的小脂类颗粒，紧密地聚集在一个无色的基质上组成的（没有总的包被）。具有感光作用。细胞分裂时，眼点同时直接分裂，子藻体的眼点并不是新藻体再重新产生的（图 12-5）。

（九）咽杆器

咽杆器（pharyngeal rods）是杆囊藻科 Peranemataceae 物种具有的与摄取食物有关的特殊构造。咽杆器是一个锥形管，前端开口，由藻体顶端向后，与贮蓄泡平行直伸到藻体的后部。杆囊藻科的物种无色、营异养生活。小的食物可直接通过周质膜被吞食，遇到大的食物时，咽杆器能像象鼻那样隆起，刺破被黏住的被获物的包被，吸取内含物。

三、繁殖

裸藻的繁殖主要以无性生殖产生后代，裸藻的有性生殖还有待于进一步研究来证实。

（一）无性生殖

1. 细胞分裂

细胞分裂是裸藻繁殖后代的主要方式。由藻体纵分裂而产生两个子体。分裂可在运动状态或在胶质状态下进行。

藻体在运动状态分裂时，开始是在着生鞭毛的一端发生凹隙，细胞核以及鞭毛器和眼点的加倍都同时发生。然后，藻体本身开始缢裂过程，缢裂并没有很快把藻体纵裂成两个子体。在缢裂过程中，裸藻淀粉颗粒、色素体等都按照原有的数量均分。整个藻体分裂过程要经过 2～4 小时才完成。每个新藻体有与母体同样的长度，但其厚度仅有母体的一半，周质膜上的条纹数目也各占母体的一半。单鞭毛的各属，生毛体分裂后，其中一个生毛体带着老鞭毛，另一个生毛体形成一根新鞭毛；双鞭毛的属两根鞭毛都留给其中一个子细胞，另一个子细胞则自己形成两根新的鞭毛，或两个子细胞各得一根老鞭毛，再各自形成一根新的鞭毛。图 12-6 为内曲杆胞藻 *Rhabdomonas incurvum* Pres 细胞分裂过程。

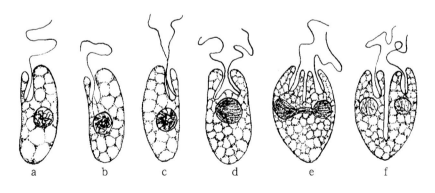

图 12-6　内曲杆胞藻的细胞分裂（×1400）

（引自 G. M. Smith，1955）

在胶质状态藻体分裂时，开始藻体首先变大，而后鞭毛脱落，藻体变圆，会被胶质衣鞘所包裹，在胶质衣鞘内分裂。有时分裂后的子体并不立刻破鞘而出，而是保留在鞘内，形成暂时性胶团群体。群体内非运动性藻体可以在任何时间内恢复到运动状态。

具有甲鞘的藻体分裂时，藻体在甲鞘内分裂。两个子体中的一个，仍保留在原有的甲鞘内,另一个子体则逸出而产生新的甲鞘。

2. 囊胞

囊胞(cysts)在许多属中都已发现,当环境改变时会产生囊胞。如在低温状态下,产生具厚壁的"保护囊胞";在不利环境中产生具有厚壁的"休止囊胞";在生殖过程中,产生具有弹性和渗透作用的外膜,包含有 32 或 64 个子体的生殖囊胞。

囊胞通常为球形、卵形或多面体。囊胞原生质体能产生相当量的裸藻红素而呈现出深红色。

囊胞萌发时,原生质体自壁中逸出,发育成新的运动型藻体。

(二) 有性繁殖

有关裸藻的有性繁殖,早在 1908~1910 年间,Dobell,Berliner,Haase 等都曾经叙述过少数裸藻有营养细胞的配子性愈合,但都是假定的。Krichenbauer(1938)曾叙述过扁裸藻属 *Phacus* 中的自配作用(autogamy,在一个细胞内姐妹细胞核的愈合),细胞核愈合后,接着是减数分裂,产生 4 个单核的原生质体。人们在双核细胞中发现其具有两个细胞核居于细胞的长轴中,以及在单核细胞中具有两个大核和两个核内体的发现,这些都是自配生殖的证据。但是,至今藻类学家们对裸藻的有性繁殖还没有取得共识。对此还需要通过进一步研究来证实。

四、生态分布及意义

裸藻的大多数种都生活在淡水环境内,也有在半咸水中生活的,但在海水中生活的种很少。很多种特别喜爱在富含有机营养物质的水体中营漂浮生活,能在污浊的静水中大量繁殖;而另一些种能生活在几乎没有有机营养物质的贫营养水体中;少数种能分布在酸性(pH 值为 1~4)的沼泽和泥炭水池中;有些种在潮湿的泥土中生活;少数种是附生在甲壳类、轮虫、线虫和团藻、丝状藻体上;裸形藻属 *Euglenophorma* 和赫氏藻属 *Hegneria* 的种是在两栖类的消化系统里寄生的。

海生种通常分布在河口附近的潮间带和近岸海域。

含有血红素的裸藻大量繁殖后,能使水体变成红色,当阳光强烈时,血红素能掩盖色素体,而使藻体呈现红色;当日落和被遮阴时,血红素能转入细胞内面而被色素体掩盖,红色水体就会突然变成绿色。这一现象表明,血红素对裸藻可能有光保护作用。

自养裸藻的大量繁殖,光合作用产生的氧气改善水体中的缺氧状态,加速水体的生物学自净作用。

第二节 分类及代表种

由于裸藻结构的特殊,动物学家都把它叫做眼虫,至今仍然列在原生动物门内。但是,裸藻同样具有藻类的特征。Pascher 在 1931 年第一个正式把裸藻作为植物界的一个门(裸藻门 Euglenophyta)。并把裸藻分成两个纲,每个纲有 1 目。裸藻列入植物界得到

藻类学家们的共识。但在裸藻自身的分类上,藻类学家们有着不同的见解:

G. M. Smith 于 1955 年提议,裸藻门下设 1 纲(裸藻纲 Euglenophyceae),下分两个目。Leedale(1967)把裸藻分类为 1 纲 6 个目。B. Fott(1971)把裸藻作为一个裸藻纲列入分类地位未确定的鞭毛类,下设 1 个目,分 6 个科(Leedale 6 个目的降级)。H. C. Bold(1978)年同意裸藻门这一分类阶元,但在纲下分 3 个目。R. E. Lee(1980)把裸藻的最高分类阶元定在纲一级,下分 3 个目,与 Bold 的分目是一致的,只是在最高分类阶元上不同。中国学者郑柏林、王筱庆教授编著的《海藻学》(1961)中,采用了 Smith 的系统,把裸藻门分为裸藻目 Euglenales 和胶柄藻目 Colaciales。

裸藻门(纲)以下的分类,由于藻类学家们对分类的特征性状有不同的理解而出现不同的分类系统。如有的学者认为咽杆器是重要的分类依据,而另一些学者则不以为然。所以,至今还没有统一的分类系统。

本书采用的是 H. C. Bold(1978)和 R. E. Lee(1980)根据鞭毛的结构功能和是否具有摄食性细胞器分为 3 个目的系统。

变形裸藻目 Eutreptiales

变形裸藻目物种的共同特征:具有两根伸出体外的鞭毛,当游泳时,其中一根鞭毛伸向前方,另一根伸向侧面或向体后伸展。没有特殊的摄食细胞器。变形裸藻属 *Eutreptia* 为本目的代表属。

变形裸藻属 *Eutreptia* Ehrenberg,1852

本属藻体形态与裸藻属 *Euglena* 很相似。但能高度变形。具有两根鞭毛。色素体盘状或带状。

大多数物种在海水或半咸水生活。

变形裸藻 *Eutreptia pertyi* Pringsheim

本种与绿色裸藻 *Euglena viridis* 形态很相似,但藻体能高度变形,具有两根鞭毛,伸向前方,游泳时能运动。贮蓄泡、伸缩泡系统明显。颗粒状眼点位于泡咽一侧(图 12-7)。色素体带状,星形排列。单核,位于藻体中后部。

本种在海水或半咸水中生活。

裸藻目 Euglenales

裸藻目物种具有两根极不等长的鞭毛,其中一根鞭毛(长鞭毛)通过泡咽伸出体外,向前方伸展,另 1 根鞭毛(短鞭毛)留在贮蓄泡内。没有特殊的摄食细胞器。本目包含的属较多,裸藻属为其代表属。

裸藻属 *Euglena* Ehrenberg,1838

本属藻体圆柱形、梭形或纺锤形。周质膜有弹性或可变形,大多数物种的周质膜上有螺旋条纹。藻体前(顶)端有明显的贮蓄泡。有 1 根游泳鞭毛,另 1 根退化,仅留根基部在贮蓄泡内。色素体有不同的形状,有时含有淀粉核。游离的裸藻淀粉颗粒有不同的形状。

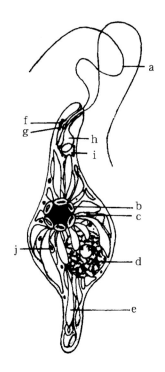

a. 示两根运动鞭毛；b. 裸藻淀粉核中心；c. 磷脂颗粒；d. 具有核膜、染色体、核内体的细胞核；e. 色素体；f. 眼点；g. 鞭毛隆起；h. 贮蓄泡；i. 伸缩泡；j. 裸藻淀粉颗粒

图 12-7　变形裸藻 *Eutreptia pertyi* Pringsheim

(引自 **H. C. Bold**, 1978)

繁殖主要依靠细胞纵分裂。

本属约有 155 种（Gojdics，1953），大多数在淡水环境中生活，海生种很少。

绿色裸藻 *Euglena viridis* Ehrenberg

藻体纺锤形，前端略不对称，一侧圆凸，另一侧低斜。藻体中部膨大，向后部渐尖，末端呈尾状凸起。周质膜柔软，具有细微的斜条纹。藻体前端的泡口、泡咽和贮蓄泡构造明显。鞭毛从贮蓄泡底部生出，一根（长）游泳鞭毛经泡咽、泡口伸出体外，其长度相当于藻体之长；另一根鞭毛已退化，仅保留其根基部（短鞭毛），其末端在贮蓄泡内与长鞭毛相接，相接处膨大成结状。眼点明显，颗粒状，呈深红色，位于藻体前端圆凸一侧，紧贴贮蓄泡和泡咽。色素体带状，星形排列（图 12-8）。细胞核单个，圆球形或椭球形，位于细胞后体部中央。

繁殖主要依靠纵分裂。

本种为淡水性种，尤其是能在富含有机质的水域内生活。在日本近海，盐度为 12（盐度不能超过 24）的海水中有发现，但很少。

细小裸藻 *Euglena gracilis* Klebs

藻体圆柱形或纺锤形，前端不对称，一侧圆凸，另一侧低斜，后体部渐尖，尾端呈小凸起状。藻体长为 55～80 μm，径为 13～18 μm。周质膜柔软，具有细微的条纹（图 12-9）。

细胞内含有 10 个左右大型边缘波状的盘状色素体,靠周质膜分布。色素体中部带有淀粉鞘的淀粉核。两根极不等长的鞭毛由贮蓄泡基部生出,长的一根经泡咽、泡口伸出体外,其长度相当于体长,短的一根在贮蓄泡内,尾端与长鞭毛相接,相接处呈膨胀结状。眼点深红色,位于藻体前端圆凸的一侧,靠近贮蓄泡和泡咽。细胞核椭球形,位于藻体中央。球形黏液体和小卵形的裸藻淀粉颗粒不规则地分散在原生质中。

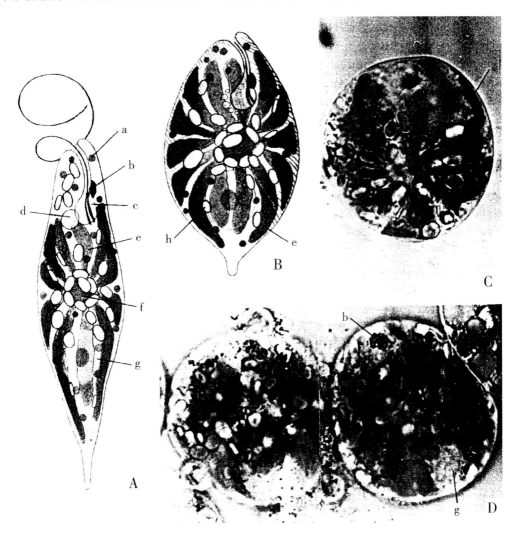

A,B. 示游泳藻体和受压以后藻体收缩变形,经中性红染活体色后黏液体膨胀,藻体成球形化;

C. 示由中央裸藻淀粉颗粒区外伸的色素体;

D. 示藻体上方颗粒状的眼点,和下方色素体之间呈空白状的细胞核

a. 黏液体;b. 眼点;c. 贮蓄泡;d. 伸缩泡;e. 色素体;f. 裸藻淀粉颗粒中心

g. 细胞核;h. 裸藻淀粉颗粒

图 12-8　绿色裸藻 *Euglena viridis* Ehrenberg

(引自福代康夫等,1990)

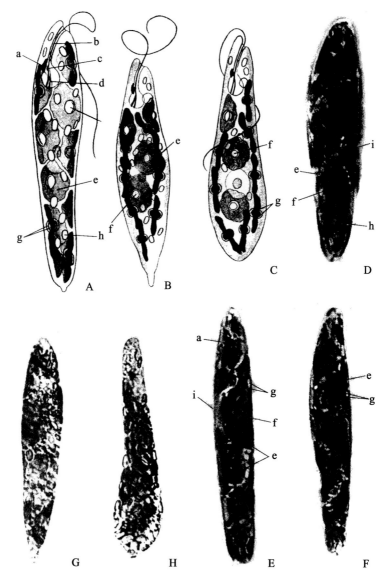

A～C. 示停止活动的藻体形态;D～E. 细胞表面构造;F. 示色素体和带有淀粉
鞘的淀粉核;G～H. 用铯酸蒸气固定的藻体,集积着许多裸藻淀粉颗粒
a. 眼点;b. 长鞭毛;c. 鞭毛膨胀部;d. 短鞭毛;e. 色素体;f. 淀粉鞘(上面)
g. 淀粉鞘(侧面);h. 裸藻淀粉颗粒;i. 周质膜上的条纹

图 12-9　细小裸藻 *Euglena gracilis* Klebs

(引自福代康夫等,1990)

　　本种为淡水性种。但可在盐度为 1～10 的富含有机质的海湾、河口水域内生活。在盐度为 14 的港湾内也有发现(Van Goor,1925)。日本近海有报道。

　　在渤海黄河口及河口内湾海域,也曾发现有裸藻,具体到种,还有待进一步研究及鉴定。

异线藻目 Heteromenatales

异线藻目物种有与变形裸藻目相似的特征,具有两根伸出体外的鞭毛,当游泳时,其中一根鞭毛伸向前方,另一根向体后伸展。区别在于本目物种具有特殊的摄食细胞器——咽杆器。

杆囊藻属 *Peranema* Dujardin,1841

本属藻体形态与裸藻属 *Euglena* 相似,周质膜有斜纹。贮蓄泡明显。具有两根长鞭毛,其中一根向前直伸,另一根向体后伸展。细胞内无色素体,异养性生活。具有摄食性细胞器咽杆器。

本属物种生活在富含有机质的水体中,经常与其他裸藻共同出现。

杆囊藻 *Peranema trichphrumm* (Ehr.)Stein

藻体形态与裸藻属 *Euglena* 相似。前端不对称,一侧较高而圆凸,另一侧低斜。贮蓄泡、泡咽、泡口明显。具有两根长度略短于藻体的鞭毛,从贮蓄泡底部生出,通过泡咽、泡口伸出体外,其中一根鞭毛粗壮,与藻体平行直伸向前,末端螺旋状,另一根鞭毛较细,紧贴藻体向体后伸展,不易观察到(图 12-10)。咽杆器为两根平行的末端较尖细的杆状物,

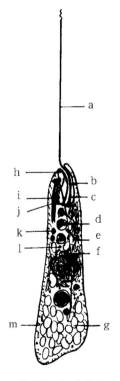

a. 示粗而向前直伸的长鞭毛;b. 泡咽;c. 贮蓄泡;d. 食物泡;e. 线粒体;f. 较细的向后伸展的鞭毛;
g. 裸藻淀粉颗粒;h. 泡口边缘;i. 咽杆器 j. 伸缩泡;k. 高尔基体;l. 脂类物质;m. 周质膜上的条纹

图 12-10　杆囊藻 *Peranema trichphrumm* (Ehr.)Stein

(引自 H. C. Bold,1978)

由泡咽一侧生出,紧贴藻体向体后直伸,长度约为藻体长的1/5。伸缩泡位于贮蓄泡一侧。藻体内没有色素体,有高尔基体、线粒体。细胞内单核,位于藻体中部。藻体异养生活。贮蓄泡下方有食物泡,原生质中还分布有脂类物质,卵圆形的裸藻淀粉颗粒集结在细胞后部。

　　本种生活在富含有机质的水域内。

第十三章　绿藻门 Chlorophyta

第一节　一般特征

绿藻门在整个藻类中有其特殊的地位,所包含的物种通常为绿色。细胞壁含有纤维素和果胶;色素体所含色素主要为叶绿素 a、叶绿素 b、叶黄素及胡萝卜素;此外,色素体内还含有淀粉核,光合作用的产物为淀粉。这些细胞学特征都与高等维管束植物相似。因此,藻类学家们认为,在整个植物进化系统中与其他门藻类相比,绿藻门与高等维管束植物的亲缘关系更接近。

绿藻门物种的游动细胞具有 2 根或 4 根等长鞭毛。普遍存在有性繁殖方式。多数物种在淡水中生活。在中国海域分布的绿藻,已有记载的约为 194 种。

一、外部形态特征

绿藻门物种繁多,其外部形态类型非常多样化,大致可以分为以下几种类型。

(一)游动的单细胞或群体

藻体都具有鞭毛,整个藻体是一个能活动的细胞个体或群体。单细胞的如衣藻属 *Chlamydomonas*,细胞梨形,前端有两根鞭毛可在水中游动;呈群体的如团藻属 *Volvox*,为具鞭毛的运动群体,细胞数目不定,外具胶被,由 500 至数万个细胞构成。

(二)非游动的单细胞或群体

该类型由游动式的藻类演化而来,整个藻体无鞭毛或虽有鞭毛但不能摆动,称为假鞭毛。藻体形态多样化。单细胞的物种多呈球形、卵球形或椭球形,如绿球藻属 *Chlorococcum*,四角藻属 *Tetraëdron* 等。群体的物种多为球状、柱形、块状、片状,如四孢藻属 *Tetraspora*,假鞭毛全部包埋在胶被中或前端伸出胶被之外,不能游动,着生或漂浮生活。

(三)丝状体

藻体呈丝状,细胞向一个方向分裂,由多个细胞排列成一行,相邻的细胞互相连接形成简单的丝状体,如丝藻属 *Ulothrix*;或简单的丝状体侧面再向外突出一个或多个细胞并生隔壁,与主轴分隔成具有分枝的丝状体,如刚毛藻属 *Cladophora*。

（四）膜（叶）状体

藻体呈叶片状，是丝状体的进一步发展，由细胞向多个方向分裂而成叶片状。如礁膜属 *Monostroma* 和石莼属 *Ulva* 的物种，是由 1～2 层薄壁细胞组成的叶状体。

（五）异丝体

藻体由两部分组成，一为卧生匍匐部分，附着于基层；另一部分为由卧生部分生出的直立部分，如毛枝藻属 *Stigeoclonium*。

（六）单细胞多核体

藻体呈棒状或球形，为多核的单细胞体。细胞核经常分裂，但细胞不生横壁，因此藻体除在生殖时期外，只有一个细胞，内有许多个细胞核，如松藻属 *Codium*，羽藻属 *Bryopsis*。

绿藻门内不同物种的藻体形态可反映由运动到附着、固定生活，由单细胞体到群体、单列丝体、分枝丝体，直到异丝体的演化过程。

二、细胞学特征

（一）细胞壁

绿藻中除少数物种的细胞原生质裸露、无细胞壁外，绝大多数都有细胞壁。细胞壁由原生质体分泌而成，内层为纤维素，外层为果胶。果胶为水溶性，外面果胶溶掉再由内面分泌出新的，因此果胶能保持一定的厚度。浮生的藻体因为所分泌的果胶比溶解的多，因此形成胶质套围于细胞外，这样就增加了藻体的漂浮能力。有的细胞壁在果胶外还有几丁质，它可以阻止果胶质的溶解，如刚毛藻属 *Cladophora* 和鞘藻属 *Oedogonium*；少数物种的内壁不是纤维素而是由胼胝质（callose）组成，如管藻目 Siphorales 的物种。细胞壁表面平滑，或具颗粒、孔纹、瘤、刺毛等构造，少数物种的细胞壁上还可沉淀钙质。

（二）细胞核

绿藻的大多数物种中一个细胞只有 1 个核，位于细胞中央或边缘。但是也有多核体的类型，如松藻属；或者有些物种在生殖期间出现多核，如伞藻属 *Acetabularia* 在营养时期为单核，进行繁殖时为多核。细胞核有明显的固定核膜和 1 个或几个核仁。在构造上与高等植物没有什么不同。核分裂包括有丝分裂和减数分裂，分裂的程序都与高等植物的有丝分裂和减数分裂的程序相似。

（三）液泡

液泡都由液泡膜包被，通常较大，位于原生质体中央。但许多团藻目 Volvocales、绿球藻目 Chlorococcales 的种类，没有大的液泡。游动的藻体内有小而能活动的液泡，在游动细胞停止活动萌发时，许多小液泡渐渐汇合，最后形成一个大液泡；有些气生藻没有大液泡是因为它们生活在缺水的环境内,如原球藻属 *Pleurococcus*。

(四)色素体及色素

色素体是藻类细胞重要的细胞器,形状多样。绿藻的色素体有轴生星形、片状,侧生的带形、网状、杯状、粒状。每个细胞内色素体的数目有 1~2 个或多个不等。从进化的观点来看,轴生单个的色素体最原始。侧生粒状色素体最高级。由于后者个体虽小,但接受阳光的相对面积较大,且细胞内色素体数目多,还靠近细胞壁分布,因此能接受较多的阳光,光能的利用效率较高。

绿藻色素体所含的色素成分与高等植物相似,色素有叶绿素类的叶绿素 a、叶绿素 b;类胡萝卜素类的 β-胡萝卜素、ε-胡萝卜素、花药黄素、虾青素、角黄素、甲藻黄素、叶黄素、新黄素、玉米黄素。色素成分的比例也与高等植物相似。

(五)淀粉(蛋白)核及光合作用产物

大多数绿藻的色素体内含有 1 个至数个淀粉核。淀粉核是光合作用产物的储蓄场所,与淀粉的合成有密切关系。它包含两部分,中心是蛋白质体,外被淀粉鞘。中心蛋白质体仅是蛋白质的胶黏物,可用染细胞核的染料染色。但也有少数物种并不存在淀粉核,如松藻属 *Codium*、微孢藻属 *Microspora*。绿藻光合作用产物也与高等植物相同,为淀粉。包括了直链淀粉和支链淀粉。

(六)鞭毛、伸缩泡和眼点

能运动的绿藻和游动的生殖细胞都具有鞭毛。多数的运动细胞有两根鞭毛,但有些物种有 4 根或更多的鞭毛。通常游孢子有 2 根或 4 根,配子仅有两根,但也有些物种在游孢子的前端有一圈鞭毛,如德氏藻属 *Derbesia*。

在游动细胞的前端、鞭毛着生的基部,一般有两个伸缩泡,伸缩泡相互地收缩和展开,收缩时往外排出其中的内含物,扩张时就从原生质体吸收水分而充满。伸缩泡的功能是排出多余的水分,同时也排出废物。不活动的藻体,一般无伸缩泡,但也有少数例外。

在单细胞和群体的游动类型绿藻物种中基本都有眼点的存在,多细胞物种的游孢子和配子也有眼点,这表示它们的祖先是游动的。眼点的形状有环形、卵形或亚线形,一般为橘红色,生在细胞的前端近鞭毛的基部,也有的生在细胞的中央。眼点结构主要包括一个弯曲的色素板、一个双面凸的透镜和在二者之间的一个弯曲无色的感光区。色素板是被假设为具有选择反射的表面,表面透过长光波(黄、红色),由它的凹面反射短光波(绿、蓝色),其交点集于色素板和透镜之间的感光层的中间一点。另外,有少数游动孢子眼点的透镜在色素层的内面。

三、繁殖和生活史

绿藻的繁殖方式包括无性生殖和有性生殖。

(一)无性生殖

在一些单细胞的物种,有机体的无性生殖是通过细胞的直接分裂形成的,通常称为细胞的二分裂法.群体和多细胞的藻类可以通过这种细胞分裂的方式扩大藻体。

在丝状体和一些多细胞藻体中,断裂繁殖是很普遍的,也称营养繁殖。藻体可以断裂成为 2 至数部分,每部分可以形成一个新的独立藻体。如丝藻目 Ulotrichales 的一些种类,每段丝体可以只包含几个细胞而发育成新的个体;蕨藻属 *Caulerpa* 的营养枝分离后,也可形成为独立新藻体。

此外,有一些绿藻物种,在不良环境条件下,其细胞壁可以变得很厚,成为休眠孢子或厚壁孢子(akinete),它能度过不良环境,在环境适宜时再萌发成新的个体。

无性生殖最普通的方式是产生游孢子(zoospore)。不同物种的每一个母细胞所产生游孢子的数目不一,如鞘藻属 *Oedogonium* 物种的每一个母细胞只产生 1 个游孢子;丝藻属的物种每一个母细胞可产生 2,4 或 8 个游孢子;刚毛藻属物种的每一个母细胞所产生游孢子的数目更多。形成游孢子囊的细胞和其他细胞一般大,无区别。但是也有特殊的孢子囊,形状与其营养细胞不同。

游孢子的形成,可由原生质体收缩而成为一个游孢子;可由原生质体分裂成两个或多个原生质体,每一原生质体转化成为一个游孢子。游孢子逸出后,发育成同其亲体相似的新藻体。

一般游孢子由母细胞(孢子囊母细胞)壁上形成的孔逸出,游孢子逸出后就开始活动,它们具有向光性。游孢子游动不久或较长时间,活动渐渐迟缓,分泌少许黏质,由前端附着于适当基质,最后固着于基质。停止活动形成细胞壁,继而发育成下一代新的藻体。

但绿球藻目的物种正常的无性繁殖方法是产生不动孢子(aplanospore),在母细胞壁内不形成游孢子而形成不动孢子。在丝藻属、微孢藻属也发现有同样情况。

(二)有性生殖

绿藻门的物种都可进行有性生殖。配子的形成和构造都与游孢子相似,只是配子比游孢子的数目要多,个体较小。配子含单核,无壁,但衣藻属的个别物种的配子有薄壁。有性繁殖方式有多种,包括同配生殖、似配生殖及卵式生殖等方式。同配生殖是比较原始的方式,卵式生殖是高级的方式。由同配生殖进化到卵式生殖的中间过渡型为异配生殖。

有性生殖一般是在该物种的营养体充分生长并储存了一定量的营养物质以后才进行的。

一般情况下,配子如果不经结合就会退化死亡,但是也有一些没有结合的配子能直接发育成为与它的亲体相似的藻体,这种生殖方法叫单性生殖(parthenogenetis)。

配子接合后不久,合子形成细胞壁。合子的原生质体鲜绿色,经过光合作用增加储藏的物质淀粉。淀粉可转化成脂肪,血红素(haematochrom)也形成,因而内含物呈现红色。此时合子抗干燥伤害的能力甚强。合子萌发前,一般都经过短时间或长时间的休眠。海洋中生活的绿藻物种的合子一般都立即萌发,不产生厚壁。

一般配子结合后两个细胞核立刻融合,但是有一些物种到合子萌发前两核才融合,如水绵科和鼓藻科。

有些物种在合子萌发时进行减数分裂,如水绵属、双星藻属、团藻属、鞘藻属。有些物种的合子核不经减数分裂而直接发生成二倍体的藻体,如石莼属、刚毛藻属等。

（三）生活史

绿藻的生活史可归纳为四种类型：

（1）单元单相式：生活史中仅合子阶段是二倍体，合子核分裂时即进行减数分裂，然后形成 4 个游孢子。每个游孢子发育成一新个体。这种方式在活动的单细胞类型及绿藻纲多数多细胞的物种中比较常见。

（2）单元双相式：藻体是二倍体，减数分裂发生在形成配子以前，故只有配子是单倍体。雌、雄配子接合成二倍体合子，合子不经减数分裂，直接萌发成二倍体的藻体，如管藻目的种类。

（3）双元同形：世代交替明显，由两个外形相似的不同世代的藻体进行。单倍体的配子体产生配子，配子接合成合子，合子直接发育成二倍体的孢子体。孢子体产生单倍体的游孢子，减数分裂发生在游孢子形成前的第一次分裂，游孢子萌发成单倍体的配子体。如石莼属、浒苔属、刚毛藻属。

（4）双元异形：世代交替明显，也是由单倍体的配子体和二倍体的孢子体交替进行，但这两个世代的藻体外形不相似。如尾孢藻属 *Urospora*，多细胞的丝状体为单倍体的配子体，由它产生配子，配子接合成合子，合子萌发成多核单细胞的二倍体的孢子体，孢子体产生单倍体的游孢子，减数分裂发生在孢子形成时的第一次分裂，游孢子发育成为单倍体的配子体。礁膜属的孢子体是单细胞单核的小型叶状体。配子体是多细胞的大型叶状藻体。

四、生态分布及意义

绿藻约 90% 的物种生活在淡水环境，仅有 10% 为海水种类。石莼目 Ulvales 与管藻目 Siphonales 是典型的海生绿藻，而接合藻纲 Conjugatophyceae、鞘藻目 Oedogoniales 只存在于淡水中。绿藻生长的范围很广，除了江、河、湖、海、水沼外，在具有足够阳光的潮湿环境，如土面、墙壁、树干，甚至一些树叶表面都能见到不同的绿藻物种。有一些绿藻可生长在几寸深的土壤里。

在水中的绿藻有漂浮生长的（单细胞的如小球藻属 *Chlorella*、扁藻属 *Platymonas*，丝状体的如水绵属 *Spirogyra*），有附生于水中其他植物体上的（如胶毛藻目 Chaetophorales），有附生在贝壳内的（孢根藻属 *Cornontia*），有固着于岩石上的（如刚毛藻属 *Cladophora*、石莼目的物种等），还有一些绿藻寄生于其他植物体内（如绿点藻 *Chorochytrium* Lemuea 寄生于浮萍组织内）。另一些绿藻与真菌共生形成地衣，还有些绿藻与动物营共生，如动物小球藻 *Zoochlorella* 与水螅 *Hydro* 共生。海产的大型绿藻多数生长在海边潮间带的岩石上，单细胞或解体绿藻则主要进行了海游生活。

生活在海洋里的绿藻，其中许多物种有一定的地理分布，其主要限制因素为水温。但生在淡水环境中的绿藻，除鼓藻类和少数热带物种受地理限制外，大多数绿藻能在全世界各地生存，只要有水的地方，就可能发现绿藻。

绿藻被沿海居民利用的历史是很悠久的，有些种可作为食用，如浒苔，石莼 *Ulva*，礁膜 *Monostroma* 等；近来又研究发现淡水生的小球藻及海水生的扁藻，它们含有丰富的蛋白质,可作为高营养的食品。多数绿藻又可作为牲畜、家禽的饲料,或做肥料。浮游生长的单细胞绿藻多数是水生动物的饵料。此外,绿藻类含有胶质,提取的胶质可代替阿拉伯胶、糊精做胶水原料。

　　Rochaix 和 Van Dillewjin(1983)第一个报道了把单细胞的莱茵衣藻 *Chlamydomonas reinhardtii* Dang 的质粒作为载体,进行基因转移的研究。这种单细胞衣藻由于基因组小,繁殖能力强,在、生活周期短,可作为理想的遗传学研究的操作材料,目前已与拟南芥,果蝇,线虫等并称为生命科学领域的模式生物。

第二节　分类及代表种

　　绿藻门最初根据生殖细胞的形态结构和生殖方式的不同分为三个纲,即绿藻纲 Chlorophyceae、接合藻纲 Conjugatophyceae 和轮藻纲 Charophyceae。后由于轮藻纲的特征与其他两个纲的特征相差较大,有些藻类学者把轮藻纲提升为轮藻门 Charophyta,因此,绿藻门就仅包含绿藻纲和接合藻纲。

分纲检索表

1. 藻体细胞或生殖细胞具有鞭毛,能够游动,有性繁殖方式为非接合生殖 ………………………… 绿藻纲
1. 营养细胞或生殖细胞无鞭毛.不能游动,有性繁殖方式为接合生殖 ……………………………… 接合藻纲

　　两纲中只有绿藻纲内有海洋生活的物种,接合藻纲全为淡水生。因此,下面只介绍绿藻纲中的主要物种。

　　绿藻纲物种的藻体形态多样,有单细胞的游动型或不游动型;群体的游动型或不游动型;丝状体的分枝型或不分枝型;叶状体或管状多核体。细胞核单个或多个。叶绿体的形态有星状、片状、环状、网状或粒状,中轴生或侧生。运动细胞一般具有两根顶生等长的鞭毛,少数种类 4 根,极少数物种为 1 根、6 根,8 根或一轮环状排列的鞭毛。

　　无性生殖产生游孢子、不动孢子、厚壁孢子或营养生殖;有性生殖多数为同配、异配生殖,少数为卵式生殖。

　　中国海域已有记录的物种分别隶属于以下各目:

分目检索表

1. 藻体为单细胞,不定群体或定形群体 ……………………………………………………………… 2
1. 藻体为简单或分枝的丝状体、叶状体或管状多核体 ……………………………………………… 5
　2. 营养期为运动型,具有鞭毛 …………………………………………………… 团藻目 Volvocales
　2. 营养期为非运动型,不具有鞭毛 ………………………………………………………………… 3
3. 细胞构造似衣藻,具假鞭毛 …………………………………………………… 四孢藻目 Tetrasporales
3. 细胞构造非衣藻型,不具假鞭毛 ……………………………………………… 绿球藻目 Chlorococcales
　5. 营养体细胞为多核 …………………………………………………………………………………… 9
　5. 营养体细胞为单核 …………………………………………………………………………………… 6
6. 藻体为丝状体 ………………………………………………………………………………………… 7

6. 藻体为叶片状或中空管状 ··· 石莼目 Ulvales
　　7. 藻体为单列细胞不分枝丝状体 ································· 丝藻目 Ulothrichales
　　7. 藻体为单列细胞分枝丝状体 ·· 8
8. 藻体为异丝体结构,叶绿体复带状 ··· 胶毛藻目 Chaetophorales
8. 藻体内生或整体匍匐在基质上,叶绿体裂片状 ········· 褐友藻目 Phaeophila
　　9. 藻体辐射对称,具轮状分枝 ························· 绒枝藻目 Dasycladales
　　9. 藻体非辐射对称 ··· 10
10. 藻体由多细胞藻丝组成 ·· 11
10. 藻体为单细胞的多核体 ·· 13
　　11. 藻体由分离的单列细胞组成 ··································· 12
　　11. 藻体为单列丝体组成的网状体 ··············· 管枝藻目 Siphonocladales
12. 丝体细胞高大于宽 ··· 刚毛藻目 Cladophorales
12. 丝体大部分细胞宽大于高 ··································· 管枝藻目 Siphonocladales
　　13. 藻体外形羽状分枝 ································· 羽藻目 Bryopsidales
　　13. 藻体外形非羽状分枝 ··································· 14
14. 藻体外形有匍匐"茎"、假根、直立枝之分 ··········· 蕨藻目 Caulerhales
14. 藻体外形为圆(扁)柱形叉状分枝 ··········· 松藻目 Codiales

团藻目 Volvocales

本目物种为单细胞、群体或由不动细胞构成的不定群体。细胞形状不规则,有球形、卵形、心形到纺锤形等。除少数物种外均有鞭毛,能游动,细胞前端多具有 2～4 根等长鞭毛。叶绿体 1 个或多个。轴生或侧生,有杯状、片状、星状等。淀粉核 1 到多个。有眼点和伸缩泡。

无性生殖为原生质体纵分裂,产生两个游孢子或重复分裂形成 2～16 个游孢子。它们具有鞭毛,鞭毛的数目和营养细胞相同。成熟时游孢子分离逸出或连成一定形状的群体逸出。

有性生殖为同配、异配或卵式生殖,配子具有两根鞭毛,能游动。合子休眠或立即萌发。

团藻目中绝大多数科、属的物种都生于淡水,生活范围最广,只要水中含有充分的含氮物质,就能很快的生殖发育,因此积水、池沼、沟渠、潮湿地面及土壤里都能生长。仅在多鞭藻科 Polyblepharidaeeae 和衣藻科 Chlamydomonadaceae 内有极少数物种生于半咸水或海水中。

团藻目分科检索表

1. 细胞裸露无壁 ··· 多鞭藻科 Polyblepharidaceae
1. 细胞具细胞壁 ··· 衣藻科 Chlamydomonadaceae

多鞭藻科 Polyblepharidaceae

本科内的物种都为单细胞游动的个体。细胞裸露无壁,形状多样。鞭毛 1 根、2 根或 4

根。叶绿体多为杯状,淀粉核1个。绝大多数物种具有1个眼点,伸缩泡有或无。

无性生殖为细胞纵分裂,有性生殖为同配生殖。

盐藻属 *Dunaliella* Teodoresco,1905

本属藻体是单细胞体,因为没有纤维素细胞壁,所以体形变化很大,有梨形、椭球形、长颈形甚至基部尖削。大小也有差别,一般大的长为 22 μm,宽为 14 μm;小的长为 9 μm,宽为 3 μm。体内有一个杯状色素体,在色素体内靠近基部处有一个较大的淀粉核。眼点大,位于藻体的上部。鞭毛两根,在藻体前端生出,约为体长的1/3。

无性生殖为细胞纵分裂,有性生殖为同配生殖。

在中国海域内仅报道1种。

盐生杜氏藻 *Dunaliella salina*(DunaI)Teodoresco

细胞梨形。长为 16~24 μm,色素体杯状、绿色,内含1个较大的淀粉核,眼点位于细胞的前半部(图 13-1)。细胞壁经折射后,呈微弱的红色。

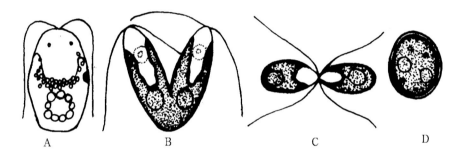

A. 细胞形态;B. 细胞分裂;C. 配子接合;D. 合子

图 13-1　盐生杜氏藻 *Dunaliella salina*(DunaI)Teodoresco

(引自郑柏林,王筱庆 1961)

本种生活于盐度较高的海水中,或在盐田的卤水中。

衣藻科 Chlamydomonadaceae

藻体单细胞,形状多样化,有细胞壁。具有2根或4根鞭毛,色素体星形、H形、网形或杯形,其中含1到多个淀粉核,细胞前端有伸缩泡和眼点。多生活在有机质丰富的小水体或者潮湿的土表上。

无性生殖由原生质体分裂成 2~32 个游孢子。

有性生殖为同配、异配或卵式生殖。配子有两根鞭毛,很少4根鞭毛,与游孢子的形态相同。合子在萌发时产生 2~8 个游孢子。

扁藻属 *Platyolonas* West,1916

本属藻体有细胞壁,为椭球形的单细胞体,背腹稍扁,腹面上有一条腹沟。在细胞的前端中央及凹陷处伸出的4根鞭毛分成两组,每组两根。色素体呈杯状,内有1个淀粉核。靠近细胞的前端,色素体的旁边有1个眼点。一般的细胞长为 15~17 μm,宽为 7~10

μm,厚 4～5 μm,鞭毛比细胞体短,为 9～12 μm。

在中国海域内仅报道有 1 种。

大扁藻 *Platymonas helgolandica* Kylin

细胞的形态结构与属的描述相同。图 13-2 为大扁藻的外形和细胞分裂过程。

扁藻在海水中常浮游生活,由于含有丰富的蛋白质,能在短时间内大量繁殖,是培育海洋经济动物幼体的良好饵料。

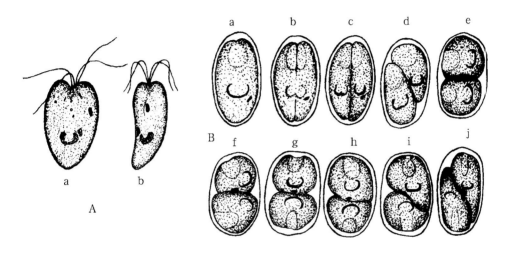

A:a. 细胞正面;b. 侧面的外形;B(a～j). 细胞分裂过程

图 13-2　大扁藻 *Platymonas helgolandica* Kylin

(引自郑柏林、王筱庆,1961)

绿球藻目 Chlorococcales

藻体非丝状,细胞具有复杂、独特的形态,由一定数目的细胞组成群体。群体内细胞之间彼此分离或紧密连结。细胞球形、纺锤形、多角形等。色素体单个或多个,杯状、片状、盘状或网状,淀粉核单个或多个或无。细胞单核,也有具多核的。营养期细胞无鞭毛,不能运动。

无性繁殖时形成似亲孢子或动孢子;有性生殖通常为同配生殖,也有异配或卵式生殖。

本目内绝大多数物种为淡水生活,海生种类很少,分别隶属于以下两科。

绿球藻目分科检索表

1. 藻体一般为单细胞,内生或寄生……………………………………………内球藻科 Endosphaeraceae
2. 藻体细胞间以细胞壁相连形成定形群体,浮游生活 …………………………栅藻科 Scenedesmaceae

内球藻科 Endosphaeraceae

藻体一般为单细胞,内生或寄生,外形不规则,散生或群生。叶绿体放射状,轴生,淀粉核有或无。

有性生殖为同配生殖。配子具两根鞭毛。

孢根藻属 *Gomontia* Borent *et* Flahault,1888

藻体微小,为不规则、重复多回分枝的匍匐分枝丝体。匍匐丝体上层细胞形状大多不规则,具横壁,经常密集交织;下层由细而长的排列整齐的细胞组成的纵向丝体,深入基质的内部。细胞单核,偶有多核。叶绿体带状、盾状及网状等。淀粉核 1 个或多个。

无性生殖时,产生动孢子囊和不动孢子囊:由接近基质表面处丝体上的细胞产生动孢子囊,每个动孢子囊产生多个 4 鞭毛的动孢子;不动孢子囊的形成与动孢子囊相似,不同之处是不动孢子囊的基部产生数条具有厚壁且有层理的假根状突起。

有性生殖情况不详。

一般生活在钙质的基质内部。在中国海域内仅报道有 1 种:

(多根)孢根藻 *Gomontia polyrhiza* (Lagerheim) Bornet *et* Elahault [*Codiolum polyrhizum* Lagerheim]

藻体分上、下两层。上层埋于基质表层,为匍匐的分枝不规则丝体,丝体及丝体细胞都不整齐,细胞排列紧密,往往形成假薄壁组织团块,绿色,具有明显的叶绿体及若干个淀粉核;下层为许多垂直而平行的丝体(图 13-3)。细胞排列稀松,细胞圆柱形,长为 15 ～55 μm,直径为 4 ～12 μm,厚壁,深入基质的钙质中。

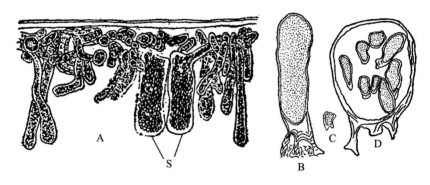

A. 示内生在贝壳内的藻丝体(具游孢子囊);B. 示幼期不动孢子囊;
C. 示一个不动孢子囊发育成新孢子囊;D. 孢子囊内不动孢子萌发;S. 示幼孢子囊

图 13-3　(多根)孢根藻 *Gomontia polyrhiza* (Lagerheim) Bornet *et* Elahault

(引自郑柏林、王筱庆,1961)

藻体成熟后,由上层丝体胞细胞或顶端细胞逐渐膨大发育为动孢子囊。孢子囊形态多样,棱角形、圆柱形、圆锥形、棍棒形等。孢子囊的大小相差较大,最小的短径仅为 30～65 μm,长径为 50～80 μm;最大的短径为 100～150 μm,长径为 150～240 μm;一般的短径为 80～120 μm,长径为 150～200 μm。

动孢子囊和不动孢子囊在外部形态上很难区分。动孢子囊产生的动孢子有两种大小:大的短径为 5～6 μm,长径为 10～12 μm;小的直径为 3.5～5 μm。不动孢子的直径为 4 μm 左右。

本种生长在各种软体动物如文蛤、牡蛎等的空壳上，以及其他动物如藤壶的钙质壳内。初期在贝壳上出现散生的绿色斑点，随后往往互相连接而成直径达数厘米的绿色膜片。

在中国北部黄海海区沿岸随处可以采到。

栅藻科 Scenedesmaceae

藻体为定型群体，群体细胞彼此间以细胞壁相连接形成一定的形态。群体细胞常为 2 的倍数。细胞排列在一个平面上呈栅状组列，或不排列在一个平面上呈辐射状组列。细胞长形、纺锤形、球形、三角形、四角形等。下部壁平滑或具刺或具隆起。

仅以似亲孢子进行繁殖。似亲孢子释放时排列与母群体形态相似的子群体。

栅藻属 *Scenedesmus* Mey.

藻体由 4～8 个细胞或 2 个、16 个～32 个细胞组成的定形群体。极少为单细胞的。群体细胞间以其长轴互相平行，排列在一个平面上，互相平齐或互相交错，也有排成上、下两列或多列，罕见以细胞末端相接而呈曲折状。细胞纺锤形、卵形、长圆球形、椭球形等，细胞壁平滑，或具颗粒、刺齿状图齐全、细齿、隆起线等特殊构造。每个细胞具 1 个周生色素体和一个淀粉核。

仅以似亲孢子进行繁殖。

本属所包含的物种都为淡水种。但在南沙群岛及其邻近海域的海洋生物调查报告中记录有 3 种栅藻；《中国海洋生物种类与分布》(2008)收录了这 3 种栅藻：巴西栅藻 *S. brasilieasis* Bohl.、爪哇栅藻 *S. javaensis* Chod. 和四尾栅藻 *S. quadricauda* (Turpin) Breb。

在渤海黄河口、莱州湾海域调查浮游生物中也见过栅藻，这可能与径流入海有关。这些栅藻虽然是淡水物种，但在较低盐度的海水内还能生活一段时间。

四尾栅藻 *Scenedesmus quadricauda* (Turpin) Bréb

定形群体由 2、4、8 或 16 个细胞组成，常见的为 4～8 个细胞组成的群体。细胞长圆球形、圆柱形、卵形，上下两端广圆。群体内细胞间以纵轴平行排列，两侧细胞的上下两端各有一直的或略有弯曲的长刺，刺长为 10～13 μm，群体其他细胞均无棘刺（图 13-4）。4 细胞的群体宽为 10～24 μm；细胞宽为 3.5～6 μm，长为 8～16 μm。

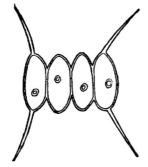

图 13-4　四尾栅藻 *Scenedesmus quadricauda* (Turpin) Bréb 藻体外形

（引自胡鸿均等，1980）

仅以似亲孢子进行繁殖。

四孢藻目 Tetrasporales

藻体为单细胞(罕见)或胶质群体,群体内细胞无规则地分散在胶质被内,或仅排列在胶质被的四周。营养细胞不能运动。细胞多为球形、卵形,少数为纺锤形,大多数种类无鞭毛,少数种类具两条长的线状假鞭毛。色素体单个,周生、杯状,少数轴生、星状,具 1 个淀粉核。

无性生殖时产生动孢子、不动孢子、厚壁孢子;有性生殖为同配生殖。

绝大多数物种为淡水生活;海生种类很少,在中国海域内仅报道有 1 属 2 种,隶属于科氏藻科。

科氏藻科 Collinsiellaceae

藻体为定形或不定形群体,外包被胶质鞘,形状多样,梨形、球形或不定形。营养细胞前端有两条长的线状假鞭毛。

生殖细胞具有鞭毛。

科氏藻属 *Collinsiella* Stchell *et* Gardner,1903

本属物种均为定形多细胞群体,群体外缘和内部的细胞形态、排列方式不同。

在中国海域内已报道有两种:科氏藻 *C. tuberculata* Setchell *et* Gardner 和凹陷科氏藻 *C. cava*(Yendo)Prinz。

分种检索表

1. 成体表面有小瘤状皱褶,中实 ·· 科氏藻 *C. tuberculata*
1. 成体表面凹凸不平,中空 ·· 凹陷科氏藻 *C. cava*

科氏藻 *Collinsiella tuberculata* Setchell *et* Gardner

藻体暗绿色,为定形多细胞群体,球形或半球形,具有小瘤状皱褶,直径约为 3 mm,中实。外缘细胞梨形,直径为 7~15 μm,长为 12~20 μm,细胞内色素体明显(图 13-5)。内层细胞一侧壁突起伸长成不规则的假根毛,长可达 70 μm,宽为 2~3 μm。

本种生长在潮间带岩石或浅石沼中。春季出现。

本种主要分布于黄海海域。

凹陷科氏藻 *Collinsiella cava*(Yendo)Prinz

藻体绿色、淡绿色或黑绿色(图 13-6)。细胞埋在胶质中,为定形多细胞群体,球形或半球形,幼期表面光滑,成体凹凸不平,中空,直径可达 2~3 mm,纵切面观,外缘细胞排列较紧密,细胞圆形或新月形,直径为 4~8 μm,大多数孪生;在藻体中下部,细胞突起向下伸长成假根毛,长可达 20~40 μm。

本种生长在高、中潮带的岩礁、贝壳上。5~7 月出现。

本种主要分布于黄海海域。

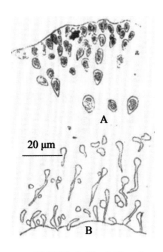

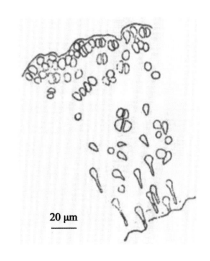

图 13-5　科氏藻 *Collinsiella tuberculata*
Setchell *et* **Gardner** 藻体剖面观

（引自栾日孝等，1988）

图 13-6　凹陷科氏藻 *Collinsiella cava*
（**Yendo**）**Prinz** 藻体剖面观

（引自栾日孝等，1988）

丝藻目 Ulotrichales

本目物种为单列细胞组成的不分枝丝状体，基部细胞常形成固着器。原生质体可由一整个细胞壁包围，或由两个半壁叠合包围。细胞多数单核。色素体 1 个，侧生环片状，或中生片（环）状，边缘全缘或具裂片，含 1 个或数个淀粉核，个别种不含淀粉核。

无性生殖时，丝状体的物种可由藻体断折，进行营养繁殖；也可由营养细胞直接发育成孢子囊，产生具两根鞭毛的游孢子。藻体除基部固着细胞外，其他细胞都能转变为游孢子囊。每个孢子囊产生 1 个、2 个、4 个、8 个或 16 个游孢子。

有性生殖时，主要是同配生殖、异配生殖，少数为卵式生殖。

本目多数物种生于淡水，也有的物种生于陆地阴湿的岩石、土壤或树干上；少数物种生于海水环境内。

本目根据细胞壁的结构和色素体的形态不同可分为 3 个科。生于海水环境内的物种只有丝藻科 Ulotrichaceae 1 科。

丝藻科 Ulotrichaceae

丝藻科藻体为单列细胞构成的不分枝丝状体，由圆柱状细胞连接而成。除了基部细胞分化为固着器，执行固着作用外，其他细胞没有功能分化。细胞核单个。色素体侧生或周生，为片状、带状或盘状。含有 1 个或多个淀粉核。

无性生殖时，产生具有 2 或 4 根鞭毛的游孢子。有些属产生不动孢子或休眠孢子；有性生殖在少数物种中有报道，多为同配生殖，少数可异配生殖。

丝藻属 *Ulothrix* Kützing，1833

本属藻体是单列细胞构成的不分枝丝状体，细胞为圆筒状。但基部细胞长，无色，为固着器。细胞壁厚薄不等,细胞核 1 个,位于中央。色素体 1 个,环形或筒状,内含 1 个或数个淀粉核。

　　无性生殖时,细胞产生游孢子,多具 4 根鞭毛,少数具有两根鞭毛,1 个眼点。除固着器细胞外,每一细胞都能产生 1 个、2 个、4 个、8 个、16 个或 32 个游孢子。游孢子释放后经休眠或立即萌发成新丝状体。有些种的孢子不离开胞囊,直接分泌出细胞壁,成为不动孢子。

　　有性生殖时,配子的形成与孢子相似,配子梨形,具两根鞭毛和 1 个眼点。为同配生殖。

　　本属多生长在流动的淡水环境中,如常见种环丝藻 *Ulothrix zonata* (We-ber *et* Mo-hr) Kütz. ,附着于岩石上如一片绒毛,喜低温。只有少数种生长于海边潮间带的岩石上。

　　在中国海域仅报道有软丝藻 *Ulothrix flacca* Thuret1 种。

软丝藻 *Ulothrix flacca* **Thuret**

　　藻体鲜绿色或暗绿色,质软,为单列不分枝丝状体,藻丝直径为 10 ～25 μm(图 13-7)。细胞短而宽,长度一般为宽的 1/4～3/4,但丝体下部的细胞则较长。基部的几个细胞向下

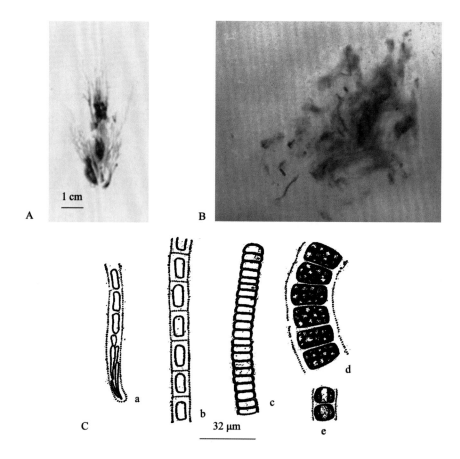

A,B. 示藻体外形;C. 藻体结构

a. 藻体基部细胞形态;b. 藻体下部细胞形态;c. 藻体上部细胞形态;d. 孢子囊;e. 细胞内的环形色素体

图 13-7　软丝藻 *Ulothrix flacca* (Dillwyn) Thuret 藻体外形及结构

(A,B 引自曾呈奎等,1962;曾呈奎,1983;C 引自曾呈奎等,1962)

延伸形成固着器。细胞内单核,位于细胞中央,色素体环状,侧生。淀粉核 1～3 个。孢子囊径约为 50 μm。

不同海区产的软丝藻的繁殖季节不同。广东、福建产的软丝藻有性生殖盛期为 2～4 月间,而黄海、渤海沿岸产的在 3～5 月间。产于广东和南海的软丝藻多生长在中潮带以上潮水激荡处的岩石上,产于北方的则多生长在中潮带的石块、贝壳和大型的藻体上。

本种系世界性的冷温带性种。在中国海域,主要分布于黄海大连、荣成、青岛,东海霞浦、莆田和南海惠来等海域。

图 13-8 示丝藻的繁殖过程及生活史。

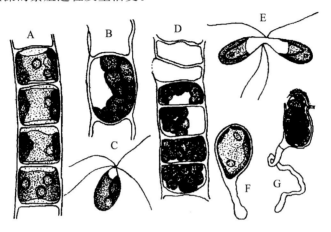

A. 示藻体细胞结构($\times$462);B,C. 游孢子的形成(B $\times$429;C $\times$660);D～G. 示配子的形成、
接合和合子萌发(D $\times$495;E $\times$660;F $\times$396;G $\times$396)

图 13-8 丝藻 *Ulothrix* sp. 繁殖及生活史

(引自 H. C. Bold,1978)

胶毛藻目 Chaetophorales

藻体为异丝体结构。有些属的匍匐分枝或直立分枝有明显退化。具有单细胞或多细胞的无色毛。细胞小型,单核,一个复带状、侧生的叶绿体,内含 1 至数个淀粉核。

无性生殖产生 2 根、4 根鞭毛的游孢子;有性生殖为同配生殖、异配生殖及卵式生殖。

在中国海域内仅报道在胶毛藻科内有 3 个属,各有 1 个物种。

胶毛藻科 Chaetophoraceae

藻体绿色,由匍匐分枝及直立分枝组成异丝体结构,具分枝,主轴和分枝都为单列细胞;或分支侧面互相愈合,形成盘状的薄壁组织。绝大多数海产物种的直立部分明显退化。无色毛有或无。

游孢子通常由营养细胞转化成孢子囊而产生。

胶毛藻科分属检索表

1. 藻体匍匐在基质上,呈盘状体 ··· 2

1. 藻体为分枝丝状体 ……………………………………………………… 内枝藻属 *Entocladia*
　2. 盘状体仅一层细胞,细胞单核,含 1 个淀粉核 …………………… 帕氏藻属 *Pringsheimiella*
　2. 盘状体中央多层细胞,细胞多核,无淀粉核…………………………… 笠帽藻属 *Ulvella*

内枝藻属 *Entocladia* Reinke,1879

藻体绿色,微小,为匍匐分枝的丝状体,附着在其它藻体上,在宿主表面平行生长。藻丝细胞方形或不规则,单核,叶绿体有 1 个裂片,含 1～2 个淀粉核。具有无色毛。

在中国海域内仅报道有 1 种。

内枝藻 *Entocladia viridis* **Reinke**

藻体绿色,为分枝丝状体,成熟后其中央部分藻丝的基部细胞在侧面互相愈合形成假薄壁组织,中央部及边缘部的细胞形态明显不同,中央部细胞不规则,有的膨大,有的呈扭曲状;边缘部丝体上的细胞大都为圆柱形,细胞直径为 5～8 μm,最常见的为 6 μm,高为直径的 1～5 倍。分枝丝体末端有逐渐狭小的或成圆柱形的钝头。细胞内有 1 个大而几乎充满整个细胞腔的色素体,含有 1 个淀粉核(图 13-9)。

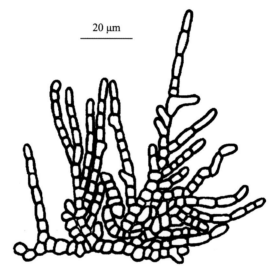

20 μm

示愈合的中央部分和边缘部分不愈合的分枝

图 13-9　内枝藻 *Entocladia viridis* Reinke 部分藻体

(引自曾呈奎,2008)

一般附生在大型海藻或海洋高等植物如海韭菜等的叶面上(寄主不固定,但以红藻为最普遍)。

本种主要分布于黄海烟台、青岛等海域。

帕氏藻属 *Pringsheimiella* Höhnel,1902

藻体是由一层细胞组成的"盾形体"。其内外部细胞的形状、排列方式以及作用等都有区别。中央部的细胞在成熟时为圆锥形,且往往直立于基质上。边缘部的细胞平铺于基质上,向四周辐射,不断进行分裂,盾形体得以扩展。营养细胞内色素体侧生,较大、片状,含有 1 个淀粉核。在幼体体表往往长有长而无色的毛,但此后则大多凋落。

无性生殖时由盾形体中央的直立细胞内产生动孢子,随孢子囊壁破裂,孢子放散;有性生殖中的配子来自不同的藻体,配子具有两根鞭毛,1 个红色眼点。

盾形帕氏藻 *Pringsheimiella scutata*（Reinke）Hohnel *ex* Marchwianka

藻体为微小的、由单层细胞组成的盾形体,无假根状组织(图 13-10)。成熟时的藻体中央部的细胞与边缘部的细胞差异明显。前者自基质上隆起,细胞圆锥形;后者的细胞扁平,密贴于基质上。通常发生明显的双叉开裂,由此经纵裂使盾形体逐渐扩大。营养细胞内有一个大型片状叶绿体,含有 1 个淀粉核。幼期的藻体上长有无色的长刺毛,成熟的藻体上则大多脱落。成熟的盾形体直径达 1～2 mm,细胞的大小及形状变异较大。

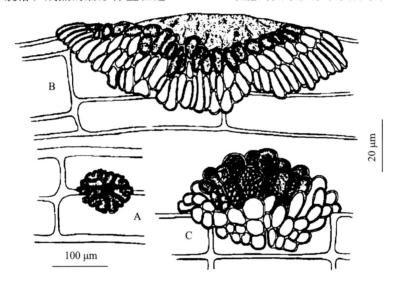

A. 幼体;B. 成体的侧面;C. 盾形体中央部隆起,其中垂直的细胞成为孢子囊

图 13-10　盾形帕氏藻 *Pringsheimiella scutata*（Reinke）Hohnel *ex* Marchwianka

(引自曾呈奎,2008)

附生生活,通常以腹面紧贴在寄主(大型海藻藻体,尤其在多管藻藻体上)的表面上。

笠帽藻属 *Ulvella* Crouan *et* Crouan,1850

藻体似笠帽或高盘,以其腹面密贴于大型海藻体或适宜的基质上。幼体为单层组织,由中央向四周作辐射状排列,细胞侧壁间互相融合而呈盘形体。其边缘部分细胞保持单层外,其余部分的细胞发生横裂而成多层。细胞内多核,色素体侧生,无淀粉核。

生殖时,中央部分的细胞大多能转化为孢子囊,每个孢子囊产生 4～8（或 16）个具有双鞭毛的动孢子;有性生殖不详。

在中国海域内仅报道有 1 种。

盘形笠帽藻 *Ulvella lens* Crouan *et* Crouan

藻体盘形,微小,亮绿色,成熟时中部隆起如沙丘,直径可达 1.5 mm,厚为 150～250

μm(图 13-11)。中央部的细胞一般为 2～3 层(3 层以上较少见),细胞较小,直径为 8 ～15 μm;接近边缘部的细胞较大,直径为 10 ～15 μm,长为 20 ～30 μm;边缘部为一层楔形细胞,直径为 3.5 ～4.5 μm,长为 15 ～25 μm。色素体侧生,无淀粉核。

无性生殖时,每个孢子囊产生 4～8 个动孢子。

本种寄生在其他藻体上,寄主不固定,但以红藻类为最普遍。

本种主要分布于黄海青岛海域。

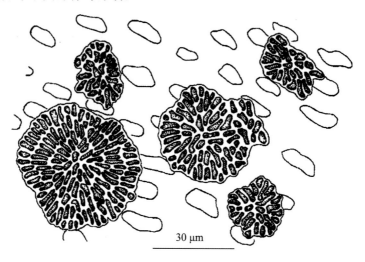

30 μm

图 13-11　盘形笠帽藻 *Ulvella lens* Crouan *et* Crouan(示发育期不同的盘形体)

(引自于奎,2008)

褐友藻目 Phaeophilales

藻体微小,多细胞,营养细胞单核。游孢子囊多核,分裂的同时产生 4 根鞭毛的鳞片状的游孢子。

褐友藻科 Phaeophilaceae

藻体为 1 列细胞的分枝丝状体,具长刺。其他特征同目。

褐友藻属 *Phaeophila* Hauck,

藻体由单列细胞组成,丝状体,具重复多回不规则分枝。整个藻体匍匐于基质上。营养细胞较大,多边形至形状不一,一般为圆柱形,但两侧凸凹不平,细胞壁较厚。在每个不定形细胞的侧边上,往往有 1～3 条长而基部无分隔的无色毛。毛基部与细胞的交界处不膨大。色素体裂片状,淀粉核数个,侧生。

无性生殖时,一般由小枝的顶端细胞发育成动孢子囊。每个孢子囊产生许多个具有 4 条鞭毛的动孢子。

在中国海域内仅报道有 1 种,是由曾呈奎等于 2008 年 12 月发表的中国新纪录种。

树状褐友藻 *Phaeophila dendroides* （**P. L. Crouan** *et* **H. M. Crouan**）**Batters**

藻体为重复分枝的多细胞体。分枝一般不规则,枝由单列细胞组成,营养细胞一般为圆柱形,但在左右两侧出现不规则的膨大部分,因此,其外缘呈不规则的波状。营养细胞表面往往有 1～3 条无色、透明的长毛。毛基部与细胞体不分隔,但有时扭曲。细胞壁厚,无层理。营养细胞直径为 9～40 μm,长为 15～50 μm,有时可达 80 μm,内有 1 个具裂片、往往断裂的巨大色素体。淀粉核数个。

无性生殖时,由分枝或小分枝的顶端细胞、丝体分枝的胞间细胞转化为动孢子囊。动孢子囊球形、亚球形、亚圆柱形至不规则形,直径 16～40 μm,长 30～85 μm。在孢子囊中产生无数动孢子。有性生殖情况不明。

整个藻体一般匍匐在寄主的体表,弯曲伸展于基质上。附生于大型海藻体表面或组织内,在多管藻属的藻体上更常见。

本种主要分布于黄海和渤海沿岸,青岛海域常见。

石莼目 Ulvales

石莼目物种的藻体是由 1～2 层细胞组成的叶(片)状体或管状体(这与丝藻目物种的藻体形态有显著的区别,丝藻目物种在发生过程中,细胞分裂仅向一个方向分裂,因此,藻体都是单列丝体;石莼目物种的形态结构是在藻体发生过程中,细胞分裂向 2 个方向或 3 个方向分裂而形成的)。本目物种的细胞结构与丝藻目相似,细胞核单个,有 1 个片状或杯状的色素体,侧生或轴生,其中含有 1 个或多个淀粉核。

无性生殖,产生具 4 根鞭毛的游孢子。

有性生殖是同配、异配或卵配。配子具有两根鞭毛,形状与游孢子相同。有些物种有世代交替。

石莼目内的物种多为海产,淡水的种类较少,在中国海域已有报道的有以下科 3 个。

石莼目分科检索表

1. 藻体叶状、管状,同形世代交替 ·· 石莼科 Ulvaceae
1. 藻体叶状、管状、丝状,异形世代交替 ··· 2
　2. 孢子体大形,叶状;配子体小形,盘状 ······················· 科恩氏藻科 Kornmanniaceae
　2. 配子体大形,叶状;孢子体小形,球形囊状 ······················ 礁膜科 Monostromataceae

科恩氏藻科 Kornmanniaceae

异性世代交替。孢子体大形,叶状,体薄,1 层细胞结构。细胞小;配子体小形,盘状,雌雄同株。

科恩氏藻属 *Kornmannia* Bliding,1968

孢子体大形,在盘状的匍匐部上开始为袋形,后裂成叶片状。藻体薄,由一层细胞组成,柄部管状或否。细胞较小。假根丝存在或否。淀粉核 1 个。无胶质鞘;配子体微小,盘状,紧贴在岩石上。

异形世代交替。无性生殖时,由孢子体细胞发育成孢子囊外壁细胞,产生游孢子;有性生殖时,配子体产生同形配子。

在中国海域内仅报道有 1 种。

薄科恩氏藻 *Kornmannia leptoderma*（Kjellman）Bliding［*Monostroma zostericola* Tilden、*Monostroma leptodermum* Kjellman］

藻体亮绿色、黄绿色、淡绿色,膜状,柔软黏滑,长柄,高可达 4 ～6 cm(图 13-12)。幼期为囊状,随后形成楔形、扇形、不规则形的裂片丛簇。藻体厚为 7(10) ～10(16) μm 厚。藻体表面观细胞为不规则长方形,具角,近似直线排列。藻体切面观,细胞近亚长方形,长为 8 ～14 μm ,宽为 6 ～11 μm。

孢子囊成熟时,每 20～30 个细胞成一组,组间有明显空隙。

 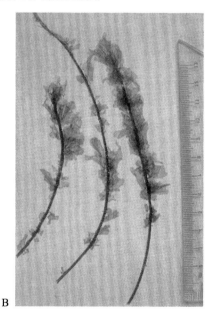

A，B. 示藻体外形；C. 示藻体节构横切面

图 13-12　薄科恩氏藻 *Kornmannia leptoderma*（Kjellman）Bliding 藻体外形

（A 引自曾呈奎，1983；B 引自曾呈奎等，2008）

本种生长在低潮带或大干潮潮线下的海草上,有时随折断的海草而漂浮。生长于 2～5 月。

本种主要分布于黄海大连、荣成和烟台等海域。

礁膜科 Monostromataceae

本科藻体扁平叶片状或囊状（尤其是幼体），基部有固着器（小盘状，由基部细胞生出的假根丝向下延伸所组成）而无假根，向上直立部分常多个片状体而成簇，长可达 25 cm。藻体由单层细胞构成，细胞在平面上排列不规则或每 4 个成一组。细胞内具有 1～2 个色素体，各有 1 个淀粉核。

无性生殖可以产生具 4 根鞭毛的游孢子；此外，营养体的片段也可以进行营养繁殖。有性生殖同配或异配生殖，也可进行单性生殖。生活史为双元异形。

本科内的物种大多数为海产。

礁膜科分属检索表

1. 藻体叶状体呈宽膜状 ·· 礁膜属 Monostroma
1. 藻体叶状体呈披针形至卵形 ···························· 原礁膜属 Protomonostroma

礁膜属 Monostroma Thuret, 1854

本属藻体为一层细胞的叶状体，但幼期常中空呈囊状，成长时，由顶端开始分裂而成裂片，最后分裂到基部，分裂后的裂片呈丛生状。

礁膜的孢子体无性生殖可以产生具 4 根鞭毛的游孢子；有性生殖为同配或异配，配子体产生具有两根鞭毛的配子，两配子接合而成的合子发育成为微小的但比合子体积增大数倍的单细胞孢子体，它成熟时产生一定数量（通常为 32 个）的游孢子。生活史有明显的世代交替（图 2-36），但孢子体比配子体要小很多（这与石莼属 Ulva 有明显的区别）。

在中国海域内仅报道有两种：北极礁膜 M. arcticum Wittrock 和礁膜 M. nitidium Wittrock。

北极礁膜 Monostroma arcticum Wittrock［囊礁膜 Momostroma angicava Kjellm］

藻体幼时为囊状，成长后开始部分或全部破裂成数片膜状，缘无裂褶. 黄绿至暗绿色，高为 10 ～18 cm，柔软而黏滑。藻体由单层细胞组成，厚度 40 ～60 μm。表面观细胞卵圆形至长方形，细胞长径为 12 ～18 μm，短径为 6～9 μm；藻体横切面观，细胞长方形，四角钝圆，长径为 24～30 μm，宽为 6 μm（图 13-13）。基部细胞延长为丝状，并集合成固着器。

北极礁膜多生长在海湾内的沙砾或泥滩上，或潮间带有沙砾的岩石上。生长季节为 1～5 月份，最盛期 3～4 月份。囊礁膜主要分布在中国渤海和黄海沿岸，为常见种。本种可食用，是绿藻中食用价值较高的物种。

北极礁膜系亚寒带性种。是中国渤海和黄海沿岸习见物种。

礁膜 Monostroma nitidium Wittrock

藻体为膜状，黄绿色或淡黄色，体柔软而光滑，一般个体较小，高为 2～6 cm，最高可达 15 cm，体厚为 24～30 μm（图 13-14）。本种幼体时为囊状，但为期甚短，很快就裂为不规则的膜状，藻体边缘多裂褶，细胞表面观略为圆形，高为 12～15 μm，藻体中部横切面观细胞排列有两两成组的现象。藻体除基部外，全部营养细胞都能转变为配子囊，产生配子。

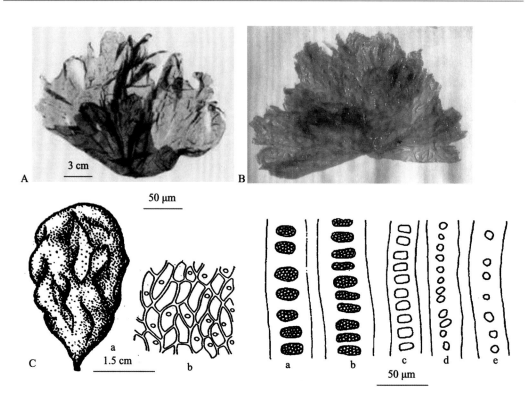

A,B. 示藻体外形;C. 藻体结构(a. 幼期藻体囊状;b. 藻体表面观细胞形态);
D. 藻体横切面观细胞排列形态(a,b. 藻体上部横切面;c. 藻体中部横切面;d,e. 藻体下部横切面)

图 13-13　北极礁膜 *Monostroma arcticum* Wittrock

(A,C 引自曾呈奎等,1962;B 引自曾呈奎,1983;D 引自曾呈奎等,2008)

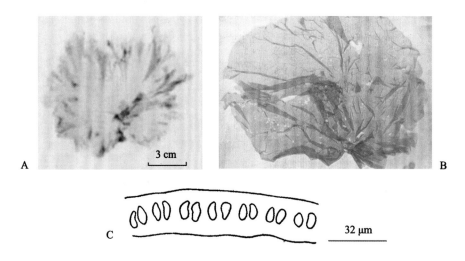

A,B. 示藻体外形;C. 藻体中部横切面观示细胞排列形态(细胞都有两两成组的现象)

图 13-14　礁膜 *Monostroma nitidium* Wittrock

(A,C 引自曾呈奎等,1962;B 曾呈奎,1983)

生长季节为 12 月至次年 5 月中旬,最繁盛的时期为 3～4 月间,海南岛生长季节略为提前。礁膜生长在内湾水静处的中、高潮带较隐蔽处的岩石上或具有少量泥沙覆盖的石块上。

本种是北太平洋西部特有物种。主要分布于东海浙江、福建、台湾,南海广东和海南岛海域。

图 13-15 示礁膜的幼体发育。

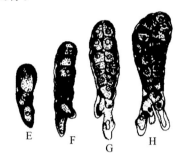

图 13-15　A～D 礁膜 *Monostroma nitidium* Wittrock 的幼体发育

(引自 B. Fott,1971)

原礁膜属 *Protomonostroma* Vinogradova

藻体直立,单层细胞,披针形至卵形叶状体,高为 10～20 cm。叶片淡绿色,常簇生,易破碎。上部及近基部的细胞多角形及正方形;在基部伸长,具有长的假根状凸起可伸入到寄主中。细胞单核,色素体单个侧生,淀粉核 1 个。

藻体具无性生殖的异型世代交替生活史。孢子囊由营养细胞转化,游孢子具 4 根鞭毛,孢子萌发形成藻丝,直接发育成叶状体,没有囊状期;配子也具 4 根鞭毛,无眼点,无趋光性。

波状原礁膜 *Protomonostroma undulatum*（Wittrock）Vinogradova［*Monostroma undulatum* Wittrock、*Monostroma pulchrum* sensu Luna］

藻体幼期囊状,簇生,绿色至淡绿色,膜质,薄而柔软,黏滑,基部略细,边缘平滑或呈波状,成体已由基部裂成数个裂片(图 13-16)。裂片披针形或长披针形,边缘多皱褶,高为 5～15 cm,宽为 2～5 cm,藻体绝大部分的厚度为 15～25 μm,基部则为 20～40 μm。横切面观细胞呈长方形,排列较密;表面观细胞近圆形,直径为 6 ～3 μm,排列不规则。

生长在潮间带的岩石、石沼或其他大型藻体上。春季生长,4～5 月间繁茂。

主要分布于黄海辽宁大连、山东烟台和荣成等海域。

石莼科 Ulvaceae

本科藻体呈叶片状或为中空圆柱状,由 1 层或 2 层细胞组成。细胞单核,有 1 个侧生色素体,色素体内含 1 个淀粉核,藻体基部具固着器。

无性生殖时,产生游孢子,孢子囊产生 4 个、8 个、16 个或 32 个具 4 根鞭毛的游孢子,成熟后经母细胞壁的开孔逸出,游孢子萌发成具有假根的丝状体或不规则的细胞,再发育

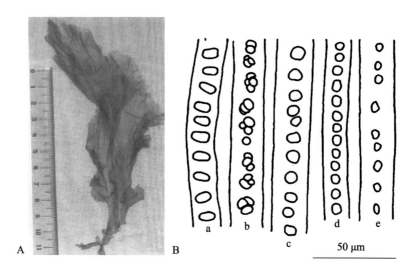

A. 藻体外形；B. 藻体横切面观

a,b. 藻体上部横切面；c,d. 藻体中部横切面；e. 藻体下部横切面

图 13-16　波状原礁膜 _Protomonostroma undulatum_（Wittrock）Vinogradova

（引自曾呈奎等,2008）

成叶状体,叶状体的构造根据不同的种、属而不同。

有性生殖时,产生具双鞭毛的配子。多数为同配生殖,也曾发现异配生殖。

多数物种只有在不同藻体产生的配子间才能接合。合子具 4 根鞭毛,游动不久失去鞭毛分泌细胞壁。合子立刻萌发新藻体,其萌发状况各属不同。

石莼科藻类的生活史多数为同型世代交替。孢子体的营养细胞形成游孢子囊,经过减数分裂产生游孢子,游孢子萌发成配子体;配子体产生配子,配子接合成二倍体的合子,由合子再发育成孢子体。孢子体和配子体的卵形态相同。

石莼科的大多数物种分布于沿海潮间带岩石上,少数种生于咸淡水或淡水中。

石莼科分种检索表

1. 藻体为两层细胞的叶状体 ·· 石莼属 _Ulva_

1. 藻体为 1 层细胞体 ··· 2

  2. 叶绿体星状,淀粉核 1 个 ··· 盘苔属 _Blidingia_

  2. 叶绿体片状,淀粉核 1 个至数个 ·· 浒苔属 _Enteromorpha_

盘苔属 _Blidingia_ Kylin,1947

藻体管状,丛生在多层薄壁组织的盘状固着器上。固着器没有假根,具分枝或否。藻体由直径一般不超过 10 μm 的小形细胞组成。叶绿体侧生,淀粉核 1～4 个。

无性生殖时,由藻体直立部分的细胞转化成孢子囊,游孢子具 4 根鞭毛,无眼点;有性生殖不详。

在中国海域内仅报道有 1 种。

盘苔 *Blidingia minima*（Nageli）Kylin

藻体亮绿色、黄绿色,管状或稍扁,单个或聚集成群,基部枝条偶尔能再生。高约 5 cm（图 13-17）。表面观,排列不规则,多角形,有时角圆,直径小于 10 μm（5～7 μm）,色素体沿细胞壁侧生,含 1 个淀粉核;藻体横切面观,细胞壁很厚,为 8 ～15 μm,内侧的细胞壁明显加厚。

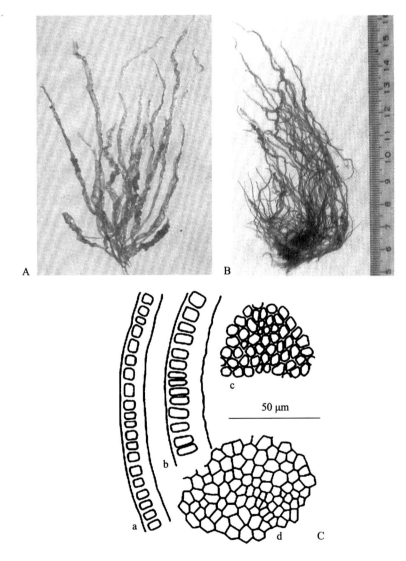

A,B. 示藻体外形;C. 藻体结构

a. 藻体上部横切面;b. 藻体下部横切面;c. 藻体下部表面观;d. 藻体上部表面观

图 13-17　盘苔 *Blidingia minima*（Nageli）Kylin

（A 引自曾呈奎等,1983;B,C 引自曾呈奎等,2008）

本种生长在中、高潮间带的岩石、木桩上。春季生长。

本种主要分布于黄海、东海海域。

浒苔属 *Enteromorpha* Link

本属藻体单条或有分枝.圆管状中空,有时部分稍扁。藻体无柄,成熟时从基部细胞生出假根丝形成固着器固着在基质上。藻体由 1 层细胞组成。细胞内有 1 个细胞核和 1 个大的片状色素体,位于原生质体的表面,一般含有 1 个淀粉核。

有性生殖,由配子体产生两根鞭毛的配子,配子放散如同游孢子。同配或异配接合成合子,合子立刻萌发,直接发育成新个体。配子有时进行单性生殖。生活史为双元同形。

生长于海湾内潮间带的岩石上或石沼中,全年均可生长。分布很广泛,中国各海区沿岸均有生长。

在中国海域已报道有 6 种:条浒苔 *E. clathrata* (Roth) Greville、肠浒苔 *E. intestinalis* (Linnaeus) Nees、扁浒苔 *E. compressa* (Linnaeus) Nees、缘管浒苔 *E. linza* (Linnaeus) J. Agardh. ,曲浒苔 *E. flexuosa* (Wulfen) J. Agarrdh 和浒苔 *E. prolifera* (Muller) J. Agardh. 等。

肠浒苔 *Enteromorpha intestinalis* (Linnaeus) Nees [*Ulva intestinalis* L. ,*Ulva enteromorpha* var. *intestinalis* Farlow,*Enteromorpha comtressa* var. *intestinalis* Hamel]

藻体管状中空,部分稍扁,单条或基部有少许分枝,单生或丛生,高为 10 ~20 cm,直径为 1 ~5 mm(图 13-18)。藻体常扭曲,体表面常有许多皱褶。柄部圆柱形,上部膨胀如肠形。除基部细胞稍纵列外,其他各部位的细胞不纵列。细胞表面观,圆形至多角形,直

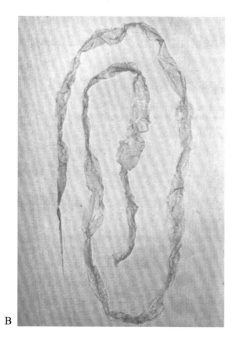

图 13-18-1 肠浒苔 *E. intestinalis* (Linnaeus) Nees 藻体外形

(A 引自曾呈奎等,1962;B 引自曾呈奎,1983)

径为 10 ～23 μm,每一个细胞内有淀粉核 1 个,色素体不充满。体厚 16 ～39 μm,切面观细胞位于单层藻体的外侧。

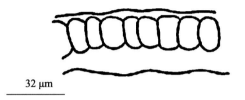

_____
32 μm

藻体横切面示内膜厚,外膜薄(细胞偏于单层藻体的外侧)

图 13-18-2　肠浒苔 *Enteromorpha intestinalis*（Linnaeus）Nees

（C 引自曾呈奎等,1962）

本种一年四季都能生长。在多烂泥沙滩的石砾上生长的特别繁盛,有淡水流入处也能生长。

肠浒苔为冷温带性种。在中国各海区都有分布,但在北方海区较多。

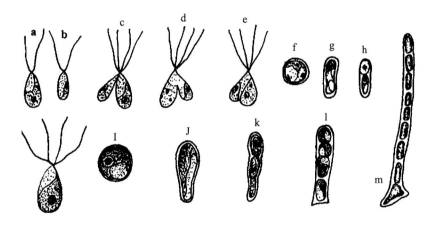

a～h.示雌、雄接合成合子后萌发;i～m.示游孢子、不动孢子及其萌发过程

图 13-19　浒苔 *Enteromorpha* sp. 有性生殖过程

（引自郑柏林、王筱庆等,1961）

浒苔 *Enteromorpha prolifera*（Muller）J. Agardh〔*Ulva prolifera* Muller,*Entero-morpha compressa* var. *prolifera* Hamel,*Enteromorpha intestinalis* f. *prolifera* Hauck.〕

藻体暗绿色或亮绿色,高一般为 5 cm ～1 m,最高可达 2 m,管状或扁压,有明显的主枝,多细长分枝或育枝(图 13-20)。分枝的直径小于主枝。柄部渐尖细,藻体基部或至少在分枝基部的细胞排列成纵列,但上部则纵列不明显或不纵列。细胞表面观,圆形至多角形,直径为 16 μm,每一个细胞内有 1 个淀粉核,色素体不充满。体厚为 15 ～18 μm,可达 26 μm,切面观细胞在单层藻体的中央(内外膜厚度相同)。

本种全年生长,成熟期为 3～6 月。生长在中潮带的石沼中。

本种为世界性的温带性种。产于中国的南北各海区,渤海沿岸均有分布。

A,B. 示藻体外形；C. 藻体横切面（示内外膜厚度相同）

图 13-20 浒苔 *Enteromorpha prolifera*（Muller）J. Agardh

（A,C 引自曾呈奎等，1962；B 引自曾呈奎，1983）

石莼属 *Ulva* Linnaeus，1753

本属藻体为多细胞叶状体，由两层细胞组成，基部由营养细胞延伸成假根丝，形成固着器，固着于岩石上。细胞内有 1 个细胞核及 1 个杯状色素体，其中含有淀粉核。

无性生殖，由孢子体边缘的营养细胞开始形成孢子囊，孢子囊在形成的过程中，边缘细胞叶绿体移往细胞的一边，同时细胞向外生出小突起，细胞第一次分裂时的分裂面与叶状体表面垂直，为减数分裂；第二次分裂面与第一次垂直，分成 4 个细胞，如此继续分裂，每一孢子囊产生 8～16 个游孢子。孢子成熟后由囊上突起小孔逸出，游孢子具 4 根鞭毛，离开母体后，游动片刻，即附着在岩石上，失去鞭毛，分泌细胞壁，1～2 日内开始萌发。萌发成配子体。

有性生殖，由配子体形成配子囊，配子的形成与游孢子相似，但每一配子囊产生 16～32 个配子，成熟的配子亦由囊上突起的小孔逸出。配子离开母体后，不久即进行接合。接合的配子大小、形状没有区别，但却来自不同配子体，而同一配子体产生的配子是不交配的。结合后的合子 2～3 天内开始萌发，长成孢子体。

配子体有时也能进行单性生殖。

生活史为双元同形（图 2-35）。

在中国海域已报道有 5 种：蛎菜 *U. conglobata* Kjellman、裂片石莼 *U. fasciata* Delile、石莼 *U. lactuca* Linnaeus、孔石莼 *U. pertusa* Kjellman、网石莼 *U. reticulata* Forsskal。

蛎菜 *Ulva conglobata* Kjellman

藻体鲜绿色,密集丛生,高为 2～4 cm,略扩展;自藻体边缘向基部深裂,形成许多裂片或分枝,各裂片相互重迭,外观很象一朵重瓣的花朵,边缘扭曲。体上部为薄膜质,厚为 30～50 μm,基部稍硬(图 13-21)。细胞切面观长方形,角圆,上部及边缘的细胞的长度与宽度相同或长大于宽;下部细胞随着藻体的增厚,细胞也较大,形似棱柱状,胞壁稍厚,胞腔的长度为宽的 1.5～2 倍。

蛎菜能周年生长,黄海产的成熟期多在 6～12 月间,但在南海几乎全年各月都能找到成熟的个体。

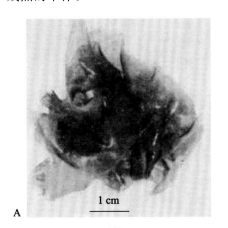
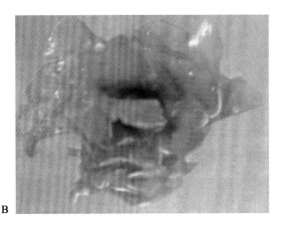

A,B. 示藻体外形;C. 藻体结构

a. 下部横切面;b. 中部横切面;c. 上部横切面

图 13-21　蛎菜 *Ulva conglobata* Kjillm

(A 引自曾呈奎等,1962;B 引自曾呈奎,1983;C 引自曾呈奎等,2008)

本种为暖温带性种。生长在中潮带和高潮带略带细沙的岩石上或生长在小石沼的边缘围长一圈。

蛎菜盛产于中国长江以南的东海和南海沿岸,从浙江省至海南省沿海均有生长。长江以北生长稀少,但在山东省的龙口、烟台和青岛等海区都曾采到。

孔石莼 *Ulva pertusa* Kjellman

藻体幼体绿色,长大时颜色加深呈碧绿色。藻体单独或 2～3 株丛生,高为 10～40 cm;固着器为盘状,其附近有同心圈的皱纹;无柄或不明显;体形变化很大,有卵形、椭圆形、披针形和圆形等,但都不规则。边缘略有皱或稍呈波状。叶状藻体上常有大小不等的圆形或不甚规则的穿孔,几个小孔可连裂成大孔,最后使藻体裂成几个不规则的裂片。藻体基部厚可达 500 μm;稍向上接近基部处立即变薄,为 130 ～180 μm;体上部的厚度在 70 μm 左右,边缘常较薄(图 13-22)。细胞切面观为长方形,角圆,长为宽的 2～3 倍;边缘的细胞为亚方形,长宽相似或略高。

在中国北方海区,孔石莼全年都有生长,成熟的生殖器官多见于 4～9 月,但全年中的每个月常能见到幼体。生长在中潮带及低潮带和大干潮潮线附近的岩石上或石沼中,一般在海湾中较繁盛。

A,B. 示藻体外形;C. 藻体横切面观

a.下部横切面;b.中部横切面;c.上部横切面

图 13-22　孔石莼 *Ulva pertusa* Kjellman

(A 引自曾呈奎等,1962;B 引自曾呈奎等,1983;C 引自曾呈奎等,2008)

孔石莼系温带性种。为北太平洋西部特有种。在中国的渤海海域和黄海为常见种。广为分布于辽宁、河北、山东和江苏等省沿海。长江以南的东海和南海沿岸也有生长,但

由北向南逐渐稀少。在浙江省嵊泗，福建省福鼎、霞浦连江、平潭、莆田、厦门、漳浦东山，台湾岛和广东省海丰、台山（上川岛）、硇洲岛，广西防城等海区都曾采到。

刚毛藻目 Cladophorales

刚毛藻目藻体为单列或分枝的丝状体，细胞内含两个或数个细胞核。基部由 1 个或数个细胞延长成假根，固着于基质上。细胞壁较厚，有纹层，共三层结构，外层为几丁质，中层为果胶质，内层是纤维素层。细胞质中央含一大液泡。

色素体多数呈网形，交叉处常含 1 个淀粉核。

无性生殖，在孢子囊内形成游孢子，游孢子多为卵形，但尾孢藻属 Urospora 的游孢子为纺锤形，后端稍尖。整个藻体除固着器外，细胞都能形成游孢子。偶尔也形成休眠孢子。

有性生殖为同配、异配生殖或卵式生殖。生活史双元同形或异形。

本目在淡水、海水中均有不少物种。在中国海域内本科的海生物种分别隶属于以下两科。

分科检索表

1. 藻体分枝末枝游离或形成网状结构，呈叶状　……………………………… 肋叶藻科 Anadyomenaceae
1. 藻体为单条或分支的丝状体，不呈叶状 ……………………………………… 刚毛藻科 Cladophoraceae

肋叶藻科 Anadyomenaceae

藻体多细胞，分枝末枝游离或形成网状结构，呈叶状。具网孔或无网孔。细胞圆柱状、棍棒状或长卵形。藻体下部细胞生有假根丝，或基部具分枝假根，以此附着于基质。细胞内多核，色素体网状，侧生，含有多个叶绿体。

无性生殖产生 4 条鞭毛的动孢子；有性生殖产生两条鞭毛的配子。

肋叶藻科分属检索表

1. 藻体呈叶片状，具中肋，肋间充满小细胞　…………………………………… 肋叶藻属 Anadyomene
1. 藻体呈叶片状，无中肋，具网孔………………………………………………… 小网藻属 Microdictyon

肋叶藻属 Anadyomene Lamouroux, 1812

藻体由许多单列分枝的丝状体形成网状叶片，卵形至肾形。分枝间较紧密，无网孔。叶片多的藻体其叶片在基部连接，以致叶片间常局部重叠。细胞有大小之分：大而长的棒状肋细胞和小的中间细胞。由下部肋细胞长出根丝形成粗的柄，向下长出假根，固着于基层。

无性生殖产生 4 条鞭毛的动孢子；有性生殖产生两条鞭毛的配子。

在中国海域内仅报道有 1 种。

肋叶藻 *Anadyomene wrightii* Harvey

藻体常由一至数个叶片组成，近似花瓣状，叶片的中、上部游离，下部连接在一起，共有一短柄,基部具分枝的假根。高为 1～25 cm,宽为 0.5～2.2 cm;叶片全缘,具波状皱缩 (图 13-23)。藻体上有由圆柱状、棍棒状或长卵形细胞组成掌状相连的 3～7 条中肋,中肋 细胞的顶端具同样的掌状分枝,并继续向上重复多次,直到边缘。切面观:中肋细胞一般 是靠近体基部的长而宽,长为 700 ～1500 μm,宽为 110 ～163 μm;体上部的短而窄,长为 130 ～170 μm,宽为 70 ～90 μm。中肋细胞之间充满了卵圆形、披针形或长椭圆形的小细 胞,长为 33 ～115 μm,宽为 16 ～49 μm。较老的藻体体质变硬,中央破碎。

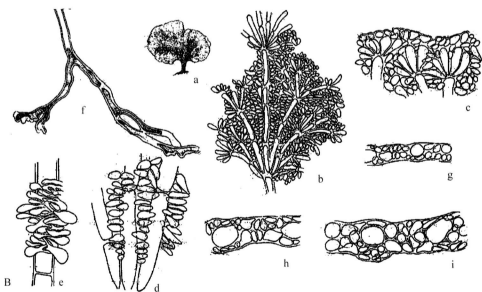

A. 藻体外形;B. 藻体结构

a. 肋叶藻的外形(×1.3);b. 藻体中部的表面观(×20);c. 藻体上部边缘部分(×53);d. 藻体中、 上部皮层细胞开始向中肋细胞延伸(×53);e. 藻体下部皮层细胞已完全覆盖中肋细胞(×53); f. 藻体基部的部分假根枝(×53);g. 藻体中、上部横切面观(×53); h. 藻体中部横切面观(×53);i. 藻体中、下部横切面观(×53)

图 13-23 肋叶藻 *Anadyomene wrightii* Harvey

(A 引自曾呈奎,1983;B 引自张峻甫等,1975)

　　本种生长在环礁内低潮线下 0.5 m 深处的珊瑚礁上。

　　本种主要分布于中国东海台湾（秋末至初春是其生长期）岛，南海海南岛和西沙群岛内的永兴岛、石岛、北岛、中岛、北礁、中建岛等海域。

小网藻属 *Microdictyon* Decaisne，1841

　　藻体通常由数个不规则形状的叶片组成，由藻体下部的假根丝固着。藻体细胞分枝间形成网状结构。

　　在中国海域内已有报道为 4 种：小网藻 *M. japonicum* Setchell、黑叶小网藻 *M. nigrescens*（yamada）Setchell、粗糙小网藻 *M. Okamurae* Setchell、假附小网藻 *M. pseudohapteron* A et E. S. Gepp。

粗糙小网藻 *Microdictyon Okamurae* Setchell ［*Microdictyon pseudohapteron*（**Non A. et S. Gepp）Okamura**］

　　藻体褐绿色至暗绿色，叶状，由几片不规则裂片组成，比较粗糙。体宽为 5～7.5 cm。藻体由许多较粗的圆柱形细胞组成分枝，分枝对生，星状分枝极少（图 13-24）。体下部细胞生有假根丝，以此附着于基质。叶状肋可见，主枝细胞一般为 400～500 μm，细胞长为

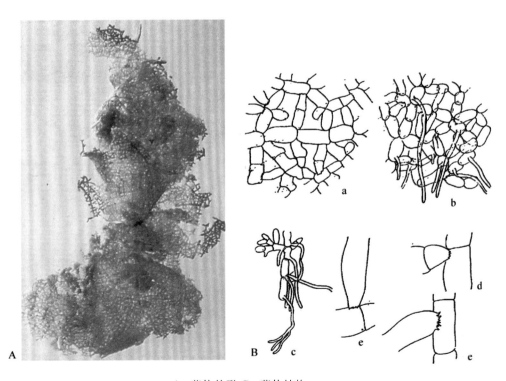

A. 藻体外形；B. 藻体结构

a. 藻体的一部分；b. c. 藻体下部细胞延伸的假根丝；

d～f. 以未变态的细胞齿状顶端吸附临近细胞

图 13-24　粗糙小网藻 *Microdictyon Okamurae* Setchell

（A 引自曾呈奎，1983；B 引自张峻甫等，1975）

400 ～900 μm；末枝游离或凭借齿状末端吸附其他细胞而形成网状结构，胞径为110 ～300 μm，胞长为200 ～400 μm。网孔形状不规则，多三角形，不等四边形或多角形，直径为0.3 mm，细胞壁薄，一般厚为2 ～ 3 μm，最厚可达4 μm。

本种生长在低潮线至低潮线下0.6 m～1 m附近的珊瑚礁上。

本种主要分布于中国南海西沙群岛内的北岛、晋卿岛海域。

刚毛藻科 Cladophoraceae

藻体由单列细胞组成，单条或分支的丝状体，为直立，少数匍匐，固着或浮游生活。藻体基部细胞延长呈假根状固着器。细胞多核，顶端或居间生长。叶绿体多数，密集，网状，含双凸透镜状的淀粉核。

生活史同形世代交替。孢子体产生4根或2根鞭毛的游动孢子。

朱浩然和刘雪娴(1980)在"西沙群岛刚毛藻科海藻研究"中报道了属于本科的11个物种，其中10种属于刚毛藻属 Cladophora，1种属硬毛藻属 Chaetomorpha。它们都是中国西沙群岛海域的新记录，其中有6种是中国海域首次报道。

在中国海域本科的海生物种分别隶属于以下3属。

刚毛藻科分属检索表

1. 藻体多分枝 ··· 刚毛藻属 Cladophora
1. 藻体不分枝 ··· 2
　2. 丝体一般漂浮生活，或由丝体细胞产生假根附着于基质 ·············· 根枝藻属 Rhizoclonium
　2. 藻体一般固着生活，由藻体基部细胞产生假根附着于基质 ·········· 硬毛藻属 Chaetomorpha

硬毛藻属 Chaetomorpha Kützing，1845

本属藻体单条不分枝，基部细胞较长，为固着器。细胞多核，有一个网状色素体，内含多个淀粉核。细胞壁厚而硬。

无性生殖，产生具4根鞭毛的游孢子。

有性生殖为同配生殖。具有同型世代交替的生活史。

多生于潮间带浪大的岩石上，少数生于淡水。

在中国海域内已报道有6种：硬毛藻 C. Antennina (Bory) Kützing、粗硬毛藻 C. crassa (C. Ag.) Kützing、线形硬毛藻 C. linum (Muller) Kützing 、螺旋硬毛藻 C. spiralis Okamura、扭曲硬毛藻 C. tortuosa (Dillwyn) Kleen 和气生硬毛藻 C. aerea (Dillwyn) Kützing。

气生硬毛藻 Chaetomorpha aerea (Dillw.) Kützing [Conferva aerea Dillwyn、Chaetomor linum sensu Tseng]

藻体草绿色，为单列丝体，直立，体长为10 ～30 cm，具有一盘状固着器(图13-25)。藻体中部细胞较粗，圆柱形，直径为70～100 μm，长为87 ～537 μm；上部细胞较狭细。细胞内多核，色素体网状，内含多个淀粉核。老的细胞壁厚达12 ～24 μm，具层纹。

在中国黄海和渤海沿岸，东海台湾岛、厦门等海域都有分布。朱浩然和刘雪娴(1980)

在中国的西沙群岛的永兴岛西北面低潮线下 0.5 m 的珊瑚礁上曾采到气生硬毛藻。

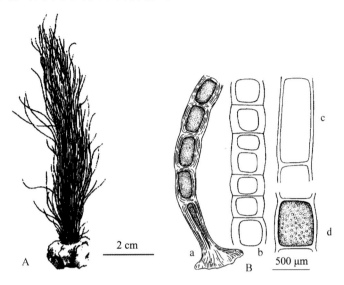

A. 藻体外形；B. 藻体结构

a. 固着器及藻体下部；b. 藻体中部；c. d. 细胞壁及内含物

图 13-25　气生硬毛藻 *Chaetomorpha aerea*（Dillw.）Kützing

（引自曾呈奎等，2008）

硬毛藻 *Chaetomorpha antennina*（Bory）Kützing

藻体暗绿色，簇生，丝状，直立，不弯曲，高为 9 cm。藻体不分枝（图 13-26）。基部不规则分枝状假根附着在基质上。基部细胞长为 6～8 mm，直径大约为 420 μm。接近基部有环纹结构，上部细胞直径约为 500 μm，为细胞长的 2/3～2 倍，很少为 3 倍，通常是长宽相近。细胞壁厚为 25 μm，层纹清楚。

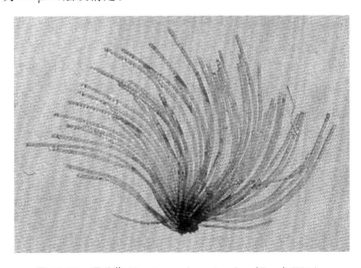

图 13-26　硬毛藻 *Chaetomorpha antennina*（Bory）Kützing

（引自曾呈奎，1983）

本种生长在低潮带显露的岩石上。

本种主要分布于中国南海沿岸。

刚毛藻属 *Clodophora* Kützing，1843

本属物种的藻体为分枝丝状体，基部以长的假根分枝来固着基质，丛生。1 年生或多年生，上部枝每年死亡，但匍匐的假根细胞储藏养料丰富，能继续生活，到第二年生长季节时，这些不规则的细胞再生出直立枝。细胞壁厚，中央含一大液泡，色素体呈网状，紧贴在细胞壁内，含有多个淀粉核。

无性生殖时，枝端的细胞发育为孢子囊，成熟时前端开一孔，游孢子由此孔逸出。游孢子为梨形，有 1 个细胞核，1 个眼点，4 根鞭毛。孢子体的细胞产生游孢子时行减数分裂，故萌发成配子体。

有性生殖时，配子的形状与游孢子相同，产生方式也一样，但只具有 2 根鞭毛。配子融合成为合子，合子不经休眠便萌发成孢子体。孢子体和配子体的形态相同，故刚毛藻的生活史为同形世代交替。

刚毛藻属分布很广，淡水、咸淡水、海水都有不少种。海生种生长于潮间带的石沼中或岩石上。

在中国海域内已报道有 25 种：沙生刚毛藻 *C. arenaria* Sakai、青木刚毛藻 *C. aokii* yamada、密枝刚毛藻 *C. boodleoides* Børgesen、链状刚毛藻 *C. catenata*（Linnaeus）Kützing、壳生刚毛藻 *C. conchopheria* Sakai、钩枝刚毛藻 *C. cymopoliae* Børgesen、达尔马提亚刚毛藻 *C. dalmatica* Kützing、具刺刚毛藻 *C. echinus*（Bias.）Kützing、束生刚毛藻 *C. fascicularis*（Mertens *ex* C. Agadrdh）Kützing、曲刚毛藻 *C. flexuosa*（Mull.）Harvey、细弱刚毛藻 *C. gracilis*（Griff.）Kützing、似哈钦森刚毛藻 *C. hutchinsioides* van den Hoek *et* Womersley、小枝刚毛藻 *C. oligoclada* Harvey、暗色刚毛藻 *C. opaca* Sakai、喔氏刚毛藻 *C. ohkuboana* Holmes、扩展刚毛藻 *C. patentiramea*（Mont.）Kützing、微皱刚毛藻 *C. rugulosa* Martens、孟买刚毛藻 *C. sarcenica* Børgesen、长节刚毛藻 *C. saviniana* Børgesen、细丝刚毛藻 *C. sericea*（Hudson）Kützing、雪代刚毛藻 *C. sibogae* Reinbold、聚团刚毛藻 *C. socialis* Kützing、美丽刚毛藻 *C. speciosa* Sakai、绢丝（史氏）刚毛藻 *C. stimpsonii* Harvey、具钩刚毛藻 *C. uncinella* Harvey。

钩枝刚毛藻 *Cladophora cymopoliae* Børgesen

藻体基部具多分枝的假根状固着器，其中有的分枝作匍匐状。藻体主枝明显。基部细胞较长，其表面具圆形突起，直径为 $50 \sim 175\ \mu m$，长为 $375 \sim 500\ \mu m$，侧壁厚为 $12 \sim 18\ \mu m$，有明显的层纹（图 13-27）。下部分枝多为 2 至 3 叉分枝，分枝基部与主枝相连，上部分枝多为单出，有偏向一侧的趋势，分枝和小分枝常向心弯曲，夹角为锐角。细胞连接处具缢缩。小枝直径为 $25 \sim 50\ \mu m$，细胞长度为直径的 $3.5 \sim 8$ 倍。

本种为 1980 年首次报道的中国记录标本，采自中国西沙群岛的东岛北面礁湖内的珊瑚枝上。

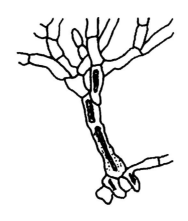

图 13-27　钩枝刚毛藻 *Cladophora cymopoliae* Børgesen 藻体基部外形(×70)

（引自朱浩然等,1980）

扩展（展枝）刚毛藻 *Cladophora patentiramea* （Mont.）Kützing

藻体互相缠结形成团块,直径可达 3～5 cm,柔软而致密,绿色;主枝匍匐于基质上,不规则弯曲,生出分枝,具较厚的侧壁,厚达 12 μm 左右,直径为 70 ～125 μm,细胞长度为直径的 1～2 倍;直立分枝不规则,但常偏于一侧,细胞长短不一,直径为 70 ～140 μm,长度为直径的 2～10 倍,末端细胞的长度可为直径的 20 多倍;藻体的最末小枝较小,不规则或偏向一侧,往往有 1～2 个细胞组成,直径为 60 ～80 μm,细胞长度为直径的 4～8 倍,壁薄,末端圆钝(图 13-28)。假根从分枝的基部细胞长出或在近细胞连接处长出,由 1 个细胞或几个细胞组成,直径 35 ～50 μm,细胞长为直径的 1～6 倍,其顶端呈盘形吸器状,边缘具指状突起。

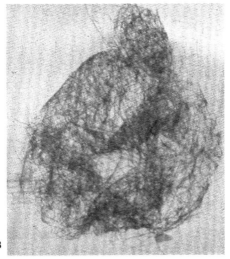
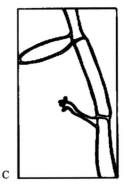

A,B. 示藻体外形;C. 示次生固着器

图 13-28　扩展（展枝）刚毛藻 *Cladophora patentiramea* （Mont.）Kützing

（A 引自朱浩然等,1980;B,C 引自曾呈奎,1983）

本种生长在中潮带,附着在珊瑚枝上。

本种主要分布于中国东海台湾岛、南海西沙群岛等海域。

根枝藻属 *Rhizoclonium* Kützing,1843

本属藻体不分枝,但具有1个或数个细胞所组成的假根分枝;细胞内含多核,有1个网状侧生色素体,在网状交叉处通常具有淀粉核。

无性生殖时,丝状体可断裂进行营养繁殖,或产生4根鞭毛的游孢子。游孢子成熟后,由孢子囊侧壁开孔逸出。也可产生休眠孢子。

有性生殖,产生双鞭毛的配子。

根枝藻属生于静止的淡水、半咸水和海水中,海水种卧生在潮间带或低潮带附近多泥的岩石上。

在中国海域内仅报道有2种:错综根枝藻 *Rhizoclonium implexum* 和岸生根枝藻 *Rhizoclonium riparium*。

岸生根枝藻 *Rhizoclonium riparium* (Roth) Kützing *ex* Harvey [*Conferva riparia* Roth]

藻体为单列不分枝的丝体,但能产生短而不规则的假根状分枝(图13-29)。细胞短圆柱形,直径一般为20～27 μm,高为直径的1～2倍,内含多个细胞核,色素体网状侧生,具有多个淀粉核。

无性生殖时,藻体断裂进行营养繁殖或产生4根鞭毛的游孢子。

有性生殖,产生双鞭毛的配子。

本种通常有多条藻体聚生在一起,卧生在潮间带或低潮带附近多泥的岩石上。

本种主要分布于渤海、黄海山东近岸海域。

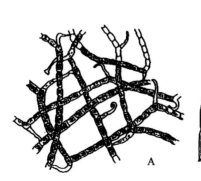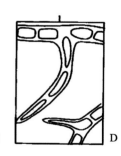

A,C. 示藻(丝)体;B. 示游孢子囊;D. 示假根状分枝

图 13-29　岸生根枝藻 *Rhizoclonium riparium* (Roth) Kützing *ex* Harvey

(A,B 引自郑柏林等,1961;C,D 引自曾呈奎,1983)

错综根枝藻 *Rhizoclonium implexum* (Dillwyn) Kützing

藻体亮绿色或黄绿色。单条,不分枝,很少有单细胞的假根状分枝(图13- 30)。细胞

圆柱形,直径为 $20\sim25$ μm,丝体末端细胞稍微小于基部的细胞。色素体网状,具有 $6\sim8$ 个淀粉核。

藻体着生在潮间带上部多少有些泥泞的石块上,呈茸毛层状。

本种主要分布于东海福建海域。

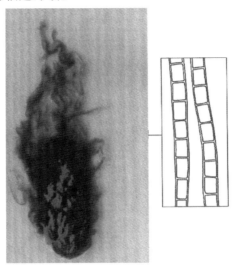

图 13-30　错综根枝藻 *Rhizoclonium implexum* (Dillwyn) Kützing

（引自曾呈奎,1983）

顶管藻目 Acrosiphoniales

藻体(配子体)是由单列细胞组成的丝状体,具有分枝或否。细胞一般多核,叶绿体 1 个,侧生,淀粉核多锥形,数目不定。孢子体小形,单细胞,卵形,具有假根状固着器。

无性生殖时,孢子体产生 4 根鞭毛的游孢子。

有性生殖时,配子体产生两根鞭毛的配子,同配或异配生殖。

顶管藻科 Acrosiphoniaceae

特征同目。

在中国海域内报道有以下两个属。

顶管藻科分属检索表

1. 藻体为不分枝丝状体 ··· 尾孢藻属 *Urospora*
1. 藻体为分枝丝状体 ·· 绵形藻属 *Spongomorpha*

绵形藻属 *Spongomorpha* Kützing,1843

藻体(配子体)由分枝的丝状体以及特殊的钩状枝和向下生长的假根状分枝组成。钩状枝和假根状分枝通常与丝状体缠绕。丝体细胞单核。色素体 1 个,网状,含多个多锥形淀粉核,侧生。顶端长。

　　无性生殖时,孢子体有柄或无柄,寄生于宿主上。孢子体产生具有 4 根鞭毛、卵圆形的游孢子。

　　有性生殖时,藻体雌雄异株,配子囊产生于藻体中部,呈长排状,产生双鞭毛、梨形的配子。生活史异型世代交替。

　　在中国海域内仅报道有 1 种。

绵形藻 *Spongomorpha arcta*（Dillw.）Kützing

　　藻体深绿色,藻体直立,颇硬而不易弯曲,形成半球形丛簇(团块),高为 3 cm～10 cm。基部假根多分枝(图 13-31)。藻体多次不规则分枝。藻体下部细胞直径一般为 60 ～90 μm(～120 μm),高为直径的 1.5～2 倍;中部细胞直径一般为 80 ～100 μm,有时可达 160

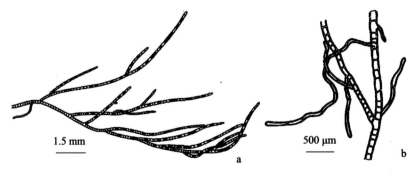

A. 藻体外形;B. 藻体结构

a. 藻体的一部分,示其分枝;b. 丝体的一部分,示其上的假根体

图 13-31　绵形藻 *Spongomorpha arcta*（Dillw.）Kützing

（A 引自曾呈奎,1983;B 引自曾呈奎等,2008)

～240 μm,高为直径的 2～3 倍;上部小枝偏生,直径为 40 ～100 μm,高为直径的 8～12 倍,下部较细,上部较粗,末端钝圆。钩状枝较少,假根枝与丛生的下部枝坚实地相互缠绕在一起。假根直径一般为 45 ～65 μm,有时可达 200 ～360 μm,高为直径的 3～67 倍。

本种生长在中、低潮带的石块上。见于冬春季。

本种主要分布于黄海辽宁与山东沿海海域。

尾孢藻属 *Urospora* Areschoug,1866

藻体为不分枝的单条丝状体,细胞圆筒形,基部细胞延伸后固着在基质上。细胞多核,有 1 个网形或完整环形的色素体,含多个淀粉核。

无性生殖产生 4 根鞭毛、后端尖的游孢子,也产生休眠孢子。有性生殖为同配生殖,配子有两根鞭毛。

在尾孢藻的生活史中,配子接合后,合子转化成多核梨形、似松藻型的细胞(2n),然后由此转化成孢子囊。尾孢藻具有明显的异型世代交替。

尾孢藻属的物种大多生活于海水低潮带岩石上。

在中国海域内仅报道有两种:桶状尾孢藻 *U. doliifera*（Seteh. *et* Garn.）Doty 和羽状尾孢藻 *U. penicilii formis*（Roth）Areschoug。

桶状尾孢藻 *Urospora doliifera*（Seteh. *et* Garn.）Doty

藻体深绿色,藻体高 6 ～7 cm,基部具有几个细胞构成的假根(图 13-32)。细胞宽度通常为长度的 2～4 倍,细胞直径为 66～83 μm。基部细胞直径为 183～216 μm。在丝体末端部分的直径易变。细胞圆筒形。色素体网状,含有多数个淀粉核。

本种生长在潮间带上部的岩石、竹竿上。

本种主要分布于黄海海域。

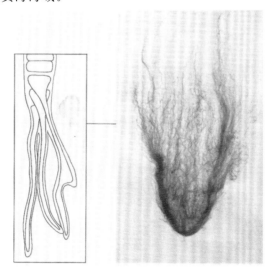

图 13-32 桶状尾孢藻 *Urospora doliifera*（Seteh. *et* Garn.）Doty 藻体外形

(引自曾呈奎,1983)

管枝藻目 Siphonocladales

藻体(孢子体)由丝体组成,分枝,枝端细胞彼此粘连而形成单列丝体组成的网状体。细胞多核,具有隔膜。藻体由基部假根附着。叶绿体网状,侧生。在细胞分裂中细胞质分裂成若干个大小不等的原生质团,后分泌出细胞壁,形成许多细胞,这种有丝分裂的方式也称为多核分离分裂。

管枝藻目分科检索表

1. 分枝间由附着胞彼此吸附而形成单列丝体组成的网状体 ·························· 布多藻科 Boodleaceae
1. 藻体非网状体结构 ·· 2
　　2. 藻体单生或丛生,囊状、团块状或海绵状 ·························· 管枝藻科 Siphonocladaceae
　　2. 藻体具球状、半球状或泡状囊 ·································· 法囊藻科 Valoniaceae

布多藻科 Boodleaceae

藻体由丝体组成,分枝对生、偏生、近似轮生或不规则,枝端具有附着胞或不具横隔膜的假根状吸附细胞。枝端附着胞彼此吸附而形成单列丝体组成的网状体,或相互交错缠结成团块。有柄或无。细胞圆柱形。

布多藻科分属检索表

1. 分枝不在一个平面上结成网状 ······································· 布多藻属 Boodlea
1. 分枝在一个平面上结成网状 ··· 叶藻属 Struvea

布多藻属 Boodlea Murray et De Toni in Murray,1889

藻体为不定形的海绵状;最初规则的对生分枝,其后分枝方式变的不规则;分枝不在一个平面上结成网状。

在中国海域内已报道有 3 种:布多藻 B. composita (Harvey) Brand、网叶布多藻 B. struveoides Howe、端根布多藻 B. vanbosseae Reinbold。

布多藻 Boodlea composita (Harvey) Brand [Cladophora composita Harvey, Aegagropila composita Kützing, Boodlea kaeneane Brand]

藻体绿色,相互交错缠结成团块,质地较软,组成团块的丝体具有不等的直径,分枝对生或偏生,常不在一平面上,从主轴上生出的分枝常近于直角,顶部的小枝比较规则的对生,呈塔形(图 13-33)。主轴细胞直径为 $150 \sim 216\ \mu m$,长为 $266 \sim 1328\ \mu m$,长为直径的 $2\sim 6$ 倍。小枝胞径为 $50 \sim 66\ \mu m$,长为 $332 \sim 747\ \mu m$,长为直径的 $7\sim 11$ 倍,最长可达 20 倍;附着胞生于分枝顶端,彼此附着。

生活史为同型世代交替,孢子体与配子体外观相似。二倍体孢子体细胞先进行分离分裂,再减数分裂,产生多个具有 4 条鞭毛的游孢子(n),孢子萌发成配子体。配子(n)具有两条鞭毛,同形交配。

本种生长在低潮线下 $0.5 \sim 1\ m$ 深的珊瑚礁上。

本种主要分布于东海福建、台湾,南海香港、西沙群岛和南沙群岛等海域。

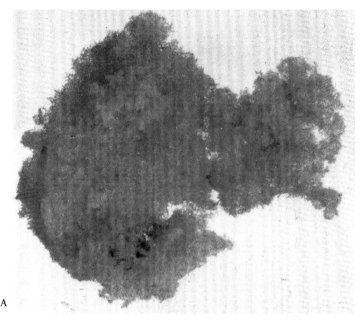

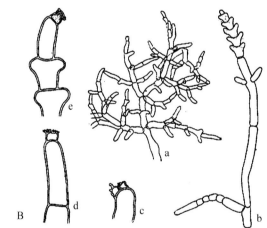

A. 藻体外形;B. 藻体结构

a. 藻体的一部分(×27);b. 部分幼体的顶端分枝(呈塔形,×27);c～e. 分枝末端的
附着胞(×133)

图 13-33　布多藻 *Boodlea composita* (Harvey) Brand

(A 引自曾呈奎,1983;B 引自张峻甫等,1975)

网叶藻属 *Struvea* Sonder,1845

藻体单生或丛生成簇,从主轴上规则的对生分枝,在一个平面上形成网状。藻体呈叶
片状,具柄。

在中国海域内已报道有两种,网结网叶藻 *S. enomotoi* Chihara、中间网叶藻 *S. inter-
media* Chang et Xia。

网结网叶藻 *Struvea enomotoi* Chihara〔*Struvea anastomosans*（Harv.）Picc. *et* Grun. *ex* Piccone〕

藻体绿色,丛生成簇,高为 1～1.5 cm,由假根、柄部和叶片组成(图 13-34)。假根为简单的树状分枝,顶端钝,有的则略细,末端有附着细胞。柄单条或分枝,由 1～2 个细胞组成,个别也有 3 个细胞组成的柄,柄长为 0.6 ～1 cm,直径为 432 μm,基部表面平滑,无

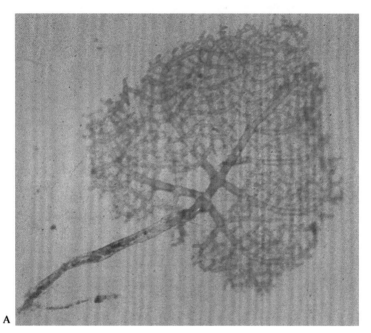

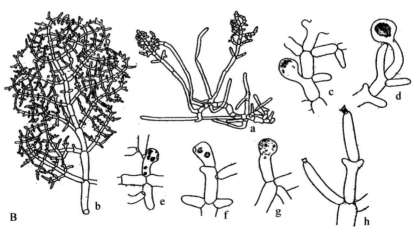

A. 藻体外形;B. 藻体结构

a. 幼体外形-匍匐茎上生出的具有柄的叶片和初生囊(×5);b. 成体的部分叶片(×8);

c,d. 侧生或顶生的膨大的球状具柄的特化了的生殖器官(×42);

e～f. 具开口的膨大的球状具柄的、特化了的生殖器官(×53);g. 分枝末端的附着胞(×42)

图 13-34　网结网叶藻 *Struvea enomotoi* **Chihara**

(A 引自曾呈奎,1983;B 引自张峻甫等,1975)

环状缢缩,柄亦可从平卧的匍匐茎上直接长出;柄上部的主轴上有几对对生分枝组成的叶片。叶片长为 $0.3\sim1$ cm,宽为 $0.2\sim0.7$ cm,三回羽状分枝,均在同一平面上,分枝顶端有附着胞彼此粘连,形成网状叶片;主轴细胞直径为 $163\sim180$ μm,长为 $130\sim228$ μm,最长可达 424 μm;初生枝细胞直径为 $228\sim342$ μm,长为 $522\sim1190$ μm;次生枝细胞直径为 $98\sim130$ μm,长为 $277\sim375$ μm。由于枝端附着胞彼此粘连而形成网孔,形状不一,有三角形、四角形和不规则形状;网孔径为 $365\sim500$ μm。

生活史为同型世代交替,孢子体与配子体外观相似。孢子体(2n)先进行多核分离分裂,再减数分裂,产生多个具有两条鞭毛的游孢子(n)。孢子萌发产生的幼体呈棍棒状,由单列细胞组成,具横皱纹,成长时由上部细胞进行分离分裂产生羽状排列的侧枝,在同一平面上可继续 4 回分裂,各形成十字形小枝互相连接,最后形成网状叶片藻体。

本种生长在低潮带的珊瑚礁石上。

本种主要分布于东海台湾,南海广东、海南岛和西沙群岛等海域。

管枝藻科 Siphonocladaceae

藻体单生或丛生,囊状、团块状或海绵状。藻丝分枝,不规则,或偏生,有的有主枝与分枝之别,互相交织粘连。有的属物种的细胞壁厚,常不规则加厚。藻体基部具柄或无,固着器假根状。

管枝藻科分属检索表

1. 藻体单生或丛生,长囊状 ·· 香蕉菜属 *Boergesenia*
1. 藻体团块状或海绵状 ··· 2
  2. 藻体海绵状,附着胞使藻丝体之间相互粘连成裂片 ·················· 绵枝藻属 *Spongocladia*
  2. 藻体团块状 ··· 3
3. 藻体由质软的藻丝组成,呈疏松的团块状 ································ 管枝藻属 *Siphonocladus*
3. 藻体由质硬的藻丝组成,呈紧密的团块状 ································ 绵枝藻属 *Spongocladia*

香蕉菜属 *Boergesenia* Feldmann,1838

藻体单生或丛生,长囊状细胞,具有多核,网状色素体,中央为一大液泡,基部以丝状假根固着于基层。

以分离分裂和休眠孢子进行生殖。

在中国海域内仅报道有 1 种。

香蕉菜 *Boergesenia forbesii* (Harv.) Feldmann

藻体为单细胞囊状体,长囊状上部粗,向下逐渐窄细,基部有环纹,以丝状假根固着在岩礁上。假根可向上长成新囊状体,同样在新生囊状体上也可环生许多小囊状体。最后密集簇生成丛,也可单生(图 13-35)。囊高达 3.3 cm,体径为 0.7 cm,长囊细胞多核,具有网状色素体,中央为一大液泡,细胞可进行分离分裂产生许多子细胞。藻体翠绿色,或体上部黄色,体下部呈土色。

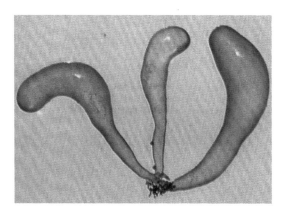

图 13-35　香蕉菜 *Boergesenia forbesii* (Harv.) Feldmann 藻体外形

（引自曾呈奎,1983)

生活史为同形世代交替,孢子体与配子体外观相似。孢子体(2n)先行多核分离分裂,再减数分裂,产生多个球状、休眠孢子(n)。每个孢子可长成一个新藻体(配子体)。配子具有两条鞭毛,同形交配。

本种生长在潮间带石沼内的沙底上。

本种主要分布于东海台湾,南海西沙群岛等海域。

拟刚毛藻属 *Cladophoropsis* Børgesen,1905

藻体由质软的藻丝组成,呈疏松的团块状。中轴的细胞上有分枝。由藻丝向下生长的假根附着于基质。

在中国海域内已报道有 3 种:簇生拟刚毛藻 *C. fasciculatus* (Kjellman) Wille、扩展拟刚毛藻 *C. herpestica* (Mort.) Howe、巽他拟刚毛藻 *C. sundanensis* Reinbold。

扩展拟刚毛藻 *Cladophoropsis herpestica* (Montagne) Howe [*Conferva herpestica* Montagne、*Cladophoropsis fasciculatus* (Kjellm.) Borgesen、*Cladophoropsis zollingeri* (Kutzing) Reinbold、*Cladophoropsis javanica* (Kutzing) P. Silva]

藻体由一团疏松的藻丝组成,绿色略带棕色,体长不超过 1 cm(图 13-36)。分枝稀少,多为偏生,体上部形成的侧枝多尚未产生隔膜。新生侧枝的生长有超过主枝之势,体下部常有向下生长的藻丝。主枝的细胞长 $400 \sim 500\ \mu m$,径 $110 \sim 150\ \mu m$,长为径的 $2.8 \sim 4.3$ 倍;分枝的细胞较长,$700 \sim 850\ \mu m$,径与主枝相仿,长是径的 $5.5 \sim 7.1$ 倍。枝端细胞更长,$700 \sim 1700\ \mu m$,直径约为 $120\ \mu m$,细胞长为直径的 $6.5 \sim 14$ 倍。顶端钝。细胞壁厚 $16 \sim 42\ \mu m$,细胞壁常不规则加厚,并且有较重的中胶层条纹。细胞内多核,具网状色素体及多个淀粉核。

生活史为同形世代交替,孢子体与配子体外观相似。孢子体顶部或中间细胞进行多核分离分裂,产生多个游孢子或休眠孢子,每个孢子可长成一个配子体。配子具有两条鞭毛,同形交配。

本种生长在礁湖的低潮线附近。

本种主要分布于东海西沙群岛内的永兴岛、石岛等海域。

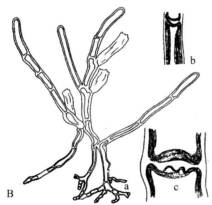

A. 藻体外形；B. 藻体结构

a. 示尚未产生隔膜的侧枝及假根形态(×27)；b, c. 示细胞壁上加厚的条纹(b. ×66.6；c. ×227)

图 13-36　扩展拟刚毛藻 *Cladophoropsis herpestica* (Montagne) Howe

(A 引自黄淑芳，2000；B 引自张峻甫等，1975)

管枝藻属 *Siphonocladus* Schmitz，1879

藻体由质硬的藻丝粘连紧密组成，呈团块状。中轴的细胞上有分枝。

在中国海域内仅报道有西沙管枝藻 *Siphonocladus xishaensis* 1 种，由张峻甫等于 1975 年 8 月发表的新物种。

西沙管枝藻 *Siphonocladus xishaensis* Chang et Xia

藻体匍匐平卧，分枝互相粘连交织成团块状，体高约 1 cm 上下，体质较硬。分枝不规则，枝径为 400～800 μm(图 13-37)。枝上的育枝多偏生一侧，细胞尚未分裂的育枝其长短不一，为 0.5～6(-8) mm。藻体上的分枝均为一列细胞组成，只在分枝的极个别处偶然见到纵裂或斜裂的两个细胞。细胞长方形或方形,个别细胞也有宽大于长的,细胞壁较厚,为 10 ～6(8) μm,其上的条纹很明显。藻体表面各处分散生长着集生成群的附着胞用以与邻近分枝的接触面粘连。附着胞不分枝或叉分,末端具长短不等细齿或根状分枝,其背面观圆形,直径为 65 ～130 μm,;假根的末端常有几个位置参差不齐并略有重叠的细胞组成,细胞外表面又常生有许多附着胞,借以增强在基质上的固定。

本种生长在低潮带附近的珊瑚礁上。

本种主要分布于南海西沙群岛海域。

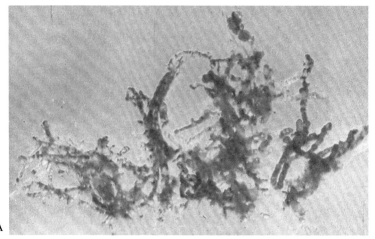

A. 藻体外形;B. 藻体结构

a. 分枝情况(×7);b. 藻体的一段分枝,其上出现纵裂的细胞(×7);

c. 不定生假根(×20);d. 藻体尚未分割的假根枝,下部有略明显的环状缢缩,

假根枝的表面有附着胞(t)(×7);e. 幼体,示初生假根(r)(×7)

图 13-37　西沙管枝藻 *Siphonocladus xishaensis* Chang et Xia

(A 引自曾呈奎,1983;B 引自张峻甫等,1975)

绵枝藻属 *Spongocladia* Areschoug,1854

在中国海域内仅报道有 1 种。

绵枝藻 *Spongocladia vaucheriaeformis* Areschoug［*Cladophoropsis vaucheriaeformis* (Arescong) Papenfussh］（图 13-38）

藻体灰绿色,内部绿色,海绵状,在茎部由众多的绒毛(felt)附着于基质,偶尔出现小范围的直立生长。直立的藻体由丝状藻丝体组成。藻丝体圆柱形,直径约为 116～166 μm,藻丝体之间通过附着细胞相互粘连,藻体下端为很多小的裂片,上端为加长的裂片。

生长在低潮带的珊瑚礁上。

主要分布于南海西沙群岛海域.

图 13-38　绵枝藻 *Spongocladia vaucheriaeformis* Areschoug 藻体外形

（引自曾呈奎,1983）

法囊藻科 Valoniaceae

藻体幼时为管状多核体,成长后产生隔膜分成多核的囊状体。色素体片状,连成网形,有的种类含淀粉核。

繁殖时藻体断裂或产生 2 根鞭毛的游动细胞。

法囊藻科分属检索表

1. 藻体球状、半球状或倒梨状至破裂的叶片状 ……………………………… 网球藻属 *Dictyosphaeria*
1. 藻体泡状囊或为分枝丝状体 …………………………………………………………………… 2
　2. 藻体为分枝丝状体,指状分枝 ………………………………………………… 指枝藻属 *Valoniopsis*
　2. 藻体泡状囊 ……………………………………………………………………………………… 3
3. 藻体由 1 个至多个气泡状囊组成 ……………………………………………… 法囊藻属 *Valonia*
3. 泡囊状藻体单独生长,很少相互聚集 ……………………………………… 球囊藻属 *Ventricaria*

网球藻属 *Dictyosphaeria* Decaisne *ex* Endicher, 1843

藻体由多角形的假薄壁细胞组成,细胞间由小的附着细胞连接,因此胞壁间并不直接接触;基部有延长的固着细胞(固着器);子细胞发生并成熟于母细胞的内部。已知有双鞭毛和 4 鞭毛的游动细胞;生殖细胞经体壁上的开孔逸出放散。

　　在中国海域内已报道有 5 种：异脆网球藻 D. bokotensis Yamada、网球藻 D. cavernosa (Forsskal) Børgesen、中间网球藻 D. intermedia Weber-van Bosse、腔刺网球藻 D. spinifera Tseng et Chang、实刺网球藻 D. versluysii Weber-van Bosse。其中，腔刺网球藻是由曾呈奎等于 1962 年 6 月发表的新物种。

　　网球藻 Dictyosphaeria cavernosa（Forsskal）Børgesen〔Digtyosphaeria favulosa（C. Ag.）Decaisne〕

　　藻体中空，质硬，体型、颜色和大小都有很大的变化，从 3～5 mm 的球状、半球状或倒梨状体至 5～6 cm 长的裂叶状，颜色浅绿至棕色，体壁由一层细胞构成（图 13-39）。细胞多角形，胞径为 1～3 mm，有时可达 4 mm；细胞间以一种小的附着细胞相连，附着细胞的侧面观近方形或近长方形，高为 30～40 μm，宽为 20～53 μm。细胞内壁上无棘刺。

　　本种生长在自中、低潮带至大干潮潮线下 1 m 水深处的岩石、石块和死珊瑚上。

　　本种主要分布于东海福建东山以南，南海广东沿海和海南岛周围以及西沙群岛内的永兴岛、中岛、石岛、螺岛、测量岛、晋卿岛、灯擎岛等海域。

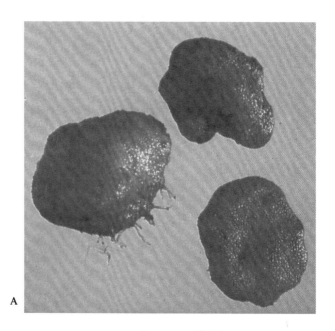

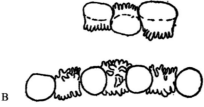

A. 藻体外形；B. 示附着细胞形态（上方图为附着细胞的侧面观；下方图为腹面观）

图 13-39　网球藻 Dictyosphaeria cavernosa（Forsskal）Børgesen

（A 引自曾呈奎，1983；B 引自曾呈奎等，1962）

腔刺网球藻 *Dictyosphaeria spinifera* Tseng *et* Chang

藻体中空,幼期倒梨形,高不足 1 cm,厚为 5～6 mm,长大后体形不规则,高及厚均可达 2 cm,以藻体基部生出的延长细胞固着于基质(图 13-40)。细胞为角钝圆的多角形,胞径为 450～900 μm,有时可达 1350 μm。附着细胞有分生现象,侧面观近方形,胞径为 45～55 μm,不分枝,基部有稍长的假根状裂瓣;背面观圆形或圆角三角形,直径为 30～40 μm;裂瓣组成的盘状的腹面观为长方形,长约 45 μm。细胞内壁上生有棘刺。棘刺、通常较短粗(图 13-40 B),长为 37～85 μm,基部宽为 9～20 μm,一般近于伸直,有时略弯曲,表面光滑或有轻微的波状,顶端钝,极少尖细。

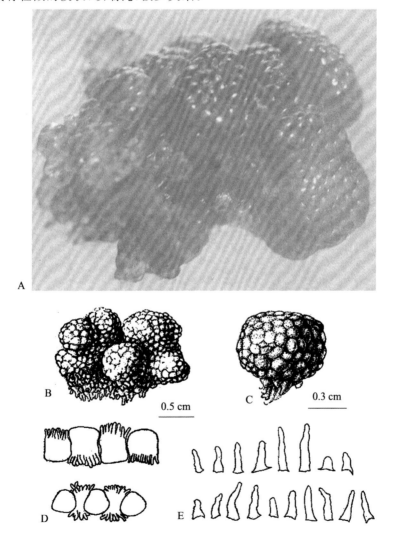

A,B,C. 示藻体外形,其中 C 为幼体;

D. 示附着细胞形态(上部为侧面观;下部为腹面观);E. 示腔刺网球藻棘刺的形态

图 13-40　腔刺网球藻 *Dictyosphaeria spinifera* Tseng *et* Chang

(A 引自曾呈奎,1983;B、C、D 引自曾呈奎等,1962)

本种生长在中潮带的岩石上。

本种主要分布于南海广东及中国西沙群岛海域。

法囊藻属 *Valonia* C. Agardh, 1822

藻体由1个至多个气泡状囊（棒状的多细胞核的初生细胞）组成，依靠小的单细胞假根固着于基质。子囊细胞自母细胞（母囊）的表面发育成小枝（形态相似的棒状细胞）。

在中国海域内已报道有两种：法囊藻 *V. aegagropila* C. Agardh、囊状法囊藻 *V. utricularis* (Roth) C. Agardh。

法囊藻 *Valonia aegagropila* C. Agardh

藻体淡绿色，体高为17～20 mm，有一些亚圆柱状育枝囊集结在一起，育枝囊长为5～8 mm，体上、下部的育枝囊直径略有差异，体下部的育枝囊直径为2～3 mm，体上部的略细一些，为1.5～2 mm。囊壁上散生着类似镜形细胞延伸出的附着细胞，用于在侧面与其他育枝囊相连。分枝以顶生为主，较少侧生（图13-41）。

本种生长在低潮线至低潮线下1.2 m深处的碎珊瑚块上。

本种主要分布于东海台湾岛，南海海南岛、西沙群岛（北岛、中建岛、森屏滩）等海域。

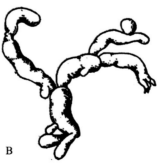

图 13-41　法囊藻 *Valonia aegagropila* C. Agardh 藻体外形

（A 引自曾呈奎，1983；B 引自张峻甫等，1975）

指枝藻属 *Valoniopsis* Børgesen，1934

藻体为分枝丝状体，基部有分枝状假根固着在基质上。藻体的主轴或初生枝上能长出次生假根。分枝是通过镜形细胞分化产生。

在中国海域仅报道有 1 种。

指枝藻 *Valoniopsis pachynema*（martens）Børgesen

藻体分枝常呈疏松的错综缠结，易于分离，基部有分枝状假根以此附着子基质。主枝常成弧状，分枝不甚规则：有些分枝 3～4 个偏生于一侧；有些分枝形似掌状，并且可以继续这种方式分枝 1～2 次。枝圆柱状，长为 5～7 mm，直径为 500 ～750 μm。次生假根也很常见，形状似初生假根（图 13-42）。

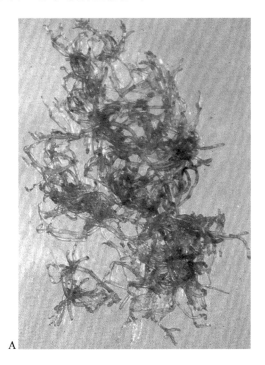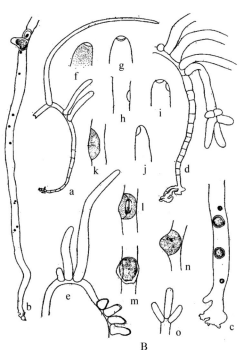

A. 示分枝复杂的藻体（×22/3）；B. 示藻体各部分结构

a. 分枝简单的藻体，示其初生假根及偏生分枝（×4.6）；b. 图 a 中形成次生假根（Sr）上部的丝体细胞
内含物开始集中成球形的放大图（×9.5）；c. 次生假根上面的柄部内球状物外围有的已形成胞壁
（×23）；d. 假根上面的柄部内圆形细胞体积增大彼此贴紧，充满母细胞的空腔，最后在柄部
排成有顺序的单列细胞（×210）；e. 藻体上不同成长程度的育枝囊（×7）；f～j. 育枝囊的各部位开始
形成（×18.6）；k. 细胞内含物的堆积已能见到，镜细胞增大（×53）；l,m. 细胞内含物进一步堆
积，细胞的隔壁已形成，开始向外突出（×18.6）；n. 幼枝开始形成（×18.6）；o. 成长的育枝囊（×7）

图 13-42　指枝藻 *Valoniopsis pachynema*（martens）Børgesen

（A 引自曾呈奎，1983；B 引自张峻甫等，1975）

本种生长在低潮线至低潮线下 1 m 深处的珊瑚礁上。

本种主要分布于东海台湾岛，南海西沙群岛内的永兴岛、北岛、中岛等海域。

指枝藻属 *Valoniopsis* Børgesen 曾被一些藻类学家分别置于肋叶藻科、布多藻科和管枝藻科。中国藻类学家注意到 Papenfuss and Egerod(1957)曾指出：本种"分枝形成的方法使人联想到法囊藻的属种的藻体的个体发育史的初期，而不像肋叶藻科内属种的特征"，经对指枝藻的详细研究，认为指枝藻属应归隶于法囊藻科。

球囊藻属 *Ventricaria* Olsen *et* West，1988

藻体泡囊状，单独生长，很少相互聚集。

在中国海域仅报道有 1 种。

球囊藻 *Ventricaria ventricosa* (J. Agardh) Olsen *et* West [*Volonia ventricosa* J. Agardh]

藻体青绿色、灰绿色或绿色，呈泡囊状体，单独生长，很少相互聚集，藻体间不形成紧密的群集（图 13-43）。泡囊状体多核，圆球状或梨形，直径可达 27 mm，长为 14～35 mm，通过一些微小的附着细胞使藻体附着于基层，附着细胞的末端有轻微的收缩，微小的透镜状细胞分散在呈泡囊状体体壁的内面，直径为 145 ～195 μm。

本种生长在中潮带到潮下 1～2 m 深的珊瑚礁上。

本种主要分布于东海台湾岛，南海广东省、西沙群岛、南沙群岛等海域。

图 13-43　球囊藻 *Ventricaria ventricosa* (J. Agardh) Olsen *et* West

（引自曾呈奎，1983）

蕨藻目 Caulerpales

蕨藻目分科检索表

1. 藻体由叶片、匍匐茎和假根组成，管状藻丝内有隔片 ……………………………… 蕨藻科 Caulerpaceae
1. 藻体由叶片、柄、固着器（假根）组成，管状藻丝内无隔片 …………………… 钙扇藻科 Udoteaceae

蕨藻科 Caulerpaceae

藻体为一个多分枝无横壁但内部具有横隔片的管状多核细胞体,具有延伸很长的匍匐茎,上生直立枝条,内含色素体,下生须状分枝假根。

藻体以原生质体的局部碎裂进行无性繁殖;有性生殖为异配生殖,形成繁殖器官时,在藻体表面长出乳头状突起,成熟时放散具有两条鞭毛的游动细胞。

蕨藻属 *Caulerpa* Lamouroux,1809

藻体都有匍匐茎,由茎向下生出假根,向上生出直立枝。整个藻体为不分隔的管状体,但内部具有横隔片。营养生殖是由藻体通过断裂进行。有性生殖为异配生殖;有性生殖时,多由末枝特别突起产生配子囊,配子梨形,有两根顶生鞭毛,含 1 个无核的色素体,眼点长而明显。大配子棕绿色,动作较迟钝,小配子个体狭窄,亮绿色,动作较快,它们产生于不同藻体上。多数生于热带海区。

在中国海域已发现有 20 种:锯叶蕨藻 *C. brachypus* Harvey、柏叶蕨藻扇形变种 *C. cupressoides* var. *flabbellata*(Vahl)C. Agardh、柏叶蕨藻 *C. cupressoides* var. *typica*(Vahl)C. Agardhl、墨西哥蕨藻 *C. mexicana* Sonder *et* Kützing、钱币蕨藻 *C. nummularia* Harvey *ex* J. Agardh、冈村蕨藻 *C. okamurae* Weber-van Boss、小叶蕨藻 *C. parvifolia* Harv.、盾叶蕨藻 *C. peltata* Lamx.、育枝蕨藻 *C. prolifera*(Forsskal)Lamouroux、总状蕨藻大叶变种 *C. racemosa* var. *macrophysa*(Sonder *ex* Kutzing)Taylor、总状蕨藻盾叶变种 *C. racemosa* var. *peltata*(Lamx.)Eubank、总状蕨藻 *C. racemosa* var. *typica*(Forsskal)J. Agardh、齿形蕨藻宽叶变种 *C. serrulata* f. *lata* Tseng、齿形蕨藻宝力变种西方变型 *C. serrulata* var. *boryana*(J. Ag.)Gilbert,f. *occidentalis*(W. v. Bathysiphon)Yamada *et* Tanaka、齿形蕨藻 *C. serrulata* var. *typica*(Forsskal)J. Agardh、棒叶蕨藻 *C. sertularioides*(Gmelin)Howe、杉叶蕨藻 *C. taxifolia*(Vahl)C. Agardh、乌氏里蕨藻 *C. urvilliana* Montagne、轮生蕨藻 *C. verticillata* J. Agardh、绒毛蕨藻 *C. webbiana* Montagne。

冈村蕨藻 *Caulerpa okamurae* Weber -van Boss

藻体具有圆柱形匍匐茎,匍匐茎向下生出分枝状假根,向上生出叶状直立枝。直立枝上再生出小分枝。小枝对生,具短柄,下半部倒卵形,上半部呈圆棒状(图 13-44)。

本种藻体生长在低潮带的沙石上。

本种主要分布于东海福建省沿海海域。

杉叶蕨藻 *Caulerpa taxifolia*(Vahl)C. Agardh

藻体深绿色,匍匐茎圆柱状,平滑,向下长须状假根,向上长直立枝,直立枝对生羽状小枝,羽枝镰刀状,上方稍弯曲,基部明显缢缩(图 13-45)。

本种生长在礁湖内珊瑚枝上,或礁湖外缘水下 2 m 深处。

本种主要分布于南海香港、南沙群岛、西沙群岛、海南岛、硇州岛海域。

图 13-44　冈村蕨藻 *Caulerpa okamurae* Weber van Boss 藻体外形
（引自曾呈奎,1983）

（×2/3）

图 13-45　杉叶蕨藻 *C. taxifolia*（Vahl）C. Agardh 藻体外形
（引自曾呈奎,1983）

钙扇藻科 Udoteaceae

钙扇藻科分属检索表

绒扇藻属 *Avranivillea* Decaisne,1842

藻体外观呈扇形,表层藻丝紧密交织,形成假皮层组织。

在中国海域内已报道有 6 种:直立绒扇藻 *A. erecta* (Berkeley) A. *et* Gepp 、和氏绒扇藻 *A. hollenbergii* Trono、裂片绒扇藻 *A. lacerata* J. Agardh、模糊绒扇藻 *A. obscura*（C. Ag.）J. Ag. 、西沙绒扇藻 *Avranivillea xishaensis* Tseng, Dong *et* Lu、群栖绒扇藻 *Avranivillea amadelpha* 。其中西沙绒扇藻是由曾呈奎等于 2004 年 6 月发表的新物种。

西沙绒扇藻 *Avranivillea xishaensis* **Tseng, Dong *et* Lu**

藻体黑褐色,高约为 9 cm。藻体叶片无柄,深裂,形成许多小裂片,裂片顶端有锯齿,表面具有环纹(zonate)下部侧面相互粘连,形成一个不规则的扇形;固着器圆柱形,长约为 3 cm,直径为 1.4 cm,表面没有沙粒,皮层藻丝棕色,多数呈念珠状,少数呈圆筒状,向表层逐渐变细,藻丝顶端棍棒状;在叶片下部的表层藻丝紧密交织,形成假皮层组织(图 13-46)。

固着器皮层藻丝直径为 18~40 μm,表层藻丝直径为 5~10 μm;叶片下部皮层藻丝直径为 17~30 μm,表层藻丝直径为 7~20 μm;叶片中部皮层藻丝直径为 13~25 μm,表层藻丝直径为 7~16 μm;叶片上部皮层藻丝直径为 10~20 μm,表层藻丝直径为 5~13 μm。

本种生长在礁湖内环礁上。

本种曾见于南海西沙群岛内的晋卿岛海域。

群栖绒扇藻 *Avranivillea amadelpha* （**Montagne**）**A. Gepp *et* Gepp**

藻体密集丛生,天鹅绒状,高约为 6 cm,固着器团块状,从上长出许多亚圆柱形或略扁的柄,柄长为 0.5~2 cm,宽约为 0.2 cm。具有分枝,在每一分枝上有一顶生叶片,叶片褐绿色,较薄且小,长为 0.8~2.5 cm,宽为 0.5~2 cm,亚楔形或亚长圆形,叶缘浅缺裂或平滑,叶面没有环纹,皮层藻丝圆筒形,有时有不规则近念珠状,棕色,直径为 15~26 μm。丝体顶端圆钝,由皮层向外逐渐变细,直径为 8~13 μm,在叶片表面形成紧密交织的假皮层(pseudocortex)组织,假皮层透明,近念珠状,常常不规则弯曲,有时候丝体顶端形成钩状,圆顶。藻丝叉分处常常有浅或深的缢缩(图 13-47)。

本种生长在低潮线下 0.5~1 m 的环礁缝隙中。

本种主要分布于南海西沙群岛(永兴岛)海域。

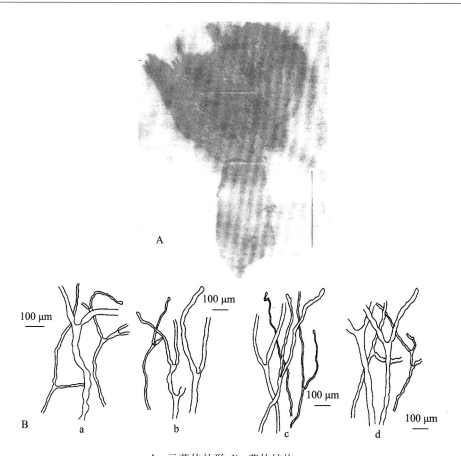

A. 示藻体外形；B. 藻体结构

a. 藻体叶片下部丝体；b. 叶片中部丝体；c. 叶片上部丝体；d. 固着器中部丝体

图 13-46　西沙绒扇藻 *Avranivillea xishaensis* Tseng, Dong *et* Lu

（引自曾呈奎等，2004）

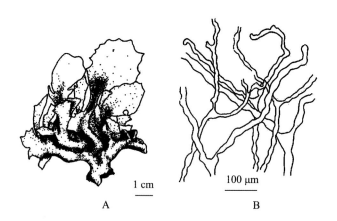

A. 示藻体外形；B. 叶片的藻丝

图 13-47　群栖绒扇藻 *Avranivillea amadelpha*（Montagne）A. Gepp *et* Gepp

（引自曾呈奎等，2004）

缢丝藻属 *Boodleopsis* A. *et* Gepp,1911

藻体外观不呈扇形,由藻丝体缠绕成团。

本属有 6 个物种。在中国海域内仅报道有簇囊缢丝藻 *Boodleopsis aggregata* 1 种,是由曾呈奎等于 1983 年 5 月发表的本属的新物种。标本于 1976 年 4 月采自中国西沙群岛的永兴岛海域。

簇囊缢丝藻 *Boodleopsis aggregata* Tseng *et* Dong

藻体绿色,错综缠绕成团。假根为不规则的叉状分枝,由基部到顶端逐渐变细(13-48)。藻体二叉分枝,有时三叉分枝或四叉分枝,同出于一条分枝,偶而也可见侧枝。叉分分枝基部具强烈缢缩,缢缩部位均等,其它各处藻丝有不规则的轻微缢缩。藻体下部藻丝体直径为 50 ～75 μm,分枝较疏;上部藻丝体直径为 25 ～36 μm,分枝较密,丝顶圆形。小枝(或叉间距离)通常长为 166 ～550 μm,叶绿体卵形或椭球形。孢子囊(未成熟)倒卵形,长径为 100 ～115 μm,短径为 65 ～100 μm,孢子囊的囊柄二叉式分枝,有时单条,常丛生于藻丝上。

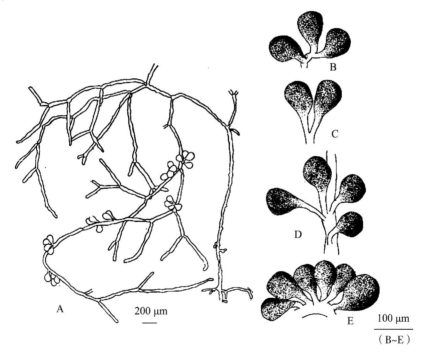

A. 藻体外形图,显示二叉式分枝及分枝基部的缢缩,孢子囊丛生于分枝上;B. 孢子囊囊柄二回二叉式分枝;C. 孢子囊囊柄具二叉式分枝;D~E. 囊柄不分枝的孢子囊丛生在一起

图 13-48　簇囊缢丝藻 *Boodleopsis aggregata* Tseng *et* Dong

(引自曾呈奎等,1983)

本种生长在低潮带礁石上,缠绕于其它海藻的藻体上。

本种曾见于南海西沙群岛的永兴岛海域。

绿毛藻属 *Chlorodesmis* Harvey,1851

藻体外观不呈扇形,藻丝体丛生。

在中国海域内已报道有 3 种:簇生绿毛藻 *C. caespitosa* J. Agardh、缢缩绿毛藻 *C. hidebrandtii* A. et Gepp、中华绿毛藻 *Chlorodesmis sinensis* Tseng et Dong。其中中华绿毛藻是由曾呈奎等于 1978 年 2 月发表的本属的新物种,标本采自中国西沙群岛内的中建岛、石岛和晋卿岛海域。

中华绿毛藻 *Chlorodesmis sinensis* Tseng et Dong

藻体丛生,高可达 8 cm,假根系有主根,侧枝较长,叉生或互生,错综联结(图 13-49)。直立藻丝深绿色,规则地叉分,偶有三叉分,叉上缢缩部位相等,叉间部平直,有若干微缩,偶有收缩,下部叉间长为 10 mm,上部长为 6~12 mm,有的长为 23 mm。末端藻丝顶钝,最后分枝长达 10 mm,下部藻丝直径可达 200 μm,上部较细,为 130 ~150 μm,孢子囊的直径可达 180 μm。浸泡在淡水中时,体内有橙色液体释出。

本种生长在低潮带或潮下带的礁石上。

本种主要分布于南海西沙群岛海域。

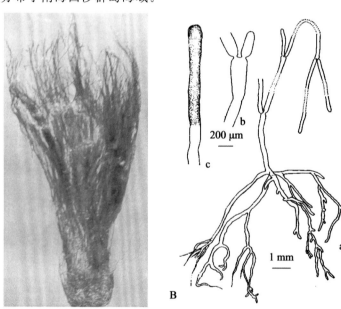

A. 藻体外形;B. 藻体结构

a. 藻体假根部与下、中部;b. 藻丝体微缩与分叉处缢缩现象;c. 孢子囊

图 13-49 中华绿毛藻 *Chlorodesmis sinensis* Tseng et Dong

(A 引自曾呈奎,1983 ;B 引自曾呈奎等,1978)

仙掌藻属 *Halimeda* Lamouroux,1812

藻体外观不呈扇形,呈节片状紧密连接体。

在中国海域内已报道有 10 种:圆柱状仙掌藻 *H. cylindracea* Decaisne、盘状仙掌藻

H. discoidea Decaisne、巨节仙掌藻 *H. gigas* Taylor、大叶仙掌藻 *H. macroloba* Decaisne、密岛仙掌藻 *H. micronesica* Yam.、仙掌藻 *H. opuntia*（Linnaeus）Lamouroux、相仿仙掌藻 *H. simulans* Howe、带状仙掌藻 *H. taenicola* Taylor、未氏仙掌藻 *H. velasquezii* Taylor、西沙仙掌藻 *H. xishaensis* Tseng et Dong。

密岛仙掌藻 *Halimeda micronesica* Yam.

藻体中度钙化,灰绿色,高可达 11 cm(不包括假根),假根小,纤维质(图 13-50)。体基部位为一节片,形状较其他节片大,长为 8～12 mm,宽为 10～18 mm,近肾形,边缘如城墙状缺刻;由基部向上在同一平面上放射状连续生出三叉分的节片,节片圆柱形至亚楔形,一般为亚楔形至圆柱形;上部节片边缘完整或三裂,有时稍有凸起,顶端新生的节间部钙化极轻;节片皮层有 3 或 4 层囊胞,次层囊胞顶端有 2～4 个外层囊胞,外层囊胞表面观呈圆形,直径为(23)26 ～43 μm,去钙后,极易游离;节片丝体含有色素,互相不溶合,或有时丝体间稍微黏着,很易拨开。

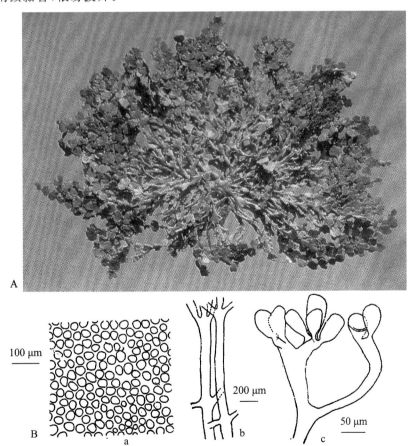

A. 示藻体形态;B. 示藻体结构

a. 藻体节片表面观;b. 节部丝体显示其不溶合现象;c. 节片的囊胞

图 13-50　密岛仙掌藻 *Halimeda micronesica* Yam.

(A 引自曾呈奎,1983 ;B,C 引自曾呈奎等,1978)

本种生长在低潮带珊瑚礁上。

本种主要分布于南海西沙群岛海域。

大叶仙掌藻 *Halimeda macroloba* Decaisne

藻体高可达10 cm(不含固着器),固着器长可达9 cm。中等钙化或较重,分枝浓密,体干后呈灰白色或淡绿色,表面暗淡(图13-51)。节片呈圆盘状横卵形、楔形或圆柱形,圆长可达2 cm,宽达3 cm,边缘完整或有浅裂。皮层由3～4层囊胞组成,外层囊胞表面观直径为23～36 μm,成熟时圆形,去钙后易于分离,切面观长为50～100 μm;次层囊胞长为33～150 μm,宽为25～66 μm;最内层囊胞长为116～365 μm,宽为66～100 μm。节部髓丝融合成群,丝间有孔相通;融合部长为50～82 μm,壁变厚,色素加深。

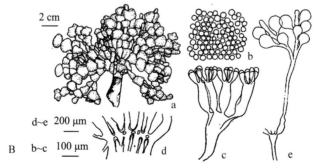

A. 藻体外形;B. 藻体外形及内部构造

a. 藻体外形;b. 成熟节片表面观;c. 节片横切面显示其皮层构造;

d. 节部髓丝融合成群;e. 从一个囊胞上生出的配子囊

图 13-51　大叶仙掌藻 *Halimeda. macroloba* Decaisne

(A 引自曾呈奎,1983;B 引自董美龄等 1980)

拟扇形藻属 *Rhipiliopsis* A. *et* Gepp, 1911

藻体外观呈扇形,侧生,长(突起)呈乳头状。

在中国海域仅报道有 1 个物种。

刺茎拟扇形藻 *Rhipiliopsis echinocaulos* (Cribb) Farghaly [*Geppella japonica* Tanaka *et* Itono]

藻体杯状(图 10-52A)或扇状(图 10-52B),高为 3～16 mm。柄长为 2～6 mm,无横壁的管状藻丝直径为 130～140 μm。展开的叶宽为 2～10 mm,由一层或二层近乎平行的二叉或三叉分支管状藻丝体构成,呈扇形。管状藻丝直径为 (28)35～50(60) μm,管状藻丝之间由藻丝侧壁产生的乳头状突起相粘连,乳头状突起黏合处形成一个增厚的环(图 10-52E)。柄和叶下部管状藻丝被单个或分支的棘突(幼枝或短刺,图 10-52C,厚为 8～12 μm)覆盖,使柄的直径为 200～350 μm。直径均匀的管状藻丝在二叉分支处有缢缩(图 10-52D),大部分缢缩处被一个窄的环状栓封住。内部和边缘的二叉分支的管状藻丝在形态学上没有区别。

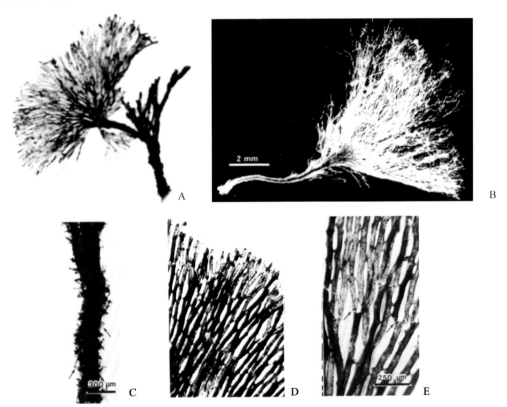

A. 示部分藻体外形;B. 示柄和扇形叶;C. 示柄与叶结合处生出的刺和疣状突;
D. 示叶边缘部分管状藻丝二叉分枝处的缢缩;E. 示与管状藻丝壁垂直生出的乳头状突
与相邻管状藻丝的黏合及管状藻丝二叉分枝处缢缩处的环状栓

图 13-52　刺茎拟扇形藻 *Rhipiliopsis echinocaulos* (Cribb) Farghaly

(引自 Gerald T. Kraft, 1986)

Gerald T. Kraft (1986)认为:杰氏藻 *Geppella prolifera* Tseng *et* Dong 和 *Geppella japonica* Tanaka *et* Itono 可能是同物异名。

杰氏藻属 *Geppella* Børgesen，1940

藻体外观呈扇形。

在中国海域内仅报道有 1 种杰氏藻,是由曾呈奎等于 1983 年发表的新物种。

杰氏藻 *Geppella prolifera* Tseng *et* Dong［*Geppella japonica* Tanaka *et* Itono］

藻体深绿色,分枝不钙化,通常聚生,高 1 cm,藻体可分成叶片、柄部和假根三部分(图 13-53)。叶片杯状,由一层或二层重复二叉分枝的藻丝体组成,藻丝体直径为 23 ~50 μm,丝体顶部钝圆。在叶片下部和柄部,具有不规则分叉的隆起的分枝。

本种生长在低潮带的珊瑚礁上。

本种主要分布于南海西沙群岛海域。

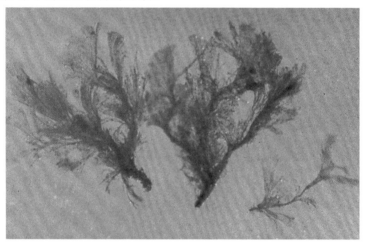

图 13-53　杰氏藻 *Geppella prolifera* Tseng *et* Dong
(引自曾呈奎等,1978)

瘤枝藻属 *Tydemania* Weber-van Bosse,1901

藻体不呈扇形,为瘤状团块紧密连接体。

在中国海域内仅报道有 1 种,于 1978 年在中国海域内首次记录。

瘤枝藻 *Tydemania expeditionis* Weber-van Bosse

藻体轻度钙化,长为 8~16 cm,常成团丛状;主轴单条或稍有分枝,直径为 515 ~630 μm,其上生有许多紧密相接的瘤状团块,团块由 3~4 条轮生小枝组成,小枝又重复数回叉状分枝,其直径由小枝基部的 380 μm 至上部位的 15 μm;自小枝的团块中伸出假根,在假根下部生有数个呈扇状小枝,互生或对生,单层,具短柄,扇状小枝由许多叉状分枝丝体组成,丝体直径为 65 ~250 μm,由下至上逐渐变细,扇形小枝有钙质覆盖(图 13-54)。

本种生长在低潮带的礁石上。常成片匍匐于基质上。

本种主要分布于南海西沙群岛海域。

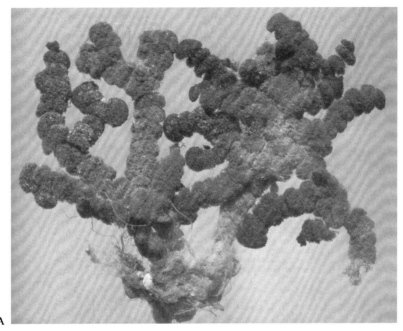

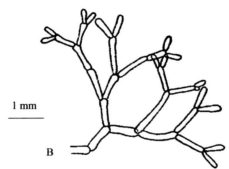

A. 藻体外形；B. 轮生枝的叉状分枝

图 13-54 瘤枝藻 *Tydemania expeditionis* Weber-van Bosse

（A 引自曾呈奎,1983 ;B 引自曾呈奎等,1978）

钙扇藻属 *Udotea* Lamouroux,1812

藻体分扇形叶、圆柱形或扁压的柄和假根团三部分，都由一系列的多分叉分枝的藻丝所组成。藻体和藻丝都有不同程度的钙化。藻丝都存在侧生长，藻丝侧面垂直生长出简单的突起，或呈简单的棒状、刺状、分枝复杂的树枝状。内部藻丝（髓丝）生长出表层藻丝（皮丝），髓丝和皮丝在形态上有一定的区别，多数物种的皮丝缢缩较多，多少成为念珠状，全部或大部分侧生长由它产生；髓丝一般为圆柱状，缢缩较少，侧生长叶较少。

在中国海域内已报道有 9 种：银白钙扇藻泡沫状变种 *U. argentea* Zanardini var. *spumosa* A. et Gepp、钙扇藻 *U. flabellum*（Ell. et Sol）Lamx、脆叶钙扇藻 *U. fragillifolia* Tseng et Dong、小钙扇藻 *U. javensis*（Montagne）A. et Gepp、肾形钙扇藻 *U. reniformis* Tseng et Dong、韧皮钙扇藻 *U. tenax* Tseng et Dong、薄叶钙扇藻 *U. tenuifolia* Tseng et

Dong、茸毛钙扇藻 *U. velutina* Tseng *et* Dong、西沙钙扇藻 *U. xishaensis* Tseng *et* Dong。其中有薄叶钙扇藻等 6 种为曾呈奎等于 1975 年 8 月发表的新物种。

钙扇藻 *Udotea flabellum*（Ell. *et* Sol）Lamx.

藻体亮绿色,具环纹,柔韧,相当钙化,由延长的球状根附着于基质。柄圆柱形,长约 3 cm,直径约 4 mm,柄上方为宽阔的扇形叶,扇形叶高约为 10 cm,宽为 15 cm,不规则开裂成数个裂片(图 13-55)。藻体内部由多层藻丝组成,藻丝间黏连紧密,皮层结实。皮层丝体直径为 25 ～45 μm。分枝上具有多数不规则形的侧枝(lateral appendages),侧枝有小柄,致密,簇生,顶端平截或指状。

本种生长在低潮带含沙的泥地。

本种主要分布于南海海南岛、南沙群岛海域。

图 13-55　钙扇藻 *Udotea flabellum*（Ell. *et* Sol）Lamx. 藻体外形

(引自曾呈奎,1983)

薄叶钙扇藻 *Udotea tenuifolia* Tseng *et* Dong

藻体灰绿色,高约为 4.2 cm,由叉形分枝藻丝所组成,叉形分枝的缢缩部位不等。叶片扇形(图 13-56A),基部楔形,体薄,边缘不完整,宽约为 2 cm,高为 3 cm,钙化程度轻,均匀,呈明显带状,浅色带与深色带宽度不等,前者宽约为 1mm,后者为 2mm。

在一般放大镜(10～20×)下,皮丝清晰可见,丝间疏松,近柄部厚约为 300 μm,由 4 层藻丝组成,自基部向上逐渐减少,至顶部厚为 65 ～80 μm,两层藻丝;上部藻丝在丝两侧钙化,中间不具钙质,中部和下部皮丝全钙化。丝径和侧生长随藻体部位而异,上部皮丝径 20 ～30 μm,侧生长表现为轻微突起(图 13-56B);中部皮丝径为 30 ～35 μm,具单列的不等长侧生长,侧生长单条,不缢缩,顶端凹形,长为 30 ～60 μm;下部皮丝径为 30 ～40 μm,具同样排列的侧生长,单条或上部简单二裂,不缢缩,顶呈凹形,长为 30 ～60 μm。髓丝直径为 30~40 μm，具类似皮丝的单列侧生长，但稀疏。

柄部单条，钙化轻，较软，长为 1.2 cm，楔形，上部亚圆柱形，径约为 2 mm，下部窄，径约 1 mm。藻丝钙化轻；皮丝直径为 50 ~65 μm，具单列、二列或不规则排列的密生侧生长，这些侧生长有缢缩，二到多回叉分，长可达 365 μm，顶呈凹形相互紧密联结，去钙后，侧生长难于分离。髓丝直径为 50 ~75 μm，具有类似皮丝的单列侧生长，虽稀疏，但较长。

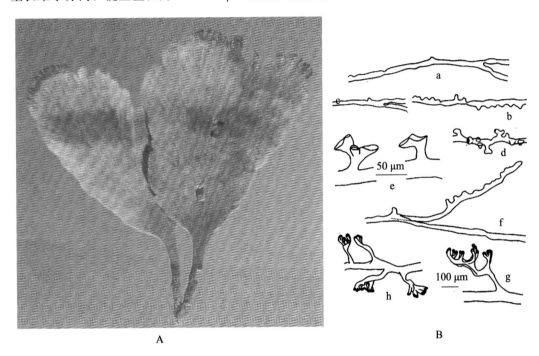

A. 藻体外形；B. 藻体结构

a. 叶片上部藻丝，具乳头，侧生长；b. 叶片中部皮丝，具乳头和棒状侧生长；c. 叶片中部髓丝，具乳头，侧生张；d. 叶片下部皮丝，具不规则排列和密生侧生长；e. 叶片中部侧生长，顶凹形；f. 叶片下部髓丝，显示其上枝向外生长成为皮丝；g. 柄部髓丝及较长的侧生长；h. 柄部皮丝，具密生侧生长。（除 e. 放大 230 倍外，其他均放大 70 倍）

图 13-56　薄叶钙扇藻 *Udotea tenuifolia* Tseng *et* Dong

（A 引自曾呈奎，1983；B 引自曾呈奎等，1975）

生长在低潮线附近的珊瑚礁上。

主要分布于南海西沙群岛内的长岛和永兴岛海域。

松藻目 Codiales

藻体大部分管状，分枝，具隔膜或无。藻体中部由紧密的丝体组成髓部，外部皮层为细长的囊体组成。细胞多核。色素体盘状，多数，不含淀粉核。

无性繁殖通过分枝的断裂进行。

有性生殖产生异形配子。配子囊较小，侧生于囊体。

松藻科 Codiaceae

藻体平卧或直立,球形或分枝状,分枝圆柱状或扁平,单条或叉状,或分节,或含石灰质。藻体内部为游离或缠绕的分枝(髓部),外部为小枝形成的栅状层(皮层),内部和外部分枝无隔膜(除生殖器官形成部外)。整个藻体为一个多核单细胞体,呈管状,很长,分枝很多。固着器由假根组成。色素体盘状,不含淀粉核,侧生。

分属检索表

1. 藻体为由复杂的藻丝组成的外形呈柱状、二分叉的大型藻体　·························· 松藻属 *Codium*
1. 藻体由分枝丝体组成,为生长在贝壳或钙质基质内的微型藻体　·············· 蛎壳藻属 *Ostreobium*

松藻属 *Codium* Stackhouse,1799

本属藻体的分枝圆柱状或扁平,柔软如海绵,内部由无色分枝丝状体交织组成髓部,错综疏松;外部由呈棍棒状囊体(utricles)紧密排列组成皮层,内部和外部丝状体无隔壁而相通。幼囊体靠近顶端的周围生无色毛,毛脱落后残留痕迹。

配子囊由囊体的侧面形成,卵形,基部产生隔膜与囊体隔开。

在中国海域内已报道有 12 种:阿拉伯松藻 *C. arabicum* Kützing、巴氏松藻 *C. bartlettii* Tseng et Gilb、杰氏松藻 *C. flabellatum* Silva et Nizamuddin、台湾松藻 *C. formosanum* Yamada、太坦松藻 *C. taitense* Setchell、小乳状松藻 *C. mamillosum* Harvey、卵形松藻 *C. ovale* Zan.、乳头松藻 *C. papillatum* Tseng et Gilb、平卧松藻 *C. repens* Crouan frat,、亚筒松藻 *C. subtubulosum* Okamura、刺松藻 *Codium fragile* (Suringar Hariot)、长松藻 *Codjum cylindricum* Hdmes。

刺松藻 *Codium fragile* (Suringar) Hariot [*Codium mucronatum* ,*Codium mucronatum* J. Ag. var. *Californicum* J. Ag. ,*Acanthocodium fragile* Sur.]

藻体黑绿色,海绵质,富汁液,幼体被复白色绒毛,老时脱落,高为 10~30 cm。固着器为盘状或皮壳状,自基部向上呈不规则二叉状分枝,越向上分枝越多(图 13-57)。枝圆柱状,直立,基部略细,顶端钝圆,枝径为 1.5~5.0 mm,腋间狭窄。整个藻体由一个分枝很多、管状无隔的多核单细胞组成。髓部为无色丝状体交织组成,自其上分枝,枝顶膨胀为棒状胞,形成一连续的外栅状层。色素体小,盘状,无淀粉核。棒状胞长为直径的 4~7 倍,顶端壁厚,幼时较尖锐,渐老渐钝,顶端常有毛状突起。

在黄海和渤海区,刺松藻的幼体在每年的 5 月或稍早开始见到,8~12 月间成熟,次年 1~2 月衰败。东海产刺松藻的繁殖季节较北方略为提前。刺松藻生长在中、低潮带的岩石上或石沼中,常大量地集生在一起。

刺松藻为泛暖温带性种。

刺松藻为黄海和渤海沿岸习见种,东海较少,分布在浙江省的嵊泗群岛、普陀和福建省的平潭、莆田、东山等海区。

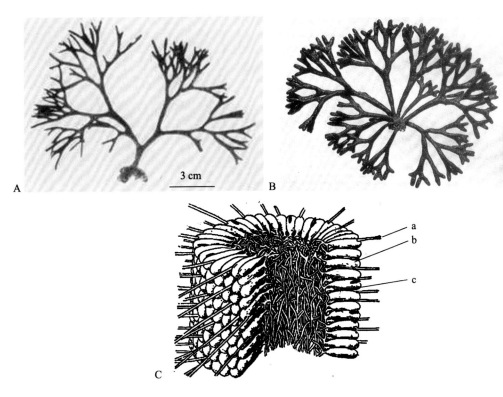

A. B. 示藻体外形;C. 藻体结构

a. 毛状结构;b. 囊状外栅状层;c. 为无色丝状体交长的织髓部

图 13-57　刺松藻 *Codium fragile* (Suringar) Hariot

(A,C 引自曾呈奎等,1962;B 引自曾呈奎,1983)

长松藻 *Codium cylindricum* Holmes

藻体黄绿色,海绵质,一般长约 60 cm,有时随着盘状固着器增大,藻体可以更长。枝圆柱形,疏叉状二歧分枝,上部渐细长,先端钝圆,分枝的部位呈楔形或宽三角形(图 13-58)。棒状胞顶端薄,其上无毛。藻体成熟时,产生配子囊的棒状胞很大,长为 1.5～2.5 mm,一般直径为 400 ～550 μm,突出于藻体,呈颗粒状,肉眼即可看到。

本种生于低潮带或低朝线下的岩石上和泥沙滩的石砾上。

本种主要分布于东海福建,南海广东和香港海域。

图 13-59 示松藻的生活史。

蛎壳藻属 *Ostreobium* Bernet *et* Flahault

藻体丝状,多分枝,附生,其丝体弯曲,粗细不一,长互相交织呈网状,丝体分枝中无横隔壁,为多核细胞体。色素体为小形球状至多角形。

图 13-58　长松藻 *Codium cylindricum* Holm 藻体外形

(引自曾呈奎,1983)

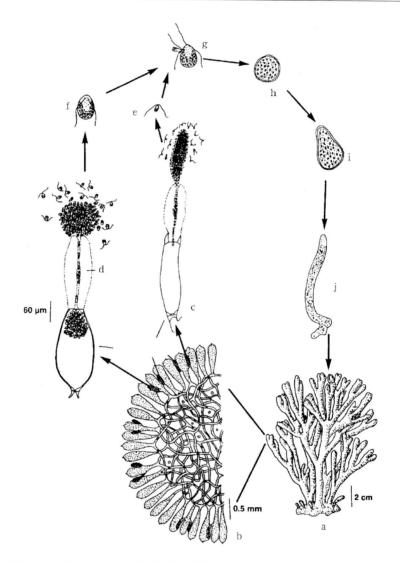

a. 藻体外形;b. 囊体横切面(部分)示配子囊及其着生位置;c. 雄胚子囊释放成熟的雄配子;

d. 雌配子囊释放成熟的雌配子;e. 雄配子;f. 雌配子;g. 雌、雄配子接合;

h. 合子形成;i. 合子萌发;j. 松藻幼体

图 13-59　松藻 *Codium* sp 生活史

(引自 R. E. Lee,1980)

在中国海域内仅有 1 种,由曾呈奎等于 2008 年 12 月发表的中国新纪录种。

蛎壳藻 *Ostreobium quekettii* Bornet *et* Flahault

藻体丝状,纤细,多处膨大,弯曲。主丝体上产生不规则的或双叉状的分枝。主干及其分枝均扭曲,常互相交织,有时其分枝呈蠕虫状。纤细的丝体直径仅为 4 ～5 μm,有时甚至不足 3 μm;膨大丝体的直径一般可达 10 μm,有时达到 20 ～30 μm;分枝末端部位十分纤细,直径仅为 2 μm。

无性繁殖时,某些分枝末端部膨大,形成不规则的不动孢子囊,产生不动孢子。

本种内生于各种软体动物的贝壳中,在寄主的钙质层内生活。

本种主要分布于黄海辽宁大连,山东烟台、威海、青岛等沿岸海域。

羽藻目 Bryopsidales

藻体异型世代交替,孢子体通常多分枝;配子体很小,卵形或囊状。完全或大部分为多核体。色素体含淀粉核或无。孢子体的细胞壁含有甘露聚糖,配子体细胞壁则含木聚糖。

孢子体产生多鞭毛的动孢子;配子体产生两根鞭毛的异形配子。

羽藻科 Bryopsidaceae

本科藻体分化成根状枝,向下生假根,向上生直立羽枝。无性生殖产生多鞭毛的游孢子。有性生殖为异配生殖,配子囊由直立枝的小枝发育,侧生于小枝上。

分布很广,多生于热带、亚热带、温带海岸。

羽藻属 *Bryopsis* Lamouroux,1809

本属藻体根状枝多年生,直立枝 1 年生或多年生,直立枝上的分枝,有的生两排羽状枝,或有的小枝轮生在主轴上。细胞内含许多细胞核及许多纺锤形色素体,每一个色素体含 1 个淀粉核,细胞中央为一大液泡。

配子囊由最末端小枝直接转变而成,在主枝的基部产生横壁,将小羽枝与藻体隔开,小羽枝成为配子囊。配子形成之初,细胞核的第一次分裂为减数分裂,同时色素体、原生质体也分裂,形成许多网状排列的小原生质体单位,都含细胞核与色素体,最后形成配子。配子梨形,有两根顶生鞭毛,雌配子的大小约为雄配子的 3 倍,雌配子黄绿色。雌雄异株。成熟的配子由配子囊顶壁的胶化孔逸出,在水中游动几小时后接合,合子球形有壁包被,不久萌发成新藻体。幼体生长很慢,4 个月只长几毫米高,没有羽枝。

在中国海域内已报道有 4 种:薜羽藻 *B. hypnoides* Lamouroux、羽藻 *B. lumose* (Hudson) C. Agardh、假根羽藻 *B. corticulans* Setchell 和偏列羽藻 *B. harveyana* J. Agardh。

假根羽藻 *Bryopsis corticulans* Setchell

藻体暗绿色,粗壮且多少有些粗糙,枝的下部裸露(无分枝),上部有很多对生、互生或不规则展开的分枝。高为 8～14 cm(固着器)。由稀少的分枝假根丝体构成(图 13-61)。

本种生长在中、低潮间带显露的岩石上。

本种主要分布于黄海和东海浙江海域。

偏列(哈维)羽藻 *Bryopsis harveyana* J. Agardh

藻体暗绿色,丛生,高可达 4 cm。主枝直径常为 180～330 μm,其上端常向一侧弯曲。在主枝上部有几列排列不甚规则的小羽枝,外观如偏生,小羽枝长可达 2.5 mm,直径 66～100 μm,基部略细,向上逐渐加粗(图 13-62)。

本种生长在潮间带珊瑚石的隐蔽面。

本种主要分布于渤海,黄海,东海台湾,南海西沙群岛等海域。

图 13-61　假根羽藻 *Bryopsis corticulans* Setchell 藻体外形

（引自曾呈奎，1983）

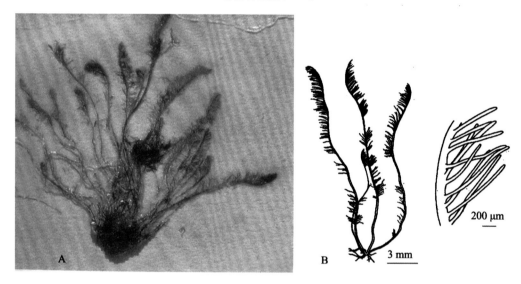

图 13-62　偏列（哈维）羽藻 *Bryopsis harveyana* J. Agardh

（A. 引自曾呈奎，1983；B. 引自曾呈奎等，1983）

毛管藻属 *Trichsolen* Montagne，1861

在中国海域内仅报道有海南毛管藻 *Trichsolen hainanensis*（Tseng）Taylor 1 种。

绒枝藻目 Dasycladales

本目藻体幼时为单核囊状体，成长后有一个直立的主轴，在这主轴上从基部到顶部或只在顶部着生轮状排列的分枝。

繁殖时，分枝全为生育枝或部分为生育枝，生育枝的原生质体直接分裂形成 1 个或数个胞囊，经减数分裂产生配子。合子直接生长成新藻体。

分科检索表

1. 主轴上从基部到顶部着生轮状排列的分枝,藻体呈棒状 ⋯⋯⋯⋯⋯⋯⋯⋯⋯ 绒枝藻科 Dasycladaceae
1. 主轴上只在顶部着生轮状排列的分枝,藻体外形呈伞状 ⋯⋯⋯⋯⋯⋯⋯⋯ 多枝藻科 Polyphyaceae

绒枝藻科 Dasycladaceae

藻体幼时为单核囊状体,成长后有一个直立的主轴,在这主轴上从基部到顶部着生轮状排列的分枝。藻体外形呈棍棒状。

绒枝藻科分属检索表

1. 藻体灰绿色,棍棒状,体下部无横列,单独个体,稍有钙化 ⋯⋯⋯⋯⋯⋯⋯ 轴球藻属 *Bornetella*
1. 藻体棍棒状,体下部形成横列,常多个侧面相粘,钙化重 ⋯⋯⋯⋯⋯⋯⋯⋯ 蠕藻属 *Neomeris*

轴球藻属 *Bornetella* Munier-Chalmas,1877

藻体灰绿色,棍棒状,体下部无横列。藻体单生,稍有钙化。

在中国海域内已报道有 3 种:小孢轴球藻 *B. oligospora* Solms-Laubach、球形轴球藻 *B. sphaerica* (Zanardini) Solms-Laubach 和轴球藻 *B. nitida* Sonder。

轴球藻 *Bornetella nitida* Sonder

藻体灰绿色,稍有钙化,单生,高约 2.5 cm。棍棒状,通常弯曲,幼体具有 24~30 个轮生的初生枝,初生分枝末端生有 4~6 个短的头状次生分枝,由次生分枝共同组成单层的皮层(图 13-63)。不动孢子囊球形,每一初生枝可侧生 1~2 个,每个成熟的不动孢子囊产生 9~24 个卵形的不动孢子。

本种生长在低潮带的珊瑚礁或死珊瑚枝上。

本种主要分布于南海西沙群岛和南沙群岛海域。

图 13-63　轴球藻 *Bornetalla nitida* Sonder 藻体外形

(引自曾呈奎,1983)

蠕藻属 *Neomeris* Lamouroux,1816

藻体棍棒状,体下部形成横列,常多个侧面相粘,钙化程度重。

在中国海域内已报道有 3 种：双边蠕藻 *N. bilimbata* Koster、范氏蠕藻 *N. van-bosseae* Howe 和环蠕藻 *N. annulata* Dickie。

环蠕藻 *Neomeris annulata* Dickie

藻体棍棒状，群居或分散，高可达 1.5 cm，轮生分枝长为 200～300 μm，径为 16 μm（中间部位）。孢子囊长为 100～150 μm，径为 60～65 μm，钙化程度重，常 4～10 多个侧面相粘，在体下部形成横列（图 13- 64）。

本种生长在低潮带珊瑚礁上。

本种主要分布于南海西沙群岛海域。

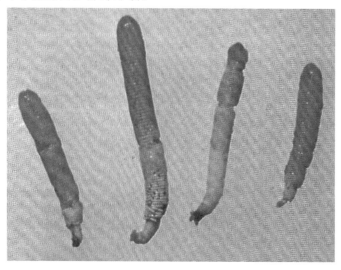

图 13-64　环蠕藻 *Neomeris annulata* Dickie 藻体形态

（引自曾呈奎，1983）

多枝藻科 Polyphyaceae

藻体幼时为单核囊状体，成长后有一个直立的主轴，在这主轴上只在顶部着生轮状排列的分枝。藻体外形呈伞状。

伞藻属 *Acetabularia* Lamouroux

本属包含 20 余种（现有种和化石种），全部分布在热带或亚热带海域。成熟的藻体外形像伞状，经 3～4 年才具有生殖能力。第一年合子萌发，向上生单条圆柱体，向下生具有分枝的固着器附着于岩石上。固着器向外延伸成裂片，组成基部囊胞，夏季储存食物，到秋季在枝与固着器之间产生离层，枝则死亡。第二年春季再向上生出新的圆柱形主轴，顶端生 1 轮或数轮不育枝，是年秋季枝又死亡，假根膨大。第三年春季再向上产生新枝，并生 1 轮或数轮不育枝和生殖枝，枝侧面连接排成伞形。

每一个生殖枝的基部都会表面产生裂片，裂片侧面连合组成上位冠，有的物种具有上、下位冠，有的仅有上位冠。生殖枝成熟时不育枝顶端退化，柄部的外壁与伞形生殖枝钙化，因而藻体死亡时呈白色。配子囊是具厚壁的多核囊胞，囊胞初为单核，后来经减数分裂再均分成多核,到秋季配子囊分解,放出囊胞。次年春季囊胞顶裂开,配子逸出。配子呈棒形,有两根鞭毛,由同一藻体不同囊胞所产生的配子才能接合。配子接合成合子,合子核称为初生核,存留于轴的基部,膨大,约为原始核的 20 倍。直到生育枝形成核的时候,才经原生质的流动输送到生育枝里。

在中国已经记载的伞藻有 5 种:伞藻 A. caliculus Lamx.、大伞藻 A. major Martens、小伞藻 A. parvula Solms-Laubach、曾氏伞藻 A. tsengiana Egeaod 和棍形伞藻 A. clavata Yaada。

曾氏(梨形)伞藻 Acetabularia tsengiana Egerod

藻体钙化,高可达 3 mm。柄部很少有环状皱纹,具有一个顶生的轮生体,轮生体不形成一个扁平的盘,而是由中间向许多方向生出,形成拥挤而不规则的一丛,有 8～9 个配子囊组成,配子囊互相分离,梨形,基部膨胀,距基部 2/3 处有缢缩,顶端钝(图 13-65A)。配子球形,直径为 80～85 μm。

本种生长在低潮带的礁石或珊瑚枝上。

本种主要分布于南海西沙群岛海域。

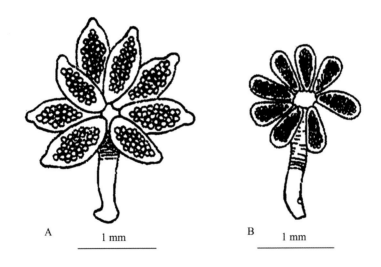

A. 曾氏(梨形)伞藻 Acetabularia tsengiana Egerod 成熟藻体;
B. 棍(棒)形伞藻 Acetabularia clavata Yanada 成熟藻体

图 13-65　曾氏伞藻和棍(棒)形伞藻

(引自曾呈奎等,1978)

棍(棒)形伞藻 Acetabularia clavata Yanada

藻体小,极少有超过 2 mm 高,轻度钙化,柄部单条,较短,有环状皱纹;顶生盘状体,直径为 1.0～1.5 mm,由 7～10 个配子囊组成(图 13-65B);配子囊互相分离,圆柱形,顶端圆或稍呈截形,每 1 个配子囊生 32～40 个配子,配子球形,直径 70～85 μm。

本种生长在低潮带的礁石或珊瑚上,常与小伞藻混杂在一起。在平静的环境下,生长在礁石或珊瑚枝的暴露面;在有浪花冲击的环境下,则常在基质的隐蔽面生长。

本种主要分布于南海西沙群岛海域。

伞藻 *Acetabularia caliculus* Lamx.

伞藻主要分布于南海广东沿海海域。附着在珊瑚礁上。

图 13-66,13-67 为伞藻生活史图解及其藻体形态。

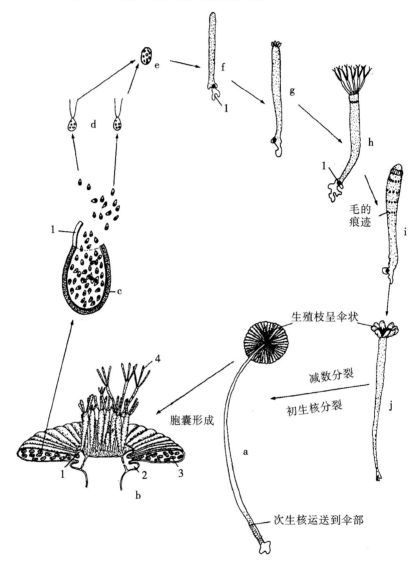

a. 伞藻藻体外形;b. 生育盘(伞状排列的配子囊体)的垂直切面(1.上位冠;2.下位冠;3.胞囊;
4.不育枝上的毛);c. 胞囊放散配子(1.胞囊盖);d. 配子;c. 合子;f. 幼体(1.假根及细胞核);
g. 幼体(顶部出不育毛,细胞核仍然停留在假根附近);h. 藻体顶部不育枝毛成冠状,初生细胞核
仍然停留在假根附近;i. 示藻体上不育枝毛脱落后的痕迹,此时细胞核仍然停留在假根附近;
j. 细胞核移向藻体顶部,形成伞状排列的配子囊体形成

图 13-66　伞藻 *Acetabularia caliculus* Lamx. 生活史图解

(引自 R. E. Lee,1980)

图 13-67　伞藻 *Acetabularia caliculus* **Lamx. 藻体外形**

（引自曾呈奎，1983）

参考文献

1　刘瑞玉. 中国海洋生物名录[M]. 北京:科学出版社,2008.

2　黄宗国. 中国海洋生物种类与分布 [M]. 北京:海洋出版社,2008.

3　钱树本,刘东艳,孙　军. 海藻学[M]. 青岛:中国海洋大学出版社,2005.

4　陈亚瞿. 东海 1972 年一次毛丝藻赤潮的分析 [J]. 水产学报,1982,第 6 卷,第 2 期:
　　181.

5　胡鸿均,等. 中国淡水藻类[M],上海:上海科学技术出版社,1980.

6　胡晓燕. 山东沿海普林藻纲的分类研究(博士生毕业论文).2003.

7　华茂森. 西沙群岛海产博氏藻属一新种 [J]. 海洋科学集刊,1981(3):265.

8　华茂生. 西沙群岛海产蓝藻类的研究 I[J].海洋科学集刊.1978,No.12,59-66.

9　华茂生. 西沙群岛海产蓝藻类的研究 II[J].海洋科学集刊,1983,No.20,55-67.

10　华茂生. 曾呈奎.西沙群岛海产蓝藻类的研究 III[J].海洋科学集刊.1985,No.24,1-9.

11　华茂生,曾呈奎.西沙群岛海产蓝藻类的研究 IV[J].海洋科学集刊.1985,No.24,11-
　　26.

12　华茂生,曾呈奎.西沙群岛海产蓝藻类的研究 V[J].海洋科学集刊.1985,No.24,27-
　　37.

13　黄淑芳,垦丁海藻——乡土教学活动资源手册[M]. 台湾:屏东县自然史教育馆,
　　1998,20-50.

14　黄淑芳. 台湾东北角海藻图录[M]. 台湾博物馆. 2000.

15　金德祥,等. 中国海洋底栖硅藻类(上卷)[M].北京:海洋出版社1982.

16　金德祥,等. 中国海洋底栖硅藻类(下卷)[M].北京:海洋出版社1982.

17　金德祥,等. 中国海洋浮游硅藻类[M].上海:上海科学出版社,1965.

18　郭玉洁,钱树本. 中国海藻志(第五卷),硅藻门(第一册)中心纲[M].北京:科学出版
　　社,2003.

19　陆保仁,曾呈奎,董美龄,徐法礼. 南沙群岛及其邻近海区海洋生物研究论文集(一).
　　[M].北京:科学出版社,1991,1-14.

20　栾日孝、朱喜坤. 对黄渤海几种习见相似海藻的鉴别[J]. 生物学通报.1988,第 12
　　期,19-21 页.

21　[捷]B·福迪. 藻类学[M]. 罗迪安译. 上海:上海科学技术出版社,1980.

22　齐雨藻,等. 中国沿海赤潮生物[M].北京:科学出版社,2003.

23　夏邦美,王永强,等. 中国海藻志(第二卷).红藻门(第三册)石花菜目隐丝藻目胭脂藻
　　目[M].北京:科学出版社,2004.

24 夏邦美. 中国海藻志(第二卷). 红藻门(第七册)仙菜目松节藻科[M]. 北京:科学出版社,2011.

25 夏邦美,张峻甫,等. 中国海藻志(第二卷)红藻门(第五册)伊谷藻目杉藻目红皮藻目[M]. 北京:科学出版社,1999.

26 张德瑞,周锦华. 西沙群岛珊瑚藻科的研究 1 [J]. 海洋科学集刊. 1978,No. 12,17-23.

27 张德瑞,周锦华. 西沙群岛珊瑚藻科的研究 2 [J]. 海洋科学集刊. 1980,No. 17,71-74.

28 张德瑞,周锦华. 西沙群岛海区珊瑚藻科的研究 3 [M]. 海洋与湖沼,1980,第 11 卷,第 4 期,351-357.

29 张德瑞,周锦华. 西沙群岛珊瑚藻科的研究 4 [J]. 海洋科学集刊. 1985,No. 24,39-46.

30 周锦华,张德瑞. 南沙群岛珊瑚藻科的研究 1 南沙群岛及其邻近海区海洋生物研究论文集(一)[M] 海洋出版社,1991.

31 张德瑞,周锦华. 中国北部石枝藻属一些种的研究 [J]. 海洋科学集刊. 1989,No. 30,93-98.

32 郑宝福. 紫菜一新种——少精紫菜[J]. 海洋与湖沼,198,第 12 卷,447-450.

33 曾呈奎,陆保仁. 中国海藻志(第三卷)褐藻门(第二册)墨角藻目[M]. 北京:科学出版社,2000.

34 曾呈奎. 中国海藻志(第二卷)红藻门(第二册)顶丝藻目海索面目柏桉藻目[M]. 北京:科学出版社,2005.

35 曾呈奎,郑柏林. 青岛海藻的研究[J]. 植物学报,1954,Ⅲ(1),105-120.

36 曾呈奎,董美龄,陆保仁. 中国绒扇藻属(Udotesceae,绿藻门 Chloeophyta)的新种和新纪录[J]. 海洋科学集刊,2004,46:172-179 页.

37 曾呈奎,董美龄. 西沙群岛海产绿藻的研究 1 [J]. 海洋科学集刊,1978,12:41-50.

38 董美龄,曾呈奎. 西沙群岛海产绿藻的研究 2 [J]. 海洋科学集刊,1983,17:1-9.

39 曾呈奎,董美龄. 西沙群岛海产绿藻的研究 3[J]. 海洋科学集刊,1983,20:109-121.

40 曾呈奎,董美龄. 西沙群岛钙扇藻属的几个新种[J]. 海洋科学集刊,1975,10:1-19 页.

41 曾呈奎,华茂森. 西沙膜基藻——中国西沙群岛的新蓝藻 [J]. 中国科学,1984(6):525.

42 曾呈奎,张峻甫. 中国网球藻属的分类研究[J]. 植物学报,1962,第 10 卷,第 2 期. 120-133,图版 I.

43 曾呈奎,郑柏林. 青岛海藻研究 I. [J] 植物学报,1954,第 3 卷,第 1 期. 105-120,图版 I-III.

44 曾呈奎. 中国经济海藻志. 北京:科学出版社,1962,31-54.

45 曾呈奎. 中国黄渤海海藻. 北京:科学出版社,2008.

46 张峻甫,夏恩湛,夏邦美. 西沙群岛管枝藻目的分类研究[J]. 海洋科学集刊,1975,

10:20-60 页,图版 I.

47 郑柏林,刘剑华,等. 中国海藻志(第二卷).红藻门(第六册)仙菜目Ⅰ.仙菜科.绒线藻科.红叶藻科.［M］北京:科学出版社,2001.

48 郑柏林,王筱庆,等. 海藻学图谱,油印本,1962.

49 郑柏林,王筱庆. 海藻学［M］. 北京:农业出版社,1961.

50 朱浩然,刘雪娴. 西沙群岛刚毛藻科海藻研究［J］. 海洋科学集刊,1980,No. 17,11-18,图版 I-II.

51 ［美］G·M·史密斯. 隐化植物学(上册)［M］. 朱浩然,陆定安译. 北京:科学出版社,1962.

52 朱浩然. 华北微观海藻的研究［J］. 南京大学学报,1959(2):1-22.

53 浙江省水产厅,上海自然博物馆. 浙江海藻原色图谱［M］. 浙江科学技术出版社,1983.

54 杨世民,董树刚. 中国海域常见浮游硅藻图谱［M］. 青岛:中国海洋大学出版社,2006.

55 福代康夫,等. 日本の赤潮生物(写真と解说)［M］. 东京内田老鹤圃,1990.

56 冈村金太郎. 日本海藻誌［M］. 东京内田老鹤圃. 1936.

57 Balech E. Los Dinoflagelados del Atlantico Sudoccidental. In:Publicacio-nes Especiales del Institutto Espanol de Oceanografia,No. 1. Madrid,Spain. 1988,1-310.

58 D. Werner. The Biology Diatoms. University of California Press. 1977.

59 Dodge J D,Crawford R M. Observations on the fine structure of the eys-spots and associated organelles in the dinoflagellate *Glenodinium foliace-um*. J cell Sci. 1969,5:479-493.

60 Dodge J D. Marine Dinoflagellates of the british Isles. London:Her Majesty's Stationery Office. 1982,1-303.

61 Evitt W R. Dinoflagellate studies Ⅱ. The archeopyle. Stanford Universi-ty Publications,Geological Sciences,1967,10(3):1-83.

62 Gaines G, Taylor F J R. Form and function of the dinoflagellate trans-verse flagellum. J Protozool. 1985, 32:290-296.

63 Gerald T. Kraft. The green algal genera *Rhipiliopsis* A. & E. S. Gepp and *Rhipiliella* gen. nov. (Udoteaceae, Bryopsidales) in Australia and the Philipplnes,*Phycologia*,1986,vol 25(1),47-72.

64 Lee, R. E. PHYCOLOGY. Camberidge University Press,1980.

65 Metzner P. Bewegungstudien an Peridineen. Z Bot. ,1929,22:225-265.

66 Pandey, D. C. A TEXT BOOK ON ALGAE(Simple photosynthetic plants)PRICE RS. 1979.

67 Schiller J. Dinoflagellatae(Peridineae)in monographischer Behandlung. 1. Teil,Lieferung 3. In:Kolkwitz R. (ed.) Dr. L. Rabenhorst' Krypto-gamen-Flora, von Deutschland, Österreich und der Schweiz. Leipzig:Akademische Verlagsgesell-

schaft. 1937,1-589.

68　Taylor F J R. Dinoflagellates from the Inernational Indian Ocean Expedi-tion. Bibli-otheca Botanica. 1976,132:1-234.

69　Taylor F J R. Taxonomy and classification. In:Taylor F J R. (ed.)The biology of dinoflagellates. Botanical Monographs, vol. 21. London:Blackwell Scientific Publi-cations. 1987,723-731.

70　Tomas C. R,(ed.). Identifying Marine Phytoplankton. San Diego:Aca-demic Press. 1997,1-858.

71　Tseng C. K. Common Seaweeds of China [M]. Bejing:Science Press,1983.

72　Wall D, Dale B. Living hystrichosphaerid dinoflagellate spores from Ber-muda and Puerto Rico. Micropaleont. 1970,16:47-58.

73　Williams G.. L. Dinocysts:Their classification, biostratigraphy and palae-oecology. In: Ramsay A. T. S. (ed) Oceanic Micropalaeontology, Vol. 2. London: Academic Press. 1977,1231-1325.

74　Yamaji,I. *Illustrations of the Marine Plankton of Japan*. Hoikusha Publish-ing Co. ,Ltd. ,Osaka. 1991.

75　Bold, H. C. INTRODUCTION TO THE ALGAE (Structure and reproduction). PRENTICE—HALL. ,Englewood Cliffs,New Jersey 07632,1978.

种名索引

蓝藻门 Cyanophyta

红藻门 Rhodophyta

隐藻门 Cryptophyta

黄藻门 Xanthophyta

金藻门 Chrysophyta

甲藻门 Pylrrophyta

硅藻门 Bacillariophyta

褐藻门 Phaeophyta

原绿藻门 Prochlorophyta

裸藻门（眼虫藻门）Euglenophyta

绿藻门 Chlorophyta

编后记

随着人们对藻类生物认识的不断深入,藻类的分类体系也不断地被完善和发展,每个国家藻类学家的观点各有异同。尤其是进化学理论在藻类分类学研究中影响力的不断增强,以原核与真核、色素成分和含量、同化产物、鞭毛特征和数量及细胞是否具有运动能力、繁殖器官特征及繁殖方式等依据,将藻类划分为不同的类群,但在类群的分类阶元(尤其是在门和纲的层次)仍存在很大的分歧,在"目"和"科"的水平上也存在类似的问题。这是由于迄今人们对藻类系统进化的过程还没有完全了解清楚,虽然目前应用的分类依据是基本可靠的,但分类依据之间在进化过程中的关系(性状或功能的进化次序)还不十分明确,因此出现了百家争鸣的现象。在不同的藻类学科专著中,藻类的分类体系也存在着截然不同的认识,本书列举出部分藻类著作的藻类分类系统,供读者参考与研究。

1. 国外的藻类分类体系

Fritsch(1935)把藻类植物分为 11 个纲:

    绿藻纲 Chlorophyceae(Isokontae)

    黄藻纲 Xanthophyceae(Hrterokontae)

    金藻纲 Chrysophyceae

    硅藻纲 Bacillariophyceae(Diatoms)

    隐藻纲 Cryptophyceae

    甲藻纲 Dinophyceae(Peridineae)

    绿胞藻纲 Chloromonadineae

    裸藻纲 Euglenineae

    褐藻纲 Phaeophyceae

    红藻纲 Rhodophyceae

    蓝藻纲 Myxophyceae(Cyanophyceae)

Smith(1955)把藻类植物分为 7 个门,13 个纲:

绿藻门 Chlorophyta

    绿藻纲 Chlorophyceae

    轮藻纲 Charophyceae

裸藻门 Euglenophyta

    裸藻纲 Euglenophyceae (Euglenoids)

甲藻门 Pyrrophyta

    纵裂甲藻纲 Desmophyceae (Dinophysids)

    甲藻纲 Dinophyceae(Dinoflagelloids)

金藻门 Chrysophyta

    金藻纲 Chrysophyceae

    黄藻纲 Xanthophyceae

    硅藻纲 Bacillariophyceae

褐藻门 Phaeophyta

    同型世代亚纲 Isogenerateae

    异形世代亚纲 Heterogenerateae

    圆孢子亚纲 Cyclosporeae

蓝藻门 Cyanophyta

    蓝藻纲 Cyanophyceae

红藻门 Rhodophyta

    红藻纲 Rhodophyceae

Prescott (1969) 把藻类植物分为 9 个门：

绿藻门 Chlorophyta (green algae)

    绿藻纲 Chlorophyceae

    轮藻纲 Charophyceae (stoneworta)

裸藻门 Euglenophy(Euglenoid)

金藻门 Chrysophyta(yellow-green algae)

    金藻纲 Chrysophyceae

    硅藻纲 Bacillariophyceae (Diatomeae)

    黄藻纲 Heterokontae (Xanthophyceae)

甲藻门 Pyrrophyta(dinoflagellates)

    纵裂甲藻纲 Desmokontae (Desmophyceae)

    甲藻纲 Dinokontae (Dinophyceae)

褐藻门 Phaeophyta (brown algae)

  褐子亚门 Phaeosporeae

    同型世代纲 Isogeneratae

    异形世代纲 Heterogeneratae

  圆孢子亚门 Cyclosporeae

红藻门 Rhodophyta (red algae)

  红毛菜亚门 Bangiodeae

  真红藻亚门 Florideae

蓝藻门 Cyanophyta (blue-green algae)

  Coccogoneae

  段殖体亚门 Hormogoneae

隐藻门 Cryptophyta (blue and red flagellates)

绿胞藻门 Chloromonadophyta

福迪(Bohuslav Fott) 在《藻类学 (Algenkunde)》(1971),第二版)中,根据 Pascher

(1931)的观点把藻类分为 6 个类群：

蓝藻门 Cyanophyta

杂色藻门 Chromophyta

　　金藻纲 Chrysophyceae

　　黄藻纲 Xanthophyceae

　　硅藻纲 Bacillariophyceae

　　褐藻纲 Phaeophyceae

　　甲藻纲 Dinophyceae

红藻门 Rhodophyta

绿藻门 Chlorophyta

分类位置未确定的有色鞭毛类：

　　裸藻纲 Euglenophyceae

　　隐藻纲 Cryptophyceae

　　绿胞藻纲 Chloromonadophyceae

分类位置未确定的无色鞭毛类：

　　原胞藻目 Protomonadales

Round(1965),Christensen(1962)以藻类植物细胞核结构不同分为原核生物和真核生物两大类,再分 8 个门,16 个纲 和 2 个亚纲：

原核生物 Procaryota

　蓝藻门 Cyanophyta

　　蓝藻纲 Cyanophyceae(Myxophyceae)

真核生物 Eucaryota

　金藻门 Chrysophyta

　　黄藻纲 Xanthophyceae (Heterokontae)

　　金藻纲 Chrysophyceae

　　定鞭藻纲 Haptophyceae

　　硅藻纲 Bacillariophyceae (Diatomeae)

　绿藻门 Chlorophyta (Isokontae)

　　轮藻纲 Charophyceae

　　羽藻纲 Bryopsidophyceae

　　接合藻纲 Conjugatophyceae

　　鞘藻纲 Oedogoniophyceae

　　绿藻纲 Chlorophyceae

　　绿枝藻纲 Prasinophyceae

　裸藻门 Euglenophy

　　裸藻纲 Euglenophyceae

　甲藻门 Pyrrophyta

　　纵裂甲藻纲 Desmophyceae

甲藻纲 Dinophyceae

隐藻门 Cryptophyta

　　隐藻纲 Cryptophyceae

褐藻门 Phaeophyta

　　褐藻纲 Phaeophyceae

红藻门 Rhodophyta

　　红藻纲 Rhodophyceae

　　红毛菜亚纲 Bangiophyceae

　　真红藻亚纲 Florideophyceae

C.J. 达维斯（1981）所著《海洋植物学（Marine Botany）》中，把海藻类分为 8 个门：

蓝藻门 Cyanophyta

绿藻门 Chlorophyta

褐藻门 Phaeophyta

红藻门 Rhodophyta

金藻门 Chrysophyta

　　金藻纲 Chrysophyceae

　　硅藻纲 Bacillariophyceae

　　绿胞藻纲 Rhaphidophyceae［Chloromonads］

　　黄藻纲 Xanthophyceae

　　定鞭金藻纲 Prymnslophyceae ［Haptophyceae］

隐藻门 Cryptophyta

裸藻门 Euglenophyta

甲藻门 Pyrrophyta

C. Van Den Hoek 等（1995）编著的《藻类：藻类学概论（Algae：An Introduction to Phycology）》中，把藻类分为 11 个门：

蓝藻门 Cyanophyta（＝Cyanobacteria）

原绿藻门（绿色放氧菌）Prochlorophyta（＝Chloroxybacteria）

灰色藻门 Glaucophyta

红藻门 Rhodophyta

异鞭藻门 Heterokontophyta

定鞭藻门 Haptophyta

隐藻门 Cryptophyta

甲藻门 Dinophyta

裸藻门 Euglenophyta

绿网藻门 Chlorarachniophyta

绿藻门 Chlorophyta

Alexopoulus & Bold（1967）把藻类植物分为 11 个门：

蓝藻门 Cyanophycophyta

绿藻门 Chlorophycophyta

轮藻门 Charophyta

裸藻门 Euglenophycophyta

黄藻门 Xanthophycophyta

金藻门 Chrysophycophyta

硅藻门 Bacillariophycophyta

褐藻门 Phaeophycophyta

甲藻门 Pyrrophycophyta

隐藻门 Cryptophycophyta

红藻门 Rhodophycophyta

Harold C. Bold(1978)在《Introduction to Algae》专著中把藻类分为 9 个门，6 个纲：

兰绿藻门 Cyanochlorota

绿藻门 Chlorophycophyta

轮藻门 Charophyta

裸藻门 Euglenophycophyta

甲藻门 Pyrrophycophyta

金藻门 Chrysophycophyta

　　金藻纲 Chrysophyceae

　　普林藻纲 Prymnesiophyceae

　　黄藻纲 Xanthophyceae

　　真眼点藻纲 Eustigmatophyceae

绿胞藻门 Chloromonadophyceae

　　硅藻纲 Bacillariophyceae

甲藻门 Pyrrophycophyta

红藻门 Rhodophycophyta

隐藻门 Cryptophycophyta

D. C. Pandey (1979)《A TEXT BOOK NO ALGAE》

蓝藻门 Cyanophyta

红藻门 Rhodophyta

硅藻门 Bacillariophyta

黄藻门 Xanthophyta

褐藻门 Phaeophyta

绿藻门 Chlorophyta

其他分类群：

　　Cyaniduim

　　甲藻纲 Dinophyceae

　　隐藻纲 Cryptophyceae

　　真眼点藻纲 Eustigmatophyceae

    绿胞藻纲 Chloromonadophyceae

    定鞭藻纲 Haptophyceae

    球石藻纲 Coccolithophtceae

    裸藻纲 Euglenophyceae

    羽藻纲 Bryopsidophyceae

Linda E. Graham 和 Lee W. Wilcox(1999)编著的 *Algae*《藻类学》中,把藻类分为 9 个门:

蓝菌类(绿色放氧菌类) Cyanobacteria(＝Chloroxybacteria)

原绿藻类 Prochlorophytes

灰色藻门 Glaucophyta

裸藻门 Euglenophyta

隐藻门 Cryptophyta

定鞭藻门 Haptophyta

甲藻门 Dinophyta

棕色藻门 Ochrophyta

红藻门 Rhodophyta

绿藻门 Chlorophyta

Lee, R. E. 先后编著了四版《Phycology》(藻类学),其分类系统均有不同的变化。在第一版中(1980)把藻类分成 2 个门 12 个科:

无色鞭毛藻门 Glaucophyta

轮藻门 Charophyta

    蓝藻科 Cyanophceae

    裸藻科 Euglenophyceae

    甲藻科 Dinophyceae

    隐藻科 Cryptophyceae

    金藻科 Chrysophyceae

    定鞭金藻科 Prymnesiophyceae

    硅藻科 Bacillariophyceae

    绿胞藻科 Rhaphidophyceae (Chloromonads)

    黄藻科 Xanthophyceae

    褐藻科 Phaeophyceae

    红藻科 Rhodophyceae

    绿藻科 Chlorophyceaea

在第二版(1989)中则将藻类分为了 4 个类群:

原核藻类 Procaryotic

红藻和绿藻,裸藻类 Euglenoids

甲藻类 Dinoflagellates

隐藻类 Cryptophytes,黄褐藻 Yellow－brown 和褐藻 Brown

在第三版(1999)中,将藻类分为 15 个门:

蓝藻门 Cyanophyta

原绿藻门 Prochlorophyta

灰色藻门 Glaucophyta

红藻门 Rhodophyta

绿藻门 Chlorophyta

裸藻门 Euglenophyta

甲藻门 Dinophyta

隐藻门 Cryptophyta

金藻门 Chrysophyta

普林藻门 Prymnesiophyta

硅藻门 Bacillariophyta

黄藻门 Xanthophyta

真眼藻门 Eustigmatophyta

脊刺藻门 Raphidophyta

褐藻门 Phaeophyta

在第四版(2008)中,则根据藻类质体内共生学说以及藻类质体内质体膜的层数将藻类分为两大类:

原核藻类

    蓝细菌门 Cyanophyta

真核藻类

  叶绿体被双层膜包裹的真核藻类

    灰色藻门 Glaucophyta

    红藻门 Rhodophyta

    绿藻门 Chlorophyta

  叶绿体被叶绿体内质网单层膜包裹的真核藻类

    裸藻门 Euglenophyta

    甲藻门 Dinophyta

    顶复门 Apicomplexa

  叶绿体被叶绿体内质网双层膜包裹的真核藻类

    隐藻门 Cryptophyta

    异鞭藻门 Heterokontophyta

      金藻纲 Chrysophyceae

      黄群藻纲 Synurophyceae

      真眼点藻纲 Eustigmatophyceae

      脂藻纲 Pinguiophyceae

      硅鞭藻纲 Dictyochophyceae

      浮生藻纲 Pelagophyceae

　　　　迅游藻纲 Bolidophyceae

　　　　硅藻纲 Bacillariophyceae

　　　　针胞藻纲 Raphidophyceae

　　　　黄藻纲 Xanthophyceae

　　　　褐枝藻纲 Phaeothamniophyceae

　　　　褐藻纲 Phaeophyceae。

　　　普林藻门 Prymnesiophyta

2. 中国的藻类分类体系

郑柏林和王筱庆(1961)编著的《海藻学》中把海藻分为 9 个门（不包括淡水藻类）：

　　绿藻门 Chlorophyta

　　裸藻门（眼虫藻门）Euglenophyta

　　甲藻门 Pyrrophyta(包括隐藻纲 Cryptophyceae)

　　硅藻门 Bacillariophyta

　　金藻门 Chrysophyta

　　黄藻门 Xanthophyta

　　褐藻门 Phaeophyta

　　红藻门 Rhodophyta

　　蓝藻门 Cyanophyta

曾呈奎等(1983,1984)认为原绿藻(Prochloron didemni)是光合生物进化独立分支,并提出了藻类光合进化的观点,以此把藻类分为 12 个门：

　　蓝藻门 Cyanophyta

　　红藻门 Rhodophyta

　　隐藻门 Cryptophyta

　　黄藻门 Xanthophyta

　　金藻门 Chrysophyta

　　甲藻门 Pyrrophyta

　　硅藻门 Bacillariophyta

　　褐藻门 Phaeophyta

　　原绿藻门 Chloroxybacteriaphyta

　　裸藻门 Euglenophyta

　　绿藻门 Chlorophyta

　　轮藻门 Charophyta

钱树本等编著的《海藻学》(2005)支持曾呈奎等人将藻类分为 12 个门的分类观点。海藻包括除了只能在淡水中生活的轮藻门以外的 11 个门：

　　蓝藻门 Cyanophyta

　　原绿藻门 Prochlorophyta

　　红藻门 Rhodophyta

　　金藻门 Chrysophyta

　　黄藻门 Xanthophyta

　　硅藻门 Bacillariophyta

　　褐藻门 Phaeophyta

　　隐藻门 Cryptophyta

　　甲藻门 Dinophyta

　　裸藻门 Euglenophyta

　　绿藻门 Chlorophyta

　　胡鸿钧和魏印心编著的《中国淡水藻类——系统、分类及生态》(2006)中将藻类分为 13 个门：

　　蓝藻门 Cyanophyta

　　原绿藻门 Prochlorophyta

　　灰色藻门 Glaucophyta

　　红藻门 Rhodophyta

　　金藻门 Chrysophyta

　　定鞭藻门 Haptophyta

　　黄藻门 Xanthophyta

　　硅藻门 Bacillariophyta

　　褐藻门 Phaeophyta

　　隐藻门 Cryptophyta

　　甲藻门 Dinophyta

　　裸藻门 Euglenophyta

　　绿藻门 Chlorophyta

　　由中国科学院中国孢子植物志编辑委员会编写的《海藻志》中，基本沿袭了中国藻类学家的藻类分类观点(12 个门，包括轮藻门)，已出版的门类包括了 9 个门：蓝藻门 Cyanophyta，红藻门 Rhodophyta，金藻门 Chrysophyta，黄藻门 Xanthophyta，硅藻门 Bacillariophyta，褐藻门 Phaeophyta，隐藻门 Cryptophyta，甲藻门 Dinophyta 和绿藻门 Chlorophyta。

编者于青岛

2013 年 8 月